生物制药工艺与设计

Biopharmaceutical Processing

Development, Design, and Implementation of Manufacturing Processes

Edited by Günter Jagschies, Eva Lindskog, Karol Łącki, Parrish Galliher

主　审　孙京林
组织编译　《中国食品药品监管》杂志社

中国健康传媒集团
中国医药科技出版社

ISBN: 978-0-08-100623-8

Chinese edition @ Elsevier Ltd, and China Health Media Group Co., Ltd.

This edition of **Biopharmaceutical Processing** by **Günter Jagschies, Eva Lindskog, Karol Łącki, Parrish Galliher** is published by arrangement with **ELSEVIER LTD**. of The Boulevard.Langford Lane,Kidlington,OXFORD, OX5 1GB, UK.

这一版本的《生物制药工艺与设计》由吉温特贾格希斯、伊娃林德斯科格、卡罗拉基、帕里什加利赫著，由爱思唯尔有限公司安排出版（兰福德巷，基德灵顿，牛津，OX5 1GB，英国）。

中文译文由中国健康传媒集团有限公司独家出版。从业人员和研究人员必须始终依靠自己的经验和知识来评估和使用本文所述的任何信息、方法、化合物或实验。由于医学科学的迅速发展，特别是应该对诊断和药物剂量进行独立的验证。在法律允许的最大范围内，Elsevier、作者、编辑或撰稿人不对翻译或任何人身或财产的损失或损害承担任何责任，不论是产品责任、疏忽或其他原因，还是任何方法、产品、说明或材料中所包含的想法的使用或操作。

图书在版编目（CIP）数据

生物制药工艺与设计 /《中国食品药品监管》杂志社编译 . –– 北京：中国医药科技出版社，2024. 8.

ISBN 978-7-5214-4804-7

I. TQ464

中国国家版本馆 CIP 数据核字第 2024DY5960 号

北京市版权局著作权合同登记 图字 01–2024–4760 号

美术编辑　陈君杞

版式设计　友全图文

出版　**中国健康传媒集团**｜中国医药科技出版社

地址　北京市海淀区文慧园北路甲 22 号

邮编　100082

电话　发行：010-62227427　邮购：010-62236938

网址　www.cmstp.com

规格　889 × 1194 mm $\frac{1}{16}$

印张　43 $\frac{1}{4}$

字数　1244 千字

版次　2024 年 9 月第 1 版

印次　2024 年 9 月第 1 次印刷

印刷　天津市银博印刷集团有限公司

经销　全国各地新华书店

书号　ISBN 978-7-5214-4804-7

定价　227.50 元

版权所有　盗版必究

举报电话：010-62228771

本社图书如存在印装质量问题请与本社联系调换

获取新书信息、投稿、为图书纠错，请扫码联系我们。

生物制药工艺与设计
编译委员会

杨　勇（中国航空规划设计研究总院有限公司）

林耀珠（中国航空规划设计研究总院有限公司）

丁满生（江苏泰康生物医药有限公司）

杨　明（北京生物制品研究所有限责任公司）

陈艺元（北京生物制品研究所有限责任公司）

袁　歆［星奕昂（上海）生物科技有限公司］

吴天贺（埃默里大学）

《中国食品药品监管》杂志社组织编译

译　者　赵燕宜　马　进　刘博文　罗　娟　王宇润

　　　　郑冬艳　向　丽　赵文锐　柴晓昕　李　丹

　　　　谯英固　田　雪　王振守　朱方剑　陈星宇

　　　　李　珂　赵普亚　李梦婷　柴苗苗　陶　婷

　　　　马海强

编译说明

生物制品是利用生物技术生产在生物体内存在的天然活性物质，有效成分通常是一些具备生物活性的蛋白质、DNA、病毒、细胞或组织等，给药方式通常是注射给药。生产制备非常依赖在生物组织/细胞直接培养，通常不能精确复制。生物制品的治疗原理主要是通过刺激机体免疫系统产生免疫物质发挥功效，在人体内产生体液免疫、细胞免疫或细胞介导免疫，从而达到治疗的效果。可以用于治疗肿瘤、艾滋病、心脑血管病、肝炎、自身免疫性疾病、代谢相关疾病等。

回顾我国生物制药的发展历程，主要可以划分为三个阶段。第一个阶段是初步发展阶段（1919—1989年），1919年3月，中央防疫处的设立是我国历史上最早的一家由国家管理的专门从事生物制品研究和生产的机构。早期的成熟产品仅有疫苗，产业规模较小，30年代初期开始涉足血液产品（胎盘提取物）生产领域，直至70年代初，DNA重组技术才被应用到医学领域。

第二个阶段是稳定增长阶段（1990—2015年），从20世纪90年代开始，中国开始陆续研发并生产人胰岛素、促红细胞生成素、干扰素、重组疫苗等创新型生物制品，但高端技术药物以及自主研发的创新药物数量较少，在研发与生产方面与欧美发达国家相比较仍存在较大差距。

第三个阶段是高速发展阶段（2015年至今），近10年来，中国生物制药技术迎来了快速发展时期，2015年国务院发布了《关于改革药品医疗器械审评审批制度的意见》（国发〔2015〕44号），2017年中共中央办公厅、国务院办公厅发布了《关于深化审评审批制度改革鼓励药品医疗器械创新的意见》（厅字〔2017〕42号），极大地促进了整个生物医药的蓬勃发展，一大批创新药品被批准上市，有效地解决了临床需求，我国与发达国家在创新药品上市速度、药品研发管线和生产供应保障等方面的差距全面缩小。

目前我国正处在生物制品生产上市的关键时期，详细系统性介绍生物制品工艺及技术的专著非常缺少，亟需引入并吸收更多国外同行的经验做法，在此我们选取了Dr. Günter Jagschies 及其团队编写的 *BIOPHARMACEUTICAL PROCESSING* 一书，从原书中摘选35章与我国生物制药工艺发展紧密相关的内容，汇集成本书。

本书共分为5篇35章，第1章到第4章讨论了上游工艺原理和方法，叙述了上游制造的基本概念、宿主细胞、细胞株开发以及在生物工艺中的细胞培养基。第5章到第8章讨论了收获过程、原理和方法，从细胞分离和产品收获方法的行业回顾、与工艺挑战相关的其他分离方法概述、过滤原理、收获工艺中使用的过滤方法进行说明。第9章到第16章讨论了纯化工艺、原理和方法，详细讲述了制备型蛋白质层析概论、亲和层析、离子交换色谱法、疏水作用层析、多模式层析、分子排阻层析法、反相层析法、纯化工艺中的过滤方法（浓缩和缓冲液交换）等工艺方法。第17章到第20章讨论了生物工艺设备，对于上游工艺设备、下游工艺设备、色谱柱、利用在线调节简化缓冲液配方和改进缓冲液控制、单克隆抗体的连续捕获的核心技术与案例分析、一次性使用技术与设备、工艺控制与自动化解决方案。第24章到第35章讨论了工业过程设计，详细阐述了上游工艺、下游工艺设计、规模放大原则和工艺建模、替代工艺的比较、一次性使用技术的实施、连续生物工艺设计和控制的要点，同时重点讨论了大肠埃希菌表达的重组蛋白、单克隆抗体、抗体偶联药物、双特异性抗体、人血浆免疫球蛋白G、疫苗产品、细胞治疗产品等生产工艺设计。

在本书的翻译及审稿过程中，对于原书出现的英式单位（如：英尺、英寸等），为保持与专著的一致性，不做国际通用单位的换算。最后，在附录中，我们列举了名词术语的中英文对照表，规范了名词术语的表达。

《生物制药工艺与设计》的翻译转化，全面介绍了包括生产工艺的设计、实施，以及有效的研发手段和运营方式，针对生物制造领域多种问题，提供了通俗易懂的分析和解决方案。为生物医药行业的技术人员提供了详细的指南，同时也为学术界特别是在校学生提供了重要的实践资料。

本书由《中国食品药品监管》杂志社组织编译，《生物制药工艺与设计》编译委员会统筹编审，编译委员会按照审稿章节排序，审稿工作得到了国家药典委员会、国家药品监督管理局药品审评中心、国家药品监督管理局食品药品审核查验中心等单位的大力支持。在此，对所有参与本书翻译、审稿的各位专家及编辑们致以诚挚的谢意。

生物技术发展迅速，书中如有疏漏之处也请广大读者批评指正，亟待共同进步。

目 录
Contents

1

第一篇 |

上游工艺原理和方法

第一章

上游生物加工：基本概念

Eva K.Lindskog

Lonza Pharma & Biotech, Basel, Switzerland

第一节　引言

　　开发一个稳健、高产的上游工艺是一项复杂而极具挑战性的工作，而好的结果往往需要结合强大的技术、高质量的起始物料和巧妙的工艺设计，这需要在上游生产阶段，甚至是整个生物制造过程中，对基本工艺概念和基础生物学现象有透彻的理解。上游工艺的一个有趣且极具挑战性的特点是使用了生物体，而其行为并不总是符合预期或要求。在过去的几十年中，上游工艺已经取得了巨大的进步[1]，在现代分批补料工艺下，单克隆抗体的表达量能够达到10 g/L甚至更高。这是因为人们对细胞培养有了更深入的理解，进而获得了更好的细胞培养基、更先进的补料策略、更稳健的细胞系以及与特定工艺相适配的生物反应器控制。不断扩充的上游知识可以形成系统方法，进一步指导整个生物制造工艺[2]。本章旨在概述与上游生物制造相关的一些基本概念。这既不是学术评论，也不是对细胞培养所有知识的全面概述，而是对上游工艺至关重要的核心概念的介绍，也是继续学习的起点。详细和深入内容请参见其他相关文献[3, 4]。

第二节　动力学模型

　　工艺表征和建模是优化和记录工艺以及开发自动化控制策略的重要工具。建模的思想同时也是"质量源于设计"（QbD）的核心部分。该领域的最新进展增加了人们对动物细胞代谢途径的理解，再加上功能更强大的计算机辅助技术，催生了非常复杂且先进的上游工艺开发模型。但是工艺越复杂，建模也越困难，与许多其他行业的建模相比，生物工艺的建模仍处于起步阶段。一个潜在原因是，尽管不断取得进步，但我们对活细胞复杂的生物学特性的了解仍然不够全面。

　　了解以下概念，有助于加深对上游生物工艺建模的基本理解。这些模型是非隔离和非结构化的。非隔离意味着假定所有细胞的表现都相同。即使对于大多数生物工艺而言，情况并非如此，但是这种假设大大简化了计算过程。非结构化意味着仅用与培养环境相关联的输入值和输出值来描述反应速率。换句话说，细胞被视作一个黑匣子，我们只知道在黑匣子两端什么进去什么出来，不考虑中间发生的情况。工艺模型的构建可分为以下几个基本步骤：①定义系统变量；②执行动力学分析；③建立质量衡算；④验证模型。

　　第一步，定义系统变量。不同的变量类型分为：表征系统的状态变量（例如细胞密度、底物和产品浓度）以及特定条件的操作变量（例如初始浓度或补料速率）。上游生物工艺部分变量见表1-1。

　　第二步，执行动力学分析。在完成动力学分析后，需要研究状态变量的变化，并确定影响状态变量的关键参数。在此阶段，通常可以计算细胞生长和死亡、底物消耗和产物形成的特定速率以及产品收率。可以在各种培养系统中进行上述分析，例如小规模生物反应器或摇瓶。在培养中要保持关注，以防止出现人为因素造成的低氧或pH偏差等问题。在稳态条件下，例如在恒化器培养中，可以进行非常准确的动力学分析（第二十四章）。通常使用分批或批次流加的培养模式，因为它们的设置更简单。

第三步，建立质量衡算。在该步骤中，根据工艺类型（分批、批次流加、灌流、恒化器等）考虑和安排操作变量。通过参数拟合以最小化模型计算值与实验值之间的差异，这可以通过更改常数的值来完成。

最后一步，验证模型。验证模型并将预测值与实际值进行比较。通过在不同条件下进行的几次实验以了解其适用性以及模型对工艺结果的预测程度。初步确认是在小规模中完成，并在大规模中进行验证。

表1-1　上游生物工艺中常用的变量

状态变量	符号	操作变量	符号
底物浓度	S	液体流速	F
细胞密度	X	初始浓度	C
产品浓度	P	稀释率	D
溶解氧浓度	DO	气体流速	Q

第三节　通用质量衡算示例

质量衡算是深入理解细胞生长、底物利用和产物形成的基础，对于确定最佳生物反应器控制参数也非常有用。任何类型的培养容器都可以进行质量衡算，通用动态质量衡算的基础公式如下：

$$变化量=输入量-输出量+净反应量$$

输入量和输出量分别表示化合物从生物反应器流入和流出的流量。可以用生物反应器的体积V和任意状态变量y来举例说明。y可以是产品浓度或葡萄糖浓度等。那么质量衡算则为以下基本方程式（1-1）：

$$\frac{\mathrm{d}(Vy)}{\mathrm{d}t} = F_i y_i + Q_i y_{gi} - F_0 \delta_y - Q_0 y_{g0} + V r_y \tag{1-1}$$

其中V是容器体积，F_i和F_0是从反应器进出的液体流量，Q_i和Q_0是从反应器进出的气体流量，r_y是组分y的生产（$r_y>0$）或消耗（$r_y<0$）的体积反应速率（图1-1）。

δ是在再循环情况下使用的分离因子；如果没有再循环，则$\delta=1$[4]。同时，还假设容器完全混合，并且不存在浓度梯度。然后根据特定工艺和关注的变量y来修改此通用质量衡算。进而可以根据公式得出体积反应速率r的公式为（1-2）：

$$r = qX \tag{1-2}$$

其中q是催化反应的比速率，X是生物催化剂的浓度（例如细胞密度）。该简单方程式可用于描述例如细胞生长和死亡、底物消耗和生产率等。

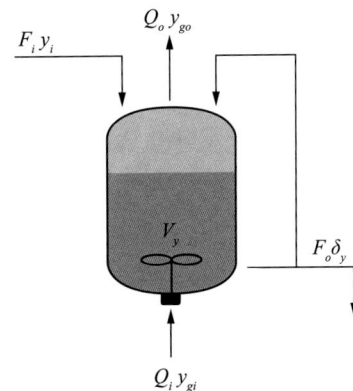

图1-1　上游生物工艺中常用变量的概览
在某些出版物中，这些变量由其他符号代指

第四节　细胞生长

细胞繁殖被称为增殖，这是通过一个细胞周期中的一系列高度调控事件来完成的。在不同的生物体中，细胞周期受到不同的调节。在细菌中，增殖与细胞大小紧密相关，因为如果细菌细胞变得太大，则关键功能（例如细胞内运输和营养吸收）会受到限制[4a]。细菌DNA复制开始于细胞中点附近的细胞壁，并且可以在第一轮复制完成之前启动新一轮的复制，这一功能导致其生长非常快。例如，快速生长的大肠埃希菌培养物的倍增时间可能为15~20分钟。相比之下，真核细胞周期更长、更复杂。真核细胞周期可分为分裂间期和有丝分裂期两个主要部分。在细胞分裂间期，细胞体积增大，基因组加倍，并为分裂做好准备。细胞分裂间期可进一步分为G1期、G2期和S期（DNA合成期）。有丝分裂是细胞周期中新复制的姐妹染色单体分离成两个核的过程。当有丝分裂和随后的细胞分裂（胞质分裂）完成时，原始细胞分裂成为两个相同的子细胞。

在包括植物细胞在内的所有真核细胞中，许多细胞周期控制机制都得到了保留。例如细胞周期中的多个检查点机制，它确保了真核细胞具备分裂的有利条件，并且所得子细胞皆是原始细胞的复制品。如若不然，则细胞周期停止，一旦细胞状态再次变得有利于分裂，细胞周期进程将继续。否则，细胞将保持在不分裂的静止阶段，或者进入程序性死亡，即细胞凋亡。发展路径取决于多种因素，例如，是否存在外部生长因子，环境营养是否充沛以及DNA是否受损。细胞周期在非转化细胞中受到严格调控，但许多用于生物制造的细胞系经过转化，携带控制细胞周期进程的基因突变[4]。这意味着关键的控制蛋白可能功能失调或产生了结构性的改变，在没有外部生长因子的情况下也可以启动新的细胞周期。因此，转化的细胞更容易培养，对外部生长因子的依赖性更低，并且通常可以在组分相对简单的培养基（例如不含血清的培养基）中生长。完成一个细胞周期的时间在不同生物之间或同一生物的不同细胞系之间有所不同。通常，培养中的动物细胞一个细胞周期在12~24小时之间，且差异明显。细胞周期时间不仅取决于细胞类型，还取决于特定细胞系的发展过程和维持培养的条件。当将培养物转移到新的实验室时，需要选择具有适合该特定实验室培养条件的表型的细胞。培养基组成、培养箱温度、通气方案、日常维护或人员操作的任何差异都会影响培养结果。以上因素可能对许多细胞特性（包括生长模式）产生影响，因此需要对细胞生长情况进行全面的记录，以最大程度地降低可能影响工艺的变更风险。生产细胞系应具有较短的倍增时间，因为快速生长的细胞系可以简化种子扩增和放大的过程，并最大限度地减少生物反应器中所需的批次时间。更短的批次时间意味着每年更多的可生产批次。快速生长的细胞系可以简化种子链培养过程。减少倍增时间可以通过例如优化细胞培养基和筛选快速生长的单克隆等方法达成。另外，生物反应器参数的优化对于延长细胞生长对数期也至关重要。

从培养过程的角度来看，细胞培养可以分为以下四个阶段：延滞期、对数期、平台期和凋亡期（图1-2A）。在延滞期，细胞在增殖开始之前需适应新环境，起始细胞密度过低会延长延滞期，尤其是无血清培养。据推测，对于某些细胞类型，这与自分泌系统和细胞自身释放的生长因子的缺乏有关[5,6]。接下来，细胞进入对数期，细胞对数期持续的时间可能会有所不同，具体取决于细胞和特定的生长条件。此后，细胞增殖速率下降并进入平台期，在该阶段中，细胞死亡和新细胞生成的速率相等。最后一个阶段是凋亡期，生物制造工艺的目标是将培养物保持在生产力最大化和活力高的状态。如果产品的形成与生长相关，则应使生长阶段最大化，若产品形成与细胞生长不相关，可以通过延长平台期来获得可观的产量提升。然而，在设计上游工艺时，应始终考虑其对下游工艺的影响。延长收获时间可能会增加下游挑战及导致产品质量受损。

为了确保遗传和表型的稳定性以及高活力，动物细胞系在传代过程中应保持在对数生长期。这意味着在细胞进入平台期之前，应定期进行传代培养。传代培养期间的分种比通常从原代细胞的1∶2到生长速度极快的连续细胞系的1∶10甚至更高。传代数是指从首次建立细胞系开始细胞传代的次数。这是生物制造工艺的重要信息，因为每次传代都会带来基因漂变的风险。应记录每个实验的传代数，并且必须使用规定传代数的细胞对工艺进行验证。

比生长速率μ是监测过程和确定培养状态的有用工具[7]。在微生物发酵中，比生长速率是根据干重数据计算得出的。然而，由于细胞密度低，从动物细胞培养物中获取准确的干重具有挑战性，因此使用细胞数代替。μ是根据公式从实验数据拟合的曲线中计算得出的（1-3）：

$$\mu = \frac{\mathrm{d}X}{\mathrm{d}t} \times \frac{1}{X} \tag{1-3}$$

式中，X是生物量或细胞的密度。通常，X在微生物发酵中代表生物量浓度（g/L），在动物细胞培养中代表活细胞密度（细胞数/ml）。昆虫细胞培养物的典型生长曲线见图1-2B。由此可以看出，在延滞期，细胞增长率非常低，此后达到峰值，然后在平台期再次下降。

$$t_d = \frac{\ln2}{\mu} \tag{1-4}$$

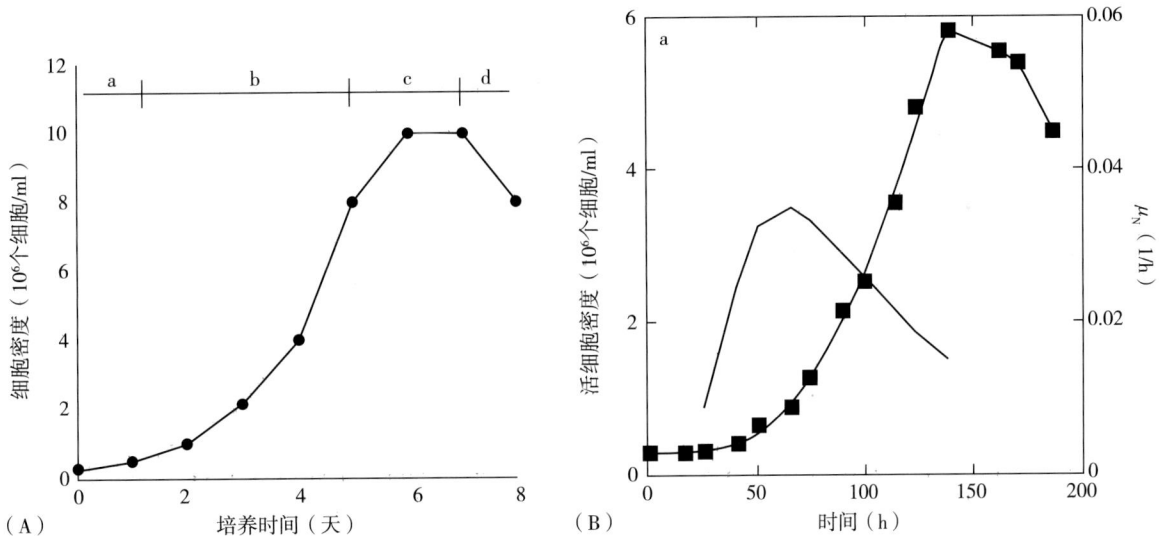

图1-2　（A）典型生长曲线，具有四个生长阶段：（a）延滞期，（b）对数期，（c）平台期和（d）凋亡期。对于动物细胞培养，对数期可能非常短，而微生物培养物可以长时间呈指数增长，除非它受到例如营养或氧气的限制。
（B）以昆虫细胞Sf9 *S.frugiperda*培养为例的动物细胞培养典型生长曲线和比生长速率[5]

第五节　细胞死亡

细胞死亡造成的产品总体产量降低是生物制药过程中的难题。动物细胞死亡包括两种不同方式——坏死或凋亡。坏死是指细胞在非常不利的条件下突然死亡，这些条件会对细胞造成物理损伤，例如极端的pH值和高剪切力。坏死细胞无法维持细胞膜上的渗透压，从而导致细胞肿胀，随后丧失膜完整性，最后细胞内成分泄漏到周围环境中。细胞凋亡是一种程序性、基因控制的、自杀样死亡。营养缺乏、氧气限制、有毒代谢产物的积累、附着丧失（对于贴壁细胞系）和生长因子缺乏都是可能诱导细胞凋亡的因素。凋亡细胞常见于分批培养的最后阶段[8]。凋亡由胱天蛋白酶控制，胱天蛋白酶使细胞质中的蛋白质交联，将DNA切割成较小的片段，并将细胞内部成分组装成较小的膜结合囊泡，即凋亡小体。在体内，这些囊泡很容易被吞噬细胞消化并去除，避免诱发炎症反应。然而，在不存在吞噬细胞的培养物中，凋亡小体将保留至下游纯化过程中被去除。随时间推移，囊泡可能进入继发性凋亡阶段，在此阶段膜完整性丧失，内容物被释放[9]。有多种方法用以监测培养水平和单个细胞中的细胞凋亡，相关方法概要请参见相关文献[10]。

生物制造的目标是抑制或减缓细胞死亡，并长时间保持培养物活力（通常在90%~95%），以最大化生产力，方便下游纯化。此外，高活力培养物不会产生大量细胞碎片，从而简化了纯化工艺。因此，最高效的下游纯化工艺往往从具有高活力的上游培养物开始。

迄今为止，人们已经开发了两种主要策略来抑制或减缓细胞凋亡：优化培养基（营养补充）和基因工程。培养基主要通过补充例如葡萄糖、谷氨酰胺、胰岛素、IGF-1、转铁蛋白和氨基酸来进行优化[10]。基因工程则包括在宿主细胞中进行转录因子E2F的过表达、抗凋亡蛋白Bcl-2的过表达、胱天蛋白酶抑制、人端粒酶逆转录酶（hTERT）的过表达和促凋亡因子的敲除[10-13]。例如，E2F的过表达使细胞系对外部生长因子的依赖性降低[4]。然而，由于凋亡机制与增殖的整体机制密切相关，改变关键因素（例如，细胞系的稳定性）可能会产生意想不到的影响。最小化细胞凋亡的另一种策略是优化过程监测和控制。通过将响应快速且准确的传感器与调整好的控制回路联用，最大程度地减少培养物中营养物质的波动，从而降低细胞凋亡的风险。另外，还需要对细胞适宜温度、pH和溶解氧水平有深入的了解。

第六节　代谢概念

生物工艺的有效设计和优化依赖于对细胞代谢的深入理解，这有利于细胞培养基的优化、高产细胞系的工程设计和稳健生物反应器控制策略的开发。越来越多的证据表明，代谢和控制增殖的信号通路的关联性比以前人们认知中更为紧密。例如，活跃增殖细胞的代谢需求不同于处于非分裂期静止状态的细胞。在未分化的细胞中，代谢受到高度调控，但是在开发用于生物制造的细胞系时，基因的改变和转化会干扰这种自然模式。其结果可能是增加了营养物质（例如葡萄糖和谷氨酰胺）的吸收，超过了细胞的生物能需求，从而导致不必要的副产物形成和生产工艺的可变性[14]。

完整的细胞代谢非常复杂，具有成千上万的反应，相互关联依赖，尽管在过去的几十年中取得了长足的进步，但仍有待发现。代谢谱分析和代谢通量分析（MFA）[15-21]是越来越多地用于加深对代谢反应的了解的方法实例。我们的目标是找到干预新陈代谢的机会，使其朝着稳健的细胞增长和高产发展。

第七节　葡萄糖、谷氨酰胺、乳酸盐和氨

对于大多数生物制造细胞系，只有葡萄糖和谷氨酰胺被大量分解代谢，乳酸和氨是两种主要的副产物[4,20]。葡萄糖作为主要碳源，谷氨酰胺则是主要的氮源。糖酵解是一系列反应，葡萄糖通过该反应转化为关键的中间体丙酮酸，丙酮酸根据环境和特定的细胞需求进一步代谢。糖酵解途径在各种生物和细胞中都是保守

的，但是丙酮酸的代谢途径是可变的[22]。对于多细胞生物的细胞而言，有两个丙酮酸相关反应至关重要：在三羧酸（TCA）循环（也称为柠檬酸循环或Krebs循环）中还原为乳酸并被氧化。在酵母和其他一些微生物中，丙酮酸还原为乙醇是第三个重要的反应。乳酸在常见的培养物中的浓度（通常低于35~40 mM）不会产生抑制作用，但是过量的乳酸累积是整体工艺较差和产品产量较低的重要迹象[3,4]。乳酸带来的主要问题是会酸化培养基，并且需要添加碱基以维持pH的设定值，从而导致不必要的渗透压增加[23]。

乳酸代谢是细胞系和克隆特异性的，产生的量高度依赖于营养情况和培养阶段。大多数细胞类型在有氧环境中仅产生少量乳酸。但是，在完全有氧的条件下，快速生长的细胞（如癌细胞和许多用于生物生产的细胞系）也可以将大量葡萄糖转化为乳酸。这种现象称为有氧糖酵解或"Warburg效应"[20, 24, 25]。据推测，谷氨酰胺分解，即谷氨酰胺转化为乳酸，也有助于提高增殖率并产生高浓度乳酸[26]。谷氨酰胺分解发生在所有细胞中，但在永生化细胞和许多类型的癌细胞中更为明显[25]。据推测，快速生长的细胞中葡萄糖和谷氨酰胺代谢的改变是由于对维持高增殖率的需求所致。

在生物反应器中，通常在对数期观察到乳酸量呈净增长。当生长速率下降进入平台期时，一些（非全部）培养物从乳酸生产转变为乳酸消耗。这种转换导致最终工艺阶段的总体低乳酸浓度，这与高生产率和工艺稳健性有关[26, 27]。消耗乳酸的表现型与线粒体高度氧化代谢有关[26, 27]，其转换背后的完整机制仍有待了解。选择乳酸净产量低的克隆是在动物细胞生物制造过程中控制乳酸的良好起点，目前已经有几种策略来减少乳酸的产生（表1-2）。传统方法是限制培养基中葡萄糖含量。但是，过低的葡萄糖浓度会抑制细胞生长，因此设定的葡萄糖目标水平应在安全范围内。实际上，葡萄糖浓度通常维持在1~6 g/L。另一种选择是使用其他碳源代替葡萄糖，但这可能导致生长速率变慢并降低生产力。酶调控也有相关的研究，但在部分情况下，其对细胞代谢的影响只是暂时的[31]。最近开发的一些有前景的乳酸控制技术是基于适应性补料的，根据特定生物反应器参数的实时测量值调整补料速率。无论选择哪种策略，至关重要的是它必须完全可放大，并且可以在缩小模型中进行研究。

表1-2 已报道的用于减少动物细胞培养物中乳酸生成的策略示例

策略	参考文献
葡萄糖限制	[4,28-30]
pH值升高引发的适应性葡萄糖补料	[31]
通过维持恒定pH值进行代谢控制	[32]
葡萄糖以外的其他碳源	[33-35]
培养基组成	[27,36]
代谢工程	[37-42]

氨是动物细胞的第二个关键代谢产物，与乳酸相比，它具有更直接的毒性作用。氨可以通过两种方式形成：谷氨酰胺代谢的副产物或源自培养基中谷氨酰胺的分解。谷氨酰胺的自发分解是温度依赖性的，并且随着温度的升高而增加。低至2 mM的氨浓度可能对敏感细胞系具有毒性[4, 43]。已知的高氨浓度的影响包括细胞生长停止，重组蛋白产量下降，病毒在细胞中繁殖被抑制以及糖基化模式的改变[43-47]。例如，在一项研究中观察到所有聚糖的唾液酸化减少，O-连接聚糖的比例减少[43]。据推测，在高氨浓度下观察到的聚糖异质性是由高尔基体中pH值升高和随后糖基化酶活性被抑制引起的[43, 48]。因为实施相对容易，在培养物中维持低浓度的谷氨酰胺（和/或葡萄糖）是减少氨产量的最常用策略之一[25, 28]。还有人提出可用生成较少氨的其他底物替代谷氨酰胺，如丙酮酸、谷氨酸和α-酮戊二酸[49]。此外，应尽量减少培养基中谷氨酰

胺的自发分解。谷氨酰胺在37℃和pH 7.2的条件下，半衰期仅为7天，因此在安排生产计划中的培养基配制时应考虑到这一点[50]。

一些细胞系，例如CHO、昆虫细胞和NS0，会产生谷氨酰胺合成酶（GS），该酶可以利用谷氨酸和氨合成谷氨酰胺。如果内源性GS活性足够高，细胞就能够在无谷氨酰胺的培养基中增殖。此功能用于GS表达系统，可有助于最大程度地减少培养物中氨的形成。关于GS表达系统的更多信息见第三章。

特定底物消耗量可以根据公式（1-5）计算得出，并且可以根据公式（1-6）计算特定副产物生成量：

$$q_s = \frac{dS}{dt} \times \frac{1}{X} \tag{1-5}$$

$$q_p = \frac{dP}{dt} \times \frac{1}{X} \tag{1-6}$$

式中，q_s为物质S的比消耗率，q_p为物质P的细胞比生产率，S为底物量，P为产物量，X为生物质浓度/活细胞。

与代谢物有关的另一个有用概念是产量因子$Y_{i/j}$。产量因子可用于理解两种任意化合物i和j之间的关系，以测算消耗的物质和产生的物质。例如，根据公式（1-7），可以使用产量因子来测算底物向细胞的转化（例如葡萄糖）：

$$Y_{X/S} = \frac{\Delta X}{-\Delta S} \tag{1-7}$$

式中，$Y_{X/S}$是底物S转化为细胞的系数，假设S是培养的唯一限制底物，ΔX是细胞浓度的变化，而ΔS是底物浓度的变化。类似地，可以使用产量因子来计算底物到产物的转化率。产量系数不是恒定的，取决于环境因素。

第八节　氧气

充足的氧气供应对于上游工艺的成功至关重要。在过低的氧气水平下，增殖会受到抑制（对于需氧生物而言），而在过高的氧气水平下，氧化损伤的风险会增加。多项研究表明，培养基中的氧气水平与细胞代谢之间存在直接的联系，因此必须严格控制以优化产率。氧气供应是微生物培养中的限制因素，但过去并未将其视为动物细胞培养中的问题。不过，随着人们对工艺优化等领域的认知逐渐加深，这一情况正在改变。目前动物细胞在流加批次工艺中可以达到30×10^6cells/ml或更高密度，在灌流工艺中可以达到$(50\sim60) \times 10^6$cells/ml或更高，并延长培养周期[51]。据报道，常规生物反应器培养动物细胞的最高细胞密度高于200×10^6cells/ml[52-54]。因此，必须充分了解每个工艺中的需氧量，尤其是在规模放大和大规模生产中，以避免细胞生长受限并确保成功培养。换言之，必不可少的是培养物的摄氧速率（OUR）不超过生物反应器系统能够达到的传氧速率（OTR）。

溶解氧（DO）的绝对浓度很难在培养物中测量，因此用溶解氧的百分比来表示，如公式（1-8）所示：

$$\text{DO\%} = \left(\frac{C_L}{C_L^*}\right) \times 100\% \tag{1-8}$$

式中，C_L是培养基中实际溶解氧浓度，C_L^*是培养基被空气饱和时的溶解氧浓度。C_L^*和C_L之间的差异是培养物中氧气转移的驱动力，C_L^*的值由亨利定律给出。在蒸馏水中，C_L^*在30℃条件下约为7 mg/l。在传统的细胞培养基中，由于各种培养基成分（如电解质和有机化合物）的溶质效应，溶解氧浓度比在水中低

5%~25%[55, 56]。摄氧速率（OUR）根据公式（1-9）计算：

$$OUR = q_{O_2}X \qquad (1-9)$$

式中，OUR是摄氧速率，q_{O_2}是比摄氧速率，X是培养物中活细胞/生物质浓度。特定的氧摄取速率q_{O_2}受如细胞类型、培养物的代谢状态和培养基中代谢物如葡萄糖和谷氨酰胺的浓度影响[57]。动物细胞培养物中的特定摄氧量在9.4×10^{-15}和6.2×10^{-13} mol/（cell·h）之间[58]，据报道，常用哺乳动物细胞系的平均值在2×10^{-13} mol/（cell·h）[59, 60]。然而，其可变性很高。例如，在同一培养物中，CHO细胞的比摄氧速率在1.8×10^{-13}和3.2×10^{-13} mol/（cell·h）之间变化，具体取决于培养阶段[61]。

如果培养体系中无氧气通入，通常在平均细胞浓度水平下，动物细胞培养物将在一小时内耗尽可用氧气。微生物培养物对氧气的需求更高，在短短几秒钟内就可耗尽可用氧气[4]。表通、底通、无泡膜通气和通纯氧都是可以通入氧气的方法。表通可用于小规模培养，但在大规模生产中，底通是首选方法，可与通纯氧结合使用。在培养初始阶段或原代细胞培养过程中，如果需要较低的溶解氧浓度，并且培养物自身的耗氧量不足以将溶解氧降低至设定点，则可以通入氮气以从培养基中去除氧气。生物反应器能够达到的传氧速率OTR由液相中的质量衡算根据公式（1-10）得出：

$$OTR = K_La \left(C_L^* - C_L \right) \qquad (1-10)$$

式中，K_La是生物反应器的氧传质系数，C_L^*是液体中的溶解氧饱和浓度，C_L是液体中实际的溶解氧浓度。K_La是生物反应器特有的属性，会影响系统的氧传质能力。有关K_La的信息通常由生物反应器供应商提供，但真实的K_La值是工艺特定的，并受到许多因素的影响，例如温度、培养基和特定的生物反应器配置。另外，K_La不是恒定的，在细胞浓度、培养液中细胞碎片的量、补料量和消泡剂添加量变化的过程中，K_La可以改变。K_La不受进气中氧气含量的影响（而C_L^*受此影响）。设计用于动物细胞培养的生物反应器的K_La值通常在$1\sim25h^{-1}$的范围内，而微生物发酵罐的K_La值通常在$100\sim400h^{-1}$的范围内[62]。在生物反应器中，液相中氧气的积累由公式（1-11）可得出：

$$\frac{dC_L}{dt} = OTR - OUR \qquad (1-11)$$

式中，dC_L/dt是液体中氧气的积累，OTR是反应器的传氧速率，而OUR是培养物的摄氧速率。设定通气目标需使dC_L/dt为正值且在OTR>OUR的工艺条件下运行，这需要对OUR有很好的理解，并选择合适的生物反应器和合适的工艺条件，以至不超过系统的氧传递极限。

第九节 二氧化碳

二氧化碳（CO_2）在动物细胞培养中起着多种作用。首先，细胞通过线粒体中的氧化磷酸化作用产生CO_2。其次，许多用于动物细胞的培养基都采用碳酸盐缓冲体系，并且至少在初始阶段，需要添加CO_2以确保在平衡时达到正确的pH。再次，需要CO_2作为脂肪酸合成的中间体，在初始培养阶段中的冗余可以导致延滞期延长[63]。通过以下反应，空气中的CO_2溶解至培养基中：

$$CO_2 + H_2O \rightleftharpoons H_2CO \rightleftharpoons HCO_3^- + H^+$$

CO_2分压的增加将使反应向右移动，最终将导致培养基酸化。依赖碳酸盐缓冲系统的培养基都有建议添加的碳酸氢盐浓度和CO_2浓度以确保体系达到正确的pH和渗透压。在使用由非碳酸盐缓冲系统配制培养基的过程中，例如在昆虫细胞培养过程中，不需要CO_2分压。

可以使用表通和（或）底通直接将CO_2通入到培养基中。细胞扩增时的呼吸作用会产生CO_2，使通气所需的CO_2量减少甚至完全去除。相反，在培养后期，CO_2积累和过高的pCO_2可能是一个问题，特别是对于高细胞密度生产和大规模生物反应器[64]。生理CO_2水平在4~7 kPa的范围，但是高细胞密度培养物中的pCO_2约为20~30 kPa[52, 53, 65, 66]。高CO_2水平可能对细胞生长和产量产生不利影响，也可能影响蛋白质糖基化[64-71]。在过量CO_2积累的情况下，可以利用底部通入空气以排除CO_2从而维持较低的pCO_2和目标pH值，不建议添加碱，避免导致渗透压增加。已有研究证明底部通气的速率和气泡大小对CO_2去除效率有重要影响，大气泡的CO_2去除效果最好[64]。

第十节　产品形成

生物工艺的生产速率是细胞内不同生物反应的综合作用，包括基因转录、mRNA稳定性、翻译、翻译后修饰、内质网相关的降解和细胞内转运。如前文所述，部分产物主要在细胞生长时形成，而其他产物在其他阶段形成。实际上，许多生产过程处于二者之间[4]。比生产速率q_P是了解产品形成动力学的重要工具，可以用于比较生产用克隆和工艺并确定最佳收获时间。生产细胞系的目标特征是在较长时期内具有较高且持续的比生产速率[72]。1986年，典型抗体生产工艺的mAb比生产速率低于10pg/cell/day[73]。如今，先进的工艺能够达到100pg/cell/day或更高的比生产速率，极端情况为200pg/cell/day[74, 75]。根据公式（1-7）可计算比生产速率q_P（1-12）：

$$q_p = \frac{dP}{dt} \times \frac{1}{X} \qquad (1-12)$$

式中，P是产量，X是生物量/细胞密度。当比较不同细胞系和工艺之间的比生产速率时，应注意的是，可以使用不同的方法进行基础计算。例如，可以计算出如下几种情况的比生产速率：①从接种到收获的整个培养过程；②对数期；③达到峰值的时间点。在比较不同验和细胞系之间的数据时，必须理解在每种特定情况下如何进行计算，以确保进行相关的比较。

第十一节　附录

一、K_La和OUR的实验测定

有许多用于测定K_La的方法，包括化学、物理和生物方法[76]。动态方法通过使进气管中的氧气浓度产生变化，同时记录液体中的溶解氧浓度变化。稳态方法依赖于液体中的化学或生化反应，两种常用的测定方法是放气法（又称动态启动法）和动态法，均基于减少反应器中氧气供应后，通过检测液体中溶解氧的增加速率进行测定。这些方法的基础是根据公式（1-13）得出反应器液相上的质量衡算：

$$\frac{dC_L}{dt} = K_La\,(C_L^* - C_L) - OUR \qquad (1-13)$$

式中，dC_L/dt是液体中氧气的积累，K_La是氧传质系数，C_L^*是液体中的溶解氧饱和浓度，C_L是实际测得的溶解氧浓度，OUR是培养物的摄氧速率。放气法需在反应器中没有细胞的情况下进行[77, 78]。因此，没有

氧气吸收发生，则公式（1–12）可以简化为公式（1–14）：

$$\frac{dC_L}{dt} = K_L a \left(C_L^* - C_L \right) \tag{1–14}$$

当生物反应器用液体填充至所需工作体积时，通氮气以排尽体系中的氧气，过程中不停混合，以确保体系中气体均匀分布。当氧气排尽后，再次引入空气，并通过绘制$\ln\left(C_L^* - C_L\right)$与时间的关系图确定$K_L a$。曲线的斜率则为$K_L a$（图1–3）。

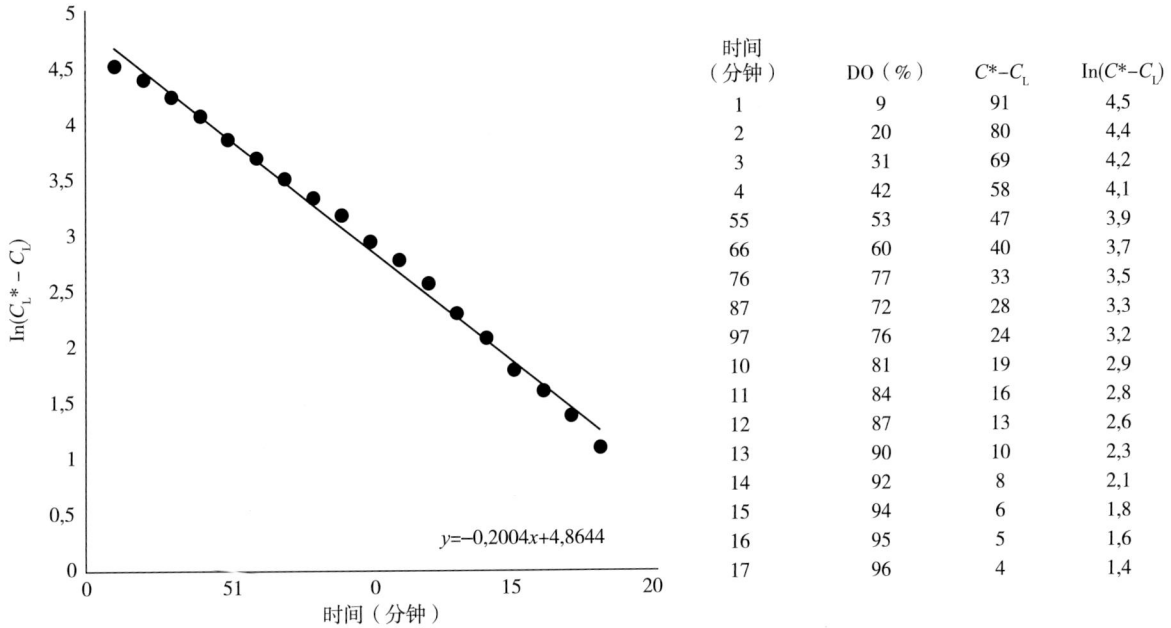

时间（分钟）	DO（%）	$C^* - C_L$	$\ln(C^* - C_L)$
1	9	91	4,5
2	20	80	4,4
3	31	69	4,2
4	42	58	4,1
55	53	47	3,9
66	60	40	3,7
76	77	33	3,5
87	72	28	3,3
97	76	24	3,2
10	81	19	2,9
11	84	16	2,8
12	87	13	2,6
13	90	10	2,3
14	92	8	2,1
15	94	6	1,8
16	95	5	1,6
17	96	4	1,4

$y = -0,2004x + 4,8644$

图1–3 用放气法测定$K_L a$的理论示例
曲线的斜率得出$K_L a$，在此示例中为0.2004*60=12/h

或者，也可以使用动态法用反应器中的细胞测量$K_L a$。在同一个实验中，OUR可以确定。然后，根据公式（1–15），在液体上进行质量衡算：

$$\frac{dC_L}{dt} = K_L a \left(C_L^* - C_L \right) - \text{OUR} \tag{1–15}$$

式中，dC_L/dt是液体中氧气的积累，$K_L a$是氧传质系数，C_L^*是液体中的溶解氧饱和浓度，C_L是实际测得的溶解氧浓度，OUR是培养物的摄氧速率。停止向反应器通入空气，这意味着（1–15）可以简化为公式（1–16）：

$$\frac{dC_L}{dt} = -\text{OUR} \tag{1–16}$$

氧气水平的线性下降给出了培养物的OUR。该方法的假设前提是在气相和液相之间转移的氧气量可以忽略不计。如若不然，则建议最小化顶部空间或用惰性气体冲洗顶部空间[57, 79]。在以上相同的实验中，恢复通气后，可以确定氧传质系数$K_L a$。因恢复通气后，可以立即假定稳态条件，并且反应器中没有氧气积聚。公式（1–15）可以简化为公式（1–17）：

$$K_L a \left(C_L^* - C_L \right) = \text{OUR} \tag{1–17}$$

式中，C_{L0}是实验时的准稳态氧浓度。用其替代公式（1–15）中的OUR，即可得出公式（1–18）：

$$\frac{dC_L}{dt} = K_L a \left(C_L^* - C_L \right) - K_L a \left(C_L^* - C_{L0} \right) \tag{1–18}$$

简化后成为公式（1-19）：

$$\frac{dC_L}{dt}=K_La（C_{L0}-C_L）\tag{1-19}$$

式中，C_{L0}是实验时的准稳态氧浓度，也是测得的氧浓度。因此，可以通过绘制$\ln（C_{L0}-C_L）$对t的斜率来确定K_La，其中恢复通气的时间点为测量的起点（图1-4）。

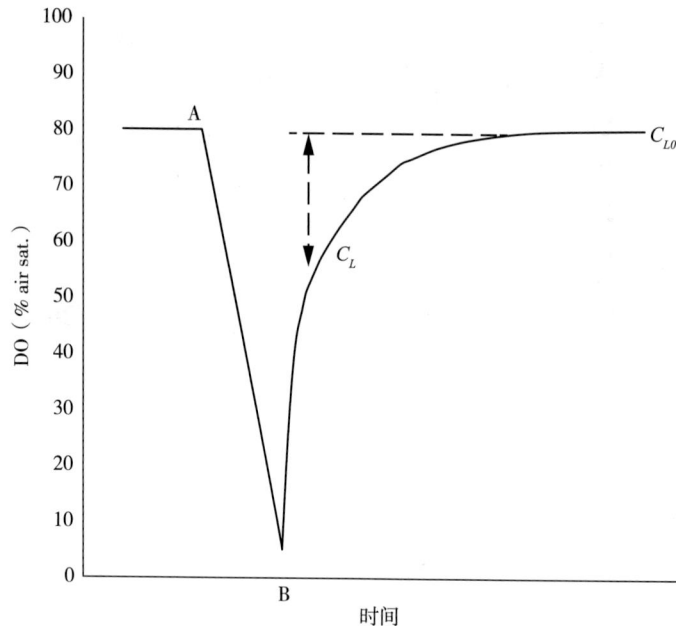

图1-4　使用动态方法测定K_La和OUR的示意图

在A点，通风停止，A到B的斜率则为OUR。在B点恢复或通风后，可以通过绘制$\ln（C_{L0}-C_L）$对t的斜率来确定K_La

与K_La相似，OUR也可以用几种不同的方式来测定。如果反应器中没有氧气积聚，则可以根据公式（1-20）从整个反应器的整体质量衡算确定OUR：

$$OUR=\frac{Q_iy_i-Q_0y_0}{V}\tag{1-20}$$

式中，Q是从反应器流入和流出的气体流量，y是入口和出口气体中氧气的摩尔分数，V是反应器中的液体体积。但是，如果培养物的耗氧量非常低，例如，如果培养物体积小或细胞密度非常低，则这种方法可能不可行。为了获得准确的结果，气体分析仪必须能够以足够的精度确定pO_2，并且进出气体之间的微小差异可能会接近仪器的测定精度极限。关于OUR和K_La的更深入的信息可以在一些文献[4, 60, 80]中找到。

参考文献

第二章

宿主细胞

Eva K.Lindskog*, Simon Fischer†, Till Wenger†, Patrick Schulz†

*Lonza Pharma & Biotech, Basel, Switzerland, †Boehringer Ingelheim, Biberach, Germany

第一节 生物制药生产中的细胞

一、引言

细胞培养已经在如大豆发酵等制造工艺中使用了数千年，但是直到最近才应用于我们所认知的生物制药。第一次体外动物细胞培养是在20世纪初[1]。当时，脊髓灰质炎和风疹等病毒性疾病成为全球关注的问题，科学界亟需开发疫苗生产工艺。20世纪50年代，人们发现原代猴肾细胞是病毒增殖的极好宿主，这为1955年Salk脊髓灰质炎疫苗的开发，及后续1962年Sabin疫苗的问世奠定了基础。同时，细胞培养在兽用疫苗领域也取得了进展，仓鼠幼崽肾（BHK）细胞被用于生产针对口蹄疫（FMD）的疫苗。

第一个用于生物制药目的的人类细胞株WI-38，是1961年自人胚胎肺组织中分离出来的。WI-38是具有有限寿命的未转化二倍体细胞系。许多病毒可在WI-38中增殖，该细胞系被用于开发减毒风疹疫苗，并于1970年在欧洲首次获得上市许可。1965年，另一种用于疫苗生产的人二倍体细胞系MRC-5自胎儿肺细胞中分离出来。然而，由于宿主细胞与人类患者之间缺乏物种屏障，从而存在外源病原引入体内的风险，这限制了该细胞系被进一步广泛应用。在生物制造的下一阶段，非人源细胞生产系统成为首选。

用于生物制药的宿主生物的数量在此之后迅速增长。1982年第一个重组蛋白药物Humulin的突破性批准推动了此进程，Humulin是一种治疗糖尿病的胰岛素，其生产工艺由Lilly和Genentech共同开发，使用大肠埃希菌为宿主细胞[2]。另一个突破是由Koehler和Milstein开发的获得诺贝尔奖的杂交瘤技术，他们成功地将正常代谢的、产生抗体的淋巴细胞与永生的骨髓瘤细胞融合[3]。1985年，第一个由杂交瘤技术生产并获得许可的治疗性抗体为Orthoclone OKT3（Janssen-Cilag），是在小鼠腹水中产生的完全鼠源抗体，获得FDA批准。此后不久，于1986年，Wellferon alpha干扰素（Wellcome Foundation）是第一个在英国获得批准的细胞培养生产的重组蛋白。Wellferon是由来源于一名死于伯基特淋巴瘤的非洲妇女的淋巴细胞Namalwa细胞生产的。Wellferon工艺规模扩大到10,000 L，但因其中包括动物来源的成分，于1999年退市，随后在1987年被大肠埃希菌生产的更现代、更安全的干扰素产品所替代。中国仓鼠卵巢（CHO）细胞首次被授权是用于生产活化酶，这是一种由Genentech开发的组织型纤溶酶原激活剂（t-PA）。1991年，第一个酵母生产的生物制品获得FDA批准。该产品是由Novo Nordisk公司用酿酒酵母生产的人胰岛素，以替代该公司由酶催化法获得的猪源人胰岛素。2009年，由GSK生产的HPV疫苗Cervarix作为开创性的昆虫细胞产品获得FDA批准；2014年，由Protalix开发、辉瑞生产和销售的第一个基于植物细胞的生物制药Eleyso（他利苷酶-α）获得FDA批准。Elelyso用于治疗戈谢病，一种罕见的溶酶体贮积病。Elelyso是由工程改造的胡萝卜根细胞系在一次性生物反应器系统（ProCellEx）中培养并生产。各类生物药物及其各自生产系统的概述见表2-1。

表2-1　美国或欧盟已批准的重组产品的和相应的先驱宿主系统

宿主系统	产品	品牌	公司	批准年份
大肠埃希菌	胰岛素	优泌林	礼来	1982美国
杂交瘤[a]	莫罗单抗-CD3	Orthoclone OKT-3[b]	杨森-Cilag	1986美国[c]
Namalwa淋巴瘤细胞	干扰素-α	惠福仁	惠康基金会	1986英国[d]
中国仓鼠卵巢细胞	人组织纤维蛋白溶酶原激活剂（t-PA）	爱通立	基因泰克	1987美国
酿酒酵母	胰岛素	诺和灵	诺和	1991美国
SP2/0	阿昔单抗	Reopro[j]	森托科尔[e]	1994美国，1995欧盟
BHK	重组人凝血因子Ⅶa	诺其	诺和诺德	1996欧盟，1999美国
NS0[f]	达克珠单抗	赛尼哌	罗氏	1997美国，1999欧[g]
HEK 293	活化蛋白C	Xigris[j]	礼来	2001美国，2002欧盟[h]
HT-1080	人α-半乳糖苷酶	瑞普佳	夏尔制药	2001欧盟
T.ni（High Five昆虫细胞）	HPV疫苗	卉妍康	GSK	2009美国
S.frugiperda（Sf昆虫细胞）	sipuleucel-T激活的自体外周血MNC[i]	普列威	丹瑞	2010美国，2013欧盟
胡萝卜细胞	他利苷酶α	Elelyso[j]	Protalix	2014美国

[a] 在小鼠腹水中生长的杂交瘤。
[b] 2010年宣布全球退市。
[c] 该产品先前已在法国和瑞士获批上市。
[d] 于1999年退市。
[e] 杨森生产，礼来分销。
[f] 临床试验用样品由Sp2/0细胞制备。由于产量有限，此后在小鼠GS-NS0骨髓瘤细胞系中重新表达抗体。
[g] 于2006年退市。
[h] 于2011年退市。
[i] 前列腺酸性磷酸酶/粒细胞巨噬细胞集落刺激因子激活的单核细胞。
[j] 截至2024年5月未获得国家药品监督管理局批准，无正式中文品牌名。
该表中未包括诊断产品和疫苗特异性生产系统，例如动物组织和原代细胞，如MRC-5和WI-38（于20世纪60年代引入），Vero（于20世纪80年代引入）和MDCK（Optaflu，Novartis，2009年欧盟批准）。

　　尽管动物细胞培养领域有所发展，但在生物制药生产的早期阶段，微生物生产系统占主导地位。动物细胞培养基比微生物培养基昂贵且复杂，并且通常需添加血清，从而导致安全隐患。细胞培养物的产量很低，生产规模必须足够大，以满足市场需求。当前情境已发生改变，从1984年到2004年，哺乳动物细胞培养物的常规细胞密度增加了五倍，培养持续时间增加了三倍，产物表达量增加了100倍[4]。2008—2016年间，商业化生产的抗体表达量增加了63%，临床后期生产随着生产工艺的发展工艺的表达量增加了91%（图2-1）。2015年商业化生产的平均抗体表达量为3.2 g/L[5]。随着发展，人们的关注点发生转移，主要目标不再是提高细胞密度或动物细胞培养体积，而是如何提高整个工艺的效率，以及如何使上游产物与下游工艺达到最佳匹配。因而需要努力提高产品质量控制，最小化聚体产生并在上游工艺中降低蛋白水解活性。另一个重点领域是最大化空间和时间产量，例如，通过缩短生物反应器中的生产时间，更快地达到目标产物表达量。抗体上游生产所需时间通常为10~14天[7-9]，如果可以缩短时间就可以生产更多批次，从而提高年生产率和设备利用率，例如提高生物反应器的细胞接种密度，选择快速增殖的克隆，或优化培养基和生物反应器参数以最大化生长速率。

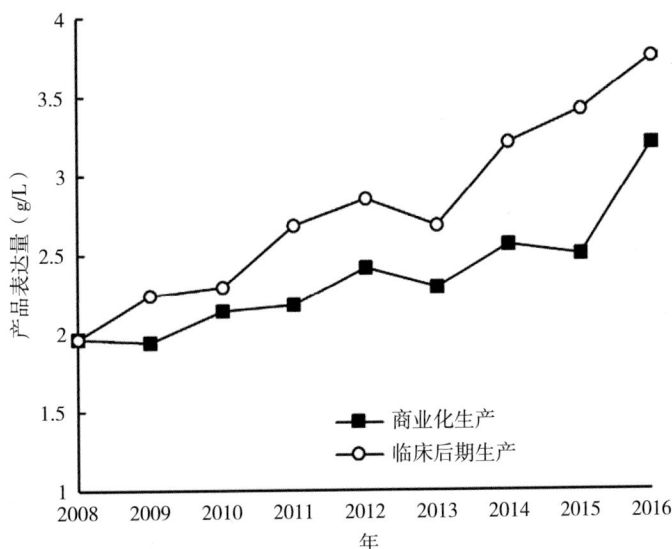

图 2-1 2008—2016 年间报道的抗体工艺平均产品表达量

在此期间，商业化生产工艺的抗体表达量增加了 63%，临床后期生产工艺的表达量增加了 91%。如果表达量继续以相同的速率增长，那么 2020 年临床后期生产工艺的表达量将接近 5.5 g/L，而商业生产工艺的平均表达量总体上将接近，而商业化生产工艺的平均表达量总体上将接近 3.5 g/L。数据来自 E.Langer，第 13 届生物制药生产能力和生产年度报告和调查，2016 年，#259

相比于其他工艺类型，动物细胞培养系统的使用越来越多（图 2-2A[10]，图 2-2B[5]）。在 2004 年至 2013 年期间，FDA 和 EMA 批准的产品中有 56% 是在哺乳动物系统中生产的，而微生物系统为 37%（24% 大肠埃希菌，13% 酵母）（Baeshen[11]）。2014 年，FDA 和 EMA 批准的生物制品数量在动物细胞培养和微生物系统之间几乎均等分布（占比分别为 51%、49%）[5]（图 2-3），但在未来几年，哺乳动物细胞培养系统的使用将越来越多。微生物系统的预估容量扩展处于历史最低水平，现有微生物生产系统的利用率正在下降，而细胞培养生产系统的利用率不断增加[5]。显然，相较于其他系统，人们对哺乳动物系统更有兴趣，然而对于不需要动物细胞的产品类别（例如激素、胰岛素和抗体片段），微生物系统仍将是首要选择。

哺乳动物细胞培养体系应用增长的一个重要原因是抗体产品类型的增加。抗体需要复杂的翻译后修饰才能获得适当的功能，如今，哺乳动物细胞系统是唯一可行的生产选择。截至 20 世纪 80 年代末，抗体类产品仅占所有生物药的 10%，但在 2010 年至 2014 年 4 月期间，抗体占所有批准生物药的 27%[10]。2016 年，FDA 批准的 15 种生物制品中有 9 种是抗体，1 种是抗体融合蛋白。据统计，2015 年全球超过 90% 的哺乳动物细胞培养产能用于抗体生产[5]。同年，抗体类产品创造了约 50,000,000,000 美元的总收入，占生物制药市场总收入的 25%。不过，产品类型并不是使用哺乳动物系统的唯一因素。现有的生产设施和实验室基础设施与特定技术和经验相结合，才可能决定用哺乳动物细胞去生产原本可以使用微生物系统生产的产品。细胞培养平台策略和一次性技术的可用性是细胞培养的重点，与几乎完全依赖不锈钢生产设备的微生物发酵相比，一次性技术的工艺灵活性极具前景。

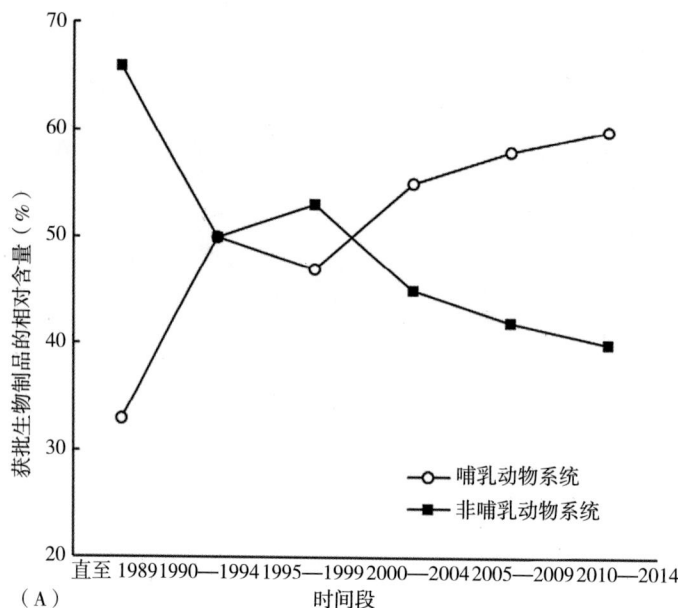

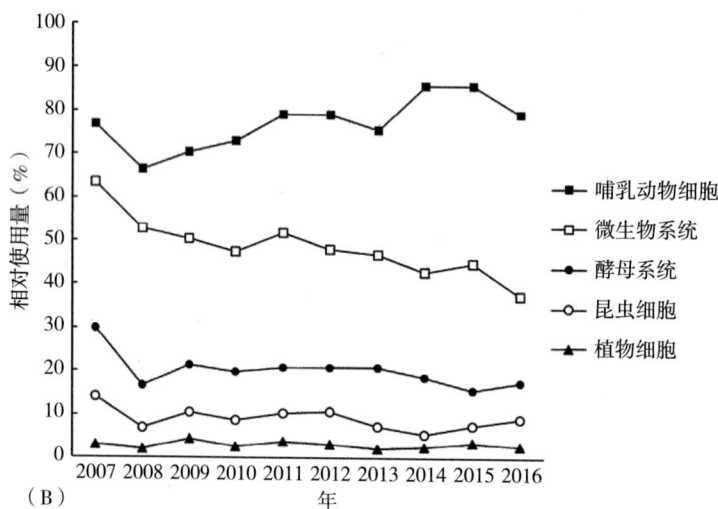

图2-2（A）在特定时期内，已批准生物制品中哺乳动物与非哺乳动物表达系统的比例。每个数据集均表示为所讨论期间总批准的百分比。非哺乳动物系统在早期阶段占主导地位，但哺乳动物系统的相对比例正在增加。（B）目前用于生物制药生产的表达系统的分布。从图中可以看出，哺乳动物系统的使用量略有增加，而所有其他系统的使用量保持不变或正在下降

数据来自G.Walsh，《2014年生物制药基准》。纳特 生物技术。32（10）（2014）992-1000，以及（B）摘自E.Langer，第13届生物制药生产能力和生产年度报告和调查，2016年#259

总而言之，考虑到收率、当前使用量和产品管线等综合因素，细胞培养系统的应用日益增加。但是，新产品类别（例如抗体片段、抗体偶联药物、新型疫苗和多肽），可能会增加人们对微生物生产系统的兴趣。尤其是当微生物表达技术的发展和成熟的一次性微生物发酵技术相结合。此外，当涉及活性药物成分的总量需求巨大时，微生物系统仍然占有一席之地。据BioProcess Technology Consultants公司评估，2010年全球生物制造活性药物成分的总产能为26.4吨，其中68％来自微生物生产系统，而其余32％则使用动物细胞培养工艺[10]。最后强调的是，新产品类别（例如抗体片段、抗体偶联药物、新型疫苗和多肽等）可能会增加人们对微生物生产系统的兴趣，特别是微生物表达技术的发展和成熟的一次性使用技术相结合。

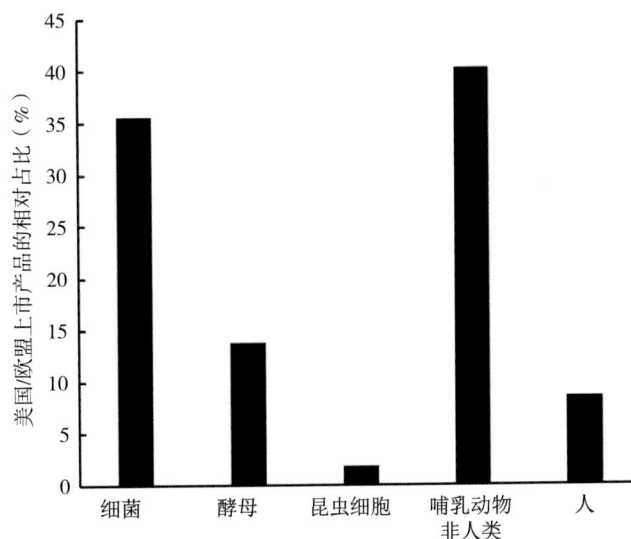

图2-3　2014年美国/欧盟上市生物制药产品生产中使用的宿主细胞分布

49%的产品在微生物系统（细菌和酵母）中生产，4%在昆虫细胞系统中生产，40%在非人类哺乳动物细胞系统中生产，
9%在人类细胞系统中生产（[5]#259）。鸡胚生产系统和转基因动物不包括在内

二、培养物来源

可通过商业化培养物保藏中心获得经认证和良好质控的培养物。最知名的培养物保藏中心是欧洲动物细胞菌种保藏中心（ECACC）和美国典型菌种保藏中心（ATCC），这里提供所有类型的培养物：细胞系、细菌、酵母、真菌和病毒。一些需要授权的细胞系和培养物，例如CHO-S、PER.C6、EB.66、CAP和 *expresSF*+，可以从有相应特定知识产权的公司或实验室获得。此类市售细胞系通常有完善的文档记录体系，可将具体信息提供给计划用于临床和商业化生产的客户。当从尚未建立完善体系的实验室获取培养物时，必须注意确保文件的完整记录和培养物的正确鉴定。未正确鉴定的培养物是一个难题，2012年，国际细胞系鉴定委员会（ICLAC，ICLAC.org）成立，旨在提高对错误鉴定培养物的重视并改善质量控制。其中HeLa细胞系正在接受审查，已鉴定出几种谱系遭到了污染。另一个新的问题是建库多年的细胞系可能存在耗竭的风险，例如MDCK、MDBK和Vero。这些细胞系最初是在20世纪60年代或更早的时候建库的，目前仍然用于病毒疫苗的商业化生产。但由于随着传代次数的增加而发生的遗传漂变，扩增这些细胞以建立新的细胞库可能存在一定风险。

第二节　动物细胞培养

一、培养类型

动物细胞培养物可以通过不同的培养类型来划分，每种独具特色的培养类型对生物制造商都至关重要。原代培养物来源于正常的动物组织，可作为外植体培养或经酶消化后作为单细胞悬浮培养。分离的原代细胞包括两种不同类型：需要表面附着才能生长的贴壁细胞和在悬液中生长的悬浮培养细胞。贴壁细胞主要来自器官组织，固定地嵌入结缔组织中生长。悬浮细胞来源于血液/血浆系统。当原代培养物被传代培养（转移到含有新鲜培养物的新器皿中）时，称为细胞系（cell line）。原代细胞系只能在体外维持有限生长，在此期间，细胞通常保留其在体内的大部分特征。在生物制药生产中，原代细胞系（例如鸡胚成纤维细胞）主要应用于病毒疫苗生产，新兴应用领域是细胞治疗，原代细胞系也广泛应用于科学研究及生物学分析。常见的原代细胞系包括成角质细胞、黑素细胞、上皮细胞、成纤维细胞、内皮细胞、肌细胞、造血细胞和间充质干细胞。

正常细胞通常只能分裂有限的次数，直至完全失去增殖能力。但是，一些细胞可以通过转化变为永生化细胞，该过程可自发发生，也可通过化学或病毒诱导发生。当有限细胞系发生转化后即变为连续细胞系。连续细胞系在转化过程中会失去许多原始的体内特征，但好处是可长期使用。在文献中，连续细胞系大多被称为"细胞系"。连续细胞系可以悬浮生长为单个细胞或小的漂浮团块，或黏附在一个表面上。在大规模生物制造中，悬浮细胞系是首选，因为与贴壁细胞相比，它们更可控且易于扩大规模，因此需尽可能使细胞适应悬浮生长。通常，连续细胞系的生长特征可反映出其组织来源，源自血液的细胞系倾向于悬浮生长（例如，源自小鼠骨髓瘤的NS0细胞），而源自实体组织的细胞倾向于贴壁生长。两种最常用的生产细胞系CHO和HEK 293原本是贴壁的，经驯化后可在无血清培养基中培养，且均在市面上有售。

二、非人类哺乳动物系统

用于重组蛋白生产的主要动物细胞系统是CHO细胞[12]。2015年，在FDA/EMA所批准的使用动物细胞生产的重组产品中，有超过一半（55%）是采用CHO细胞生产的[5]。CHO的优势主要由于重组蛋白生产的早期成功、易于处理、监管接受和高表达水平等因素综合所致[4, 13]。用于大规模药物生产的其他哺乳动物细胞系包括小鼠骨髓瘤细胞系NS0和Sp2/0、小仓鼠肾（BHK）细胞、非洲绿猴Vero细胞和Madin-Darby犬肾（MDCK）细胞。后两种（Vero和MDCK）主要用于疫苗生产，而其他细胞系主要用于重组蛋白生产。除上述已建立细胞系外，未转化的培养物也可用于特定的生物制药工艺，例如疫苗生产和细胞治疗。

（一）CHO

1957年，T.Puck开发了第一个中国仓鼠卵巢（CHO）细胞系，用于细胞遗传学研究[14]，20世纪80年代早期，该细胞系作为异源蛋白生产的宿主细胞受到越来越多关注[15]。原始的CHO细胞系已经历多次亚克隆，最常用于生物制药的细胞系（CHO-K1、CHO-DG44和CHO-S）分别来自不同的CHO谱系，如图2-4所示。CHO细胞基因型和表型的不稳定性特征导致其子代细胞系呈高度多样性[15]。不同的培养条件通过自然选择获得了在生长、糖基化、产量等方面具有独特性状的不同CHO细胞[17, 18]。即，由于基因组的高度动态变化，工业生产用CHO细胞系在表达能力、生长表现和代谢活性以及翻译后修饰等方面显示出相当大的差异[19-22]。毫无疑问，这将严重影响CHO细胞作为表达宿主在生物制药行业中的使用[15]。例如，当在筛选可持续生产并可用于技术转移、扩大生产的生产克隆时，可能会获得非预期结果[23, 24]。

自然条件下，CHO细胞是贴壁生长且依赖血清的，但也易于适应无血清悬浮生长。无血清悬浮生长CHO细胞系可商购获得。加之CHO细胞的相对耐用性，极大地促进了CHO细胞的开发。CHO细胞被认为是一个非常安全的生产平台[6, 25]，靶向攻击人类的致病性病毒，如腺病毒、疱疹、肝炎、HIV、麻疹和流感等，无法在CHO细胞中复制[8, 9, 26]。此外，几轮遗传基因突变为形成缺乏代谢关键酶的CHO亚细胞系铺平了道路。这些亚细胞系可用于建立具有良好异源蛋白表达特性的新型CHO细胞工厂[27, 28]。二氢叶酸还原酶dhfr-或谷氨酰胺合成酶筛选技术常用于重组蛋白的生产。这些系统在第三章中有更详细的描述。

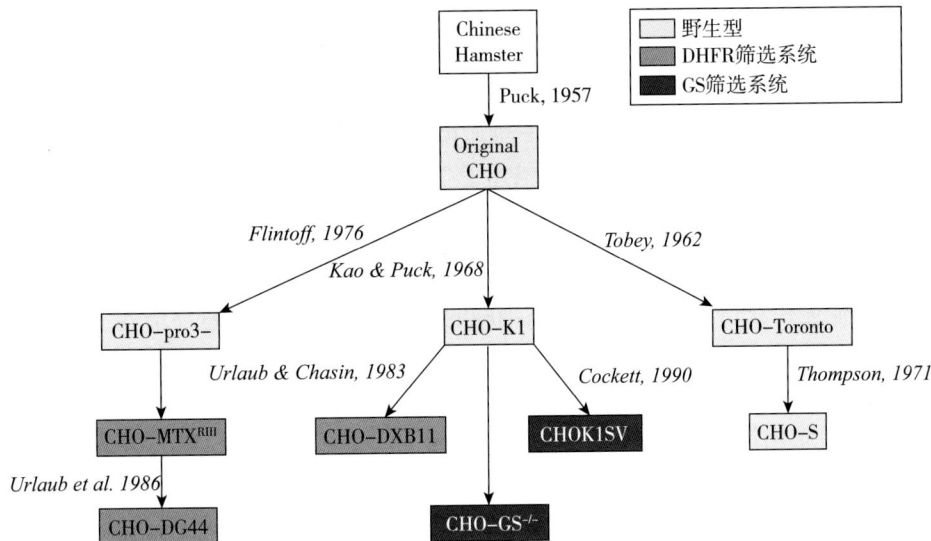

图2-4　CHO谱系：当今用于生物药制造的不同CHO亚系的历史概述

2011年，CHO-K1细胞系的基因组公开[29]，最近，中国仓鼠 C.griseus 和其他几种CHO细胞系（包括CHO-K1、CHO-DG44和CHO-S）的基因组也被公布[30]，进一步明确了CHO细胞特征，突出不同CHO谱系之间的差异。然而，鉴于上述CHO细胞的多样性和不稳定性，仍需基于个体水平对特定的生产克隆进行评估。实际上，即使来源于一个单克隆的CHO细胞培养物，不同细胞之间的表达水平也可以相差70%[22]。在非克隆CHO细胞系（如CHO-K1SV）中，差异可能更加明显，尤其在细胞生长和蛋白质生产能力方面[18]。

CHO细胞生产工艺的一个特别关注点是糖型优化，因为已证明糖型的变化会影响产品的稳定性和功效，非人源糖型可能引起免疫反应[4, 31]。最近，由于生物仿制药的趋势和改良生物药的发展，糖型受到了监管机构特别的关注。在生物仿制药案例中，挑战是将糖型与原研产品的糖型相匹配。对于改良生物药，挑战则是最小化次优糖型，以提高有效性并最小化副反应。CHO细胞缺乏在人类细胞中的某些糖基转移酶，因此无法产生所有人类细胞糖型。相反，CHO细胞可以产生在人类中没有发现的鼠类细胞糖型，即末端 α-Gal和NGNA表位[32, 32A]，但通常修饰水平很低[21]。这就是CHO细胞产生的糖蛋白通常被认为是安全的原因之一。然而，α-Gal和NGNA表位均能够在人体中诱导免疫反应[32]。糖型会随着工艺条件的优化而改变，但是除非对细胞进行基因工程改造，否则CHO的基本特征将始终保持不变。因此，如果产品功能依赖于人源糖型，那么人细胞系可能是比CHO细胞系更好的选择。已知细胞培养基中的某些组分对糖基化具有特定影响，例如微量元素对特定糖基转移酶的功能必不可少。另外，优化生物反应器参数（例如pH值和溶解氧）也可以有效地最大限度地提高所需糖型的产量。

（二）CHO-K1

CHO-K1细胞系自原始卵巢组织分离而来，是非常早期建立的克隆细胞系之一，目前仍应用在生物制药行业以及生物医学研究中。2000年，Lonza通过驯化原始CHO-K1细胞使其能够在无血清培养基中悬浮培养，随后开发了称为CHO-K1SV的亚细胞系[15]。CHO-K1SV细胞系通常与谷氨酰胺合成酶（GS）选择系统配合使用，在该系统中，目标基因（GOI）与GS基因的一起传递到细胞中[33-35]。通过不含谷氨酰胺的培养基筛选出来稳定转染的细胞，也可以在培养基中补充特定的GS抑制剂甲硫氨酸亚砜胺（MSX），以提高筛选压力并提高生产率[36]。然而，Jun及其同事的一项研究表明，MSX筛选可能导致染色体重排，从而诱发生产用克隆的不稳定性[37]。在使用甲氨蝶呤（MTX）筛选的二氢叶酸还原酶（DHFR）缺陷型CHO-DG44生产细胞系中也经常观察到这种现象[38-40]。

（三）CHO-S

20世纪60年代早期，Theodore Puck发现CHO细胞的亚群可以作为非贴壁细胞悬浮生长[41]。大约10年后，Larry Thompson和Raymond Baker首先提出并描述了CHO-S细胞系的悬浮培养[42]，是CHO pro⁻⁵细胞系后代的代表之一[15]。值得注意的是，CHO细胞适应悬浮培养标志着动物细胞培养技术的根本性转变，并为使用高达20,000 L规模的搅拌罐生物反应器（STR）生产治疗性重组蛋白铺平了道路。目前，CHO-S悬浮培养cGMP细胞库可通过商业途径获得。然而，CHO-S细胞的主要缺点之一是在悬浮培养中倾向于形成细胞团。

（四）CHO-DXB11

将CHO细胞用于商业化生物药生产的开发是在建立DHFR功能缺陷型CHO细胞系之后开始的[27]。DHFR是合成胸腺嘧啶核苷和次黄嘌呤所需的酶，DHFR缺陷型CHO细胞是甘氨酸、次黄嘌呤和胸腺嘧啶核苷三重营养缺陷型，需要在培养中添加上述营养物质进行培养[8, 9]，CHO-K1细胞通过γ线诱变得到了缺乏DHFR活性的突变细胞系，后被命名为CHO-DXB11[15]。CHO-DXB11细胞的DHFR基因中，有一个等位基因物理缺失，另一个等位基因携带一个点突变（T137R）[15]。DHFR活性缺失使得CHO-DXB11细胞非常适合用于稳定转染包含外源DHFR基因的表达载体[43, 44]。因为DHFR的表达使细胞能够在没有上述脱氧核糖核苷的情况下合成DNA[43]，所以转染后的细胞可以在没有次黄嘌呤和胸腺嘧啶核苷（HT）的培养基中稳定生长。CHO-DXB11同时也是Genentech首次获批的治疗性重组蛋白，即人组织型纤溶酶原激活物（t-PA，商品名为Activase）的商业生产用宿主细胞系[4]。

（五）CHO-DG44

由于CHO-DXB11细胞系DHFR的等位基因之一中存在点突变，较低概率的DHFR活性逆转的潜在风险仍然存在。因此，Urlaub和Chasin决定对原始CHO细胞系进行额外的几轮诱变，以获得DHFR基因双等位基因敲除的CHO细胞[28]。经过不懈努力，他们最终构建了另一种DHFR缺陷型CHO细胞系CHO-DG44，其两个DHFR基因位点均被物理敲除[28]。此后，CHO-DG44细胞成为全球生物药物工业生产中最常用的CHO衍生宿主细胞系。DHFR缺陷型CHO细胞的主要优势是，当用叶酸类似物甲氨蝶呤（MTX）处理转染的细胞时，转基因可获得扩增。MTX通过竞争性结合DHFR的催化位点来抑制DHFR活性，从而阻止二氢叶酸转化为DNA合成所需的活化四氢叶酸。对使用含有目标基因（GOI）和DHFR基因的载体的稳转细胞系，培养时逐步提高培养基中的MTX浓度，增加筛选压力。从而导致DHFR和GOI基因的扩增，转基因拷贝数增加，因此筛选后的细胞池的重组蛋白产率相对提升[4, 45]。然而，MTX介导的基因扩增带来蛋白质产量增加的同时，不可避免地伴随着基因组重排[15, 46]，并且很可能还伴随着基因表达的变化。此外，MTX诱导的基因组畸变被认为是克隆不稳定性的原因之一，这是生物制造中一个严重的问题。尽管如此，除了CHO-K1，CHO-DG44衍生的细胞系仍被全球大量制药公司频繁使用。

（六）骨髓瘤细胞

自20世纪70年代杂交瘤技术发展以来，骨髓瘤细胞一直是抗体生产的主力军（附录2-1）。目前，在已获批用于生产的生物治疗产品的动物细胞系统方面，骨髓瘤细胞的数量仅次于CHO。骨髓瘤细胞在杂交瘤细胞系构建中用作融合伴侣，根据其自身的优点也可用作生产宿主细胞。骨髓瘤细胞的优势是可悬浮生长和易扩展性，以及在无血清条件下的良好增殖能力以及抗体生产潜力。但是，由于上述更容易获得的即插即用型CHO系统的存在，目前业内对使用骨髓瘤系统进行生产的兴趣不大。此外，小鼠细胞通常具有相当高水平的内源性逆转录病毒/病毒状颗粒，这使得病毒去除/灭活验证研究非常繁琐。

骨髓瘤细胞可产生非人源糖型结构的能力，包括末端半乳糖–α–1,3–半乳糖（α–Gal）表位和N–羟乙酰神经氨酸（Neu5Gc或NGNA）残基。α–Gal表位可以与人体内的α–Gal IgE抗体反应[47]，临床观察表明α–Gal结构与生物治疗药物的不良反应有关。例如，采用Sp2/0骨髓瘤细胞生产的Erbitux（西妥昔单抗）在治疗中患者出现的超敏反应，被归因于α–Gal IgE抗体的存在[48]。Neu5Gc（NGNA）残基在历史上并未受到太多关注，但最近在人体中循环Neu5Gc抗体的发现，引起了对具有Neu5Gc结构的治疗药物风险升高的潜在担忧[49]。为了减轻非人源糖型的潜在风险，可以进行早期靶向筛选，以筛选出低水平α–Gal和Neu5Gc的生产克隆。

最常用的骨髓瘤细胞系NS0和Sp2/0来源于同一种BALB/c小鼠浆细胞瘤的肿瘤细胞，这些细胞可通过几次筛选和克隆步骤取得，最终获得具有良好生理特性的非表达细胞系。Sp2/0细胞系已用于多个重磅药物的生产（表2-2）。除2004年获批的Erbitux和2013年获得EMA批准的Remicade的生物类似药Inflectra外，其他大多数产品都在大多数产品都是在20世纪90年代获得批准。

表2-2 骨髓瘤细胞系生产的生物药物

生产宿主	产品品牌	重组蛋白	公司	批准
Sp2/0	雷普罗	阿昔单抗	Centocor[a]	1994（美国），1995（欧盟）
NS0[b]	赛尼哌	达克珠单抗	罗氏/蛋白质设计实验室	1997（US），1999（EU）于2009在欧盟退市
Sp2/0	舒莱	巴利昔单抗	诺华	1998年（美国、欧盟）
Sp2/0	类克	英夫利西单抗	Centocor Ortho Biotech公司	1998（美国），1999（欧盟）
NS0	麦罗塔	吉妥珠单抗奥唑米星	惠氏	2000（美国）[c]
Sp2/0	爱必妥	西妥昔单抗	lmClone Systems（纽约），Bristol Meyers Squibb（BMS，纽约）（US），Merck Serono（EU）	2004（美国、欧盟）
NS0	舒立瑞	依库珠单抗	亚力兄	2007（美国、欧盟）
Sp2/0	Ilaris[e]	卡纳单抗	诺华	2009（美国、欧盟）
NS0	亚舍拉	奥法木单抗	诺华/Genmab	2009（美国）、2010（欧盟）
NS0	倍力腾	贝利木单抗	葛兰素集团	2011（美国、欧盟）
Sp2/0	塞昔	英夫利西单抗[d]	Celltrion/Hospira公司	2013（欧盟，2016美国）
NS0	ABThrax[e]	雷昔库单抗	GSK/人类基因组科学	2012年（美国）
NS0	希冉择	雷莫芦单抗	礼来	2014年（美国）

[a] 杨森生产，礼来分销。

[b] 临床试验用材料由Sp2/0细胞制备。由于产量有限，此后在小鼠GS-NS0骨髓瘤中重新表达抗体。

[c] 2010年退市。

[d] 类克的生物仿制药。

[e] 未获批，无正式中文名。

Sp2/0或骨髓瘤生产的生物药物已在美国或欧洲获得市场批准。诊断产品不包括在本汇编中。

NS0细胞系最初被用作杂交瘤形成中的融合伴侣，但由于其可与谷氨酰胺合成酶（GS）选择系统结合使用的优势，最近也用于生产使用（见第三章）。NS0细胞的GS内源性表达水平非常低，未转染的细胞是谷氨酰胺营养缺陷型。因此，不需要改变 NS0 的基因即可具有功能齐全的基于 GS 的选择系统。用含有编码基因和 GS 基因的载体转染细胞，并使用不含谷氨酰胺的选择培养基筛选转染子。对于 GS-CHO 细胞，可以通过添加 GS 抑制剂甲硫氨酸亚砜胺（MSX）来增加筛选压力和基因拷贝数。但是，NS0 培养物中所需的 MSX 水平（10~100 μM）通常远低于 GS-CHO 培养物所需的水平（250~500 μM）[50]。使用含 GS 基因的载体进行转染后，NS0 细胞的代谢将发生变化，并且需要更多的谷氨酰胺结构单元，即天冬酰胺和谷氨酸[51]。GS-NS0 细胞产生乳酸和氨的水平非常低[52]。

大多数 NS0 细胞系是胆固醇营养缺陷型，需要在培养基中添加外源性胆固醇来实现最佳生长和生产[53]。由于胆固醇水溶性低，因此补充胆固醇是一个复杂的过程。最常见的是，通过使用如环糊精之类的载体，通过血清或补料进行输送[54]。胆固醇通常由动物来源原料制成，例如羊毛[55]，但通常不建议在培养基中使用动物来源成分，尽管胆固醇可以合成获得，但其大规模生产工艺需要高昂的成本。对此，业内开发了胆固醇非依赖型 NS0 细胞克隆来解决该问题[55, 56]。然而，有相关研究报道，胆固醇非依赖型 NS0 克隆对剪切力较为敏感[57]，这涉及细胞耐用性和大规模工艺的适用性相关问题。2008 年，商业生产中所用的 NS0 产品均被认为具有胆固醇依赖性[58]。当将 NS0 细胞与 CHO 细胞进行比较时，根据产物分子的差异，产物产量和功能性会随之有所不同。在某些条件下，这两个系统的产量相当，NS0 的产量至少为 2~3 g/L（[55], #377）。

（七）BHK

BHK-21 是 1961 年从 1 日龄仓鼠肾脏中建立的细胞系的亚克隆[59]。BHK 是少数同时易于贴壁生长和悬浮生长的哺乳动物细胞系之一。与工业生产中使用的其他哺乳动物细胞系相比，BHK-21 细胞生长能力处于中游。据报道，在最佳条件下批次培养的活细胞密度峰值在 4×10^6 个/ml[60]。BHK-21 细胞已成为许多不同病毒（包括口蹄疫病毒和狂犬病病毒）的实验室培养标准细胞系[60, 61]，该细胞系也已用于生物工艺的研究。BHK-21 细胞系用于生产 Novo Nordisk 的血液因子 NovoSeven（重组人凝血因子Ⅶa）、Aventis Behring 的 Helixate（重组人凝血因子Ⅷ）以及 Bayer 的重组人凝血因子Ⅷ产品 Kogenate 和 Kovaltry[62, 63]。Kogenate 和 Kovaltry 蛋白具有相同的氨基酸序列，但其工艺和各自的 BHK-21 生产细胞系不同。在 Kovaltry 工艺中，通过引入人类热休克蛋白 70（HSP70）基因，对用于制造 Kogenate 的原始 BHK-21 细胞进行了修饰。HSP70 是一种分子伴侣，被认为可以通过促进蛋白质的正确折叠来增加因子Ⅷ的表达，并通过抑制细胞凋亡来改善细胞存活。Kogenate 和 Kovaltry 都使用高达 500 L 的生物反应器进行灌流生产获得[62, 64]。除了 Kovaltry 于 2016 年获批，目前上市的大多数 BHK-21 工艺是在 2000 年前后获得批准。如今，在开发新产品时，业界倾向于首选 CHO 或 HEK 等生产系统代替 BHK-21 细胞。

三、人源细胞

尽管有几种细胞系可选，但人源培养物在生物制造中的应用还很有限。第一个人源细胞系是于 1951 年建立的源自宫颈癌的 HeLa 细胞[64a]。20 世纪 60 年代，人源二倍体细胞被用于疫苗生产，但对致癌病毒的担忧阻止了当时人源细胞的广泛使用。在之后持续的开发工作中，来自其他哺乳动物的细胞成为首选。迄今为止，大多数生物蛋白药物是使用仓鼠和鼠骨髓瘤细胞系生产的，只有三种人源细胞系用于生产已批准的重组生物治疗药物：人淋巴瘤细胞系 Namalwa、人胚肾 HEK 293 细胞和人纤维肉瘤细胞系 HT-1080（表 2-3）。最近建立的人类细胞系，例如源自人胚胎视网膜的 PER.C6 和人胎盘羊膜的 CAP 细胞已用于临床试验中的治疗候选物的生产，但本书撰写时，这些产品均未获得生产许可。其他被探索用于重组蛋白生产的人源细胞系包括HKB-11（HEK 293和人淋巴瘤的杂交细胞）[65]和HuH-7（肝癌细胞系）[66]。与BHK-21和HEK 293相比，HKB-11的优点包括在不形成聚集体的情况下产生大量的蛋白质，并且在人凝血因子Ⅷ的表达中极具潜力[65]。HuH-7已被探索用于生产重组因子Ⅺ[67]。

表2-3 人细胞系生产的生物治疗产品

生产宿主	产品品牌	重组蛋白	公司	批准
Namalwa	惠福仁	干扰素α	惠康基金会	1986（1999退市）
HEK 293	Xigris	Drotrecogin alfa（活化蛋白C）	礼来	2001年（美国）（2011退市）
HT-1080	瑞普佳	人α-半乳糖苷酶	夏尔	2001（欧盟）
HT-1080	Dynepo	促红细胞生成素	夏尔	2002（欧盟）（2009退市）
HT-1080	Elaprase	艾杜硫酶注射液	夏尔	2006（美国）2007（欧盟）
HT-1080	维葡瑞	维拉苷酶α	夏尔	2010（美国、欧盟）
HEK 293	赛玖凝	重组人凝血因子Ⅸ-Fc融合蛋白	百健艾迪	2014（美国）
HEK 293	Eloctate	重组因子Ⅷ Fc融合蛋白	百健艾迪	2014（美国）
HEK 293	Nuwiq	simoctocog alfa，重组人凝血因子Ⅷ	奥克特珐玛	2014（欧盟）

已在美国或欧盟获得上市批准的人细胞系生产的生物治疗产品。PER.C6系统已用于临床试验后期的生产，但在撰写时没有在PER.C6中生产的生物制药获得市场批准。本汇编不包括细胞治疗产品（自体和异体）或脐带血产品。

人源细胞系的主要优势是完全的人类蛋白质生产机制，可带来正确的翻译后修饰和人源糖型。但是，直接比较表明，使用人源细胞系并不一定会产生完全人源型的产品。此外，也没有明确证据证明人源的重组蛋白产品比CHO细胞生产的产品更安全和高效[68]。

（一）HEK

人胚肾293（HEK 293）细胞系是一种多用系统，用于蛋白质、病毒载体的生产研发和重组蛋白的工业生产。1977年，通过用5型腺病毒DNA的剪切片段转化HEK细胞，建立了第一个HEK 293细胞系[69]。这是首次观察到细胞通过E1A和E1B基因转化获得永生化。HEK细胞易于在无血清培养基中悬浮生长，并且有几种市售的适应无血清悬浮生长的HEK克隆。由于其质粒DNA转染的高效性，再加上人源的蛋白翻译后修饰能力，使用HEK细胞瞬转生产的重组蛋白如今已广泛用于科研领域和临床前研究中。HEK 293细胞广泛用于生产病毒载体，例如生产腺病毒、慢病毒、逆转录病毒和腺相关病毒。截止2017年底，使用HEK细胞系生产的几种病毒载体仍处于Ⅱ期和Ⅲ期临床试验中。自2001年以来，稳转的HEK细胞株一直被应用于生物制药生产中。2015年，已有四种使用HEK细胞生产的治疗性蛋白药物获得许可，分别是Alprolix、Eloctate、Nuwiq和Xigris。以Xigris为例，其使用CHO细胞生产，发挥正常功效所必要的翻译后修饰程度可能不足。

裸露的DNA无法自发进入细胞，因此人们已开发出多种HEK细胞的转染方法。最常用的化学转染试剂是聚乙烯亚胺（PEI）[70]、磷酸钙、脂质体（Lipofectamine）和Metafectene。后两者的价格昂贵，因此它们经常小规模使用。磷酸钙和PEI是成本较低的替代品，已用于至少100 L的规模[71,72]。据报道，使用PEI作为转染试剂，HEK的瞬转实现了g/L水平的抗体产量[73]。物理转染方法（例如电穿孔）也已被提出作为大规模瞬转的潜在替代方法。业内已经研究了各种参数以最大化HEK瞬转产率，例如优化转染DNA量、DNA与转染剂的比例、复合物形成的时间和溶液条件、转染培养基、转染后的培养基补料以及转染时的细胞密度[72,74]。

（二）PER.C6

PER.C6表达系统是在1998年建立的，是用腺病毒编码序列Ad5 E1A和E1B永生化的非致瘤性人胚胎视网膜细胞[75]。PER.C6是严格遵守药物非临床研究质量管理规范构建的，并且从第一个阶段开始就对细胞系进行了全方位的记录，以确保满足临床和商业生产的所有法规要求。对细胞进行了全面检测，并清除了外源病毒。PER.C6最初是为生产用于疫苗和基因治疗的腺病毒载体而开发的，但该系统也已用于重组蛋白的生产。使用PER.C6细胞的几个项目已在临床试验状态细胞的几个项目已处于临床试验阶段，但这些项目在撰写本书时均未获批上市。PER.C6细胞系受大量的专利组合保护，可从Patheon获得许可使用。

PER.C6细胞的优势包括可在无血清培养基中悬浮生长，无需基因扩增即可获得较高产量，人源翻译后修饰能力以及超过每毫升1亿个细胞的极高细胞密度。2008年，Crucell和Percivia宣布利用专有的XD工艺可达到创纪录的27 g/L抗体表达量，PER.C6系统因此获得了全世界的关注。该结果来自于研究规模的实验，在生物制造中通常不追求这种极高水平的体积生产率，因为这可能导致下游纯化过程中非预期的蛋白质聚集、产物降解和其他问题。但是，该实验至少在理论上表明了可以达到的目标，从而增加了人们对PER. C6细胞的关注。其次是PER.C6具有出色的细胞生长能力，但CHO系统在细胞比生产率方面，仍是业内许多产品的参照标准。具有高比生产率的好处是，对于一定的体积生产率，细胞的需求量相对较低。相反，如果细胞比生产率低，为了满足相同的体积产量，则需要较大的细胞数量。大量的细胞可能对下游工艺在去除细胞膜、DNA和宿主细胞蛋白等副产物方面带来挑战。

（三）CAP

CEVEC公司的羊水生产细胞（CAP）是一种源自羊水的人类细胞系。通过5型腺病毒E1基因转化使该细胞系永生化[76]。开发CAP是为了解决快速构建人源生产细胞系的需求，能够在无需抗生素筛选情况下大量分泌蛋白质。CAP细胞能够在无血清培养基中悬浮生长，可以进行全人源的翻译后修饰，每天每细胞能够表达至少30 pg的完全糖基化和唾液酸化的蛋白质。在没有任何抗生素筛选的情况下，目标基因可以在超过90次传代中稳定表达[76]。2013年CAP细胞生产的产品成功完成临床Ⅰ期研究，达到了人类第一个里程碑。在撰写本文时，尚未有使用CAP细胞生产的产品获得上市许可。

CAP-T是该品系的变体，可持续性表达SV40大T抗原。该细胞系的开发，使携带SV40复制起点的质粒能够瞬时表达目的基因。据推测，干细胞样起源的CAP细胞，可能由于特定酶和伴侣蛋白的表达，使难以表达的蛋白实现更有效地生产[77]。研究规模下的试验蛋白的优异产量可能表明CAP/CAP-T细胞的瞬转表现不低于甚至超过HEK-293细胞。为用于基因治疗，CEVEC还提供了CAP生产系统的第三个变体CAP-GT。

第三节　微生物系统

对于无需翻译后修饰即可发挥功能的简单生物药而言，微生物系统可作为供选择的生产培养系统。和动物细胞培养系统一样，没有一个单一的微生物平台可以满足所有产品或所有生物制造商的需求。需要考虑的因素包括，生物分子结构、是否必须为分泌性蛋白、是否需要关注内毒素以及最终产物是否需要糖基化来实现功能。微生物系统通常具有快速、稳健和可预测的生长、简单且低成本的生长培养基、快速克隆以及非常高的产品产量等优势。但是，产量取决于产品。并且会受制于相当大的多样性。微生物生产中常见的问题包括生产率低、产品相关杂质、质粒或宿主细胞的不稳定性等。为应对这些挑战并改善微生物生产工艺，各公司开发了微生物表达工具盒，可以快速组合不同的元素，从而能够在短时间内筛选出最合适的产物以及菌株。使用合理的方法，可以在大约2个月内完成筛选。在微生物系统中，大肠埃希菌占主导地位，其次是酵母，例如酿酒酵母和巴斯德毕赤酵母，业内关注的另外两个细菌类型是假单胞菌和芽孢杆菌。疫苗领域的某些特定产品还使用了一些其他微生物系统，如用于生产Dukoral疫苗（Crucell）的霍乱弧菌，用于生产Triacelluvax疫苗（Chiron/Novartis）的百日咳鲍特菌。

一、细菌

自1982年第一个重组产品Humulin（人胰岛素）获批以来，大肠埃希菌一直是生物技术中的头号主力军。这是因为其安全性、易于处理、良好的可扩展性和高生产率等，其仍然是无需翻译后修饰的小分子蛋白和多肽的首选生产宿主。已有多种大肠埃希菌菌株用于生物制造，其中常用的两种菌株分别为K12和B，不同菌株具有不同的生长特性，例如B菌株产生的乙酸远少于K12菌株[78]。蛋白生产通常不是连续的，而是需要在某个预定阶段使用诱导剂（例如糖、IPTG）或营养物质耗尽方式进行诱导。大肠埃希菌生产系统已被彻底建模和表征，与使用动物细胞培养的系统相比，未知领域通常较少。大肠埃希菌是无翻译后修饰的小分子蛋白质和多肽的首选生产系统，包括没有任何糖基化的双特抗在内的更小的抗体片段都可在细菌中成功产生，并已推进到临床试验[79]。大肠埃希菌也是研究过程中使用的标准工具。

大肠埃希菌细胞分为三个部分：细胞质、周质和细胞外空间。重组蛋白可以靶向这些部分中的任何一个，但是在生物制药生产中，细胞质是最常见的靶标空间。当产品靶向细胞质或周质空间时，高水平的生产会导致称为包涵体的折叠中间体的积累。包涵体形成的背后机制可能是分子依赖性的，但细节尚不完全清楚[80]。包涵体的变性和复性通常是一个复杂且昂贵的过程，涉及多个步骤，并且对于某些分子而言，活性、复性产物的最终收率可能非常低。在这些情况下，较为可行的选择是更换生产方法。但包涵体也有一定优势。在包涵体中产生的蛋白质可达到细胞内总蛋白量的25%以上，远高于可溶性蛋白质。包涵体易于通过离心分离和浓缩，从而简化了去除天然蛋白质和多肽的下游过程。最后，包涵体中的蛋白质是无活性的，这有利于有毒产物的产生。

在周质或细胞外空间生产中，较少含有天然宿主细胞衍生物，从而可减轻下游工艺的负担并降低蛋白水解的风险。周质生产的好处是它是一个氧化环境，可以形成二硫键。然而，与细胞内生产相比，大肠埃希菌中的分泌能力有限，周质和细胞外区的产量通常较低。对于细胞外生产尤其如此，这也导致靶蛋白的稀释。即使在分泌型蛋白质的生产中，倾向于使用其他微生物系统（例如芽孢杆菌或酵母），但大肠埃希菌仍然是值得研究的选择，并且学界正在对其进行研究以期进一步提高其分泌能力。

大肠埃希菌系统具有很高的成本效益，因为它具有很高的生长速度、简单的营养需求以及高产能。大肠埃希菌培养物的理论细胞密度限度估计约为每升200 g细胞干重[81]。在实践中，最大细胞密度则要低得多，但该系统仍具有超过每升100 g干细胞重量的潜力[82]。这种高水平生产率对生产规模的维持可能是一个挑战。在最佳环境条件下，大肠埃希菌倍增时间约为20分钟。大肠埃希菌发酵成功的关键是对pH、温度和溶解氧的良好控制，充分混合以及营养补料策略，以最大程度地减少副产物的形成。大肠埃希菌生长培养基不像动物细胞培养基那样复杂，无机盐培养基仅包含碳源、氮源、缓冲液、盐、维生素和微量元素。但是，某些大肠埃希菌菌株可能需要补充营养才能获得良好的生长和高产。在科研领域中使用了高度复杂的营养混合物（例如LB培养基），但由于这些混合物的性质不确定以及与批间控制和工艺控制相关的后续挑战，通常应避免在工业生产中大规模使用。

与大肠埃希菌生产相关的一些常见挑战见表2-4。大肠埃希菌翻译后修饰能力的缺乏限制了大肠埃希菌发酵的使用，质粒不稳定导致生产力下降，蛋白水解活性降低工艺产量，内毒素带来下游纯化工艺的挑战。

为应对以上挑战正在进行大量的研究。例如，在发酵过程中选择营养缺陷型菌株可增强质粒稳定性。这种缺陷型菌株可以通过敲除大肠埃希菌宿主菌株中的必需基因，并在质粒骨架中引入相同的基因来实现。另一种选择是将目标产物基因整合入大肠埃希菌基因组[83]。

表2-4　大肠埃希菌生产系统的优势和挑战

优势	挑战
安全	质粒不稳定性
简单遗传学	密码子偏倚[a]
易于操作	包涵体形成
可扩展性	蛋白质复性不当
高增长率	缺乏翻译后修饰
短工艺时间	难以表达高分子量蛋白
简单的培养基简单的营养要求	下游工艺复杂
充分表征的系统	内毒素污染
高产品产量的潜力	无法分泌表达
快速表达	蛋白水解消化
	现有一次性使用技术的局限性

[a] 许多人类蛋白质的基因含有在大肠埃希菌中罕见的密码子，这会降低重组蛋白质的表达水平。
与所有生物制药生产系统一样，系统适用性的评估应从待生产的分子开始，逐个单独评估。

　　Pfēnex表达技术是最近开发的一种基于假单胞菌的微生物系统。假单胞菌生产系统有一套系统方法可以鉴定高产的荧光假单胞菌菌株，并通过一系列基因工程方法进一步改善这些菌株。荧光假单胞菌是一种专性需氧型生物技术菌，这意味着当氧气含量低时，它无法像大肠埃希菌一样转换为厌氧生长。该平台由陶氏公司于2004年推出，用于生产治疗性蛋白质和疫苗。荧光假单胞菌可以在摇瓶中生长至菌体密度约为OD值30~50单位（A_{595}单位，即使小规模条件下也能够产生相对大量的蛋白）。通过使用两个质粒，四个或更多启动子，三个核糖体结合位点和25个或更多信号肽的组合生物学方法，已开发出了100多种即用型表达载体用于克隆和随后高产菌株的鉴定。通过系统性方法可以在大约八周内完成菌株构建、筛选和发酵，从而鉴定出高产菌株。这项技术是可通过商业途径获得的。

二、酵母菌

　　酵母用于烘焙和酿造已有几个世纪了，如今也用于生物制药生产。目前生物制造中两种最常见的酵母菌株是酿酒酵母和巴斯德毕赤酵母。酵母菌的优势包括快速生长、易于处理、外泌能力、无内毒素、正确折叠和翻译后修饰的能力（包括信号肽水解、二硫键形成、亚基组装、酰化和糖基化在内）。酵母细胞具有基本的糖基化能力，可以合成基本的Man9GlcNAc2结构，但无法将其进一步加工成复杂糖型。然而，甘露糖的添加可能会产生超过100多个甘露糖基组成的高甘露糖糖型，引起人体免疫应答。酿酒酵母中高甘露糖型较为常见，但巴斯德毕赤酵母中并不常见[84]。酵母还缺乏人类分子伴侣能力，无法产生更复杂的人源蛋白质。为了弥补这些缺陷，已对酵母开展基因工程改造，使之能够产生类似人源糖型。迄今为止，已超过400个酵母基因已成功人源化[85]，并尝试了完整信号通路的人源化改造[86]。工程化酵母菌株可以产生双触角糖型[87]，同时，基因工程也已应用于最小化蛋白水解活性，因为降解重组蛋白的蛋白酶的存在是酵母工艺中的常见挑战。

长期以来，烘焙用酿酒酵母一直是研究人类生物学的模型生物。已采用酿酒酵母中表达了40多种不同的重组蛋白[88]。主要生物药物是胰岛素、人血清白蛋白、肝炎疫苗和病毒样颗粒。例如，酿酒酵母用于生产针对人乳头瘤病毒感染的Gardasil（Merck）疫苗。

巴斯德毕赤酵母是我们所熟知的生产系统，由于其具有强大且受到严格调控的启动子，因此在生产中可达到非常高的细胞密度，并且可以通过胞内表达和分泌表达两种方式生产克级重组蛋白。通过毕赤酵母是一种甲醇营养型酵母，能够代谢甲醇作为其唯一碳源。最广泛使用的毕赤酵母生产系统利用了该特性，目的产物在醇氧化酶1基因（AOX1）（甲醇利用途径中的第一个基因）的启动子的控制下克隆，然后采用甲醇进料诱导重组蛋白的产生。但是，甲醇是一种挥发性溶剂，处理大量甲醇需要对其采取适当的安全措施。在某些情况下，较高表达量的优点克服了与甲醇有关的问题。而在其他情况下，可以选择具有AOX1以外的其他启动子的毕赤酵母系统或其他表达系统。采用巴斯德毕赤酵母生产的重组产品包括人胰岛素（Insugen，Biocon）、人血清白蛋白（Medway，田边三菱制药）、乙肝疫苗（Shanvac，Shantha/Sanofi）、奥克利纤溶酶（Ocriplasmin，ThromboGenics）和α-IL6受体单域抗体片段（Nanobody ALX-0061，Ablynx）以及其他产品。

生物制造商关注的另一种甲醇营养型酵母是多形汉逊酵母[89]，其优势在于能够在同一细胞内表达多种蛋白质。可以用串联排列的两个或多个表达盒设计一个载体，经转化后的细胞将持续具有以等摩尔比存在的基因。多形汉逊酵母在变质的橙汁、玉米粉、昆虫和土壤中自然存在。

第四节 其他生产系统

除哺乳动物和微生物生产系统之外，还有相对完善的昆虫细胞/杆状病毒系统和基于植物细胞的表达系统。这些系统均是真核细胞，并且可以进行复杂的翻译后修饰，不完全是哺乳动物类修饰类型。基于昆虫细胞系生产的快速和便利性，其在早期开发阶段很受欢迎，例如，当需要少量蛋白质初步表征药物的生化特性时。基于植物细胞的重组生产包括使用整个植物和仅使用一部分植物作为培养物进行生产。使用昆虫细胞和植物细胞生产系统所生产的产品目前均已获批上市。

一、昆虫细胞

20世纪90年代，开发了哺乳动物表达系统的一种简单安全的替代品，即昆虫细胞杆状病毒表达系统，与酵母和细菌相比具有更先进的糖基化能力。已采用昆虫细胞成功生产了各种各样的蛋白质，包括胞质酶和膜结合蛋白[90]。昆虫细胞表达通常用于药物开发的早期阶段，它是一种快速表达mg至g级候选药物的方法，用于结构研究、筛选测定和其他实验。昆虫细胞杆状病毒系统也用于已获批产品的大规模生产工艺中，其局限性包括非哺乳动物的聚糖类型和一定的产量限制[91]。

目前，最常用的昆虫细胞表达系统是瞬时的，由两部分组成：昆虫宿主细胞和杆状病毒——苜蓿银纹夜蛾核型多角体病毒（AcMNPV）载体。AcMNPV只感染昆虫，这对人类非常安全。目的基因插入在杆状病毒主链中的强启动子（最常见的是多角体蛋白或p10）之后。杆状病毒基因组转导到昆虫细胞中会导致病毒基因和产物基因的表达。新的病毒颗粒从受感染的细胞中产生并随后感染新的细胞，而受感染的细胞最终将裂解。感染后约48小时，蛋白质会一直持续生产直到细胞裂解。使用最广泛的昆虫宿主细胞系来自草地贪夜蛾*Spodoptera frugiperda*（Sf9，Sf21，expresSF+）和粉纹夜蛾*Trichoplusia ni*（BTI-TN-5B1-4 High five）。

当然也有基于果蝇（*Drosophila melanogaster*）（D.Mel-2）的稳定可诱导的昆虫系统。

昆虫细胞在27~28℃时以单细胞或小团块的形式悬浮生长。与哺乳动物细胞相比，这是一个较低的生长温度，并且培养箱和生物反应器可能需要额外的冷却功能来准确控制昆虫培养物的温度。昆虫细胞系的倍增时间随特定克隆和生长培养基的不同而变化，但通常在24小时左右。细胞在无血清和无蛋白培养基中生长良好。但是，通常需要酵母提取物或类似的复杂补料来实现高生产率。昆虫细胞往往比哺乳动物细胞对剪切更敏感，通常在昆虫细胞培养基添加剪切保护剂如普朗尼克F-68[92]。

昆虫细胞表达系统的大规模生产通常包括两轮单独的大规模培养：一个用于宿主细胞培养，另一个用于病毒毒株的增殖。将生产宿主细胞培养至特定的细胞密度，然后在预定的时间点（感染时间，TOI）加入杆状病毒，每个细胞对应病毒的数量被叫做感染复数（MOI）。如果MOI较低，则非所有细胞都会同时被感染，则需要再连续进行几轮感染。如果MOI为5或更高，则感染将是同步的[93]，并且过程将很短。但是，同步感染可能需要极大量病毒原液，超出了可能的生产规模。高MOI和低MOI策略均已在生产中证明是成功的，因此选择策略取决于诸如产品稳定性、毒性以及是否有足量病毒原液等因素。无论MOI如何，感染都需要大量的能量，表现为生产过程的高耗氧量[94]。

昆虫细胞系统的一个局限性是非哺乳动物型的糖型。昆虫细胞在N-聚糖形成的初始步骤与哺乳动物细胞相同，但是许多昆虫细胞种类无法延长核心五糖Man3GlcNac2。另一个挑战是难以提高生产率。产品产量取决于多种因素，包括感染时的细胞生理状态杆状病毒原种的质量和细胞培养基。常见在特定时间点或细胞浓度下生产率突然下降的现象。这通常称为"细胞密度效应"。

2015年，三种采用昆虫细胞生产的产品被批准上市，分别为：用expresSF⁺细胞制造的三价流感疫苗（Flublok，Protein Sciences Corp），用源自*Trichoplusia ni*的Hi-5 Rix4446制造的二价HPV疫苗（Cervarix，GSK）和sipuleucel-T，一种用于治疗前列腺癌的免疫疗法（Provenge，Valeant）。Provenge采用Sf21昆虫细胞开发了一种免疫疗法，在体外采用其生产的重组融合蛋白活化自体外周血单核细胞，并注射输入体内。这是一种高成本疗法，引发了全球关于生物治疗药物合理成本的讨论。

二、植物细胞

采用植物细胞进行生物制药生产是具有吸引力的一个选择。植物细胞可以进行复杂的翻译后修饰，且不含有任何已知的人类病原体和细菌内毒素，被认为是安全的[95]。重组产物主要积累在植物液泡中，但较小的蛋白质可以穿过细胞壁进入细胞外环境。植物细胞具有全能性，这意味着每个细胞都有潜力发展成完整的新植物和（或）分化成所有细胞类型。大肠埃希菌的直径为2 μm，哺乳动物细胞的直径为10~15 μm，植物细胞的直径可达100 μm，比细菌和动物细胞大许多倍。许多植物细胞生长相当缓慢，倍增时间可达数天。最佳生长温度通常在23~29℃，最佳pH在5~6[96]。周期性的明暗循环（16:8小时）可促进植物细胞生长并提高生产率。最佳光照量是培养物特异性的，但文献报道一般在0.6~10 lux[93]。植物细胞培养基通常包括碳源、无机和有机添加物添加、植物激素，如需要还可以添加支持基质[93]。与许多动物细胞培养相反的是，培养基中不包括光敏性成分。不同植物细胞可以在常规摇瓶中小规模生长，也可以用专门设计的各种生物反应器进行大规模培养。例如包括传统搅拌罐的改进、摇摆式一次性生物反应器和定制设计的一次性生物反应器[95, 97]。2012年5月，FDA批准了首个植物培养生产的产品Elelyso（他利苷酶-α，Protalix BioTherapeutics），这是一种采用经基因编辑后的胡萝卜细胞生产的酶，用于治疗1型戈谢病。

第五节 前景与展望

理论上，任何在培养物可维持生长的细胞均可用于表达异源蛋白。尽管如此，为生物制造开发新型宿主细胞并不是一件容易的事。首先，宿主细胞必须能够合成目标产物，并具有正确的质量属性和适宜的产量。其次，培养工艺必须是稳健和可扩大的，并且保证产物的一致性。再次，系统必须要被证明是完全安全的。需要提供宿主细胞系的完整历史记录，从最初的开发阶段到用于生产的细胞代次，包括亲本细胞、融合和永生化方法的详细信息等。除非宿主细胞的开发过程具有完整的记录和可控系统，这可能将是一项具有挑战性的任务。将新的生产宿主系推向市场需要花费数年甚至数十年的时间和大量资源，作为替代，当前的许多开发工作都集中在改进已被证明与商业大规模生产设施兼容的现有平台，一般可以通过靶向基因编辑，定向或强制驯化以产生现有细胞的新变体，或通过单细胞克隆筛选特定群体中具有最合适性状的个体来达成种实现[18]。

未来，现在用于大规模生物制造的生产细胞系很可能会继续作为主力军。这意味着CHO细胞将继续主导复杂的生物制品生产，而大肠埃希菌将继续成为微生物生产系统中的首选。除了上述将新宿主生物推向市场的复杂性外，业内继续大量使用CHO细胞和大肠埃希菌包括三个主要原因。首先，生产工艺所需的多数基础设施已经就位。其次，即插即用技术可简化和加速现有宿主细胞系新工艺的开发。再次，大肠埃希菌和CHO细胞的经验积累非常丰富，这有助于新的治疗分子的开发决策和监管批准。上述所有要素都有助于加快工艺开发，从而实现稳健和安全的生产操作，以及满足业务需求的生产率。此外，生物制药的较长开发周期导致新技术的崛起相对缓慢。因此，新兴技术进入市场的门槛相当高。

尽管大肠埃希菌和CHO细胞在其各自的类别中占主导地位，但它们仍有一些缺点。这些缺点势必会带来无法覆盖的空白地带，替代生产宿主则用于生产与这两个主流系统无法匹配的产品类型。对于CHO细胞，固有弱点主要包括非人源糖型和高频率染色体重排的基因组不稳定性。对于大多数产品而言，CHO细胞的糖型不是问题，但在关键情况下，人源细胞系可能是更好的选择。频繁的基因组重排可能会给生物制造商带来挑战。有了更可预测和稳定遗传的宿主细胞，开发过程可以缩短，放大过程可以变得更加简单。对于大肠埃希菌，细菌的缺点（例如分泌表达的挑战）是主要限制。

新的宿主细胞的准入门槛很高，但这并不是始终一成不变的。可以颠覆CHO细胞和大肠埃希菌优势地位的潜在因素如一次性使用技术和新的治疗形式。与传统的重复使用技术相比，使用一次性系统需要较少的前期投资，这有助于新兴工艺和模式的开发。因此，可以更容易地测试新的生产策略，并且承担相对较低的投资风险，这为新型宿主细胞和工艺创造了机会。突出案例是Protalix公司开发的首个获批的植物细胞系生产的生物治疗产品Elelyso。Elelyso基于ProCellEx平台，在专门用于满足胡萝卜细胞培养需求的一次性生物反应器中生产的。新的疗法和药物形式有可能在整个生物制药行业中引起范式转变，特别是在涉及必须由（动物）细胞生产的完全不同的生物制品（例如基因疗法或溶瘤病毒）时。此外，目前全球趋势是开发针对少量患者群体具有更好疗效的个性化药物。目前哪种生产系统能满足这类疗法的要求还有待观察。有时治疗药物会来自患者自身宿主生物体，例如自体细胞治疗。在其他情况下，现有的生产系统可能非常适合，例如在抗体片段和生物偶联物的生产。

附录2-1 杂交瘤技术与抗体的人源化

杂交瘤细胞是通过一种永生化的骨髓瘤细胞（如Sp2/0或NS0）和一种非永生化的可产生抗体的淋巴细胞经过人工融合得到的[3]。在只有融合细胞才能存活的HAT培养基（次黄嘌呤、氨基蝶呤和胸腺嘧啶核苷）中进行杂交细胞的筛选。20世纪70年代，杂交瘤技术的问世彻底改变了现代生物技术。在此之前，抗体需从免疫动物的血清中分离，是多克隆的、特异性低的、质量参差不齐的抗体。利用杂交瘤技术，几乎可以无限量地生产高特异性的单克隆抗体。

第一个杂交瘤衍生的抗体是鼠源的。因此，它含有引起安全性问题和降低功效的免疫原性表位，这称为人抗鼠抗体（HAMA）反应[98]。为了改善抗体药物的安全性，开发出了嵌合抗体和人源化抗体。嵌合抗体是通过将鼠可变区（VL+VH）融合到人Fc骨架中而产生的。与鼠源抗体相比，嵌合抗体的免疫原性较低，但鼠源Fab仍含有一些可能引起不良副作用的序列[98]。人源化抗体则是将鼠源CDR序列移植到人源框架上，与鼠源抗体和嵌合抗体相比，人源化抗体的免疫原性显著降低，但人源化过程需要投入大量实验。

如今进入临床试验的大多数抗体是人源化或全人源的[99]，首选策略是使用全人源化抗体（通过噬菌体展示等方法开发）和经过基因编辑以产生人源抗体的转基因小鼠[99,100]。转基因小鼠的出现使得在研发中即使用杂交瘤技术，也不会有HAMA反应的风险。完全人源单克隆抗体不仅具有更好的安全性，还额外具有对其治疗靶标特异性极高的优势。

参考文献

第三章

细胞株开发

Andreas Castan*, Patrick Schulz†, Till Wenger†, Simon Fischer†

*GE Healthcare Life Sciences, Uppsala, Sweden;† Boehringer Ingelheim, Biberach, Germany.

第一节 引言

在重组蛋白生产工艺开发中，所采用的细胞系（株）需适用于符合药品生产质量管理规范（Good Manufacturing Practice of Medical Products，GMP）的稳定的商业化大规模生产。一般而言，尤其应具备以下特征：①能够在无血清培养基中以悬浮方式生长；②细胞生长速度快，能够快速扩增；③蛋白表达水平高，分泌能力强。

除了上述三个重要特征外，生产用细胞株还必须具备高效的能量代谢特征，不会生成过量的代谢副产物。而且，需具备高效可调控的蛋白质分泌和糖基化修饰（glycosylation）机制。此外，在长期的细胞传代和生产过程中，细胞所产出的目标产品的产率和质量应能够保持稳定。最后，细胞的群体倍增时间应尽可能短，以缩短从基因转染（transfection）到生产细胞株开发的周期。

为确保细胞株开发（cell line development，CLD）过程的安全性，还需对一些关键因素进行严格评估。通常，需要对CLD所有步骤的细胞培养基添加物或可能与最终生产细胞接触的每一种原材料进行全面监测。20世纪90年代，疯牛病危机暴发，给人类社会和经济带来了巨大压力和强烈冲击。为最大程度地保证生物药工艺开发和生产的安全性，各国政府和监管机构要求必须对每种培养基成分进行无动物源成分（animal component–free，ACF）认证。

中国仓鼠卵巢（Chinese hamster ovary，CHO）细胞是在单克隆抗体（简称"单抗"，monoclonal antibody，mAb）等复杂的生物制品（biologics）药物生产中应用最广泛的细胞系。因此，本章以CHO细胞为例，重点介绍应用于生物制品药物生产的细胞株的开发过程。具体将阐述如何构建稳定的细胞株、如何获得满足生产需求的细胞克隆（clone），以及如何对宿主细胞系进行工程化改造。

第二节 稳定转染CHO细胞株的构建

一、重组DNA载体的设计和生产

细胞系开发过程的第一步是将编码目的基因、基因调控元件和筛选标记的质粒脱氧核糖核酸（deoxyribonucleic acid，DNA）导入生产宿主细胞内，该过程称为转染[1]。

质粒表达载体由许多不同的元件组成，以图3-1所展示的随机整合表达mAb载体为例，其主要包括：mAb的轻链（light chain，LC）和重链（heavy chain，HC）编码序列、筛选标记序列［本例中为谷氨酰胺合成酶（glutamine synthetase，GS）］、启动子（promoter）、信号肽（signal peptide）以及与大肠埃希菌（*Escherichia*

31

Coli，*E. coli*）中载体生产相关的序列，包括复制起始点（ori）和抗生素抗性（antibiotic resistance）基因。

载体元件（vector element）通常采用大肠埃希菌或其他细菌质粒生产，可采用高拷贝数的质粒提高质粒DNA的产量。细菌培养完成后，便可开始制备并纯化质粒DNA。重组DNA载体的构建过程是在核酸酶（nuclease）、连接酶（ligase）、聚合酶（polymerase）等一系列酶的催化作用下对DNA进行改造而完成的。

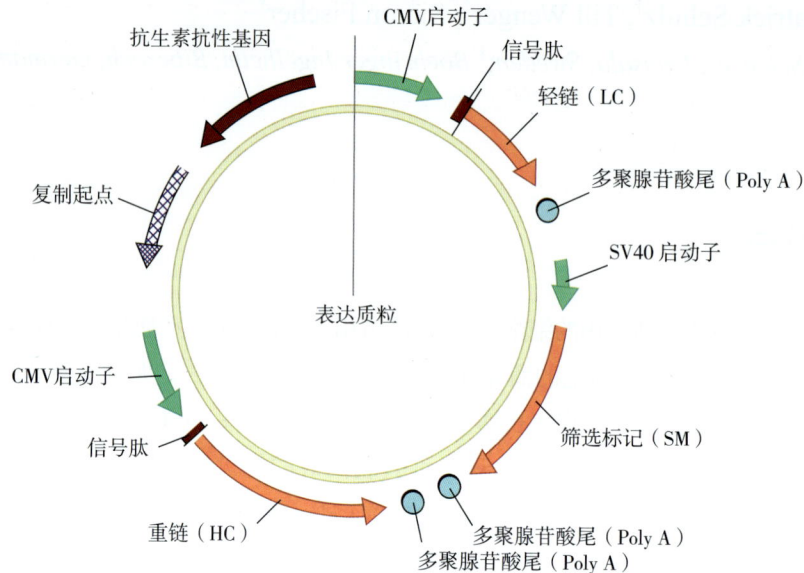

图3-1　mAb表达载体示例

二、基因递送

转染是稳定细胞株构建的第一步，高转染效率是工业化开发生产用细胞株的重要基础和首要关注内容。根据作用方式不同，通常可选择以下几种转染方法：阳离子脂质体（cationic lipid）转染、阳离子聚合物（cationic polymer）或聚阳离子（polycation）转染、磷酸钙转染和电穿孔（electroporation）转染[2, 3]。

阳离子脂质体和聚合物可从各供应商购买，但是这些试剂的转染效率和功能可能会因多种因素而有很大差异，主要的影响因素包括细胞类型、培养基、试剂与DNA的比率、DNA纯度、缓冲液、转染复合物形成时间和体积等[2, 4, 5]。阳离子脂质体和阳离子聚合物的优点在于使用方便，且转染过程不需要特殊设备。不过其也有一些缺点，主要包括：试剂与培养基组分可能不兼容，从而导致转染效率降低；转染优化流程繁琐；成本高；需要无动物源成分（ACF）生产过程认证等。然而，CHO细胞本身较难被转染，且其培养基成分的复杂性进一步增加了基因递送（gene delivery）的难度。因此，基于化学方法的递送载体（delivery vehicle）技术对CHO细胞的转染效率往往较低。

近年来，随着电穿孔仪器、参数和电解质缓冲液组分的持续改进，转染效率得到了大幅提升，而且也大大提升了细胞对这种转染方式的耐受性。另外，由于电穿孔可能使DNA双链断裂，因此其有助于细胞在DNA修复过程中将外源表达质粒整合进细胞基因组中。总体而言，随着电穿孔技术的发展，外源基因递送至CHO细胞内的效率得到了大幅提高。而且，其转染效率与培养基组成、所用试剂的生产过程是否含有动物源成分等因素均无关，但仍需持续不断地优化转染条件。此外，电穿孔装置和转染试剂盒的成本较高，仍需不断升级。尽管如此，经过优化后的电穿孔转染工艺已经能够将CHO细胞的转染效率提高至80%以上，并具有良好的可重复性。由于化学转染方法尚无法达到如此高的转染效率，电穿孔转染方法仍为当前用于重组CHO细胞株开发的金标准方法（gold standard）[6-9]。

逆转录病毒载体也能够将目的基因序列转染进宿主细胞，是CLD中另一种有效的基因递送工具。逆转录病毒可以将自身基因组及其携带的外源基因随机、稳定地整合至宿主细胞基因组的多个基因组位点，进而实现目的基因在宿主细胞内稳定、长期的表达。目前，常用的一种商业化的逆转录病毒载体转染方法为美国康泰伦特（Catalent）公司的GPEx技术。逆转录载体递送以核糖核酸（ribonucleic acid，RNA）为模板，在其进入细胞后通过逆转录过程合成DNA，随后稳定整合至宿主细胞的基因组中，该过程在载体颗粒中提供的逆转录酶（reverse transcriptase）和整合酶（integrase）的催化下完成。这些整合进细胞中的基因如同细胞的内源性基因一样，在后续分裂的细胞中也可以稳定存在。通过控制进入细胞的逆转录病毒颗粒的数量，无需任何传统的扩增步骤便能够实现多个基因插入，这对于高产细胞株的开发非常友好。逆转录病毒载体会优先将基因片段插入基因的转录起点或其周围。与其他基因插入方法相比，对基因组中转录"活跃"区域（transcriptionally "active" region）的这种偏好使得每个插入的基因具有更高表达水平，且更稳健。因此，通常认为采用逆转录病毒载体构建的生产用细胞克隆的均一性较高，仅需筛选数百个克隆便可获得高表达的候选克隆和构建宿主细胞库。由于其对基因的插入效率较高，一般并不需要使用新霉素、杀稻瘟素、潮霉素、嘌呤霉素等抗性基因作为筛选标记。由于上述优点，该系统可用于任何哺乳动物宿主细胞株的开发工作。

许多基因递送系统会导致转基因（transgene）片段随机整合，因此转染效果会受到整合位置效应（positional effect）的影响。理论上，转基因可以整合至宿主基因组的任何区域，但是绝大多数整合后的基因并无转录活性，且插入至非活性区域的基因通常不会得到正常表达。此外，随意整合至转录活跃区的关键基因中可能会破坏基因表达，对细胞生长造成严重影响。为了避免这些影响，最好将转基因以不干扰内源基因表达的方式插入宿主基因组中被称作"热点（hot spot）"的转录活性位置[10]。用特异性整合位点的方法有望解决这一问题，从而提高细胞株开发的可预测性和可控性[11, 12]。

可以使用两种方法来识别转录热点区域，以构建用于定点整合（site-directed integration）的表达平台。第一种方法以传统的随机整合法获得的高产细胞克隆为基础，通过确定其具体的基因组序列和插入位点支持其他转基因的重新靶向转染。第二种方法用标记含有绿色荧光蛋白（green fluorescent protein，GFP）等报告基因（reporter gene）和筛选标记（或选择性标记，selection marker或selectable marker）的基因表达盒（expression cassette）转染宿主细胞系，并使用流式细胞仪（flow cytometry）鉴定高产克隆。然后，通过如前所述的基因编辑技术（gene editing technology）[例如：归巢核酸内切酶（meganuclease）]、转录激活因子样效应核酸酶（transcription activator-like effector nuclease，TALEN）、锌指核酸酶（zinc finger nuclease，ZFN），规律间隔成簇短回文重复序列及相关蛋白系统（clustered regularly interspaced short palindromic repeats and CRISPR-associated proteins，CRISPR-Cas），或通过同源重组（homologous recombination）将"着陆垫"（landing pad）基因盒插入染色体热点。"着陆垫"包括重组酶（recombinase）特异性识别位点和包括荧光蛋白在内的至少一种筛选标记。筛选标记可用于选择具有着陆垫的细胞，以证明着陆垫活性。一旦整合质粒被转染至细胞基因组上，筛选标记就会被表达出来，如此便能起到筛选作用。

表3-1中列出了用于目的基因片段插入的四种主要的重组酶及其识别位点。在第一代基于重组酶的染色体基因修饰中，通常采用Cre/loxP和Flp-FRT系统进行定点基因敲除（targeted gene deletion）。尽管其也可用于催化整合反应（integration reaction），但从动力学而言，敲除反应（deletion reaction）强于整合反应。因此，这些系统经常被用于已整合基因的条件性敲除（conditional knockout）。此外，也可在初始标记盒（initial tagging cassette）的侧翼加上一组非相互作用的重组酶识别位点，以便能够明显改善重组酶介导的靶向方法的效率。经此改善后，可以将此类标记盒精确地交换为侧翼具有同一组重组酶识别位点的转染载体[11-15]，开

发者据此创造了"重组酶介导的盒式交换（recombinase-mediated cassette exchange，RMCE）"这一术语[16]。基本上，RMCE依赖于两个异源重组酶靶向位点（heterologous recombinase target site），形成间隔突变体（spacer mutant），它们会排斥彼此之间的位点特异性重组，但仍与它们各自的同源配对物进行重组。在Flp[15]和Cre系统中均已经确定了可以在这方面使用的突变体，具体内容参见参考文献[11, 12]。RMCE的主要优点在于其不含有切除机制，这在一定程度上降低了简单的第一代基因编辑系统的靶向效率。不过，可以通过严格的筛选策略来提高靶向频率[17]，甚至可以将其提高至100%[18, 19]。

表3-1　广泛用于定点整合的天然重组酶和重组位点

重组酶	识别位点	来源	重组酶类型
Cre	Lox	P1噬菌体	酪氨酸
Dre	Rox	D6噬菌体	酪氨酸
Flp	FRT	酿酒酵母（S. cerevisiae）	酪氨酸
φC31	att	φ31噬菌体	丝氨酸

基因沉默（gene silencing）也会影响基因表达的稳定性，即转基因随机整合（random integration）至宿主细胞基因组过程中的负位置效应（negative positional effect）。可以通过衰老细胞源抑制因子（senescent cell-derived inhibitor，SDI）将转基因整合至确定位置的基因组中或通过在载体侧翼插入绝缘序列（insulating sequence）以避免由负位置效应引起的基因沉默，该绝缘序列可以避免或最大限度地弱化染色质或普遍存在的染色质开放元件（ubiquitous chromatin opening element，UCOE）的负位置效应。例如：基质附着区、核基质结合序列（matrix attachment region，MAR）等[20-21]。

三、细胞池选择、富集和大规模分选

将表达质粒转染至用于生产的宿主细胞系之后，可以将细胞置于选择压力下以获得具有整合表达盒基因组的稳定重组细胞群。

对于CHO-DXB11、CHO-DG44等二氢叶酸还原酶（dihydrofolate reductase，DHFR）缺陷型的CHO细胞，可使用缺乏胸腺嘧啶核苷和次黄嘌呤的选择性培养基进行筛选。能够表达足量外源DHFR基因的细胞可以在这种培养基中存活，从而被筛选出来。仅含有L-谷氨酸（L-glutamate，Glu）而不含L-谷氨酰胺（L-Glutamine，Gln）的选择培养基可以筛选出功能性谷氨酰胺合成酶GS表达水平较低或缺失的CHO细胞，以获得宿主细胞基因组中具有稳定整合的异位递送GS基因的细胞群，CHOK1SV和（或）其他GS敲除细胞均可以采用此方法筛选。

值得注意的是，在构建用于生产mAb的细胞时，通常会设计两个独立的表达质粒来提供所需的DNA序列，一个提供编码重链HC的序列，另一个提供编码轻链LC的序列。两条抗体链中的一条与功能性DHFR（或GS）基因拷贝一起表达，而另一条链可以共表达相同或不同的筛选标记。当然，也可以将HC和LC基因拷贝的表达盒整合至同一表达质粒上。这样做可以简化操作，也可以增加同时整合两条mAb单链基因组的可能性。然而，该方法也增大了质粒尺寸，因而限制了其他有利基因元件的空间。

此外，将HC和LC序列置于两个单独的质粒上的方法还有一个优点，其可以按不同重轻链基因比例进行转染（HC∶LC），用于调控最终的表达水平[22]。在瞬时转染（瞬转，transient transfection）实验中常常可以观察到，采用特定的HC∶LC比率可以提高比产率。但是，针对这一积极效果能否持久地转化为稳定表达的问题仍存在争议。考虑到最终的生产克隆将在基因组上整合数十至数千个目的基因（gene of interest，GOI）拷贝，所以最终是否能够达到预定的最佳质粒配比尚未可知。

一般而言，转基因和选择性标记物稳定整合至宿主细胞基因组中的过程是以随机方式发生的，无法准确预测。因此，稳定转染（稳转，stable transfection）和选择的细胞群体是性状各异的细胞组成的异质混合物，不同的细胞中整合的转基因的数量和位置可能有明显的差异，所以细胞中产物的比产率也不尽相同。因此，这些细胞被称作细胞池或细胞群（cell pool），而非克隆（clone）。

为了获得尽可能多的高产细胞，可以使用大规模分选的方法，将各种重组蛋白比产率高的细胞群富集至细胞池中。在这种情况下，可以将稳定细胞池与荧光标记的亲和分子或特异性抗免疫球蛋白G（immunoglobulin G，IgG）的抗体一起孵育，以指示生产细胞表面上分泌的重组mAb。由于细胞比生产率（cell specific productivity，Q_P）与分泌过程中细胞表面的抗体数量相关[23]，基于荧光激活细胞分选（fluorescent-activated cell sorting，FACS）技术可以富集高荧光强度的细胞，进而获得高产细胞群[24]。监管机构仅接受单克隆细胞株所生产的生物制品药物，这意味着生产用的细胞必须是从单个细胞的祖细胞中克隆产生的[25]。因此，下面将重点介绍适于生产的细胞的克隆化和筛选过程。

四、单细胞克隆筛选

采用编码GOI和筛选标记的质粒稳定转染宿主细胞，然后进行选择，得到的是异质细胞群（细胞池），其中每个细胞可能都表现出独特的遗传和表型特征。非单克隆性（monoclonality）细胞会引起一些问题，例如：细胞生长速率、代谢特性以及产品的产量和质量的不稳定性。如果细胞群是由生长速率和比产率表现出微小差异的细胞组成的，若产量较低的细胞群在培养过程中的生长速率更快，并逐渐超过高产细胞群，则总体产量便会下降。据报道，仅9%的生长优势便足以使细胞群在25代内过度生长[26]。这意味着，工业生产细胞株必须在遗传和表型方面完全均一[27]。对单克隆性的这一要求带来了一些技术挑战，需要区分通过稳定转染选定的异质细胞群体与单个细胞，并且确保所有随后建立的细胞株都来自于单个细胞。因此，为了保证监管安全，要求拟用于治疗人类疾病的生物药物必须是由源自单个细胞的单克隆细胞株生产的[28]。

（一）有限稀释

多年来，有限稀释（limiting dilution，LD）一直是从异质细胞群（例如：稳定转染的细胞池）获得单细胞克隆的标准方法[29]。通过有限稀释，将选定的重组细胞池高度稀释，并将所得的低细胞密度培养液分配至几个96孔或384孔微孔板中。

稀释细胞液的标准为：根据最终细胞密度进行计算和调节，保证统计学意义上微孔板的每一微孔包含细胞的平均数少于1。按照这个标准进行稀释，除了空孔或少数含有多个细胞的微孔以外，大部分微孔板的微孔中最终将仅包含单个细胞，其可以经扩增而形成单克隆细胞群。不仅如此，还必须在显微镜下对每个微孔进行观察，并标记含单个细胞的微孔，其余不含或含有多个细胞的微孔将不再纳入考虑范围内[27]。值得注意的是，为了确保细胞在低细胞密度下能够存活，需要采用富含旁分泌和自分泌生长因子的特殊单克隆细胞培养基配方，模拟大量细胞的培养环境，以支持细胞生长和避免误弃高产克隆[30, 31]。

尽管有限稀释是一种相当简单的克隆方法，但它也是一种低效的劳动密集型方法，且产生非单克隆细胞株的概率较高[27, 32, 33]。因此，为了确保高产细胞株的单克隆性，监管机构通常要求进行多轮有限稀释，并进行适当的统计背景分析。然而，这种策略很耗时，并且会大大增加额外的细胞分裂次数，这显然不可取，因为其会在GMP细胞库建立之前加速细胞老化。此外，随着自动化和（或）高通量单细胞分离等新技术的快速发展，有限稀释将会在未来逐渐被这些新技术取代。

（二）自动化克隆筛选系统

克隆选择机器人等各种用于单细胞克隆和检测的自动化克隆筛选系统可以有效减少手工操作，并大幅缩短操作时间，同时也能明显提高细胞株开发的通量和成功率。最常用的两种自动化克隆筛选设备为美国美谷分子仪器（molecular devices）公司的产品ClonePix FL和德国Aviso公司的产品CellCelector[27]。

这些自动化克隆筛选设备通常需辅以半固体（琼脂）细胞培养法，即：将细胞以较低的细胞密度接种于半固体生长培养基中，并于37℃孵育，以形成理想情况下源自单个克隆的细胞群。半固体培养基中含有的一些基质可以让细胞分泌的蛋白质在该细胞附近积累[34, 35]。携带荧光标记的检测抗体可用于识别和监测这些浓缩产物，在细胞周围产生荧光晕，进而通过其荧光强度表征产物的浓度[34, 35]，表现出最亮荧光的细胞群便会被系统确定为高产细胞株，接种后数天内这些细胞会在无菌环境中被系统自动挑取出来[27]。

然而，越来越多的证据表明，基于自动化克隆筛选系统的筛选方法可能带来相当大的非单克隆性风险。因此，使用该系统建立细胞株后，还必须至少再增加一轮克隆筛选工作，提高获得单克隆细胞株的统计概率。

（三）荧光激活细胞分选

在过去10年中，荧光激活细胞分选（FACS）技术已成为生物制药行业中广泛使用的单细胞分离和克隆的标准技术[36-39]，其能够快速根据细胞大小、聚集度、活率、凋亡、转染效率、细胞表面蛋白表达等特定的细胞参数筛选数百万个细胞[40]。该技术大幅提高了细胞分选能力和准确性，同时也极大地增强了将单个细胞分配至96孔和384孔微孔板中的能力，这标志着细胞株开发领域取得了重大的进步。由于FACS技术可实现高通量的单细胞克隆筛选，因而能够同时建立数千个单细胞克隆。

单细胞分配和双（多）细胞鉴别程序已在流式细胞术领域使用了数十年[41]，能精准识别单个细胞，并在特定位置（例如：多孔板内的微孔内）分配仅包含一个细胞的液滴。将细胞分配至微孔板后，分选出来的细胞便能够分裂形成遗传和表型特征相同的单克隆细胞群。

为了进一步提高细胞分选效率，目前已经建立了各种方法来提升高产细胞株的识别率，同时减少需进行表征的克隆数量。这些方法都是基于细胞表面重组蛋白浓度与细胞比生产率之间的相关性而开发的[42]。例如，可以通过荧光标记的产品特异性或非特异性亲和分子对分泌的治疗性蛋白质进行细胞表面染色[36, 37, 43-45]。在渗漏终止密码子（leaky stop codon）下游整合免疫球蛋白跨膜锚，以终止治疗性蛋白质的编码序列，从而使细胞将表达的治疗性蛋白中的一小部分稳定展示在细胞表面[46]，这些修饰可以大幅提高基于细胞表面染色的单细胞分选方法的稳定性和效率。此外，还可以使用内部核糖体进入位点（internal ribosome entry site，IRES）将重组蛋白的信使核糖核酸（messenger ribonucleic acid，mRNA）与通常不在CHO细胞中表达的细胞表面蛋白（例如：CD20）连接，并根据细胞表面蛋白的浓度对细胞进行分选[47]。随后，借助于锌指核酸酶（ZFN）或Cas9介导的簇状规则间隔的短回文重复序列及相关蛋白系统（CRISPR/Cas9）等新兴的基因组编辑工具，删除最终生产克隆中细胞的表面蛋白基因组，以减少翻译负担。

Yoshikawa等研究者开发了一种使用荧光标记甲氨蝶呤（Methotrexate，MTX）的细胞内染色程序，其可以将DHFR蛋白的丰度和活性进行可视化呈现[48]。荧光标记的MTX可定量结合细胞质中的DHFR，因而可用于识别DHFR表达水平上调的细胞克隆，并据此鉴别出高产细胞[48-50]。应当注意的是，这种染色方法仅适用于将DHFR用作筛选标记的细胞株开发过程。

（四）自动化高通量显微技术

无论是使用有限稀释、FACS还是其他细胞筛选方法，都离不开显微观察技术。最近，在生物制药行业中越来越多地使用自动化显微镜，以检查确认分配至微孔板的细胞是否为单个细胞[51]。

目前，细胞分选后的细胞分析中应用最广的两种成像解决方案分别为SynenTec Bio Services公司的CellaVista/NyOne和Solentim公司的Cell Metric高通量显微系统，二者均能同时提供明场和荧光图像。有了这些先进工具的加持，上述染色方法便具有了另一个优点，即：可以利用荧光信号来增加荧光显微镜检查过程中的荧光含量，提高其准确性。而且，可以通过叠加明场和荧光显微照片进一步提高单细胞克隆鉴定的效率和准确度，从而快速剔除非单细胞的微孔。

五、单克隆性验证

克隆步骤的目的是分离和建立源自单个细胞的同质细胞群。在异质性的细胞群（cell pool）中，不同细胞年龄和生产条件（工艺变更）下细胞群中各克隆的状态并不一样，对细胞群的整体表现的贡献度也可能有很大的差异。因此，异质性细胞群并不适用于生物药生产。基于这些考虑，证明生产细胞株的单克隆性一直是监管机构关注的重点，行业内克隆化过程的概念已从"经过克隆步骤的细胞株"变为了"经证明源自单个细胞的细胞株"。

然而，非单克隆性并不是生产细胞库异质性的唯一原因。众所周知，CHO细胞基因组不稳定[52, 53]，长时间培养后容易发生基因突变、染色体畸变和表观遗传学改变。为了获得建立主细胞库（master cell bank，MCB）和（或）工作细胞库（working cell bank，WCB）所需的约10^{10}个细胞，需要使细胞倍增33次，所以MCB和（或）WCB中存在不同细胞的可能性很大[54]。据此，与对现有细胞库进行克隆性证明一样，对生产细胞株进行全面的遗传特性鉴定以及对稳健生产工艺进行证明和全面表征也至关重要[55]。

为了充分验证生产细胞株单克隆性，需要对所采用的克隆方法进行全面了解和表征。对于有限稀释和基于软琼脂的技术，细胞为单克隆的概率大小取决于细胞的稀释度[56]。如果不进行其他控制，通常连续执行两轮单克隆步骤，将各个步骤的概率相乘便可以得到细胞单克隆性的总体概率。

两个连续的克隆筛选步骤非常耗时、耗力，不仅可能会延长细胞培养时间，还会增加突变积累和产生其他变化的风险，因此通常会优先选择单步克隆方法。在有限稀释或基于软琼脂的方法中，可以通过在单轮克隆筛选过程中提高稀释倍比的策略来缓解这一矛盾。然而，这种方法极其不经济，因为每个多孔板中分得的克隆数会减少，空孔概率会增大。而且，大多数（几乎所有）CHO悬浮细胞都很容易形成两个或多个细胞的聚集体，这个比例可能至少会达到两位数（百分比）。这些聚集体通常无法通过简单的稀释而分离开来，因此该方法也会增加筛得非单克隆细胞株的风险。

基于流式细胞术的风险则要低得多，通过脉冲处理的双（多）细胞鉴别程序（doublet discrimination by pulse processing）已在流式细胞术领域应用了数十年，能精准识别和分选仅包含一个细胞的液滴[57]。因此，从确保单克隆性的角度来看，流式细胞术是最可靠的单克隆细胞株开发技术。

然而，无论采取以上哪种方法，都必须由技术人员针对单克隆性的可能性进行人工的实验验证。由于不同的实验人员或实验室对细胞大小、聚集率和高度稀释培养行为的认知可能不尽相同，即便同一个实验室内的不同生产细胞系之间也可能存在差异，因此很难保证这种验证过程的一致性。

流式细胞仪和有限稀释均可利用96孔板或384孔板获得单个细胞，通常采用明场或自动荧光显微镜记录，并且仅对分配细胞后显示为单个细胞的微孔作进一步评估。同样地，方法本身也需要由用户进行实验验证[58]。图像上的一个单细胞仅仅能证明在拍摄图像时显微镜的焦平面中仅存在一个细胞。若要完全排除微孔中其他位置存在第二个细胞的可能性，需要提供充足证据，以证明包括细胞液分配、成像、细胞沉降等在内的整个过程的稳健性和灵敏度。

六、克隆扩增和表征

一旦获得了单细胞克隆，就需要采用各种不同规模的培养系统来扩增细胞。同样，在规模放大的过程中，需要将细胞从最初使用的多孔板等静态培养系统（static cultivation system）转移至摇瓶、生物反应器等悬浮动态培养系统（suspension in shaken system）中，以实现高密度和高活率培养。在多孔板静态培养期间，可以使用自动化高通量显微技术定期确定细胞聚集程度。运用该方法能够快速监测细胞生长状况，并确定将细胞转移至下一规模微孔板的理想时间点。

此外，还需要根据细胞生长速率、比生产率和产品质量筛选最理想的细胞单克隆。这项工作通常是逐步开展的，在此过程中会采用越来越精细和复杂的方法，从而将备选克隆的数量从最初的数千个减少至几百个，直至选出最终的克隆。

为了迅速减少需要扩增的细胞克隆数量，应尽早确定细胞的比生产率。过去，酶联免疫吸附测定（enzyme-linked immunosorbent assay，ELISA）一直是测定产物滴度（titer，即产品浓度或产量）的主要定量方法。然而，为了提高获得高产细胞克隆的可能性，必须对大量细胞克隆进行分析，但这明显超出了繁琐的基于ELISA定量分析方法的能力范围。因此，需要借助其他一些方法来对重组蛋白进行定量分析，例如：基于均相时间分辨荧光（homogeneous time-resolved fluorescence，HTRF）的定量方法、比浊法等[59,60]。此外，一些高通量的产品定量方法逐渐成为工业化细胞株开发的标准方法。例如，颇尔艾瑞生物（Forté bio/Pall）公司的Octet系统可以采用生物膜干涉技术（bio-layer interferometry）直接定量监测培养上清液中分泌的蛋白质。

接下来的步骤是挑选出生产率最高的前数百个细胞克隆，从微孔板依次扩增至摇瓶。长期以来，这个过程都是在静态条件下的微孔板中进行的。不过，在将细胞克隆转移至96孔微孔板的早期阶段，也有可能将培养模式从静态培养改为搅拌式培养，通过这种转换可以识别出能够以悬浮方式稳健生长的单细胞克隆。此外，搅拌模式为细胞生长提供了三维空间，细胞将不再以单层形式生长。这种培养方式可以让细胞传代和转移（例如：从96孔板转移至6孔板）变得更加简单，大大缩短细胞处理时间和降低原材料成本，进而提高整个过程的效率。无论采用何种培养模式，在整个克隆扩增过程中都应监测细胞的生长状态和细胞比产率，以便逐步减少进入后续评估阶段的克隆数量。通常会选择表现排名前几十名的单克隆细胞系进行最终的传代转移和摇瓶扩增，以建立安全细胞库（safety cell bank，SCB）。

在此阶段，也可以借助一些一次性微型生物反应器系统技术提高开发效率。例如，英国TAP Biosystems公司模拟经典生物反应器的特性而开发的微型化一次性生物反应器系统——高级微型生物反应器（advanced microscale bioreactor，Ambr），为极早期的细胞株开发提供了快速、精细的评估工具[61-64]。运用这些工具可以对不同的生产克隆进行平行研究，并通过生物学重复提高统计数据质量。此外，与传统的摇瓶或摇管培养系统相比，这些微型生物反应器系统还有另一个关键优势，其更适合作为规模缩小研究模型，能够更准确地预测所获得的细胞株在培养过程中的表现，以及更大规模生物反应器中的关键产品质量属性[61,64]。根据这一阶段的评估结果，可以将候选细胞株数量进一步缩减至3~5株，最后再对其生长、代谢特征及产品的产量、质量等工艺表现进行更详细的表征。

在确定最终的生产克隆之前，需要评估细胞比生产率的稳定性，并在整个生产过程中监测产品的质量和完整性，这些评估工作至关重要。实际的生产周期取决于最终的生产规模和所采取的工艺模式，通常需耗时60~90天。因此，从WCB细胞复苏到培养液收获的整个生产过程中，需要对细胞的转基因表达和产品质量的稳健性进行充分研究。从经济和监管的角度来看，唯有表型稳定的克隆方可用于商业生产。

图3-2展示了细胞株开发和表征的全过程，以便读者能获得更全面、更直观的认识。

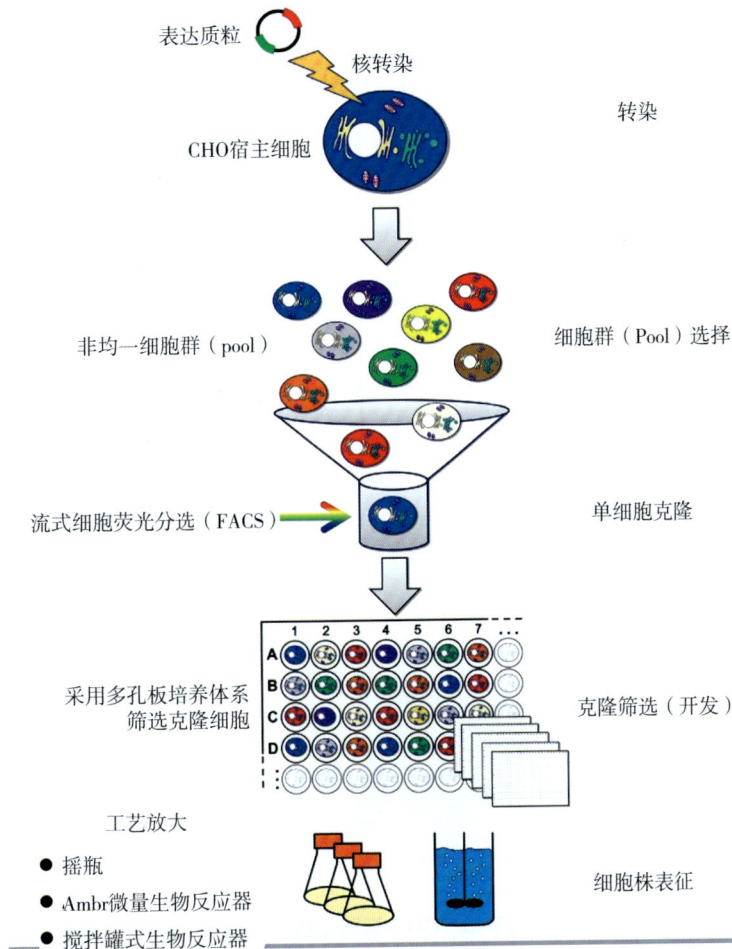

图3-2 CHO高产细胞株开发工艺的示意图

用编码重组蛋白的DNA转染宿主细胞。在选择稳定的转染细胞池后，通过FACS技术、有限稀释等方法进行单细胞克隆筛选，以产生源自单个细胞的单克隆细胞株。具体而言，将数百个不同的单细胞分别分配至384孔或96孔微孔板中，然后进行克隆扩增，直至可以冷冻保存足够数量的细胞。在克隆开发过程中，评估细胞的生长特性和生产率，以选择最佳克隆。最后，在选择最终生产用的克隆之前，采用具有代表性的缩小规模培养模型评估其在流加批式细胞培养（fed-batch Culture）或灌流细胞培养（perfusion culture）过程中的表现和产品的产量和质量，据此选择最佳克隆

第三节 宿主细胞工程化改造

一、常见的宿主细胞工程化改造技术

与基于细菌或酵母的表达系统相比，哺乳动物细胞在最大化活细胞密度和（或）比生产率方面仍存在一些瓶颈[65]。在过去的20年中，通过不断优化，已使哺乳动物宿主细胞的生产率提高了100倍以上[50, 66]。

除了表达载体、培养基组分、生物工艺的开发和优化以外[31]，宿主细胞工程化改造也是提高生物药生产中细胞生产能力的有效策略[67, 68]。近年来，基于基因工程的新发明和新发现对CHO细胞株开发工作产生了深远的影响。例如，精确的基因组编辑技术、非编码RNA调控技术等[69]。图3-3概述了各种基于基因组学工具的宿主细胞工程化改造的重要策略。

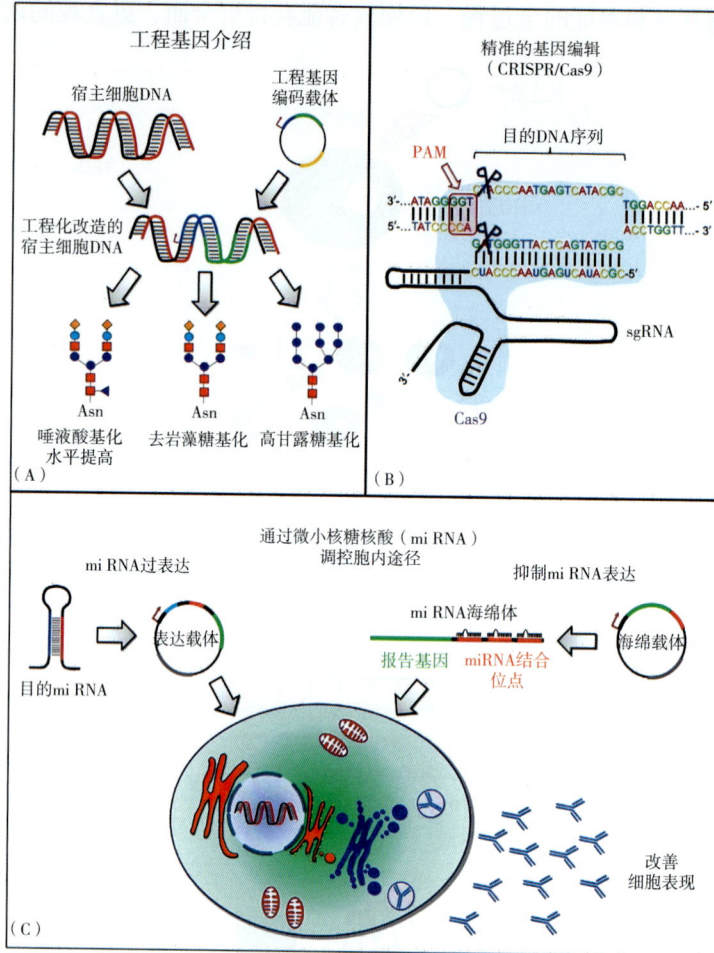

图3-3　CHO细胞工程化改造

运用基因工程的宿主细胞优化策略优化细胞，以改善其在生物工艺中的表现。（A）将对生物工艺表现有利的基因引入宿主细胞基因组中。（B）运用基因组编辑技术（例如：CRISPR/Cas9）敲除细胞中对生物工艺表现不利的基因，以抑制或去除其活性。（C）在不增加宿主细胞翻译负担的前提下调节CHO细胞表型的创新性方法，过表达有利或抑制不利的微小核糖核酸（microRNA，miRNA），因而可以通过小的非编码核糖核酸（non-coding RNA）实现数百种不同内源基因表达水平的调节

尽管当前已能够采用最先进的细胞株开发工艺获得常规体积产量超过5 g/L的生产用细胞株，但未来仍需持续改进CHO细胞株开发工艺，以提高比产率，或满足特定的工艺开发和（或）产品质量需求。例如：通过提高宿主细胞系的整体生产或分泌能力大幅减少高产细胞株筛选的候选克隆数量；运用工程化改造方法提高细胞的生长速率，以缩短细胞株的开发时间和生产周期；采用基因干预（gene interference）技术抑制细胞凋亡（apoptosis），进而延长生物工艺中细胞的培养时间，以提高体积产量[70, 71]；或者，可以通过抑制凋亡来提高收获时的细胞活率（viability），从而降低产品中宿主细胞蛋白（host cell protein，HCP）含量，最大限度地减少培养上清液中的杂质。

此外，一些生物药的活性分子是高度难表达的蛋白，在这些生物药的开发过程中往往很难将产量提高至满足商业化生产要求的水平。在这种情况下，也可以通过细胞工程手段提高难表达蛋白（difficult-toexpress protein）的比生产率，以突破工艺瓶颈。

对于应用于癌症治疗的重组蛋白药物，正确的翻译后修饰（post-translational modification，PTM）[例如：mAb的去岩藻糖基化修饰（afucosylation）]至关重要，所以对翻译后修饰的调控需求在日益增长。借助于各种基因编辑技术，目前已可以将CHO细胞改造成能够生产具有预定特性的重组蛋白[72-77]。

最后，细胞工程改造的另一个目标是抑制对细胞生产可有可无的内源性蛋白的表达，进而减少HCP的总表达量。除了可以将胞内更多的物质和能量高效应用于重组蛋白表达以外，非必要基因的敲除还可大幅减少培养上清液中HCP的含量，从而显著减轻下游工艺和分析方法开发的负担。

简言之，上述宿主细胞工程化改造策略通常是在胞内过表达内源基因或引入外源基因[78-81]产物，从而使细胞具备更为优异的表型[82-85]。基因敲除或核糖核酸干扰（RNA interference，RNAi）介导的基因沉默技术则与之相反，其可以抑制胞内对细胞的生物工艺表现不利的基因产物的表达。例如：促凋亡基因[86, 87]、对产品质量不利[88, 89, 90]或对细胞代谢有负面影响[91, 92]的基因。

最近，新型CRISPR/Cas9基因组编辑工具已经成功应用至CHO细胞研究领域，为建立多种敲除表型的细胞系提供了强有力的优化工具[93, 94]。在鉴定出高产CHO细胞的非必须基因后，可以利用CRISPR/Cas9技术逐步建立精简的CHO宿主细胞。因此，有望通过敲除基因组中非必须基因的策略减轻胞内蛋白质翻译负担，增加可用于生产转基因产品的自由能，并减少上清液中HCP杂质。

最近，一类新的被称为微小核糖核酸（microRNA，miRNA）的微小非编码核糖核酸（non-coding RNA）分子在CHO宿主细胞工程领域得到了广泛应用[95-97]。单个miRNA可以控制整个细胞通路，并且miRNA过表达并不会增加宿主细胞的翻译负担[69, 98]。因此，业界认为这些关键的基因表达内源性调节因子将成为下一代的细胞工程化改造工具。

所有这些进展都极大地推动了过去几年CHO表达平台的快速发展，CHO宿主细胞工程方面的不断拓新必将为未来的进一步优化提供更多的高效途径。

二、生物改良药或生物优胜药的开发策略——糖基化工程

生物改良药（biobetter）或生物优胜药（biosuperior）是较原研产品更具优势的生物药，需要对原研生物制品进行改进。在具有增强药理学特性的生物优胜药mAb的开发方面，工程化改造细胞系已显示出巨大的前景，目前至少有16种糖基化工程（glyco-engineering）改造的mAb已进入临床试验[99]。

糖基化工程的主要目标是通过减少或去除蛋白氮端（N-）连接的寡糖（N-Glycan）的核心岩藻糖基化修饰（fucosylation），以增强药物分子的抗体依赖性细胞介导的细胞毒性作用（antibody-dependent cell-mediated cytotoxicity，ADCC）活性。例如，根据POTELLIGENT Technolog公司的策略，通过敲除负责核心岩藻糖基化的内源α-1,6-岩藻糖基转移酶（α-1,6-Fucosyltransferase，FUT8）提高药物分子的ADCC活性[89]。利用过表达异源β-1,4-N-乙酰氨基葡萄糖氨基转移酶Ⅲ（β-1,4-N-Acetylglucosaminyltransferase Ⅲ，GnT-Ⅲ）的方法，已经成功开发了基于重组DNA的其他糖基化工程技术。GnT-Ⅲ可在寡糖上添加双"天线"氮乙酰基葡萄糖（N-Acetylglucosamine，GlcNAc），该寡糖能从空间上阻止核心岩藻糖基化修饰，此即瑞士罗氏公司（Roche）的GlycoMab技术[100]。此外，也可以运用过度表达异源二磷酸鸟苷-6-脱氧-D-来苏糖-4-己酮糖还原酶（GDP-6-Deoxy-D-Lyxo-4-Hexulose Reductase）的方法进一步提高ADCC，此即ProBioGen公司的GlyMaxx技术[101]。

除了上述方法，也可以采用另外一种策略来生产糖基化工程改造的mAb，即：在流加批式培养过程中添

加尿嘧啶核苷、氯化锰和半乳糖，以促进抗体半乳糖基化修饰，进而增强产物分子的补体依赖的细胞毒性作用（complement dependent cytotoxicity，CDC）活性[102]。

第四节 总结与展望

在过去的25年中，CHO细胞系（株）的开发流程及相关技术得到了迅猛的发展，在单克隆抗体生产方面，细胞比生产率提高了约百倍。这些成功的关键推动力主要来自于技术进步和变革创新，同时也受益于业界对CHO细胞生物学更深入的了解，这从科学出版物的爆炸式增长便可见一斑。

然而，考虑到尚未完全达到细胞表达异源蛋白的自然能力极限，特别是对于并未经历数百万年进化的各种新型生物制药产品，最先进的细胞工程策略对于稳定改善用于生物制剂生产的哺乳动物"细胞工厂"至关重要。

随着制药公司药物管线中形式更为复杂的蛋白质数量的持续增加，以及基因治疗（gene therapy）、细胞治疗（cell therapy）、溶瘤病毒治疗（oncolytic therapy）等新型治疗形式的不断涌现，业界开始进一步考虑一些关键问题，例如：未来的生物治疗领域是否会更加注重人类表达系统？其他表达系统的应用范围和重要性是否会受到影响？

然而，即便如此，相信当前的大多数细胞株开发过程也可能适用于构建新型的生产用宿主细胞。因此，本章全面总结了构建经济、高产的生产用CHO细胞系（株）的最关键因素，以期能为生物制药领域的同仁提供一些实用性的建议。

总体而言，在开发理想的细胞系（株）的过程中需要平衡多种因素。应充分考虑本章所述的技术因素，并利用适当的数据做出明智的决策，这对于生物制药生产用细胞的成功开发至关重要。现将其中最重要的技术因素总结如下。

（1）选择合适的宿主细胞系，并为之选择合适的培养基，从而使所选择的细胞系在所选培养基中能够稳定、快速生长，且能够高效生产高质量产品。唯有这样，在从宿主细胞到最终克隆的整个过程中才能够始终采用相似的环境进行细胞培养，而无需进行繁琐的适应性调整。

（2）选择合适的载体系统表达GOI，确保能够高水平地转录mRNA，并保证mRNA的稳定性，且能够高效地启动翻译和运输蛋白质。

（3）选择与宿主细胞和培养基系统高度兼容的转染方法，并通过仔细优化以保证能进行基因转染，也可以让细胞快速恢复生长和富集，进而快速获得足够的高产细胞。

（4）在挑选选择性标记和选择程序的组合时，既要满足严格选择的需要，又要能使高产细胞快速恢复和富集。往往需要耗费大量人力和时间进行优化，方能建立稳健、高效的标准程序。

（5）采用适宜的系统以开展和记录稳定转染细胞的单克隆化，并通过优化的培养基组成使细胞迅速恢复和富集，从而可以快速扩增至更大规模培养所需的细胞数量。

（6）快速和稳步扩增克隆，直至可以制备第一个细胞库，在此过程中需要对最终生产克隆的稳定性进行全面评估。

（7）尽早通过相关的检测和小规模实验来验证所选细胞克隆在生产工艺过程中的表现。

（8）采用合适的分析方法监测小规模条件下生产的重组蛋白的质量属性。

（9）开发稳定、高效、可放大的平台工艺，以实现从实验室规模到毒理试验规模和临床样品生产规模的快速、平稳放大。

（10）当需要生产满足特定质量属性需求的产品时，应使用经过工程化改造且特性良好的宿主细胞，按照需求引入必要的翻译后修饰。

附录3-1 细胞库的生物安全性分析

用于开发或生产人用治疗产品的真核和原核细胞系（株）的生物安全性试验和表征方法应符合国际监管机构发布的建议（指导原则）框架要求。其中，人用药品注册技术要求国际协调会议（International Conference on Harmonization of Technical Requirements for the Registration of Pharmaceuticals for Human Use，ICH）指导原则 Q5A[103]、Q5B[104]、Q5C[105]、Q5D[25]和Q7A[106]特别重要。目前，美国食品药品管理局（Food and Drug Administration，FDA）已发布许多相关的指南文件和考虑要点可供参考[107-111]，欧洲药品管理局（European Medicines Agency，EMA）也发布了一些相关的指南文件[112-116]。

以下为真核和原核细胞系主细胞库MCB的拟定检测流程。

细胞类型	啮齿动物细胞系	人类细胞系	大肠埃希菌细胞株
宿主细胞的纯度和特性检测	➤ 无菌试验：直接接种法 ➤ 试验材料的无菌性鉴定：直接接种法 ➤ 支原体检测：根据EP或FDA的PTC指南 ➤ 鉴定和表征：通过基于PCR的同工酶分析或指纹图谱分析方法确定亲本细胞来源和表征	➤ 无菌试验：直接接种法 ➤ 试验材料的无菌性鉴定：直接接种法 ➤ 支原体检测：根据EP或PTC指南 ➤ 鉴定和表征：通过同工酶或指纹分析鉴定HEK细胞和PER.C6®细胞来源和表征	➤ 使用API-20测定系统鉴定肠杆菌科和其他革兰阴性杆菌 ➤ 鉴定大肠埃希菌 ➤ 大肠埃希菌或用于扩增大肠埃希菌培养物的材料的噬菌体检测 ➤ 细菌细胞库的纯度检测：细菌和真菌污染物 ➤ 通过革兰染色法确定细菌菌株的纯度
病毒检测	检测策略的重点是MCB（和EPC）。以下是各种病毒检测方法的策略示例。 ➤ 基于PCR的逆转录酶检测，若呈阳性，则进行S+L-检测 ➤ 直接或扩展S+L-检测：重点体外检测小鼠逆转录病毒 ➤ 透射电子显微镜 ➤ 小鼠抗体生成试验 ➤ 仓鼠抗体产生试验 ➤ 体外外源病毒试验28天（3种检测细胞系） ➤ 使用乳鼠、成年小鼠和胚胎蛋进行体内外源病毒检测（如果需要额外检测，请考虑FDA和EMA的要求） ➤ 小鼠细小病毒检测试剂盒（PCR） ➤ 根据9CFR通过PCR对体外牛病毒进行筛查（BVDV、BAV、BRSV、BPV、呼肠孤病毒、蓝舌病毒和牛多瘤病毒） ➤ 体外猪病毒筛查副猪嗜血杆菌病毒 ➤ 检测卡奇谷病毒和西尼罗河病毒	检测策略的重点是MCB和随后的EPC。以下是各种病毒检测方法的策略示例。 ➤ 透射电子显微镜 ➤ 基于PCR的逆转录酶检测，如果呈阳性，则进行S+L-检测 ➤ 直接/扩展S+L-检测：重点体外检测人类逆转录病毒 ➤ 人类病毒PCR筛查：1和2型HIV；1和2型HTLV；CMV；EBV；6、7和8型HHV；HAV；HBV；HCV；人类副病毒B19；HPV等 ➤ 体外外源病毒试验28天（3种检测细胞） ➤ 使用乳鼠、成年小鼠和胚胎蛋进行体内外源病毒检测（如果需要额外的检测，请参考FDA和EMA的要求） ➤ 通过PCR检测AVV ➤ 注：仅当表达系统基于重组腺病毒时才推荐使用 ➤ 体外猪病毒筛查副猪嗜血杆菌病毒 ➤ 根据9CFR进行体外牛病毒筛选（BVDV、BAV、BRSV、BPV），以PCR检测呼肠孤病毒、蓝舌病和牛多瘤病毒 ➤ 检测卡奇谷病毒和西尼罗河病毒	不适用

续表

细胞类型	啮齿动物细胞系	人类细胞系	大肠埃希菌细胞株
遗传学表征特征	仅适用于插入GOI的情况 ➤ 质粒载体上的限制性酶图谱（内部绘制的图谱，或理论图谱，仅供参考） ➤ 来自质粒的GOI序列数据（内部绘制的序列图，或理论序列，仅供参考）	仅适用于插入GOI的情况 ➤ 质粒载体上的限制性酶图谱（内部绘制的图谱，或理论图谱，仅供参考） ➤ 来自质粒的GOI序列数据来自质粒的GOI序列数据（内部绘制的序列图，或理论序列，仅供参考）	稳定性和基因表征描述仅适用于插入GOI的情况 ➤ 细菌细胞库质粒保留率测试 ➤ 细菌细胞库活力测试 ➤ 通过限制酶图谱分析确定遗传稳定性和质粒特征 ➤ 对重组质粒表达单元和侧翼序列进行测序 ➤ 重组质粒表达载体的测序 ➤ 基因拷贝数

附录3-2　瞬时转染

瞬时转染用于早期开发过程中生产毫克（mg）至克（g）级的产品，生产规模从1 L到100 L不等（按需）[2, 117]。在瞬转中，转基因不能稳定地整合至宿主细胞基因组中，不需要进行克隆选择和筛选。与其他细胞系相比，通常瞬时转染人胚胎肾细胞293（Human Embryonic Kidney 293，HEK-293）细胞能获得更高的产量[118]。然而，HEK-293细胞系的产品质量可能与CHO细胞系有一定差异[119]。如果将这种细胞系用于先导药物的临床前评估，则必须慎重考虑这些潜在的差异。瞬时转染的主要挑战和局限性在于，在细胞分裂过程中质粒（plasmid）拷贝数会快速减少，从而使后期的细胞比产率下降。

为了提高瞬时转染的产量，目前已经开发了在瞬时转染中维持质粒拷贝数的技术。大多数技术都是通过引入病毒元件来维持质粒拷贝数，以实现高产量。例如，Epstein-Barr病毒核抗原1（Epstein-Barr Virus Nuclear Antigen 1，EBNA-1）与含有Epstein-Barr病毒潜在复制起点（OriP）的质粒能使质粒得到更好的维持[120]。该系统已经应用于CHO细胞瞬时表达中，有研究者通过共表达编码EBNA-1和GS基因大幅提高了CHO细胞瞬转系统的产量[121]。除了这些病毒，还可以将来自鼠多瘤病毒的元件添加至载体中，以促进质粒复制和维持质粒数量[122]。

除了上述通过瞬转策略快速生产目的产物的方法以外，在某些情况下也可以直接将稳定转染的细胞池用于前期材料的生产[66]。

参考文献

第四章

生物工艺中的细胞培养基

William G. Whitford*, Mats Lundgren†, Alain Fairbank††

*GE Healthcare, Bioprocess, Logan, UT, United States;† GE Healthcare, Life Sciences, Uppsala, Sweden;†† Biotechnology Consultant, Logan, UT, United States.

第一节 引言

动物细胞培养及其培养基的发展历史悠久，可以追溯至100多年前。早在20世纪初，便已经有研究者利用各种组织液和基础盐溶液体外培养动物细胞。20世纪50年代对于细胞培养的发展而言是一个极具里程碑意义的年代。彼时，Harry Eagle等研究人员确定了基本的人工或合成细胞培养基的基本成分[1]。这些培养基亦被称为"基础"或"经典"细胞培养基，是由无机盐、碳水化合物、氨基酸和维生素组成的混合物。在培养细胞时，通常需要补充一些成分不明确的生物液体或提取物，通常为血浆、组织器官提取物或各种动物来源的外周血清[2, 3]。

如今，细胞培养（cell culture）已经发展成为一种关键的生物技术，并在迅速崛起的过程中得到了极其广泛的应用，主要包括分子生物学（molecular biology）、毒理学（toxicology）、再生医学（regenerative medicine）领域，以及单克隆抗体（monoclonal antibody，mAb）、重组蛋白（recombinant protein）、疫苗（vaccine）等生物药的生产过程。

第二节 细胞培养基

一、细胞培养基的概念

在生物制品生产领域，"基质或介质（media）"一词多用于泛指众多不同的材料和工艺组分，其中包括用于培养细胞的营养丰富的液体。此外，用于过滤、分离和纯化的膜、纤维和颗粒，以及用于产品精纯的色谱填料也可以称为"基质或介质"。在本章，"基质或介质"一词仅用于描述用于培养细胞的营养液，即细胞培养基（cell culture media）。这些细胞培养基的基本组成成分包括一系列的营养物质和其他添加组分（图4-1），其具体的组分性质和比例因细胞系特性和培养目的而异。

按照培养细胞的过程中是否需要添加血清，可以粗略地将细胞培养基分为血清依赖性培养基（serum-dependent media）和无血清培养基（serum-free medium，SFM）两大类。其中，血清依赖性培养基是为部分体外培养的哺乳动物细胞提供营养来源的培养基，大多需要配合血清一起使用。通常，该类培养基普适性较强，而非仅适用于某种特定的细胞株，因此更具普遍应用价值。在目前的生物制药生产中，所使用的培养基大部分都是细胞系（株）特异性、无血清（serum-free）、化学成分明确（chemically defined）、无动物蛋白（animal protein-free）的培养基，培养细胞时无需添加血清，故统称为"无血清培养基"[4]。

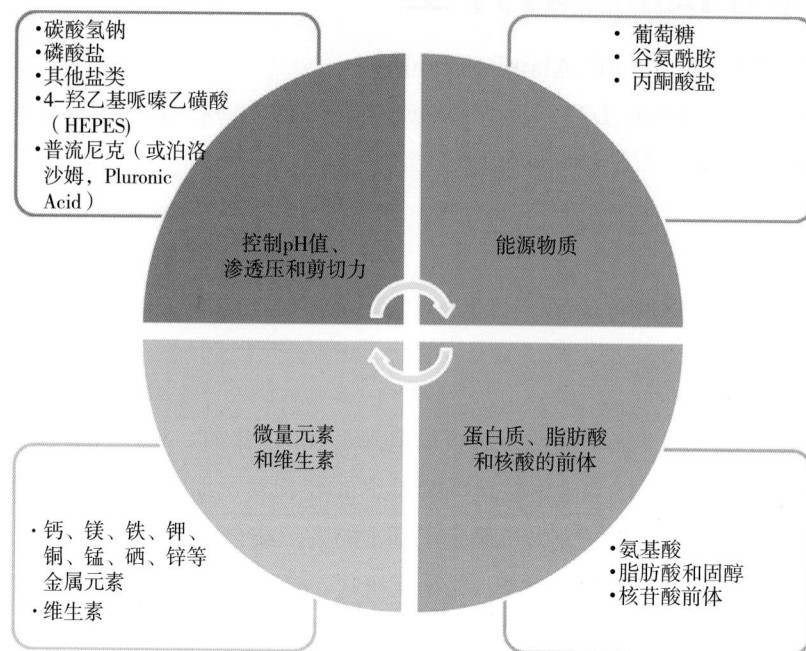

图4-1　细胞培养基的基础成分和功能

二、细胞培养基的分类及其应用

目前，在生物制药领域使用的细胞培养基多种多样，主要包括一些经典的培养基和各式各样的无血清培养。其中，无血清培养大多是基于效率、经济性、质量、监管需求、专业应用等考虑因素针对某一种或一类细胞而开发的培养基。

（一）经典培养基

早期的经典培养基（classic media）需要与一定比例的血清一起使用，以支持多种细胞的培养过程，具有很强的普适性。

表4-1列举了一些最常见的经典培养基，其中包括应用最广的Eagle最低必需培养基（minimum essential medium，MEM）和洛斯维·帕克纪念研究所的培养基1640（Roswell Park Memorial Institute 1640，RPMI 1640）。如上所述，这些都是血清依赖性培养基，这意味着它们的使用依赖于血清中所包含的许多促进细胞生长的非营养物质。这种血清依赖性培养基的组分主要包括葡萄糖、氨基酸、金属离子和缓冲剂。血清为细胞提供必要的脂肪酸、固醇、脂质载体、生长因子、具有剪切力损伤保护作用的蛋白质等物质，以及培养基配方中未涵盖的其他微量元素、维生素等物质。

表4-1　最常用的血清依赖性经典培养基

Eagle基础培养基（Basal Medium Eagle，BME）	Leibovitz L-15培养基
Duldecco改良的Eagle培养基（Dulbecco's Modified Eagle's Medium，DMEM）	Click培养基
Iscove改良Duldecco培养基（Iscove's Modified Dulbecco's Medium，IMDM）	Glasgow最低必需培养基（Glasgow's Minimum Essential Medium，GMEM）
McCoy 5A培养基	199培养基（Medium199，M199）
RPMI-1640培养基	Eagle最低营养培养基（Minimum Essential Medium Eagle，MEM）
Ham营养混合物F-10	William培养基E（William's Medium E）
Ham营养混合物F-12	Waymouth培养基

（二）无血清培养基

血清的成分复杂繁多，却无法确定全部组分，批次间差异大，且可能携带牛海绵状脑病（bovine spongioform encephalopathy，BSE）等外源有害物质[5]。因此，当前生物制药行业的各种生物制品的生产中一般都会尽可能避免使用含有动物源性成分的产品，含血清的培养基便属于含动物源性成分的培养基。

在过去的20年中，大量无血清培养基面市，应用越来越广泛。现代无血清培养基中通常含有几十种乃至上百种组分，通常会按照各种不同的方式来进行分类。例如，按地理来源、材料来源（动物、植物、重组）、遗传修饰生物体（genetically modified organism，GMO）、是否含动物源成分等。此外，也可以根据它们的适配细胞系（株）或基础配方进行分类[6, 7]。总体而言，无血清培养基的配方中已经包含了可以代替血清全部功能的物质，因此在细胞培养的过程中无需再添加血清。目前，生物制药公司的细胞培养平台工艺中大多采用克隆特异性的无血清、化学成分明确、无蛋白质和无动物源成分（animal component-free，ACF）的培养基。

（三）无蛋白培养基

无蛋白培养基指的是所有不含蛋白质的培养基。但是，需要特别说明的是，业内存在两个常见的错误观念：①在配方中不允许含有多肽；②培养基是化学成分明确的。事实上，并非所有无蛋白培养基都是如此。无蛋白其实指的是培养基含有一些能够替代蛋白质功能的物质，这些物质可能性质各不相同，例如：动物水解物、重组肽、合成分子、有机盐等。在目前的生物制品生产中通常会使用更直接、更稳定的特异性纯化步骤，可以去除任何杂质蛋白。而且，一些蛋白和重组蛋白类添加物也是化学成分明确的物质。此外，在任何情况下从生物反应器中收获的产物都含有蛋白，如宿主细胞蛋白（HCP）等。因此，目前对化学成分明确的培养基配方中不含蛋白成分的要求已经有所放宽。

虽则如此，大多数现代化生物制品生产平台中所使用的无血清培养基中皆不含有蛋白质[8]。而且，对于疫苗或细胞治疗（cell therapy）产品生产工艺而言，情况又会迥然不同，通常很难做到使用完全不含蛋白质的培养基。

（四）化学成分明确的培养基

化学成分明确的培养基由分子均一的材料或已经明确定量表征的成分混合而成[9]。化学成分明确的培养基的主要优势在于：细胞培养过程的可再现性和可控性好、生产效率高、产品品质更可控，且组分便于交流沟通和技术转移。不过，对于其中的一些"化学物质"而言，在均一性和纯度方面的定义并未十分精准。例如，其中的化学磷脂酰胆碱的酰基链不必是均一性或一致的。

（五）无动物源成分的培养基

在无动物源成分（ACF）的培养基中，使用的成分一定不能是源自动物的物质。例如，所使用的营养物质或是合成的，抑或是使用基于植物或基于微生物的生产系统生产的，也可以用其重组形式代替其中的一些动物源蛋白质。换言之，ACF培养基可以包含任何不直接源自动物的物质。此命名的初衷是为了避免外源因子对产品的污染[10]。

然而，目前仍有一些问题有待充分阐明，例如：①动物的精确定义；②物料的近端和远端起源（例如：最终由动物衍生的物料的衍生程度）；③物料的溯源和认证；④暴露于动物的物料和接触动物的产品（例如：人类加工、生产或包装的物料）的接触情况。

（六）其他培养基

除上述的经典培养基和无血清培养基外，还有一些不太常见的特殊培养基。除了提供基本的营养物质和理化环境以支持细胞生长和维持细胞活率以外，许多特殊培养基还用于各种特定的情形。

1.转染培养基　用于构建稳转细胞株（系）或生物生产中的瞬时转染过程。缓冲液或培养基的配方会极大地影响转染工艺。例如，铁转运载体（iron transporters）的主要作用是离子转运，但是还必须确认其作用机制是基于蛋白质吸附、离子吸附还是螯合作用，这至关重要。最典型一个案例是柠檬酸铁（三价铁离子），有研究表明其对某些中国仓鼠卵巢（Chinese hamster overy，CHO）细胞的转染系统有不利影响[11]。

2.筛选培养基和筛选剂　正向或反向筛选培养基可以辅助某些类型的细胞和转染后的细胞存活，同时抑制其他细胞和转染后的细胞生长。这类培养基除了含有常规培养基中常见的组分外，通常还会包括另外两大类物质：①染色剂、抗生素、盐、其他代谢或酶毒性抑制剂；②添加或去除与生物标记物相关的初级代谢途径组分，或添加可产生抑制性次级代谢产物的成分。最常见的筛选策略为：向重组细胞中导入一些特殊的基因或等位基因，使之具备在筛选培养基中生长的能力，不含相关基因的细胞则无法在该培养基中正常生长。

筛选剂用于重组细胞系（株）的获得和维持，通常在培养基配制完成后作为补充添加物加入培养基中。在筛选培养基中，筛选剂可以是专一性的代谢途径抑制剂、营养前体类似物或促进剂、补救途径前体等。它们不仅作为筛选压力，更是使有效整合了目的基因的细胞在培养液中占优势并得以维持的决定性因素，还是细胞扩增目的基因的促进物。常见的筛选剂包括遗传霉素（geneticin，G418）、L-甲硫氨酸亚砜亚胺（L-Methionine Sulfoximine，MSX）、甲氨蝶呤（methotrexate，MTX）等。

3.细胞冻存培养基　通常，在获得了细胞系（株）后，需要建立细胞库保存细胞，以避免一直传代和培养细胞。对于生产用的高质量主细胞库（master cell bank，MCB）和工作细胞库（working cell bank，WCB）的建立过程而言，优良的细胞冻存培养基至关重要。细胞冻存培养基中通常含有二甲基亚砜（Dimethyl Sulfoxide，DMSO）、甘油、蔗糖等低温保护剂，在某些情况下甚至还可能添加高浓度蛋白、血清或培养过细胞的上清液以保护细胞。

4.疫苗工艺培养基　由于安全性、工艺、经济、监管等多方面的原因，选择和优化用于病毒疫苗生产的细胞培养基极其重要。尽管所有疫苗生产平台的大趋势都是朝着无血清培养和无动物源成分的制剂发展，但目前许多疫苗的生产过程中仍在使用牛血清或有其他动物源成分的培养基。与之相似，化学成分明确的培养基、低蛋白或无蛋白培养基在疫苗生产应用中也存在一些问题，尽管程度较轻。某些病毒或疫苗的生产工艺中已经开始使用无需添加血清的培养基、补料和添加物。然而，仍有一些病毒和疫苗的生产中需要添加蛋白质、水解物、动物源成分等物质方能达到预期的产量或产品质量。

　　在疫苗生产工艺中，所使用的细胞生长培养基通常含有适于每种病毒生产细胞株的基础组分。然而，在某些情况下，不同的细胞、病毒或工艺对培养基有特殊的需求，例如：①细胞培养本身的需求；②特定生产方式（阶段）对营养物质的需求；③所培养的特定病毒对培养基的需求或对环境的耐受性；④迄今为止，对产品的理解和表征程度可能有差异，随着对产品的理解逐渐深入，很可能需要按照需求优化培养基配方；⑤产品特异性安全和监管约束；⑥细胞生长与病毒扩增过程对培养基需求的差异[12]。

第三节　细胞培养基组分和添加物

一、常用培养基的组分及添加物

　　除了一些经典培养基所包含的基本营养物质外，无血清细胞培养基还添加了一些能够替代血清功能的成分，主要包括剪切力保护剂（shear protectant）、生长因子、微量金属元素等（表4-2），其中有一些成分也作为添加物使用。此外，针对特定的细胞类型或不同的冷冻保存、病毒扩增等操作，通常需要额外引入一些特殊的添加物。

表4-2　常见细胞无血清培养基的组分示例

组分类别	示例
酸、碱和缓冲剂	1N NaOH/HCl
酰基脂	棕榈酸、油酸
氨基酸	脯氨酸、缬氨酸
动物蛋白质	白蛋白、转铁蛋白
抗细胞凋亡	抗氧化剂
抗生素	庆大霉素、链霉素
抗霉菌药物	两性霉素B、制霉菌素
细胞因子	粒细胞–巨噬细胞集落刺激因子、白介素3
生长因子	碱性成纤维细胞生长因子、表皮细胞生长因子
GS表达培养基组分	MSX
次黄嘌呤、氨基喋呤和胸腺嘧啶组分	次黄嘌呤、氨基喋呤、胸腺嘧啶
水解物	酵母蛋白水解物、大米蛋白水解物
金属元素	铜、锌
肽类激素	胰岛素、胰岛素样生长因子1
生产促进剂	丁酸盐
反渗透剂	纯化水
血清组分	脂质提取物
剪切保护剂	普流尼克、蛋白质
特殊试剂	环糊精、聚硫酸乙烯酯
甾醇	胆固醇、睾酮
糖类	葡萄糖、半乳糖
维生素	维生素B_{12}、维生素E

（一）pH缓冲剂和指示剂

大多数用于动物细胞培养的无血清培养基的主要缓冲系统为二氧化碳（CO_2）与碳酸氢根（HCO_3^-）缓冲体系。在培养过程中，通常会根据目标pH范围、系统中的HCO_3^-浓度以及系统内的其他缓冲剂确定CO_2的需求量，以确定培养系统的CO_2浓度或比例的设定值，通常为总气压或总通气量的5%～10%[13]。

此外，为了支持特定的培养步骤和培养模式，或培养难养的细胞系和提高产物的表达效率，可以将pH缓冲液添加至标准培养基中，以弥补传统CO_2与HCO_3^-缓冲体系的功能。常用的缓冲剂包括4-羟乙基哌嗪乙磺酸（2-[4-（2-hydroxyethyl）piperazin-1-yl]ethane sulfonic acid，HEPES）、三羟甲基甘氨酸（tricine）、磷酸氢二钠（Na_2HPO_4）、碳酸氢钠（$NaHCO_3$）、β-甘油磷酸酯或其他特殊氨基酸等。

商业化的科研用培养基大多以酚红作为pH指示剂。在低pH条件下酚红会变成中黄色，而在较高pH下酚红会变成中紫色。但是，酚红具有生物活性，会干扰某些离线检测，且属于工艺相关的杂质。此外，其功能通常与其他pH检测设备的功能重复。因此，在生产细胞培养基中一般不添加酚红指示剂。

（二）无机盐

无机盐的功能主要为通过钾离子（K^+）、钠离子（Na^+）和钙离子（Ca^{2+}）的比例来维持渗透压力平衡和跨膜电位[14]。例如，Ca^{2+}是特定细胞功能的调节剂，可通过Ca^{2+}浓度水平的变化改变细胞以悬浮或贴壁方式生长的倾向性[15]。一些特殊的培养基仅含有少量的Ca^{2+}，使用者可以根据需求添加适量的Ca^{2+}浓缩液，将最终浓度调整至20～400 mg/L。

（三）氨基酸

氨基酸是蛋白质的基础单元，可根据细胞是否可以主动合成而分为必需氨基酸和非必需氨基酸两大类。由于细胞无法合成必需氨基酸，故细胞培养基配方中一定会包括这些必需氨基酸。虽然细胞可以合成非必需氨基，但是由于其可以作为代谢中间体，能够让细胞节省能量和辅助其他所需反应途径，进而促进细胞生长、提高细胞活率和产物的产量。因此，非必需氨基酸也是细胞培养基中的标准营养成分。

L-谷氨酰胺（glutamine，Gln）是一种消耗速率很快且不稳定的必需氨基酸，通常需要特殊对待[16]。在培养过程中，细胞可以直接从培养基中摄入Gln或通过谷氨酰胺合成酶（glutamine synthetase，GS）或谷氨酸脱氢酶（glutamate dehydrogenase，GDH）生成Gln，而Gln也可以降解为氨和L-谷氨酸（glutamate acid，Glu）等物质。一般而言，高浓度的氨会对一些细胞造成损伤。Glu具有多种功能，主要包括：烟酰胺腺嘌呤二核苷酸（nicotinamide adenine dinucleotide，NAD^+）、还原型烟酰胺腺嘌呤二核苷酸磷酸（nicotinamide adenine dinucleotide phosphate，NADPH）和核苷酸的代谢来源；代谢的能源；pH缓冲作用等。在细胞培养中，影响Gln需求量的主要因素为：细胞表达GS的能力及环境或培养基中Gln和L-天冬酰胺（asparagine，Asn）浓度水平对内源性GS的调控作用。如果细胞自身具有GS酶活性，便可以使其适应低浓度或不含Gln的培养基，从而在一定程度上缓解氨的累积。Gln粉末性状稳定，但在溶液中可能会自发分解为氨和吡咯烷酮羧酸。由于Gln容易降解和产生代谢废物氨，其通常被作为添加物加至培养基中。尽管Gln是大多数哺乳动物细胞培养中需要添加的营养物质，但添加过高浓度的Gln可能会导致氨或乳酸过度累积。常见的一种解决方案是在初始配方中加入少量Gln，使之与其他代谢物互补，或者在整个培养过程中将其以添加物的形式连续或分批定量添加至培养液中。Gln的L-丙氨酰和L-甘氨酰等形式的二肽在溶液中较Gln更稳定，可以作为Gln替代物在某一些细胞培养工艺中使用，但其不适于所有细胞。

（四）碳水化合物

对于哺乳动物细胞，以糖的形式存在的碳水化合物是主要的能量来源，培养基中主要的碳水化合物为葡萄糖和半乳糖，有一些培养基中还会添加麦芽糖和果糖。碳水化合物可以包含在基础培养基配方中，也可以在培养期间作为单独的添加物加入培养液中。此外，碳水化合物也是代谢废物的主要来源，可以采用有针对性的流加策略，以避免乳酸等代谢废物过量累积。

（五）脂肪酸和其他脂类物质

许多无血清培养基配方中都包含固醇、脂肪酸等脂类物质。对于特定的动物细胞而言，外源脂肪酸至关重要，这些细胞在含有脂质的培养基中的表现更好[17]。而大多数动物细胞在不含任何脂质的条件下也能够旺盛生长，对于这些细胞而言不存在"必需脂肪酸"。

由于脂质在水中的溶解度极其有限，因此是培养基配方中的特殊添加物。生产此类脂质的可过滤悬浮液或分散体的难度较大，需要考虑很多理化参数，主要包括溶解度、可滤性、分散性、物理稳定性、细胞递送动力学、容器吸附等。

通常可采用囊泡、乳液、微乳液等技术配制脂类物质，或添加载体蛋白或环糊精等载体聚合物，以提高其在溶液中的稳定性。例如，直径为 0.2 μm 的可过滤磷脂微泡可以在其酰基链内携带足够多的胆固醇。然而，这种脂质体递送机制可能在细胞递送动力学和物理稳定性方面存在一些问题[18]。乳液技术提供了一种动态的脂质递送方法，但其稳定性不足，脂质容易聚集，故可能会对培养基造成不利影响。牛血清白蛋白（bovine serum albumin，BSA）等载体蛋白非常有利于脂类物质配制，或可提高其在溶液中的稳定性。但是，天然的 BSA 为动物源性物质，若非重组生产的 BSA，一般不会用于生物制药生产中。环糊精是一类环状寡糖，为许多脂质的载体，效果极佳，且易于调节[19]。载有脂质的环糊精浓缩溶液非常稳定，且可微滤。

然而，这些脂类物质的稳定剂的应用也受到一些限制，主要包括：①在高稀释度条件下会变得无法过滤；②可能会将脂质转移至其他产品接触表面；③虽然对细胞并无毒性，但大多具有其他生物学活性（例如：溶解细胞膜中的固醇）。由于脂类物质的稳定性和代谢过程还与其他物质相关，添加的脂类物质是否能够起到效果往往还取决于其组分的性质和浓度。

（六）维生素

细胞不能合成足够量的维生素（vitamin），所以其对于细胞的生长和繁殖至关重要，是细胞培养中重要的必需添加物。其中，B族维生素对细胞生长的作用最为关键。血清中含有大量的维生素，是经典细胞培养中维生素的主要来源。即便这样，为了满足特定的细胞需求，经典培养基中仍然会添加各种维生素。

（七）蛋白质和多肽

在无血清培养基发展的初期，为了模拟血清的作用，研究者通常会将白蛋白（albumin）、转铁蛋白（transferrin）、纤连蛋白（fibronectin）等蛋白质作为常规的组分。如今，这些组分仅限于小范围内使用，或仅用于特殊细胞的培养过程，大部分培养基中这些物质已被其他非蛋白物质取代。针对常见的分泌性生物产品的生产平台，自泌体（autocrine）和细胞因子（cytokine）的相关研究历史已达数十年，现已开发出一些不同的混合添加策略。

胰岛素（insulin）和胰岛素样生长因子 1（IGF-1）曾一度极为流行。近年来，随着培养基配方的不断优化和细胞株的持续改造，生物生产工艺和平台设计中已几乎无需再添加这些物质。不过，某一些用于生物生产的细胞需要在特定蛋白质存在的环境下才能正常贴壁生长，所以在这些细胞的培养基中仍然含有纤连蛋白、抑肽酶、血小板源性生长因子（platelet-derived growth factor，PDGF）、转化生长因子-β（transforming growth factor-β，TGF-β）、碱性成纤维细胞生长因子（bFGF）、白血病抑制因子（leukemia inhibitory factor，LIF）等促进细胞黏附的物质。迄今为止，其中一些活性肽（active peptide）的可过滤分散体或溶液的制备仍然极具挑战性。

（八）微量元素

在血清中含有铜、锌、硒等一些金属元素和三羧酸中间体，它们是细胞正常生长所需的微量元素（trace elements）[20]，对于糖基化修饰、酶功能维持等许多胞内生物过程至关重要。因此，在无血清培养基中通常也会补充此类微量元素，以替代从血清中发现的各种微量元素。

（九）铁转运载体

对于胞内DNA合成等代谢过程而言，铁元素是必不可少的物质，培养基中铁离子（Fe^{3+}）不足会使细胞生长受到抑制。所有动物细胞中都会表达一些铁转运载体，但目前仍未探明何种转运蛋白在铁离子的运输过程中起到最关键的作用，且其作用效果也可能会因细胞系（株）和基础培养基（basal media）组分的不同而迥然。

不过，目前已经发现，转铁蛋白、环庚三烯酚酮（tropolone）、柠檬酸铁铵等物质可以替代细胞自身表达的铁转运载体。因此，为了改善无血清培养基的性能，特别是在需要高密度培养细胞，或者克隆试验等对培养基性能要求极高的细胞培养过程中，通常需要添加这些物质来辅助Fe^{3+}转运。

二、其他组分和添加物

碳酸氢钠（$NaHCO_3$）是培养基中常用的缓冲剂，大多数液体培养基中都含有$NaHCO_3$。由于在培养储存中$NaHCO_3$易吸湿，且会分解而释放出二氧化碳（CO_2），因此通常不会将其直接加入干粉培养基中，而是在配制液体培养基时再以终浓度0.4~4.0 mg/L添加进去。

此外，普流尼克（泊洛沙姆，Pluronic Acid，P188或PF68）常用作剪切力保护剂，用于替代悬浮培养物中的血清蛋白。在一些细胞培养过程中还会添加抗生素、抗真菌等药物，以防止微生物污染。不过，生物药生产过程中通常不允许添加抗生素。

除了这些添加物以外，还可能添加其他一些物质，下面分别进行介绍。

（一）水解产物和蛋白胨

水解产物（hydrolysate）和蛋白胨（peptone）是动物或植物材料的酸水解或酶解产物，其使用历史悠久，制备方法成熟。通常，这些物质中包含廉价和天然来源的肽、氨基酸、维生素、金属、碳水化合物等物质。许多较早期的无血清培养基非常依赖这些物质，其时至今日也仍然是很多高性能培养基中的必需添加物。例如，酵母提取物（yeastolate）目前仍是一些无血清培养基的组分，甚至是昆虫细胞无血清培养基等部分培养基的必需成分。然而，由于这些物质都是成分极其复杂的混合物，其中的一些具体成分尚未被彻底研究清楚，且批次之间存在较大的差异，因此目前业内正在逐渐减少对这些物质的使用[21, 22]。

（二）细胞因子、激素和生长因子

细胞因子、激素（hormone）和生长因子主要为一些类固醇（steroid）、芳香族氨基酸衍生物、多肽、蛋白质、糖蛋白等分子，在一些细胞的培养过程中需要添加这些物质，它们甚至是某一些细胞的无血清培养基中的必需添加物。这些物质可能是诸如细胞分化（cell differentiation）、形态建成（cell morphogenesis）、增殖（cell proliferation）、活化（cell activation）和迁移（cell migration）之类的细胞生物功能所必需的物质，其对细胞的作用效果可能因基础培养基、细胞、工艺的特性差异而不同。用于细胞培养的细胞因子、生长因子和激素多达数十种，常见的此类物质包括bFGF、粒细胞-巨噬细胞集落刺激因子（GM-CSF）、转化生长因子-β（TGF-β）、白介素1α（IL-1α）、IGF-1、胰岛素、皮质醇（hydrocortisone）等。其中，应用最广泛的激素为胰岛素，培养基中所使用的胰岛素的来源包括天然来源和重组来源两大类。前者如牛胰腺提取物等，后者包括许多异构体和截短形式的人胰岛素。不同类型的胰岛素具有不同的生物活性[23]、微聚集、折叠、pH和离子依赖性溶解度等性质，其最优配制流程也因形式和来源的不同而有差异。因此，在使用胰岛素时需要特别注意其溶解、过滤、取用方法和在溶液中的储存过程[24]。

（三）细胞周期和凋亡调节剂

细胞周期（cell cycle）和凋亡（apoptosis）调节剂可直接影响细胞因子和趋化因子的调控作用，其有许多类型，主要包括：应用历史悠久的植物血球凝集素（phytohaemagglutinin，PHA）的同工外源凝集素，其可诱导有丝分裂；近些年才开始推广使用的Z-D-CH₂-DCB等半胱天冬酶抑制剂（caspase inhibitor），其能够控制Fas受体介导的细胞凋亡。此外，还可以添加另外一些可缓解减少或抑制细胞凋亡的化学添加剂。例如：米醉菌酸（bongkrekic acid）、吡咯烷二硫代甲酸酯（pyrrolidine dithiocarbomate）、环孢菌素A（cyclosporine A）、氮乙酰半胱氨酸（N-acetylcysteine）等物质，以及Z-VAD-FMK、Ac-DEVD-CHO等其他半胱天冬酶抑制剂[25-27]。

（四）细胞黏附因子和细胞外基质蛋白

细胞黏附因子（attachment factor）和细胞外基质（extracellular matrix，ECM）蛋白也是一些细胞培养基中可能会添加的异源性分子，特别是在以贴壁方式生长的细胞培养中必须添加此类物质。其中，细胞黏附因子包括明胶（gelatin）、胶原蛋白（collagen）、层粘连蛋白（laminin）、纤连蛋白、玻连蛋白（vitronectin）、胎球蛋白（fetuin）以及其他蛋白聚糖（proteoglycan）类物质。ECM通常可以激活整联蛋白（integrin），或与细胞和培养液相互作用，向培养基中添加这些物质可以辅助细胞黏附至微载体（microcarrier）、培养瓶等基质表面[28]。

三、营养物质或添加物的添加策略

数百种化合物可以直接配制至培养基中，但也有一部分具有特殊性质或特殊效果的物质仅能以添加物的形式添加，通常应当在培养基配制完成后或者在培养过程中加入这些物质。对于后者，单独添加的方式往往可以发挥其最大功效，同时保证培养基的稳定性。

这些添加物涵盖很多种分子类型和物理状态，从具体的氨基酸到部分水解的动物组织应有尽有，也可以是各种包装状态下的添加物（例如：冷冻液体、冻干粉末等），它们的复杂性、化学性质[从庆大霉素（gentamicin）到Gln]和分子量[从CaCl₂到透明质酸（hyaluronic acid）]各不相同。通常，供应商不会提供通用的配方、过滤方式、剂量和存储信息，而是仅提供一些一般的配制或者添加原则。在所有特定添加剂的使用过程中，都应当重点考虑一些因素，主要包括：细胞培养中原材料的验证；溶解、灭菌、分装、贮存、检测等中间处理方法；将添加物加入培养体系的时机、方法和数量；添加物对培养过程或下游纯化步骤的影响作用。一般而言，即便是"超纯"试剂也可能在细胞培养中表现出毒性或效果不佳，因此必须选择经过充分验证的试剂。

常见的仅能在使用前添加至标准细胞培养基中的物质主要包括四大类，即：①Gln等不稳定的成分；②消泡剂（anti-foaming agent）等特殊用途成分；③已确定可增强培养基性能的标准培养基成分混合物（例如一些氨基酸混合液）；④特定细胞系（株）的特殊必需营养物（例如胆固醇）。

对于某一些添加物，可以在将粉末配制成液体培养基的过程中（例如$NaHCO_3$）或者在培养基配制完成后（例如：动物血清）再添加，其添加过程既可能是简单的步骤也可能是极其复杂的过程。例如，在培养时添加无菌抗生素溶液的操作便极为简单，而在流加批式培养中分多次或者连续加入添加物的过程则较复杂。对于后者，需要确定在什么样的工艺中可以使用何种添加物，并考虑基础培养基的性质、所用的细胞系（株）的代谢特征、现有工艺的特性等因素，甚至可能还需要考虑添加之后细胞在当前时刻或后续培养过程中对该物质及其他物质的耐受度。尤其是在生物药的生产过程中，随着培养时间的推移，某些组分会被分解代谢、吸收或降解。因此，需要根据检测结果或工艺开发经验判断是否需要添加浓缩的添加物或流加培养基，以维持正常的细胞培养过程[29]。

需要注意的是，某些无血清培养基及相应的细胞培养过程可能确实存在某些添加物的理化性质不稳定的问题（例如沉淀），甚至还有一些添加物会改变培养基的渗透压、起泡沫等理化性质，或影响其有效期、质量标准等其他特性。

在使用添加物时，需要考虑的重要因素包括：添加时间和添加量；添加物的物理状态（例如溶液、乳液或粉末）和性质（例如金属盐、高分子量蛋白质）；组分的理化稳定性；补充后培养过程的稳定性和可控性；所需起到的工艺效果等。此外，在使用添加物时还需要考虑其他一些特殊情况，必须了解失败的可能性，并经常进行功能测试。例如，当将非无菌粉末或脂质直接添加至液体培养基成品中时，必须考虑后续无菌过滤步骤对培养基的潜在影响[17]。在向培养基中添加新的组成分时，不仅应预测具体的培养效果，还应考虑其可能对培养基的滤过性、有效期、毒性的影响，或对许多辅助培养物性质的作用。

其实，也有一些添加物（例如血清、生长因子等）可以作为标准配方的一部分。然而，由于某些原因，生产商的标准配方中并未包括这些物质。例如：需要最终的用户确定添加物的使用浓度，或需要在整个使用过程中更改添加浓度或添加比例等。

四、细胞培养的流加培养基和添加物

在流加批培养中，流加的添加物或者添加过程较复杂，应当重点关注。流加策略的开发和优化中需要重点考虑的因素包括：①避免对初始密度较低的细胞产生毒性；②在培养至较高的细胞密度后，需要考虑蛋白翻译后修饰（PTM）过程的营养需求；③改善细胞活率（cell viability）维持，避免细胞凋亡；④延长稳定期培养时间；⑤在提高产品滴度（titer）的同时，最大限度地提高产品质量；⑥尽量以最简单的培养策略提高产品产量和质量[30]。

细胞培养工艺的主要目的是通过增加细胞数或生物量（biomass）或提高细胞比生产率（cell-specific productivity，Q_P）来实现提高产量，因此通常需要在培养基中补充或流加营养物质、维生素、生长因子或能调控细胞代谢的化学物质。

基础营养物和维生素的浓缩液通常可直接加入液体培养基中，以强化培养基的功能。或者，在流加批式培养（fed-batch culture）过程中将其作为流加培养基加入培养体系。通用浓缩物或流加培养基通常是商业化的产品（例如：1000倍MEM氨基酸），但许多工艺中也会用到含有特定组分和浓度的定制化培养基（customized media）[31]。

细胞凋亡也是细胞培养过程中必须重点关注的问题，在高密度或大规模生产中尤其应当注意防止细胞凋亡。理论上，可以通过消除特定的营养和环境压力来缓解或避免细胞凋亡。一般而言，可通过采用合适的培养基或流加策略缓解其中的一些问题，例如：葡萄糖、Gln和必需氨基酸缺乏或耗竭，极端的pH和渗透压条件，剪切应力（shear force）增加，副产物累积等[32-34]。

五、动物血清

（一）血清及其来源

从动物血液中提取的血清是传统培养基中最常见的添加物。通常，在采集和处理后，血清会立即被冷冻储存起来。在使用血清前，需要于37℃通过间歇式混匀的方式解冻，然后在无菌环境下以1%~20%（v/v）比例添加至无菌培养基中。其能够为简单的经典培养基提供许多营养或非营养成分（表4-3），以满足细胞培养中的各种特殊需求。不过，不同批次的血清中每种成分的含量可能有差异，这可能影响工艺的稳定性和一致性，导致一些生物工艺结果难以重复。

血清来源会影响血清的安全性和品质，在选择血清时应重点考虑这些问题。血清来源指的是采集原血的国家/地区，不能将其与加工国家混淆。供应商会在检验报告和原产证明书中提供批次文件，其中会包括原产国等重要信息。血清来源的分类因权威机构而异，并且不同时期的分类也可能不一样，往往会受疾病暴发等因素影响。对于需要美国食品药品监督管理局（Food and Drug Administration，FDA）、美国农业部（United States Department of Agriculture，USDA）或其他监管机构监管批准的血清产品使用者而言，血清原产地验证更为关键。此外，也应当重点关注血清的批次可追溯性，即提供血清最终产品的可供核查和追踪的验证文件的能力。而且，其所提供的文件中还应对生产中所使用的原血的地理来源进行详细说明。

表4-3　血清成分或功能

生长因子和肽类激素
黏附和扩散因子
结合和转运蛋白
氨基酸和肽
脂肪酸和脂质
维生素A、维生素B、维生素C和维生素E
金属（微量元素）
碳水化合物
蛋白酶抑制剂
解毒剂
非蛋白硝基
剪切力保护剂
多种酶活性

（二）血清选择

可用于细胞培养的血清有数十种，主要区别在于供体动物的种类、采集年龄、地理来源、血液采集和加工方法以及生产后的质量控制（quality control，QC）和批次等因素。选择血清时需要考虑的因素主要包括：对细胞黏附和生长的促进作用、批次间可重复性、支持产品生产的能力、对纯化效率的影响、化学和生物杂质、监管状态等。

除了细胞培养工艺中所常用的血清以外，还有一类应用于特殊细胞培养或工艺的血清（例如：哺乳动物干细胞培养）。最近，血清供应商推出了一种被称为"增强型血清"（fortified sera）的产品，其性能更优，价格更经济实惠。这些产品含有维生素、金属离子、氨基酸等一些低分子量（low molecular weight，LMW）成分，通常可在细胞培养过程中发挥一些特殊的功能，或被用于改善工艺表现。此外，还有许多通过特殊方法制备而成的血清。例如：采用吸附色谱（adsorptive chromatography）、热处理（heat treatment）、渗滤（diafiltration，DF）、超滤（ultrafiltration，UF）等方法加工而成的血清产品，这些改良的血清产品具有一种或多种特性。例如，血清中IgG、脂质（lipid）、盐、外泌体（exosome）等物质的浓度大幅降低[35]。

在选择血清及相关的添加物剂时，应避免以下三个方面的误区。

（1）仅仅因为相关参考文献引用了某一应用而购买这种类型的血清。了解单种血清中的特定属性对各种细胞系（株）的生长和工艺的整体表现很重要，最好通过筛选血清产品和优化添加策略来最大限度地提高工艺效率和经济性。

（2）冷冻储存和解冻血清时未温和地混匀。可以设定一个逐步解冻的程序，应当交叉进行静止解冻和混匀操作，以避免组分在容器底部浓缩沉淀而发生聚集。

（3）将血清添加至无血清培养基配方中。许多无血清培养基往往仅适合于在无血清条件下使用，添加血清反而可能使其性能变差。

第四节　无血清培养基的选择、开发和优化

与含血清的培养基相比，无血清培养基的定义更清晰。但是，许多无血清培养基包含血清来源的成分，例如：白蛋白、转铁蛋白和胰岛素以及水解产物等复杂的提取物或消化物。在培养基的开发和优化过程中，需要确定最佳配方和特定成分的浓度，以支持特定的细胞系（株）培养或工艺过程，这是一项复杂的工作。对于具有挑战性的培养系统，其培养基开发和优化过程往往会更加复杂。例如，原代干细胞（primary stem cell）培养和疫苗生产中使用的某些细胞系（株）的培养基[15, 36, 37]。

目前，用于无血清培养基设计的技术方法已经取得了重大进展，主要包括：经验、知识与实验相结合的方法，细胞生物学中的现代组学（omics）研究技术，新兴的过程监控和分析技术等。随着细胞培养基供应商技术及物流网络的不断发展，当前许多生物生产平台已经能够提供强有力的现货供应渠道，且市场上存在许多无血清培养基、流加培养基和添加物可供选择和使用。

一、培养基的选择

如前所述，商业化培养基生产商可以提供适用于不同细胞培养模式和生产平台的培养基，所以开发者需要从品类繁多的培养基中选择合适的培养基，以满足生物制品生产的需求。选用商业培养基时，首先应当明确培养基的基本特性，包括可接受的组分、监管分类和可用的历史应用数据。此外，还应该考虑运营、绩效、业务需求等因素。

在对培养基产品本身进行选择之前外，还应选择合适的供应商。选择供应商时主要应考虑现场审计和验证、产品质量、批次稳定性、价格、客户服务等因素。当完成了平台工艺的建立和供应商选择之后，可供初步筛选的培养基便随之确定下来了。通常情况下，培养基的需求可能因为特定产品的特性或质量要求的不同而有所差异。因此，即使已经建立了基本的生产工艺平台，也需要测试多种不同品牌或类别的培养基。

选定培养基后，需要采用该培养基对目标克隆进行适应培养，然后评估其在小规模培养过程中的表现，考察因素应包括最低成功接种密度（seeding density）、细胞分裂速率（cell division rate）、峰值细胞密度（peak cell density）、峰值密度持续时间（peak viable density duration）、产品分泌动力学（product secretion kinetics）、

产品累积总量（total product accumulated）、产品质量、原液稳定性（raw product stability）、纯化可行性和理化功能（例如：剪切损伤、泡沫、沉淀、pH值控制、代谢废物积累等）。在最能够代表最终生产系统及生产规模生产过程的规模缩小模型中进行测试，这样可以最大限度地保证所获得的数据能够用于预测真实生产过程的表现。在此阶段，需要评估缩小规模生物反应器模型中的培养表现，以及多个批次培养基的性能一致性。在某些情况下，甚至还需要评估实际生产中将要使用的培养基，或直接在生产规模条件下评估培养基的性能。

二、培养基的开发和优化

大多数生产商可根据成本、生产效率和其他固有性能特点自由选择任何类型的培养基和添加物。从目前的趋势来看，生产商会在条件允许的情况下尽量选择无血清、无动物成分、化学成分明确的低蛋白含量或无蛋白的培养基。

直接使用商业培养基还是投资于培养基的内部研发，对于一些生产商而言往往是一个很难的抉择[38]。其中一个重要的考虑因素为，通常各种克隆的代谢表型并不一样，若生物药生产商选择内部研发培养基，便可以根据克隆自身特性和产品属性优化培养基，采用该策略可以轻而易举地将产品产量提高2~5倍。即便是非常成熟通用的细胞系（株），有时可能需要提高生产效率和（或）产品质量，因此便需要采用定制化的培养基。然而，这也并非百分之百可行。在某些情况下，与现成的商业培养基相比，采用自主研发的培养基进行细胞培养时产品的产量很低，或产量几乎未得到提升。此外，这种优化工作的成本取决于现有的设施、专业知识储备、生产安排等因素，一般情况下培养基优化相关的成本为中等或较高水平。随着对工艺特性和产品分子信息的深入认识，全球监管政策或质量要求也可能发生变化，生产商往往也需要根据这些变化对培养基配方作相应的改变，有时这甚至是强制性要求。

若自主开发培养基，生产商需要根据生产平台现状和产品类型来决定培养基优化策略。倘若产品、工艺和优化目标不同，优化时所需的营养物质及其浓度会有很大的差异。例如，细胞自身生长和维持活动的营养需求与蛋白质表达或病毒产生阶段的营养需求不一样，往往需要分别进行优化，优化方向甚至可能相反。因此，在进行培养基开发和优化时，最重要的考虑因素是区分和平衡不同的目标，诸如最大限度地提高细胞密度、重组蛋白表达效率或病毒活率及比产率、改善产品质量等。

在不同的生产工艺模式下，细胞的营养需求也可能有很大差别。即使是同一细胞系（株），其在批式培养（batch）、流加批式培养、灌流强化型流加批式培养（perfusion-enhanced fed-batch）和灌流培养模式条件下的最适培养基配方也多有不同。此外，由于细胞代谢途径的复杂性，许多培养基成分之间还有交互作用，这往往也会增加优化工作的复杂性。

（一）生物药产品质量

糖基化修饰（glycosylation）等翻译后修饰功能对产品的许多关键质量属性（critical quality attribute，CQA）有重要影响，包括产品的稳定性、溶解度、聚集（aggregation）、血清半衰期（serum half-life）、免疫原性（immunogenicity）、抗蛋白水解能力（proteolysis resistance）、药代动力学体内分布（pharmacokinetics biodistribution）、抗体依赖细胞介导的细胞毒作用（antibody-dependent cell-mediated cytotoxicity，ADCC）活性、药效学（pharmacodynamics）、临床表现（clinical performance）等。因此，工艺开发人员不仅必须考虑培养基的生产力、稳定性和成本，还应当考虑这一系列与工艺相关的产品质量属性。

在生产过程中，不仅工艺模式、工艺控制等工艺设置相关因素会影响产品的质量，基础培养基、流加培养基以及辅助因子、生长因子等添加物也会影响细胞的翻译后修饰的效率和准确性，进而影响产品的质量属性[39, 40]。培养基成分会改变细胞培养物的生长速率和稳定性，从而影响糖型的准确性和异质性。其原因可能为，培养基组分影响了糖基转移酶的功能水平，以及蛋白在内质网和高尔基体的运输过程及加工时间。培养基组成也可能会直接影响代谢中间体、细胞间的核苷酸-糖/糖基-供体池（nucleotide-sugar/glycosyl-donor pool）等胞内代谢物或代谢过程，因此可以向生长培养基中添加前体，以改变细胞内核苷酸-糖的含量，进而调控氮末端聚糖（N-Glycan）修饰和加工，最终实现各种积极的工艺效果[41]。通常这种添加物仅影响一些糖基化修饰相关残基的比率和（或）序列，而不会影响其他质量属性。

随着业界对产品纯度和质量方面的要求越来越高，下游工艺及其效率也已成为培养基选择中不容忽视的考虑因素。然而，随着一些新的吸附、亲和、填料、膜等下游技术的问世，以及纯化方案的不断优化和改进，目前已能够利用过去被视为组分和浓度不合适的原材料进行工艺开发和优化，并且可能已经确定了更加有效的纯化方法。因此，目前已能够采用现有的纯化方案轻松处理大多数商用无血清培养基配方中的各种浓度的绝大部多数组分。

（二）培养上清液组分分析

一般而言，培养基开发和优化中的主要依据是培养上清液中营养代谢物的分析结果。开发者可以监测培养过程中上清液里营养代谢物随时间的变化趋势，据此详细了解细胞的营养需求，为基础培养基和流加培养基（feeding media/solution）的成分和浓度的优化或合理微调提供数据支持，快速提高细胞密度、活率以及产品的产量和质量。此外，在工艺开发、中试规模生产甚至符合药品生产质量管理规范（good manufacturing practice of medical products，GMP）的生产批次中，常常也会分析培养上清液的成分，用于支持工艺故障的快速排除等方面的研究[42]。

通常，需要检测的组分包括初级代谢物（primary metabolite）、次级代谢物（secondary metabolite）、微量元素或金属离子、生长、黏附和转运因子、特殊结构元素（例如：胆固醇）、物理化学特性（例如：pH值、渗透压等）、表面活性剂（surfactant）等。在所述的代谢物中，尤其应当注意对细胞有抑制或毒害作用的物质。此外，也需要评估生物制品的浓度和质量。所检测的培养基组分（及其含量）如下：①葡萄糖、乳酸、Gln、Glu、Na$^+$、K$^+$、Ca^{2+}、pH、二氧化碳分压（pCO$_2$）、氧气分压（pO$_2$）和铵离子（NH$_4^+$）；②各种氨基酸；③水溶性维生素，吡哆醇（pyridoxine）、烟酰胺（niacinamide）、叶酸（folic acid）、维生素B$_{12}$、核黄素（riboflavin）和硫胺素（thiamine）；④脂质和微量元素或金属离子。

（三）培养基开发和优化中的实验设计

实验设计（design of experiment，DoE）是一种制订实验计划和分析实验数据的技术，采用该技术能够以最少的实验次数系统地改变多个实验参数，以获得足够的实验数据和启发性信息。此外，还可以根据所获得的数据创建研究过程的数学模型（例如：流加量和流加时间），用于理解实验参数对结果的影响，抑或探索该工艺中各重要参数的最优值。

定制设计的软件可用于创建试验设计方案、建立模型、可视化展示数据和分析信息。总之，DoE方法可以大幅提高实验条件的筛选效率，且其用途广泛，可快速考察细胞培养中的各种因素、营养流加策略和因子水平，也可以应用于其他工艺优化或稳定性测试（stability testing）等试验的设计和分析[43-45]。

第五节 细胞培养基的生产和供应

如今，液体和干粉状培养基、添加物以及液体商业培养基的生产商可以为全球细胞研究组织和生物治疗药物生产商提供支持，一流的培养基生产商应当能够在全球范围内维持完全符合现行药品生产管理规范（current good manufacture practices，cGMP）21 CFR 820、ISO 9001和ISO 13485的生产运营操作，以支持其全球业务。作为供应链连续性计划的一部分，大多数供应商都会在其运营中提供生产备货，且供应协议中还可规定其他保证或保障措施。

生物生产工艺中液体和粉末培养基的选择

目前，生物工艺中使用的大多数细胞培养基是针对特定细胞系（株）和工艺定制和优化而来的。这些培养基或是由培养基供应商开发生产的，抑或是客户自主开发后外包委托培养基生产商生产的。无论采用哪种方式，培养基生产商和最终用户都会将这些配方视为保密的专有知识产权，因为开发这些配方需要耗费大量的成本和时间。

大多数的细胞培养基可生产成粉末形式或液体形式，两者均能有效地支持生物制造中的大规模细胞培养过程[46]。许多用户在生产操作现场建立了培养基配制间，可将购入的粉末培养基配制成水溶液以满足生产需求。其他用户则与培养基供应商合作，直接采购以一次性储液袋包装的大量液体培养基。对于后者，供应商已完成培养基配制，用户可以直接将其投入使用。这两种选择都可以很好地支持生产，但各具优缺点，用户可根据实际情况进行选择。并且，随着各种新技术和新的培养工艺（例如：灌流培养、连续化生产等）的不断发展，在选择购入液态或粉末态培养基时需要考虑更多因素。

培养基保质期的研究成本较高，而且比较耗时。尤其是对于定制化配方，每种细胞系（株）的配方都是特殊化定制的，需要专门开展实验，以确定液体或干粉的保质期，故需额外投入一些成本和人力。因此，通常会采取一些措施来缩短测试时间。对于液体培养基，通常默认从6个有效期开始测试，并且同时进行实时有效期测试（real-time shelf life study）和加速有效期测试（accelerated shelf life study）。采用这种策略，一旦研究完成，最终的测试结果可以从6个月到2年不等。经验证，大多数干粉的有效期更长，可达3年或更长时间。

相比液态培养基，干粉培养基运输成本更低，而且粉末态原材料的起始价也更低廉。此外，用户在配制过程中可以根据需要进行不同程度的个性化调整。因此，对于那些自主研发了专有配方的制药厂商，为了避免将其知识产权转交给培养基供应商，其通常会选择采购干粉培养基。这样，他们可以更方便地利用自主配方进行个性化调整。此外，粉末态培养基的批量生产能力远远大于液态培养基，达到了6×10^5 L以上。相比之下，液态培养基的产能则仅能达到约1×10^4 L。

培养基配制过程对水的要求很高，通常需要采用高纯度的注射用水（water for injection，WFI）。因此，若采购粉末培养基，除了需要筹建培养基配制间以外，还需要建设能够生产大量WFI的制水系统。相应地，空间分配、建造、验证、测试和维护这些系统的成本不可避免。相比之下，若购买液体培养基，便不需要这些巨额的成本投入和大量的基础建设。考虑到这些因素，对于希望简化其运营流程以降低成本的企业而言，直接由培养基生产商提供液体培养基是更佳的选择。

总体而言，采购干粉培养基的缺点主要包括三个方面：①客户需要提供大量高质量的水；②客户需要配备溶解、过滤灭菌和质量控制测试的专家人员，并建立标准化的流程；③干粉所需的资本支出，除了WFI生产系统以外，还包括空间、设施和清洁验证，以及混合器、储罐、过滤平台等加工和存储设备。此外，客户采购的干粉培养基并非完整的产品，由于培养基配方中的某些成分不稳定且易于降解，因而必须在溶解干粉时额外加入一些添加物。根据这些对比分析可知，尽管干粉培养基的成本似乎低于液体培养基，但配制过程中还需要额外的添加物、基础设施、劳动力和测试。因此，用户需要综合考虑到底是采用完全液体的培养基还是干粉培养基。

采购液体培养基的主要优点在于其便捷性，特别是对于大规模操作者而言。原因在于，液体培养基的包装尺寸更大，更便于操作。最新的一次性包装技术已经可以支持 1×10^3 L 的无菌液体的有效运输。客户接收液体培养基之后可以直接投入生产，而无需对配方进行任何添加操作，从而无需进行任何进一步的加工或质量控制测试。在生产中使用液体培养基的另一个优势在于，客户可以依托于培养基供应商的设施、专业知识和认证体系进行加工和质量控制，且能避免与培养基配制和灭菌处理相关的风险。

液体和干粉培养基的共同优势在于其批次间一致性，不过其原因各不相同。支持采购干粉培养基的用户认为，干粉培养基能够实现超大批量生产，可更大程度地保证批间一致性。使用液体培养基的用户则认为，由培养基供应商提供配制方法以及相应的质量验证流程，能够更好地保证产品质量的一致性[47]。

第六节　细胞培养基的质量体系

一、质量管理体系

从技术的角度而言，许多生物研究实验室和生物药生产商都有能力获得配制细胞培养基的基本物料和设施，也具备配制培养基的技术能力。然而，从生物生产的监管要求来看，只有那些具有先进质量管理体系的主要实体发起方或商业化的供应商才是可接受的培养基生产方。而且，倘若要生产培养基，企业应当对设施、设备和生产工艺进行充分验证，要求从WFI高质量水、工艺用水、动物源性和非动物源性组分、物料分离和储存质量控制、产品稳定性、包装、风险缓解、法规合规性等多方面进行资格认证和验证。

这样的验证体系和认证流程不仅可以确保初始材料的产品质量和经济性，还能确保对设计、文件和变更进行有效的控制。倘若直接采购和利用战略分销商等程序，可有助于保证原材料供应的稳定性。此外，原材料和最终培养基产品的质量要求决定了液体和干粉培养基生产商所应具备的多项能力和符合的标准。特别是在支持全球生物制药、疫苗和基于细胞治疗产品的生产时，要求培养基生产商在全球范围内拥有符合现行药品生产管理规范（cGMP）21 CFR 820、ISO 9001和ISO 13485的工厂设施，以保证最终产品的生产、供应的稳定性和连续性。

二、风险管理程序

为了减少或避免包括培养基在内的所有原材料相关的问题，通常应当采取结构化甚至模式化的风险管理方法，这些方法的应用为确保持续供应合格和经批准的物料（培养基）提供了一套全面的流程。

生物制品生产商必须从各个部门分配合格的人员来管理供应商关系，并协助建立内部管理流程。而且，每年需要对这些程序进行审查，并界定风险类别和建立减少或缓解风险的管理方法，且确定第二优先级供应商的管理方法。

　　风险的影响可分为三大类，即备案影响、质量影响和技术影响。图4-2中介绍了一种对风险评估中所需信息进行分类的方法，该方法主要包括优先考虑对生产培养基的需求和所涉及的风险，并确定缓解措施和确保资源分配。对风险进行优先级的排序的主要内容为：对物料供应属性、物料异常可能性以及物料异常对业务影响的严重程度进行排序。

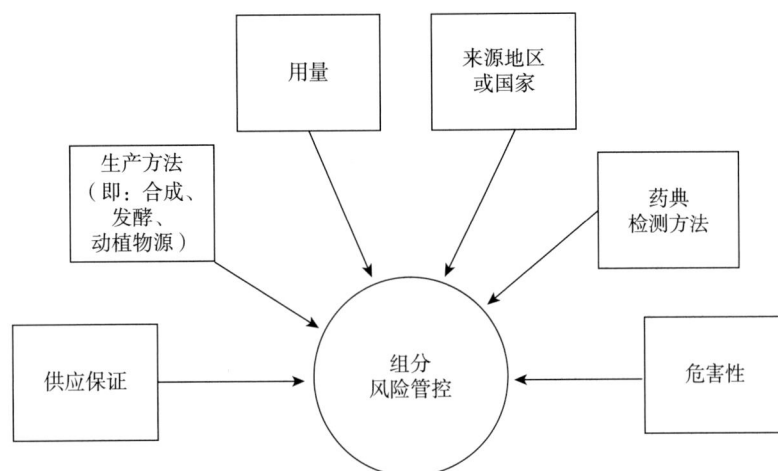

图4-2　组分风险评估因素

　　风险缓解策略可分为四类：预防（例如：通过OpEx的Right First Time即"一次把事情做对"原则）、技术（例如：对新分析方法的投资）、库存（例如：库存管理）和多样化（例如：建立第二优先级供应商管理策略）。

第七节　细胞培养基的内部开发、外包和生产

一、细胞培养基内部开发、外包和生产中的关键考虑因素

　　为了满足工艺开发领域日益增长的对更专业的项目专家的需求，生产商在产品和工艺开发中与外部供应商和合同研究组织（Contract Research Organization，CRO）的合作越来越多。这些外部组织可以提供更加专业的技术服务，例如：克隆选择中的自动化技术；生产和种子培养设计中的一次性使用技术及设施；化学成分明确的无动物源培养基开发；优化流加批式培养工艺，用于高效生产产品；提供提高产品质量的解决方案等。

　　若生物制品生产商选择自主研发培养基，当确定了用于生产的细胞培养基的最终配方之后，必须决定是在内部生产培养基还是将配方外包委托培养基供应商进行生产。通常，只有具备相应基本设施的公司才有能力生产培养基。一些大型生物制品生产商不仅会雇佣科学家来开发理想的培养基配方，还在其设施内建立了培养基生产设备。对于这些生产商，自主生产培养基可能是首选方案[43]。然而，还有一些以生物制品生产为主营业务的生产商可能不具备这些基础设施。对于后者而言，在确定外包生产还是内部生产培养基

时，应对如表4-4所示的几方面因素进行全面评估后再做决定。

时，应对如表4-4所示的几方面因素进行全面评估后再做决定。

表4-4 外包培养基开发和生产的优势

速度	提供随叫随到的制造能力来源
协同增效作用	获取供应商的专业知识、技术和能力
发现能力	引进新技术和新方法
灵活性	使生物制药生产商保持生产能力和灵活性
效率	支持专注于核心能力
物流	快速建立全球能力或供应链
客观性	提供公正的状态评估
成本管理	将固定成本转化为可变成本
降低成本	即使具备内部生产能力，外包委托加工依然可以实现成本降低
项目管理	获取技术以外的经验
报告/审计风险	可以限制实体发起人的责任

（一）经验

在考虑自行生产或外包生产培养基时，必须综合考虑员工的经验和技能水平。虽然生物医药生产商可能拥有开发配方的能力，但可能并不具备实际的培养基生产所需的专有技术，以及相应的工程和过程控制的专业知识，所以必需引进技术或者选择外部生产商。相反，生产细胞培养基的供应商已经建立了强大的基础设施，拥有专业的技术人员，因此极其精通培养基的生产制造。

（二）设施、设备和质量体系

用于生产生物制品的细胞培养基的生产需要专用的类似于符合cGMP规范的设施，还需要投入大量资金用于采购相应的生产设备。而且，所有这些设备都必须经过充分验证后才能满足培养基生产的要求。此外，还必须具备质量体系。除了培养基生产工艺本身，还应具备支持验证和放行质量标准的系统，以及执行适当和有意义的QC测试和稳定性测试的能力。所有这些对于生物生产中使用的培养基的生产过程都至关重要。成熟的培养基生产商通常都已经具备了这些设施、设备和完备的质量体系，若外包委托加工生产，仅需对其资格进行认证后便可以开始生产。

（三）材料系统和采购

供应商提供的所有用于培养基生产的原材料必须为非动物源性物料，并且达到合适的等级。而且，为了保证原材料的可靠性和一致性，供应商必须提供可靠的证明。

二、选择合适的培养基供应商

为了使先进的细胞培养基配方设计、开发、制造和交付过程顺利进行，生产商必须具备各种设备、设施、技术能力和支持系统。许多生物制品生产商的内部设施可以提供其中一部分服务，也有许多大学或科研机构可以提供相应的实验室。

尽管如此，仍不能随意选择培养基生产商，所选的生产商不仅应当有能力精准高效地开发最优的培养基配方，还必须有能力证明培养基在存储中的稳定性及其在应用中的便捷性和高效性，更需要确保培养基能够合规地生产和连续足量地供应。例如，尽管许多实验室熟谙细胞培养，并拥有现代无血清培养基的主要营养代谢物成分，但其在执行规模缩小生产模型（scale-down manufacturing modeling）研究等方面的经验却非常有限。

一般而言，可以在小规模系统中开发高效的配方，但最好利用高通量系统进行开发。而且，在配方开发完成后，还必须在能够反映生产规模中工艺表现的条件下采用极具代表性的规模缩小模型进行充分验证。此外，用于培养基开发的实验室必须有能力提供和处理生产规模的材料，并且能将其用于cGMP生产验证。

第八节　总结

经过数十年的发展和完善，目前用于生物制造的细胞培养基及其开发技术已经相当成熟[48,49]，这些培养基已经能够很好地支持生物制药的关键工艺过程和实现各种关键的产量和质量目标。

同时，随着细胞培养技术的迅猛发展和市场对产品的产量和质量的要求不断增长，业界也对培养基开发和培养基产品供应商提出了一些新的发展要求。在先进监测和高通量技术的驱使下，培养基配方在不断升级，培养基开发、优化和供应技术也在持续发展和完善。为了更好地满足新的质量和法规监管要求，现已成功地将血清和动物源性成分从培养基配方中去除，同时开发了化学成分明确的培养基，并将其作为培养基开发的新标准和优化方向。

针对大量全新的药物分子类型、医学适应证和生产工艺，培养基生产商正在致力于开发更加高效的商业化培养基、流加培养基和添加物。随着现代生产形式和工艺模式的不断发展，以及市场和应用需求的持续增长，对培养基供应商的挑战也会越来越大。为了提供可以质量稳定、满足需求、规避风险和连续供应的产品，培养基供应商需要开发更多更高效的配方，并建立更加健全的新流程和新标准，以应对各种各样的新挑战。

参考文献

第二篇

收获过程、原理和方法

第五章

细胞分离和产品收获方法的行业回顾

John P.Pieracci[*,†], John W.Armando[*,†], Matthew Westoby[*,†], Jorg Thommes[*,†]

[*]*Biogen Inc., Cambridge, MA, USA*；[†]*Visterra Inc., Cambridge, MA, USA*

第一节 引言

利用选定的生产系统生产的治疗性蛋白必须从宿主系统中分离并回收。通过去除或分离宿主细胞的工艺过程来实现蛋白的收获和回收，并且可以在纯化工艺之前实现产品的初纯。这些工艺步骤是治疗性产品合成和纯化的纽带，对于从生产系统中获得原生形态的产品至关重要，需要仔细优化。

本章回顾了两种最常见的生产系统：CHO和大肠埃希菌，以此说明如何开发、监测和控制澄清过程。讨论了上游工艺所面临的挑战，以及如何选择澄清方法以获得最佳的产品收率和保证工艺的稳健性。本章从上游技术的发展以及为纯化工艺做好准备必要性的视角研究了优化回收工艺的各种方案，在上游挑战、工艺规模和工艺经济性等方面进行思考并提供技术指导。

一、CHO 系统

如今，70%以上的重组蛋白质都是在CHO细胞中生产的[1]。在大多数哺乳动物系统中，所需产物是从细胞分泌出来的。因此，澄清的主要作用是去除生产细胞和不溶性碎片。然而，在细胞培养中为了获得更高的容积生产率，最新的研究进展中倾向于应用营养更丰富的培养基从而提高细胞密度。细胞培养工艺的优化加重了澄清和纯化步骤的负担，导致固形物（细胞、碎片、不溶性培养基组分）和杂质（HCP、DNA、HMW、LMW）含量升高。在过去的28年中，细胞密度从300万个细胞/ml增加到5000万个细胞/ml，在流加生产中，产品滴度超过10 g/L[2]。传统工艺中仅用于去除固体杂质的收获步骤，额外被用于杂质去除作用的情况越来越多，以便减轻下游纯化操作的负担并达到纯度目标。不仅固体的分离和去除受到越来越多的关注，可溶性杂质的去除也日益引起注意，提高了收获操作的重要性。

细胞培养原料澄清的主要目标包括：①细胞和碎片去除效果可重复或批间一致；②实现产品高收率；③减少杂质。新兴的收获单元操作应满足处理更高固体含量并可去除杂质的要求，应有利于改善整体的纯化工艺。

二、CHO 收获的一般工艺

初步澄清通常通过离心、切向流微滤（microfiltration- tangential flow filtration，MF-TFF）或深层过滤等方法实现。初步澄清的目的是在初步纯化步骤之前去除细胞、细小颗粒、胶体和可溶性杂质。由于层析分离仍然是治疗性蛋白质规模化生产中的主要纯化步骤，因此澄清旨在为后续的层析步骤提供干净的流体，并最大程度地减少可能的固定相结垢。此外，可以观察到，澄清的上清液中杂质水平降低时层析分离性能会提高。最新研究认为，澄清收获工艺还可额外去除可溶性杂质，从而减轻下游纯化步骤的负担[3-7]。收获工艺优化之后，甚至有可能取消之前需要的层析步骤[8]。

为了满足规模化工艺，澄清工艺必须满足：①快速，以最大程度地减少产品降解并减少无菌性问题；②可放大，在经济和操作上均可行；③有效清除固体，保护下游工艺操作；④稳定，以确保批次之间的一致性或在受到细胞培养差异性挑战时保持稳定；⑤提高目标蛋白收率；⑥减轻下游纯化操作的负担。

图5-1总结了哺乳动物系统收获操作的典型流程，主要有三个澄清步骤：①离心；②粗级深层过滤；③微滤TFF。了解每个收获方法的局限性、优势、可放大性和成本有助于指导工艺开发、规模扩大和最终实施。

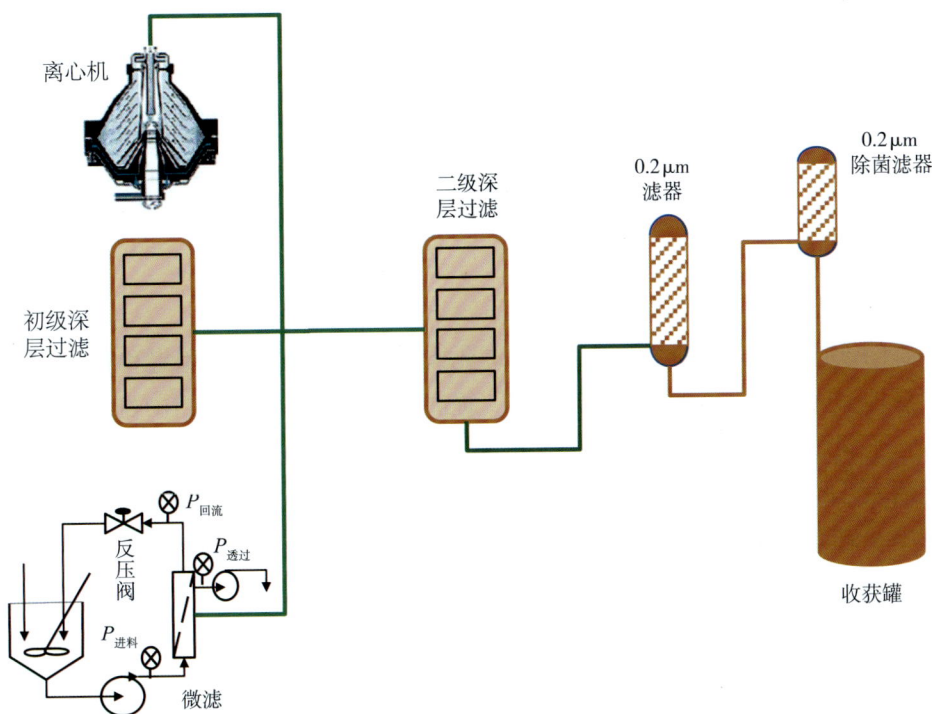

图5-1　哺乳动物细胞系统收获的典型工艺流程
离心机图纸由GEA Westphalia分离器公司提供

三、CHO收获工艺开发

如今，许多纯化工艺遵循平台方法，并将相同的工艺应用于各个产品中。当遇到收获方面的问题时，可以稍微修改操作参数或澄清原料。然而，对开发新工艺的标准方法进行描述仍对工艺开发工程师有所帮助。

收获工艺开发通常遵循简单的方法，包括：①选择初步澄清步骤；②评价选择预处理方式（如酸沉淀或絮凝）；③选择并确定下游多级过滤分级；④根据产品稳定性研究确定中间品放置时间。

表5-1总结了三种最常用的初步澄清工艺操作的利弊，下文更详细地描述了每个方法和工艺开发考虑。三种澄清方式的正面对比排名（1=最佳，3=最差）见表5-2，具体为以下几方面：①快速开发的可能性；②可放大性；③固体杂质去除效率；④工艺稳定性；⑤工艺收率；⑥为清除杂质额外需要的下游步骤。总

体而言，除了需要额外的下游步骤来清除残留的小颗粒外，离心法在所有类别中的三个方法中排名最佳。

表5-1　哺乳动物细胞收获工艺的比较

技术	方法	优点	缺点
深层过滤	过滤层介质含硅藻土（DE）	高收率，低维护成本，一次性使用，能吸附一些杂质	细胞密度$>1 \times 10^7$/ml时通量低
	过滤层介质不含硅藻土	产品吸附少	澄清度低于含硅藻土介质
	下一代深层过滤介质	载量增加，杂质吸附能力提高，可能有除病毒效果	成本更高
微滤	0.65 μm或更小孔径的切向流过滤	收率高，可产出0.2 μm高质量滤液	细胞密度$>1 \times 10^7$/ml，料液不进行处理时，结垢、稀释、长工艺时间限制膜通量
离心（平台）	连续碟片式离心机	高通量，高收率	一次性抛弃式工艺情况下，需要额外过滤

表5-2　收获工艺排名

收获技术	工艺开发速率	可放大性	固体清除有效性	工艺稳定性	高产品收率	需要额外进行下游纯化
深层过滤	2	2	1	2	2	1
微滤	3	3	1	3	3	2
离心	1	1	1	1	1	3

初步澄清步骤的选择会显著影响后续的过滤和纯化操作。为了确保澄清稳定和有效，了解CHO细胞培养原料有助于更好地去除杂质，更高效地固体分离，提高产品收率。在同一CHO细胞系和产品的批次之间可能存在差异性，不同CHO细胞系之间的差异性更大。通常影响回收操作的因素包括：①固体负荷；②细胞密度；③细胞活率；④粒度分布；⑤HCP/DNA含量。了解现有收获技术的局限性以及每种细胞培养因子对回收操作的影响，有助于工艺开发和优化。此外，对开发过程中使用的细胞培养原料进行适当的表征研究，这对于评估每个因素的影响很重要[9]。

（一）固体负荷

在选择和优化澄清技术时，固体含量是影响固体分离的关键因素。连续分离（例如离心）工艺是将沉降的固体进行持续排放的过程，受固体含量的限制较小。对于过滤澄清，例如微滤和深层过滤，固体积聚在孔中和滤器表面，会在滤器上结垢。为了达到可接受的体积通量并保证高固体负荷料液的澄清效果，通常需要更大的过滤面积，这可能会增加总操作成本。对于离心操作，固体负荷达到极端水平时需要快速排出固体，受设备硬件及自动化水平影响较大。目前，持续排放式离心机的使用量正在增加，以适应更高的固体负荷并减少产品损失。

（二）细胞密度

为了提高工艺生产效率，通常通过优化培养条件和培养基组分来增加细胞密度，以增加工艺表达量。随着细胞密度的增加，在收获操作期间需要去除单位体积更多的固体杂质。此外，更高的细胞密度可能产生更多的工艺相关杂质（如HCP、DNA和胶体）。因此，细胞密度对澄清技术的选择、澄清技术的性能和总体杂质减少程度有显著的影响。传统认为离心技术是澄清高浓度细胞料液或处理大体积料液的最有效收获技术。微滤和深层过滤对中等以下的细胞密度有效，但是由于需要很大的过滤面积，因此其有限的固体容量使其并不适用于高细胞密度[10-12]。

（三）细胞活率

增加工艺生产效率的另一条途径是延长培养持续时长，因而可以提高重组蛋白的产量。这样通常会降低细胞活率并释放工艺杂质（包括 HCP、DNA、脂质和胶体）。细胞破碎增多会产生更广泛的粒度分布，将导致收获工艺面临更多挑战。因此，可能需要对不同粒度范围内设计有效的多种联合方法。对于离心工艺而言，细胞活率的降低可使细胞对于剪切力更加敏感，细胞破碎随之增加，将释放工艺杂质，并可能产生亚微米颗粒。由于典型的离心工艺无法去除亚微米颗粒，因此下游过滤工艺可能面临一定挑战[12]。

（四）粒度分布

影响细胞培养中细胞粒度分布的因素有很多。在典型的细胞培养过程中，可能会出现不同的细胞群，包括活细胞、凋亡细胞和细胞碎片[9]。这三种主要细胞群的粒径分布会影响初次回收率。已有的过滤收获技术根据粒径差异作为其主要分离机制，因此粒度分布是决定过滤技术是否有效的主要因素。这与离心分离法相反，离心是利用颗粒和流体之间的密度差异进行分离。另外，粒度分布的差异性会影响基于粒度的分离技术（例如过滤）的操作稳定性。絮凝或沉淀步骤的结合旨在缩小粒度分布并趋向于较大粒度，简化了分离操作并提高了工艺稳定性[3, 4]。通过评价粒度分布及其差异性，能为工艺开发中选择更合适的澄清收获方法提供先验指导。

图 5-2 的蓝色曲线为 CHO 细胞原料流的典型粒度分布示例。双峰微粒分布导致平均细胞直径接近约 20 μm，细胞碎片或不溶性培养基组分的平均直径约 10 μm。这种不同的分布变化取决于所采用的分离技术。离心仅去除大颗粒，在图中以浅绿色曲线展示，这是离心后的分布。使用精度更高的深层滤器去除较小的颗粒，通常会在粒度分离方法中添加吸附组分。深绿色曲线为深层过滤后的粒度分布。

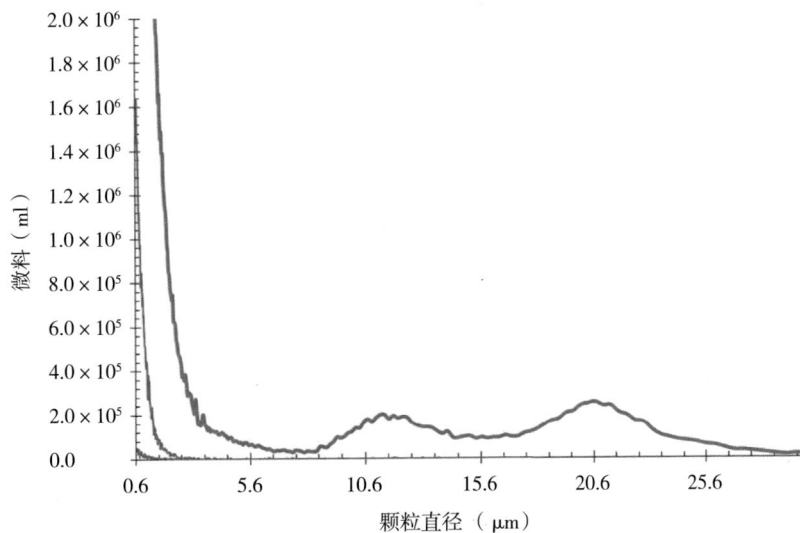

图 5-2　CHO 细胞培养的典型粒度分布

（五）HCP/DNA 含量

随着澄清技术的发展，其降低工艺杂质（如 HCP 和 DNA）的能力重获关注。在收获操作中，通过吸附到深层过滤介质上或通过絮凝主动减少可溶性杂质，以及减少细胞破碎而被动减少可溶性杂质，可显著降低澄清收获液中HCP和DNA的水平[3, 6, 13]。可溶性杂质的减少可以简化纯化操作，一些结果表明，澄清可以完全替代层析工艺[8]。

在发酵和收获工艺期间观察到的HCP主要是细胞破碎和细胞内蛋白释放的结果。由于收获操作可能会因剪切力或其他作用而导致细胞破碎，因此HCP水平是收获工艺开发的一个重要设计方面，在放大过程中必须考虑在内。细胞破碎导致HCP释放的程度在不同的收获工艺中存在显著差异。经发现，采用絮凝、沉淀和带电深层过滤的最新澄清方法可抑制HCP水平升高，并提高收获物的总纯度[14, 15]。

鉴于世界卫生组织为药品设定的DNA限度较低（10 ng/剂）[16]，由于细胞破碎释放DNA，收获液中可能存在较高水平的DNA，这是另一个值得关注的点。此外，DNA水平升高会增加溶液黏度，这可能会影响下游过滤和层析工艺。已证明，在酸性条件下进行收获或添加絮凝剂可显著降低DNA水平。DNA的去除可以大大帮助下游层析步骤，包括改善工艺性能、减少固定相结垢和增加结合能力[17]。

在整个工艺开发过程中，对细胞培养进料流进行表征研究有助于选择合适的方法，以实现最大程度澄清效果并减少杂质。此外，了解细胞培养工艺的差异性有助于设计收获系统用于不同规模和程序间的稳定性。全面了解原料流特性可以更有效地发挥每种收获方法的优点，减少方法劣势的影响。

四、离心

（一）概述

对于大规模澄清（>2000 L），连续碟片堆叠离心仍然是首选的操作方法。离心是利用固体杂质（细胞、细胞碎片或絮凝杂质）与液体之间的密度差异进行分离。离心的优点包括高体积通量、可处理高固含量料液以及降低工艺成本。最常见的离心机设计是垂直安装的碟片堆叠系统，如图5-3所示，细胞培养上料在转鼓的中轴线处通入，通过径向叶片组件加速至目标转速，并流经一叠间隔紧密的圆锥形碟片。碟片间距通常在0.5~3 mm，以减少颗粒从流体中沉降出来所需的距离。碟片角度通常在40~50°，以促使固体沿着碟片表面向下传输到固体储存空间或"固体转鼓"中。

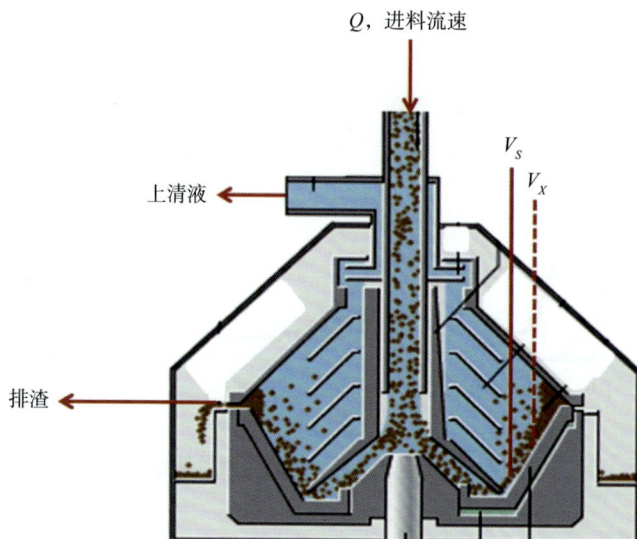

图5-3　碟式离心机

分离原理如图5-4所示，固体（红点）在重力及离心力的作用下沉降，沿碟片向下滑动到固体储存空间。同时，澄清的液体沿碟片之间的通道向上移动，并通过向心泵离开离心机。沉降的固体通过喷嘴持续排放，或通过转鼓外围的排渣口间歇排放。

在离心工艺开发期间，许多变量会影响澄清效率。最常见的评估变量包括：①离心力；②受进料流速（Q）影响的滞留时间；③排放频率；④细胞密度；⑤细胞活率[11]。目标是以尽可能最高的处理量实现高水平的澄清，并维持各个规模生产时的性能。

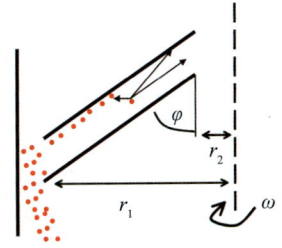

图5-4 离心分离机制

1.离心力 提供离心驱动力，使固体颗粒沿着锥形碟片沉降滑动。在极高的离心力下，过度的剪切力可能会损伤细胞并释放可溶性杂质，例如DNA和HCP。在极低的离心力下，固体可能无法有效沉降，并可能进入"澄清的"样品中。现代离心机设计最大限度地减少了剪切力的影响，因此使用离心作为优先选择的初步澄清方法。

2.滞留时间 由进料流速Q控制。在较低的流速（即较长的滞留时间）下，随着斯托克斯的阻力减小，澄清效率提高。然而，滞留时间延长会降低体积通量，出于对产品降解和设施利用率等方面的担忧，较低的流速可能并不符合期望。对于稳定且可放大的初步澄清步骤，需要在澄清效率和通量之间取得平衡。

3.排放频率 间歇排放离心机的排放频率也会影响澄清效率。随着离心机转鼓或固体储存腔体的填充，固体开始回到澄清后样品中。这可以通过持续监测澄清流浊度来观察，浊度将随着转鼓达到其容纳能力而增加。为了减少由于固体转鼓的过度填充而导致的固体"穿透"，可打开固渣排放阀进行排放。重要的是平衡排出的固体量和排出的频率，以减少排出物中料液的含量，从而减少损失，提高收率。每次排放时，上清液中的一部分产物损失，降低了收率。根据腔体体积（$V_{储渣空间体积}$）、进料液固体含量（S）和进料流速（Q）设定排放速率。由于样品中固体负荷的变化、固体含量测量中的潜在误差，或由于在收获操作即将结束时（当生物反应器体积低于罐推进器时）混匀不足而导致固体沉降在生物反应器中，通常需要设定一个安全系数。通常使用储渣空间体积的70%~80%作为安全系数。排放间隔的计算见公式5-1。固体排放时通常可观察到由于离心系统不稳定导致的高浊度。排放固体的另一个问题是引入气液界面，该界面可能诱导产品聚集，引起细胞损伤或释放工艺相关杂质[11]。为了减少气液界面，通常使用合适的工艺缓冲液或水进行排放前和排放后冲洗。

在恒定O.D.G和Q/Σ值下进行离心放大，使颗粒沉降速度保持恒定。

$$(Q/\Sigma)_{A@O.D.G} = (Q/\Sigma)_{B@O.D.G} = 2v_s \tag{5-1}$$

式中，Σ为等效澄清面积（m^2）；Q为进料流速（m^3/s）；v_s为沉降速度（m/s）；O.D.G为离心碟片堆叠外半径处的离心力。

4.细胞密度 会显著影响离心过程的澄清效率和收率。排放频率与细胞密度直接相关，随着更多的细胞被送入离心机，需要加快排放速率。由于更多的上清液被排放至废液端，可能增加产品损失。在大规模生产中，排放速率也会受限于机械硬件性能和自动化参数设置，这些限制为排放间隔时间设置了下限。为了克服这些限制，可以降低进料流速（Q）或稀释样品，这样将会增加处理时间和处理体积。或者，可以采用连续排出固体的连续喷嘴离心机[11]。

5.细胞活率 可能会影响离心可达到的澄清水平。低活率进料流通常会产生大量的细小颗粒和细胞碎片，这些颗粒和细胞碎片很难通过离心去除，需要通过进一步的深层过滤将这些细小颗粒去除，可能导致过早地出现结垢并需要更大的过滤面积。降低活率进料流中细小颗粒水平的方法包括使用絮凝或沉淀将细小颗粒凝聚成能够通过离心去除的颗粒大小和密度[3]。絮凝或沉淀已被使用来改善无法去除细小颗粒的典型离心过程。

（二）工艺开发

用于工艺开发的离心机模型有限[18-22]。由于硬件设计和管道的差异，台式离心机系统无法模拟大型规模化生产中离心机入口处的剪切力对于细胞带来的影响。因此，不同规模之间离心前后的粒度分布不具有可比性[21,23]，故而通常使用中试规模的离心机系统进行离心机开发，每个实验条件至少需要10 L代表性细胞培养原料[11]，可能导致需要大量的细胞培养原料来支持离心工艺的开发和表征研究。

许多新方法的研究试图使用实验室设备模拟规模化生产用离心机中的剪切效应，以使其可用于离心工艺开发，并生产代表性原料用于后续的二次澄清评价[9,19,21]。但是，这些方法并未得到广泛采用。因此，大多数基于离心的工艺开发仍按中试规模或更大规模进行，并且这些工艺是由经验得出的结果来设计的。

目前大规模或呈几何放大离心机操作的理论方法是应用Sigma理论[24]。这种方法可以在离心规模和设计不同时，保持碟片外边缘的离心力以及流速（Q）与等效澄清面积（Σ）之比。通过保持这样的规模参数，沉降速度可以保持恒定。公式5-2为在相同外径离心力（O.D.G）下运行的两台离心机之间的关系，以保持规模之间恒定的沉降速度（v_s）。按经验来看，Q/Σ的值越低，澄清度越好[12]。为了达到相同的澄清水平，大型离心机可能需要以低于中试规模的Q/Σ进行操作。

根据离心机大小、进料流速、进料流中固体质量百分比和所需的安全系数，计算固体杂质排放时间。在离心机启动之前输入时间，以控制固体积累时离心机转鼓的自动排空。

$$T_{排放} = \frac{(V \times F)}{(Q \times S)} \tag{5-2}$$

式中，Q为进料流速；S为%固体含量；V为转鼓储渣空间体积；F为安全系数。

通过离心进行初步澄清的另一个限制是缺少稳定的一次性系统。尽管已开发了两种市售的一次性离心系统，但目前受到工艺耐用性和体积通量的限制[25]，在一次性生产设施中的应用有限。由于缺少较大的一次性培养袋，当前的一次性生物反应器体积限制在≤2000 L，因此通过深层过滤或微滤TFF进行初步澄清在经济上更可行，并且成本费用较低。这将在第二十二章进一步讨论。

尽管离心可以实现稳定的初步澄清，特别是对于大体积或高细胞密度的进料流，但澄清后的料液或"浓缩物"通常需要再进行二次澄清以除去细小颗粒。最常见的方法是在离心后进行深层过滤或除菌过滤，以减少无法通过离心去除的细小杂质。

为了监测离心工艺性能，通常在离心机澄清流排放时测量样品浊度。如图5-5所示，离心机曲线达到实时或瞬时浊度（空心白色圆圈突出显示），但是当离心转鼓进行固定排放（或射出）时，浊度会升高。在使用缓冲液将固体冲洗至废液时，可能会观察到额外的浊度升高。实时或瞬时浊度的逐渐升高可能表明固体在离心机转鼓的储渣空间中积累，需要增加离心转鼓排放频率。

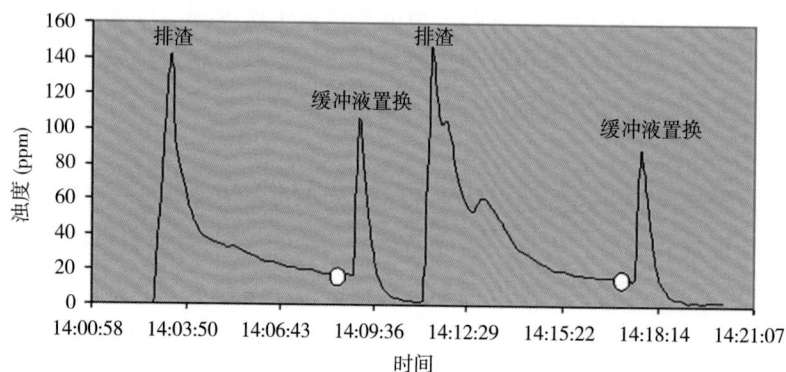

图5-5　离心机出口（离心）浊度曲线

图5-6为典型离心设备流程图。使用上料泵将未澄清的生物反应器物料传输至离心机中进行分离。根据上述Sigma理论或通过经验工艺开发确定进料速率。一旦进料流分离，收集的固体按预定的排放间隔排放到固体废物流中，而澄清的样品则从离心机顶部流出并通过浊度计监测浊度，收集后用于后续纯化。

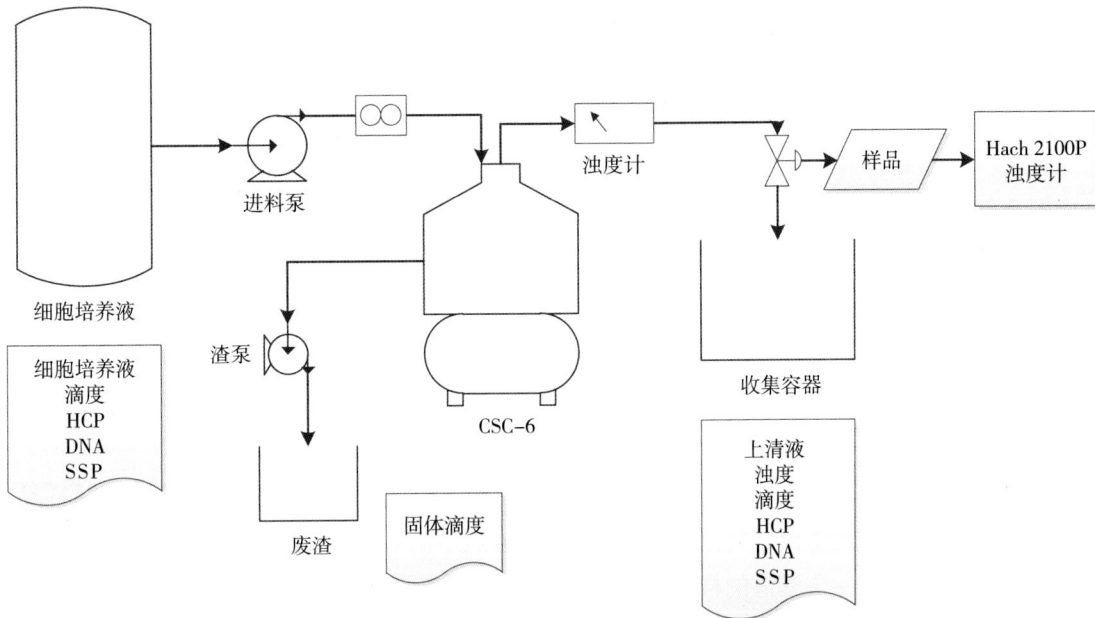

图5-6 离心设备流程图和典型工艺开发分析
CCF、细胞培养液、HCP、宿主细胞蛋白、DNA、脱氧核糖核酸、SSP、小规模纯化、CSC-6、中试规模GEA-Westfalia碟式离心机

五、深层过滤

（一）概述

深层过滤被定义为"使用多孔介质将颗粒从流动相中截留在整个基质中，而不仅仅是在表面上"[26]。通过使用深层过滤和表面孔径筛分，深层过滤可以有效应用于澄清，以适应广泛的粒度分布和更高的固体含量。深层过滤用于两个主要领域：①细胞培养物澄清；②层析步骤之前的中间品澄清，这一应用对含有大量沉淀的中间品尤其关键，例如在蛋白A洗脱后中和过程中可能产生的沉淀[6]。最近，研究已经证明深层过滤可以额外去除工艺相关杂质或污染物，包括内毒素、病毒、DNA和HCP[3, 6, 27]。但是，这种能力在很大程度上取决于样品条件、深层过滤介质的组成和杂质特性，因此必须根据具体情况评估效果。通过工艺开发筛选活动（如下所述），可以最有效地选择深层介质的组成、形式和孔径，但了解待过滤样品固体含量（粒度和固体百分比）可能有助于选择深层过滤器孔径的适当范围。另一个考虑因素是待过滤样品的物理性质和数量。低浓度或高电荷的产品可能会吸附到带电的深层过滤介质（含有硅藻土或高电荷的下一代介质的深层滤器）上，并显著降低产品收率。因此，深层过滤介质性质可能影响深层滤器的选择。最后，深层过滤器的形式也会影响选择，因为潜在的可放大性或与现有基础设施的兼容性对于操作的简便性很重要。

当用作初步澄清步骤时，深层过滤是过滤流程的一部分，包括二级深层过滤，然后是除菌过滤（图5-1）。初级深层过滤对细胞培养条件（活率、细胞密度和pH）非常敏感，处理大细胞和细胞碎片等固体杂质能力有限，所以需要较大的过滤面积[11, 28, 29]。因此，作为主要收获步骤，深层过滤体积通常<2000 L。

最常见的是，深层过滤在离心后直接用作二级澄清步骤，以去除不易通过离心沉降的细小颗粒（图5-1），并保护后续的除菌过滤。对于没有离心机的一次性设施，双级深层过滤（孔径更大的初级滤器和孔径更密的二级深层滤器）是优选的澄清方法（详见第二十二章）。深层过滤的主要优点包括：①有处理大量生物杂质的能力；②目标蛋白的高传输率；③使用简便；④易于放大；⑤一次性使用的性质；⑥投资成本低[30]。

（二）组成

深层滤器通常包括三种成分：①湿法纤维素或聚丙烯纤维；②助滤剂，例如硅藻土（diatomaceous earth，DE）或珍珠岩；③树脂黏合剂，通常带正电荷或可以用常见的官能化带电配基，例如季胺基[30, 31]。也有其他深层过滤器可能配有绝对去除精度的过滤膜，可提供不同孔径（最小0.22 μm）。

纤维素或聚丙烯为深层滤器提供刚性和基础结构，而DE或珍珠岩增加表面积以提高固体杂质去除能力并增加截留能力。树脂黏合剂作为滤板，增加滤器的湿强度，并可以赋予独特的电荷特性。对于低细胞密度进料流或高电荷蛋白质的澄清，也可使用仅由纤维素或聚丙烯组成的不带电荷深层过滤介质。最近，Emphaze AEX等高电荷复合澄清过滤器的引入，提供了全合成的高电荷深层过滤介质新的选择，能够通过静电吸附显著减少可溶性杂质[3]。

在商业生产规模下，大多数深层过滤器包装为一次性囊式过滤器，不需要清洁验证，并且易于放大。最常见的是，过滤器为平面式滤板，每个过滤器模块内通常使用两片，之后可以堆叠多个双层单元来增加过滤器面积，方便进行放大。未澄清的样品从外部进入两片滤板之间的空间。深层过滤利用压力使样品通过滤板实现澄清。需注意，不同制造商提供的囊式滤器的大小和形式是不同的。因此，每类过滤器都可能需要相配的过滤器夹具。

深层滤器等级从0.05到10 μm以上[7]。深层滤器的孔径是标称精度，而不是绝对精度，并且通常为一个范围。大多数大孔径结构的空隙体积可高达90%，而精度更高的过滤器的空隙体积可低至30%~40%[30]。根据颗粒的粒度分布选择合适的深层过滤等级，可以达到有效的澄清效果。深层过滤器等级的选择会对澄清性能产生重大影响。大孔径深层过滤器可能无法捕获细菌及细小颗粒，可能造成穿透并挑战下游除菌和层析工艺。相反，孔径更小的深层过滤器可能会迅速堵塞，因为大颗粒无法充分利用过滤器深度，过滤器表面上的滤饼会增加流体阻力。多级深层过滤组合可以增加粒径覆盖范围，并提高精度更高的二级深层过滤器的载量。

（三）工艺开发

深层过滤通过两种主要机制去除固体：①通过静电、疏水或混合模式相互作用吸附细胞、细胞碎片和可溶性杂质；②较大粒径的孔径拦截或物理筛分。基于尺寸的分离取决于深层过滤精度，而吸附性分离取决于过滤器的组分，例如树脂黏合剂或助滤剂。已经证明深层过滤可有效降低工艺相关杂质，包括内毒素、病毒、DNA和HCP[6]。澄清过程中显著减少工艺相关杂质可降低纯化操作的负担，改善层析结合能力，甚至可以去除层析步骤。

深层过滤性能通常通过以下方式来判断：①过滤能力，在达到压力或浊度终点之前，以每平方米过滤面积的进料总量（L/m²）为单位测量；②截留，即颗粒的截留程度和滤液流的澄清度[32]。深层滤器的负载能力可以通过结垢率（如压差所示）和吸附或固体截留能力（如澄清度或滤液浊度的水平所示）来定义。由于使用了所有可用的结合位点，吸附颗粒的滤器负载能力的评估不容易通过压差来测量，而是通过颗粒的穿透来评估。物理筛分能力更容易通过压差测量，因为流休路径受限于深层滤器介质流动路径内的颗粒堆积。

监测两者对于定义深层滤器的负载能力至关重要。常见的深层滤器研究可包括超过特定设定点的压降（例如>20~30 psid）、浊度穿透、泵滑动或单纯的完成料液流过滤。

用于细胞培养物澄清的深层过滤工艺的开发侧重于优化过滤能力、产品收率和滤出液澄清度。可以通过P_{MAX}或V_{MAX}过滤研究来确定过滤能力[32]。在V_{MAX}研究中，在恒定压力下将进料输送到深层滤器中，并且随着滤器中固体和结垢的积累，监测到通量的降低。所得过滤数据用于预测过滤容量。但通常不使用V_{MAX}方法，因为它无法监测滤液质量，并且经常低估滤器载量。此外，它假设滤器结垢是由于孔堵塞，这不适用于深层过滤，因为深层过滤中的结垢本质上比绝对精度过滤或超滤更复杂。结垢通常是由于孔隙堵塞、滤饼层形成和孔径尺寸限制的原因[33]。

（四）过滤能力

在恒定流速下进行P_{MAX}研究，并随着过滤器中固体杂质堆积和结垢，过滤器的压力增加。当压力超过基于过滤器的最大工作压力（P_{MAX}）设定的预定限度时，或当颗粒发生穿透并达到后续除菌过滤器无法接受的水平时，过滤能力即可确定。尽管深层滤液可以通过浊度和粒度分析进行表征，但对除菌级过滤器负载能力的评估可使深层过滤性能更可信，并且可能对细微的工艺差异性更敏感。因此，使用不同深层滤液对除菌级过滤器进行评估有助于评估和权衡深层过滤器精度和除菌过滤器的面积需求。

已知许多工艺和进料流变量会影响深层过滤澄清效率和工艺稳健性。这些变量包括：①滤器组成；②滤器孔径；③滤器批间差异性；④生物反应器细胞培养补料条件（细胞密度、细胞活力、pH值和离子强度）和添加剂；⑤过滤通量。选择合适的深层滤器对于最大载量和最大限度减少因吸附导致的产品损失至关重要。如上所述，深层滤器有广泛的精度等级，孔径和组成各不相同。早期了解过滤样品粒度分布有助于指导过滤介质等级的选择。筛选一系列过滤介质有助于确定是否可以通过单级过滤实现澄清水平和过滤能力，或者是否可以采用双级过滤工艺来提高澄清度和过滤能力。深层滤器的疏水性或高电荷的吸附性导致蛋白损失是一个重大挑战[3, 11]，当进料流的产品浓度低时，产量损失的影响可能很明显。因此，应进行吸附研究以筛选出具有不可接受的蛋白质损失的深层滤器。可采用纤维素和聚丙烯等具有低蛋白质吸附特性的替代过滤器化学材料进行检测是否具有强吸附性的蛋白质。为了说明深层滤器介质的批间差异性，通常评价至少三个批次的深层滤器。深层滤器的批间性能差异可能在10%~30%，不同工艺规模间的性能差异，可能高达50%[32]。滤板材质的一致性和可放大性显著改善了性能差异，可将滤器的批间差异性降低至小于10%[7]。

（五）工艺操作

除滤器组成外，工艺操作还会影响过滤器载量和澄清度。深层过滤性能取决于对过滤介质深度的充分利用。颗粒在深度介质中的吸附行为和捕获可能受到操作通量或深度介质内停留时间的影响。此外，研究发现通常过滤通量与过滤能力成反比，因此为了更好地控制深层过滤的澄清性能，在恒定通量下操作可更好地预测通量，并提供了过滤能力的可放大性评估。在较高的通量下，不能有效利用过滤器的深度和吸附能力，从而导致吸附能力较低。此外，澄清水平可能会受到影响，导致滤液浊度升高，从而对下游绝对精度过滤和层析步骤造成挑战。

在工艺开发过程中，使用具有代表性的料液和滤器材质评估深层过滤器能力也很关键。当将深层过滤开发为离心后的二级澄清步骤时，由于缺乏缩小规模的离心设备，细胞培养的稳定性有限，且由于同时进行细胞培养开发，缺乏一致的细胞培养原料，因此在获得代表性物料方面存在挑战。已有许多尝试在实验室规模上生成"代表性"的细胞培养原料，以改善工艺开发并解释这种工艺差异性[7, 11, 32]。由于能够在一系列预期的细胞培养物物理特性范围内调整原料，因此可以收集更全面的数据，挑战深层过滤。

（六）扩大规模

选择适当的过滤方法，必须考虑过滤介质、工艺规模和生物反应器操作条件的预期工艺差异性。已经提出了许多规模放大方法，包括在极端参数下操作或在许多代表性生物反应器原型中随机检测滤器批次。了解工艺差异性可以帮助适当地选择放大安全系数，并避免大规模生产中的问题。为了应对工艺的可变性，预期的安全系数通常为20%~60%[7]。

深层过滤尺寸过小可能会导致GMP生产过程中的工艺偏差，从而导致产品生产延误或部分批次的损失，代价昂贵。相反，过滤器面积过大可能会由于过滤器渗出和产品回收不完全导致不必要的收率损失，并且可能增加设施占地面积和制造成本。需要进行平衡，以实现适当水平的过滤性能置信度，并控制进料和过滤介质可变性在预期范围内，另外批次失败或损失与耗材成本增加的经济性因素也需要在实现平衡的问题中进行考虑。

对于小规模操作（<2000 L）或完全一次性的生产工艺，直接通过深层过滤进行初步澄清是有效的，经济上可行，并且易于实施。与离心相比，直接深层过滤澄清的另一个好处是剪切水平降低[3]，可以降低细胞损伤的可能性，并减少潜在工艺相关杂质的释放。因此，结合深层过滤的吸附能力，可观察到直接通过深层过滤收获可以显著减少可溶性工艺相关杂质。

六、微孔切向流过滤

（一）概述

微孔切向流过滤（MF-TFF）用于哺乳动物细胞培养物的澄清已有多年的历史，虽然它对低细胞培养密度（<1 × 10⁶个细胞/ml）有效，但MF-TFF在当前高细胞密度（20 × 10⁶~30 × 10⁶个细胞/ml）的细胞培养工艺中受到显著挑战[12]。为了解决过滤器污染问题并保持高产量，建议将MF-TFF应用于固体含量<3%的细胞培养进料液料，否则可能需要不切实际的过滤面积来达到所需的体积处理量[12]。

MF-TFF仅通过尺寸排阻机制分离颗粒。以切向流形式进行过滤，切向流有助于清除表面细胞和碎片，而跨膜压（transmembrane pressure，TMP）为滤液通量提供驱动力[31]。随着细胞培养物的处理，含有细胞和碎片的截留液被浓缩，并可能在滤器表面形成浓缩凝胶层，从而阻碍产品分离，降低回收率[31]。凝胶层会导致通量下降或TMP增加，具体取决于操作模式。可以通过恒定的TMP或恒定的滤液通量来操作[33]。在恒定TMP下，过滤通量在操作过程中会随着滤器表面的污染而下降。当过滤通量降至合格限值以下时，停止操作。当以恒定的滤液通量进行过滤时，TMP在操作过程中会随着滤器堵塞而增加。在这种情况下，当压力超过合格限值时，停止操作。

MF-TFF的孔径比典型的深层滤器小得多，通过MF-TFF澄清生产澄清度高的滤出料液。理想情况下，MF-TFF利用0.22 μm的孔径，不需要二级澄清或除菌过滤。对于特别具有挑战性的料液，可能需要更大的孔径，例如0.45 μm，以达到所需的通量。与深层过滤相比，MF-TFF实现了更一致的澄清水平，并且可以减少后续二级澄清或除菌过滤性能的变化。为了提高回收率，在MF-TFF中加入洗滤或细胞淋洗步骤，可以回收保留在浓缩固体中的产物。渗滤步骤也可将收获液置换成溶液，这在层析前有助于产品蛋白的稳定。

已知许多加参数会影响MF-TFF，包括：细胞活性、细胞密度、培养基组成和料液黏度。通常评估的工艺参数包括：TMP、滤液通量和切向流速。每一个变量都可能影响滤器堵塞的程度。凝胶层的形成或滤器的堵塞可能会降低滤出通量并增加总处理时间。为了应对这种情况，增加过滤面积、调整TMP或切向流速可以改善体积通量。减少滤器污染的方法还有膜化学修饰或使用亲水膜[26]。

用于超滤TFF的典型工艺开发方法适用于收获中应用的MF-TFF。在工艺开发过程中，应监测剪切力引起的待过滤样品和细胞损伤的其他考虑因素。TMP可能显著低于典型的超滤操作，通常控制在5~15 psig[33]。过高的通量可能会产生明显的凝胶极化并缩短滤器使用寿命，同时降低过滤通量。

（二）最终过滤

澄清后加入最终微滤步骤旨在去除细颗粒物，以保护后续层析操作免受污染，并降低工艺流程中可能的生物负载。此步骤常使用0.2 μm级的除菌滤器。与深层过滤相比，除菌滤器利用膜表面截留颗粒。通常，除菌滤器在常规流速过滤模式下。分离原理主要是尺寸截留，并取决于样品的粒径分布和滤膜孔径，某些膜可能通过尺寸和吸附机制额外去除蛋白质聚集体[31]。滤器处理量可以通过膜孔阻塞和滤饼形成引起的堵塞率来确定[31]。

除菌级过滤器通常是不对称的，具有规则大小的孔结构[34]。这种膜具有多种化学特性，其独特的特性包括蛋白结合度低、pH兼容性广、渗透通量高。常见的膜材料包括聚偏二氟乙烯（PVDF）、尼龙、聚醚砜（PES）、聚砜（PS）、再生纤维素（RC）以及上述材料的改良版本[34]。疏水性膜可能吸附敏感性更强，通常比改性或亲水性膜更快速堵塞。

目前可用的除菌过滤器可采用一次性囊式滤器或滤芯形式，可根据工艺规模和耗材成本灵活选择。如今，先进的褶皱设计使过滤器在更小和有限的空间内实现了更大的膜表面积。图5-7所示为Rathore等人[34]描述的褶皱结构。

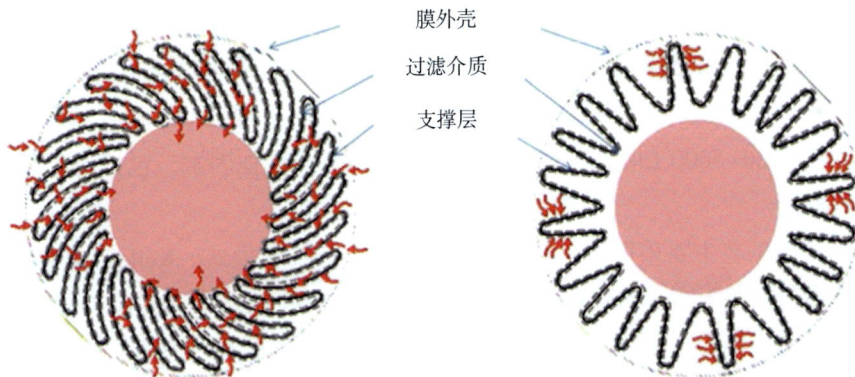

图5-7　过滤器褶皱结构

除菌过滤的工艺开发非常明确，因为需要检验的参数很少。应对过滤器表面化学性质进行初步筛选，以识别蛋白质吸附性最小的过滤器。样品澄清度对除菌过滤器的污染有很大影响，因而会显著影响过滤器载量。收获工艺中的除菌过滤步骤与前面深层过滤步骤的操作条件有紧密联系。因此，深层过滤器和除菌过滤器通常同时开发，除菌过滤器的处理能力间接反映了深层过滤器的性能。深层过滤操作参数得到优化，实现最优化的深层过滤面积，同时达到可接受的滤液澄清度，从而确保除菌过滤器性能可接受。

对于收获后应用，可选择双层除菌过滤器以提高过滤能力。用更大孔径的滤膜（例如0.45 μm）作为预过滤器，以保护更敏感的除菌级过滤层。对于不溶性微粒含量较高的收获料液，直接除菌过滤可能会迅速堵塞，因此可能需要预过滤器。

七、分析工具

在收获工艺开发过程中，许多分析工具对评估澄清效率和收率很重要。测量浊度是澄清时工艺控制和工艺开发最常用到的方法。当光通过中间体料液时，其散射程度与料液样品中悬浮颗粒的水平有关。尽管颗粒大小、形状、颜色和反射率也会影响测量，但它为澄清提供了一种快速且简便的性能指标。通常，测量的是与入射光呈 90° 的光散射值，被称为浊度单位（NTUs）。通过对比澄清后的 NTU 降低程度，可以对不同的收获方法进行一一比较。此外，浊度可以在线测量，在离心过程中作为工艺控制参数来监测固体收集腔，并在腔接近其限值时触发固体排放。

粒度分析提供了另外一种工具，有助于选择深层滤器精度或评估离心机操作条件。制药和生物技术行业已经利用了许多方法来涵盖广泛的粒径范围[13, 35, 36]。

为了评估工艺收率，在澄清操作中测定蛋白质含量始终很重要。使用可靠的蛋白质定量方法进行物料计算对于确定澄清步骤的收率至关重要。对于低产品滴度或固有带电荷的蛋白质，深层过滤过程中的吸附作用可能导致严重的产品损失。

杂质（例如 HCP 和 DNA）的定量也可以为澄清工艺开发过程中达到的纯化水平提供有价值的参考。随着用于澄清和去除杂质的收获工艺日渐获得关注，使用絮凝剂预处理的生物反应器和深层滤器组合在减少 HCP 和 DNA 方面发挥了更大的作用。因此，监测常见工艺相关杂质的去除效果也具有附加价值。

八、经济因素

收获操作的选择和由此产生的成本在很大程度上取决于工艺规模和设施利用率以及固定资本（直接资本、设施成本、劳动力费用）和可变资本（耗材和原材料）。例如，离心技术前期需要投入大量的设备资本，但减少了耗材使用量，而深层过滤的前期硬件投入较低，但日常耗材成本增加。Felo 等人对这些成本结构进行比较权衡，并说明了在生物反应器体积 <1000 L 时深层过滤更具成本效益，而在体积 >5000 L 时离心技术更具成本效益。体积在 1000~5000 L 时，选择收获技术时需要考虑其他因素，包括工艺开发的便利性、工艺实施时间计划和工艺性能。

近年来，大规模澄清工艺主要采用离心与深层过滤相结合的操作模式。Kelley 介绍了大规模 MAb 生产中的常规工序操作，其中包括基于离心的收获[37]。作者评估生产 10 吨 MAb 工艺的 CHO 发酵液成本约为 $1.0/g，约占纯化生产成本的 25%。深层过滤器和需要的缓冲液占该收获成本的大部分。通过在离心之前用絮凝剂对细胞发酵液进行预处理，仔细选择分级过滤以及优化缓冲液冲洗步骤，可以进一步降低这部分成本。

各公司目前正在探索生产水平较低条件下实施连续流工艺的经济性。Xenopolous A 研究了综合连续流工艺单独进行收获的经济性，包括离心后进行深层过滤、两步深层过滤和絮凝后进行深层过滤[38]。分析再次证明，离心后进行深层过滤是体积更大时最具成本效益的解决方案，而深层过滤在较低体积时更具成本效益。通过将细胞分离与细胞培养操作相结合，连续灌流细胞培养也提供了避免单独进行澄清操作，从而可以降低澄清费用。Walther 等人说明了连续流生产平台对特定商业案例的商业影响，并发现切换到灌流操作将减少收获操作期间的澄清设备和人工需求[39]。然而，这些减少的部分因灌流细胞培养操作需要更多培养基和过滤器而抵消。

第二节 大肠埃希菌系统

一、概述

自1982年FDA批准重组胰岛素产品优泌林（Humulin）以来，用大肠埃希菌生产治疗性蛋白的方式已经有30多年的历史[40]。自从第一个由大肠埃希菌生产的重组治疗性蛋白获得批准以来，人们对细菌作为宿主生产治疗性蛋白质这种生产方式的兴趣日益增加。目前，所有已批准的治疗性蛋白质中约有三分之一是使用大肠埃希菌宿主生产的[41]。大肠埃希菌作为最广为人知和被广泛研究的细胞系统之一，已成为分子生物学的支柱，同时也是生产重组蛋白的合适宿主。使用大肠埃希菌作为生产系统的主要优点包括：①遗传特征众所周知；②生长速度快；③细胞密度高；④蛋白质生产率高（高于细胞总蛋白质的30％以上）[41]；⑤易于规模化；⑥培养基便宜和工艺操作简单。

尽管在大肠埃希菌中生产重组蛋白有许多好处，但仍存在许多局限性，特别是对于复杂可溶性蛋白的生产。野生型大肠埃希菌包含：①最小的翻译后修饰（PTM）机制，包括有限的糖基化能力；②高度还原的细胞质环境，限制了正确的二硫键形成；③蛋白酶水平升高；④存在来自细胞外膜的内毒素；⑤分泌可溶性重组蛋白的能力有限[42]。许多基因工程研究旨在改善大肠埃希菌系统中可溶性蛋白质的产生或增加类似高级哺乳动物细胞PTM能力[42-52]。尽管这些研究表现出潜力，但并非没有挑战，包括重组蛋白生产率降低、可放大性有限以及稳定性面临挑战。因此，大肠埃希菌中大多数重组蛋白的生产会形成不溶性聚集的重组蛋白，称为包涵体（inclusion body，IB）。

尽管靶蛋白以无活性、不溶的形式产生，但以包涵体形式存在的重组蛋白的生产方式却面临独特的机遇和挑战。使用哺乳动物系统分泌可溶性蛋白进行生产的方式更容易理解，包涵体工艺策略和工序操作可能与这一典型操作完全不同。以下各章节中回顾了大肠埃希菌从包涵体中收获和回收蛋白质的全过程，并展示了如何一步步发展为高效的、适合大规模工业化生产的全过程。

（一）大肠埃希菌蛋白质生产

大肠埃希菌中重组蛋白的生产可能是细胞内、外周胞质或细胞外表达的蛋白，但大多数情况下都是以包涵体的形式在细胞内生产。重组蛋白的位置和可溶性会对收获和回收操作策略以及所需的开发工作产生重大影响[53]。

1.分泌型/可溶性蛋白生产 如上所述，在大肠埃希菌中生产分泌型/可溶性蛋白质已经展示，但这种方式也由于生产率低和细胞工程方面的挑战而受到限制[42, 43, 45]。特别是，转运机制的有限能力和外质体积的限制降低了蛋白质产量，同时也增加了细胞负担[47]。此外，分泌的蛋白质可能容易在发酵罐中的高通气和高剪切力的环境下降解[54]。尽管在大肠埃希菌中生产分泌可溶性蛋白面临着挑战，但利用用于哺乳动物生产系统的更传统操作（即离心、深层过滤、除菌过滤），可以大大简化收获操作。虽然可能需要对工艺进行修改，以适应大肠埃希菌培养物更高强度的发酵工艺特点，如细胞密度高、细胞培养时间短等，但预计可以利用类似的工艺设备和工艺优化策略。与细胞内蛋白生产相比，大肠埃希菌中分泌蛋白的生产方式具有许多优势，包括更加简化的收获过程、更低的纯化成本、潜在的改善蛋白质质量的可能性、降低的蛋白水解敏感性和更高的纯度[45,50]。尽管有这些优点，但由于改变分泌途径的挑战、生产率低以及实施成功与否主要取决于蛋白质，大肠埃希菌重组蛋白的生产主要在细胞内进行，在多数情况下以不溶性聚集蛋白包涵体的形式出现[55,56]。许多综述介绍了在大肠埃希菌中生产可溶性和分泌蛋白的工艺和基因工程工作[44-47,50,51,57-61]。

2.细胞内蛋白质生产 在大肠埃希菌中生产细胞内蛋白质时，在进行任何回收操作之前，需要进行细胞破碎步骤以提取重组蛋白质。细胞破碎技术通常分为化学、酶促或机械等方法。每种方法都具有独有的特征，有助于确定特定目标蛋白质收获的最佳策略。细胞破碎方法也因其对产品质量、整体产量和纯度的潜在影响而有所不同。蛋白质在大肠埃希菌细胞分区中的位置（即细胞质或外周胞质间隙）也可以指导细胞破碎步骤的选择，因为蛋白质从细胞中的释放速率跟其位置有关[54]。

为了确定最有效的细胞破碎方法，一些有关蛋白质和（或）生产过程的问题有助于指导方法的选择，包括：①确定重组蛋白物理特性；②所需的工艺规模；③细胞内的位置；④溶解度；⑤蛋白质的机械或化学稳定性。

细胞破碎步骤会对下游工序操作产生重大影响。对于革兰氏阴性菌的生产，如大肠埃希菌等，了解细胞壁结构和细胞杂质可对细胞破碎策略和开发工作产生积极影响，从而优化重组蛋白的释放、回收和纯度。

大肠埃希菌等革兰氏阴性菌具有双重细胞壁，由富含脂多糖（lipopolysaccharide，LPS）的外膜、水性外周胞质空间和内部薄肽聚糖细胞壁组成[62-64]。与细胞质内层空间相比，细胞质外层空间具有独特的不同性质和环境，这为优化重组蛋白质的生产提供了机遇和挑战。

与细胞质中的高还原性环境相比，外周胞质空间具有更强的氧化性环境，有助于推动二硫键的形成[46,63]。此外，在外周胞质中共表达折叠伴侣酶可以大大提高重组蛋白的折叠能力，增加可溶性蛋白的产量[46]。因此，经设计转运到细胞质周围的重组蛋白可能更有机会以可溶和适当折叠的形式生产出来。

外周胞质重组蛋白表达的另一个优势是实施选择性提取策略。选择性提取可通过细胞破坏实现，这种方法只去除富含LPS的外膜，而保留细胞质内膜。另一种策略是设计外膜有缺陷的"渗漏"菌株，通过扩散作用加强蛋白质在细胞外膜上的转运[47,65,66]。通过选择性提取、释放的细胞内工艺杂质更少，从而提高了收获后料液的纯度。许多出版物重点阐述了生产中采用细胞周质易位并结合选择性提取收获技术生产重组蛋白的益处、挑战和策略[46,47,66]。

尽管以外周胞质为中心的蛋白质生产具有吸引力，但在大肠埃希菌中实施完全分泌型蛋白质表达系统时仍面临类似的问题。特别是，对易位机制的了解有限、生产率低以及从细胞质到外周胞质空间的转运能力差，使得实施该策略特别具有挑战性[44,63]。因此，大多数大肠埃希菌重组蛋白的生产和开发工作都集中在优化细胞质包涵体的生产过程上。

本章将重点介绍细胞内包涵体重组蛋白的收获、回收、增溶和复原方法以及开发途径。

（二）包涵体

大肠埃希菌中的原生蛋白和重组蛋白均会形成包涵体，因此，包涵体并不只是重组蛋白生产的结果。产生包涵体的原因有很多，但主要原因是大肠埃希菌细胞质中蛋白质的生成速度与蛋白质的折叠速度不匹配。这种不匹配使大肠埃希菌质量控制系统不堪重负，从而产生不溶性的聚集蛋白[67]。

形成包涵体的主要因素包括：①蛋白质合成速率高；②细胞质中蛋白质折叠的速率有限；③蛋白质折叠中间产物的热力学稳定性和固有的聚集倾向；④缺乏内在分子伴侣或折叠酶；⑤缺乏翻译后机制；⑥细胞质中高度还原的环境抑制原生二硫键形成。

从机理上讲，当蛋白质合成迅速且无法正确折叠，部分蛋白质和折叠错误的蛋白质之间的疏水相互作用导致聚集开始发生。包涵体的形成似乎与所生产的蛋白质的任何内在物理特性无关，但可能与大肠埃希菌细胞质内的环境和蛋白质整体疏水性等上述因素的综合作用有关[55, 67, 68]。为更好地理解包涵体的形成，人们已尝试建立模型，但对其全部机制仍不甚了解，而且很可能因培养条件和蛋白质物理性质等多种因素而异[4]。此外，许多研究集中在包涵体蛋白的淀粉样蛋白聚集上，这揭示了包涵体蛋白形成过程更有组织，且包涵体内有各种构象[67]。在对包涵体形成和蛋白质结构的理解的提升有助于推进再饱和工艺开发方法，提高包涵体加工的成功率。

从物理角度看，包涵体是细胞质和周质空间中致密的不溶性蛋白质聚集体，通常位于大肠埃希菌细胞的两极[55, 67, 69, 70]。包涵体的结构特点是无定形或准结晶，大小为50~1500 nm，表观密度约为1.3 mg/ml[55, 67, 69, 71]。与大多数细胞杂质相比，包涵体的密度更高，在初始分离过程中具有优势。大多数包涵体的纯度很高，据报道包涵体蛋白质的含量超过95%[69]，剩余的共沉淀物包括DNA、膜蛋白、RNA聚合酶和其他宿主细胞相关杂质[50]。对于以包涵体形式生产重组蛋白而言，这种高纯度对减轻下游纯化操作的负担大有裨益。

虽然长期以来人们一直认为包涵体是无活性的蛋白质聚集形式，但人们发现包涵体具有生物活性，并因其独特的纳米颗粒类型应用而备受关注[72]。与传统的聚集形式相比，这些具有生物活性的非典型包涵体往往更容易溶解，因此可能需要采用其他加工策略[67]。人们对生物活性包涵体的兴趣与日俱增，这可能会为这些长期以来被认为是废物的产品提供额外的应用[72]。Fahnert等人详细概述了包涵体的形成和利用，重点介绍了包涵体的组成[73]。尽管与传统的可溶性蛋白质生产相比，包涵体生产仍面临着更多的工艺挑战，但它仍具有许多工艺优势。包涵体生产的主要优点包括：①易于从可溶性或密度较低的细胞杂质中分离；②包涵体形式稳定，工艺更灵活；③高纯度，常有报告称含有>90%的相关蛋白质；④对蛋白水解剪切或降解的敏感性降低；⑤高生产率，通常占总细胞蛋白质的>30%；⑥具有可变性并重新折叠成活性天然构象的能力；⑦降低宿主细胞毒性的可能性。

尽管包涵体生产存在许多优点，但是在生产可溶性、有活性和天然蛋白质方面仍然存在较大的工艺挑战。纯化前所需的典型包涵体处理步骤包括：①细胞破碎以释放包涵体；②从细胞碎片中分离或回收包涵体；③洗涤包涵体以去除共沉淀杂质；④复溶使包涵体变性，为重新折叠做准备；⑤复性或再折叠使蛋白质恢复其天然和活性构象。

要使包涵体生产成为蛋白质疗法的可行选择，最关键的一步是将无活性、不溶解、折叠错误的包涵体蛋白质转化为可溶性生物活性形式[70]。因此，包涵体工艺开发的重点是增溶和复性工艺步骤。图5-8显示了细胞内包涵体收获和回收操作的典型工艺流程图。

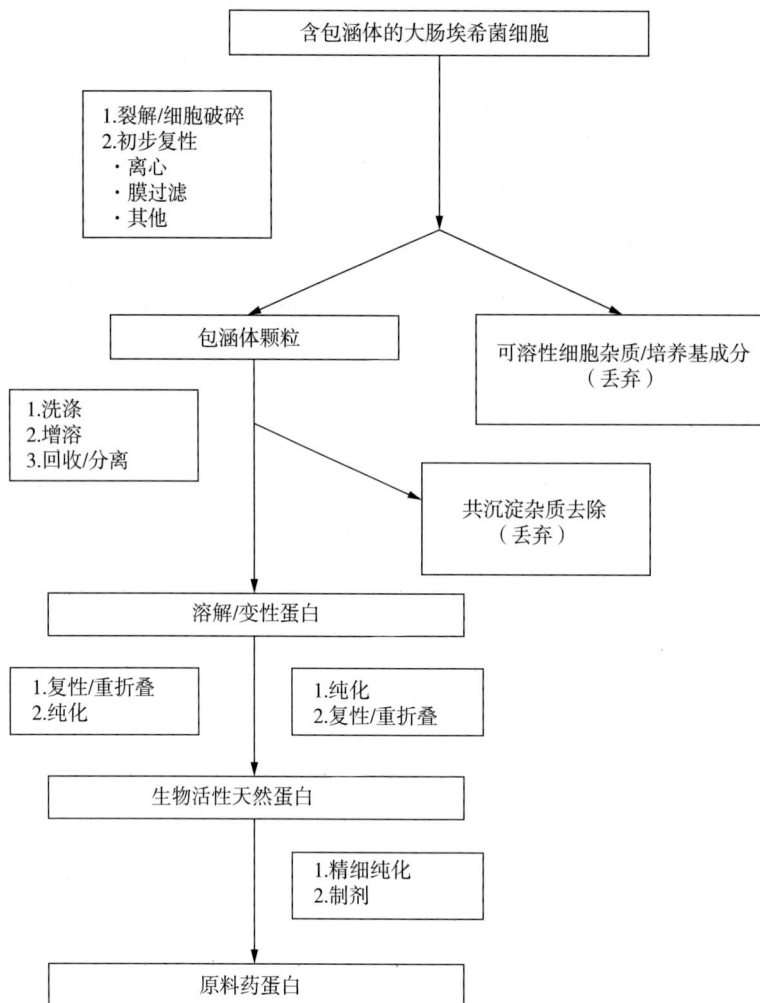

图5-8 典型的包涵体收获、回收和复性操作

二、细胞破碎

(一)概述

为了释放细胞内产生的包涵体，细胞破碎步骤通常是回收工艺中实施的第一个工序操作。由于大多数包涵体沉积在细胞质中，提取时需要破坏大肠埃希菌的两层细胞膜（富含LPS的外膜和细胞质内膜）。此外，由于包涵体的大小和不溶性，细胞膜上的小破裂或仅适度增加膜通透性可能不足以释放包涵体[74]。因此，可能需要更彻底地破坏两层细胞膜才能实现可接受的包涵体回收。

在工艺开发过程中，了解细胞破碎对后续细胞分离和纯化步骤的影响至关重要。优化细胞破碎和回收操作，尽量减少细胞壁的破碎和细胞间宿主细胞蛋白质和DNA的释放，可以减轻下游纯化步骤的负担。细胞破碎步骤会影响细胞碎片颗粒大小、包涵体产量、包涵体质量、杂质含量、工艺可扩展性和总体运营成本[75]。因此，细胞破碎在整个包涵体生产工艺中起关键作用，并可能极大地影响后续包涵体的分离和回收（即离心、过滤、双水相萃取等）以及下游纯化步骤（即层析、UF/DF等）。

在选择和开发细胞破碎步骤时，应评估一系列工艺变量，包括规模、成本、蛋白质稳定性和溶解性、包涵体的物理性质、细胞内的位置、所需的纯度水平以及可接受的步骤产量[53]。

（二）方法

细胞破碎技术种类繁多，但可分为四类，包括：①机械破坏；②化学破坏；③酶破坏；④物理破坏[54]。每种方法在可扩展性、成本、温和性和破坏效率方面都有很大不同。机械破坏方法一般被认为是最苛刻的处理方法，可能会影响包涵体的稳定性，但一般被认为是与工业最具相关性的方法。物理、化学和酶细胞破坏通常被认为是更温和的方法，但从经济、效率和产量的角度来看，缺乏一些工业价值[54]。其他因素，例如对产品质量的影响、下游纯化和分离步骤的负担以及处理时间在细胞破碎方法的选择中起着重要作用。

表5-3列出了每种细胞破碎技术的主要优点、缺点和参考文献。一些综述提供了有关策略和常规评估工艺参数的更多细节，可以作为开发最有效的细胞破碎方法的起点[53, 54, 71]。

表5-3　常规细胞破碎技术的比较

方法	优势	缺点	参考文献
机械	●非常高效 ●可扩展性 ●高体积通量 ●快速 ●很好理解 ●成本低 ●高回收率 ●连续	●耗能 ●可能产生热量 ●低选择性 ●可能需要多次通过 ●可能形成细小的细胞碎片 ●高剪切应力 ●资金成本高	[54, 74]
化学	●可具有高度选择性 ●可扩展性 ●灵活 ●容易实施或与其他方法结合 ●资金成本低	●运营成本高 ●反应时间可能较长 ●分批处理 ●需要去除化学添加剂 ●回收率较低	[54, 66, 76, 77]
酶法	●有效 ●温和 ●可选择性 ●特异性 ●资金成本低	●大规模运营成本高 ●可能需要预处理步骤（化学） ●所需的酶去除 ●可能与IBs结块 ●有限的操作范围 ●形成细小的细胞碎片 ●分批处理	[54, 65, 74, 75, 78, 79]
物理	●可能具有选择性 ●可能使蛋白酶失活（高温） ●较大的细胞碎片 ●成本低	●可能需要大量稀释 ●控制下限 ●效率低 ●资金成本可能较高（热解）	[54]

（三）机械性细胞破碎

机械性细胞破坏法由于破坏效率高、易于扩展、能够处理大量生物质以及体积吞吐量大而被认为是与工业最相关的方法[54]。最常用的方法是依赖于湍流、撞击、碰撞或空化产生的剪切力来破坏细胞膜并释放细胞内产物[54, 80]。遗憾的是，大多数机械破碎法的非选择性会导致大量细胞杂质的释放，从而降低包涵体的纯度。

最常用的机械破碎方法包括高压均质化和珠磨均质化[54, 65]。这两种方法多年来一直用于破坏大肠埃希菌细胞和其他具有挑战性的表达系统。在工业上，超声波分解法的使用程度较低，主要限于台式或较小规模的应用[65]。机械细胞破碎的主要挑战包括：①选择性差；②细胞碎片微粉化；③产生热量；④剪切应力，这些都可能会损坏较敏感的包涵体蛋白[74]。

表5-4列出了工艺开发过程中可能评估的常见机械性细胞破碎工序操作和变量。

表5-4 大规模机械性细胞破碎方法

方法	变量	参考文献
珠磨均质化	●微珠装载 ●搅拌器转速 ●珠子直径 ●细胞浓度 ●停留时间/流速 ●温度 ●微珠降解	[54, 65, 80]
高压均质化	●通过次数 ●工作压力 ●流速 ●均质机设计 ●温度 ●细胞浓度	[65, 75, 80, 81]
超声破碎	●尖端振幅 ●吸头强度 ●细胞浓度 ●压力 ●血管形状/尺寸	[65, 75, 80, 82]

（四）化学和物理细胞破碎

使用化学添加剂或通过物理方法破坏细胞依赖于通过直接或间接方式破坏细胞膜完整性。细胞膜被破坏后，孔隙率增加，细胞内的蛋白质和细胞成分得以释放。化学破坏是通过添加化学添加剂（如洗涤剂）来实现的，这种添加剂可直接与细胞膜相互作用并破坏细胞膜。物理方法可通过细胞培养环境的剧烈变化（如诱导渗透压差、改变 pH 值或升高温度）诱导细胞自溶[83]。化学或物理方法的优势包括：①易于大规模实施；②简化了在现有制造设施基础上所需集成的设施；③降低了设备成本。遇到的一些挑战包括：①用于大量添加化学添加剂的储罐容量有限；②反应时间长；③化学添加剂成本；④下游添加剂去除和处理成本；⑤对产品质量的潜在影响[54, 75]。此外，如果细胞膜没有被彻底破坏，不溶性包涵体的释放可能受到化学或物理破坏的挑战。某些化学添加剂的使用浓度可能会受到包涵体溶解度的限制。

常见的用于细胞破碎的物理或化学方法包括：①添加洗涤剂；②添加溶剂；③酸化处理；④加入离液剂；⑤螯合；⑥渗透冲击；⑦加热或热分解；⑧冻融。

前五种方法都是通过在细胞培养物中添加化学试剂来诱导细胞膜降解。添加洗涤剂的作用是与脂质膜蛋白结合，形成胶束[54]。胶束形成后，细胞膜被破坏，导致细胞破碎，释放出细胞内蛋白质和不溶性包涵体。洗涤剂被认为能有效溶解细胞内膜，但在破坏富含 LPS 的细胞外膜方面效果有限[84]。已经有研究探索出一系列具有不同物理性质的去污剂可溶解细胞膜。这些洗涤剂包括：①阴离子（即 sodium dodecyl sulfate，SDS）；②阳离子（即四烷基铵盐）；③非离子（即 Triton X）洗涤剂[54]。添加溶剂的作用与添加洗涤剂类似，都是通过增加细胞膜的通透性来释放可溶性蛋白质。甲苯和乙二醇醚溶剂已被用于破坏大肠埃希菌细胞，但这两种溶剂都不能同时破坏细胞膜。因此，需要结合多种方法才能完全释放细胞质包涵体[54, 76]。酸化被认为可以穿透细胞质膜并降低细胞内 pH 值，同时还能瓦解外膜，从而增加膜的通透性[85]。当加入足够浓度的离液剂时，还可以通过溶解膜蛋白发挥作用[54]。事实证明，添加 EDTA 等金属螯合剂能有效地从大肠埃希菌细胞外膜上吸走 Mg^{2+} 或 Ca^{2+} 等二价阳离子，从而降低膜的稳定性，导致通透性增加，可脱落高达50%

的外膜上LPS[77]。一旦外膜不稳定，就可以应用其他化学或物理方法来更容易地破坏细胞膜。下面将在包涵体溶解过程中更详细地介绍离液剂的使用，但也可将其作为一个综合的细胞破坏和溶解步骤来实施。

通常使用的物理方法有渗透冲击、热处理和冻融。渗透冲击通过从高渗透压溶液（即1 M蔗糖）快速转变为低渗透压溶液（即用水稀释）来削弱细胞膜[54]。高浓度添加剂的成本以及通常需要的大量稀释使得这种方法在工业规模的加工中并不实用。此外，该方法更适用于分离位可溶或小于典型包涵体的细胞质周质蛋白质[80]。热处理或热分解法通过将细胞培养物加热至约50℃以破坏外膜，并通过将细胞培养物加热至>50℃以破坏细胞质膜[83, 86]。这种方法具有额外的优点，如杀死大肠埃希菌宿主，灭活蛋白酶，以及产生易于分离的大细胞碎片[54]。冻融也用于从细菌细胞质中释放蛋白质[83]。这种方法的主要优点是性质温和、易于实施，而且有可能选择性地释放IB[87]。然而，由于需要反复冻融，释放大IB蛋白或细胞质蛋白的效率有限，加工时间也较长[87]。

表5-5列出了常用的化学或物理方法，包括可能要研究的变量和应用该技术的参考文献。对于化学添加剂，添加剂浓度、孵育时间和细胞密度是影响蛋白质释放速率、工序收率和细胞破碎效率的最常见变量[77]。

表5-5 用于大规模细胞破碎的物理和化学方法

方法	变量	参考文献
添加洗涤剂	●洗涤剂类型 ●洗涤剂浓度 ●反应时间 ●细胞密度	[54]
渗透压冲击	●渗透液 ●渗透液浓度 ●稀释倍数 ●反应时间 ●细胞密度 ●温度	[54, 88]
酸化处理	●pH值 ●反应时间 ●酸型 ●酸浓度 ●细胞密度 ●温度	[85]
热分解	●温度 ●反应时间 ●细胞密度	[83]
添加溶剂	●溶剂类型 ●溶剂浓度 ●反应时间 ●细胞密度 ●pH值 ●温度	[76]
冻融	●冻融循环 ●温度 ●细胞浓度 ●混悬液 ●时间	[87]

续表

方法	变量	参考文献
加入离液剂	●离液剂 ●离液剂浓度 ●反应时间 ●细胞密度	[54]
螯合	●螯合剂 ●螯合剂浓度 ●反应时间 ●细胞密度	[77]

（五）酶促细胞破碎

酶促细胞破碎是一种更温和以及选择性彻底释放包涵体的有效方法。酶促细胞破碎依赖于添加常见的细胞膜破坏酶，例如溶菌酶或其他胞壁酰胺酶，这些酶通过消化细菌的肽聚糖层起作用[79, 89]。当肽聚糖层被消化时，细胞暴露于更"低渗环境"或者当通过添加特定的化学物质破坏细胞质膜时，细胞膜会被弱化，从而导致细胞破裂或死亡[79]。添加化学添加剂（例如吐温）的预处理步骤，有助于去除更粗糙的富含LPS的外部细胞膜，已被证明可提高破裂效率，并且对于某些酶促细胞破碎技术而言，这一步骤可能是必需的[54, 79, 89]。

细胞破碎时释放大量DNA升高裂解物黏度，除了添加直接减弱细胞膜的酶之外，还可以加入DNAse酶以降低由细胞破坏时释放的大量DNA引起的裂解物黏度。通过消化DNA可降低进料流黏度，从而显著提高收获率或膜回收率[90, 91]。另外，还可以应用分离步骤选择性地从包涵体蛋白中除去消化的DNA片段以提高纯度。

酶促细胞破碎的优点包括：①具有特异性；②高产物释放率；③细胞破碎性质温和[54, 78]。这些特异性允许蛋白质得到选择性释放，还能够通过定位蛋白质所处的细胞区室，提高纯度。高产物释放率可以提高整个工序的产量，而与更苛刻的物理裂解方法相比，酶促裂解温和的性质可以确保产品质量。酶促细胞破碎技术面临的挑战包括：①需要大量的酶；②酶成本高；③需要在下游去除酶；④对产品质量的潜在影响；⑤会形成细小细胞碎片[74]。此外，最常用的溶菌酶等电点高，pI高达11，在大多数裂解条件下会产生高正电荷的酶。因此，溶菌酶可能易于与包涵体自结合，从而在纯化过程中额外产生需要去除的杂质复合物，形成挑战[74, 75]。

表5-6列出了一些常见的酶促细胞破碎方法，包括在工艺开发和表征期间被普遍研究的特定参数。

表5-6 酶促细胞破碎法

方法	变量	参考文献
溶菌酶	●溶菌酶来源/类型 ●溶菌酶浓度 ●细胞浓度 ●溶液组成 ●反应时间 ●预处理	[75, 79, 89, 92]
脱氧核糖核酸酶	●DNase来源/类型 ●DNase浓度 ●反应时间 ●溶液组成 ●DNA浓度	[90, 91, 93]

方法	变量	参考文献
常规的一些酶	●酶类型 ●细胞密度 ●细胞类型 ●有关联性的蛋白 ●工艺条件 ●预处理	[79, 89]

（六）组合性细胞破碎法

为了利用方法之间的协同作用来提高裂解效率、产率或纯度，通常采用不同组合的裂解方法。组合方式通常分为：①结合了化学、物理或酶促方法的非机械性裂解；②先进行非机械性预处理，然后进行机械裂解[54]。例如，Bailey等人发现在高压均质化之前添加盐酸胍（Gdn-HCl）和Triton X-100（TX-100）可提高裂解效率，减少所需的均质器通过次数和操作压力[94]，结果在提高了产量和细胞破碎质量的同时，减少了微细胞碎片的产生，有利于下游的过滤和分离操作。与仅做均质化的情况相较而言，由于均质化需要在高操作压力下多次通过，工艺会受到细颗粒影响而在高负荷下进行[94]。其他类似方法包括添加洗涤剂、金属螯合或碱性pH处理，通过削弱细胞外膜，在更温和的操作条件下提高机械裂解效率[78, 79, 94]。

通过结合多种可破坏双层大肠埃希菌细胞膜的作用方式，组合后的非机械方法也被发现能成功实现整体细胞破碎。例如，已发现EDTA可有效破坏外膜的稳定性，释放大量脂多糖[54]。一旦外膜不稳定，就可以使用其他的化学、物理或酶促方法来破坏内部细胞质膜。例如，溶菌酶已被与EDTA结合使用，有效破坏细胞膜并增加细胞质蛋白的释放[54]。

除了改善细胞破碎外，还有整合细胞破碎和直接在发酵罐中溶解包涵体的备选策略。一旦包涵体被溶解，使用能够处理含有固体进料流的膨胀床吸收剂，就可以通过捕获层析实现蛋白质的澄清和纯化[95]。整合多个工序操作可以简化从收获到复性的整个过程，但是随之也额外增加了从非常复杂的裂解物中纯化和复性可溶包涵体蛋白的难度。表5-7介绍了在实验室或规模化生产成功应用的一些组合性细胞破碎方法。

表5-7　组合性细胞破碎法举例

方法	浓度	参考文献
EDTA+溶菌酶	100~800 μg/ml EDTA，25~50 μg/ml 溶菌酶	[54, 96]
Gdn-HCl+Triton X-100	2 M Gdn-HCl，2%Triton X-100	[54, 84]
EDTA+Gdn-HCl	10 mM Gdn-HCl，10 mM EDTA	[54, 97]
Gdn-HCl+Triton X-100+HPH	1.5 M Gdn-HCl，1.5%Triton X-100，在41 MPa下通过1次	[94]
尿素+EDTA	6 M尿素，>0.3 mM EDTA	[77]
乳酸+溶菌酶	10 mM pH 3.6，10 μg/ml溶菌酶	[85]

（七）其他备选的细胞破碎方法

除了更常见的化学、物理、酶促或机械方法外，文献中还提出了许多其他可替代的细胞破碎方法。目前，这些替代方法用于规模化生产的可能性较小，但可以对未来研发提供独特的视角。Yusaf等人对农业行业特有的微生物裂解的方法进行了综述，也提出了与生物技术相关的方法[80]，研究中应用了超声、高强度电场或高级空化的方法。

超声的技术通过基于频率的能量传递产生局部的声空化、高压和温度梯度，已被研究用于规模化生产，但受到以下限制：①高能耗；②可放大性有限；③机械耐用性有限[80]。可以通过将超声工艺与化学或酶促法相结合，改进超声生成和反应器设计来提高超声工艺的效率[80]。尽管食品工业取得了一些令人鼓舞的结果，但高能耗和产热的特点可能降低超声应用于生物技术规模化生产的可能性。

流体动力空化（hydrodynamic cavitation，HC）利用大幅降压变化促使微气泡快速形成和破裂，从而产生高剪切力、冲击波、空化和自由基氧化剂，可能导致细胞死亡和细胞膜破裂[80]。已有新型非机械方法使用电、等离子体或紫外线来实现细胞破碎。脉冲电场（pulsed electric field，PEF）细胞破碎使用短时间的高强度电场来电穿孔或完全破坏细胞膜。PEF可能会受到溶液电导率的显著影响，但可以作为一种替代性非热技术来回收敏感蛋白产物。非热等离子体使用中性电离气体提供低压和低功率的细胞破碎方法。细胞壁吸收能量会导致挥发性细胞膜成分的释放，从而产生膜孔隙率或整个细胞膜破裂。最后，也有研究表明基于紫外线的方法也可杀死细菌，但已证明其效果不如大多数被提出用于回收细胞内蛋白质的方法有效。

关于替代性细胞破碎方法或现有方法组合的都将继续开发，但应根据现有的规模化生产技术和应用进行评估。了解包涵体的物理性质、聚集的重组蛋白孵育条件和目的蛋白的定位对于确定最有效的细胞破碎和包涵体回收途径很重要。配对多种细胞破碎方法的优势组合以提高工艺效率、收率、纯度和产品质量，可以显著提高整体工艺性能。

（八）收获预处理

由于释放细胞内包涵体蛋白需要完全破坏细胞，因此可以在细胞破碎液中发现大量的核酸、脂质和宿主细胞蛋白等细胞杂质。杂质水平高会影响回收效率和操作。特别是大量的宿主细胞DNA（可达1%，w/w），可大大增加溶液黏度，影响分离步骤[98]。为了减轻这种影响，可以采取收获预处理步骤以降低细胞杂质水平。

收获预处理步骤的选择可能取决于细胞破碎的方法和所需的回收或分离步骤。但已发现许多预处理方法对改进澄清操作都很有作用[3]。已通过使用聚乙烯亚胺（polyethyleneimine，PEI）、精胺和酸性pH实现DNA的选择性沉淀[98, 99]。或者，也可以使用脱氧核糖核酸酶即DNA酶（例如核酸酶）消化DNA，降低黏度并使得DNA可以通过过滤工艺去除。这些方法已经能够去除85%以上的DNA，显著降低溶液黏度[98]。

三、包涵体回收和分离

（一）概述

一旦包涵体从大肠埃希菌细胞质或外周胞质中释放出来，通常就需要分离固体，将密度较大的不溶性聚集蛋白包涵体从可溶性细胞杂质密度较小的不溶性碎片杂质中分离出来。已经产生多种分离技术利用包涵体的密度和溶解度差异来提高收率和纯度。在溶解和复性步骤之前对包涵体进行回收和分离，对包涵体的澄清、纯化和浓缩具有重要作用。

（二）离心

最常用于包涵体回收的分离技术是低速离心，台式离心和连续离心也可用于包涵体分离。对于规模化生产，常见的规模化生产用碟式离心机有益于大规模回收包涵体[100-102]。类似于上述哺乳动物细胞收获所应用的工艺开发和优化方法，可以实现包涵体的回收和分离。离心操作通常以5000~20,000 g的低离心力进行[103]。包涵体和细胞碎片之间的密度差异较大，有益于通过离心进行分离，与基于膜的分离方法相比，基于离心的分离通常可获得更高纯度的蛋白质，但实际结果可能取决于工艺和蛋白质[70]。

除了去除可溶性和密度较小的细胞杂质外，通过离心收集包涵体沉淀还可以显著减少料液体积。通过离心浓缩包涵体可以减少对储罐的需求，可以允许浓缩包涵体沉淀在长期冷冻条件储存，并为使用适当的溶液洗涤沉淀以去除杂质提供了可能性。

（三）过滤

切向流微滤或大孔径超滤已作为离心分离的替代方法广泛应用于回收不溶性聚集蛋白包涵体[104, 105]。过滤操作除了提供易于实施的回收工艺解决方案外，还可以通过大孔径额外对可溶性杂质进行纯化[104, 105]。由于包涵体的大小在50~1500 nm之间，超滤的选择，尤其是微滤孔径尺寸的选择对于维持高收率而言非常重要。切向流微滤的其他优点还有工艺体积易于控制和工艺可放大的能力。缩小规模的台式模型很容易获得，并且适合小规模的工艺开发活动。相比之下，目前可用的离心机缩小模型有限。此外，与离心相比，在生产不同大小和密度的包涵体时，TFF具有更高的稳定性[106, 107]。

除了易于理解和可以大规模放大外，TFF操作还有其他优点，即去除了在细胞破碎过程中大量释放的可溶性污染蛋白、DNA和内毒素[107]。由于料液黏度升高，在过滤回收之前，可能需要通过沉淀消除DNA或通过DNAse将DNA消化成较小的核苷酸[107]。对于可能与包涵体共沉淀的溶解度较低的杂质，在TFF过程中控制和加入洗滤步骤，可以实现用包涵体洗涤液溶解和去除细胞杂质[90, 105-107]。Batas等人使用0.1 μm和0.45 μm膜研究了杂质在多种不同洗涤条件下通过膜的情况[107]。该操作能够实现46%的纯度，与离心工艺的55%纯度相当[107]。尽管使用洗滤溶液去除不溶性杂质更易于实施，但可能会消耗大量洗涤液，研究称其消耗量是离心和重悬工艺的洗涤液需求的40~50倍[106]。此外，添加普通清洗液添加剂可能会影响膜的完整性和孔径，所以必须在应用之前进行评估[106]。

对于工艺开发，可以应用标准TFF筛选，包括以下评估：①膜化学性质；②膜孔径；③膜形式（即平板膜包、中空纤维等）；④通道筛类型；⑤渗透通量；⑥TMP；⑦交叉进料流速；⑧可清洁性[104, 108]。对于细胞破碎液的处理，通常希望保持较低的TMP，但这应基于设备的适合性、所需的处理时间、产品质量的影响和通量进行评估[104]。

尽管过滤膜工艺适合现有设施、易于放大且已广为人知，但通常认为离心工艺与包涵体颗粒洗涤相结合可提供更高的纯度[105, 107]。有趣的是，Meagher等人发现，与传统离心工艺相比，TFF膜工艺能够实现更高的收率，并提高rIL-2的纯度[106]。由于存在相互矛盾的观察结果，选择离心工艺还是过滤膜工艺可能取决于特定的生产工艺、目标蛋白质、设施适用性、缓冲液消耗、经济性和所需的纯化水平。对这两种方法的评估对于确定最佳的回收率和分离工序操作可能很重要。

（四）其他方法

离心或膜过滤回收操作更常见，但也有替代性方法已被提出，包括细胞破碎、溶解和提取操作的整合。将细胞破碎和包涵体提取进行结合可能具有重要价值，但需要进行更多的开发工作。已有许多方法经过测试，如将细胞破碎与膨胀床吸附和双水相萃取相结合[90, 95, 98, 109, 110]。还有方法结合直接分子排阻层析进行分离，以便直接从细胞破碎物中分离和纯化包涵体。但是直接捕获方法需要大量裂解以降低固体水平，通量低，并且容易沉淀和发生柱污染[111]。尽管可以应用许多创造性的方法来组合细胞破碎、提取和纯化工序操作，但必须将这些方法与附加的工艺复杂性、成本、开发工作和可放大性进行权衡，以便评估应用于规模化生产的实际价值。

（五）清洗优化

由于包涵体蛋白的高度不溶性，用温和增溶溶液对包涵体沉淀进行洗涤可以去除共沉淀的细胞杂质（即基于膜的蛋白质、蛋白酶、脂质和DNA）以提高纯度。尽管大多数包涵体都是高纯度的，但优化包涵体洗涤溶液可以显著提高总体纯度并减轻下游纯化操作的负担。当包涵体溶解时，污染蛋白酶的减少可以降低蛋白质裂解的可能性[112]。研究发现，纯度对复性工艺有显著影响，杂质会增加聚集、降低复性效率[107, 112]。因此，在溶解和复性之前最大限度地提高纯度可以提高整个工艺的产量。

沉淀被回收并浓缩后，可以用多种溶液洗涤包涵体以提高纯度。使用洗涤剂、低水平离液剂（甚至高达5 M尿素）、DNAse、盐或各种pH溶液中的不同组合已被发现可选择性地溶解和去除已与包涵体发生沉降或共沉淀的细胞碎片[71, 94, 103, 107, 113]。

包涵体清洗工艺开发可以考虑多种变量，以在提高纯度的同时保持较高产品收率。尤其要考虑清洗组分的选择、清洗组分的浓度、清洗次数和工艺开发过程中所需的清洗溶液体积[94, 114]。在溶解杂质而不溶解包涵体之间达到一个严苛的平衡点，需要严谨的实验分析才能获得。已知较高水平的离液剂或去污剂可有效溶解包涵体蛋白，但会导致产量损失，而中等水平的离液剂和去污剂已被证明可有效去除共沉淀的不溶性细胞碎片。Misawa等人和Fischer等人总结了一些有用的包涵体清洗液，可在溶解和复性之前提高整体包涵体纯度[103, 113]。

表5-8总结了一些有用的包涵体清洗液，并提供了相关性能参考。

表5-8　IB洗涤包涵体沉淀常用溶液

清洗液组成	目标蛋白	性能（DNA/HCP降低%）	参考文献
50 mM磷酸钠，10 mM EDTA，pH 8	普罗巨油酸酯	68.7/4.8	[105]
0.1%Berol 185，0.5 M尿素	rhGM-CSF	NR	[112，115]
缓冲液1：2.5 g/L Triton X-100，50 mM Tris-HCl，5 mM EDTA，1 mM苯基甲基磺酰氟，0.01 μg/ml DNAse，pH 8 缓冲液2：2M尿素	rhGCSF	NR	[116]
50 mM Tris，5 mM EDTA，2%脱氧胆酸盐，pH 8	重组生长激素	NR	[68]
50 mM Tris，1%Triton X-100，pH 8.0 50 mM Tris，20 mM EDTA，pH 8.0	重组人干扰素 α 2b	NR	[116]

NR：h未报告。

四、包涵体溶解

（一）传统溶解

包涵体工艺中更关键的步骤之一是需要在回收、分离和洗涤后重新溶解聚集的包涵体蛋白，旨在使包涵体内的聚集蛋白质变性和还原，从而更好地进行下一步更灵敏和更关键的复性步骤。溶解可显著影响复性，因此这两个过程紧密相关[117]。

大多数包涵体工艺是将不溶性聚集蛋白完全变性为可溶性线性多肽。为了完成完全溶解和变性，可以评估许多化学试剂和操作条件。传统上需要高浓度的变性剂来完全变性包涵体蛋白，将这会显著影响整体工艺成本。另外，温和的增溶方法也得到探索，仅将部分包涵体蛋白变性，保留某些蛋白的二级结构。两种方法都可以根据目的蛋白性质提供价值。

变性剂是最常用的增溶化学试剂，包括尿素和盐酸胍（Gdn-HCl）。为了有效溶解，通常用含有高达6 M Gdn-HCl或8 M尿素的溶液洗涤包涵体沉淀。两种溶液均能有效溶解包涵体，但在大多数情况下，Gdn-HCl对大多数包涵体更有效[101, 113]。尽管Gdn-HCl溶解包涵体蛋白效果更好，但与尿素相比，Gdn-HCl的成本更高，可能高出5~10倍。使用高浓度尿素的一个主要问题是在典型的尿素溶液制剂中发现异氰酸酯，尤其是在加热时。异氰酸酯可增大重新溶解的蛋白质中自由氨基甲酰化的可能性，应对其进行控制以确保产品质量[118]。

尽管高浓度的变性剂可有效溶解包涵体，但已被证明会产生大量沉淀，可能会影响整个工艺的收率，并使后续的分离和纯化步骤复杂化[67, 119]。另外，高浓度变性剂会损坏工艺设备，需要在批间进行有效冲洗或清洁。使用低浓度变性剂的"轻度增溶"溶液可保留未折叠包涵体的天然二级结构，并改善某些蛋白质的复性过程[67, 119, 120]。通过这种温和的方法，包涵体可以被溶解为中间状态，而不是完全变性为线性多肽。研究发现，溶解到不易聚集的中间状态，以致复性过程中聚集较低，可以提高复性过程中的回收率。用大肠埃希菌制备的包涵体证明了这点，与传统的高浓度变性剂溶解相比，回收率有所提高[68, 100, 121]。温和增溶方法的好处还有变性剂用量少、降低成本和复性速率更快，这是因为一些二级结构仍然得以保留[97]。实施温和增溶方法的成功与否高度取决于所制备的包涵体，并且需要对每个包涵体进行经验评估[67, 70]。

除了用于变性和增溶的变性剂外，去污剂和氨基酸也得到成功应用。常用的去污剂包括十二烷基硫酸钠（SDS）、N-月桂酰肌氨酸钠和N-十六烷基三甲基氯化铵，但可能仅限于温和增溶的包涵体[41, 101, 121, 122]。精氨酸是一种常见的添加剂，在整个纯化和蛋白质生产过程中用来抑制蛋白质聚集，通常用于制剂配方，但也有研究探索把它用作重折叠或溶解溶液中的低分子量添加剂，以减轻聚集。Tsumoto等人的研究表明，使用Gdn-HCl溶解时，精氨酸有助于增强溶解过程[123]。

为了促进变性，已经发现添加还原剂可以有效地破坏含有半胱氨酸的包涵体蛋白中存在的经常混乱的非天然二硫键。常见的还原剂包括二硫苏糖醇（dithiothreitol，DTT）、谷胱甘肽（glutathione，GSH）、半胱氨酸和β-巯基乙醇（β-mercaptoethanol，BME）[101, 113]。了解蛋白质中的天然二硫键对于确定溶解过程是否需要还原剂可能很重要。在某些情况下，蛋白质可能以还原状态存在于包涵体中，因此不需要添加还原剂[103]。相反，对于具有大量二硫键的高度复杂的蛋白质，可能需要更高浓度的还原剂或更长的反应时间才能完全变性和还原包涵体蛋白质。为了提高产品质量，通常会加入螯合剂（例如EDTA），以防止变性和还原过程中暴露的游离半胱氨酸基团发生空气催化氧化反应[100]。

（二）工艺开发

在溶解工艺开发过程中，可以研究一系列工艺参数和溶液的组合，包括：①变性剂、还原剂或低分子量改性剂的类型；②每种成分的浓度；③反应时间；④溶液pH值；⑤物理参数（即温度和压力）[70]。由于通常需要高浓度的变性剂来实现有效的溶解，选择组分时，原料成本就显得尤为重要。因此，确定最佳操作条件和溶液的组合有助于以较低的溶液和原材料成本实现相似的包涵体增溶效果。此外，经过适当设计的增溶溶液和工艺条件可以最大程度上缩短反应时间，使其更符合生产需求。

由于每种包涵体蛋白产品都有多种变量、溶液添加剂和独特的物理性质，因此可以采用合理的高通量筛选或DOE方法来快速确定最佳溶解条件。理解过程变量的相互作用可以将开发工作集中在最具影响力的条件上。利用分析技术确定包涵体的纯度和结构可以有效地评估变性过程的性能并快速确定所需条件。表5-9列出了一些常见的增溶溶液，包括研究特定蛋白质包涵体性能的参考文献。

表5-9 常用增溶溶液

参数	蛋白	条件	注意事项	参考文献
极端pH	抗真菌重组肽，麦芽糖结合蛋白	pH<2.6和高温（85℃），20%乙酸	可能增加酸裂解或化学修饰	[124]
	胰岛素原、生长激素	pH>12	可能引起不可逆的化学修饰，同时溶解和复性	[68, 125, 126]
			驱动静电排斥，减少聚集	[117]
洗涤剂	人生长激素	1%SDS或1%CTAB，pH 8.5	增加工艺体积，可能对下游层析产生影响	[68]
	RNA聚合酶σ因子	50 mM Tris-HCl、5%甘油、0.1 mM EDTA、0.1 mM DTT、50 mM NaCl、0.4%SarkoysyI，pH 7.9		[127]
离液管	一般	高达8 M尿素、6 M Gdn-HCl	高腐蚀性和苛刻性，较高成本，高效	[103]
还原剂	一般	高达300 mM DTT、100 mM BME、2 mM GSH或0.2 mM GSSG	链间二硫键断裂	[103, 125]
溶剂	重组人生长激素	100 mM Tris、6 M正丙醇、2 M尿素	可常用于保留二级结构，较温和的方法	[128]
	人粒细胞集落刺激因子	40 mM Tris-HCl、0.2%N-月桂酰肌氨酸、pH 8.0		[129]
螯合剂	一般	1~5 mM EDTA	去除能够催化氧化的痕量金属	[121]
氨基酸	GFP	最多2 M的L-精氨酸	不是变性剂，不会破坏蛋白质的稳定性，更温和的方法	[123]

（三）其他溶解方法和工艺组合

通过去除不溶性杂质或未被溶解的包涵体，可以进一步优化溶解过程，因为它们可以充当重折叠过程中的成核点，增加聚集的可能[129, 130]。在溶解之前或溶解过程中成功整合纯化步骤的几个实例表明，由于杂质的减少，复性的收率提高[101]。这些措施包括加入额外的离心步骤以去除不溶性杂质，或加入层析步骤以溶解包涵体蛋白[101]。例如：在复性之前加入杂质去除步骤，重组鸡蛋清溶菌酶工艺的复性收率从15%提高至43%[101, 107]。溶解后是否添加分离或纯化步骤取决于目标蛋白特性、复性产量需求以及蛋白质聚集的趋势。对于高纯度的包涵体蛋白（通常大于90%），在复性之前可能不需要额外的纯化步骤，并且应该评估加入额外的工序操作所带来的工艺成本、复杂性和潜在工艺收率损失等方面的影响[101]。

为了进一步简化包涵体收获过程，在培养罐中将溶解步骤与细胞破碎相结合的方法已得到研究。原位增溶已被证明可用于高pH和中等尿素浓度下回收类胰岛素生长因子[131]，以及低pH和高温条件下回收抗真菌重组肽[124]。将溶解和细胞破碎集成的缺点是失去了分离能力，导致可溶和变性的包涵体更难以与同样可溶的细胞杂质分离。整合两个工序操作后，包涵体生产也失去了优点（包括低蛋白酶敏感性和内在的密度差异）。由于杂质严重影响了后续复性过程[70]，就这点而言尤其具有挑战性。

五、包涵体复性

（一）概述

包涵体一旦变性溶解，就可以开始复性。成功的复性取决于许多因素，但通常是通过在氧化环境中逐步去除变性剂和还原剂，促进天然二硫键的形成来实现的[103]。随着增溶剂的去除，天然构象开始形成，这是由潜在的蛋白质一级结构和复性环境中的热力学导致的，通常会结合使用溶液添加剂或分子伴侣，促进蛋白质重折叠，并促使天然二硫键的形成[103, 113]。根据复性环境和蛋白质的复杂性，复性时间可能为几秒到数天不等，其中二硫键能否正确形成是关键的速率限制步骤[101, 132]。因此，确定最佳复性条件会显著影响该步骤收率和处理时间。

复性过程的另一个问题是蛋白质聚集体的形成。蛋白质复性通常遵循一级动力学，而蛋白质聚集是遵循高级动力学的分子间现象，在高蛋白质浓度下更容易形成[98, 132]。蛋白质复性的主要挑战是选择合适的增溶剂去除速率和蛋白质浓度，以最大限度地减少形成聚集或错误折叠的蛋白质。包涵体蛋白完全溶解和变性后，暴露的疏水残基在复性过程中易于聚集[133]。链间二硫键的形成也可能导致进一步的聚集[121]。由于潜在的免疫原性问题，如果在复性过程中不能缓解聚集问题，则可能需要在纯化过程中去除聚集的蛋白，因而显著降低收率[134]。通过减少聚集体的形成，使溶解和复性过程中的步骤收率最大化，对于确保包涵体生产的经济可行性至关重要[55]。此外，确定既利于规模化生产又具有经济可行性的物理操作条件，例如蛋白浓度和复性溶液组成，对于在规模化生产中成功实现复性工艺至关重要。

（二）控制包涵体复性的关键工艺参数

复性工艺的开发通常聚焦于确定以下操作条件：①减少聚集和错误折叠；②工艺时间可接受；③高产品收率；④易于生产制造；⑤低成本。由于每种蛋白质可能具有独特的重折叠特性，因此可能很难实现工艺开发平台化建设[119]。了解复性操作参数和复性溶液组分对复性的影响，可以为合理选择实验条件奠定基础。

表5-10列出了常见的工艺参数及其对复性的潜在影响，以及有关的参考文献。下面描述了每个工艺参数对复性工艺的影响。

表5-10 复性工艺的典型工艺参数

工艺参数	影响	参考文献
复性液和化学添加剂	促进天然构象，减少聚集，支持蛋白质稳定剂，维持蛋白质溶解性	[70, 130]
氧化还原缓冲系统	支持重组二硫键	[70, 121, 130]
空气氧化	影响二硫键的形成和聚集	[130, 132, 134]
温度	影响复性速率、聚集体形成（较低温度降低聚集体形成）	[130, 135]
pH	影响蛋白质构象、稳定性、溶解度和复性速率（接近pI可增加聚集体形成和沉淀）电荷排斥可以防止聚集	[117, 121, 132]
低频强度	影响溶解度和聚集体形成，盐析作用	[69, 136]
蛋白质浓度	影响可能导致聚集体形成的分子间相互作用（较低浓度降低聚集体形成）	[121, 130]
变性剂去除率	影响复性速率和溶解度	[135, 137-139]
静水压力	有利于聚集体溶解 减少分子间相互作用，否则可能导致聚集 驱动蛋白质形成稳定的构象，从而减少系统体积	[42-46, 140-144]

（三）化学添加剂的使用

重要的是确保溶解的蛋白质处于合适的重折叠环境中，以使重折叠效率和收率最大化。将各种化学添加剂加入复性溶液中，目的是：①保证形成正确的二硫键；②抑制聚集；③保持蛋白质溶解度；④防止不必要的氧化；⑤促进向天然构象的重折叠。尽管一些添加剂可以满足上述一种或多种需求，但通常将多种添加剂组合使用[70]。每种添加剂的精确机制仍在研究中，并且每种添加剂对每种目标蛋白质的作用可能不同。因此，最佳复性溶液的组成通常是凭经验确定的，但是可以基于经验和对重折叠过程的分子理解来合理设计。对常见的复性溶液添加剂及其作用机制进行分类有助于更有效地进行工艺开发设计。

常见的蛋白质稳定剂或增溶剂有助于确保蛋白的溶解性，并减少复性过程中的聚集。为了减少沉淀形成并保持蛋白质溶解性，在复性过程中可以使用低浓度的变性剂或去污剂[55, 113]。在复性工艺开发中，变性剂被去除，蛋白重新折叠，同时需要维持蛋白溶解性，这种平衡尤为关键。高浓度的残留变性剂会影响重折叠的速率，而极低的水平则可能会导致沉淀[130]。为了减少聚集体的形成，添加氨基酸（例如精氨酸）、聚合物（例如PEG）、去污剂（例如SDS）或其他已知的蛋白质稳定剂可以屏蔽暴露的疏水区域，有助于抑制折叠中间体的聚集[101]。了解目标蛋白的疏水区域和每种添加剂的相对成本有助于选择合适的疏水修饰剂。

除了要防止聚集和沉淀的蛋白稳定剂和增溶剂外，确保在复性过程中形成天然二硫键也很重要。添加氧化还原缓冲体系有助于创造有利于二硫键重排的环境。随着二硫键的重排，天然二硫键更有可能形成并稳定蛋白质折叠中间体。已有研究发现添加低分子量硫醇试剂（如谷胱甘肽或半胱氨酸）可以有效促进二硫键的形成[55,101,103,113]，但较高浓度试剂的成本可能很高[70]。另外，平衡还原和氧化物质的摩尔比也很重要。常用浓度有 5 mM 的还原性硫醇试剂，其还原性与氧化性的比例为 5:1 至 10:1[91]。也有研究对金属催化剂进行空气氧化，这是一种简单且廉价的氧化方法，但速度相对缓慢且难以控制[70, 121]。对于含有二硫键的蛋白质，天然二硫键的形成可能限速，但它可能是天然蛋白构象和生物活性的重要组成部分[130]。

最后，已有研究将分子伴侣作为促进天然蛋白质折叠的潜在催化剂。分子伴侣对于大多数体内蛋白质折叠至关重要，而大肠埃希菌中的缺失分子伴侣是蛋白合成过程中可能形成包涵体的原因之一。与所有酶添加剂一样，它成本高，需要下游去除，操作范围可能有限，因而它的应用在经济效益方面面临着挑战并且在规模化生产上不切实际[70, 101, 120]。已投入使用的常见分子伴侣包括天然大肠埃希菌中存在的GroEL或GroES系统，以及用于促进天然二硫键形成的蛋白质二硫键异构酶（protein disulfide isomerase，PDI）[50, 101, 145]。

表5-11列出了一些常见的溶液添加剂、其在复性溶液中的作用以及相关参考文献。表5-12列出了用于特定蛋白的一些复性溶液，包括研究该复性溶液的参考文献。Rathore等对蛋白质复性工艺开发过程中常用的缓冲添加剂和常用浓度进行了更全面的综述[147]。对于所有复性溶液添加剂，尤其要考虑对复性收率、工艺成本、对后续纯化的影响以及在下游进一步去除该添加剂的影响[117]。复性溶液可能不符合上述所有标准，但应进行优化，以解决对于目标蛋白质来说最重要的问题。

表5-11　IB复性中使用的化学添加剂分类

添加剂	目的	示例	参考文献
氧化还原缓冲系统	在存在还原和氧化系统的情况下支持二硫键的形成	谷胱甘肽（GSH/GSSG）、半胱氨酸/半胱氨酸、DTT/GSSG	[55, 70, 91, 103, 113, 130, 132]
金属螯合剂	防止硫醇被氧气氧化，限制再氧化/二硫键交换的动力学	EDTA	[113, 121]
离液剂	低浓度使用时保持蛋白中间体的溶解性和弹性	盐酸胍、尿素	[55, 70, 113, 123, 130, 132]
氨基酸	抑制聚集形成	精氨酸、脯氨酸、甘氨酸	[55, 70, 101, 113, 123, 146]
聚合物	抑制聚集形成	聚乙二醇（PEG）	[113, 123]
洗涤剂	保持折叠中间体的溶解性	SDS、CTAB	[55, 70, 113]
糖类	抑制聚集，支持二级结构形成	蔗糖	[146]
伴侣	促进二硫键形成	蛋白质二硫键异构酶（PDI）	[55, 70, 145]

表 5-12　用于从包涵体中还原特定蛋白质的解决方案

蛋白	复性溶液组成	参考文献
人巨噬细胞集落刺激因子	0.5 M 尿素、50 mM Tris、1.25 mM DTT、2 mM GSH、2 mM GSSG、pH 8（22℃）	[130]
猪生长激素	3.5 M 尿素、10 mM β-巯基乙醇/β-羟乙基二硫化物（pH 9.1）、0.5 mg/ml PGH	[121]
EGFP	20 mM Tris、1 mM EDTA、1 mM GSH、0.1 mM GSSG、pH 8.0、4℃，2 天反应时间	[119]
重组人生长激素	50 mM Tris-HCl、0.5 mM EDTA<2 M 尿素、10% 甘油、5% 蔗糖、1 mM PMSF，pH 8，4~6℃	[100]
t-PA	2.5 M 尿素、10 mM 赖氨酸、0.5 mM GSH、0.3 mM GSSG、15℃，无空气	[113]

（四）蛋白质浓度、溶液 pH、温度和工艺时间

在复性过程中影响蛋白质重折叠的最重要变量之一是蛋白浓度。由于分子间相互作用增加聚集的发生，复性收率通常随着未折叠蛋白质浓度的增加而降低[130, 132, 148]。基于稀释的复性过程中，典型蛋白质浓度在 0.01~1 mg/ml 内[98, 125]。在理想情况下，规模化生产应当在蛋白质浓度最高时进行复性，以最大程度地减少工艺流程。在大规模生产时，工艺流程越少就越易于管理，并且可以减少所需的有效复性溶液的体积。例如，使用柱上复性时，将蛋白质复性浓度增加 10 倍，可以降低操作成本 50% 以上[98]。对复性溶液的组成、pH 和温度进行筛选可极大地影响复性过程的效率，并改善较高浓度下的结果。另外，基于基质的复性操作可以在空间上分离蛋白质，从而大大减少复性溶液的消耗，减少聚集，提高产量，并改善工艺经济效益。

溶液 pH 对复性过程中的蛋白质稳定性和结构有着重大影响。此外，pH 还会影响硫醇二硫键的交换速率，影响二硫键形成[113]。更高 pH 的复性缓冲液可加速二硫键交换，但仍应保持在恰当的 pH 范围内，以确保蛋白质的稳定性和溶解性。温度对蛋白质稳定性和聚集体形成也起关键作用。温度较低可能会降低聚集的趋势，但可能会减缓复性速率，因此并不适用于所有蛋白质。一项研究表明复性过程中温度发生从低到高的变化，导致活性回收率提高[149]。蛋白质在低温条件下开始重新折叠能够形成更稳定的折叠中间体，一旦发生温度变化，就可以减轻聚集。对于复杂的蛋白质，低温操作可能会显著影响工艺时间，因此也影响规模化生产的可行性。

复性速率是影响工艺收率的关键参数，限速步骤是二硫键的形成。优化复性过程以减少处理时间，同时最大化复性产率，对于开发利于规模化生产的工艺至关重要。为此，应考虑平衡变性剂去除速率与蛋白质重折叠速率。在复性过程中快速改变蛋白质环境，并降低变性剂浓度会降低回收率，因为稳定的折叠中间体还没来得及形成就可能发生了聚集[135]。此外，缓冲液交换系统经过适当设计后，其稀释速率应使蛋白质浓度在整个复性过程中保持较低的水平。

（五）复性方法

如何通过去除变性剂而使溶解的蛋白进入复性环境与如何选择复性溶液一样重要。三种常用的方法包括：①用复性溶液直接稀释溶解的蛋白；②使用膜进行透析或洗滤；③柱上复性，溶解的蛋白被吸附到固体基质上或者流穿时在柱上进行复性。每种方法都有其特有的优点、缺点、工艺时间、效率和可放大性。对于每种目标蛋白质，理想的方法可能并不相同，应根据设施配备、工艺知识或复性速率来确定[91]。表 5-13 总结了每种常用缓冲液交换方法的关键属性，并在下文详述。

表5-13　降低变性剂浓度和引入复性液的方法

方法	优势	缺点	参考文献
稀释	●很好理解 ●执行简单 ●可扩展性	●溶液用量 ●解决方案成本高 ●容量大 ●额外浓缩步骤	[93，111，120，123]
透析（扩散）	●轻松 ●实施简单 ●最大限度地减少局部高浓度	●不易扩展 ●慢 ●容量大	[111，123，135，137，138]
透析过滤	●适用于工业生产 ●可扩展性 ●很好理解 ●容易控制	●吸附到膜上的蛋白质损失 ●溶液用量高 ●解决方案成本高	
柱上	●高蛋白质浓度 ●一体化纯化 ●聚集减少 ●可扩展性 ●体积减小	●更具挑战性的发展 ●主要批次 ●受结合能力/柱大小限制 ●与一些增溶方案的相容性问题	[111，117，123，150-157]
高压	●高蛋白质浓度 ●一体化增溶复性 ●行业经验有限	●要求添加剂断裂氢键和二硫键	[140-144，158]

1.稀释　是较容易操作的方法之一，因此是传统蛋白质复性方法中最常见的方法[70,120]。稀释复性的最关键参数是控制蛋白质浓度，以确保在整个缓冲液交换和复性过程中保持低蛋白质浓度[70]。此外，需要扩大适当的混匀条件，包括混匀时间和每单位体积的功率，以确保工业规模生产时的一致性[120]。

最简单的方法是通过添加过量体积的复性溶液稀释，使蛋白质和变性剂的浓度降低至可接受的水平以进行蛋白质复性。直接或"快速稀释"遇到的主要问题是大体积膨胀，在缩放复性过程中应避免这种情况的出现。此外，蛋白质环境的快速变化可能导致快速重折叠并增加聚集或错误折叠[70]。由于体积变化如此之大，在继续纯化工艺之前可能额外需要浓缩步骤，因而增加了工艺步骤，同时也可能导致收率损失[55]。为了解决快速稀释的这些问题并提高收率，已有许多分段稀释的方法被提出。脉冲或滴加复性是通过在规定的时间间隔，将变性蛋白质等份添加到本体复性缓冲液中，或通过缓慢连续添加，分段进行稀释[70]。也有人提出了使用塞流反应器和静态混合器与直接捕获的连续稀释方法[120]。为了避免使用大型稀释罐，已经有研究提出连续搅拌罐反应器系统，用于实现蛋白质的复性稀释[159]。可以使用反向稀释，在变性蛋白质的总体积中连续加入等份的复性缓冲液，并在每次加入之间进行混合和静置[93]。反向稀释的挑战在于增加了聚集风险，因为在蛋白质重新折叠开始时（即一旦变性剂浓度降低到临界溶解水平以下）存在高浓度的蛋白质。最佳稀释方法可能取决于工艺规模、重折叠速率、对聚集的敏感性和设施的适配性，因此应根据经验评估。

2.透析和洗滤　与基于稀释的方法相比，透析或洗滤系统使用半透膜进行由扩散或压力驱动的缓冲液置换。洗滤可以更好地控制变性剂和还原剂的去除速率，并且可以更容易地与现有的基础设施匹配[101]。由于需要大量的复性溶液，缺乏控制以及需要复杂的资本设备，依赖于扩散进行缓冲液交换的透析对于规模化生产而言可能缓慢又繁琐。尽管洗滤工艺易于控制，但可能出现折叠中间体，这可能会增加聚集的倾向。由于过滤膜的非特异性吸附，也可能存在收率损失，因此应仔细筛选不同化学材料和形式的膜[70,135-138]。通常认为使用亲水性膜可减少蛋白质吸附并提高收率[70]。对洗滤工艺进行附加控制可以优化变性剂去除率并控制蛋白浓度。洗滤复性通常可以在更高的蛋白浓度下进行，因此与稀释复性方法相比，会显著降低溶液消耗[101]。

3.柱上复性 几种基于层析的复性方法也被提出替代复性，旨在减弱重折叠中间体之间的分子间相互作用，并提供一种更适用于规模化生产的选择。基于蛋白质和溶解溶液组分的分配系数的差异[125]，采用尺寸排阻色谱法(size exclusion chromatography, SEC)[70, 111, 150, 151, 153]。此外，结合/洗脱模式的层析法也用于变性蛋白吸附，用洗涤步骤去除变性剂，然后使用可接受的复性溶液洗脱目标蛋白。离子交换或疏水作用层析通过提供稳定的蛋白折叠中间体、屏蔽易于聚集的结构域，以及通过纯化去除工艺/产品相关杂质，改善了复性效果[101, 154, 156, 160]。其他方法利用使用带有融合标签的亲和层析，来完成类似的柱上缓冲液置换和复性[155, 161]。甚至有更加个性化的柱上复性方法采用固定相上的折叠催化剂或折叠伴侣，创造一种折叠反应器[117]。例如，固定化折叠酶氧化还原酶可以成功地折叠单链抗体片段[123, 157]。

进行柱上复性的好处包括：①在整个层析柱和微球介质中对蛋白质进行物理分离；②层析柱内的蛋白聚集体可能重新溶解；③在最大蛋白质浓度下重折叠；④实现纯化和复性的整合[43, 94, 98, 151, 160]。柱上重折叠的挑战是：如果蛋白从变性剂中去除得太快，则可能导致蛋白质沉淀，从而导致层析柱污堵且难以清洁。当蛋白吸附到固体表面时，由于蛋白质构象不正确，蛋白重折叠也可能受到抑制[132]。结合/洗脱层析工艺的结合载量限制也会限制工艺生产率，因此需要多个柱循环[70, 125]。为了改善现有的柱上复性的局限性，例如SEC中有限的上样体积，或结合/洗脱模式有限的上样结合能力，建议将模拟移动床技术作为另一种经济实用的选择[125, 152]。Freydell等人的研究更详细地探讨了各种复性和增溶方法的经济影响，例如模拟移动床尺寸排阻色谱法(SMB-SEC)[125]。

确定适合复性和层析柱操作的条件，同时平衡停留时间与蛋白质重折叠动力学，对于优化柱上缓冲液置换和复性过程非常重要。评估为工艺开发的一部分的参数与用于蛋白纯化的标准结合/洗脱模式层析工艺中的参数相似。应检查层析上样量、上样停留时间、淋洗和洗脱步骤、上样pH值和离子强度、淋洗液和洗脱液的组成、pH值、离子强度、柱体积和操作温度等参数。

4.高静水压 已证明，使用高静水压(high hydrostatic pressure, HHP)可以在非变性条件下溶解IB聚集体并使其变性，而无需高浓度的添加剂。中等水平的压力和培养(1~3 kbar)可有效解离蛋白质聚集，而更高的压力(>3 kbar)已被发现可完全变性和溶解蛋白质[140]。施加压力促进了蛋白质向具有较低系统体积的结构转变，对于大多数蛋白质而言，该结构处于解离或变性状态[143]。该方法可有效解离聚集的物种，并可以根据需要进行调控以保留二级或三级结构[158]。为此，温和的增溶溶液就可以满足需要，其浓度明显低于典型大气压下的增溶溶液[143, 158]。一旦释放压力，解离的聚集体就能够重新折叠成天然构象，缓慢减压或在中等压力下孵育能够提高复性收率[144, 158]。

许多出版物聚焦于将高静水压应用于大肠埃希菌IB中产生的多种蛋白复性，包括五聚体霍乱毒素B[140]、T4溶菌酶[141]、GNBP 1~3[142]和P22尾刺蛋白[144]。有研究评价了低水平增溶剂(包括L-精氨酸、Triton X-100、吐温-20、尿素和甘油)以及操作温度对HHP效果的影响[142, 143]。结果发现，即使是低水平的此类添加剂也可将复性产率大幅提高至78%以上，表明压力和复性溶液相组合具有协同作用[142]。添加还原剂能够解离混乱的二硫键并促进二硫键重排，另外在零下温度下操作已被证明可提高某些蛋白质的HHP性能[158]。

(六)分析工具

1.概述 在IB工艺开发过程中，可以利用非常多样化的分析工具。确保有适当的分析工具来监测IB回收率、产品收率、产品质量和产品纯度对于稳健的工艺开发至关重要。通常需要多种正交技术才能透彻理解工艺变化。要确定最有价值的用于评估复性或IB回收的分析技术，这可能有赖于内部专业知识、信心、速度和设备可用性。对某种特定分析技术的应用，应基于内部专业知识、正在开发的工序操作和对产品质量的潜在风险。没有哪一种分析工具可以适用于IB的所有工艺步骤，但下面重点介绍了一些常用的技术。

2. 细胞破碎和蛋白回收 可以使用扫描电子显微镜（scanning electron microscopy，SEM）确定IB形态和大小[75, 143]。SEM可用于评估细胞破碎技术对IB大小或结构的影响，或评估细胞培养条件对IB形成的影响。在评估回收和分离操作时，IB的大小和密度是有参考价值的。直接和间接方法均可用于评估细胞破碎过程中释放的细胞内组分，包括IB[54]。有的方法可以直接测量破碎后的细胞上清液的组分和含量，也有方法可以评估被破坏的细胞碎片的组分和含量[54]。粒径分析或浊度测量也可用于评估破碎程度及评估IB和细胞碎片的粒度分布。了解粒径有助于确定IB与不溶性细胞杂质离心分离的效率，也有助于评价分离时的澄清程度。已有研究证明，浊度测量有助于监测连续流盘式离心或基于过滤的回收工艺[102]。十二烷基硫酸钠-聚丙烯酰胺凝胶电泳（SDS-PAGE）是一种评价回收操作阶段IB纯度的有效技术，尤其是对评估洗涤工艺对于宿主细胞蛋白的去除效果很有效。

3. 复性和溶解 监测蛋白重折叠程度和聚集体形成程度的工具对于快速评估增溶和复性非常有价值。用于快速分析变性或复性程度的部分工具包括：反相高效液相色谱法（reversed phase high performance liquid chromatography，RP-HPLC）、SDS-PAGE、SEC分析、表面等离子共振、浊度测量、酶活性和光散射[56, 143]。利用快速的定性和定量技术使用高通量筛选方法，有助于进行广泛的复性溶液工艺开发。特别是，已经发现使用光散射对于评估复性过程中的颗粒和流体动力学相互作用特别有效[56]。许多研究已经确定光散射可用于预测蛋白质在重折叠过程中的聚集倾向和预测工艺收率[56]。光散射技术的选择可能取决于所分析的粒度，因此可能需要正交方法[162]。快速光散射技术也被用作过程分析工具，可用于检测或甚至控制规模化生产下的复性。

荧光、吸光度或染料结合分析也已被用于确定指示折叠或变性的结构变化。例如，荧光和吸光度测定法已用于评估蛋白质重折叠或IB溶解过程中色氨酸残基的变化[143, 144]。包括1-苯胺基-8-萘磺酸盐（1-anilino-8-naphthalenesulfonate，ANS）、Sypro橙或尼罗红在内的多种染料可能在检测结构变化方面足够灵敏，但可能无法确定正在发生变化的结构类型[146, 162]。圆二色性（circular dichroism，CD）或FTIR已用于评估蛋白质二级结构[143, 162]。对比纯化的蛋白质标准品发现标准，CD和FTIR可以识别整个蛋白质的结构变化。

反相色谱可用于鉴别二硫键是否正确形成[120]。在复性过程中，中间状态的二硫键和正确形成的二硫键都可以分离和监测[163]。除RP-HPLC外，分析分子排阻层析通常用于评估聚集程度，并且可以作为快速检测工具应用于评估复性过程和动力学中。

特定的生物活性测定对于确保蛋白质以正确方式折叠成天然和活性构象至关重要。虽然某些蛋白在IB或中间折叠形式下仍显示出生物活性，但生物活性测定法可能对光谱法或其他正交方法无法检测到的细微构象差异敏感。

Rathore等人概述了可用于评价复性过程的常用分析技术，涵盖了广泛的光谱方法和分析色谱方法[147]。

（七）成本分析

IB制造过程的成本取决于工艺生产力、工艺步骤数和原材料成本。实现每个工艺步骤的收率最大化，和工艺步骤数量的最小化，降低特殊化学添加剂的浓度、降低溶解和复性步骤中使用的溶液体积是降低成本的关键。

在大肠埃希菌中生产重组蛋白可以产出比产率很高的目标蛋白，与其他表达系统相比，目的蛋白占总细胞蛋白的百分比要高得多。但是，蛋白质被锁定在 IB 的形式中，限制了整个过程的生产力，因为溶解和复性过程步骤中的收率低。对于大多数以 IB 形式产生的治疗性重组蛋白，预计其收率仅为表达蛋白的 15%~25%[55]。因此，为了使 IB 工艺更具生产力，必须实现溶解和复性步骤效率和收率的最大化。

有许多尝试建议通过集成工序操作来简化 IB 生产过程并降低成本。Lee 等人提出了通过整合提取和处理方案以及更有效的复性方法来强化工艺[98]。分析发现，复性工艺步骤占了总成本的大部分[98]。这一发现并不令人惊讶，因为蛋白重折叠通常在低浓度下进行，以最大程度地减少聚集体的形成并提高收率，这需要大的稀释体积和特殊的化学添加剂。特别是，与复性相关的原材料成本可以占整个复性过程的约 85%[98]。体积大也需要更大的储罐容量，因此需要更大的成本投入。

Freydell 等人还评估了与各种 IB 溶解和复性操作相关的成本[125]，比较各种溶解方法，包括 pH 诱导溶解或复性与碱性 pH 下的传统离液剂批处理方法和柱上复性方法。他们发现，由于溶解成本低，pH 诱导的溶解和重折叠具备显著的经济效益，但这高度取决于蛋白质的稳定性。另外，他们发现将还原剂从 β-巯基乙醇替换为二硫苏糖醇显著降低了总体溶解工艺成本，这是总 IB 工艺成本的主要构成部分。将 SEC 柱上复性方法应用于模拟移动床，可以改善工艺操作，在规模化生产中更具经济吸引力[125]。评估各种复性方法，例如柱上复性、脉冲稀释或高静水压力，可以提高效率、收率，并减少复性溶液的消耗[158]。对于模型 GM-CSF IB 过程，仅重折叠就占总操作成本的 60%~75%，因此，优化重折叠过程会显著影响 IB 生产的整体过程经济性[98]。

在选择工序操作时，需要考虑引入新设备所需的成本以及溶液或工艺添加剂的消耗成本。例如，用于细胞破碎的高压均质化需要大量的资本投入，而化学细胞破碎可以利用现有的储罐和管道，但是会产生持续的原材料成本。在设计 IB 工艺时，必须整体看待工艺。选择技术方案时需要仔细权衡，始终考虑其位置以及对工艺收率、纯度和工艺复杂性的影响。例如，即使会产生更严重的收率损失或工艺更繁琐，通过洗涤包涵体或柱上复性步骤来以减少杂质可能比将压力转嫁到下游纯化操作更好[74, 98]，因为复性期间工艺杂质的存在可能会对复性步骤收率产生重大影响[129]。

（八）总结

生产 IB 可能是一种通过使用简化的宿主系统（例如大肠埃希菌）实现高体积生产率的高性价比方法。尽管产量很高，但生产可溶的活性蛋白仍具有挑战性，可能抵消潜在的生产力效益。对于 IB 工艺的开发，需要针对每种重组蛋白产品对溶解和蛋白质复性步骤进行优化，因此在工艺开发过程中需要给予最大的关注。因此，平台式 IB 工艺方法可能不适用，而采用快速分析技术、高通量过程开发和 DOE 方法来进行 IB 溶解和重构过程的开发将更为适宜。由于每种蛋白质的独特性质和工艺条件不同，可能需要进行广泛的开发，但可以通过应用更先进的工艺开发方法或基于对蛋白质重叠知识的合理设计来最小化这部分开发工作。

IB 工艺还涉及在工艺和成本上考虑对规模产生影响。使用适当的在线传感器和基于 PAT 的控制来控制工艺，将大大有利于规模化生产的复性过程。另外，过程强化法可以结合常见的 IB 处理步骤（隔离、分离、纯化或重构），从而在规模化生产中简化整个过程，提高产量并降低成本。

尽管存在挑战，但了解 IB 工艺的常用策略可以提高工艺开发速度，并更好地支持规模化生产。先进的分析技术可以确定 IB 的形成、结构化和复性，为进一步提升 IB 工艺的规模化生产适用性铺平道路。大约 30% 的治疗性蛋白质生产自大肠埃希菌，并且 IB 作为纳米治疗剂的受关注度日益增加，因此，很明显，细菌生产 IB 蛋白将仍然是生物技术中的可行选择。

第三节　未来发展

上文提到的最常见的收获技术已经在生物技术行业中发展了很多年。当时，真正颠覆性的收获技术还没有广泛建立。离心机设计（连续排渣离心）技术、深层过滤组合形式、沉淀和絮凝的使用或下一代微滤膜的使用逐步满足了当前的工艺和设施需求，但并未真正变革收获工艺。最近，行业中许多潜在的颠覆性技术受到了关注，其中最值得注意的是声波分离和磁分离。

一、声波分离

声波分离技术被认为是一种前景光明的细胞分离技术，特别适用于一次性生物制药系统，但是目前缺乏稳健的一次性离心技术。该技术采用三维驻波捕获细胞和细胞碎片。声波产生的声波力将粒子捕获在声场的驻波节点内。当颗粒聚集时，它们在重力的作用下从溶液中沉降出来，并可以从设备中泵出[164, 165]。由于这种分离方式温和，细胞不会受到剪切力损伤（像在离心过程中一样），从而减少了细胞内杂质（即HCP、DNA）的释放。另外，由于分离过程不需要像深层或微滤膜那样使用物理障壁，因此没有膜污染。该技术还具有澄清高固体含量料液的能力，高固体含量料液目前为现有的一次性收获技术带来了挑战。此外，已证明声波分离可澄清絮凝物，所以为一次性技术中采用絮凝或沉淀方法减少杂质铺平了道路，这一目标在一次性收获技术中尚未成功实现。已观察到标准化澄清效率大于95%，收率大于85%[166-168]。尽管目前在撰写本文时，只有适合工艺开发的系统在行业内可供商业化使用，但已证明该系统在生产和中试规模仍具有相似的性能，为实现可放大的且有效的澄清工艺奠定基础[168]。

二、磁滤饼过滤[169]

使用表面功能化的磁性基质颗粒直接从细胞培养物中吸附目标产物是一个新的概念，工艺规模的应用仍在开发中[169]。磁性颗粒由附着在聚合物基体颗粒上的"超顺磁性亚铁组分"组成，可以用设计的配体对颗粒进行功能化，以实现对目标产物的最佳吸附[169]。将磁性颗粒与细胞培养液混合吸附目标产物，通过过滤和施加磁场将其与细胞培养物分离。在过滤器上形成滤饼层，洗涤滤饼除去细胞、细胞碎片和杂质，然后使用适当的洗脱溶液洗脱目标产物[170]。功能化的磁珠可以进行清洁和消毒以重复使用。该技术目前主要用于分析DNA、蛋白质的小规模诊断或细胞分选[169]。尽管将磁性基底颗粒用于小规模分析取得了成功，但这一技术在生产规模上的使用仍受到限制。

参考文献

第六章

与工艺挑战相关的其他分离方法概述

James M.Van Alstine*, †, GünterJagschies‡, KarolM.łɔcki§

*JMVA Biotech AB, Stockholm, Sweden, †Royal Institute of Technology, Stockholm, Sweden, ‡GE Healthcare Life Sciences, Freiburg im Breisgau, Germany, §Karol Lacki Consulting AB, Höllviken, Sweden

第一节　如何在一小时内了解其他的分离方法

　　如果您只有一个小时或几个小时来熟悉其他的分离方法（alternative separation methods，ASs），并决定是否要尝试使用某种AS方法来解决某种工艺上的挑战，请继续往下阅读。图6-1有助于您了解感兴趣的单元操作，图6-2和6-3有助于您进一步了解感兴趣的单元操作有哪些"行业关注点"，表6-1~表6-3用于确定与特定工艺挑战相关的性能属性，表6-1有助于您找到观点更深入的相应文献综述。如果您对絮凝、沉淀或结晶以及聚合物双水相萃取感兴趣，请参阅表6-3以及接下来包含与特定方法相关的"SWOT"（优势、劣势、机会和威胁）概要表的两个章节。有关工艺经济建模的概要注释见第三节，其中还包含AS应用于单抗工艺中的更多相关详细信息。其中表6-4比较了经典Protein A层析法、聚合物双水相萃取（aqueous polymer two-phase extraction，ATPE）和一些其他新型分离方法在mAb纯化中表现出的纯化性能。

第二节　其他生物工艺方法概述

一、引言

　　在早期生物化学、生理化学和分子生物学中，开创性人物的成就与生物分离方法（例如结晶或沉淀）的发展息息相关，比如霍佩-赛勒（Felix Hoppe-Seyler）——上述三个领域的奠基人之一、弗朗茨·霍夫迈斯特（Franz Hofmeister）——蛋白溶解度和构象稳定性与流动相条件相关性研究的先驱、埃米尔·阿道夫·冯·贝林（Emil Adolf von Behring）——现代血清和疫苗工艺的先驱、爱德华·布克纳（Eduard Buchner）——无细胞发酵的发现者，以及许多其他关键人物[1]。这些方法进入大规模商业化用途，用于早期生产血清、疫苗、激素（如胰岛素）和其他治疗性蛋白（包括白蛋白和免疫球蛋白）的速度之快令人感到震惊。世界各地每天利用这些经典分离方法进行分离和纯化的生物药物、血浆蛋白、规模化酶和其他生物制品达到吨级[1-4]，并实现了降本增效。从事生物分离的工程师和科学家通常将这些方法称为"其他"分离方法，用来区分生物工艺中更常用的层析法、过滤法和离心法。

　　本章简要介绍和概述了其他分离（AS）方法，包括很多方法（表6-1），并且可以应用于从发酵培养到制剂的生物工艺链条各个环节（图6-1）。本章不涉及对宿主细胞或靶向物质的重组修饰，以优化某一单元操

101

作或过程的效果，或增强污染物去除效果。如需相关信息，可以参考本书的其他章节和公开文献。除了结晶以外，大多数非传统的分离方法（例如沉淀或ATPE）都可以使用多种可溶或不可溶的特定配基通过亲和、离子交换、疏水和混合相互作用模式进行操作。尽管如此，非传统的分离方法涉及的内容也很广泛，作者认为这将有助于读者充分考虑是否可以通过添加非传统的单元操作来优化新工艺或现有工艺。尽管行业参考文献提出了适用于各种靶向物质和物料的非传统方法。然而，许多现有文献均与抗体纯化有关，所述案例和参考文献中均有一定程度的体现。

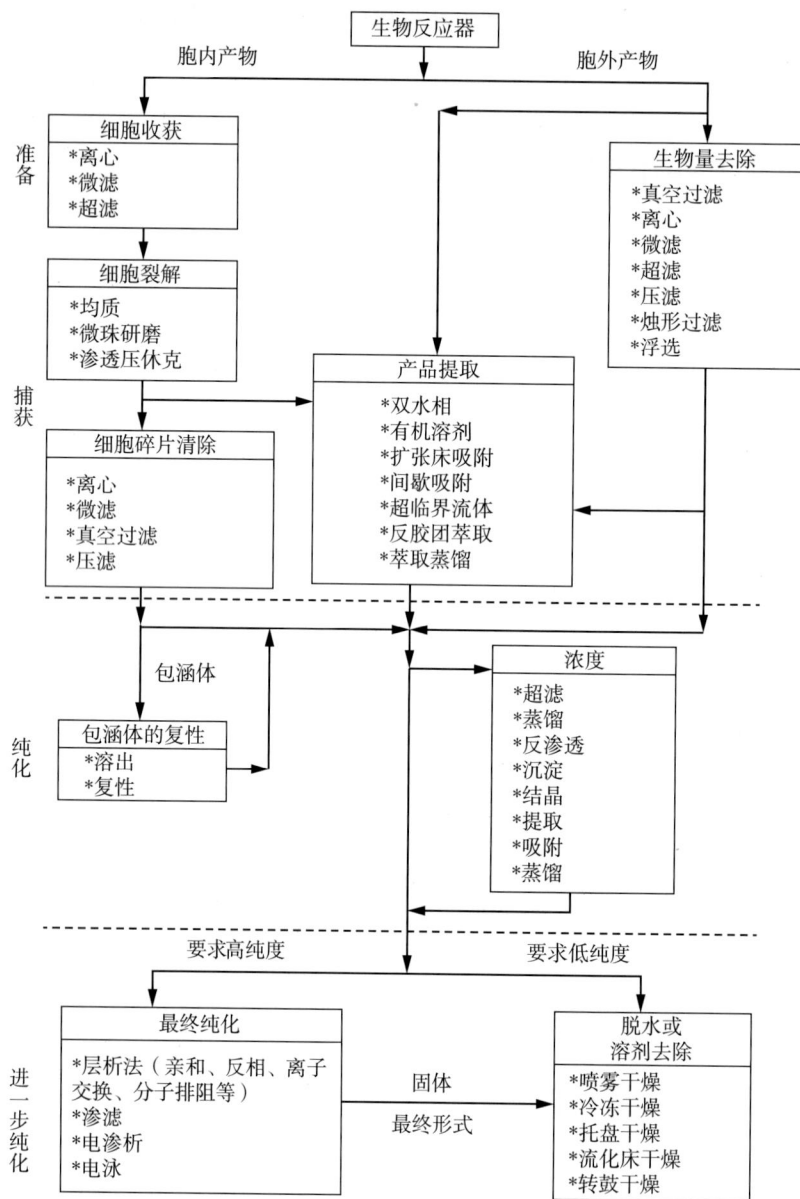

图6-1　生物技术下游工艺的纯化方法

J.Strube，F.Grote，R.Ditz重绘，《未来的生物工艺设计和生产技术》，载于：G.Subramanian，《生物制药生产技术》第20章，第1卷。2，Wiley-VCH，Weinheim，德国，2012年，第659-705页。经许可使用

表6-1　综述中提及的可选相关分离方法

方法学/综述文献编号	[5]	[6]	[4]	[7]	[8]	[9]	[10,11]
色谱法，包括新形式色谱	X	X	X	X	X	X	X
扩张床或Monolith色谱	X		X	X	X		X
置换色谱					X	X	X
膜法，包括膜色谱法	X	X	X	X	X	X	X
电泳和相关方法	X					X	X
磁辅助分离			X		X		X
结晶	X	X	X	X			X
沉淀/絮凝	X	X		X			X
双水相萃取（ATPE）	X		X	X	X	X	X
三相分配（TPP）	X						X

二、现代生物工艺的普遍挑战

大约200种重组生物药物已被批准用于治疗或诊断。目前有数百种药物处于后期临床试验[12]。其中大多数是蛋白质，但有些是核酸、细胞或修饰的靶标，例如抗体偶联物、脂质体或聚合物修饰的蛋白质[12, 13]。大约一半的蛋白质生物药物是单克隆抗体（mAb）或相关分子如抗体片段（antibody fragments，Fabs）[13]。在某些情况下，这些蛋白质被改造为生物特异性单克隆抗体或细胞毒素药物（即抗体偶联药物或ADCs）的靶向分子。非单克隆抗体治疗性蛋白质以及其他生物药物（例如疫苗）也呈现出类似趋势，开创了新的竞争时代，关注生产成本，同样也关注生物工艺成本，下游工艺往往占成本的一半以上[9, 14]。正如本书的其他章节所言，行业内的响应表现为优化工艺，以及尝试提高整体生产率[15]。一段时间以来，业界一直在研究优化工艺的方法，在某些情况下，可以减少或合并单元操作（有关mAb示例请参见参考文献[14, 16]）。供应商也纷纷效仿，比如提供寿命更长、动态结合载量提高一倍的现代层析填料。灵活的工艺、一次性技术和连续处理都在当前的生物工艺演变中起着关键作用。由于需要处理更大批量，单元操作也从捕获靶向物质转变为捕获杂质从而让靶向物质流穿。对效率的追求要求改进和整合工艺中的培养步骤和暂存步骤，要求用新方法来澄清高密度培养液，以减少传统的离心和过滤步骤。如下文所述，改进的生物分离操作应易于建模、易于放大、稳健、易于调整，能处理高细胞密度和靶向浓度，并易于应用到前面提到的偶联产品及工艺。现在规模化生产中使用的许多"经典"分离方法和新兴的"非经典"分离方法都符合此类标准。

三、经典和其他分离方法的一般综述

与层析和过滤一样，由于新的分离目标与新的化学和其他技术相匹配，其他的分离方法持续发展和演化。在过去的十年中，多篇综述提供了对生物处理中未来可能使用的其他分离方法的见解。通篇概览这些综述有助于了解其他分离方法及其在生物工艺中的新兴地位。

2004年，Przybycien、Pujar和Steele发表了一篇具有里程碑意义的论文，讨论了关于填充床层析法的非传统分离方法[5]，包括结晶、沉淀、双水相萃取（ATPE）和三相分离法（three-phase partitioning，TPP），以及膜层析法、高效切向流过滤和整体柱分离。他们指出，一项新技术的规模化生产利用程度通常与其分离度相关，而这是层析法的关键属性。他们还指出，新技术的利用程度还与其易用性相关，如果易用性好，新技术则可能被整合入现有工艺，也许还可以代替两个或多个步骤。他们指出，ATPE可用于澄清和粗纯复杂的培养液，可以将成相组分直接添加至培养液中。Przybycien等人指出了将亲和相互作用纳入"非传统"分离的优势，以及改进的建模、高通量评估以及增强的聚合物和配基将带来的积极收益。

Thommes和Eitzl[6]与van Reis等人观点一致[6]，生物技术行业已安装大量离心、层析和膜过滤设备以及相关的储罐和其他设备，为其他技术的应用提供了优势，可以拓展这些资本投入的用途，而不需要大量新资本投入。此类技术包括结晶、沉淀和聚合物水相萃取。Thommes和Eitzl还讨论了膜层析、带电超滤膜和压力诱导的蛋白复性，以及絮凝和结晶。

2007年，Low、O'Leary和Pujar描述了抗体纯化的趋势，表达了对非传统分离方法的兴趣[4]。他们的评论在一定程度上是对本章的补充，因为介绍了经典的澄清方法、亲和层析法，包括合成配基和重组标签、非亲和目的捕获法和径向流层析柱、模拟移动床（simulated moving bed，SMB）多柱层析法，以及其他工艺的优化方法。他们指出，层析的机械复杂性随着规模增大呈非线性增长。关于非传统亲和分离，他们讨论了如何将各种亲和配基偶联至聚合物，目标是通过亲和力相互作用改变目标理化性质（例如溶解度）来实现分离。他们还指出，虽然ATPE经过了充分的研究，但在生物工艺中并不常用。

如果在生物工艺中应用ATPE，面临的挑战包括降低相系统的复杂性和对不同工艺物料差异的敏感性，过去几年已经解决了这些挑战[17]。高梯度磁分离技术、模拟移动床（SMB）和扩张床技术已成功用于其他行业，但在生物工艺中的普及速度很慢。Low等人[4]指出灭活或者截留病毒的清除工艺需要改进，同时也指出物料差异性给病毒清除带来挑战。关于后者，他们指出，不同靶向蛋白的下游工艺主要在回收操作方面有所不同。因此，一些非传统分离方法（例如沉淀）可能适用于不同物料变化。以此类推，需要开发能够处理各种不同物料的更稳健的分离方法，在这方面，如下节所述，诸如ATPE或扩张床吸附（expanded bed adsorption，EBA）之类的非传统方法可能会更有优势。

Gottschalk[7]指出，"仿制工艺需要模拟已建立规模化生产工艺的分子，工艺流程需要在几周而非几年内搭建完成。"Cramer和Holstein[8]讨论了上游工艺的改进如何增加对下游单元操作的要求，且在过程分析技术和质量源于设计的监管导向下，连续工艺等较新的工艺策略更具优势。他们还提到了层析工艺上的进展，包括：填料、配基（包括亲和、标记亲和、多模式配基）、操作模式（包括置换层析法）、形式（包括整体柱和扩张床）、流动相改性剂（例如尿素、精氨酸和乙二醇）。他们同时概述了较低载量的形式（例如配基修饰的整体柱和膜法）在分离病毒或DNA目标物（或杂质）方面的应用，以及膜材料在减少非特异性吸附方面的进展。"连续工艺的优点包括在提高纯度和生产率的同时降低缓冲液用量，缺点有复杂性和稳健性"（见第21章和第28章）。他们认为，ATPE系统有望在效率、成本和工艺时间以及提高mAb产品产量和降低宿主细胞蛋白方面，为大规模生物分离提供优势。他们还指出了在连续模式下对ATPE过程进行建模和规模化放大的可能性[18]。同时提到了絮凝和沉淀方法减少杂质从而简化下游工艺中的后续步骤，以及聚合物絮凝剂减少细胞碎片的能力。Lewus等人简要回顾了响应性聚合物（蛋白和合成变体）在层析以及絮凝和沉淀方面的用途，靶向物沉淀和结晶都被认为是有前景的，需要充分理解靶向物相的特点[19]。

表6-1列出了涵盖许多技术的一般综述。数篇非传统分离方法综述侧重于单一技术。例如，Judy Glynn在Uwe Gottschalk的《抗体工艺》书中关于"规模化工艺中的杂质沉淀"的章节[20]。初步回收的进展：Merck和Amgen的Roush和Lu分别于2008年对离心和膜技术进行了综述[21]，在过去的一年中，Bristol-Myers Squibb的Singh等总结了单克隆抗体生产中的最新澄清技术[22]。Soares、Azevado、Van Alstine和Aires-Barros对规模化应用的各种水相萃取技术的优缺点进行了综述[17]。Hekmat最近发表了一篇关于蛋白纯化和配制

的大规模结晶的综述[1]。2012年Strube、Grote和Ditz在《生物制药生产技术》第2卷中发表了由Ganapathy Subramanian编辑[14]的有关未来生物工艺设计和生产技术的章节。Calleri等人综述了新整体柱框架[23]。Ghanem等人提出了当前包括使用EBA和ATPE[24]纯化质粒DNA疫苗的趋势。以下章节中展示了这些综述部分要点。文献内容很多，在这里不可能一一叙述。在此鼓励读者查阅本章所述的文章。

第三节　非传统分离方法的对比

一、非传统分离方法的初步比较

前面的综述涵盖了大范围的单元操作（表6-1），包括联用技术，例如磁增强两相萃取或使用密集电荷粒子进行澄清。那么，个人或者公司如何对非传统的分离方法进行初步评估，以定义可能感兴趣的非传统分离方法呢？可以基于对各种生物工艺单元操作的经验和兴趣，聚焦于各种不同的生物工艺单元，让大量的生物工艺科学家和工程师根据他们的经验和兴趣进行投票，并根据他们的反馈进行排名。幸运的是，Tran等人完成了这项工作[10, 11]。人们还可以制定一份通用性能标准清单，体现通常值得考虑的非传统方法（非层析或过滤法）。下文为此类分析的示例。

在开发"非传统生物分离技术的比较评估方法"时，Tran、Zhou、Lacki和Titchener-Hooker[10]提出了在评估生物分离单元操作需考虑的重要属性（其中一些取自文献[5]），以及个人或公司如何构建对此类技术的评估。他们使用的方法基于多属性决策分析法，利用定性和定量信息（表6-2）来确定该属性在大规模生物工艺技术中的"行业吸引力"，即在20,000 L哺乳动物细胞培养中表达量为5 g/L的mAb产品的捕获。行业吸引力代表了规模化生产中的分离科学家和工程师对弱点与优势之间的评估与平衡（图6-2）。权重和评分根据为每个属性提供的数值组进行规范。此外，作者还将基于Protein A的亲和层析和非特异性柱层析的方法作为参考技术。其原论文[10]和后续出版物[11]中对该方法进行了完整描述。

Tran等人选择单抗以及Protein A层析作为参考，因为它是迄今为止规模化抗体生产的主流技术。因此得分最高（80/100），而其他形式的层析法排名第二（约70/100）（图6-3）。有趣的是，有些技术例如ATPE、结晶和高效切向流过滤（tangential flow filtration，TFF）的平均吸引力评分为60~65，而所有其他技术（包括亲和沉淀和过滤），以及整体柱和扩张床层析，均达到了50~60分。即使允许对新技术感兴趣人的过度响应，然而总体结果似乎表明，业界愿意考虑非传统的单元操作。

如果比较每种技术每个属性组的平均得分标准差[10]，则大多得分是平均值的±5%，因此似乎投票者之间有很强的共识。一般来说，大多数技术在工艺经济性方面都取得了不错的成绩，14种技术中有10种的评分高于75。比较七个最具行业吸引力的工序操作的平均属性值，发现只有亲和层析和结晶具有相当好的性能（图6-3）；非特异性填充床层析的性能仅略高于ATPE。结晶的性能因工艺开发和操作中的困难以及结晶工艺的时长而抵消。可规模放大的容易程度（评分25/100）被视为整体柱层析法的主要问题。

Tran等人指出，他们2008年的研究结果[10]偏向于mAb的工艺挑战研究，而工艺目的不同时（例如质粒DNA工艺）其所预估的工艺结果也不同。在过去的八年中，高通量筛选和工艺开发、工艺建模程序、利用表面修饰的配基捕获目标物质的分子基础、膜层析的进展，以及包括相对大规模的层析柱一次性产品的出现，都将对研究结果产生一些影响。更新的研究[11]表明，图6-2和图6-3的结果仍然有效。

在图6-2的研究中，涵盖的技术方法包括[5]：剪切受控亲和过滤法（CSAF）、亲和整体层析法（Mono）、大型亲和配基三相分离技术（MLFTPP）、三相分离法（TPP）、亲和扩张床吸收层析（EBA）、亲和膜层析（MC）、磁性吸附颗粒（MAP）、亲和过滤法（Aff. Filt.）、次级亲和沉淀（SEAP）、大量蛋白结晶（Cryst）、高效切向流过滤（HPTFF）、双水相萃取（ATPE）、非特异性填充床层析（Packed-Bed）和亲和层析（Affinity Chrom.）。

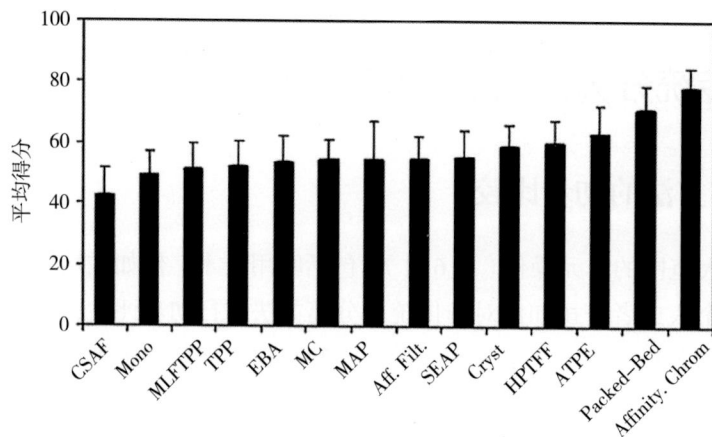

图6-2　直方图体现了不同生物分离技术的平均"行业吸引力"，误差线表示在相关的蒙特卡洛模拟过程中每种技术的最大和最小值

改编自 R.Tran，Y.Zhou，K.M.。新泽西州拉基 Titchener-Hooker，一种用于比较评价替代生物分离技术的方法，生物技术进展，200824，1007–1025。https://doi.org/10.1021/bp.20

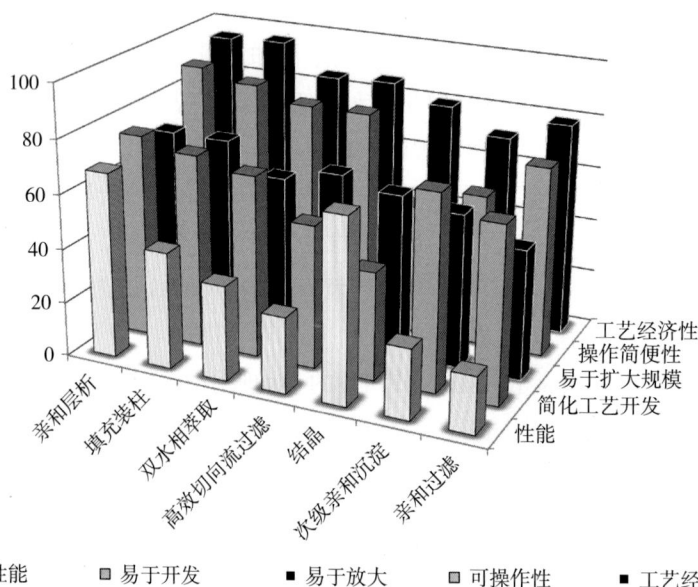

□ 性能　　▨ 易于开发　　■ 易于放大　　▨ 可操作性　　■ 工艺经济性

图6-3　柱状图体现了图6-1中七个最具行业吸引力的分离方法的相关属性值

取自 R.Tran，Y.Zhou，K.M.。新泽西州拉基 Titchener-Hooker，一种用于比较评价非传统生物分离技术的方法，生物技术进展，200824，1007–1025。https://doi.org/10.1021/bp.20

表6-3概述了作者对各种非传统分离技术的个人评价。几年来，这些评价受到同事客户的非正式讨论的影响。目的是提供一个简单的性能属性清单，以初步评估非传统分离技术（例如结晶、沉淀/絮凝和ATPE）的一般前景。该列表可用来了解如何改进不同的技术，或不同技术的正交优缺点，从而在工艺中组合使用不同技术。关于ATPE，可以分为经典的双聚合物（例如葡聚糖和聚乙二醇聚合物）系统、富含聚合物和富含盐的体系组成系统，以及低盐溶液响应性聚合物形成的系统。有趣的是，不同评论者注意到的特点属性

都非常相似。例如，结晶和沉淀是有效的方法，但如果物料比较难以澄清或者预处理（比如稀释），那结晶和沉淀就会遇到挑战。层析可以与沉淀或 ATPE 等方法互补，后两者也互为补充。ATPE 的澄清能力使其可用于上游沉淀或层析。后面章节中将对这些要点进行更多讨论。但是，人们在这种简单分析中认识到，可能不应将非传统分离方法视为彼此竞争，与过滤和层析等方法之间也不存在竞争，而是互补。这一观点只是在重组制品生物工艺中属于新观点。几十年来，血液制品的规模化分离中已经将单一理论塔板的沉淀方法与后续工艺中高选择性的层析方法相结合，而沉淀法可以处理非常大的体积和复杂的物料[2, 3]。Strube 等人建议将 ABC "除层析外的任何方法（anything but chromatography）"改为 AAC "任何方法以及层析（anything and chromatography）"[14]。本章作者对此表示赞同。

表 6-2 中的综述讨论了诸如一次性技术和过程分析技术的趋势，对主流技术比如过滤和层析提出新的要求，因此非传统分离技术更具吸引力。下游操作通常根据产品的数量进行放大，因此提高生产力的一个有效方法是将工艺从基于靶向物的规模例如捕获层析改变为其他方法。当靶向物是主要进料成分时，可以考虑通过层析法和使用混合模式或其他能够截留各种污染物的填料或膜来进行分离。液-固（L-S）和液-液（L-L）相分离方法也很受关注，因为除了物理操作上更简单，这类方法更易于适应高滴度物料、各种进料和不同进料体积外，它们还可能影响靶向物的浓缩和纯化（表 6-3）。适用于溶液中的过程分析技术（process analytical technologies，PAT），可通过高通量筛选优化工艺，适用于规模化间歇或连续工艺的实时应用。

表 6-2　生物分离技术的预期属性[a]

属性分类	属性相关定量和定性属性
1. 性能	收率、纯化因子、容量、通量、浓缩能力、分辨能力[b]
2. 易于扩大规模	大规模操作的先例，规模相关参数，已建立的规模放大标准，现有的大规模设备[b]
3. 操作简便性	易于控制[b]，处理和劳动要求，操作耐用性[b]，有机溶剂或有毒试剂的使用[b]
4. 工艺经济性	原材料费、耗材费、人工费、公用设施费、设备成本、固定资本投资
5. 易于工艺开发	缩小规模模型的有效性[b]，性能参数有效性，易于验证，通用工艺参数的可用性，简单化质量控制，集成平台技术[b]

[a] 摘自 Tran 等人[10]。属性组和属性按重要性排列大致顺序[10, 11]。
[b] 定性评价者定义的属性。

表 6-3　层析、结晶、沉淀和三种水相聚合物双水相萃取的重要属性[a]

关注的属性	水性 L-S 系统			水性聚合物 L-L 系统		
	色谱法（各种形式）	结晶	沉淀或絮凝	聚合物-聚合物	单聚合物和高盐	单次（Tc）聚合物
技术简单		+		+	+	+
与后续操作集成简单	+	P	+/-	+	+	+
快速（m³/h）处理	+/-	-	+/-	-	+	+
是否可以处理 >10 m³，>20% 固含量，>10 g/L 目标）水/油稀释	P	P	+	+/-	-	+
经济可行性	+	+	+	+/-	+/-	+
无需离心即可澄清	-	NA	P	+	+	+
廉价无毒的试剂	-	P	+/-	+/-	+/-	+
去除分离化学品，无需在工艺中增加额外的工序操作	+	+	P	-	-	+

续表

关注的属性	水性L-S系统			水性聚合物L-L系统		
	色谱法（各种形式）	结晶	沉淀或絮凝	聚合物-聚合物	单聚合物和高盐	单次（Tc）聚合物
允许装载非调节性料液	+/-	P	+	+	+	+
易于使用一次性设备	+/-	+	+	+	+	+

ª三种基本类型的ATPE-两种聚合物ATPE、聚合物-高盐ATPE、中性响应聚合物ATPE。输入图例:+=是，–=否，P=可能，NA=不适用。*Tc*=温度响应。基于数年内不同科学家和工程师的非正式意见进行的评价（另见参考文献[25]）。

除另有说明，料液是指澄清后的料液。在注明的情况下，可以指未澄清的料液。BSA，牛血清白蛋白；CHO，中国仓鼠卵巢细胞；CCF，澄清的细胞培养液；ELP，类弹性蛋白；EOPO，环氧乙烷环氧丙烷共聚物；HCP，宿主细胞蛋白；NaPAA，聚丙烯酸钠；PEG，聚乙二醇；PVS，聚乙烯磺酸；Z，Protein A相关的重组亲和培基。

第四节　非传统分离方法

一、分离因子和分配 *K* 值

在接下来的两章中探索具有代表性的重要非传统分离方法之前，需要指明，在最简单的形式下，AS可以说是在溶液中达到平衡的大规模分离方法，适用于广泛范围的目标浓度。达到平衡所需的工艺时间可能取决于规模，但即使对大体积（>100 L）而言，絮凝/沉淀或ATPE在几小时内也可以达到平衡，但结晶可能需要数天。所有这些方法都可以用分配系数 *K* 来表征，该分配系数 *K* 描述靶向物在两个溶液相（ATPE）或一个溶液相与相之间的分布。理想情况下，*K* 与相浓度和体积无关，但是这种理想状态只能在无干扰的二级效应（例如变性、聚集、容器壁吸附）的稀释液中。胶体大分子组装体（例如细胞、细胞碎片、细菌和病毒）的界面吸引力在很大程度上取决于界面张力。因此，细胞或甚至晶体在两种液相之间的分布通常也必须考虑到对第三个（界面）"相"的分布。在某些情况下，*K* 值表示靶向物在一个相与另一个相之间的分布比率。通常，可溶性靶向物（如蛋白质）将根据某些规则分布在液相之间，*K* 值预计会随着影响分配的因素呈指数变化[26-28]。

对于细胞、细胞碎片和细菌这样的微粒，影响因素包括界面张力、粒子表面特征和相组成属性，这些因素都会影响粒子界面自由能。后者可以包括与聚合物修饰的亲和配基、电荷基团或疏水基团的相互作用。对于蛋白，类似的相系统和靶向物特性会影响分配，包括系统中盐的组成以及蛋白"表面特征"（例如电荷和疏水性）。加入盐或改变温度会改变系统的几种物理性质，从而影响目标 *K* 值。但是，一般而言，log *K* 与界面张力、聚合物修饰的亲和配基的浓度或影响分离的其他主要因素直接相关（可预测）。已经有很多文献对此进行研究[26, 28]。在某种程度上，类似的考虑也适用于其他非传统方法，如结晶、胶体絮凝和蛋白沉淀，下面两章将给出示例。关于沉淀法，我们预计 log *K*（即沉淀中蛋白与上清中蛋白之比）与Cohn方程[29]的溶解度成反比，该方程类似于早期的Setschenow溶解度方程[30]。

从前面可以推断出三个关键点。第一，将基于AS的数据表示为纯度百分比或回收率，虽然实际上有用，但可能会阻碍观察结果的影响因素之间的相互作用。第二，关键变量的微小变化可能导致 *K* 值发生重大变化。第三，虽然单步非传统分离可能会获得令人印象深刻的结果（例如，在 *K*=9 的情况下，单步回收率为90%），也可能需要一个或多个相同的操作才能获得更好的结果。最后一点表明，将基于AS的单元操作置于层析等方法的上游是明智的。

上面提到的要点也适用于聚合物修饰的亲和配基的非传统分离。尽管本章未涵盖此类方法，作者指出，20世纪70年代的早期研究[31, 32]揭示了将不同聚合物物理性质与蛋白和其他亲和配基的特异性共价交联的前景。随后，一些研究小组表明，使用反应性聚合物偶联的亲和配基特别有吸引力[33-35]。最近，亲和配基（包括Protein A）与反应性弹性蛋白聚合物[8, 36, 37]的偶联也颇具前景。此领域令人激动，但由于篇幅所限，并未提及许多重要论文和研究团队，建议读者深入探讨。

二、标准方法和 AS 方法的工艺及标准材料建模

以下是关于AS单元操作的工艺开发的一般评论和参考，并将这些操作与行业标准方法进行比较。接下来的两章举例探讨了成本分析。作者指出，产品的成本分析非常具体化，并受监管、企业文化、现有设施、设施使用和其他因素的影响。因此，一般文献只能就需要考虑的问题提供粗浅的指导。

在2010年对单克隆抗体生产工艺开发的回顾中，Liu等人[38]列出了用于mAb纯化工艺的16个单元操作的功能、操作模式和局限性。在某种程度上，它们中的每一个都可以用不同的分离操作（例如结晶、分配或沉淀）代替，但是需要做很多工作来验证这样做是否具有成本效益。Low等人[4]指出，"普遍目标是通过增加细胞培养物滴度和下游产量来最大化现有设施的生产率"，并建议理想的工艺从具有高选择性的浓缩步骤开始（与沉淀或结晶的属性相似），期望该步骤不容易受到生物量影响。理想情况下，后续步骤最好采用靶向物流穿的方式（常见于血制品行业）以去除残留杂质。Kelley提出了大规模处理mAb的愿景，把澄清和选择性靶向物浓缩步骤引入主流方法，例如离心、过滤和亲和层析[15, 16]。目前，没有单个的、具有成本效益的非传统分离步骤可以实现不易受到生物量影响的高选择性浓缩步骤，但是如本文所述（表6-3），ATPE处理后结合沉淀法或者亲和层析可能与我们想要的目标接近。虽然AS操作可能需要使用一个或多个层析柱或膜层析步骤，却可以通过减少下游杂质吸附和减少过滤步骤来"收回成本"。这种潜在的显著协同作用很难鉴别，未来使用先进工艺表征方法可能有助于解决这一挑战[39]。

2012年，Strube、Grote和Ditz[14]讨论了与基于传统和非传统分离方法相关的材料成本（cost-of-goods，CoG）问题，其中涉及到以实现年产量500 kg和10 kg为纯化目标的批次和连续工艺的对比。显然利用计算机对AS操作进行建模和开发的能力会影响此类过程CoG分析的准确性。Diederich、Hoffmann和Hubbuch讨论了采用非传统方法进行纯化的高通量工艺的开发[40]，并指出层析柱操作的高通量工艺开发通常受到检测时间的限制，而许多基于溶液的AS方法则适用于快速溶液光谱分析[40]。沉淀法和ATPE等方法用于连续处理[41, 42]，也易于建模和放大[18]。Benavides和Rito-Palomares针对建立"最佳"ATPE操作参数所需的大量实验工作，提出了通用规则，以促进建立基于广泛目标的实际实验的各类工艺[43]。最近，有两篇关于AS和标准蛋白纯化工艺对比成本分析的文章陆续面世（包括Hammerschmidt等人的论文，题为"不同规模的重组抗体生产工艺的经济性：行业标准工艺与连续沉淀工艺"[44]和Rosa等人的论文，题为："生物制造行业的平台工艺双水相萃取：经济和环境可持续性"[45]），重点对比了单抗工艺中采用AS和采用标准Protein A层析。

三、mAb 工艺的相关比较

文献中有许多涉及不同靶向物的分离研究[43]。与mAb下游工艺相关的AS研究提供了探索不同技术优点的最完整数据。表6-4给出了Protein A亲和层析、一些新型混合模式和亲和层析以及一些其他方法（例如各种形式的ATPE和沉淀）的mAb纯化性能比较。一些科学家提出，如果能够找到合适的条件，结晶[1]、ATPE[45]或沉淀法[50]的纯化效果与基于Protein A的亲和层析类似。表6-4表明，许多方法都能够实现良好的纯度

和收率，而其他性能因素（例如物料中抗体的浓度）是重要的判断因素。类似的性能考虑也适用于其他靶向物、物料和纯化目标。对AS方法感兴趣的人必须熟悉技术及其工艺目标和驱动因素。任何与柱层析和过滤的比较都必须考虑这些技术的优势，包括在知识积累方面的优势，大量现有产品已证明其适用于大规模生物工艺的优势，以及其近期工艺改进潜力方面的优势。现代Protein A填料的动态结合载量是第一代填料的四倍，层析柱寿命至少是第一代填料的两倍。在可预见的未来，亲和填料将为mAb提供离子交换色谱级的载量（80~100 g/L），并与离子交换层析一样在使用NaOH之类的清洁剂时同样稳定。层析法还有很长的路要走。同样，新型滤器设计和材料的混合使用（在本书的其他地方讨论）表明过滤性能将继续改善。随着细胞培养滴度更高、竞争加剧和小剂量策略，大部分生物药物的生产需求保持中到小规模，制造商意识到了缩小其工艺规模的必要性。这消除了下游技术在传统细胞培养规模上的"大规模生产负担"，减少了AS技术取代当前下游工艺核心工艺点的关键论据。

表6-4　不同mAb纯化方法性能比较

纯化方法	纯度（%）[a]	收率（%）	进料	目标值（g/L）	参考文献
蛋白A层析	>98单克隆抗体	>95	CHO CCF	>5	[16,46-48]
结晶	90单克隆抗体	31	CHO CCF	2~26	[1,28]
亲和沉淀					
三价半抗原	>95单克隆抗体	>85	CHO CCF和腹水	2.3	[49]
ELP-Pr A配基	99 mAb（4步）	99	澄清		[37]
带电聚合物沉淀					
聚阴离子PVS	−60 CHOP −99 DNA	88	CHO CCF	3	[50]
聚阴离子NaPAA[b]	−95 HCP −95 DNA	>90	CHO，ATP澄清	1	[25,51]
聚阳离子	与AEX相当	90−100	CHO CCF	1~2	[46]
絮凝DNA w/CaCl₂ 目标PPTN。冷乙醇	−80 HCP −99 DNA	总体>90	CHO CCF		[42]
1聚合物ATPE					
EOPO聚合物		95	未澄清CHO	>25	[52]
聚合物−盐ATPE					
PEG和柠檬酸盐	96	99	CCF杂交瘤	1	[53]
PEG和磷酸盐	−50 HCP	100	CCF	0.75	[39,54−56]
两种聚合物ATPE					
亲和ATPE PEG和葡聚糖	93	>95	CCF	0.5~1	[33,57]
PEG和NaPAA		80~99步	mAb或IVIgG	5	[58]
新型色谱					
混合模式充电感应	>98单克隆抗体	89	IgG检测混合物	1	[59]
六肽配基	>95单克隆抗体	30	CCF	10	[60]
DAAG	>93单克隆抗体	>85	CCF	48	[61]
苯硼酸	85单克隆抗体	80	CHO CCF	3	[62]
磁性微粒分离					

续表

纯化方法	纯度（%）ᵃ	收率（%）	进料	目标值（g/L）	参考文献
蛋白A包被	~97 HCP和DNA	80	CHO CCF	3	[63]
硼酸盐涂层	~90 HCP和DNA	86	CHO CCF	3	[63]

ᵃ部分来自参考文献[17]。除另有说明，%纯度是指靶向蛋白纯度。一些（~90%HCP）的条目是指杂质去除百分比。
ᵇ 50 kDa抗体片段的结果相似。

非传统方法有望实现更好的选择性、放大性能、提高载量和增强性能，以及灵活易用和便于分析，易于进行高通量筛选[54-56]。例如通过新的反应性多肽和聚合物[8, 64]。我们认为，非传统分离方法是对层析和过滤等方法的补充。比如，在层析工艺出现之前，规模化血浆分离中广泛使用了沉淀法[65]。另一个例子是如何将结晶用作下游纯化步骤，这可能会在储存甚至转移方面提供一些优势[1, 66]。第三种方法是使用絮凝或分配来帮助澄清。后者具有三个优点[38]：首先是减少了细胞碎片，这些碎片原来必须通过下游过滤清除，从而使过滤更具成本效益（例如更小的占地面积）[21, 22, 67]；其次是清除其他带负电荷的污染物，包括许多HCPs、核酸、内毒素和病毒[11, 21]；最后是在减少污染和延长柱床寿命方面改善了下游层析性能。

毫无疑问，未来将出现新的非传统方法，可能综合现有非传统单元操作，例如分配、沉淀或结晶，或将其与层析或过滤一起使用[68, 69]。由于"即插即用"方法最具吸引力，并且基于本章中介绍的内容，我们建议提供以下简单的初始评估标准：①稳健性（对批间物料差异、不同物料和不同靶向分子不敏感）；②配方简单（例如单一廉价添加剂）；③易于实施（提供开发指导、可预测性、高通量筛选兼容性）；④成本效益（具有相当大的优势来补偿实施成本）；⑤易于放大（1 ml至1000 L）；⑥与现有设备兼容（设备、规模）；⑦与现有工艺兼容，包括后续层析；⑧与一次性工艺兼容，处理灵活；⑨具有降低病毒载量、储存靶向物质等独特优势；⑩无毒添加剂，易于分析，无需额外的单元操作即可去除。

虽然当前的技术和商业案例仍有障碍，但是部分发展趋势表明使用AS方法颇具可实现性。已有种类繁多的聚合物作为消泡剂、置换剂、储存稳定剂、抗凝集剂和制剂辅料[70-72]被广泛用于食品或生物规模化加工。新的聚合物正在不断开发中，其中包括用作生物材料的亲水反应性聚合物和生物相容性聚合物[73, 74]。越来越了解聚合物及其与蛋白质相互作用的分子水平[75]，越来越了解HCPs和靶向蛋白的分子水平、结构水平和物理化学，并可能最终取代目前用于产生所需工艺表征数据的HTS方法。为了解可能的过滤或层析分离操作，筛选和表征靶蛋白的许多物理性质可以直接应用于非传统分离方法。

生物制药行业必须为数百万名患者提供药品，受严格监管，采用的方法和策略应具备产品安全记录。因此，生物制药行业倾向于保守是可以理解的。因此，尽管"非传统分离方法"已在血浆分离和生物制药行业安全使用了数十年，但"在大规模生物制药生产中采用许多非传统方法仍然存在显著的可感知风险"[10]。本章试图解决这些问题，同时指出非传统分离方法的优势，例如易于扩大规模。其中最重要的是此类方法能够应对现代生物分离挑战，例如靶向分子复杂和细胞培养液密度高以及工艺体积大，这些挑战使得传统方法（例如离心、过滤和层析法）难以应对。其次，非传统分离方法不一定会与更具选择性的主力方法形成竞争，例如基于Protein A的抗体亲和层析，而是可以与之互补。无论是捕获靶向物还是去除污染物，它们似乎特别适合在层析或过滤操作之前使用。最后，它们非常适合现代高通量筛选操作条件、从小规模到大规模放大表现稳定，以及放大规则明确，并且一次性设备工艺在批量处理或连续工艺中的应用更灵活。

本章主旨在介绍和回顾，许多有趣的非传统分离技术尚未涵盖或只是简要论及。例如场流级分法，与ATPE一样，在大分子和粒子分离方面颇具前景[76]。我们相信读者会谅解上述不完美。

确认、通知和免责声明

本文作者曾就职于或目前仍在 GE Healthcare 工作。一般而言，生物制造工艺，以及非传统分离技术，已经广泛地受到专利保护，建议读者在将任何特定技术用于商业目的之前需进行相关的"尽职调查"。疏水电荷诱导色谱法与 Pall Corp. 的混合模式树脂有关。Emphaze 是 3M Corp. 的商标。Clarisolve 是 EMD Millipore 的商标。

参考文献

第七章

过滤原理

Jakob Liderfelt, Jonathan Royce

GE Healthcare Life Sciences, Uppsala, Sweden

第一节　引言

过滤是指流体混合物在通过多孔合成膜时，因混合物分子大小与多孔合成膜的孔径大小不同而分离的过程，这个过程类似于流经地下土壤的水。如果多孔合成膜一侧的液体受到压力，只要另一侧的压力较低，液体就会穿过多孔合成膜（图7-1）。

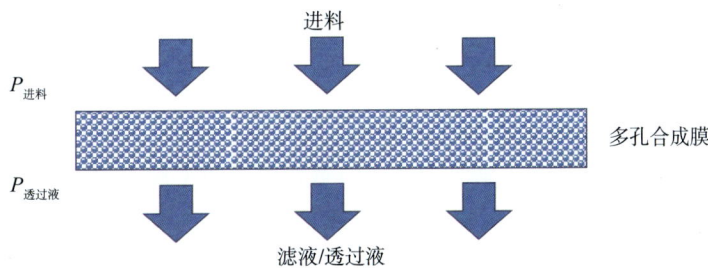

图7-1　过滤的一般原理

当$P_{进料}>P_{透过液}$时，进料通过多孔合成膜进行流动

过滤工艺中的起始物料通常称为进料，通过膜的溶液称为滤液或透过液。液体通过膜的传输称为通量，定义为单位时间和单位膜面积［（L/（m²·h）］通过膜的体积，缩写为LMH。

用作过滤模拟和评估的基础数学表达式是根据地下水在土壤中移动的理论推导出来的。该表达式由亨利·达西（Henry Darcy）[1]在19世纪提出，被称为达西定律（式7-1）。

$$Q = \frac{\kappa A}{\mu} \frac{\Delta P}{L} \tag{7-1}$$

式中，Q（m³/s）是液体流量，κ（m²）是介质的固有渗透率，A（m²）是流动的横截面积，ΔP（Pa）是总压降，μ（Pa s）是液体黏度，L（m）是发生压降的长度。

对于生物工艺中的过滤，可以使用不同的压力源，最常见的压力源是液体泵或压缩空气。典型的过滤设备包括泵、压力传感器和过滤器，所有设备均串联连接（图7-2A）。此外，过滤还需要进料和滤液容器。有些系统不使用泵，而是用压缩气体（如空气）将液体推压过滤器。这些系统中的进料容器，通常是连接到加压气源的压力室（图7-2B）。

在生物工艺的过滤过程中，最常用的两种操作模式是：①常规过滤（normal-flow filtration，NFF），又称死端过滤；②错流过滤（cross-flow filtration，CFF），又称切向流过滤（TFF）。对于NFF（图7-3A），所有流动都直接通过过滤器，过滤（截留）物质积聚在膜表面或膜孔隙结构内部。在CFF中（图7-3B），大部分进料液直接穿过滤膜或与滤膜相切，这种流动称为错流。穿过膜的部分切向流称为透过流。通过切向流的冲刷作用，可防止在膜表面上积聚结垢，切向流也称为滞留流。

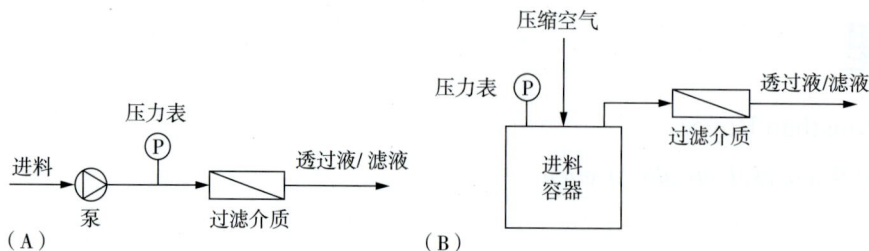

图7-2　使用压力源（A）泵和（B）压缩空气、压力表和过滤介质进行过滤工艺设置

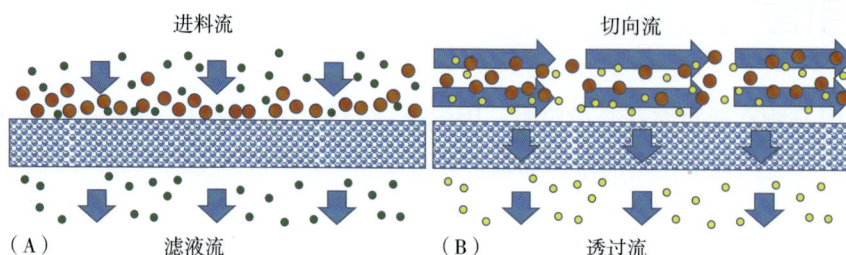

图7-3　生物工艺中最常见的两种过滤模式
（A）常规过滤；（B）切向流过滤

通过膜通量和膜压降之间的独特关系，可以看出每个过滤过程的特征。根据膜通量和膜压降之间的关系，可以监测过滤过程。过滤可在恒流（膜压降增加）或恒压条件（膜通量减少）下进行。不管哪种情况，都要监测非恒定参数，根据记录的参数变化来评估滤器性能（即过滤器结垢或堵塞的程度）。操作方式不同，会对压力和流量计的类型、位置产生不同影响。在NFF中，把压力表放在过滤器的入口处，把流量计放在过滤器的入口或出口处。在CFF中，把压力表放在过滤器的进料端、回流端和透过端，流量计可以放在进料端、回流端和透过端。在CFF过程中，通常需要控制或监测两种不同的压力：压降 ΔP（式7-2）和跨膜压力 TMP（式7-3）。如果进料流是由进料泵输送的，则 ΔP 测量值用于监测回流液流速，或者在没有流量计的情况下，ΔP 测量值用于控制进料流速。TMP 可以理解为膜的平均压降，用于控制进料向透过液的转化。

$$\Delta P = P_{进料} - P_{回流} \tag{7-2}$$

$$TMP = \frac{P_{进料} + P_{回流}}{2} - P_{透过} \tag{7-3}$$

式中，$P_{进料}$、$P_{透过}$ 和 $P_{回流}$ 分别是在回流通道的入口处和出口处测量的压力（图7-4）。

在CFF过程中，需要控制进料和透过流速。典型的CFF过程设置如图7-4所示。切向流过滤设置包括：可产生透过流的进料泵、过滤膜介质、压力表和再循环容器。

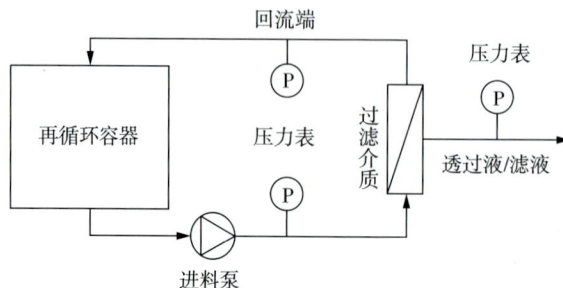

图7-4　切向流过滤设置

第二节 过滤器类型和结构材料

生物制药行业中的过滤器可以分为两类：用膜制成的过滤器和基于其他多孔介质的过滤器。无论何种过滤介质，其形态和拓扑结构将决定通过过滤器的流动特性。介质形态（孔径大小和孔隙率）与介质密度有关。密度较高的介质具有较低的孔隙率，通常孔径较小。

膜过滤器应用广泛。膜聚合物的选择决定了暴露于料液的表面性能，例如亲水性或吸附能力，以及强度和化学稳定性。通常，期望具有不与被过滤的料液相互作用的惰性聚合物材料。大多数聚合物基质膜是通过相转换法工艺生产的，该工艺可提供相对均匀的孔结构。不同的膜结构的例子见图7-5。

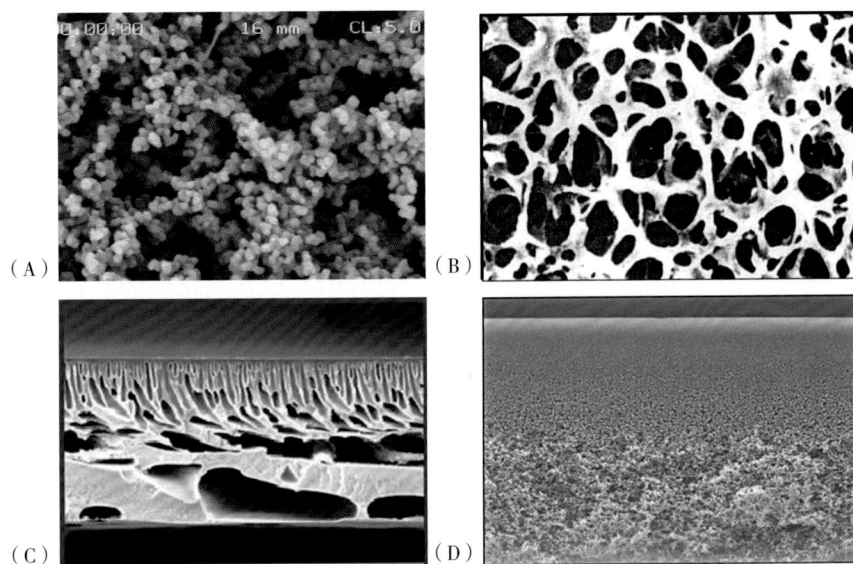

图7-5 不同膜材结构材料和特性的图片
（A）结节状结构；（B）开孔泡沫；（C）大空隙结构；（D）宏观无空隙结构

基于非膜的过滤器通常用于固体含量高的粗分离，应用包括预过滤和细胞分离。这些过滤器基于编织介质，例如玻璃纤维或聚丙烯纤维。在粗预过滤步骤中很常见，而回收操作通常使用带电深层过滤器进行，该过滤器将纤维素纤维结构与多孔助滤剂（例如硅藻土或珍珠岩）结合在一起。在后一种情况下，需要吸附从液相中捕获粒子和杂质，例如DNA或宿主细胞蛋白。

过滤器和膜的结构材料多种多样。一些实例包括烧结金属、纤维素或聚合物，例如聚偏二氟乙烯膜（polyvinylfluorodyne，PVDF）、聚醚砜（polyethersulfone，PES）、聚四氟乙烯（polytetrafluoroethylene，PTFE）或尼龙，材料的选择取决于工艺要求。每种材料将赋予过滤器不同的特性，例如孔径和孔隙率、机械强度或一定的化学稳定性。

根据不同的过滤应用选择不同的材料。例如，用于分离水性料液的滤膜基于亲水性材料，因为疏水性膜疏水，需要更高的压力或添加润湿剂，以迫使水通过膜。而对于空气过滤，则需要使用疏水性过滤器。亲水性空气过滤器会结合空气中的水，将降低过滤器孔隙率，从而在给定压力下需要提高膜阻力，并减少空气流量。图7-6为前两种情况的图示。

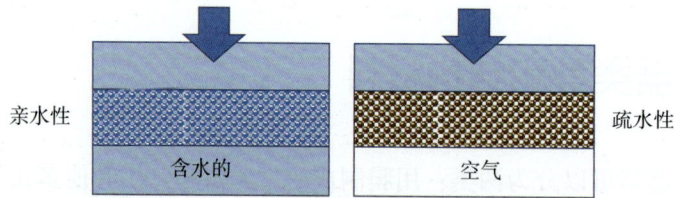

图7-6　纤维素膜具有亲水性

大多数合成膜本质上是疏水的，但是通过润湿修饰允许水性液体通过

　　膜材料的其他方面，例如强度或化学相容性，也是重要的因素。高强度可以生产更薄的膜，对于相同的材料比透过率，由于溶质传播的长度较短，因此膜的阻力更小（参见式7-1），从而产生更小的压降或更高的膜通量，需要化学性质上更稳定的聚合物，因为它在工艺条件（如pH和温度）或对溶剂（例如乙醇或丙醇）的耐受性方面具有更宽的操作范围。不幸的是，很难找到一种能够用于所有过滤操作的具有良好强度、广泛化学相容性和低吸附性能的通用材料。例如，尼龙和纤维素是高度亲水的材料，具有低蛋白结合特性，但pH稳定性范围很窄（通常在pH 4~8之间）。另一方面，聚砜具有广泛的pH相容性（通常在pH 1~14之间），但疏水性更高，蛋白结合力更高。疏水性聚合物通常缺乏氧原子，并且制造商经常通过亲水性的工艺进行改性，以具有更亲水的表面。例如，聚乙烯吡咯烷酮（polyvinylpyrrolidone，PVP）通常用作PES膜的水化剂[2]。

　　微生物负荷是生物制药生产中的重要领域，在生产过程中与原料药接触的所有物料不应成为污染源。因此，膜的灭菌是重要的属性。在某些情况下，通过伽马辐照（在约40 kGy的范围内，其中Gy是电离辐射剂量的衍生单位）进行灭菌。在其他情况下，通过高压灭菌或原位蒸汽操作对过滤器进行热灭菌。灭菌方法的类型通常由过滤材料决定。过滤材料选择的最后一个方面是滤膜本身以及支撑物、垫圈、潜在黏合剂和外壳的可提取物和可浸出物（extractable and leachable，E&L）。过滤器中所有材料的选择必须将损失风险降到最低。用于生物制药液体过滤的典型聚合物材料及其特性如表7-1所示。

表7-1　典型过滤材料的特性

	名字	疏水性	耐热性	溶剂抵抗	蛋白质吸附	pH耐受性	应用
非膜基质							
无纺布	聚丙烯	+	+++	+++	+	+++	预过滤
	玻璃纤维	+	+++	++	+	++	预过滤
深层	纤维素–硅藻土	+	++	+	++	++	收获
膜基质							
纤维素	醋酸纤维素	–	–	+	+++	4~8	MF/UF
	再生纤维素	–	+	+	+++	1~13	MF/UF
合成材料	尼龙	+/–	+	++	++	3.5~10	MF/RO
	聚砜（PS）	+	++	+	++	1~14	MF/UF
	聚醚砜（PES）	+	++	+	++	1~14	MF/UF
	聚丙烯（PP）	++	++	+	+	1~14	MF
	聚乙烯氟达因（PVDF）	+/–	++	++	+++	1~12	MF/UF
	聚四氟乙烯（PTEE）	+++	+++	+++	+++	1~14	MF-气体

　　孔径大小、孔径分布、孔径连通性甚至孔径形状都是膜的重要特性，共同定义了膜的尺寸、截留度、膜

的渗透性以及膜的强度。理想的膜应具有尖锐的截止值、高渗透性和高强度。膜截留通常以排斥因子/系数 σ 为特征，由公式（7-4）算出。

$$\sigma = \left(1 - \frac{C_{透过}}{C_{进料}}\right) \tag{7-4}$$

式中，$C_{渗透}$ 和 $C_{进料}$ 分别是透过物和进料流中给定的溶质浓度。

为了表征膜的截留特性，测量了几种溶质的排斥因子，并根据溶质大小绘制了膜的选择曲线。图7-7给出了三个选择曲线的示例。通常，具有单一孔径的膜，或具有非常窄的孔径分布，优选具有非常尖锐的选择曲线的膜，因为它们提供了非常明确的截留特性，这是许多苛刻应用所必需的。例如基于膜的灭菌过程，使用随机聚合方法制造的膜将始终通过所得的孔径分布来表征，其特征在于更扩散的选择曲线和扩散截止。由于孔径分布，膜不是用其平均孔径来描述的，而是通过其截止值来描述的，该截止值通过测量具有确定尺寸（和形状）或溶质的截留量或分子量来确定的。

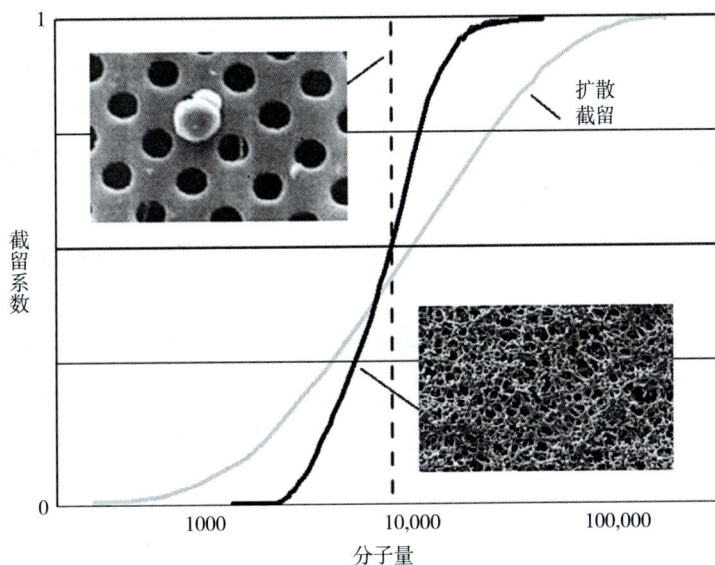

图7-7 基于聚合物网状结构膜将给出的孔径分布
特别对于除菌级膜，需要尽可能尖锐的截止点

膜也可以根据其形态进行分类。其中一种分类将膜分为两组：对称膜和不对称膜（或异形膜）。对称膜在整个膜厚度上可以观察到相同的孔径分布。相反，不对称膜在膜的一侧具有更多的开孔，而在另一侧的开孔较小（图7-8）[3]。这样可以降低过滤器中的背压，同时保留过滤器的尺寸排阻特性。在过滤器的开放侧朝向进料的情况下，不对称形状可使粒子更高程度地穿透膜的厚度，从而减少了材料在膜表面的积聚。因此，不对称膜通常比对称膜具有更大的颗粒容量。

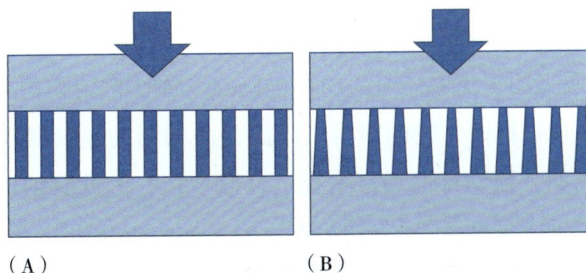

图7-8 （A）对称膜和（B）不对称膜（也称为异构膜）的示意图
不对称膜通常具有更大的颗粒容量

从操作角度来看，膜孔径及其初始透过率和颗粒容量（在膜不可渗透之前可通过膜的物质数量）是最重要的膜特性，因此，关于这些特性的准确信息对于用户至关重要[4]。然而，尽管膜过滤工艺已经存在了很长时间，并且可以认为是一种成熟的技术，但是关于如何定义膜孔径的标准指南却很少。

第三节　表观评级过滤器

大多数滤膜未对照标准进行检测，而是由供应商指定孔径或表观截留分子量。由于孔径实际上是孔径分布，并且每个过滤器供应商定义了自己的孔径评级测试，因此供应商之间的此类评级可能有所不同。因此，相同表观孔径但由不同供应商生产的膜极有可能具有不同的过滤/截留特性。评级命名基于以下事实：大于评级的粒子将被截留，而较小的粒子将透过膜。通常，孔径以微米（微滤膜）或分子量（道尔顿，kDa，超滤膜）为单位。

第四节　除菌级过滤器

有些膜评级为"绝对级"，即使它们实际上也有孔径分布。术语"绝对"是指在规定应用中使用的过滤器，例如液体除菌过滤。

在生物制药生产中用于描述除菌级膜的指南来自美国测试和材料协会（American Society for Testing and Material，ASTM）。此标准[5]不涉及膜孔径、聚合物、结构、厚度或密度的测试或表征，而是侧重于测试在规定条件下截留微生物的能力。目前要求通过膜的特定微生物数量的7个对数减少值（log reduction value，LRV）挑战的膜称为"除菌级"。

以下是对除菌级过滤器标准发展历史的简短描述，在文献[6]中有进一步描述。在20世纪早期，发明了一种膜，该膜截留了当时已知的所有微生物，称为0.45 μm膜。20世纪70年代，人们发现了一种名为缺陷假单胞菌（Pseudomonas diminuta，后更名为缺陷短波单胞菌Brevundimonas D.）的微生物可以透过0.45 μm的膜，并在滤液中检测到，于是研发了一种新的膜，该膜具有更紧密的孔隙，可防止缺陷短波单胞菌穿过，其孔径定义为0.22 μm或0.2 μm。今天，该测试已经按照上一段的描述进行了标准化。但应强调的是，滤膜的孔径可以达到0.2 μm或更小，如果没有进行相应的测试，则不能将其定义为除菌级滤膜。如今，已知比缺陷短波单胞菌更小的生物，即支原体，发现它们可以穿透0.2 μm的膜。支原体缺乏硬结构的细胞壁，可以在更高程度上改变其形状，因此，可以在力量作用下被迫通过严格的通道。由于工业上对支原体作为污染源的关注，开发了一种新型的除菌级膜，即0.1 μm或支原体去除膜。这些过滤器在预定参数下至少需要达到7个LRV。支原体菌株莱氏无胆甾支原体通常用作0.1 μm支原体截留膜检测的模型。

如本文所述，该标准仅涉及目标微生物的截留。因此，由相同的基础聚合物制成的0.2 μm膜在相同的应用中将具有不同的性能。例如，流动特性和污纳容量可以变化。因此必须评估在特定应用中使用的特定膜，以获得具有最佳性能的膜。

第五节　微滤与超滤

根据孔径分布和预期用途，将膜分为不同类别。在一种极端情况下，反渗透膜仅允许水通过，但保留较大的离子，例如钠离子和氯离子。另一种极端情况是大孔、层状过滤器，可用于去除生产环境中可能存在的物理粒子。用于去除不同尺寸粒子的过滤器通常称为微滤（microfiltration，MF）膜。用于在溶液中实现蛋白质-蛋白质分离的过滤器通常称为超滤（ultrafiltration，UF）膜。在生物制药领域，过滤器的孔径大至 20 μm，孔径精度小至 1 kD。

图 7-9 为不同类型过滤器的概述。对于 MF 膜，如除菌级膜和大多数用于澄清的深层过滤器，根据其孔径（以微米为单位）对过滤器进行分级。MF 膜的过滤精度为 0.1~20 μm，并且传统上在整个基质中的孔径是对称的（尽管也已经开发了不对称的版本）。UF 膜根据道尔顿报告的评级进行分类，范围从 1000 Da 到 1 MDa，它们表现出明显的不对称性，表面上有分离的"皮肤"表层，下面是支撑结构（图 7-10）。道尔顿（Dalton）名称与表观截留分子量（nominal molecular weight cut-off，NMWCO）有关，该表观截留分子量（NMWCO）代表过滤器生产商认为膜将截留的蛋白大小。例如，从理论上讲，10 kDa NMWCO 允许 <10 kDa 的蛋白通过并截留较大的蛋白。但是，NMWCO 评级基于制造商的特定测试方法和程序。因此，即使膜是由相同的基础聚合物制成的，来自不同供应商的相同精度的膜也可能截留不同的分子。病毒过滤器在命名上缺乏标准，不同的供应商有不同的系统。每个膜孔径通常定义为特定病毒的对数减少值（LRV）。

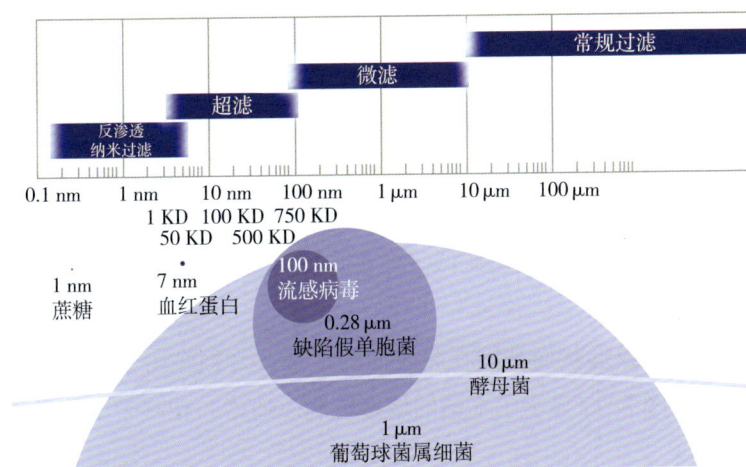

图 7-9　不同孔径范围的命名

图 7-10　UF 膜的横截面

第六节　截留

截留是指过滤器允许特定物质或粒子通过特定膜的程度。滤膜应允许低于孔径精度值的粒子/物质通过，并限制较大粒子/物质通过。从理论上讲，如果所有膜孔均为具有相同直径的圆柱形，并且所有粒子/物质也都为球形，则这将适用。然而，大多数膜是由多孔聚合物基质制成的，因此空隙通道是异质的（即存在通道尺寸分布）。如上一节所述，膜精度是使用定义的标记物开发的。标记物可以是各种类型的，例如葡聚糖聚合物或粉尘。无论使用哪种模型标记，它们在分子量或大小方面都具有良好的特征。根据料液的组成，粒子和物质可能会或可能不会穿透具有相同尺寸的孔（图7-11）。例如，DNA是一个大分子，基于其平均大小，它不应穿透除菌级滤膜。然而，由于其长而窄，它可以通过除菌级滤膜中的多孔结构，而较小质量的粒子由于其更接近球形而易被截留。在总结中，需要测试特定应用的孔径精度。因此，孔径精度仅用于指导哪种膜最适合某种应用。使用的经验法则是：如果需要截留物质，建议膜孔径与物质分子量之间的差异为3~5倍。如果需要物质透过，建议膜孔径与物质分子量之间的差异为5~10倍。

截留水平表示为透过物中渗透溶质的浓度与其在进料中的浓度之比，称为筛分系数S，由公式（7-5）算出[3,8]。

$$S = \frac{C_{透过}}{C_{进料}} \quad\quad (7-5)$$

式中，S是筛分系数（-），$C_{透过}$是透过液中的溶质浓度，$C_{进料}$是溶质进料浓度。

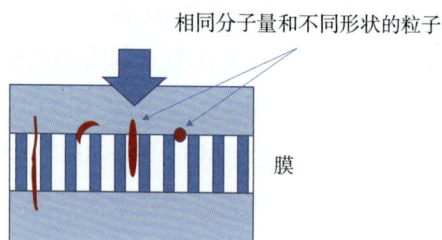

相同分子量和不同形状的粒子

膜

图7-11 不同形状粒子对截留的影响

由于进料中物料的浓度等于或大于透过液中的物料浓度，筛分系数的值在1和0之间变化，其中1表示溶质完全通过，0表示溶质完全截留。筛分系数有时用百分数表示，称为透过率[8]。筛分系数的倒数称为膜分离系数。必须通过实验确定筛分和（或）透过。

第七节　堵塞

当物质（通常是固体或蛋白）被截留在多孔基质上或内部时，会发生膜堵塞[7, 9]。膜堵塞后，液体流经过滤器的孔体积受到限制，导致过滤器的流量减少或压降增加，流量或压降的变化取决于所使用的压力源类型。也可以把堵塞描述为有效孔体积或膜面积的减少。未使用的膜具有完全有效的孔隙面积，液体可以流通。当膜孔被限制或堵塞时，有效面积减小，从而增加了剩余开放通道中的线性流量，导致恒流应用产生了更高的阻力/背压。对于恒压操作，减少的开孔面积将使流速变低。通常在捕获颗粒的过程中引入膜，因此膜在经历不可接受的堵塞之前仅具有一定的载量。

堵塞可能以不同的方式发生：①颗粒由于其大小或形状而被困在膜表面的顶部；②颗粒由于其大小或形状而被困在基质内；③颗粒在膜孔上的吸附[10]。图7-12显示了不同的堵塞机制。通常，在一个工艺过程中不同的堵塞机制会结合在一起。

在形成滤饼的情况下，进入膜的物料由于其尺寸或高颗粒负载而在空间上受到阻碍被定位在膜的表面上。一段时间后，在膜表面上积聚了一层物质，导致液体在到达膜之前必须先通过该层。根据颗粒性质，通过滤饼层过滤溶液可能或多或少是困难的。通过使用助滤剂，可以减少这种现象。助滤剂是与进料中的固体混合在一起的多孔硬质大颗粒[11]。当助滤剂放置在膜表面上时，它会在大颗粒周围产生空隙，从而防止它们形成致密的滤饼。这将增加膜的载量。

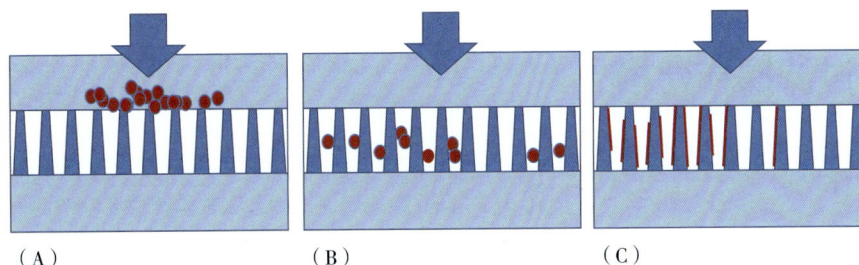

图7-12 不同的堵塞机制

（A）滤饼过滤，物料被捕获在膜的顶部；（B）孔堵塞，物料由于尺寸和形状被捕获在膜的内部，
液体流动减少或完全堵塞；（C）吸附，物料被吸附到膜表面，从而减少了通过孔的路径

　　污染物也可以穿透膜，被困在聚合物网孔内，部分或完全阻塞孔。如本文所述，阻塞的通道将引起流动阻力的增加，这将通过较高的压差表现出来。由于路径受限，部分阻塞的孔也会更快地被较小的颗粒堵塞。

　　吸附是基于料液中的物质与膜聚合物/材料之间的吸引力。根据材料特性，吸引力可能来自不同类型。最常见的是疏水相互作用和离子电荷，氢键也是一种势能。当这种相互作用不是所需要的时，选择尽可能惰性的聚合物材料，并且对于水溶液通常是亲水性的。疏水性聚合物可以使用亲水剂生产，以防止表面暴露疏水区域（请参见前面关于材料的部分），通常是由聚醚砜（PES）或聚砜（polysulfone，PS）制成的聚合物膜。有时也需要这种交互作用。例如，膜表面可以包含带正电的离子，将从进料中捕获带负电荷的物质，并防止它们透过膜。可用于降低料液中的DNA含量或更有效地吸附细胞碎片。

　　在工艺过程中，堵塞通常是不可逆的。在常规过滤中，过滤器通常在使用后丢弃。对于切向流过滤，通过在操作完成后进行在线清洁（clean-in-place，CIP）步骤以去除堵塞。CIP通常使用腐蚀性溶剂进行。

　　堵塞不应与CFF中称为膜极化[12,13]的现象混淆。堵塞是指颗粒或物质不可逆地堵塞流过过滤器的情况。当错流力不足以从膜表面清除浓缩物料时，就会发生极化。因为通过膜的水通量从错流膜的截留物侧的主体中除去液体，所以截留物质的浓度增加。如果物质的浓度足够高，它就会开始在膜表面上形成凝胶层，从而限制透过膜的流动（图7-13）[10]。可以通过增加冲刷力（即增加切向流速率或停止或减小通量）来减小或消除极化。这一现象的实际含义将在第八章中进一步描述。

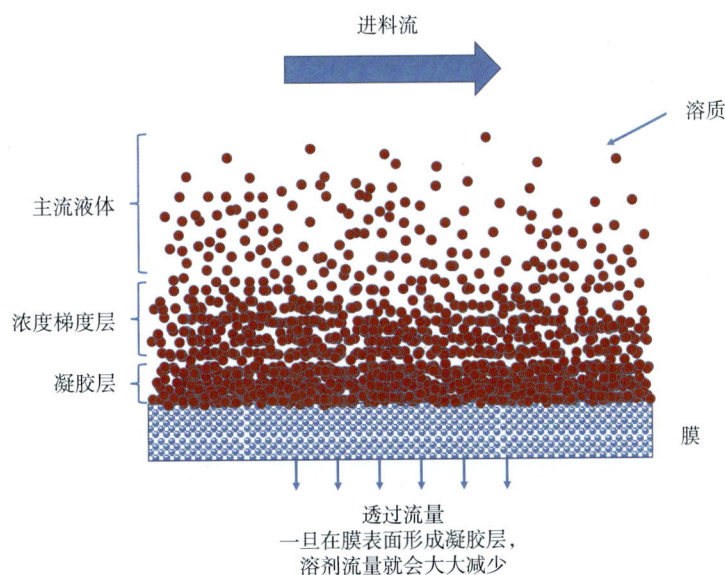

图7-13 在切向流过滤中，当物料积聚在膜表面上，来自错流的冲刷力不足以清除物料时，会发生极化

第八节　过滤操作建模

一、微滤操作

根据本文的讨论（图7-12），膜的堵塞可以通过四个经典过滤定律在概念上进行描述，其中三个定律与膜孔的堵塞有关，一个定律与膜表面上形成滤饼有关[14]。孔堵塞机制包括完全堵塞、标准堵塞和中间堵塞。所有四种机制汇总见表7-2。当对过滤工艺进行数学建模时，对这四种机制的描述简化为相同形式的微分方程，表示以下方面的变化：①恒压过滤的过滤通量随时间的变化[15]；②恒流过滤的时间[16]。公式（7-6）和（7-7）分别仅在两个常数的值上有所不同。

$$\frac{dJ}{dt} = -kJ^{3-n} \tag{7-6}$$

$$\frac{dP}{dt} = k'P'' \tag{7-7}$$

式中，J为过滤通量 $[L/(m^2 \cdot h)]$；P是过滤压力（Pa），t是过滤时间（h），k、k' 和n是特定过滤定律的常数。

表7-2　堵塞机制描述、堵塞指数特征值n以及用于识别堵塞机制的通量或压力与时间/体积数据的推荐图形表示形式

	完全堵塞			标准堵塞			中度堵塞			滤饼过滤		
描述	颗粒大于膜的孔径，导致颗粒封闭膜并阻止流动			颗粒小于孔并积聚在膜内部的孔壁上，产生孔收缩，低了膜的透过性			颗粒大于孔径，但只有一部分颗粒封闭了一部分孔，而其他颗粒则聚集在沉积颗粒的顶部			膜表面可透过滤饼厚度不断增加，颗粒在其中聚集		
堵塞指数，n	2			1.5			1.0			0.0		
	X轴	Y轴	斜率	X轴	Y轴	斜率	X轴	Y轴	斜率	X轴	Y轴	斜率
恒压	v	J		t	t/v		T	$1/J$		v	t/v	
	t	$\ln J$		v	$\sqrt{J}$		v	$\ln J$		v	$1/J$	
恒定流速[a]	v	$1/P$		v	$1/\sqrt{P}$		v	$\ln P$		v	P	

[a]在恒定流速的情况下，可以根据体积或时间绘制工作压力数据，因为两者与通过流速定义（v/t）相关。
表中，J是滤液通量，v是滤液体积，t是过滤时间，P是过滤压力。

膜堵塞可以看作一系列连续的事件，其中在过滤的早期阶段，孔堵塞机制更为重要，而在过滤的后期阶段，滤饼形成机制更为重要。从数学上讲，堵塞可以利用达西定律（式7-1）表达。重写公式（7-1）根据膜通量J和流过膜的总阻力R_T得出公式（7-8）[17,18]。

$$J = \frac{1}{\mu} \frac{\Delta P}{R_T} \tag{7-8}$$

式中，J是过滤通量（流速/膜表面积），P是膜上的压差，μ是黏度，R_T是对流动的总阻力。

阻力参数R_T可以分为三个部分（式7-9）。

$$R_T = (R_m + R_{if}) + R_c \tag{7-9}$$

式中，R_m是清洁膜流动阻力，R_{if}是由于内部膜堵塞引起的阻力，R_c是由于在膜表面上形成滤饼导致的

阻力。

　　膜阻力 R_m 是膜的固有特性，可以通过将纯水通过干净的膜过滤来实验确定。该阻力加上源自膜内部堵塞的阻力 R_{if}，一起代表了堵塞膜的阻力。由于滤饼的孔堵塞和增加，污膜阻力和滤饼阻力不是恒定的，并且随着过滤时间的增加而增加。

　　尽管通常，如本文所述，膜堵塞是一个两步过程，但这两种机制可能同时发生[19-21]。研究还表明，堵塞机制的时间顺序可能取决于膜的孔径分布和表面孔隙率[22]。已经评估了同时堵塞机制的不同模型，包括中度堵塞和滤饼形成[21]、中间堵塞–孔吸附[23, 24]，以及孔堵塞和滤饼形成[25, 26]。

　　在工艺开发的早期阶段，始终需要确定孔堵塞和滤饼形成的机制，因为它可以评估膜对不可逆堵塞的倾向或膜清洁的效率。该机制也可用于优化过滤工艺（参见第八章）。但是，需要记住的是，堵塞过滤定律仅应用于常规过滤操作（即死端过滤）和（或）切向流过滤，其中滤饼的形成可以忽略不计（即标准堵塞的情况）。

二、超滤 / 微滤操作

　　微滤和超滤操作之间的主要区别在于，在大多数情况下，产品分别存在于透过液和滞留液中，超滤操作的进料不含固体物质。因此，从膜堵塞的角度来看，不需要考虑滤饼的形成。相反，需要考虑浓度极化现象的存在以及膜表面上方保留的溶解蛋白形成的凝胶层。此外，由于相同的现象，计算过程需要考虑过滤中溶液黏度的增加[27-29]。

　　过膜通量与水压和渗透压驱动力之间的差异[30, 31]与膜渗透性（流动阻力）成正比：

$$J_{v,UF} = \frac{1}{\mu} \frac{\Delta P - \sigma \Delta \Pi}{R_{T,UF}} \qquad (7\text{-}10)$$

超滤过程中的总膜阻力 $R_{T,UF}$ 由公式（7–11）算出。

$$R_{T,UF} = R_m + R_{im} + R_{ads} + R_{cp} + R_{gl} \qquad (7\text{-}11)$$

　　与公式（7–9）相比，额外阻力还有由于浓度极化引起的阻力 R_{cp} 和由于凝胶层形成引起的阻力 R_{gl}，其中当膜表面的浓度达到足够高时，凝胶层形成，浓缩溶液将变成凝胶（图7–13）。与微滤相比，超滤通量数学描述的另一个不同之处是，超滤的驱动力需要考虑渗透压公式（7–10）。然而，当浓度极化和膜堵塞的影响不明显时，才需要在浓度范围内考虑其贡献[32]。渗透压的示意图如图7–14所示。

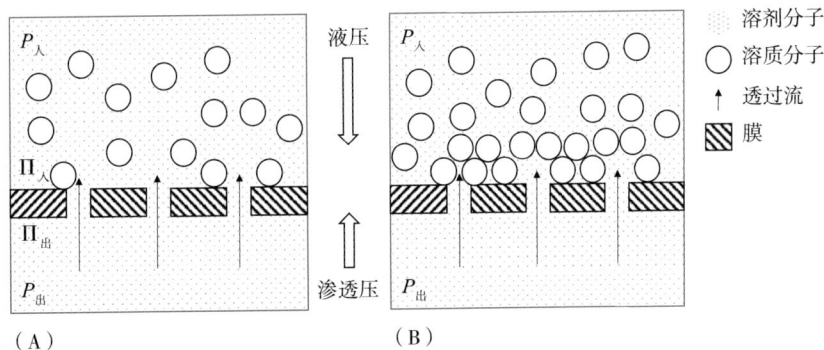

图7-14　渗透压示意图

（A）滞留液中的低浓度；（B）滞留液或浓缩聚合反应中的高浓度。渗透压是当溶剂（例如水）流过膜以稀释溶解在膜另一侧的同一溶剂中的大分子溶液时产生的压力。大分子不能通过膜。溶剂分子足够小，可以扩散到溶质侧并稀释溶质。用溶剂稀释固定量的溶质分子会增加溶质溶液的总体积，因此会导致溶质侧（顶部）的背压增加，直到溶剂停止进一步通过溶质侧为止。必须增加膜上游侧的压力，以迫使溶剂流向下游侧[32]。源自 M.R. Ladisch，生物分离工程：原理，实践和经济学，威利，纽约，2001 年在超滤的情况下，通量作为膜压力的函数显示出几个不同区域：渗透压依赖性区域、取决于液压的区域、过渡区域和与压力无关的区域[32]，如图7-15所示。如前所述，渗透压仅在低蛋白浓度和低跨膜压力下才重要。当进料口压力是主要驱动力时，流量与该区域中的TMP压力呈线性相关。该区域之后是过渡区域，在过渡区域中，黏度增加的影响开始对通量产生不利影响。在第四区域，由于浓度极化，通量是恒定的并且与TMP无关。在该区域中，通量是受传质控制的，因为由于对流传输（流向膜的流体）向膜引起的蛋白通量被从膜回到本体相的蛋白扩散通量所平衡。

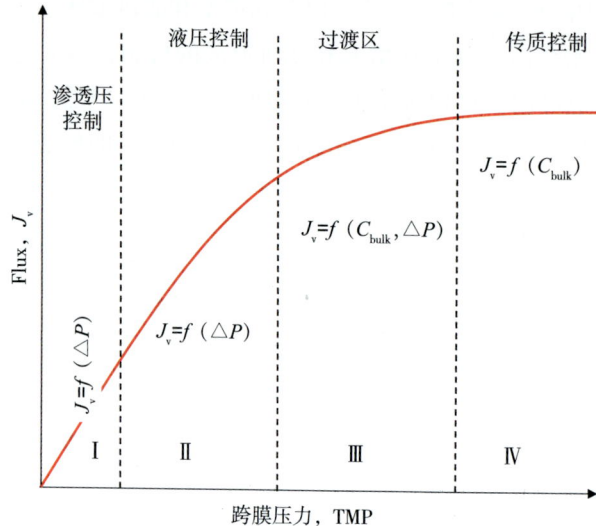

图7-15　跨膜压力的通量依赖性机制
Ⅰ-渗透压控制区域；Ⅱ-取决于液压的区域；Ⅲ-过渡区域；Ⅳ-与压力无关的区域

三、临界通量

通量和TMP之间的关系通常用于确定所谓的临界通量J_{cr}。临界通量定义为跨膜压（TMP）开始偏离使用纯水在相同通量下测得的TMP压力的通量，或首次观察到膜堵塞的通量[33]。临界通量的两种类型通常称为强临界通量和弱临界通量。弱临界通量可以进一步包括"不可逆的临界通量"概念[34]。

使用临界通量概念通过比较不同的通量-TMP模式来区分可逆和不可逆堵塞[33]。临界通量的概念在MF和UF应用中都用于确定过滤操作的最佳条件，这将在第八章和第十六章中进一步探讨。

四、高级过滤模型

已经为MF和UF/DF操作制定了更先进的质量传递模型，而详细的回顾超出了本章的范围。这些模型中，有数种是为了考虑本文讨论的所有影响而制定的，它们代表了为过滤操作开发统一模型的尝试[30, 34-37]。另一些则是为特定应用开发的，用于实验观察到的主导效应[21, 24, 26, 38, 39]。有关这些模型的更多详细信息，请读者参考原文献。

考虑到计算能力的进步，预期在可预见的未来会引入新的模型来解释过滤工艺的多组分特征和中尺度效应。这些模型将对下游工艺中使用的过滤操作提供进一步了解，并将指导更高效膜的开发。

第九节 总结

生物技术行业中的过滤操作已经十分成熟。微滤、深层过滤、超滤和过滤透析等技术是每个下游工艺的一部分。其成功源于操作简单、易于放大，以及在从收获操作到除菌过滤的广泛应用中获得了可靠的使用记录，从而跨越了从复杂到清洁料液的整个下游工艺。

过滤与其他技术（例如絮凝和过滤沉淀）组合的方式可能会产生更经济的回收过程，因为过滤操作的进料将更清洁，从而导致所需的过滤器表面积更小。

无论哪种操作，过滤的理论和实践都得到了很好的理解和应用。工艺开发方法、放大规则、控制策略等，都已很好地建立起来。机械模型被用于优化过滤操作，当开发更复杂的料液（多组分）模型时将进一步改进。

未来过滤技术在生物工艺相关应用方面的发展很可能会侧重于材料科学，而不是操作模式。具有单一孔径可提供更明确的截留精度的膜材，未来可能商业化应用，并将为提高下游操作的纯化效率做出贡献。

总而言之，过滤操作将仍然是生物工艺中非常重要的一部分，并且由于材料科学，固有模块化设计以及自动化和传感器功能的提高，过滤操作的使用必将增加，从而带来更稳健的工艺控制。

参考文献

第八章

收获工艺中使用的过滤方法

Jonathan Royce*, Jakob Liderfelt*, Craig Robinson†

*GE Healthcare Life Sciences, Uppsala, Sweden, †GE Healthcare Life Sciences, Westborough MA, USA

第一节　引言

下游工艺包括从培养体系中分离目标产品的收获步骤和将溶液中的所有杂质去除至可接受水平的纯化步骤。收获步骤的类型和顺序取决于目标分子和表达系统，并且可能对纯化部分需要解决的目标杂质谱产生影响。因此，精心设计的收获过程将简化纯化步骤。

无论生产来源如何，在纯化之前通常都需要去除宿主细胞和细胞碎片、聚集体和沉淀物。在某些情况下，可能需要两个收获步骤：第一个步骤去除大颗粒，第二个步骤去除残留的脂质、核酸和任何残留的细胞碎片。根据所应用的技术，收获工序操作也可用于减少工艺体积，并通过去除有害物质（例如蛋白酶）来稳定产品。生物处理中的收获技术包括离心、过滤、ATPE、结晶、沉淀和絮凝。如在其他章节中所讨论的，可能需要使用这些技术的不同组合来达到必要的澄清水平，以确保第一个纯化步骤至后续纯化步骤的稳健性能。

无论产品来源或表达系统如何，几乎所有收获工艺流都使用过滤。过滤可以根据外部动力（通常是压力）的影响下通过多孔结构（过滤器/膜）的混合物组分之间的尺寸差异来分离混合物（第七章）。在收获操作中，执行两种类型的过滤操作：常规过滤和错流微滤（又称切向流微滤）。两种操作都可以将含有产品的液体与颗粒分离，但是如果细胞是产品或需要在细胞裂解之前收获，则选择微滤法。

在本章中，我们将简要介绍收获过程中使用的过滤工序。我们将讨论操作类型、使用的设备、基本工艺开发方法、工艺优化和减少风险的策略。

第二节　常规过滤

常规过滤（normal-flow filtration，NFF）又称死端过滤或深层过滤，可能是生物制药生产中最常见的工序操作[1]。常规过滤器用于去除液体流中的颗粒物和其他污染物，以降低生物负荷，对不耐热液体进行灭菌，并作为用于消除外源病毒污染风险的正交方法之一。

一、滤器形式

对于常规过滤应用，褶皱膜滤芯、缠绕无纺布滤芯和圆盘状膜堆是最常见的形式（图8-1）。

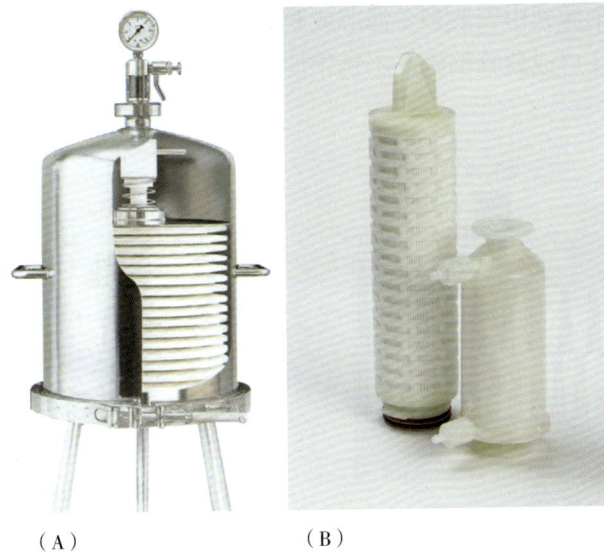

（A）　　　　　　　　　　（B）

图8-1　常规流过滤的典型格式

（A）不锈钢外壳中的堆叠式荚形过滤器（PT Sartocell 4906不锈钢外壳，内部带有Sartorius荚形膜）；（B）带褶皱膜的滤芯（GEHC ULTA Pure HC滤芯，左）和囊壳，带有集成滤芯的塑料外壳（GEHC ULTA Pure HC囊壳，右）。经:Sartorius Stedim Biotech GmbH许可。

在褶皱滤芯中，打褶的滤膜缠绕在滤芯上，并固定在可滤出套管中。薄膜的上下两面通常也有打褶的背衬或支撑材料。基本上是一种开放结构的无纺布基材，可为更薄和更脆弱的膜提供支撑。支撑材料还可保护膜免受上述套筒和滤芯中硬塑料部件的机械磨损。支撑材料通常由惰性亲水性聚合物构成，例如聚丙烯或玻璃纤维。

褶皱设计的应用增加了单位体积的可用过滤面积[2]。褶皱设计的示例如图8-2所示。滤芯（套筒、褶包、支撑材料和芯组装后）的两端均为端盖，一端为透过料液提供出口，另一端隔离进料和滤出液通道。

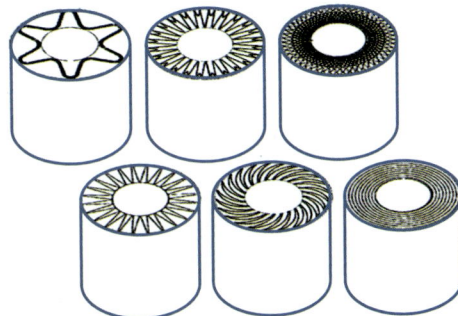

图8-2　不同的褶皱设计

转载自生物制药行业的过滤，第一版，Marcel Dekker，Inc.，New York，1998，p934

为了使过滤能力最大化（即在过滤器无法透过之前通过过滤器的料液体积），过滤器和膜可以采用多层复合结构，上层采用具有更开放结构的膜（图8-3）。引入上层是为了保护最后一层，从而使其过滤能力最大化。两层是最常见的，但也存在包含更多层的设计。这些层可以由具有不同孔径的相同类型过滤器或不同类型的过滤器制成，例如在灭菌级膜上的玻璃纤维深层过滤器。多级过滤也可以使用串联的两个过滤器类型进行，每个阶段中有不同的过滤器。这种安排称为过滤序列。每个过滤器层级通常具有压力传感器，以测量每个过滤器上的压降。

使用时，滤芯通过双O形环密封件密封在不锈钢滤壳中，或密封在塑料外壳中，以实现一次性操作（图8-4）。无论何种构造材料，外壳通常都被设计成最小化截留体积。它们通常还具有用于压力传感器的端口。

在不锈钢设计中，可以在单个滤壳中安装多个滤芯或膜堆，以实现更大过滤膜面积。囊氏过滤器通常在入口和出口上具有卫生级法兰接口或软管倒钩。不锈钢滤壳和囊氏滤器在顶端都有排气阀，以便过滤开始之前除去空气。

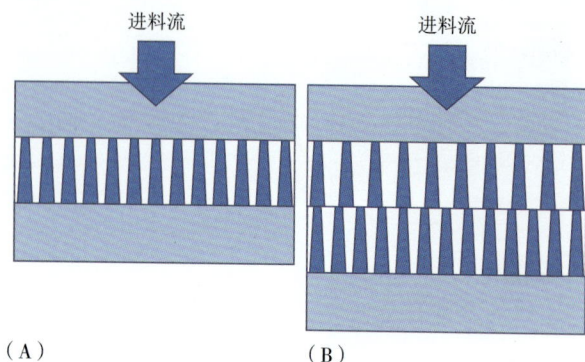

图8-3　单层膜（A）和双层（或两层）膜（B）的示意图

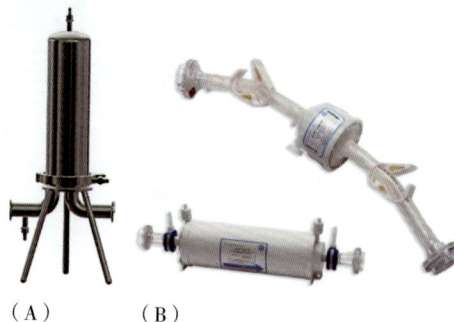

图8-4　（A）不锈钢过滤器外壳（赛多利斯标准，单圆形液体外壳）；（B）带有集成无菌连接器的一次性滤芯

经许可：（A）Sartorius Stedim Biotech GmbH；（B）GE Healthcare

缠绕的无纺布过滤器由刚性、多孔、圆柱形芯组成，过滤材料沿长边缘黏附在该芯上。然后将芯缠绕，直到达到所需应用的足够厚度。然后将刚性多孔圆柱形套筒套在缠绕滤芯上，并应用端帽以完成构造。进料由外向内通过缠绕滤芯（朝向滤芯），然后滤液从中心透过端流出（图8-5）。

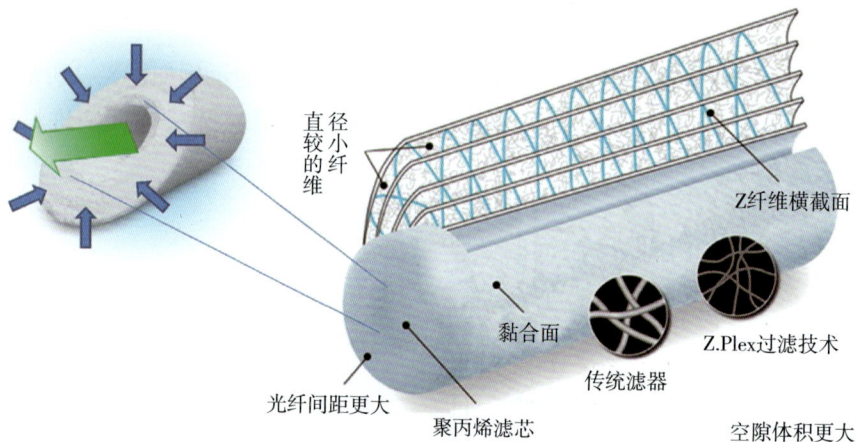

图8-5　采用Z.Plex技术制造的开口、无纺布ZCore深层过滤器

进料（蓝色箭头）从外向内流经过滤器，滤液离开中央通道（绿色箭头）。图片由GE Water&Process Technologies提供

图8-6　Zeta Plus S系列滤芯

经3M公司的许可

荚形膜堆如图8-6所示，由两个相同的圆形厚纤维素过滤膜组成。环面由筛网隔开，组件的外缘用不渗透的塑料边缘密封。组件的内周用塑料边缘密封，顶部和底部都不可渗透，但可以使透过液沿着筛网流动并进入滤器中心。然后将这些环形组件堆叠并热联接，因此，叫"膜堆"。通常，将8~16个环焊接在一起以形成单个过滤装置。在这种设计的更现代的展示中，整个组件被封闭在一个铸模的塑料外壳中，从而无需钢制外壳，因为钢制外壳笨重且难以清洁。

（一）操作

常规过滤的基本工作流程包括安装、调试、使用和处置。常规过滤器几乎完全是一次性使用的设备（气体过滤器除外），因此在使用后可以完全更换。

（二）安装

在传统应用中，使用所谓的"代码0"或"代码7"适配器将常规过滤器安装在不锈钢外壳中。这些适配器使用双层O形圈构造，该O形圈密封过滤器外壳底座中的凹槽。外壳设计用于实现并行操作的规模放大，也有不同长度，最常见的是10、20和30英寸。常见的平行设计包括3×30"、5×30"和7×30"。采用短于30英寸的滤器的并行设计并不常见。通常认为，最好尽量减少组件中O型环密封件的数量。

滤芯安装在壳体底板中后，将壳体圆顶安装到位，并用垫圈和夹子密封。使用T型接头连接入口和出口。通常，将阀门放置在过滤器外壳的上游和下游，以便于从固定管道上拆卸，并减少使用后的排水。压力计也可以放置在上游（几乎总是）和下游（偶尔），以便能够监测过滤器性能。

通常需要在使用前确认常规过滤器的完整性，以最大程度地降低单元操作失败的风险。通过用水冲洗过滤器（根据生产商说明），然后用空气对过滤器上游侧加压来完成。然后使用以下三种方法中的一种（表8-1）测量过滤器完整性：压力保持、泡点或扩散流，每种方法都有其特定的优点和缺点。

表8-1　过滤器使用前检查完整性的推荐方法[a]

方法	描述
压力保持	最基本的完整性测试，仅验证过滤器是否正确安装，并且确定系统中没有重大泄漏。通过在低压下对过滤器的上游侧加压，然后测量压力衰减，可以验证系统是否完好无损。该方法可用于非关键操作，但对于经验证的步骤（例如灭菌）来说，该方法不是可接受的检测方式
泡点	泡点测试是用空气对完全湿润的过滤器的上游侧加压，然后缓慢增加压力，直到过滤器上游侧的压力超过过滤器最大孔中水的表面张力。一旦达到该压力，空气将开始自由流过过滤器，从而产生大量空气流动。大量空气开始流动的最小压力称为过滤器的"泡点"。该压力与过滤器截留细菌的能力具有统计学关系，因此对于经验证的工艺步骤，该方法是可接受的测试方式[2]。通常建议对具有对称孔隙结构的过滤器使用泡点测试
扩散	扩散试验是将完全湿润的过滤器的上游侧加压至接近但不超过过滤器最小起泡点压力。（通常规定的测试压力为起泡点的80%。）一旦压力稳定，使用扩散计测量空气通过水湿润的孔隙发生的扩散。最小扩散值由过滤器制造商规定；该值可与过滤器截留细菌的能力间接相关[3]。对于具有不对称孔隙结构的过滤器，通常建议使用扩散法

[a]在使用每种方法之前，需要用水冲洗过滤器。

确认过滤器完整性后，可能需要对过滤器和外壳进行灭菌。这可以通过高压灭菌离线完成，但在大规模生产中，更常见的是通过在线灭菌（steam-in-place，SIP）完成。在线灭菌操作超出了本文的范围，但在参考资料中有详细介绍[5-7]。

（三）冲洗调节

对于产品接触操作，通常需要在应用产品之前用缓冲液进行调节。通过减少先前已用注射用水（WFI）润湿的过滤器表面上的沉淀，适当的过滤器调节可以确保好的收率。制造商提供了过滤器冲洗的具体建议，通常约为膜面积的$1\sim10$ L/m^2。

对于其他常规过滤操作（例如细胞培养基、缓冲液过滤等），必须根据具体情况决定是否在使用前进行调节。

二、使用（操作模式）

常规过滤器一般有两种操作方式：恒压或恒流。恒压应用中，在进料容器前端通入空气或氮气作为压力源，通过压力使液体通过过滤器。过滤器堵塞表现为滤液流速的衰减，因此测量流速或流量以确保过滤器正确运行非常重要。恒压操作在细胞培养基制备或缓冲液制备操作中很常见，其中混合容器提供了方便的压力源。在恒流操作中，泵用于推动液体通过过滤器到达容器或另一个单元。过滤器堵塞表现为过滤器上压差的增加，因此监测该压力以确保过滤器正确运行非常重要。当连接到色谱步骤或深层过滤步骤时，恒流操作是常见的，因为这些操作通常已经在恒流下进行，因此可以在线集成常规过滤，从而降低了工艺的整体复杂性。

三、处理

如前所述，常规过滤器几乎是一次性的，因此，在线清洁（CIP）并不常见。为了确保高滤液收率，可以将压缩空气施加到过滤器的上游侧，以置换尽可能多的滤液。也可以使用缓冲液冲洗以提高工序收率（在高度关键操作中，可以按照与本文所述相同的方法进行用后完整性测试）。完成后将过滤器外壳减压，打开，然后将过滤器从外壳中取出，并作为生物危废物丢弃。过滤器外壳通常使用氢氧化钠进行在线清洁或离线清洁（clean-out-of-place，COP）。

四、工艺开发

常规过滤器具有高度可放大性，因此小规模模型已经存在多年，在工艺开发中，可以通过最少的样品规模测试，准确预测大规模过滤器的性能。在缩小规模的工艺开发（PD）中需要注意的主要问题是，由于过滤器的异质性，小规模的测试结果更容易增加可变性，因此在扩大规模时应使用安全系数（和/或进行多次测试），以说明在小规模中放大的潜在变化[8]。在某些情况下，应用校正因子来解释设备设计中的差异也可能是有用的：小规模过滤研究通常在膜片上进行，而大规模设备则使用褶皱过滤器。这些结构差异可能导致过滤器性能发生变化，但在放大计算中可以理解并解释这些变化[9]。

与规模化生产中的操作一样，对过滤进行开发时主要使用两种方法：恒压测试和恒流测试。操作模式的选择基于几个因素，其中一些总结在表8-2中，并提供了选择合适技术的基本选择指南。有关合适操作方法的更多详细信息，请参见其他章节[10, 11]。

表8-2　测试技术的选择

方法学	优势	缺点	常用于
恒压	●容易实施 ●允许进行加速试验 ●提供可靠的筛查（选择）结果 ●提供放大的初步信息 ●需要有限的液体量[a]	●不提供有关滤液质量的信息 ●不能模拟串行过滤	●通常在恒定压力下运行的工艺的大小确定（例如培养基和缓冲液过滤） ●无菌过滤和病毒过滤单元操作 ●基于膜的预过滤器单元操作
恒流	●容易实施 ●为恒流过程提供更准确的过滤器需求估计 ●提供可靠的筛查（选择）结果 ●允许在单个实验中测试多个过滤器（例如连续过滤） ●规定直接测量滤液质量 —"流穿"能力可识别	●需要更大的液体体积和更长的测试时间 —在恒流测试中不能外推终点 ●过滤器尺寸计算更复杂	●通常在恒定流量下运行的工艺尺寸确定（例如，使用深层过滤器进行澄清） ●串行过滤操作

[a] 47 mm碟片约为1L，25 mm碟片约为350 ml。

有许多教科书和综述文章更详细地描述了恒定压力和恒定流量方法[11-13]，以下是这些技术的简要概要，方便读者参考。

（一）恒压过滤操作

使用该技术时，需将样品添加到可加压容器中，并将过滤器连接到装有开/关阀的容器出口。然后使用气体作为动力源将容器加压至规定压力，并打开过滤器的进口阀，此时监测滤液体积随时间发生的变化。随着过滤器堵塞，体积变化率（即滤液流速）降低。继续进行实验，直到达到足够的流速衰减为止。常规建议是继续实验，直到达到初始流速的至少75%。

通过利用 x–y 坐标图绘制以时间/体积形式获得的实验数据，并使用线性回归来估计所得斜率和y轴截距，可以估计两个过滤参数:过滤器的最大容量（V_∞=1/斜率）和初始过滤器流速（J_0=1/截距）。最大过滤容量代表当过滤器完全堵塞且滤液流速降至零时处理的滤液体积。然后，这些参数可用于使用公式（8-1）确定给定操作所需的最小过滤器面积。

$$A = v_b \left(\frac{1}{V_\infty} + \frac{1}{J_0 t_b} \right) \tag{8-1}$$

其中，v_b 为待过滤批的料液体积，t_b 为批量处理时间。

公式（8-1）是基于本文稍后描述的标准孔阻塞模型得出的。

（二）恒流过滤操作

使用该技术时，加料罐需要连接能够产生恒定流速的泵（例如蠕动泵），过滤器连接到泵的排放侧，压力计放置在过滤器的上游。将滤液收集在第二个容器中，并测量压力和滤液体积随时间的变化。随着过滤器的堵塞，过滤器上游的压力增加。通常，恒流实验还包括滤液质量的测量。最简单的测量方法是使用光学技术，例如浊度或在600 nm波长处的吸光度。实验继续进行，直到过滤器上游的压力达到预定目标（通常为1 bar）或滤液质量变得不可接受（即滤液中存在过多的颗粒）。这些颗粒出现在滤液中的时刻称为"穿透"，这是从色谱操作中借用的术语。

来自恒流实验的数据以压力/通量的形式绘图，作为过滤器载量（即过滤体积/面积或 L/m² 的函数，并且基于二阶或三阶多项式的经验模型为拟合数据。然后使用以下迭代技术，将该模型用于计算给定批量（v_b），工艺时间（t_b）和最大压力（ΔP_{max}）所需的过滤面积:①猜测A的初始值（v_b/最终测试载量，是一个良好的起点）;②计算给定A值的通量 $J = v_b / (t_b A)$;③计算最终负载 $L = v_b/A$;④计算阻力（R）（使用多项式拟合）;⑤计算压降 $\Delta P = R \cdot J$;⑥将计算得出的压降与给定目标值进行比较，ΔP_{max}。

$$\Delta P = \Delta P_{max} \rightarrow 停止$$
$$\Delta P \neq \Delta P_{max} \rightarrow 细化 A 的估计并迭代$$

或者，可以使用机械模型（例如标准孔阻塞模型）来确定过滤器的尺寸。

（三）建模

数学建模可以并应该用于开发和优化过滤操作。本节重点介绍最简单和最常用的过滤模型，即标准孔阻塞模型[14, 15]。在第七章中对模型进行了简要讨论（表7-2）。

标准阻塞模型将堵塞描述为污垢在过滤器孔的内径上逐渐积聚，从而导致滤液流速逐渐降低。该模型基于以下假设:①膜孔呈直圆柱形;②污物尺寸小于孔隙尺寸且污物颗粒堆积在孔隙喉部;③颗粒堆积使孔隙收缩，导致流动阻力增加。

描述标准阻塞模型的数学方程式如下：

对于恒压：

$$V = \left(\frac{1}{J_0 t} + \frac{K_S}{2} \right)^{-1} \tag{8-2}$$

对于恒定流量：

$$R = \frac{R_0}{\left(1 - \frac{K_S R_0 t}{2} \right)} \tag{8-3}$$

式中，V 是膜负载（m^3/m^2），J_0 是初始通量［m^3（$m^2 \cdot s$）］，K_S 是标准阻塞常数（m^{-1}），R 是过滤器阻力（压力/通量）；R_0 是初始过滤器阻力，t 是过滤时间（s）。

对于恒压过程，通过取公式（8-2）的极限来估算过滤器的容量。经过很长的处理时间（即 $t \to \infty$ 时）：

$$V|_{(t \to \infty)} = \frac{2}{K_S} \tag{8-4}$$

K_S 的大小通常通过重新排列方程式（8-2）来估算。如下：

$$\frac{t}{V} = \frac{K_S}{2} t = \frac{1}{J_0} \tag{8-5}$$

收集时间和体积测量值的实验数据用于生成 t/V 与 t 的关系图。线性回归用于估计该线的斜率，其倒数等于 $2/K_S$ 或 V（$t \to \infty$）（图8-7）。还可以通过计算 y 截距的倒数来生成初始通量的估计值。

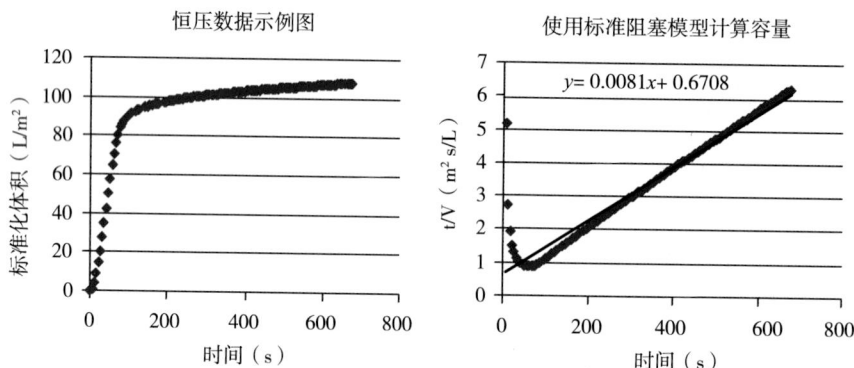

图8-7 使用标准阻塞模型估算恒压过程中的过滤器容量
在这种情况下，过滤器容量估计为0.0081-1=124L/m²

对于恒流过程，过滤器的容量是当流动阻力达到最大允许值时达到的载量。在最简单的情况下，小规模测试的通量等于大规模测试的通量，容量项等于：

$$V_{\Delta P_{max}} = \frac{2}{K_S} \left(1 - \frac{1}{\sqrt{P_m^x / P_0}} \right) \tag{8-6}$$

式中，P_{max} 是最大允许压降，P_0 是给定流量下的初始压降。

可以通过绘制 t（y轴）对（$1 - 1/(P_{max}/P_0) 0.5$）并计算斜率来估计 $2/K_S$ 的大小（图8-8）。斜率乘以实验通量等于 $2/K_S$。

在测试通量与预期过程规模通量不同的情况下，通常如前所述使用经验模型。

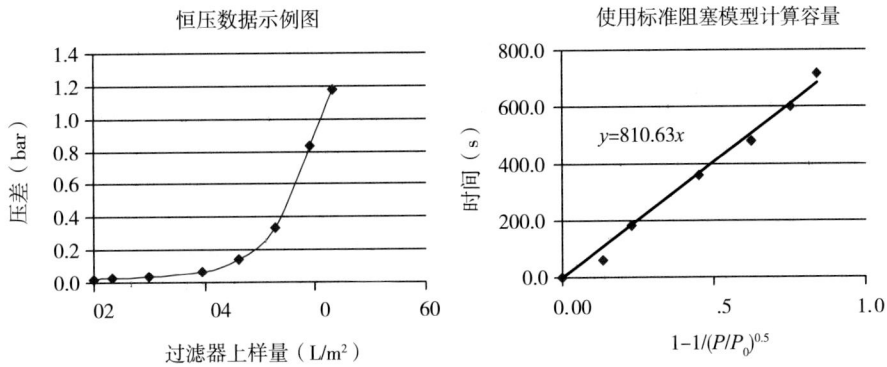

图8-8　在恒流过程中使用标准阻塞模型估算过滤器容量的示例
在这种情况下，流速为196 LMH（5.4×10^{-5} m/s）。$2/K_S = 810.6 \times 5.4 \times 10^{-5} = 0.044$ m的估计值，
最大压降为0.69 bar时过滤器容量的估计值为37 L/m²

五、放大

常规过滤工艺的放大相对简单。通常，常规过滤器线性缩放。但是，从实验室规模的实验结果放大规模时，应该考虑几个方面。放大规模的目的是：①使用小规模产生的信息来预测工艺条件下全规模过滤系统的过滤能力；②设计一个能够承受工艺和过滤器差异性而不会引入过多浪费的全规模工艺。这些目标受到以下几个因素的挑战：实验室规模和工艺规模设备之间过滤器结构的差异，工艺规模过滤器外壳和管道的寄生效应以及过滤器和进料的差异性。

为了方便测试和节省料液，通常利用膜片进行常规过滤测试。然而，放大工艺规模过滤通常使用褶皱过滤装置完成，结构的差异可能导致非线性放大[16]。在褶皱装置中，支撑材料是变化的主要来源，因为液体流过支撑材料在褶皱装置中是侧向的，而在膜片滤壳中是垂直的。侧向流通支撑材料可为高度堵塞提供一些预过滤，从而导致放大规模上的容量高于预期。Giglia等人详细描述这一点，并为如何理解和解释这种影响提供建议[17]。

在缩放时，基于设备的寄生压力损失可能导致明显的非线性。因此，在放大时必须考虑过滤器外壳的类型和尺寸以及工艺流速。另外，工艺管道中会发生巨大的压力损失，从而降低施加到膜上的压力，原因包括管道中流通时长、高度、阀门、弯头、料罐的入口和出口的变化以及T形连接。在确定过滤器尺寸时，必须考虑这些地方的损失。

放大因子可解释本文所述的许多影响。放大因子是对过滤面积估计值所进行的校正，用以说明与小规模试验相比的可控的和可量化的偏差。例如，使用10 psi压力，恒压过程可能会因管道和高度变化而发生5 psi的寄生压力损失。在这种情况下，所需的过滤面积应加倍，因为施加到过滤器上的实际压力仅为5 psi。

在扩大规模时，过滤器和进料的差异性也是重要的考虑因素。过滤器的差异性会影响过滤载量和过滤速度（即最大流速）。差异性来源包括孔径分布、孔隙形态和滤器厚度。这些可以使用质量源于设计的方法并与过滤器制造商密切合作来评估。如果没有经过很好的表征，进料的差异性可以主导所有其他因素。当从实验室规模扩大到中试规模到生产规模时，应重复进行小规模测试（与大规模实验同时进行），并对结果进行分类，以量化进料在可滤性/质量方面的一致性。通过这种方式，可以将规模和进料变化的影响分开。

在过滤工艺中，"安全或放大因子"代表为解决不可控但可量化的差异性原因而设置的额外膜面积。安全系数SF通常以百分比表示，公式（8-7）如下：

$$SF = \left(\frac{A_{\text{推荐}}}{A_{\text{所需}}} - 1 \right) 100\%$$

（8-7）

安全系数实际上是确保稳健运行的保险政策。因此，太小的安全系数会导致工艺混乱，而过大的安全系数会导致工艺浪费。良好的安全系数在稳健操作和最小浪费之间取得了平衡。应用安全系数的大小取决于数据量和质量、进料的预估差异性和过滤器的预估差异性。常规过滤的常用安全系数约为1.5，但较高价值的工艺过程（例如除病毒或最终原液过滤）应使用较高的安全系数，以及差异性较高的工艺应使用较高的安全系数（例如细胞培养液澄清）。图8-9说明了这一原则。

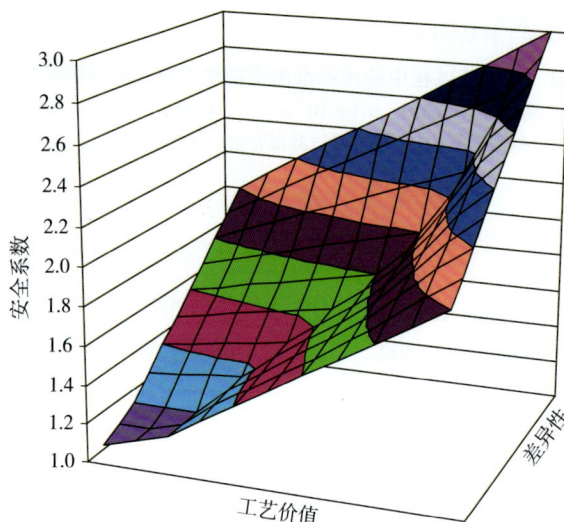

图8-9 过滤面积安全系数，体现为工艺参数及其差异性的函数

六、其他设计注意事项

（一）收率和收获

在产品收率研究中很少涉及常规过滤操作。也就是说，在大多数精心设计的工艺中，常规过滤步骤的收率接近100%。在工艺开发工作流程中，通过验证选择的过滤介质与过滤的物质相容，以及可能对收率产生负面影响的最小非特异性结合可确保高收率。现代过滤介质与缓冲液、细胞培养基和（或）产品中间体中的典型组分存在相容性问题一般不常见。在生产工作流程中，通过在拆卸和处理滤器之前对滤液进行置换的步骤来确保高收率，例如利用空气置换滤芯上端和（或）下端中的剩余液体和（或）使用缓冲液将物料从过滤器组件冲洗到滤液收集罐中。

（二）产率

常规过滤操作的高产率是基于良好的工艺开发实现的。重要的是使过滤器的孔径与污染物种类的粒度相匹配，以确保充分使用过滤器的整个孔隙结构。孔太大的过滤器显然无法截留污染物，而孔太小的过滤器可能会在过滤器表面形成污垢层，最终导致过滤器过早失效。许多现代过滤器设计在单个褶皱滤芯中使用多种过滤介质，上游端由更多孔的多孔预过滤器构成，旨在保护更紧密的第二层滤器。另外，对于非常具有挑战性的料液，可以使用预过滤器作为第一级设计多级工序操作，以便对最终在第二（或第三）级步骤中处理的料液进行预处理。由于预过滤器比经验证的过滤器（例如除菌级过滤器和除病毒过滤器）便宜，因此希望使预过滤器步骤的负载最大化，并使最终步骤的过滤载量最大化。常规过滤器载量如表8-3所示。

表8-3 常规过滤器载量

工艺料液	过滤类型	常用材料	常见孔径（μm）	常规载量（L/m²）
血清	预过滤	纤维素、聚丙烯、玻璃纤维	0.45~2	250~2000
	无菌过滤	尼龙、PVDF、PES	0.2	500~2000
细胞培养基	预过滤	纤维素、PVDF、PES、玻璃纤维	0.45~0.8	500~2000
	无菌过滤	尼龙、PVDF、PES	0.2	1000~5000
	支原体清除	PVDF，聚醚砜	0.1	500~2000
工艺中间体	预过滤	纤维素、纤维素/硅藻土混合物、聚醚砜、玻璃纤维	0.45~0.8	300~2500
	无菌过滤	尼龙、PVDF、PES	0.2	1000~3000
缓冲液	预过滤	N/A	N/A	N/A
	无菌过滤	尼龙、PVDF、PES	0.2	5000~10,000

第三节 错流过滤

尽管错流过滤跨越了从上游到下游的整个工艺过程，但在生物工艺应用中不太普遍。典型的生物处理应用包括细胞收获（例如细胞库操作）、产品收获、产品浓缩、缓冲液置换（即洗滤）。

一、形式

在错流过滤中，生物制药工艺使用两种常见的形式：平板膜包和中空纤维滤器（图8-10）。

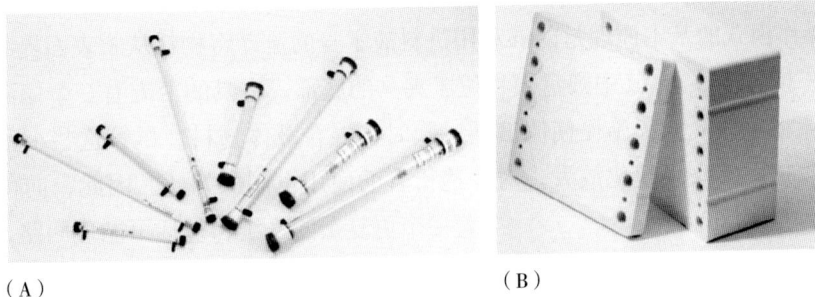

图8-10 CFF形式
（A）中空纤维/管状；（B）平板
图片由GE Healthcare提供，经许可复制

平板膜包是生物加工中CFF应用的主要设计形式，通常为长约16 cm、标准宽度为15 cm的矩形流道，但较小宽度的设计可用于缩小面积和较小的工作体积。尽管有不同的筛网间隔形式，但整个行业设计已标准化，用户可以使用同一夹具，测试来自不同供应商和不同材质的膜包。还有用于初步测试的无需夹具的囊式膜包（50 cm²）。在内部，平板膜包通过在模塑料支撑层两侧黏附膜组成，从而形成具有两个入口侧和一个公共渗透通道的膜包。膜包进料和透过流动通道可以互相转换。通常在进料端和透过端用筛网将膜分开。在流道路径中使用筛网垫片，以便扰动流体，使料液在膜表面混合。尽管添加筛网垫片不会产生真正的湍流，但混合涡流可有效地将物质从膜表面提起，从而膜表面的凝胶极化较少，提高了膜的生产率。平板膜

135

包还可以装配成开放式流道膜包，可以是典型的"盒式"设计或新颖的Prostak。还有一些混合的盒式膜包，使用特殊的筛网垫片，更类似于"开放式流道"。无论何种流路通道设计（筛网通道、开放通道或混合通道），膜包始终安装在将膜片压在一起的夹具中，以避免泄漏并支撑膜包（图8-11）。

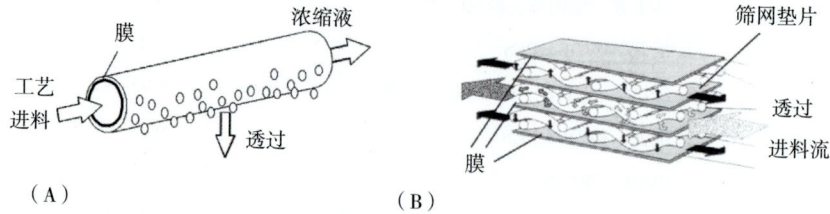

图8-11　CFF（A）中空纤维/管状，（B）平板的示意图
由GE Healthcare提供，经许可复制

中空纤维滤器就像一根管子，管壁就是滤器。将物料引入管的中间，并在外部收集渗透液。许多纤维平行排列在单个中空纤维设备中。就其性质而言，中空纤维设计为开放式流道，并以层流流动方式运行。该流动模式仅使料液在膜表面轻微混合。但是，通过一致的流动模式，这些设计可以处理高密度细胞悬浮液，并为剪切力敏感的料液提供了"温和"的流路。纤维的内径从0.25 mm到1 mm不等。流路长度可短至20 cm，长至110 cm。

具体的应用决定了选择中空纤维还是平板膜包更有利。通常，对高黏度颗粒物和剪切力敏感的料液，优选中空纤维，而对低黏度颗粒物和耐受高剪切力的料液，优选平板膜包。

二、操作

（一）基本原则

使用复杂CFF操作模式的基本原理是能够利用进料液本身的流动将物料从膜表面提起并防止堵塞膜的孔径。可以将其看作"搅拌工序"，其中圆盘膜片位于夹具的底部，夹具的上方有一个储液罐，并在膜表面正上方使用磁力搅拌棒将流体混合，施压使滤液通过膜时，混合液体物料。尽管这些小型设备在研究中得到了很好的应用，但该技术无法规模化放大。对于透析管的使用也同样如此。因此，向可扩展技术迈进意味着一个更复杂的系统，包括再循环回路，并将进料液通过过滤器表面从而在膜表面传递类似的混合力。

使用CFF需要工艺设计，该工艺设计能够（至少）使进料再循环回到进料容器中，如图8-12所示。从进料罐底部抽取进料，并引至CFF装置中。在上游侧离开装置的液体称为"回流液"，而通过膜的液体称为"透过液"。再循环流量的速率可以是体积/时间、剪切速率，或者有时针对面积归一化为LMH［L/（m²·h）］。当对面积和压力进行归一化时，透过流量称为通量，即LMH或LMH/bar。选择指定进料流速与透过速率的比例时，可能会转化为百分比。

在整个再循环回路中，泵送速率会面临阻力。有明显的压力进入CFF设备，有较低的压力水平离开设备。两个

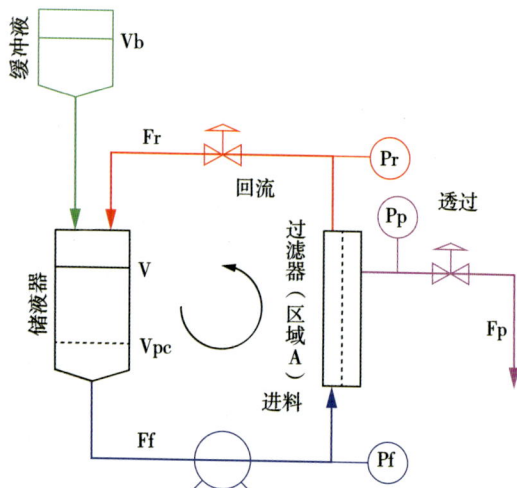

图8-12　错流过滤装置示意图

读数之间的差异为压降。这种差异源自液体通过时产生的摩擦力，与较大的开口相比，较小的通道（例如筛网-垫片盒和内径较小的空心纤维）将产生更大的压降；流体特性也会产生作用，黏性溶液会产生更大的流动阻力，并导致更大的压降。

NFF 只有一个压力驱动滤液流动，而 CFF 的压力来源于滤器上游侧的两个平均压力。当膜的透过端没有压力时，将入口和回流端压力的平均值看作平均跨膜压（TMP）。下文将展示对每种类型的应用，均有一个最佳水平的循环流速和 TMP，以最大化减少凝胶极化层。需要注意，存在某个点，局部的 TMP 和冲扫流速达到最优化，过了这个点，随着局部 TMP 的增加，优化效果并不理想。同样，针对进液端出口压力的优化效果也有限。因此，虽然压力读数的差异是支持 CFF 过程所必需的，但人们应该认识到，对流路不同部分的压力优化会对透过流速产生不同作用。

总之，在标准 CFF 操作期间，需要跟踪两个流速、三个压力和两个压降。此外，在整个工艺过程中还需监测多种产品特性，温度、pH 值、电导率、UV 吸光度和产品浓度。通常，由于设备压力增加，增加再循环流速将增加摩擦力，入口压力也会增加。通过限制回流液流速，将增加入口和回流端压力（通常称为背压）。如果不控制透过端，则 TMP 会增加。如果控制透过流量，则施加背压将使所有三个压力均等增加，导致绝对压力更高，但 TMP 和压降保持不变。

（二）安装

在最基本的结构格式（中空纤维）中，CFF 安装涉及通过清洁配件将管道连接到独立模块的入口、出口和透过端口。但是，并非所有的安装都如此简单。一些中空纤维设备需要安装在不锈钢滤器的外壳中。最常见的是在使用前对滤器进行在线灭菌（SIP）。几乎所有平板膜包都必须安装在滤器夹具中，该夹具由 2 个通过 2~4 个固定杆连接的不锈钢板组成。平板膜包的安装包括在固定板和第一个膜包之间放置垫片，以及在平行安装的每个膜包之间放置类似的垫片，在最后的膜包和端板之间放置垫片。平行安装的膜包数量受到从最里面膜包到最外面膜包压降的限制。可以通过在单个夹具内平行增加膜包数量放大工艺，也可通过管路连接并列的多个夹具放大工艺。无论系统设计如何，一旦膜包借助合适的垫片安装于夹具中，必须通过机械力（即使用螺纹压杆上的螺母）或液压力来进行紧固。

不管使用何种形式，所有 CFF 设备在安装膜包后都必须用清水冲洗，以使膜湿润并去除制造商使用的任何防腐剂（例如甘油）。制造商提供了针对其设备冲洗的具体说明，包括标准流速［L/（m²·h）］、压力和冲洗体积。建议用户遵循制造商的建议，因为制造商通常为确保膜的完全润湿和完全去除防腐剂而进行了优化研究。

在某些情况下，可能需要在安装后对 CFF 设备进行在线清洁或在线消毒。可能涉及使用化学品，例如次氯酸盐（例如漂白剂）、氢氧化钠、乙醇和（或）异丙醇的各种稀释液冲洗系统。

冲洗操作后，通常需要测量新膜的标准水通量（normalized water permeability，NWP）。新膜的 NWP 用作系统使用后和随后清洁后进行比较的基准。已知 NWP 测试存在一定程度的可变性，那么问题来了，即水通量恢复到什么水平才能显示有效的清洁效果？理想情况下，应进行充分的检测，以表明检测精密度，并得出可接受的范围。关键是在每个批次清洁后显示恢复到相同的 NWP 范围。由于 NWP 值可能存在批间差异，甚至批内差异，因此必须记录每组新滤膜的这一重要特征。该值通常以每单位压差（通常为 bar）每小时每平方米膜的体积或 LMH/bar 表示，并通过选择参考温度（通常为 25℃）对温度变化进行归一化。NWP 的数学公式如下：

$$NWP = \frac{qK}{\Delta PA} \tag{8-8}$$

137

式中，q为实测流量；K为黏度校正因子；ΔP为压差；A是膜面积。

黏度校正因子通常由滤器供应商以列表形式提供[18]。

最后，在初次使用之前，应对CFF安装进行完整性测试，以确保系统没有泄漏，并且膜装置内部完好无损。在CFF操作中，最常见的完整性测试方法是扩散流测试或保压测试。本章的NFF部分描述了这些测试的原理，设备制造商提供详细说明。

（三）使用（操作模式）

CFF操作可以通过两种方法中任意一种进行控制，即TMP控制或透过流量控制。在第一种情况下，调节流量以达到预定的TMP，并根据设定的TMP随时间监测通量。在第二种情况下，设置透过流量为预定水平，并以恒定流量监测TMP。这两种做法遵循类似于NFF测试的方案，恒压观察过滤通量和流速的关系，或者恒流观察过滤通量和压力的关系。

控制方法的选择一般取决于膜的选择。在膜的流动阻力非常低的情况下（通常是微滤膜），进入流道的液体易通过膜进入透过端，从而导致诸如细胞碎片或蛋白质之类的物质被捕获在膜的表面，从而形成致密的凝胶层。结果，在流道的入口端膜不再对通量起作用。在某种程度上，可以通过"透过流量控制"技术来减轻这些影响。对透过液施加反压将减少设备入口端的压力，并减少该区域的透过液流量。在透过端中存在压力的情况下，平均TMP的测定更加复杂，并表示为$[(P_{进料端}+P_{回流端})/2]-P_{透过端}$。对于低渗透性膜（通常用于UF/DF应用，见第十六章），由于膜本身对透过流提供了足够的阻力，因此在不控制透过流的情况下操作该工艺。在这些情况下，透过端不受限制，并且通过在膜的进料侧保持恒定的平均压力来控制系统。在这种情况下，TMP定义为$(P_{进料端}+P_{回流端})/2$，因为$P_{透过端}$假定为0（或至少恒定）。

（四）在线清洁

几乎所有的错流–膜分离中，即使其他操作条件和流体特性保持恒定，透过端流速也会随时间下降。与浓缩效应（即浓差极化）无关的通量下降可能是由于在膜表面上形成的凝胶层增加了对透过的阻力。

膜的堵塞情况取决于进料流的性质和浓度。尽管大多数常规滤器设计为一次性使用，但在工艺开发、中试和生产规模中，错流膜包的清洁和重复使用是重要的经济考虑因素。幸运的是，已经为广泛的应用开发了高效和有效的膜清洁步骤，允许微滤和超滤膜装置在许多工艺循环中重复使用。图8–13说明了CFF滤器的典型生命周期。

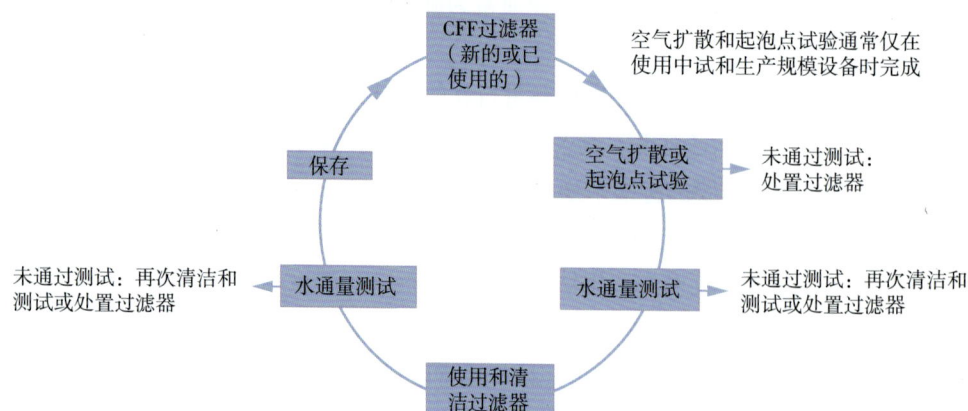

图8–13 错流滤器的运行周期
图片由GE Healthcare提供

典型的在线清洁化学品和操作条件见表8-4。

在执行这些清洁程序时，应考虑几个因素。首先，在清洁之前，应使用干净的温水（50℃）、盐水或缓冲溶液冲洗滤器滤芯的残留进料。缓冲液的使用可防止冲洗过程中溶质（例如蛋白）的沉淀。该步骤最好在非循环模式下进行，因此冲洗水不会重新进入系统。通过彻底排空滤膜（包括渗透区域）和系统，大大减少了冲洗时间/体积。其次，在清洁过程中，应升高液体温度。不建议在室温下清洁，最好在40~50℃下进行清洁，以降低污垢/膜表面结合的强度并提高残留进料成分的溶解度。不建议使用更高温度的清洁（>60℃），因为可能对膜或过滤装置造成物理损坏。任一方向的温度变化均应逐渐变化，标称值为1℃/min。最后，接触时间是CIP操作中的一个重要参数。典型的清洁时间最长为60分钟（表8-4），但可以进行优化。

表8-4　典型的在线清洁化学品和操作条件

清洗剂	条件
1.5%Alconox清洁剂	接触时间60分钟，温度40℃
0.1~0.5 mol/L氢氧化钠	接触时间60分钟，温度40℃
含200~300 ppm次氯酸钠的0.1~0.5 mol/L氢氧化钠	接触时间60分钟，温度20℃

对于每个特定工艺，必须对可能的CIP循环次数以及由此产生的滤器寿命进行验证。基于一系列成功清洗，可以采用围绕次数或重复使用的计划。在某些情况下，可以验证超过100次使用。然而，验证是有成本的，这也包括在成本优化中（图8-14）。

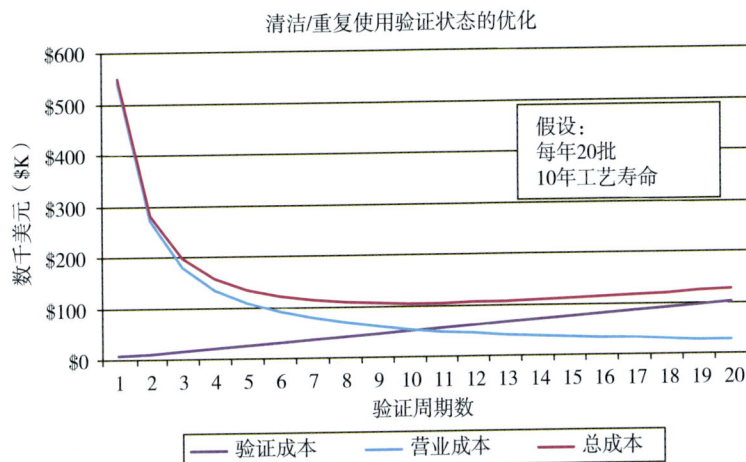

图8-14　终端用户必须验证其清洁方案，其中包括最大使用次数的证明
因此，应谨慎考虑验证成本与工艺寿命期间产生的耗材成本的优化策略。本文举了一个示例

三、工艺开发

（一）错流过滤流体力学

CFF过程的物理和流体力学已由他人详细定义[1]。简而言之，在回流通道中，建立了速度分布图（图8-15），其中膜表面附近的速度低于通道中心的速度。同时，跨膜压力驱动液体通过膜，从而将污垢带到膜表面。

在低剪切条件下，允许滤液流动将导致污垢在膜表面被高度捕获。最后将在膜表面上形成致密层（凝胶极化层），并且显著降低透过速率。通过在膜表面施加更多的剪切力、更快的错流速率，增强了冲刷作用，将减少污垢的积累。结果是更薄的凝胶极化层和可维持的更高的滤液流速。图8-16为典型的UF曲线，比较了随着施加压力的增加，不同错流速率下的滤液流量（通常为LMH）。

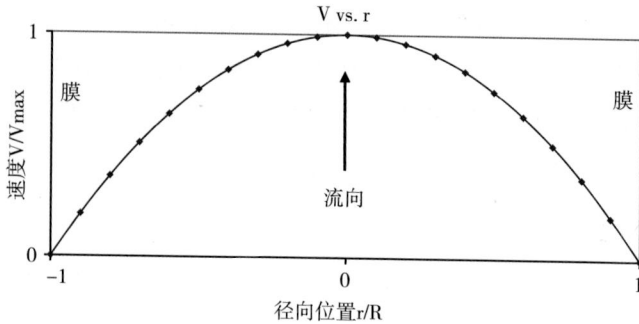

图8-15　速度分布图和凝胶极化

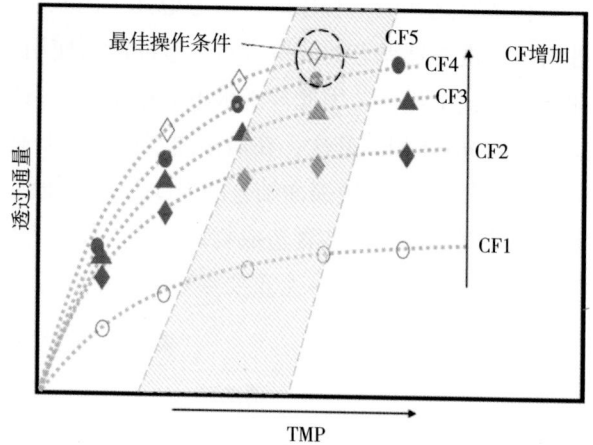

图8-16　UF检测图

通过增加膜表面剪切力来改善的通量必须与其他工艺参数平衡，至少要兼顾系统经济性和产品质量。例如，泵送容量要求增加50%是否会成比例地提高通量？

影响产品质量的问题可能要复杂得多。许多正在处理的生物制品都容易受到剪切损伤的影响，尤其是细胞悬浮液和一些包膜病毒。Zydney和Colton[19]早期工作为红细胞的研究提供了出色的背景。在目前的生物工艺应用中，以后期细胞培养中感染的MDCK细胞或CHO细胞为例。使用大分子（例如抗体）也可能对产品造成剪切损伤。即使是小分子量的酶也对剪切力特别敏感[3]。

实践中反映错流性能的典型操作参数诸如L/min或标准化为LMH，但还有一个术语是剪切速率或表面剪切力。在开放通道设计中，可以使用以下公式确定该值。当使用表征为"剪切敏感"的进料流时，检测应包括在较高水平的错流（剪切）下进行超常操作，以评估对产品质量的影响。尽管在极少数情况下，有意使剪切作用于工艺步骤[4]，但大多数应用避免任何可能损坏产品的工艺条件。为此，在设计CFF工艺时，应注意泵的最佳设计，并避免各种管道直径和限制性流动路径，这也可能对产品造成剪切损坏。剪切速率是流速和管腔半径的函数，公式如下。

$$\dot{\gamma} = \frac{4q}{\pi R^3} \tag{8-9}$$

式中，γ是剪切速率（s^{-1}），q是每个管腔的流速（cm^3/s），R是管腔半径（cm）。

如缺乏剪切对产品稳定性影响的数据，可以使用以下剪切速率γ条件测试：①剪切敏感，$0\sim4000\,s^{-1}$；②中等剪切耐受，$4000\sim8000\,s^{-1}$；③几乎没有剪切灵敏度，$8000\sim16,000\,s^{-1}$。

除了将物质从膜表面带出并使其回到整体料液中的机械冲刷作用外，还有化学平衡的作用。液体从液体流道流出通过膜产生了从流路中心到膜壁的浓度梯度—膜表面的浓度更大。然后，该浓度梯度将使料液逐渐"反向扩散"并注入流路中。该力在图8-17中称为"收缩效应"，该原理更适用于溶解的分子而不是颗粒。

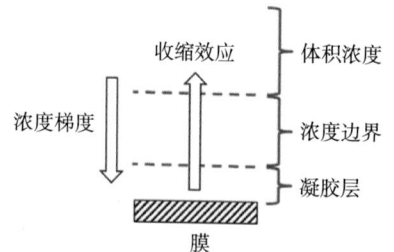

图8-17　膜及表面凝胶极化的示图

较小的分子更灵活，可以很容易地从膜表面迁移出来并被带走，而较大的分子可能形成复杂的凝胶层并被截流附着在膜表面。使用刚性模型粒子的早期研究表明，粒子可能会发生相同的"反向扩散"[5]，但是很难用细胞悬浮液过程对此行为进行表征。

（二）工艺开发要点

所有生物工艺设备都有相同目标，例如满足法规要求、供应安全、满足工艺目标、节约成本、尽量减少公用设施和基础设施的使用，这些应被当作关键目标，并在工艺优化阶段考虑软工艺或硬工艺约束。本文更关注实际的CFF因素。

尽管操作顺序不同，优化策略的目标也会不同，但总而言之，这三种技术（浓缩、淋洗和澄清）在优化方面的工作流程相同：膜选择、优化操作条件、有效的过程顺序和维护、延长使用寿命并避免堵塞。

膜的选择包括聚合物、孔径和几何形状。对于微滤应用，使用纤维素或合成聚砜和聚醚砜、PVDF或尼龙膜。所有这些聚合物都有各自的优点和缺点。鉴于这些CFF膜的广泛应用，需要考虑工艺性能和预测的使用寿命。低结合纤维素膜可能易于清洁，但可能更脆弱。合成聚合物的机械强度更强，可以承受热灭菌，但可能容易造成堵塞。行业内已经大量使用了一次性产品，而CFF设备已在实践中使用了一段时间。如果考虑到这一点，那么可能不用太关注清洁的难易性和使用寿命。

用于微滤应用的膜选择可能很复杂。行业指南是选择比需要通过膜的组分大10倍的膜孔径。因为，穿过膜的路径是一个长而曲折的路径，并且颗粒可能会被困在基质中。在涉及细胞悬浮液的应用中，膜的孔径肯定足够小以防止任何细胞通过，但是细胞碎片和蛋白聚体的存在是一个挑战。

如前所述，有两种CFF设备设计最常用于GMP生物工艺——平板膜包和中空纤维柱。但是，还应认识到，在这两种产品设计中，有广泛的选择（例如，具有不同几何形状的筛网垫片），以确保过程顺利运行，并且在工艺开发中执行的工作可以线性缩放以支持生产。

对于中空纤维，设备设计增加了复杂性。需要考虑纤维直径和路径长度。通常，较小直径的纤维和较长的流动路径可更有效地利用错流，但局部TMP读数也会产生更大的差异。对于MF膜，这种差异可能导致低通量或剪切敏感样品的分离，应当避免。

再循环流速将在放大时对系统经济性产生重大影响。因此，在优化操作条件期间，不应忽略该参数。尽管将错流流速提高2倍不会使系统成本增加2倍，但应确保错流流速在规模上提供成比例的收益。还应注意恰当选择CFF，以满足泵送要求。对于中空纤维滤芯，可以与分离的透过液流量控制串联排列。对于膜包，其概念新颖，采用单向流设计[20, 21]已经商品化。

一旦选择了膜的孔径，就应该以生产规模工艺为目标来优化流动路径。选择可用于商业化规模的流路，并确保所有测试均采用该设计。改变流动路径会对CFF性能产生重大影响。对于膜包，通过堆叠膜包来增加表面积，在工艺开发中以0.5 m²的增量递增，在生产中可能以2.5 m²的增量递增。对于中空纤维滤芯，通过在工艺开发中使用相同长度的更大直径滤芯，然后在生产规模下并联多个滤芯来增加表面积。

操作参数的优化将因应用而异。对于超滤浓缩，目标是通过调节错流和TMP使通量最大化。当涉及浓缩和淋洗时，对于微滤应用也将如此。下文讲述了用于优化的两种方法。

（三）跨膜压测试

TMP优化（有时称为TMP探索）是使产品保留在截留液中最常用的工艺优化方法。过滤纯水时增加TMP会导致通量成比例增加。对于含有溶质的工艺流体，通量的增加速率随着TMP的增加而下降，并且浓度梯度限制了液体通过滤器的通道。在高TMP值下，凝胶层的形成会阻塞滤器，并且看不到通量的进一步增加。较高的错流速率有助于防止形成凝胶层，从而在通量变得与TMP无关之前实现较高的流速。

TMP优化涉及测量错流速率、TMP和通量的相互依赖性，以确定最佳过滤条件，即通量较高但仍取决于TMP。标准程序是执行TMP优化实验，在不同的错流速率下测量一系列TMP。从这些实验中，评估对通量的影响，并可以确定最佳的错流和TMP。

例如，图8-18显示了浓度为30 g/L和150 g/L（分别代表初始浓度和目标浓度）的BSA溶液的TMP优化结果。测量在6个TMP点不同和3个错流速率的通量，并将透过液收集到进料容器中以保持稳定状态。在低蛋白质浓度下，通量在所有错流速率下均随TMP的增加而增加，并且没有明确的最佳设置。但是，在高蛋白浓度下，曲线在高TMP值下变平缓，表明浓度梯度的形成开始限制跨膜的通量。利用这些信息，可以设计在合理的工艺时间和稳定的工艺条件下维持高通量的工艺控制方案。

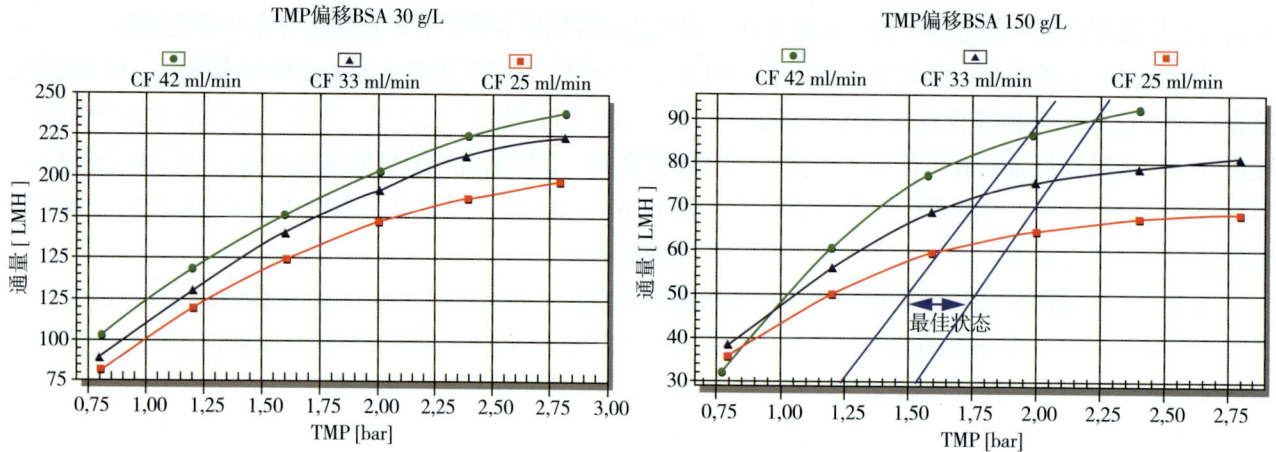

图8-18　两种BSA浓度（左30 g/L，右150 g/L）下的TMP检测结果

注意在不同蛋白质浓度下通量速率标度的差异

（四）通量优化

通量优化通常用于设计具有透过流量控制的CFF工艺。在这些实验中，将系统置于全循环模式（透过液返回进料容器），以消除进料浓度的任何影响，然后逐步改变渗透流速，并观察对跨膜压力的影响。TMP的迅速增加表明，在膜表面固体累积的速率超过了进料流清除膜表面颗粒的能力。可以在几个进料流量设定点重复该实验，以优化进料流量和透过流量。

图8-19为一个实验结果，TMP的快速增加表明凝胶层的形成降低了膜的渗透性。对于0.1 mm和0.2 mm的膜孔径、8000s^{-1}和16,000s^{-1}的剪切速率重复该过程。

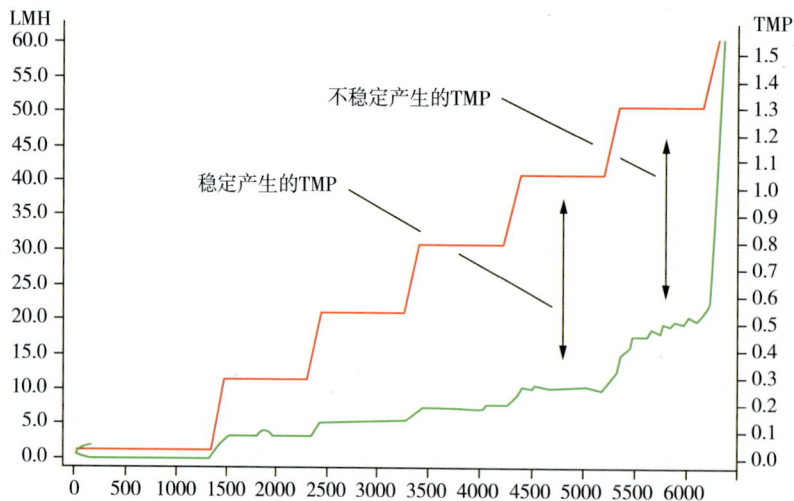

图8-19　通量优化实验的Äkta错流结果

以确定在给定剪切速率下可达到的最大通量设定点。红色代表渗透通量设定点，绿色代表跨膜压力。由GE Healthcare提供，经许可复制

四、放大

从实验室规模扩展到生产规模的规模化能力是工艺开发的关键因素。通常，放大分多个步骤完成：实验室规模到中试规模、中试规模到生产规模。合理的放大增量通常是5~20倍。

放大工艺涉及增加过滤面积，以便在不显著改变工艺条件的情况下处理更大体积的起始物料。如可能，以下参数应保持恒定：①过滤面积与进料体积之比；②中空纤维或膜包流道长度；③通道高度（膜包）或管腔尺寸（中空纤维柱）；④膜特性（孔径、选择性、材质）；⑤单位过滤面积流速（LMH）；⑥TMP；⑦温度；⑧进料浓度；⑨工艺步骤和顺序。

此外，在缩放CFF操作时必须考虑三个主要的附加参数：最小工作体积、截留体积和处理能力。具体如下。

1.最小工作体积　CFF系统的最小工作体积代表在不将空气吸入进料泵的情况下，以期望的错流速率操作系统所需的进料/回流液的量。最小工作体积取决于系统设计（进料和回流管路体积、储液器底部设计）、滤器截留体积和错流速率。在CFF工艺设计中考虑系统的最小工作体积非常重要，尤其是确认最终目标回流液体积不小于系统的最小工作体积。

2.截留体积　术语"截留量"滞留是指过滤系统中的液体量。出于某些目的，需要区分滤器截留体积（滤器本身的体积）和系统截留体积（系统管路和泵的体积）。所选的滤器和系统应具有与工艺中其他性能要求兼容的最小截留体积。

3.处理能力　应根据起始物料的计划体积，选择系统工艺能力（可在一次运行中处理的起始物料的体积）。工艺能力在一定程度上是系统尺寸和设计的函数，但也会根据起始物料堵塞滤器的趋势而变化。对于小的进样量，使用高容量系统会导致系统死体积中不必要的原料损失。对于将要扩大生产规模的工艺，在工艺开发过程中需要在不同系统之间切换一次或多次。

五、其他设计注意事项

（一）进料浓度的影响

对于产品浓缩应用，可以选择具有一定截留精度的膜，以保留目标组分。液体流到渗透侧，导致膜进料侧的产品浓度成比例增加。但是，此类工艺有一些需要注意的限制。首先，料液必须保持足够低的黏度，以便能够在没有过度压降的情况下维持再循环流动。其次，需要预估系统的最小工作体积，该最小工作体积允许浓缩至所需浓度而不会在进料容器中引入空气。对于浓缩倍数较大的生产工艺，可能需要特殊的进料罐，或者两阶段系统以减少与100倍最终浓缩所需的最小工作体积。

（二）洗滤和淋洗

产品淋洗或缓冲液置换步骤可遵循浓缩步骤，或作为独立工艺进行。如在浓缩中，目的物可以是可溶性药物或细胞悬浮液。对于需要通过膜洗涤的物料，选择膜的时候需要更谨慎。如果这些物料为离子，那么膜的选择就很多。但是，如果目的物是穿透膜洗涤的大分子溶质或蛋白质，则膜的孔径大小必须允许其通过。

（三）澄清操作期间的动态截留

到目前为止，三种CFF工艺中最具挑战性的是澄清。这是因为选择用于截留的膜很容易，但找到适合穿透的膜则比较困难。因为，随着膜被堵塞，膜上的截留特性可能会改变。因此，最初具有100%透过率的分子可能在随后的过程中被截留，从而降低收率。

第四节　总结

除其他技术外，生物加工技术中的收获技术还包括过滤。无论何种产品来源（即表达系统），几乎所有收获工艺流都使用过滤。在收获操作中，执行两种类型的过滤操作：常规过滤和错流微滤。

正常流量过滤或深层过滤是一个稳健且易于操作的步骤。其特点是成本低，通常使用由亲水性材料（例如纤维素或改性聚合物）制成的滤器。深层滤器通过多种机制（包括尺寸排阻和吸附）截留颗粒。但是，其孔径分布不是很明确。由于深层滤器会快速污堵/堵塞，因此通常会添加助滤剂以提高深层滤器的整体效率。如果助滤剂带正电或负电，也有助于下游操作的纯化效率。深层滤器通常为一次性使用。

与深层滤器相比，在错流模式下操作的微滤膜可以重复使用，前提是其构造材质与几个在线清洁步骤兼容。在错流（或切向流）操作模式下，进料流平行于表面方向，并产生横扫膜表面的冲刷力，从而防止膜堵塞。当截留的物料在膜表面上大量沉积，这种操作模式是有益的。

深层过滤和膜微滤都是非常强大的技术，可以产生相对澄清的滤液。微滤的优点是可以在灌注细胞培养过程中保留细胞[22-24]。

通常与离心相比，微滤模块的初始成本较低，但是从长远来看，用于常规操作的膜成本可能会占据大部分操作成本。考虑到当前设计的相对简单的操作模式和耐用性，可以预料膜过滤仍将是收获操作中使用的主要技术，尤其是在操作规模对离心工艺不利的情况下。

参考文献

第三篇

纯化工艺、原理和方法

第九章

制备型蛋白质层析概论

Karol M. Łącki

Karol Lacki Consulting AB, Höllviken, Sweden

第一节　引言

层析作为一种纯化技术被用于生物工艺工业的历史始于20世纪初[1, 2]。20世纪30~40年代，该技术取得了巨大的进步，广泛用于许多分离过程，并为现代层析技术成为当今生物工艺中最强大的纯化技术之一奠定了基础。利用层析技术纯化蛋白质的应用始于20世纪60年代，从那时起，层析技术便已成为科研和工业应用中的主要纯化技术。有关蛋白质层析技术历史的优秀概论还可以在其他来源获取阅读[3]。

已获批生物制品领域的发展表明，以合理顺序使用层析方法提高了纯化效率，减化了纯化步骤，并降低了生产成本。从法规的角度来看，考虑到产品纯度和关键质量属性的要求，应当基于不同的分离原理（又称相互正交），选择不同的层析步骤。该要求有助于确保每个步骤都能加强对杂质的去除，从而产出满足安全性和有效性要求的高纯度产品。根据全行业调查[4]，制备规模的下游纯化中使用的层析步骤数量通常为3个，但调查也报道了使用3个以下，以及最多不超过5个层析步骤的工艺流程。

当选择层析技术作为给定分离任务的制备纯化工具时，除了基本的纯化原理和可能会遇到的纯度挑战之外，还需要考虑几个方面。其中就包括与最终操作规模有关的影响，例如供货安全、物料可变性和成本。如果在早期（即工艺开发阶段）就考虑到这些方面，则可以开发出具有高回收率且稳健可控的工艺。如今，在蛋白质层析领域进行的大量基础和应用研究有助于确保所有相关层析技术的基本原理和启发式原则/原理都得到充分理解和记录[5-7]。因此，如何确定最合适的层析技术、操作模式和相关工艺变量变得相对简单了许多。此外，在分子尺度水平上记录下控制各种类型层析分离过程的研究详情为我们对蛋白质层析的基本理解提供了更多见解[8-14]，并为进一步开发用于更具挑战性分离任务的高级配体和固定相提供支持。

本章提供了层析中重要概念的一般描述，特别强调了制备型蛋白质层析技术的应用。它涵盖的主题范围从固定相的类型、传质机制和操作模式，到生物工艺所应用的制备型层析中常见的基本工艺设计和优化概念。有关特定的液相层析技术的详细信息请参见本书中的单独章节。

第二节　层析原理

液相层析是指溶解在液体中的两种或两种以上的混合化合物一旦与一种特殊的固体材料接触就能被分离的技术。固体材料具有一组特定的特性，混合组分可以根据其各自的属性（例如尺寸和/或分子特性）实现分离。出于大多数实验需要，固体材料（所谓的固体或固定相）被排列成可渗透的结构，随后借助于外力（例如压力）将流体（所谓的流动相）推入该结构中。可以通过将大量小颗粒或纤维放置在狭窄的空间中来形成固相，或者通过聚合过程在原位产生固相，该聚合过程会产生允许渗透通过该结构的途径。后一种类型的结构通常称为层析整体柱或膜（膜由单独的过程铸成，然后"填充"到支架/层析柱中）。

蛋白质制备层析的大多数应用是基于将小的球形多孔颗粒（又称微球，直径为30~100 μm）填充到两端带有可渗透支撑网的圆柱形容器中，即所谓的层析柱。流动相一端进柱，另一端出柱。在某些情况下，也可以将颗粒放置在两个顶部和底部密封的可渗透同心圆柱体之间。在这种情况下，流动相分别通过外部或内部圆柱体进入固定相，并通过另一个圆柱体流出。这种类型的层析柱称为径向流动柱（radial flow column）。无论哪种情况，颗粒都被称为装填的或固定的柱床。基本层析设置包括用于流动相选择和产品收集的专用阀、泵、层析柱和监测层析柱流出物组成（例如UV、pH和电导率I）的一些检测器。本文讨论的基础层析装置和两种层析柱设计如图9-1所示。

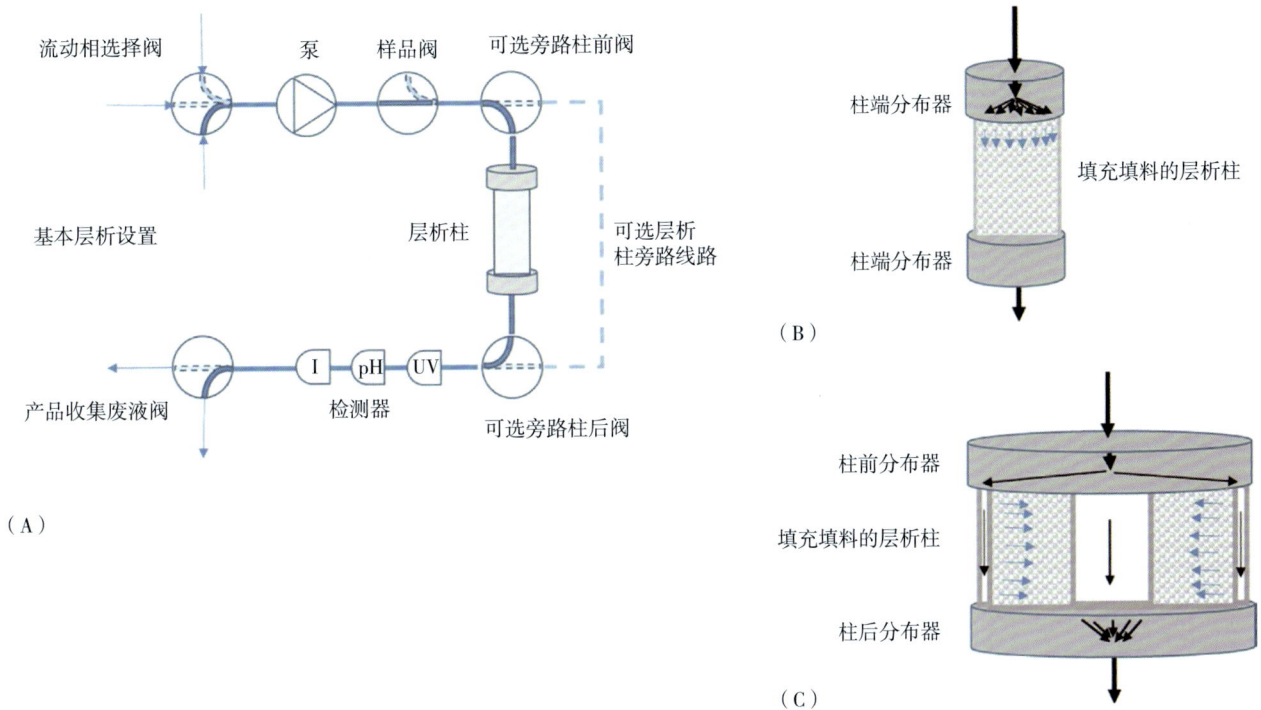

图9-1　建立层析系统的基础实验装置（A）以及层析柱类型的示例：轴向层析柱（B）和径向层析柱（C）

填料装填后，颗粒之间的空间（或在整体柱/膜的情况下为渗滤路径）称为间隙孔。这些孔形成相互连接的通道网络，其中流动相在施加力的方向上流过填充的柱床。溶解在流动相中的化合物通过流动相流通过这些通道运输，即所谓的对流运输/对流。在运输过程中，化合物向层析填料颗粒表面扩散。如果填料颗粒是多孔的，则化合物进入较小的（与间隙相比）颗粒内孔的网络。这些孔的表面或无孔颗粒的外表面为混合物组分和固定相之间的相互作用提供了必要的表面积–绝大多数层析分离都靠这样的相互作用实现。为了促使这些通常被称为吸附的相互作用发生，孔表面通常都会通过表面改性工艺进行修饰。这种修饰可以产生具有特殊性质的表面，用以促进与混合物组分产生特定类型的相互作用。多年来，已经开发出多种表面化学方法，产生了一系列化学结构，即所谓的配体，具有增强某种或几种类型的相互作用的特定性质。基于最普遍的表面化学，层析法可分为：亲和层析（AC）、离子交换层析（IEC）、疏水相互作用层析（HIC）、多模式相互作用层析（MMIC），以及反相层析（反向层析）。

对于每种层析模式，可以通过改变流动相的组成来调节相互作用的类型和强度，以使混合物中的化合物以不同的强度与表面相互作用，进而导致分离过程中较强和较弱的吸附化合物将在固定相上分别保留更长和更短的时间，这种基本的层析原理如图9-2所示。该图显示了在给定条件下在层析柱上分离的两种化合物的时间和空间位置。随着化合物在柱子中的移动，它们变得越来越分离，分离距离取决于每种化合物与层析固定相表面相互作用的相对强度。相对于相互作用的强度强弱，分离的化合物以相反的顺序（从最弱到最强）离开层析柱。如果在柱后测量分离后的化合物的浓度（例如，使用UV检测器），则测量信号以时间或流经柱子的体积所绘制的函数就是层析图谱。该图显示了两种情况，一种描述了较差的分离，另一种描述了良好的分离。如果一个或几个组分的相互作用强度非常高，则这些组分将保留在层析柱上，而弱相互作用的组分将直接通过层析柱。对于要从层析柱上解吸的保留组分，流动相的性质会发生变化，从而使相互作用减弱或完全消除。改变流动相组成的过程称为洗脱，通常基于该步骤中所用流动相的盐浓度或pH的变化。

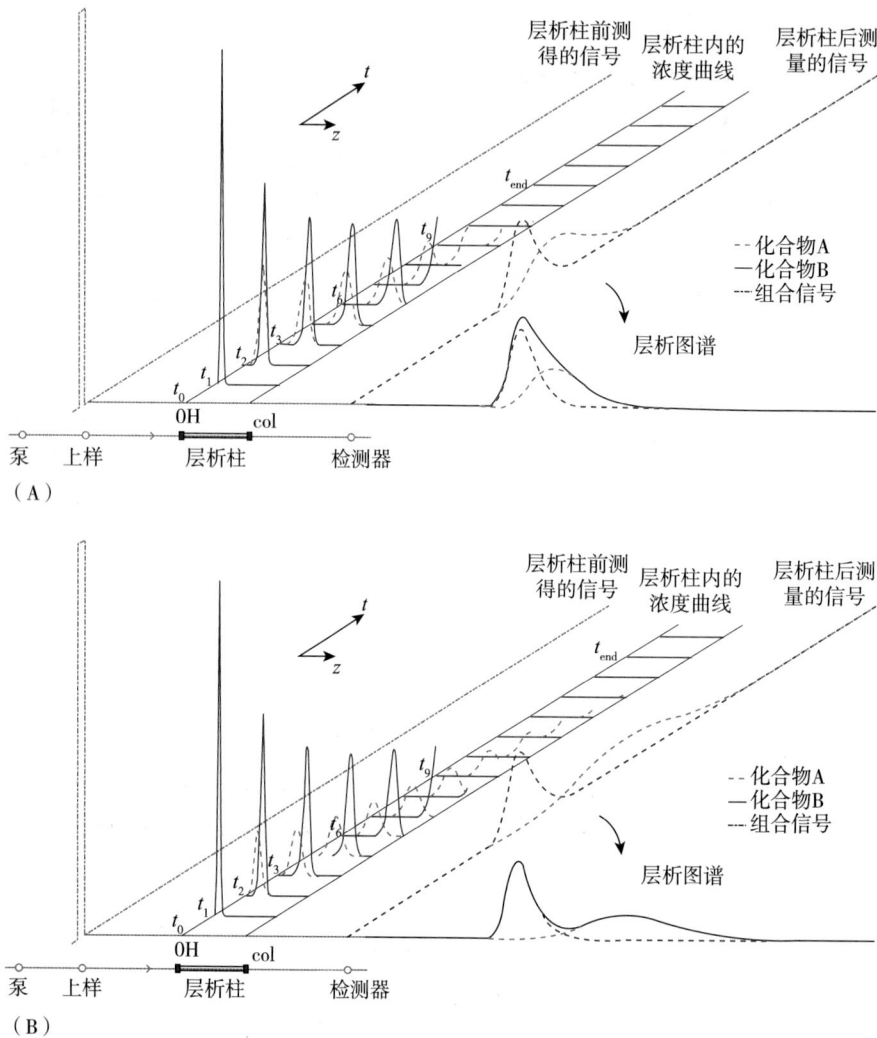

图9-2 一个层析柱上两种化合物的分离情况示意图

两种化合物A和B随时间在柱内浓度的变化曲线展示了它们在柱内的分离程度，即在（A）条件下不能产生所需分离结果，（B）条件下层析柱中两种化合物几乎完全分离。在这两种条件下，分离程度均由层析柱出口处测得的层析图表示

在这一点上值得一提的是，除了表面相互作用外，蛋白质层析中经常使用的另一种分离原理还与蛋白质的大小和（或）形状有关，这与固定相颗粒内孔的大小分布相一致，从而导致基于体积的分离过程。混合物中最小的化合物可以进入所有大于化合物本身的孔，而较大的化合物只能进入这些孔的一小部分，或者

根本无法进入任何孔。因此，每种类型的化合物将能够进入不同体积的装填好的柱床。所以，通过为固定相选择合适的孔径分布，就可以开发出用于分离不同组化合物/蛋白质的层析填料。仅利用这种分离原理的层析法称为分子排阻层析（SEC）或凝胶过滤（GF）。尽管原则上，分子排阻效应也存在于几乎所有其他类型的利用多孔颗粒分离蛋白质的层析分离中，但对分离结果的贡献很小。

一、孔隙率、渗透率和时间常数

如本文所述，任何层析技术分离化合物的能力都取决于化合物与层析表面之间相互作用的强度和（或）数量的差异。相互作用的数量将与可以发生这种相互作用的表面积成正比例，而表面积又将取决于相互连接的孔的数量及其特性。每个孔的特征在于：①特定尺寸，通常称为孔径；②相邻孔的数量，称为孔连接性；③孔体积。在固定相中产生的孔网络又以累积特性为特征，例如孔径分布、总表面积和可用表面积，以及总孔体积和可用孔体积。单个颗粒中的总孔体积与颗粒体积（孔体积与形成颗粒内多孔网络的固相体积之和）之比称为颗粒内孔隙率（ε_p）。但是，考虑到要分离的蛋白质和不同固定相的孔都各种大小具有一定跨度，较大的蛋白质可能无法接近某些孔。因此，对于特定的一对蛋白质–固定相来说，有用的属性包括可进入的（可用的）：孔径、孔隙体积（表示为孔隙率）和表面积。这些性质通常称为有效性（例如，有效孔隙率），其描述了给定大小的蛋白质可进入的孔隙体积的比例。

在这一点上应该引入一些重要的概念。首先，间隙孔隙率（ε_{int}）表示间隙孔体积与装填的柱床体积的比率，也称为柱体积（CV）。间隙孔隙率描述了柱中装填了多少固定相，因此，对于估算在给定尺寸的层析柱上可以分离多少物质很有用。它还会影响层析柱（或装填柱床）的渗透率（κ）。用粗略的术语来说，渗透性描述了在给定的一组条件下液体通过多孔填料的难易程度。从液相层析的角度来看，渗透性将流动相和装填柱床的性质与柱床的压降联系了起来。在这种情况下，流动相的性质包括了化学成分，特别是黏度，以及流动相通过间隙孔的可渗透网络时的局部液体速度（间隙孔中的平均速度）。装填柱床的性质包括间隙孔的大小和数量，以及装填高度。对于装填了球形层析颗粒形成的柱床而言，间隙孔的大小和数量取决于层析填料颗粒粒度分布和填充柱子所用的方法。本章后面将详细讨论渗透率及其对压降的影响。

第三个重要概念涉及所谓的线性速度，或更准确地说，是表面速度。该术语是指表观速度，是通过将施加到层析柱上的流速除以层析柱横截面积而计算得出的，因此实际上是假设层析柱是空的（即不存在固定相）。但是，由于层析柱实际上充满了层析颗粒，实际上可用于液体流经的横截面积远低于层析柱的横截面积，因此，间隙孔中的局部速度高于表面速度。表面速度和平均局部速度通过间隙孔隙率相互关联，这也将间隙孔的横截面积与层析柱的横截面积相关联。

最后，在继续对制备型蛋白质层析进行更详细的描述之前，需要引入一个更重要的概念，即特征时间常数的概念。从制备的角度来看，处理时间越短，所需的层析填料越少，纯化工艺的效率就越高。所需填料的体积与活性位点的数量以及描述可以多快到达这些位点的特征时间有关。如前所述，活性位点的数量与可用表面积成正比，而特征时间与蛋白质分子能够穿过颗粒内孔并到达活性位点的速率有关，这一过程被称作颗粒内传质。通常，在制备型蛋白质层析中，颗粒内的传质速率取决于孔隙与蛋白质大小的比率以及所采用的表面化学类型。

特征时间常数是层析中的一个重要概念，它允许对不同的层析材料进行快速比较。它与层析柱保留时间的概念一起，构成了成功扩大规模和优化工作的基础。而层析柱保留时间的计算方法为装填柱床高度（柱长）与流动相流经层析柱的线速度之比，或层析柱体积与体积流速之比，因此实际上代表了表观保留时间（参见前面关于线性流速和局部流速的讨论）。如果保留时间与颗粒内传质的特征时间常数之比很大，则可以说更多的蛋白质分子，在被流过颗粒的流动相带走之前，有机会进入单个层析颗粒的孔间隙，并在孔内扩散到有活性一侧的配体。另一方面，如果该比率低，则几乎没有分子能够到达颗粒内的孔隙网络。反过来，在层析柱出口的液流中开始检测到某些目标分子之前，可用吸附的表面积将不会被充分利用。本章将详细讨论制备蛋白质层析中的传质。

本章迄今已引入的层析领域内的所有术语和概念总结在专栏9.1中。当讨论层析固定相、传质现象、层析的基本模式、优化，以及工艺经济时，它们将贯穿本章。

》》专栏9.1

Box 16.1

孔隙体积和孔隙率

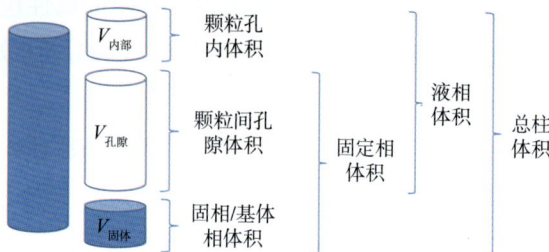

孔隙率是材料中空隙（即"空"）空间的量度，是空隙体积与材料总体积的比值。它可以表示为0到1之间的分数，也可以表示为0到100%之间的百分比。

名称	符号	定义	公式
颗粒间孔隙率	ε_p	$\dfrac{V_{pore}}{V_{sp}}$	$\dfrac{V_{pore}}{V_{pore}+V_{solid}}$
颗粒内孔隙率	ε_{int}	$\dfrac{V_{int}}{CV}$	$\dfrac{V_{int}}{V_{int}+V_{pore}+V_{solid}}$
总孔隙率	ε_{tot}	$\dfrac{V_{int}+V_{pore}}{CV}$	$\varepsilon_{int}+(1-\varepsilon_{int})\,\varepsilon_p$

请表面和局部速度

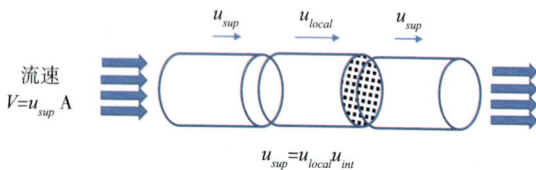

$$V=u_{sup}A$$

$$u_{sup}=u_{local}u_{int}$$

表面速度是一种假设的（人工）流速，计算起来就好像移动的液相是空柱给定横截面积中唯一存在的液相一样。局部速度是计算的平均液体速度，该速度考虑了装有层析固定相的层析柱的实际横截面积。

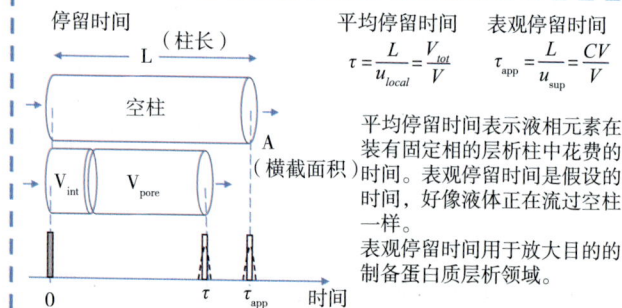

停留时间

平均停留时间
$$\tau=\frac{L}{u_{local}}=\frac{V_{tot}}{V}$$

表观停留时间
$$\tau_{app}=\frac{L}{u_{sup}}=\frac{CV}{V}$$

平均停留时间表示液相元素在装有固定相的层析柱中花费的时间。表观停留时间是假设的时间，好像液体正在流过空柱一样。
表观停留时间用于放大目的的制备蛋白质层析领域。

第三节　层析固定相的性质、分类及基本概念

每个层析固定相，即所谓的填料或介质，都可以从化学组成和物理性质的角度进行表征。化学组成是指用于制备固定相的骨架（所谓的基架）的固体材料，以及为了获得所需结合特性而对固定相表面进行的任何化学修饰，即所谓的表面化学。物理性质包括诸如形式（例如整体柱、膜、分散的颗粒/微球）、形状（例如球形、纤维、不规则）、特征尺寸、孔隙率（即孔隙占据的体积分数）和孔径等属性。

层析基架是固体材料，优选是亲水性的，并且容易活化以允许表面修饰。它应该具有蛋白质可接近的孔，具有较高的蛋白质吸附表面积，并具有较高的化学和机械稳定性[7]。通常，用于蛋白质层析的基础基

架由天然或合成有机聚合物组成，但也可使用无机材料，例如玻璃、二氧化硅和羟基磷灰石。三种类型基架的层析相关属性的概要见表9-1。

表9-1 用于制备型层析固定相的基架材料的一般特性

属性		基架材料		
		天然聚合物	合成聚合物	无机材料
固定相含量		4%~10%	20%~50%	40%~70%
孔尺寸	极大孔	无法实现	是	是
	大孔	是	是	是
	微孔	无	是	是
机械稳定性	强度	不适用	好	高
	脆性	无	是	是
	可压缩	是	部分	无
非特异性结合		低	中度/高度	中度
在位清洗稳定性	碱	高	高	低/中
	酸性	中/低	高	高
易于表面功能化		高	中度	低
格式	离散（颗粒）	是	是	是
	连续（整体）	无法实现	是	无法实现

一、化学和物理性质

最常用于制备蛋白质层析基架的天然聚合物包括多糖，例如琼脂糖、葡聚糖、纤维素和壳聚糖。最常用的合成聚合物包括甲基丙烯酸酯、聚丙烯酰胺和聚苯乙烯。从制备型层析法的角度来看，选择的基架材料应该可以最小化，最好能够消除使用该填料的生产工艺可能会产生的不良影响。这些影响包括非特异性吸附和基架在生产活动中长期暴露于重复清洁和再生的不同化学试剂时改变其特性的倾向。非特异性吸附现象是指待分离的混合物组分和基架吸附的相互作用机制与给定层析填料的表面化学特征所具有的主要吸附机制不同。因此，非特异性吸附会影响给定填料可达到的纯化程度。此外，它还可导致填料污染，表现为填料吸附性能的变差。填料污染也是由填料颗粒之间和颗粒孔内部固体物质的机械截留和（或）沉积引起的。通过使用去除或溶解填料上吸附或截留物质的清洁剂，可以最大限度地减少污染。由于清洁剂是相当苛刻的化学物质，因此它们也可以与基架材料发生反应，加速变质过程，从而影响填料的物理性质及其层析性能。

为了最大程度地减少非特异性吸附，在制备型蛋白质层析中，用于制作层析填料基架的大多数材料是亲水性的，并且通常基于天然聚合物，其中琼脂糖是最常见的。表9-2列举了一些依据基架化学成分来分类的层析填料。

表9-2　基于不同类型材料的蛋白层析固定相示例*

基架材质		物理形状	商品名	生产商
天然聚合物	纤维素	纤维	DE 32	Cytiva former GE Healthcare Life Sciences（Whatman）
		微粒	Cellufine	EMD Millipore
		微球	Chiralcel	Diacel
		纳米纤维	FibroSelect	Puridify
	琼脂糖	球形颗粒（微球）	Sepharose	Cytiva former GE Healthcare Life Sciences
			Capto	
			MabSelect	
		微球	WorkBeads	BioWorks
		微球	Praesto	Purolite
	壳聚糖	微球		Mitsubishi
合成聚合物	丙烯酰胺和乙烯基共聚物	微球	UNOsphere	Bio-Rad Laboratories
			Macroprep	
	丙烯酸类聚合物	微球	Toyopearl	Tosoh Biosciences
			Fractogel	EMD Millipore
	聚甲基丙烯酸酯	整体柱（圆盘、管）		BiaSeperations
	聚苯乙烯-二乙烯基-苯共聚物	微球	Source	Cytiva former GE Healthcare Life Sciences
			Poros	Life Sciences
无机材料	羟基磷灰石	微粒	CHT	Bio-Rad Laboratories
	二氧化硅	整体柱	Chromolith	EMD Millipore
		微球	LiChrospher	
			Kromasil	Eka Chemicals AB
	可控孔玻璃	微粒	Prosep A	EMD Millipore
	氧化锆	微球	HyperD	Pall Biosciences

*Adopted from G. Carta, A. Jungbauer, Chromatography Media, in Protein Chromatography, Wiley-VCH Verlag GmbH & Co. KGaA; Weinheim, Germany, 2010, pp. 85-124.

二、层析固定相的分类

层析固定相的另一个方面与其物理属性有关。人们已经提出了基于这些属性的分类[15]，图9-3中以略微修改的形式进行了展示。分类的基础是将材料分为离散和连续的固定相，前者包括不同形状和大小的颗粒，后者包括整体柱和活化膜。连续的固定相在整体柱的情况下是原位形成的[16]，或者在活化膜的情况下，它们被浇铸成长片状或被挤压成中空纤维，随后将其装填到预定尺寸的相关筒体中。最近新出的纳米纤维[17]也可以归为这一类别，因为它们的制造过程类似于膜盒的制备。关于孔径和孔径分布，连续固定相通常属于大孔（$r_p > 50$ nm）或微孔/中孔（2 nm$< r_p < 50$ nm）材料家族。无论哪种情况，大孔都必须形成孔的渗透网络，因为它们要作为液体对流输送的通道。实际上，这些孔通常在微米范围内（例如$r_p \approx 1 \sim 10$ μm）[18]。与典型的离散多孔固定相相比，大孔整体柱/膜具有低得多的表面积，因此对小溶质的结合能力低得多。中孔的存在部分消除了该缺点。

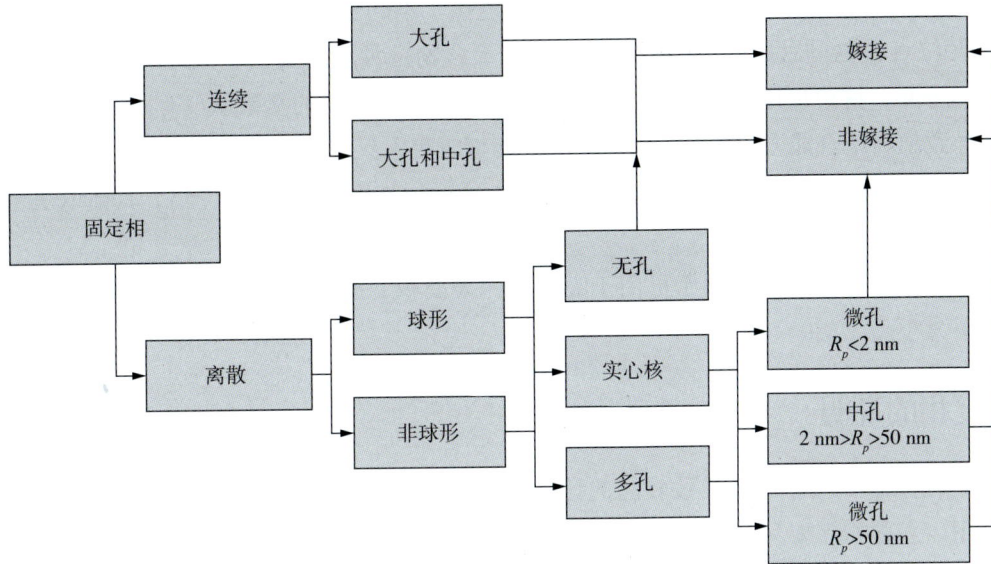

图9-3　根据物理属性，用于生物纯化的层析固定相的类别

离散固定相可以填充（柱状）或分散（散装）形式使用。它们由特定形式/形状和确定（特征）尺寸的颗粒制成。在装填柱形式的情况下，间隙孔（即填充颗粒之间的空隙）负责为液体通过装填柱的传输提供渗透的路径（图9-4）。如已经提到的，在给定体积的层析柱中装填填料的量最方便通过柱间或柱床间的孔隙率（ε_{int}或ε_b），即柱子间孔隙所占的体积比例来表示。通过颗粒的特征尺寸和柱床的孔隙率（ε_b）可以估算间隙孔的大小。例如，对于直径为d_p的球形颗粒和菱面体堆积（$\varepsilon_b = 0.26$），颗粒之间的最小孔隙的直径等于颗粒直径的三分之一。在这一点上同样重要的是，如果可以获得相同类型的装填方式并且如果可以忽略壁效应，则颗粒尺寸对间隙孔隙率的值没有影响。当层析柱中装填有不同大小的颗粒时，唯一会观察到的区别是，在较小颗粒的情况下，间隙孔更多，但它们的总体积将与使用较大颗粒填充形成的间隙孔体积相同。

在蛋白质层析中，颗粒通常是球形的，尽管纤维状和不规则形状的颗粒也在市场上可供货。如前所述，用于蛋白质制备型层析的颗粒是多孔的，其特征在于平均孔径和（或）孔径分布，以及颗粒内的孔隙率（ε_p）（如图9-4B所示，颗粒体积中被孔占据的部分）。用于纯化大分子的层析填料开发的最新进展表明，还可以根据配基密度分布对填料进行分类。例如，在Capto™Core填料中，其分布是由配体密度沿颗粒半径的阶梯式变化来表示，即外壳不包含配基，而颗粒核心已完全带上官能化的配基。

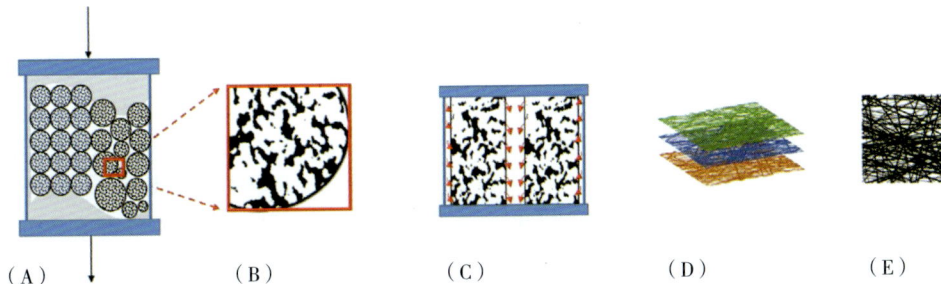

图9-4　用于生物纯化的层析固定相的示例
（A）装填柱；（B）分散的颗粒；（C）径向流动形式的整体柱；（D）堆叠的膜片；（E）单层纳米纤维片

一些颗粒固定相由一种以上类型的聚合物/材料制成，例如固体核心颗粒，具有分散的固体物质以增加

颗粒密度的颗粒，以及所谓的复合填料，其中孔壁被连接了不同长度和性质的聚合物链。这些链本身可以提供吸附的活性位点，也可以用特定的配基官能化。聚合物链为吸附提供了额外的表面积和（或）实现了配基的三维配基分布，这可以增强蛋白质在孔中的分布。与使用相同的基架但没有表面扩展剂的情况相比，这种分布现象导致填料结合能力的提高，因为没有扩展剂时吸附只发生在孔隙表面。例如，在直径为200 nm的圆柱孔和大小为70 kDa的蛋白质的情况下，结合能力的增加甚至可能高达2.7倍，具体取决于所用表面扩展剂的类型。

对于非复合填料，结合能力取决于可用于吸附的比表面积，而比表面积又取决于孔径分布、颗粒孔隙率和蛋白质分子大小。

三、固定相的说明

对于给定的孔隙率，较小的孔导致较高的比表面积。但是，对于大多数（如果不是全部的话）制备型蛋白质层析应用，表面积需要易于被蛋白质接触到，这反过来又需要孔隙大于蛋白质分子。因此，一方面，孔必须尽可能小以提供高的比表面积和高的结合能力，另一方面，孔应足够大以允许蛋白质分子在其中自由移动（即使其他蛋白质分子已经与配基结合）。为了说明这一点，图9-5和9-6分别展示了孔径大小对总表面积和蛋白可接触的表面积，以及对三种模型蛋白的孔扩散系数的影响。由于用于蛋白质层析的配基尺寸可以有很大的变化，从羟基磷灰石（配基内置在基架中）的零纳米到基于蛋白质的配基（例如Protein A或G）的几纳米，对于依赖于不同表面化学的不同层析应用，可能需要开发不同的基架。例如，对于Protein A填料，基架的孔需要足够大，以允许未吸附的IgG分子自由（无阻碍）扩散，穿过ProteinA配基和吸附的IgG分子之间形成的大型复合物（这些复合物减小了孔径有效尺寸）。

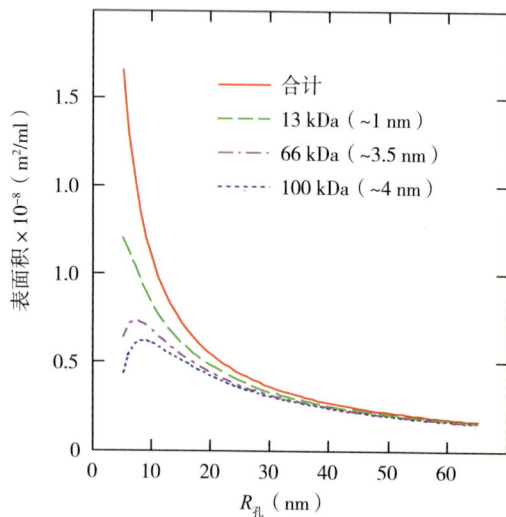

图9-5　孔径对三种不同大小蛋白质的总表面积和可接触的表面积的影响

计算时假设颗粒孔隙率为0.68，孔径分布符合正态分布，$\sigma = 0.1 rp$

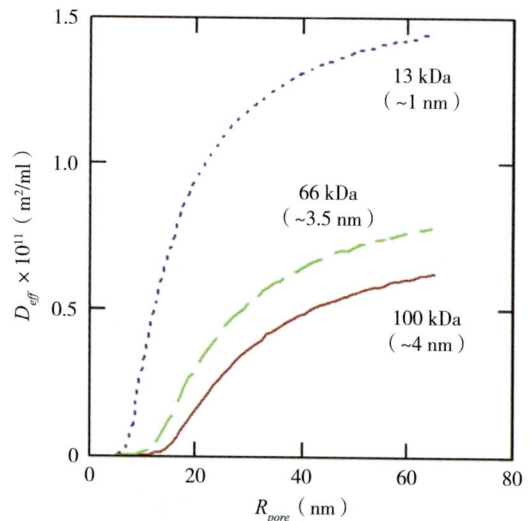

图9-6　孔径大小对三种蛋白在孔中扩散的影响

图中给出了各自的蛋白质大小[19]

当开发用于制备型蛋白质层析的离散固定相时，蛋白可接触性（较大的颗粒内孔）和高吸附比表面积（较小的颗粒内孔）的相互矛盾的要求是主要挑战之一。其他重要特性包括机械和化学稳定性，易于表面官能团化和可控的粒度分布。在许多情况下，所选属性是在不同的理想但相互矛盾的功能之间的最佳折中。例如，层析材料可以通过给定孔隙率下增加孔径大小，或者在给定的孔径下增加孔隙率，或者两者都增加，来影响其机械稳定性。虽然可以通过增加粒径来抵消较低的机械稳定性，这将导致柱床上的压降降低（请参阅本章后面有关压降的讨论），但这也会带来质量传输较慢的损失，从而导致载量利用率降低，进而降低纯化过程的生产率。

基于这些论点，虽然通过优化其粒径、孔和配基的尺寸、配体密度和颗粒内孔隙率来开发用于特定应用的层析填料似乎很容易，但这种工艺开发还需要开发的填料所应用的工艺的详细信息，包括其限制条件。此外，由于蛋白质的多样性和工艺操作的规模，标准层析填料（或除针对特定相似分子群所开发的亲和填料之外）是填料性能与其用于广泛纯化任务之间的妥协。例如，在 Protein A 填料和单克隆抗体的情况中，本文提到的所有填料性质都可以经过微调，以在大多数想要的应用中提供最佳性能。因此，可以预计，对于这些填料，如果不彻底改变固定相设计，载量和传质速率就不会获得重大改善。

这些基本概念和层析固定相的特定性质是定义蛋白质层析许多实际问题的基础。在工艺开发和优化的填料选择过程中，在生产规模的工艺故障排除过程中，当然还有在开发新的层析技术时，都会用到它们。当描述和理解蛋白质层析中发生的传质机理时，这些特性也至关重要。

第四节　蛋白质层析中的传质效应

制备型蛋白质层析通常以装填成柱床的形式进行。固定床是将层析颗粒装入层析柱内而形成的。使用膜或整体柱的层析操作也属于此类。如今，将层析颗粒悬浊液与蛋白质溶液接触的这种大规模批次吸附过程并不常见，但血浆工业除外，在该行业中仍使用批次吸附[20]。从传质角度来看，都是由相同的传质机制承担层析分离过程的。两种系统之间的差异是由于颗粒表面的流体动力学条件以及与此相关的影响所致。

图9-7描述了层析分离过程中发生的与传质有关的现象，并在表9-3中列出。其中一些现象仅与层析柱形式有关，或者是由于层析柱形式本身（例如轴向分散），或者是因为制备型蛋白纯化所使用的层析填料在批次吸附过程中无法达到触发该现象的必要条件（例如液体流过层析颗粒的孔，即所谓的颗粒内对流）。

表9-3　基于对流的依赖性以及批量和柱层析操作模式中的发生情况对制备蛋白层析的传质步骤特征进行分类

传质效应	描述	流量	操作	
			批层析	层析柱
轴向扩散	由于层析柱/整体柱的间隙通道中的液体流动而导致的混合	有	无	有
液膜传质	通过粒子周围固定边界层的传质	有	有	有
孔内扩散	溶质在多孔性颗粒的孔内扩散	无	有	有
孔内对流	多孔性颗粒的大孔内的液体流动	有	无	有
吸附	蛋白质与层析颗粒表面上活性位点之间的吸附/解吸	无	有	有
表面扩散	吸附蛋白在层析颗粒孔表面的扩散	无	有	有
固体（均匀）扩散	蛋白质通过层析颗粒孔的扩散	无	有	有

对于大多数的实验目的，表9-3中列出的制备层析中的传质步骤可分为三组：外部传质、颗粒内传质和吸附动力学。尽管每个组都包含几个传质步骤或贡献，但通常可以将这些步骤归纳在一起，并对所讨论组的使用单个传质参数来描述。此外，在许多情况下，不需要将所有三个组一起考虑，因为总传质速率将取决于所谓的限制速率（最慢步骤的传质速率，即速率限制步骤）。然而，为了确定限速步骤，对这些现象的

基本理解是必要的，因此，下文对有关传质机制进行简要描述。

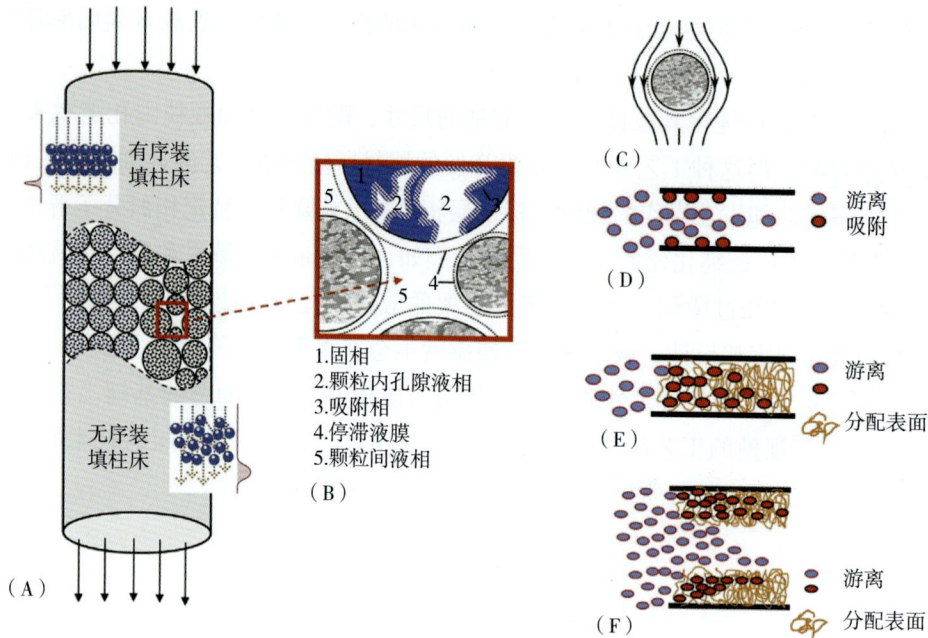

图9-7 蛋白质层析中常见的传质机制示意图

（A）层析柱/整体柱；（B）间隙孔和层析颗粒的截面图；（C）单个层析颗粒周围的流体动力学条件；（D）~（F）孔水平的扩散机制，分别是孔、固体/表面、平行的孔和表面。经许可复制于Cytiva（former GE Healthcare Life Sciences）提供的原图

一、吸附动力学

对于任何类型的蛋白质吸附，蛋白质必须与层析固定相表面上的活性位点（或多个位点）发生某种类型的相互作用。实际上，相互作用可以通过描述蛋白质-配体复合物形成（吸附步骤）和解离（解吸）的反应网络来表示。因此，吸附过程的整体动力学由这些吸附和解吸事件的速率定义。在某些情况下，需要考虑蛋白质结合到填料表面后发生的二级现象，例如重折叠和聚集[21-24]。

对于许多层析模式，例如IEC、HIC和MMIC，吸附事件要比其他传质步骤快得多。但是，在亲和层析的某些情况下，吸附和解吸速率低于或与其他传质步骤的速率相当，在讨论速率限制步骤时需要考虑吸附过程。

吸附过程通常由所谓的二阶反应机制来解释，该机制由以下可逆的结合和解离反应方程来表述。

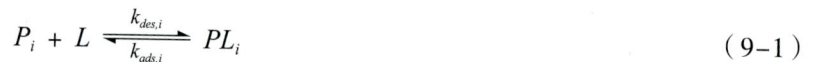

$$P_i + L \underset{k_{ads,i}}{\overset{k_{des,i}}{\rightleftharpoons}} PL_i \tag{9-1}$$

式中，P_i、L和PL_i分别代表蛋白质、配体和蛋白质-配体复合物；k_{ads}是吸附速率常数，k_{des}是解吸速率常数。

式9-1已用于描述亲和层析[25-27]、离子交换层析中蛋白质与离子交换膜结合[28]，甚至疏水相互作用层析[29]研究中的吸附机制。描述二阶反应机理的速率表达式的一般形式为：

$$\frac{dPL_i}{dt} = k_{ads,i} P_i (L-PL_i) - k_{des,i} PL_i \tag{9-2}$$

如果与其他传质速率相比，反应速率更高，则瞬时的吸附/解吸平衡可以控制。

在平衡状态下，蛋白质的吸附速率等于蛋白质的解吸速率，并且由于该速率取决于液相和固相中蛋白质的浓度，因此在给定的一组条件下（即温度、pH、离子强度和液相成分），这些浓度之间存在独特的关系，这种关系称为吸附等温线。例如，式9-1描述的吸附机制的等温线，由下式给出：

$$q=\frac{Q_{max}c_p}{K_L+c_p} \tag{9-3}$$

式中，Q_{max}表示最大吸附能力，K_L是平衡常数，$K_L=K_{ads}/K_{de}s$，c_p是与表面吸附的蛋白质处于平衡状态的液相中的蛋白质浓度。

式9-3表示的是众所周知的Langmuir吸附等温线。对于蛋白质层析的不同模式，已经提出了其他类型的吸附等温线[30-32]。与制备性蛋白质层析相关的吸附等温线概述可在其他地方找到[33, 34]。

可以使用不同的实验方法测量吸附等温线[31, 34]，但是，对于新手来说，最容易理解和执行的技术可能是基于批量吸附的技术，即将预定体积的填料与规定体积的含有已知量蛋白质的流动相接触。接触后，蛋白质开始吸附在填料上，实验进行到流动相中的蛋白质浓度不变为止。此时，将两相（即填料和流动相）分离，结合到填料上的量可以通过质量守恒计算，也可以通过将结合到填料上的蛋白质洗脱下来进行测量。该方法的原理如图9-8所示。

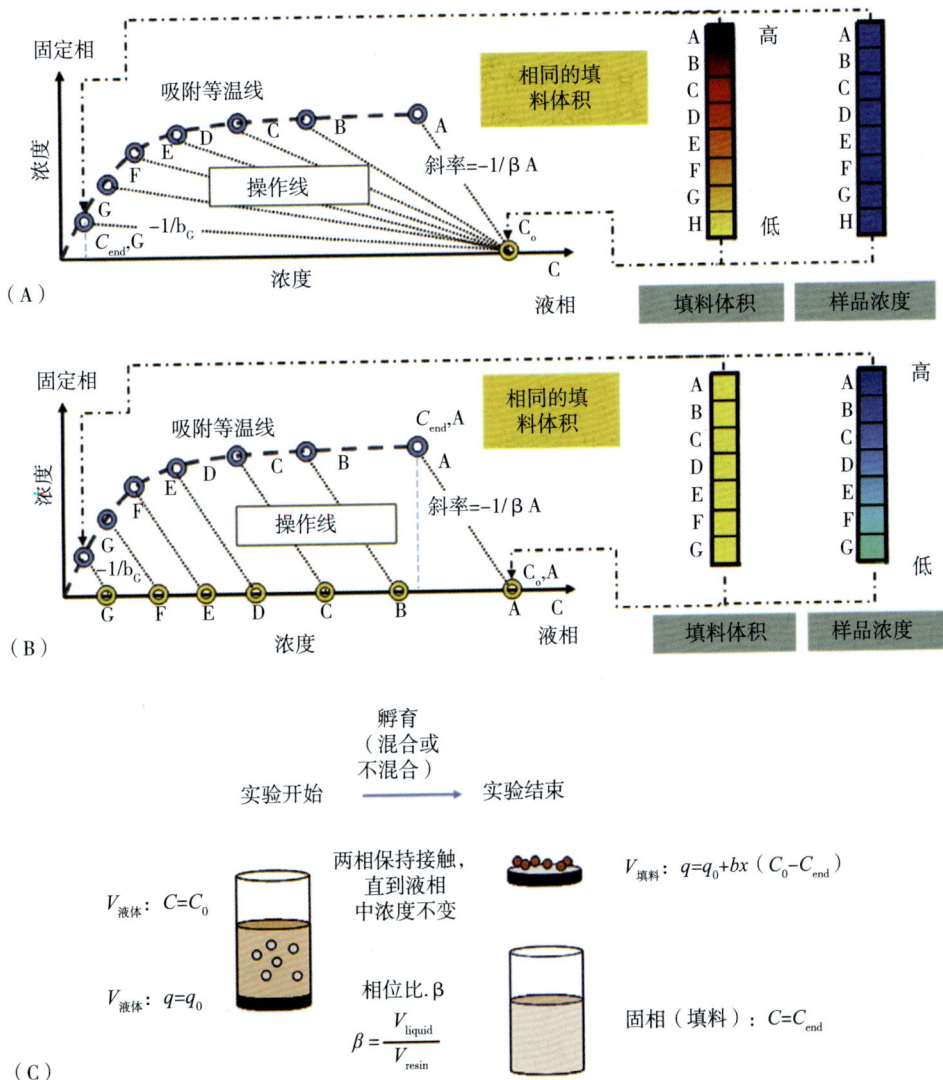

图9-8　使用分批吸收法测定吸附等温线的基本原理

图中显示了两种方法：（A）初始蛋白质浓度保持恒定，相比，固相和流动相之比（填料体积与液体体积之比）b发生变化；（B）固相和流动相之比保持恒定，初始蛋白质浓度变化；（C）概述了分批吸收方法的实验方法。原图由Cytiva（former GE Healthcare Life Sciences）提供，经许可复制

由于吸附等温线是给定分离系统的独特属性，因此可以认为，确定吸附等温线应始终是任何层析分离表征的一部分。

二、外部传质

在讨论制备型蛋白质层析的外部传质时，应考虑两种现象：一种是发生在装填柱床/整体柱的间隙孔中的轴向分散；另一种是流动相通过在间隙孔表面之外形成的停滞液膜的扩散，即膜传质。这两种机制在图9-7A和C中进行了描述。

轴向分散发生在装填柱床的间隙孔隙中。它是轴向扩散和流体动力分散两方面作用的结果[35]。由于蛋白质是扩散相当缓慢的大分子，因此在大多数蛋白质层析应用中，轴向扩散通常可以忽略不计。另一方面，流体动力学分散可能对层析柱动力学有重大影响，并且可能对纯化结果产生负面影响，尤其是在较难分离的实验需要考虑尽可能高的分离度时。流体动力分散源自非均匀流动，其导致的原因有装填的颗粒具有局部装填密度的变化、液体沿着柱壁旁路流动，以及黏度导致的不均匀扩散[36]。正如Dullien所指出的，只有在规则装填的颗粒柱床中，通过柱子的每个间隙孔（流动通道）中的速度和浓度才相同[37]。因此，与填料装填均匀性的任何小偏差都将造成在不同间隙孔之间的流动出现不均等的分流和重新混合。沿层析柱壁的旁路流动仅可能与由离散固定相装填的柱床有关，并且是由层析柱壁附近较低的局部装填密度引起的。De Klerk[38]汇总了几项报告的实验研究结果，结果表明，装填密度在从柱壁往柱中心的10个颗粒直径的范围内一直增加，然后变得恒定。最近的研究结果似乎证实了这一普遍规律[39]。另一方面，考虑到典型制备层析填料的十个颗粒总长度仅为0.5~1 mm，所以当在直径大于20 cm的大层析柱的制备层析中讨论流体动力学分散时，旁路效应就不太重要了。

流体动力分散的最后一个作用是由于流动方向上的黏度梯度引起的不均匀扩散，即使在完美装填的柱床中也会存在这种情况。从层析柱操作的角度来看，不均匀扩散通常发生在高载量填料的洗脱期间，或使用分子排阻层析分离高浓度样品时。不均匀扩散会导致峰拖尾，并且在较低流速下更为明显。

在柱层析中进行蛋白质运输的情况下，轴向分散本身很少会影响传质阻力。但是，在描述层析柱动力学时，仍然需要考虑它，因为它对层析柱性能的作用可能很大。

膜传质对外部传质的作用以膜传质系数k_f来描述，该系数表示蛋白质通过层析颗粒周围厚度为δ的边界层中运输的特征时间常数。虽然在边界层中建立了速度曲线，其中流动相的速度可以从颗粒表面的零值变化到大部分间隙孔中的最大值，为了简化起见，会假定边界层是停滞的，并且从孔隙中到颗粒表面的传质仅通过扩散来发生。边界层的厚度取决于颗粒表面上方的流体动力学条件。它随着粒径的减小和液体黏度的减小而减小，并且随着局部液体速度的减小而增加。边界层的厚度可以使用工程相关性来估计[40]。从限速步骤的角度来看，当主体蛋白质浓度低时，外部传质可能是限速步骤。

三、颗粒内传质

从制备型层析的角度来看，颗粒内传质比外部传质更重要，因为它描述了吸附蛋白可以多快地到达活性位点。在本节中，颗粒内传质是指在层析填料颗粒的所有类型孔隙（即大孔和中孔以及整体柱/膜吸附的中孔）中的传质。

大孔和中孔中的传质可以通过不同的机制发生，包括孔扩散、表面扩散、均匀扩散和颗粒内对流。主要机制的选择取决于层析填料的类型（即孔和表面化学性质的类型、pH和离子强度等条件以及被转运蛋白的特性）。例如，对流传输在层析颗粒孔内能够产生显著作用所必需的条件包括使用具有大的渗滤孔和高间隙速度的小粒径填料颗粒。在这些条件下，单个颗粒上的高压降会导致大量液体流过渗滤孔，进而增加内部传质速率。与仅有孔扩散机制参与传质的情况相比，这种类型的运输的优势与更快地利用颗粒中存在的所有结合位点有关。然而，大的渗滤孔的存在降低了可用于吸附的表面积[41]，从而降低了结合能力，然而结合能力又是在评估相应层析填料对特定应用的有效性时需要考虑的因素。目前，在制备型蛋白质层析法中，很少存在（如果有的话）达到足够水平的颗粒内对流所需的最低条件[41, 42]。

由于在大多数层析填料颗粒内孔中的流动非常少，因此蛋白质层析中的颗粒内质量传输可以描述为扩散过程。原则上，颗粒内扩散过程可以由本文已经提到的三种机制发生：孔扩散、表面扩散和均匀扩散。主要机制将取决于孔径、孔形态、蛋白质–孔表面相互作用的类型、孔主体液体中和（或）孔表面附近的蛋白质的浓度[43]。

蛋白质在孔主体液体内的扩散称为孔扩散，并且取决于孔径大小和扩散蛋白质大小之间的关系和孔中液体的组成。在密集的活性位点云施加在蛋白质分子上的力（力场）的影响下，蛋白质在蛋白质分子移动的表面附近的扩散被称为表面扩散，这取决于力场的强度，而力场的强度又取决于表面化学、配基密度、相互作用强度和孔径。在描述某些类型的层析填料和整体柱/膜吸附剂中的传质时通常考虑的第三种扩散称为固相扩散或均匀扩散。该术语通常是指类似于表面扩散，但发生在三维孔空间中而不是仅在孔表面附近的传输机制。因此，均匀扩散需要在整个孔体积中都存在力场。通过用结构中已经包含活性位点或配基官能化的聚合物链去填充孔来实现该条件。均匀扩散通常发生在复合材料的情况下（第二部分）。图9-7D、E和F显示了三种机制：孔、均质和孔表面。

尽管任何传质过程的真正驱动力是化学势的梯度[43]，但在蛋白质层析法的情况下，通常假定任何扩散机制的驱动力是蛋白质浓度的梯度，无论是在孔液体中用于孔扩散，还是在固相（结合的蛋白质）中用于表面/均匀扩散。可以基于相关的实验数据[44]估算每种运输类型的扩散系数，或者在某些情况下，基于层析颗粒、目标蛋白质和结合/相互作用特征的组合特性来计算扩散系数。通常，描述蛋白质通过颗粒内孔网络的运输的扩散系数，即所谓的有效扩散系数 D_{eff}，将取决于孔与蛋白质大小的比率、曲率因子（描述连接多孔颗粒中两点的平均孔隙比这两点之间的直线距离长的倍数），以及分别在孔隙和表面/均匀扩散的情况下，对于非常低或非常高的蛋白质浓度，计算或测量的有效颗粒内孔隙率和蛋白质分子扩散率。

可以说，表面扩散总是与孔扩散平行发生。这种说法的一个论点是：要使表面扩散发生，首先蛋白质必须扩散到孔中并吸附到孔表面上（图9-7F）。孔内的后续运输将取决于结合条件和填料结合能力，从而可以由孔或表面扩散主导，但是两种机制仍将并行发生。

也可以设想所有三种扩散机制都发生在同一填料颗粒中的情况。在这种情况下，填料颗粒应具有明确定义的双分散孔结构，其中孔扩散和表面扩散发生在大孔中，而均匀扩散仅发生在与大孔接触的中孔中。然后，均匀扩散是其他两个传质机制的后续。但是，从总体上看，与均匀扩散相关的传质阻力可以忽略不计。

在这一点上需要提到的是，尽管表面和均匀扩散的扩散系数小于孔扩散的扩散系数，但前一种机制的传输速率实际上可能明显高于孔扩散的速率。这是因为通过表面扩散和均匀扩散进行蛋白质运输的驱动力是吸附蛋白质浓度的梯度，在高载量填料（例如新一代复合IEC填料）的情况下，可以比孔扩散的驱动力（即孔中液体蛋白质的浓度）高两个数量级。

四、限速步骤

如前所述，层析分离通常可以通过仅考虑限速步骤（即提供最高传质阻力的步骤）来描述和解释。通常，吸附动力学比外部或颗粒内传质过程快得多，因此，在讨论总体传质速率时可以忽略不计。例如，对比被报道的单克隆抗体与Protein A配基（被认为是相对缓慢的结合系统）结合的时间常数和100 μm Protein A填料颗粒中孔扩散的特征时间常数，发现结合过程可能比颗粒内质量传输快三个数量级[45]。

同样，外部传质也很少是速率控制步骤。对于用于蛋白质制备纯化的大多数层析填料而言都是如此，因为颗粒大小和颗粒内孔网络的曲折性，孔足够大以允许蛋白质不受阻碍地扩散（通常 $r_{孔}/r_{蛋白}>10$）。同时，在某些特定的例子中，结合速率或外部传质速率都不能忽略。对于小的和（或）无孔的颗粒，包括纤维和整体柱，应始终考虑前者，而当颗粒内传质是基于填料颗粒孔内力场引起的传输（即均匀扩散）时，应考虑后者。

估算外部和颗粒内传质速率相对重要性的一种简单方法是计算无尺寸的比奥数。

$$Bi = \frac{k_f d_p}{2D_{eff}}$$

（9-4）

式中，k_f 为外膜传质系数，D_p 是吸附颗粒的粒径，D_{eff} 是有效的颗粒内扩散系数。

Bi表示描述内部和外部传质步骤的特征时间常数之间的比率[26, 27]。小于1（Bi<1）的Bi值描述了外部传质较慢（传质阻力最高）的情况，而大于10（Bi>10）的Bi值描述的是颗粒内传质成为限速步骤的情况。对于Bi的其他值，需要考虑两个速率。

（一）限速传质机制的阐述

如果不知道蛋白质和填料的特性，则可以通过比较吸附率（吸附率是实验条件的函数）来实验确定限速步骤。表9-4提供了可用于区分不同传质机制的实验研究示例。虽然可以相对容易地区分外部和颗粒内的传质阻力，但是结合动力学限制和扩散限制之间的区分需要了解不同尺寸的填料颗粒。如果无法获得实验数据，则可以根据已报道的理论和实验研究提出一些经验法则：①如果蛋白质浓度低，则外部传质是限速的，并且颗粒内传质受吸附相中的扩散支配（即表面或固体扩散）；②对于标准层析填料，颗粒内传质是限速步骤；③对于多孔颗粒小于30 μm的亲和填料和所有无孔材料都需要考虑结合动力学。

表9-4 确定蛋白质层析法中限速步骤的实验研究

限速步骤	影响因素	结果
外部传质	填料颗粒大小	传质速率随粒径减小而增加
	线速度	传质速率增加随速度而增加（层析柱法），随搅拌强度而增加（批层析法）
	浓度	传质速率随浓度增加而增加
颗粒孔内传质	填料颗粒大小	传质速率随粒径增加而降低
	线速度	传质速率随速度增加而降低
	浓度	吸附相扩散：较小（速率随浓度降低而增加）或无影响孔扩散：较高浓度时吸附速率较高（无阻碍扩散），较高浓度时吸附速率较低（受阻扩散）-
结合动力学	填料颗粒大小（多孔性颗粒）	没有影响
	线速度（无孔颗粒）	没有影响
	浓度	吸附速率随浓度增加而增加

在设计稳健的层析纯化步骤的几个阶段，了解传质机制至关重要。它可以简化工艺开发活动，更容易扩大规模和验证，然后更快地进行故障排除。它还支持相关实验研究的执行，包括基于DoE的实验研究，来重点关注重要的工艺参数。

第五节　层析操作模式

大多数压力驱动（即基于流动）的层析过程属于Tiselius在1943年定义的经典操作模式[46]。这些模式包括洗脱层析法、前沿层析法和置换层析法（图9-9）。

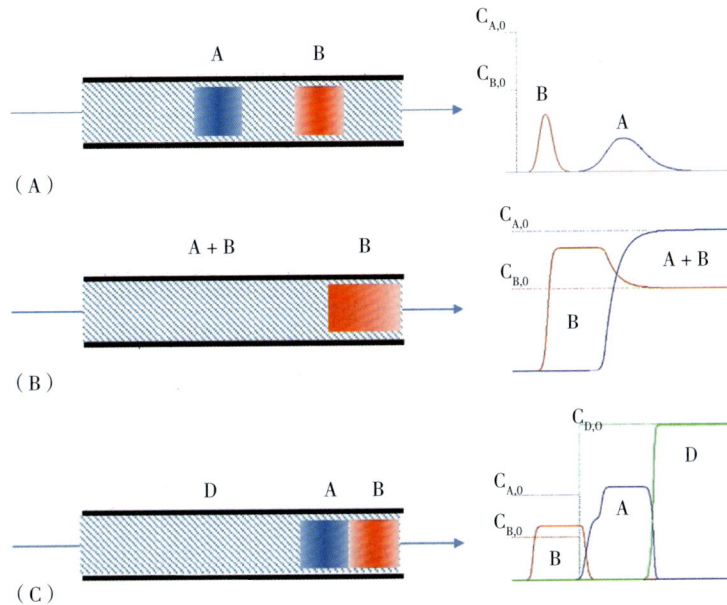

图9-9　Tiselius[46]的三种经典操作模式

（A）洗脱层析法；（B）前沿分析；（C）置换层析法。A和B是料液成分，D是置换剂。改编自M.D. LeVan, G. Carta, Adsorption and ion exchange, in: R.H. Perry, D.W. Green（Eds.）, Perry's Chemical Engineers' Handbook, McGraw-Hill, New York, 2007

一、洗脱层析法

在洗脱层析中，目标化合物在上样步骤期间结合到层析柱上，并在等度洗脱或梯度洗脱期间从层析柱上洗脱（图9-9A）。在上样步骤（loading step）期间，料液组分的亲和力高于流动相的任何其他组分，并且料液组分根据其亲和力与填料结合。在进样的样品组分浓度和量较低的情况下，特定组分的结合不会受到其他组分的影响，甚至在洗脱阶段，组分也会独立移动通过层析柱。在较高的浓度或负载下，保留变得与浓度有关（等温线的非线性部分），并且吸附的组分彼此相互影响[36]。在洗脱阶段，流动相的组成发生变化，从而破坏了溶质与固定相之间的相互作用。

洗脱层析的一个特征是，对于给定的层析填料，洗脱步骤的表观保留时间增加（例如，在给定的流速下柱长增加，或在给定的柱长下流速降低）将改善样品组分的分离度（见第六节），但洗脱化合物的浓度将降低，因为洗脱峰会更宽。

二、前沿层析法

前沿层析又称前沿分析，是基于在料液组分被吸附的条件下将料液连续进样到层析柱上（图9-9B）。根据所选择的条件和组分浓度，组分形成一系列具有确定组分的移动前沿，表现特征为组分对填料具有亲和力顺序，即在料液进样期间，非保留组分将以纯的谱带形式穿过层析柱，其次是弱结合组分，然后是更强结合组分。原则上，当在层析柱流出物中检测到所需成分时，进样阶段停止。前沿层析法非常适合获得最多的纯的保留组分[36]，因此，它用于下游处理的捕获阶段的制备层析中，以分离和浓缩目标产物。在这种情况下，产品结合在柱子上，大部分杂质流过。然后可以通过改变洗脱液的组成从柱上洗脱产物，通常以更高浓度的形式洗脱。通过进行梯度洗脱或等度洗脱，可以去除一些吸附的杂质，获得额外的分离。在前沿分析期间，保留较少的组分的浓度显示所谓的滚动现象（roll-up phenomenon）（图9-9B），其中由于位移效应，保留较少的组分的浓度超过其在进料中的浓度。如果继续进样直到流出物中所有种类的浓度等于它们进样样品中的各自浓度，则根据装载条件下的多组分吸附等温线，认为层析柱已被组分饱和。

三、置换层析法

置换层析法基于料液混合物对层析柱的部分进样。进样步骤后，用含有置换剂的流动相对层析柱进行前沿洗脱，置换剂的结合力强于与在进样阶段中与层析柱结合的任何料液组分。因为置换剂对表面具有更高的亲和力，所以它从结合的化合物开始置换，然后依次以对表面的亲和力递减的顺序开始彼此置换（图9-9C）。对于足够长的层析柱，置换剂和料液组分形成了一个所谓纯组分谱带的等速列车，其以相同的速度移动通过层析柱。第四节中讨论的传质效应将导致相邻谱带重叠，从而降低整体性能（即纯组分的收率）。可以通过降低流速和（或）使用颗粒较小的层析填料来提高收率[36]。尽管置换层析法提供了许多潜在的优势，其中包括更容易合并目标化合物，以及具有分离性质差异很小的化合物的能力，但由于缺乏合适的生物聚合物置换剂，其在生物治疗性蛋白质的制备纯化中的用途相当有限[36]。最近，专门为蛋白质层析开发的置换剂已经上市[47]，但其对大规模操作的有效性仍有待证实。与置换层析相关的挑战之一是置换剂仍需要与所需产物分离，尽管可以证明这种分离可能挑战性较小，但它也将增加整个纯化序列的复杂性。

四、流穿和结合/洗脱模式

层析的另一种操作模式是在目标组分未结合（非保留条件）而杂质结合（保留）的条件下装载层析柱。在非保留条件下操作常称为流穿模式（flow-through mode）或负层析法。进样阶段持续进行，直至流穿中的杂质水平超过可接受限度。通常，在进样步骤后，层析柱中的结合杂质将会被清洗并再生用于下一次进样。与结合洗脱模式相反，收集的合并液中目标产物的浓度不会高于起始物料中的浓度。

从一般角度来看，流穿模式和结合/洗脱模式这两种操作模式都应归类为前沿层析法。正如Tiselius最初提出的，在流穿模式中结合的成分是杂质[46]。

第六节　制备型蛋白层析法的性能说明

许多定量描述词/因子可用于描述层析纯化步骤的性能。其中一些将在下文描述，重点关注它们在蛋白质制备层析中的适用性。此处考虑的术语包括柱效、柱压降、柱分辨率和填料选择性、产品纯度和收率、填料载量、步骤回收率、填料可重复使用性，以及最终层析步骤的生产率。

一、柱效

在理想的层析中，不存在传质部分中讨论的分散效应，并且组分质量波前沿作为明显的矩形带穿过层析柱。这些波的传播速度由前沿的质量平衡决定[43]。因为不可避免分散效应，而只能将其最小化，所以前沿被分散并且谱带变宽，这可能导致谱带重叠，从而降低了分辨率。谱带展宽的程度可以通过谱带的方差σ^2方便地描述，该方差与谱带行进的距离z成正比。每单位长度的谱带展宽称为塔板高度[48]，并表示为理论塔板高度（height equivalent to a theoretical plate，HETP）或H。

$$H = \frac{\sigma^2}{z} \tag{9-5}$$

因此，较低的H意味着更少的谱带展宽和更接近理想层析柱的表现。因为H代表理论塔板高度，所以可以轻松计算给定长度L的柱子中的理论塔板数量N。

$$N = \frac{L}{H} \tag{9-6}$$

塔板数通常用于表示柱效，柱效被定义为对给定的一组操作参数，接近理想层析条件的程度[36]。

塔板数也可以通过图谱峰的归一化方差来表示，根据保留时间分布理论，通过计算峰的第一时刻和第二中心时刻来获得[49]。

$$\frac{1}{\sqrt{N}} = \bar{\sigma} = \frac{\mu_2}{\mu_1} \tag{9-7}$$

式中，μ_1和μ_2分别为层析峰的第一时刻和第二中心时刻。

Van Deemter及其同事[50]表明，塔板高度是与流动相线性流速u大小相关的三个贡献的总和。

$$H = A + \frac{B}{u} + Cu \tag{9-8}$$

式中，A、B和C分别与涡流分散、分子扩散和传质阻力有关。

式9-8最初提出用于气相层析，但证明也适用于液相层析。

正如Giddings[51]所指出的，为了比较不同的固定相，和（或）为了将从一个系统学到的经验应用于另一个系统，可以非常方便地将式9-8用一个所谓的简化形式来表达，它把简化的塔板高度（式9-9）和简化的速度v'（式9-10）联系起来。

$$h = \frac{H}{d_p} \tag{9-9}$$

$$v' = \frac{ud_p}{D_\infty} \tag{9-10}$$

式中，d_p是粒径，u是线性流速，d_∞是分子扩散系数。

式9-11给出了式9-8的最一般形式的简化形式[51]。

$$h = \frac{b}{v'} + cv' + f(v') \tag{9-11}$$

式中，$f(v')$是间隙孔几何形状相关因素的函数，这些因素描述了流动通道中的速度不均匀性和涡流扩散的扩散长度规模[51]。

式9-11可用于对层析柱中谱带展宽的不同作用项进行一般定性描述，如图9-10所示，其中显示B项，即式9-11的第一个项，仅对在非常低的流速和快速扩散的溶质下产生降低塔板高度的影响，而在高流速和缓慢扩散的溶质下的主要项是C项，即等式9-11中的第二项。受到限制的扩散将对C项的斜率产生很大影响，但是在非常高的流速下对流传输可能会降低该项。可以注意到，A项即等式9-11的第三项，虽然原则上取决于局部速度，但或多或少等于1。因此，式9-11简化为式9-8，其中A项等于1。这里可以注意到式9-8已成功用于制备规模分子排阻层析、IEC和反向层析的定性预测[52-54]。

在蛋白质制备纯化的情况下，颗粒内传质是限速步骤（式9-11中的C项）。柱效将随着流速和粒径线性下降。

$$h \approx cv' = c \frac{ud_p}{D_\infty} \qquad (9\text{-}12)$$

但是，式9-12还显示，尽管不是直接的，但对于相同的层析填料，只要层析柱中的保留时间保持恒定，塔板数与层析柱长度无关。

$$N \approx \frac{1}{c} \frac{D_\infty}{d_p^2} \frac{L}{u} = \tau_{app} \frac{D_\infty}{cd_p^2} \qquad (9\text{-}13)$$

式9-13中的 $D_\infty/(cd_p^2)$ 这一项表示颗粒内传质的特征时间常数。因此，式9-13表明，在颗粒内传质为限速步骤的情况下，只要柱内表观保留时间与颗粒内扩散特征时间常数的比值相同，在长柱或短柱中均可获得相同的分离性能。

但是，还需要记住，系统的总塔板高度将是不同作用项的总和，例如，大的样品体积、混合池和其他死体积以及层析柱的谱带展宽，包括运输现象，都在本文中所述。产生效应将根据所采用的层析模式而变化。例如，等度洗脱中的谱带展宽对层析柱的装柱质量非常敏感。因此，在长时间的层析柱操作期间，或储存后，应定期检查装柱质量，以确保装柱质量不会干扰层析柱性能。可以使用任何类型的分子进行检测，只要该分子不与层析填料相互作用即可。图9-10中举例说明，只要降低的速度保持恒定（例如当改变溶质或改变温度时），就可以获得降低塔板高的类似的结果。

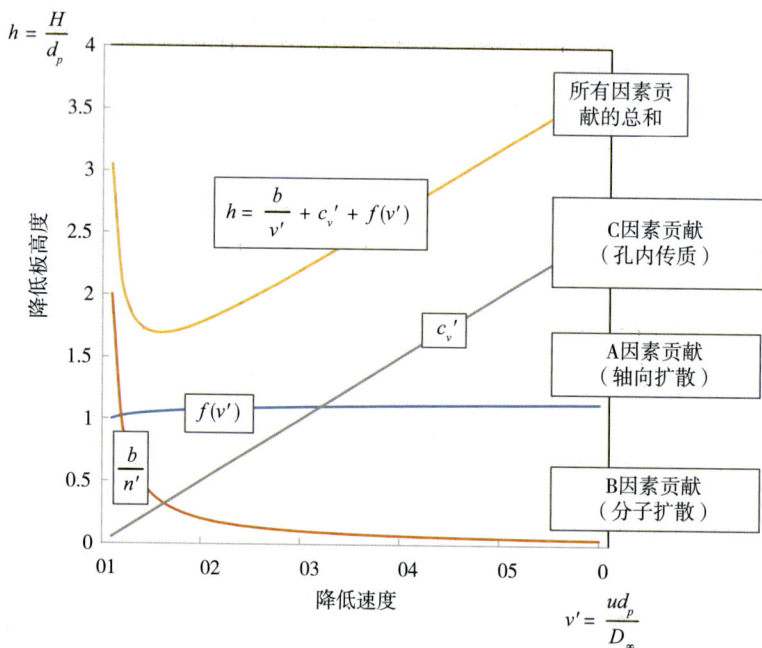

图9-10　液相层析中的谱带展宽，如Knox方程（式9-8）

二、填料床的流动阻力

制备型蛋白质柱层析的另一个重要描述词与装填柱床中的流动阻力有关。流动阻力会导致层析柱上的压降，这可能会严重限制大规模层析柱的操作参数。例如，即使分离因子可能足够大以能够减少分离时间，但在升高的流速下，装填柱床上的压降可能超过泵或层析填料的额定压力。在这种情况下，减少柱长和流速可能是更好的解决方案。

已装填的层析柱上的压降可根据Blake、Kozeny和Carman[55]的适用于填料柱床的Hagen–Poiseuille公式来计算。

$$\Delta P = u \frac{L}{d_p^2} \eta \frac{1-\varepsilon^2}{\varepsilon^3} 36n \qquad (9-14)$$

式中，u为表层液体速度，ΔP为压降，η为溶剂动态黏度，L为柱长，d_p为粒度，ε为床层孔隙率，n为描述颗粒形状的外观因子（球状微球为5，纤维为3.5[56]）。

颗粒大小和间隙孔隙率对装填有球形颗粒层析柱特有压降（bar/cm）的影响如图9-11所示。

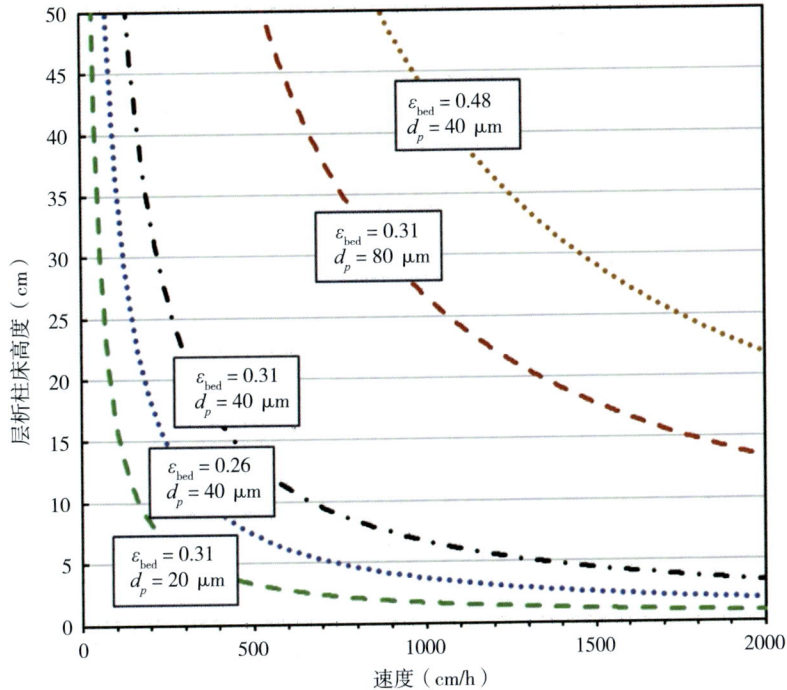

图9-11 当不同粒径填料以不同密度（柱床孔隙率ε_{bed}）装填到层析柱后恒定产生3bar压降时，柱床高度和线性流速的之间的函数关系
图中的线表示3bar处的等压线

需要强调的是，外水部分ε对流动阻力和计算出的压降有很大影响（式9-14）。例如，均匀球体以六角形紧密装填的柱床的空隙率为0.26[57]，并且压降为随机装填球体的柱床（空隙率为0.40）的6倍。可以注意到，二氧化硅类型材料的空隙率通常在0.42~0.45的范围内，单一尺寸合成聚合物的空隙率为0.36~0.40，非刚性聚合物的空隙率在0.30~0.33的范围内。较高的空隙率产生较低的压降，但对系统造成较大的非分离体积，这导致每单位质量的纯化物料需要较高的缓冲液消耗。

柱床的压降与粒径的平方成反比（例如，随着粒径减小50%，压降增加4倍）。此外，对于相同的孔隙率，具有较低表面积的颗粒将在柱床上产生较低的压降。

在使用黏性样品或在洗脱液中加入黏性改性剂时需要考虑黏性对流动阻力的影响，在将分离转移到冷室去做时也需要考虑这一点。

三、分辨率和选择性

分辨率是分离度的基本度量。它定义为两个相邻峰之间的距离除以峰宽的平均值（式9-15）。如图9-12

所示，通过较大的分离因子峰与峰距离（peak-to-peak distance，$V_{R,i+1}-V_{R,i}$）和（或）低分散因子峰宽（peak width，$w_{b,i}$）可实现高分辨率。

$$R_s = \frac{V_{R,i+1}-V_{R,i}}{\frac{1}{2}(w_{b,i}+w_{b,i+1})} \qquad (9-15)$$

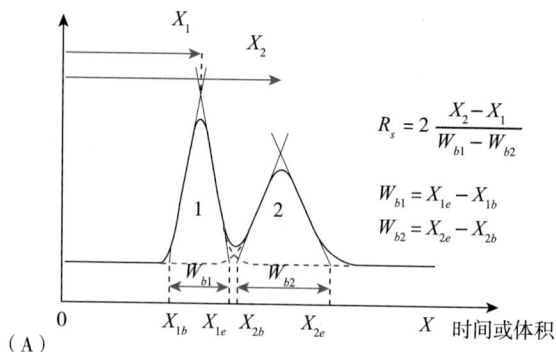

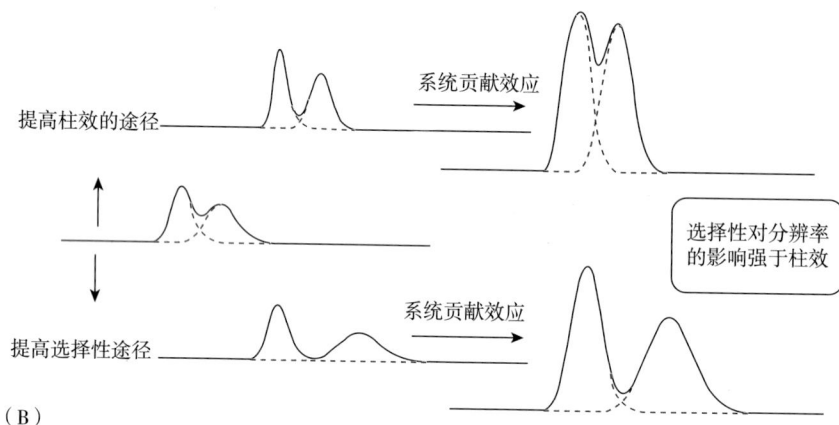

$$R_s = 2\frac{X_2-X_1}{W_{b1}-W_{b2}}$$
$$W_{b1}=X_{1e}-X_{1b}$$
$$W_{b2}=X_{2e}-X_{2b}$$

图9-12 层析分辨率

（A）用于计算两个相邻峰的分离度的参数（式9-15）；（B）在等度洗脱中实现分辨率：可通过较大的峰与峰距离（选择性）和（或）较小的谱带展宽（柱效）来增加分辨率。柱外效应会降低分辨率（图未按比例绘制）

峰与峰距离主要受到层析固定相上基于表面相互作用或排阻体积效应来分离样品组分的固有能力影响，也受等度洗脱的柱长和梯度洗脱的梯度斜率的影响。峰宽受流速、层析填料粒径、保留时间和等度洗脱时溶质扩散率的影响。柱外效应（如较大的死体积、混合池等）也会导致峰变宽。

对于组分相似的等度洗脱层析法（两种化合物的流动相体积和塔板数相似），分辨率与柱效N相关，关系如下[7]。

$$R_s = \frac{1}{2}\times\frac{\alpha-1}{\alpha+1}\times\frac{\bar{k}}{1+\bar{k}}\times\sqrt{N} \qquad (9-16)$$

式中，k是两个相邻化合物的平均保留系数，α是填料选择性，等于线性等温线的平衡常数之比，$\alpha_{i,i+1}=k_i+1/k_i$。

如式9-16所示，对于较大的平均保留因子k，分辨率取决于填料选择性和柱效。如果使用高选择性层析填料，则产物与紧邻洗脱的杂质之间可以实现高分辨率。除非待分离组分的大小存在显著差异的情况外，层析填料的选择性几乎完全与填料表面化学有关。表面性质，例如官能团的疏水性和（或）亲水性、连接臂和层析填料基架都在确定填料选择性中起作用。由于这些和蛋白质表面上的相同特性取决于工艺条件，所以选择性也将取决于条件。探究出于纯化目的样品组分的大小时，填料孔径和孔径分布将会影响选择性。

分辨率的重要性及其对制备型蛋白质层析的影响可以通过讨论其他重要的层析概念来理解，例如收率和纯度。

制备分离的主要目标是以给定的纯度要求下回收尽可能多的目标产物。纯度定义为产品含量与样品中所有相关化合物总量的比值（通常以%表示）。满足纯度质量标准的回收的产品量与初始产品量的比值，定义为工艺收率。分辨率、纯度和收率（表示为回收率，假设没有产品在层析柱上发生不可逆的结合或变性）之间的关系示例如图9-13所示。收率（回收率）取决于所获得的分辨率和纯度要求。例如，对于图中所示的示例，需要1.25的分辨率才能达到95%的收率和99.5%的纯度。图中未显示分离度为1.5的情况，因为实际上它对应的是峰已经完全的分离（即100%收率和100%纯度）。另一方面，必须注意的是，1.5的分辨率不是衡量纯度的真正标准（即收集的组分的纯度需要通过互补的测定法确认）。

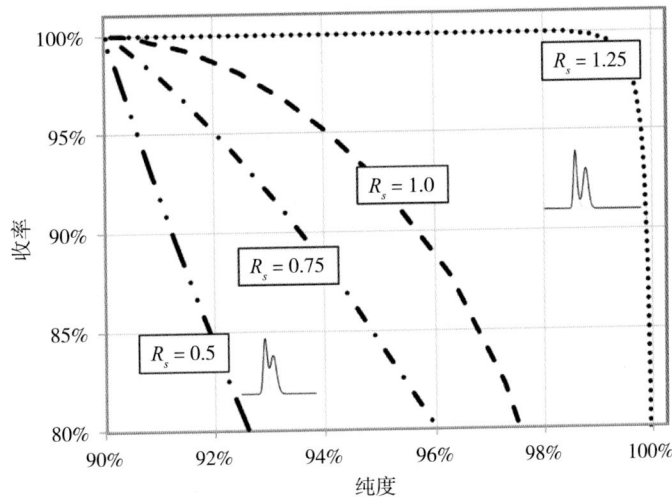

图9-13　不同层析分辨率水平下收率和纯度之间关系的示例（受参考文献[58]启发）

该图是使用具有内置一个目标函数的ChromX层析模拟软件（GoSilico Gmbh）生成的

此外，在现实生活中，即使分辨率和纯度很高，一部分产物通常会在层析填料上不可逆地损失或变性，从而导致活性产物的低回收率。还应注意，活性产品的损失可能与系统或柱床中的长时间滞留有关，因此可能需要控制该参数，尤其是当系统配置发生变化时（例如由于工艺放大）。因此，在工艺开发过程中控制和理解某步骤收率低的背后原因至关重要。

优化每个单独步骤的目标是在实际工作条件下使产品与杂质具有充分的分离度。重要的是该工艺的总体结果，这意味着在不同步骤中对分辨率的要求可能会有很大差异，并且分离策略可能由使用不同技术实现高分辨率的相对难易程度决定的（即1.5的分辨率系数显然不是每个步骤的最终目标）。

四、载量

在制备型蛋白质层析中，层析填料的结合载量是其最重要的性质之一。结合载量通常定义为在给定的一组工艺条件下，单位体积的填料吸附的目标蛋白的质量。条件包括流动相组成（pH、离子强度和干扰物质的浓度）、蛋白质浓度、温度，以及柱层析条件下的流速和层析柱尺寸。

讨论柱层析法时需要区分两种类型的结合载量：总结合载量和动态结合载量（DBC）。总结合载量表示在给定液相组成、温度及目标蛋白料液浓度时，目标蛋白的平衡结合载量。动态结合载量表示在层析柱流出物中开始出现未结合的目标蛋白之前，柱中每单位体积填料所结合的目标蛋白的量（因此表示"穿透载量"，通常定义为流出的目标蛋白质浓度达到流入的目标蛋白质浓度的一定百分比），因此，它代表在给定的体积流速和柱体积（或线性速度和柱长）下可以利用的总结合载量的部分。两种类型的结合载量见图9-14。

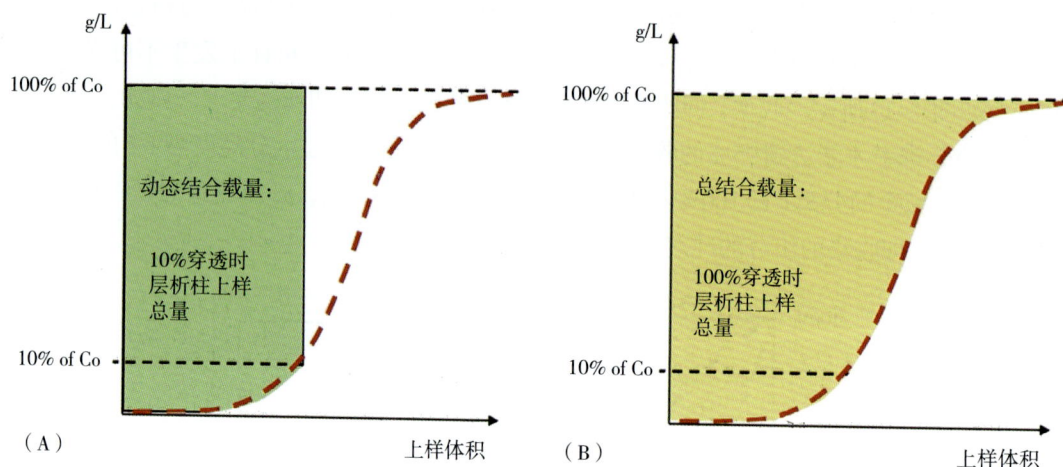

图9-14　总结合载量和动态结合载量的图示
经许可复制，原图由Cytiva（former GE Healthcare Life Sciences）提供

层析填料的动态结合载量直接影响操作规模。当处理大量产品时，可能需要具有高动态结合载量的填料，以满足对层析柱和系统尺寸的实际要求。当总结合载量和载量利用率都高时，可以获得高动态结合载量。载量利用率取决于传质速率，和在工艺条件下未保留的溶质在填料柱中所经历的时间。在所有的实际应用中，此时间称为保留时间，定义为层析柱体积（V_{col}）与体积流速（F）之比，或层析柱长度（L）与表面速度之比（u_{sup}）。

$$\tau = \frac{V_{col}}{F} = \frac{L}{u_{sup}} \tag{9-17}$$

传质速率与层析填料颗粒大小和分布、孔径的大小和分布（与蛋白质/产品尺寸相关）、配基尺寸和配基密度及其分布有关，讨论见第四节。从层析柱操作的角度来看，载量利用率的水平将取决于在目标蛋白存在的情况下，与层析填料结合的杂质的量和类型。因此，从纯度的角度来看，与杂质相比，有利于吸附更高比例的目标蛋白的结合条件可能是最佳的，尽管这可能对应着比从纯溶液中吸附目标蛋白时所达到的更低的载量利用率[59]。因此，使用真实的料液进行工艺开发非常重要。

动态结合载量的概念与捕获步骤中的样品进样，以及在流穿模式下操作的中度纯化和精纯步骤密切相关（见第五节）。通常在实际生产运行中，只利用动态结合载量的一小部分（例如80%），以避免流穿中有宝贵的物料损失。在通常以结合和洗脱模式下操作的中度纯化或精纯步骤中，每单位柱体积上的进样量比穿透动态载量更重要。该量通常将小于动态结合载量的50%，选择该量是为了在预定纯度下确保尽可能高的产率。如果在高进样量下出现，洗脱峰的形状通常变得更加不对称，并具有明确的拖尾，降低分离度并降低纯度或步骤收率，那么则需要更低的进样量。因此，这些类型应用的工艺开发必须始终包括对不同纯度水平下层析柱进样对步骤收率影响的研究。研究表明，在层析柱载量达到最大容量的30%时，发现了对称峰[53]。

五、可重复性和供货的安全性

用于制备蛋白质层析的层析填料的另一个非常重要的特性是填料可重复使用性，即所谓的填料寿命。填料寿命定义为填料可以循环使用的次数，而层析性能没有显著变化，因而不会影响其性能属性，例如生产率、收率、纯度等。因此，对于任何类型的重复层析操作，无论是实验室规模还是制备规模，都应准备并测试各种层析属性的令人满意的性能水平列表，以确保它们在第一个和最后一个循环中得到满足。例如，在纯化系列早期使用Protein A填料的情况下，一个重要的层析属性是结合载量，而在使用IEC填料去除密切相关杂质的情况下，则是分辨率。

由于许多不同的现象，包括孔阻塞、配体变性、配体脱落，甚至层析柱填料变质，结合载量或分辨率可能会降低。当使用不稳定的蛋白质（例如，具有疏水口袋）时，它们可能不可逆地结合到填料上的疏水表面。疏水相互作用通常使层析填料的清洁变得困难。能否使用足够苛刻和有效的清洁剂和消毒剂是填料选择过程中最重要的考虑因素之一。选择可以充分清洁并因此重复使用多次的填料，不仅可以最大程度地降低每克纯化产品的填料成本，还可以最大程度地降低与拆包、清洁/消毒和重新装填层析柱相关的成本，从而降低操作成本。在有关章节中提供了在位清洁方法（CIP）、开发方法和推荐的清洁解决方案的全面综述。

填料选择过程的最终（但往往被忽视）方面是确保层析填料生产过程一直保持在验证有效的状态，从而使所有相关填料特性的批间差异最小化。填料生产的一致性是确保可重复生产生物制药产品的关键要素。最终用户必须确保用于工艺的层析填料符合对药品质量至关重要的所有标准，并且与纯粹的层析性能因素相比，填料选择过程还包括一些不太明显的因素，例如安全供货、最小化的批间差异性，甚至减少发生与生物负荷相关事件的倾向性。

六、通量和生产效率

层析步骤的通量（throughput）或生产速率（production rate）等于每单位时间纯化产物的量（例如g/h），生产率（productivity）是每单位体积层析填料的通量（例如g/（L×h））。

$$Pr = \frac{纯化产物总量}{层析柱体积 \times 工艺时间} \tag{9-18}$$

因为纯化产物总量等于填料体积乘以被利用的结合载量（所有化合物）乘以相对回收率（收率）再乘以样品合并后的纯度，所以式9-18可以写成下式。

$$Pr = \frac{载量 \times 收率 \times 纯度}{工艺时间} \tag{9-19}$$

填料生产率是一个非常有用的概念，可用于设计任何层析步骤及其后续放大。例如，如果需要在允许的特定时间T_{tot}内纯化一定质量的产品M_{tot}，并且已知所选工艺条件下的填料生产率，则可以计算完成该任务所需的最小填料体积V_{col}。

$$V_{col} = \frac{M_{tot}}{PrT_{tot}} \tag{9-20}$$

根据现有柱体积，如果已知在用于柱体积计算的生产率水平下的层析柱上样量，则可以计算出想要处理总质量M_{tot}时所需的循环次数N_{cyc}。同样，如果已知柱体积，则很容易计算产品的处理时间或在指定生产率水平下可以处理的产品量。

生产率也可用于在工艺优化过程中定义目标函数。根据式9-19给出的生产率定义，很明显，可以通过增加结合载量、收率和纯度或减少工艺时间来最大化生产率。但是，由于结合载量与处理时间有关，因此通常存在使生产率达到最大值的最佳条件。类似地，在分离困难的情况下，载量最大化将对每个循环时间的收率和分辨率（以及因此的纯度）产生不利影响，因此，再次要求需要找到生产率达到最大值的一组最佳操作条件。基本优化策略将根据所采用的分离技术略有不同，但主要涉及选择高选择性填料（以在目标溶质和杂质之间提供最大分辨率），具有较大的动态结合载量（以应对层析柱过载之前的高上样量）和能提供高活性产物回收率的基架特性。通量和生产率优化涉及的工艺参数包括目标蛋白和（或）杂质吸附的条件（例如离子强度和pH）、最大适用样品上样量以及解吸步骤中流速和梯度体积的影响。正如Janson和Hedman[61]所指出的，增加层析过程的选择性将显著增加通量，而不是增加柱效（例如，通过使用较小的微球），这对通量的影响很小。

样品上样、淋洗、层析柱清洗和层析柱再生超过必要的处理时间均会降低生产率。特别重要的是分配的用于填料清洁的时间，例如，在纯化过程早期使用填料的情况下，由于层析柱进样的料液的复杂性，需要更大量地清洁。在这些情况下，清洁时间可能与填料的层析特性无关，而与填料的易于结垢有关。因此，如果只考虑分离性能，较不易结垢的填料的生产率可与具有较高生产率的填料相当，甚至更高[62, 63]。

第七节　制备型层析的工艺放大

了解所用层析技术的基本原理，并在工艺开发过程中对其进行验证，工艺放大就变得直接明了。然而，在典型的工艺放大过程中，层析和非层析因素都需要考虑在内。同样，也需要考虑与产品质量和（或）设施安装（如可用的储罐、轮班模式等）有关的所有相关工艺限制。

通常，在实验室规模下开发和优化的层析步骤的放大分两个阶段进行。首先，将规模扩大100倍至所谓的中试规模。根据需要的产品量和循环能力与额外的测试成本等，这实际上可能是最终规模。如果以该规模生产的产品量不足，则需要进行从中试规模到生产规模的放大。第二次放大通常是10~30倍。

在以下段落中简要讨论了放大层析规模时可能很重要的一些因素。

一、层析因素

基于层析因素的最常见的放大原理之一称为直接放大或体积放大，该原理如图9-15所示。例如，应用该原理放大100倍，诸如样品上样量，所有体积流速和层析填料体积之类的参数将增加100倍，而样品浓度和进样量与柱床体积之比将保持恒定。

通常，体积放大是通过增加层析柱直径，保持柱床高度恒定来进行的。但是，有时这是不可行的（例如，由于缺乏预期规模的市场可供货的层析柱尺寸）。市场可供货的层析柱的直径通常是不连续的（见第十九章），直径从40 cm到200 cm不等，间隔为20 cm，因此，与其承担超尺寸工艺的额外成本，不如采用恒定保留时间放大原理。该原理基于放大过程中柱床体积或柱床高与体积流速或线性流速的比率保持恒定。可以说，基于恒定保留时间的放大是层析中最普遍的缩放规模的概念，前提是分离不依赖于装填柱床中的流体动力学条件，换句话说，最慢的传质步骤不依赖于固定相表面附近的局部速度。如果限速步骤确实取决于线性流速，则放大必须基于恒定的柱床高和恒定的流速标准（即直接放大）。当要通过结合洗脱方式纯化/去除大分子杂质（例如DNA、某些宿主细胞蛋白或病毒）时，情况通常如此。因为这样的大分子不能进入最常见的层析填料的颗粒内孔，所以它们吸附到这些填料表面上的总速率将取决于表面附近的液体速度。

因此，在这些情况下，液体速度和柱床高应在不同比例下保持恒定。或者，放大可以基于恒定保留时间原理，但前提是柱床高与初始比例相比有所增加。在这种情况下，线性流速将更高，传质阻力更低，因此，它不会对更大范围的分离产生不利影响。

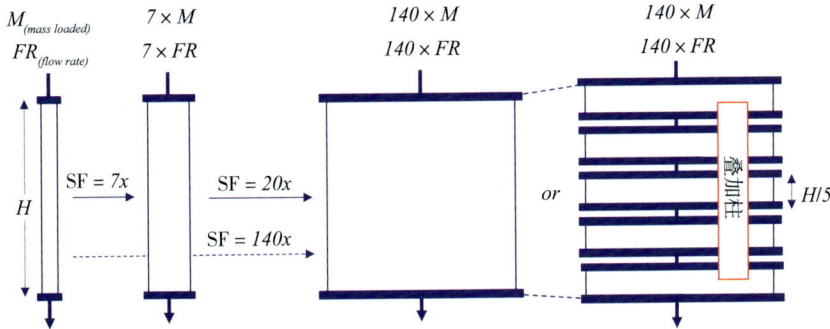

线性放大原理：
· 层析柱高恒定
· 与柱体积成比例的上样量
· 流速与柱体积成正比

$$SF = \left[\frac{Flow_{large}}{Flow_{small}}\right] = \left[\frac{CV_{large}}{CV_{small}}\right] = \left[\frac{D_{large}}{D_{small}}\right]^2$$

图9-15　线性放大原则

SF：放大因子；M：上样量；FR：流速。原图由Cytiva（former GE Healthcare Life Sciences）提供，经许可复制

在层析纯化方法的初始开发过程中通常使用恒定保留时间方法，此时使用非常小的层析柱（柱床高度较低）以达成节省样品和填料的需求。在大多数情况下，恒定保留时间的放大标准将适用于高负载层析柱以及梯度和等度洗脱[64]。例如，对于典型的单克隆抗体纯化工艺，恒定停留时间标准适用于结合洗脱步骤，如Protein A层析、阳离子交换或HIC。

有时，基于保留时间的工艺扩大也称为基于体积的工艺扩大，其中体积流速定义为每单位时间柱体积的倍数（例如CV/h）。通过这种方法，只要在每个规模下对梯度进行适当的表征和说明，就可以实现274倍的成功放大[65]。Yamamoto等人[66]提出了线性梯度洗脱的另一种放大原则，指出如果层析柱长度与归一化梯度斜率乘以理论塔板等效高度的乘积成比例增加，则分辨率保持恒定[67]。根据这种方法，成功扩大了500倍[68]。最近，在抗体纯化工艺中使用了相同的方法来设计和优化聚集体与单体的分离[69]。

二、非层析因素

在进行层析放大时，需要考虑的非层析因素包括层析设备造成的谱带展宽以及与层析柱填料有关的影响，例如柱床压缩和柱床均匀性。

可能影响放大效率的设备因素包括监测器流通池的类型和尺寸、出口管道或管道的长度和直径、与阀门设计相关的时间延迟以及影响样品合并/分装收集的开始和长度的系统体积。表9-5中列出了在较大层析柱和相关设备中观察到的与实验室规模结果偏差相关的一些常见因素。尽管系统对扩大规模的贡献需要考查，但通常它们很小，并且可以预测，而且在必要时可以将其最小化。与系统影响相反，与层析柱装柱相关的影响可能会对放大效率产生重大影响。这里突出显示了与层析柱装柱有关的两个方面：一是在不同规模下使用的装柱方法通常是不同的；二是涉及在不同直径的层析柱中，柱壁对填料床所施加的不同水平的柱壁支撑。虽然第一个效应可以通过装柱质量保证测试（HETP方法）处理，但第二个效应可以被认为是填料类型和层析柱尺寸（和类型）的某些组合的固有特性。例如，基于天然聚合物的老式层析填料往往在直径大于30 cm的柱中产生更高的压降。该现象可归因于填料床渗透性降低，这是由于在层析柱装柱过程中观察到的层析柱壁支撑水平降低所致。这种现象在图9-16中示出，图中比较了两个柱直径下计算的局部柱床渗透率的二维分布。如图所示，在两种层析柱尺寸下，不仅渗透率分布不同，总体柱床压缩也不相同[70, 71]。在较大尺度上壁支撑的减少可能导致流速需要比在较小尺度上所建立的流速更小，以最小化柱床压缩和与其相关的负面影响。通过引入现代填料（如Capto系列[72]）和通过新的层析柱设计（如AxiChrom层析柱[73]）改进的装柱方法，已将填料柱床性质对层析柱直径的依赖性降至最低。

表9-5　层析步骤工艺放大中观察到的最常见系统影响*

宽峰	较大的设备可能会导致柱额外的谱带变宽，来源于出口管道或管道的长度和直径不同，监测池的连接和体积等，这可能会充当混合室。如果较大的层析柱具有比分析色谱柱更低效率的流动分配系统，则柱床中的轴向分散会更大，并且在柱头部分会出现额外的区域扩散。尽管对分离的影响可能不会有害，但可能会降低层析柱的理论塔板数。即使这可能表明由于系统影响而导致性能差异，但必须评估差异对实际纯化的影响（例如，与产品的峰宽相比，额外的区域展宽可能微不足道）
窄峰	有时可能会注意到，规模较大的层析柱比实验室层析柱具有更好的性能。这可能是由于样品上样方式、层析柱装填或甚至减少对柱壁的非特异性吸附、入口和出口流量分配器、管道、管道等的非特异性吸附的积极作用（因为暴露于溶质的相对表面积将减少）
低流速	柱直径的增加将减小支撑壁力。这可能是由于填充半刚性填料的层析柱在恒定压降下流速降低。例如，当直径从2.6 cm增加到10 cm时，对于填充琼脂糖凝胶6 Fast flow的层析柱，发现流速降低了30%~45%。其他系统修改影响，例如连接器、阀门、监控单元等上的压力降，也会降低在恒定压力下达到的流速
峰切割	应检查监测系统，以验证层析柱出口、监测器和组分收集阀之间的运输距离不会引入时间延迟或体积变化，这会导致过程控制器在错误的时间切换组分收集阀的位置。控制器的取样速率需要足够高以避免延迟信号的收集和例如阀控制的执行

*Adapted from G.H. Lars Hagel, G.H. G ü nter Jagschies, G.H. Gail Sofer, Separation Technologies in Handbook of Process Chromatography: Development, Manufacturing, Validation and Economics, 分子排阻层析 ond ed., Academic Press, Amsterdam, 2007, p. 382, with permission.

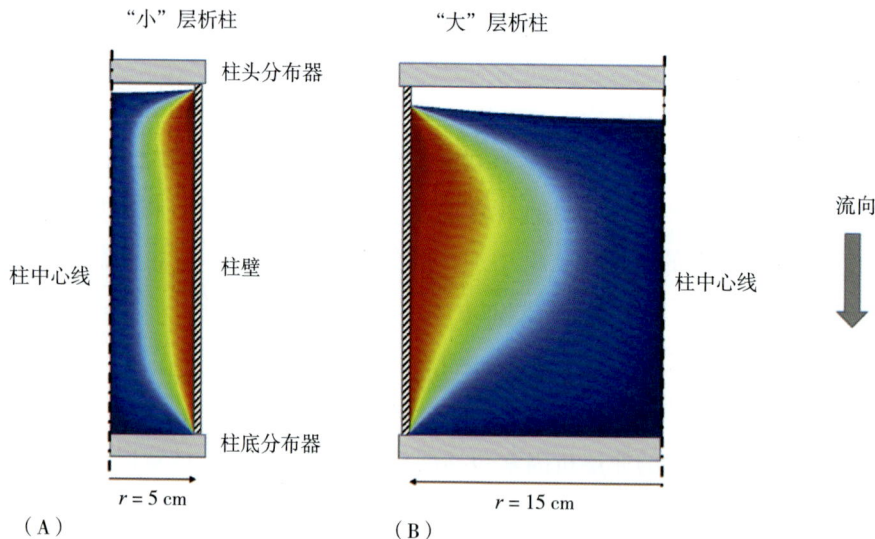

图9-16　轴向剪切力在柱子中的分布

这些剪切力作用于装填到不同半径柱中的具有韧性颗粒：5cm（A）和15cm（B）；红色（高）和蓝色（低）剪切力[70]。装填柱的变形的上部边缘代表柱床压缩的程度。经许可复制，原图由Cytiva（GE Healthcare Life Sciences）提供

柱壁支撑对填料床压缩性的影响已经得到了详细的研究[74-78]。Stickel等人提出了最简单的模型之一[74]。该模型考察了层析柱中柱长/柱径之比对最大操作速度的影响。由于在较小规模下可以通过改变柱床高度来改变长径比，因此在该规模下进行的实验可以为放大后层析步骤的最大操作速度提供指导/指示。模型预测的示例如图9-17所示。有人已经提出了对Stickel模型的一些改进，其中考虑了装柱过程中使用的流动相的性质[79]。不幸的是，这两种模型似乎仅适用于可压缩填料的情况。对于现代的刚性更高的填料，需要采用

基于装柱建模的方法，考虑特定的填料物理特性[75, 76]。最近，也有人提出，可以通过在柱内放置同心圆柱体来缓解大直径柱中的柱床压缩问题，从而产生额外的内壁，为填料床提供额外的壁支撑[80]。尽管从概念上讲非常吸引人，但这种技术解决方案可能不容易实现，因为此类层析柱的装柱可能是一个挑战。

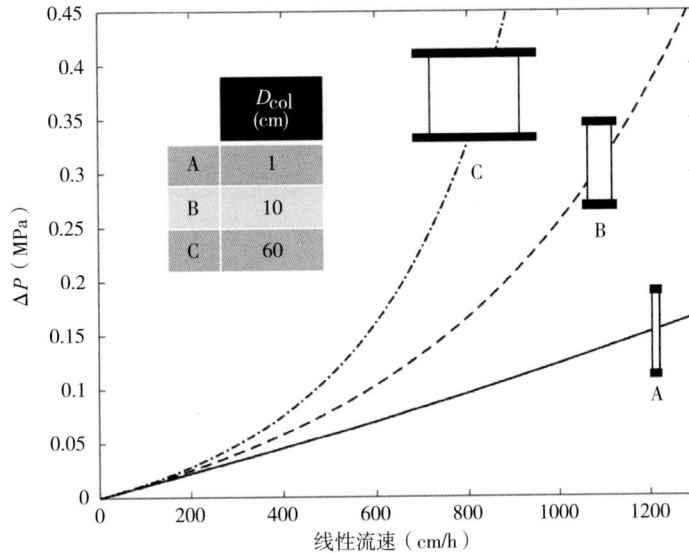

图9-17　可压缩填料在水中装柱时预测的压力流量曲线
图中展示了随着直径的增加，在三个直径的层析柱上的壁支撑的损失。预测基于所谓的Stickel模型[74]

三、其他放大因素

扩大规模时可能改变纯化结果的其他因素包括与工艺条件变化有关的因素。例如，上游操作规模变化导致的样品组成变化、放置时间延长导致料液组分沉淀，或大规模缓冲液制备的不可重复性，均可能对放大层析步骤产生影响。

前面的例子说明，虽然在放大过程中可能难以预见所有可能的问题来源，但对通过实验室规模的全面工艺开发活动获得的层析工艺的全面了解肯定会减少在放大过程中观察到的问题。同样，采用经过验证的放大指导原则，这些指导原则已通过大量的商业工艺在实践中得到验证，也将增加成功放大的机会。

层析工艺中所指的线性放大的简单指导原则见表9-6。

表9-6　层析纯化线性放大指导原则*

维持	层析柱高度
	洗脱线性流速
	样品浓度
	梯度斜率/柱体积
增加	层析柱直径
	体积流速按照柱体积成比例增加
	进样体积按照柱体积成比例增加
	梯度体积按照柱体积成比例增加
检查	柱壁支撑下降（增加压降）
	样品分配
	管道和系统死体积

*Reproduced from L. Hagel、G. Jagschies, G. Sofer, 4—Separation technologies, in: Handbook of Process Chromatography, 分子排阻层析ond ed., Academic Press, Amsterdam, 2008, pp. 81-125, with permission.

四、基于建模的放大

随着计算机技术的进步，通过数学建模来放大不同单元操作变得越来越可行。如今普通个人计算机的强大功能，让我们可以使用对计算要求更高的方法，来测试与工艺规模变化有关的对工艺结果的影响。例如，通过应用相关数学模型评估系统对分辨率的影响，并对不同层析柱设计和尺寸的CIP方案的质量进行了考查[81, 82]。放大规模下的数据需要在完全规模下进行实验支持的话，数学建模的使用特别吸引人，因为这通常是成本和资源最高昂的部分。当然，在模型用于测试不同放大方案之前，必须对其进行验证。但是，一旦经过验证，每次出现这种放大需求时，都可以将该模型用于虚拟演练。

第八节　制备型层析的经济性

层析工艺的成本效益受到几个因素的影响，在工艺开发过程中应尽早考虑这些因素。显然，在工艺的早期可能无法获得一些相关的经济性数据，但是如果对层析步骤中有关经济性的影响因素得到充分理解，将有助于实现低成本纯化步骤的开发和随后的放大。影响工艺经济性的一些因素包括（排名不分先后）：填料和化学试剂成本、水（几种不同品质）、样品制备和最终的后处理、人工、质量控制、层析和辅助设备、维护、电力、日常运营的间接费用和相关的基建设施成本。

通常，可以在给定的某一步骤或整个过程中进行产品成本（COGs）计算。后一种情况需要知道由辅助设备成本和工厂占地（步骤的长度）而产生的影响，以评估产品的总成本。但是，在设计/开发层析步骤时，如果可以考虑到该步骤的几种替代方法，即使是操作成本的简单成本分析也可以被证明是非常有用的。计算一个层析周期运行成本的一般方程式由式9-21和专栏9.2给出。该方程式适用于结合洗脱和流穿模式。

$$Cost = Cost_{fixed} + Cost_{operating}$$

$$= Cost_{fixed} + Cost_{resin} + Cost_{time} + Cost_{buffer} + Cost_{other} + Cost_{per/post} \tag{9-21}$$

固定成本包括所有相关和尚未折旧的成本的折旧，包括层析系统、储罐、厂房等的成本。但是，由于难以估计设施固定成本对任何单个单元操作的确切贡献，因此此处仅通过关注操作成本来讨论成本分析的类型。也就是说，重要的是要记住操作条件的选择和（或）所选层析技术的类型可能会对资本投资和设施设计产生重大影响（例如，需要冷藏室设施，防爆室，甚至在反相层析法的情况下，甚至需要溶剂回收装置）。

如式9-21所示，可以根据填料成本、缓冲液/溶剂成本、人工成本（操作时间）、质量控制（QC）分析成本、设备成本，以及样品预处理和后处理的成本来估算操作成本。填料成本代表一个周期中使用的填料的实际成本。缓冲液/溶剂成本应包括所用化学品的成本、补给工艺成本，对于有机溶剂，还应包括回收成本。可以根据运行过程所需的全职雇员的数量估算人工成本，并以时薪乘以工艺操作时间来表示。其他成本应考虑所有耗材的成本，包括柱前过滤器、相关一次性组件（例如一次性流动管路和袋子）的成本以及装柱、拆柱和清洁的成本。它还可能包括尚未折旧的层析柱硬件的成本。

操作时间（一次层析的总操作时间）

$$T_{cycle}[h] = T_{load} + T_{extra} + \frac{T_{CIP}}{N_{CIP}}$$

$$= T_{load} + \sum_{i=1}^{n} T_i + \frac{T_{CIP}}{N_{CIP}}$$

$$= f_{load}\frac{q_\%}{C_{load}}\tau_{load} + \sum_{i=1}^{n} N_{CV,i}\tau_i + \frac{T_{CIP}}{N_{CIP}}$$

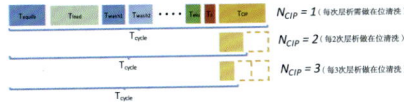

$N_{CIP} = 1$（每次层析需做在位清洗）

$N_{CIP} = 2$（每2次层析做在位清洗）

$N_{CIP} = 3$（每3次层析做在位清洗）

基本关系（在COG和Pr计算中有用）

$$FlowRate_i = \frac{CV}{\tau_i} \qquad M_{purified} = M_{load}\,Y \qquad T_{load} = \frac{V_{load}}{FlowRate_{load}}$$

$$V_{load} = \frac{M_{load}}{C_{load}} \qquad M_{load} = f_{load}\,q_\%\,CV \qquad = f_{load}\frac{q_\%}{C_{load}}\tau_{load}$$

$$T_i = N_{CV,i}\,\tau_i$$

运行成本（运行一次层析的总运行成本）

$$Cost_{oper}\left[\frac{\$}{kg}\right] = \frac{Cost}{M_{purified}}$$

$$= \frac{T_{cycle}\,c_{\$,time} + CV\sum_{i=1}^{n} N_{CV,i}\,c_{\$,buffer_i} + CV\,f_{resin}\frac{c_{\$,resin}}{N_{life}}}{CV\,q_\%\,f_{load}\,Y}$$

$$+ c_{\$,QC} + \frac{1-Y}{Y}c_{\$,pre} + c_{\$,post}$$

$CV\,f_{resin} \equiv$ 购买的层析填料体积（考虑装柱压缩比）

$\dfrac{c_{\$,resin}}{N_{life}} \equiv$ 每次使用层析填料的有效成本（填料重复使用次数的增加显著影响与填料相关的成本）

$\dfrac{1-Y}{Y}c_{\$,pre} \equiv$ 损失产品的成本（收率越高该成本越低，步骤越下游该成本越高）

$c_{\$,post} \equiv$ 在后续纯化步骤中达到所需纯度的预期成本（即纯度成本）

命名

$c_{\$buffer,i}$ —缓冲液/溶剂的特定成本（\$/L）
$c_{\$resin}$ —购买层析填料成本（\$/L）
$c_{\$time}$ —单位时间成本（人工成本）（\$/h）
f_{load} —样品上样的安全系数（–）
f_{resin} —层析填料填充因子（≥1），说明层析柱装填期间的填料压缩（–）
n —包含CIP步骤外，层析操作中除去上样的步骤/阶段数
$q_\%$ —动态结合载量（g/L）
C_{load} —产品浓度（g/L）
CV —柱体积（L）
M —产品总量（kg）
N_{CIP} —CIP步骤的频率，即每n个周期CIP（–）
$N_{CV,i}$ —层析步骤第i步中使用的缓冲液/溶剂的柱体积数（–）
N_{life} —填料使用寿命（–）
T_{CIP} —在位清洗接触时间（h）
T_i —层析步骤第i阶段的持续时间（h）
T_{load} —上样阶段的持续时间（h）
V_{load} —上样体积（L）
Y —步骤收率（–）

希腊语符号

τ_{load} —上样步骤的停留时间（h）
τ_i —层析步骤中第i步的停留时间（h）

生产率（运行一次层析的总成本）

$$Pr\left[\frac{kg}{h\,L_{resin}}\right] = \frac{M_{purified}}{T_{cycle}\,CV}$$

$$= \frac{f_{load}\,q_\%\,Y}{f_{load}\frac{q_\%}{C_{load}}\tau_{load} + \sum_{i=1}^{n} N_{CV,i}\tau_i + \frac{T_{CIP}}{N_{CIP}}}$$

A：层析柱上样量Q%f上样量和步骤收率
Y：停留时间τ的函数，并且在达到平台之前随着停留时间的增加而增加
B：停留时间越长，总循环时间越长。相对于停留时间，A和B的组合产生最大的步骤生产率

后处理/预处理成本由两部分组成，每个部分分别涉及层析步骤操作成本的不同方面，即收率和纯度成本。后处理成本应涵盖在下一个单元操作之前所需任何对合并的产品进行预处理的成本（例如，简单调整合并产品的成分，或对其冷冻和解冻的成本）。如果要考虑纯度的成本，后处理的成本应包括产品合并之后的后续处理的平均成本（例如，对于第一个层析步骤，应涵盖后续纯化步骤的成本，才能达到所需的药品原料纯度）。显然，后处理的成本必须是纯度的函数（即，此步骤后的纯度越高，后处理成本越低）。

一般而言，样品预处理的成本代表层析步骤本身之前发生的具体成本（例如，第一个层析步骤的$c_{\$pre}$包括上游和回收操作的总成本，单位为\$/g，而对于最后一个层析步骤，$c_{\$pre}$代表该步骤之前所有步骤的总成本，再次以\$/g表示）。在操作成本计算中考虑样品预处理，可以正确评估在不同处理阶段的产量损失的实际成本。样品预处理的成本也称为粗提液成本[34, 83]。

如专栏9.2所示，步骤收率的最大化将降低所考察的层析步骤的操作成本/g。同样，如果考虑后处理的平均成本，以最高纯度为目标也会导致整个过程的产品成本降低。但是，由于通常产量和纯度成反比，因此可以预计出产品成本的最佳值。此外，由于纯度的平均成本会降低，样品预处理的成本会随着工艺的发展而增加，因此收率的重要性在产品成本分析中占主导地位。在所需的纯度下保持尽可能高的收率的重要性，不仅与最大限度地提高该步骤后生产的产品量有关，还与降低整个过程的总成本有关。

改善层析步骤的产品成本（COG）的其他方法包括增加层析柱进样量和增加填料被废弃之前的重复使用次数，即所谓的填料寿命。层析柱进样量可通过多个方面影响工艺经济性。高进样载量可以减少对层析柱尺寸的要求，这反过来可以减少对缓冲液和清洗液的存放空间要求和水的消耗。它还可以通过更少的周期次数来减少处理时间。填料寿命直接影响每个周期填料的有效成本。因此，对开发出有效的清洁程序进行投资，并把与样品组成相关的不利样品的影响降至最低是合理的。对于精纯或中度纯化应用，已证明影响层析经济性的主要参数是选择性。在其他条件优化后，随着选择性的增加，总成本呈对数下降，生产率近似呈线性增加[84]。该结果表明，对于给定的问题，预先在选择性的最大化上投入资源是非常重要的，以节省生产过程中的操作成本甚至资金成本。

在某些情况下，需要考虑与操作成本有关的其他方面。例如，在用于纯化多肽的反相层析法的情况下，可能需要溶剂回收步骤，来回收昂贵且通常有毒的溶剂。或者，如果需要在低温下进行纯化，则样品储存可能需要冷藏室设施或带特殊夹层的储液罐，这会带来额外的，有时甚至是巨大的成本（例如，电力、维护合格的冷藏室等）。

层析填料本身的成本，有时代表相当大的初始投资，特别是考虑到可能需要备用层析柱和填料用于应急目的。然而，如果多次使用填料并充分利用其寿命，则与填料相关的成本将显著降低，并且在某些情况下，每升和每周期的填料成本，会与层析操作期间使用的某些缓冲液的成本相当。如Kelley[85]所说，即使在Protein A层析填料的情况下，如果填料使用200次（已成为基于琼脂糖基、碱稳定Protein A填料的标准），则Protein A的年成本仅比Protein A步骤所需的缓冲液成本高两倍。显然，对于较便宜的填料，这种关系被翻转，缓冲液反而成为最昂贵的原料。

在对层析步骤进行经济分析时，应记住产品成本（COGs）计算仅涉及经济分析的一个方面。另一个方面与整体产品系列有关，包括当前和未来的产品。需要回答诸如"开发的层析步骤是属于平台化技术工具，或者它只是为一种独特的分子所开发的，以后不会再用？"这样的问题。在前一种情况下，降低了与后续工艺开发相关的成本，缩短了时间线从而得以评估更多的候选产品，因此加快了进入市场的速度，更容易扩大规模，工艺更稳健，技术转移更容易，减少了验证的工作量等。如果是后者，则在进行经济分析时，需要评估放大规模、验证、工艺转移甚至原材料和层析填料的供应商，以及可能的特殊废物处理程序。当然，可能很难为所有这些不同的方面指定一个确切的货币价值。

第九节　纯化策略

在早期，当层析法开始成为纯化治疗性蛋白质的首选方法时，Pharmacia Biotech（Uppsala，Sweden）的科学家和营销人员提出了一种通用的纯化策略[86]。该策略基于将纯化工艺分为三个阶段：捕获、中度纯化（去除）和精细纯化[87]。各阶段的具体目的见表9-7。另见其他章节中关于基本工艺要求的相关讨论。

表9-7　三阶段纯化策略：定义、目标和考虑要点

阶段	定义	目标	考虑要点
捕获	从粗品或澄清料液中初步纯化目标分子	快速分离、稳定样品、体积减小（浓缩）	使用高载量填料以减小体积，增加浓度，使用较小的柱子，考虑通过应用选择性淋洗步骤来提高选择性，尽管只有在后续步骤不能除去某些杂质的情况下
中度纯化[a]	去除大量杂质	纯化和浓缩	选用高分辨率技术 可能需要梯度洗脱
精细纯化	最终去除痕量杂质，调整组分：pH、盐和（或）原液储存添加剂	实现最终纯度要求	所选技术必须区分目标蛋白和残留杂质

[a]建议采用能与上一步骤使用的选择性互补的技术。

三阶段策略并不意味着纯化过程必须建立在三个纯化步骤的基础上，也不意味着其中的每个步骤都必须建立在一个层析技术的基础上。事实上，捕获和中度纯化目标可以在单个柱上实现，或者甚至通过应

用其他批量分离技术，例如选择性沉淀、双水相萃取等来实现。同样，中度纯化阶段和精纯阶段的目标可以在单个层析步骤中实现。此外，如果纯度要求低或起始材料相当纯，则仅需要分别进行单个捕获或精纯阶段。

一、捕获阶段

捕获阶段的目标是分离、浓缩和稳定目的产物[87]。这是通过在结合和洗脱模式下完成层析的操作，选择具有高结合能力和高选择性的填料来完成的。前者是为了使体积显著减少，从而使浓度成比例增加，而后者是为了确保尽可能多地去除关键杂质。如果杂质还包括酶，例如蛋白酶和糖苷酶，则最大限度地减少处理时间很重要。如前所述，对于给定的选择性，结合能力和处理时间决定了所选操作条件下填料的生产率。在捕获填料的情况下，生产率是重要的性能指标，通常用于比较不同的填料。这种比较的一个例子如图9-18所示，其中比较了传质特性和最大结合载量不同的两种填料。具有较快传质，但较低的平衡（最大）结合载量（红色曲线）的填料产生最高的生产率。但是，在更长的保留时间下，具有更高最大结合载量（蓝色曲线）的填料比低载量但传质更快的填料更具生产力。其原因是，考虑到除了进样之外的所有步骤的时间都相对相似，更快的进样会减少总步骤时间，这将对生产率产生积极影响，强过在较短的保留时间内操作而导致结合能力下降的负面影响（见图9-18A和插页中的红色曲线）。然而，传质更快所产生的效果随着料液浓度的增加而减弱（图9-18B）。这种影响的原因是，在这种情况下，料液浓度的增加导致更短的进样时间，并且允许利用更高的最大结合载量（图9-18B中的蓝色曲线）。因此，在高浓度进料的情况下，使用传质较快的填料缩短进样步骤的优势对生产率的影响较小，具有较高载量/传质较慢的填料更具优势。有时，对于给定的柱床高度，生产率表示为线性速度的函数。曲线的形状不同，但结果显示出相同的效果，并且将一种类型的数据转换为另一种类型的数据就不重要了。

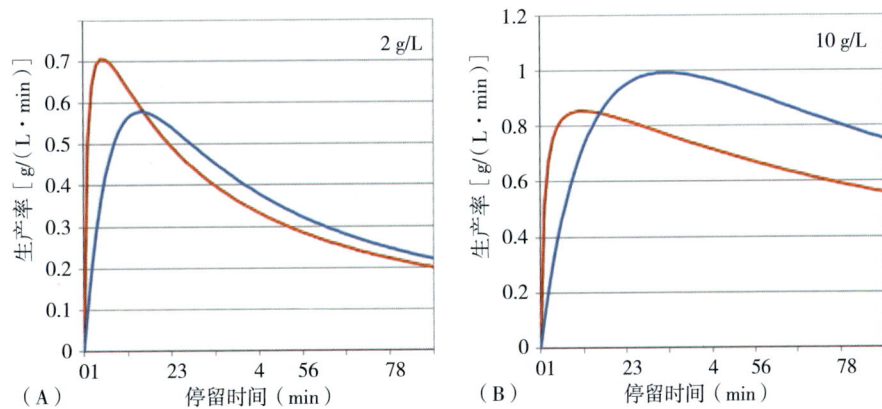

图9-18　传质速率和总结合载量不同的两种填料在捕获步骤中，保留时间对生产率的影响
高-低（红色曲线）和低-高（蓝色曲线），两种料液浓度2 g/L（A）；10 g/L（B）。经许可转载Cytiva（former GE Healthcare Life Sciences）的实验结果

高生产率填料能够在循环模式下操作捕获层析步骤，即在允许的时间内较小的层析柱被多次使用。这种方法减少了对填料的初始投资，并且在某些工艺场景中，是首选的操作方法，因为它可以更好地利用填料的寿命，从而降低操作成本。但是，如正文后面（第八节）所示，需要记住的是，最大生产率条件和最小操作成本的条件不一定相同。

在捕获阶段使用的制备型层析的一个重要方面是所谓的填料寿命，即一个特定的填料可以使用多少次而不影响工艺收率，更重要的是不影响产品质量。在纯化工艺的这一阶段，料液中仍含有一些可能且通常确实会对关键填料性能产生变质影响的成分，从而导致填料性能持续下降（例如，每次用料液给填料进样时，动态结合载量都会下降）。应对填料结合载量降低的常见做法是引入进样安全系数，从而减少每个周期的进样，使得即使在填料寿命结束时，在进样步骤期间也不会使宝贵的产品发生损失。可根据显示填料重复使用次数对结合载量影响的数据来计算安全系数。恒定安全系数的替代方法是让进样量随着循环数的增加而减少。如前所述，考虑填料结合载量的下降非常重要，因为它直接影响步骤的回收率（过早穿透会导致进样阶段产品的损失），从而影响成本（见第八节）。例如，对于高价值产品（例如单克隆抗体），每升填料损失3~5 g产品已经有必要用新鲜填料代替用过的填料。对于价值较低的产品，需要进行更详细的成本分析，以确定盈亏平衡点。

二、中度阶段

在中度/去除阶段，目标是将目的蛋白与大多数剩余的大量杂质分离。识别相似组分的能力越来越重要，因此，更多的重点被放在寻找具有正确选择性而不是允许高通量的填料上。当然，缩短该步骤的时间仍然很重要，但总的来说，在该阶段并不那么关键，因为引起产品降解的大多数（如果不是全部）杂质应该已经去除。另一方面，为了保持中度阶段的效率，应将重点放在找到载量和分辨率之间的最佳平衡上。要做到这一点，需要通过在结合和洗脱模式下操作层析，选择具有高选择性的填料，尽管它是基于与捕获阶段不同的分离机制，但应具有互补性，并尽可能提高结合载量，以将生产率保持在大规模操作可接受的范围内。在洗脱步骤中，应采用基于改变洗脱缓冲液组成的、更具备选择性的洗脱原理的方式来实现所需的选择性。最常用的洗脱原理包括连续梯度和多步阶段洗脱。不同类型梯度（例如pH和盐）的组合已开始普遍使用，它们被证明对提高多模式填料的选择性有益[88]。Holmqvist等人最近提出了一个更复杂的梯度类型的例子[89, 90]，所开发的梯度基于盐浓度的正负变化。在这种情况下非常有趣的是，这种（在某种程度上违反直觉）新颖的开环优化控制策略是通过利用层析机理模型的方法开发的[91]。

三、精细纯化阶段

在精纯阶段，重点完全是实现最终产品质量所需的高纯度水平。为样品储存做调整或者为最终纯化步骤做准备可以被认为是该阶段的次要目标。过去所报道的精纯步骤主要基于采用小粒径高分辨率填料的高分辨率技术，但如今平台工艺的实施、对更高产类型操作的要求以及新型层析填料的引入，产生了基于流穿层析法的精纯步骤的开发。如前所述，在流穿模式中，当杂质被捕获和去除时，目标产物不会与层析柱结合。这种操作的效率由进样到层析柱上的产品含量和操作时间来描述，当然要考虑总体工艺收率。已经表明[92, 93]，通过在上样期间改变操作条件，可以显著提高该步骤的生产率。新的条件应使得杂质的结合常数值更高，并且由于结合常数影响吸附剂载量的利用程度（图9-19），增加结合常数将增加杂质的结合载量，从而能在杂质饱和穿透之前可以增加产物在层析柱上的进样量。在许多情况下，这种条件变化也将导致目标产物本身的结合常数增加，因此潜在地导致流穿步骤的产率降低。

考虑到精纯步骤是纯化过程中的最后一步，任何产率损失都将非常昂贵，这不是归结为该阶段所用填料的成本，而是归因于先前步骤的总成本（见第八节）。因此，选择在结合和洗脱模式下操作的精纯填料（包括GF填料），需要提供尽可能高的分辨率。考虑到产品和在此阶段仍然残留的杂质的相似性，可以将具有粒径很小且均匀的和选择性尽可能高的填料结合起来的方式，以及采用高分辨率的洗脱模式（即缓梯度）

来实现高分辨率。此外，由于在该阶段必须关注最终纯度，因此可能需要采取较低的进样量和（或）接受切峰的需要，以较低的生产率水平操作精纯步骤（导致较低的回收率）。通常用于精纯应用的填料模式包括凝胶过滤、离子交换、疏水相互作用层析法、反相层析和多模式层析，以及较为不常用的体积排阻层析。

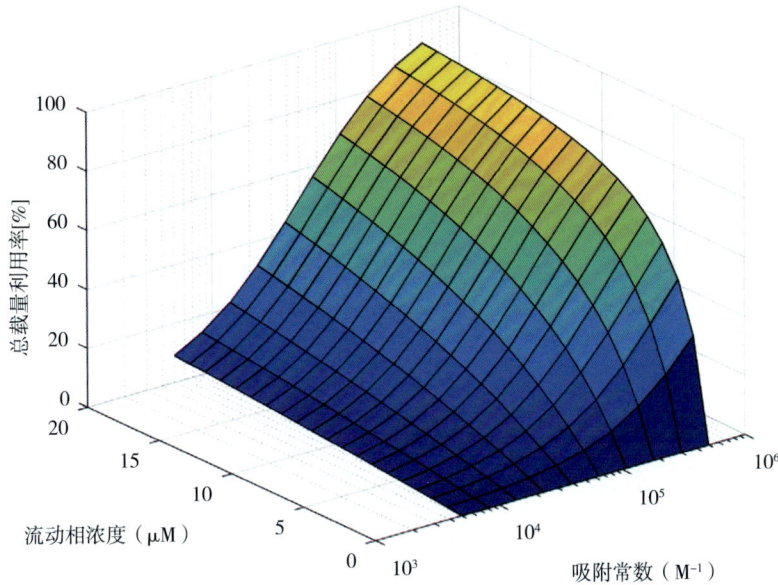

图9-19　吸附常数和流动相浓度对亲和层析填料载量利用率的影响

对于 Mw 50,000 的溶质，浓度为 20 μM 相当于 1 mg/ml。摘自 L. Hagel, G. Jagschies, G. Sofer, 4—Separation technologies, in Handbook of Process Chromatography（分子排阻层析ond ed.）, Academic Press, Amsterdam, 2008, 第81-125页

四、层析填料选择流程

由于每个阶段的目标不同，最佳填料的选择流程需要关注给定阶段所特有的不同方面，并且需要考虑先前和后续纯化步骤的性能。显然，填料的选择将取决于料液的组成和纯化目的，但无论该步骤是用于捕获、中度或精纯阶段，相同的基本概念（如分辨率、载量、工艺时间和收率）都需要应用于所有实际应用。因此，对于每个应用，需要找到分辨率、载量、处理时间和产量之间的平衡。因此，早期工艺开发的主要目标是选择符合这些目标的最佳层析技术组合。

通常层析的构成要素是基于分子大小（SEC）、电荷（IEC）、疏水性（HIC）、亲脂性（RPC）和生物识别（AC）的分离。通常，分离能力按SEC<IEC、HIC、RPC<AC的顺序增加[58]。但是对于比较困难的分离，如胰岛素变体的分离，甚至单体和聚集体的分离，因为缺乏特异性配体，这个顺序几乎是颠倒的。在纯化方案的早期使用具有高辨别力的填料，会产生较少步骤的工艺，这是有利的。表9-8总结了不同层析技术及其在三步阶段纯化工作流程中各个阶段的适用性[94]。

表9-8　纯化技术对三阶段纯化策略的适用性

技术	主要特点	捕获	中度纯化	精细纯化	样品开始条件	样品结束条件
离子交换层析	高分离度 高容量 高流速	√√√	√√√	√√√	低离子强度 进样量不受限制	高离子强度或pH变化 浓缩样品
疏水作用层析	良好的分离度 良好的容量 高速	√√	√√√	√		低离子强度 浓缩样品

续表

技术	主要特点	捕获	中度纯化	精细纯化	样品开始条件	样品结束条件
亲和层析	高分离度 高容量 高速	√√√	√√√	√√	特异性结合条件 进样量不受限制	具体洗脱条件 浓缩样品
分子排阻层析	高分离度使用 Superdex 树脂 低速		√	√√√	有限的进样量和 流速范围	缓冲液交换 稀释样品
反向层析	高分离度		√	√√√	需要有机溶剂	在有机溶剂中

Cytiva（former GE Healthcare Life Sciences）的表格，经许可可复制。

最后，值得注意的是，纯化方法的选择和正确的组合还应确保稳健的工艺和良好的工艺经济性。可以说，有关纯化挑战的知识、层析技术，以及启发式信息将迅速提示正确的层析步骤顺序，并为整个纯化过程赋予快速的开发时间。

第十节　工艺开发和优化简介

开发层析步骤的重要目标是高纯度和高收率，最好是能够实现高生产率和（或）低成本。在设计纯化工艺之前，工艺开发人员应寻求信息，以使他们能够为特定的纯化任务选择正确的层析填料。表9-9列出为了设计出通用层析步骤所必需的最低限度的信息。这些信息可以根据是否与选择性或载量有关进行分类。填料选择性确定了在给定条件下单个纯化步骤中可以从产品中去除的杂质，以及去除的程度。从工艺设计的角度来看，填料选择性是重要的，不过不是决定填料选择的唯一指标。最佳填料的选择还需要考虑使用单位体积的填料，在最大纯度和最高收率水平下，可以纯化多少产物。因为对于给定的纯度和收率水平，成本和生产率都与填料载量有关，因此选择具有高结合载量的填料是一个重要的设计目标。

表9-9　层析步骤设计的一些注意事项

信息	层析属性	备注
最低纯度水平	选择性	选择性越高，纯化步骤数越少，因此产率越高
可生产性：生产规模	选择性，载量	载量可能更重要，因为给定选择性的载量越高，所需的层析填料体积越小，和（或）循环次数越少
可生产性：工艺时间	载量 选择性	载量越高，所需循环次数越少 每个步骤的选择性越高，生产具有所需纯度的原液所需的步骤数越少
可生产性：运行成本	载量 选择性	载量决定层析填料所需的体积，同时由于能够减少所需步骤，高选择性填料也很昂贵，需要进行仔细的分析以确定高选择性的实际成本
其他	供应商	尽管与层析填料的性质没有直接关系，但选择合适的供应商至关重要。与所有材料一样，层析填料需符合特定的质量标准。不同填料批次之间性质的太大变异性将导致工艺不稳健

一、层析步骤的合理设计

纯化工艺的合理设计应始终基于对工艺的理解，工艺的理解应基于相关经验或层析理论产生的实际作用，或两者兼而有之[95]。从这个角度来看，了解清楚那些能够控制特定分离的基本关系，对于开发和（或）排除工艺故障也非常有价值。此外，了解工艺参数、填料特性、设施限制等对工艺性能的影响，将能够实现更快更成功的工艺开发，随后能够稳健和高效地操作优化后的生产工艺。因此，为了优化不同的分离步骤，了解制备型柱层析的常用不同层析技术及其实际优点和局限性至关重要。

良好的层析步骤设计起始于观察不同填料可达到的生产率水平。优先选择在短暂保留时间内具有高载量的填料，因为它们在选择操作条件和层析柱尺寸时提供了更大的灵活性。但是，在短暂保留时间下操作通常意味着在层析柱上以较高的压降进行操作。这反过来又对填料的选择施加了一些限制，这些限制与填料的机械稳定性、柱压限定值、柱长宽比，甚至层析系统的参数有关。如前所述，进样能力或动态结合载量取决于几个因素，包括颗粒和孔径、孔的数量及其构造以及配体类型。它还取决于流动相条件（平衡载量的水平），例如pH、离子强度。图9-20举例展示了保留时间、粒径和孔径对两种蛋白质动态结合载量的影响。

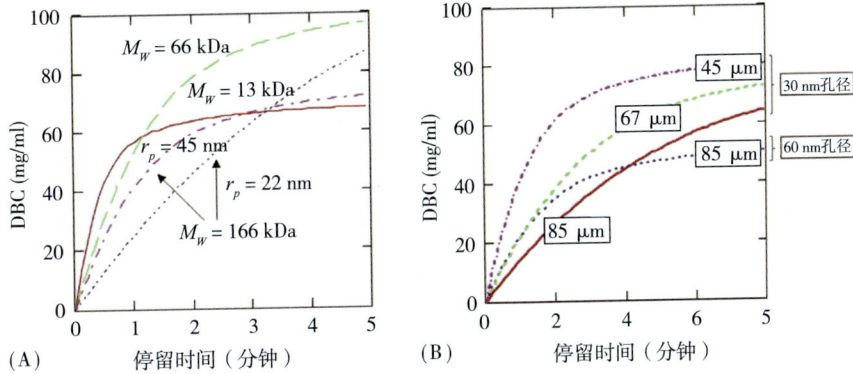

图9-20　在假定孔扩散能够限制传质的机制下，粒径、孔径和保留时间对动态结合载量计算的影响

在这一点上应该注意的是，尽管从直觉上讲，高动态结合载量的条件应与总结合载量最高时的条件相同，但并非总是如此。如果传质速率取决于流动相组成（例如pH、盐等）[96-100]，则在平衡载量不会达到最大值的条件下，便可以获得最高的动态结合载量[99-101]。这种效应如图9-21所示，通常在复合离子交换填料中观察到。然而，最近一项关于单克隆抗体浓度对Protein A填料内部传质速率的影响的研究也发现了类似的现象[102]。在较高浓度的单克隆抗体料液的情况下，能否通过确定降低IgG-Protein A复合物的结合常数来产生更快的传质，从而获得更高的动态结合载量，这会非常有趣。

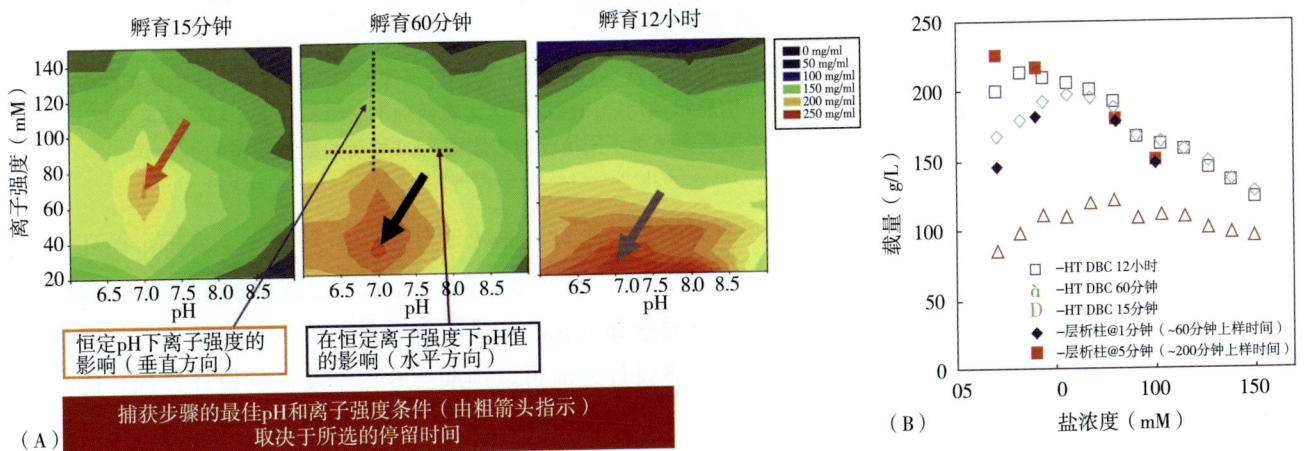

图9-21　实验结果表明流动相组成对以下方面的影响
（A）分批吸附过程中蛋白质吸附的速率；（B）层析柱实验中的总结合载量和动态结合载量（总载量由长的进样时间估算）
经许可转载Cytiva（former GE Healthcare Life Sciences）的实验结果

有了动态结合载量，就可以计算出不同工艺条件下的填料生产率。如专栏9.2所示，生产率取决于料液浓度、进样步骤中的保留时间、层析周期中包括的其他步骤（清洗、平衡、再生等）的保留时间，以及清洁/

消毒（CIP/SIP）步骤的接触时间。从步骤设计的角度来看，将生产率作为工艺参数的函数用图形表示的一种非常方便的方法是使用等高线图，该等高线图显示了线性流速和柱高对生产率的影响（图9-22A）。此表示方法能够快速概述某一步骤的操作窗口，而且大多数重要的工艺限制都可以包含在一个图中。这些限制包括：①由于填料的机械稳定性或层析系统的压力额定值而导致的压降限制；②硬件限制，例如层析柱尺寸（最小和最大柱床高度）和泵容量。当通过叠加等高线图，比较不同填料和（或）条件，并识别特定填料或条件是否显示出优于其他替代方法的性能的情况时，操作窗口的概念也是非常有用的。图9-22B对这种分析进行举例，例子中比较了两种填料在不同的蛋白质浓度范围内的生产率。

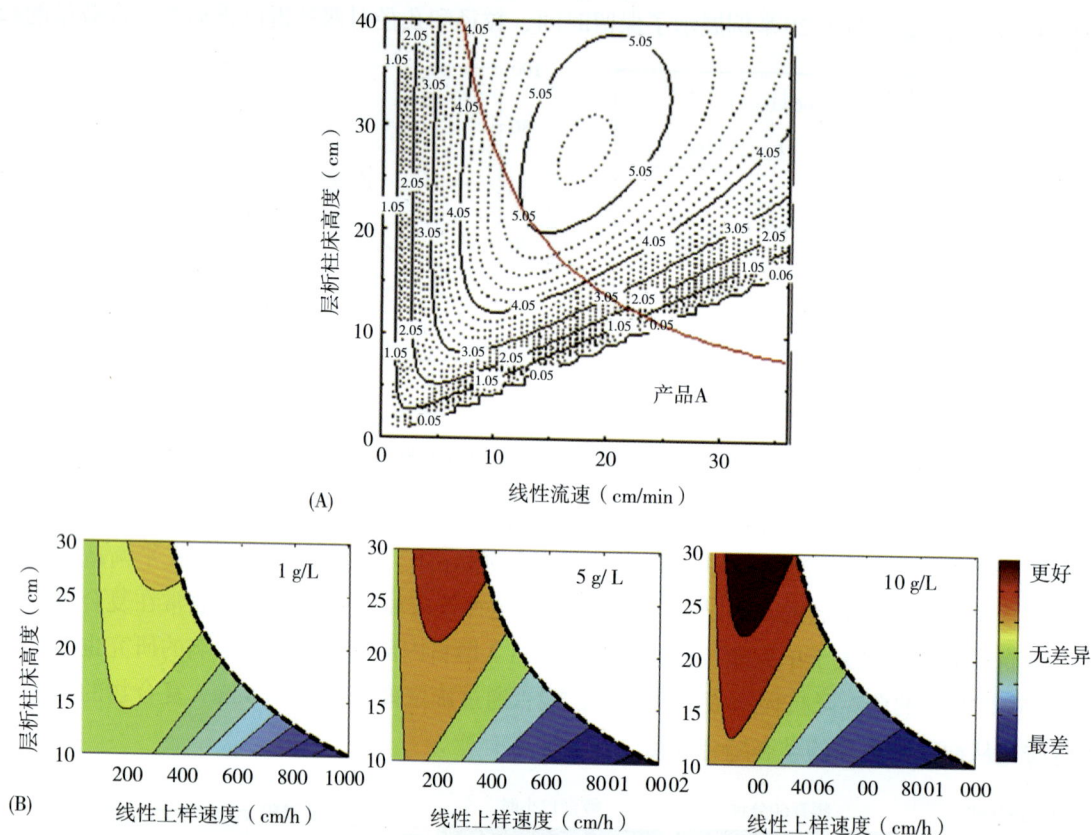

图9-22 （A）举例展示了柱床高度和线性流速对捕获步骤的生产率（等高线）影响的操作窗口。红线表示产生层析柱中压力下降3 bar的条件（柱床高和线性速度的组合）；（B）举例展示使用操作窗口概念比较两种不同填料在三个料液浓度水平上所获得的生产率［此版面中显示的数据类型是由两种不同填料减去版面（A）显示的数据获得的］

经许可转载Cytiva（former GE Healthcare Life Sciences）的实验结果

在开发和随后的优化时，层析步骤应始终考虑的另一个标准是决定该步骤应基于一个或多个循环。循环次数的计算可以考虑该步骤可用的总处理时间、单个层析循环的长度、动态结合载量（进样量）、考虑载量随重复使用次数变化的安全系数，当然还有需要捕获和纯化的产品的总质量。因为单个循环的长度是产物浓度和填料动态结合载量的函数，所以在达到最终设计之前可以预期会有一个反复的设计过程。选择的最终循环次数也将取决于与可用设备相关的限制条件，例如层析柱硬件、直径和柱床高度范围、层析系统流速范围和压力额定值。设计过程将在第二十五章中进行更详细的讨论。

二、循环操作

层析柱循环使用具有一定的经济优势，包括较低的资金投入（较小的硬件）和较低的启动成本（较低的填料安全库存)。在临床生产的情况下，循环操作可以显著节省成本，因为可以更有效地利用填料寿命。在商业化生产的情况下，循环操作将导致工艺时间增加或填料载量利用率降低，因此，与单循环操作情况相比，操作成本更高。

原则上，循环更适合现代的高生产率填料。这些填料的特征在于高的动态结合载量和短的循环时间。这通常使用具有高总载量和较小粒径的填料来实现。但是，由于粒径越小，压降越高，因此通常需要使用柱床高度较短的层析柱。例如，填充有 30 μm 颗粒且柱床高度为 5 cm 的层析柱可以在 <1 分钟的保留时间范围内进行操作。

如果使用给定的层析材料可以达到的生产率水平约为每升每小时数百克，则可以应用所谓的快速循环(rapid cycling，RC)的概念。在这些高生产率水平下，可以在分配给层析步骤的时间内，使用小得多的预装层析柱/滤柱进行非常多(超过 100 个)短循环。根据批量和允许的循环次数(如基于层析柱和滤柱的寿命和工艺时间)决定每个预装层析柱/滤柱单元的尺寸。如果在处理一批料液的过程中达到使用寿命，则废弃预装柱。由于在循环操作期间完全或至少充分利用了预装柱的寿命，因此此时在这一点上如此废弃预装柱是经济合理的。如果未达到预装柱使用寿命，则可以储存预装柱，以用于下一批待处理的物料。预装柱所使用的循环次数将取决于预装柱成本、处理多个合并的洗脱样品的成本、QC 成本以及为特定工艺步骤分配的时间。如果开发了从多个循环中合并洗脱液的策略，则可以将 QC 成本降至最低。通常，这种极端循环有可能降低生产成本，但是在生产设施中实施之前，需要解决有关增加 QC 和验证工作、更复杂操作的稳健性，以及产品质量(不同合并液中的滞留时间不同)等问题。极端循环法的潜在收益总结见表 9-10。

表 9-10　快速循环方法的特征

使用少量吸附剂的多次且短的循环(预装的短床高柱或功能化膜柱)

每个循环中 CIP 步骤有限或无

不做储存-直接丢弃吸附剂，或已达到使用寿命，或生产任务已结束，无论先发生什么

缓冲液消耗将取决于系统/层析柱与填料/膜体积的比率

短停留时间下的可用结合能力必须至少提高进样浓度 2 倍，否则无浓缩效果(假设洗脱步骤基于 2CV)

可以证明，当填料结合载量在填料寿命期间保持恒定的情况下，以下情况可以达到操作捕获步骤的最低成本条件：①在单循环操作的情况下，保留时间尽可能长，以使进样量接近总结合载量；②在基于每个批次有多个循环进行操作的情况时，将进样量分配至与操作层析步骤指定时间相匹配的多个相同完整周期中。对于后一种情况，可以调整柱体积以使该步骤可以以最大生产率进行操作，或者可以更改(通常缩短)进样步骤的保留时间，从而相应地调整动态结合载量。以这种方式，填料寿命期间填料载量利用率(以进样循环次数表示)将最大化。如果填料寿命是由循环次数而非层析柱的进样总量决定，则上述情况成立。在后一种情况下，建议在情况①所述的条件下操作每个循环。

如前所述，最大生产率的条件和最小运营成本的条件不一定相同。图 9-23 中显示了在不同的动态结合载量与料液浓度之比，以及两种相对填料成本水平之下最高生产率的最佳保留时间($\tau_{opt,Pr}$)，与最低货物成本的最佳保留时间($\tau_{opt,COGS}$)之间的对比。对于高成本填料和高的 DBC 与料液浓度之比(长进样步骤)的情况，最佳条件之间的差异最大，而对于低成本填料和低的 DBC 与进料之比的情况，最佳条件之间的差异几乎完全消失。换句话说，对于昂贵的填料，应始终优化以减少填料体积，从而获得最低的成本条件，而在另一种情况下，应重点减少操作时间，从而获得最大生产率和相同的成本条件。

当涉及流穿步骤的优化时，也即在该步骤中，目标产物被设计为与流穿部分一起洗脱，而关键杂质被

吸附，很少有优化策略可以设计。从工艺优化的角度考虑，考虑到最小化柱体积，可以认为流穿步骤的最佳条件将是那些对杂质而言载量最高的条件。这些条件也可能会促进目标产物的某些结合，但是与能够获得高纯度目标产物的每个层析柱的进样量相比，目标产物在层析柱上的结合量和因此造成的产物损失是极小的。这种推论代表了所谓的弱分配（weak partitioning，WP）操作模式的操作原理[92,103]。WP的一个特征是步骤收率通常随进样而增加。产生此结果的原因是，在给定条件下，与填料结合的产品量是恒定的（或由于被具有更高结合常数的杂质取代而减少），因此流过层析柱的产品越多，进样的产品中被结合的数量的百分比就越小，因此步骤收率越高。当然，产品的最大进样量由该步骤设定的纯度要求决定。

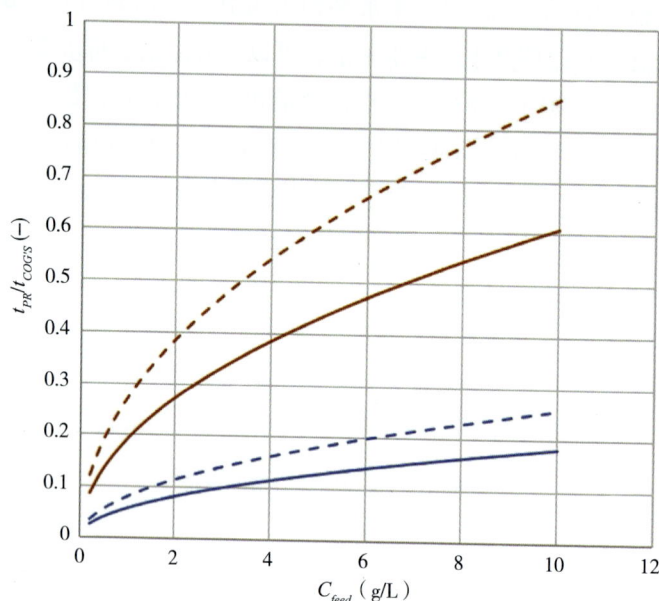

图9-23　料液浓度对最大生产率条件下估算的最佳保留时间与最低成本条件下的保留时间之比的影响
载量/填料成本：高/高（蓝色虚线），低/高（蓝色实线），低/低（红色虚线），高/低（红色实线）。出于表示的目的，未按比例绘图

流穿模式精纯步骤的优化，涉及找出一些条件，在该条件下杂质和产物的结合能力之间的差异应最大化。找到此类条件最方便的方法是确定在不同结合条件下杂质和产物的吸附等温线。由于需要许多水平的pH和离子强度来确定最佳条件，因此可以确定低和高两个浓度水平下载量与平衡浓度之间的比率，而不是完全等温线。该比率称为分配系数K_p，不同流动相组成与K_p的关系图被用来选择相关的操作条件。

利用最大限度提高结合杂质的优势，来进一步提高工艺收率的另一种方法，是在增强杂质结合的条件下进行流穿操作，然后选择性地洗脱部分结合的目标产物[104]。这种方法几乎消除了与进样步骤相关的产量损失。

三、流速编程方法

优化步骤生产率的另一种方法是基于流速编程[105]，又称保留时间编程。顾名思义，这种类型的优化基于层析周期不同阶段内流动相流速的变化，从而导致保留时间的变化，不过进样步骤中的变化通常可发现最大的收益。在该步骤中，流速通常阶段降低，尽管也可以设想连续降低。阶段操作由以下参数定义：阶段变化的次数、每次阶段变化后的持续时间，以及每阶段的流速（保留时间）。表9-11举例展示了通过这种类型的操作获得的潜在收益，给出两步和三步流速变化策略中Protcin A捕获的生产率水平和进样量（动态结合载量）的变化。将该结果与在两步操作中使用较高单一流速下获得的结果进行比较。如表中所示，通过双流速策略可实现10%的生产率提高。结果还表明，如果流速变化模式选择不正确，即使在最低流速下的结合载量最高，也可能导致生产率损失。

表9-11　进样过程中流速变化对捕获步骤生产率的影响*

流速（上样）（cm/h）	上样量（g）	批次时间（min）	上样时间（min）	生产率［g/（l·h）］（%变化）	批次数量	总时间（h）
300	37	60	18	0	9	9
150	55	97	55	-6.9	6	9.7
300+150	53	78	36	10	6	7.8
300+150+75	66	112	70	-4.1	5	9.3

条件：L=9.5 cm；C_0=2.05 g/L；N_{extra}=21 CV；T_{extra}=42 min。

*Adopted from K. Lacki, H. Johansson, Comparison and Optimization of Different Operating Principles for Capture Step on Protein A Resin, in PREP 2003, San Francisco.

实际上，任何多步流速操作的表观结合载量将始终介于在最低和最高流速（即分别最长和最短保留时间）下获得的动态结合载量之间。这一点在图9-24得到了强调，图中显示了通过双流速策略可以实现的动态结合载量的增加，动态结合载量是第一阶段中施加的流速的大小和第一阶段长度的函数，其中第一阶段的长度通过仅以较高的流速（即初始流速）进样时测定的穿透时间的百分比来表示。在此特定示例中，DBC中的最大增益可能约为50%（DBC/DBC$_{prim}$=1，5），并且可以看到是在第一阶段时间短，且第二阶段流速远小于第一阶段流速的条件下进行。如果第一阶段步骤的时间更短，则甚至可能会获得更高的DBC差异，因此，原则上，仅以较低的流速方法去操作。当涉及此示例中的生产率提高（数据未显示）时，在将第二阶段流速设置为第一阶段的90%，且在第一阶段穿透时间达到90%之后进行流速切换的条件下，可以实现的最大增益为10%。当考虑流速编程方法时，需要记住的是，这种方法的最大收益可以通过使用具有相对缓慢的颗粒内传质的填料来获得。对于"传质快速"填料，可以应用流速编程，但是在高流速操作期间，可能的优势会受到压降限制。流速编程概念的其他示例可以在其他地方找到[106,107]。

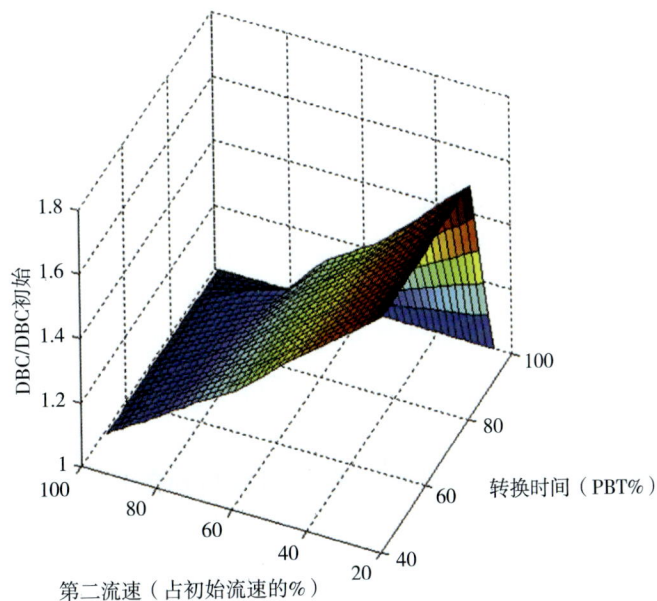

图9-24　基于流速编程概念的优化实例

与最初的流速下的动态结合载量相比，流速的切换时间和流速变化程度对双流速策略的动态结合载量增益的影响

经许可转载Cytiva（former GE Healthcare Life Sciences）的实验结果

最近，报告了另一项关于流速编程的研究[108]，其中使用DoE方法在最大生产率条件下优化Protein A捕获步骤。该研究报告了生产率的较大提高，这很可能是因为进样步骤是在进样安全系数下进行的（不允许样品从层析柱中穿透）。当使用流速编程概念设计捕获步骤时，需要考虑填料结合能力随循环次数而降低。例如，这可以通过在每个后续循环的每个流速下按比例降低层析柱进样量来完成。通过应用该策略，确定的最佳流速顺序及其比例持续时间对于整个填料寿命是有效的。

四、洗脱

梯度和（或）等度洗脱步骤的优化通常比属于前沿分析类别中的步骤优化更具挑战性。两种类型的洗脱层析都用于分离相似的化合物，这不是小事，并且通常需要在纯度和收率之间进行折中。这种折中通常会导致形成帕累托前沿（pareto front），说的是选择出一组最佳的解决方案，既然产量和纯度两者在不牺牲对方的情况下都不会得到改善。从生产率的角度来看，如前所述，在填料选择性和柱效之间进行选择，选择性对步骤生产率的影响最大（见第六节）。

（一）等度洗脱

在使用已给定选择性的填料对有限体积样品进行等度分离的情况下，能够达到分辨率至少1（$R_s \geq 1$）的所需最小塔板数（这几乎代表了两个峰的完全分离）由式9-22给出。

$$N \geq 4 \left(\frac{1+\overline{k'}}{\overline{k'}} \right) \left(\frac{\alpha+1}{\alpha-1} \right)^2 \left(1 - \frac{t_F}{t_{R,i+1}-t_{R,i}} \right)^{-2} \tag{9-22}$$

式9-22是在考虑到层析柱的上样量有限（不可忽略）的情况下得出的[43, 63]，实际上大多数制备型蛋白质层析应用都是这种情况。

在等度洗脱的情况下，流动相的成分是恒定的，可以通过重复进样来提高生产率（即在上一次样品完成进样但是还未在层析柱中分离之前，随后又进行进样[63]）。这种操作要想成功，要求是需要选择好工艺条件，以使连续进样的两个峰之间的分辨率等于一次进样中的分辨率。有关优化此操作模式的详细信息，请参阅原始出版物[63]。

（二）梯度洗脱

梯度洗脱步骤的开发和优化更为复杂，因为它需要研究梯度化学组成和梯度形状，包括其起始强度和梯度的时间斜率。如果斜率随时间变化是恒定的，则该操作称为线性梯度洗脱。与等度洗脱相比，使用梯度洗脱具有多个优点：①可以分离样品中对表面具有明显不同亲和力的组分（例如，弱结合蛋白在梯度洗脱的早期洗脱，而强结合蛋白在梯度洗脱的后期洗脱）；②减轻了对等度洗脱所需的流动相成分进行非常精确控制的需求。如今，现代层析系统或缓冲液制备站可以在所有操作规模和监管要求水平上提供高度准确的梯度（参见第十八章和第二十章）。

与等度洗脱相比，描述和（或）优化梯度洗脱步骤时的主要区别在于梯度斜率对峰宽的影响。这与梯度洗脱会出现所谓峰锐化的现象有关。峰锐化的原因是，解吸下来的蛋白质谱带的末端处于更高的洗脱缓冲液强度，因此会比谱带前端的蛋白质以更高的相对速度穿过层析柱。这种影响的大小由所谓的峰值压缩因子$C_{f,i}$描述，定义为：

$$C_{f,i} = \frac{W_{i,LGE}}{W_{i,IE^*}} \tag{9-23}$$

式中，$W_{i,LGE}$是线性梯度洗脱（LGE）的峰宽，$W_{i,IE*}$是在洗脱浓度$C_{M,i}$（线性梯度洗脱操作中，峰从层析柱上洗脱下来时的浓度）下进行的等度洗脱的峰宽。

Yamamoto等人提出了一种经验表达式，用来描述在离子交换层析情况下峰压缩因子与工艺参数的关系[109]，还推导了反向层析峰值压缩因子的表达式[110]。该表达式形式上还可以扩展到HIC[111]。

线性梯度层析中的分辨率$R_{s,LGE}$由式9-24给出[6,67]：

$$R_{s,LGE} = B\frac{D_{\infty}L}{G_{SP}ud_p^2} = \frac{B}{G_{SP}}\frac{\tau_{app}\varepsilon_b}{\tau_{diff}} \tag{9-24}$$

式中，B是比例常数，G_{SP}是相对于固定相体积（g/L）的梯度斜率，定义为$\beta(1-\varepsilon_b/\varepsilon_b)V_0$，其中$V_0$是总的外水体积，$\varepsilon_B$是柱床间隙孔隙率。

如放大部分所指出的，式9-24建议用于梯度洗脱层析步骤的放大。按照这个放大原则，保持以下比例不变，会得到相同的分辨率。

$$\frac{L}{G_{SP}u} = \frac{\tau}{G_{SP}} = \text{const} \tag{9-25}$$

在某些分离中可能观察到的线性梯度洗脱的一个特征是，在不同梯度斜率下选择性逆转的现象。当被分离的两种蛋白质对固定相的亲和力不同，将观察到逆转，具有较高亲和力常数的蛋白质的相互作用依赖于较少数量的特异性相互作用位点。流动相改性剂会破坏这种亲和力较高的蛋白质的较少数量的相互作用位点，使其更早洗脱。

在蛋白质层析法中，由于蛋白质倾向于在其等电点附近聚集，因此使用pH梯度并不常见。此外，pH梯度很难形成，除非使用基于活性系数的计算方法用于配制梯度的配方。然而，最近引入的多模式填料引起了pH梯度洗脱的再次使用。此外，pH和盐梯度的组合也已证明对困难的分离是有优势的[88,113,114]。

总之，与优化任何类型的工艺一样，层析步骤的优化应基于明确定义的目标和明确定义的约束条件。同样不足为奇的是，与单独优化步骤的情况相比，整个纯化步骤序列的优化可能会导致各个层析步骤的条件不同。总体条件的选择可能取决于与设施适应性、设备可用性，甚至某些质量方面有关的其他因素/限制，例如在设施内运行的其他工艺中使用的优选填料、缓冲液和盐。然而，基于经验和理论考虑，可以预测出用于优化制备型层析的最重要参数，这些参数的汇总见表9-12。在其他讨论具体层析技术的章节中也给出了工艺优化的例子。

表9-12　优化不同制备型层析步骤需要考虑的重要因素*

分子特性	层析技术	特点	局限性	重要因素
尺寸	分子排阻	●对缓冲液组成不敏感 ●不复杂	●稀释样品 ●有限的分离度和进样量	●填料的孔径和孔体积 ●层析柱床高和流速
电荷	离子交换	●浓缩样品 ●高载量	●低盐进行吸附 ●高盐洗脱样品	●pH值 ●梯度斜率 ●上样量 ●接触时间
亲脂性	反相层析	●高溶解性，特别是小溶质 ●浓缩样品	●可能使样品变性 ●中等载量 ●需要有机溶剂	●填料骨架 ●修饰剂的梯度斜率 ●上样量
疏水性	疏水层析	●分辨率高 ●低盐洗脱样品 ●高载量 ●浓缩样品	●高盐吸附 ●样品溶解度	●疏水性配基 ●盐浓度 ●梯度斜率 ●接触时间

续表

分子特性	层析技术	特点	局限性	重要因素
生物特异性位点	亲和层析	●高分辨率 ●分步洗脱 ●浓缩样品	●配基的制备 ●中等载量	●吸附常数 ●接触时间 ●洗脱条件

*Reproduced from L. Hagel, G. Jagschies, G. Sofer, 4—Separation technologies, in Handbook of Process Chromatography（分子排阻层析ond ed.），Academic Press, Amsterdam, 2008, pp. 81-125. with permission.

第十一节　多柱操作

柱层析的固有缺点之一是：标准的层析周期是按照阶段的顺序操作的，并且实际的分离过程仅发生在填料床的很小一部分中。例如，当两个组分在任何给定时间移动通过层析柱时（图9-2），大多数填料不进行任何分离工作，因为只有与样品组分接触的柱床部分才参与分离。类似地，在捕获层析中，被目的蛋白吸附饱和的柱床部分不能再为新分子的吸附提供额外的载量，从而这部分填料不参与任何分离过程。为了克服这些限制，能够向连接有装填相同层析填料的多个层析柱同时输送液体的系统被开发出来。这些系统以所谓的连续流方式运行，其中液体和固定相沿相反的方向移动。通常，它们被称为模拟移动床（SMB）系统。在SMB操作中，通过将层析柱定期分配到区域/组中来模拟固定相的逆流运动，每个区域/组专用于层析循环中的不同阶段，例如进样（吸附）、淋洗（再生）、洗脱（解吸）和平衡（再生）。在每种情况下，使用阀门系统实现区域分配，该阀门系统将层析柱沿与流动相流相反的方向"移动"。使用SMB的优点是连续或半连续操作（即分别去上样或收集产品），从而产生更高的生产率、更低的洗脱液消耗和更高的产品浓度[63,115]。缺点是需要昂贵的设备（多个阀门和用于控制的高级程序），并且无法解决复杂的样品成分（即每个SMB设置只能实现二元分离；但是，可以将多个装置连接在一起以解决复杂的混合物）。关于多柱程序系统的更详细讨论见第二十一章。

第十二节　结论

在设计层析工艺时，了解生产要求和现有能力很重要。生产能力能够决定使用何种特定类型的分析和生产设备。当使用不可放大的工具进行工艺开发时时，即使产品在早期临床试验中获得成功，也需要重新设计该工艺。但是，工艺重新设计可能会影响产品质量，并需要重复昂贵的毒理学甚至临床研究。根据时间表，这也可能会延迟进入市场。

在研究和开发阶段以及最终规模化生产中，选择出适当的分离工具将会对产品质量和成本产生积极影响。建议从一开始就使用规模可变的技术。膜和层析填料应当大范围地从市场能够供货的且适合放大中进行选择。使用非常柔软的可压缩层析填料的工艺将会非常困难，即使不是不可能，也很难以高流速使用。易碎珠微球或不稳定配体构成的层析填料也会带来潜在的未来问题（例如脱落）。考虑到潜在的最终规模，建议尽早预测未来的设备和系统需求，以及合适的层析填料和膜。

原材料也要考虑。在工艺开发过程中使用劣质试剂不会节省实际成本。此类试剂产生的杂质可能会影响工艺，并使相关工艺控制参数的确定变得困难。

但是，简化增效工艺开发过程已成为当今生物技术行业的普遍做法。使用由高度受控和验证工艺生产出来的高质量的原材料和分离填料（即层析填料脂和膜），工艺开发人员可以设计一种能够持续生产出符合既定用途和质量的产品的工艺。通过使用规模可变的材料和设备（参见第十八章），这些工艺很容易转移到下一个生产阶段。

总之，层析已被证明是纯化生物制品的主力军。层析分离的一般规则和注意事项已明确被定义和理解，并已在本章中进行了简要讨论。为开发、评估、优化层析步骤提供良好的依据。许多方面与生物工艺技术中所使用的层析类型无关，因此被称为一般原则。

本书的独立章节对最常用的用于生产生物制品的层析纯化技术进行更详细论述。每章都描述了分离的具体原理，回顾了市场可供货的填料类型，讨论了特定的放大和工艺开发挑战，提供了相关示例并解释了工艺设计的关键方面。但是，如果读者希望进一步扩展蛋白质层析中有关工艺开发/优化概念的实操和理论知识，建议阅读Gorgio Carta教授和Alois Jungbauer教授[116]、Michael Ladish教授[6]和G.Guiochon教授及其同事[34]撰写的书籍以及引用的参考文献。

参考文献

第十章

亲和层析

Åke Danielsson

GE Healthcare Life Sciences, Uppsala, Sweden

亲和层析基于固定的配体与目标生物分子（通常是蛋白质）上的特定结构元素之间的高度选择性相互作用。亲和层析这一术语最初仅用于发挥生物学功能的相互作用（例如抗体-抗原、凝集素-糖蛋白和酶-抑制剂）。现在，该术语更自由地用于包括由于目标表面上特定基团的出现而引起的任何相互作用，例如，一组氨酸序列与螯合金属离子之间的相互作用即固定化金属离子亲和层析（IMAC）。这些类型的配体有时被称为伪生物特异性亲和力[1]，它们与多种模式层析配体之间并没有明确的区别。

亲和层析是一种非常强大的制备层析技术，因为它结合了独特的选择性和典型的高结合载量，这导致工艺时间缩短和良好的工艺稳定性。因此，亲和层析在生物工艺中的目的蛋白捕获中起着主导作用，并为所谓的平台下游工艺概念提供了基础。工业界为实现治疗性单克隆抗体（mAb's）生产的成本效益，对亲和层析的开发产生兴趣并刺激其发展繁荣。它导致了基于Protein A的亲和层析稳固地成为了治疗性mAb生产的行业标准。亲和捕获也用于非免疫球蛋白药物的下游工艺。生物制药相关的目的蛋白和推荐的相应亲和配体的一些实例列于表10-1中。

表10-1 当前或潜在生物药物的亲和配体

目的蛋白	亲和配基	参考文献
人IgG（含F_c）	蛋白A、蛋白G和蛋白L	[2-4]
免疫球蛋白片段（不含F_c）	蛋白L	[5]（综述）
干扰素类	Cibacron蓝	[6]
抗凝血酶Ⅲ抗体	肝素	[7]
促红细胞生成素	抗体	[8]
流感病毒	硫酸葡聚糖	[9]
人生长激素	抗体片段	[10]
因子Ⅷ	蛋白支架（Affibody）；抗体片段	[10,11]
α_1-抗胰蛋白酶	抗体片段	[10]
腺相关病毒	抗体片段	[10]
α_2-巨球蛋白	锌离子带电螯合配基	[12]

亲和层析中的高选择性是由配体和目的蛋白之间在明确的位置发生的多个分子相互作用（氢键、疏水、离子或范德华力）提供的。这些特定的相互作用见图10-1，其中显示了IgG的Fc部分与Protein A和Protein G相互作用的详细分子图。Protein G：Fc复合物主要涉及电荷和极性接触，而Protein A和Fc通过非特异性疏水相互作用和一些极性相互作用结合在一起[13]。

蛋白质通常在亲和层析中用作配体，但是任何与目标物表现出足够强、高度选择性和可逆结合的分子

190

都是配体候选物。在免疫亲和层析中，抗体被用作配体。然而，除了在特异性方面的明显益处之外，由于大小和复杂的分子组成，抗体的使用通常在生产中显得不切实际。抗体配体的潜在问题包括难以达到足够的配体密度以实现高结合能力、潜在的配体脱落和清洁不稳定性。抗体片段具有与完整抗体相同的选择性，但更结实，可以更高的配体密度固定在填料上。

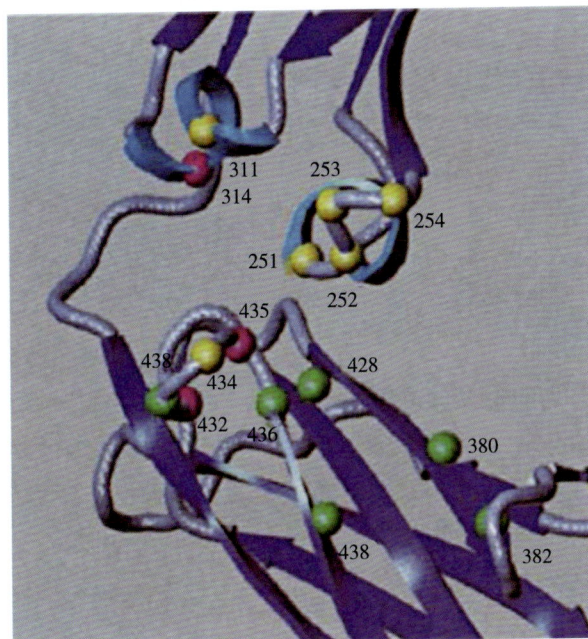

图 10-1　Protein G 或 Protein A 或两者相互作用的来自 IgG Fc 部分的氨基酸残基

仅与 Protein G 或 Protein A 相互作用的残基的 Cα 位置分别显示为绿色和粉红色，而与两种蛋白质相互作用的残基的 Cα 位置显示为黄色。编号的氨基酸是：Leu251、Met252、lle253、Ser254、Gln311、Leu314、Glu380、Glu382、Met428、Leu432、His433、Asn434、His435、Tyr436 和 Gln438。经许可编自 E. Sauer-Eriksson, G.J. Kleywegt, M. Uhlen, A. Jones. Crystal structure of the C2 fragment of streptococcal protein G in complex with the Fc domain of human IgG. Structure 3（1995）265-278

　　所谓的支架蛋白（包含一个蛋白质框架，具有氨基酸的变化或插入了序列，以结合不同特异性的目标物）被开发为抗体的替代品。它们是量身定制的亲和配体，是单链的、相当小的、稳定的，可以通过重组技术高效生产。支架蛋白经过工程改造改善了化学耐用性和其他所需特性。为了获得特定的结合位点，支架的组合库被创建出来。通常使用噬菌体展示来筛选组合库，以选择相关的结合位点。已用于开发特定结合剂的支架蛋白实例包括 affibodies、DARPins、affilins、knottin、monobodies 和 anticalins[14-16]。适体配体即具有独特二级结构的合成寡核苷酸配体，也已被引入用于亲和层析。亲和纯化中还使用了其他非蛋白质配体，包括多糖（例如，用于纯化流感病毒的硫酸葡聚糖和用于纯化某些血浆蛋白的肝素）、螯合的金属离子、氨基酸、染料（例如，用于纯化干扰素的 Cibacron Blue）和小的有机分子（例如苯甲脒、硫丙基团、核苷磷酸盐和三嗪）。

　　从历史的角度来看，亲和层析的第一个应用可能是将 α - 淀粉酶选择性吸附到不溶性淀粉上[17]。5 年后，引入了新的配体偶联化学方法[18]，并使用连接臂在空间上改善了对配体的接触。这些和其他改进导致亲和层析迅速成为生物化学实验室中的常规分离技术。从那时起，该技术已从"仅供研究使用"发展为稳健的生产技术。配体脱落、配体稳定性差以及基架不够刚性（所谓的"软凝胶"）的最初问题已通过固定化学改进、蛋白质工程和填料颗粒设计的结合得到了很大的改善。随着工业对生产治疗性 mAb 的平台技术的需求，Protein A 填料的改进也推动了其开发。用于纯化 IgG 的第一代 Protein A 填料[2]与现代 Protein A 填料[19]几乎没有相似之处。早期的改进涉及 Protein A 的重组生产[20]和将 Protein A 附着到更坚硬的基质上。通过引入C端半胱氨酸以允许通过连接臂，从而与基质形成硫醚键，来实现Protein A的定向偶联。这确保了较低的配体脱落，并且还得到了较高的结合载量。从大规模生产的角度来看，Protein A配体化学的进一步发展引入了几种性质改善的配体，包括可清洁性的改善（表10-2）。

表10-2　用于抗体纯化的市售亲和层析上的Protein A衍生配体

配基	宿主	结合域	耦联	备注
n蛋白A	金黄色葡萄球菌	5个域（A~E）	多点	天然形式
重组蛋白A C-Cys	大肠埃希菌	5个域（A~E）	单点	重组；C端偶联
重组蛋白A	大肠埃希菌	5个域（A~E）	多点	重组
MabSelect SuRe	大肠埃希菌	4个结构域（B）	单点	工程化；C端偶联
Eshmuno A	大肠埃希菌	5个结构域（C）[a]	多点	工程化
Tosoh AF-R蛋白A HC-650F	大肠埃希菌	6个结构域（C）	多点	工程化

[a]其他五聚体形式来自JSR Life Sciences，Kaneka等公司。

例如，Cytiva（former GE Healthcare）的MabSelect SuRe Protein A填料家族基于一个四聚体配体，来源于天然Protein A的五个结构域的其中一个。该结构域已通过天冬酰胺残基的蛋白质工程能够对碱稳定，以允许使用更有效的填料清洁方案。配体连接到高度交联的高流量琼脂糖上，高动态结合载量还能够对细胞培养液中目前已实现的高表达量的样品进行高效进样[21]。

第一节　应用领域

生物工艺中亲和层析的主要应用领域是使用固定化Protein A或其工程变异体，来捕获单克隆IgG抗体，并同时去除宿主细胞相关杂质。Protein A与免疫球蛋白的Fc区结合，因此允许使用相似的工艺来纯化不同（含Fc区）的抗体。该平台方法对行业的生产力产生了相当大的影响，例如可引入临床试验的候选mAb数量的增加[22]。用于亲和捕获不含Fc的免疫球蛋白例如抗体片段（Fab、ScFv、单链可变片段和Dab以及结构域抗体）的配体也被开发出来。Protein L对κ轻链具有亲和力，基于Protein L的填料因此为建立抗体片段的纯化平台提供了机遇[5]。

治疗性蛋白质和重组疫苗缺乏一个共同的结构基序，无法进行类似平台化的亲和捕获步骤，每一个都是独特的纯化挑战。然而，针对此类目标物的几种亲和配体是可用的，并可以用于开发出一个有效的、非平台的亲和捕获步骤；抗凝血酶Ⅲ与肝素结合[7]，流感病毒与硫酸葡聚糖结合（在许多方面，硫酸葡聚糖是非动物源性肝素类似物）。较低分子量的配体可用于某些目标物，例如，用于干扰素的Cibacron Blue。然而，对于许多目标物，没有已知的、可行的亲和配体候选物。尽管开发出满足生物工艺刚需的低分子量人工配体的尝试成败参半，但使用抗体片段和支架蛋白的蛋白质工程方法已显示出前景。例如，使用抗体片段作为配体的商业填料可用于人生长激素、凝血因子Ⅷ、α_1-抗胰蛋白酶和腺相关病毒[10]，并且用于凝血因子Ⅷ的亲和体吸附剂也已经开发出来[11]。

亲和层析在生物工艺和生物工艺开发的其他方面也发挥着重要作用。例如，已经使用免疫亲和层析实现了工艺开发中用于质量属性分析的非抗体生物制剂的纯化[23]。此外，在工艺开发过程中，可以使用Protein A分析型亲和层析进行抗体滴度的测定，并用于其他抗体定量的目的。

亲和填料可以在流穿模式下用于去除不需要的物质。在这种亲和层析模式下，亲和配体识别并结合污染物，因此目的蛋白将直接穿过层析柱，而不会与配体发生任何相互作用。尽管这种亲和技术已经使用很多年（例如，使用固定的多黏菌素B[24]作为配体去除内毒素），但它似乎并未广泛用于生物工艺中。

第二节　示例

下面提供了两个亲和层析实例：使用固定化Protein A捕获抗体，以及使用固定化硫酸葡聚糖捕获重组流感疫苗。

在治疗性mAb生产的平台工艺中，使用Protein A进行亲和层析作为捕获步骤（图10-2[22]）。

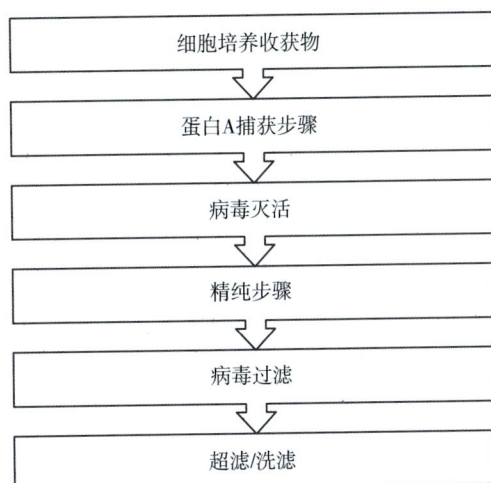

图10-2　mAb的平台下游工艺，采用基于Protein A的亲和层析进行捕获

Protein A层析过程包括在中性或接近中性pH下将澄清的细胞培养上清液进样，然后进行清洗步骤以去除非特异性结合的杂质。IgG的洗脱是在低pH（通常在2.5~4之间）下进行的。清洗步骤后平衡层析柱然后再进行下一循环。典型的洗脱曲线如图10-3所示。Protein A层析具有极高的选择性，在许多情况下，从澄清的细胞培养上清液开始，在单个层析步骤中可获得>99%的纯度[22]。

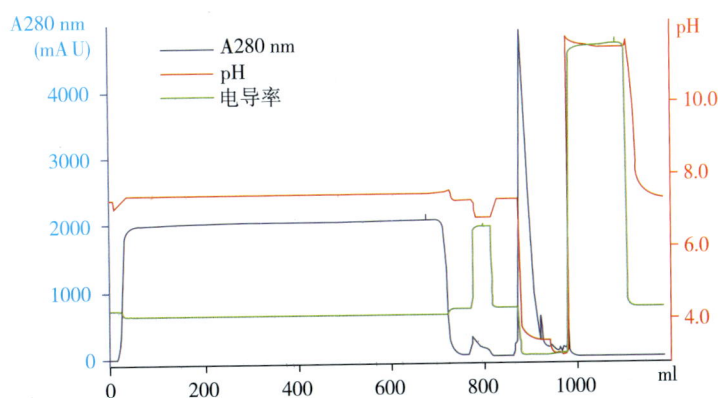

图10-3　Protein A亲和层析捕获步骤的洗脱曲线

从澄清的CHO细胞培养物中纯化单克隆抗体。实验细节：填料：MabSelect Sure；柱体积：20 ml；床高：10 cm；上样量：26 mg antibody/ml column volume（CV）；流速：250 cm/h（保留时间2.4 min）；上样缓冲液：0.02 M磷酸钠，0.15 M氯化钠pH 7.4；中间淋洗液：2 CV 0.025 M磷酸钠，5%异丙醇，0.5 M氯化钠pH 7.0；洗脱液：0.06 M柠檬酸钠，pH 3.4。来自Cytiva（former GEHC Life Sciences）的Application Note 28-9078-92 AD, Two-step purification of monoclonal IgG1 from CHO cell culture supernatant, 2011

第二个例子来自重组流感疫苗的两步层析工艺的开发[25]。MDCK细胞感染了甲型流感（H1N1），并在感染后72小时收获。通过微滤实现收获细胞的澄清。固定的硫酸葡聚糖用于捕获（图10-4），综合了体积分离和吸附功能的Capto Core 700填料用于精纯。该过程回收了感染性病毒，并显著去除了HCP和DNA。通过硫酸葡聚糖亲和层析，DNA减少2.8 log，蛋白质减少5~7倍（表10-3）。

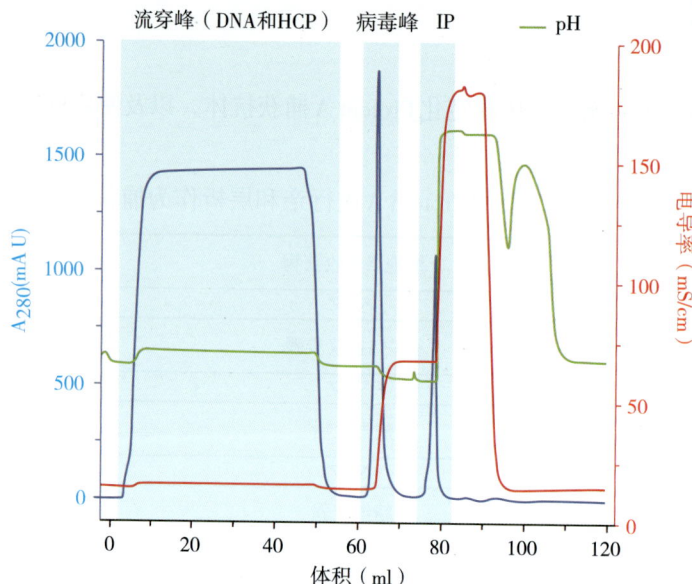

图10-4　在硫酸葡聚糖填料上纯化甲型H1N1流感病毒

实验细节：层析柱：装有202ml Capto DeVirS的HiScale 50/20层析柱；样品和上样量：澄清病毒材料，5CV；结合和淋洗缓冲液：20mM磷酸钠，150mM NaCl，0.05%叠氮化钠，pH 7.2；洗脱缓冲液：20 mM磷酸钠，750mM NaCl，0.05%叠氮化钠，pH 7.2；上样过程中的流速：60cm/h。CIP：1M NaOH。来自Cytiva（former GEHC）的Application note 29-0003-34 AA, Purification of influenza A/H1N1 using Capto™ Core 700, 2012

表10-3　使用硫酸葡聚糖亲和层析法捕获的甲型H1N1流感病毒纯化工艺结果

步骤	HA回收率(%)	滴度(TCID$_{50}$/ml)	DNA/HA(ng/μg)	总蛋白/HA(μg/μg)	HCP/HA(μg/μg)
微滤：ULTA prime GF	96	9.7	2672	22.0	32.3
层析第一步：Capto DeVirS	94		4.0	3.1	6.1
层析第二步：Capto Core 700	94	9.3	5.0	1.1	1.1

HA：病毒血凝素；TCID$_{50}$：半数组织培养感染剂量；HCP：宿主细胞蛋白。

第三节　标准方法

根据亲和的定义，没有通用的亲和配体存在，因此需要基于现有的亲和配对特征来开发和优化亲和层析方法。然而，亲和层析方法包括五个主要步骤：①用结合缓冲液平衡；②将料液与亲和填料一起孵育以使目标分子结合；③冲洗去除未结合和非特异性结合的成分；④通过改变缓冲液条件洗脱目标分子；⑤清洁。

为了获得目标物的定量吸附，结合常数必须足够高（即$K_A \geq 10^6 M^{-1}$）。结合常数影响固定配体的利用程度。因此，正如Chase[26]所指出的，低结合常数和低目标浓度在制备亲和层析中是不利的。由于相互作用需要目标分子的正确取向，因此大目标物的亲和层析吸附可能会比其他模式吸附层析吸附得慢。但是，现代亲和填料的动力学通常与离子交换层析的动力学相当。和使用其他多孔微球的吸附层析一样，载量随接触时间的增加而增加。

上述③的淋洗步骤是重要的，特别是当亲和层析用于从粗料液中捕获目的物时。其目的是洗脱与亲和配体弱相互作用的任何杂质，同时破坏目的蛋白与污染物之间的任何相互作用，而目的蛋白仍与亲和配体结合。该步骤一旦优化后，可减少后续中度和精纯步骤的数量和（或）规模，以显著地改善整体纯化工艺。对于Protein A层析，已经报告了几种中度淋洗溶液。最佳条件各不相同，不仅取决于不同的配体，还取决于它们所连接的基架[27]。

亲和层析中的洗脱涉及改变条件以降低结合常数。这可以通过改变pH值、增加离子强度或通过竞争性洗脱来实现，其中试剂将与目的物或配体竞争结合位点。引入竞争试剂通常不是一个有吸引力的选择，因为通常需要在洗脱后去除添加的试剂，这需要额外的工艺步骤。与其他吸附层析模式一样，可以通过步级变化或梯度来实现洗脱。

采用Protein A纯化IgG的亲和层析法（涉及上述不同步骤）见表10-4。

表10-4 使用MabSelect uRe捕获单克隆IgG步骤中使用的典型方法概述

步骤	体积或时间	缓冲液组成	停留时间，分钟（线性流速，cm/h）
0.平衡[a]	3 CV	20 mM磷酸钠，0.15 M NaCl，pH 7.4	7.5（160）
1.平衡	0.25 CV	20 mM磷酸钠，0.15 M NaCl，pH 7.4	3.4（350）
2.上样	5%BT的80%	根据需要	2.4–4.8（500–250）延长停留时间→更高载量
3.淋洗	3 CV	20 mM磷酸钠，0.15 M NaCl，pH 7.4	2.4–4.8（500–250）
4.中间预洗	2 CV	25 mM磷酸钠，0.5 M NaCl，pH 7.0	3.4（350）
5.淋洗	3 CV	20 mM磷酸钠，0.15 M NaCl，pH 7.4	3.4（350）
6.洗脱	由UV吸收值控制或以预定体积控制	0.1 M乙酸，pH 2.9	3.4（350）
7.在位清洗	2 CV=15分钟	15 mM氢氧化钠	7.5（160）
8.再平衡	3 CV	20 mM磷酸钠，0.15 M NaCl，pH 7.4	3.4（350）
9.储存[a]	4 CV	20%乙醇	7.5（160）

[a]仅在储存后。

第四节 缓冲液

在其他的蛋白质层析模式中，目标和其他进料组分的化学稳定性范围是选择缓冲液和添加剂时需要考虑的关键技术参数，因为基架和低分子量配体（例如离子交换层析）通常是高度稳定的。在亲和层析中，配体稳定性也需要考虑在内。料液中的蛋白酶可以水解蛋白质配体，经常添加诸如EDTA之类的添加剂可以抑制蛋白酶对亲和配体的酶切活性[27]。而且，洗脱剂和极端的pH值会使蛋白质配体部分或完全变性，从而导致结合能力的丧失和增加潜在的非特异性吸附。

每一个亲和配对都需要细致地调整其分离条件，但是目标物的吸附通常在pH中性或接近中性和生理离子强度下实现（例如，在20 mM磷酸盐缓冲液或柠檬酸盐-磷酸盐缓冲液中，含有0.15 M氯化钠）。对于pH值在3附近的酸性洗脱（例如，在使用Protein A进行抗体纯化或在免疫亲和层析中），通常使用50 mM乙酸或20~50 mM柠檬酸钠。

毫无疑问，工业和科研机构都正在开展针对配体和（或）亲和填料寿命随工艺条件变化的研究[28-30]。例如，Yang等人描述了一种基于快速表面等离振子共振的方法，用于探索亲和配体随时间的稳定性[31]。

第五节　在位清洗

蛋白质配体对极端的pH值和可能破坏多肽链的试剂敏感，从而导致配体丢失，或不可逆地破坏三维多肽结构，进而导致结合能力丧失。因此，蛋白质为配体的亲和层析填料的在位清洁（CIP）方案需在实现有效的清洁的同时，还要将配体保持在具有功能的形态中。通常，需要根据每种亲和填料的特性开发单独的方案。在Protein A层析的情况下，普遍认为对填料寿命影响最大的因素是为给定类型的料液选择CIP溶液[28]。配体工程已经提供了碱稳定的Protein A变体，并且这类填料显示即使在用0.5 M NaOH进行150次CIP循环后仍保持其原始动态结合载量的80%[21]。

小型有机配体的亲和填料通常可以按照比蛋白质配体的填料更苛刻的规程进行清洁。任何CIP程序都需要反映残留污染物与填料相互作用的化学性质（以便破坏已知或疑似类型的相互作用），同时保持基架、配体和配体偶联的完整性。

第六节　工艺开发工作流程

相对于其他层析操作，亲和层析的工艺开发侧重于收率、纯度、生产率和工艺载量。应在生产规模下可实现的操作流速范围内来确定结合载量。应设计中度淋洗步骤，以保持亲和相互作用的固有选择性，并且不会因非特异性结合而导致产量损失。应优化洗脱条件，以确保洗脱的目标物质量没有变化，并且与后续工艺步骤相兼容（例如，获得理想的工艺属性，如较小的洗脱体积、适当的pH值和离子强度）。这些方面在关键的治疗性抗体生产商已确立的工艺开发平台方法中都已被优先考虑[22, 27]。如前所述，Protein A亲和层析是这些平台的关键组成部分，虽然某些参数是预先确定的并且可以模板化，但其他参数需要依据分子的特异性进行开发（表10-5）。

表10-5　A抗体药物Protein A纯化工艺开发的平台方法

参数	平台条件	参数	平台条件
填料树脂 上样过程中的停留时间	已确定	强洗	
填料吸附能力	需要开发	强洗体积	
层析柱床高	已确定	冲洗	
工作温度		冲洗体积	
平衡/上样后淋洗缓冲液		再生 再生停留时间	预定
平衡缓冲液体积在上样平衡洗涤体积后		再生体积	
可选：淋洗2缓冲液	需要开发	储存	
可选：淋洗2缓冲液体积		储存体积	
洗脱液pH值			

预先确定的参数对不同分子可以模板化，其他参数需要根据分子的特异性进行开发。

工艺开发是临床试验材料获取的限速步骤。高通量工艺开发（HTPD）方法正被越来越多地使用来缓解这一瓶颈。像96微孔板这样的微型平行形式，被用来以最少的样品消耗筛选各种实验条件。图10-5显示了基于Protein A的抗体纯化步骤的HTPD，使用每个孔已填充了6 μl Protein A填料的微孔板来确定保留时间对动态结合载量的影响[32]，然后在层析柱实验中验证了微孔板实验的结论（图10-5）。

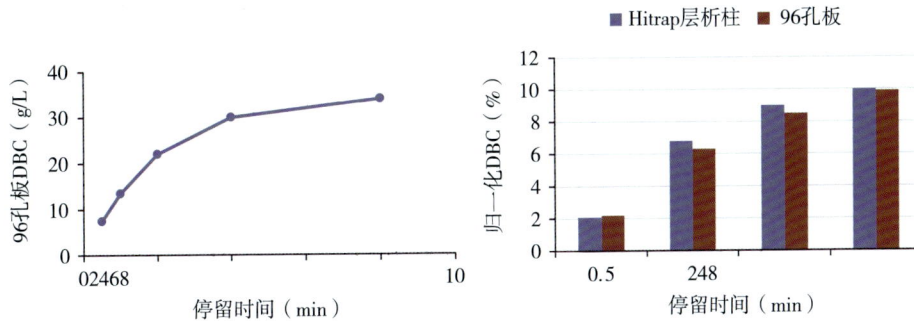

图10-5　用于预测Protein A填料的动态结合载量的HTPD筛选

左：根据Bergander等人的观点，在10%的突破时确定DBC[32]。右：该数据在1ml层析柱中得到确认。填料：Mab Select SuRe（在PreDictor板中每孔6 μl；在HiTrap柱中1 ml）。来自C. Engstrand, G. Rodrigo, A. Forss, K. Lacki, K. Nilsson–Valimaa, Rapid and scalable microplate development of a two–step purification process, BioProcess Int.（2010）58–66

第七节　放大

亲和层析在生物工艺规模下得到了充分证明。与其他层析技术（第九章）一样，实现了规模放大。通常使用10~20 cm的柱床高。表10-6和图10-6显示了中试规模mAb捕获在直径70 mm层析柱和20.5 cm MabSelect SuRe柱床高度中的工艺描述和洗脱曲线。平均捕获收率为96.2%，HCP含量降低了约1500倍，从36,000降低至24。上样量相同的前三个循环的叠加层析图如图10-6所示。捕获步骤后，蛋白质聚集体保持在12%，但后来在精纯过程中降至0.6%。

表10-6　MabSelect SuRe捕获步骤的工艺描述

步骤	持续时间	缓冲液组成	备注
平衡	1 CV	20 mM磷酸钠, pH 7.2	
上样	23 L	不适用	停留时间：4分钟 上样量：30 g/L
淋洗1	5 CV	35 mM磷酸钠, 500 mM氯化钠, pH 7.2	高盐洗去 HCP
淋洗2	1 CV	20 mM磷酸钠, pH 7.2	淋洗至无盐以进行无盐洗脱
洗脱	5 CV	20 mM柠檬酸钠, pH 3.6	通常，洗脱需要1.5~2.0 CV
在位清洗	3 CV	500 mM氢氧化钠	接触时间：15分钟
再平衡	5 CV	20 mM磷酸钠, pH 7.2	直至达到稳定的pH值

有关结果请参见图10-6。

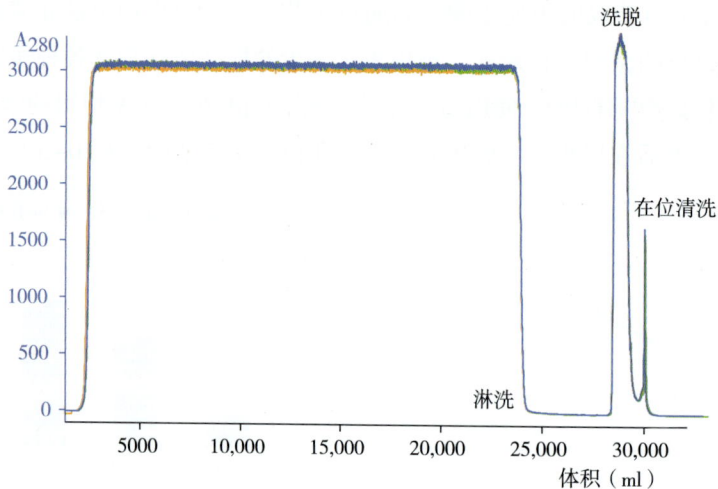

图10-6　MabSelect SuRe步骤前三个循环的叠加层析图谱

实验条件见表10-6。在所有三次运行中，上样体积均相同。层析柱：Axichrom 70/300（柱床高度20.5 cm）

来自Cytiva（former GEHC）的Application note 28-9403-48 AC, A flexible antibody purification process based on ReadyToProcess™ products, 2012

第八节　关键工艺参数

亲和层析中的洗脱条件可能直接影响关键质量属性。通过在生理条件下选择有效破坏强的特异性的相互作用的条件来实现洗脱。从蛋白质化学的角度来看，这种洗脱条件可能很苛刻。例如，从Protein A洗脱过程中IgG暴露于酸性pH值可导致聚集体形成[22]。各种策略已经用来解决这些特定的问题，包括向洗脱缓冲液中添加稳定剂或在较低温度下洗脱，但是洗脱pH值仍然是Protein A层析分析中的关键参数，需要根据分子的特异性进行优化和严格控制。酸性洗脱条件在其他亲和分离中也很常见，例如免疫亲和系统，因此该问题不限于Protein A上的mAb纯化。通过替换配体中的某些氨基酸来提高亲和填料洗脱pH值的尝试已经取得了成功[33]。

为了持续地从亲和步骤中获得所需的纯度，料液组成、中间淋洗和在位清洗（CIP）是需要优化的关键参数。如果料液中存在蛋白水解酶，则可能会水解蛋白质配体，从而影响结合载量，甚至导致产物被配体片段污染[34]。中间淋洗步骤对于去除非特异性结合污染物至关重要，低效的在位清洗步骤会影响运行的可重复性和结合载量。

第九节　经济性

对于能够满足下游工艺应用中的严格纯度要求的蛋白质和其他大分子的配体，其生产过程很复杂。因此，亲和填料通常比含有低分子量配体的常规填料成本更高。对于mAb生产的平台工艺，据估计高达60%的下游成本来自层析，其中Protein A 填料占据了重要的成本分摊[28]。填料价格和填料报废更换前的循环次数是 Protein A 亲和单元操作中最重要的两个因素。然而经计算，相较于 Protein A 填料的价格，Protein A 填料的载量对每千克 Mab 的生产成本影响更大[35]。

因此，经济地使用亲和填料通常需要循环操作（在 Protein A 填料的情况下，为 100~200 个循环[28]），这也可能会倾向使用较小的层析柱和多个循环来生产单个批次，而不是使用较大的层析柱但单个批次只有一个循环。反过来，这意味着通量成为一个问题。如第九章所讨论的，对于低浓度和中等浓度的料液，进样量通常是亲和层析中的限速步骤，因此，优选在高流速下具有高动态结合载量和具有良好流动特性（即，从设备的角度来看，能够在可接受的压力范围内承受高流速的能力）的填料。对于较高表达量的料液，当进样量较少时，优先选择使用高结合载量的填料。尽管如此，保留时间（即流速）对动态结合载量的影响是填料选择时最重要的参数之一。

如果其他参数保持不变，则上游目的蛋白表达量的增加更加需要绝对数量的层析填料和缓冲液，从而增加成本。例如，Strube 等人的一项研究指出[36]，在表达量较高的情况下，生产成本向下游加工（而不是上游）转移。但是，同一作者指出，假如杂质的种类范围是恒定的，那么每克产品的总成本会随产品表达量的增加而降低。

第十节　未来

亲和层析是为科研级别规模的蛋白质纯化而开发的，目前已被稳定地确立为蛋白质药物工业生产的关键技术。亲和技术在大规模纯化上所能提供的选择性仍然是独一无二的。尽管经常有人争辩说蛋白质配体的成本太高，但事实是，到目前为止，它们仍占亲和层析的主导地位，尤其是在生物制药中。蛋白质配体提供的选择性尚未被其他结合剂（如适配体或低分子量"仿生物"）相匹及。目前，配体方面的趋势是基于支架、抗体片段或较大蛋白质的结构域的工程化的、稳定的蛋白质或肽。使用展示技术创建蛋白质或肽结合剂候选物的大型文库是这一发展的基础。

特别是在用 Protein A 纯化抗体的领域，基于更多碱稳定配体的更高载量填料的开发仍在继续。Protein A 持续在载量方面继续落后于其他分离技术，至少部分是由于 Protein A 配体本身相对较大的尺寸引起的空间位阻。尽管存在这些挑战，填料制造商仍继续开发更高载量的填料，预计这种趋势将继续[19]。同时，由于对生物负荷控制的关注日益增加，人们对能够耐受更苛刻清洁化学品的 Protein A 填料的兴趣持续增长。自 2013 年以来，已经引入了几种基于 C 结构域修饰版本的新配体。这些产品提供的耐碱的稳定性类似于 MabSelect SuRe（0.1~0.5 M NaOH）。Protein A 的 B 结构域的进一步开发产生了比 MabSelect SuRe 稳定得多的配体[37]。

层析微球和层析柱形式本身（对于亲和或其他分离模式）虽然会因在大规模上具有看得到的局限性而经常受到挑战，但仍被普遍采用。与常规层析微球相比，附着在其他表面或结构上的亲和配体已经在不同的规模中使用，并且至少可以为特定应用提供令人感兴趣的选项。这种分离形式包括在双水相系统中的亲和力分配[38]、自聚集融合标签[39]、亲和膜[40]、纤维素纳米纤维[41]和磁珠[42]。

　　亲和标签通常用于在科研级别规模的蛋白质纯化，但尚未用于蛋白质药物生产。亲和标签为建立非抗体蛋白药物的纯化技术平台提供了潜在的机会，并且鉴于众所周知的优势和mAb生产平台的广泛使用，亲和标签技术的发展可能会继续下去。

参考文献

第十一章

离子交换色谱法

Anna Grönberg

GE Healthcare Life Sciences, Uppsala, Sweden

第一节　引言

离子交换色谱法（IEC）是基于生物分子表面上所带的电荷和通过连接臂连接到固定相上带相反电荷的官能团之间的静电相互作用。当缓冲液的离子强度较低时，这种相互作用最强，并且该结合作用可以通过改变离子强度和pH值来调节。溶液中分子的电荷和IEC填料上的电荷会和与其相反电荷的离子形成平衡，例如当目的分子与填料上的带电官能团结合时，盐和缓冲离子会被置换。蛋白上参与结合的净电荷将与从填料上置换下来的相反电荷离子的电荷相同，因此称为"离子交换"[1]。通常通过增加缓冲液的离子强度来进行吸附分子的解吸，从而通过离子竞争洗脱蛋白质。或者，可以通过改变pH值来进行洗脱，这将改变蛋白质的净电荷。有关IEC技术的更详细说明，请参见参考资料[2]。

IEC用于分离小无机离子已数十年。然而，直到20世纪50年代后期引入大孔径的亲水性材料，生物大分子的IEC才成为有用的分离工具[3]。此后，IEC成功用于蛋白质纯化，并且是目前用于纯化药物蛋白质和多肽最常用的层析分离模式之一。大多数工业纯化过程包括一个或几个IEC步骤。其成功的原因是它被认为是一种稳健的方法，并且原理已得到很好的表征和理解。IEC填料通常具有高结合载量，并提供良好且可控的选择性。另一个优点在于洗脱能在保持生物分子天然结构的温和条件下进行。

第二节　应用领域

IEC上有两种不同类型的填料。在阳离子交换层析（CIEC）中，带负电荷的配基与带正电荷的分子结合，而阴离子交换层析（AIEC）则相反。总体而言，AIEC是最常用的类型，因为许多重组蛋白是酸性的，因此在中性pH下带负电荷。此外，AIEC填料也结合多核苷酸、DNA和RNA（由于它们带负电荷的磷酸基团）。AIEC用于内毒素和病毒去除，也是病毒和疫苗纯化的常用方法。IEC非常适用于重组蛋白的下游工艺，可用于捕获、中度纯化和精纯。在捕获阶段，对载量和收率的要求是主要的，而在更下游的中度纯化（尤其是精纯），实验条件则更多地考虑提高纯度从而牺牲一些收率。在纯化过程的早期，目的分子浓度通常较低，除了纯化产物外，IEC可以是非常有效的浓缩步骤。在大多数单克隆抗体（mAb）纯化平台工艺中，IEC至少有助于蛋白在Protein A亲和步骤后的两个精纯步骤之一[4, 5]。对于mAb精纯，CIEC通常用于目的分子的结合和洗脱，允许在上样或淋洗过程中除去带负电荷的杂质，如残留DNA、RNA、某些宿主细胞蛋白（HCP）、脱落蛋白A和内毒素。CIEC还可在洗脱过程中分离抗体电荷异构体和聚集体。大多数mAb是相对碱性的分子，能够在病毒、DNA、脱落蛋白A和酸性HCP结合的条件下，采用AIEC的流穿（FT）模式进行纯化。这既可以使用单纯的FT模式，又可以在目的蛋白与填料相互作用较弱的条件下完成纯化[6]。

使用CIEC作为Protein A捕获mAb的替代方法已经得到了评估[7, 8]。CIEC具有较高的结合载量，可有效去除杂质，但在上样条件方面，其稳健性低于Protein A。尽管具有高结合载量、低缓冲液成本和相对较低的填料成本，但额外的前期开发工作（包括优化每个mAb和补料的pH值、电导率和其他操作条件）通常排除了将CIEC用于捕获方法。

市面上有大量具有不同配基、配基密度、偶联技术、填料基架以及颗粒和孔径的IEC填料。综合比较见文献[9]。捕获填料应具有相当大的粒径和高结合载量，从而可以在不堵塞层析柱的情况下以高流速从粗样品中浓缩目的物[10]。在更下游的中度/除杂和精纯步骤中使用的填料应具有较小的颗粒，从而形成尖峰，并可能将目的蛋白与性质接近的杂质分离[10]。Staby等人[10-15]通过使用涵盖广泛等电点（pI）和分子量（MW）的新型和标准测试蛋白质与多肽来观察pH值对吸附、结合强度和结合载量的影响，从而对许多IEC填料进行了表征。此外，还研究了pH滴定曲线和柱效。对于低pI的蛋白质，使用不同的强AIEC填料，pH值对吸附的影响从低到高不等[10, 14]。对于低pI的蛋白质，使用不同的弱AIEC填料，pH值和吸附具有函数关系，增加pH值会提高吸附[13]。通常，具有高pI的蛋白质在pH值为9时仍会与强AIEC填料结合，而对于某些弱AIEC填料，在pH值为9时会发现结合/吸附减少，这很可能是由于弱AIEC配基的去质子化所致[10, 14]。对于具有高pI的蛋白质，在强CIEC填料上的吸附相当程度上不依赖于pH[11]。对于AIEC和CIEC填料，离子强度对结合/吸附和动态结合载量的影响取决于蛋白质[10-15]。静态和动态实验的比较表明，对于大多数填料，层析运行期间使用了总载量的50%~80%，具体取决于流速，但总载量利用率的变化可能在25%~90%[11, 14, 15]。作者得出结论，这些研究的结果可用于填料筛选以进行进一步测试和工艺开发，重点关注填料的选择性和目的物和杂质之间的分辨率。

第三节　示例

下面描述了三个实例，说明了IEC在生物仿制药干扰素 α–2a 的捕获、mAb的精纯以及腺病毒的中度纯化和精纯的用途。

一、使用高载量 CIEC 填料捕获干扰素 α–2a[16]

生物仿制药干扰素 α–2a 在大肠埃希菌中表达为包涵体（IB）。细胞裂解、IB分离、溶解和复性后，将干扰素溶液浓缩，然后交换缓冲液，再上样到用于捕获的离子交换柱中。捕获步骤的目的是进一步浓缩干扰素，并去除大部分大肠埃希菌HCP，同时保持目的分子的高收率。使用了高载量CIEC填料Capto S。干扰素 α–2a 的pI计算值为6.0，因此选择使该分子带正电的上样pH为5.0。该pH值在10%流穿（QB10%）时产生高动态结合载量（120 g/L）。将70%的QB10%值（84 g/L）应用于层析柱，并从层析柱上洗脱干扰素，同时增加pH值和盐浓度。该方法得到的产物HCP降低了95%（至440 ppm），而基于通过表面等离子共振（SPR）分析测量的具有活性的蛋白质浓度计算得到的收率为92%（图11-1）。一个有趣的细节是洗脱条件的选择，以避免在捕获步骤和随后的中度纯化层析步骤之间使用多模式（MM）阴离子交换填料（Capto adhere ImpRes）进行缓冲液置换。简单稀释后，可以将捕获步骤中的样品应用于下一个层析步骤。通过肽图、蛋白质印迹和SPR动力学分析验证了工艺步骤中的干扰素质量[17]。

层析柱：1 ml HiTrapTM Capto S

样品：NFF后的Interferon α−2a料液

上样量：84 mg

缓冲液A：50 mM醋酸钠缓冲液pH 5.0含0.8 M尿素

缓冲液B：50 mM磷酸钠缓冲液含50 mM NaCl的pH 7.8

流速：0.4 ml/min

系统：ÄKTA avant 25

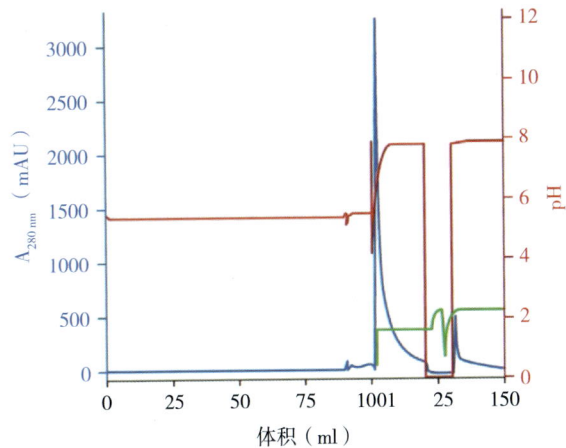

图11-1　Capto S CIEC的捕获步骤

绿色曲线显示电导率。提供自Cytiva（former *GE Healthcare Bio-Sciences AB*）

二、使用 CIEC 对 mAb 进行精纯[18]

本实例描述了使用高载量CIEC填料Capto S Impact的精纯mAb的步骤。mAb是一种pI为8.4的IgG1，由CHO细胞生产，最初使用Protein A层析法通过直接捕获进行纯化。在这种情况下，不需要中度纯化步骤。通过在结合和洗脱条件下改变pH和盐浓度，优化了CIEC精纯的能力和mAb单体与聚集体的分离。工艺优化的结果是在上样缓冲液中为50 mM NaCl 和 pH 5.0条件下，填料的QB10%为109 mg mAb/ml，使用了50~400 mM NaCl的线性盐梯度进行20倍柱体积（CV）的洗脱。当样品上样量为76 g mAb/L填料（相当于QB10的70%）时，聚集体浓度从2%~3%降低至0.9%，HCP浓度从>300 ppm降低至170 ppm，脱落的蛋白A浓度从3.6 ppm降低至小于1 ppm（即低于定量限度），单体收率为93%。图中的层析图11-2显示mAb片段、单体和聚集体分离良好。抗体片段与填料的结合不那么牢固，因此在梯度洗脱中比单体更早洗脱。另一方面，聚集体与单体相比具有更高的净结合电荷，与填料相互作用更强，并在梯度洗脱中的较单体之后洗脱。

样品：MAb溶于50 mM醋酸钠、50 mM NaCl（pH 5.0）中

层析填料：Capto S lmpAct（吸附/洗脱模式）

层析柱：Tricorn 5/100

上样量：76 mg mAb/ml层析填料（Q B10的70%）

停留时间：5.4分钟

结合缓冲液：50 mM醋酸钠，50 mM Nacl，pH 5.0

淋洗：5 CV结合缓冲液

洗脱缓冲液：50 mM醋酸钠，于20CV从50变化至400 mM NaCl

系统：ÄKTA系统

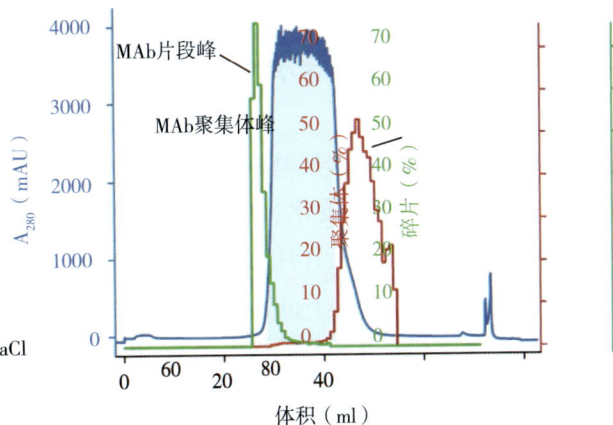

图11-2　在高上样量下使用Capto S Impact分离mAb片段和聚集体

绿色直方图显示片段的含量，红色直方图显示聚集体的含量，以相应部分中总蛋白含量的百分比表示。UV曲线下的浅蓝色区域对应于合并的产物组分。提供自Cytiva（former *GE Healthcare Bio-Sciences AB*）

三、使用 AIEC 纯化 5 型腺病毒[19]

腺病毒是由悬浮的HEK 293细胞产生的。细胞收获和裂解后，将澄清的含病毒的上清液用核酸

酶（Benzonase: Novagen，Madison，WI）处理，并将pH值调节至8.0，然后在高载量的AIEC填料Q Sepharose XL上进行捕获。捕获步骤的上样缓冲液为50 mM Tris，2 mM MgCl$_2$、5%蔗糖pH 8.0。上样后，在结合缓冲液中用300 mM NaCl淋洗，然后使用300~750 mM NaCl的线性梯度洗脱3个CV。将从Q Sepharose XL柱（图11-3A）收集的病毒峰稀释至约25 mS/cm的电导率，然后在SOURCE 15Q柱上进一步纯化。在此第二个AIEC步骤中，用含有300 mM NaCl的上样缓冲液清洗层析柱，然后用300~600 mM NaCl的梯度洗脱3个CV（图11-3B）。在SOURCE 15Q步骤中，游离双链DNA（dsDNA）的量从13.0%减少到1.6%。最后，使用分子排阻层析柱对病毒进行缓冲液置换。还对AIEC步骤进行了从梯度洗脱到步级洗脱的工艺变更。变更后的步级洗脱被扩大到中试生产，后来用于第二个腺病毒项目。

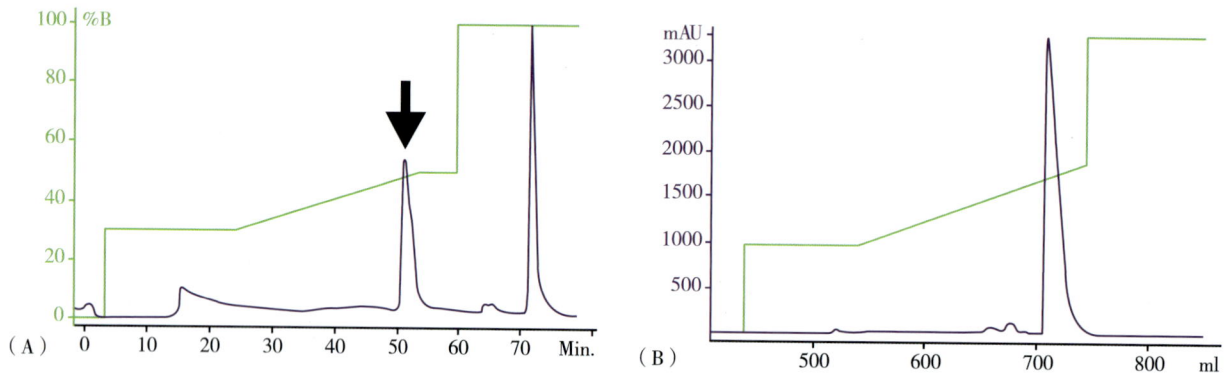

图11-3（A）用1M TRIS调节pH后，将裂解缓冲液中的病毒以113 cm/h的流速直接上样到层析柱上。上样后，立即用30%缓冲液B淋洗至少一个柱体积或直至达到稳定的基线。使用线性梯度以三个柱体积洗脱至75%缓冲液B，从柱上洗脱病毒（箭头处）。（B）然后将来自Q Sepharose XL层析柱洗脱下来的病毒经过稀释后以152cm/h的流速上样到Source 15Q层析柱上。上样后，立即用30%缓冲液B淋洗层析柱，直到达到稳定的基线。使用从30%到60%缓冲液B的线性梯度以三个柱体积从柱上洗脱病毒

经许可转自Jendrek et al. Development of a production and purification method for type 5 adenovirus. BioProcess J. 5（1）（2006）37-42

第四节 离子交换层析原理和标准方法

蛋白质和寡肽是由氨基酸残基构成的两性分子，含有弱酸和弱碱基团。因此，蛋白质的净电荷将随着周围溶液中pH的变化而逐渐变化。在定义为等电点（pI）的pH值下，蛋白质的净电荷将为零，并且从理论上讲，它不应与带电填料相互作用。但是，每种蛋白质仍将具有带有暴露电荷基团的表面，其中一些电荷基团可能成组或团排列。在低于pI的pH值下，蛋白质具有净正电荷，而在高于pI的pH值下，蛋白质具有净负电荷。每种蛋白质都有其独特的净电荷与pH的关系，可以将其可视化为滴定曲线。IEC中的蛋白质分离利用了给定pH下蛋白质之间净表面电荷的差异。

在AIEC中，带正电荷（通常是氨基）的基团连接到层析基架上。这种类型的层析填料将吸附多核苷酸（由于带负电荷的磷酸基团）以及蛋白质和肽，其pH值高于其pI时，这些溶质带有净负电荷。如果AIEC填料上的带电基团是可滴定的（例如，它们是仲胺或叔胺），如二乙氨乙基（DEAE），则该填料被称为"弱"，而如果这些基团在通常使用的范围内带有与pH无关的正电荷，如季氨基乙基（QAE/Q），则AIEC填料被称为"强"。因此，将其分类为弱或强并不能描述溶质与填料之间相互作用的强度。在其他类型的IEC填料（CIEC）中，负电荷将吸引低于其pI的蛋白质和肽。CIEC的常见带电基团是羧甲基（CM）（归类为弱离子

交换剂）和磺丙基（SP）（归类为强离子交换剂）。IEC填料中常见的官能团列于表11-1中。离子交换基团通常通过连接臂连接到基架上，以增强大分子的可用性。应该注意的是，带电基团和连接臂可以表现出额外的相互作用，例如氢键。

表11-1 离子交换剂中使用的官能团

名称	简称	平衡常数	结构
阴离子交换剂			
二乙氨基乙基	DEAE	9.0~9.5	$-OCH_2N^+H(C_2H_5)_2$
三甲氨基乙基	TMAE	—	$-OCH_2CH_2N^+(CH_3)_3$
二甲胺乙基	DMAE	约10	$-OCH_2CH_2N^+H(CH_3)_2$
三甲基羟丙基	QA		$-OCH_2CH(OH)N^+H(C_2H_5)_2$
季氨基乙基	QAE		$-OCH_2CH_2N^+(C_2H_5)_2CH_2CH(OH)CH_3$
季胺	Q		$-OCH_2N^+(CH_3)_3$
三乙胺	TEAE	9.5[a]	$-OCH_2N^+(C_2H_5)_3$
阳离子交换剂			
甲基丙烯酸酯		6.5	$CH_2=CH(CH_3)COOH$
羧甲基	CM	3.5~4	$-OCH_2COOH$
正磷酸盐	P	3和6	$-OPO_3H_2$
亚砜乙基	SE	2	$-OCH_2CH_2SO_3H$
磺丙基	SP	2~2.5	$-OCH_2CH_2CH_2SO_3H$
磺酸盐	S	2	$-OCH_2SO_3H$

[a]pK值不指四级基团。

由于pH会影响蛋白质的特征电荷，因此对IEC中的吸附和选择性影响很大。酸性蛋白质（pI低）将在中性pH下与阴离子交换结合，而吸附在阳离子交换上则较低。阴离子交换上蛋白质的吸附将随着pH值的增加而趋于增加。低于其pI时，碱性蛋白将倾向于与阳离子交换结合，而吸附将随着pH的升高而减少。这些变化的幅度将由每种蛋白质的滴定曲线（净电荷与pH的关系图）的斜率决定。如果斜率相似（通常是这种情况），那么所有蛋白质都将以相似的方式受到pH变化的影响，而选择性没有太大变化，除非pH超过一种蛋白质的pI或者如果蛋白质的电荷分布（暴露与隐藏）有很大不同。pH对IEC中选择性的影响如图11-4所示，其显示了三种假想蛋白质的洗脱顺序随pH值和所用IEC的类型而变化的情况。

通常通过连续或阶段梯度增加缓冲液的离子强度/电导率来进行结合蛋白的解吸，从而通过离子竞争洗脱蛋白。通过将结合缓冲液改为包含非缓冲盐（例如NaCl）的缓冲液或增加缓冲离子的浓度来增加电导率。洗脱也可以通过改变pH来实现，这将滴定蛋白质的氨基酸残基，从而改变表面电荷。换句话说，要从IEC洗脱蛋白质，AIEC降低pH，CIEC增加pH。制备层析中使用pH梯度并不常见，但已有描述[20, 21]。增加离子强度并同时改变pH以减少吸附的使用更为频繁（第二节中的示例1和参考文献[22, 23]）。

强酸性pH条件：均低于三种蛋白质的等电点，带正电荷，仅与阳离子交换层析填料结合。蛋白质按其净电荷量的顺序洗脱。

强碱性pH条件：均高于所有三种蛋白质的等电点，带负电荷，仅与阴离子交换层析填料结合。蛋白质按其净电荷量的顺序洗脱。

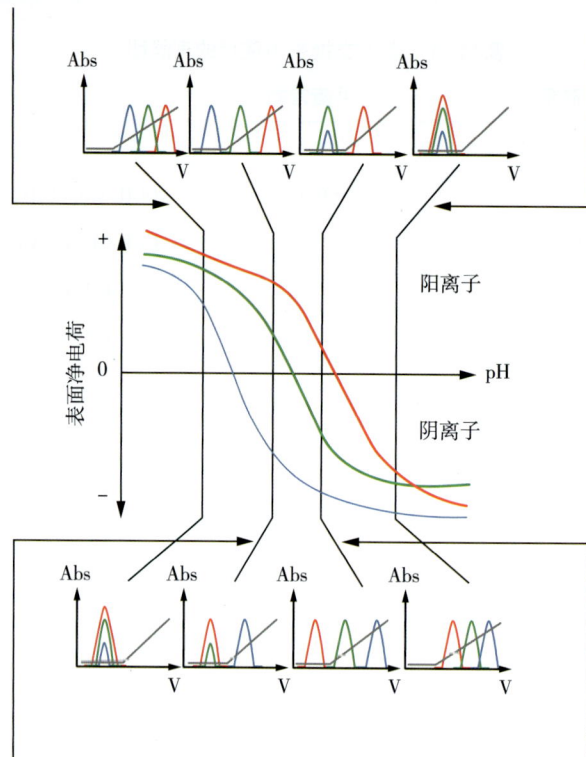

弱酸性pH条件：低于蓝色蛋白质等电点，带负电荷，其他蛋白质仍带正电荷。蓝色蛋白质与阴离子交换层析填料结合，可以与流穿的其他蛋白质分离。或者，可以在阳离子交换层析填料上分离红色和绿色蛋白质，而蓝色蛋白质直接流穿。

弱碱性pH：低于红色蛋白质的等电点，带正电。红色蛋白质与阳离子交换层析填料结合，可以与流穿的其他蛋白质分离。或者，可以在阴离子交换层析填料蓝色和绿色蛋白质上分离，而红色蛋白质可以洗脱。

图11-4　pH值和蛋白质结合以及洗脱模式的影响
提供自Cytiva（former *GE Healthcare Bio-Sciences AB*）

由于在蛋白表面，阴离子或阳离子带电基团聚集形成小片区或者大的区域（由此整个蛋白质在pI处不是中性的），即便蛋白质的净电荷为中性或甚至具有与IEC填料相同的电荷，蛋白依然可以被IEC填料吸附。例如，溶菌酶和乳铁蛋白是两种具有这种电荷不对称性的蛋白质，在其pI以上也可以引起与CIEC填料的相互作用[24, 25]。对于溶菌酶，有人提出当pH值增加时，蛋白质可以重新定向以与第二个相互作用位点相互作用[25]。Kopaciewitcz等人报道，许多蛋白在低于其等电点pI一个pH单位时仍可以结合Q填料[26]。考虑到这一点，在较宽的pH范围内表征蛋白质与IEC填料的结合是有用的，为此，高通量工艺开发工具（例如带滤膜的96孔筛选板）是有用的。

第五节　缓冲液

考虑到蛋白质、多肽和弱IEC填料的电荷对pH具有依赖性，控制pH值对于IEC层析期间的预期功能至关重要。此外，蛋白质稳定性是纯化过程中的重要考虑因素，因为某些蛋白质仅在有限的pH范围内稳定。在IEC过程中可能会出现pH值波动和偏移的原因有几个。由于Donnan效应，质子被IEC填料的电荷排斥或吸引。对于CIEC填料，靠近基架的微环境中的pH通常比周围的缓冲液低约一个单位。对于AIEC填料，则可以比周围的缓冲液高一个单位[1]，这可能引起敏感蛋白出现非预期的稳定性问题[1, 27]。当使用与IEC填料带相反电荷的缓冲离子时，或用高浓度蛋白质进行上样时[1]，或将不含NaCl的缓冲液更换为含NaCl的相同缓冲液体系时[28]，也可能发生pH波动。为了最大程度地减少pH波动，必须使用具有高缓冲能力的缓冲液并仔细平衡IEC填料。

为了确保填料带电基团与结合缓冲液中的相反电荷离子达到平衡，必须用结合缓冲液对IEC填料进行清洗[27]。通常用结合缓冲液清洗直至流出层析柱溶液的pH值和电导率与加入的缓冲液相同。层析柱不充分平衡会引起上样过程中pH值的瞬时波动，从而影响吸附。在用稀缓冲液平衡之前，通过使用高几倍浓度缓冲盐的缓冲液进行预平衡，可以减少离子交换平衡阶段的持续时间和体积[28]。文献中的示例如下。

（1）先用3个CV的含2 M NaCl的250 mM柠檬酸盐（pH 5.5）进行预平衡，然后用2个CV的25 mM柠檬酸盐（pH 5.5）平衡[28]。

（2）在指定的pH下用3 个CV的含有1 M NaCl的100 mM乙酸钠进行预平衡，然后在相同的pH下用3CV的25 mM乙酸钠进行平衡[22]。

为了提高吸附过程中的吸附，建议将样品置于低离子强度缓冲液中。吸附过程中缓冲盐的浓度通常为0.01~0.05 M。由于缓冲液浓度较低，因此选择pKa接近起始pH的缓冲液，以确保足够的缓冲载量，并消除由滴定不完全的吸附剂或吸附过程本身可能引起的pH干扰，这一点非常重要[29]。为了确保高缓冲能力，缓冲物质的pKa通常应在工作pH的0.5单位之内。

建议缓冲离子所带的电荷应与IEC填料上的官能团具有相同的电荷或不带电荷，否则缓冲液离子可充当相反电荷离子，并在结合和洗脱过程中靠近吸附分子的微环境引起pH波动。一个值得注意的例外是在阴离子交换层析中频繁、成功使用磷酸盐缓冲液[1]。为了确保弱结合蛋白的吸附，其中一种缓冲物质应不带电荷，以免影响离子强度。适用于AIEC的缓冲液的一个例子是Tris–HCl（在25℃下pKa为8.07），其中缓冲物质是HTris+（非相互作用）、Tris（中性），相反电荷离子是Cl⁻。对于CIEC，缓冲离子应为负离子，例如磷酸盐（pKa 4.75）和乙酸盐（pKa 7.2），而相反电荷离子应该是Na⁺。适用于AIEC和CIEC的缓冲液及其相应的pKa[30]的示例见表11-2和表11-3[31]。

表11-2　阴离子交换层析的缓冲液

pH范围	物质	浓度（mM）	反离子	pKa（25℃）[a]	d（pKa）/dt（℃）
4.3~5.3	N–甲基哌嗪	20	Cl⁻	4.75	−0.015
4.8~5.8	哌嗪	20	Cl⁻或HCOO⁻	5.33	−0.015
5.5~6.5	L–组氨酸	20	Cl⁻	6.04	
6.0~7.0	双三羟甲基氨基甲烷	20	Cl⁻	6.48	−0.017
6.2~7.2；8.6~9.6	bis–Tris丙烷	20	Cl⁻	6.65；9.10	
7.3~8.3	三乙醇胺	20	Cl⁻或CH₃COO⁻	7.76	−0.020
7.6~8.6	三羟甲基氨基甲烷	20	Cl⁻	8.07	−0.028
8.0~9.0	N–甲基二乙醇胺	20	SO₄²⁻	8.52	−0.028
8.0~9.0	N–甲基二乙醇胺	50	Cl–或CH₃COO⁻	8.52	−0.028

pH范围	物质	浓度（mM）	反离子	pKa（25℃）[a]	d（pKa）/dt（℃）
8.4~9.4	二乙醇胺	pH 8.4时为20 pH 8.8时为50	Cl⁻	8.88	-0.025
8.4~9.4	丙烷1，3-二氨基	20	Cl⁻	8.88	-0.031
9.0~10.0	乙醇胺	20	Cl⁻	9.50	-0.029
9.2~10.2	哌嗪	20	Cl⁻	9.73	-0.026
10.0~11.0	丙烷1，3-二氨基	20	Cl⁻	10.55	-0.026
10.6~11.6	哌啶	20	Cl⁻	11.12	-0.031

[a] 参考文献：*Handbook of chemistry and physics, 83rd edition, CRC, 2002-2003.*

提供自：*GE Healthcare Bio-Sciences AB（Ion Exchange Chromatography. Principles and Methods. Cytiva former GE Healthcare, 2016）。*

表11-3　阳离子交换层析缓冲液

pH范围	物质	浓度（mM）	反离子	pKa（25℃）[a]	d（pKa）/dt（℃）
1.4~2.4	马来酸	20	Na⁺	1.92	
2.6~3.6	甲基丙二酸	20	Na⁺或Li⁺	3.07	
2.6~3.6	柠檬酸	20	Na⁺	3.13	-0.0024
3.3~4.3	乳酸	50	Na⁺	3.86	
3.3~4.3	甲酸	50	Na⁺或Li⁺	3.75	+0.0002
3.7~4.7，5.1~6.1	琥珀酸	50	Na⁺	4.21, 5.64	-0.0018
4.3~5.3	醋酸	50	Na⁺或Li⁺	4.75	+0.0002
5.2~6.2	甲基丙二酸	50	Na⁺或Li⁺	5.76	
5.6~6.6	MES	50	Na⁺或Li⁺	6.27	-0.0110
6.7~7.7	磷酸盐	50	Na⁺	7.20	-0.0028
7.0~8.0	HEPES	50	Na⁺或Li⁺	7.56	-0.0140
7.8~8.8	比辛	50	Na⁺	8.33	-0.0180

[a] 参考文献：*Handbook of chemistry and physics, 83rd edition, CRC, 2002-2003.*

提供自：Cytiva former GE Healthcare Bio-Sciences AB）（Ion Exchange Chromatography. Principles and Methods. Cytiva（former GE Healthcare），2016。

　　上样过程中的高蛋白浓度可能引起pH值和电导率波动。AIEC中使用Tris作为缓冲体系时，相反电荷离子为Cl⁻。当蛋白质在结合过程中置换Cl⁻时，形成Tris-Cl，这是Tris的酸性形式。如果置换发生得很快，可以降低pH值，增加柱内电导率。在这种条件下，对于AIEC，流出液的pH值低于前述缓冲液，对于CIEC，流出液的pH值高于前述缓冲液，这反过来会对结合载量产生负面影响[1]。为避免这些类型的pH值和电导率变化，可通过简单稀释来降低上样期间的蛋白质浓度。

　　通常通过用非缓冲盐（如NaCl）增加缓冲液的离子强度来进行洗脱，从而增加离子交换基团的离子竞争并削弱静电相互作用的强度。这可以通过在5~10 CV上逐渐变化，或者通过从结合缓冲液过渡到含盐的结合缓冲液的步级变化来实现。也可以通过增加洗脱缓冲液的浓度来增加电导率。

　　也可以通过适当改变pH值以减少吸附来进行洗脱[32]，但这对于制备层析并不常见，如第四节所述。更常见的是通过增加离子强度和改变pH值来减少吸附。例如，在CIEC中提高pH值将对较低的离子强度进行解吸。在之前已经讨论了相反电荷离子类型对选择性的影响（见参考文献[33]）。但是，已经表明，所用的盐产生的具体影响是不可预期的[34]。盐的洗脱强度是控制参数，一种类型的盐的影响可以通过调节另一种类型的盐浓度来实现。不同离子的相对洗脱强度见表11-4。

洗脱过程中对选择性可能重要的其他离子特有的力是基于离子极化率的色散力。这些力在高盐浓度下更占主导，此时静电力被屏蔽或接近蛋白质的pI[35]。

用相同缓冲液体系和pH值但盐浓度不同的缓冲液对CIEC层析柱进行平衡时，也会观察到非预期的pH值

表11-4　不同离子的洗脱强度[3]

阴离子交换层析
醋酸盐<甲酸盐<氯化物<溴化物<硫酸盐<柠檬酸盐
阳离子交换层析
锂<钠<铵<钾<镁<钙

变化[28]。一个可能的解释是流动相中增加的Na$^+$浓度置换了固定相上残留的H$^+$离子，引起pH下降。在该研究中，与琼脂糖基和聚苯乙烯二乙烯基苯骨架相比，当使用带有聚甲基丙烯酸酯骨架的阳离子交换剂时，pH下降更为明显，并且在评估弱阳离子交换剂时，pH下降也更为显著，这可能是由于官能团的密度更高以及与之结合的H$^+$浓度更高。可以通过使用具有一个以上pKa的缓冲液（所谓的多质子缓冲液）来降低pH下降的幅度，例如与单质子MES缓冲液相比，具有更宽pKa范围的柠檬酸盐和磷酸盐。此外，洗脱盐的电离强度很重要，因此将氯化钠改为柠檬酸钠，柠檬酸钠的有效Na$^+$浓度较低[28]。

第六节　在位清洗和消毒

在开发填料的在位清洗方法时，重要的是要考虑哪些类型的杂质及污染物中可能涉及哪些类型的相互作用。对于IEC填料，重要的是破坏污染物与IEC填料上带电基团之间的离子相互作用。最好的选择是在低pH或高pH下使用高盐（1.0~2.0 M NaCl）的缓冲液，具体取决于使用AIEC还是CIEC填料。填料在高盐下去除结合较紧的物质后，应使用0.5或1.0 M NaOH进行清洗，以处理大多数结合的污染物。高浓度的NaOH也有消毒作用。

有时使用NaCl和NaOH是不够的，特别是对于AIEC填料，在这种情况下清洗可能是一个挑战。已经表明，除了用NaOH清洗之外，高浓度的氢键破坏剂尿素和低pH下的盐（8.0 M尿素，0.1 M柠檬酸，1.0 M NaCl，pH 2.5）对于解决AIEC填料的变色是有效的[36]。精氨酸和盐酸胍（Gua-HCl）也会破坏氢键，其方式是相似的（尽管与尿素相比两者都昂贵）。

第七节　工艺开发工作流程

工艺开发的目的将根据层析步骤的目的而有所不同。在纯化过程的早期捕获步骤中，载量和回收率通常是最优先考虑的。在进一步的下游纯化过程中，中度纯化和精纯目的主要集中填料的选择性和目的物和杂质之间的分辨率。

由于配基类型和密度、填料基架和偶联技术的差异，不同IEC填料之间的产物载量、回收率、选择性和分辨率可能存在显著差异[10]，每种填料的最佳操作条件也不同[37]。因此，IEC步骤的工艺开发从层析填

料的筛选以及结合、淋洗和洗脱的缓冲液条件选择开始。填料筛选可能不仅限于IEC填料，还可能包括例如MM和HIC填料[16, 38]。IEC最重要的缓冲液参数是pH和相反电荷离子浓度，但缓冲液和盐的种类以及添加剂也可能很重要。层析填料和条件的组合选择数量可能很多，因此平行和微型化的高通量工具是有用的，例如含有层析填料的96孔滤膜板和微型柱[37]。

pI在5.5~7.5范围内的蛋白质可以使用强或弱IEC填料纯化。强IEC填料的优点是配基的电荷不随pH变化，这意味着溶质和带电基团之间的相互作用更简单，并且即使在高或低pH（分别为AIEC或CIEC）下也能保持载量。这可以让使用强IEC填料进行分离的开发和优化变得更容易。但是，弱IEC填料可能会显示出不同的选择性，因此可能是具有挑战性的分离的替代方法[31]。

96孔滤膜板通常用于评估不同填料在各种pH值和相反电荷离子浓度下的静态结合载量，并且可能使用不同的添加剂。通过用少量层析填料（2~50 μl）进行过量上样来完成实验。图11-5显示了在pH 4.5~6.0和NaCl浓度0~350 mM变化范围内，蛋白A纯化的mAb在市面上六种不同的CIEC填料的静态结合载量情况。在存在大量杂质的情况下，如果杂质比目的物更牢固地结合，则在过载过程中可能会将目的蛋白置换下来。因此，在过载条件下进行的实验可能无法确定最大结合载量。为了克服这个问题，Heldin E.等人开发了一种同时使用过载和非过载模式的方法，用于含有C肽（一种高度丰富的杂质）的胰岛素样品[38]。用含有20 μl CIEC填料的96孔滤膜板，对含有各种NaCl和乙醇浓度的胰岛素样品连续4次上样，从而对填料进行中度纯化的评估。分析了每次上样后的未结合的胰岛素和C-肽，结果表明C-肽在低盐条件下竞争结合（图11-6）。

96孔滤膜板结合数据还将提供有关潜在淋洗和洗脱条件的信息。静态结合载量低的条件表明是潜在的洗脱条件。但是，应通过评估不同的洗脱条件（pH、盐浓度等）来仔细检验物质（质量）平衡，因为层析填料可能在导致后续低收率的条件下表现出非常高的结合载量。Kelly等人使用单个96孔滤膜板研究了mAb在8种不同CIEC填料上的结合和洗脱曲线[37]。使用四个不同的pH水平和三个盐水平，以尽可能低的条件（即假定处于结合等温线的线性范围内）进行上样。通过增加NaCl浓度（0.1~0.8 M NaCl）进行洗脱。图11-7显示了在pH 5和100 mM氯化钠上样条件下mAb的结合强度差异。

对于流穿模式，我们应找到与目的分子的弱结合或低结合以及与杂质的发生更强相互作用的填料和条件。96孔滤膜板可用于生成所谓的Kp图，显示pH和盐浓度对Log（Kp）值的影响，其中Kp是分配系数，为与填料结合的蛋白质的平衡浓度与溶液中自由蛋白质浓度的比率[37]。如果对产品和所选杂质或杂质均生成Kp图，则可以很容易地确定离子交换层析的操作条件[37]。

在初步筛选的基础上，可以选择一种或两种良好的填料进行进一步的评估和优化，特别是研究动态结合载量和选择性。感兴趣的pH和盐浓度应基于筛选研究的结果，但现在是在一个更窄的范围。通过采用实验设计（DoE）方法可以最有效地进行优化研究，其中同时研究了不同参数（上样、淋洗和洗脱条件）对纯度和收率的影响。离子交换层析的重要因素包括pH值和电导率、洗脱期间的梯度斜率以及样品上样密度（目的蛋白和杂质）。从这些研究中，可以确定关键和重要工艺参数（见第二十五章）。

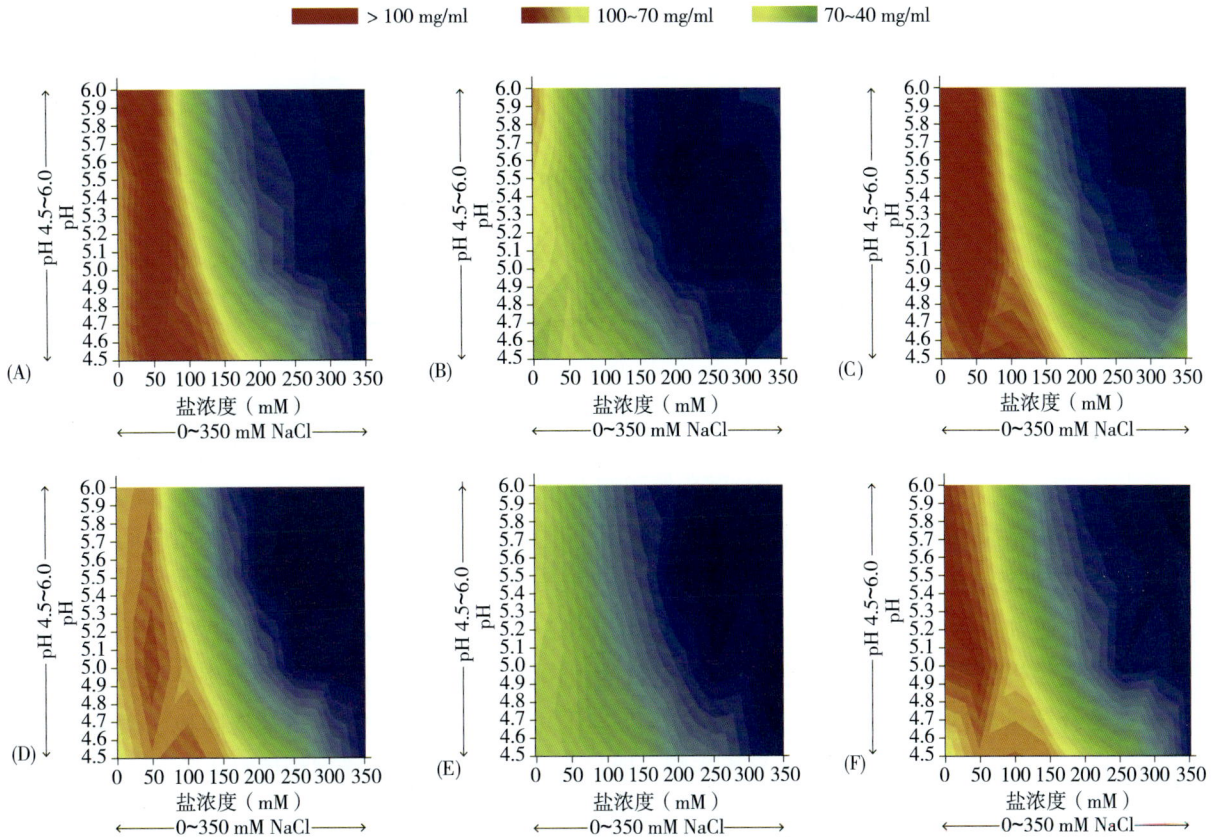

图 11-5 用于确定（A）Capto S ImpAct，（B）Capto SP Impre，（C）Eschmuno CPX，（D）Fractogel SO3-（M），（E）Nuvia HR-S和（F）Poros XS对mAb的静态结合载量（SBC）的等高线图。设置三个重复实验

提供自 Cytiva（former GE Healthcare Bio-Sciences AB）

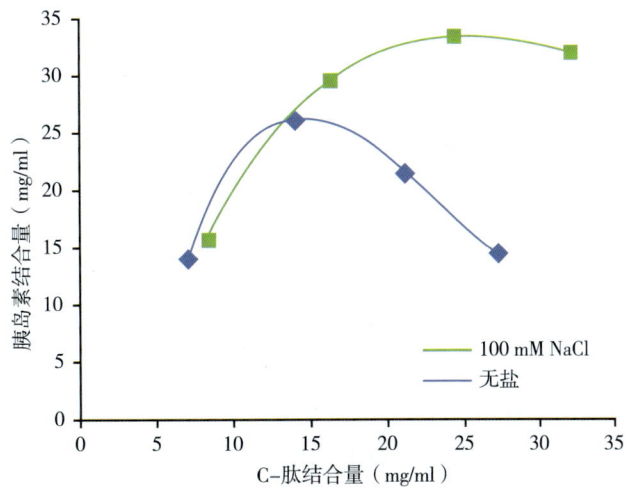

图 11-6　在10%乙醇中以两种盐浓度（0和100 mM NaCl）下进行酶促裂解的胰岛素原重复上样

将结合胰岛素的含量与结合C肽的含量做曲线图。胰岛素结合量随着结合的C肽量的增加而减少。经许可转自 *E. Heldin, et al., Development of an intermediate chromatography step in an insulin purification process. The use of a High Throughput Process Development approach based on selectivity parameters. J. Chromatogr. B Anal. Technol. Biomed. Life Sci. 973C（2014）126-132*

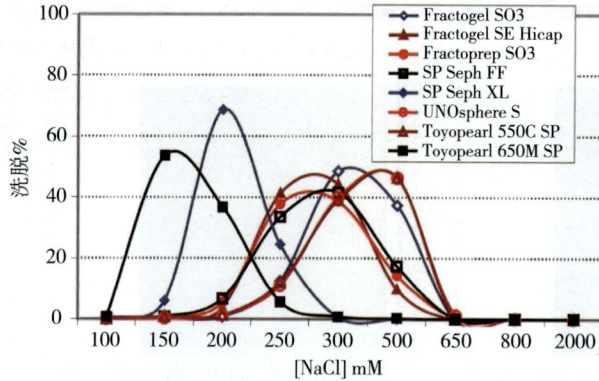

图11-7 一组阳离子交换填料在pH 5、100 mM氯化钠上样条件下的mAb洗脱曲线

洗脱结合蛋白所需的盐浓度反应了mAb与填料之间相互作用的强度，这使得填料可以根据结合亲和力来排序。经许可转自 B.D. Kelley, et al., *High-throughput screening of chromatographic separations: IV. Ion exchange. Biotechnol. Bioeng. 100（5）（2008）950-963*

可以通过使用微型层析柱[39]进行前沿分析或使用小型层析柱来评估在不同流速/保留时间下在一系列pH和盐条件下的动态结合载量（即穿透载量）。

选择性可以通过分析96孔滤膜板[37]或使用微型层析柱[39]的"伪梯度"组分的纯度来理解。最常见的方法是使用小型层析柱和盐梯度进行洗脱，以研究目的蛋白和杂质在不同pH下的分辨率。最好是可以确定产生高动态结合载量和良好选择性的上样条件。该工艺开发工作流程（即使用96孔滤膜板、微型层析柱和小规模层析柱）已被报道用于阳离子交换层析步骤，通过高载量的阳离子交换层析填料去除mAb聚集体[18]。

有关离子交换层析中参数优化的更全面描述，请参见本章后面部分（第十节）。

第八节　关键和重要工艺参数

关键工艺参数（CPP）是对关键质量属性（例如目的蛋白的纯度或活性）有影响的工艺参数（变量），因此应进行监测和控制，以确保该工艺生产出具有所需质量的产品。重要工艺参数（KPP）是可调节的工艺参数，其不会显著影响产品关键质量属性（CQA），但会影响工艺性能，应保持在规定的范围内。通常评估其对产品质量和工艺性能影响的离子交换层析参数包括：①蛋白上样量（g/L_{bed}）；②层析周期所有阶段（即平衡/上样/淋洗/洗脱）的电导率、pH值、流速和温度；③目的蛋白洗脱的起止收集点；④洗脱时梯度斜率；⑤柱床高度；⑥层析柱柱效（HETP和不对称性）；⑦层析柱重复使用（循环次数）；⑧淋洗和平衡的CV数量；⑨填料批间差异性。

将工艺参数分类为CPP和KPP将取决于工艺表征的结果，并因工艺而异（见第二十五章）。在阳离子交换层析的案例研究中，发现蛋白质上样量、上样/淋洗电导率、洗脱pH和洗脱停止收集点为CPP，此处列出的其他参数被认为是KPP（作者使用了术语"一般工艺参数"）[40]。在同一项研究中，为随后的阴离子交换层析步骤确定的CPP包括平衡/淋洗和上样电导率、上样pH、操作流速和蛋白量。其他作者报告说，梯度斜率很重要，可能也是CPP[41]。报告还表明，配基密度可能是CPP[42,43]，不过在其他情况下，它并不影响产物CQA或工艺性能[44]。类似地，温度可以是CPP或KPP，这取决于其对所讨论工艺的影响。例如，现代填料的化学稳定性和离子交换层析中涉及的静电力的远距离性质可能意味着温度对填料及其性能的影响在某些情况下很小。但是，温度也会影响流动相的黏度，尤其是在低温下运行时，这反过来会对操作压力产生重大影响，而操作压力可能对设备或软填料的性能至关重要。温度还影响传质动力学，在特定情况下甚至更重要的是，温度会影响蛋白质的稳定性、结构和聚集趋势。

对于KPP，可以预见到峰收集开始或结束的确切时间会对工艺收率产生不利影响，使其成为不影响产物纯度这一CQA的KPP。但是，在其他情况下，如果杂质与目标产物分辨率较差，则产物峰收集的确切起点或终点将是CPP。操作流速或不适当的CIP接触时间可能造成填料寿命缩短，从而造成收率降低。

第九节　方法学

传统上用化学计量模型描述离子交换层析中的相互作用，其中溶质分子将置换基架表面带电基团上的许多相反电荷离子，这等于目标溶质分子上相互作用位点的数量[26, 45]。该模型受到质疑，另一种模型提出使用带电表面的一般静电相互作用理论来解释吸附[46]。考虑到弱电荷层析填料，对这两个概念的评估结果偏向于经典相互作用理论[47]。但是，也有人建议这两个模型可能描述离子交换层析中的两个极端，在得出结论之前必须进行进一步的研究。由于化学计量置换模型（SDM）目前为离子交换理论提供了基础，因此将在本节中使用它。

对化学计量模型进一步完善，纳入了大分子对离子交换基团的空间屏蔽。这被称为空间质量作用模型（SMA），已用于过载模式下的离子交换层析建模[48]。SMA非常适合生物加工场景，在这方面，Cramer等人的研究影响已得到公认。

一、IEC 吸附

等度洗脱条件（即恒定的盐浓度）下IEC中的保留体积为：

$$V_R = V_M + k'V_M \tag{11-1}$$

式中，k'是保留因子（式11-2），这对化学计量离子交换模型有效。在静电模型中，$\ln k'$与$I^{1/2}$成正比，其中I是离子强度[46]。

$$k' = k'_0 c^{-z} \Rightarrow \log k' = \log k'_0 - z \log c \tag{11-2}$$

式中，k'_0与填料的离子交换载量Q_y（k'_0与Q_y^z成正比例）有关，z是目的分子的相互作用电荷或特征电荷。

保留因子是流动相中盐浓度、c以及目的分子和层析填料性质的函数[49]。如式11-2所示。保留因子以及保留体积随c和z急剧变化。

在有限范围内的离子强度内，吸附是敏感的，这个范围是所谓的洗脱窗口，如果保持离子强度为恒定，那么仅在z具有微小变化的分子将会被广泛分离。另一方面，具有显著不同z值的分子混合物的分离需要c的连续变化（即梯度洗脱）。在制备分离中，z的较大差异是有利的，因为这允许阶段梯度洗脱。离子交换层析中蛋白质特征电荷的典型值在3.6~8.2[26]和4.8~7.5[33]的范围内，尽管这些值会随pH值而变化。

根据在离子交换层析中的式11-2，为了使样品吸附在层析柱上，应用低离子强度的缓冲液。对于被强烈吸附的分子，可能需要大大增加流动相离子强度以解吸它们。为了减少分离时间（以及样品区在柱下移动时过度稀释），连续或阶段改变洗脱液中的盐浓度。在特殊情况下，等度、阶段和连续梯度洗脱的组合可能是有用的。

在此应注意，在流动相中盐的浓度发生变化的情况下（如在梯度洗脱中），保留因子也会连续变化。根据梯度洗脱中的保留体积计算的表观保留因子没有任何物理化学意义[49]。

二、IEC中的谱带展宽

等度洗脱中的谱带展宽受到第九章讨论的因素的影响。例如，如果吸附–解吸反应缓慢，则该因素也将引起洗脱谱带展宽。然而，在梯度洗脱过程中，梯度变化会带来的锐化效果（即，与在谱带后部的分子相比，谱带前部的分子感知较低的离子强度，谱带后部的分子具有更高的保留因子）。这意味着将达到有关谱带展宽的稳态，此外，如果洗脱条件（例如柱高和梯度）足以促进该稳态，则所有样品谱带在层析柱上的宽度将相同（窄）。谱带锐化的程度将取决于梯度的斜率（较陡的梯度会产生较高的锐化程度），还取决于所讨论分子的 k' 与离子强度之间的关系。这种锐化效果以及调节 k' 的可能性是梯度洗脱的主要优点。

第十节　优化

动态结合载量（DBC）取决于几个因素（例如，目的分子的电荷和大小、孔隙和填料粒径、层析填料的电荷和溶剂的离子强度）。预计IEC中目的蛋白的最高DBC发生在低电导率和远离其pI的pH值，净电荷较高的情况下（图11-8A）。这可以称为"传统行为"，其中载量是蛋白质–填料相互作用强度的函数。然而，在某些条件下，发现会发生意料外的行为，随着电导率的增加和蛋白质电荷的减少，载量会达到最大值（图11-8B）[50, 51]。这种行为被称为非传统行为，似乎与影响传质速率的蛋白质–蛋白质和蛋白质–表面相互作用有关（第九章）。在离子交换层析配基通过表面延伸剂偶联以增加载量的情况下，电导率的增加也被认为增加了延伸剂的柔韧性，从而增加了传质。为了揭示这种行为并确定最高结合载量的条件，应仔细研究pH和盐浓度对DBC的影响。参考文献中描述了连续实验和实验设计（DoE）方法[51]。也可以使用参考文献中所述的高通量筛选进行评估[52]。

影响选择性的最简单方法是改变目的分子（蛋白质）的电荷，即通过改变pH值。然而，由于电荷在分子表面上的复杂分布，蛋白质离子交换层析中的净电荷与保留时间之间没有简单的关系，并且准确预测pH对样品组分分辨率的影响是很困难的。可以通过在不同pH值下以盐梯度洗脱的一系列实验来绘制目的分子与杂质之间的选择性。图11-9A显示了在三个不同pH值下用阳离子交换层析IEC填料的盐梯度洗脱过程中抗HER2的完整mAb和产物相关杂质的选择性比较。mAb在糖工程毕赤酵母中表达，与错误组装和降解的mAb，在pH 4.5和5.0时可以分离，但在pH 6.0时不能分离[53]。

改变梯度是吸附层析中调节分离率最常用的参数之一。对于0~1 M NaCl的梯度，离子交换层析的最佳结果通常在5~20 CV的范围内。改善分离率的一种方法是降低梯度斜率，即增加梯度中CV的数量和（或）减小梯度范围。

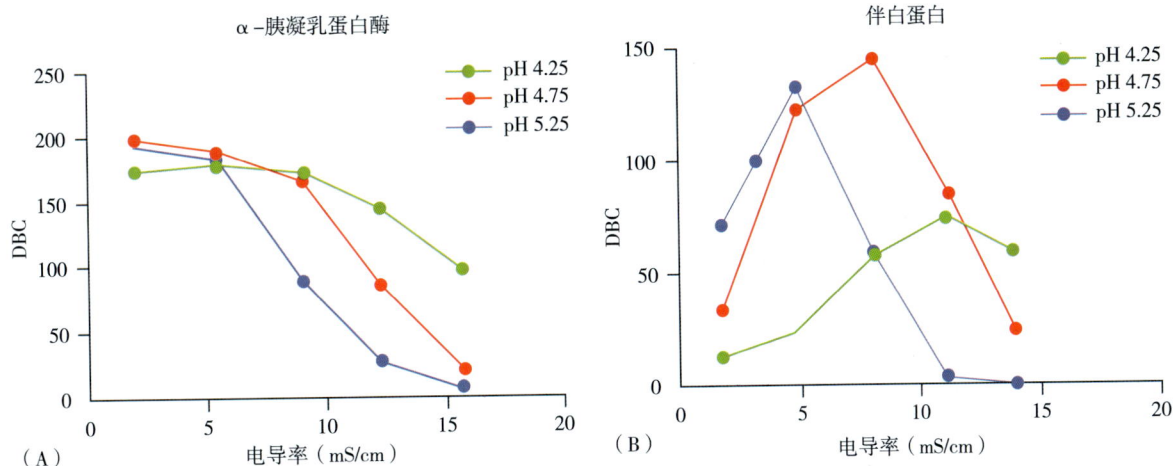

α-胰凝乳蛋白酶

伴白蛋白

图11-8　（A）在不同pH值下，α-胰凝乳蛋白酶的DBC与电导率曲线，α-胰凝乳蛋白酶符合传统的法则，即DBC随着电导率的增加而降低；（B）在不同pH值下白蛋白的DBC与电导率曲线。白蛋白以非传统方式表现，其中DBC随着电导率的增加而达到最大值

（A）提供自Cytiva（former *GE Healthcare Bio-Sciences AB*）。（B）提供自Cytiva（former *GE Healthcare Bio-Sciences AB*）

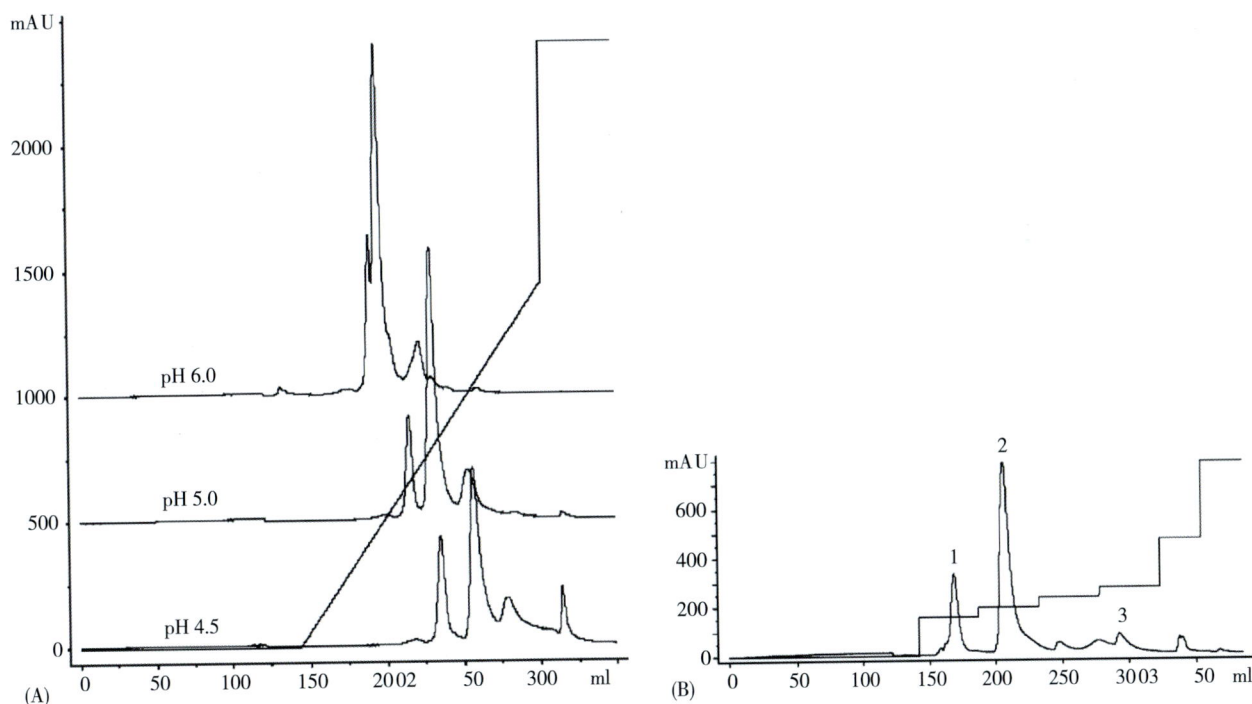

图11-9　抗HER2 mAb阳离子交换层析

　　层析柱（内径1 cm×19 cm）用pH 4.5的25 mM乙酸钠平衡5个CV，在pH 4.5条件下将Protein A纯化后的45 mg抗HER2 mAb进行上样，并在pH 5.0条件下用25 mM乙酸钠淋洗2个CV，然后进行以下层析分离。（A）在不同pH条件下的层析图谱。SOURCE 30S分别在pH 4.5的25 mM乙酸钠、pH 5.0的25 mM乙酸钠、pH 6.0的12.5 mM乙酸钠和12.5 mM磷酸钠中以0~300 mM NaCl（10 CV）的线性梯度洗脱情况进行比较。线性梯度洗脱后，在相同的缓冲液中加入500 mM NaCl（3 CV）。（B）SOURCE 30S的NaCl步级洗脱层析图谱。在pH 5.0的25 mM醋酸钠分别以100 mM（3 CV），125 mM（3 CV），150 mM（3 CV），175 mM（3 CV），300 mM（2 CV）和500 mM（2 CV）的NaCl进行洗脱。经许可转自 *Y. Jiang, et al., Purification process development of a recombinant monoclonal antibody expressed in glycoengineered Pichia pastoris, Protein Expr. Purif. 76（1）（2011）7-14*

　　历史上，离子交换层析的工业规模纯化是基于盐浓度的阶段变化，以洗脱与杂质分离的目标溶质，部分原因是考虑到稳健性（连续梯度的研发在大规模时具有挑战性）。然而，由于连续梯度洗脱通常对那些与

吸附剂具有相似亲和力的溶质的分离具有较高的分辨率，因此该洗脱原理已得到广泛使用，特别是由于现在可以使用到可靠的大规模梯度洗脱设备（参见第十八章和第二十章）。

如果需要阶段洗脱，则将优化的梯度条件转换为一系列步骤，这些步骤首先洗脱较少吸附的溶质，然后洗脱产品，最后在洗脱步骤中解吸所有紧密结合的溶质（图11-9B）。复杂样品的分辨率在阶段洗脱中不能像在梯度运行中那样好，但可能足以产生所需纯度的产品。对于最新的离子交换层析填料尤其如此，其中颗粒、孔径和配基已经在载量、选择性和洗脱峰形状方面进行了优化。

在研究结合载量和最佳选择性条件后，可利用洗脱期间的分辨率将上样量增加至产品纯度和收率以及工艺稳健性方面可接受的分辨率的上限。在纯化的早期，载量通常是一个主要挑战，而不优先考虑满足完全纯度，因此可以按最大载量来上样，这受到进料端变化的限制。作为实际规则建议将总样品上样量保持在离子交换剂动态结合载量的80%以下。但是，在高浓度下，设备在吸附等温线的非线性区域中运行，并且会观察到严重的峰拖尾现象，这可能会降低产物的纯度和（或）收率。还必须考虑由于高浓度下的聚集或沉淀而引起样品损失的风险。当以回收率和高纯度为目标时，须采用不同的方法。在这种情况下，上样量可能要大大降低。

第十一节 产率与经济性

生产率（即单位时间和层析填料体积下的产量）由IEC填料上样量、活性产物的回收率（产率）和周期时间确定（第九章）。

无论纯化步骤（捕获、中度纯化或精纯）的目的如何，使用高载量填料总会对产率产生积极影响。为了能够利用现代层析填料的高载量，研究结合条件（pH和电导率以实现最佳结合）是首要条件。

通过选择能够在高体积流速下操作的现代层析填料，可以减少周期时间，即使结合阶段因传质的限制需要一定的保留时间，但是平衡、淋洗、和洗脱阶段可以在最大允许的操作流速下进行。这在图11-10中有举例说明，其显示了保留时间在上样阶段对三种阳离子交换层析填料的结合载量和生产率的影响：高流量填料（Capto S）和两种较软的填料（SP Sepharose XL和SP Sepharose FF）。从两种软填料的结果对比，可以看出与FF相比，XL填料的生产率增加与XL结合载量的提升具有直接关系（两种填料只能在不低于6分钟的保留时间下操作）；另一方面，用高流量填料获得的结果表明可以实现额外的生产率提高（200%），因为与较软的填料相比，该填料可以在高三倍的流速（短三倍的保留时间）下操作，而不会对装填后的柱床产生不利的作用[54]。前面给出了第九章讨论的实际示例，即与增加结合力相比，通过缩短层析周期各个阶段所需的时间（由于允许更高的流速）来减少总周期时间对生产率而言更为重要。

减少周期时间的另一种方法是包括使用本文所述的较高浓度缓冲液的预平衡步骤（见第五节）。用阶段梯度变化代替连续梯度会对洗脱相产生同样的影响（缩短时间），有时甚至是几倍[22]。

尽管洗脱条件的优化与结合-洗脱步骤中的生产率水平没有直接的关系，但是优化的洗脱条件更好地匹配后续纯化步骤的操作pH和电导率条件将减少缓冲液置换步骤，并最大程度地减少步骤之间的调节时间，这将对下游工艺的整体生产率产生积极影响。在不改变结合pH的情况下使用氯化钠作为洗脱组分自然地会引起合并后的洗脱组分中的高电导率。如果后续的步骤需要较低的操作电导率条件，则需要进行稀释或缓冲液置换。相反，pH和电导率变化的组合可能有助于从离子交换剂中洗脱[22, 23]，如示例1所示（见第三节）。

pH值的变化会削弱目的物与填料之间的结合，电导同时仅需小幅度的升高即可有效地将蛋白洗脱下来，因此在下一个下游工艺操作之前的调节会更加简单。

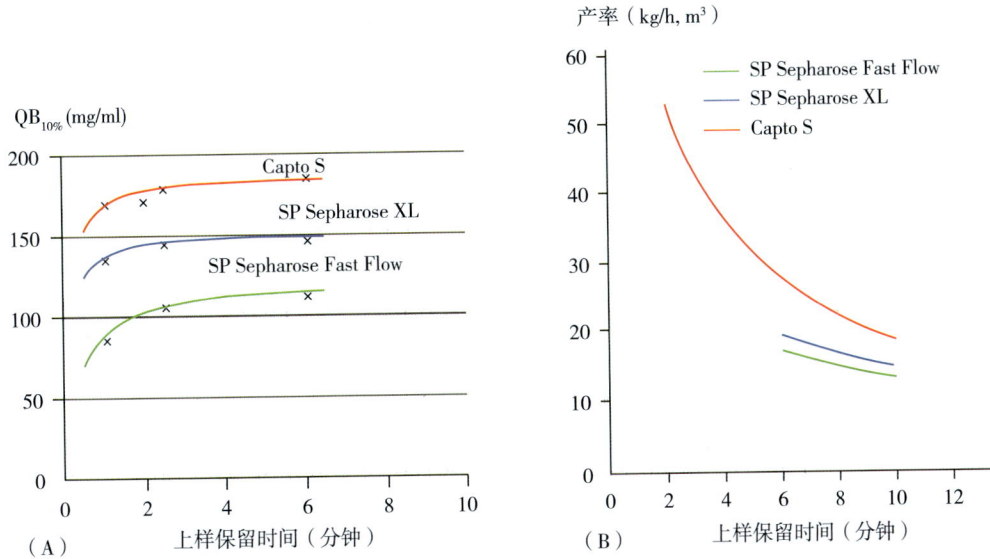

产率（kg/h，m³）

QB$_{10\%}$（mg/ml）

（A）　上样保留时间（分钟）

（B）　上样保留时间（分钟）

图11-10　（A）在不同上样保留时间下Tricorn 5/100层析柱的动态结合载量（Qb10%）。样品为 α-胰凝乳蛋白酶（4 mg/ml），来自大肠埃希菌匀浆中，置于平衡缓冲液条件下。（B）产率与上样保留时间的关系图。很明显能够看出Capto S有着更加优越的性能和更宽的操作空间

提供自Cytiva（former GE Healthcare Bio-Sciences AB）

通常，与目的分子的结合洗脱步骤相比，离子交换层析上的流穿步骤具有明显更高的生产率。在流穿模式下，如果杂质以低浓度存在，则可以显著增加样品上样量，这会直接影响该步骤的生产率。类似地，如果离子交换层析这一步以所谓的"等度过载模式"进行，其中杂质与填料的结合力强于目的蛋白，从而在上样阶段置换了结合的目的蛋白，那么与在相同的pH和电导率条件下进行结合洗脱操作相比，样品的上样量可以高很多。例如，通常在结合洗脱模式下使用阳离子交换层析进行mAb进行精纯，动态结合载量通常<100 g/L。然而，在"等度过载模式"下，表明上样量高达1000 g/L，去除杂质的结果良好[55]。使用这种操作模式的其他好处是使用更小的层析柱，因此需要更小的缓冲液体积，这对离子交换层析步骤的经济性有直接影响。

例如和具有蛋白质配基的亲和填料相比，离子交换层析填料相对便宜。离子交换层析填料还可以承受苛刻和有效的清洗条件，从而可以使用数百个循环。通过选择成本较低的缓冲液和清洗剂，并通过优化工艺以减少缓冲液体积，可以降低离子交换层析步骤的产品成本（COG）（参见第十节）。通过使用高载量填料，由于层析柱更小或运行的周期次数更少，缓冲液消耗也将减少。尽管现代离子交换层析填料的成本高于旧产品，但由于液体成本较低（缓冲盐/WFI）和工艺时间较短（也有助于降低劳动力成本），总生产成本通常较低[37, 54]（图11-11）。

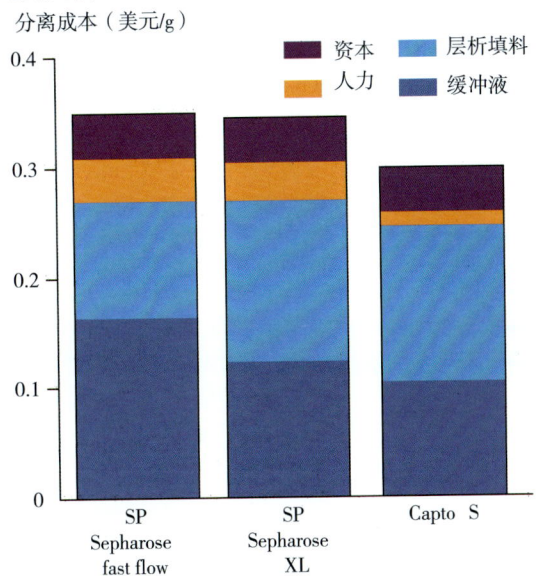

分离成本（美元/g）

资本　　层析填料
人力　　缓冲液

图11-11　每种介质的成本分配

Capto S的总分离成本最低

提供自Cytiva（former *GE Healthcare Bio-Sciences AB*）

第十二节　未来

生物制药行业的当前和未来需求是在不影响产物质量和收率的情况下，以更短的时间、更低的成本生产更多的产物。离子交换层析的进步不仅与开发具有更高载量和承受更高流速的新型离子交换层析填料有关，还与已经上市的离子交换层析产品的创新操作模式有关。

现代离子交换层析填料的载量很高，在100~150 g/L的范围内。开发新的层析填料可能只会逐步改进。传统的离子交换层析配基已得到完善，其载量的提高很可能来自填料基架的发展。现有技术也可以以创新的方式运作。如本文所讨论的，阴离子交换层析和阳离子交换层析均可在流穿或过载模式下操作，即目的分子流穿，同时仍结合杂质[6, 55]，这可致使上样量增加10倍。两个精纯步骤（阴离子交换层析和阳离子交换层析）相匹配的上样条件将能实现两个层析柱的串联，而无需在两步层析中间对样品进行合并和调节。通过使用"耐盐"离子交换层析填料或多模式（MM）填料有利于这种操作模式（第十三章）。多模式填料的耐盐性也使其更适合捕获条件，因为上游操作的进料通常具有较高的（生理）盐浓度[56]。

与离子交换层析配基相比，多模式配基还将提供不同的选择性。未来多模式层析很有可能会比离子交换层析更加胜任，尤其是在具有挑战性的分离方面。

与目的分子性质接近的杂质的挑战性分离对选择性和分辨率都提出了越来越多的需求。选择性和分辨率不仅取决于配基和填料基架，还取决于基架内配基的空间分布。已经表明，电荷的聚簇对于离子交换层析吸附/解吸可能很重要，并且人工设计的聚簇可能比离子交换层析中通常存在的随机聚簇更有效[57]。

在某些情况下，带电荷膜层析法可以代替在装填后的柱床中的传统离子交换层析，由于对流传质，理论上提供了与流速无关的动态结合载量。目前，离子交换层析交换膜已成功用于许多流穿模式的精纯应用中，其中结合了含量较低的杂质，并且由于未结合目标产物，因此对载量和分辨率的要求较低。在这些情况下，目的蛋白的上样量可以非常高，约为几千克每升。除了流穿模式应用之外，可能还有一些其他特定应用，其中带电荷膜层析在捕获或澄清和捕获步骤的组合方面比装填后的柱床层析具有更好的性能[58, 59]。膜层析法的另一个令人感兴趣的应用领域是纯化大分子，例如病毒和质粒DNA，其中带电荷膜的载量优于层析微球的载量[60, 61]。但是，对于结合洗脱的应用，到目前为止，带电荷膜的成本和更高的缓冲液消耗使该技术无法与离子交换层析填料竞争。关于在生物工艺领域中使用带电荷膜层析的更多信息可以在其他地方找到[62]。

参考文献

第十二章

疏水作用层析

Kjell O. Eriksson

Gozo Biotech Consulting, Gozo, Malta

疏水作用层析（HIC）是一种广泛使用的层析技术，适用于下游工艺的不同阶段。Shepard和Tiselius[1]于1949年首次使用术语"盐析"对其进行描述。后来由积极发展这项技术的Hjerten[2]提出疏水作用层析（HIC）这一术语。疏水作用层析从根本上与其他纯化技术不同，它不涉及配基与目的蛋白质之间的直接相互作用，而是由水分子之间的相互作用提供结合的驱动力。疏水作用层析由将保持疏水分子在极性溶剂中溶解所需的能量介导。因此，在高离子强度下，分子从被溶剂溶解过程中"挤出"，与疏水性配基相互作用[3]，因此通常描述为"疏溶剂作用"，即避开溶剂。尽管基本原理相当简单，但目前尚不完全了解疏溶剂作用。但是，人们一致认为，在某种程度上，其他影响（如静电相互作用）也会影响疏水作用层析过程中的分离[4]。有关疏水作用层析技术的更详细说明参见参考文献[5]。

通过疏水作用层析分离生物分子是基于填料的疏水性、样品的性质和组成、表面暴露的疏水残基（例如，在类似于苯丙氨酸的氨基酸中）数量和分布以及水性结合缓冲液中盐的浓度和类型之间的交互作用。分离通常是在高离子强度的流动相中（即"盐析"）吸附疏水性溶质，并通过降低离子强度解吸溶质来完成的。

第一节　应用领域

疏水作用层析已有很多方面的应用领域和较宽范围的目标分子：单克隆抗体、疫苗、重组蛋白截短体、干扰素、生长因子、激素和酶。疏水作用层析已应用于层析纯化工艺的所有阶段，从捕获到精纯。它通常用于中度纯化和精纯步骤，在这些步骤中可以充分利用其独特的选择性，如在经典应用中，即在单克隆抗体纯化中去除聚集体。配基的疏水性质与通常所需的高盐浓度（即高电导率）相结合，将该技术用作捕获步骤可能是一个挑战，由于杂质很多且通常具有疏水性质。尽管如此，人们经常看到在捕获步骤中使用疏水作用层析。

第二节　示例

疏水作用层析纯化的两个示例如下所示。第一个示例是使用降低盐浓度的传统洗脱方案纯化重组蛋白。第二个示例显示了在mAb纯化过程的精纯步骤中使用疏水作用层析，主要用于去除聚集产物。

一、重组乙型肝炎病毒表面抗原（r-HBsAg）的纯化[6]

该蛋白被设计用于疫苗，并在CHO细胞中生产。澄清后，用三步层析工艺纯化蛋白质：疏水作用层析、离子交换色谱法和体积排阻层析法。对于捕获步骤，使用装填了Butyl-S Sepharose Fast Flow的层析柱。该步骤在室温下进行，并将样品置于pH 7.0的0.6 M硫酸铵条件下。将XK 50/20层析柱（体积130 ml）在缓冲液A（20 mM磷酸钠，0.6 M硫酸铵，pH 7.0）中平衡。在整个过程中，洗脱液流速保持在100 cm/h。取300 ml澄清细胞培养上清液上样后，用1倍柱体积的缓冲液A清洗层析柱，洗脱未结合的物质。用20 ml pH 7.0的20 mM磷酸钠缓冲液（缓冲液B）洗脱r-HBsAg。再用含有30%异丙醇的缓冲液B（缓冲液C）溶液洗脱任何强烈吸附的物质。相应的层析图谱如图12-1所示，r-HBsAg出现在组分B中，产率为85%。

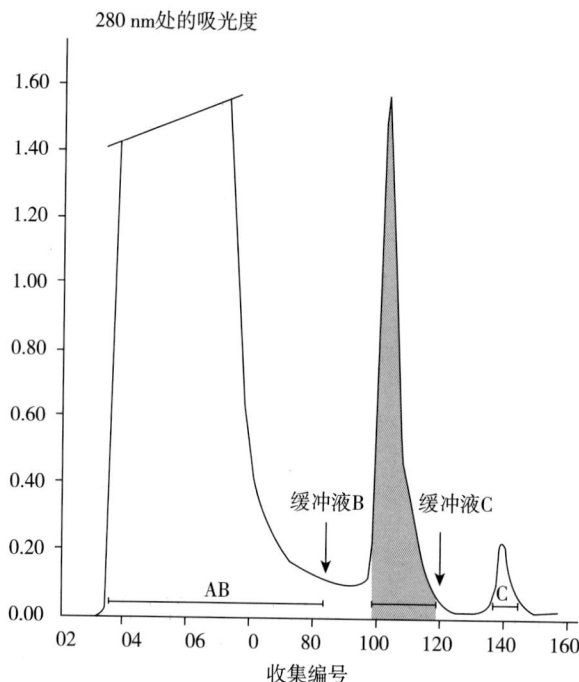

图12-1　用Butyl-S Sepharose 6 Fast Flow纯化r-HBsAg
如文中所述的条件。层析图谱中不包括上样阶段。经许可转自 M. Belew, Y. Mei, B. Li, J. Berglöf, J-C. Janson, Bioseparation 1（1991）397

二、mAb 制备物中聚集体的去除[7-9]

聚集体的去除可以在结合/洗脱（B/E）或流穿（FT）模式下进行。在最近的一项研究中，已经描述了低盐条件下的FT方法[7]。为了能够使用FT模式，在样品中不添加盐的情况下，应选择疏水性高的疏水作用层析填料。运行条件的优化是通过研究pH的影响来完成的，在pH 6.0~3.5范围内的梯度中运行。低于pH 6.0的mAb通常带正电，这会影响其极性和疏水性，从而可以选择mAb不结合而杂质结合的条件。结果与使用高盐结合条件和低盐洗脱时通常获得的结果相当[7]。典型的层析图谱如图12-2所示。

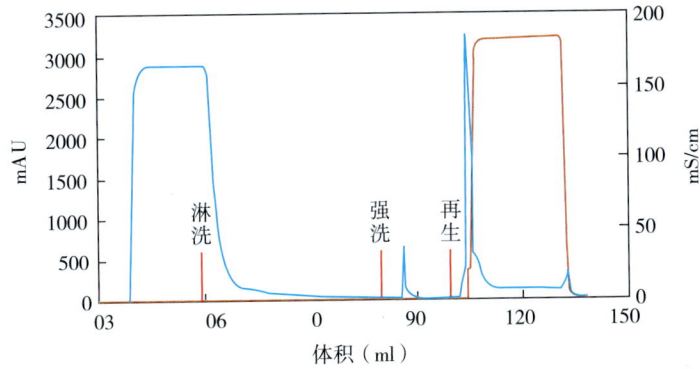

图12-2 使用疏水作用层析从杂质（包括聚集物）中纯化mAb单体的有代表性的层析图谱

经许可转自 *S. Ghose, et al., Purification of monoclonal antibodies by hydrophobic interaction chromatography under no-salt conditions. MAbs 5（5）（2013）795-800*

配基密度可能对单克隆抗体的单体形式和聚集形式的分离产生深远的影响。McCue等人对此进行了深入的研究和建模[8]。这项工作还表明，通过调整运行条件，可以在保持工艺性能的情况下减轻配基密度微小变化所产生的影响。在另一个mAb应用中，描述了两步层析工艺，其中疏水作用层析步骤用于去除聚集体[9]。如表12-1[10]所示，在mAb纯化中使用疏水作用层析绝不限于去除聚集体。

表12-1 在精纯步骤中用于去除mAb杂质的层析技术

杂质	层析技术
高分子量聚集体	疏水作用、阳离子交换和多模式
宿主细胞蛋白	阴离子交换、疏水作用、阳离子交换和多模式
脱落的蛋白A配基	羟基磷灰石、疏水作用、阳离子交换和多模态
病毒清除	阴离子交换、阳离子交换、疏水作用、羟基磷灰石和多模态

第三节 标准方法

运行疏水作用层析步骤的最常见方法是在高盐浓度下上样，最常用的盐包括硫酸铵、硫酸钠或氯化钠。然后通过降低盐浓度进行洗脱；这可以使用线性或阶段梯度来实现。通常，疏水作用层析步骤在中性或接近中性pH条件下运行。

如前所述，疏水作用层析可以在典型的结合/洗脱模式或流穿模式下操作。通常首选流穿这一可选选项[11]，因为流穿模式下的上样量（mg/ml）和收率通常较高。表12-2显示了应用结合/洗脱和流穿模式时疏水作用层析中使用的典型参数。

表12-2 在流穿和结合/洗脱模式下疏水作用层析典型参数的比较*

	流穿模式	结合并洗脱模式
上样调节	通常无	需要开发
上样因子（mg/ml，填料）	>100	<50
收率（%）	>95	85~90
温度敏感度	低	中度

*Modified from X. Han, A. Hewig, G. Vedantham, Recovery and purification of antibody, in: M. Al-Rubeai（Ed.）, Antibody Expression and Production, Cell Engineering, vol. 7, Springer Science + Buisness Media B.V., 2011, pp. 305–340, with permission.

一、缓冲液、盐和其他添加剂

进料溶液的离子强度需要足够高以促进溶质的吸附。另一方面，离子强度不能太高而造成所需产品或其他样品成分在层析柱上沉淀，因为这可能会引起诸如产物变性、高柱压、清洗困难等问题[12]。通常吸附步骤需要 0.5~1.8 M 硫酸铵、0.3~1 M 硫酸钠或 1~4 M 氯化钠[12]，也可以使用其他盐，如柠檬酸钠、磷酸钾、乙酸钠以及不同盐的混合物[13]。应使用适当的稀释缓冲液（例如0.01~0.1 M）将进料溶液控制在适当的 pH 值。

流动相的疏溶剂作用与亲液盐和离液盐的含量有关，亲液盐具有形成水结构的特性从而增加疏水效应，而离液盐具有破坏水结构的特性从而降低疏水效应。早在一个世纪前就注意到了电解质的这些不同特性，并且盐对"盐析"蛋白质的能力构成了霍夫迈斯特序列的基础[14]。该系列如表12-3所示。

盐对水结构的特定影响可能相当大，例如中子衍射研究表明，4 M氯化钠对水结构的影响相当于1.4 bar的压力[15]。各种盐对疏水作用层析中吸附的影响归因于它们对摩尔表面张力的影响[4]。已经注意到吸附功效随着盐的表面张力效应线性增加[16]。

表12-3　霍夫迈斯特序列

促进沉淀（"盐析"）效应
阴离子：柠檬酸盐$^{3-}$>磷酸盐$^{2-}$>硫酸盐$^{2-}$>F$^-$>Cl$^-$>Br$^-$>I$^-$>NO$_3^-$>ClO$_4^-$
阳离子：N（CH$_3$）$_4^+$>NH$_4^+$>Cs$^+$>Rb$^+$>K$^+$>Na$^+$>H$^+$>Ca^{2+}>Mg^{2+}>Ai^{3+}
离液性增加（"盐溶"）效应

实际的吸附过程被认为是多步反应，其中最初的疏溶剂步骤之后是蛋白质在配基上的重新定向以实现最大的相互作用，这一步为吸附的限速步骤。由于吸附步骤的环境可以促进蛋白质聚集，因此延长层析柱上的保留时间可能会减少活性物质的回收量。

疏水性溶质的解吸是通过增加其在流动相中的溶解度来实现的。这是通过向流动相中添加乙二醇或异丙醇来降低缓冲液的离子强度或降低其表面张力来实现的。也可以用表面活性剂置换结合的蛋白质，但是效果很小，此外由于层析分离后除去表面活性剂的问题，这些缺点阻碍了它们的使用。精氨酸减弱了疏水相互作用，因此促进了洗脱。还发现精氨酸可减少聚集体的量，并提高mAb的回收率[17]。

蛋白质与疏水作用层析吸附剂的结合是由熵驱动的，这意味着相互作用应随温度的升高而增加[18]（使无序的水分子不易在疏水分子周围形成有序层）。因此，当使用疏水作用层析技术时，应注意控制温度，特别是如果工艺将从有温暖环境温度的实验室转移到严格控制的、可能要冷得多的生产区域。

与其他吸附模式一样，疏水作用层析中的梯度洗脱（第九章）是调节样品组分分辨率的重要工具。但是，梯度时间可能比离子交换层析更重要，因为疏水作用层析的动力学被认为是比离子交换层析稍慢。这种差异与疏水作用层析中溶质与吸附配基直接相互接触作用有关，而离子交换层析中的相互作用被认为发生在大约7Å的距离上[4]。

如果在等度模式下进行分离，流速将影响疏水作用层析层析柱中的谱带展宽。但是，如其他类型的吸附层析所述（第九章），在梯度洗脱中将获得谱带锐化效果。对于疏水作用层析，高盐溶液（如果使用）的黏度和缓慢的动力学将进一步增加谱带展宽，这说明与离子交换层析相比，通常会注意到更大的谱带展宽[4]。流速也会影响保留时间，从而影响载量。

由于疏水作用层析分离是基于固定相与进料中分子上疏水区域相互作用的能力，因此可以预计，接近这些分子的等电点时相互作用为最大，并且分子的带电部分将减少相互作用。尽管通常是这种情况，但情况可能更为复杂，pH值可能会对疏水作用层析产生重大影响。据报道，pH优化可以将动态结合载量提高30%[19]，并且证明它对于优化在流穿模式下操作的疏水作用层析步骤是必不可少的，如上文示例一所述。

第四节　在位清洗

对于大多数层析填料，首选用于疏水作用层析填料的在位清洗试剂是0.5或1.0 M NaOH，它可以处理大多数结合的杂质。但是，疏水作用层析填料的疏水性会致使诸如脂质和其他疏水性化合物之类的杂质非常牢固地结合。在这种情况下，可能需要使用有机溶剂，例如异丙醇或普通丙醇，浓度通常高达30%。丙醇溶液可以单独使用，也可以与氢氧化钠（0.5或1.0 M）一起使用。

第五节　工艺开发工作流程

疏水作用层析步骤的工艺开发遵循用于其他层析分离技术的一般原则。重要的是要记住，在使用疏水作用层析时，在上样过程中会使用高盐浓度，从样品溶解度的角度来看，这可能会出现问题。因此，确定在不同盐种类和浓度和不同pH下的样品的溶解度特征建议作为第一步筛选。这可以通过测量溶液的浊度（通过410 nm处的吸光度或光散射）来完成。接下来就是筛选层析填料。这可以使用装填有疏水作用层析填料的96孔板或预装的微型层析柱（如Robo Columns）来完成。用于结合实验的盐浓度应略低于样品中蛋白质开始沉淀的浓度。目的是确定具有良好结合性和良好回收率的疏水作用层析填料。在该阶段，可能会确定两个或三个疏水作用层析填料以进行进一步评估，这将以小规模格式（多孔板或微型层析柱）或实验室规模的小型层析柱进行，也可以通过在制备级别的进样下使用线性梯度洗脱来研究选择性。

第六节　质量设计视角

从质量设计（QbD）的角度来看，在使用疏水作用层析填料时可以使用特定的经验法则。通常，设计和操作空间比其他模式层析的空间更窄。疏水作用层析步骤对进料组成和层析填料性质的变化也更敏感。后者已由不同的小组进行了更详细的研究[7, 8]。上面已经提到的一个教学示例是McCue等人进行的工作[8]。

工艺参数的启发式评估见表12-4。

表12-4　开发疏水作用层析纯化步骤时要考虑的工艺参数以及其中的关键参数和重要参数的列表

参数	重要	关键	备注
离子强度	非	是	盐浓度越高，相互作用越强。应密切监测盐浓度
温度	非	是	疏水层析是对温度变化最敏感的层析模式，因此需要密切监测和调节温度
缓冲液pH	是	非	疏水层析中蛋白质的保留可能会发生某些变化，取决于pH，但如果有效果，通常应进行相当大的变化
上样量（体积）	是	非	疏水层析对上样量不敏感，只要将样品调至与柱子相同的溶液，且样品组分稳定
流速	是	非	吸附和解吸速率受流量变化的影响不大，尽管流量增加会降低动态结合能力，从而降低载量
层析柱大小	是	非	色谱柱大小的微小变化对分离结果的影响很小

第七节　方法学

疏水作用层析中相互作用的强度受附着在吸附剂上的配基类型的关键影响。通常，相互作用随着碳链长度和芳香族含量的增加而增加。盐类型和配基类型之间的协同作用得出一个普遍的结论，即通过保持一个参数恒定而改变另一个参数，可以获得所需的分离。为了避免离子强度过高（可能引起活性产品损失或样品中沉淀），使用与蛋白质相容的疏水性最强的配基（即在结合过程中不引起变性并给出较高的产品回收率）通常是最佳选择。盐浓度对动态结合载量的影响如图12-3所示，如今，在低盐条件下使用疏水作用层析变得越来越普遍[7, 20]。

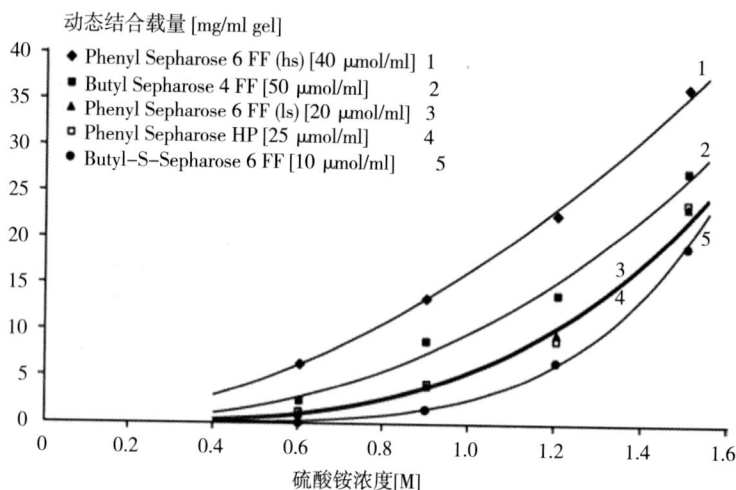

动态结合载量 [mg/ml gel]

◆ Phenyl Sepharose 6 FF (hs) [40 μmol/ml]　1
■ Butyl Sepharose 4 FF [50 μmol/ml]　2
▲ Phenyl Sepharose 6 FF (ls) [20 μmol/ml]　3
□ Phenyl Sepharose HP [25 μmol/ml]　4
　 Butyl-S-Sepharose 6 FF [10 μmol/ml]　5

硫酸铵浓度[M]

图12-3　人血清白蛋白（浓度为4 mg/ml）在pH 7.0的不同硫酸铵浓度下的动态结合载量

方法：在装填有20ml填料的XK 16/10层析柱上进行正面分析，并以90 cm/h的流速运行。经许可转自 K.O. Eriksson, M. Belew, *Hydrophobic interaction chromatography, in: J.-C. Janson（Ed.），Methods of Biochemical Analysis, vol. 54, third ed., Wiley, Hoboken, NJ, 2011, pp. 165-181*

疏水作用层析中的吸附随着烷基链的长度以及取代水平的增加而增加。芳基配体（如苯基）可能在疏水相互作用中加入芳香族相互作用，这可能会影响选择性、载量和吸附强度。这使得选择最佳配基对实证检验和经验非常重要。有文献已经提出了一些优化的启发式指南[21]，但是现在建议采用实验设计（DoE），因为它支持更严格的方法。一些常见的疏水配基，按照疏水相互作用强度增加的顺序，是丁基＜苯基＜辛基。不同填料的表征结果表明，其他参数（例如填料基架的类型、带电荷等）也可能影响选择性[22]。与反相层析（RPC）填料相比（见第十五章），疏水作用层析填料的配基密度低一到两个数量级（通常在10~50 μmol/ml[23]范围内），这使得蛋白质结合载量通常在10~60 mg/ml范围内。尽管蛋白质可以在疏水作用层析中发生去折叠，但是与反向层析填料相比，疏水作用层析相对较低的表面覆盖率被认为是有助于保持生物大分子的构象结构。这一点已经被进行了广泛的研究[24]，已证实高疏水性的层析填料，或使用高盐浓度或长的保持时间，可以增加去折叠。Jennissen[25]从"临界疏水性"方面讨论了疏水作用层析填料的选择，以找到适合特定应用的最佳填料。在低盐浓度（0.3~0.5 M硫酸铵，作为疏水作用层析去除mAb聚集体的典型范围）下使用Phenyl Sepharose Fast Flow（hs）填料进行的研究表明，配基浓度可能会对疏水作用层析的分辨率产生深远影响[8]。在较高的盐浓度下未见效果。该盐浓度通常在通过疏水作用层析去除聚集形式的mAb分离的范围内。

从大量配基和盐的试验中可以得出结论，通过疏水填料和盐的不同组合可以获得适当的选择性[26]。原则上，强疏水性配基–弱亲液盐（如苯基–氯化钠）、中等配基–中等盐（如辛基–乙酸钠）和弱配基–强盐（如丁基硫酸铵）的组合预计在选择性上产生相似的结果。但是，载量会有所不同。

吸附是通过在流动相的高离子强度下吸附疏水性溶质（即"盐析"）并通过降低离子强度使溶质解吸来实现的。

对于样品进料中的每个成分，在没有静电效应的情况下，保留因子k'由[4]给出：

$$k' = k'_0 \times 10^{(mc)} \Rightarrow \log k' = \log k'_0 + mc \tag{12-1}$$

式中，m是疏水性参数（与盐的疏水接触面积和摩尔表面张力增量有关），c是盐浓度和k'_0是特征系统常数。因此，保留因子随着流动相离子强度的增加而快速增加，并且保留因子也可能会受到溶质（即m）相互作用面积的影响。

样品中竞争杂质的含量会限制保证所需分辨率时的上样量。因此，存在比目的产品更疏水的溶质将会降低产量（并且由于置换效应也改变其洗脱位置）。填料的结合载量与初始缓冲液的离子强度成正比，直至沉淀点。

从严格的层析角度来看，只要满足样品的完全吸附条件，对进样体积将不是最值得关注的。如果将非常稀的样品加到疏水作用层析柱上，这会增加处理时间，当然，需要更多的盐来调节样品中的盐浓度。样品的进样量取决于吸附剂的最大载量和干扰相互作用的溶质内容。如果由于长时间暴露于高盐浓度而存在样品沉淀的风险，则可以通过上样前在线样品稀释的方式降低风险[12]。

第八节　经济性

关于层析步骤经济性的一般讨论见第九章。除了一般问题，例如填料的使用寿命和（或）其成本，还需要考虑疏水作用层析的其他特定因素。

主要关注的问题之一是使用大量的盐，例如硫酸铵。除了盐的直接成本外，还有储存和处理方面的问题。在世界某些地区，含盐溶液的危害也可能是一个问题。因此，减少疏水作用层析步骤中所需的盐量应该是优化工作的重要组成部分，并且确实存在低盐甚至不添加盐的疏水作用层析工艺开发的趋势[7, 20]。例如与离子交换层析填料相比，疏水作用层析填料相对较低的动态结合载量也鼓励使用流穿技术（其中产物不占据填料上的结合位点，因此可以结合更多的杂质）。其中一个例子是使用疏水作用层析去除上述第二个例子中描述的聚集形式的mAb，其中所需的单体形式在流穿部分中洗脱[7]。

任何单元操作都不应与下游工艺的其余部分隔离开来。对于疏水作用层析步骤，调节来自上一步的样品以及调节洗脱产物以便开展后续步骤非常重要，特别是与盐浓度有关的调节，例如离子交换层析或多模式层析法。疏水作用层析非常适合放在使用高盐进行洗脱的其他层析步骤之后进行，并且对pH的相对不敏感性是一个额外的好处。调整洗脱产物合并液中的盐浓度对于随后的单元操作和工艺开发非常重要以避免额外的缓冲液置换步骤（例如，使用UF/DF，参见第二十三章）的益处是显然的：可以节省时间，提高生产率并提高整个工艺的收率。

第九节　产率

对于其他层析模式，疏水作用层析的产率定义为每单位体积填料的生产率。产量等于结合载量乘以单位工艺时间的收率（见第九章）。疏水作用层析填料的动态结合载量决定了在给定条件下层析柱的上样量，对于蛋白质而言，其动态结合载量通常为10~50 mg/ml，并且收率通常很高，在某些情况下接近100%，并且在大多数情况下远高于80%。如上文讨论标准方法时所述，疏水作用层析中的上样量取决于样品在用于吸附的高离子强度缓冲液中的溶解度以及层析柱上样品的保留时间。吸附缓冲液的离子强度对动态结合载量的影响是巨大的。使用最近开发的刚性疏水作用层析填料，可以减少工艺时间并提高生产率。如果在流穿模式下操作，生产率将更高，特别是精纯的应用，利用疏水作用层析填料吸附含量较低的杂质。

参考文献

第十三章

多模式层析

Eggert Brekkan

GE Healthcare Life Sciences, Uppsala, Sweden

多模式（MM）或复合模式层析基于配基与样品组分之间存在多于一种相互作用的填料[1-9]。多模式层析与单模式层析的不同之处在于，两种或更多种类型的相互作用显著促进了溶质的吸附。常见的相互作用机理是离子交换、疏水相互作用和氢键，如图13-1中的Capto adhere配基*N*-苄基-*N*-甲基乙醇胺所示。

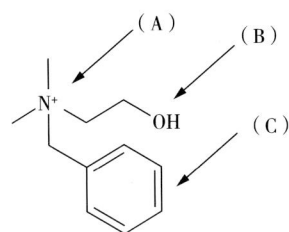

图13-1　Capto adhere配基，*N*-苄基-*N*-甲基乙醇胺

尽管使用完善的层析技术（例如亲和、离子交换和疏水相互作用）足以纯化大多数目的物，但在某些情况下可能难以达到所需的纯度水平，或者工艺条件可能会使挑战复杂化。例如，当需要"耐盐的"离子交换填料从富含盐的料液中进行捕获时，或者当杂质与产物具有非常相似的特性并且纯化技术需要区分样品组分之间的微小差异时。从理论上讲，可以对多模式基架进行特制，以解决特定的分离挑战，为复杂的样品提供新的选择性，甚至有可能将两个步骤结合在一起。多模式填料填补了这样一个空白，其中传统的单模式填料不具有所需的性能，并且无可用的亲和填料或亲和填料过于昂贵。

这里聚焦用于大规模（生物工艺）蛋白质纯化的多模式填料。许多市售多模式层析见表13-1。所有多模式填料都不是最近才发展出来的。一个典型的例子是自20世纪50年代以来就开始使用的羟基磷灰石层析法[10]，已经得到了广泛的讨论[5, 6]，在此不再赘述。

表13-1　2017年市售多模式层析填料汇总

层析填料	主要结合	供应商
Capto MMC	阳离子	Cytiva（Former GE Healthcare）
Capto MMC Impre	阳离子	
Capto adhere	阴离子	
Capto adhere Impre	阴离子	
Capto Core 700	阴离子	
MBI Hypercel	阳离子	Pall Biosciences
PPA Hypercel	阴离子	
HEA Hypercel	阴离子	
MEP Hypercel	阴离子	
Eshmuno HCX	阳离子	Millipore
Toyopearl MX-Trp-650M	阳离子	TOSOH Biosciences
Nuvia cPrime	阳离子	Bio-Rad Laboratories

图13-2中显示了当前可用的（2016）商品化多模式配基的选择。大多数配基的特征是具有静电和疏水结合特性，当然其他的结合模式也是有可能的。为了破坏溶质和配基之间的相互作用，通常需要添加额外的盐并且改变结合pH值（结合pH的变化）。PPA、HEA和MEP是所谓的疏水电荷诱导层析（HCIC）中使用的配基的实例[11]。当pH降低到目的分子的等电点以下时，这些配基允许在中性或弱碱性pH下结合目的分子并通过静电排斥洗脱。在另一种类型的多模式机制中描述了免疫球蛋白与MEP配基的硫原子的亲硫相互作用[12, 13]。最后，在一个独特的例子中，Capto Core填料使用辛胺配基将分子排阻层析与离子交换相结合（见第二节）。

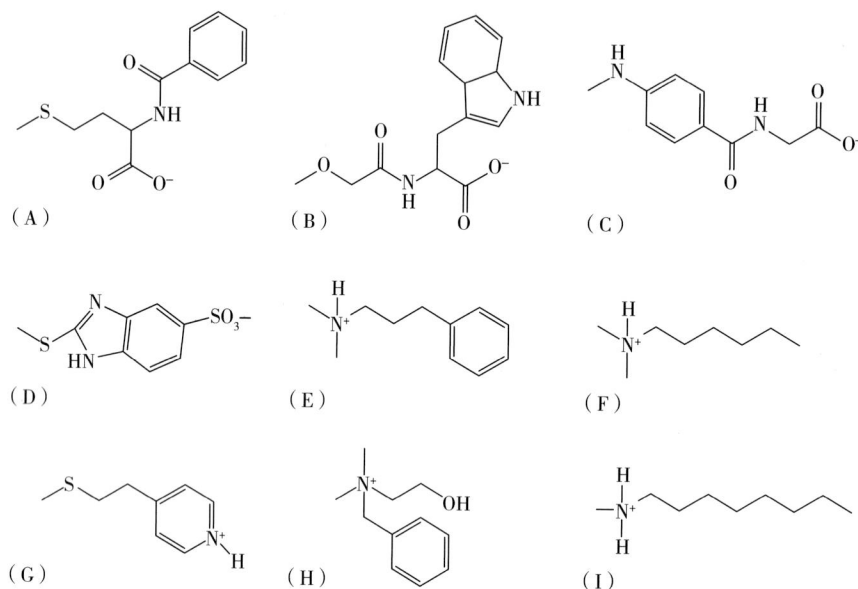

图13-2　不同的市售多模式层析填料上的多模式配基

Capto MMC（A），Toyopearl MX-Trp-650M（B），Nuvia cPrime（C），MBI Hypercel（D），PPA Hypercel（E），HEA Hypercel（F），MEP Hypercel（G），Capto adhere（H），Capto Core 700（I）

第一节　应用领域

多模式填料已被发现在许多过程中起着替代传统单模式填料的作用。它们已用于纯化多种目标分子，包括例如单克隆抗体（mAb）[14, 15]、抗体片段[2]、Fc融合蛋白[13]、激素[16]、酶[2]和病毒[17]。多模式填料用于层析纯化工艺从捕获到精纯的不同阶段。当单模式填料不能得到预期的结果，或在合理的成本条件下不能达到预期的时候，常会用到多模式填料。

第二节　示例

正如预期的那样，由于多模式基质是用来实现具有挑战性的纯化目标的，因此通常在其他方法失败的情况下使用，而且由于调节溶质与配基之间相互作用的因素通常会对不同的相互作用模式产生相反的影响，因此多模式步骤的开发和优化需要充分验证。

多模式填料的三个应用实例如下所示。第一个示例显示了使用实验设计（DoE）方法在 Capto adhere 上以流穿（FT）模式纯化单克隆抗体（mAb）的上样条件的优化[18]。第二个示例显示了使用 Capto MMC 在微孔板中进行高通量筛选（HTS）方法开发的胰岛素原纯化步骤，以及在小型层析柱中使用 DoE 进行梯度洗脱实验[19, 20]。第三个示例显示了使用 Capto Core 700 纯化甲型 H1N1 流感病毒[17]。更多详细信息请参阅参考资料，此处仅对每个研究给出部分节选。

一、使用 DoE 优化 Capto Adhere 上样条件

本示例描述了 Capto adhere 在流穿模式下对 mAb 精纯步骤上样条件的优化。为了找到最佳条件，使用了全因子 DoE，改变了三个因素：pH 值、电导率和上样量，并测量了四个响应值：抗体收率、抗体二聚体和聚集体的去除率（D/A）、HCP 的去除和脱落蛋白 A 的去除。样品是来自蛋白 A 步骤的洗脱合并液，其中含有 pI 约为 9 的 mAb。洗脱合并液中的杂质水平为 3.3% 的 D/A、210 ppm 的 HCP 和 36 ppm 的脱落蛋白 A。

为了确定进行 DoE 研究的最有可能的区域，在结合条件下使用 pH 梯度洗脱，在小规模层析柱中进行了初始实验（图 13-3）。

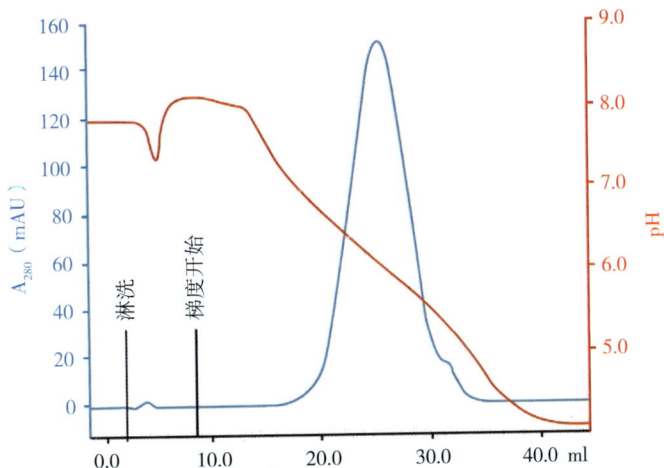

图 13-3　Capto adhere 的结合模式的 DoE 适宜实验条件的建立

使用 2 ml Capto adhere 层析柱（0.5 cm 内径），样品为脱盐后的 rProtein A 洗脱的单克隆抗体。以 1 mg mAb/ml 填料的量进行上样。上样缓冲液为 20 mM 柠檬酸钠、20 mM 磷酸钠，pH 7.8。洗脱缓冲液与上样缓冲液相同，不同之处在于 pH 4.0。流速为 200 cm/h。

转载自 Cytiva（former *GE Healthcare*），*Handbook 29-0548-08: Multimodal Chromatography Handbook*，可从以下网址获取：*http://www.gelifesciences.com/gehcls_images/GELS/Related%20Content/Files/ 1384943366025/ litdoc29054808_ 20150604115642. pdf*（2016 年 3 月 24 日引用）

洗脱位置（即最大峰值时的 pH）定为设计中的 pH 低值。设计中的 pH 高值设置比 pH 低值高两个单位。两个 pH 的层析图谱如图 13-3 和图 13-4 所示。

在高 pH（即接近抗体的 pI）下，样品上样过程中的穿透会延迟，穿透和淋洗曲线较平缓，并且大量的 mAb 牢固地结合到吸附剂上，从而造成该过程的收率降低。在低 pH 下，抗体带正电荷，因此静电相互作用较弱，从而使得穿透和淋洗曲线更陡峭，并提高了收率。四种响应的 DoE 结果如图 13-5 中响应曲面图所示。

获得的结果表明，对于最高收率（图 13-5A），上样量应高、pH 应低和电导率应高。为了获得最佳的 D/A 去除率（图 13-5D），pH 应高，而上样量和电导率应低；对于蛋白 A（图 13-5C）和 HCP（图 13-5B）的最佳去除，pH 应高，电导率应低。

因此，确定的最佳上样条件是有利于收率的条件与有利于杂质去除的条件之间的平衡。根据结果，建

议在pH 7时上样量为200 mg/ml，电导率为8.5 mS/cm。预计这个条件下的收率超过90%，脱落蛋白A水平低于检测限，D/A水平低于0.5%，HCP浓度低于15 ppm。

　　这个示例是使用2 ml层析柱和ÄKTA层析系统进行条件筛选。一种替代方法是使用高通量筛选（HTS）工具，例如装了填料的微孔板或预装微型柱（RoboColumns）。这些高通量筛选设计已成为条件筛选的行业标准，因为它们可以在低样本消耗的情况下快速筛选大量条件（见第六节）。

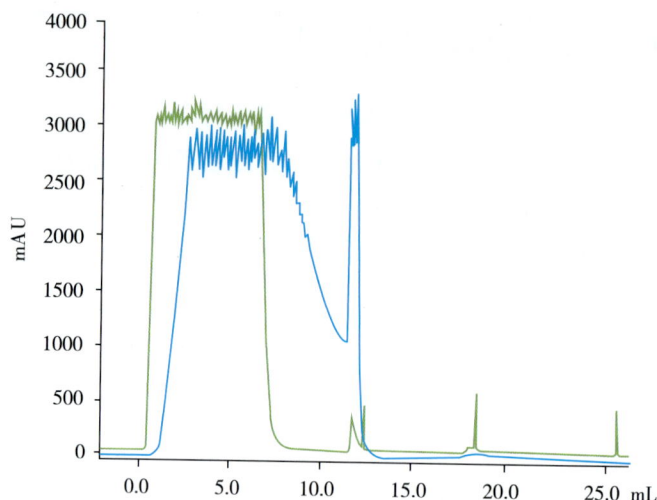

图13-4　Capto adhere的流穿模式的DoE适宜实验条件的建立

在pH 6.0（绿色曲线）和pH 8.0（蓝色曲线）下的层析图谱比较。用一根0.5 ml（0.5 cm内径）的Capto adhere层析柱。样品为脱盐后的rProtein A洗脱的单克隆抗体。以75 mg mAb/ml填料的量进行上样。上样缓冲液为pH 6.0的25 mM Bis-Tris，或pH 8.0的35 mM Tris。洗脱缓冲液为pH 4.0的100 mM乙酸钠。流速为0.25 ml/min（2分钟保留时间）

转载自Cytiva（former GE Healthcare），Handbook 29-0548-08: Multimodal Chromatography Handbook，可从以下网址获取：*http://www.gelifesciences.com/gehcls_images/gels/related%20content/files/1384943366025/LITDOC29054808_20150604115642.pdf*（2016年3月24日引用）

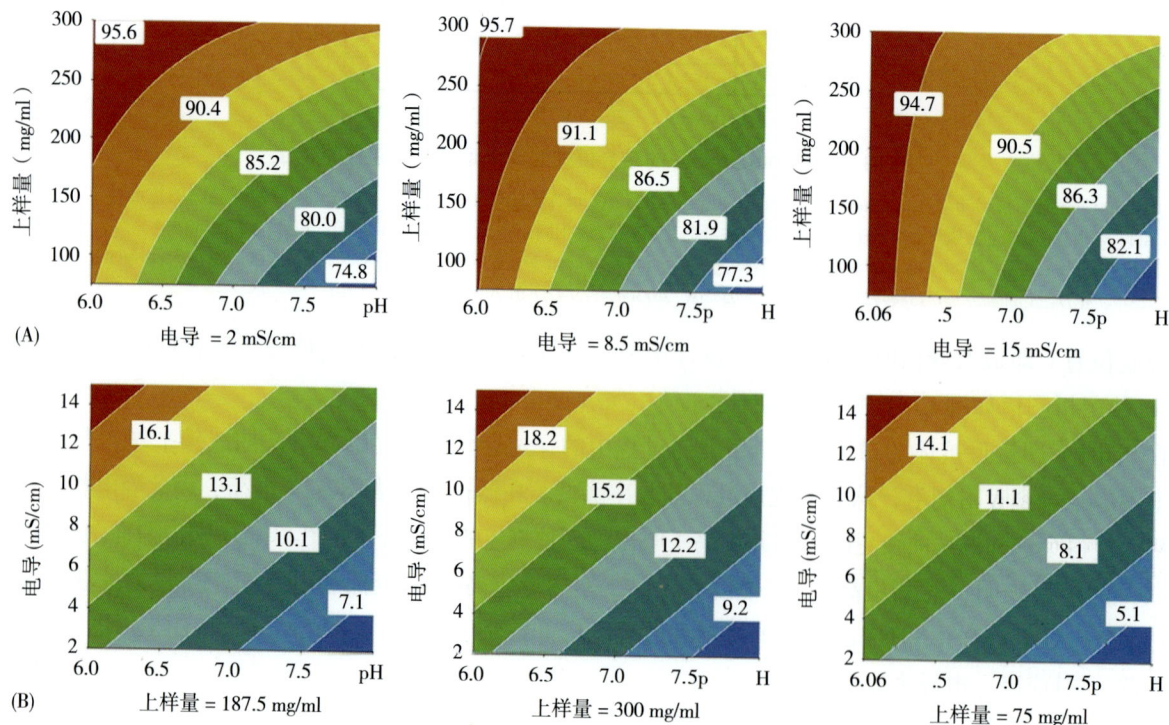

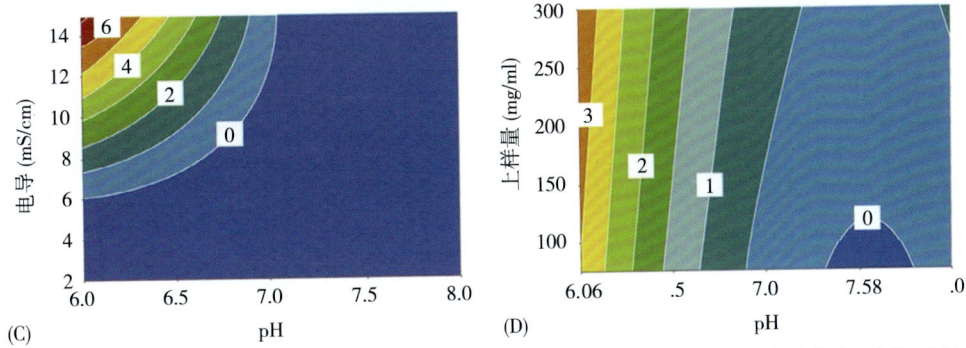

图13-5 收率（%）（A）、HCP（ppm）（B）、Protein A（ppm）（C）以及二聚体和聚集体（%）（D）的响应曲面

转载自Cytiva（former *GE Healthcare*），*Handbook 29-0548-08: Multimodal Chromatography Handbook*，可从以下网址获取：*http://www.gelifesciences.com/gehcls_images/gels/related%20content/files/1384943366025/LITDOC29054808_20150604115642.pdf*（2016年3月24日引用）

二、从大肠埃希菌中捕获重组胰岛素原的工艺开发

本实施例描述了胰岛素原捕获方法的开发[19]。HTS方法利用微孔板和微型柱中的梯度实验来选择最佳填料并确定结合和洗脱的条件。DoE实验中的一个洗脱条件被用于最后洗脱条件的确定。最后，将工艺放大至0.4 L柱规模。

选择Capto MMC来捕获胰岛素原，因为填料显示出耐高盐的结合力，无需事先对样品进行稀释（图13-6），这代表了整个工艺的主要优势。从这些实验中选择150 mM NaCl，pH 5.2作为结合缓冲液。

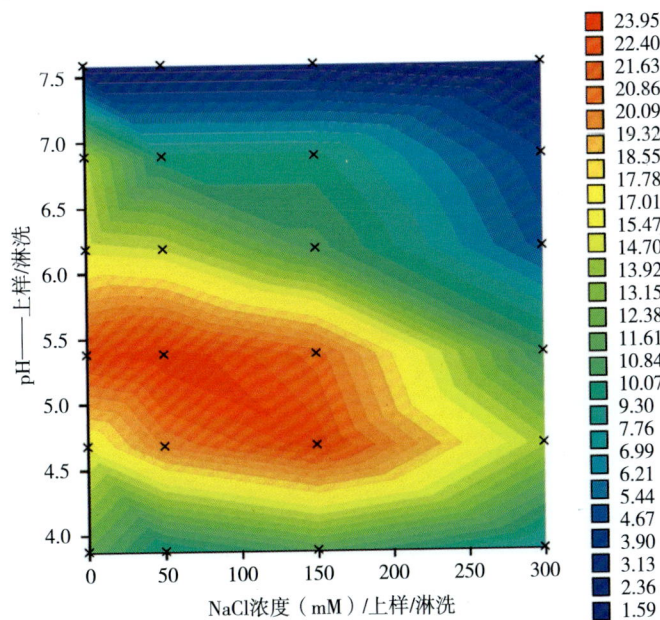

图13-6 响应曲面图显示Capto MMC 对胰岛素原结合是NaCl 浓度和缓冲液pH值的函数关系

转载自Cytiva（former *GE Healthcare*），*Application Note 28-9966-22: High-throughput screening and process development for capture of recombinant pro-insulin from E. coli*，可从以下网址获取：*https://www.gelifesciences.com/gehcls_images/gels/related%20content/files/1334667780708/LITDOC28996622_20141103003858.pdf*（2016年3月21日引用）

使用带有微孔板的HTS方法和层析柱梯度洗脱实验来筛选洗脱条件。梯度洗脱实验的设置基于HTS实验的结果。使用NaCl梯度或盐和pH值均变化的梯度进行柱实验（图13-7）。如在位清洗（CIP）获得的比较大的峰形所示，使用纯盐梯度可获得不完全洗脱，而使用NaCl/pH梯度可在洗脱峰中获得良好的胰岛素原回收

率。多模式填料经常观察到需要改变盐和pH值以获得良好的回收率。

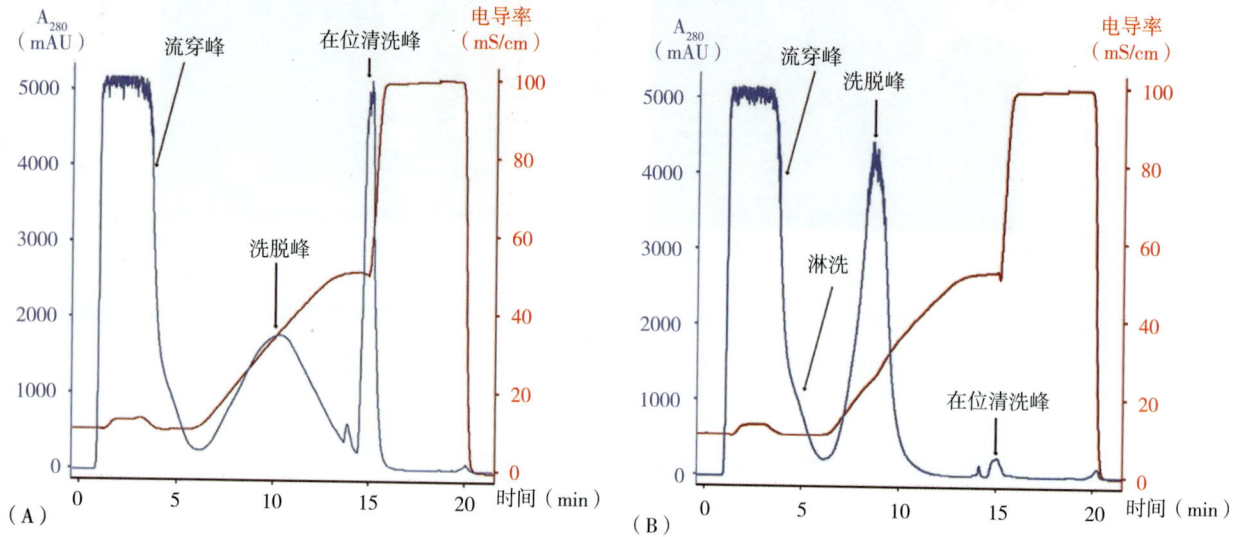

图13-7　2ml粗胰岛素原样品在pH 5.2的8 M尿素条件下上样到1ml Capto MMC层析柱（0.5cm内径）中，并以
150~1000mM NaCl的线性盐梯度以7倍柱体积洗脱（A）或盐和pH梯度（从150~1000mM NaCl和pH 5.2~7.5）的组合方式
进行洗脱（B）

转载自Cytiva（former *GE Healthcare*）, *Application Note 28-9966-22: High-throughput screening and process development for capture of recombinant pro-insulin from E. coli*, 可从以下网址获取：https://www.gelifesciences.com/gehcls_images/GELS/Related%20Content/Files/1334667780708/litdoc28996622_20141103003858.pdf（2016年3月21日引用）

根据HTS筛选和梯度洗脱实验的结果，通过应用DoE进行洗脱条件的最终优化。研究的因素是洗脱液中的NaCl浓度和洗脱液pH，测得的响应值是洗脱的胰岛素原的量。最佳洗脱条件是在高pH下，而NaCl浓度对产率的影响要小得多（图13-8）。选择的洗脱条件是pH 8和150 mM NaCl。

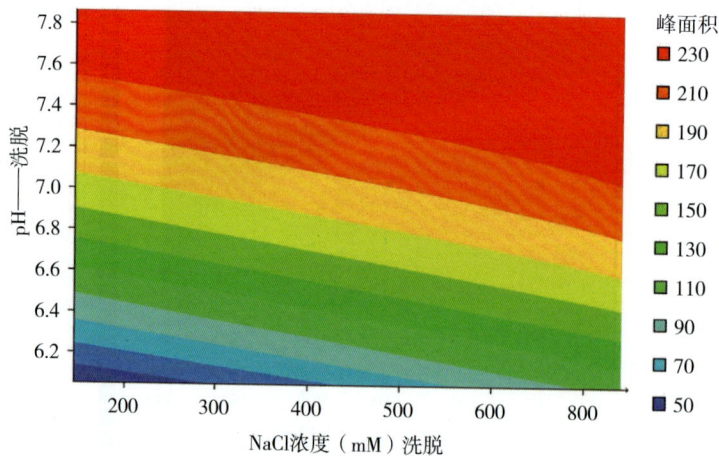

图13-8　响应曲面显示胰岛素原峰面积（收率）是pH和NaCl浓度（mM）函数

转载自Cytiva（former *GE Healthcare*）, *Application Note 28-9966-22: High-throughput screening and process development for capture of recombinant pro-insulin from E. coli*, 可从以下网址获取：https://www.gelifesciences.com/gehcls_images/GELS/Related%20Content/Files/1334667780708/litdoc28996622_20141103003858.pdf（2016年3月21日引用）

三、使用 Capto Core 700 纯化甲型 H1N1 流感病毒

这个例子展示了 Capto Core 700 如何用于病毒纯化[17]。MDCK细胞在微载体上生长48小时。最终细胞密

度约为2,500,000个细胞/ml，此时细胞被甲型流感病毒/所罗门群岛/3/2006（H1N1）感染，并在感染后72小时收获。通过微滤澄清样品后，在Capto DeVirS柱（为病毒捕获和中度纯化阶段开发的阳离子交换剂）上捕获病毒，并将从该步骤洗脱的组分上样到装填有Capto Core 700的柱上以进行最终纯化（图13-9）。

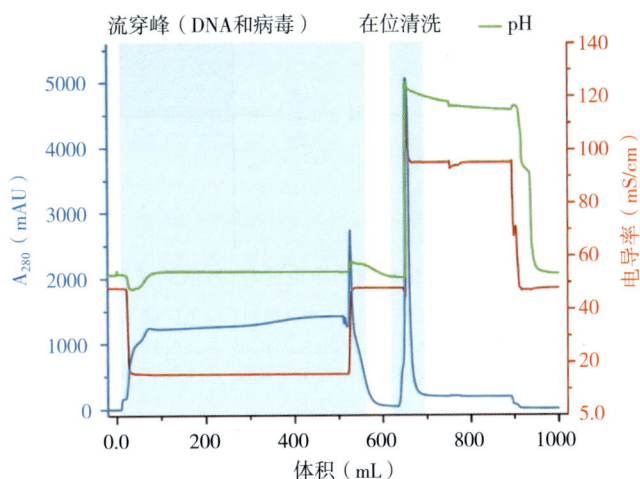

图13-9　使用Capto Core 700精纯A/H1N1病毒。MF后两步纯化A/H1N1流感病毒。使用Capto DeVirs捕获病毒后，使用Capto Core 700进行最终纯化

转载自Cytiva（former GE Healthcare），Application Note 29-0003-34: Purification of influenza A/H1N1 using Capto™ Core 700，可从以下网址获取: https://www.gelifesciences.com/gehcls_images/GELS/Related%20Content/Files/1334667780708/litdoc29000334_20140211233953.pdf

结果总结见表13-2。在病毒纯度以及DNA和HCP去除方面，该工艺得到了良好的结果。Capto Core 700由于在分子排阻保护的核心中的多模式配基而具有强大的结合性能，因此可以从将捕获步骤获得的含有目标病毒的组分直接上样，而无需进行缓冲液置换或稀释，从而实现快速简单的处理。

表13-2　微滤和使用Capto DeVirs和Capto Core 700的两步纯化综合工艺方案后的病毒HA收率、TCID 50、DNA量、总蛋白量和HCP/HA比值

步骤	HA回收率（%）	滴度（TCID$_{50}$/ml）	DNA/HA（ng/μg）	总蛋白/HA（μg/μg）	HCP/HA（μg/μg）
微滤	64	9.7	2672	22.0	32.3
捕获（Capto DeVirS）	94		4.0	3.1	6.1
精纯（Capto Core 700）	94	9.3	5.0	1.1	1.1

第三节　标准方法

对于以静电和疏水相互作用为主要结合机制的多模式填料，通过选择有利于填料与目的分子之间的静电和（或）疏水相互作用（结合-洗脱模式）或填料与污染物和杂质结合（流穿模式）的pH和离子强度来实现所需的分离。多模式填料在pH和离子强度方面的操作空间通常比传统离子交换填料宽。

通常很难事先知道多模式填料的各种结合机制的贡献比例，因此需要绘制出静电和（或）疏水相互作用的程度。对于传统的离子交换填料，结合是在溶质目的分子和填料的电荷相反的pH值下实现的，并且通过改变pH使两者的电荷相同，或者通过增加盐浓度来实现洗脱。由于额外的相互作用，多模式填料上的结合通常比传统离子交换剂上的结合更强，因此洗脱结合的目的分子所需的pH变化通常比传统离子交换剂更大

（图13-10）。

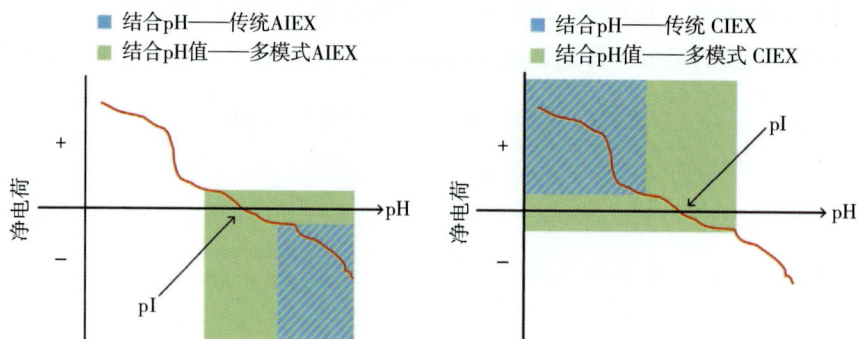

图13-10　蛋白质的净电荷与pH值的关系

示意图显示：与传统离子交换填料（蓝色区域）相比，MM填料（绿色区域）具有更宽的样品结合的pH范围

转载自Cytiva（former *GE Healthcare*），*Handbook 29-0548-08: Multimodal Chromatography Handbook*，可从以下网址获取：*http://www.gelifesciences.com/gehcls_images/GELS/Related%20Content/Files/1384943366025/litdoc29054808_20150604115642.pdf*（2016年3月24日引用）

增加离子强度以破坏静电相互作用并洗脱蛋白质并不总能够在多模式填料上产生效果，因为它同时促进疏水相互作用。为了优化洗脱条件，还可以利用不同类型的盐（参见第十二章"霍夫迈斯特序列"的讨论）。

对于MEP填料，操作更为简单。在生理条件下，目的分子主要通过疏水相互作用吸附到MEP配基上，并且当pH降低到接近或低于4.8的配基pKa时，带正电的目的分子和带正电的配基之间的静电排斥实现解吸（图13-2）。HEA和PPA填料可用类似的方式操作，此外因配基的pKa值较高，预计少许的酸也可以洗脱。

第四节　缓冲液

离子交换和疏水作用层析中常用的所有缓冲液均可与多模式填料一起使用。第十一章所述的离子交换缓冲液和第十二章所述的疏水作用层析缓冲液的考虑因素也适用于多模式层析法。有文献描述了使用流动相调节剂（如精氨酸、乙二醇和尿素）来优化洗脱条件[21-28]，pH线性梯度而非阶段梯度更为常用[29]。有用的pH梯度体系是20 mM柠檬酸钠、20 mM磷酸钠和20 mM Tris，能够在较大的pH间隔内给出相对平滑的线性梯度。该系统可以从pH 4到pH 8运行，反之亦然。在上面讨论的第一个示例中使用了修改了的该缓冲体系（图13-3）。

第五节　在位清洗和消毒

通常，离子交换填料（第十一章）所用的相同在位清洗和消毒（CIP/SIP）步骤可用于多模式填料（即0.1~1.0 M NaOH），其可处理大部分结合污染物。然而，由于多模式填料的额外的结合机制，某些填料可能需要额外的清洗措施以获得最佳在位清洗。例如，对于多模式阴离子交换填料Capto adhere，建议在使用NaOH进行在位清洗之前加入酸性物（0.1~0.5 M乙酸），以避免污染物的不可逆结合。对于结合更牢固的污染物，甚至可以使用8 M尿素，0.1~0.5 M乙酸，1~2 M NaCl。对于Capto Core 700，推荐的在位清洗为1 M NaOH，还要包含30%异丙醇或27%的1-丙醇。

第六节　工艺开发工作流程和优化

现代层析工艺越来越多地受到市场和经济因素的驱动。例如，缩短上市时间的需求意味着工艺开发必须快速且便宜，且不会影响产品质量。考虑到这一点，良好的开发工作流程很重要，这将确保一个稳健工艺，其中的关键参数已被确定并可控。这种工作流程示例如图13-11所示。它首先以高通量形式筛选条件，例如96孔滤膜板[30]或微型柱[31]，然后在小柱中进行优化，最后扩大到所需的生产用柱体积。

| HTPD筛选 | 层析柱优化 | 大规模确认 |

图13-11　一个典型的工作流程
以高通量形式进行初始筛选，然后使用小柱进行优化并进行大规模验证

转载自Cytiva（former *GE Healthcare*），*Handbook 29-0548-08: Multimodal Chromatography Handbook*，可从以下网址获取：*http://www.gelifesciences.com/gehcls_images/GELS/Related%20Content/Files/1384943366025/litdoc29054808_20150604115642.pdf*

工作流程符合国际协调委员会（ICH）提出的质量源于设计（QbD）框架[32]。筛选实验定义了特征空间。优化实验建立了设计空间，在该空间中定义了关键工艺参数（CPP）（可提供所需产品质量）的可接受范围。最后，通常更保守的操作空间被用作常规生产的安全区域（图13-12）。

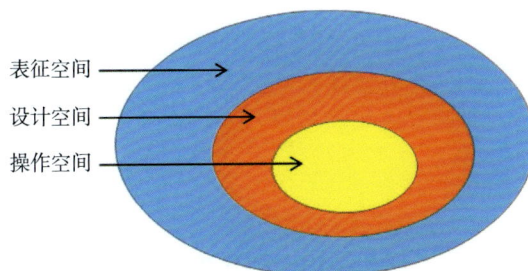

表征空间 →
设计空间 →
操作空间 →

图13-12　工艺设计空间及其与表征和操作空间的关系

显然，与单模式填料（例如离子交换层析）相比，使用多模式填料找到最佳条件可能更具挑战性。因此，筛选最佳条件至关重要。近年来，已经出现多种便利的工具可以使用，包括装填了填料的微孔板或微型柱，对大量条件进行平行和高通量的筛选[33-35]。微孔板可以手动或在机器人上运行，而微型层析柱通常需要机械手来利用并行化的优势。如果没有微孔板或微型柱，则可以更传统的方式通过梯度（pH或pH和盐）洗脱进行条件筛选，如图13-3所示。

筛选之后是优化，聚焦放大筛选指示的最佳条件。优化最好在小层析柱中进行，最好使用DoE方法，该方法提供了一种严格的方法来理解所研究的参数如何影响工艺效果，例如纯度和收率[36]。DoE实验的结果最终通过大规模验证。除了使用统计DoE建模，还可以使用机械建模[37]。机械建模并不能适合所有的操作单元。离子交换层析的机理建模已经被充分建立，而对于反相和疏水相互作用层析以及多模式层析，并没有相互作用的最优数学描述，因此统计建模目前通常用于多模式层析填料。

第七节　关键工艺参数

为了实现稳健的工艺，需要了解关键工艺参数（CPPs）变化所产生的影响。多模式填料最明显的CPPs为pH值、离子强度（盐浓度）和层析柱上样量。这些参数会影响载量和分辨率，进而影响产品质量和收率。与其他层析模式一样，其他重要的参数包括样品组成、装柱和保留时间，所有这些参数也会影响产物质量和收率。由于多模式填料利用了不同的相互作用机制，例如静电和疏水作用，因此温度变化也会影响工艺性能。

除CPPs外，还应考虑原物料参数变化的影响。例如，填料的变化会影响产品质量和收率。配基密度是最明显的填料参数，了解其变化如何影响性能也很重要[38-41]。

第八节　经济性和产率

多模式填料已在许多新的纯化工艺中都有重要意义，因为与仅使用常规层析填料（例如离子交换层析和疏水作用层析）相比，它们带来了额外的好处。多模式填料可提供耐盐性，无需事先稀释样品即可直接从料液中捕获[42-44]。用多模式填料代替疏水作用层析填料可以避免疏水作用层析所需的高盐浓度，因为目的分子在高盐浓度下可能不稳定或会形成聚集体。从经济和废液管理的角度来看，避免使用额外的盐也是有益的。此外，与疏水作用层析填料相比，多模式填料的结合载量相对较高，接近传统离子交换填料的结合载量，因此可以获得更好的生产率。在mAb纯化工艺中，多模式填料已用于去除杂质/污染物，例如mAb聚集体、DNA、HCP和病毒[45]。这些杂质/污染物的去除效果促成了蛋白A和多模式阴离子交换的两步层析工艺的开发[46]。多模式层析填料也可替代蛋白A亲和填料，用于抗体工艺中的捕获步骤[42, 47]，从而可能降低该步骤的操作成本（第九章）。

第九节　未来

多模式层析已在生物制药行业立足，现在是用于纯化生物分子的相对常见的层析技术。使用多模式层析法的主要挑战之一是优化操作条件，因为多模式配基与目的分子之间的相互作用比单模式技术更复杂。由于对多模式层析分离机制的理解仍在不断发展中，目前主要使用统计方法（例如DoE）进行优化[37]。但是，最近的研究提供了对多模式配基设计的了解[48-50]，并且随着新的多模式配基的出现，使用多模式层析法的应用数量肯定会增加。反过来，一系列应用的经验将更好地理解各种条件（pH、盐、盐类型和调节剂）如何影响分离。多模式层析的前景肯定是光明的。

参考文献

第十四章

分子排阻层析法

Martin Hall

GE Healthcare Life Sciences, Uppsala, Sweden

第一节　引言

在分子排阻层析（SEC）中，分子是根据其表观大小的不同而被分离，受分子量和形状的共同影响[1]。该技术也称为凝胶过滤或凝胶渗透层析法，在这里称为分子排阻层析，因为它是当前使用最广泛的术语，而且它阐述了分离的原理。尽管分子排阻层析可用于分析和制备[1]，但本文重点介绍后者。分离机制最早是在20世纪50年代中期使用溶胀淀粉观察到的[2,3]，并由于其温和的分离机制、保持分子结构和生物活性以及已上市的合适的大孔填料而迅速得到普及[4]。用于分子排阻层析的填料可以由不同的材料制成，例如，交联葡聚糖或琼脂糖类的天然聚合物、交联聚丙烯酰胺或聚甲基丙烯酸酯的合成聚合物、天然和合成聚合物的复合体或二氧化硅。分子排阻层析填料的分离特性基于层析填料中的孔径大小和孔径分布，原则上不涉及配基的相互作用。比填料中特定孔径小的溶质可以扩散到孔中，而较大的则被排阻在外。当将样品上样到SEC层析柱并开始洗脱时，与较大的溶质相比，较小的溶质可以进入较大部分的孔体积。因此，大小不同的溶质将随着其通过层析柱而逐渐被分离，并且大溶质通过层析柱体积（CV）的较小部分，将比小溶质更早被洗脱（图14-1）。由于主要的分离过程发生在层析填料的孔隙中，而且在理想情况下，溶质不会与填料结合，所以分子排阻层析的载量取决于样品体积与柱子的孔体积的关系，而不是样品中溶质的数量与填料中的结合点的关系。更多的有用孔隙和孔径分布，以及相对于样品体积更大的柱体积将能够让更大体积的样品实现分离。实际上，分子排阻层析的样品上样体积范围为CV的2%~30%，具体取决于应用类型（见第三节）。

在制备层析中，分子排阻层析通常可提供较高的产物收率（>90%），但与其他类型的层析相比，分子排阻层析的样品上样量较小，并且在大多数应用中流速较低。小的上样量和低流速导致较低的生产率。这限制了分子排阻层析在大规模生产过程中的使用；尽管从历史上看，分子排阻层析在某些最早的生物药物（例如胰岛素）的生产中起着重要作用，并且在早期开发制备少量生物药物时，通常将分子排阻层析作为一种简单的纯化和缓冲液置换技术。

第二节　基本理论

本节描述了一些理论和表述，用于定义分子排阻层析中的操作参数。更广泛的描述参见参考文献[1]。

分子排阻层析实验的结果通常表示为洗脱曲线或层析图谱，图形化说明洗脱样品组分从层析柱中洗脱时其浓度的变化（对于蛋白质，通常显示为UV吸光度，在280 nm波长下），它们以其表观大小的顺序洗脱。图14-1D显示了分子排阻层析组分分离的假定层析图谱。总的柱体积（CV）可以划分为不同的部分体积，这些体积在概念上如图14-2所示。

太大而无法进入基架孔隙中的分子在外水体积（V_0）中一起洗脱（图14-1、图14-2和图14-4），因为它们与洗脱液以相同的流速直接通过层析柱。对于装填良好的SEC层析柱，V_0约为CV的30%。部分进入基架孔隙中的分子，按大小递减的顺序从柱中洗脱出来，即分子越小，可进入的孔隙体积越大，洗脱越晚。可以完全进入凝胶颗粒内部孔隙的小分子（例如盐）会穿过层析柱，但不会彼此分离。这些分子以总液体体积 $CV-V_s=V_t$ 洗脱（图14-1，图14-4），也就是在固体基质体积含量低的层析填料（即，在填料微球体积 V_p 中微球的孔隙体积 V_i 的比例非常高）中1个CV之前洗脱。

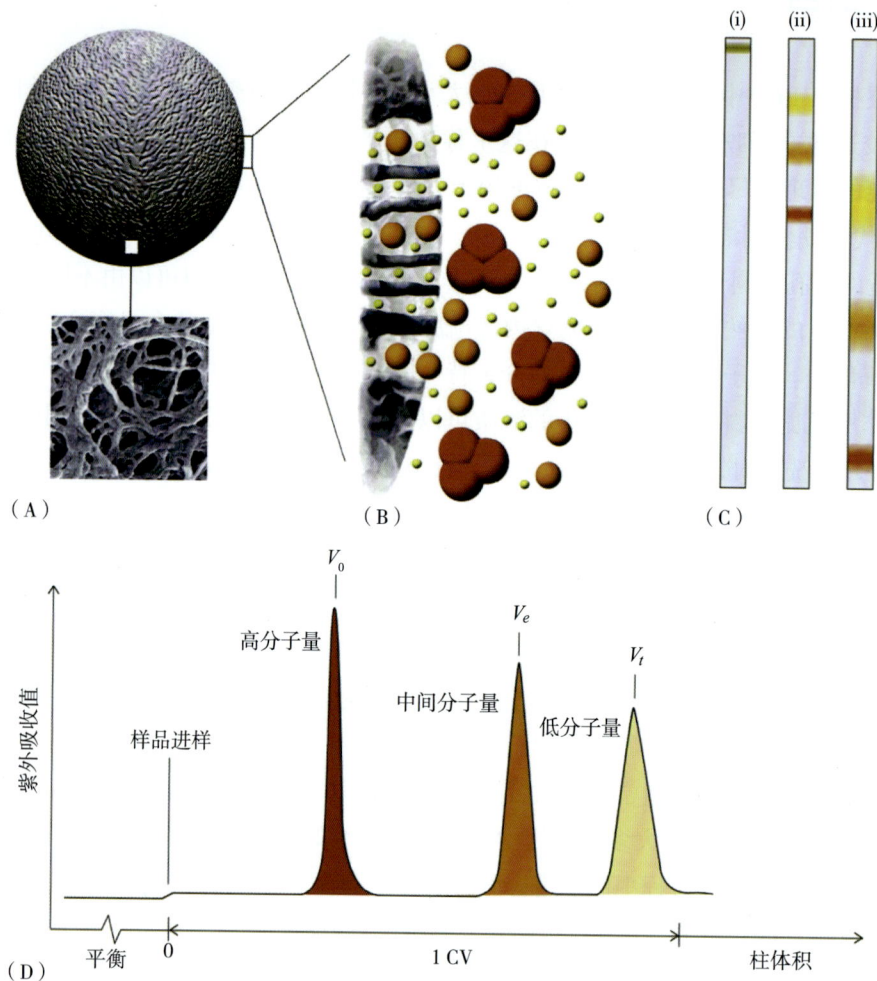

图14-1　分子排阻层析原理

（A）电子显微镜下层析填料微球示意图；（B）样品分子扩散到微球孔中或从微球孔中排阻的示意图；（C）样品分离图：（i）样品上样至层析柱；（ii）最小的分子（黄色）比最大的分子（红色）更迟洗脱下来；（iii）最大的分子首先从层析柱上洗脱下来。SEC过程中谱带展宽会导致蛋白质区带的显著稀释；（D）假设的层析图谱

提供自Cytiva（former *GE Healthcare Life Sciences*）. *Size Exclusion Chromatography: Principles and Methods*, GE Healthcare Life Sciences, 18-1022-18. http://www.gelifesciences.com/file_source/GELS/Service%20and%20Support/Documents%20and%20Downloads/Handbooks/pdfs/Size%20Exclusion%20Chromatography.pdf

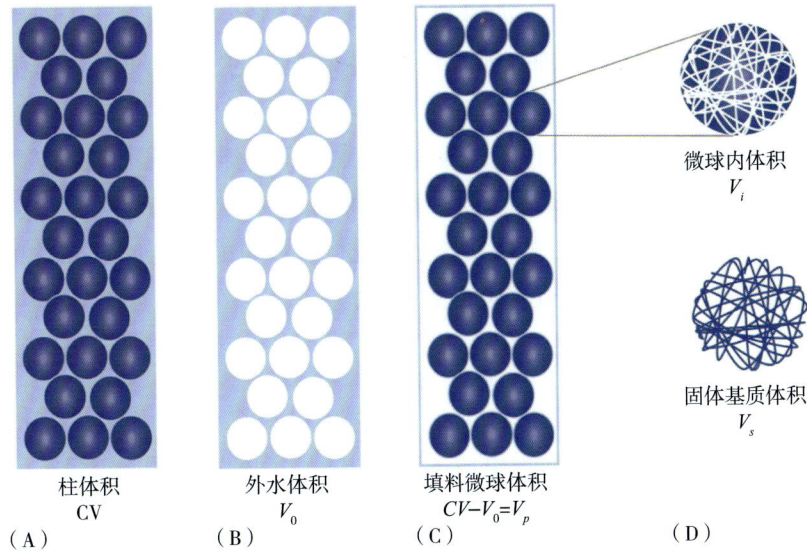

图14-2 图中表示的是层析柱及其体积分布（蓝色表示）

从左到右分别是，总的柱体积CV（A），外水空体积V_0（B）和填料微球体积V_p（C），其中V_p由微球内孔体积V_i（D上）和固相基质体积V_s（D下）组成。提供自Cytiva（former *GE Healthcare Life Sciences*），*adapted from L. Fischer, An introduction to gel chromatography, Laboratory Techniques in Biochemistry and Molecular Biology, vol. 1 part II, North Holland Publishing Company, Amsterdam, 1969*

在层析柱中，每个组分能够流经的部分以组分洗脱体积V_e表示，其由层析图谱测量/计算（图14-1，图14-3和图14-4）。

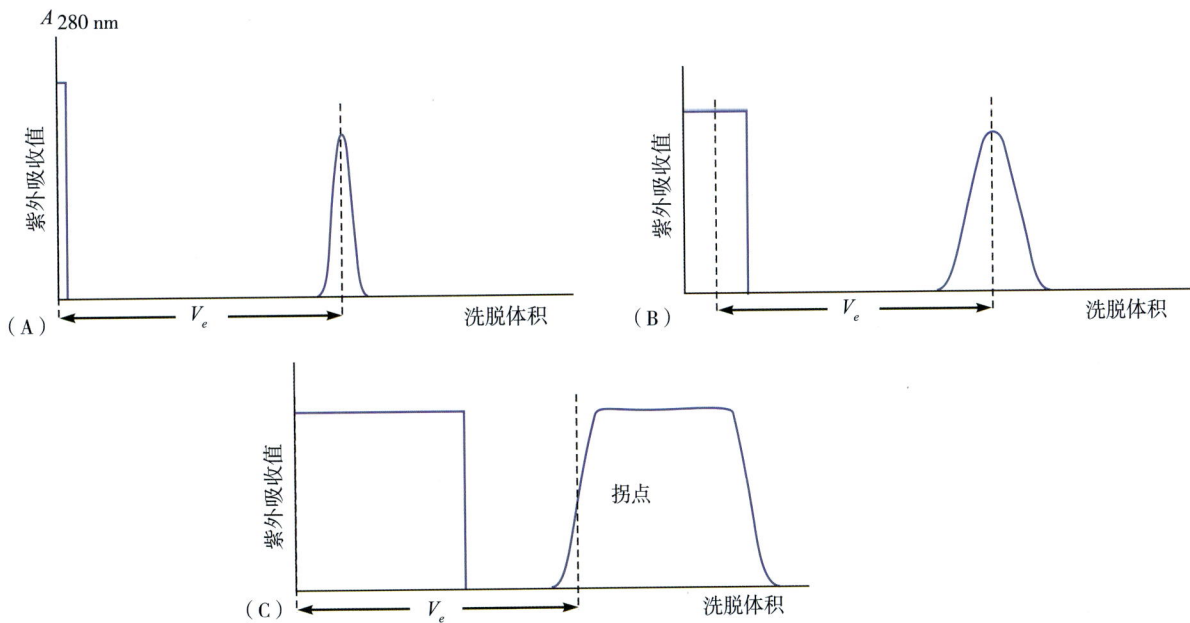

图14-3 洗脱体积V_e测定

（A）与装填后的柱床的体积相比，进样量可忽略不计；（B）与装填后的柱床的体积相比，进样量不可忽略；（C）样品量给出平台洗脱曲线

提供自Cytiva（former *GE Healthcare Life Sciences*）. *Size Exclusion Chromatography: Principles and Methods, GE Healthcare Life Sciences, 18-1022-18. http://www.gelifesciences.com/file_source/GELS/Service%20and%20Support/Documents%20and%20Downloads/Handbooks/pdfs/Size%20Exclusion%20Chromatography.pdf*

对于分子排阻层析，该洗脱位置通常与样品中溶质的含量或其浓度无关。但是，也存在例外情况，例如，相对于洗脱液，高度浓缩的样品可能具有较高的黏度，这可能形成不对称峰以及各种拖尾和手指峰现

象，这将扭曲峰形并使 V_e 的估算变得困难。如图 14-3 所示，有三种不同的测量 V_e 的方法，取决于柱子的上样体积。图 14-3 中描述的方法对对称峰和峰前沿有效，这在典型的、相当低的流速和低黏度样品（相对于洗脱液）下在分子排阻层析中很常见。V_e 是给定了分子排阻层析填料和样品，在固定尺寸层析柱中，样品组分的特征性质，因此不能用于直接放大目的，因为其随装柱的总体积和层析柱的装填程度而变化。因此，为了放大和（或）进行比较，组分的洗脱最好通过分配系数 K_d 来表征。K_d 与层析柱尺寸无关，因此，如果使用相同的填料和样品，则可以在不同尺寸的层析柱之间进行比较和预测。给定样品组分的分布系数 K_d 定义为该组分可流经的总微球内孔体积 V_i 的占比。K_d 计算如下：

$$K_d = \frac{V_e - V_0}{V_t - V_0} = \frac{V_e - V_0}{V_i} \tag{14-1}$$

式中，V_e 为组分洗脱体积，V_0 为外水体积，V_t 为总液体体积，V_i 为微球内孔隙体积。

由于在实践中，由于固定相微球孔表面上的小探针与基团之间的相互作用很弱，可能难以估计 V_t，因此可能难以估计 V_i，因此使用术语（$CV-V_0$）更为方便计算分配系数。这样获得的分配系数称为 K_{av}。

$$K_{av} = \frac{V_e - V_0}{CV - V_0} \tag{14-2}$$

从上式可以看出，对于可以进入部分微球内体积的溶质，K_{av} 是度量了溶质可进孔的体积占总的微球体积的比例。与 K_d 一样，K_{av} 定义的样品行为与层析柱尺寸以及微球装填的紧密程度无关。分子排阻层析中使用的各种术语之间的近似关系如图 14-4 所示。

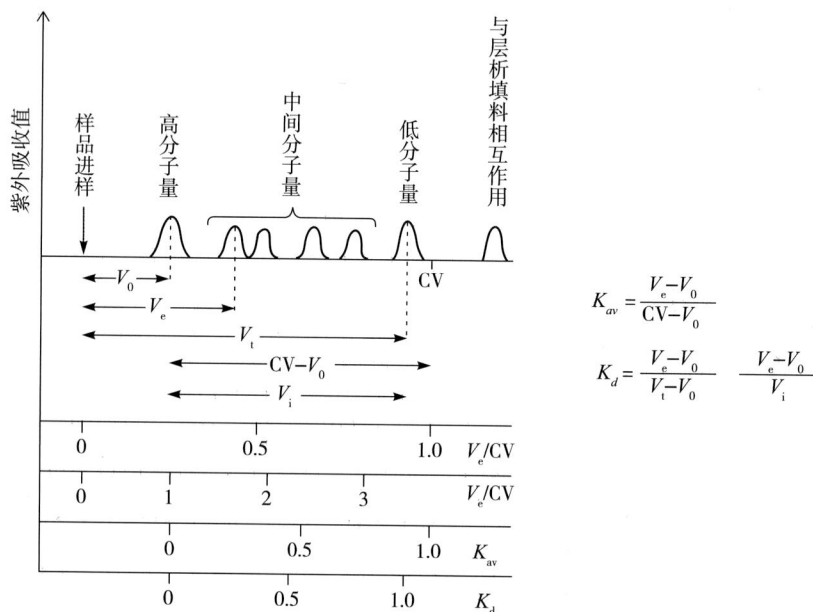

图 14-4　用于标准化洗脱的几个表述之间的关系

由于（$CV-V_0$）包括所有溶质分子都无法流经的基架骨架 V_s 的体积，因此 K_{av} 不是真正的分配系数。但是，对于给定的填料，K_{av} 与 K_d 的比率恒定，这与分子的性质或其浓度无关。

$$\frac{K_{av}}{K_d} = \frac{V_i}{V_s - V_i} \tag{14-3}$$

分配系数 K_{av} 与分子的大小有关，形状相似的分子的 K_{av} 值与其分子量（M_r）的对数之间呈 S 形关系，称为选择性曲线。该选择性曲线可用于选择分子排阻层析填料进行所需要的分离。对于相似类型和形状的分子，在相当大的范围内，K_{av} 和 $\log M_r$ 之间存在线性关系（图 14-5）。每种分子排阻层析填料分离分子的能力取决于其孔径分布，并通过该选择性曲线描述。利用一组标准品（如葡聚糖或球状蛋白，图 14-5）绘制 K_{av} 与 $\log M_r$ 的曲线，有助于预测溶质将在特定分子排阻层析填料上洗脱的位置，并有助于选择合适的分子排阻层析填料进行分离。

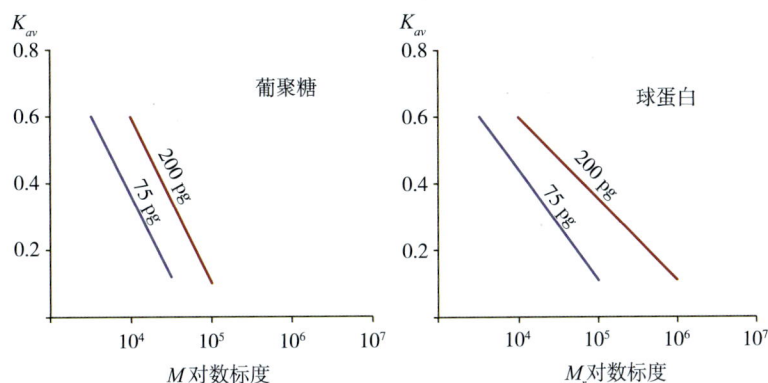

图 14-5　葡聚糖和球状蛋白在 Superdex 75 和 200 pg 填料上的选择性曲线

提供自 Cytiva（former GE Healthcare Life Sciences）. Size Exclusion Chromatography: Principles and Methods, Cytiva（former GE Healthcare Life Sciences），18-1022-18

在选择用于组分分离目标的分子排阻层析填料（见第三节）时，重要的样品组分需要落入选择性曲线的线性部分内。在做填料对比时，若峰宽（柱效）方面的性能相似，则选择性曲线越陡，预计两种大小相似的溶质之间的分离度越高。在理想条件下，K_{av} 大于 1 或小于 0 不会洗脱任何分子。如果溶质的 K_{av} 大于 1，则分子与层析填料存在相互作用。如果溶质的 K_{av} 小于 0，则层析床填料可能会有裂槽或其他变化，因此必须重新装填层析柱。

第三节　应用领域

在制备工艺应用中，分子排阻层析有两种主要类型，由分离的目的和难度定义：①缓冲液置换/组分分离，其中目的分子的大小与需要去除或交换的分子之间存在较大差异；②分子分离，其中需要分离的分子大小相似[1]。在这两种情况下，都首选浓缩样品以提高生产率，因为在缓冲液置换/组分分离中，样品体积限制在 CV 的 15%~30%，而在分离中限制在 CV 的 2%~6%。因此，尽管必须考虑样品相对于洗脱液的黏度，但分子排阻层析之前通常都会有一个浓缩步骤，例如沉淀/再溶解、超滤或结合/洗脱层析。鉴于分子排阻层析的进样体积限制，可以将大量样品分几个循环上样到层析柱上，从而减小所需的层析柱体积。分子排阻层析流速的选择（通常表示为流速 cm/h）受溶质大小的影响。考察进入分子排阻层析填料孔的溶质，对于缓慢扩散的大溶质，需要较低的流速，较高的流速可用于分离扩散快的小溶质。高流速通常可用于组分分离和缓冲液置换，因为小分子或缓冲液组分迅速扩散，并且目标溶质在 V_0 中洗脱（即不扩散到孔中）。由于在分子排阻层析过程中总是会稀释溶质，且其在进样体积及其选择性方面的局限性，分子排阻层析通常用于工艺后期的精纯步骤，例如，用于从二聚体或聚集体中分离单体。

在组分离中，例如缓冲液置换和脱盐，要分离的分子的大小必须相差很大，如相差 10 倍以上[1]。缓冲液置换和脱盐通常涉及从较小的盐和缓冲液组分中分离生物大分子，其中生物分子被完全排阻在填料微球的孔外，并在V_0部分洗脱，而小的缓冲液组分则进入微球孔中[5]。当生物分子通过层析柱时，它们被排阻在填料微球孔之外，并在"新"缓冲液（用于"脱盐"应用的盐含量低）中以V_0从层析柱上洗脱，而盐和"旧"缓冲液成分在V_t附近洗脱。一般情况下，在组分分离时目标溶质的稀释度适当；不进入孔的分子通常可以以1.2~2倍的样品体积收集。

在分子分离中，要分离的分子大小相似，如大小相差2~5倍，如从二聚体和聚集体中分离单体[1]。在分馏分离中目标溶质的稀释度通常很高，回收的产品通常是进样前体积的4~6倍。

在单纯的分子排阻层析中，不存在配基相互作用或溶质吸附到填料上。然而，最近引入的Capto Core填料是基于分子排阻层析和吸附原理的组合，其中大分子与常规分子排阻层析一样被排阻在孔之外，但是进入孔的较小溶质被吸附到仅存在于微球内部的配基上[6]。另见第十三章。

第四节　示例

分子排阻层析用于许多不同的应用，例如血浆蛋白、重组蛋白、单克隆抗体、核酸、糖类、病毒等的纯化。此处提供的示例不是来自大规模生物制药工艺，但它们展示了不同制备应用中的分子排阻层析原理。

一、组分分离——缓冲液置换/脱盐

将人血浆样品在装有Sephadex G-25粗柱的层析柱上进行缓冲液置换，见图14-6。填料的孔径允许非常小的分子（例如盐）进入孔中，而血浆蛋白则被排阻在外。小分子盐的快速传质允许高流速和缓冲液置换步骤的快速完成。图14-6中的分离以300 cm/h的流速运行，运行时间为8分钟。血浆样品相对黏稠，这可能形成血浆蛋白（从孔中排阻）和盐（进入孔中）的宽峰。因此，将进样体积限制在CV的14%，以实现完全的分离度。缓冲液置换的目的是去除盐（脱盐），并将血浆蛋白转移至适合后续工艺步骤的条件中。

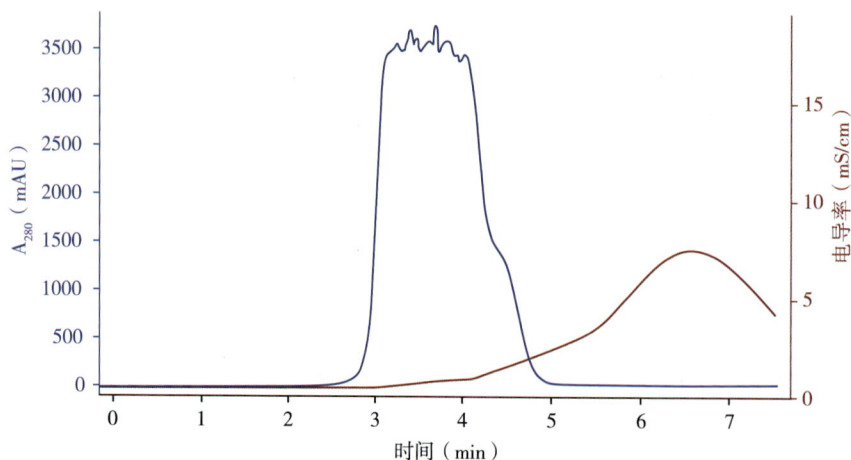

图14-6　缓冲液置换（脱盐）层析图谱
将363ml血浆样品（CV的14%）上样到Sephadex G-25层析柱（直径10 cm，柱床高度33 cm，CV 2590 ml）上。蓝色曲线：280 nm处的紫外吸收值。红色曲线：电导率。由Cytiva（former GE Healthcare Life Sciences）提供

二、组分分离——大蛋白

图14-7中的示例显示了从血浆蛋白中的组分中分离非常大的血浆蛋白,如凝血因子Ⅷ-von Willebrand 因子复合物(FⅧ/VWF)[7]。FⅧ/VWF比大多数血浆蛋白大得多,这使得该组分分离成为可能。填料的孔径分布将允许盐和大部分血浆蛋白(例如白蛋白和IgG)进入孔中,而大的FⅧ/VWF被排阻在外并在外水部分洗脱。这种分离的流速受到血浆蛋白缓慢扩散的限制,以40 cm/h的流速运行。分离还完成了FⅧ组分的缓冲液置换,为后续工艺步骤做准备。

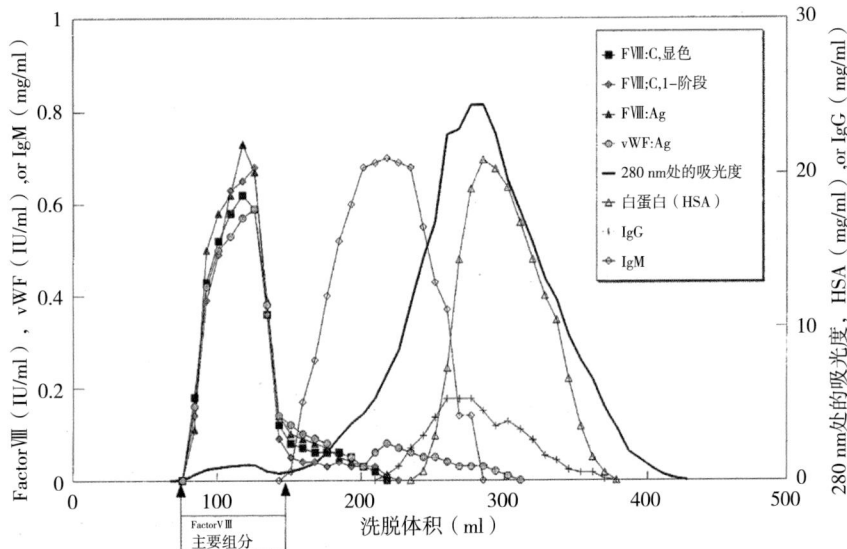

图14-7　组分分离层析图谱

将50 ml血浆(17%CV)上样到Sepharose 4 Fast Flow层析柱中(直径2.6 cm,床高60 cm,CV 300 ml)。记录在280 nm处的吸光度以监测蛋白质峰,分析组分中所选的蛋白质的存留和活性。经许可转自 *P. Kaersgaard, K.A. Barington, Isolation of the factor Ⅷ-von Willebrand factor complex directly from plasma by gel filtration, J. Chromatogr. B 715(1998)357-367*

三、组分分离——病毒

图14-8中的示例显示了从细胞上清液中分离流感病毒群组与杂质[8]。病毒颗粒远大于杂质,这使得组分分离成为可能。填料的孔径将允许盐和大部分杂质进入孔中,而大的病毒颗粒被排阻在外。流速受蛋白质杂质扩散速率的限制,以60 cm/h的流速进行。分离还使得病毒组分获得了缓冲液置换。

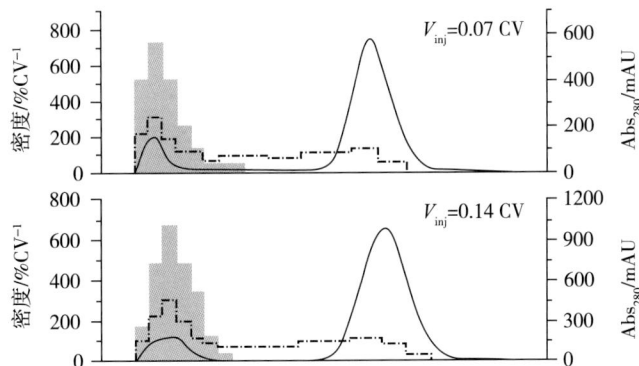

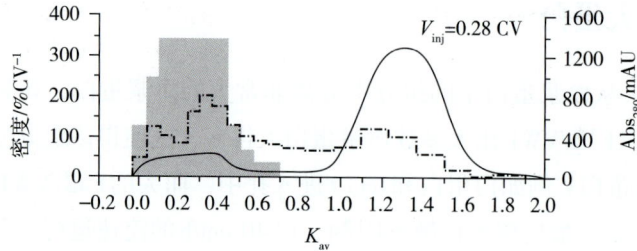

图14-8　使用琼脂糖基架的SEC填料对浓缩的流感病毒样品进行上样量的研究

层析柱分别上样7%、14%和28%CV。洗脱液的分析包括血凝素（HA）活性（阴影）和总蛋白（虚线）以及在280 nm处的UV吸光度（实线）

经许可转 B. Kalbfuss, M. Wolff, R. Morenweiser, U. Reichl, Purification of cell culture-derived human influenza A virus by size-exclusion and anion-exchange chromatography, Biotechnol. Bioeng. 96（2007）932-944

大颗粒组分分离的另一个例子是用于基因治疗的腺相关病毒（AAV）载体的制备。由于该物料将用于 I / II 期临床研究，因此该工艺在GMP条件下运行。该工艺的层析部分包含两个分子排阻层析步骤和一个离子交换步骤[9]。

四、分离——单克隆抗体（mAb）

图14-9中的示例显示了mAb样品的二聚体（在280 nm处吸光度的早期小峰）和单体（随后的大峰）的分离。在这个例子中，没有一种分子被完全排阻在填料之外。即，二聚体和单体都进入填料的孔中，因此发生分离。分离不仅需要两种类型分子可进入的孔体积，还需要二聚体和单体的传质（颗粒内扩散）。因此，该运行是在25 cm/h的低流速下进行的。分离还使得抗体组分进行缓冲液置换（层析图谱末端电导率的下降表明抗体样品的原始缓冲液的洗脱位置约为V_t）。在分离中，进样体积相对较小（图14-9中CV的4%），造成生产率低。为了避免这种缺点，可以按照一定间隔频繁上样，利用的就是层析图谱中不会发生显著变化的"迁移谱带"，见图14-11。

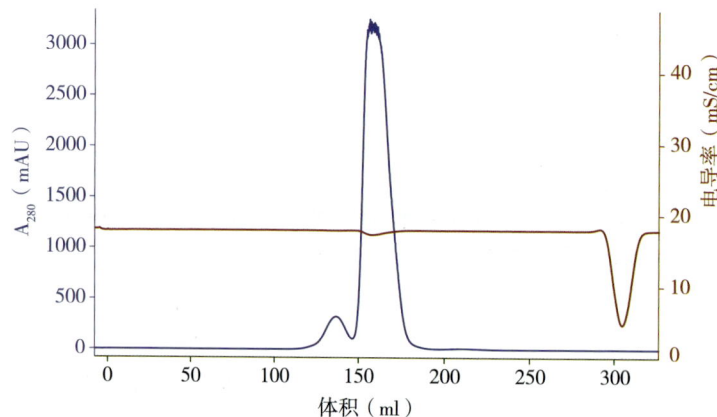

图14-9　组分分离层析图谱

将13 ml mAb样品（CV的4%）上样至Superdex 200制备级（prep grade）（直径2.6 cm，柱床高度60 cm，CV 319 ml）的层析柱上。蓝色曲线：280 nm处的吸光度。红色曲线：电导率。由Cytiva（GE Healthcare Life Sciences）提供

第五节　标准方法

标准分子排阻层析方案很简单，因为它只需要一个缓冲液和简单的几个步骤：用缓冲液平衡层析柱，

上样，切换回缓冲液，并收集洗脱的产品峰。该步骤可重复循环适用于处理大体积样品，因为组分与填料不结合（至少在理论上）。所有循环完成后，可对层析柱和系统进行在位清洗（CIP）和消毒。

第六节　缓冲液

从理论上讲，除非会影响溶质分子的大小或形状（或填料的孔径大小）或造成与填料的相互作用，否则分子排阻层析的操作与洗脱缓冲液的组成无关。缓冲液应为目标溶质稳定性和分子排阻层析填料稳定性提供适当的条件，并且在大多数情况下，应调整至适合后续工艺步骤的条件。可能需要向缓冲液中添加电解质，例如50~150 mM NaCl，以防止与分子排阻层析填料上通常存在的少量离子基团发生相互作用[1]。由于CV较大，分子排阻层析工艺步骤中的缓冲液消耗可能较大，并且可能需要几个循环来处理整个样品。一种方法是使用浓缩的缓冲液，例如5×或10×，并使用层析设备用水在线稀释浓缩的缓冲液。但是，废液缓冲液的体积仍然是相同的。

第七节　在位清洗和在位消毒

分子排阻层析工艺过程通常在同一层析柱上运行多个循环，而在所有循环完成后，一般进行一次在位清洗（CIP）和在位消毒（SIP）。在许多情况下，CIP和SIP可以结合进行。用于CIP和SIP的溶液取决于污染物的类型以及填料和设备的化学稳定性。含NaOH（0.1~1 M）的碱性CIP和SIP溶液是最常见的选择。在某些情况下，可能需要酸性条件或不同的添加剂。理论上，分子排阻层析填料与样品组分之间不存在任何相互作用，这可能意味着不需要CIP程序。但是，意料外的相互作用可能会形成一些污垢，因此建议执行CIP，最好是反向流冲洗，因为污垢更可能发生在层析柱入口的填料或筛网处。请注意，CIP和SIP溶液以及污染物的集中释放可能会造成压增柱加，因此在这些步骤中可能需要降低流速。

第八节　工艺开发工作流程

在高通量工艺开发模式（例如96孔板或小柱）中，很难模拟分子排阻层析分离。另一方面，分子排阻层析分离相对容易扩大规模，只要填料可以在所需尺寸的层析柱中装填和操作。因此，分子排阻层析中的工艺开发（PD）使用实验室规模的层析柱进行，柱床高度通常为10~90 cm，具体取决于应用领域（缓冲液置换，组分分离或分子分离）。分子分离应用通常需要较高的柱床高以获得足够的分辨率（床高加倍会使分辨率增加2的平方根）。从PD到最终工艺的所有过程，层析柱装填和层析柱装填评估都很重要，因为层析柱装填不好会导致样品谱带变宽，进而导致组分更加稀释，形成不佳的分离效果。在PD期间必须考虑整个工艺步骤过程的温度，因为温度会影响溶质的扩散速率和液体的黏度，在分子排阻层析中相对重要。

分子排阻层析填料覆盖一系列孔径大小，有时具有不同的颗粒直径。具有小粒径的填料由于较短的扩散距离而具有更好的分辨率，并且对有挑战难度的分离实验能够提供较高的回收率，或者在保证分辨率的情况下可以在更高的流速下完成。然而，小粒径填料也造成柱压增加，这在大规模时可能是有问题的，特别是对于软填料，可以在实验室规模下有壁支撑的窄柱中无问题地操作，但在宽直径柱中可能失败，并且大规模设备的压力也是一个限制因素。因此，在评估分子排阻层析填料时，必须考虑在全过程工艺中使用的估计层析柱直径和床高的流速和柱压。一些大规模的应用通过串联运行几根较短的层析柱来克服这样的问题；例如，使用3个柱床高度为30 cm的层析柱代替1个柱床高度为90 cm的层析柱。

孔径的大小决定了分子排阻层析填料的分离范围。在大小差异较大的缓冲液置换/组分分离中，目标是选出的填料的孔径大小可以将目的分子排阻在孔外，但是杂质不会被排阻在外，反之亦然。在分子分离中，目的分子和污染物分子之间的大小差异很小。在这种情况下，选择具有合适孔径和分离范围的填料至关重要，并且参考值是目的分子应在大约一半CV处洗脱[1]。图14-10中的示例证明了随着填料孔径变大，样品蛋白的V_e如何从顶部层析图谱中的接近V_0逐渐转变为底部层析图谱中的接近V_t[10]。

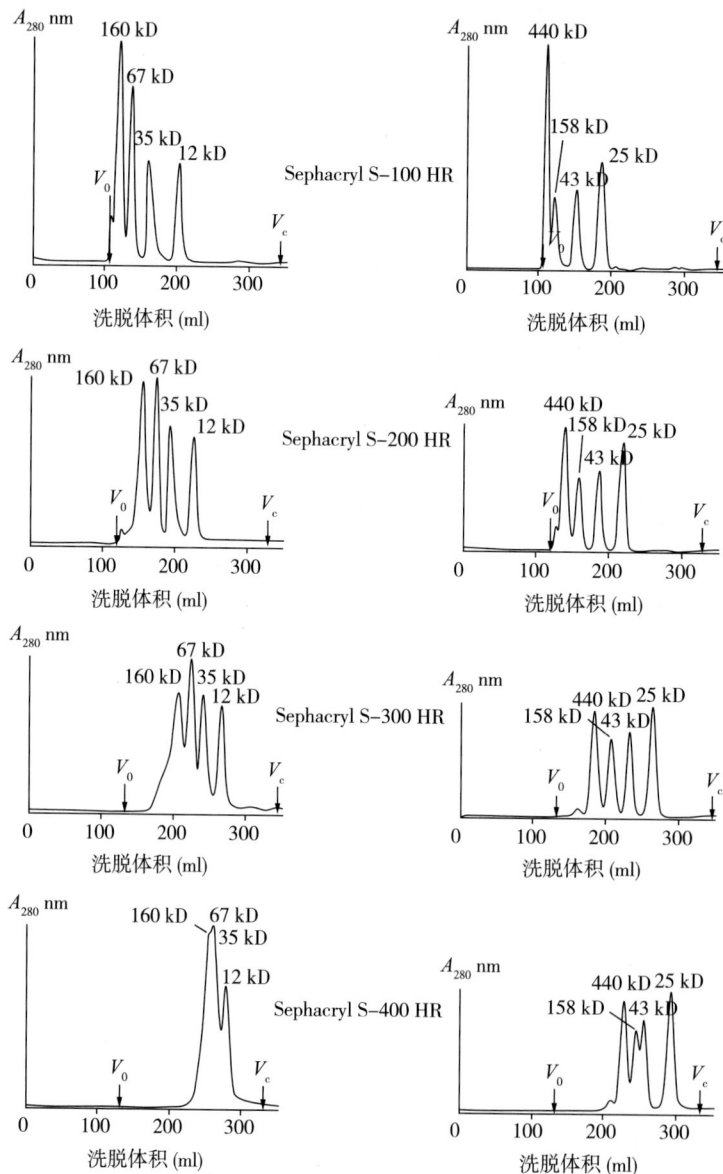

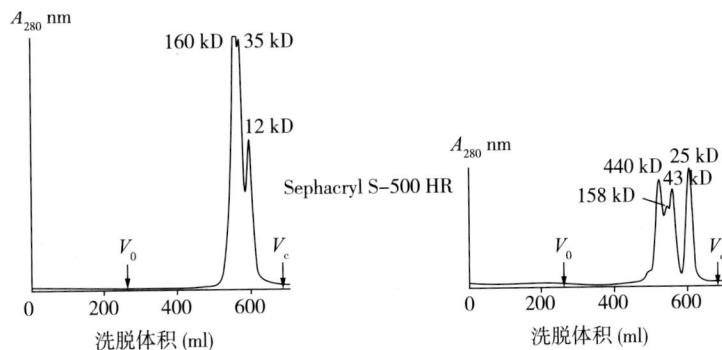

图 14-10 孔径对分子分离范围的影响

将两种蛋白质混合物（左：较小的蛋白质，右：较大的蛋白质）进样于装有不同SEC填料的层析柱。填料的孔径从上到下增加，其中顶部的Sephacryl S-100 HR具有最小的孔径，底部的Sephacryl S-500 HR具有最大的孔径。经许可转自 *L. Hagel, H. Lundström, T. Andersson, H. Lindblom, Properties, in theory and practice, of novel gel filtration media for standard liquid chromatography, J. Chromatogr. 476（1989）329-344.*

通过运行层析步骤并改变样品浓度、样品体积和流速等因素对填料进行评价[1, 5, 11]。为提高生产效率，目标是使用尽可能高的样品浓度、尽可能大的进样体积和尽可能高的流速来实现预期分辨率的工艺步骤。但样品浓度高会增加黏度（进而可能导致峰宽增大），样品体积大肯定会增加峰宽，损害分辨率，流速高会形成让大溶质的谱带展宽，让层析柱压增高。分子排阻层析工艺步骤的最终条件通常是这些不同因素之间的折中，以便在满足需要分辨率的同时获得最佳的生产效率。

一旦确定了条件，建议在类似工艺的条件下进行检测（例如，用工艺相关样品进样，执行规定的循环次数，或执行CIP/SIP），以确认工艺开发工作的结果是有效的。在放大试验期间，考虑层析系统的柱外死体积也很重要，例如泵、接头和管道。例如，如果需要使用三个串联的层析柱以获得所需的柱床高度，这可能是至关重要的，此时层析柱之间的每个连接将为系统增加死体积。增大死体积和柱体积的比例将对分离能力产生负面影响。

第九节 关键和重要工艺参数

流速、柱床高度、柱效、进样体积、样品黏度、缓冲液条件、温度和产品收集节点等工艺参数在分子排阻层析中都很重要，需要监测/控制。将这些参数指定为关键工艺参数（CPP）或重要工艺参数（KPP）并不绝对，并且因应用和产品而具有特异性。CPP对产品质量（例如纯度和/或各种产品的优化）至关重要，而KPP对工艺性能（例如产品收率）的影响更大。如前所述，分子排阻层析是一种温和的分离方法（例如，不进行结合/洗脱，选择用于产品稳定性的缓冲条件），并且通常对目的分子本身没有修饰作用。这意味着分子排阻层析中的CPP倾向于关注产品纯度，而不是产品的修饰。影响纯度的CPP通常为流速、柱床高度和进样体积。一些工艺参数，例如产品收集节点和柱效（每米塔板数），可以是CPP或KPP，因为它们会影响纯度和收率。缓冲液条件和温度通常被认为是KPP。

第十节 方法学

使用分子排阻层析的工艺步骤通常具有明确既定的任务，例如，脱盐至电导率<5 mS/cm，或将聚集体

和二聚体去除至<5%。此任务设置了分子排阻层析步骤的要求，例如，可用于定义峰收集的节点或缓冲液的组成成分。

填料和层析条件将由工艺开发确定，最终工艺参数将在放大过程中设定。

为了实现有效的分子排阻层析工艺，正确装填层析柱至关重要。装填分子排阻层析填料的实验条件将主要取决于微球的刚性、微球的大小和层析柱的设计。大多数供应商提供了填料装填的详细信息，建议使用这些方案。

为了确保层析柱被正确装填，需要测试其柱效。参见十九章。

第十一节 经济性/优化

与许多其他层析相比，每升分子排阻层析填料的价格较低，但通常需要大的柱体积来补偿进样体积的限制（低载量）。分子排阻层析填料通常可以使用数百个循环，因此在大多数情况下，填料成本较低。缓冲液的成本可能相对较高，因为大的层析柱需要较大的缓冲液体积，特别是在分子分离应用中。分子排阻层析没有特殊要求，可使用标准层析设备，除了分子排阻层析分离可能需要一个较大或高的层析柱，或者两个或三个短的层析柱串联连接。估算的劳动力成本取决于工艺步骤所花费的时间，这可能会因应用领域而有很大差异。缓冲液置换应用通常操作较快，而分子分离通常更耗时。

大多数工艺参数，如样品浓度、样品体积和流速，都是从工艺开发和放大试验中确定的，改变参数以提高经济性可能会损害整个分离过程。然而，缓冲液置换应用中的分离过程允许改变流速和柱床高度，这可用于优化最终工艺步骤。在分子分离应用中，可以通过优化进样体积和一个批次样品的循环次数来大大节省时间和缓冲液消耗。当分辨率足够但仅占分离体积的一小部分（$CV-V_0$）时，可以在洗脱完整CV之前进行第二次或第三次样品上样（如果分子排阻层析步骤也用于缓冲液置换，则不适用）。参见图14-11中的单克隆抗体样品的示例。

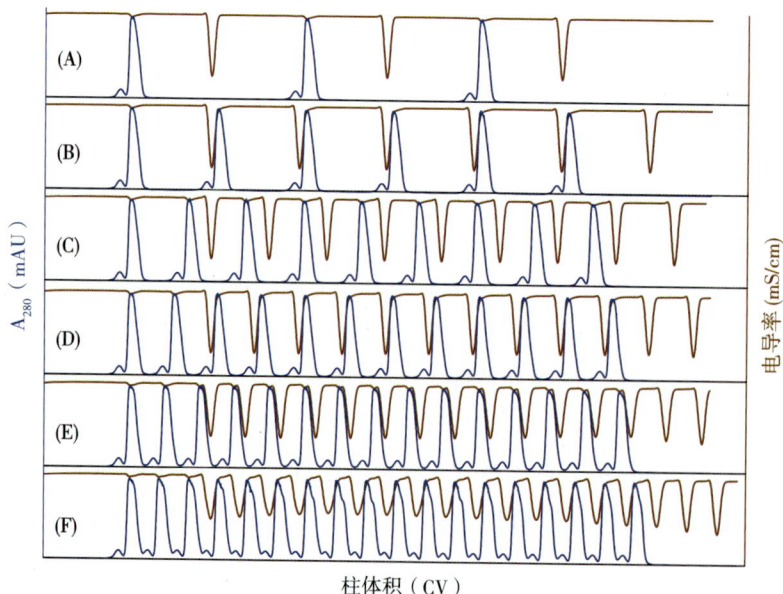

图14-11 层析图谱显示增加在Superdex 200制备级层析柱（直径2.6 cm，柱床高度60 cm，CV 319 ml）中一个CV上样次数逐渐增加（1~6次）

单次上样为13 ml（CV的4%）浓度为16 mg/ml的单克隆抗体样品。总层析图谱长度为4个CV，在前3个CV期间进行上样。蓝色曲线：280 nm处的吸光度，红色曲线：电导率。由Cytiva（former GE Healthcare Life Sciences）提供

每个样品的上样都会引起吸光度峰（一个小的二聚体峰和一个大的单体峰）和电导率下降（样品电导率低于分子排阻层析缓冲液电导率），如图14-9所示，如果以纯化单体为目的，且缓冲液的组成并不是关键的，则每个CV可能会上样四到五个样品，如图14-11D~E所示，其中二聚体和单体峰能够保持分离。如果每个CV有六次进样，如图14-11F，来自两次样品进样的二聚体和单体峰开始重叠，纯化将不够充分。如果以纯化单体并将单体置换到分子排阻层析缓冲液中为目的，则每个CV上样三个样品看起来最佳，如图14-11C所示，看起来是最好的，收集的单体处于分子排阻层析缓冲液中。

可以调整分子排阻层析之前和之后的工艺步骤时间，以缩短整个工艺时间。例如，如果一个分子排阻层析步骤需要运行多个循环，则在所有的分子排阻层析循环步骤全部完成之前，在分子排阻层析步骤得到足够的目标物分离后，立即开启后续的工艺步骤。

第十二节 产率

分子排阻层析的产率差异很大。它受最大样品量、最大样品浓度和纯化周期时间（流速）控制。缓冲液置换因相对较大的进样量和高流速而有较高的产率。计算表明，在有利条件下的缓冲液置换可以接近150 g/h每升填料[5]。组分分离应用，例如在图14-7和14-8中（大蛋白或病毒与较小蛋白分离），具有相对较大的进样量，但由于软分子排阻层析填料的流速较低，因此通常提供相对较低的生产率。由于进样量较小和流速低，分子分离应用的生产率甚至更低。

第十三节 未来

连续流生产引起了生物制药生产的极大关注，分子排阻层析是可用于连续流工艺的层析技术之一[12, 13]。分子排阻层析也是适用于纯化不同靶分子异构体的通用方法，因为分离不受分子大小相同的电荷异构体的影响。在用于筛选单克隆抗体候选药物的自动化小规模制备上已证明这一点[14]。

在分析型分子排阻层析中通常使用具有实心内核和多孔外壳微球的填料，以实现更高的流速并加快分析速度。这在大规模制备分子排阻层析中尚未引入，但理论计算表明，这种层析填料设计可以改善制备型分子排阻层析[15]。

利用核心和外壳差异的另一种变化形式是核心微球技术，其中分子排阻层析和吸附层析谱结合在一种填料中[6]。该技术在第三节和第二十章中提到。核心微球技术还可能开发出基于相同原理的新型填料，也许可以与体积排阻和配体的其他组合一起使用。

参考文献

第十五章

反相层析法

Kjell O. Eriksson

Gozo Biotech Consulting, Gozo, Malta

反相层析（RPC）是生物技术和制药行业中常用的分析方法。该技术在制备分离中也具有重要作用，主要是在困难的精纯步骤中，当其他技术无法将所需产品与密切相关的杂质分离。

在反相层析中，溶解在极性溶剂中的疏水性物质通过与非极性配体（即所谓的"反相"）的相互作用优先级不同而被分离，这些配体要么是附着在层析基质上，要么是作为层析基质结构本身的一部分，即聚合物固定相。流动液相由含有水溶性有机改性剂（例如有机溶剂）的水性缓冲液组成。该改性剂构成了与非极性配体相的液体界面。

反相层析中可能有两种类型的交互机制：分配和吸附。对于大型生物分子，由于其分子大小以及在有机相中的低溶解度，不太可能进行分配。保留却可以通过疏溶性吸附模型来解释。根据该模型，溶质通过流动相中分子之间的强相互作用而"强制"结合到固定相上，从而将溶质从流动相中排阻。在疏溶性模型中，保留与溶质在流动相中的溶解度参数有关，然而这种关系很复杂，应用该理论只能给出定性信息[1-4]。对于小的生物分子，例如有机化合物和较小的疏水肽（10~20个氨基酸），溶质的驻留是由于分配引起的，或者是分配和吸附的结合。就两种技术的分离机理而言，HIC与反相层析有一些相似之处，但反向层析中的相互作用强度远高于HIC，从而导致运行条件的差异。第一次反相层析分离出现在20世纪40年代后期，当时极性溶质在化学修饰的软聚合物凝胶上被分离[5]。基于二氧化硅的反相层析介质后来被开发出来，其衍生物已成为最常见的反向层析介质。高效液相层析（HPLC）技术的发展，在很大程度上，是由使用具有小粒径（通常为5~15 μm）的硅基反向层析材料驱动的。反向层析在20世纪70年代后期被应用于多肽的纯化，此后由于该技术的高分辨率而引起了相当大的关注[6]。对于生物分子，反向层析主要用于肽和多肽的分离，包括大规模制备的应用[7, 8]。

反相层析中的固定相被非极性配体高表面覆盖通常会导致与蛋白质的强相互作用。这可能会导致蛋白质三级结构的破坏，进而导致变性和活性丧失。在流动相中使用高浓度的有机改性剂也将限制该技术在大规模纯化中的适用性（例如，需要防爆设备，并且溶剂的处置或回收可能会大大增加生产成本）。因此，反向层析在制备型蛋白质纯化中的应用仅限于稳定的溶质，并且仅限于需要该技术具备非常高分辨率的情况下。

第一节　应用领域（目的与目标）

除了广泛的分析用途外，反相层析最常见的应用是制备多肽和蛋白质分离。反相层析在生物分子工业纯化中的最大用途可能是在胰岛素工艺中[8]，其中最终的精纯步骤通常由反相层析完成（见下文）。该技术还发现被用于其他类似应用中，例如将肽或多肽目标产物与其紧密相关但非所需的异构体中分离，这些异构体通常是被截短的，往往或含有错误连接的半胱氨酸残基，或缺少末端基团，或具有其他小的结构差异[7, 9, 10]。

第二节 示例：胰岛素纯化

胰岛素是第一个被批准用于人类的重组蛋白，它在世界各地被大量生产。如今，市场上有几种胰岛素或胰岛素类似物，与天然人胰岛素的区别仅在于1~3个氨基酸。市售的第二代重组胰岛素与原始胰岛素的特性略有不同，其主要目的是增加作用持续的时间。

Kroeff等人[8]描述了用于胰岛素精纯的反相层析步骤的开发。该工作是利用的大肠埃希菌表达的重组胰岛素。实验室规模的开发工作研究了层析介质（不同的供应商、粒径、孔径和配体长度）、pH值、缓冲液物质、有机溶剂、洗脱方案（例如梯度）和样品进样量，在这之后又进行了放大。图15-1所示为小规模的制备层析图谱。轴向压缩层析柱被应用于放大的生产规模。放大结果见表15-1。

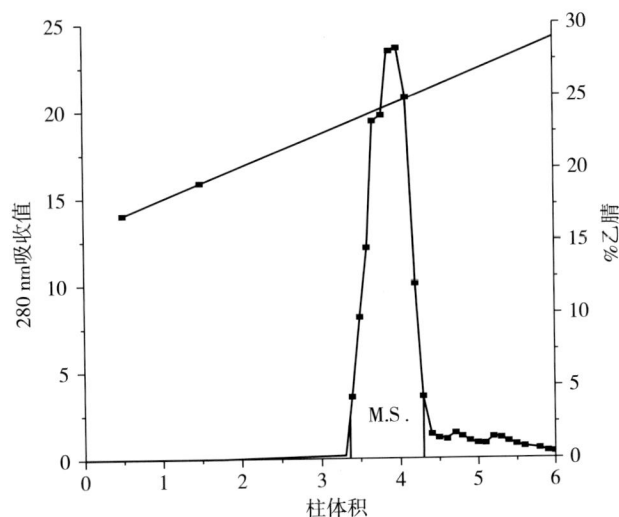

图15-1 胰岛素的制备层析法

在10 μm Zorbax工艺级C8柱料上运行。在0.25 M乙酸中从17%到29%的乙腈梯度洗脱。请注意，该图仅显示了部分层析图谱

经许可转载E.P. Kroeff et al., Production scale purification of biosynthetic human insulin by reversed-phase high-performance liquid chromatography. J. Chromatogr. 461（1989）45-61

表15-1 层析规模放大研究总结

层析柱大小(cm)	操作类型	操作条件			主要指标		
		流速(CV/h)	梯度范围(% 乙腈/CV)	上样量	纯度(%)	收率(%)	体积(CV)
15 × 0.94（10 ml）[a]	实验室	1.6	17%~30（2.2%）	13mg/ml	98.5	82	1
35 × 15（6.2 L）	中试车间	1.5	13%~30%（2%）	15g/L	98.6	79	0.8
57 × 30（40 L）	生产	1.4	15%~28%（2.1%）	15g/L	98.6	83	1.2

[a]柱体积。

在该实例中反相层析步骤用于精纯目的，当然之前也有发表过反相层析用于工艺的更早期阶段的例

子（如用于纯化胰岛素原[8]）。从另一种表达系统，酵母中纯化胰岛素的一般概述请参见Mollerup等人的研究[11]。在Degerman等人[12]所描述的例子中，制备型反相层析将胰岛素中最难去除的污染物之一—脱酰胺胰岛素进行了分离[12]。

反相层析还用于胰岛素纯化过程中的分析。图15-2显示了纯化的胰岛素原经酶切后样品的分析反相层析层析图谱，显示了主要成分，即胰岛素、C-肽和截短形式的胰岛素[13]。该产品仍必须通过两个层析步骤（离子交换，然后进行制备型反向层析）进行处理，以达到所需的纯度。

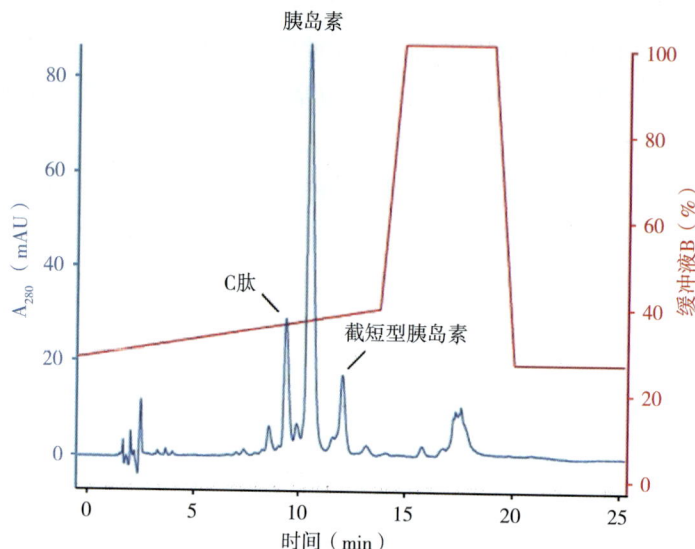

图15-2　酶切后胰岛素的分析RPC

在Kromasil 100-35 C4层析柱上运行，在pH 2.5的乙腈中进行梯度洗脱。缓冲液A:50 mM磷酸盐，100 mM高氯酸盐缓冲液，pH 2.5:乙腈（70:30）。缓冲液B:50 mM磷酸盐，100 mM高氯酸盐缓冲液，pH 2.5:乙腈（50:50）。经Cytiva（former GEHC Life Science）许可转载High-throughput process development and scale-up of an intermediate purification step for recombinant insulin. Application note 29-0018-56 AB from GE Healthcare Life Science, 2012

第三节　标准方法

小粒径（10~15 μm）的反相层析填料通常被用于制备目的。因此，需要高压柱（如轴向压缩柱）和系统。填料的疏水性使得必须使用有机溶剂/改性剂。离子配对剂，例如三氟乙酸（TFA）用于反相层析中的多肽和蛋白质分离，因此通常在酸性pH下进行。样品在低浓度的有机相中进样，而产品在高浓度的有机相中洗脱。对于蛋白质和多肽，通常使用非常缓的线性梯度来实现洗脱。梯度开始和结束之间的有机相浓度差可以是10%或更小。

有机改性剂的性质将影响疏水性效果，并且高洗脱强度的溶剂（如THF或乙腈）预计将会更容易接受亲脂性溶质（来自希腊语"fat friendly"，即亲近有机相的实体）。因此，溶剂可以根据洗脱强度的增加来排序：甲醇<乙醇<丙醇<乙腈<四氢呋喃（THF），其中THF几乎不会用于肽和蛋白质分离。通常选择如乙腈这样的溶剂来洗脱疏水性极强的溶质。经常用于分析应用的乙腈具有几个积极的性质，例如低黏度[14]（即使与水混合）和低UV截止值（如在低波长下的低吸光度）。乙腈的一个缺点是与醇类相比成本高。即使水/醇混合物的黏度可以是相应的水/乙腈混合物的三倍，但乙醇、甲醇和异丙醇依旧被广泛使用。

在选择有机改性剂时，还必须考虑用量大时如何处理和处置等问题。大多数管理机构限制使用大量（如

>10L乙醇）有机溶剂，并且需要防爆的环境和相应的设备。

如图15-3所示，用于分离的有机改性剂的浓度对溶质的保留有深远的影响。保留因子k'随着有机改性剂量的增加而降低。与小分子相比，这种影响对蛋白质和肽更为明显[14]。溶质的分子大小将影响吸附剂所占面积，保留将会随着溶质的疏水表面积（即疏水性区块的数量和大小）的增加而增加。多肽和蛋白质的保留对有机溶剂浓度的变化高度敏感，因此需要严格控制流动相组成，例如梯度形成具有很高的精度，同时还必须控制流动相的蒸发。对于能够良好分离的组分，可以开发一个简单的阶段梯度进行洗脱。但是，如果要分离的化合物彼此之间存在很大的差异，则明智的做法是考虑其他的分离方法，以较低的成本完成这项工作。

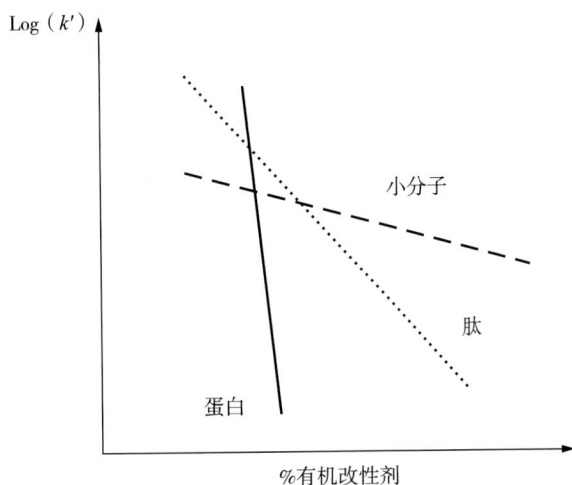

图15-3 小分子、肽和蛋白质的保留因子k'各自对有机改性剂浓度的一般依赖性

经许可来自S.W. Pettersson, High-resolution reversed-phase chromatography of proteins, Methods Biochem. Anal. 54（2011）135 164

除了上面讨论的疏水相互作用之外，溶质和反相层析填料之间也可能存在其他相互作用，包括氢键、金属离子配位和离子交换。选择由纯二氧化硅制成的反相层析填料，可以最容易地避免金属离子配位相互作用[15]。氢键和离子交换相互作用的根源是二氧化硅表面上存在硅烷醇。因此，大多数反相层析填料均采用单碳C-1的化学结构进行末端封闭，旨在阻断这些基团。尽管有末端封闭，但仍存在尤其是离子相互作用的风险。通常通过选择低pH进行分离来克服这些相互作用。为此，通常使用所谓的离子配对剂（例如TFA）来实现这一目的。待分离的溶质与相反电荷离子形成离子对吸附在固定相上，也可以使用其他相反电荷离子，例如四丁基乙酸铵（TBA-Ac）。在酸性或碱性条件下用反相层析分离时，肽和蛋白质的表现不同。通常需要避开样品中蛋白质/肽的pI（等电点）附近的pH值，因为在这些条件下其溶解度低。在高pH下，肽和蛋白质的稳定性会成问题，大多数反相层析填料中使用的二氧化硅骨架的稳定性也非常低。鉴于这些原因，肽和蛋白质的反相层析纯化通常在酸性pH下进行。

第四节　在位清洗和在位消毒

用于蛋白质纯化的其他层析填料的在位清洗（CIP）使用的典型碱性条件，不适用于二氧化硅反相层析填料的CIP。反相层析中最常见的CIP程序是继续将有机改性剂增加至高浓度（通常为80%~90%），同时保持离子配对剂的浓度。成熟的方案是采用一个陡峭的梯度（约1 CV，柱体积）至最终浓度，然后在该高浓度下继续进行约2 CV。在大多数情况下，该程序就足够了，因为生物工艺中的反相层析几乎完全用作最后的精纯步骤，进样于层析柱的样品通常不包含任何难以从层析柱中清除的"困难"污染物。对于困难的情况，可以使用水和THF的混合物，并且如果吸附的杂质疏水性较强，则可能需要使用二甲基亚砜（DMSO）或二甲基甲酰胺（DMF）。大多数基于聚合物的反相层析介质可以使用碱性条件进行清洗。

第五节　工艺开发工作流程

在生物技术领域中，反相层析通常不是纯化方案中的首选。当使用时，它是出于需要，即分离非常困难，以至于无法通过其他技术，例如离子交换色谱法（IEC）、亲和或疏水作用层析（HIC）完成。制备性反相层析分离通常使用粒径与分析型分离类似的填料进行，范围为10~15 μm。对于这种小粒径材料，没有方便的高通量筛选形式，因此使用分析型反相层析层析柱进行工艺开发。工艺开发的首要目标是找到固定相和流动相的合适组合。洗脱方法和柱长、流速等参数常根据经验选择。对于小规模的制备工作，这可能就足够了，但是将该方法转移到更大规模需要优化，尤其是出于经济原因，也就是让生产一定数量的产品（$/克产品）的成本最小化。除了纯度之外，优化还关注溶剂成本、人工成本和产量，以及最大限度提高通量（克产品/小时）。制备型反相层析工艺的一个重要部分是确定产品纯度在可接受限度内的最大进样量。

第六节　关键和重要工艺参数

反相层析中要考虑的关键和重要工艺参数总结见表15-2。

表15-2　开发反相层析纯化步骤时要考虑的工艺参数及其对关键参数和重要参数的启发式任务的列表

参数	重要关键	关键	备注
有机改性剂浓度	非	是	对于较大的肽和蛋白质，完成洗脱的"浓度窗口"很窄，为百分之一或更少。因此，混合流动相的准确度至关重要
离子对试剂浓度	非	是	离子对试剂的浓度对于与层析柱/层析填料的结合强度很重要。通常使用低浓度的Ion-paring试剂，0.05%~0.15%
上样量	非	是	制备型反相层析在非线性或过载模式下运行，因此微小的变化会显著影响峰形，杂质洗脱位置以及分离度，因此保持样品量（mg或g）恒定很重要
梯度形状和斜率	是	非	通常，这些参数是一劳永逸地设置的，不应改变，但应密切关注实际产生的梯度，因为最小的改变可能会对分离结果产生很大影响
流速	是	非	应与其他分离技术一样保持恒定。流速会对分离度产生一些影响，就像第十六章所述的其他吸附技术一样。在低流速下，例如分离时间长，由于反相层析中通常使用的酸性条件，存在产物缓慢脱酰胺的风险。当长时间暴露于变性条件下时，时间也是肽和蛋白质不稳定的一个因素
峰切割	是	非	反相层析中的产品收集通常通过峰切割来完成，因为杂质和产品洗脱位置非常接近，甚至重叠。第七节中讨论的参数均对分离有影响，包括峰的形状，因此将影响分离。只要这些参数稳定，峰切割应该是可重现的，但如果没有，可能会出现产品纯度问题

第七节　方法学

相较于其他吸附技术，反相层析中的溶质保留是由于溶质与层析填料之间的表面相互作用所致，因此解决选择性问题的主要行为是筛选不同的填料。

使用反向层析分离溶质混合物的分辨率可以通过流动相的组成来调节，例如主要通过改变有机改性剂的浓度。改变pH值会影响电离程度，可能用于调节小溶质的选择性。但是，对于较大的溶质（例如蛋白质）的影响是不可预测的，一般建议在低pH下运行以保持峰形对称[15]，不过Olson等人论述pH可能会引起特殊的选择性效应[7]。这些作者在报告中说，利用反相层析可以在pH 7时将人源IGF-1与其甲硫氨酸-亚砜的变体分离，但在pH为3时未分离。可以通过向流动相中添加离子配对剂（如三氟乙酸-TFA）来掩盖溶质的电荷。

反相层析中的洗脱通常是通过梯度来实现的，例如增加有机改性剂的浓度。CV的数量（柱体积）通常在15~20范围内，分辨率受梯度陡度的调节。对较小溶质（如肽）和较大溶质（如蛋白质）的效果不同。

等度反相层析中的谱带展宽将与分子排阻层析（体积排阻层析法）中的相似，前提是吸附-解吸机制很快，不过等度反相层析几乎从未用于蛋白质纯化，也很少用于肽纯化。在有梯度的情况下，梯度的锐化效果或谱带压缩效果将产生较小的谱带展宽。此外，对于相似大小的溶质，不同峰的宽度不会具有很大差异。根据经验，峰宽将大致等于保留因子为1~2的情况下等度洗脱的物质的峰宽[1]。关于分辨率，对于反相层析来说也是可变的，具体讨论见第九章。

与其他类型的吸附层析一样，层析填料的孔径和结构会影响溶质的传运（参见第十六章的讨论）。已经得出的结论是：最好使用大孔材料（即标示孔径为120~500Å）进行大溶质（例如肽和蛋白质）的反相层析[8, 16, 17]。

大多数反相层析材料基于衍生的二氧化硅颗粒。用于蛋白质和多肽分离的最常用配体称为C-4和C-8，尽管有时会使用C-18（数字代表碳链的长度）甚至苯基衍生的反相层析填料。附着在基质上的配体类型通常对蛋白质和肽的保留影响很小[18]，不过考察该参数仍然很重要，因为即使很小的变化也可能对密切相关化合物的分离产生很大影响。值得注意的是，反相填料的配体密度至少比用于HIC的配体密度高10倍。二氧化硅已成为用于分析型反相层析非常成功的基架，并且对于制备型分离也是如此，不过有限的pH稳定性可能限制了二氧化硅在工艺规模纯化中的使用。还有一些基于聚合物材料的反相层析材料，如聚苯乙烯-二乙烯基苯（PS-DVB），可以在较宽的pH范围内稳定，使得可以使用碱性条件进行CIP。

只要样品（包括所有吸附物质）的进样量处于分析型进样水平，进样量或溶质浓度应该不会影响分辨率。制备型反相层析在非线性或过载模式下运行（如第十六章所述），因此进样量的微小变化会显著影响峰形。这是非常重要的，因为反相层析几乎总是用于非常困难的分离，其中所需产品和杂质从层析柱上的洗脱非常邻近，甚至部分重叠。如果选择好了起始条件使所有溶质都吸附到层析填料上，那么高黏度的高浓度样品就可以在上样之前进行稀释。

当使用反相层析进行蛋白质纯化时，由于不可逆的吸附或构象变化和变性而导致的活性物质损失始终是一个风险。因此，生产工艺中使用该技术之前，必须进行产品收率的评估[19, 20]。

第八节　经济性

关于层析步骤经济性的一般讨论见第八章和第九章。除了和所有其他层析填料一样，填料的寿命是非常重要的，此外还需要考虑反相层析特有的其他一些因素。

如果反相层析用于蛋白质或肽的生产工艺中，则通常是下游纯化中最昂贵的部分，有时几乎占下游总运营成本的一半。

造成这些高成本的原因有几个。首先，使用大量有机溶剂是昂贵的[14]，并且很容易占反相层析步骤总成本的75%（图15-4），特别是如果使用乙腈作为有机改性剂，溶剂本身的原料成本很高。此外，还有与处置这些溶剂的有关费用。通常，它必须储存在一个单独的储罐区中，该区域需要距生产设备有一定的距离（取决于不同国家的消防部门法规）。使用大规模生产所需量的有机溶剂需要电气防爆级（EX级）的环境/建筑物。此类EX级生产建筑的建设成本大大高于"普通"建筑。使用后，有机溶剂的处理也必须进行；可以将废液送去销毁或再蒸馏（和分析）后重复使用。

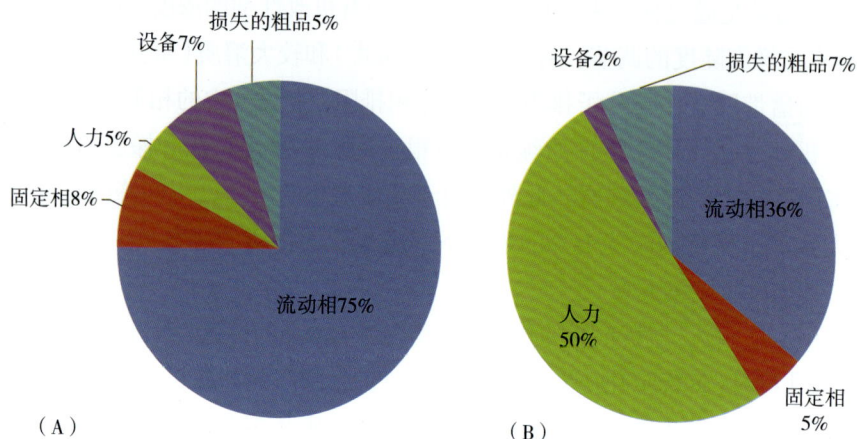

图15-4　工业工艺（A）和实验室规模制备操作（B）成本分析的典型数值

经许可来自S.W. Pettersson, High-resolution reversed-phase chromatography of proteins, Methods Biochem. Anal. 54（2011）135-164

另一个增加成本的因素是需要小粒径材料（10~15 μm）才能实现所需的分离。这些填料的成本很高，另外还有层析柱和系统的成本。在分离过程中，较小的颗粒导致较高的压力，这需要层析柱和系统具有很高的耐压等级，例如，使用制备型HPLC系统和层析柱。另一个增加成本的因素是反向层析分离的低结合载量。其载量通常比生物技术应用中使用的其他填料低得多，部分原因是分离的困难性，需要去除与产品相关的杂质，这些杂质与产品之间的差异可能仅一个氨基酸残基或更少。有时样品进样量可低至1~15 mg/ml填料。循环的运行此类步骤很常见，每个批次包括10~20个循环是常态，这显然需要时间，这也增加了总成本。

第九节　产率

关于生产率，反相层析可以用与其他类型的吸附填料相同的方式处理（生产率的一般描述参见第九章）。但是，正如在讨论反相层析的经济性时所述，反相层析填料上的样品进样量通常比其他类型的吸附技术低得多，有时就在1~15 mg/ml填料的范围内，因此有必要运行许多重复循环来处理一个产品批次。这通常会导致一个和其他层析技术相比相当低的生产率。

在用反相层析纯化重组IGF-1的实例中，优化后的工艺在50℃下运行，以1 g IGF-1/L层析/小时的生产率获得所需的纯度[7]。

参考文献

第十六章

纯化工艺中的过滤方法（浓缩和缓冲液交换）

Jakob Liderfelt, Jonathan Royce

GE Healthcare Life Sciences, Uppsala, Sweden

第一节　应用领域

超滤（ultrafiltrastion，UF）和洗滤（diafiltration，DF）操作的主要目的分别为浓缩目标产品和改变溶液条件（即缓冲液）。UF/DF步骤之后的下游工艺体积最小化，并进行缓冲液置换以改变溶液条件，以适应下游工艺操作或纯化产品的长期储存。由于去除杂质的能力有限（只能去除小于截留值的杂质），UF/DF未专门作为纯化步骤。小分子量蛋白质和其他分子如DNA可以被去除，但通常不会到达更大的程度。典型的UF/DF工艺如图16-1所示[1]，该工艺基于一个浓缩和一个洗滤步骤。经洗滤后继续浓缩也是常见的操作手段，以减少工艺体积并获得更高的目标产品浓度。

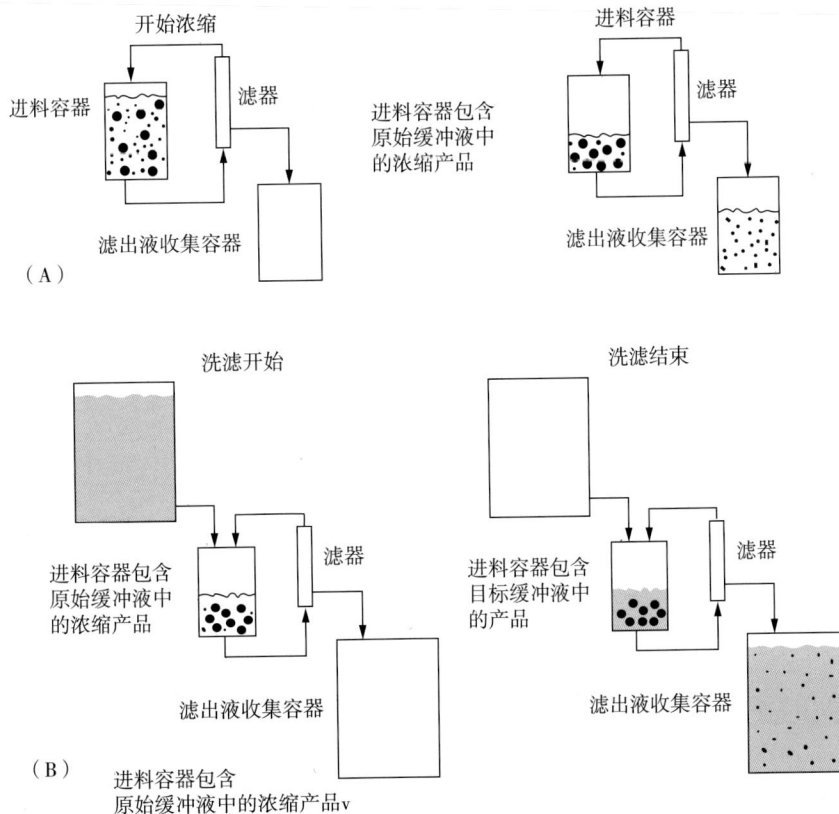

图16-1　浓缩和缓冲液交换工艺

（A）UF（超滤）浓缩步骤，通过膜过滤去除缓冲液来浓缩目标产物；（B）DF（洗滤）步骤，将初始缓冲液交换为目标缓冲液
由Cytiva（former GE Healthcare Life Sciences）提供

第二节　工艺开发

在开发UF/DF工艺时，第一步需要确定应该使用哪种膜。这通常通过实验室规模的筛选测试完成，以确认膜的化学成分和截留值。通过交叉流过滤（cross-flow filtration/CFF）装置泵送样品，并回收回流液和透过液。从回流液和透过液中取样并进行分析，以确定筛分系数S（见式7-5）。专用于很少为UF/DF单元操作设计专用的缓冲液。起始缓冲液由上一步骤确定，而渗滤缓冲液由后续操作所需的环境所决定。调节缓冲液与起始物料中的缓冲液相似，更常见的是与渗滤缓冲液相同的缓冲液。

对于浓缩目标产物并置换缓冲液的典型UF/DF工艺，筛分系数应等于零。如果不是这种情况，则应使用具有较低截留值的滤膜。选择正确的滤膜截留值后，进一步对工艺参数进行筛选。通常在改变切向流（或压力）和跨膜压（TMP）的同时测量通量来完成的。对于纯水，通量与压力成正比（式7-6），但当进样中含有某种物质时，通量会不同。对于后一种情况，在恒定的切向流和增加TMP的情况下，通量最初与所施加的TMP成正比，而后增加速率下降，直到通量达到平稳。最佳参数设置处于在达到平稳前的区域（图16-2C）。水通量曲线和工艺通量曲线开始偏离的点（图16-2B）通常称为临界通量[2]。通量开始下降是因为随着液体通过膜去除，膜表面的目标产品浓度增加，并在膜表面开始形成凝胶层（图16-2A），这增加了液体透过膜的总阻力（参见第七章）。切向流应设置为进一步增加但不会带来更高通量的流速。需要记住的是，确定的工艺参数通常仅对测试中使用的浓度有效。如果测试在目标产品的最高浓度下进行，则所确定的工艺参数可用于整个UF/DF工艺。或者，可以在多个浓度下进行测试，并且在工艺过程中相应地调整工艺参数/设置。识别临界通量的另一种方法是控制通量[3]。在这种操作模式下，回流端和透过端都进行再循环，并且通过透过端泵逐步增加通量，同时监测TMP。当TMP在恒定通量下不稳定时，即达到临界通量。应以较低的通量重复该过程，并使用达西定律计算膜总阻力。膜阻应在临界通量处开始增加，并在较低通量处保持稳定。

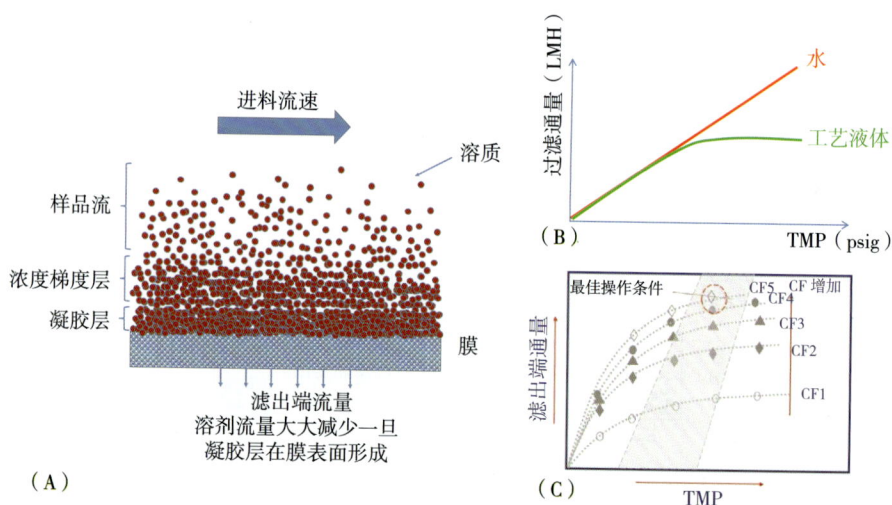

图16-2　凝胶层效应及工艺参数优化
（A）凝胶层示意图；（B）水和工艺液体间的压力与通量的关系；（C）通量优化图（CF代表切向流）
由Cytiva（former GE Healthcare Life Sciences）提供

UF/DF组合工艺操作的另一个关键参数涉及在最佳时间点启动洗滤步骤的问题，例如，在到达最终浓度后（超滤）终点，需要最低洗滤体积或更早开始。在超滤浓缩步骤期间，通量降低（图16-3），且存在进行洗滤的最佳通量，使UF/DF组合工艺的总用时最短，同时在缓冲液交换中不会消耗过多的体积。由于洗滤过程中的通量相对恒定，除非新缓冲液具有不同的特性（如黏度或密度），以较低的浓度（即较高的通量）进行洗滤步骤，后将溶液浓缩至最终浓度，比以最低的体积（最终浓度）操作洗滤步骤更有效率，后一种情形由于通量较低，因此处理时间较长（图16-3 B）。

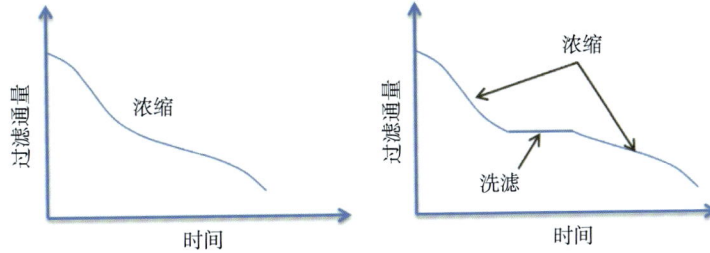

图16-3　浓缩和渗滤过程的工艺曲线
由Cytiva（former GE Healthcare Life Sciences）提供

　　根据工艺目标，可对UF/DF步骤进行优化，以最大限度地减少对缓冲液的消耗或达到最短的处理时间。在浓缩前进行洗滤，需要大量缓冲液。然而，当浓度较低时，初始通量会更高，即使缓冲液的体积较大，也会使洗滤的时间缩短。为了确定这种操作的最佳条件，需在选定的工艺条件下测定通量和浓缩系数之间的关系。如果将数据绘制为通量乘以浓缩系数的乘积（图16-4），则最大值（通量（浓缩系数）确定了为了使工艺时间最小化而应进行洗滤的浓度。对于小于最佳值的浓缩系数，通量不能补偿高洗滤体积，对于大于最佳值的浓缩系数，通量更低，工艺时间更长。应该注意的是，最佳浓缩系数与洗滤体积数无关，洗滤体积数定义为洗滤过程中去除的透过液体积与剩余回流液体积之间的比率（见第七章）。

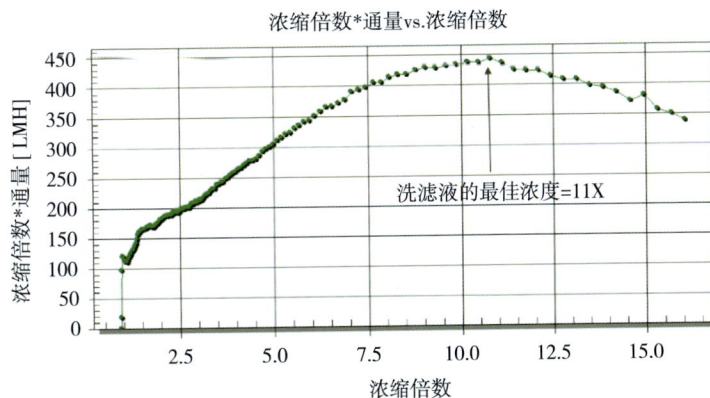

图16-4　UF/DF工艺优化
　　图显示了应进行渗滤以最小化工艺时间的位置。曲线上的最高值（浓缩系数*通量）对应于最大的样品浓缩系数，其中通量下降与浓缩系数的增加成正比。由Cytiva（former GE Healthcare Life Sciences）提供

　　洗滤可以在连续或非连续两种模式下进行。在非连续模式下，该过程以循环的方式进行，其中每个循环，将新的缓冲液添加到浓缩的样品中，并将样品浓缩至指定的浓缩系数。重复该循环，直到交换完所需量的缓冲液。非连续洗滤结束时的溶质浓度由公式16-1给出[4]：

$$C_S = C_{S0} \times CF^{1+n(\sigma-1)} \tag{16-1}$$

　　式中，C_S为洗滤后的溶质浓度，C_{S0}为溶质初始浓度；CF是洗滤期间使用的浓缩系数，n是洗滤循环次数，σ是溶质排斥。

被置换的缓冲液水平可通过求解方程式16-1计算n。

在连续洗滤中，通过以与透过液流速相同的速率向回流液中加入新鲜缓冲液，来保持回流液体积恒定。连续洗滤结束时的溶质浓度和置换缓冲液的水平由公式16-2和16-3给出[4]：

$$C_S = C_{S0}e^{-V_D(\sigma-1)} \tag{16-2}$$

$$V_D = \frac{1}{1-\sigma}\ln CF^{-1} \tag{16-3}$$

式中，V_D是洗滤体积数（一个渗滤体积相当于再循环池和流路中液体总体积。例如，如果再循环池和流路中有10 L液体，当加入10 L缓冲液并同时在透过液中收集到10 L液体时，即达到一个洗滤体积）。

与非连续模式相比，在最佳洗滤点进行的连续洗滤模式通常更有效率。在非连续工艺中，减少溶质所需的洗滤缓冲液量较少。鉴于这点，通量会减小。在浓缩过程中，非连续模式的平均通量较低，而连续模式在连续操作中运行，在较短的时间内进行。

为控制连续洗滤，最常见的是在回流罐使用天平或称重传感器，并保持重量恒定。这是因为与流量计相比，称重传感器有更高的准确性，其信号可通过积分以获得体积。如果将要更换的缓冲液和新缓冲液的密度不同，则体积会发生变化。因此，在工艺开发期间需要进行密度测量，以补偿差异。

缓冲液交换时所用缓冲液量取决于工艺要求。如果样品需要调节pH值或电导率，但成分恒定，以适应后续特定的层析步骤，则典型的洗滤体积数为4。如果去除某种缓冲化合物或杂质更重要，则需要额外的洗滤体积。例如，生物制药工艺中，除菌过滤前的最终UF/DF步骤通常需要6~10个洗滤体积（图16-5）。

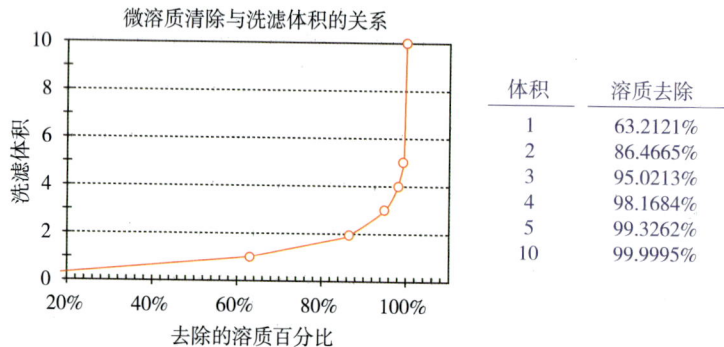

微溶质清除与洗滤体积的关系

体积	溶质去除
1	63.2121%
2	86.4665%
3	95.0213%
4	98.1684%
5	99.3262%
10	99.9995%

图16-5 通过膜过滤去除缓冲液成分/溶质
由Cytiva（former GE Healthcare Life Sciences）提供

工艺开发期间追踪工艺性能始终是重要的，包括目标产品稳定性。因此，在所有UF/DF实验中都应计算收率和质量平衡。产率或质量平衡不佳可能表明目标产品发生了意想不到的事。例如，当蛋白质暴露于剪切力下，尤其是在较高浓度下，可能会发生沉淀，或由于其他工艺条件，蛋白质可能发生变性。如果通量在过程中迅速下降，可能使沉淀的蛋白质黏附在膜表面，从而导致饼状堆积。此外，如果蛋白质的疏水区域由于变性而暴露，则可能被吸附到膜上，从而导致膜污损。对剪切敏感的目标产品，进料流速必须保持在尽可能低的水平，因此，应进行筛网选择（见第七章）以使剪切力最小，从而提高蛋白质稳定性。对于高的剪切力敏感性，应选择开放通路模式。开放通路有平板和中空纤维两种模式。由于其在层流中运行，通量通常较低。平板盒中会产生局部湍流，从而增强清除效果。在某些情况下，降低温度可以获得更好的蛋白质稳定性，但也会降低通量。大多数目标产品可以在较短的时间内承受高剪切力，较长时间或反复暴露时会迅速开始降解。这可能需要在工艺时间上优化的工艺，例如通过增加膜面积。

需要记住的是，如果在UF/DF步骤调节pH值，尤其是在达到蛋白质pI的情况下，目标产品或污染物的性质可能会发生变化。这可能导致筛分系数发生变化，因为样品的pH值/电导率发生变化，以致工艺收率降低和（或）纯度发生变化。

在许多情况下，特别是对于临床生产，通常以现有的设备和系统运行该工艺。因此，在实验室规模开发工艺时，了解最终规模和预期设备的限制非常重要。例如，泵容量、膜面积限制和系统滞留体积均是需要考虑的因素。

第三节 示例

在下游纯化工艺中使用超滤/洗滤（UF/DF）的两个示例如下所示。第一个示例显示了标准mAb工艺中DF和UF/DF操作的应用，第二个示例描述了UF/DF步骤在病毒纯化工艺中的使用。

一、单克隆抗体的纯化

标准单克隆抗体（mAb）工艺至少包含一个UF/DF步骤，通常称为"最终浓缩和缓冲液交换"。该步骤在除菌过滤之前进行，除菌过滤是下游工艺的最后一个步骤。如果需要在层析步骤之间交换缓冲液或减少工艺体积，则下游工艺也可能包含额外的UF/DF步骤。例如，可能必须更改pH值和电导率，或者上一步的缓冲液成分将对下一步产生负面影响。也可以考虑采用超滤步骤，提高目标产物浓度，通过将纯化移至吸附等温线更有利的区域来改善层析步骤的性能（见第九章），这将改善层析填料的利用率，减少潜在的产率损失。图16-6描述了包含两个层析步骤和两个UF/DF步骤的mAb工艺[5]。第一次UF/DF步骤去除了缓冲液组分，这些缓冲液组分将降低第二个层析步

图16-6 mAb工艺示例

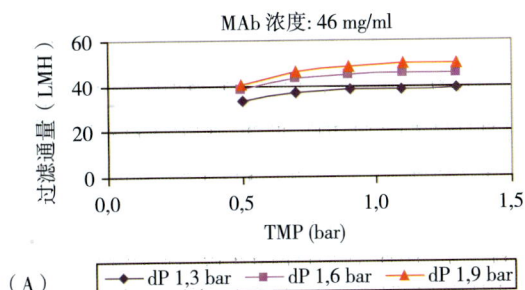

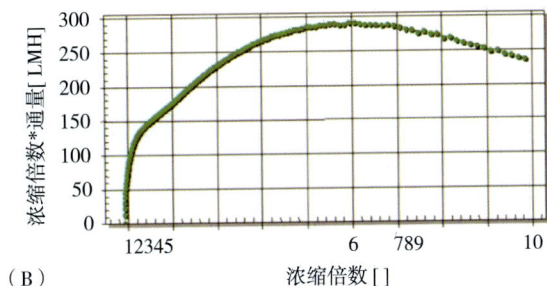

骤的分辨率。第二次UF/DF步骤是为了浓缩目标mAb，并将缓冲液更换为最终灌装所需的组分。两种操作均使用30 kDa膜进行。图16-7是在检测过膜压情况下的时间优化图和工艺运行曲线，在表16-1中进行了总结。图16-6所示工艺的纯化挑战之一是初始聚集体水平较高，因此必须开发UF/DF步骤，以便在这些步骤中不会形成新的聚集体。两个步骤均被设计为将过滤时间保持在1小时以下，以缩短总工艺时间。第一步和第二步分别在ΔP为1.6和1.8bar以及TMP为0.8和0.9下运行。第一步仅作为DF操作进行，因为不需要浓缩。在最后一个UF/DF步骤中，在浓缩系数达6.5后进行洗滤，以尽量减少步骤时间。

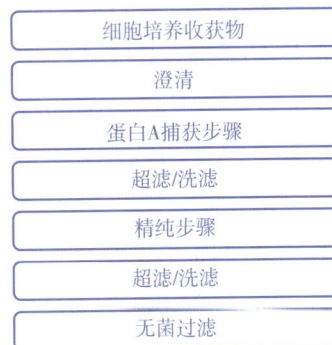

（A）　　　　　　（B）

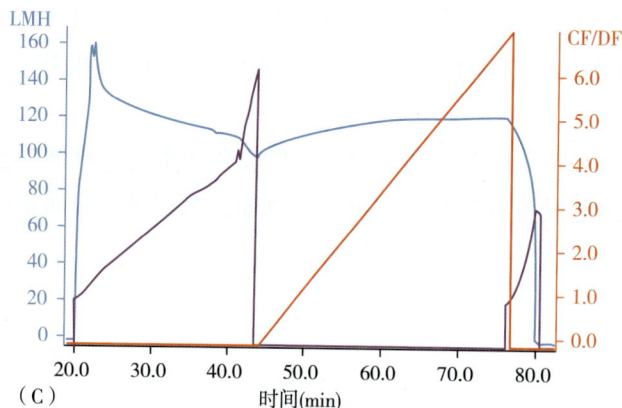

图16-7 工艺优化

（A）TMP优化；（B）时间优化图；（C）工艺运行曲线

由Cytiva（former GE Healthcare Life Sciences）提供

表16-1 mAb工艺示例的工艺参数和数据

	UF/DF 1	UF/DF 2
膜面积（m²）	0.33	0.33
DF前的浓缩因子	—	6.5
渗滤体积	6.5	7
DF后的浓缩因子	—	3
ΔP（bar）	1.6	1.8
TMP（bar）	0.8	0.9
上样量（g mAb/m²）	275	133
收率（%）	98	99
平均通量（LMH）	73	117
过滤时间（min）	50	60
起始聚合物水平（%）	12	0.6
末端聚集体水平（%）	12	0.6

二、疫苗纯化

本例介绍了在疫苗工艺中浓缩产品和交换缓冲液的UF/DF步骤[6, 7]，这是无菌过滤前的最终纯化步骤。由于病毒对剪切力很敏感，过滤病毒（如流感病毒）十分麻烦。因此，如在第七章中所讨论的，最好采用开放通道的过滤形式而不是筛网形式，为此，采用了内腔直径0.5 mm的中空纤维，其纤维长度为60 cm。

在无菌过滤步骤中，流感病毒的收率往往很低，甚至低至40%。原因是流感病毒颗粒大小和膜截留值的差异很小。因此，需要使用无菌过滤器进行最少数量的过滤操作以控制潜在的生物负荷（降低生物负荷）。为了防止污染和减少降生物负荷过滤，通常使用一次性设备。在该例中，使用一次性的膜和系统。在该例中使用截留值为500 kDa的过滤器，这在流感病毒纯化中很常见。也有报道较大孔径（750 kDa）的例子，且没有证据表明目标产物穿透了膜[8]。这是限制病毒穿透膜的最大孔径，允许较小的杂质，例如宿主细胞蛋白和DNA等被去除。进料上样量为55 L/m²，浓缩23次，洗滤6次，以正确置换缓冲液。为了防止初始的高通量衰减，用泵将通量控制在约20 LMH。结果如图16-8所示，该图清楚地表明在这些工艺条件下，可以非常有效地去除HCP和DNA。以血凝素（HA）浓度表示的总工艺收率。

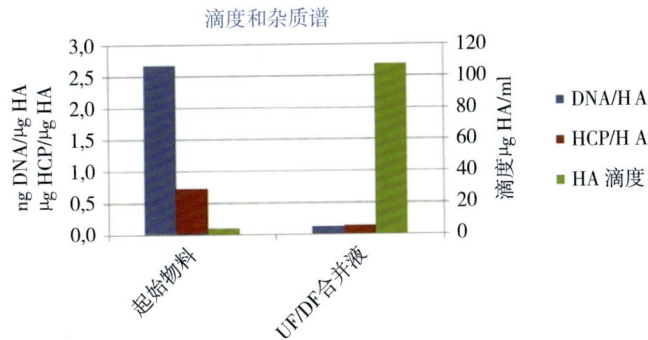

图16-8　UF/DF步骤去除杂质和流感病毒浓度的变化

病毒浓度由血凝素（HA）的浓度表示。血凝素是一种位于流感病毒表面的蛋白质，它的浓度与病毒颗粒的浓度相关[6, 7]

由 Cytiva（former GE Healthcare Life Sciences）提供

第四节　先进方法

上一节描述了在连续或非连续模式下运行的标准批量操作，本节描述了以各种方式设计UF/DF工艺的方法，以组合步骤或增加UF/DF的可用性。

一、UF/DF 单元的级联

几个批次的UF/DF单元可以串联起来，以同时执行多个UF/DF步骤。这种操作的一个例子是在第一个层析捕获步骤之前将澄清步骤与浓缩步骤组合（图16-9）[9, 10]。第一步，采用微滤操作，去除宿主细胞和（或）源自发酵或细胞培养的细胞碎片。在此步骤中，目标蛋白穿过微滤膜。第二步，使用超滤膜浓缩目标蛋白。当第一步的透过液体积足以填满UF/DF装置的回流液部分时，开始第二步。在这种设置下，来自UF步骤的透过液可用于第一步中浓缩物的清洗，从而提高工艺收率并减少缓冲液消耗。

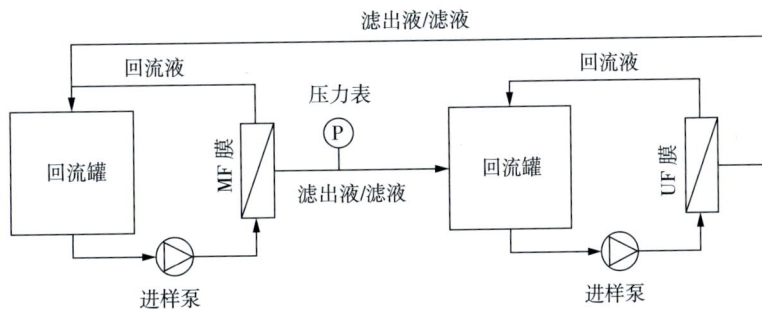

图16-9　级联CFF操作

其中第一个MF膜用于从发酵或细胞培养液中澄清目标产物，第二个操作是浓缩目标产物的UF膜。将来自第二阶段的回流液再循环回到第一阶段的再循环容器中，以清洗产物并最小化缓冲液体积

二、单向切向流过滤

另一种操作UF步骤的模式被称为单向切向流过滤（single-pass tangential flow filtration/SPTFF）[11]。在

SPTFF中，调整过滤设置，以便不再发生循环。将物料泵入UF/DF过滤器中，并将回流液（也称为浓缩液）和透过液收集在单独的容器中（图16-10A）。在该设置下，样品仅通过过滤装置一次。过滤器支架可以设计成使液体流通多个滤器，如图16-10B所示。浓缩系数由浓缩液和透过液流速之间的关系决定。

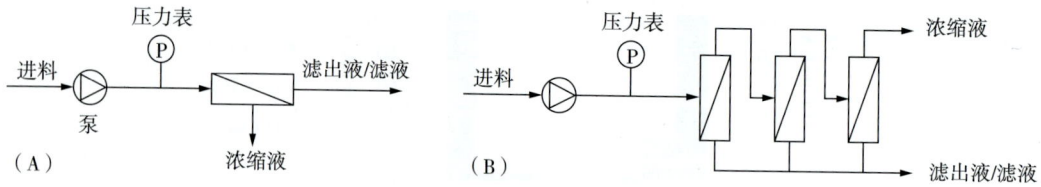

图16-10　单向过滤
（A）示意图；（B）通过多个滤器的流路

缓冲液交换通过将浓缩液在所需缓冲液中进行稀释，然后再次通过滤器。对于过程中浓缩和缓冲液交换，只需进行一次浓缩，然后稀释至适合下一单元操作的缓冲液即可。为了更好地控制，可以使用泵或限流阀来控制过程中的浓缩系数。与标准UF/DF工艺相比，SPTFF通常更快且更易于操作。系统设置也更容易，因为没有进行再循环。缺点是需要较大的膜面积，这会增加操作成本。

三、连续交叉流过滤

生物工艺行业加大了对连续流工艺的关注[12]。基于周期性逆流原理（periodic counter-current principle，PCC）的层析技术越来越受到关注，并且正在进行生产规模兼容性的评估（见第二十一章和第二十八章）。在UF/DF领域中，连续处理通常指进样/回流通路中物料的连续再循环。图16-11和图16-12给出了用于浓缩或缓冲液交换操作的连续UF/DF设置/工艺的几个示例。

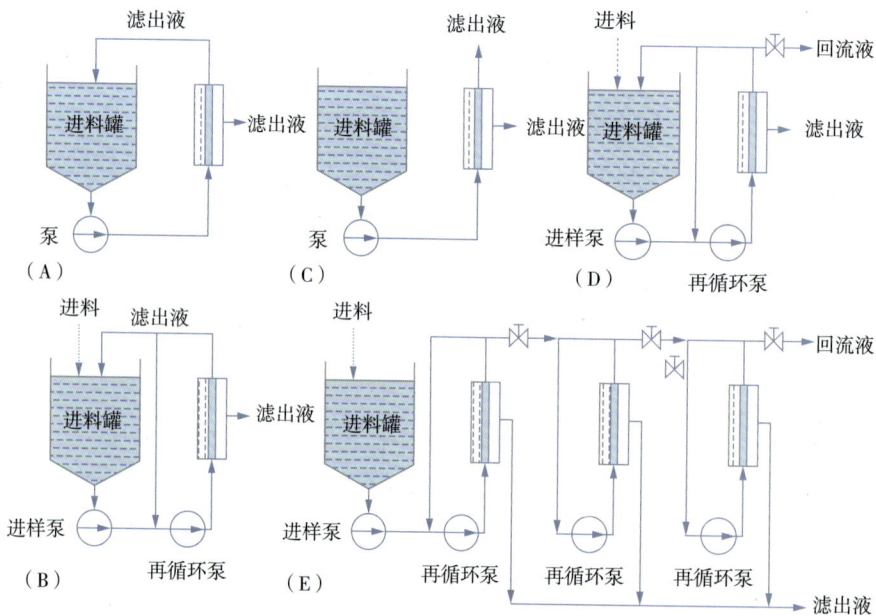

图16-11　进行浓缩的批次式、分批补料式和连续式膜过滤的不同设计
（A）分批膜过滤并回收回流液；（B）分批补料膜过滤，又称"批量加满"，部分回收回流液；（C）单向切向流过滤；（D）连续式膜过滤，部分回收回流液；（E）连续式级联膜过滤，具有顺序连接的过滤单元

经Elsevier A.Jungbauer许可转载，*Continuous downstream processing of biopharmaceuticals, Trends Biotechnol. 31*（8），2013, 479-492

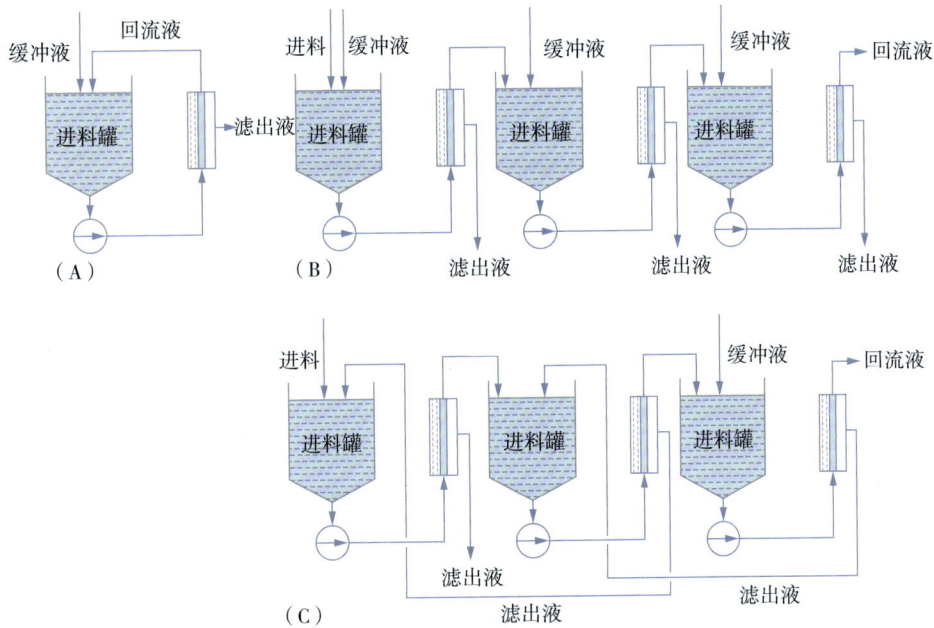

图16-12　连续洗滤的不同模式

（A）连续洗滤；（B）级联模式下连续并行洗滤；（C）级联模式下的连续逆流洗滤

经Elsevier A.Jungbauer许可复制，*Continuous downstream processing of biopharmaceuticals, Trends Biotechnol. 31（8），2013, 479-492.*

尽管与下游工艺其他部分的连续应用相比，UF/DF过滤在一定程度上有所滞后，但有这方面进展的报道[13]，其中包括级联过滤器（可提高过滤效率）的示例[14]和单向过滤的应用[15]。由于膜污损几乎是所有膜的内在属性，使过滤过程运行较长时间并处理大量的溶液是很麻烦的。因此，与层析相比，连续层析操作预期会减少层析填料的体积（即更小的设备），过滤操作则需要预先安装更大的过滤面积，因为过滤操作受容量通量（L/m²）的限制。因此，必须针对将要处理的体积缩放膜面积，或者必须定期更换膜。因此，与批量模式下的UF/DF操作相比，UF/DF的连续操作不会显著降低操作成本。

四、高效切向流过滤

术语"高效切向流过滤（HPTFF）"没有明确定义。最初，该名称用于描述过滤设置，以使整个膜表面具有均匀的TMP[16]。后来，相同的名称被用于用电荷基团对膜表面进行化学改性以利用电荷排斥力/吸引力和膜孔的筛分特性来增强分离的设置[17]。

UF/DF操作中，TMP用于控制膜上的压力。TMP表示通过过滤器长度的平均压力。然而，在透过液侧压力恒定的情况下，回流液侧压力下降。这会在膜上产生不同于平均TMP的局部TMP（图16-13）。但是，通过在透过液侧施加共流，在透过液侧产生压降并可以控制，因此TMP在整个膜的长度上几乎是恒定的。由于膜筛分受到TMP的影响（见第七章），因此与标准TFF操作相比，HPTFF工艺对半渗透性目标产品和杂质的分离度更高。有报道称，HPTFF可以达到与层析等纯化技术相同水平的分离度和收率[16]。在UF膜携带电荷的情况下，可获得更高的分辨率，因为电荷可通过增加或减少再循环回路中的pH值和（或）电导率来改变表面筛分系数。带电荷的HTPFF单元可以显著提高分离分辨率[17]。

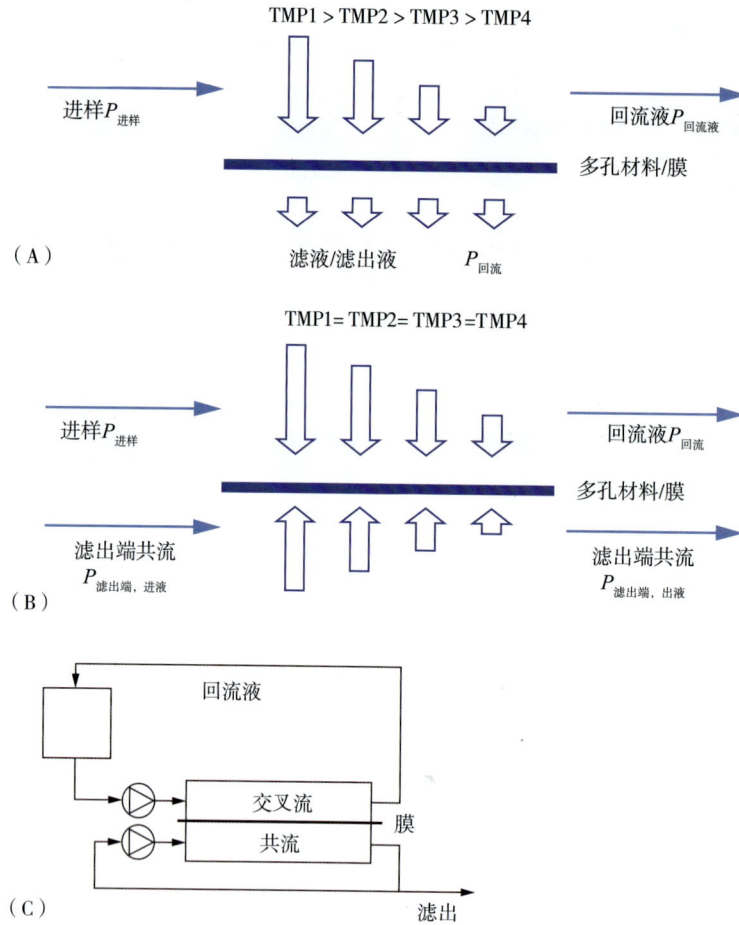

图16-13 局部TMP的示意图描述

（A）标准UF/DF，其中局部TMP随着流道降低；（B）具有滤出端共流的局部TMP，其中局部TMP沿流道保持相同；（C）HPTFF工艺图片

第五节 关键工艺参数

如前所述，UF/DF不是一种高分辨率的纯化操作。但是，也存在如HPTFF之类的例子，这种操作需要监测其纯化性能。

流速、压力和体积是应始终监测的因素，并非所有因素都是关键的，关键性主要取决于目标产品的属性。浓缩系数很重要，且可通过监测工艺体积（即进料体积）、收集的透过液体积和回收体积轻松控制，传感器可用于监测pH值和电导率，以监测缓冲液组成。更难监控的因素是目标产品的质量。这对于工艺流程至关重要，但也有一些其他目标产品并非如此。为了控制这一点，需要对目标产品有深入的了解。

一些蛋白质对自身浓度敏感。如果浓度过高，它们会开始聚集或沉淀[18, 19]，进而导致膜结垢增加和产量损失。对于剪切敏感的目标产品需要监测通量、流速和压降。例如，通量的减少可以表明目标产品已变性并开始污染膜。对过滤端的紫外线监测也可以表明是否由于目标产品被破坏而蛋白质开始渗透过膜。如果蛋白质开始沉淀，这也可能开始污染膜，并可能导致压降变大和通量下降。如果在此工艺过程中会通过目标产品的等电点（pI），则必须小心进行。许多蛋白质倾向于在等电点处聚集和变性或改变其表观结构。一种选择是在UF/DF操作之前或之后调节pH值，以避免在接近pI时操作产生的剪切应力[20]。需要对这些方

266

面进行评估和理解，以确定哪些因素对过程是关键的。

第六节　重要工艺参数

重要工艺参数（KPP）是需要监测的因素，但对关键质量属性（CQA）不是关键的，但它们会影响工艺性能。尽管UF/DF操作的常规回收率在95%或更高的范围内，但应始终监测工艺收率，以确保工艺的稳健性和有效性。

在工艺过程中，膜会受到较低或较高程度的污染。可以通过在线清洁（CIP）步骤来恢复膜性能。在CIP期间，膜再生，其性能应接近新膜的性能。清洁水通量（CWF）通常用于监测膜污染的程度和所用CIP程序的效率。CWF的回收率由式16-4给出，是膜性能的度量。每次膜被使用后进行测量。一般准则是当通量回收率低于80%时需要更换膜。

$$CWF_{回收}（\%）= \frac{CWF_{使用后}}{CWF_{新膜}} 100\% \tag{16-4}$$

在工艺开始之前，应进行膜完整性测试。这不仅可以判断滤膜是否完整，还可以指示检测中滤膜和过滤器支架以及流路内的连接是否完整。

由于过滤通量不是恒定的，因此UF/DF工艺设计必须考虑到这一事实，因为与已使用和清洁过的膜的工艺相比，使用新膜可以提供更短的工艺时间，即使前者通量回收率>80%。如果滤器开始出现超出预期的污损，将影响下面步骤的安排，需包括一定的缓冲时间。

第七节　经济性/优化

一、生产效率（通量、时间、膜面积、缓冲液消耗量）

计算过滤过程中的生产效率［通常表示为处理的料液/膜面积和时间（g/m²/h）］并不简单，如果没有描述该过程的特定数据集，就无法进行计算。与已使用和清洁的膜相比，新膜显示出更高的通量。因此，与流速受控且恒定的工艺相比，以料液处理量/小时表示生产效率有所不同。另一个经常使用的术语是"通量"或"膜容量"（不要与膜负荷混淆），即滤出体积/膜面积（L/m²）。缓冲液消耗量也与所用膜面积有关。膜供应商提供与膜面积相关的用于冲洗、调节和清洁的缓冲液用量的建议。工艺开发期间唯一可改变的缓冲液体积是洗滤体积；参见前面的工艺开发内容。洗滤前达到的浓缩系数越大，使用的体积越小。然而，由于较高的浓度和较低的通量，进行洗滤的时间可能会增加。建议进行时间优化，确定应在什么浓缩因子下进行洗滤，这只能给出最短的处理时间，参见第二节。根据与处理时间相关的缓冲液成本，优化时间或缓冲液体积可能是有利的。通常，较长过程的成本较高，因此要优化时间。另一个要考虑的因素是膜面积。膜面积会直接影响过滤时间。因此，增加膜面积将缩短处理时间，但是膜的成本，以及由于较大的系统而导致的潜在硬件成本将增加，就像用于膜冲洗、调节、在线清洁等的缓冲液消耗，以及其他成本。根据劳动力和注射用水（WFI）的生产成本，可以证明调整膜面积是有利的。但每个工艺过程均需要单独评估。

二、COGS 讨论

如果自动化水平相同，则标准UF/DF单元操作的硬件与相同规模的层析步骤的所需成本投入水平相同。过去，UF/DF通常作为半手动操作运行，操作员通过手动操作控制流速和压力。这种情况尤其发生在中试规模操作和开发实验室中，而后期生产更与层析自动化操作相当。自动化水平是影响UF/DF硬件成本的主要因素。更自动化的系统在单元操作中需要更少的劳动，而手动系统需要更多的劳动力。根据当地的劳动力成本和自动化成本，一种工艺类型可能比另一种更有利。

交叉流过滤膜的成本在每平方米5000美元范围内。然而，UF/DF膜的成本通常不是工艺中的显著成本。其运营的主要成本来自劳动力和资本投资。膜通常也可以在批次之间通过CIP重复使用，以下是关于膜处理可运行次数的讨论。

膜在常规工艺中使用的批次数量主要取决于纯化工艺中的操作位置。膜的寿命与过程中产生的结垢量有关。接近上游工艺的UF/DF操作暴露于更多的杂质，可能是来自细胞培养操作的具有不同性质的固体和化合物，因此与最终无菌过滤之前的操作相比，污垢更多。因此，更靠前的UF/DF单元操作，必须更频繁地更换膜。在复杂困难的条件下，一个膜在更换之前可能只用了少数几次，而其他的膜可以使用一百多次。

对于一次性使用的过程，情况有些不同，因为膜在每批次后被丢弃。除菌过滤前UF/DF步骤的典型总成本比捕获和精纯层析步骤低5倍和2倍。层析填料的较高成本通常是可接受的，因为它在纯化目标产物方面带来了更多价值，并且在被更换前可使用大量批次（常规重复使用）。

第八节　未来

总的来说，在过去的几年中，材料学并没有发生太大的变化。现在，同类型的膜（见第七章）已经使用了数十年。然而，包括表面官能化在内的新的膜材料已经被提出。其中包括为改善表面性能和减少结垢而开发的两性离子膜[21-23]。到目前为止，这些膜的商业化进展有限，但是人们可以期待未来将有新产品可以基于化学修饰来改善膜的性能。在应用方面，人们对连续流技术的兴趣越来越大，可以预期这种趋势将继续下去。

参考文献

第四篇 |

生物工艺设备

第十七章

上游工艺设备

Kenneth P.Clapp*, Andreas Castan†, Eva K.Lindskog‡

*GE Healthcare Life Sciences, Marlborough, MA, USA；†GE Healthcare Life Sciences, Uppsala, Sweden, ‡Lonza Pharma&Biotech, Basel, Switzerland

第一节　引言

　　生物工艺设备包括各种具有特定功能和应用广泛的产品。从广义角度讲，根据工艺流程（图17-1），设备可分为上游工艺设备、下游工艺设备和工艺辅助设备三类。上游工艺设备主要用于生物介质（细菌、真菌和细胞等）的生长代谢，进行目标产品的生产制造。目标产品可能是生物体本身，也可能是生物体内部的组分，或是分泌到培养料液中的目标产品。上游工艺的收获物由下游工艺设备（例如过滤和色谱）进行工艺处理。生产制造中使用的其他设备，例如培养箱、转运车、配液系统、储液罐、匀浆机和其他细胞破碎器，可以被定义为工艺辅助设备。

简化生物工艺流程图

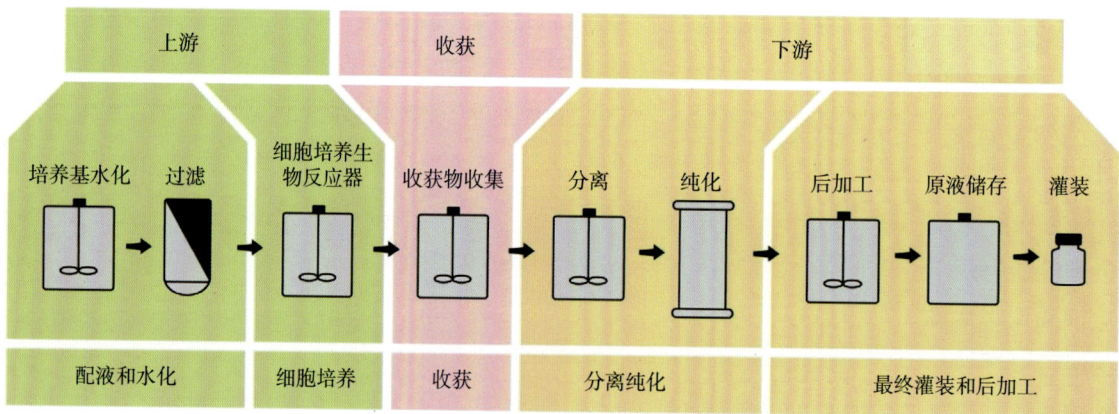

图17-1　简化的代表性生物工艺流程图

　　无菌环境和洁净等级的维护，无论是通过高压蒸汽灭菌、在线灭菌（sterilize-in-place，SIP）还是化学试剂的消毒灭菌，都会带来重大挑战。一次性使用系统相关设备创建了一个新的动态生物工艺设备分支，从而无需承担与洁净等级相关的更多负担。一次性流路和组件为无法完全使用一次性系统的设备提供了相同的自由度。随着用途的扩展和一次性技术的优点不断受到追捧，相关组件、自动化和设计特征必须迅速发展。过去，依赖于可重复使用设备的专用制造设施是常态，而如今的生产工艺则需要更多的便捷性和灵活性。现代化设施需要更快捷高效，能够处理不止一种产品，并根据市场需求灵活调整规模和产线。

　　由于一次性使用系统的快速发展，促使上下游工艺设备的集合成为可能，并且正在变得司空见惯。这种整体采购可以有效获得主体关键设备，方便数据管理并提升上下游工艺中一次性工艺设备的技术应用。

与之前不同，过去主体设备的购买是依据上下游工艺段细分采购，但随着一次性组件和真正的一次性系统专用设备的使用，迫使人们考虑更宽广的前景，即完整的生物工艺。生物工艺设备不仅仅是卖方和买方，这种更宽广的观点更是为生物制药工业提供了机会，机会不仅仅是技术的应用和设备的集合，更是允许以最低的成本和最高的质量优势进行开发和生产最广泛的疗法。

本章节的讨论主要针对受监管的生产环境。在第二节中，将讨论多产品交叉生产的工艺操作单元的常见设计特点。第三节，对搅拌式生物反应器的工程特点进行更详细的研究说明。第四至六节将展示生物反应器领域的现有技术。许多设备的设计特点，特别是功能要求，无论是在生产环境还是非生产环境下都是相同的。但是，质量相关的文件对两种不同的生产环境建立了不同的标准要求。设备、文件和生产环境之间的共识是："设备的好坏取决于对应的文件标准要求。"考虑到GMP生产环境，如果缺乏对应文件且无法支持验证，即使是最精妙和最先进的设计，也是无用的。

第二节　生物工艺设备的常见设计特点

用于生物工艺的设备代表了各种工程学、生物学和经济学的学科交叉。根据生物工艺流程图（process flow diagram，PFD）中的定义，每个设备都有特定的用途，如图17-1所示。除相关的性能标准外，还可能存在设计限制，包括但不限于工艺生产能力、有效空间或物理尺寸、结构材料、与现有厂房和设备基础设施的兼容性以及由地理位置特性造成的限制（例如环境温度、湿度、地震风险等）。这些潜在的限制及其设计特点需要在上游生物工艺设备设计阶段早期尽可能地了解。

可放大性和可追溯性是生物工艺设备的基本要求。两者都是必要的，并且与以生物制造为终点的工艺过程相关。可放大性意味着既定工艺、技术和具体操作步骤可以应用于每个生物工艺规模，实现目标产品从小规模到商业化规模的生产制造。在生产制造中，设备的规模是由生产能力所确定的。我们认识到，在某些情况下，可放大性可能会受到限制。尽管如此，其中一些要素可能在药物早期研发或工艺开发阶段中发挥着重要作用，有助于工艺知识的理解和"质量源于设计（quality by design，QbD）"的活动。每个上游生物工艺设备的可放大性细节和空间将需要比本章介绍内容更多。因此，在此不详细讨论单个设备的可放大性属性特征。

可追溯性涵盖两个基本领域：材料和设计。可追溯性是实现法规符合性所必需的，如各种设备的文件记录和验证确认等活动。材料，更具体地说，工艺接触材料的可追溯性是构建材料属性（物理和化学）的基础。材料可追溯性是确保原材料信息的书面证据，例如金属合金和弹性体，以及成品组件属性，例如罐体表面光洁度和硅胶管固化方法。设计可追溯性将各种用户要求和质量标准与工程设计和生物工艺设备的物理实现相关联。广泛接受的设计可追溯性表示是国际制药工程协会（International Society for Pharmaceutical Engineering，ISPE）的"V模型"。

各种生物工艺设备具有许多相同的组件。这些组件可以分为两种：接触工艺的组件和不接触工艺的辅助组件。工艺接触组件不能有掺假或以任何不确定的、不可接受的方式改变生物制品。非工艺接触组件可以进一步分类为结构和数据相关的组件。

一、工艺接触组件

工艺过程接触组件包括容器和罐系统，管道、配件、软管和管路，过滤器和过滤器外壳，阀门、隔膜、密封件和垫圈以及电极探头和各传感器。这些将在下文中进行相应的介绍和讨论。

（一）容器具和罐系统

容器具和罐系统是作为用于储存、混合或以其他方式容纳大体积生物工艺液体组分的工艺设备。容器可以由多种材料生产制造而成，这取决于所提供的设备功能和生物工艺条件。不锈钢合金，特别是304和316，是使用最广泛的材料。小规模容器也会使用搪玻璃和玻璃容器材质，但在规模扩大和需要加压时，不锈钢容器仍然是首要选择。目前与生物工艺制造相关的一次性兼容性容器（从100 L到2500 L）已普遍用于细胞培养（生物反应器）和料液的混合与储存。容器的复杂性取决于与之匹配的生物工艺过程。在最简单的形式中，容器只是一个储存容器。如果需要混合，混合器的尺寸、类型和存放位置设计都要考虑。通气、温度控制、pH控制以及液体补加和取样是影响储罐的其他设计要求，存在各种设计选项以满足这些工艺要求。例如，容器中料液的温度控制可以使用下述方法完成。

1.夹套容器　采用焊接工艺制造可以在容器表面进行传热的容器。温度控制的介质流体在夹套内循环，实现温度控制目的并且与工艺流体隔离。

2.加热毯或包裹物　物理施加到容器外表面的电阻加热元件。

3.浸没式热交换器　隔离的受温度控制的介质流体流经热交换器以改变容器内的温度。

夹套模式通常用于各种尺寸的不锈钢罐和一些小型玻璃容器。电加热模式可以在中试规模中找到，但最常用于小规模，例如在工艺开发中，与玻璃材质制成的小规模生物反应器一起使用。在这些情况下，夹套容器和浸没式加热器是不切实际的，电加热保温是一个更简单的解决方案。浸没式加热器虽然在一些大型和小型应用中很有用，但在设备安装和设备清洁中引入了更多的复杂性。

为了快速、准确地实现温度控制，需要优化加热元件和工艺料液之间的传热。这样做的先决条件是在工艺料液和加热元件之间有足够的接触面积。在有夹套的容器中，夹套是可以开放的，半夹套或螺纹式凹坑设计；在功能有效性和生产成本之间取得平衡。在这种情况下，传热接触面积可以覆盖容器的大部分表面，包括侧面和底部。间接接触，例如当加热毯连接到容器的外表面时，会导致在热量到达工艺料液之前跨不同表面的传热损失。这可能会使温度控制变得缓慢，例如，在工艺刚开始的温度上升过程中。容器夹套和加热毯的一个考虑因素是容器面积和容器体积在罐中不呈线性比例关系。因此，与小规模生产系统相比，在大规模中需要增加热交换器或热元件的容量。如果容器以非常低的体积运行，温度控制也可能受限。在这些情况下，夹套和加热毯可能无法提供足够的表面积来充分控制罐体温度。另外，加热毯设计只用于加热，通常没有冷却功能，而夹套既可以加热也可以冷却。缺乏冷却会增加潜在温度过度加热风险，并在温度控制的双相（升温和降温）过程中延迟系统响应时间。在使用一次性摇摆式生物反应器的情况下，还存在间接温度控制的类似情况（例如将一次性培养袋放置在摇摆单元的加热元件上时）。

（二）管道、配件、软管和管路

工艺过程接触管道，或更具体地说是洁净管道，用于流体从开始到结束的整个工艺过程中，例如料液的运输、转移或引导等。洁净管道几乎完全是不锈钢合金，与工艺罐体一致。这些刚性的固定管道元件连接到各种结构元件上并围绕各种结构元件进行布线，例如生物反应器框架和工艺管道。工艺规模和液体流量的要求决定了管道的尺寸和布局。当需要改变液体流路时，需考虑管道的方向、尺寸和数量及使用配件，配件包括弯头、T形、Y形、十字形和异径管等。在异径管中，同心和偏心设计确保了最小的残留体积，并且不干扰自由排水管道的运行。材料组成和兼容性连接技术，例如焊接和卡箍连接等，是管道选择和布置的重要考虑因素。在决定使用哪种类型的管道时，必须考虑与其匹配的工艺类型和压力要求。在固定管道系统中，管路的倾斜角度是灭菌性和清洁性的基础。

管路和软管通常与液体从一个容器到另一个容器的运输或转移相关。管路被视为一次性使用组件，此处管路是指有弹性的管材，如硅胶管或热塑管（thermoplastic elastomer，TPE）；后者能够被密封和焊接。软管是一种与压力、蒸汽、化学消毒剂和原位清洗液兼容的管路组件。软管可重复使用或一次性使用。最常见的软管在加工层使用含氟聚合物，外部使用不锈钢编织物，外包装通常使用硅胶。尽管在其他流体工艺过程中也有管路和软管的应用，但这里的重点是工艺直接接触的用途。与管道一样，材料相容性、连接技术、液体属性和压力也是至关重要的。上游工艺操作中使用的管路和软管的操作示例包括向生物反应器中添加pH调节液（酸/碱液）、将培养液从较小的生物反应器转移到较大的生物反应器中、从生物反应器中将收获物转移到储液罐中，以及从储液罐递转移到切向流过滤管路中。

（三）泵

泵在单元操作或管路内以及生物工艺系统/设备之间的主要用于工艺液体的移动和循环。这里将不讨论用于非工艺过程液体的泵，例如具有温度控制流体循环的泵。压力和流量特性、颗粒产生、可放大性和成本都在泵的选择中起作用。在生物工艺过程中，最常见的流体泵是转子泵、隔膜泵和蠕动泵。转子泵和隔膜泵会直接产生颗粒，而蠕动泵的颗粒是由弹性管路间接产生的。转子泵提供良好的压力和低剪切力，无脉动流动特性；然而，它们的相对大小和费用使其对于在生物反应器中的应用变得不切实际。隔膜泵的特性是能提供良好的压力和精确的流量，但成本和隔膜寿命需要谨慎考虑。根据设计，蠕动泵不与工艺接触，因为它们使用弹性体管路或模制流动元件，在本节中讨论蠕动泵是为了与其他类型的泵保持上下文关系。蠕动泵有压力限制，可以通过某些泵头配置来减少脉动流量，选择适当的弹性体可以减少颗粒的产生。

一次性使用管路耗材长期一直与蠕动泵相关联。不断扩大的一次性管路系统应用带来的需求增加导致隔膜泵和离心泵设计的进步。隔膜泵的设计选项包括一次性泵头和相关元件。将悬浮驱动技术与一次性材料相结合的离心泵也是生物工艺应用（例如生物反应器和其他单元操作）的可接受替代品。

（四）过滤器和过滤器外壳

过滤器和过滤器外壳专用于液体或气体的过滤。过滤元件有多种形式，从圆盘到筒式，再到板式。滤器端连接取决于过滤器元件是否需要单独的过滤器外壳或是否是封装且独立。连接类型范围从软管倒钩和卡箍（用于封装过滤器）到编号7兼容的卡口式（当使用单独的外壳时）。过滤材料可以是疏水的和亲水的。过滤器可能具有绝对过滤等级（以微米表示），或者被评定为深层过滤器。应用于气体和液体的除菌级过滤器，额定孔径为0.22 μm或更小。使用三维尺寸和数量作为增加过滤容量的最常见方法，为流体工艺确定过滤器的尺寸。外壳设计为耐压和可灭菌性的。一些外壳允许安装多个过滤器元件，以增加容量。对于应用于生物反应器和发酵罐的过滤器而言，进气口和废气口均应使用灭菌级过滤器。除菌级过滤器也可用于生物反应器液体补料，例如添加的培养基中有不稳定传热的生长补充剂。具有高压蒸汽灭菌功能的生物反应器和一次性系统生物反应器中需使用封装过滤器，而原位灭菌系统包含单独的过滤器外壳–过滤器组合。当设计考虑包括容器或过滤器污染时，可以将多个排气过滤器串联或并联排列。当排气过滤器严重结垢时，可通过加热排气过滤器来提高废气的温度露点。夹套过滤器外壳可以用于蒸汽加热，电加热包裹可以用于无夹套过滤器和囊式过滤器。排气路径管道也可以加热以帮助减少水分。

（五）阀门

在不锈钢（原位灭菌）生物反应器上可以找到各种类型的用于工艺和公用设施流量控制的阀。截止阀、球阀、旋塞阀和其他用于公用管道的阀门将不作讨论。相反，将重点讨论与工艺过程相关的阀门，包括隔膜阀、取样阀、排水阀和夹管阀。值得注意的是，对于可高压蒸汽灭菌的生物反应器和大多数使用软管而非固定管的一次性生物反应器，阀门式工艺流体流量控制是通过手动夹紧装置（包括止血钳）进行的。

对于接触工艺过程的流量控制，隔膜阀，特别是堰式隔膜阀是普遍存在的。隔膜阀提供了一套独特的设计特征，非常适合洁净级应用。这些特征包括结构材料、表面抛光度、可排水性、可清洁性以及转移和组合成多阀配置以实现最佳流路管理的能力。对接焊接和卡箍连接有助于系统中任何地方的集成。两阀和三阀配置在生物工艺过程流体管理中具有广泛的应用。另一个多阀、多端口的替代方案是块体隔膜阀，块体隔膜阀采用阀体材料块体，阀座、流路和端口被加工到该块体中。块体隔膜阀有助于减少死端，并提供一些空间优势，特别是对于复杂的阀配置而言。

取样阀主要用于从工艺管道和液体罐中采集工艺流体样品。取样阀位置的确定是依据获取代表性的工艺流体和方便工艺人员操作取样而确定的。液体罐样品阀通常位于下侧壁，与电极探头和传感器相邻。排水阀有助于从管道和液体罐中完全排空工艺料液。因此，它们位于设备的"低点"。生物反应器罐底的排水阀也可称为收获阀，最适当和常规应用的洁净级别取样阀和收获阀采用径向隔膜的密封方法。

夹管阀随着一次性系统工艺流路的普及以及一次性生物反应器和发酵罐的出现而变得越来越突出。尽管夹管阀本身不与工艺接触，但为了与其他生物工艺阀门保持一致，仍包含在本节中。简单地说，夹管阀类似于隔膜阀，夹管阀不是像隔膜阀那样作为固定不锈钢管道装置的一部分，而是通过将弹性管壁"夹"在一起来控制流体流量。夹管阀可通过多种方式配置，从与管路配合使用的简单双端口直通装置，到具有特定模塑流路元件的复杂多阀子系统。

阀门具有手动或自动操作选项。自动阀可配置为常开（normally open，NO）或常闭（normally closed，NC），自动驱动可以由电动或气动装置驱动。自动阀门对于自动化生物工艺设备至关重要，当需要阀门的状态（打开/关闭）但不明显时，可使用位置指示器。可视阀状态可通过物理机械指示器显示，例如标志或提升阀。在高度自动化的系统中，电气/电子位置指示器用于提供阀门状态反馈。

（六）O型圈、垫圈、隔膜、密封件和管路

与任何其他组件选择一致，O型圈、垫圈、隔膜、非旋转机械密封和管路的选择和应用必须满足特定要求，包括化学相容性、温度耐受性和机械耐久性。化学性质将有助于理解溶出物和浸出物的可能性。此外，必须选择那些可以避免生物工艺过程流体吸附的材料，以避免可能导致的化学或机械故障。机械特性对隔膜泵和蠕动泵管尤为重要，正确的材料选择可确保在反复循环中隔膜的寿命，并有助于避免蠕动泵头中的泵管剥落。许多弹性体组件已应用于生物工艺应用。对于O型圈、垫圈、阀隔膜、非旋转机械密封件和管路，普遍使用乙烯丙烯二烯单体（ethylene propylene diene monomer，EPDM）、含氟聚合物和有机硅配方。在可焊接或可密封管路应用的地方，使用热塑性弹性体（如C-Flex）。

（七）传感器和电极探头

传感器提供规定工艺过程变量的测量数据（表17-1）。所获取的数据可用于捕获工艺信息，或者更重要的是，从设备的角度，生成反馈控制系统的输入。广泛适用于上游设备的典型测量数据包括温度、搅拌器速度（RPM）、pH值、电导率、压力和重量。在发酵罐和生物反应器中，还包括溶解氧（dissolved oxygen，

DO$_2$)、溶解二氧化碳（dissolved carbon dioxide，DCO$_2$）、气流、浊度、细胞密度和泡沫等其他测量值数据。可以使用氧化还原电位（oxidation reduction potential, Redox/ORP）,液流和几种光谱测量方法，但不太常见。在本节中，与工艺过程直接接触的传感器将被称为电机探头。测量技术的详细信息不作介绍。

表17-1 测量方式、接触点和类型

测量	与工艺的接触	可重复使用	一次性使用
温度	间接	热电偶	不适用
转速	间接	是的	不适用
pH值	直接	12 mm；插入	焊接
电导率/泡沫/水平	直接	12 mm；插入	焊接
压力	直接	在线	在线
体重	间接	不适用	不适用
溶解氧	直接	12 mm；插入	焊接
溶解二氧化碳	直接	12 mm；插入	焊接
气流	直接	在线	不适用
浊度	直接	12 mm；插入	不可用
细胞密度	直接	12 mm；插入	焊接
氧化还原/ORP	直接	12 mm；插入	不可用
液流	直接	在线	在线

注：气体流量是在生物反应器入口气体过滤器上游，无菌边界之外测量的，并非真正的工艺接触测量。

　　生物工艺过程中常见的探头已经进行了相当大的标准化，直径为12 mm是最广泛使用的探头（插入式探头）的普遍实现方式。插入式探头，顾名思义，需要接触到工艺物料。有许多探头长度可用于正确定位探头，以便进行代表性测量。探头设计有物理接口，根据行业标准连接到生物工艺设备。在不锈钢生物反应器中，标准是使用25 mm安全端口和卡箍，而在高压蒸汽灭菌生物反应器中，标准是带垫片的PG13.5螺纹端口，在搅拌式一次性生物反应器中，插入式探头是标准选项，借助培养袋端口位置和特殊的一次性适配器插入安装。

　　插入式探头在使用前需要进行灭菌。对于重复使用的探头，必须对这些探头进行灭菌处理。高压蒸汽灭菌和原位灭菌生物反应器在使用前提供了方便的灭菌和使用后的去污，并与容器的灭菌/去污程序同时进行，一次性生物反应器与一次性伽马辐射灭菌和即用型袋组件配合使用。多种因素的组合使得插入式探头无法在伽马辐照之前整合到一次性袋组件中，其中包括尺寸、形状和辐照不相容性。因此，当使用一次性生物反应器时，插入式探头必须单独进行高压灭菌并无菌插入，作为额外的设置步骤。在培养结束时，一次性生物反应器去污方法可能会导致插入式探头与袋组件一起丢弃，从而造成探头无法正常地重复使用。

　　自一次性生物反应器系统问世以来，人们开始关注经过伽马辐照灭菌，预先安装并焊接在袋中的组件是否能稳定检测工艺过程。焊接好的伽马稳定测量技术可用于pH、DO$_2$和细胞密度的检测。这些组件被称为一次性传感器，而不是探头，进一步简化了与一次性生物反应器相关的设置、操作和废弃处理。

　　一次性传感器作为一次性袋子或管路组件的一部分，明确的设计意图就是使用后将其丢弃。在这种情况下，一次性传感器不包括插入式探头，因插入式探针不可仅使用一次就丢弃。对可重复使用的电极探头或传感器，就需要去污和组件的清洁，以及相应的验证工作。

二、非工艺接触组件

非工艺过程接触组件涵盖各种条目，包括框架结构单元、电气柜和外壳、电动机、过程分析仪和测量传感器，下文简要概述。

（一）框架结构单元

生物工艺设备框架为组装子系统和组件提供了结构支撑和基础。子系统可以包括公用设施、工艺气体管理、工艺液体管理、电力、仪表和自动化界面。公用设施子系统可能包括工厂蒸汽、洁净蒸汽、饮用水、注射用水（WFI）、液压系统和仪表气源等。集成和分体式设计是生物工艺框架经常使用的两个概念。集成设计理念将所有子系统和组件集合在洁净室中的一个共有的单框架上。分体式设计概念将子系统和相关组件分离设计，功能性模块安装在洁净室中，其他部分安装在低成本区域或非洁净区域。最终减少了安装设备所需的有效洁净室空间。在洁净室方面，生物工艺设备成为基本的工艺接触子系统和操作员交互点，例如人机交互界面（可视显示器、触摸屏、键盘等）和工艺过程分析仪/传感器。用于液压、分布式远程控制线路和功能单元（例如温度控制）的子系统非常适合放置在受控未分级区域。受控未分级区域和洁净区之间的连接由墙壁或天花板做布局处理。

虽然没有工艺过程接触组件严格，但框架对结构材料、表面抛光度和其他机械或结构设计需求有其自身的要求。脚轮或固定脚的选择将区别于可移动的模块或固定放置的模块单元。在洁净室区域，需要最少数量的地板接触点，并且需要足够的地面间隙以进行适当清洁从而避免污染。国际、地区和市政建筑规范可能以某些方式影响框架设计，区域影响最大的是地震相容性。在已知地震活动区域使用的生物工艺设备将需要特定的结构设计和验证。

（二）电气柜

外壳可保护其内容物免受灰尘、污垢和湿气的侵害。对于不适合环境暴露的组件，尤其是在可能发生溢出或冲洗清洁的潜在潮湿工艺环境中，应使用外壳。该类别中的元件包括电气元器件、线路电压和低压元器件以及各种测量或控制组件。生物工艺设备可以使用按功能划分的多个外壳，例如，气体管理模块、气动阀模块和分布式控制系统（distribute control system，DCS）接口。外壳确保设备和设施之间的相互保护、操作人员的电气安全以及过程测量和数据完整性。

（三）表面抛光度和防护等级

表面抛光度和防护等级对于生物工艺设备特别重要。两者都受到使用环境、洁净区域和非洁净区域或受控未分级区域的影响。在洁净室环境中很少发现涂漆表面，而用表面抛光范围为20~35 Raμin（0.51~0.89 μm）的不锈钢作为主要材料。所用的涂漆表面应不脱落，不会形成颗粒，并且对常见的清洁剂和表面消毒剂无化学反应。根据美国国家电气制造商协会（National Electrical Manufacturers Association，NEMA）和国际电工委员会（International Electrotechnical Commission，IEC）的侵入保护（ingress protection，IP）（尤其是在欧盟国家）将侵入分成两个标准。这两个标准不是直接等同的，因此不能相互替代。

NEMA分级范围从12至4X，IEC的IP等级从52至66，是生物工艺设备非洁净室和洁净室使用环境的共同要求。

（四）电动机

电动机具有许多组件和功能。此处不讨论物料输送电机的应用，包括校验秤和灌装线中电动机的应用。

而是讨论用于搅拌或混合液体物料的电动机，以及作为液体泵部分的电动机。用于搅拌和混合的电机将根据工艺应用的规模和类型而变化。宿主细胞和目标产品的黏度和剪切力灵敏度是电机应用中使用的主要工艺限制因素。搅拌器速度、扭矩和工作周期是选择和调整电机时的重要考虑因素。电动机同样也为前面讨论的泵提供驱动力。

（五）分析仪和过程测量传感器

分析仪和传感器之间的主要区别是分析仪对生物工艺样品或流体样品进行测量分析。分析仪通常是复杂的大型仪器，经常在许多生物反应器之间共享。在分析之前，样品或流体样品需要某种条件的预处理；气体和液体样品常采用过滤法。使用适当的取样容器处理离散样品。样品流需要在生物工艺设备和分析仪之间使用硬管道、管路或类似的运输方式。一个实际的例子是生物反应器和发酵罐尾气分析，这在工艺开发中很常见，有时在中试规模也很常见。氧气、二氧化碳和碳氢化合物（例如甲烷）通常是重点检测样品。共享质谱仪可以并行"连接"到多个生物反应器或发酵罐。通过合并过滤器去除残留水分，多路阀可以依次将各个流路连接到共享仪器。将仪器对样品的运输和调节、检测过程和数据分析的相关时间归为"离线"，并限制它们的实时使用。

相比之下，传感器利用电极探头直接进行生物过程测量，而无需外部样品处理；例如，插入式pH探头或一次性供氧量DO$_2$传感器，两者均已在前面进行了描述。此外，市售的传感器通常通过将其安装到I/O（即输入/输出）柜中而与生物工艺设备集成在一起。代替传感器，一些生物反应器制造商在其某些型号中使用专有或专用的测量放大器来测量温度、pH、供氧量DO$_2$、氧化还原电位和一些其他常见参数。测量速度、无需样品处理和专属性使得传感器适合"实时"应用。除了一些简单的设备（例如温度）以及那些专有的放大器外，传感器还具有某种形式的内置操作界面，用于设置、校准和使用。数字显示-键盘组合和触摸屏很常见。当设备改造不切实际时，当使用临时的以及新的测量技术时，独立的传感器对于包含其他的过程参数特别有用。

为了在数据采集或实时反馈控制系统中使用，必须以模拟或数字形式将测量的、分析的参数传输到本地设备控制器、监控管理和数据采集（supervisory control and data acquisition，SCADA）系统或分布式控制系统（DCS）。常见的模拟信号类型包括0~10 V DC、0/1~5 V DC和0/4~20 mA。数字的数据流协议包括：RS-232、RS-422、RS-485、以太网、以太网/IP、Foundation Fieldbus现场总线、Modbus、Profibus和Profinet。与模拟信号类型相比，数字信号提供了更大的传输长度，并且可以嵌入诊断和其他信息。可以使用开放平台通信（open platform communication，OPC，最初称为用于过程控制的对象链接和嵌入）来促进不同但合规的基于计算机的系统之间的数据通信。对于像前面提到的质谱仪这样的分析仪，OPC通常是最可行的替代方法。这些形式中的任何一种都适用于现代自动化系统和基于计算机的测量和控制（有关自动化概念的详细讨论参见第二十三章）。

第三节　生物反应器

生物反应器和发酵罐的设计有多种类型，从具有广泛适用性的系统到应用范围相对限定的系统。生物反应器和发酵罐的设计要求范围包括从不需要验证的基础研究和开发的非GMP设备，到需要完全符合GMP的人类治疗商业生产的设备。生物反应器可分解为三个主要要素：容器和框架、I/O柜、控制器。这三个要素之间有许多变化，但是，这三个建立了最低的子系统。反应容器和框架代表的是基本结构元素，其他两个元素和支撑项结合在一起构成功能系统。总体而言，这些要素必须包含进出生物反应器系统的液体和气体管理所必需的功能。

　　用于商业生产制造的生物反应器的实例包括气升式、固定床式、纤维管系统，以及其他更特殊的反应器设计。特殊设计通常在实际的物理可放大性或规模成本方面受到限制。前面提到，可放大性对用于目标产品生产制造的任何类型的设备都是必不可少的。搅拌式反应器已经使用了50多年，这种反应器类型既用于悬浮细胞的培养，也用于贴壁细胞微载体的培养。搅拌式生物反应器和发酵罐拥有所有反应器中最大的安装基础，特别是生产体积优势。无论是在原位灭菌设备和一次性设备都是如此。由于这些主要原因，搅拌式生物反应器和发酵罐将是下文中讨论的重点。

一、一般设计原则

　　生物反应器的设计应使具有正确质量属性的所需产品的规模最大化，同时使药企的总体成本（投资+运营成本）最小化。生物反应器应要求尽可能最拥有小的设施占地面积，同时保持与下游纯化工艺良好的一致性。各种工程原理，例如与混合、流体管理和数据管理相关的原理，在生物工艺单元操作的部分之间共享。其他原理及其组合对于生物反应器和发酵罐更为具体。

　　流体动力学控制着上游工艺过程的均一性，因此这是生物反应器设计的主要因素。为了最大化生产规模，生物反应器应为宿主生物提供良好的反馈控制，充分混合和均一的环境。细胞，特别是来自多细胞生物的细胞，不能耐受突然的环境变化。在这种变化的情况下，培养物通常会表现出较低的活率和生产力。因此，传热和传质是维持工艺过程适当条件所必需的两个设计方面。驱动这些转移的是物理定律和生物工艺过程之间的平衡。例如，改善混合需要减少或消除层流并增加湍流环境，但是这必须在不产生过多破坏性剪切力的条件下实现。

　　为了使搅拌式生物反应器促进和维持生物介质的生长，它必须有效地维持必要的溶解氧水平。这是通过在液体的表面以下输入空气和氧气等气体来实现。在驱动气液界面处的传质过程中，体积与表面积之比是关键，这受出气气泡大小的影响。因此，关于哪种气泡尺寸是最佳的，每种应用都应有一个平衡。气泡大小和数量由搅拌器功率、叶轮类型和离开分布器的气体速度的综合作用控制。流体黏度和表面张力有助于气泡从分布器中释放及其溶解或传质到液体中。反过来，这也会影响浮力和剪切力。通过喷射作用，可以认为该容器具有多相流（气-液）的特征，这增加了生物反应器设计的复杂性。

　　生物反应器只是生物工艺制造操作中的一个单元操作。但是，它们的设计将受到上下游接口的其他单元操作的影响。上游影响包括各种液体补料，其中包括培养基、酸和碱pH校正液、"N-X"种子和接种物生物反应器以及过程中的生长补充物料，如葡萄糖。下游生物反应器设计受到"N+X"生物反应器转移、中间品和原液收获以及下游纯化操作的影响。为创建生产过程而集成的设备必须具有共同的设计目标，例如，就特定产品所需的设施年产量而言。拥有能够生产比下游处理更多的产品物料的生物反应器几乎没有意义。相反，将尺寸过小或产量差的生物反应器与尺寸过大的下游操作配对也没有太大意义。这两种情况都浪费了占地面积、资金和适用的耗材。另一个设计考虑因素是设施是单一产品还是多产品。这将影响生物反应器设计的某些要素和方面，例如模块化、移动性、可清洁性和可灭菌性。

二、气体和液体管理

　　气体模块主要是管理进气端和尾气端，从而控制罐内生物体生长。所需的气体类型和气体流速取决于生物体及其代谢需求。在发酵过程中，存在三种生长环境：厌氧、微需氧和好氧。厌氧过程通常用氮气置换以确保低氧培养环境。微需氧过程在低于大气氧气的水平下运行，并且可以间歇性地使用空气和氮气来维持培养物中适当水平的溶解氧。空气和氧气用于好氧发酵过程。在以好氧为特征的细胞培养过程中，使用空气和氧气的混合物，有时与氮气结合使用，而 CO_2 主要用于 pH 控制。气体可能会流向罐内一个或多个区域位置：底部鼓泡通气和顶部液面通气。底部通气是支持有氧过程所需的氧气传质的主要位置。液面顶部通气主要用于保持气体低分压，并可有效预防未使用的气体或 CO_2 积聚。对进出生物反应器的气体进行无菌过滤，以分别保护工艺和无菌操作环境。

生物反应器中的液体管理包括工艺和非工艺液体，例如，添加培养基、接种物、代谢底物和工艺控制液体，去除培养基和目的物收获，以及进蒸汽/去除冷凝水和清洗液。所有这些都归结为工艺运行之前、期间和之后为支持生物反应器正常运行提供和去除相应液体所设计。根据生物反应器类型和组件选择，通常通过泵的运送或加压处理液体补加。与生物反应器一起使用的两种最常见的生物反应器泵类型是容积泵和蠕动泵。在某些情况下，也可以利用重力。当需要添加无菌液体时，必须将储液器作为生物反应器灭菌过程的一部分进行灭菌，或者在其他地方进行灭菌并以无菌方式连接到生物反应器。为了保持适当的容器体积和液体流速，使用了称重单元、液位传感器或液体流量传感器。整个生物反应器内容物的收获或排放与大规模生物反应器在放大种子培养中的接种或下游操作的补料相关。

三、机械设计

机械设计存在于许多生物反应器中。生物反应器的形式和大小将取决于其在研究和开发、中试或生产环境中使用的性能和规模需求。经典的柱形搅拌式生物反应器具有悠久的历史，可用于细胞培养和发酵。在一次性生物反应器技术出现之前，由玻璃和不锈钢制成的生物反应器分别是实验室规模和大规模生产的标准。但是，一次性生物反应器系统现在在细胞培养中很普遍，从体积小于500 ml 到2000 L 规模不等，也可以使用25～500 L 的一次性发酵罐。

反应器的形状对其性能至关重要，因为它会影响驱动系统内传热和传质的动力传递和流体动力学。与反应器形状有关的关键设计参数是高径比 H/D 或 H：D.H：D>3：1 的高而瘦的反应器，可使从底部喷出的气泡具有较长的液体停留时间，实现有效的气液传质。然而，在高且瘦的反应器设计中，顶部表面积是有限的，因此这可能导致相关的气体有较高的分压。相反，H：D<1：1 的矮而胖的反应器具有短的气泡停留时间和较大的顶部表面积。在气体流速高且混合剧烈的微生物发酵中，典型的是 H：D 为3：1 的容器。在气体流速较低且混合温和的细胞培养中，H：D 的通用范围为1.5：1～2.1：1。可高压蒸汽灭菌和原位灭菌生物反应器设计有顶盖和底盖，而当前的一次性容器设计仅具有底盖。顶部和底部头可以具有许多不同的轮廓，这会影响系统中的混合特性。

反应器中的传质与工艺液体中的流动模式有关，而流动模式又受反应器内部设计和搅拌系统的影响。湍流过程中的传质大于层流过程中的传质。但是，过多的湍流可能对罐内生物介质（例如细胞）的生物过程有害。可以通过几种不同的方式引入湍流，例如，通过搅拌系统的设计和内部挡板的使用。挡板建立流体阻力并破坏层流。搅拌系统的两个方向是通用的，即中心驱动和15°偏移。中心驱动方向通常与挡板均匀分布在主容器圆筒的垂直壁上一起使用。挡板的高度、宽度、厚度和到容器壁的偏移距离通常相对于容器 H：D 是标准化的。当必须最小化剪切力时，例如在某些细胞培养应用中，15°偏移搅拌器无需使用挡板即可产生足够的湍流。在需要增加湍流的地方，例如在微生物发酵中优选带挡板的发酵罐。

搅拌系统的位置和方向是生物反应器设计中需要考虑的其他因素。通常选择是顶搅拌或底搅拌模式。常见的搅拌组件包括电机、变速箱、机械密封、机械轴和搅拌桨叶。利用本文所述的H：D比率，可以使用顶部驱动系统和底部驱动系统，而无需过大直径的轴或需要辅助内部支撑的轴。电机位于反应器外部，驱动电机-搅拌器轴接口必须将电机的驱动力转化为流体运动。驱动耦合是一个相关的考虑因素：是否应该使用静态或旋转机械密封直接耦合，还是间接耦合的磁性组件。直接的机械耦合系统在将电动机的动力传递到过程流体中的几乎没有限制，而磁耦合系统的扭矩极限由配合磁体的强度所决定。

搅拌桨叶用于混匀容器内液体，建立混合。有各种各样的叶轮选项，可以最大限度提高能量传递，同时平衡系统中的剪切力。根据流体泵转运特性，叶轮分为两大类：轴向和径向或切向流动。但是，叶轮有许多变体，可以将各种叶轮组合起来以达到特定的效果。所有叶轮类型都有一个相关的功率数 N_p（或 P_0），并且该功率数可以用作规模放大的考虑因素。Rushton叶轮是微生物发酵最常用的选择，Rushton叶轮产生轴向和径向流体运动。矩形斜叶桨或船用螺旋桨叶轮在细胞培养中最为常见，矩形斜叶桨主要产生轴向流动，依靠容器的几何形状来支持其他方向（例如径向）的流动。Rushton和轴向叶轮的组合已用于微生物发酵和细胞培养中，以改善混合、降低功率要求并改变剪切力特性。沿轴的桨叶数量和位置取决于实际应用（图17-2）。

图17-2　轴向斜叶桨
图片由Techniserv，Inc.提供

在罐内发现的另一个重要的生物反应器设计特征是用于液体底部的通气组件。底部通气组件有多种形状和尺寸；示例包括带钻孔的环形通气、烧结通气和单孔通气组件，包括开放管（图17-3）。所需的气泡大小和数量决定了底部通气组件的设计。使用产生相对较大气泡大小的通气组件执行大通气量步骤，而烧结微泡通气组件产生较小的气泡。相对于大气泡，小气泡具有更高的表面积与体积之比，从而更好地驱动传质。这意味着在具有小气泡的系统中，气体流速和速度可以降低，从而避免了系统中潜在的破坏性剪切力。高气体流速与小气泡结合可能会在顶部气液表面产生过多的泡沫，从而减少气体交换。但是，在某些情况下，需要更大孔径的气泡。例如，这种情况发生在细胞培养过程的后期，特别是在高密度培养过程中的大规模容器中。在这些应用中，细胞培养呼吸过程中将导致 pCO_2 在反应器的介质液体中的积累。一些气态二氧化碳将溶解在液体中，导致形成碳酸氢盐 HCO_3^- 离子和较低的pH。为了消除该现象，通过底部大泡通气可以将一些多余的 CO_2 排出。在这种情况下，喷射通气的气泡应足够大，以穿过生物反应器介质液体到达气液表面，在气液表面可以释放 CO_2 到顶部空间。太小的气泡可能会在到达顶部气液界面之前溶解在液体中，而无法从培养物中降低或去除 CO_2。因此，与气体速度一样，气泡特性支持工艺过程的特定应用或工艺阶段。

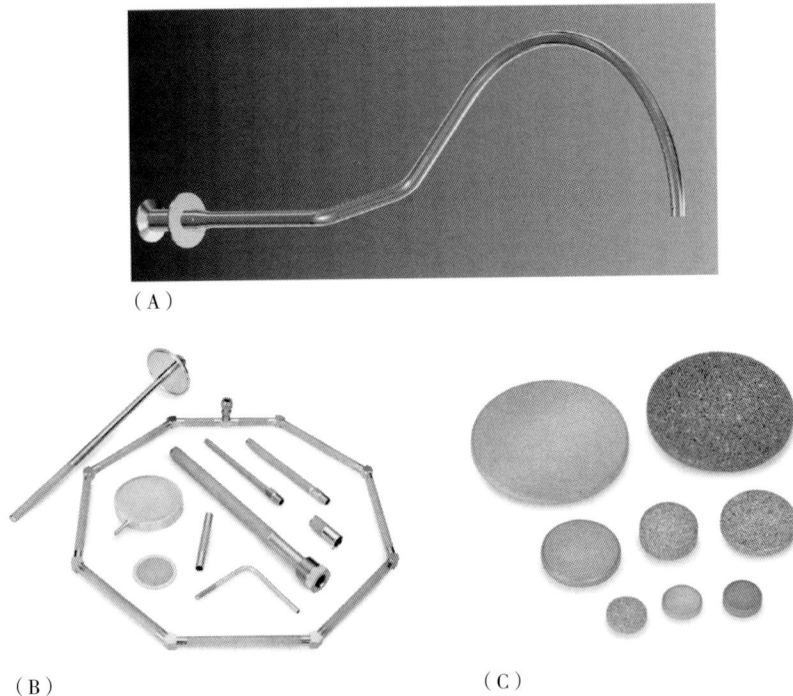

图17-3　大泡环形分布器（A）、微泡烧结分布器（B）和圆盘材料（C）的示例

图片由（A）Techniserv·Inc和（B，C）Mott Corporation提供

在反应器培养介质中维持适当的工艺环境，包括建立和控制工艺温度。这包括代谢热、搅拌系统产生的热量和环境温度的影响。如前所述，容器可以采用几种加热和冷却装置中的一种。在可灭菌（高压灭菌器或原位蒸汽灭菌）和一次性生物反应器中均可找到使用带加热的无夹套生物反应器和夹套生物反应器。

容器和罐上需提供手工和人员操作的空间（对于非常大的容器）进行液体和气体管路的连接，搅拌系统和电极探头等的耦合连接，在工艺管道中也可以找到端口。端口大小由应用工艺决定。与工艺流体接触相关的端口避免了这些区域中的螺纹连接和接口。常见的端口类型包括各种尺寸的三夹、25 mm安全阀、爆破片、法兰电机支架和人孔。端口选择和集成必须最大限度减少或消除工艺流体的滞留。例如，与探头结合使用的25 mm安全阀以相对于水平方向正15度角焊接到罐内的垂直侧壁上，以提高罐体排水能力。无论端口类型或尺寸如何，每个匹配组件都需要某种形式的密封，以保持罐体的无菌性。端口密封通常是O型环或垫圈式密封。

第四节　可用的生物反应器技术

如前所述，通常原位可灭菌搅拌式生物反应器是细胞培养和微生物发酵生产工艺中最知名和使用最广泛的容器设计。这些容器可从许多已建立标准化设计的供应商处获得，并且也可以根据特定的工艺过程需求进行定制改造。但是，对于某些应用，其他设计可以使其有同样的性能甚至更好的工艺表现。现在，从工艺开发到中试规模的生产制造，可以使用一次性系统实现高达2000 L规模的细胞培养工艺操作，而高达500 L规模的微生物发酵也可使用一次性生物反应器系统。随着一次性使用系统的快速发展，出现了一波新型的反应器设计。这些设计都应该满足培养工艺的基本需求，但这可以通过不同的方式来实现。简而言之，反应器必须提供良好的混合以确保培养环境是均匀的，它必须能够进行适当的气体交换以支持细胞呼吸并去除或降低废气含量，并且必须控制工艺液体的温度，以便可以将其保持在适合宿主细胞生长的最佳水平。此外，必须采用密闭反应器以保护培养物免受外部环境的影响，并避免微生物的污染。相反，在某些应用中，必须保护环境免受反应器中生物介质的影响。以下是在撰写本文时可用的生物反应器技术示例的概述，涵盖了传统系统和最近引入市场的技术。其中一些系统已用于商业化生产，而其他系统则设计用于工艺开发或放大。应该提到的是，该领域会发生快速的变化，而这个概述除了代表时间对应的参照系统外，并不能代表将来。

一、不锈钢生物反应器

不锈钢生物反应器和发酵罐可从多个不同的供应商获得，体积跨度很大，体积范围从 2 L 到 25,000 L 规模甚至更大。在这一领域内，著名的供应商有 ABEC、阿普立康（Applikon）、比欧生物工程公司（Bioengineering）、艾本德（Eppendorf）、纽曼博（new MBR）、皮埃尔葛安（Pierre Guerin Technologies）、赛多利斯生物设备有限公司（Sartorius Stedim Biotech）和 Techniserv。从 5 L 至 1000 L 规模的范围内（图 17-4），存在供应商标准化的设计，该设计利用了预先设计的关键元素，旨在简化采购，降低成本并缩短交货时间。高于 1000 L 规模时，可全部或部分定制设计，以满足独特的生产工艺、设施和监管要求。在可能的情况下，尽量采用供应商标准和模块化设计，例如分体式模块。对于 20,000 L 及以上规模的大型生产，模块化工厂和现场制造方法占主导地位。例如，用于胰岛素生产制造或工业酶生产的超大规模发酵罐已经超过 40,000 L，作为工程和建筑公司管理的设施建设过程的一部分。

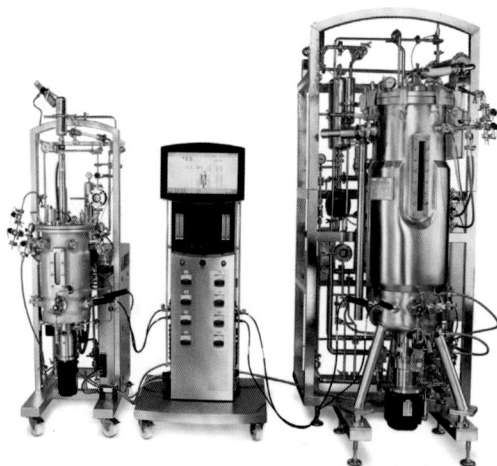

图 17-4　BioStat D-DCU 不锈钢生物反应器（<1000 L）

图片由 Sartorius Stedim Biotech SA 提供

二、可高压灭菌玻璃生物反应器

可高压灭菌玻璃生物反应器（图 17-5）是工艺研究和工艺开发的关键设备。大型生物制药公司可以拥有带有数百个玻璃生物反应器的"生物反应器农场"，以确保快速周转和高通量实验。这些生物反应器通常设计有顶部安装的轴组件，其叶轮连接到不锈钢盖上，该盖带有孔或与其他组件配合的端口。这些组件通常包括用于进气的端口，用于接气体冷凝器的出口，用于 pH、DO_2 和温度测量的电极/探头，用于添加工艺液体(包括进料、pH控制溶液、消泡剂和其他工艺液体)的端口或隔膜以及用于取样的吸管。将整个反应器组装后,并用少量注射用水高压灭菌,以确保无菌性和电极探头检测的功能性。培养开始前,去除注射用水,加入培养基和接种细胞。提供可高压蒸汽灭菌玻璃生物反应器的供应商示例包括阿普立康(Applikon)、博德雷-吉姆斯公司(Broadley-James)、DasGIP、艾本德(Eppendorf)、帆耐思解决方案公司(Finesse Solutions)、纽曼博(new MBR)、Techniserv和赛多利斯生物设备有限公司(Sartorius Stedim Biotech)。

三、一次性搅拌式生物反应器

一次性搅拌式生物反应器的设计遵循与先前描述的常规原位灭菌反应器相同的基本原理。以下是一次性培养系统常用类型的简要说明,有关一次性使用技术及其应用的更深入概述参见第二十二章。

对于约500 ml至10 L的较小规模培养物,可使用一次性搅拌式反应器(图17-5),容器由硬塑料材料[艾本德一次性生物反应器(Eppendorf Celligen BLU)、密理博公司一次性生物反应器(Millipore Mobius)、赛多利斯台式生物设备有限公司(Sartorius Stedim Biotech UniVessel SU)]或柔性塑料膜[GE公司一次性生物反应器(GE Healthcare Xcellerex XDR-10)]构成。这些反应器用于工艺开发和工艺规模缩小实验,类似于可高压蒸汽灭菌玻璃生物反应器。一次性使用技术实现了小规模简化的工作流程,并且不需要清洁和灭菌。这对于高通量的实验特别有价值。潜在的问题包括成本效益、可持续性方面,以及与预期生产规模中使用的技术相比,所选技术是否提供了代表性数据结果。

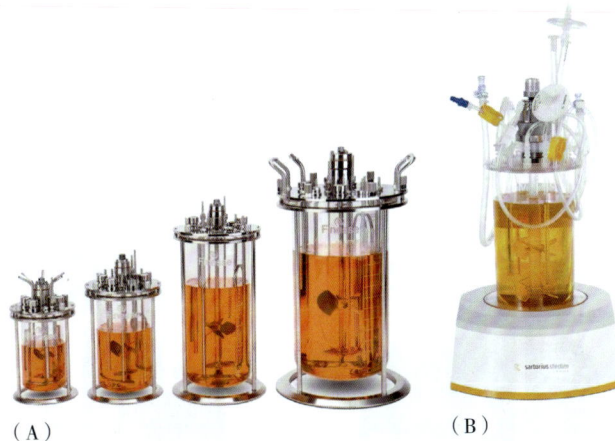

图17-5 用于工艺开发或模型缩小实验的小规模搅拌式生物反应器
(A)Smart Glass可重复使用生物反应器;(B)UniVessel SU一次性生物反应器
图片由(A)Finesse Solutions,Inc.和(B)*Sartorius Stedim Biotech SA*提供

在大规模的一次性生物反应器中,设计基于柔性袋的搅拌式生物反应器占主导地位(图17-6)。这些反应器由不锈钢制成的外部支撑框架构成,罐体中装有一次性充气培养袋。所述支撑物可以是圆柱形或正方形,因此对应罐体的培养袋也具有相应的形状。对于不锈钢反应器,搅拌马达可以是顶装式[赛默飞世尔科技公司一次性反应器(Thermo Fisher S.U.B.)、赛多利斯公司一次性反应器(Sartorius Stedim BIOSTAT STR)、颇尔一次性反应器(Pall PadReactor)]或底装式[颇尔一次性反应器(Pall Allegro STR)、GE一次性反应器(GE Healthcare Xcellerex XDR)、密理博公司一次性生物反应器(EMD Millipore Mobius)]。一次性罐式反应器的另一种选择是完全不使用任何搅拌器,而是通过摇动整个容器(OrbShake,BaySHAKE)来完成混合。然而,在较大的培养体积下摇动大型罐体所需要的力是相当大的,这给机械设计和一次性培养袋带来了压力。因此,后者的设计对于小规模的某些工艺应用可能是有用的,但尚未在大规模中广泛使用。

图17-6 用于工艺开发和商业化生产的大规模一次性生物反应器
（A）Xcellerex XDR-10、-50、-200、-500、-1000和2000；（B）Biostat STR 50、200、500、1000、2000
图片由（A）GE Healthcare Life Sciences 和（B）Sartorius Stedim Biotech SA提供

目前可以从通用电气医疗生物科学有限公司（GE Healthcare，Xcellerex MO）和赛默飞世尔科技公司（Thermo Fisher，HyPerforma）两个供应商购买大型一次性搅拌式微生物发酵罐，尺寸分别为500 L和300 L（图17-7）。从设备的角度来看，与细胞培养过程相比，微生物发酵过程在功率输入、混合能力、废气容量、温度控制和泡沫管理方面的要求更高。与用于细胞培养的一次性生物反应器相比，更高的工艺要求推迟了一次性微生物发酵系统的市场进入。与传统的不锈钢发酵罐相比一次性微生物发酵罐显示出相同的工艺性能，并且使得一次性技术的优点都用在了微生物的工艺过程。

图17-7 一次性搅拌式发酵罐
（A）XDR-500 MO；（B）Thermo Fisher 300 L S.U.F
图片由（A）GE Healthcare Life Sciences 和（B）Thermo Fisher Scientific，Inc.提供

四、摇摆式生物反应器

摇摆式生物反应器是第一个进入市场的一次性生物反应器技术[1]。摇摆式生物反应器系统由预先辐照灭菌的一次性充气袋组成，该袋与带有移动托盘的摇床相连。向培养袋中灌装培养基和接种物，直至培养袋总体积的50%，而剩余顶部空间体积则用气体充满。托盘的运动在细胞培养液中引起波动，从而产生气体转移和气液混合。大多数摇摆系统都有来回摇摆的托盘［WAVE生物反应器、Xuri细胞扩增系统（GE

Healthcare、Biostat RM（Sartorius Stedim、SmartRocker（Finesse Solutions）、CellTumbler（CerCell）］，但是也存在双轴运动（Allegro XRS）。通常可以通过调节摇摆角度和摇摆速度或通过控制进气中的氧气含量来控制摇摆式生物反应器中的气体转移。通过摇摆托盘中的加热元件控制温度，并且可以通过调节进气中的二氧化碳含量或通过添加酸/碱溶液来控制pH。

摇摆式生物反应器的早期版本可达到500 L规模的培养体积，但当前系统的最大培养体积约为100 L。考虑到可放大性和传质能力，所以阻碍了更大规模的开发与问世，现在摇摆式生物反应器技术的最佳领域是小试研究至中试规模的培养。摇摆式生物反应器（图17-8）是用于工艺研究、工艺开发、中试规模培养的有用工具，尤其是用于扩大至生产规模的种子培养。在后一种情况下，摇摆式生物反应器既可以用于常规的批量放大，又可使用灌流培养模式的放大，这可以极大简化生产工艺。摇摆系统的能力最初受到质疑，但实验表明摇摆式生物反应器可以支持非常高细胞密度的培养。例如，通过WAVE生物反应器系统进行的实验证明了一次性摇摆式生物反应器中最高的细胞密度可达2.14亿个细胞/ml[2, 3]。这是一个极端的例子，但至少在理论层面，这种细胞密度下的5 L培养体积可用于以超过500,000个细胞/ml接种至2000 L规模商业化生产反应器。

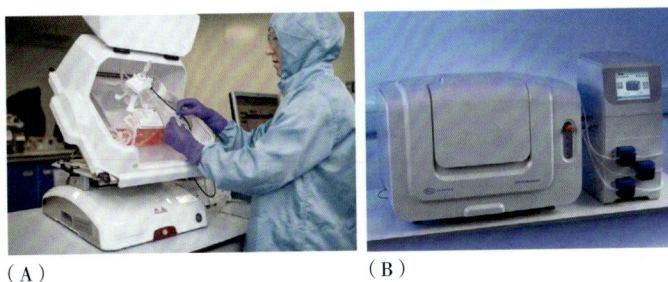

图17-8 摇摆式生物反应器系统
（A）ReadyToProcess WAVE 25；（B）Allegro XRS 20
图片由（A）GE Healthcare Life Sciences 和（B）Pall Corporation提供

大多数摇摆式生物反应器都是为细胞培养而设计的，但它们也可以用于低密度生长的微生物发酵。撰写本文时，唯一用于微生物发酵设计的摇摆系统是CELL-tainer（Biotech BV）。操作单元-反应容器通过垂直运动补充摇杆的水平运动，以增加系统的气体传输和气液混合能力。摇摆式生物反应器也已发现可用于植物细胞的培养。在后一种应用中，使用宽的、开放的顶部透明袋，对于需要曝光以实现良好生长的培养细胞是有益的。另外，没有搅拌桨对于高黏度植物培养可能是有益的。

第五节 用于贴壁工艺过程的反应器

生物生产工艺制造中使用的大多数动物细胞都是悬浮生长的。然而，某些细胞类型需要进入表面以实现良好的增殖和高产率表达。例如，对于疫苗工艺过程中使用的Vero和MDCK细胞，就需要贴壁培养。这些细胞系确实存在可悬浮培养的情况，但是在生产工艺制造过程中，贴壁细胞占主导地位[4-7]。当使用未分化的细胞时，例如在细胞治疗、病毒治疗、生物测定和一般研究中，贴壁培养在应用中也很常见。下面简要介绍了用于贴壁细胞培养的生物反应器设计。通常，这些反应器可以分为固定贴壁生长和微载体技术的设计，这些技术可促使常规生物反应器用于悬浮培养。

一、转瓶

图17-9 在WHEATON R2P 3滚架中
图片由DWK Life Sciences Inc.的WHEATON提供

转瓶工艺为灵活的生物制药工艺操作提供了一种成熟的方法和相对低廉的成本。该系统由一次性圆柱形螺旋盖瓶组成（图17-9），将其放置在加热柜/培养箱的机架上并旋转，通常在每小时5～240转之间。瓶的表面积为每瓶500～1700 cm²，总体积为1～1.5 L，适用于0.1～0.3 L的实际培养体积。贴壁细胞将附着在瓶表面，并通过旋转运动，将细胞交替浸入培养基中，并暴露于转瓶顶部气体中。由于转瓶处于恒定旋转运动中，因此不会形成梯度。尽管转瓶最适合贴壁培养，但它也可用于悬浮培养，主要是实验室规模。

转瓶用于贴壁细胞的各种制造工艺过程中，通常是因为在设计该工艺过程时可能不存在良好的替代品。然而，转瓶技术的挑战包括缺乏可放大性以及在工艺过程中难以控制培养参数（例如pH、DO_2和营养物）。工艺的放大不能通过增加瓶子的大小来完成，相反，规模放大是通过增加瓶子的数量来增加。这使得工艺过程控制和操作变得复杂。在小规模中，转瓶通常是手动处理的，但在较大规模中，首选自动化操作。然而，并行处理大量小体积培养物会比较困难，所需的占地面积大以及与质量控制相关的工艺挑战是转瓶技术受限的主要因素。尽管存在这些挑战，转瓶仍广泛用于生产蛋白质药物（例如促红细胞生成素）和疫苗（例如水痘和带状疱疹疫苗）的生产。在许多情况下，数十年前开发的原有工艺由监管机构注册，工艺变更将包括大量的监管工作、可比性研究和相关成本。通常使用替代技术设计现代大规模贴壁培养工艺过程。

二、填充床反应器

图17-10 iCellis填充床生物反应器
图片由Pall Corporation提供

填充床反应器（又称固定床反应器）由填充有固定基质的反应器组成，其中细胞可以附着并增殖（图17-10）。用从外部储液罐再循环或灌流的培养基连续冲洗反应器。只有少数的固定床反应器可以商购［iCELLis（Pall）、CelliGen BLU（Eppendorf）］，并且它们是基于一次性技术设计的。固定化基质随特定反应器的不同而不同，并且它可以由例如在反应器内部形成3D结构的堆积的大孔微载体或微纤维组成。用于或建议用于基质的材料包括玻璃、陶瓷、纤维素和各种聚合物。在实验室规模中，自制的固定床系统十分常见，并且这些系统可以基于常规玻璃生物反应器和大孔微载体的组合。固定床系统的缺点是不可直接对培养物取样并测量细胞密度和细胞活率等要素。另外，难以评估混合效果和培养物的均一性，这意味着不知道在此工艺过程中基质中是否形成梯度。然而，与转瓶和静态系统相比，填充床反应器在小体积容器中提供相对更大的生长面积，可以节省相当大的占地面积。例如，一个25 L的iCELLis反应器可以提供高达500 m²的生长面积，这相当于几乎3000个1700 cm²面积的转瓶。

三、用于微载体培养的生物反应器

微载体是直径为100～300 μm的小聚合物球体，其表面可促进细胞附着。微孔和大孔微载体都可以用于搅拌式生物反应器，大孔微载体也可用于填充床生物反应器。与其他用于培养贴壁细胞的技术（例如转瓶、细胞工厂和固定床培养）相比，微载体的主要优点是表面体积比增加。例如，在1 ml培养基中的5 mg Cytodex 1对应30 cm² 表面积，将形成降低生产成本并提高生产能力的强化型生产工艺。微载体的大小和密度将影响载体保持悬浮的难易程度、沉淀速度等工艺参数，大体积培养基的改变以及如何在灌流工艺过程中截留微载体。另外，载体的大小将影响其在灭菌和收获期间通过阀门和管道的转运。非常大的载体不能通过狭窄的管路或管道运输，通常将它们直接添加到生物反应器罐体中。因此，微载体的类型与生物反应器的设计密切相关。

在小规模（从10～20 ml到1～2 L）生产中，微载体培养通常在玻璃或塑料的旋转容器中进行，该旋转器放在培养箱的磁力搅拌台上，还存在体积至少为36 L的较大旋转器（Corning）。非常大的旋转器可以补充挡板和特定的搅拌器设备，以提高混合能力。当需要加强工艺监测和控制时，要使用玻璃生物反应器、不锈钢生物反应器和一次性生物反应器。许多传统的搅拌式生物反应器可用于微载体培养，只需要进行较小的设计修改。例如，与用于悬浮细胞培养的装置相比，这些修改可能涉及改善用于保持载体处于悬浮状态的流体模式和减少系统中的剪切力。迄今为止已知的最大微载体工艺是Baxter公司采用6000 L培养罐来生产Vero细胞工艺的流感疫苗。

微载体存在两类：微孔载体和大孔微载体，细胞类型和应用将决定哪种载体最合适。在微孔载体［Cytodex（GE Healthcare）、SoloHill（Pall）］中，细胞将附着在载体表面并在载体外部增殖。如果条件可行，当细胞彼此接触受到抑制时，生长将持续直至融合。当培养细胞分裂时，例如在工艺放大期间，通过使用诸如胰蛋白酶、TrypLE或Accutase的酶将细胞从载体上分离。经过适当的分离程序后，细胞可以很容易地附着在新的载体表面上。但是，长时间暴露于分离酶会损害细胞、降低活率并阻碍重新附着。核心微载体通常由交联的聚合物如葡聚糖或聚苯乙烯组成。微孔载体的表面可以是胶原蛋白、蛋白质，也可以是DEAE等带电基团。在大孔微载体培养［Cytopore，Cytoline（FibraCell）］中，细胞不仅会在载体的外部生长，还会在内部的大孔中生长。在这种培养中，由于载体内部的物质运输限制，通常不可能分离细胞。大孔微载体通常是终末期培养细胞，细胞不需要重新接种并且不需要回收宿主细胞。相反，当产物分泌到细胞外时，这种类型的培养方式可能是有用的。

第六节　高通量工艺开发生物反应器

对培养工艺过程的透彻了解对于开发良好的生产工艺制造至关重要，而高通量筛选是在短时间内获得大量工艺信息的有效工具。这与完整工艺表征的要求以及缩短工艺开发时间的需求相结合，导致对适用于高通量筛选培养工艺的需求增加。在过去的几十年中，已经开发了几种小规模的生物反应器来满足这些需求。但是，设计一个小规模、高通量的系统来预测生产规模的结果是一项相当复杂的任务。首先，必须充分了解混合和气体传输动力学，以确保结果在大规模和小规模反应器之间具有可比性。例如，具有可行的在小型生物反应器中调节通气参数的能力[8]。其次，高通量系统的工作体积应较小，以方便进行大型筛选实验，但又不能太小，以至于离线分析的样品量不足。再次，传统的pH和DO₂传感器不能在非常小的规模下工作，必须使用可替代技术。光学传感器于2001年首次在带有搅拌和通气的反应器中使用，此后在功能和工艺性能方面取得了相当大的进步[9]。这种技术的改进、不断变化的要求和对工艺灵活性的要求导致了一系列高通量生物反应器技术的发展（图17-11），这些技术具有不同的规模、不同的控制和监控能力。小型生物反应器可分为三大类，其中微型生物反应器的体积小于1 ml，迷你型生物反应器体积为1~10 ml和小型生物反应器体积为10 ml~3 L。在高通量生物反应器中，最适合特定工艺筛选的系统将由该实验的总体目标所决定。

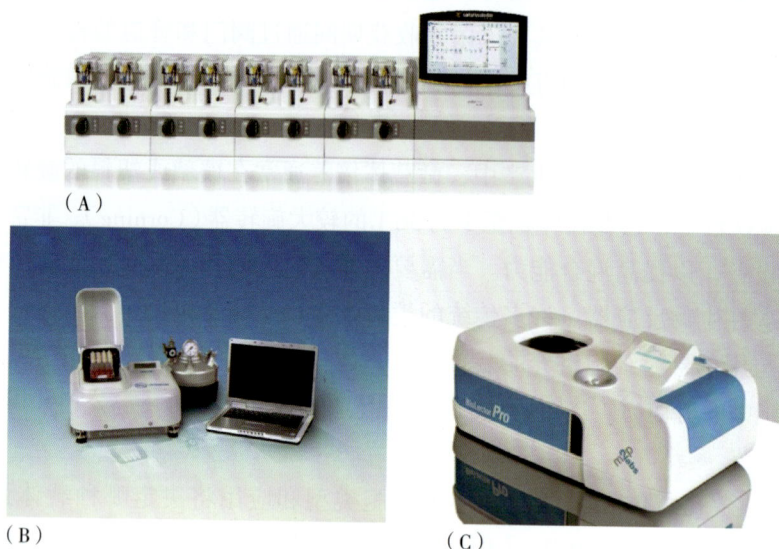

图17-11　微型生物反应器
（A）ambr 250模块化；（B）Micro-24；（C）BioLector Pro
图片由（A）Sartorius Stedim Biotech SA、（B）Pall Corporation和（C）m2p Labs GmbH提供

最不复杂的高通量工艺筛选系统基于一次性培养管和多孔板，在大多数这些系统中不存在任何工艺过程监控或控制能力，并且所获得的数据通常仅限于终点测量和分析。然而，这些技术的多功能性使得它们对于工艺筛选实验是可行的。TubeSpin生物反应器是带有透气性盖的塑料离心管，将其放入带有定轨振荡器的培养箱中的架子上。不同试管的培养体积从1 ml到400 ml不等，高通量形式可同时筛选数百种培养工艺。可以将其与在摇瓶中进行筛选的工艺进行比较，在摇瓶中，培养箱中的空间成为限制因素。微孔板和深孔板通常由塑料聚合物（例如聚苯乙烯和聚丙烯）构成，并以各种形式呈现，具有不同数量的孔和体积。可提供6~384孔的板不等；但是，用于培养的平板通常拥有24或96个平行孔，培养体积范围为100 μl至3 ml。根据所进行的实验，可以摇动或固定孔板。较小的孔板通常是手动操作的，但是较大的孔板主要由全自动机器人系统处理，在该系统中可以无缝地统一采样和分析测量。

对于更高级的实验，具有工艺过程监控、控制和自动化能力的迷你型生物反应器系统是首选。该生物反应器类别中的系统示例为Ambr（TAP Biosystems，现为Sartorius Stedim的一部分）、Micro-24（Pall）和BioLector（m2p-labs，Beckman Coulter Life Sciences）。这三个系统已用于动物细胞培养和微生物发酵筛选。Ambr系统是具有一次性的pH和DO_2测量、叶轮混合和取样口的一次性搅拌式生物反应器。生物反应器有小型和小规模两种设计，较小的反应器培养体积为10~15 ml，可与台式工作站一起使用，该工作站可并行处理24~48个培养工艺；较大反应器的培养体积为100~250 ml，可与12或24反应器配置的工作站配合使用。生物反应器的常规设计和Ambr的灵活性使其成为在高通量生物反应器系统领域的基准。Micro-24微型生物反应器技术的核心是一个24孔板，每个孔中都带有集成的pH、DO_2和温度传感器。将卡匣放置在轨道底板上，该底板也用于通气。培养体积为每孔3～7 ml。该系统的参数易于设置和操作，并且Micro-24系统已成功用于各种工艺操作，包括微生物发酵和动物细胞培养。BioLector技术基于在微孔板中自动培养，孔体积为800 μl ～1.5 ml。有两种板可供使用：①花形孔板，用于高需氧型细胞的培养；②带有圆形孔板，用于剪切力敏感性细胞的培养。系统功能包括在线监测生物量、pH、DO_2和荧光分子，最多可以并行处理48种培养物。

先进的高通量生物反应器的第四个示例是BioProcessors Corp.的SimCell系统。SimCell系统技术基于微生物反应器阵列，其中每个阵列由六个600 μl培养物组成，这些培养物通过气泡混合。SimCell系统能够并行处理1000多种培养物，因此具有迄今为止开发的最大容量的微生物反应器系统。SimCell已由Novo[10]、Pfizer[11]、Merck[12]和Hsu等公司成功展示[12a]，但该系统的复杂性使其多功能性降低，并且不再在市场上销售了。

高通量、小规模生物反应器系统的进一步发展包括改善测量和控制的可能性。例如，可用的pH传感器技术在pH范围方面受到限制，并且这对于在较低pH范围下培养系统（例如酵母）以及在某种程度上还包括昆虫细胞培养提出了挑战。此外，许多小规模系统缺乏对主要工程原理的理解，这些原理是设计更大规模生物反应器系统的基础。例如，体积功率输入和最大局部能量耗散仅在报告了少数小型系统中有报道[13]。

第七节　建模和仿真

建模和仿真为设备的工艺过程和设施的设计提供了重要益处，适当应用此类工具可以节省资源、减少生物工艺设备和药品的上市时间、降低产品和运营成本、提高质量和可靠性，并降低风险。至今，可用的计算能力比几年前要大得多，而且更强大的计算机使建模和仿真程序得以改进。更好的程序和更快的计算机相结合，为生物工艺设备设计者和用户提供了更多的机会来获取这些好处。

在生物工艺中有用的计算机辅助设计（computer aided design，CAD）程序包括用于过程模拟、计算流体动力学（computational fluid dynamics，CFD）以及电气和机械设计的应用程序。过程模拟涵盖生物工艺过程模拟、放大和经济分析；有来自Aspen Technology Inc.、Intelligen Inc.、ProSim SA和Biopharm Services Limited等公司的程序。CFD软件可从ANSYS Inc.、Dassault Systèmes、Autodesk Inc.、MathWorks Inc.等公司处获得。对于电气和机械设计，像AutoCAD和Pro-e这样的程序为设计师提供了一套丰富的工具，可以用来设计从小型组件到大型复杂系统的所有内容。三维参数建模支持包含空间信息、材料属性等的智能设计。通过这些智能设计，可以在设计周期的早期阶段全面评估工艺表现性能。设计变更文件可是独立文件包，也可以和模型一起，从而节省重复工作并突出潜在的联系。在供应链中，可以共享3D模型，从小零件（例如螺母和螺栓）到完整的生物工艺模块以及一直到设施布局。参数数据集成的使用可以扩展到包括材料管理和企业资源计划（enterprise resource planning，ERP）软件。通过这种级别的集成，设计可能会以相当高的效率进行定价、批准和购买。

参考文献

第十八章

下游工艺设备

Mikael I.Johansson*, MartinÖstling†, GünterJagschies‡

Cytiva, Uppsala, Sweden, †MartinÖstling Konsult AB, Uppsala, Sweden, ‡Cytiva, Freiburg im Breisgau, Germany

第一节 引言

下游工艺设备涵盖了各种尺寸和复杂度不同的系统。涵盖的规模包括实验室规模、中试规模及商业化生产规模。设备的复杂性随着规模的增加而降低，但一般而言，即使是大规模的设备也需要一定程度的灵活性。下游工艺设备本身只是作为纯化过程中的工具，选择错误的设备或者具有设计缺陷的设备可能会对纯化工艺的收率和经济性产生影响。例如，在色谱系统中，由于额外的混合和（或）无流动区而导致系统区域扩大，并导致缓冲液消耗的增加和较低的收率或较低的纯度（对于预定的操作条件）。

如今，许多公司专注于设计、建造和供应用于生物加工领域内不同单元操作的容器和固定式设备，它们的供应将满足大多数工艺的需求，例如过滤操作、色谱分离和离心。

与生物加工的早期相比，当前下游的设备系统更加标准化，但从终端用户的角度来看，它们提供了更大的灵活性。这种明显的矛盾源于以下事实：无论这些操作单元如何发展，它们都应该具有相同的功能设计，即不同的功能模块。这些模块如下。

（1）一个正在处理产品的功能模块　例如生物反应器、离心机、支架中的过滤器或膜，或装填树脂的色谱柱。

（2）一个入口和出口模块　用于将功能模块连接到提供工艺所需的溶液罐或连接到在相应步骤中存储中间产品的溶液罐。与废液罐的连接是出口模块的典型功能。

（3）一个包含一系列测量的单元　用于控制和监测工艺的传感器的测量模块，例如发酵装置中的pH和溶氧电极或下游工艺设备上的流量、pH、电导和紫外（Ultraviolet，UV）传感器。压力传感器通常用于监测某些过滤过程并提供安全控制，通常至少一个传感器用于监测产品和操作的进度。在下游过程中，通常是UV传感器。另外，也有一些设备中有多个传感器，以提供不同的信号并实现共同控制，或作为冗余措施。

（4）一个由硬管道或柔性管道与阀门（流路模块）组成的连接模块　提供了设备内部所有部件与外部模块（例如储罐）之间的连接。阀门能够切换不同设备的连接（即以工艺设计规定的方式引导液体）。操作过程中，也需要一个或几个泵使得液体流动并支持混匀过程。

（5）一个自动化模块　主要由输入/输出硬件组成，用于将传感器及其检测器单元连接到过程控制单元，使得过程控制单元可以被运行软件控制，以执行工艺中的所有步骤，并根据过程设计的配方监测其进度和性能（见第二十三章，自动化不在本章的范围中）。

这些模块允许设备供应商提供可配置的硬件平台，但其中设计的可变性被减少到单个模块的可变性（如本文所述）。通过这种方法，虽然可以设计、构建和交付大量不同的系统配置，但也仍将自定义配置维持在了较低水平。通常，从终端用户的角度来看，他们减少了设备购买的成本，因为供应商的这种策略将减少这些设备的制造成本，并大大减少其交付时间。标准化或模块化的另一个优点是更容易获得供应商的备件、维护服务和经过培训的技术人员。服务合同通常由这些供应商提供，以支持使用该设备进行稳健的长期操作。

这种设备采购方法可能要求对原始的系统规范，即用户需求规范（user requirement specifications，URS）进行一定程度的调整，使其符合现有的标准，并在许多其他制造业务中得到验证。当需要更复杂的系统且标准化或模块化产品无法满足令人满意的URS时，需要遵循所谓的"项目方法（project approach）"。在这种方法中，由来自设备供应商和最终用户组织的各种工程学科的成员组成项目团队。当URS在组件选择、焊接、润湿表面处理或文件要求等细节方面较多时，"项目方法"通常是合乎逻辑并合理的。在这种情况下，最终用户更紧密地参与了项目。设计时间和交付的总体项目时间通常较长，结果是可以更接近用户团队内部开发的URS要求。

在成功完成设计阶段后，最终会将生产色谱平台预先组装并测试，然后交付给终端用户。现场进行调试和安装，在将设备移交给用户并投入使用之前，通过安装确认（installation qualification，IQ）和操作确认（operational qualification，OQ）来确认质量标准。

接下来，我们将讨论基于URS的设备选择过程的不同方面，包括功能质量标准、组件选择、卫生设计、压力和化学质量标准和监测以及自动化。

第二节　用户需求规范的关键方面

每个系统都应根据系统操作目的的功能列表进行设计和制造，这是一种功能性质量标准。在这个阶段，需要确定设备的尺寸。如第二十五章所述，设备规模取决于所选择的操作策略（即单次或多次循环操作、批量操作与连续操作等）。频繁的操作通常倾向于使用较小的设备，同时小设备在制造用于临床试验的产品时也显得更有优势，较小的系统尺寸在一次性设备上也更便于处理和储存中间产品。

前文已经讨论过了上游生物反应器的大小、产品滴度和批次数对下游色谱柱大小选择的影响，这也取决于色谱树脂的载量和处理这批所需色谱的重复次数。相应的下游色谱系统的规模和尺寸将取决于色谱柱的大小。

为了开发具有代表性的URS，必须对各个过程步骤及其化学、机械和自动化要求进行全面和详细的了解。在第二十五章中讨论了色谱和过滤方法，与通常采用更笼统方法的实验室规模相比，在生产规模下，将更多地关注细节以确保工艺的可靠性和重复性。通常必须设置警报和联锁，以确保在操作过程中不会忽略任何异常情况，如果存在超出规范的行为，则暂停生产工艺直至安全状态。本文讨论产品设计的相关原则，即产品设计如何使产品具有较好的性能以及可应对实际生产中所遇到的挑战，这些原则主要来自于供应商的设计原则反馈以及终端用户的反馈，使得实验室规模的设备可以顺利转移并放大到生产规模的设备。

一、化学相容性和洁净方面

尽管生产规模系统的基本布局与用于工艺开发的实验室规模系统没有太大差异，但大型设备制造的化学物质相容性通常是实验室设备中不必考虑的一个方面。操作工艺的化学环境对设备的设计有重大影响，包括工艺中与化学物质接触发热时间、操作压力和温度等，以及各种工艺步骤的顺序，都在设备和制造材料的选择中起到重要作用。

不锈钢是生物加工中选择的经典材料（表18-1），但对某些特殊工艺而言，它可能并不是最适合的构造材料。例如，如果使用过程中处于强酸性条件，尤其是如果存在氯离子，则不锈钢可能不是最佳材料，因为会发生各种形式的腐蚀。聚丙烯（polypropylene，PP）、三元乙丙（ethylene-propylene-diene monomer，EPDM）、聚四氟乙烯（polytetrafluoro-ethylene，PTFE）和聚醚醚酮（polyether ether ketone，PEEK）是用于管路、测量单元、阀门和垫圈的经典塑料材料，玻璃则用于pH和UV传感器。

除不锈钢和玻璃外，其他所有与料液或者缓冲液接触的构造材料通常都要进行浸出物评估。如今，许多生物加工组件供应商已经对塑料结构和密封材料的可提取物和浸出物进行了广泛的研究。美国药典及欧洲药典均已发布了浸出物测试的标准。通常使用第三方分析实验室对组件进行此类测试。他们将向提供证书的生物加工组件供应商颁发独立证书和独立报告，从而缩短建造新设备时设计和质量标准验收阶段的时间。

表18-1 生物处理设备中使用的经典构造材料

部件	材料
管道	316L钢，PP
阀门	316L钢，PP
泵	316/316L/316Ti钢，PP
阀隔膜	EPDM
积液盒过滤器支架	316L钢
流量计	316L钢，钛
电导率监测器	钛/聚丙烯或PEEK/316L钢
pH传感器	玻璃
UV传感器	PP、PEEK或316L钢、石英玻璃
O型环和其他密封件	EPDM、PTFE

许多组件供应商向用户提供了其设备的化学耐受性表，表18-2展示了一些示例。值得注意的是，化学耐受性表中通常不包括与实际工艺情况相关的所有化学物质，也不包括所有可能相关的化学物质组合，因此需要对预期工艺的符合性进行单独评估和确认。

表18-2 化学耐受性表 列出具有特定浓度的各种化学品、每个周期的最大暴露时间和最大总暴露时间

化学物质	浓度	最长时间/周期	最大可接受暴露	用途
醋酸	25%	3小时	3000小时	原位清洁（CIP）
丙酮	10%	1小时	无限	UV电池测试
柠檬酸	pH值2~2.5	温度≤60℃时1小时	1000小时	CIP
乙醇	20%	12个月	无限	储存
乙醇/乙酸	20%	3小时	3000小时	CIP
盐酸胍	6个月	5小时	5000小时	CIP
盐酸	0.1 M，pH=1	1小时	1000小时	CIP
磷酸	5%	过夜	无限	不锈钢钝化
2-丙醇	30%	1小时	1000小时	CIP
氯化钠	0~3个月	3小时	3000小时	纯化，CIP
氢氧化钠	1 M，pH=14 0.5个月 0.01 M，pH=12	在温度≤40℃下24小时 温度≤60℃下3小时 12个月	1000天 3000小时 无限	CIP，储存
次氯酸钠	300 ppm	温度≤60℃下3小时	3000小时	CIP

续表

化学物质	浓度	最长时间/周期	最大可接受暴露	用途
氢氧化钠/乙醇	1 M 或 20%	3 小时	3000 小时	CIP
尿素	8 个月	5 小时	5000 小时	纯化，CIP
清洗液	1% ~ 6% STERIS TM CIP 100TM，0.5% 汉高 P3TM-11，0.2% 微量，0.2% Terg-a-zyme TM，0.1% 吐温 TM 80	温度 ≤ 60℃ 下 3 小时	3000 小时	CIP

注：该表涵盖了工艺规模色谱系统，该系统包含与工艺液体接触的各种材料，包括不锈钢管道及塑料管等。

二、洁净设计和清洁

除设备制造材料的化学相容性外，工艺路径和工艺液体接触表面的洁净设计对于无菌产品加工也至关重要（即具有最小的生物负载，同时即使在风险增加的情况下，也可以有效控制生物负载）。实验室设备的运行条件通常不会很苛刻，因此通常不会把生物负载这个因素考虑进来（即超出正常的药物非临床研究质量管理规范，包括工作区的洁净度）。美国机械工程师协会—生物加工设备（American Society of Mechanical Engineers Bioprocessing Equipment，ASME BPE）指南为工艺设备的要求提供了一些实用指导[1]。该指南已被终端用户以及该行业的供应商广泛采用，包括实用的设计指南，例如需要在管道系统中实现最小化的"死体积"的定义，以及不同类别材料的表面光洁度，以最大限度地减少生物膜的出现，从而进一步减少生物膜对不同批次产品造成的污染。泵的洁净设计则更具挑战性，因为泵（无论工作原理如何）都由许多不同的部件和材料组成。一些供应商提供了证明氢氧化钠作为设备的 CIP 化学品的有效性的文件[2]。

清洁生物处理设备的传统方法是使用最高 2 M 的氢氧化钠溶液进行化学 CIP。这既可用于设备和耗材的清洁，例如树脂或滤膜，也可用于控制流路中的生物负载。在 CIP 之后，如果需要，可后续利用 121℃ 的洁净饱和蒸汽进行蒸汽灭菌。

下游操作在传统意义上不能被视为无菌操作，这就是为什么在线灭菌（SIP）在下游操作中是一个例外而不是一个规定的原因。每当需要 SIP 时，例如长时间连续操作的系统，其工艺设备的设计非常重要，因为能用于蒸汽灭菌要求的设备不仅需要选择可以耐受高温的组件，管道系统的设计还需要同时满足相应要求，以确保蒸汽灭菌工艺的有效性。为 SIP 设计的系统将具有一些常规系统中没有的其他组件，例如绝缘阀、蒸汽陷阱和温度传感器，以确保可以控制蒸汽灭菌过程并发挥其有效性。具有 SIP 功能的系统通常具有更大的物理尺寸，并且具有蒸汽灭菌功能的设备很少会作为标准的系统提供。

也可以制造部分可承受 SIP 的系统（仅样品入口，并且可以设计为完全可排水或不排水）。生物制剂生产中使用的大多数色谱和过滤移动色谱平台都未要求必须具有蒸汽灭菌的功能。

作为 SIP 的一种选择，有时在血浆分馏过程中会使用热水（60 ~ 80℃）进行清洁，在该过程中，进料流中含有大量油脂。这种操作不能实现设备的真正无菌，而是一种在使用冷或室温碱性溶液传统 CIP 方法的基础上，进一步增加设备的清洁有效性。与 SIP 不同，使用热水进行清洁时，无需为该操作提供额外的温度传感器和蒸汽陷阱。

避免使用 SIP 的另一种方法显然是引入一次性使用技术，这将完全避免该问题。有关一次性使用技术的更多信息，请参阅第二十二章。

第三节　生物处理设备中的通用组件

一、检测器、仪表和传感器

安装在流动单元并连接到信号处理变送器的探针会用于生物处理设备，以随时测量某个参数，或用于控制过程（例如触发动作和阀门的切换）。监测的数据通常存储在自动化模块中，这些数据将被包含在批文件中，并用于趋势分析，以便开发早期检测导致工艺或设备偏差的模型。在使用过程中，通过系统设置信号阈值，达到该阈值将触发预期操作。

生物处理设备中常用仪表的选择将在下述章节中进行讨论。必须强调的是，相同的仪表可能用于不同的目的。例如，压力传感器在生物处理中多数情况下都是为了保证不同单元操作的安全，然而，在过滤操作中，压力监测也用于调控跨膜压（TMP）从而控制过滤工艺。

在选择仪表时，充分了解工艺条件是非常重要的。包括工艺中所使用的化学品、工艺压力、工艺流速和整个操作过程中的温度条件。

二、UV 检测器

UV检测器用于检测物料在不同波长光照的吸光度。吸光度通常在一个预设的波长下进行检测，但市场上存在可以在多个（离散或可变）波长下检测的检测器。通常，蛋白质的UV吸收是在280 nm的波长下测量的。UV检测器中紫外线吸收峰基线的自动校准及归零功能在实际应用中是十分有利的，测量范围由通过单元的光径长度定义。因此，可以改变光程长度以使其适应不同的工艺条件（例如不同浓度的溶质测量）是十分实用的。检测较高的蛋白质浓度时，应选用较短的UV光程，以避免检测值大于检测器的最大测量值。良好的UV检测器可以在低至0.1 mm光程的条件下对浓度高达150 g/L的单克隆抗体（mAb）产品做出线性响应[3]。当需要测量较宽范围的吸光度时，可能需要多个不同光程长度的UV检测器，以使得在测量低浓度样品时保持高分离度，同时避免高浓度样品时超出量程。

在色谱操作中，UV检测器在检测从色谱柱洗脱的各种蛋白质峰中起关键作用。UV检测和控制的最先进的应用之一是周期性逆流色谱（periodic counter-current chromatography，PCC）系统：色谱柱入口和出口之间的UV信号差值可检测色谱柱产品上样和产品流穿，即使料液浓度变化和（或）色谱柱载量下降，也能实现具有一致的和最佳的上样量（"动态控制"），详细信息参见第二十一章。

在切向流过滤操作中也具有UV检测器，其主要作用是测量中空纤维膜柱和膜包在透过端的蛋白质穿透。

三、电导率检测

电导率或离子强度参数常用于过滤操作以及色谱分析。现有的电导检测器通常有两种检测原理，分别为接触和感应。接触式使用两个或四个电极，感应式使用两个封装在塑料体中的环形线圈，分别用于交流电压的驱动线圈和一个接收线圈。溶液电导率与温度关系较大，因此大多数电导率仪器在传感元件中具有内置的温度传感器，并且电导检测器中具有内置的温度补偿功能。电导率和温度补偿功能都需要定期单独校准。

一些传感器是流穿式（flow through，FT）的，其他传感器将需要一个单独的流套空间，在其中安装探头。无论哪种情况，重要的是它们符合使用过程中的设计和洁净要求。

在色谱操作中，电导有几个重要的作用。在电导率为关键工艺参数的离子交换色谱法中，电导检测器可用于检测或控制梯度操作，通常通过增加盐浓度来实现结合物质的洗脱。在色谱和超滤/渗滤（ultrafiltration/diafiltration，UF/DF）系统中，电导率数据均用作确定清洗/清洁步骤终点。

四、pH 检测

在不同的单元操作中，pH 值用于不同的目的。与电导率检测不同，pH 测量是一种化学性的，且更灵敏的过程，但每次运行前都需要操作员进行校准。微小的电势也会影响到 pH 的测量，因此，在正常 pH 测量和校准过程中，确保测量点正确是至关重要的。值得注意的是，不要将 pH 探针长时间与极高电导值溶液进行接触，否则可能会产生"盐记忆效应"。使 pH 探头恢复平衡可能会变得非常困难，从而导致在不完全更换 pH 探针的情况下无法进行准确可靠的 pH 测量。

现代 pH 探针通常由玻璃或塑料制成。所谓的组合电极可用于低压力和中压力操作，在大多数情况下，不需要对 pH 电极进行单独的压力补偿。为实现这个目的，pH 探针通常安装在单独的流套中。pH 探针需易从流套中取出，并且应该有足够的额外电缆用于传感器的接地，以便进行 pH 的每日校准。通常，在苛刻的 CIP 循环过程中以及用弱碱进行系统保存的过程中，需要将 pH 探针暂时从流路中移除，并储存在碱液中，以避免下次使用时重建时间过长。在高压处理过程中，或者需要更快测量响应值时，例如在在线调节（in-line conditioning，IC）系统中控制 pH 时，可能需要额外的压力补充。

五、温度

对于下游操作而言，温度不是最重要的。本文已经讨论了温度对电导率和 pH 的影响。温度传感器可与其他传感器结合使用（例如电导率、流量计或作为单独的传感器）。单独的传感器可以是具有单独套件式的，也可以是流通式的。

六、流量计

无论测量原理如何，流量计都用于实时检测流量，并作为反馈，精确控制流量。但是，流量计也通常用于色谱系统中，以控制梯度洗脱时不同缓冲液的体积，是除了电导率控制梯度的另一种选择。过滤操作中通常使用流量计来控制再循环流速。

出于洁净原因，最好使用没有任何移动部件的流量计。电磁流量计和质量流量计都满足这些标准，因此是生物处理设备中最常用的流量计类型。质量流量计使用 Coriolis 原理测量质量流速（kg/h）以及密度，而不是直接测量体积流速（L/h）。流量计可被配置为显示质量流速、体积流速或其组合。质量流量计的一个附加特征是它们也可以显示被测量液体混合物的温度。质量流量计通常是最精确且最通用的流量计，因为它可用于测量任何液体。

使用电磁流量计测量的液体需具有一定的电导率。这意味着电磁流量计无法检测超纯水在工艺过程中的流速。电磁流量计的最新发展降低了待检测溶液的电导率下限。

七、空气传感器和空气陷阱

空气传感器用于保护色谱柱免受空气的影响，或者使得样品罐中的样品完全排空，柱子也可以用空气陷阱保护。通常，空气陷阱和空气传感器可串联使用。

当产品具有高附加值时，样品罐的完全排空是必不可少的。

液位传感器也可以用于样品完全排空，但空气传感器相比液位传感器而言更有优势，因为空气传感器通常放置在储物罐出口、管路上，并且是非侵入性的（即不与水箱内容物直接接触），如图18-1所示。

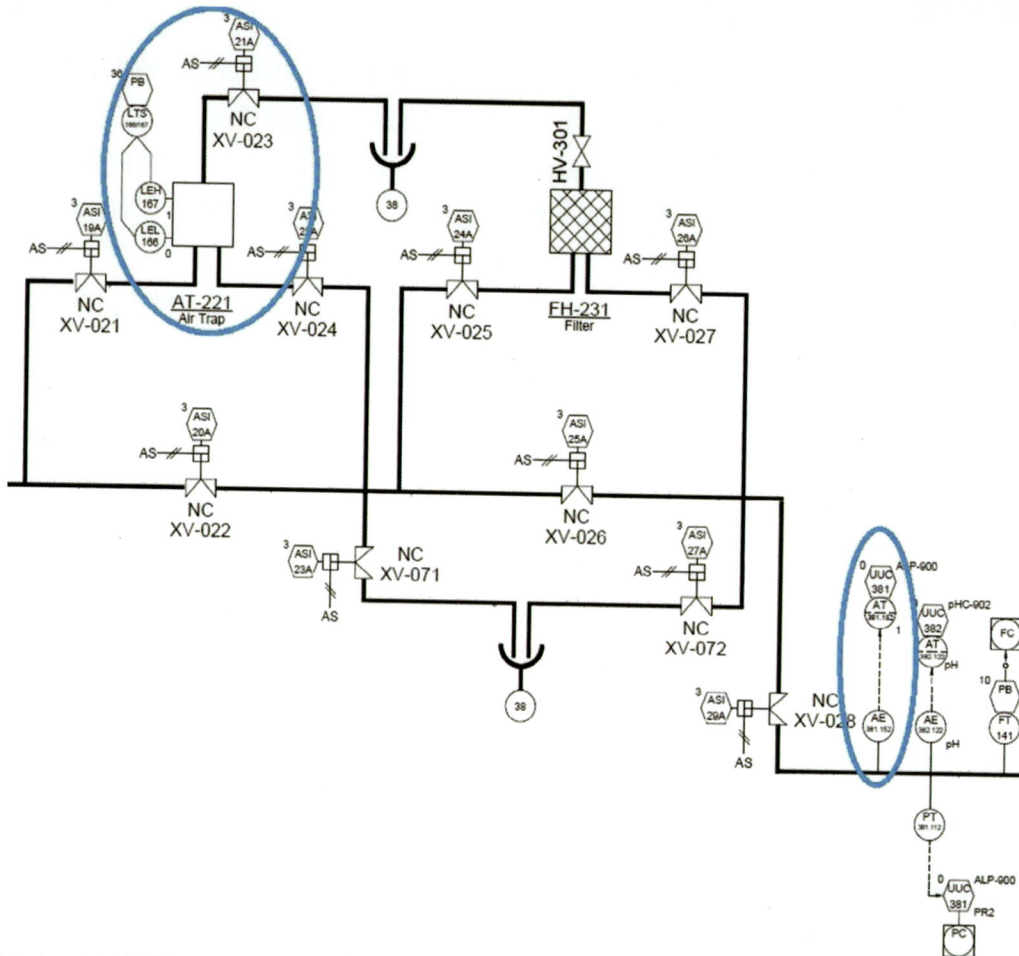

图18-1　空气陷阱（左上）和空气传感器（右下）的相互配合实现保护色谱柱（右图未显示）免受空气的影响
空气可能会干扰柱床并中断色谱过程

经许可复制：GE Healthcare

八、压力传感器

压力传感器通常应用于生物处理的所有操作单元中。在生物处理的所有过程单元中，都需要某种形式的超压保护，如果控制不当，压力过大会对操作员造成风险，并导致设备损坏。

在生物加工中的某些操作单元中，压力起着更重要的作用，例如在切向流过滤中，压力是TMP的重要参数。

检测压降如何随时间变化也可以作为某些设备的性能指示参数，例如直流过滤（normal flow filtration，NFF）或色谱柱。在这种情况下，一旦达到预定的压力水平，压力传感器可以用作控制流速的替代反馈源。

第四节　系统流路

生物加工中使用的流路通常是由塑料（管道）或不锈钢（管道）构成，它们有各自的优缺点。最终，工艺条件以及经济方面将决定流路材料的选择。近年来，多端口阀在生物加工中获得了实质性的发展（请参阅有关阀门的段落）。在许多情况下，这减少了生物处理设备所需流路的总长度，从而减少了这种系统的占地面积以及内部体积。

一、流路的一般设计标准

在生物工艺设备中使用的管道，需要满足以下两个标准。

这些标准关乎管路机械性能和美国食品药品监督管理局（U.S. Food and Drug Administration，FDA）的验收要求。对于塑料材料，通常需要额外的文件证明接液材料材质的美国药典（US Pharmacopeia，USP）分级、无动物源性和（或）可提取物和浸出物（extractable and leachable，E&L）特性。对于不锈钢、其他金属以及塑料管道的成分、尺寸、公差、表面光洁度和文件，有许多不同的国家和国际标准。但是，当前版本的ASME BPE提供了良好的指南，指南中涵盖了符合生物加工设备所需的质量标准和文件要求[1]。

ASME BPE遵从ASME第Ⅷ节中压力容器的标准[4]并引用了B31-3作为管道标准[5]，但它并不排除使用其他材料或标准，只要它们是国家或国际公认的。ASME BPE标准已得到供应商和终端用户的认可，在URS中通常被称为设计标准，用于管道和系统其他部件的钢等级作为最终文件的一部分，以确保设备的材料可追溯性。根据ASME第Ⅷ节[4]、压力设备指令（pressure equipment directive，PED）（欧洲议会和理事会）[6]或其他相关的国家压力容器法规，需要对设备内部拥有容量较大组件（如过滤器外壳或大型空气陷阱）的大型系统进行评估，并在需要时进行测试和（或）记录。

重要的是，用于制造设备的塑料和不锈钢管材料应尽可能具有化学惰性，以处理缓冲液和清洁化学品。这也适用于与产品接触的所有非金属材料，例如密封材料和阀隔膜。硬质和柔性塑料管广泛用于工业中，其现有标准和所需文件都比金属材料更严格。洁净管路是由许多不同的塑料材料制成的，适合生物加工的实例是聚丙烯或聚偏二氟乙烯（polyvinylidene difluoride，PVDF）。目前已经开发了这些材料的焊接技术，并且焊接这种材料的设备是现成的。同时也建立了焊接质量和表面光洁度的标准。

塑料管的耐压性和耐温性虽然低于不锈钢管，但另一方面，塑料管通常更耐化学物质和生物加工中常用的pH环境。对于塑料材料，目前已经开发了广泛的标准和测试方法来检测塑料材料的E&L（参见第二十二章）。该信息可从组件供应商处获得，生物工艺设备的用户通常会在其URS文件中标注可接受的标准，以验证任何给定系统的可行性。ASME BPE涵盖了与工艺流接触的材料的所有相关信息，并且随设备提供的文件必须涵盖对这些事项的监管期望。

二、倾斜管道

大多数系统不容易排水，通常可接受系统经过清洁，然后装满储存液。但是，特别是在设计大型复杂的管道系统时，设计带有倾斜角度的管道系统是很常见的。这是为了便于系统引流，也意味着其他组件（例如阀门）必须以特殊方式在空间中定向。组件制造商通常会提供有关此主题的详细说明，应密切遵循这些说明以获得正确的结果。在复杂的管道装置中，以及当使用带有止回阀的阻塞阀和（或）隔膜泵时，设计具有倾斜管道的管道系统是具有挑战性的。生物处理设备的供应商通常可以提供设备的存储说明，即使在难以获得系统完全排水的情况下也是如此。

第五节　泵

泵在上游和下游操作中都有广泛的应用，包括泵送缓冲溶液及蛋白质溶液等。大多数上游和下游操作是在相对较低的压力下进行的，通常低于10 bar。但也存在例外情况，例如在某些反相色谱应用中，压力可能高达100 bar或更高。

在为特定应用选择泵时，以下几个方面需要特别注意：①流速要求；②压力要求；③清洁消毒能力；④工艺液体的腐蚀性；⑤密度、黏度等物理性质；⑥产品在溶液中的剪切灵敏度。

压力/流量特性

所有泵，无论工作原理如何，其产生的流速都与泵电机的转速及泵背压相关。以下显示了不同泵的工作原理之间的相对差异（图18-2）。

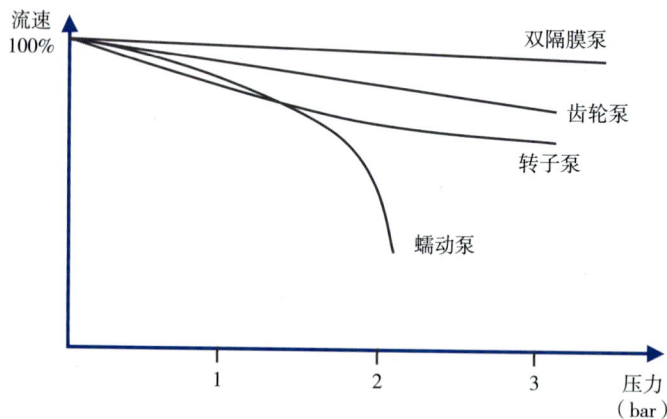

图18-2　不同类型泵的压力/流速曲线

对于生物处理中的某些操作，例如色谱步骤，较宽的流速范围可能是需要优先被考虑的因素。这些信息属于本章前面讨论的功能质量标准的一部分。在其他操作中，例如切向流过滤步骤，因具有再循环进料流路。对于这种情况，应特别注意泵的功能，因为进料溶液受到由再循环流动引起的额外剪切力。

一、脉动

任何泵或多或少都会产生脉动。一般情况下应尽可能减少生物加工操作中泵产生的脉动。显然，流量中的脉动越少，就越容易监测和控制精确的流量。脉动流速也可能损害色谱柱中柱床的质量。根据工作原理，目前已有各种控制措施和减少脉动的方法。下义中将阐述如何通过使用多个泵头降低隔膜泵的脉冲。

二、泵的抽吸管路

通常情况下，无论什么类型的泵，标注合适尺寸的抽吸管线对于泵正确功能的发挥至关重要。理想情况下，要泵送的液体应自由流到泵入口。在本节中，我们将泵分为自吸式泵和非自吸泵：自吸泵具有从空管中吸取进料液体的能力，而非自吸泵在投入常规使用之前需要用液体灌注其抽吸管路。

另一方面，也存在一类情况，例如，用于特定工艺步骤的缓冲罐和进料罐的物理位置于泵上方。在这种情况下，泵口处的压力将明显高于环境压力，如果不处理此处压力，将会导致在泵不运行的情况下也会有流体经过，这种现象被称为过压。不同类型的泵对这种情况的反应不同，可通过在泵的压力侧安装压力控制阀（pressure control valve，PCV）来补偿过压问题，该压力控制阀将平衡由缓冲液和进料罐的高位引起的正压（图18-3）。

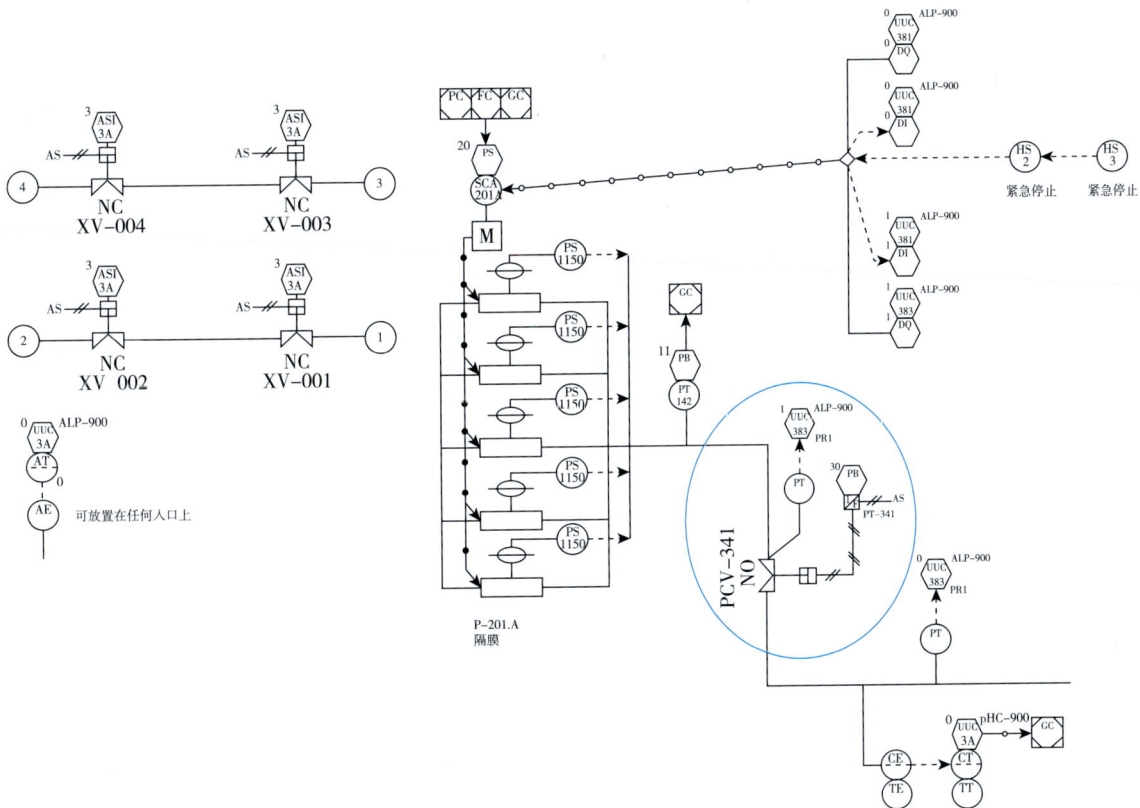

图18-3　五头隔膜泵后的压力控制阀

三、空化

在确定泵体上下游的流路及其所有组件的横截面积时必须特别注意，因为泵吸入侧管路的横截面积特别重要。原因是当液流中的局部压力低于被泵送液体的蒸气压时，在管道内就会发生空化现象。例如，如果通向泵的吸入管路太长或当管道的内径太窄或两者结合时，可能会发生空化。如果抽吸管路由柔性管路制成，当内部压力较大时可能会塌陷，也会造成这种空化的现象。因此，与紧接在泵后的压力管路相比，连接泵体的吸入管路通常具有更大的内径，并且如果使用的是柔性管道，则可以进行机械加固以最小化空化的风险，上述的空化可能在泵体系统内的部件中引起显著的物理损伤。空化的其他特征现象包括泵发出不寻常且响亮的噪音或泵无法达到其全部标称容量。

四、泵类型

工艺规模的泵拥有多种不同的泵送原理，其中一些不适用于生物技术应用，也不适用于所有规模的操作或压力等级。详尽覆盖当今市场上所有可用的泵送原理显然超出了本书的范围。因此以下是生物技术行业中常用泵类型的简要描述。

（一）转子泵

这种类型的泵最初是为食品工业而开发，后来用于运输比水黏度更高的液体，目前转子泵已在生物技术市场获得广泛认可。这些泵通常由泵机组本身、齿轮箱和电动机组成，泵送动作是通过旋转叶片而产生，巨大的旋转叶泵出料液的速度可达每小时数万升。因此，它们通常是处理大体积料液时的首选。转子泵通常对进料流中的硬颗粒较为敏感，因为这会对旋转叶片和泵壳本身造成损害。中低压下，转子泵可以提供理论上无脉动的流量。转子泵的速度与背压相关，流量计获取流量反馈并通过变频驱动器（variable frequency drive，VFD）控制泵的速度。泵送敏感的蛋白质溶液时则需要限制旋转速度，以降低剪切力所导致的破坏或使得目标蛋白质溶液失活的可能。因此不利的一面是，这意味着有时必须选择更大尺寸的泵以满足要求。

（二）蠕动泵

一次性使用设备通常使用蠕动泵，因为其中只有可灭菌的软管与产品直接接触。在开始新一批次的生产之前，可以更换该泵管。蠕动泵通常用于最大工作压力小于3 bar的低压应用中。蠕动泵软管的主要风险是操作过程中管路破裂所导致的产品损失，因此可通过制定维护方案（例如经常更换泵管路）来缓解该风险。

（三）离心泵

离心泵通常以高或非常高的转速运行，这意味着它们不太适合泵送蛋白质溶液。在生物技术应用中，它们通常被用于泵送注射用水（WFI）和各种缓冲溶液。离心泵有一个由电动机驱动的旋转叶轮。

（四）隔膜泵

隔膜泵已在液相色谱等下游操作中获得广泛应用。一直以来，隔膜泵一直应用于化学制剂领域。然而最近，一些供应商已经开发了更洁净的隔膜泵，有各种压力等级的隔膜泵。在下游操作以及高压色谱的应用中，隔膜泵是唯一可耐受100 bar及以上压力类型的泵。隔膜泵较其他泵在原理上确有其优点，即在一定范围内其不受背压的影响。这有助于控制泵送动作，从而精确控制流速。

隔膜泵是由一个或多个泵头组成，该泵头通过齿轮箱与电动机相连，使用多个泵头意味着泵头可以来回切换移动，从而显著降流量中的脉动（图18-4）。

当使用多个泵头时，在一个冲程周期内，多个泵头相互切换是更有优势的。泵送作用形成正弦曲线，如图18-4所示。该图还显示了当泵头的泵送动作相互叠加时的效果。当使用五个或三个泵头时，对脉动降低具有最佳效果。

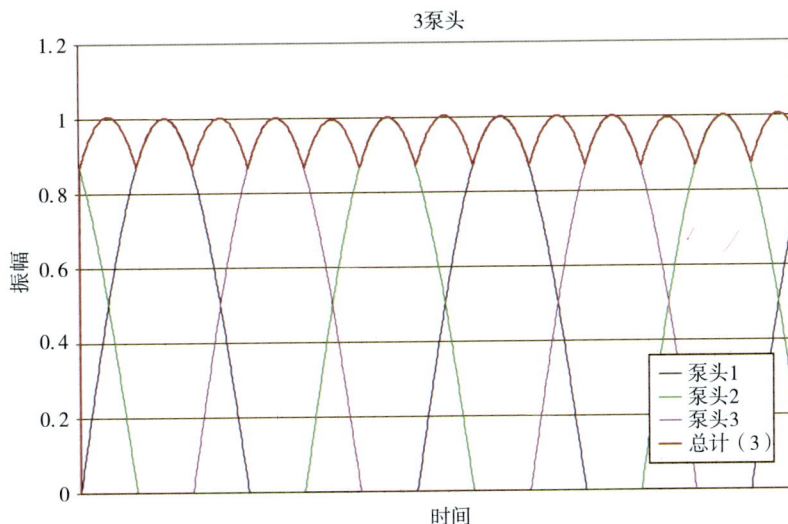

图18-4　来自具有三个泵头的机械隔膜泵的脉动，通过增加泵头的数量来减少脉动（附加压力曲线，粗体红色曲线）

第六节　阀门

阀门是用于切换产品和缓冲液的流动路径。

一、阀门特性

泵送溶液经由阀门时，不同类型的阀门会展示出不同的压力流量特性。在工业中，常用的表征参数是阀门的Kv或Cv值。实际上，这些常数可以拓展并应用于工艺设备中的任何类型的组件。Kv值通常由组件制造商确定，定义如下：使用常温下黏度为1 cp以下的水，保持在阀门两端压差为1 bar，阀门全开状态下每分钟流通水的体积，单位为m^3/h。Cv值的定义与Kv值相似，但使用的是英制的测量方法。Kv值通常也可以在设备的其他组件中找到（管道组件，例如弯头、T形件和十字管路）。相反，可以通过系统的流量来反推某段距离的压降，但压降通常取决于其他因素。应该强调的是，这些Kv值是在理想条件下创建的。在任何情况下，都不应仅依靠Kv值来估算准确的给定管道系统中的压降。由于有太多的未知因素，因此建议进行一次实际测试，以确定给定管道系统的压力流量特性。

二、阀门的详细信息

从不同的供应商处可购得不同类型的阀门。对于带软管的一次性系统而言，通常使用夹管阀。对于上游和下游步骤中的工艺规模操作，隔膜阀已成为非一次性设备中低压操作的主要阀门类型。

对于高压液相色谱（high-pressure liquid chromatography，HPLC）等应用，则必须使用不同类型的阀门例如球阀。在HPLC的应用中，通常使用有机溶剂，这也是卫生程度较低的设计通常可以被接受的原因（由于有机溶剂中生物负荷的风险较低）。

隔膜阀主要由以下部件组成：阀体、隔膜、致动器（手动或自动）和反馈功能（可选）。

（一）阀体

阀体提供不锈钢和各种塑料材料，例如聚丙烯、聚偏二氟乙烯和聚醚醚酮。不锈钢主体通常通过锻造或铸造，然后加工后抛光至其最终状态。

（二）隔膜

隔膜的功能是密封或关闭阀体，下一段落中所述的致动器将推动隔膜。针对不同类型的应用，阀隔膜有多种不同的材料可供使用。对于生物技术的应用，无论是上游还是下游操作，常见的隔膜材料是EPDM橡胶或封装PTFE。

（三）致动器

生物加工设备中使用的大多数自动阀门致动器都需要使用压缩空气控制阀门。通常情况下，此类致动器配备有内置弹簧，以在施加或释放压缩空气时打开或关闭阀门。因此，也可被称为"弹簧关闭"或"弹簧打开"阀门。也存在没有内置弹簧的致动器，尽管并不常见，但在这种情况下，也需要用到压缩空气来打开和关闭阀门。无论是哪种类型的致动器，都必须为气动阀门提供足够的空气，以确保其正常运行，其中气流量和气压都很重要。

（四）反馈功能

在自动化系统中，反馈信号用于监测阀门的实际位置，可以将其与设定点进行比较，如果位置不匹配，则会触发警报。

对于阀门的打开和关闭位置都可具有这样的反馈。这些反馈功能可以不同的方式运行，例如机械型或感应型。

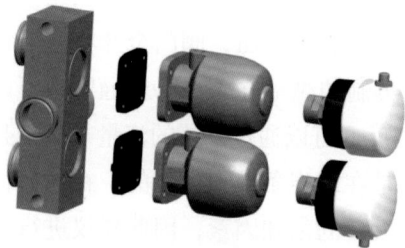

图18-5　截断阀的分解图

（五）截断阀和单阀

截断阀是由多个隔膜阀机械地组合在一个主体中，由不同的供应商提供不同的配置，它们可以由不同的构造材料制成。图18-5展示了典型的截断阀配置。流路中截断阀的优点包括内部容积较低，以及工艺系统中所需的管道明显减少。本文讨论的阀门组件中，单隔膜阀与截断阀的成分相同，同时单阀和截断阀的维修和备件基本也相同。

（六）具有特殊功能的阀门

上一节中讨论的阀门均为开/关型阀门，这意味着阀门要么完全打开，要么完全关闭。但是，在某些应用中，会使用特殊的阀门来控制流速。在这种情况下，就需要使用到压力控制阀，这些阀门在运行时可被部分打开。如本文所述，具有特殊致动器的隔膜阀可在一定范围内用于此目的。具有定位器且符合所有其他要求（如材料、表面光洁度、卫生等要求）的传统控制阀很少，但当需要极大流速操作范围时也可能被需要。

第七节　在线过滤（无菌过滤和微粒过滤）

常流过滤通常用于色谱单元操作中，偶尔也用于膜操作中，作为功能模块、色谱柱及滤膜的保护。

以下为使用常流过滤器（微粒过滤）的原因：①作为色谱柱的防护装置（用于去除缓冲液中的颗粒以及净化样品）；②降低生物负载的过滤。

无论采用微粒过滤的原因是什么，都必须进行广泛的试验以确定正确的过滤参数。过滤面积、过滤孔隙率和滤芯配置是此类实验中应确定的一些参数。如果在可预见的生产规模下模拟工艺条件，则可进行较小规模的实验。

为了控制过滤操作，通常在过滤器装置的上下游放置压力传感器。这两个压力表的压差可以作为更换过滤器元件的标准。有时可能需要在流路中插入双层平行过滤器，以便为批量过滤的溶液体积提供足够的过滤面积（包括安全阈值）。每个过滤管路均配有相同的过滤器，并具有相同的参数（由实验设置确定）。当过滤器的压差达到设定水平以上时，设备将自动切换至其他平行的过滤管路，而无需中断正常操作。

第八节　工程文件

生物处理设备的文件在沟通和达成所需质量标准方面起着至关重要的作用，并且未来这一作用将持续增加。重要的是，设备的买卖双方应就产品交付文件的范围和格式达成一致。近年来，ASME等组织发布了指南和建议，对随生物处理设备提供的文件的结构和内容提出了建议（ASME BPE）。这对于生物处理设备的交付是一项重要的发展，有助于将生物处理设备所需提供的文件标准化，特别是当设备可能由不同的供应商提供的情况下。

一、工艺流程图与工艺和仪表流程图

从早期设计阶段到整个生命周期，生物处理设备都由各种类型的流程图来表示，从早期构思、工程设计、施工，再到用于生产使用（包括已安装设备的维护），这些流程图的详细程度均不同。在新工艺早期的概念阶段，通常使用简化的工艺流程图（process flow diagram，PFD），该流程图可能没有最终版本那样具有许多细节。在此阶段，这些文件作为后续设计讨论的基础，将不断进行完善。

与PFD相比，工艺和仪表流程图（process and instrumentation diagram，P&ID）包含更多详细的信息。因此，它们是非常重要的文件，并作为设备在整个生命周期中操作和维护的支持性文件。

符号

PFD和P&ID图都使用标准化的符号来描述仪器和其他组件。国际自动化学会（International Society of Automation，ISA）标准是其中最常用的符号标准。

所有仪器回路以及其他组件（如泵、过滤器外壳）通常会被分配仪器回路编号，并被用作系统中所有部

件的唯一标识符号。然后，这些循环编号被用于工程文件中的其他部分，例如设备清单或备件清单。良好的设计实践是将物理标签贴在每个组件或设备上，此类标签通常由塑料或不锈钢制成。通过这种方式，所有组件都与文件进行关联，大大降低了设备确认、操作和维护的难度。

图18-6是色谱系统的P&ID图示例，该系统具有两个泵，同时含有2个入口和4个入口的两组阀门，因此具有混合两种缓冲液的能力，并通过电导检测器控制的电导梯度反馈及两个流量计进行流量反馈。使用两个PCV来防止系统中出现因重力作用导致的不受控液流。另外还带有液位传感器的空气陷阱，用于自动调节液位，设备中还有两个过滤器外壳，所有这些部件都带有单独的旁通管。流过色谱柱的流路可以是上流、下流或旁路。UV检测器位于出口阀前，可用于控制样品回收。

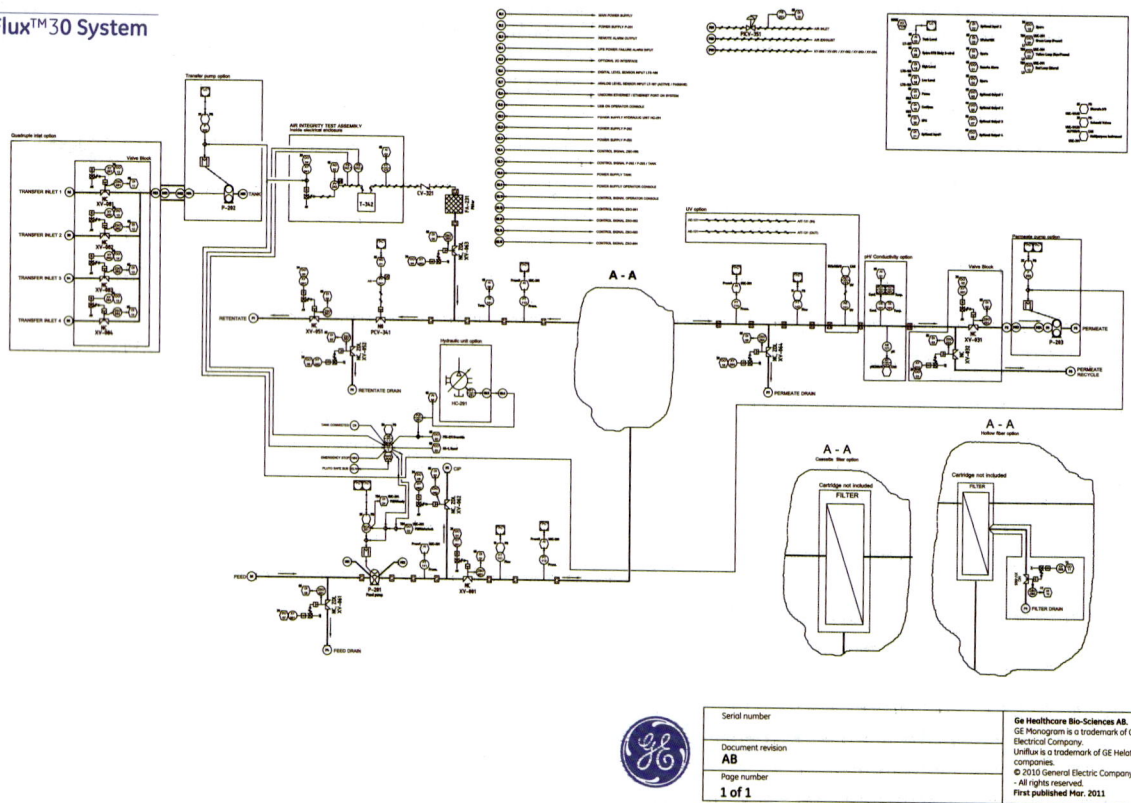

图18-6　具有梯度功能的典型大型色谱系统的工艺和仪表流程图

图18-7是具有旋转叶泵的切向流过滤系统的P&ID图示例，该设备在4 bar下的最大再循环速率为60L/min。这里包括的典型系统组件是进料、回流端和透过端管路上的压力传感器，回流端液管路上的温度传感器，进料管路上的电磁流量计和透过端管路上的质量流量计。有一个液压装置来压缩过滤器，以提高安全性。在自动化模块中监测液压和产生的力。透过管路上的pH传感器、电导率和UV传感器、输送泵、用于入口模块的数量以及透过端流量控制泵在该设备中都进行选配，同时中空纤维或过滤膜包均可进行连接。

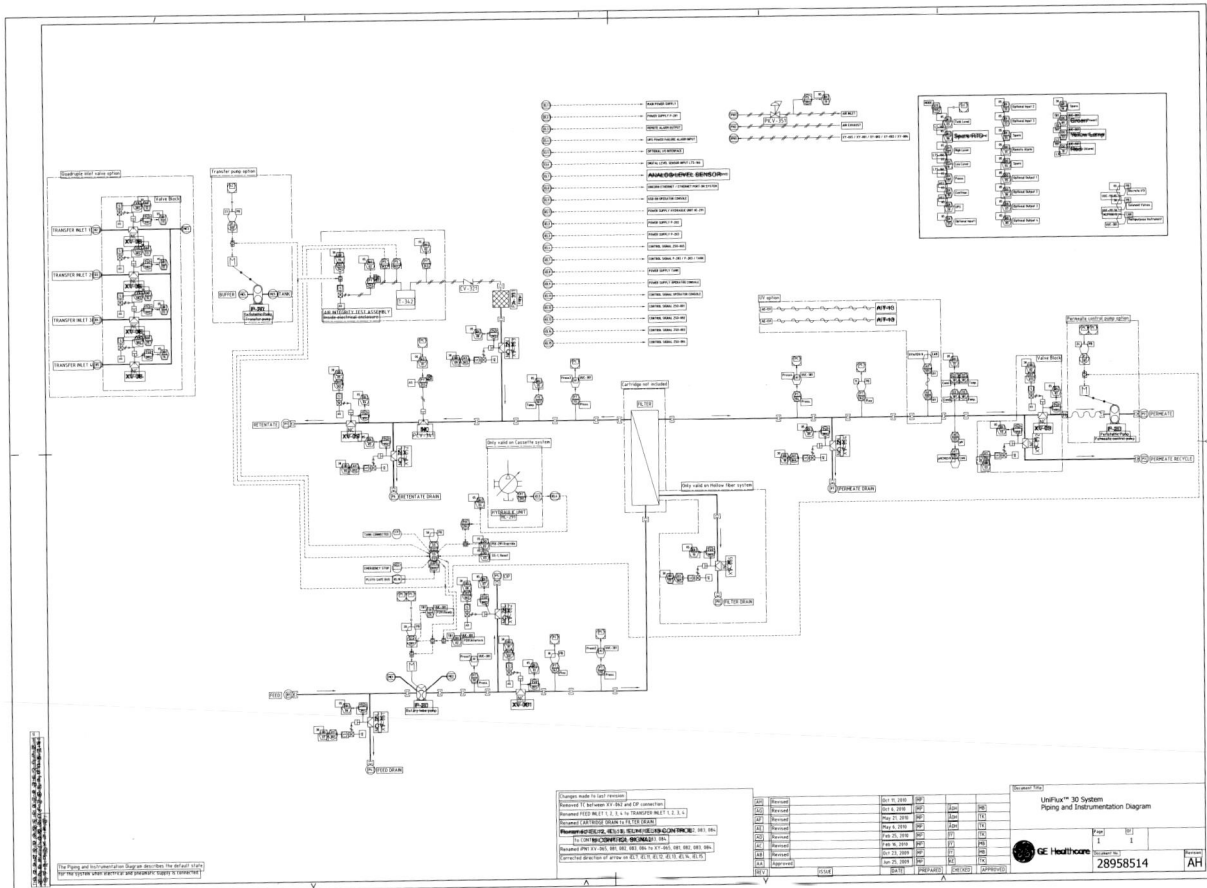

图18-7 典型大规模超滤/渗滤系统的工艺和仪表流程图

第十九章

色谱柱

Klaus Gebauer, Johan Tschöp

GE Healthcare Life Sciences, Uppsala Sweden

第一节　引言

　　色谱柱通常作为"容器"，用于盛放色谱树脂以分离纯化生物制药，同时保证料液进入柱内后可以均匀分布在整个柱床中，以获得最佳的纯化效果、容量利用率和体积通量。在色谱柱和树脂填充方法设计良好的基础上，色谱柱因其具有较少且简易的缩放参数而被认为是一个简单、可扩展的技术。在简易且重现性高的树脂装填操作过程的帮持下，良好的色谱柱设计可使各种色谱树脂在色谱柱中"格式化"，并接近理想的装填效果。色谱柱应在多个循环（包括清洁方案和生产活动之间的储存）中保持树脂长期稳定，以确保性能稳定。本章将讨论色谱柱设计、装填和测试中的重要方面，指导选择硬件和程序，以实现最佳的色谱性能、生产率和可扩展性。

应用要求

　　色谱柱的选择是否合适主要取决于应用要求，主要考虑色谱树脂的化学和物理特性、自动化程度、设备和工艺集成程度以及使用频率。低压色谱法是生物制药工艺中的典型方法，市售色谱柱由塑料、玻璃或不锈钢制成。这些色谱柱的尺寸范围从实验室规模的毫米级别到工艺规模中的直径2 m。

　　随着时间的推移，许多设计方案被提出并实施。其中的改变包括，例如胰岛素生产中使用抗溶剂结构材料以应对较高压力额定值以支持反相色谱（reversed phase chromatography，RPC）的色谱柱。在过去的二十年中，装填方法和相关技术得到了重大改进，以促进最新几代色谱树脂的使用。此外，通过传感器和自动化相结合的"智能装填技术"、软件控制和协助树脂相关的工艺配方开发以及无人工的维护模式，可以减少设备的"非生产性时间"，提高生产效率和设施利用率。

第二节　色谱柱设计

一、色谱柱类型

　　从历史上看，柱是用固定的上下端件构建的，即床层高度是不可变的。由于这种色谱柱在设计上明显更简单，因此它们具有投资成本更低的优势。然而，这些柱的操作和装填更加费力，并且不支持装填最近新开发的新型和刚性的树脂。如今，这些色谱柱仍在使用，主要用于无需改变柱床高度、无需频繁重新装填或装填速度、耐用性或重现性不是首要问题的生产情况。

如今，根据色谱柱装填技术和树脂匀浆处理方法，最常见的色谱柱类型可以分为四种，见图19-1。传统的色谱柱主要使用流速/压力方式进行装填，工艺自动化程度较低，通常对色谱柱进行开放处理，操作过程中会移除上下柱头件以允许树脂的转移。目前，这种装填方式仅限于小型和中试规模的色谱柱。在20世纪90年代，原位装填（pack-in-place，PIP）色谱柱引入了封闭系统的应用，在装柱和拆柱过程中，由于树脂匀浆通过一个或多个阀门进行转移，因此色谱柱上下柱头总是保持在适当位置。最初，原位装填柱主要使用流速/压力装填，通常柱头保持固定。轴向压缩填充技术具有可移动的柱头，通过均匀压缩形成树脂柱床，然后压紧树脂。与流速/压力装填方式相比，轴向压缩装填可显著改善树脂柱床均匀性、色谱性能以及工艺耐用性和重现性。当与封闭系统操作的原位装填技术相结合时，轴向压缩柱可以提供独特的处理效率和性能，与自动化结合在一起时则更甚。

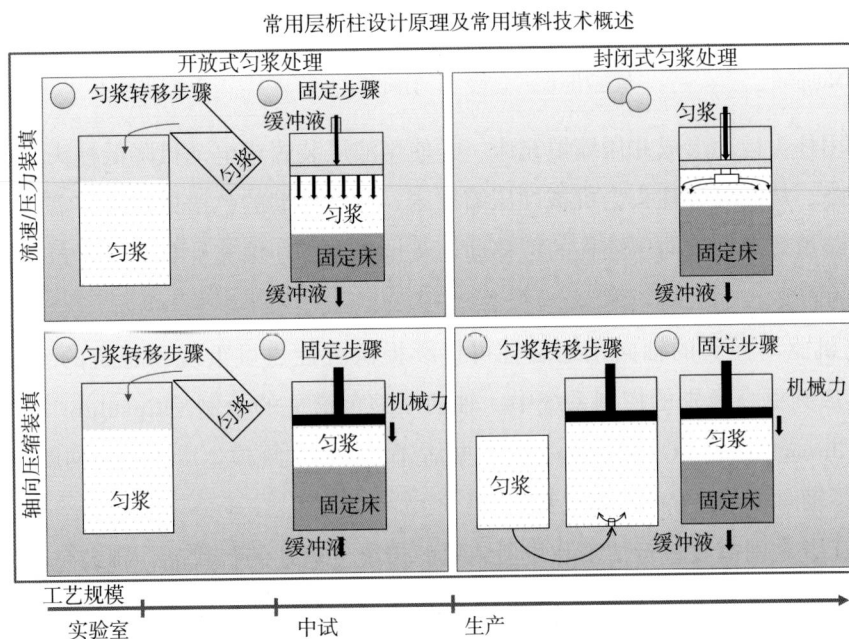

图19-1　常用装填技术概述

原位装填技术的特点是通过使用阀门将匀浆（树脂）转移到色谱柱中，从而提供了一种封闭系统。原位装填可与传统的压力/流速或更现代的轴向压缩装填技术共同使用

在实验室及中试规模中，由于树脂体积较少，因此开放式的色谱柱操作更为常见且性价比更高。出于实际应用及人工操作难度的考虑，同时为了确保工艺操作的洁净程度，在密闭系统中处理树脂的需求随着生产规模的扩大而与日俱增。表19-1展示出了一些使用不同装填技术的色谱柱。开放式的流速/压力装填柱的示例是在20世纪80年代引入的BPG色谱柱（GE Healthcare）和QuikScale色谱柱（Millipore）。原位装填技术中以流速/压力为装填特征的色谱柱通常具有固定及半固定柱床高度，可使用喷嘴装填和排空色谱柱。这些类型的色谱柱在如今的生产设施中仍然十分常见，使用尺寸直径为400~2000 mm。这种传统的原位装填色谱柱类型的代表示例是Resolute色谱柱（Pall Corporation）和Chromaflow色谱柱（GE Healthcare）。

表19-1　不同色谱柱类型及其色谱柱填充技术示例

产品名	供应商	主要装填方式	匀浆处理	规模	评价
ReadyToProcess	GE Healthcare	预填充	不适用	中试/生产	一次性色谱柱
OPUS	Repligen	预填充	不适用	中试/生产	一次性色谱柱
AxiChrom	GE Healthcare	轴向压缩	封闭式	中试/生产	智能装填自动化
AxiChrom	GE Healthcare	轴向压缩	开放式	实验室/中试	智能装填自动化
Chromaflow	GE Healthcare	流速/压力	封闭式	中试/生产	传统原位装填
BPG	GE Healthcare	流速/压力	开放式	中试/生产	
QuickScale	Millipore	流速/压力	开放式	中试/生产	
Resolute	Pall Corporation	流速/压力	封闭式	中试/生产	传统原位装填
Resolute Autopak	Pall Corporation	轴向压缩	封闭式	中试/生产	自动化
IsoPak	Millipore	流速/压力	封闭式	中试/生产	传统原位装填

　　轴向压缩柱利用柱头运动形成并压缩填充床，并使用液压装置或电动机降低柱头。柱头下降所带来的流速会使得柱床沉降，从而导致柱头会机械性压缩柱床。某些类型的色谱树脂确实需要具有轴向压缩的色谱柱才能获得最佳装填效果。轴向压缩柱的可移动柱头也可用于在填充柱和树脂拆包柱期间转移浆料，从而省去了对浆料泵的需要。

　　使用液压或电机驱动柱头的轴向压缩装柱可持续提供可控、可重现和稳定的结果，它们是完全自动化的，并可以集成到更高级别的控制系统中。轴向压缩色谱柱的示例是Resolute Autopak色谱柱（Pall Corporation）和AxiChrom色谱柱（GE Healthcare）。据估计，目前大规模生产中使用的新柱型约有2/3属于轴向压缩型，这表明了轴向压缩技术的整体优势。

　　作为在阶段和工艺之间需要进行清洁和重新装填的传统色谱柱的替代品，预装色谱柱在中试和小规模生产应用中越来越普遍。这些色谱柱的优点是省去了色谱柱的使用前后工作，例如装填、测试、清洁和清洁验证。这些色谱柱在小规模生产和临床试验期间是一个很好的选择，因为这些预装柱最小化了交叉污染的风险，同时提供了更高的灵活性，并最终保证了工艺和产品安全性。

　　预装色谱柱通过消除非生产性的准备和维护工作，实现了精益生产概念的全面实施，但近年来，传统的可重复使用的色谱柱也在这一方向上取得了重大发展。例如，带有液压或电机驱动柱头的色谱柱可通过简化色谱柱的维护程序（如更换柱床的O型环和床支架）来帮助减少非工作时间。无需设计用于升起柱头的外部升降架，降低了设备的复杂性，进而降低了设备维护和辅助设备所需花费的时间和金钱；它们还增加了设施集成的灵活性。图19-2显示了将轴向压缩色谱柱与传统的原位填充色谱柱进行比较时，色谱过程以外的操作步骤所节省的工作时间。

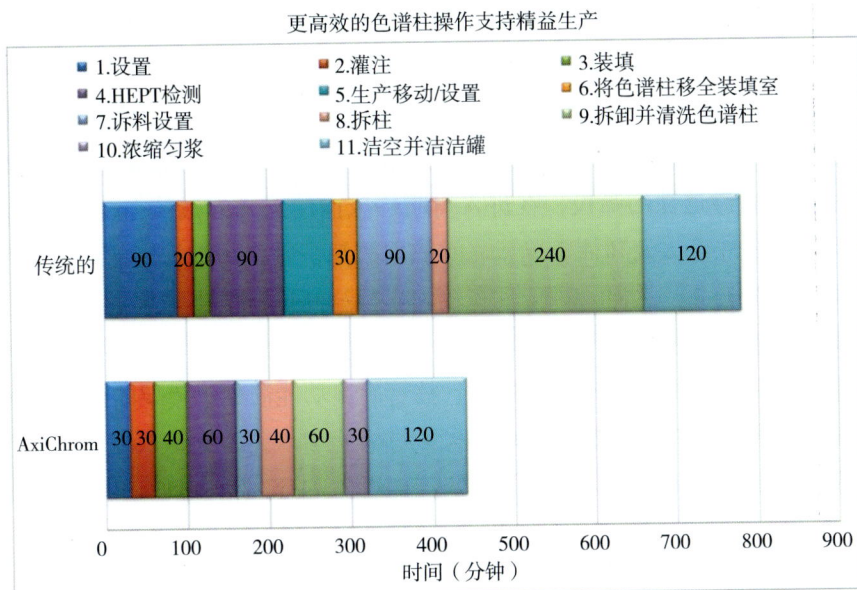

图19-2　色谱柱准备和装填的时间研究

将传统的依赖升降架的装填柱和现代的无升降架的装填柱（AxiChrom，GE Healthcare）进行比较。该图显示，使用传统的流速/压力装填柱，装填步骤本身的执行速度更快。然而，轴向压缩柱的整体操作更省时间。两者的主要差异是维护所花费的时间，即步骤9（色谱柱的拆卸和清洁）。由 *GE Healthcare Life Science* 提供

二、机械设计

一般来说，柱管由三个主要的材料组成：玻璃、不锈钢和丙烯酸酯，它们都有各自的优点和缺点。传统上，生物化学家更喜欢可以在装柱过程中进行目视观察色谱柱的材料。但是，随着色谱柱直径的增加，相对于总色谱柱体积而言，可被目视检查的树脂部分急剧减少。玻璃和一些塑料材料都允许目视检查，具有高化学和机械抗性的聚甲基丙烯酸甲酯（polymethylmethacrylate，PMMA）通常用于制造柱管，并具有良好的透明度。这些材料的可提取物和浸出物（E&L）风险通常很低，同时还可耐受约4 bar的工作压力，这足以满足当前大多数低压液相色谱（low-pressure liquid chromatography，LPLC）的要求。对于氯化物浓度较高或与氯化物接触时间长的应用，由于不锈钢具有被腐蚀的风险，玻璃或丙烯酸酯柱是常用的选择。如上所述，不锈钢结构可能并不总是与普通色谱工艺中的化学环境相容。需要更高质量的不锈钢，例如哈氏合金或类似的不锈钢，它们可以耐受更强的含卤化物的酸性缓冲液，但这会大大提高成本。为了避免这样的问题，在工艺设计和选择溶剂/缓冲液时，应尽早考虑与设备接触表面的相容性。生物工艺应用中，大多数设备所使用的常见非金属材料的是基于美国药典（USP）Ⅵ类、美国联邦法规第21章第177条（Code of Federal Regulations，21 CFR 177）、无动物源性和欧洲药品评估局指南说明/410/01（EMEA/410/01）的要求。USP Ⅵ和21 CFR 177法规旨在确保所用弹性体、塑料和聚合物材料都应具有较低的生物反应性，并在生物制药的生产和产品储存过程中具有化学稳定性。动物源性材料的"禁令"涉及与此类材料接触所生产的药物可能导致患者感染的风险评估。

对于中压液相色谱（medium pressure liquid chromatography，MPLC，最大20～40 bar），可使用直径60～100 mm的玻璃或不锈钢材质的色谱柱。直径>60～100 mm的色谱柱通常需要使用不锈钢制作。对于高压过程色谱，唯一可用于实际使用的材料是不锈钢。不幸的是，成本通常随系统操作压力的增加而增加，但这不仅是因为材料成本的增加导致。对于超过200 bar（压力×体积）的压力和体积，根据压力设备指令

（pressure equipment directive，PED），该色谱柱在欧洲将被视为压力容器。压力容器代码因国家而异，必须在选择柱之前定义。因此，该类设备需要更严格的、经过认证的设计，并且可能需要进行第三方检查。

带有液体分配器的色谱柱柱头池应允许样品均匀的流过树脂柱床。柱头末端和分配系统共同作用，用于拦截树脂的部分称为筛板。在实验室规模或高压液相色谱（high pressure liquid chromatography，HPLC）的色谱柱中，可以使用具有高渗透性的筛板，在进入树脂柱床前使流入的液体在柱床支撑结构内径向分布。在中试规模的柱中，可以在柱床支架和柱头单元之间使用粗编织网，粗编织网的结构允许液流从中心入口径向分布到网和装填柱床的表面。然而，对于具有较大直径与高度比的生产规模色谱柱，需要采用开放式通道设计，以确保最佳色谱性能。

典型轴向压缩柱的主要组成部分如图19-3所示，柱管旋出功能简化了床架的维修和O型环的更换过程，无需使用升降架。电动机和变速箱驱动的可移动柱头，将树脂引入到上下柱头之间，树脂通过底部的气动阀进入。分配板的设计对于柱床的液体分配至关重要。如所示的分配板，具有开放分配通道的带肋单元可容纳适当的液体分配，这将在随后的章节中进行更详细的讨论（与图19-5相比）。

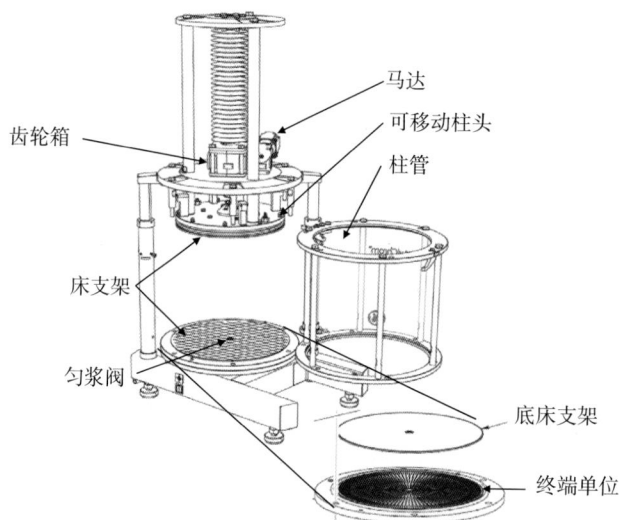

图19-3　维护模式下的轴向压缩柱（AxiChrom，GE Healthcare）

由 GE Healthcare Life Science 提供

三、色谱性能设计

对于生物制药工艺和工程设备而言，液流的正确分配至关重要，尤其适用于色谱柱的设计。色谱柱应具有"平推流"特性，这意味着进入到色谱柱上的产品或洗脱液在整个柱床中向下流动时应形成完全均匀的前沿。液流分配器是实现"平推流"特性最重要的硬件。分配系统将进入的液体均匀地分布在柱床内，同时，液体收集系统则将液体从柱床的出口转移到柱的出口。显然，液流的进出方向可能会根据流动方向而反转。为了简化起见，尽管入口和出口的分配器在设计、功能和效率方面可能存在差异，但在下文中，两者都将使用"分配器"作为总称。

本章将讨论优化色谱柱的液体管理的过程和设计方法。整体目的是对色谱柱性能、可扩展性以及硬件和工艺的质量进行预测。第　步，色谱柱的两个分配器使得液流分布区域变宽，被称为分配器效率损失。该效率损失可能与树脂的类型及柱床高度有关。通过对给定分配器设计各种树脂类型以及柱床高度的组合，可建立色谱柱性能曲线，以得到适用于不同柱床高度与树脂的色谱柱能力和使用带宽。

（一）色谱柱性能

主要通过保留时间分布来评估色谱柱的性能。完全装填的床内区域变宽已广为人知，目前已建立了标准化的柱床效率测试方法并得到了广泛应用[1-3]。无量纲的折合塔板高度 h 可以用于量化区域拓宽和定量柱效率，可在不同树脂和装填柱床尺寸之间进行对比，理论塔板高度（height equivalent of theoretical plates，HETP）测试中如显示折合塔板高度 $h<3$，则认为色谱柱表现出良好的性能。尽管分配器是色谱柱中最关键的设计元素，但峰宽和峰不对称性不仅与填充床内的异质性有关，还可能与柱床和色谱柱外部的组件有关，包括管道和色谱系统、泵、阀门和检测器。在判断单元操作的整体性能和功能时，所有部件的影响都应该被考虑在内。这一点不仅适用于色谱效率的分析，还适用于该单元操作过程中的压降和消毒过程。

（二）柱内流体动力学分析

在色谱柱出口处测量的保留时间分布未揭示任何信息，因此需要使用示踪剂追踪其运动轨迹，以揭示其在柱内的运动所受的影响。在实验室中，引入示踪剂然后打开色谱柱并挖掘柱床内部示踪剂移动的染料研究，会为不同时间点的示踪剂位置提供一些启示。可以通过断层扫描技术（例如磁共振成像）提供空间和时间上的无损可视化[4]。但是，这种精心设计的实验可视化方法的应用仅限于小型实验室色谱柱或色谱柱设计的专业研究。

（三）计算流体力学方法

如今，通过计算流体动力学（computational fluid dynamics，CFD）方法和工具可以对色谱柱硬件、流体流动和内部树脂的流动进行理论分析和建模。CFD 提供了用于数值（基于计算机）求解控制方程的方法，该方程用于计算流体流动的质量、动量和能量守恒。计算所覆盖的三维流体体积和几何形状由计算网格中的有限体积元素表示。根据问题不同，也可获得静态（稳态）或时间解决的结果。在实际案例中，从计算机辅助设计（CAD）系统中导入几何形状和模型以在 CFD 工具中进一步分析，从而提高流体处理设备优化的效率。

20 世纪 90 年代后期，第一批的 CFD 研究发表[4-7]，为色谱柱内部研究提供了理论基础。从那时起，使用 CFD 方法分析柱内和固定床吸附器中流动分布的各个方面的研究成果层出不穷，此处举几例：研究折叠膜吸附器中的流体流动及其对穿透行为的影响[8]；模拟具有多个入口的大型柱分配器，并将其与染料测试结果进行比较与分析，以研究消毒能力[9]；研究并量化不同分配器配置的小型实验室柱中的区域展宽[10]。

（四）分配器的设计与优化

色谱柱分配器通用且可扩展的设计是一个基本旋转的对称系统，其流体入口和出口靠近色谱柱的中心线，如图 19-4 所示。通过填充床开放式的入口和出口分配和收集液体，可控制体积以及沿通道的径向压降。合适的分配器通道优选为圆锥形，其厚度 t 从靠近中心线的流体入口向柱壁减小。

理论上，分配器的通道通常为单向开放渠道。然而实际上，分配器还需要在柱端单元和床支架之间提供结构支撑。如图 19-5 所示，满足这些要求的典型设计是带肋的端部池。当床层支撑靠在支撑肋的顶面上时，通常通过机器加工在肋之间形成通道，这些通道朝向靠近柱中心线的液体入口（出口）增加了深度，由此提供了锥形的分配通道形状（比较图 19-4）。CFD 工具很容易解释肋骨接骨板的这种三维几何形状，但是，在二维轴对称分析中，只能对这一分配器设计做近似展现。

参考图19-5，值得注意的是在引入新肋段时采用了定制化的直径和截面处的支撑肋形状。因此，该设计允许在不同肋段之间的横截面积和径向液体流动的平滑过渡，从而消除了流体流动的节流和不连续性。结果，对于分配通道中给定的径向压降，可以将保留体积保持在最小值，这在分配器性能的整体优化中是至关重要的。

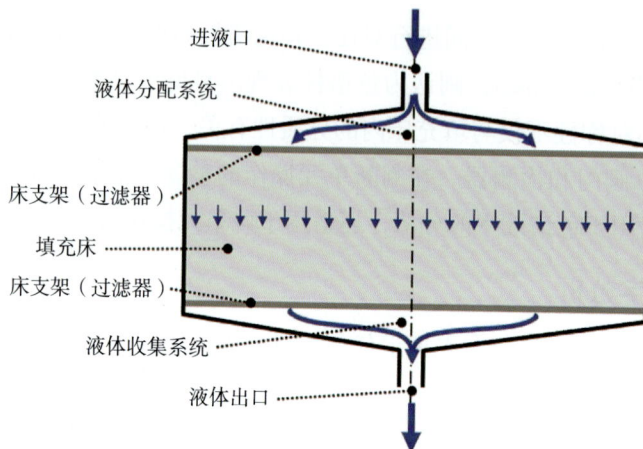

图19-4 典型工艺色谱柱及其分配器的示意图
该示例说明了具有中央液体入口/出口连接的轴对称设计

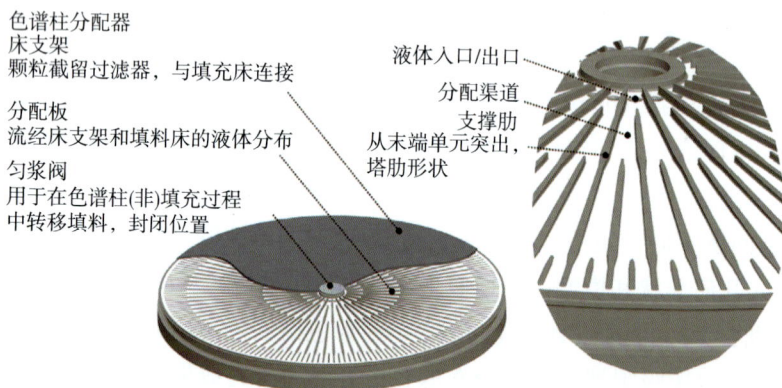

图19-5 经典的分配板，其肋从末端单元突出
液体分配通道的圆锥形状和厚度是通过与液体流动通道的变化深度相结合来实现的。该图显示了改进的肋骨设计，具有定制的肋骨形状（GE Healthcare，US7534345B2）

现在，应借助综合计算策略来说明设计的优化，此处可分为三个步骤[11]。第一步是计算柱和分配器上的流体速度和压力，最好采用CFD方法。这些结果已经为一般设计考虑提供了重要信息，因为它们揭示了压降、高速和剪切区域以及潜在的滞留区域。第二步可以基于第一步中计算出的液速场得出保留时间和保留时间在色谱柱上的分布。最后，评估该保留时间分布中的区域展宽，并量化分配器的影响。

步骤1：流速和压力分析

为了计算流量和压力，需要指定流体（液体黏度和密度）和装填床（水力渗透率）的特性。小直径的实验室色谱柱或分析柱可以使用多孔筛板，以使液体径向分布在装填床上。然而，如前所述，中试和工艺规模柱确实需要包含开放径向通道的分配器，以便在装填床和相邻颗粒保持床支架的较大横截面积上有效地分配和收集流体。因此，柱中的流体流动通常由至少两个不同的相邻计算区域（所谓的域）及其控制方程式进行分析：液体分配和收集系统的开放通道中的流体流动由Navier Stokes方程式分析，装填床（和相邻床支撑）的多孔结构中的流体流动基本上由Darcy定律分析。

步骤2：保留时间的计算

根据上述计算的液体流速场，现有不同的选择来计算色谱柱上的保留时间分布。最好是对示踪物质（脉冲或前沿）的进展进行时间分辨计算，其中要考虑分配系统的影响以及从树脂和装填床本身扩展的扩散和分散区。

步骤3：分配器效率的量化

最后，除了通过树脂和装填床加宽区域之外，还可以通过确定分配器引入的区域加宽来量化分配器效率。分配器引入的区域扩大将导致色谱柱折合板高h增加。因此，分配器的影响在下文中被量化为分配器效率损失h_D，其中h_D相当于分配器对整个色谱柱板高降低的贡献。

（五）示例：400 mm色谱柱

一个直径为400 mm的色谱柱，装填琼脂糖基树脂（粒径为90 μm），柱床高度为100 mm。图19-6展现了上述步骤1和2的选定结果。同样地，轴对称几何形状允许进行二维的分析，从而大大减少了计算工作量。通过省略床支架（过滤器），简化了几何形状，这是因为在考虑装填柱时，床支架对液体分布的影响通常很小。由于仅考虑入口分配器和装填床的一半，进一步将色谱柱"切成两半"。尽管如此，只要入口和出口的分配器相同，这种简约方法还是可以估计整个色谱柱的区域展宽。

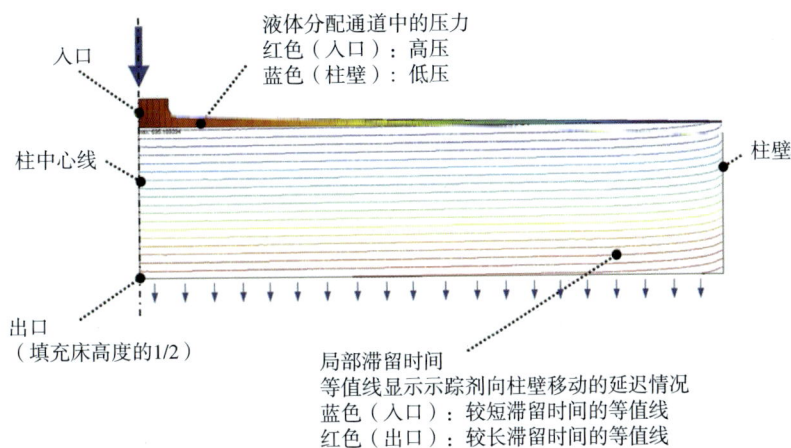

图19-6　色谱柱入口侧分配系统引入的区域展宽图解

绘制了装填床区域的局部保留时间的等高线。分配通道中压力的彩色图说明了径向液体流向柱壁方向的压降

分配通道中液体压力的彩色图定性地说明了，当施加液体流动时沿通道存在压降，在中心入口附近具有较高的绝对压力，而在色谱柱外径处具有较低的压力。在液体收集系统中（图中未显示），当流体被驱动到中央出口时，压降的方向相反。使用适当设计的分配器，沿分配通道的径向压降与多孔装填床沿轴向的压降相比非常小。然而，由于在给定的径向位置上装填床上的压力的实际差异构成了流过装填床的液体流动的驱动力，因此可以观察到装填床上的轴向液体速度的微小差异。随着流体元素（沿着所谓的流线）在整个床层传播，与那些更靠近柱壁的流体元素相比，它们将在柱中心线附近以更快的速度传播。同样地，在优化的分配器中，轴向液体速度的差异很小（通常<1%，或更少），但是，它们对于保留时间分布和色谱柱设计优化非常重要。

除了装填床本身的速度差异之外，很明显，进一步的区域加宽是由流体元件沿分配通道本身的行进的时间差引起的。根据流体进入填充床的径向位置，与装填床体积相比，通道的滞留体积会引起滞留时间的差异。因此，通过柱中心线附近的装填床行进的流体元件不但由于更大的驱动力而更快地通过装填床行进，而且与通过柱的平均流体元件相比，它们在分配通道中的保留时间也更短。设计"完美"分配器时必须找到平衡点：虽然通道厚度的增加可以通过允许装填床内更均匀的速度来实现减小保留时间差异，但随着通道内的截留容积增大，时间差异也会增大，从而导致区域扩大。

图19-6显示填充床区域中恒定保留时间的等值线。这些等值线通过显示在色谱柱上发现的典型行为来证明上述讨论，即入口（色谱柱中心）附近的流体前沿进展与壁区域相比更快。总之，保留时间的差异主要是由于分布区变宽的两个主要因素：①沿分配器通道的压降导致柱床的轴向液体速度发生变化；②沿分配器通道的流体阻滞及其体积导致在不同径向位置处流经填充床的流体元件的（保留时间）时间差。

在分配器的基本优化中，需要控制和平衡区域加宽的两个因素，以确定适合色谱树脂和预期装填床尺寸的特定组合（和分配器通道尺寸）。最后，通过对在色谱柱出口的局部保留时间进行积分来确定区域展宽。对于我们的计算示例，发现分配器效率损失 h_D（即在HETP测试情况下由于分配器而导致的折合塔板高度的增加）小于由树脂引入的扩散和色散区展宽的10%和装填床本身。

（六）色谱柱性能曲线

对于所讨论的示例，400 mm分配器对于装填至特定床高的特定树脂（90 μm琼脂糖基树脂填充至100 mm床高）表现出良好的性能。对于应用更广泛的标准色谱柱而言，色谱柱需要与装填至不同床高的多种树脂具有良好相容性。主要由粒度差异引起，由于扩散和分散，树脂的固有区域变宽不同，但在给定流速下床上产生的压降也不同。对于给定的分配器设计，可以通过预测树脂和填充床高度的各种组合来建立色谱柱性能曲线，该性能曲线总结了色谱柱的性能和使用带宽。该结果是所选分配器设计及其尺寸的整体性能和耐用性的整体图像。此外，可以通过比较不同直径的色谱柱的性能特征来评估色谱柱线的可扩展性。

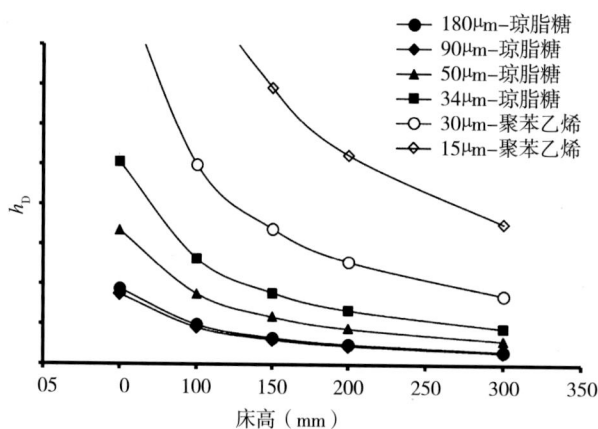

图19-7　色谱柱性能曲线总结了在HETP效率测试中分配器在降低板高度 h 方面贡献的预测
该曲线显示了400 mm色谱柱分配器对一系列不同色谱树脂和填充床高度的性能。色谱树脂的化学性质（琼脂糖或聚苯乙烯）、平均粒度（μm）以及空隙分数（此处未显示数据）各不相同

图19-7显示了针对400 mm色谱柱（AxiChrom，GE Healthcare）计算的性能曲线示例。该曲线显示了一组具有不同粒径和树脂化学性质的色谱树脂，这些树脂在固有的分离度和区域展宽、空隙率和填充床的水力渗透性方面具有各自特征。如预期的那样，分配器 h_d 的影响通常在较低的床层高度处较大，归因于分配器的相对区域展宽增加。此外，较小粒径的树脂由于其较低的固有区域展宽而要求更高，导致效率测试中出现更尖锐的峰和该方法中更高的分离度。例如，与琼脂糖基树脂相比，聚苯乙烯树脂的特征在于较低的

颗粒内空隙率，这使得它们更容易受到分配器的额外区域加宽的影响。对于优化的色谱柱，与填充床的区域加宽相比，由分配器 h_d 引起的区域加宽部分较小（出于专有原因未显示定量数据）。尽管标准柱对于最常见类型的树脂类型的总体表现良好，但针对特定树脂、床高和特定应用的分配器的定制可能会在其他条件下产生进一步改善的性能。对性能曲线进行分析和比较可以对硬件设计和过程效率之间进行高效和全面的解读。

（七）CFD方法辅助的详细色谱柱设计

到目前为止，假设分配器覆盖了100%的填充床表面，我们已经解决了分配器的总体设计和优化问题。实际上，可触及的床表面可能会受到一定程度的限制，尤其是在柱壁附近。这通常是由于机械布置将床支架（颗粒截留过滤器）固定并密封在柱末端单元或可移动适配器上所导致的。在柱壁和所述端单元或适配器之间的密封布置可进一步在柱壁的直接附近形成区域，在该区域中，流体不能由分配器沿严格的轴向流动方向供应。正确分析填充床内非理想流体流动区域的设计解决方案至关重要，这对于色谱效率和色谱柱的有效消毒尤其关键。因为密封溶液可能更容易导致空气滞留，这可能对冲洗和消毒程序的有效性和耐用性产生不利影响。CFD工具可以支持这些调查，并有助于量化和比较设计替代方案，这些备选方案应针对床支撑面积减少的问题进行说明。

图19-8显示了大床支撑保持器的影响，由此阻挡了填充床的外部区域，使其不受流经分配器的径向流体流动的影响。作为设计探索的一部分，已构建了一个100 mm的柱原型。在床的顶部和底部使用了两个相同的分配器，由于在床支架的外径处有宽的床支架保持器，因此每个分配器对填充床区域的覆盖范围受到明显限制，从而限制了分配通道向柱壁的延伸。使用轴向压缩法将色谱柱（完美）填充至100 mm床高，并使用34 μm粒度的琼脂糖基树脂进行试验。

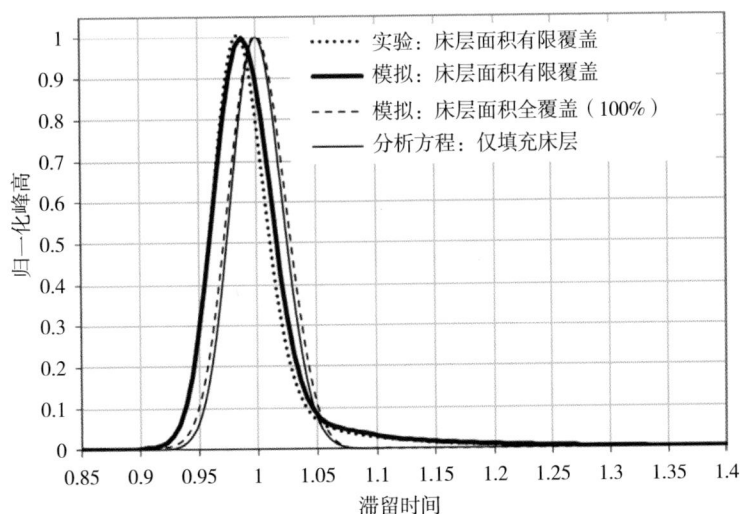

图19-8 用于分析柱床支撑固定器设计的CFD模拟和实验数据的比较

该设计导致柱壁附近的柱床表面受阻，从而限制了分配器（直径100 mm的柱，填充有34 μm粒径的琼脂糖基树脂，柱床高度100 mm）对填充柱床的覆盖

图19-8将示踪剂的实验峰值及响应值与这些条件下的时间分辨CFD模拟进行了比较。CFD计算方法也准确地考虑了填充床和树脂本身的扩散和分散区展宽。出于参考目的，该图显示了理想填充床中区域变宽的分析（一维）解决方案，使用（最佳）HETP测试条件下估计的降低的折合塔板高度 $h=1.4$。对于具有全面积覆盖的分配器的分析解决方案以及CFD模拟显示，当包括具有填充床表面全面积覆盖的优化流体分配器

时，区域展宽最小，并且基本上没有峰不对称性。但是，当考虑到该原型色谱柱支撑保持器下方的停滞区域时，实验响应值和CFD模拟都显示出明显的峰拖尾。实验确定的响应值的特征在于折合塔板高 $h=1.42$ 和峰不对称因子 $A_s=1.23$。根据应用和要求，这种峰拖尾行为可能被认为对峰分馏和（或）杂质谱管理有问题，特别是在传统峰不对称因子 A_s（描述了10%峰高处曲线的不对称性）中未适当捕获接近基线的拖尾。如该示例所示，可以使用CFD方法有效地研究源自硬件设计的峰拖尾以及与"理想色谱柱"的其他偏差。

色谱柱的工程需要考虑一系列上述的色谱柱性能属性，其中一些属性彼此紧密相关。虽然概述了标准HETP试验条件下分配器性能的优化，但在开发和选择分配器和色谱柱设计时，还需要考虑在截留条件下（通常在较高流速下）整个工艺中的正常操作条件以及色谱柱装填和拆柱、冲洗和消毒。因此，流体力学的分析、CFD方法的使用以及正确判断和应用结果的能力是通过满足应用要求、可扩展性和过程耐用性的基础。

第三节 色谱柱树脂

成功装填的色谱柱对于成功纯化生物分子至关重要，尤其是在需要峰之间具有良好分离度的情况下。分离工艺的不同（即初始捕获、中间纯化或最终精纯）以及洗脱模式的选择（即分步洗脱、梯度洗脱或等度洗脱）将影响工艺对装填质量的敏感性。理想的装填色谱树脂能够将样品很好地分离，这些物质在图谱上呈现出窄而对称的峰，当然这在某种程度上也取决于纯化所应用的方法和条件。色谱柱的硬件设计不应该对样品进行不必要的稀释和加宽这些峰而使结果恶化。通常，平均粒径越小，床高越大，装填效果越关键，以充分发挥小颗粒和长床在分离度上的固有益处。因此，良好和可靠的色谱柱装填技术对于单元操作和过程的效率和耐用性至关重要。重要的是，色谱柱树脂不仅应提供有效树脂的色谱柱，还应提供不会随时间变化而改变的稳定柱床。当柱床不稳定时，在实际应用时分离效果会受到不同程度的影响。分离曲线和（或）HETP结果会随着时间的推移而恶化，并最终脱离质量标准，因此需要重新装填色谱柱。最佳情况下，劣化现象可以通过与分离紫外线曲线的预定验收标准相比的变化，或在不同批次之间的重复HETP试验中发生的变化判断。使用优异的树脂装填技术和方法确保了柱床在长时间内的稳定性和分离效果，并降低了连续色谱过程中断的风险。此外，高度稳定的填充床也可允许应用更高的流速，从而提高生产率。

图19-9显示了在挑战性条件下的案例研究结果，该研究是将小粒径树脂填充在直径与床高的高纵横比（直径1 m，床高10 cm）的大直径色谱柱中。如图所示，即使在这种尺寸条件下，柱床效率依然非常好，这是由于开发了流体分配器，以及使用了经研究过的装填方法以提供最佳和可靠的结果。色谱柱装填方法的开发耗时且昂贵，除非色谱柱供应商已经提供了树脂、填充床高度和色谱柱直径的特定组合的装填方法，例如作为预编程自动装填程序的一部分。出于同样的原因，如果色谱柱和系统为最终用户提供开发能力，例如支持新的和额外的装填方法和配方的编程，则具有优势。树脂供应商应根据关键树脂特性的研究提供此类开发的起始条件（见下一节）。当缺乏供应商和（或）先进色谱柱技术的上述支持时，在最坏条件下，开发一个用于大规模色谱柱的3步色谱工艺的树脂装填方法的成本估计为100万美元左右。因此，选择工艺规模色谱柱的关键决策标准之一是预期色谱树脂装填配方的可用性以及耐用性和规模性能的证明。

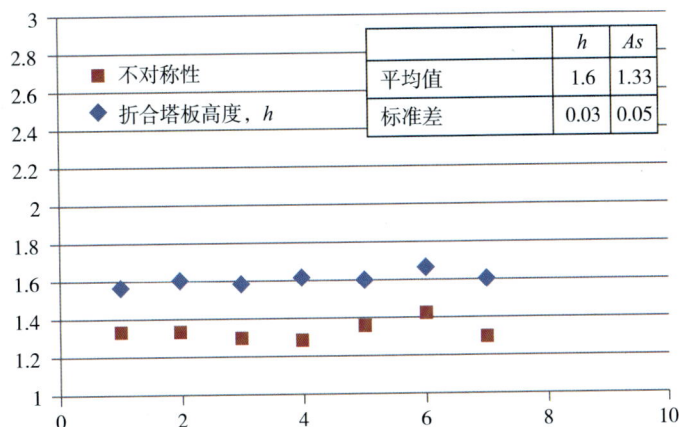

图19-9 Axichrom 1000色谱柱使用智能装填技术重复装填Ph琼脂糖凝胶HP（34 μm）树脂，柱床高度10 cm（纵横比10）
　　两名不同的操作员使用自动、预编程和供应商预先验证的方法填充色谱柱7次。该实验表明，精心设计的分配系统、轴向压缩树脂和使用供应商为特定色谱柱和树脂开发的树脂方法的组合，在绝对值和重现性方面（低标准偏差）均可获得良好的结果。由 GE Healthcare Life Science 提供

一、色谱柱装填的通用原则

　　显然，鉴于不同色谱柱有不同的设计，不可能有单一的通用装填方法来以供应所有色谱柱。但是，如果供应商没有提供特定的方法，装填时可参考一些通用原则。色谱柱的装填过程受到许多因素影响，这些因素对最终装柱效果的影响程度暂时还没有被研究清楚[7, 12-14]。因此，经验和技术对于成功开发合适的装填方法非常重要。装填方法设计的基本考虑和要求总结在表19-2[15]中。

表19-2　色谱柱树脂装填方法的基本要求概述

要求	原理	受控参数
获得并维持良好分散的树脂匀浆	避免粒子相互作用 在床层形成之前，获得在整个浆料中均一的浆料浓度	添加剂，例如盐或乙醇 保持浆料在持续缓慢的搅拌下
形成均匀固定床	不均匀床可能会限制流动特性 不均匀性可能会导致通道和密集区域，这可能会影响分离效率	将浆料沉降到固定床的速度
通过压缩固定床，生成稳定的填充的床	通过流速、压力或机械力对固定床进行最终压缩，可确保应用更高流速和许多工艺循环的长期稳定性	根据树脂的弹性，不同的树脂材料需要不同程度的压缩 每个供应商将对其各自的树脂类型提出建议

　　第一个要求是用于装填的树脂需要混合均匀。需要准确计算出装柱的树脂量以获得所需的最终床层高度。可能需要使用某些添加剂来防止颗粒-颗粒或颗粒-柱-壁之间的相互作用。颗粒-颗粒相互作用取决于表面粗糙度、颗粒形状和表面化学特性，可以通过测量浆液的流变性质来研究。

　　柱床的形成通常分为两步。第一步是形成均匀的固定（沉降）床，这是通过向下以恒定的流体速度沉降颗粒来实现的。在柱出口（支撑床），颗粒借助液体流动引起的黏性拖曳力形成固定但相对松散的柱床。因此，固定过程取决于流体速度，而流体速度的形成主要包括液体速度以及树脂的结构特性。所选择的流体速度主要取决于材料的刚度、尺寸和密度，并且应足够低，以防止在固定过程中颗粒和多孔床发生显著的弹性变形和压缩。在形成固定多孔柱床后，必须对后者进行压缩，以形成稳定的填充床，该填充床在过程中流速和压力变化的动态条件下不会重新排列。图19-10展示了开放床（没有柱头迫使移动），手动地调节液体流动而引起的沉降床的变形和压缩。如前所述，随着更高的流速和黏度，对颗粒（和固定床）的黏性拖

曳力确实会增加。柱床内由于树脂的物理重力以及黏性的拖拽力会增加，进而迫使颗粒进一步在柱内向下移动。因此，由于流体流动，色谱柱中受到的最高机械负荷（应力）是柱底部出口的填充床。可以通过施加高流速，从而增加颗粒和床上的黏性阻力，同时利用析柱柱头限制树脂的移动，最终将床压缩至最终所需的床高度。或者，可通过可移动的柱头（轴向压缩树脂）对柱床进行机械压缩。对于后一种方法，在轴向压缩步骤中无需施加流体流动，通过应用弹性理论，该理论主要基于柱壁摩擦系数、杨氏模量、剪切模量和泊松比等[7, 12-14]。弹性理论还说明了通过流动进行的柱床压缩与机械轴向压缩之间的基本区别：柱床的轴向压缩将导致在整个床的长度上产生更均匀的压缩和空隙率，通过流动进行的压缩和对床的黏性阻力颗粒将导致压实梯度，从而在去除多余液体的柱出口处产生更高的压实度和更低的空隙，比较如图19-10所示。有两个类似的术语可用于描述压实度：压缩因子（compression factor，CF）和装柱因子（packing factor，PF）。CF的定义为重力沉降床高度与填充床高度之间的比率，而PF的定义为固定床高度与填充床高度之间的比率。由于重力沉降床略高于固定床，受重力和低流速的影响，因此CF往往比装柱系数略高，如图19-10所示。

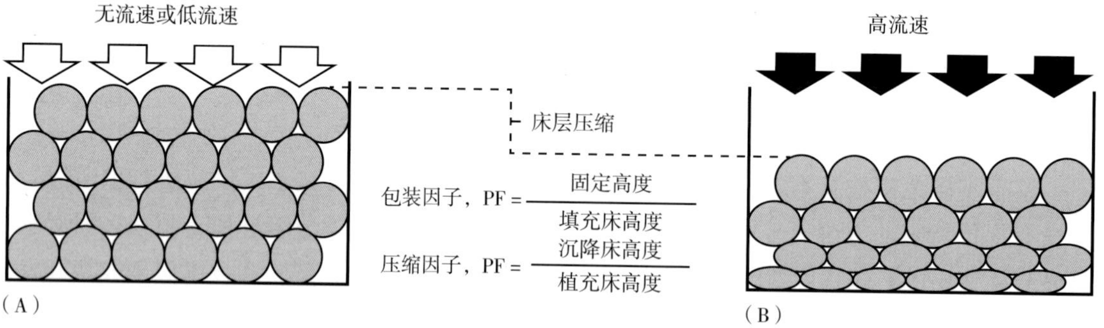

图19-10 在开放式床中引起（不均匀）床压缩的黏性阻力效应图示

（A）在低流速作用下的柱床；（B）在高流速影响下的柱床。在此，由于黏性阻力效应过大，因此柱床会受到不同程度的压缩。（A）和（B）之间的压实差异可以表示为CF或PF

　　（压实的）柱床和柱壁之间的摩擦力会对填充柱的压力-流速特性产生重大影响。特别是在较小的柱直径下，由于流体流动的黏性阻力，这些摩擦力将抵消填充床的压缩力，从而与具有较大直径与床高纵横比的柱相比，较小柱装柱时流体流速更高。这种行为通常描述为"柱支撑效果"。然而，对于工艺开发，考虑壁支撑效果对选定合适的工艺条件十分重要。较大填充柱床上的流体流速与压降之间的关系则更为至关重要，因为较大的色谱柱没有明显的壁支撑。通常情况下，柱直径与柱床高度的纵横比应>3，壁支撑的重要性较小，因此在工艺开发过程中，应使用这些和更大的长宽比的操作窗口。

　　填充柱的操作窗口因为流体应力和所述壁支撑而引起的颗粒的变形性而决定，该变形也包括柱壁和色谱树脂之间的摩擦力。实际上，无论在柱填充过程中采用何种压缩方法，其柱床都有可能在受到高压降（或流速）的动态负载循环时，存在一定程度的（可逆）轴向位移。一个不稳定的柱床可能会在多个循环中被破坏，从而严重影响了柱床的分离效果。当在极端工艺（在高流速和高黏度溶液下）使用条件下，床还需要稳定以防止进一步压缩。这主要取决于色谱柱树脂和色谱柱装填方法的质量，结合色谱柱操作窗口的适当定义，可确保色谱柱在多次上样循环中比较稳定。

　　工艺和装填方法开发的另一个重要方面是，尽管流体的流速通常是色谱操作的最主要受控参数，但对树脂床稳定性至关重要的是树脂床的压降而不是流体流速。如前所述，由于黏性阻力效应而导致的填充床压缩决定并设置了床稳定性的极限。因此，必须将填充床上的压降视为关键参数，不得超过质量标准。尽管流体流动导致压降，但不同的流体温度、黏度以及柱床紧实程度会引起不同程度的压降。还应注意的是，在样品从色谱柱中洗脱（解吸附）期间，局部的高蛋白质浓度可能会引起高黏度流体区域，从而增加压降，这一点必须加以考虑。因此，对于色谱单元和系统，除了监测整个系统（包括色谱柱外部的流体管线）上的压降外，监测色谱柱和填充床本身上的实际压降也很重要。最好在工艺开发过程中应用上述考虑因素。最后，为了澄清并与上述讨论一致，应注意树脂的最大压力标准通常是指柱床允许的最大压降，而不是色谱柱入口处的静态（绝对）压力。

二、装填方法

目前已存在多种不同的装填方法，通常色谱柱被设计成可以使用其中一种或几种方法，甚至使用它们的组合来填充。最常用的方法是恒流装柱、恒压装柱和轴向压缩装柱。轴向压缩装填可以被认为是最灵活的装填方法，开发出的一些新设备通常都采用该类方法。

如前所述，为了避免开发昂贵和耗时的装填方法，色谱柱供应商应提供在不同规模和色谱柱中装填不同树脂的说明。但是，用户可能从一个供应商购买树脂，而从另一个供应商购买色谱柱。在这种情况下，通常不容易获得全面的装填包装说明。有对应树脂装填能力以及含有色谱柱经过验证的装填方法是购买色谱柱时应该评估的重要因素。装填方法的开发对于产品的成功加工和纯化至关重要，尽管这是非常耗时且"无价值"的活动。应该注意的是，同样的问题也可能适用于预装色谱柱，即，不能假定此类色谱柱的供应商能够了解装填其他供应商提供的树脂所需的适当方法和设备。如前所述，HETP 或 A_s 值可代表色谱柱的分离性能，但不一定能代表柱床的耐用性或色谱柱工艺性能随时间的变化。

如果装填不充分或不能提供令人满意的结果，则可以考虑以下常规程序：选择合适的树脂分散溶液以产生良好的料液分散，确认树脂浓度以满足目标柱床，通过床层的压力/流量测试确定装填步骤的流体速度、压力或 CF，并最终装填色谱柱。

（一）恒流/恒压技术装填

当采用恒流模式进行色谱柱装填时，良好地控制色谱柱和系统上的流速和压降对于实现良好柱床压缩至关重要。运行色谱柱时需要考虑两个压力限制：柱床本身的压降及系统和色谱柱的压降。重要的是要了解色谱单元和系统不同部分的压降以及它们如何影响填充床。在无法从供应商处获得适当数据的情况下，树脂压力-流速行为的表征对于开发装填方法非常重要。

在恒定流量或压力装填方法中，使用从顶部到底部的液体流路沉淀色谱柱内的树脂液。最佳方法是两步法，首先以较低的流体速度（例如图 19-11 中确定的最大流体速度的 30%）沉降树脂以形成固定均匀床。然后通过施加高流速来压缩柱床，以达到正确的 CF，这些数据可以很容易地从树脂供应商处获得，或者可以从压力-流速实验中确定，见图 19-11。最后，在停止流动的同时将柱头向下移动到压缩柱床上表面。在其最终位置，当流速停止时，柱头将阻止床减压。恒流装填参数将取决于液体黏度、温度、床高、树脂类型和柱直径。因此，在定义装填方法和（或）设置压力-流速测量实验时，树脂或色谱柱供应商的良好支持至关重要。

（二）使用流速/压力树脂原位装填色谱柱

色谱柱中的原位装填方法利用喷嘴进行浆料转移和装填，见图 19-12，将其喷嘴插入柱床空间以将树脂泵入柱中。柱床会在树脂高流速泵入过程中形成。当柱床形成和压缩时，多余的液体经由通过底部床支架的出口出去。该柱型装填步骤很快，但由于过程自动化程度有限以及存在对时间高度敏感的多个步骤，因此依赖于多个操作员的经验和熟练操作。

（三）轴向压缩

对于轴向压缩柱，由于适柱头的向上移动，树脂可以通过浆液阀将浆液体积引入柱中，就像注射器一样。当将正确体积的树脂浆液引入色谱柱时，关闭阀门，并通过适柱头向下移动，液体置换开始并形成固定柱床。当柱头与固定柱床相遇时，开始轴向压缩。当达到所需的CF和（或）最终所需的填充床高度时，柱头停止移动。如果树脂或色谱柱供应商未给出正确CF的推荐值，则对于经典的半刚性树脂，CF1.15通常是一个良好的起点。该CF也可以使用如图19-11所示的压力/流速曲线来定义。图19-11在压力流速测量过程中增加记录床高变化。

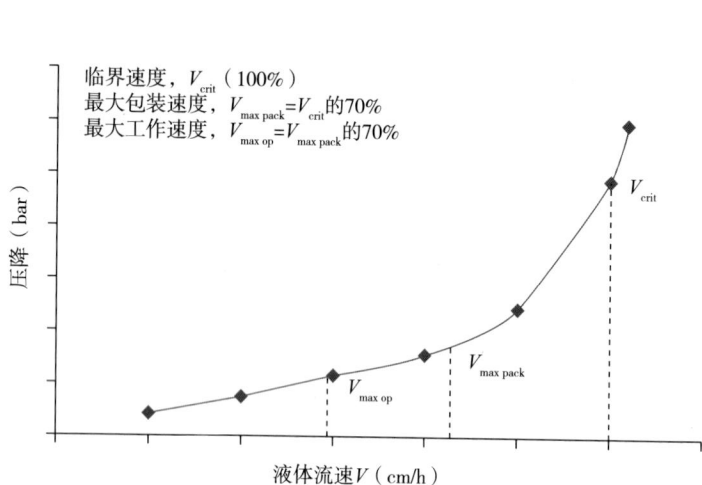

图19-11　经典的压力-流速曲线示例

临界速度定义为斜率变得明显非线性时的液体速度，即当压力增加远大于流速时。V_{crit}的确切点取决于测量点的数量，这会增加分离度。常用的经验法则是填充速度设置为约临界速度的70%。然后将最大工作速度设置为最大包装速度的70%

图19-12　经典的利用流速/压力装填传统色谱柱的示意图

从顶部喷嘴引入树脂浆液，使树脂进入到色谱柱中，同时从底部分柱头和床支持物中抽出多余的液体。关闭底部喷嘴，并与底部床支架齐平。因此，床开始从底部向上建造

由GE Healthcare Life Science提供

以上描述的所有步骤过程均以预定义的速度平稳连续地执行柱头运动，并且可以完全自动运行。轴向压缩柱具有可以装填许多不同类型树脂的灵活性而在市场上占有率不断增加，最终的装填效果均匀性、效率和稳定性得到了提高。此外，轴向压缩装填方法通常更容易操作和放大，特别是如果硬件供应商已经开发了大规模的色谱柱。一些供应商已经实现了装填程序的自动化，从而进一步降低了错误风险，尤其是当树脂和柱的装填方法已由供应商预先验证。

三、装填色谱柱和系统的准备

空柱本身以及选定的管路和连接器决定了操作过程中的压力和压降。相较于实验室规模色谱柱以及用于小颗粒粒径装填的色谱柱，空柱上的压降通常较高，这是由于使用小直径色谱柱的管路和流体分配装置采用了低孔隙率的筛板所致。由于温度会对黏度产生影响，因此温度也可能影响压力/流速性能，因此装填过程应与设备运行时所用的条件一致。在装填结束和整个系统运行之前，应对系统和色谱柱进行泄漏和压力/流速测试，以确保工艺条件不会产生过大的背压或超过任何压力极限。

浆料制备和浆料处理

由于乙醇溶液的抑菌特性，大多数树脂在20%乙醇中运输。由于防爆问题、溶剂及其处理的成本，通常无法大规模使用这种溶液进行装填。在许多情况下，可以用水将乙醇稀释至10%。通常情况下，用10%乙醇浓度的液体在原位装填色谱柱和轴向压缩柱中效果很好。

市面上有置换树脂缓冲液的匀浆罐以及其他配件，以简化树脂缓冲液置换和树脂转移操作。特别是在生产规模中，使用这些工具可以帮助减少与树脂制备相关的时间和精力。

根据树脂的类型和操作规模，填充缓冲液中可能包含盐（例如10～250 mM），或者可以使用疏水性溶剂，例如乙醇（例如10%）来减少颗粒－颗粒相互作用。一些离子交换树脂中会加入盐，以达到最佳树脂的状态。如果存在不锈钢腐蚀问题（例如，如果溶液在系统中放置过夜），则非腐蚀性阴离子如硫酸盐可能更适用。一些疏水相互作用树脂最好装在10%～20%的乙醇溶液中。

为了在正确的CF下达到正确的床高，必须将准确量的树脂转移到色谱中。树脂浓度必须足够高，以允许将所需量的树脂都装填到柱管的体积中。最常见的树脂匀浆浓度推荐为50%，但可以在30%～70%之间。准确的树脂匀浆浓度测量对于达到所需的柱床高度和床的正确压缩至关重要。除了树脂的实际测量程序外，在开始装填之前查看树脂的储存也很重要。如本章前面所述，混合均匀的树脂匀浆对于良好柱床的形成是很重要的。由于浆液由缓冲溶液和树脂组成，连续搅拌下保持树脂颗粒处于悬浮状态是很关键的。搅拌速度变化过高可能导致罐中的浆液浓度混合不均匀，这也可能影响浆液浓度测量的采样。在处理较小的柱子时，可以手动搅拌，但随着柱子尺寸和树脂匀浆体积的增加，人工处理变得更加困难和繁琐。树脂和（或）色谱柱供应商提供不同的设备，例如匀浆罐以及浆料测量工具和程序，以帮助进行树脂匀浆浓度测量和树脂匀浆管理，以简化和改善色谱柱装填以及树脂匀浆处理和树脂匀浆制备。

在传统的原位装填色谱柱例如Chromaflow色谱柱（GE Healthcare）中，床高是在引入树脂之前设置的，并根据定义好的床高、色谱柱直径和实际的树脂匀浆浓度，计算出输送到柱中的浆液量。需要提到的是，体积的准确性依赖于树脂匀浆浓度计算的准确性。因此，如果树脂匀浆浓度不准确，柱床很可能被过度压缩或压缩不足，这可能使得填充柱床难以达到HETP柱效的要求，从而需要重新装填。另一种情况是符合HETP质量标准，但由于柱床压缩问题，导致柱床使用过程不稳定导致色谱柱过早拆柱，并可能导致总体进度延迟。

对于轴向压缩柱，柱床高度是操作员将可以作为参数并进行更改的，输入的柱床高度应该在SOP中规定的高度范围内，例如20 cm ± 1 cm。如果树脂匀浆浓度测量值与实际浓度显著不同，则最终会出现床高超出预设的情况。如果测量准确，则可以在标准范围内，使得CF和装填柱高都能满足要求。因此，在装填过程中，开头仅满足柱床高度，但由于CF错误，在之后的测试和运行过程中不能满足HETP和（或）稳定性要求的这种风险就可以大大下降。特别是在使用供应商提供的经验证的装填方法情况下，满足HETP的柱高及柱效稳定的可能性会大大增加。树脂和（或）色谱柱供应商所提供的此类支持可以随着整个装填工艺对误差和变化的容忍度提高而抵消浆料浓度测量中的微小误差，使得整个装填过程更加稳定，从而提高了装填成功率。

第四节 评估色谱柱性能：效率检测

柱效测试确定了在经过填充柱床和柱中处理时标准化测试信号的展宽。通过脉冲测试，样品实际上是作为一个区域前进的，由于扩散和分散混合效应的结合，该区域变宽了。简而言之，树脂或色谱柱的性能越高，区域的展宽越低。检测方法包括向洗脱液中加入惰性示踪剂，同时记录洗脱液在色谱柱出口的响应值，通常也要监测UV吸光度或电导率的变化。惰性的示踪剂可确保样品与树脂之间不发生化学和吸附的相互作用，这种相互作用可能会导致额外的区域展宽从而干扰测量。

在开始纯化工艺之前及随后在色谱柱色谱单元操作的连续监测中，柱效检测在色谱柱的验证中起着核心作用。因此，也可以在工艺循环之间进行检测，例如检查柱床完整性的变化。应该注意的是，在惰性条件下进行的标准化柱效测试通常与实际工艺过程中的实时信号分析有着很大不同。例如，所谓的"转换分析"是监视和评估处理过程中的动态变化，从一种缓冲溶液切换到另一种缓冲溶液时电导率的阶跃变化。在处理过程中对此类信号的分析提供了与标准效率测试中色谱柱离线测试相同的过程重现性和耐用性的见解。但是需要注意的是，标准效率测试中使用的评估程序和标准可能并不完全适用，尤其是当处理过程中的测试条件不能提供所监测的示踪剂和信号的惰性时，或者在整个测试过程中洗脱液条件发生变化时，例如引入不同缓冲液导致的黏度变化。因此，来自不同测试方案的结果可能无法直接比较，并且峰值或曲线对称性可能归因于不同的根本原因。

经典的（标准）柱效试验会根据HETP或等效塔板数（number of equivalent plates，N），并结合A_s来量化区域展宽。有关基础理论和关于性能更详细的描述，请参见第九章。在实际应用中，最好使用无量纲的"折合"板高h（h=HETP/dp）来定量区域展宽，因为它可以方便地比较不同粒度直径dp的树脂和装填至不同床高的色谱柱。通常认为在柱效检测试验中显示折合塔板高度$h<3$的填充柱表现出良好的性能[1]。该测试通常在最佳方案条件下进行，这意味着使用了低液速和低分子量示踪物质。应该提到的是，对于生物制药工艺中使用的树脂，树脂本身固有的区域展宽可能会导致板高降低至约1.5。这种性能是假设了柱床装填完全均匀，并且不会因色谱柱中的液体分布和收集而引入区域加宽。

在实践中，由于色谱柱装填方法和技术导致的缺陷，以及色谱柱进出口的液流分配和收集的设计问题都有可能导致区域变宽，变宽程度取决于色谱柱设计的优化结果。额外的区域变宽和峰不对称性可能是由于色谱柱外部组件（例如管道和色谱系统，包括泵、阀门和检测器）引起的。因此，考虑这些因素对装置整体运行性能的影响非常重要，所以柱效检测不仅可以很好地验证色谱柱装填程序的有效性，还对确定色谱装置和设置的特性十分重要。

在工艺过程中，需要对填充柱进行定期的柱效测试以确保柱效和柱床完整性：当检测的效率或峰对称性显著降低，或过程中压降增加时，表明色谱柱色谱效果变差，应对色谱柱进行重新装填或更换。柱效和工艺质量标准存在差距并不罕见，因此柱效的质量标准可用作装填方法耐用性和柱床所需稳定性的指标，而不仅仅是色谱柱预期分离度的描述。

柱效检测并不一定是在实际工艺条件下进行的，对色谱分离度要求较低的操作模式中使用的色谱柱及吸附装置来说，例如在某些流穿或"清除"应用中，可能会讨论传统色谱柱的可接受标准是否可以被认为是相关的，例如，使折合塔板高度$h<3$。理论建模可以帮助验证特定应用要求和操作条件下柱效的质量标准和验收标准。然而，对于广泛生物处理应用中使用的色谱柱的选择和确认，或色谱柱技术和产品标准化的选择，高柱效（$h<3$）的可接受标准被认为是有用的指南。

一、脉冲法

脉冲法是测定柱效最常用的方法。在色谱柱入口处引入低分子量溶质，进样量通常相当于填充床体积的1%[1]。溶质应是惰性示踪物质，这意味着它既不会改变洗脱液的性质（即黏度和密度），又不会与树脂有任何吸附相互作用。通常，丙酮、氯化钠或苯甲醇试剂脉冲常用于柱效检测和峰对称性检测。UV 监测器用于检测丙酮和苯甲醇，而氯化钠则通过电导率仪进行监测。值得注意的是，由于电荷相互作用，盐可能会与树脂相互作用并给出错误的结果，除非通过在洗脱液中使用大量盐来抑制这些相互作用。例如，0.8 M NaCl 的样品通常采用 0.4 M NaCl 的洗脱液。丙酮或苯甲醇可能会与某些聚合树脂相互作用，从而导致区域变宽。如果树脂供应商未提供测试建议，则测试几种不同物质和洗脱液可能是一个好的策略，以确保溶质−溶剂相互作用不会导致错误的结果。

经典的脉冲响应值及其评估如图 19-13 所示。评估脉冲响应值的一种简单且经常使用的方法涉及测量最大峰高一半处的峰宽。峰宽的简化测量是在理想峰对称性假设下通过统计分析得出的。实际上，峰形可能会偏离既定的形状，因此捕获此类偏差非常重要。在 10% 峰高处测量峰的上升和下降部分是为了进行简单评价而选择的标准。与理想峰对称性（对应于 $s=1$）的偏差可能是由于填充床本身的不均匀性，也可能是由于填充床外部的不利流体流动引起的。对于生物制药工艺中使用的典型色谱单元来说，最佳柱效通常应用于实验确定的折合塔板高度 $h<3$[1]。关于峰对称性，接近 $A_s=1$ 的不对称因子显然是理想的，但是，当折合塔板高度 $h<3$ 时，可以考虑 $0.8<A_s<1.8$ 的可接受范围[1]。

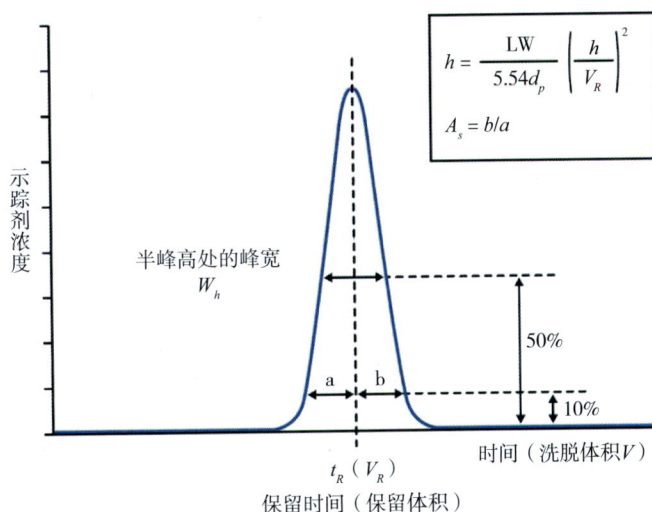

$$h = \frac{LW}{5.54 d_p} \left(\frac{h}{V_R} \right)^2$$

$$A_s = b/a$$

图 19-13 评价用于测定柱效的脉冲试验的示意图，其特征在于折合塔板高度 h 和不对称因子 A_s

应当注意的是，就峰宽（增加）而言，较低的柱效通常会提供更对称的峰外观，这意味着更有效的色谱柱和填充床（例如，由于装填质量更好或所用树脂的粒径更小）更容易受到填充床附近和外部流体流动干扰引起的峰不对称性的影响。

最后，应注意的是，用于柱效检测的标准操作规程必须以易于遵循的方式编写，并且可以在相同条件下重复。除非以相同的方式进行这些测量，否则会对结果产生误导。例如，可能导致色谱柱的重新装填，尽管它可以正常运行，从而浪费时间甚至导致生产延迟。

二、阶跃法

除了脉冲法，示踪剂的阶跃信号可以代替脉冲应用于色谱柱柱效检测。出于柱效检测的目的，阶跃法不太常见，因为它开始时需要更大的进样量。相对于脉冲法，阶跃法的优点是可以增强检测可能性，因为示踪剂在样品中的浓度可以更低，如果需要替代示踪剂物质，这种情况可能是有用的。可以将检测到的阶跃响应值转换为相应的脉冲响应值（阶跃函数的导数），并且可以通过用于控制和评估的特定软件包（例如 UNICORN、GE Healthcare）实现操作。

第五节 结论和展望

正确选择色谱柱、装填方法及合格产品支持的可及性，对于在成本和时间（即上市时间）的良好控制下实现生物制药产品的最佳生产率、可扩展性和良好质量至关重要。尤其是色谱柱树脂装填，由于这是一个制备步骤，因此通常不被认为是产生价值的产品加工过程，但实际上树脂装填是一项关键活动，需要在无故障且具有高耐用性的情况下进行。自动色谱柱装填及其与之相邻工作流程、设备和设施的集成是实现稳健和成本效益树脂装填从而实现可预测的生产计划的范例。此外，使用供应商已通过预认证的树脂装填方法或工具来开发新树脂装填方法将有助于实施可预测且具有成本效益的色谱柱放大、调试和操作工作。

使用CFD和相关工程原理，以及对色谱树脂进行更严格的物理和化学表征检测，确实提高了色谱单元操作的总体可预测性和可扩展性。例如，经弹性（Young's模量）、泊松比和摩擦系数表征的树脂和填充床为柱硬件和柱流体动力学的设计提供了直接输入。表征悬浮液的流变学为浆料处理设备的设计提供了输入，并且对填充床的水力渗透性的详细表征使得我们可以对流体压力规格和合适的操作方案进行管理。结合日益提高的自动化，过程监控（传感）以及与工厂、工作流程和（数字）分析的集成等上述开发内容将进一步提高在使用时装填和维护传统大型色谱柱的效率。对于这些色谱柱，采用一次性液体处理设备（袋和液体管路），以及使用一次性技术进行储存、输送和处理色谱柱旁边的树脂，可以提高工艺效率、灵活性并降低成本。

对于中试和生产规模中使用的预装柱，可以预料到在使用经上述讨论过的工程原理和工具时产生的重大影响。通过传感和数据分析而优化的工艺和材料表征，可以实现新的操作形式和模式，例如平行柱布置。改进的硬件设计解决方案和新的生产能力（例如增材制造）应有助于降低设计复杂性和重量，并进一步提高预装柱带来的易用性和灵活性。

参考文献

第二十章

利用在线调节简化缓冲液配方和改进缓冲液控制

Enrique N.Carredano*, Roger Nordberg*, Susanne Westin*, Karolina Busson*, Tomas M.Karlsson*,
TorbjörnS.Blank*, Henrik Sandegren*, GünterJagschies†

*Cytiva, Uppsala, Sweden, †Cytiva, Freiburg im Breisgau, Germany

第一节　引言

　　效率和成本是生物加工的讨论主题。然而，在会议演讲或出版书籍中通常被忽略的一个领域是制备缓冲液的设施。由于空间要求以及混合和储存罐安装的复杂性，这一部分不仅占据了很大一部分占地面积（我们已经看到的最大工厂中有数十万升的专用于缓冲液制备的带硬管道的储罐），这些罐也是工厂运营成本的很大一部分，根据与生物制药公司的讨论，我们估计这些设备的运营成本为总运营成本的20%~25%。该数字包括缓冲液和培养基制备。如此大的安装需求所带来的影响在厂房设计阶段就开始显现，并在正常运行多年后一直持续。

　　考虑到生物工艺科学界对缓冲液制造的这一方面缺乏兴趣，人们可能会认为如果投入资源进行改进，效率和成本提高将很容易实现。本章讨论了生产规模下制备缓冲液的一个选项，即在线配液（in-line conditioning，IC），已证明该设备可将缓冲液制备区所需的总罐体积减小90%，占地面积减少40%。目前生产中的瓶颈通常是随着上游生物反应器的生产效率增加，对应的下游工艺需要更大规模或更频繁的操作，因此导致了缓冲液消耗的显著增加，同时也有更大体积的中间产品需要存储。现有设施的设计可能无法适应生产力的发展。对于新设施，人们希望避免对工厂的非增值部分（例如大型储罐）进行不必要的高额投资，因为大型储罐的安装缺乏灵活性，从而对未来的生产造成挑战。如果采用不锈钢设计，则制备区将采用硬管道，需要对罐子和罐子之间的工艺的管道系统进行复杂的自动化控制和清洁。目前大型储罐已经越来越多地通过一次性使用技术（single-use technology，SUT）来解决，该技术可避免清洁，大大降低管道复杂性。然而，SUT具有规模限制，混合和储存使用一次性袋子的数量和成本可能很大，并且整个制备过程仍然需要大量的人工操作，因此该工艺步骤对物料变化性和操作人员的错误十分敏感。制备大体积缓冲液需要更多的缓冲液制备批次，因此也需要更多的劳动力。此外，操作文档不是与操作并行自动生成的。在线配液解决了这些方面的问题，并通过用于缓冲液制备的算法[1-5]，提供了具有自校正功能的工艺分析技术（process analytical technology，PAT）方法，可根据输入参数的变化将关键工艺程参数保持在质量标准范围内。

第二节　下游工艺用缓冲液

　　缓冲液可能是工艺稳健性、产品质量和产量最基本但又必不可少的因素。缓冲溶液通常是水性的，包含弱酸及其共轭碱的混合物，通常添加盐以保证一定的离子强度。缓冲液的关键特性是当溶液中加入少量强酸或强碱时，溶液的pH也几乎保持稳定。因此，缓冲溶液被用于各种生物工艺应用中，用于工艺操作中维持pH保持在几乎恒定的范围，包括例如层析法和过滤。

一、基础缓冲液质量标准

可以通过计算所需的成分，并将其混合来制备具有所需pH和任选离子强度的缓冲溶液。通常需要根据弱酸（或碱）和强碱（或酸）的相对浓度并求解几个不同的方程式来计算混合物的pH，但实际应用时也可以使用商业软件来执行此类计算。

许多应用中希望还能够实现缓冲液组分量变化的预测，以及污染物的存在时缓冲液的变化。这可以表示为"缓冲能力"，并定义为每单位体积溶液中引起一个pH单位变化的强酸或强碱的摩尔数。缓冲能力太低的缓冲液由于溶液pH值容易发生变化，而与质量标准产生偏差而进一步导致工艺稳健性低和产率低。特定缓冲液系统的缓冲能力取决于两个主要因素：缓冲物质的pK_a值和缓冲液浓度。pK_a与pH值相对应，其中一半的缓冲物质被质子化，并且根据经验，pH将在该值附近的对称区间内稳定。但是，具有良好缓冲能力的区间宽度取决于缓冲液浓度。缓冲液浓度越高，区间越宽。区间的实际中心几乎总是从列表中的pK_a值偏移，该值是无限稀释的理想情况的内插值。对良好缓冲容量的要求通常会设定缓冲液浓度的下限。缓冲液浓度的上限通常由非预期效应来设置，例如离子强度和电导率，哪个会很高。但是，在其他情况下，可能需要高电导率，这导致缓冲液浓度的第二个重要用途：在某些应用中需要使用缓冲盐将电导率调节至高水平，而无需使用非缓冲盐。

对于单一生物药物的生产，需要多种不同的缓冲液配方（见表20-1，代表了涉及少量缓冲液和非缓冲盐的简单情况）。在某些情况下，缓冲溶液可能由多种弱酸及其共轭碱组成。例如，可以通过将两种缓冲液与重叠的各个缓冲区混合来创建更宽的缓冲区。传统上，缓冲液是根据特定的配方以所需的体积手动制备的。由于使用量大，缓冲液区管理可能成为生产线上的瓶颈。

二、缓冲液计算

对于与相应的酸性物质（分别可以是共轭酸BH+或酸性HA）处于平衡状态的特定碱性物质（可以是碱B或共轭碱A–），平衡公式见等式20-1：

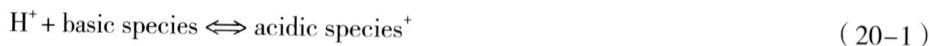

$$H^+ + basic\ species \Longleftrightarrow acidic\ species^+ \tag{20-1}$$

相应的平衡常数K_a定义为：

$$K_a = (H^+)(basic\ species)/(acidic\ species^+) \tag{20-2}$$

式中，括号表示每个物种的活动。取等式20-2两侧的对数。并求解定义为–log（H+）的pH得出：

$$pH = pK_a + \log\{(basic\ species)/(acidic\ species^+)\} \tag{20-3}$$

这被称为Henderson-Hasselbach方程（见等式20-3）[6, 7]。等式20-2中使用的是离子活度概念而不是浓度，主要是由于静电相互作用：所涉及的离子倾向于与环境屏蔽。然而，尽管pH测量是直接观察质子活度的方式，但例如在称重、移液或泵输送其量和体积期间观察到的是浓度而不是缓冲离子的相应活度。各离子的活度与活度系数φ和相应的浓度有关，见等式20-4：

$$（\text{species}）=\varphi\left[\text{species}\right] \tag{20-4}$$

在无限稀释的理想状态下，φ等于1，每个离子的活度都等于其浓度。但是，在实际情况下，离子强度不同于0，并且不同物种的活度系数<1。

表20-1　不同pH值、缓冲盐、缓冲浓度、非缓冲盐和浓度的典型生物工艺缓冲液以及在线配液中使用的相应单一组分母液

泵	入口	母液溶液	1	2	3	4	5	6	7	8	9	10	11	12	13	14	15	16	17	18	19	20	
酸15-600	B1	1.0 M NaH2PO4	4.00																				B1
	B2	1.0 M HAc		2.50	2.50	50.00		2.50	2.50	2.50		2.50	2.50										B2
	B3	0.5 M HCl					12.84																B3
	B4	0.1 M HCl												2.05	2.05	2.05							B4
	B5	1.0 M H3PO4																				22.50	B5
	B6																						B6
碱4-180	C1	1.0 M NaOH	1.50	1.64				0.94	1.10	1.13		2.39	1.90						10.00				C1
	C2	2.6 M Tris					3.85																C2
	C3	100mM His												4.19									C3
	C4	100mM His 2.007 g/L PS80													4.19								C4
	C5	100mM His 19.116 g/L PS80														4.19							C5
	C6																						C6
注射用水 45-2000	D1	WFI	89.85	95.86	97.50	50.00		91.56	89.26	86.01	64.29	45.11	59.88				94.46		50.00	90.00		41.78	D1
	D2	24% Eth					83.31																D2
	D3	PWLE																			100.00		D3
	D4																						D4
盐45-2000	E1	2.8 M NaCl	4.64					7.14	10.36	35.71				35.71			5.54					35.73	E1
	E2	0.1 M NaCl					5.00					50.00											E2
	E3	0.7 M Caprylate												7.14	7.14	7.14							E3
	E4	1 M NaOH																100.00	50.00				E4

该表说明了如何将缓冲液表转换为母液列表（红色框），以及如何将特定的母液用于多个缓冲液（蓝色框）。将不同组的母液（酸、碱、水和溶剂）和盐连接到四个不同的入口组，每个入口组配备一个泵（另请参见图20-3）。

在所谓的DebyeHückel理论中，为这些偏差建立了一个完善的模型，见等式20-5：

$$-\log\varphi=\left(AZ^2I^{0.5}\right)/\left(1+0.33\times10^8aI^{0.5}\right) \tag{20-5}$$

式中，A为常数，或更确切地说是温度相关参数~0.51。Z是离子的电荷，数量a为水合离子的半径（以Å为单位），在Debye和Hückel的原始论文中描述为"离子的平均接近距离，正或负"[8]。

在Kielland[9]提供的表格中，该参数（也称为离子大小参数）显示为对于不同的离子种类是不同的，见等式20-6：

$$I={}^{1}\!/_{2}\sum\left(C_iZ_i^2\right)\ (\text{includes all ions}) \tag{20-6}$$

式中，I是离子强度，C_i是浓度，Z_i是溶液中存在的离子电荷（以电子电荷为单位）。

把等式20-4代入等式20-3可得到以浓度而不是活度表示的pH值，见等式20-7：

$$\text{pH}=\text{p}K_a+\log\{\varphi_b\left[\text{basic species}\right]/\left(\varphi_a\left[\text{acidic species}\right]\right)\}$$

$$=\text{p}K_a+\log\varphi_b-\log\varphi_a+\log\{\left[\text{basic species}\right]/\left[\text{acidic species}\right]\}$$

$$=\mathrm{p}K_\mathrm{a} + \log\{\,[\,\text{basic species}\,]\,/\,[\,\text{acidic species}\,]\,\} \tag{20-7}$$

$$\mathrm{p}K_\mathrm{a} = \mathrm{p}K_\mathrm{a} + \log\varphi_\mathrm{b} - \log\varphi_\mathrm{a} \tag{20-8}$$

式中，$\mathrm{p}K_\mathrm{a}$ 值允许使用不同缓冲液种类浓度的可测量值。$\mathrm{p}K_\mathrm{a}$ 值可以代入公式计算。将等式20-5代入等式20-8：

$$\mathrm{p}K_\mathrm{a}' = \mathrm{p}K_\mathrm{a} + (AZ_\mathrm{a}^2 I^{0.5})/(1+0.33\times10^8 a_\mathrm{a} I^{0.5}) - (AZ_\mathrm{b}^2 I^{0.5})/(1+0.33\times10^8 a_\mathrm{b} I^{0.5}) \tag{20-9}$$

其中需要引入下标 a 和 b，以分别指定与酸和碱相对应的参数。因此：

Z_a=酸性物质的电荷；

Z_b=碱性物质的电荷；

a_a=酸性物质的离子大小参数；

a_b=酸性物质的离子大小参数。

用于pH计算时，Debye-Hückel理论可将缓冲液的 $\mathrm{p}K_\mathrm{a}$ 值（称为热力学 $\mathrm{p}K_\mathrm{a}$ 值）修改为等式20-9给出的相应值 $\mathrm{p}K_\mathrm{a}$。对于等式20-9中的大多数参数，估算很简单。最具挑战性的参数是 a。

Guggenheim和Schindler[10]建议将所有缓冲分子的参数 a 近似设置为3Å，从而简化了公式[10]：

$$\mathrm{p}K_\mathrm{a}' = \mathrm{p}K_\mathrm{a} + (AZ_\mathrm{a}^2 I^{0.5})/(1+I^{0.5}) - (AZ_\mathrm{b}^2 I^{0.5})/(1+I^{0.5}) \tag{20-10}$$

等式20-10是文献中通常找到的离子强度校正公式。有时会在该方程式的右侧添加校正项，以补偿各种缓冲液在较高离子强度下的精度损失。但是，当离子强度高达1M时，通过这样做获得的准确度很差，这在例如离子交换层析和疏水作用色谱（hydrophobic interaction chromatography，HIC）层析中的梯度洗脱中的常用范围内。

Kielland[9]研究并审查了液体中离子的活度系数，并提供了离子活度系数的扩展表，其中考虑了水合离子的直径。Kielland给出的 a_i 值存在很大的变化，从2.5到11不等，并且根据离子的性质（即一个无机离子方程和另一个有机离子方程），在这种变化的基础上提出了非一般的活度系数模型。

Debye-Hückel方程中离子尺寸参数 a 的另一种确定方法（见等式20-5）适用于缓冲离子，在[11-13]中进行了描述，其中使用离子强度作为加权参数，将 a 确定为有助于液体混合物离子强度的所有物质的加权平均离子大小。然后可以将离子尺寸参数 a 计算为：

$$a = \frac{\sum I_i a_i}{I} \tag{20-11}$$

式中，I_i 是离子强度，a_i 是物种 i 的离子尺寸参数，I 是由下式定义的总离子强度：

$$I = {}^1\!/_2\sum(C_i Z_i) \tag{20-12}$$

式中，C_i 是浓度，Z_i 是溶液中存在的离子电荷（以电子电荷为单位），其给出以下等式：

$$I_i = \frac{1}{2}Z_i^2 C_i \tag{20-13}$$

可以通过针对一组实验pH数据最小化模型的误差来获得参数 a_i。因此可以通过等式20-11获得参数 a。即使在缓冲液中存在大量离子的情况下，该模型也可用于准确预测pH值，因此可计算由于四种最常见的缓冲液系统（醋酸盐、柠檬酸盐、磷酸盐和Tris以及氯化钠anauhül）稀释而导致的pH值变化（表20-2）。使用该方法的其他应用包括缓冲液溶解度的计算（文献[14, 15]和图20-1）、缓冲液能力的计算以及通过在线配液[16, 17]估算缓冲液配方中的误差。

表20-2 稀释和添加非缓冲盐对浓缩缓冲液pH值的影响

对缓冲液的稀释作用		稀释前pH值	稀释后pH值
磷酸二氢钠-磷酸氢二钠		6.50	6.84
柠檬酸-柠檬酸钠		5.00	5.35
Tris 盐酸-Tris 碱		8.00	7.92
乙酸-乙酸钠		5.00	5.05
盐对缓冲液的影响	稀释不充分	50mM缓冲液	50mM缓冲液，0.5 M 氯化钠anauhül
磷酸二氢钠-磷酸氢二钠	7.21	6.84	6.42

稀释后的pH值可能在0.1到0.8个单位之间变化。在此范围内的偏差需要稀释后调整或稀释前调整浓缩缓冲液配方，这可能意味着为每种稀释因子制备一种浓缩液，而不是仅为每种类型的缓冲液制备一种浓缩液。

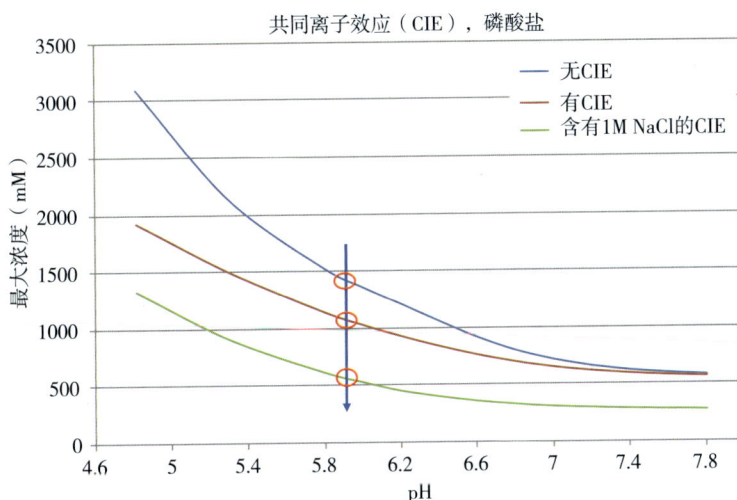

图20-1 共同离子效应（common ion effect, CIE）

当缓冲液的几种组分具有共同离子时，溶解度降低。当不需要考虑CIE时，磷酸盐浓度可以是1.5M，要考虑共同离子效应（酸加碱使用共同离子），最大浓度降低到1M左右，如果加入氯化钠到1M浓度，缓冲液浓度只能是0.5M

第三节 在线稀释——解决占地面积问题

空间和罐体尺寸的问题可以通过压缩缓冲液的在线稀释（in-line dilution，ILD）来解决。该溶液使用两个泵，通常一个较小的泵用于泵送浓缩缓冲液，一个较大的泵用于泵送注射用水。事实证明，这种方法可以降低成本。例如，在线稀释技术在一个新的大规模抗体生产中实施，该工艺将一次性袋技术与在线稀释系统相结合[18]。这两种技术的结合通过使用袋子代替罐子，大大减少了资金投入（占地面积和罐体投资），同时提供了运营成本优势。一次性用品的使用也消除了在运行期间进行清洁和蒸汽灭菌的需要。但另一方面，在线稀释系统需要准确制备浓缩缓冲液，以保证稀释后仍然保证正确的浓度、pH值和电导率，因为稀释会导致偏差。

使用在线稀释时，可根据工艺需要使用注射用水级水稀释的浓缩缓冲液以减少占地面积（图20-2A）。但是，使用这种方法，需要浓缩缓冲液来生产一种最终缓冲液。由于缓冲液是多组分配方，因此在制备缓冲液母液时，同离子效应将限制浓度因子，而最难溶的离子将决定母液的最大浓度。此外，后续稀释将导致

pH值和电导率变化,需要在最终缓冲液配方中考虑这些变化。在线稀释无法实现在考虑质量平衡的情况下进行动态控制以保证梯度洗脱。例如,在层析过程中进行梯度洗脱,仅使用两个泵的在线稀释是不可能的。

在在线稀释系统交付后使用一个或两个额外的泵是处理稀释时调节pH值和电导率期间参数变化的另一种方法[18-20]。但是,除了pH和电导率之外,缓冲液可能还有更多对过程很重要的特性。通常,缓冲液具有一系列的关键参数,这些参数通常被称为关键工艺属性(critical process attributes,CPA)。这些参数可能是温度、盐浓度或电导率、缓冲系统、缓冲液浓度、添加剂浓度和pH值。如果缓冲液是不同组分的混合物,则每种组分的浓度可能是关键参数。最后,就最大和最小流速而言,每种缓冲液的流速范围(L/h)也很重要。使用交付后调整方法,完全控制这些附加参数(可能是CPA)可能是一个挑战。

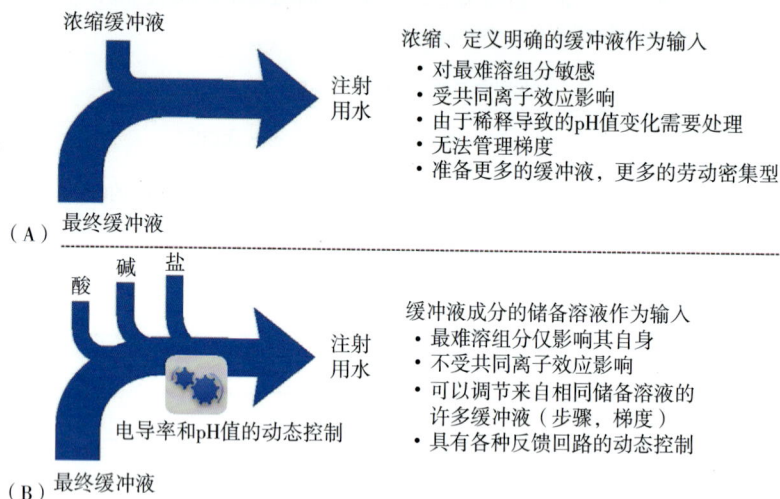

图20-2 解决缓冲液制备挑战的两种方法
(A)在线稀释;(B)在线配液

需要预见缓冲液母液稀释或添加盐后pH值的偏差(表20-2),并通过在线稀释进行管理。稀释需要在缓冲液母液水平上进行准确的预调整,因为稀释后滴定只能以其他缓冲液为代价来固定一种缓冲液特性的准确性。

第四节 在线配液——任意缓冲液的受控生产

在线配液是一种大规模在线缓冲液配方的概念,使用母液和注射用水结合纯化步骤(例如层析或过滤,即直接将缓冲液输送至工艺而无需在袋子或罐中储存中间体,见图20-2B)。与在线稀释相同,但可以显著减少占地面积和储液罐体积。由于母液仅含有一种缓冲液成分,因此通常比制备的缓冲液母液浓缩得多(表20-3)。使用在线配液,可以从保存在单独袋子或罐中的这些组分母液制备不同规格、pH值和盐浓度的缓冲液,而不受诸如共同离子效应或最不溶性组分的影响(即不重新加工稀释的缓冲液,见表20-3)。

表20-3 不同缓冲液和缓冲液组分的浓度因子

缓冲液/盐	在线稀释浓度因子	在线配液浓度因子	备注
20 mM磷酸盐(pH 7.2),50 mM氯化钠	10,2	16,7	mAb纯化中的平衡缓冲液
35 mM磷酸盐(pH 7.2),500 mM氯化钠	2,1	4,0	mAb纯化中的洗涤缓冲液
20 mM磷酸盐,pH 7.2	18,3	24,4	mAb纯化中的上样缓冲液

一、在线配液系统布局

在线配液系统至少有三个用于缓冲液制备的接口：酸组分、碱组分和注射用水。如果需要，将为盐溶液提供第四个接口。该系统具有用于监测流量、pH值和电导率的多个传感器，可用于动态反馈控制。如图20-3所示，展示了启用在线配液缓冲液制备方法的典型流程。

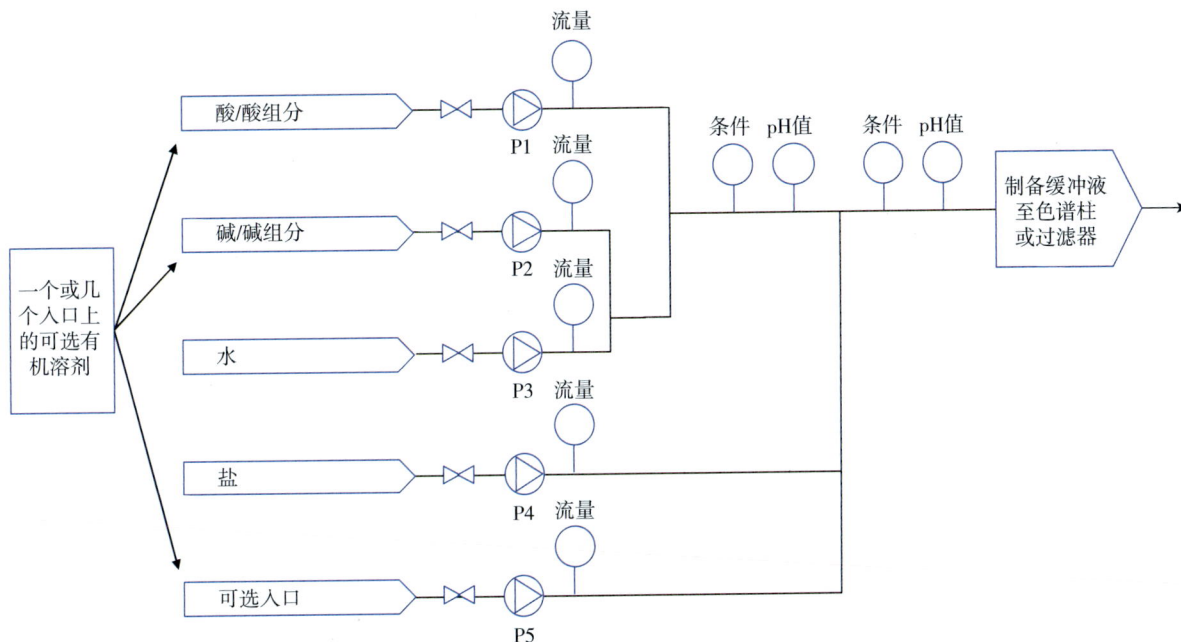

图20-3 具有注射用水的酸和碱组分入口的典型在线配液系统流程图

盐和添加剂的可选入口可包含在缓冲液配方中。在线配液既可以安装为中央缓冲液制备站，代替当前的、主要是手动工艺，但在使用前仍可储存缓冲液，也可以安装为层析和过滤移动层析平台的集成部分，将缓冲液直接输送至层析柱和过滤器

二、在线配液控制模式

通过使用三种不同类型的控制来制备缓冲液有不同的可能性：①带有配方的流速反馈；②pH-流速反馈；③pH-电导率反馈。它们具有不同的优点和缺点，并且可以根据不同场景使用。

所有控制模式都包括流速反馈，以通过调节注射用水的流速来保持总流速（近似为所有流速的总和）恒定。通过适当选择监控器，可以降低pH传感器出现偏差的风险。

在流速反馈模式下，系统能够使用预定义的配方来确定每个泵的流速设定点，其中四个不同泵之间的比率可以用百分比设定，系统总流速设定点也可以用L/h为单位来设定。这相当于一个纯粹的在线稀释程序，根据测试得出的正确缓冲液配方，将集中浓缩溶液用水稀释。可以逐步或线性地改变泵的百分比，以获得梯度。流量反馈可确保在酸、碱、盐和水的浓缩储备溶液中得到正确的流速。在线电导率和pH测量可用于监测缓冲液性质和放行。对于许多过程，带有配方的流速反馈是一种可靠的替代方法，尤其是在温度得到良好控制的情况下。另一方面，温度变化可能导致pH值和电导率变化。需要准确的母液（相对于制备准确的缓冲液母液混合物的风险低），因为不可能通过动态反馈控制校正pH值和电导率。

当使用pH-流速反馈时，将缓冲液的pH值与目标值进行比较，以确定碱或酸百分比应增加还是减少。流速反馈用于确保缓冲液浓度保持恒定，并且在有盐的情况下，以梯度或恒定浓度将盐浓度保持在所需水平。始终调节添加水的百分比，以保持恒定的总流速。使用此控制模式，用户需要指定酸和碱的缓冲液浓度和母液浓度。

pH和电导反馈的组合要求操作员指定目标pH和目标电导率。如果有盐，则需要根据质量标准来写明酸碱母液的浓度以及缓冲液浓度。另一方面，如果没有盐，母液溶液可以有所变化。当存在电导率的设定点时，这种控制模式就很有用，可以通过调节盐（如果有盐）或缓冲液（如果没有盐）的流速来达到电导率的设定点。

每当使用pH反馈时，就可以选择三种不同类型缓冲液的混合模式，即弱酸和弱碱、强酸和弱碱以及弱酸和强碱。

使用流速反馈模式需要配方。配方既可以通过计算，也可以凭操作人员的经验确定，还可以使用在线配液系统通过在pH反馈模式下运行来确定，在这种情况下，系统将充当"计算模拟设备"来求解缓冲液平衡方程。运行后，可以读取结果文件中每种缓冲液的百分比（%）以获得配方。当所需的缓冲液需要额外添加盐或其他添加剂时，这种配方确定方法仍然成立。

第五节　检测和验证在线配液缓冲液的制备能力

在缓冲液的制备中，一旦选择了缓冲系统（酸和碱）和非缓冲盐或其他添加剂，那么在配制过程中以下因素至关重要：准确pH和电导值，包括提供阶梯或线性梯度输送过程中的（即改变过程中缓冲液的组成，并确保缓冲液容量所规定得足够准确）。在经过验证的工艺的药品生产质量管理规范（Good Manufacturing Practice of Medical Products，GMP）环境中，在批次运行切换和可变输入的情况下，系统性能具有足够的稳健性来满足质量标准。通常，在生物工艺应用中，缓冲液需要保证pH精度在 ± 0.15pH单位。而电导率质量标准在 ± 2% 以内。

一、可变输入和重现性

为了验证不同酸碱母液条件下在线配液系统缓冲液配置的稳健性和重现性，使用不同浓度的酸和碱溶液的组合挑战在线配液系统，其中不同组中的酸碱组分的浓度差异很大。结果显示，所有的酸碱母液组合均产生具有最终质量参数可比的缓冲液。所有配制的缓冲液配方均具有符合要求的pH值和电导率，分别为pH 4.5和1.8 mS/cm（图20-4）。应该注意的是，在图20-5的曲线中，初始值与设定点有较大偏差，这在实际应用中并不常见，在本图中出现的原因是将泵的起始点设定为严重偏离目标以挑战系统控制，检验阀最终能够达到配制要求。在实际情况下，初始溶液可能会接近目标，因此达到指定值的时限要短得多（通常<1分钟）。为了进一步减少达到设定点的时间，因此建议根据最终要求来对缓冲液进行初始设定，建议对工艺和仪表流程图（process and instrumentation diagram，P&ID）控制参数进行微调。

Cronin和Nagy[21]在一项涵盖总共24种不同缓冲液（磷酸钠、三羟甲基氨基甲烷和醋酸盐）的研究中获得了相似的结果。他们还讨论了控制模式的一些优点和缺点（表20-4）。

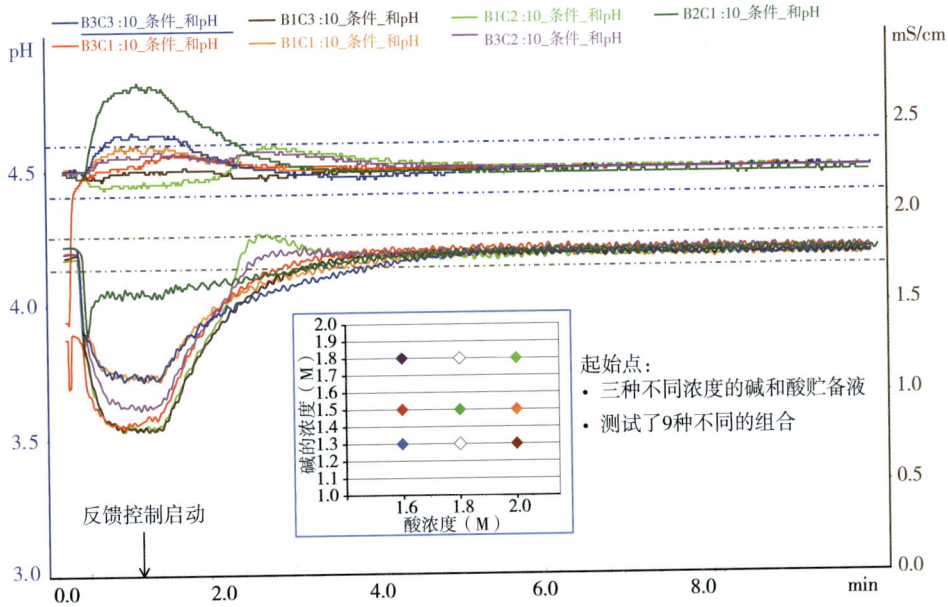

图20-4　可重复性–使用pH和电导率反馈控制，从九对输入溶液组合（插入）中的七对获得电导率和pH曲线。来自同一次运行的pH和电导率曲线具有相同的颜色。虚线表示pH和电导率的质量标准范围

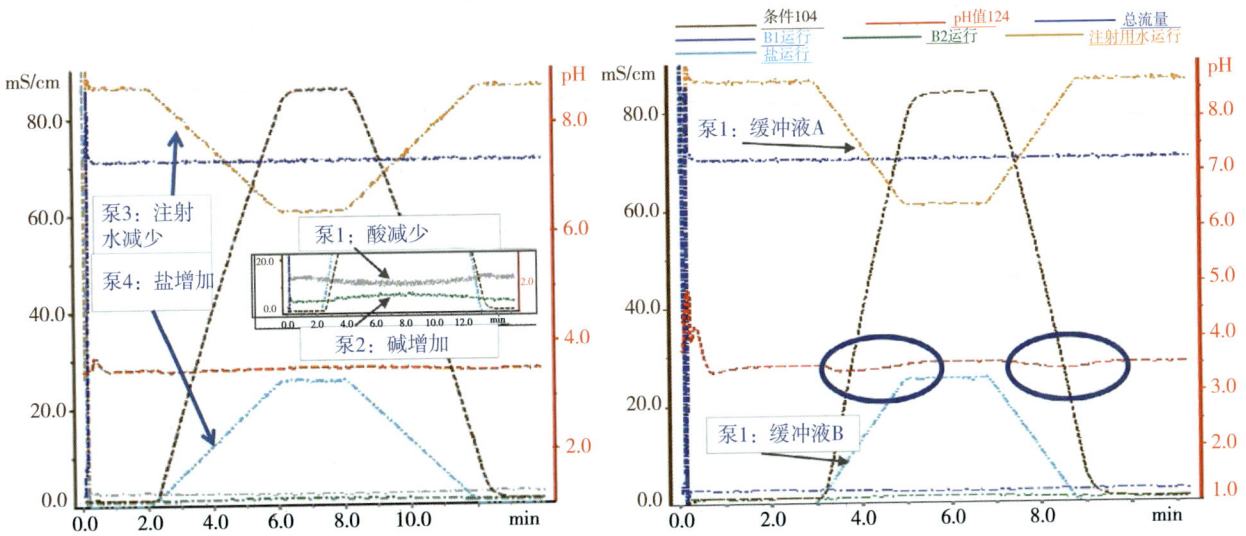

图20-5　使用四泵在线配液系统（左）与传统的两泵系统（右）产生盐梯度（棕色虚线）

两种方法都能够产生可接受的盐梯度。两泵系统显示了整个盐梯度中pH的不稳定性（红色虚线），可以通过降低酸和增加碱成分在在线配液中进行补偿（在左图中插入）

表20-4　不同IC控制模式的优点和缺点

控制模式	优点	缺点
流量	如果T为常数，则具有稳健性 可以使用从pH-Flow生成的处方	如果T变化，可能导致pH值和电导率变化 需要准确地储备溶液
pH值–流速	即使T变化，也要纠正pH值 生成流程中使用的配方	对pH计偏差敏感 需要准确地储备溶液
pH值–条件	即使T变化，也要纠正pH值 正确条件，即使T变化 不需要准确地储备溶液	对pH计偏差敏感 对电导率仪的偏压敏感

二、梯度输送

后续进行的一项研究，评价在线配液系统进行梯度在线配液时是否也能够满足准确度要求。在这项研究中，不能使用电导率反馈，所以使用流量计反馈控制，并使用三元泵系统混合和稀释丙酮-水溶液。这样做是为了证明缓冲浓缩液的混合具有高线性水平。表20-5显示该研究达到了混合设定点，并保持在1%误差范围内。结果证明，当仅使用流量计进行工艺控制时，就可以实现真正的比例混合。这对于溶剂混合步骤尤其重要。

图20-5显示了使用四泵在线配液系统（左）在不同线性盐梯度的氯化钠浓缩液配制过程中的表现。为了保持进入层析柱的总流速，注射用水的流速按比例降低。减少酸和增加碱组分浓缩物以维持缓冲液浓度，以控制pH值并防止由于连续添加盐而导致的pH值变化。

表20-5 梯度在线调节性能研究结果

梯度设定点（%）	计算值	读取值	当量（%）	误差（%）
5	0.0211	0.0214	5.06	0.06
10	0.0423	0.0424	10.03	0.03
25	0.1057	0.1066	25.22	0.22
50	0.2114	0.2123	50.22	0.22
75	0.3170	0.3176	75.14	0.14
90	0.3804	0.3809	90.11	0.11
95	0.4016	0.4014	94.96	-0.04
100	0.4227	0.4227	100.00	0.00

使用稀释因子为6的丙酮溶液，总流速为1000 L/h。

四泵系统允许pH在添加盐的情况下保持不变，而两泵常规梯度系统（右）无法补偿由于添加盐而引起的pH变化。

与在线配液相关的经济考虑

综上所述，提高在线配液制备缓冲液的主要经济性驱动因素与使用高浓度母液有关，减少了大体积缓冲液储存的需求，从而大幅降低了缓冲液存储罐使用的数量，以及定期制备和（或）储存的溶液数量（表20-1）。

因此在线配液系统的应用会减少系统中储存罐使用的数量，同时降低储存罐的容量要求，因此整体的硬件投资成本更低，罐体清洗的成本更低，缓冲液批次生产时间更短。在规划新设施或改进现有设施时，它将减少资本支出（capital expenditure，CAPEX）和运营支出（operational expenditure，OPEX）。与制备浓缩的缓冲液相比，使用单组分浓缩母液降低了手动制备母液的复杂性，并且减少了工作强度以及错误风险。

Kessler和Stanbro提出了在一家大型生物制剂生产商中考虑实施在线配液[22]的方案，发现每个单克隆抗体生产批次需要减少15个批次文件，可以将该工艺的储存空间减少500平方英尺，并将放行时间从46~75天降低到实时放行。每个生产批次的人工工作量可减少4.5个全职员工，储存桶每批可减少使用70个。但由于该方法的新颖性和实时发布，需要额外的监管严格性。

三、白蛋白工艺模型

通过模型计算的结果总结在图20-6中，比较了大规模血浆白蛋白制备工艺中四种缓冲液配制设备安装情况。包括传统的、主要是手动的情况；涉及稀释缓冲液的制备和储存，分别使用不锈钢和一次性储罐的两种在线稀释方案；以及使用单组分溶液制备的在线配液情况。传统方法与在线配液方法之间的差异最为显著：传统制备中的8种缓冲液配方和53,000 L体积可以减少到5种母液和2600 L体积，使用在线配液可以减少95%的体积和80%的CAPEX。对于在线稀释模式和不锈钢罐，要准备的罐和溶液的数量保持不变，导致安装的CAPEX相对较高（仅减少40%）。随着一次性使用技术的引入，CAPEX大约降至在线配液水平，在很大程度上可以避免清洁，但是由于可用的容器体积较小，容器数量和所需占地面积增加。在线配液更适合一次性使用，因为要存储的体积相比在线稀释又下降了一步。

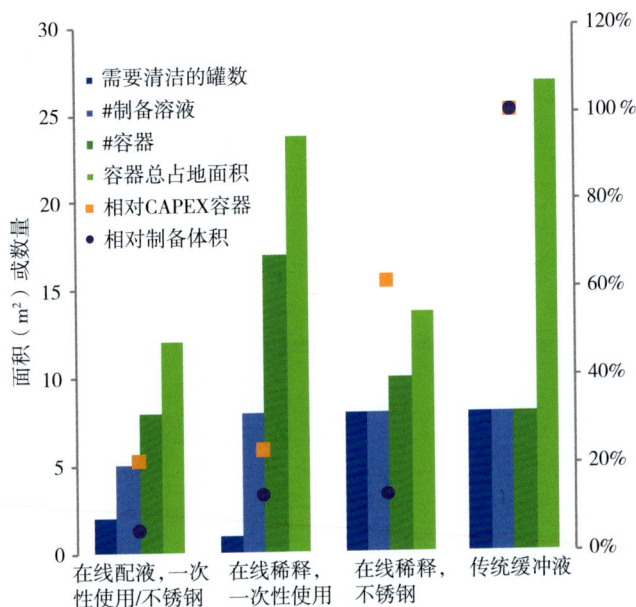

图20-6 在以下四种情况下比较储罐的数量和体积，占地面积和CAPEX估计以及要准备的溶液的数量和体积：传统的、手动的缓冲液准备和稀释缓冲液的存储；不锈钢罐模式的在线稀释；一次性袋子的在线稀释；和一次性使用或不锈钢罐的在线配液。对于传统缓冲液制备，CAPEX和体积均为100%

四、单克隆抗体工艺模型

用于蛋白A层析捕获步骤的缓冲液制备用作图20-7所示计算的模型。假设每年生产30个批次。模拟模型中包括以下成本类别：①设备的占地面积和成本；②系统成本和维护；③溶液制备时间；④耗材和废弃物的处理成本；⑤不锈钢容器的清洁成本；⑥500 L以下一次性袋子的成本；⑦设施建设成本。

做出以下一般假设：①资本成本，包括缓冲液/母液保存所需的系统和罐体的投资成本；②假设用于母液的系统和保存容器的占地面积为操作所需总面积的15%；③耗材，包括缓冲液储存袋、过滤器和固体废物成本；④水成本，包括清洁不锈钢放置容器所需的水，不包括缓冲液制备所需的水，因为假定这两种情况下的水用量一致；⑤维护费用，包括系统和设施维护的估计服务费用，这些费用是根据系统和维护罐体所需的占地面积计算得出的，不包括完整的建筑物；⑥人工成本，包括制备缓冲液和母液所需的人工，包括过滤和清洗储罐。

尽管由于系统成本的原因，在线配液的初始投资（包括罐体和系统）较大，但可节省的运行成本也很多。图20-7和20-8说明了传统缓冲液制备和在线配液在成本上的差异。在线配液较高的投资成本仅需运行2.5年即可收回成本。此外，由于单组分母液是酸、碱或盐的高度浓缩溶液，因此可以使用在线配液防止与废弃缓冲液（例如在生产延迟期间）浪费相关的成本，因此可以显示比最终缓冲液配方更长的保质期。自动按需制备缓冲液不仅减少了人为错误，还实现了更一致的缓冲液制备。通过在需要时生产缓冲液，可以避免缓冲液过期的风险。

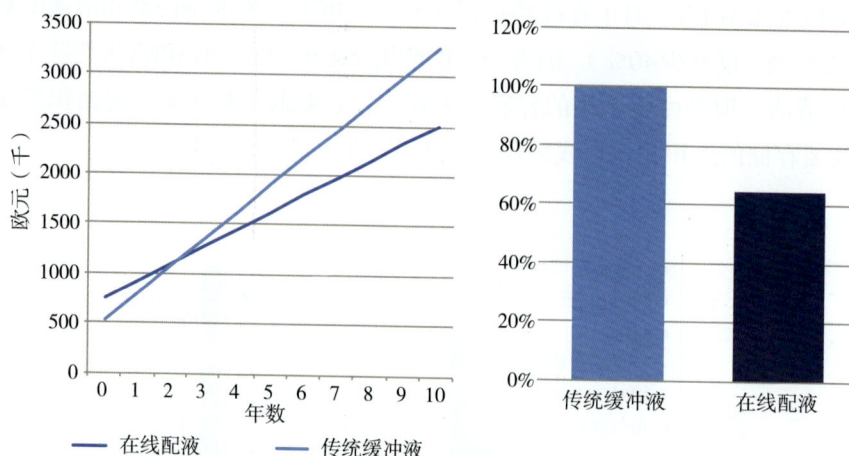

图20-7 比较传统缓冲液制备和在线配液的运行成本估算值(左)和占地面积需求估算值(右)

图20-8 可以预期使用在线配液节省的成本位置

绿色越深,积极效果越大(或成本越低),黄色意味着与相同尺寸和材料的情况相比,成本增加。没有颜色的区域表示没有效果。为了获得对总节约量的估计,必须对每个案例进行详细分析

第六节 直通式工艺、在线配液使用的扩展

原则上,在线配液中使用的算法具有在线调整甚至包含蛋白质样品溶液的能力。这开辟了通过调整洗脱条件将中间产物从一个步骤直接转移到下一个步骤的可能性,同时在洗脱步骤中保持恒定,或者随着梯

度洗脱而改变，以匹配下一个步骤的上样条件。这个概念被称为直通式工艺（straight-through processing，STP）或连接工艺[23-25]。它可以潜在地消除步骤和中间产物罐之间的放置时间，在某些设施中，由于生物反应器生产力提高后下游管线尺寸增加，因此放置时间已成为瓶颈。STP可以被认为是迈向连续制造的一步（步骤之间的产品流动不会停止），但是不如连续生产时使用的周期性逆流色谱（periodic counter-current chromatography，PCC）或周期逆流色谱法等方法涉及更大程度的加工变化。

致谢

我们要感谢Merck Sharp&Dohme Corp.的弗朗西斯·托雷斯（Francis Torres），贾斯汀·斯坦布罗（Justin Stanbro），马特·凯斯勒（Matt Kessler），凯·洪斯伯格（Kay Hunsberger），马歇尔·盖顿（Marshall Gayton），迈克·拉斯卡（Mike Laska）和格雷格·克鲁帕（Greg Krupa）在开发和验证IC技术方面的贡献和参与。

我们还要感谢Janssen Pharmaceutical的首席科学家Bin Lin对STP技术开发的贡献和参与。

参考文献

第二十一章

单克隆抗体连续捕获的核心技术与案例分析

Günter Jagschies

GE Healthcare Life Sciences, Freiburg im Breisgau, Germany

第一节 引言

连续工艺是为应对快速增长的生产需求而提出的概念，是工艺开发（process development，PD）中最精妙也最具智慧的概念之一，其目的在于以更低的成本满足整个"大众市场"价格不断下降的趋势。此外，通过连续生产线生产的产品质量更优，可重复性更高。

经过多年的发展和沿革，传统制造业日臻成熟稳健和完备精良，同时保持着其独特的优势特质和无穷魅力。然则试想，在那些承担着原材料供应以及成品制造重任的诸多行业中，倘若没有连续生产工艺和技术作为坚实的支撑，那么如今的生活可能不会这么舒适便利，各类商品或许难以达到如此精致的程度，其价格抑或不会达到如此亲民实惠的水平。正如表21-1所示，连续工艺已经在各类基础生活必需品的生产中得到了广泛的普及。

表21-1 其他行业中的连续生产工艺：低利润产品的大批量生产

产品	方法	备注
铁	高炉	公元1世纪以来的中国
钢	连铸	自20世纪50年代以来
纸	长网造纸机	1800年左右，英国和美国
石油	连续蒸馏	石油精炼厂
水泥	回转窑	1900年左右，英国
玻璃	浮法玻璃工艺	自20世纪60年代以来，英国
合成纤维	熔融纺丝工艺	20世纪50年代至70年代，美国
电	发电厂	自1870—1880年
水	废水处理	1850年引入
汽车	装配流水线	1908—1913年，福特公司[a]

注：[a]亨利·福特（Henry Ford）是福特工厂开发的流水线的赞助商，而非发明者。

在制造业领域，任何一种技术方法均应当具有明确的目的性，并须具备充足的依据以支持其相对其他技术方法的显著而决定性的优势，同时也要提供充足的理由来解释为何必须选择该方法而摒弃其他方法。在表21-1所列的各种方法中，规模化地生产低利润产品是共通的特征。将连续生产方法与其非连续性的前身进行对比，便能直观地发现，连续生产方法在生产率方面已达到了数倍的提升。例如，和其他汽车公司相比，福特汽车公司能以更少的人员在更小的生产空间内生产相同数量的汽车，且能够将生产时间压缩约

7/8。引入连续工艺的目的明确无疑，然而其推广过程却并非总是快速而直接。例如，高炉这一技术在中国首先得到应用，却在大约1000年之后才推广至欧洲。

　　相较于钢铁、玻璃、石油或汽车等产品，生物制药产品的数量即便是在需求最旺盛的情况下也依然显得微不足道。不仅如此，面对全球范围内不断增长的市场需求，图21-1中列出的一些生物制药产品仍然是采用连续细胞培养工艺以低至公斤级的生产规模生产的。很显然，这些生物药品并不是非低附加值的产品。与其他行业不同，引入连续生产技术主要驱动力其实并不完全适用于生物制药行业。然而，生物治疗产品当前的生产成本极高，每克原料药（bulk drug substance，BDS）的成本高达数十至数百美元，降本增效的空间巨大，即使对目前利润很高的企业亦是如此，这势必为连续生产工艺的研究注入了巨大的驱动力。在这一背景下，Konstantinov和Cooney[1]对各方面的相关因素作了详尽的综述，连续生产技术已然成为了业内科学会议上的重要话题之一。

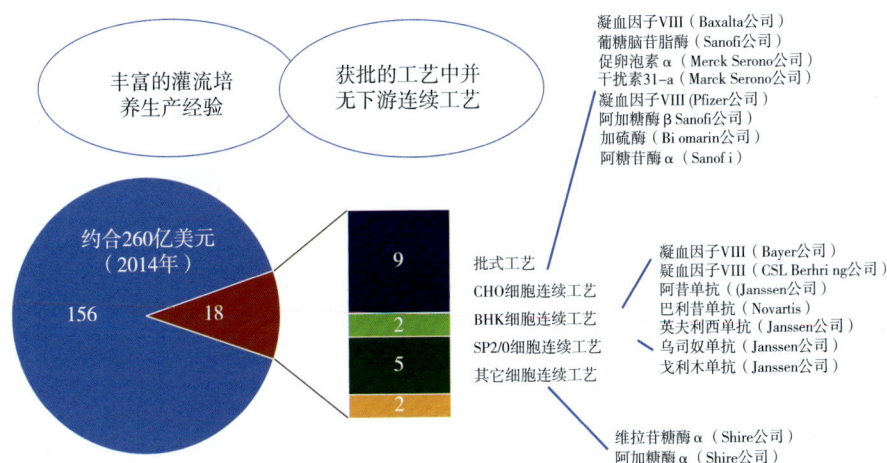

图21-1　连续灌流培养在生物蛋白药生产中的应用

图片来源于*EMA*公共评估报告（*EMA*，*2016年1月*）

　　众所周知，连续生产工艺的一个共同特征是其卓越的生产力。从表21-1所列举的案例不难看出，许多工艺展现出了高速和流畅的优势，似乎其整个生产过程都非常轻松和容易。由此可知，这种物料在整个工艺中连续流动的方式一定是最有效和最经济的生产方式，这个过程永不间断，设备的各个部分始终保持着"繁忙"状态，并得到了充分的利用。

　　然而，如图21-2所示，实际的连续生产工艺并不一定是稳态运行的，也不要求所有步骤都以连续方式运行，且工艺持续时间也可能是有限的。在生物工艺的示例中，完整的产品分子在生物反应器内已经完成合成。将含产品的培养液从生物反应器中收获出来后，需采用一系列的批式操作对其进行纯化，产品溶液会在各个单元操作中持续移动。第一个纯化步骤（捕获）可以采用所谓的周期性逆流色谱（periodic counter-current chromatography，PCC），实现对色谱柱的连续上样操作，本章后文将详细介绍这一技术。在随后的步骤中，产品仍然可以在没有暂停的情况下从一个步骤移动至另一个步骤，但各个步骤也能够以批式操作方式进行处理，本章后续将结合案例进行介绍。用于单克隆抗体（mAb）捕获色谱的PCC可与连续灌流细胞培养[2]或分批补料细胞培养（fed-batch culture）一起使用，也可与后续连续操作或批式操作步骤一起使用。据报道，连续操作的病毒灭活反应器正在开发中[3]。另外，也有一些文献详细介绍了纯化工艺中的各种连续精纯步骤[4-6]。

　　汽车装配线是另一种连续工艺流程的范例：在此类工艺中，所有步骤都是在不同的工作站上进行的小幅递增的批式操作。与生物工艺的不同之处在于，产品是在不断地移动的过程中逐渐完成"合成"的，仅仅最后一步完成之后才是完整的产品。在这种方式下，只要产品在移动过程中没有重大暂停或瓶颈步骤，便仍然完全符合连续生产工艺的定义。

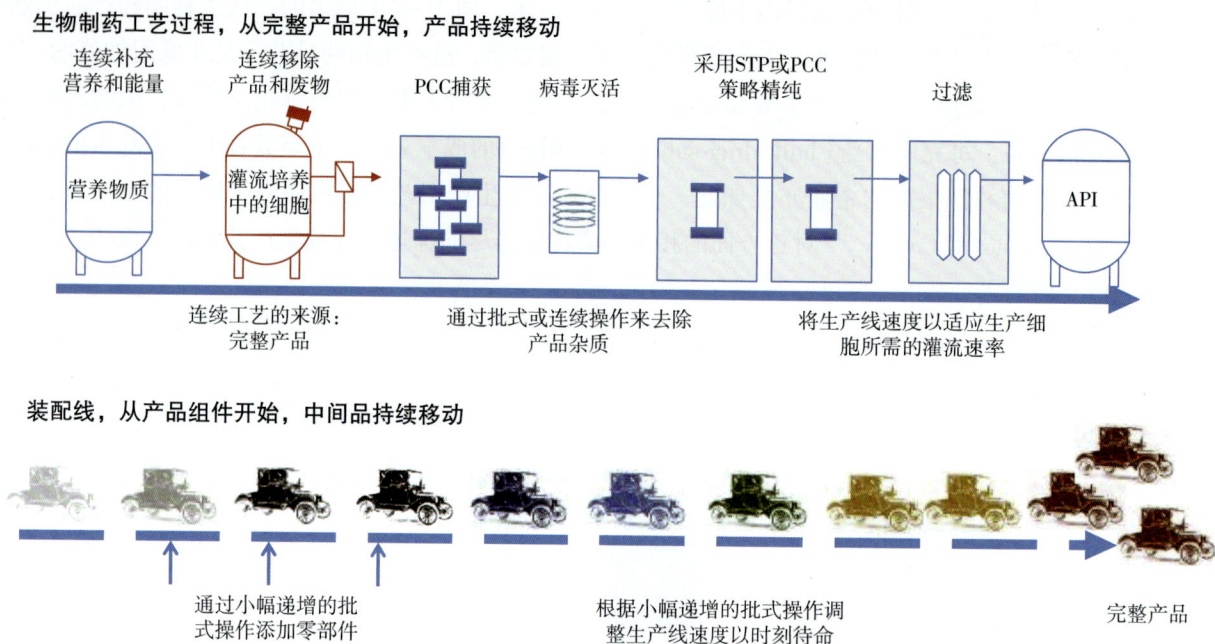

生物制药工艺过程，从完整产品开始，产品持续移动

装配线，从产品组件开始，中间品持续移动

图21-2　连续生产工艺

典型的生物工艺流程包括连续灌流培养（稳态）、采用PCC连续捕获产品，并采用批式纯化操作、直通式处理（straight-through processing，STP）或PCC连续精纯和处理产品。活性药物成分（active pharmaceutical ingredient，API）从一开始便已完成合成，并在通过生产线的过程中去除杂质。相比之下，汽车装配线涉及大量的小幅增量的批式操作，在这些操作中会不断地添加零部件，直至最后才得到完整的产品，该过程在同一流程中会出现不同状态的半成品

第二节　生物制药连续生产工艺的基本原理

一、上游工艺

实际上，自生物制药行业发展初期以来，灌流培养工艺已得到了广泛的应用（图21-1）。知名的英夫利昔单抗（lnfliximab）、乌司奴单抗（Ustekinumab）和戈利木单抗（Golimumab）等重要单抗产品均采用的此类工艺，其中大多数是凝血因子和替代疗法酶制剂，这些产品采用灌流培养工艺的原因各不相同。例如，众所周知，凝血因子Ⅷ在细胞培养环境中的稳定性有限，需要在合成后相对较短的时间内从反应器中收获出来，这有利于产品性质的维持[7]，灌流培养工艺对其他药物分子生产的益处则鲜有文献记载。综合来看，采用灌流细胞培养工艺进行生产的主要原因可能包括三个方面：其一，细胞培养过程中的产品稳定性有限；其二，产品对生产细胞有一定的毒性；其三，细胞系的生产能力较低，需要通过连续灌流培养提高产率。

灌流培养工艺的一个明确共同点在于，其设施占地面积远小于非连续式工艺设备，这大大有助于降低生产设施成本，主要归功于其极高的体积生产率。例如，即使生产速率仅达到1 g/（L·d），在传统批式细胞培养的生产周期内，采用2000 L生物反应器以连续培养模式仍然能够生产约30 kg产品。然而，在传统的批式培养模式条件下，即使产品产量可达到5 g/L，在相同的生产周期内也仅能生产约10 kg产品。换言之，若

产品产量相同，灌流细胞培养的生物反应器的体积可以缩小至1/3。若将灌流培养工艺的生产率优化至更高的水平，能将生物反应器的体积进一步缩小。根据基于灌流细胞培养技术的上市产品生产经验，在生物制药行业中确实可以沿着这条路线持续优化迭代（图21-1）。

二、下游工艺

近年来，有大量出版物证实，公司和学术团体确实正在评估或可能已经开始采用各种连续纯化技术[5,6,8-14]。而且，一些技术供应商也提供了相关的声明和其他证明文件[4, 15-24]。在这些已发表的文献中，大多数的研究范围仅限于mAb纯化中的捕获步骤，且通常采用的是蛋白质A亲和色谱技术。此外，还有一些研究在探索将整个过程整合至一个连续化的操作中的策略[4, 5, 25]。除各类mAb产品以外，也有一些研究聚焦于将连续纯化工艺应用至腺病毒、干细胞、疟疾候选疫苗等产品的生产过程[26-28]。Warikoo等人开展了一项概念验证性研究，其涉及两个目标分子，其中一个为稳定的mAb分子，另一个是相对不稳定的重组酶分子。该研究表明，将灌流细胞培养工艺与PCC系统整合之后，其在减少设备占地面积和消除净化、中间品存放等非生产性步骤方面将更具优势[29]。

在大多数关于连续捕获操作文献中，研究重点主要集中在降低该步骤中的蛋白质A树脂、缓冲液等物料的成本。这通常可以通过提高生产率来实现，即：通过提高色谱柱的荷载容量和延长树脂的寿命，进而减小色谱柱的尺寸。单位体积树脂的荷载容量越高，每克产品的缓冲液用量就会相应地越少。许多研究者认为，树脂的预期成本优势主要体现在以下的生产场景中：一种为需求量小、生产批次少的场景，例如处于研发阶段或需求量较小的上市产品；另一种为对蛋白质A树脂寿命的使用率较低的批式操作中[8, 11, 30]。

一般而言，树脂用量的节省范围从30%至80%不等，多数研究者认为其普遍水平约为40%[6]。与批式操作模式相比，连续捕获模式下洗脱的产物浓度会有所升高。在某些情况下总收率也会有小幅提升，具体取决于工艺设置。由于不同研究中的实验条件和具体的假设前提并未完全披露，或并不具有可比性，所以很难将这些研究的结果进行比较。例如，两种方案的优化目标并不一致。在一个极端的案例中，由于诸如此类的原因，一篇宣传文献[21]中比较了两种模式下每个批次的不同的总加工时间，并宣称连续捕获模式下的树脂体积较批式操作模式下减少了80%。

在连续细胞培养的工艺开发中，通常需要通过一些策略提高产品质量或维持产品质量的稳定性，以达到预期的效果。例如：去除从工艺环境中的敏感物质。在连续纯化工艺的开发中，研究的重点之一是证明各种连续化技术在产品质量维持方面的优势。到目前为止，本章所调研的文献中所谓"相似"的质量仅限于聚集体、宿主细胞蛋白、宿主细胞脱氧核糖核酸、配体浸出物等杂质清除效果方面的数据，未涉及目的蛋白糖基化修饰形式和比例等方面的产品质量数据。一般而言，在多次连续运行的条件下，通常认为在色谱柱使用期限内产品质量不会发生变化或变差，仅需维持色谱柱的良好性能即可，即使是在连续捕获模式的过载条件下运行亦是如此。但是，根据历史文献中所报道的数据，连续操作模式并不一定能够在批式操作模式的基础上进一步提高产品质量（例如更低的杂质含量）。

下面将具体介绍连续纯化技术，主要聚焦于其在mAb捕获色谱中的潜在用途。此外，也会重点分析在具体实施过程中的开发策略、经济成本效益等关键考虑因素，以期从整体平衡观的角度探究连续纯化的优势之所在和实现这些优势的最佳途径。

第三节　连续纯化的技术选择

连续色谱分离并不是一个全新的概念，该技术最初被称为"模拟移动床色谱（simulated moving bed，SMB）"，由 Broughton 等人于 20 世纪 50 年代发明，早期主要用于正链烷烃的大规模纯化[31-34]。在 Schulte 和 Strube[35] 的综述文章中全面介绍了这种技术在工业规模上的应用，例如：手性混合物的等度分离或称无梯度分离（isocratic separation）。据报道，用于对映异构体分离的 SMB 系统的生产率为 1500 g/d，且其可将数以吨级手性固定相的单位质量（kg）成本控制在每千克 100 美元[36]。由此可知，在化学制药工业中连续纯化工艺的可放大性已经得到很好的验证。然而，以此为目的开发的方法中仅能使用双组分分离操作，而不能使用线性梯度分离操作。高选择性的亲和色谱法是生物治疗药物的纯化中唯一得到了广泛应用的双组分分组分离方法，而线性梯度法则通常不会用于此类产品的纯化过程。不过，生物工艺中的很多纯化步骤也可以采用梯度洗脱方法。

在讨论生物制品的连续色谱法时，不免会提到"顺序多柱色谱（sequential multicolumn chromatography，SMCC）"或"周期性逆流色谱"这两个概念[33, 34]。为了便于说明，可以简单地理解为：含有待纯化混合物的连续进料流体沿一个方向流动，同时让色谱吸附剂沿相反方向移动（"逆流"），因此后者可以从混合物中连续提取结合力最强的成分。在实际的 PCC 操作中，并非是简单地使色谱吸附剂和进料流体反向泵送，而是通过色谱柱轮换策略模拟色谱吸附剂的反向移动，即：在阀门的作用下"周期性"地将色谱柱切换至进样路径中以满足混合物流动的需求，当第一根色谱柱达到预定的饱和度后，立即用新色谱柱将其替换下来。与仅使用单根色谱柱的批式工艺相比，该方法将装填好的吸附床分成几个相同的体积较小色谱柱，每一根色谱柱都是"吸附剂链"的一部分，沿进样流体相反方向移动（图 21-5），更详细的技术细节和作用机制请参考其他文献[37,38]。

根据对映异构体分离方法的历史经验，由于分离原理方面的限制，一些问题无法通过批式操作解决，这些问题同样也不可能采用连续操作模式加以解决。类似地，在生物制剂的纯化中，由于色谱技术原理限制而无法使用批式操作解决的问题亦无法通过连续纯化模式解决。通常情况下，应用于 PCC 的传质现象等所有与技术原理相关的知识都是在批式色谱过程中获得的。除了连续处理设备的技术复杂性较高之外，这可能是连续纯化操作在重组蛋白大规模纯化工艺发展的最初二三十年间一直未能得到充分重视的主要原因之一。然而，近年来，硬件和耗材相关技术的日臻完善并高效应用至连续化生产中，这与当前行业内降低成本、提高效率的热切追求完全吻合，驱动着科研人员更加严肃地审视采用连续化生产工艺的必要性。

一、树脂载量利用率

根据图 21-3A 所示结果，在典型的批式操作模式下色谱柱中树脂的利用率不充分。主要原因为，若以最大的载量结合目的产物，便会有大量的产品从色谱柱中洗出而随着废液流失。在这种情况下，待结合产物通过色谱柱的速度快于其与多孔树脂结构中结合位点相结合的速度。

在实际的纯化过程中，为了减少产物的损失，在样品流穿色谱柱之前不会让上样量达到色谱柱 100% 的载量，而是在流穿液中出现上样浓度（C_0）1% 的产物时仍维持 10% 色谱柱载量并未与产物结合[9]，或于 10% 流穿时仍保留 30% 的动态结合载量（dynamic binding capacity，DBC）。该策略实际上是引入了安全系数，其可以有效避免上样后淋洗步骤中过载或未结合产品的损失，并使批式工艺可以更加稳健，能够避免进样料液差异、批次间树脂差异以及重复循环所导致的色谱柱载量随时间推移而降低等因素对工艺稳定性的影响。

　　一般而言，连续色谱的目标是使"树脂利用率达到95%及以上"。为了克服批式操作中固有的载量利用率低的问题，在连续模式的装置中将装载的第一根色谱柱与相同的第二根色谱柱串联起来，即在所谓的"上样区"内配备两根色谱柱（图21-5）。采用这样的配置后，第二根色谱柱便可以捕获从第一根色谱柱流穿的所有样品。如此一来，第一根色谱柱在上样时不再受安全系数的影响，甚至在产物流穿后仍可以继续上样（图21-3B）。在这种情况下，可以大幅放宽流穿标准以实现提高色谱柱载量利用率的目标。即使流穿液中产品浓度达到C_0的80%时，第二根色谱柱仍然可以捕获所有从第一根色谱柱流穿的产物，此过程中不存在产物流穿第二根色谱柱的风险。而且，如有必要，可以在上样区中的第二根色谱柱后面再串联配备第三根色谱柱。在采用这种三柱配置的条件下，当流穿过第一根色谱柱的样品的动态结合载量超过第二根色谱柱的载量后，第三根色谱柱可以捕获第二根色谱柱的流穿样品。

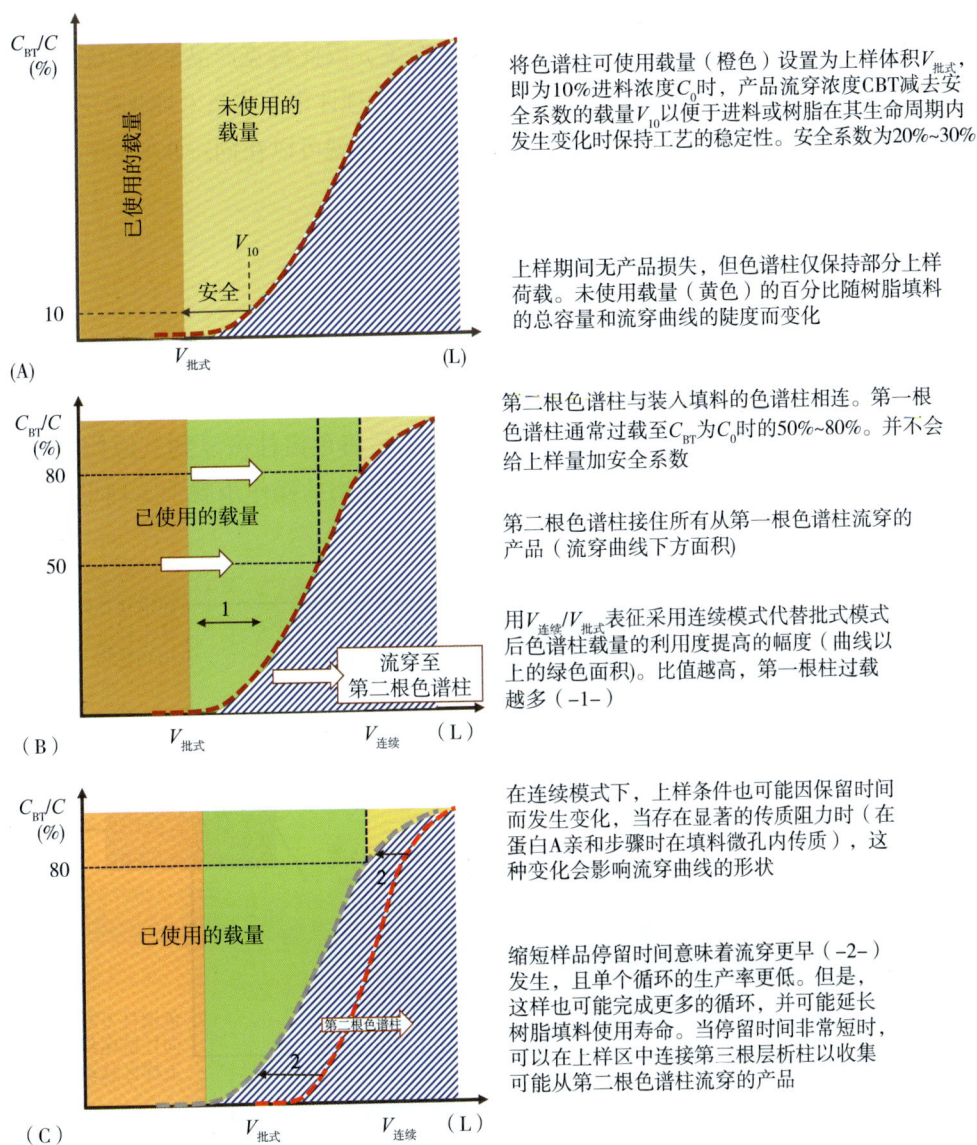

将色谱柱可使用载量（橙色）设置为上样体积$V_{批式}$，即在10%进料浓度C_0时，产品流穿浓度CBT减去安全系数的载量V_{10}以便于进料或树脂在其生命周期内发生变化时保持工艺的稳定性。安全系数为20%~30%

上样期间无产品损失，但色谱柱仅保持部分上样荷载。未使用载量（黄色）的百分比随树脂填料的总容量和流穿曲线的陡度而变化

第二根色谱柱与装入填料的色谱柱相连。第一根色谱柱通常过载至C_{BT}为C_0时的50%~80%。并不会给上样量加安全系数

第二根色谱柱接住所有从第一根色谱柱流穿的产品（流穿曲线下方面积）

用$V_{连续}/V_{批式}$表征采用连续模式代替批式模式后色谱柱载量的利用度提高的幅度（曲线以上的绿色面积）。比值越高，第一根柱过载越多（-1-）

在连续模式下，上样条件也可能因保留时间而发生变化，当存在显著的传质阻力时（在蛋白A亲和步骤时在填料微孔内传质），这种变化会影响流穿曲线的形状

缩短样品停留时间意味着流穿更早（-2-）发生，且单个循环的生产率更低。但是，这样也可能完成更多的循环，并可能延长树脂填料使用寿命。当停留时间非常短时，可以在上样区中连接第三根层析柱以收集可能从第二根色谱柱流穿的产品

图21-3　通过连续运行提高色谱柱的利用率

（A）批式操作模式（采用低载量树脂）；（B）连续模式（采用低载量树脂）；（C）连续模式（采用高载量树脂）

在上述讨论中，所有的分析皆是基于对批式及连续模式下样品保留时间相同的假设而展开的。然而，一旦色谱柱上产品的流穿不再是问题之后，便能够以较短的结合停留时间更快地上样。在此条件下，批式操作模式下蛋白质A树脂的结合能力和基于循环的产率便会下降。从图21-3C来看，流穿曲线也会变低。在PCC模式中，可过载上样操作，进而在将保留时间维持在可运行区间内的前提下最大限度地提高色谱柱的实际载量利用率，并且使基于时间的生产率的提升成为可能。实际上，即使在批式模式下，也可以通过更短的保留时间获得更高的产率，但往往会导致载量利用率下降和缓冲液消耗量增加[8]。目前，提高树脂使用效率的措施主要包括以下几个方面。

（1）不设置上样安全系数 采用这种策略，可以使连续操作下的载量利用率相较于批式纯化操作提高25%。

（2）过载流穿 可以使载量进一步增加30%~50%。

（3）缩短进样时间，延长色谱柱使用寿命的利用率 这样便可以进行更多的循环，或延长色谱柱的运行时间。

与批式色谱方法相比，PCC模式下色谱柱载量的利用率可能会明显提高，这相应地降低了每克产品的树脂成本。由于缓冲液的使用与色谱柱体积和未结合的产物有关，因此每克产品的缓冲液成本也会下降，其下降比例与色谱柱载量利用率上升的比例大致相同。然而，在管理评审中将PCC纯化工艺与批式纯化工艺进行比较时，应确保已经对批式纯化操作进行了合理的优化，这样就可以在同一水平进行比较。因此，在进行比较前应当严格审阅已发表的优化和改进声明。

二、上样和周转循环并行的操作模式

除了上述导致批式操作中较低的因素以外，还有一个更重要的低效之处，即：工艺步骤的每个阶段都必须串联操作，其中涉及大量空闲等待的时间。换言之，即使色谱柱床的上部分已经完全饱和，也必须先完成第一次上样，然后在洗脱产品之前进行多次洗涤，最后将色谱柱恢复到其原始状态，通过原位清洁（CIP）步骤和再平衡操作为下一个上样循环做准备。在连续色谱的操作步骤中，理想的情况下可连续上样，无需等待完成这些色谱柱"周转"阶段的操作（图21-4）。

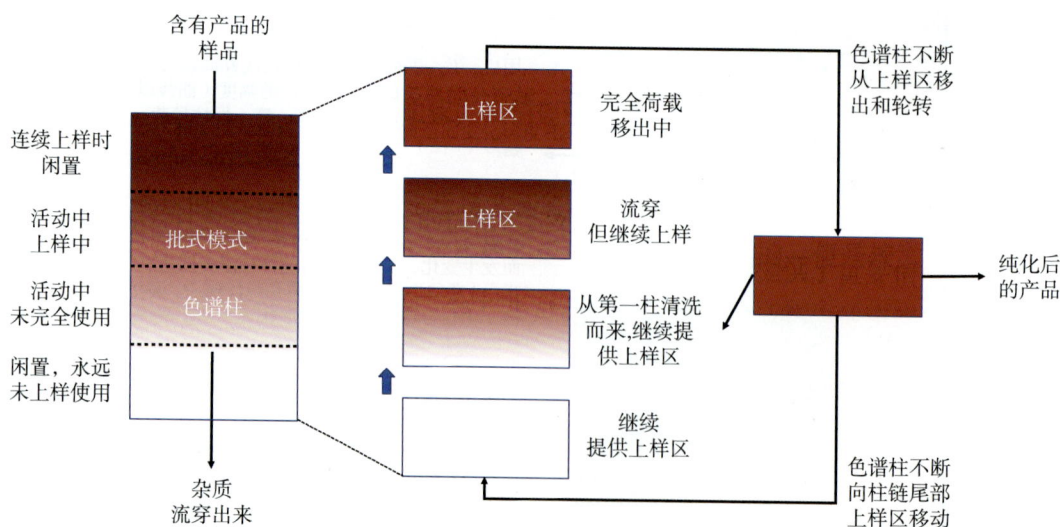

图21-4 通过并联操作提高效率的示意图（无闲置部件）
为了更好地理解连续纯化工艺，可将其简单地将批式模式色谱柱（左）"切割"成若干段（中），以辅助说明。一旦其中的某一段达到饱和状态（右），可以立即平行地进行周转循环。样品可以不间断地连续进入色谱柱的"底部"，直至色谱柱的每个部分均达到饱和状态，如此便可最大限度地提高色谱柱载量的利用率

在上述工艺中，除了CaptureSMB（表21-2）配置可能不一样外，其他纯化系统中都需要在上样区域中的两根色谱柱之外额外再配置一根或多根色谱柱，图21-5以四柱周期性逆流色谱工艺为例，对连续纯化中的色谱柱配置进行了说明。所有连续纯化系统配置的共同点在于可以让上样料液不间断流动，并及时提供新的色谱柱，以保证能够连续地将料液上样至捕获色谱柱中，在这种系统中色谱柱可以被视为"吸附链"[6]。

表21-2　商用连续纯化工艺设备及其配置

名称	色谱柱数量	流量范围（L/h）	备注
AKTA PCC/生物工艺PCC [a]	4	0.03~2000	动态控制
生化分析仪（BioSC）[b]	6	0.06~90	预先确定切换时间
双柱连续纯化色谱柱（Contichrom CUBE）[c]	2	0.01~6（540）[c]	动态控制
Cadence BioSMB多柱色谱PD系统/工艺（Cadence BioSMB PD/Process）[d]	8（16）[d]	0.06~350	一次性流路，预先确定切换时间
Octave/SembaPro [e]	8	0.06~120	一次性流路[e]，预先确定切换时间

注：脚注中提及的系统供应商均拥有其相应的品牌名称。[a] GE Healthcare Life Sciences公司，AKTA和定制的BioProcess滑撬。[b] Novasep公司，大规模SMB系统，已应用至化学工业中。[c] ChromaCon公司，CaptureSMB，该公司还销售可用于更大规模生产的Lewa Ecoprime系统。[d] Pall Life Sciences公司，其PD系统可连接16根色谱柱。[e] Semba公司，在编写本章内容时Semba尚无一次性流路。

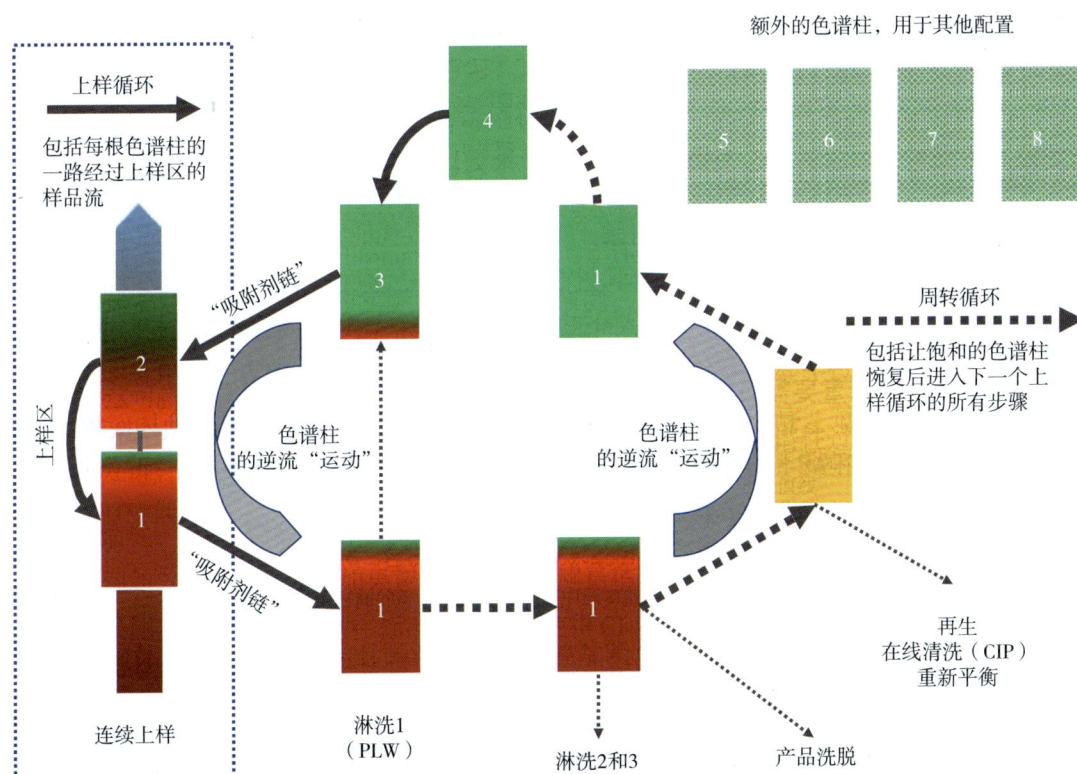

图21-5　四柱周期性逆流色谱系统和在不同操作阶段之间切换色谱柱的示意图

通过色谱柱的模拟反向运动（中心）来实现连续进样流（左）。粗实线表示将色谱柱切换进入和退出上样循环的操作；粗虚线表示色谱柱在周转循环操作中的切换；细虚线表示液体通过"上样区"在各步骤中按顺序流动的过程，在这些步骤中会将饱和色谱柱返回准备步骤，以待准备就绪后用于下一循环步骤。上样步骤是采用两根连通的色谱柱操作的，"进样后淋洗"（PLW）步骤除外。淋洗、洗脱、再生、CIP和再平衡与连续上样同时进行，其他操作与批式操作相似。最低系统配置包含2~3根色谱柱，其他配置可能还包含几根额外的色谱柱（见表21-2）

在该系统中，上样区配置两根或多根串联的色谱柱，最常见的配置为两根色谱柱。当第一根色谱柱呈饱和状态并达到规定的流穿量后，将其从上样区中切换出来，此时将位置2的色谱柱向上移动至位置1，此时上样区中仍含有单根色谱柱，可以直接继续上样。在达到饱和状态的第一根色谱柱中，一些与之结合力较弱的产物可能会在特定的上样后淋洗步骤中脱落下来而进入第三根色谱柱，第三根色谱柱随后会进入上样区的位置2。此时，上样区仍回到了两根色谱柱串联的状态，可以继续上样，直至位置1的色谱柱被流穿后再进入下一个循环。

与此同时，开始对达到饱和状态的第一根色谱柱进行额外的淋洗，通常淋洗两次，然后洗脱产物。此后，依次对其进行再生操作、原位清洁和再平衡，待这些步骤完成后将其返回至吸附链的末端。简言之，整个过程包括一个"上样循环"和一个并行的"周转循环"，在"上样循环"中所有色谱柱都要通过一次上样区，在"周转循环"中需对每根色谱柱均执行淋洗去除杂质、洗脱产物以及准备就绪以待下一次"上样循环"的处理步骤。与对映异构体分离过程一样，很多生物制品分离过程中无需回收料液组分中的杂质，因此在第一个上样循环之后几乎可以立即达到恒定的操作条件。

在图21-5所示的4C-PCC配置中，从第二个上样循环开始，每根色谱柱按以下顺序上样：首先是在上样后淋洗期间，然后是当第二根色谱柱进入上样区域后，最后是当第一根色谱柱进入上样区后。这表明，进入上样区的色谱柱已经预先荷载了来自PLW步骤的产品。当它们被切换至上样区中的位置1时，又预先荷载了从之前一根位于位置1的色谱柱流穿的产品。因此，每根色谱柱的平均或"平衡"上样时间明显短于批式模式下的操作时间，后者（批式操作）的操作时间是根据清洁色谱柱操作步骤所计算的。

为了保证上样过程的连续性，上样循环时间 t_L 必须长于或等于周转循环时间 t_T。

$$t_T \leqslant t_L \tag{21-1}$$

在 t_L 不符合公式21-1的情况下，可以通过在系统中添加额外的色谱柱的方法弥补。该公式是在PCC流程开发中必须遵守的一个简单但必不可少的约束条件，与系统设置无关。

因此，除了能大幅提高色谱柱载量利用率外，连续纯化工艺还能从其他方面提高色谱步骤的分离效率，即：解除上样操作与其余的色谱柱处理过程之间的耦联关系，可实现上样循环和色谱柱周转循环的并行操作。

根据所选条件，与批式工艺相比，采用连续操作可以在给定时间内运行更多的循环次数。无论是选择更快的上样还是更有效地操作整个循环，都可以在相对较短的时间内充分利用色谱柱树脂的使用寿命，并进一步降低每克产品的树脂成本。

第四节　连续纯化系统

目前，市售的可以支持连续纯化的系统在色谱柱的数量和类型、阀门和传感器的流路配置等方面都有差异。

一、生物制药公司 SMB/PCC 系统的商业化产品概述

表21-2总结了现有的连续纯化系统，以供参考。总体而言，所有系统的共同点在于，上样循环可以连续运行，且周转循环与上样循环可以并行操作。

（一）阀门布置

针对在非药品生产质量管理规范规格实验室条件下的开发过程，可以使用多通阀构建所需的流路，符合开发在灵活性方面的需求。中试规模和生产规模系统中通常采用分配式阀门。例如：用于一次性流路的隔膜阀或夹管阀，尽管这会增加大量的阀门清洗工作，但其无旋转或滑动表面，故而从符合药品生产质量管理规范合规性的角度而言其可行性更高。简言之，流路的复杂性主要取决于色谱柱和泵的数量以及系统的工艺控制能力。总体而言，与批式工艺相比，连续工艺中的流路明显更为复杂，且需要更高的自动化水平。

此外，系统设计也会因缓冲液的选择和递送至色谱柱的方法不同而有差异。与 AKTA PCC 和 Contichrom 系统中泵的分布相似，缓冲液选择阀可以位于泵的吸入侧。也可以为每种缓冲液配备专用的泵，将缓冲液选择阀安装至每个色谱柱的入口和泵的压力侧，此安装方式与 BioSC、BioSMB 和 Octave 系统中相同。前一种方法可以减少泵的需求数量，并且可以增加在线调节（in-line conditioning，IC）功能。采用 IC 功能可将生产规模的任何缓冲液或梯度调节剂直接输送至色谱柱中，从而大幅缩减设施占地面积，最多可将缓冲液储存罐体积缩减90%。后一种方法则可以有效缩短更换缓冲液所需的混合体积和操作时间，并可以更有利于隔离各种不同的缓冲液[39]。如果采用其他设置，则可能需要额外的泵，例如：将 PCC 与后续步骤进行组合。

（二）一次性流路

目前，Cadence BioSMB 系统可以提供能满足工艺开发和生产需求的一次性流路。倘若采用一次性流路系统，便无需对复杂或极其复杂的流路进行清洁。尤其是 Cadence BioSMB 这种特殊系统，其工艺开发系统中提供了240个阀门[40]，4C-PCC 系统中提供了9个阀门（图21-6），这在一定程度上使工艺设计和验证、清洁和清洁确认工作更加便捷。但是，与其他一次性使用技术一样，在节省清洗开发和验证的成本和时间的同时，还应当考虑其他复杂问题，例如：可析出物和可浸出物研究（E&L）和供应链管理。由于流路结构的复杂性，即使是一次性形式的流路，也仍然是固定不变的设计方案。在连续纯化中采用一次性使用技术驱动力源自于风险管理方面的考虑，而非成本方面的因素。换言之，为了更好地规避某些风险，企业都希望每批产品从一开始便使用指定的清洁流路，这显然与成本并无直接关系。在下两种情况下，一次性使用技术可能会使连续纯化技术的优势更为突出，并推动其发展和应用，包括：①上游采用周期较长的灌流反应器为 PCC 提供料液，PCC 系统也需要相应地在整个灌流培养周期内长期运行时；②当系统准备时间非常有限的时候。

虽然连续工艺和一次性流路有很多优势，但仍然应对工艺开发阶段和中试规模生产的预期工作量进行全面的评估，并对具体系统解决方案在复杂性方面的实际需求进行充分预判，然后再据此开展成本效益分析。然而，若生产工艺中原本就已经采用了基于一次性技术的设施，则一次性设计必然会受到青睐[41]，这与是否使用连续纯化工艺无关[41]。

（三）占地面积

初步估计，与批式色谱法相比，PCC 并不会大幅缩减占地面积。而且，该系统包含更复杂的流路，在某些情况下复杂流路数量很多，且需要额外配备泵、阀门监测设备和传感器。虽然 PCC 系统中的每根色谱柱的体积明显小于批式操作系统中的色谱柱，甚至总树脂体积也更小，但是将多根色谱柱以连接管串联起来后可能会占用更多的空间。主要原因在于，虽然批式模式中所需的单根色谱柱的体积较大，但其装填的柱床高度更高。因此，相对而言，其直径更小。不过，集成化连续工艺却可以大幅节约占地面积，主要是由于灌流细胞培养工艺中生物反应器和与之配套的下游设备的体积都较小。另外，若使用IC系统，也会进一步减少下游缓冲液配制和储存相关的设备占地面积。

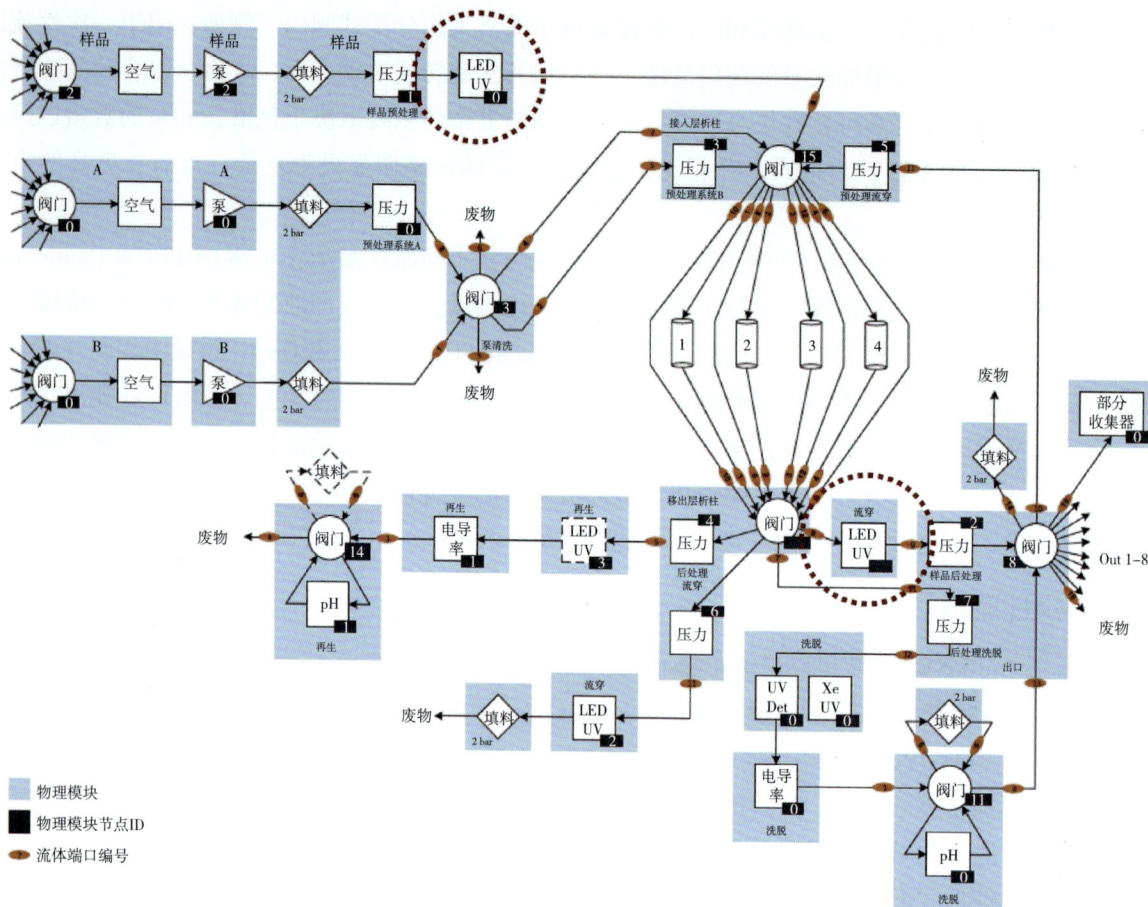

图21-6 4C-PCC系统流程图（AKTA PCC）
进样管路和色谱柱出口紫外检测光学池以虚线圆圈标注
图片由GE Health公司提供

二、PCC或SMB系统色谱柱选择中的关键考虑因素

（一）预装色谱柱

提及预装色谱柱，通常会将其与PCC工艺中较小的色谱柱体积联系在一起，或者将其与使用一次性流路的系统一起讨论[40]。若在PCC系统中采用预装柱，便可以避免多根色谱柱同时安装的操作。然而，由于目前市售的色谱柱大多可以实现快速装填，且可重复使用。因此，有些科研人员认为，预装色谱柱在单色谱柱批式生产工艺中的优势并不显著。不过，在PCC系统中采用预装色谱柱可以大幅节省时间，故在这种情况下其可能更受青睐。根据本章作者的经验，对于价格高昂的产品，重复利用的可能性是极为重要的考虑因素。因此，自从预装色谱柱应用于生物工艺以来，业内一直在讨论其重复利用的可行性和重复频次相关的问题[42]。研究者往往会考虑在多个批次中重复使用一次性预装色谱柱，或者在一个PCC操作批次期间频繁循环的过程中大量"重复使用"和间歇性地进行CIP，由此便引发了如何对设计为"用后即弃"产品的清洁流程和清洁验证方案的问题。在低需求量情况下，这些问题会促使用户在PCC工艺设计中倾向于设置更多的

循环次数，以期能够最大限度地提高对色谱柱寿命的利用度。

（二）色谱柱装填质量

　　评估连续工艺可靠性的一个重要指标是所用色谱柱质量的稳健性，亦即色谱柱之间的相似性或一致性。若色谱柱的质量并不完全相同，在运行期间切换时间等参数的理论计算值便可能并不稳健，因此很难设计出高效可靠的连续色谱工艺。通常，色谱柱的装填质量在很大程度上取决于树脂本身的质量和各种树脂及为其相应的色谱柱而开发的特定装填方法[43-45]。一般而言，即便理论塔板数或其他树脂性质的微小差异也会对色谱柱性能的长期稳健性产生显著影响。例如，其可能会影响装填的稳定性[46]或色谱柱切换时间的确定。因此，应该注意的是，虽然供应商可以提供任何一款预装色谱柱及其相应的树脂，但通常无法提供为常用于PCC的几种树脂开发的装填方法和具体的装填设备，除非这些色谱柱和树脂是由供应商在与其他企业协作设计单元操作的过程中开发而来的。通用预装色谱柱的供应商会将其他供应商的树脂装填在自己的色谱柱中，在此过程中会采用通用的树脂装填方法。由于预装色谱柱本质上是一次性使用产品，故其在支持高级装填方法方面的技术特质极为有限。原因在于，如果供应商自身无法获得充足的树脂供应用于装填方法开发，则为预装色谱柱及其相应的树脂开发稳健装填方法的过程将会既耗时又耗资[43-45, 47]。因此，在选择色谱柱和树脂时，需要对这些方面的因素进行验证[48]。很显然，在连续纯化工艺中无法避免这些验证工作，甚至可能较传统的批式模式操作中更为重要。对于尚未得到广泛应用的技术，更应当进行全面而彻底的风险评估。若缺少详细的装填研究和重复使用评估研究，可能会增加风险，甚至会影响系统控制策略的选择，这一问题将在下面进行讨论。

（三）色谱柱形式与置换成本

　　色谱柱的选择会影响PCC过程的许多其他功能，反之亦然。例如，色谱柱的选择会影响成本节省的可能性。毫无疑问，传统色谱柱的硬件较预装柱中使用的一次性色谱柱硬件的成本更高。然而，预装柱的便利性是有代价的，其每升树脂的价格明显高于散装树脂。

　　实际上，体积较小的色谱柱的硬件单位体积成本高于较大的色谱柱，故其置换成本也更高。由此可知，在考虑是否使用PCC系统的时候，应仔细分析每次置换时需要付出的与色谱柱形式相关的成本，即"形式成本"。例如，每升传统散装蛋白质A树脂的成本约为直径为8 cm的预装柱成本的50%，该计算过程考虑了散装和预装树脂之间的压缩系数。此外，当柱床高度达到5 cm时，散装树脂的价格优势更明显，因为一次性硬件的价格不会随柱床高度的变化而发生明显变化。

（四）理想色谱柱与实际色谱柱的尺寸对比

　　假设2000 L生物反应器细胞培养中产物的产量为5 g/L，采用捕获步骤进行处理，上样浓度为4.3 g/L，上样体积约为2200 L，回收步骤的稀释度和收率损失分别为10%和5%，并将处理的最长时间限制设定为24小时。此外，假设采用4C-PCC系统，以传统的蛋白质A作为树脂，载量为50 g/L，保留时间为2.4分钟。若在约12个循环内完成处理，需要46根色谱柱的载量，则载量的计算值为11.6色谱柱体积（或树脂体积）。在理想情况下，此时应选择具有4.13 L装填体积的色谱柱。

　　然而，不同规格的色谱柱的直径和柱床高度可能不一样，预装式色谱柱尤为如此。对于目前常见的不同规格的色谱柱，若柱床高度不变，直径差异所对应的柱床体积差异为50%~150%。因此，如果柱床高度为10 cm或5 cm，直径为25 cm或35 cm，与理想色谱柱差异最小的色谱柱的柱床体积约为5 L，其所含的树脂较上述假设案例的树脂需求量多20%。由此可知，若选择柱床高度为5 cm色谱柱，必然不可能采用理想的色谱柱体积，除非采用更小柱床高度的定制色谱柱，或放弃处理时间方面的限制。鉴于计算模型中往往是根据"理想"的树脂量进行成本估算的，因此现有色谱柱的实际形式或尺寸可能会对成本节省的计算结果产生影响。应当注意的是，通常在大规模PCC中所需要的短而宽的"煎饼"形式的色谱柱不一定会更稳健，其装填过程也并不会更容易，事实往往相反。实际上，当前几乎鲜有长宽比与之相似的大规模色谱柱的装填经验。而且，基于实验室规模中短色谱柱的使用经验，业内常认为其规模可以无限制地放大，这种观点可能有一定的误导性。

在对已发表的案例研究案例进行调研时，应当仔细审查是否考虑了上述这些因素，以及是否在不额外增加成本的前提下满足了任何限制条件，例如：最长可用处理时间；在现有树脂和色谱柱的压力规格下的最大流量；工艺配置中各零部件的流量和压力规格等。

三、运用过程分析技术控制PCC工艺

正如前文所述，在PCC纯化工艺开发中可能会面临许多色谱柱相关的挑战，无论是在不同时段连接的一组色谱柱之间，还是在每根色谱柱使用期内的各个阶段，都有可能出现质量差异。因此，需要通过一些工艺控制策略缓解或规避与色谱柱质量差异相关的风险。

对于不具备动态控制功能的系统，需要预先借助于供应商提供的"开发工具"辅助计算以开展实验，然后根据实验结果确定每根色谱柱切换时间。在基于这些"开发工具"的计算中，会将色谱柱达到或接近所需流穿水平的时间点作为切换时间。然而，由于进料流或色谱柱载量变化等原因，流穿可能发生在规定的切换时间之前或之后，这会分别导致相应的色谱柱过载或欠载问题（图21-7）。这种工艺偏差在生物制品生产中极为常见，应当通过严格的工艺监控策略加以控制。因此，需要借助各种基于传感器的"工艺分析技术（process analytical technology，PAT）"[49]，以实现参数实时检测和偏差即时纠正的目标，将工艺参数控制在可接受的标准范围内。

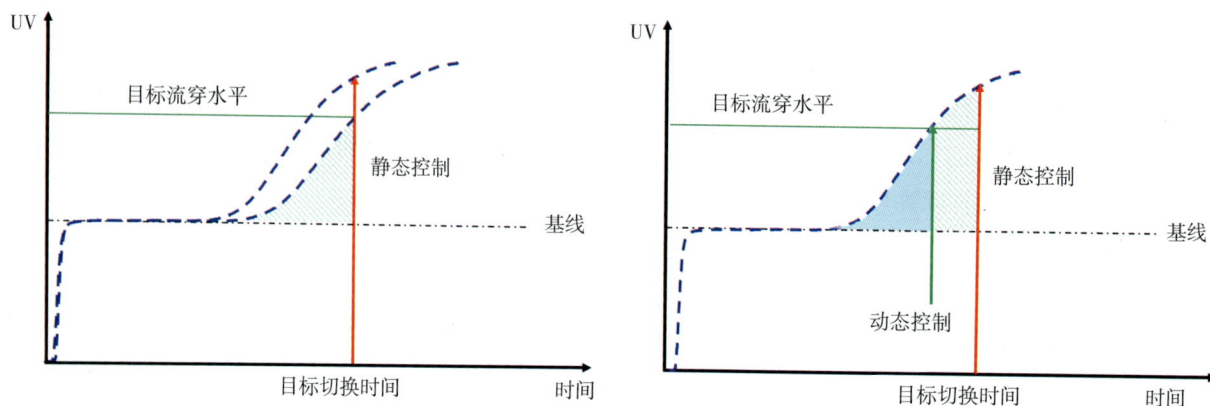

图21-7 预定的切换时间

由于进料流浓度或色谱柱性能的变化，有失控的风险，可能导致过早流穿和色谱柱过载（左）。在目标流穿水平而不是预设时间进行动态控制切换（右），以避免过早流穿

若无这种控制装置，连续色谱中与切换时间相关的"色谱柱周期性"控制可能无法达到预期效果，这甚至会影响产品收率[2]。目前，尚无在线实时检测溶液中mAb浓度的方法。但是，只要有可靠的方法能够将mAb浓度与检测器的信号关联起来，即使无mAb浓度检测方法也仍然可以成功地应用PAT方法进行工艺控

制。在色谱工艺过程中，典型的"蛋白质检测器"中采用波长为280 nm的紫外/可见光吸收光谱（ultraviolet-visible absorption，UV/Vis）。目前，在产品或杂质浓度较高的条件下，这种方法仍然面临一些"挑战"。例如，高产量细胞培养工艺；高结合能力的色谱柱；较高的洗脱浓度；超滤步骤中约200 g/L的高产品浓度等条件下。在这些条件下，由UV/Vis吸收光谱产生的信号远远超出其动态范围，几乎或根本无法获得产物浓度或洗脱峰的精细结构之类的相关信息，特别是针对传统的流穿紫外光谱更是如此。为了扩展UV/Vis吸收光谱的动态范围，有时会使用蛋白质消光系数较低的波长，或者离线取样测量蛋白浓度。

图21-8所示结果表明，与传统的2 mm光程的UV检测光学池相比，0.4 mm的短光程UV检测光学池可以用于增加280 nm处UV/Vis吸收光谱的信息含量。最近，Ehring[50]介绍了该方法以及在蛋白质浓度较高的情况下使用紫外光检测方法的可行性。

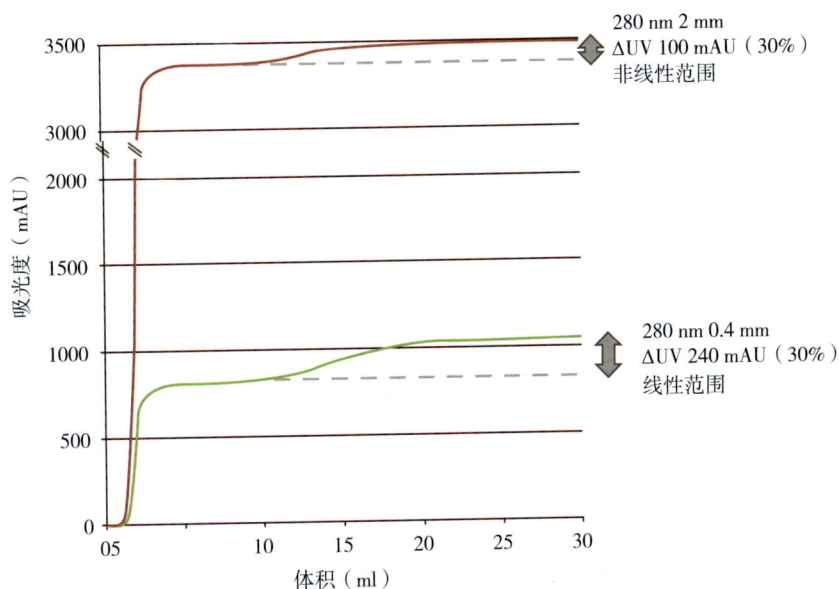

图21-8　UV检测功能改进
长度为2 mm的标准检测光源池和长度为0.4 mm的检测光源池，可处理高浓度产品和背景信号

根据图21-6所示的4C-PCC系统流程图可知，在色谱柱入口之前的上样管线中和出口下方各配置一个UV检测光学池（图21-6），便可以记录流穿信号与非结合背景信号之间的差分信号（ΔUV），并据此控制预定流穿水平条件下的色谱柱切换操作。该过程不受运行时间的影响，可以有效避免进料流浓度或色谱柱性能变化对工艺过程的影响（图21-7）。该专利控制原理称为"Delta-UV"，用于AKTA和BioProcess PCC系统的动态控制（表21-2）。在该系统中，来自进样管线的信号代表mAb产品和杂质背景的总吸光度。由于所有mAb和少数其他蛋白质会结合至色谱柱上，而大多数杂质则流穿出来。因此，来自色谱柱出口的信号便代表了杂质的吸光度，差值ΔUV代表流穿液中的mAb浓度（图21-9）。

图21-10A和C展示了一种改进的UV/Vis吸收光谱检测方法，其依据ΔUV进行过程控制，且具备较广的动态范围，并能够在进样料液或色谱柱载量发生变化时及时对工艺进行相应的调整和修正。在图21-10A所示的一项实验中，采用IgG上样浓度梯度模拟上样至色谱柱上的物料中产品浓度的变化趋势。根据ΔUV信号可知，当上样浓度较低时，可通过该控制装置使色谱柱在上样区停留较长时间，反之亦然。从每根色谱柱上洗脱的mAb的量保持恒定，与上样浓度无关（图21-10B）。在图21-10C所示的另一个实验中，所连接的色谱柱中装填了两种不同的树脂，且载量亦不相同。根据21-10D所示结果可知，色谱柱1的树脂载量较低，因此其mAb洗脱量也更低。总体而言，所有色谱柱的装载量均符合流穿水平的标准。此外，从图21-

10C中ΔUV峰上显示的平坦的顶部形状可知，一旦上样完成后，系统会将低载量色谱柱保留在上样区域，直至有新色谱柱可用为止。

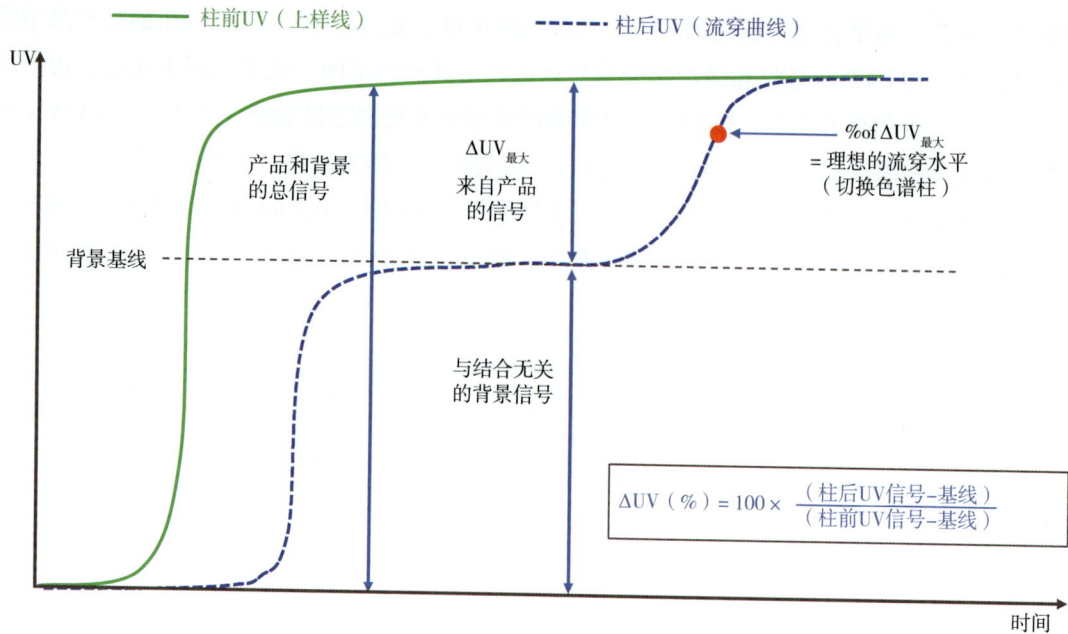

图21-9　使用ΔUV信号进行动态控制的原理[19]

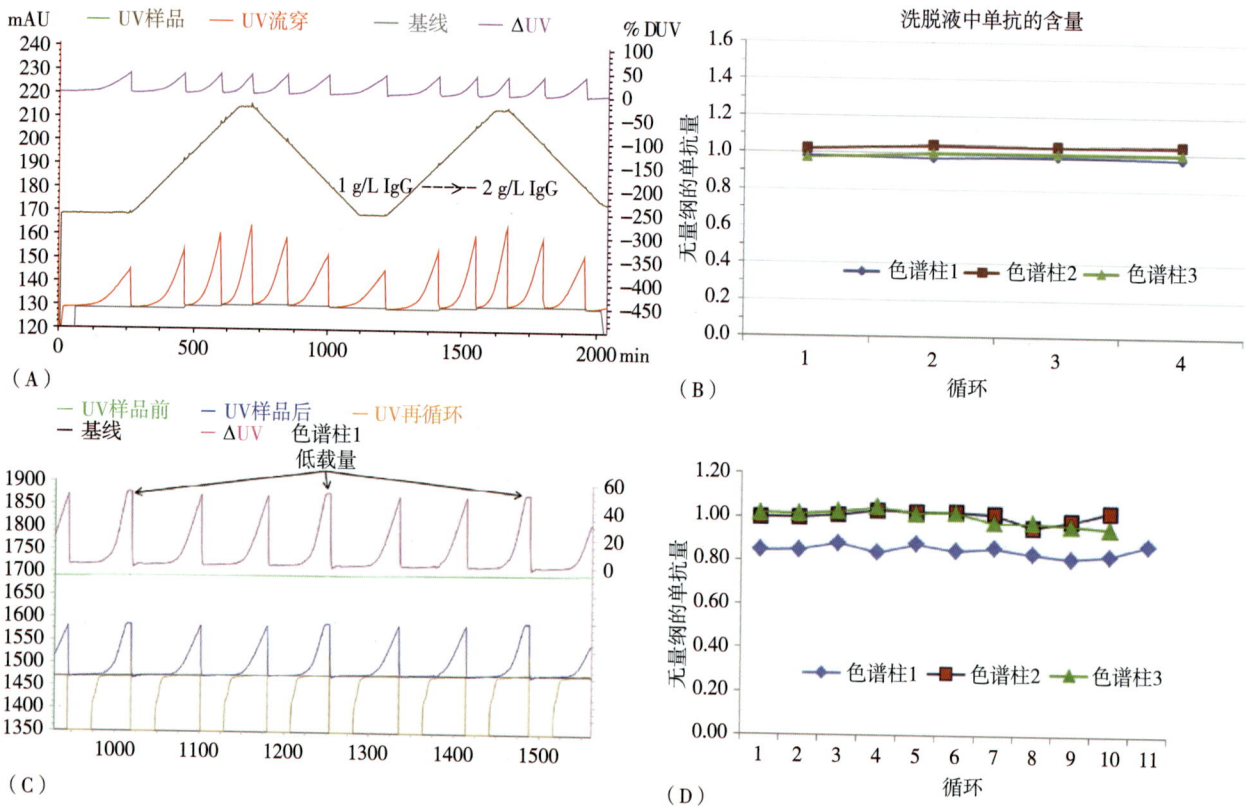

图21-10　利用ΔUV专利技术进行动态控制[19]

通过ΔUV专利技术实现进料浓度变化（A）和色谱柱载量变化（C）的动态控制。（A）通过单克隆抗体梯度（1～2g/L IgG）模拟进料流浓度的变化；（B）实验（A）中洗脱的mAb的量；（C）通过在连接至系统的色谱柱中使用两种不同的树脂模拟色谱柱载量的变化；（D）实验（C）中洗脱的mAb的量；根据ΔUV（粉色线）切换色谱柱

第五节 工艺开发指南

一、生产类型及其目标

在工艺开发之初，有必要采用该工艺实施生产的方案进行深入评估。对于采用PCC方法捕获mAb的工艺，在支持临床前研究、早期临床试验、后期临床试验以及常规销售的生产的方案之间的差异极为明显。如表21-3所示，Pollock等研究者[5]提供了临床前和临床阶段所需产品需求量的估算值。

此外，工艺开发中还需要考虑现有设施及其具体的限制性因素，或者根据连续工艺的最佳条件定制设施的可能性。在许多关于批式和连续式操作的案例比较的研究中，假设条件中并不会涉及与设施相关的分析，而是将设施设计和优化相关的优势全都归因为连续工艺设计的收益。换言之，在这种情况下，除非充分保证所有假设条件的透明度和清晰度，否则很难或完全不可能根据这些分析追溯财务优势的确切来源。根据以往的经验，即使在学术论文中也不太可能做到这一点。

对于常规的商业化生产类型，为了使工艺适用于生产过程，有必要对mAb捕获步骤进行深度优化，以便能最大限度地提高每个循环的载量利用率。如此一来，便能够在充分利用树脂寿命的前提下于树脂全生命周期内通过色谱过程尽可能多获得最多的纯化产物。相较于批式色谱，PCC在载量利用率方面的优势更为突出，但二者研发目标却颇为相似。对于临床前、临床生产或其他低需求的生产类型，若仅一个或少数几个批次的生产便能够获得足够材料以满足测试所需，因此目的之一是在给定时间内最大限度地增加循环数以减少树脂用量。否则，树脂的使用寿命可能得不到充分的利用，每克（g）mAb的树脂成本也会相应地很高。

对于常规的生产过程，通常采用基于循环的生产率来表示（式21-2）。对于低需求生产情况，则可采用基于时间的生产率来表示（式21-3）[8]。

$$基于循环的产率 = （质量_{循环}/L树脂）/时间_{上样循环} \tag{21-2}$$

$$基于时间的产率 = （质量_{24小时}/L树脂）/ 24小时 \tag{21-3}$$

在本章的最后将会讨论相应的案例中选择的工艺开发方案，并与批式操作方案进行比较。

二、PCC 开发的关键信息

相较于批式工艺，PCC方法的复杂性较高，许多研究者据此预测其开发过程可能会非常复杂和耗时，因此这是业界在选择PCC时的主要顾虑之一。实际上，PCC与批式色谱工艺并没有太大差异，二者采用相同的色谱柱和树脂，且至少大多数PCC的硬件设施和工艺控制方法均与批式色谱平台中相似。如图21-3～图21-5所示，可将PCC纯化过程理解为：相同的上样过程并不是像批式操作一样发生在一根色谱柱中，而是依次发生在相互交替切换的若干色谱柱中，其切换速率取决于使色谱柱达到饱和状态所需的时间和为下一次上样再生和准备色谱柱所需的时间。在上样循环较周转循环的速度更快的情况下，可以通过在并行周转循环中加入额外的色谱以缩短周转周期。上样循环和周转循环时间之间的平衡，亦即"上样连续性"方面的要求，是PCC不同于批次式的关键性限制因素。在批式工艺中，上样操作并非连续进行的，且上样步骤与周转步骤按顺序执行，而非同时进行。PCC的另一个关键性限制因素与保留时间有关，由于应当尽可能在较短的停留时间内运行工艺，因而可能导致压力流限制，特别是在上样过程中连接两根色谱柱的条件。

表21-3　临床前和临床试验[5]及商业化生产的产品数量估计

测试阶段	产品量（kg）	备注
临床前研究	0.5	单批次
一期临床研究和二期临床研究	4.0	单批次
三期临床研究	40.0	多批，取决于规模和产量
商业化生产	10～2000	单个或多个批次，取决于规模和产量

注：本表格由作者基于自己的数据制作而成。

（一）上样过程

理论上，在无新色谱柱可用时可通过前文描述的 ΔUV 控制方法停止上样操作，或在获得新色谱柱时继续完成上样过程，即使在上样料液或色谱柱载量出现差异时仍然可以采用此方法。采用此动态控制（ΔUV）方法可以保证纯化工艺的稳健性，并避免产品收率损失。但是，由于在暂停状态下系统的某些零部件会处于空闲状态，因此在上样料液或色谱柱载量出现差异的情况下PCC的生产率难免会有所降低，即无法实现上样连续性和产率目标。因此，这种控制方法或许只能解决管理评审中仅有的两个合理的稳健性相关的关注点之一。

管理评审中的另一个关注点在于，若料液来自上游灌流培养过程，则过长的操作周期会引发系统感染或污染的潜在风险。在绝大多数情况下，若料液来自于流加批式培养过程，则连续流色谱处理时间并不会超过批式模式纯化的时长。此外，通常会根据已经过验证的物料在未纯化状态下的最长稳定期确定最长处理时间，或在某些情况下根据生产线工作交接制度（即8～24小时）等实际的限制因素来决定。这些策略极具代表性，且会同时辅以严格的CIP流程和GMP管理策略来保证生产过程免受污染，目前已在数以百计的生产批次中得到了充分的验证。大多数情况下，除非PCC系统的流路非常复杂，或者未采用分布式单阀，即便不使用采用原位蒸汽灭菌（SIP）等强化措施和未单纯使用一次性技术，仍然能够通过这些策略有效应对生产环境中的污染挑战。

在全程采用ΔUV控制的连续纯化工艺中，为了最大限度地缓解上样连续性相关的挑战和提高生产率，需要根据保留时间深入地理解上样或过载操作。具体而言，通过实验评估不同保留时间、上样浓度和柱床高度条件下的流穿曲线，这些实验与批式操作模式开发中基本相同，可参考文献[8]中提供的实验装置示例。

针对具体的PCC系统（图21-5），可以根据设定的工艺条件了解流穿上样区的位置1的色谱柱后吸附位置2的色谱柱上的产品量。而且，位置1的色谱柱过载量越大，位置2的色谱柱吸附的样品也越多。换言之，设定的允许流穿值增大，或由于接触时间缩短而导致流穿提前发生，位置2的色谱柱便会吸附更多的产品。由此可知，另一个约束条件在于，若上样区域中的色谱柱不超过两根，则针对位置1的色谱柱的上样操作仅能持续至位置2的色谱柱流穿之前。因此，若无压力-流速相关的限制，这一约束条件便决定了最短的可行保留时间。而且，流穿至位置2的数量也确定了当该色谱柱位切换至位置2时的产品荷载量。此外，在进入上样区之前，该色谱柱甚至已经荷载了来自"上样后淋洗"步骤的产品。在最极端的情况下，此淋洗操作中产生的产品量相当于采用产品浓度与初始上样浓度相等的料液进行一个色谱柱的体积（1 CV）的上样。因此，若灌流或流加批式培养过程的产量较低，则此上样量极低。例如，假设当前的上样浓度为 5 g/L，树脂荷载容量为 50 g/L，则此上样量最多约为荷载容量的10%。Mahajan等人的研究结果表明[9]，若在周转循环中不能将"上样后淋洗"的样品上样至其中一根色谱柱，产品收率会从98%下降至82%。如果上样浓度很高，例如源自浓缩流加批式培养工艺的料液，则该百分比会更高。因此，这些影响作用与初始上样时间（t_L）的计算过程相关，故应针对这些影响作用调整上样区位置1的每一根色谱柱的运行时间。PCC操作中，每根色谱柱的初始t_L的计算过程与批式操作中色谱柱的t_L计算相同，也与PCC第一个循环中尚未加载过色谱柱前的新色谱柱的初始t_L计算过程一样，具体计算公式为：

$$t_L = C_L / C_F \times C_F \times t_R \qquad (21-4)$$

式中，t_R为设定的保留时间，C_L为上样步骤中t_R内的新鲜树脂荷载容量，C_F为上样料液中的产品浓度。

　　计算从流穿起点至预设的各色谱柱期望载量水平之间流穿曲线下方的面积，即图21-3所示的绿色区域图案，便可以得出进入位置2的色谱柱的流穿液中的产品量。在设定上样水平与100%流穿点之间的流穿曲线上方的区域代表树脂的未利用载量，即图21-3中的黄色区域。考虑到工艺中的各种限制性条件，应当尽可能降低这一数值。倘若选择建立一个符合实验曲线特性的数学模型，即根据工艺参数中解析流穿行为，便可以轻易地计算出这些区域的面积及其对应的数值，并据此支持工艺优化过程[8, 12]。

（二）周转过程

　　周转处理时间（t_T）即上样后到色谱柱返回，并为下一个上样循环做准备的所有步骤的总和，包括：淋洗时间（t_W）、洗脱时间（t_{El}）、再生时间（t_{St}）、CIP时间（t_{CIP}）和再平衡时间（t_{Eq}）。

$$t_T = t_W + t_{El} + t_{St} + t_{CIP} + t_{Eq} \qquad (21-5)$$

　　若周转循环中有多根可用的色谱柱，便可以缩短该时间。若系统中的色谱柱的总数为N，上样区域中的色谱柱数目为N_L（通常为2），则先可根据公式21-5计算所有步骤时间总和，然后除以（$N-N_L$），所得值便为有限周转时间。目前，至少可采用4根色谱柱，以实现对周转循环过程的进一步优化。如果总色谱柱柱位置数为4或更大值，则可以进行此优化。

　　然而，系统中色谱柱数量的增多会增加系统的复杂性。除了这种方法以外，还可以全面考察周转循环中的各个步骤，并探究对这些步骤进行加速的可能性。从原理上来看，所选择的柱床高度条件下树脂的压力限制可以代表树脂-色谱柱可接受的最短停留时间（图21-11）。在压力限制性因素方面，粒径较大的树脂更具优势。

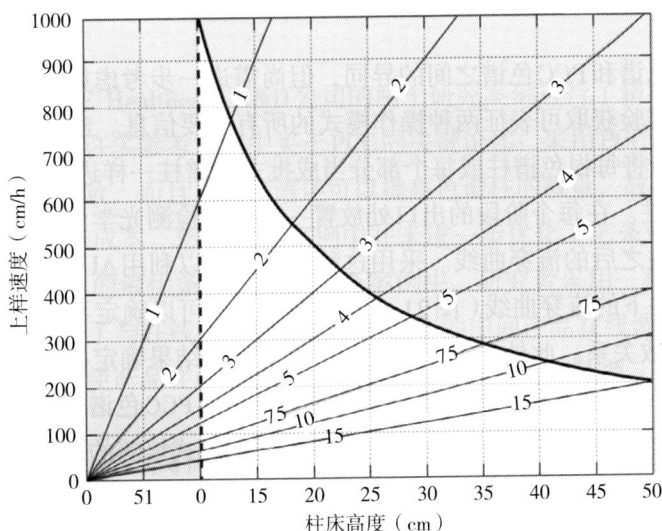

图21-11　传统蛋白质A捕获树脂的压力限制、床层高度和保留时间

白色区域表示树脂的操作空间，假定柱床高度低于10 cm会导致生产中的长宽比降低。但是，根据树脂稳健性的测试结果可知，此做法并不可取，使用较低的柱床高度会导致操作空间超出树脂生产商建议的操作范围。然而，若采用经过客户验证的树脂方法，便可以定义新监管机构可接受的定制化标准。若PCC操作中树脂的柱床高度为10 cm，则最大上样流速为500 cm/h，停留时间为2.4分钟。但是，若仅根据压力限制计算，周转周期的运行速度可能为1000 cm/h。图片由GE Healthcare公司提供

流穿过程进行研究，并据此确定上样策略。根据流穿曲线计算动态结合载量，并考察保留时间和流穿水平，进而据此在保持上样时间长于周转步骤消耗时长的前提下最大限度地提高树脂的载量利用率。最终，将保留时间和流穿水平分别设定为5分钟和50%。

表21-4　基于PCC模式的捕获步骤研究案例的材料和方法

样品	采用中国仓鼠卵巢细胞流加批式培养中表达的mAb（产量为4.5 g/L）
系统	AKTA PCC系统
色谱树脂	MabSelect SuRe LX蛋白A树脂
色谱柱	HiScreen色谱柱（CV = 4.7 ml）
聚集体分析	采用Superdex 200 Increase进行分子筛色谱分析（size exclusion chromatography，SEC）
HCP分析	抗CHO HCP抗体（Cygnus Technologies公司）

在三柱色谱装置上进行10个上样循环，共计30次上样操作，色谱参数设定如表21-5所示，最终得到了如图21-13所示的色谱图谱。在该色谱图谱上，分别标记了每个循环，即每个色谱柱运行一次的过程。此外，通过评估上样过程中的UV吸收光谱确保10个循环期间色谱柱的性能均保持一致。具体而言，可根据UV信号曲线形状评估纯化工艺的稳健性。若每次运行的UV信号曲线的高度、长度和形状一致，即表明工艺的运行状态极为稳定。

表21-5　PCC捕获色谱的实验条件

步骤	缓冲液	色谱体积	保留时间（min）
平衡	10 mM磷酸盐，27 mM氯化钾，140 mM氯化钠，pH值7.4	5	3.4
样品	净化的细胞培养上清液，单克隆抗体浓度4.5 g/L		5
淋洗1	10 mM磷酸盐，27 mM氯化钾，140 mM氯化钠，pH值7.4	1.5	6
淋洗2	10 mM磷酸盐，27 mM氯化钾，140 mM氯化钠，pH值7.4	3.5	3.4
淋洗3	50 mM醋酸盐缓冲液，pH值6.0	1	3.4
洗脱	50 mM醋酸盐缓冲液，pH值3.5	4	4
色谱柱再生	100 mM醋酸盐缓冲液，pH值2.9	2	3.4
CIP	100 mM NaOH	3	5
平衡	10 mM磷酸盐，27 mM氯化钾，140 mM氯化钠，pH值7.4	5	2

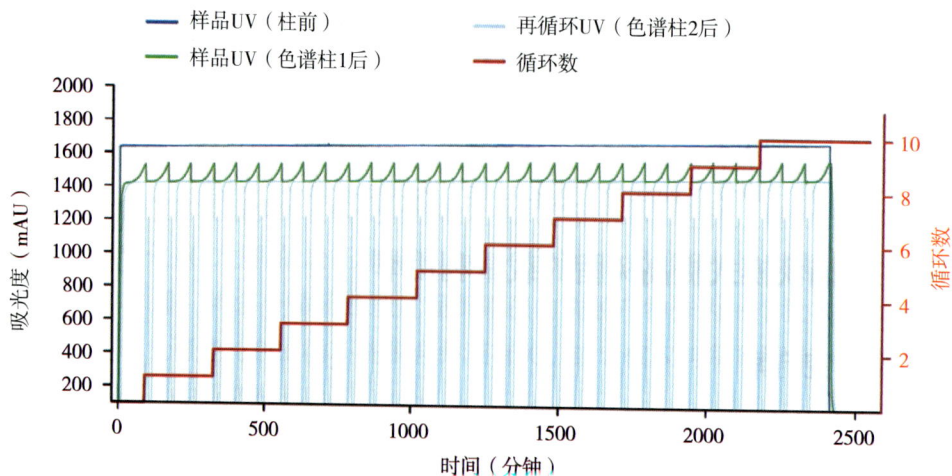

图21-13　三根蛋白A色谱柱循环10次的色谱图（UV信号曲线）

总共上样30次。红色曲线表示循环数。

　　此外，由于在本研究中还采用动态ΔUV原理控制上样操作，因此可采用另一种方法评估每次运行之间的一致性，即计算每根色谱柱和每次循环的上样时间，亦即计算色谱柱在上样区运行的时长。表21-6所示的结果表明，任何色谱柱的上样时间都一致。

表21-6　各色谱柱和循环的上样时间（min）

色谱柱/循环	上样时间	色谱柱/循环	上样时间	色谱柱/循环	上样时间
C1/01	92[a]	C2/01	82[a]	C3/01	79
C1/02	81	C2/02	79	C3/02	84
C1/03	76	C2/03	77	C3/03	80
C1/04	80	C2/04	78	C3/04	78
C1/05	81	C2/05	78	C3/05	78
C1/06	81	C2/06	78	C3/06	78
C1/07	80	C2/07	78	C3/07	78
C1/08	80	C2/08	77	C3/08	78
C1/09	80	C2/09	77	C3/09	78
C1/10	80	C2/10	77	C3/10	77

[a] 未达到稳定状态。

（二）捕获步骤研究结果

　　PCC实验中按照每升色谱树脂荷载67 g mAb（67 g mAb/L Resin）的载量进行上样操作，批式操作的载量为43 g mAb/L Resin。其中，43 g mAb/L Resin相当于保留时间为6分钟的条件下QB10色谱柱荷载容量的70%，即将安全系数设置为30%。由此可知，PCC操作中通过增加上样量将色谱介质的载量利用率提高了56%。

　　此外，本研究中还分析了来自于每根色谱柱的洗脱合并液的mAb、聚集体和HCP的含量，结果如图21-14所示，不同颜色代表不同的色谱柱。结果表明，在10个循环中洗脱合并液中mAb的纯度和含量都表现得极为稳定。

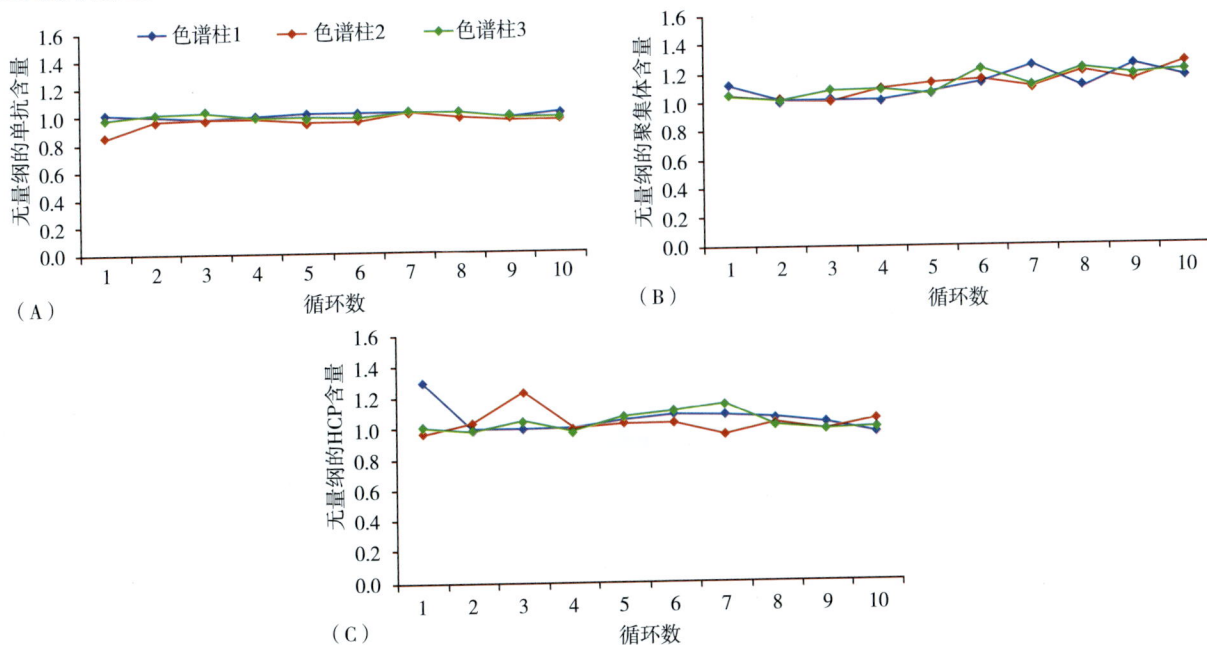

图21-14　采用3C-PCC模式色谱的洗脱合并液中mAb（A）、聚集体（B）和HCP含量变化
根据第二个循环（达到稳定状态时）中第一个色谱柱的洗脱合并液对结果进行无量纲化处理

二、采用直通式处理方法的精纯步骤

（一）精纯步骤研究方案

在批式下游纯化工艺中，通常需要在不同的步骤之间使用暂存罐。针对每个色谱步骤，均会对结合和洗脱步骤进行优化，优化内容包括缓冲液成分、pH值、电导率等，而且往往还需要在工艺流程之外通过单独的调节操作对各步骤之间的中间产物进行调节。为了规避储存罐的使用或减少其体积和（或）数量，以及避免额外的调节操作，可以采用直通式处理方法。该方法的定义极为简单，即：将两个或多个色谱步骤串联在一起，并在色谱柱之间采用在线调整方法调节中间产品，使之满足下一个色谱步骤的上样条件[53]。该研究中所采用的在线调整方法与在线调节系统相同，后者为基于浓缩溶液的缓冲液递送系统中采用的方法。

直通式处理方法已成功应用至一个mAb纯化工艺中，在该工艺的设计中开发并测试了两个精纯步骤的直通式处理工艺。在该工艺过程中，首先使用基于PCC的蛋白质A树脂色谱步骤初步纯化mAb，然后在精纯步骤之前离线对样品进行病毒灭活和调节，相关材料和方法请参见表21-7。

表21-7　STP精纯步骤的材料和方法

样品	PCC模式下经蛋白A捕获后的mAb。蛋白质A捕获后的聚集体含量为2%，HCP为1277 ppm，配体浸出物含量为3 ppm
系统	标准的AKTA纯化系统，额外配备紫外检测器和混合器，软件为UNICORN 6.4
色谱树脂	阳离子交换树脂为Capto S ImpAct、多模式阴离子交换树脂为Captoadhere
色谱柱	HiScreen色谱柱和Tricorn 5色谱柱
聚集体分析	用Superdex 200 Icrease色谱柱进行分子筛色谱检测
HCP和浸出配体的分析	抗CHO HCP抗体蛋白质A ELISA试剂盒

在优化过程中，通常会先对每个步骤进行单独优化，以确定能够获得高收率和高纯度产品的最优条件。然后，再设计整合多个步骤的策略，主要的考虑因素包括色谱柱体积、流速、在线调整等。由于本研究中所使用的mAb分子在中性pH值条件下易于聚集，因而可能在一定程度上限制了纯化工艺中pH值和色谱树脂的选择范围。本研究中测试了两种不同的纯化方案，具体方案见图21-15，详细的参数请参考文献[54]。在其中一种方案中，首先以结合洗脱模式（bind elute mode，B/E）进行阳离子交换色谱法（cation exchange chromatography，CEX），然后再以流穿模式（flow-through mode，FT）进行多模式阴离子交换色谱（anion exchange chromatography，AEX）。在另一种方案中，先以FT模式进行阳离子交换色谱，然后在以FT模式进行多模式阴离子交换色谱。

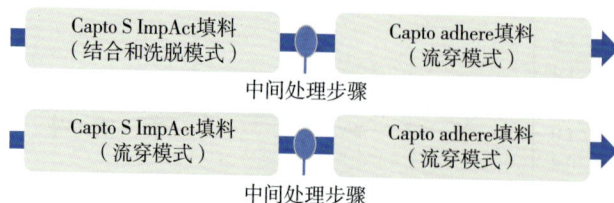

图21-15　用于纯化mAb的两种精纯方案

在结合与洗脱模式（B/E）下采用Capto S ImpAct树脂测试阳离子交换色谱，然后在FT下以Capto adhere树脂进行测试（上方图）。在FT模式下测试Capto S ImpAct，然后在FT模式下测试Capto adhere树脂（下图）

在采用Capto adhere进行多模式阴离子交换色谱之前，先对阳离子交换色谱步骤所产的中间产品进行调整，即：采用NaOH将pH值调节至6.2或6.3，并通过稀释操作降低NaCl浓度，最后将来自CEX的洗脱流穿合并液与含有50 mM磷酸盐和24 mM NaOH的缓冲液在线等体积混合。

（二）精纯步骤研究结果

如前所述，在B/E模式下进行CEX色谱，然后在FT模式下进行在线调节和多模式阴离子交换色谱，第一次验证实验的色谱图谱如图21-16所示。收集来自位置2的色谱柱的流穿液（灰色标记），检测产品收率、HCP、聚集体以及来源于捕获PCC步骤的残留Protein A配体，检测结果如表21-8所示。本研究中将CEX色谱和多模式阴离子交换色谱视为一个单元操作，在合并步骤之前和之后进行取样，表21-8中的收率为这两个步骤的累积收率，聚集体、HCP和残留蛋白质A配体的含量是两个步骤完成之后所取样品的检测结果。对于采用Capto adhere进行多模式阴离子交换色谱的步骤，使用略高的pH值重复实验，以检测工艺的稳健性，结果表明两次运行结果极为可比（未展示）。

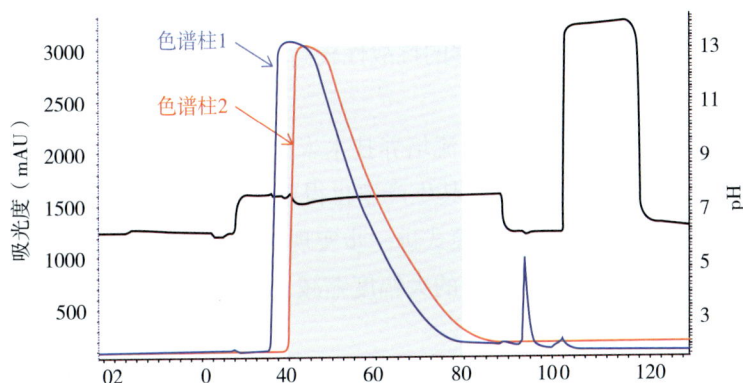

图21-16　结合和洗脱模式下Capto S ImpAct（蓝色）和流穿模式下Capto adhere（红色）色谱图

表21-8　STP模式下的精纯研究结果

流程步骤	两个步骤的产品收率（%）	聚集体（%）	HCP（ppm）	浸出配体（ppm）
先Capto S ImpAct（B/E）后Capto adhere（FT）	89	0.8	16	<1
先Capto S ImpAct（B/E）后Capto adhere（FT）	90	0.7	18	<1
先Capto S ImpAct（FT）后Capto adhere（FT）	88	0.7	40	<1

注：样品为PCC模式向下蛋白质A捕获步骤的洗脱液，含有2%聚集体、3 ppm蛋白质A浸出物和约1300 ppm的HCP。B/E和FT分别表示结合洗脱模式和流穿模式。

第七节　选定的经济考虑因素

一、管理评审

支持采用连续色谱工艺的科学家和团队领导者必须清醒地认识到，"反对者"可能往往并不会质疑PCC技术本身的纯化能力，但他们却可能注重考察PCC工艺相关的风险以及在更为广阔的应用环境中的商业相关优势，例如：对现有的已确立的方法的改变，以及可能因此改变而导致的潜在成本增加。为了应对这方面的质疑，必须首先建立信任基础，即在设定假设条件时和计算过程中贯彻透明性和诚实原则，应当将所有相关的成本都考虑在内，而不能为了推动新技术的应用而"调整"所涉及的应用场景及相关的条件。倘若连续色谱工艺在成本节约方面未体现出明显的优势，则推荐采用连续色谱工艺的提案可能难以获得批准。

然而，除了直接性的成本节约以外，连续工艺中亦存在诸多值得重点审视的优势，例如：可通过工艺整合缩短从上游到原料药的整个工艺过程的消耗时长[55, 56]。

（一）灌流细胞培养工艺

在生物治疗制品的连续工艺中，灌流培养模式具有明显的优势，主要包括产品质量稳定、占地面积小、设施资金成本低等，这些因素都能够有力地支持其应用和推广。而且，其也会相应地带动下游工艺设施占地面积的缩减和生产成本的降低。然而，在比较流加批式培养和连续灌流培养的管理评审中，其他一些方面的问题可能会使这些优势显得无足轻重（表21-9）。例如：①包括细胞培养基消耗在内的总体成本方面可能不具优势，或者可能无法规避某些风险；②在大规模生产中，灌流培养时需要消耗大量的培养基，其可能占用大量厂房空间，并导致设备成本增加；③工艺周期较长，可能会增加后果难以控制的风险，且往往无法及时了解事故发生的时间及其根源，因此可能导致整个生产批次失败；④向合同生产公司（contract manufacturing organization，CMO）进行技术转移的挑战性较高，甚至可能无法达成，这对生产网络管理的灵活性构成了潜在的不可接受的限制。

目前，出于风险规避方面的考虑，连续灌流培养技术未能在行业内得到广泛应用。而且，传统的替代方法——流加批式培养工艺日益精进，近年来其生产率也得到了显著提升，目前已经由低于1 g/L的产量提升至10 g/L，甚至有望借助浓缩流加批式培养模式进一步实现产量的突破。总体而言，现在已经能够通过提高产量实现批式培养或流加批式培养工艺规模的大幅度缩减，这一进展使得上游连续工艺的潜在收益有所降低。

表21-9　新的替代技术无法通过管理评审的可能原因总结[57]

方面	问题
技术	在性能方面没有明显或足够的优势，在规模放大方面的能力不足或有不确定性
质量与监管	与传统方法比，监管障碍更多，所生产的产品的质量不符合预期
经济效益	替代方法成本高或收益低，与现有工艺或设施不匹配
风险评估	对方法的理解不足，或方法不稳健。缺乏分析方法及控制流程。生产物流方面的问题：定制设备、耗材供应链等

（二）连续纯化工艺

尽管连续纯化技术已在化学工业和某些制药工艺中得到了应用，但记录在案已上市的蛋白类药物生产中尚无使用连续纯化工艺的先例。因此，当前（2017年）若能实现已上市产品的连续纯化，便意味着走在了时代的前列（图21-1）。

虽然科技与工程的美妙前景令人神往，但是需要将这种创新方法的独特魅力转化为经济效益和商业领域能够读懂的语言，并在能够经受住多元化的评估过程。这些评估标准不仅仅包括技术层面的考虑，还应当包括更加全面、透彻的考虑（表21-9）。

根据作者的经验，若仅涉及工艺中某一单一步骤的改进，且无法带来每年500,000~1,000,000美元的经济效益或50%及以上比例的节约，在决策过程中可能会受到阻力，伦敦大学学院和GE Healthcare公司的研究人员通过大量定性研究对这一结论予以了验证[57]。该观测结果对于任何新型生产技术而言皆是普遍适用的，并不仅仅限于连续工艺的替代方案。

在进行工艺变更时，除了会产生变更本身相关的成本外，还会增加与监管和供应链的复杂性及其相关的成本投入，这些额外的成本增加可能会相当明显，因此需要最大限度地提高成本节约相关的经济价值。

风险评估在优先级上占据至高地位，其评估结果可能会颠覆任何成本分析结论，原因在于生物制药的收益是生产成本的数倍乃至5~20倍之多。倘若某项技术主要对研发支持的低需求应用场景产生效益，在进行规模放大之前需要进行工艺变更，且必须考虑付出额外的投入，则其在临床前非GMP、临床GMP生产等环节的研发预算中的成本负担可能会显得微不足道。然而，若将单个的改善措施整合成为合理的组合策略，则可能会对研发投入的节约产生非常显著的影响，从而为研发过程提供全新的机遇。

在业界广泛接受连续纯化之前，上述问题可能会持续存在。

二、财务比较中的关键考虑因素

在评估和比较生物制品生产中的两种技术方案时，每个工艺批次所涉及的价值极有可能达到5亿美元或更高，因此必须将所有相关因素详尽全面地纳入考量范畴。此外，务必确保信息公开透明，明确阐述哪些部分产生了哪些效益，以及可能还存在哪些仍有改进空间的不足或主要优点（表21-10）。

表21-10　比较批式和连续模式捕获步骤中需考虑的要点

方面	说明	评论
生产方案	以灌流或流加批式培养中样品上样	不同的上样浓度 不同的时间限制条件 不同的风险状况和缓解策略
	产品需求	单批次与多批次模式 在批式操作模式下树脂的使用寿命
	设施设计和安装	与现有设施（不锈钢或一次性）的适配性 开放供新设施使用
运营规模	根据需求调整规模和成本	差异性（批次间或规模间）：最大预期输出 生物反应器和色谱柱规模
树脂消耗量	单个循环或单位时间生产率	批式和连续模式下的工艺时间 预填充树脂的成本 可用的色谱柱尺寸
缓冲液消耗量	体积与成本的关键性	在线调节缓冲液的合理成本假设
优化	优化程度相当	案例研究中的标准的未优化的批式操作 未探索能力极限 周转步骤中的大规模运输

一般而言，比较双方均存在个人偏好，这些问题在富有创造力的团队中题或许难以避免。但是，务必将真正的限制性因素与那些替代方案中主观认为的或在最坏情况下出现的，抑或"希望"存在的缺陷区加以区分。在进行此类比较时，应采用能够真实反映每个选项的最佳性能的假设条件，甚至需验证两种方案中潜在的提升可能性，以便能够揭示其中可能存在的真正的限制性因素。

在下游工艺开发中，应当选择与捕获步骤前后相邻步骤最匹配的技术。例如，若计划使用连续灌流培养工艺作为捕获步骤的样品来源，则PCC步骤的预计运行时间可能较长，这与其处理来自流加批式培养生物反应器的净化上清液的过程颇有不同。而且，此选择方案也会影响风险评估结果。例如，为了降低污染的风险，最合理的做法可能是将一次性使用技术作为预防措施。也可根据工艺规模和系统配置选择原位蒸汽灭菌等其他强化预防措施。

在采用灌流培养工艺的情况下，为了寻求最佳优化路线，通常可以使用小规模PCC系统或批式色谱系统对灌流生物反应器的收获液进行日常捕获处理。此策略能够反映大规模生产的情况，用于评估生产工艺的整体经济性。为了达到缩减占地面积的目标，可以基于在线调节系统设计下游缓冲液供应策略，以便能有效规避或降低工艺过程对缓冲液存储空间的需求。

除以上述因素外，工艺过程中采用的设施亦可能对技术的选择起到决定性的作用。例如，倘若选择一次性使用技术，整个设施可能不会配置CIP系统或仅配备少量必须的CIP系统。截止2017年撰写本章内容之时，已有诸多一次性设施投入运营，未来其应用可能会越来越广泛。此外，也有一些公司（新加坡Amgen公司）采用混合式设计，在上游采用一次性设施，而在下游则采用传统的可重复使用的设施。不过，为了满足某些尚在开发过程中的高需求量生物药的生产需求，一些极大规模的不锈钢设施也在陆陆续续的建设中。由此可见，即便是在全新的建设项目之中，单一步骤所能节约的成本亦可能显得微不足道，其在极大程度上受设施规模和设计的影响。更为重要的是，技术创新所涉及的成本优势很有可能会因整体设施设计理念及其财务层面的影响而被"忽视"或"遮盖"。

目前，在一些针对批式纯化和连续纯化工艺进行比较的案例研究中，仍然可以观察到很多批式纯化工艺的设计仅限于重复标准参数，却很少对其进行相关的优化。PCC工艺中可以延长处理时间，但批式纯化工艺中却并未如此做。通常认为提高对树脂寿命的利用率是连续工艺的主要优势，其与最终的生产需求无关。一次性使用组件消耗或预装色谱柱等额外的成本也并未包括在内，或并未做到完全透明公开。此外，在一些案例中甚至会基于理想的计算结果来比较树脂体积，而非基于实际使用的可用色谱柱尺寸。更为重要的是，一些上样体积和浓度都是"人为"设定的，在实际的限制性条件下的计算结果可能会迥然不同[8]。因此，应当在表格中详细标注具体情形，以确保能针对上述因素对所有模型场景进行严谨的评审和验证。

三、计算示例

在本章的参考文献列表中，包括了大量详细介绍PCC捕获效益计算模型的论文。本小节增加了一些讨论，以阐释前文讨论过的部分重要问题，包括：除了切换至PCC模式以外，是否还有其他可以缩小下游工艺规模的技术方法？一次性使用或预装设备的额外成本以及非理想尺寸的色谱柱会对工艺表现和成本产生什么影响？在研发工作中的检测和实验方面，大规模常规生产或商业化生产与早期生产工艺有何不同？

本案例研究中并未涵盖设施成本、人工成本或其他通常与具体用户相关，却鲜为人知的参数。研究旨在验证树脂成本节约的效果，并评估不同产品需求情景下与具体情景相关的成本。

（一）模型计算

在本案例研究中，采用作者研发的模型进行计算。采用该模型可以设置各种不同的生产场景，并据此进行批式或PCC捕获步骤的参数输入。简言之，此模型适用于从低需求、低产量到吨级需求、超高产量（例如浓缩流加批式培养收获液）的各种需求、规模和产品浓度情况。

该模型可用于计算能够满足需求的上游批次数量，并根据现有可用的生物反应器的数量和大小、生物反应器批次培养时长以及每年可运行天数进行综合评估。在此过程中，通常采用初步纯化步骤中典型的收率（95%）和稀释度（10%）调整生物反应器的产量信息，以确定捕获步骤的上样浓度和体积。假设处理时间有限，必须在48小时内完成上游批次生产的收获液处理。可以选择是否在批式色谱和PCC色谱中采用相同（或不同）的处理时间，还可根据停留时间、流速和每个工艺步骤的体积对上样循环和周转循环进行优化。此外，可以设置一定的压力限制，并确定相应的树脂和色谱柱尺寸。但是，为了方便评估和比较，本研究中仅选择了一种高性能的候选树脂——MabSelect SuRe LX，批式色谱和PCC色谱中均采用该树脂捕获mAb。

本研究中的流穿特性和动态结合载量数据均来自GE Health公司的内部报告。

此外，本案例研究中采用略微优化的批式工艺设计作为基础工艺条件。特别需要指出的是，此树脂的洗脱操作中仅需要两个色谱柱体积（2 CV）的缓冲液，这与其他许多树脂的推荐值（5 CV）不同。这一特殊的设置与前文中关于中间产品暂存罐体尺寸的生产局限性相关讨论相契合，亦似乎与业内对蛋白质A步骤的优化策略的趋势相一致。周转循环中的其他体积和CIP时间（15分钟）通常保持推荐值不变，但可以调整。上样后淋洗与上样操作的保留时间相同，并加速所有其他步骤，将这些步骤的保留时间缩短为上样保留时间的一半。所选树脂在10 cm和20 cm柱床高度条件下的操作压力限制分别为1000 cm/h和500 cm/h，尽管加速了部分操作步骤，但所有的操作流量仍明显低于压力限制。在迭代过程中不断调整柱床高度，以寻求最优值，并避免树脂装填量远超计算所得的需求量。

（二）单批次生产情况

表21-3中列出了支持临床前和早期临床试验的产品估算量，分别为0.5 kg和4.0 kg。假设上游细胞培养工艺的产量为5 g/L，捕获步骤的上样浓度为4.32 g/L，假定下游纯化收率为78%，据此初步计算可知，一个200 L生物反应器生产便可以满足前临床前产品需求量（0.5 kg），一批2000 L生物反应器生产便能满足前早期临床产品需求量（4.0 kg）。

若在上游生产中选择上述生物反应器，可能会出现生产过剩问题，临床前和早期临床需求分别剩余240 g和3.4 kg。为了确保以实际需求量为导向进行计算，假设大量超产不可接受。因此，以2000 L生物反应器3/5的降负荷率运行该批次，即以1200 L规模进行生产，从而将剩余量降低至450 g。之所以这样设计，是因为支持每批额外3.4 kg产品纯化所需树脂的成本将完全掩盖基于需求量计算预估的PCC工艺过程中的树脂成本节约量。需要注意的是，无论采用何种纯化方法，降低规模后都会减少40%的树脂用量。若采用生物反应器的最大体积和PCC捕获工艺，过量的产品所消耗的树脂将会占据相当大的比例。当细胞培养工艺的产量较高时，按需求缩小规模是上游工艺中最高效的成本降低策略。对于临床前案例，在早期阶段可以接受过量生产，超出需求量的样品可用于支持其他实验需求。

本案例研究中测试24小时和48小时两种处理时间限制，且在批式色谱和PCC色谱中设置相同的处理时间限制。4C-PCC系统上样操作的保留时间为2.4分钟，出现50%流穿量时的载量为59 g/L。上样前17分钟可以将新色谱柱准备好，因此能够满足上样连续性限制条件。停留时间为6分钟时，动态结合载量DBC_{10}为60 g/L。批式色谱工艺中，将上样的安全系数设置为20%，即上样量为48 g/L。在这些上样设置和周转循环条件下，可以在PCC系统中运行14个循环，合计56次色谱柱上样，在批式工艺中可运行10个循环。据此，可以采用以下色谱柱尺寸。

1.临床前试验材料生产　本案例中，所选择的PCC预装色谱柱的柱床高度非常短（6 cm），并采用相似的柱床高度（5 cm）来设计批式工艺色谱柱的尺寸，如此便能保证即使在批式操作中也能够最大限度地增加循环数。由于所需色谱柱的尺寸较小，故而仍为"煎饼"形式，其可行性较高，在树脂稳健性方面的风险很小。此外，尽可能使色谱柱与计算得出的树脂量体积相匹配（表21-11），因此其与目标柱床高度的偏差不会太大。

在4C-PCC系统中，树脂量仅比批式模式中低23%。假设预装色谱柱与散装树脂的价格为市场平均折扣价，则购买4根这种含少量树脂的预装色谱柱的费用比批式色谱柱所需的散装树脂的费用多出约1万美元。由于树脂的总成本差异在1万美元的低成本范围内，实际上可能并不会引起过多的成本相关争议。在这种情况下，用于PCC的预装解决方案的便利性优势可能更突出。但是，与批式树脂的费用相比，预计其并不会节省成本。

表21-11　临床前和早期临床阶段生产中的树脂消耗量计算结果

	树脂体积计算值（L）	可用树脂体积（L）	额外树脂（%）	树脂形式
临床前供应（0.5+0.24 kg）				
批式色谱-1（24小时）	1.52	1.57	3.2	散装
PCC-1（24小时），每根色谱柱的计算值	0.28	0.30	7.1	预装柱
早期临床供应（4.0+0.45 kg）				
批式色谱（24小时）	11.88	12.02	1.2	散装
PCC-1（24小时），每根色谱柱的计算值	1.73	1.85	6.9	预装柱
PCC-2（48小时），每根色谱柱的计算值	0.84	0.86	2.3	预装柱

注：两批的生产规模分别为200 L和1200 L。上述结果为根据作者模型计算的树脂体积，"额外树脂"表示模型计算与实际可用色谱柱尺寸之间的差异。树脂形式决定了每升树脂的价格水平。

2. 早期临床试验材料生产　在本案例中，PCC工艺中选择定制的预装色谱柱的尺寸为14 cm，柱床高度为12 cm。与之匹配的批式工艺的色谱柱为AxiChrom，其尺寸为30 cm，柱床高度为17 cm。根据这些数据可知，与批式工艺相比，PCC工艺可节省39%的树脂使用量，较理想的计算值低约3%。为了使实际树脂体积与计算值尽可能接近，需要在一定限制范围内调整初始的柱床高度假设值。若将PCC工艺的处理时间限制延长至48小时，但并不延长批式工艺的总处理时间限制。因此，PCC工艺可以运行29个循环，共计115次色谱柱上样，采用直径和柱床高度分别为10 cm和11 cm的预装柱的情况下，其树脂体积节省比例可进一步提升至71%。然而，在这种情况下，包括人工和设施的时间分配将成比例地增加。若同时将批式工艺的处理时间限制也延长至48小时，则又会使树脂节省量恢复至初始值（39%）。因此，在连续纯化工艺过程中，需要根据具体的情况决定是否延长处理时间限制。

对成本进行核算可知，在处理时间为24小时和48小时的条件下，预计PCC工艺节省的树脂成本比例分别为23%和53%，低于相应的树脂体积节省比例39%和71%。由此可知，相对于树脂体积的缩减，小型预装色谱柱的成本优势有所减弱。此计算中考虑了装填过程中的树脂压缩，而未考虑定制色谱柱尺寸所产生的额外成本和一次性流路（若使用）的成本。

假设树脂是一次性的，即专门用于生产一批早期临床试验材料，或者专门用于一个产品分子。显而易见，预装柱中树脂很难重复使用。然而，根据作者的经验，散装树脂可以重复使用。例如，在实验室中可以重复使用树脂，有时甚至用于不同的生物药分子，或在相同分子的生物药开发后期的临床Ⅲ期试验材料生产中也可能重复使用树脂。通常情况下，如果没有其他更重要的考虑因素，在树脂的有效期内是可以重复使用的。因此，即便假设条件对PCC工艺极为有利，若连续工艺中未采用可重复利用的散装树脂和色谱柱，其在树脂成本节约方面的优势将不复存在。

从上述数据可知，必须仔细地进行成本审查和核算。例如，在生产4 kg早期试验材料的案例中，购买批式工艺色谱柱的树脂需要比购买4根预装色谱柱多花费4万~5万美元。然而，PCC工艺中通常会使用一次性组件，每批次需使用一套，这将抵消一部分成本节约。但是，这并不妨碍PCC工艺中一次性组件的使用，因为人工装填色谱柱所需的人力和设施时间会产生额外的成本。若在开发的早期阶段的成本分析结果证明采用PCC工艺更为有利，则需要对这些因素进行全面的审查和核算。在相对较小规模的单批次生产中，倘若将所有耗材都纳入成本核算过程，则PCC工艺所节约的成本将会微乎其微。虽然百分比看似颇具吸引力，但这往往会使人忽视节省金额仍然相对较少的事实。

（三）多批次生产情况

本案例中研究了年需求量从10 kg到500 kg不等的不同产品的生产情况，初步估计，需要在包含4台2000 L生物反应器的设施中进行大规模生产才能满足这些产品需求。假设上游设施的利用率为80%，该配置可以生产80个批次的产品。假设上游产量为5 g/L，每个反应器生产约17批便可提供500 kg产品。若产量为10 g/L，则每个反应器每年仅需生产约9批（取整数）。与先前讨论的早期临床实验材料生产阶段保持相同的上样停留时间、荷载能力、处理时间限制（24小时）等假设条件，批式工艺和PCC工艺所需的树脂体积见表21-12。如前文所述，在本研究中对色谱柱尺寸进行了调整，其目的在于最大限度地规避实际树脂使用量远超树脂需求量的情况。同时，依据业内传统参数对柱床高度进行了的微调，批式工艺和PCC工艺的柱床高度分别为23 cm和6 cm。在产量为5 g/L和10 g/L的条件下，PCC的树脂体积分别较批式色谱减少约50%和60%。为了满足上述市场需求下限（10 kg）的产品需求，在产量为5 g/L和10 g/L的条件下分别需要生产2批和1批。为了满足上述市场需求的上限（500 kg），则在产量为5 g/L和10 g/L的条件下分别需要生产68批和34批。假设树脂寿命为160次循环，若在该运行次数内具有足够的清洁能力，则批式生产工艺便可以满足需求。对于采用一次性预装色谱柱的PCC而言，暂无CIP循环次数上限和色谱柱床长期稳定性相关的公开记录。然而，根据所选色谱柱的配置，若假设可以运行160次循环，在产量为5 g/L的条件下，PCC工艺在上样约102 kg mAb后开始消耗树脂，批式工艺在上样158 kg mAb后才开始消耗树脂。

表21-12 产量为5和10g/L的多批次生产中的树脂需求

市场供应（10~500 kg）	批式操作模式下的树脂体积（L）	PCC操作模式下的树脂体积（L）	PCC与批式操作的体积比（%）	循环数（批式/PCC）
产品产量5 g/L	22.62	11.78	52	9/14
产品产量10 g/L	36.58	11.78	32	11/28

根据所选条件下的动态结合载量预测可知，按每升（L）树脂计算，批式工艺可处理7.0 kg mAb，PCC工艺的载量为8.7 kg。随着树脂在其使用寿命内的使用次数越来越多，PCC工艺在提高树脂使用寿命利用率方面的优势会逐渐消失，其经济效益的提高将完全取决于其在提升树脂载量利用率方面的优势。

针对如前所述的每年从10 kg到500 kg不等的产品需求的情况，图21-17展示了在批式色谱和PCC色谱工艺中的每克产品所需的树脂购买量及其相关成本的差异，计算中包括了批式工艺色谱柱装填期间的树脂压缩和PCC中预装色谱柱的形式成本。在本研究中，以拥有2000 L生产反应器的工厂设施为研究对象。如图21-17A所示，在产量较高的条件下，每克mAb的成本更低。当年产量为10~100 kg的范围内时，成本节约量呈指数下降。而且，该模型显示，倘若年产量在100~500 kg范围内，每克产品的成本节约量为0.50~1.50美元。值得注意的是，PCC在提升树脂载量利用率方面的优势必然会带来树脂体积节省的效益。根据图21-17B可知，在本案例中，PCC工艺每年节省的费用为20~50万美元。随着设施产量的增加，节约量出现了不规则的变化。原因在于，PCC色谱柱的更换时间与批式工艺的重新装填时间不同，其更换时间更早。

对色谱柱重新装填成本进行估算可知，假设两名操作员装填时间为8小时，满负荷人工成本为250美元/小时，则每根色谱柱的最高装填成本为5000美元，这些成本并不会对整体的成本核算结果产生任何重大影响。如果在PCC系统中使用一次性流路，则需要从相应步骤的节省成本中扣除更换费用，目前在这方面还没有统一且达成共识的经验。假设用于该大规模工艺中一套完整的流路组件可能需要花费1万美元，并且会在每批生物反应器生产之后进行更换，如图21-17B中的虚线所示。目前，这是一个不可验证的估算值。在数值发生变化的情况下，尽管成本会随着流路组件的价格变化及其在系统中的替换顺序成正比地增加或减少，但仍然能够快速估算出有多少树脂成本节省可能被一次性组件及其他费用所抵消。

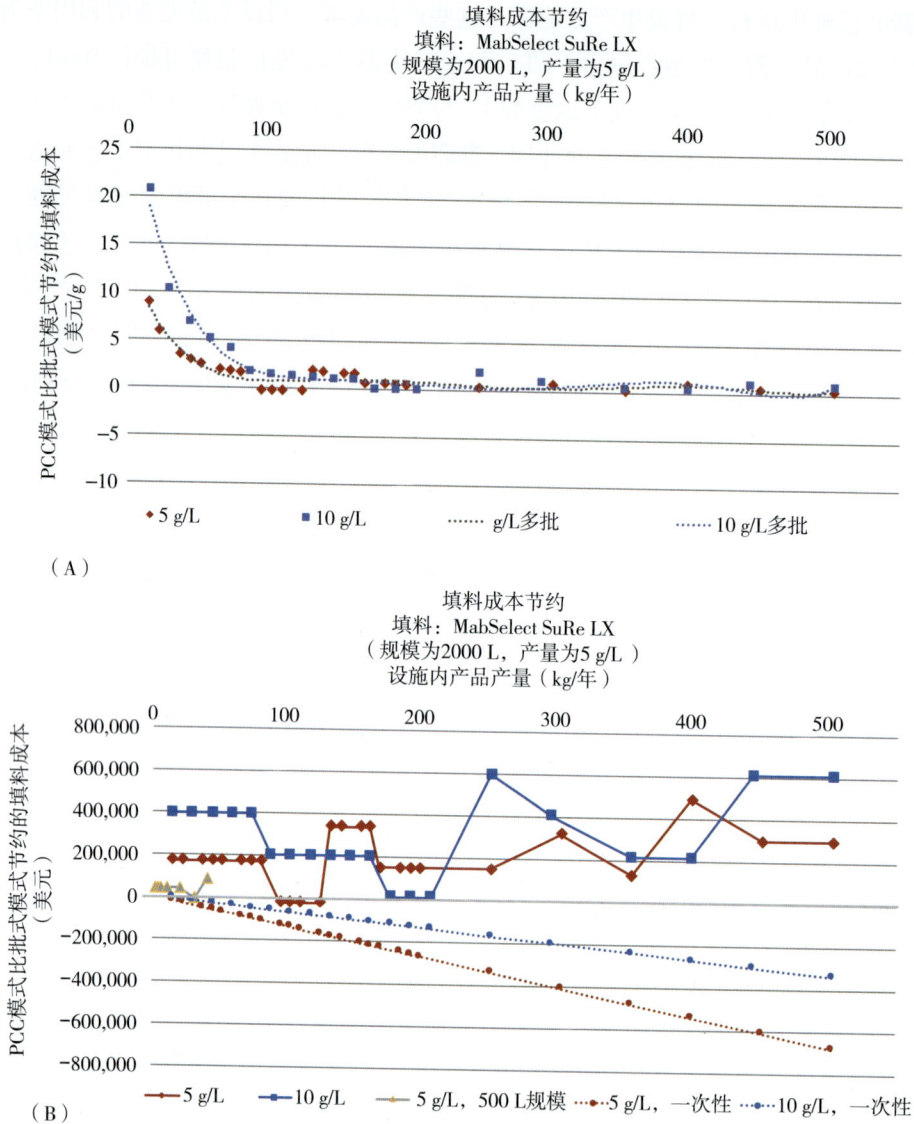

图21-17 单克隆抗体批式操作模式与PCC模式下亲和捕获色谱的耗材成本比较

设备产量为10~500 kg。（A）规模为2000 L，mAb产量分别为5 g/L（红色）和10 g/L（蓝色）的条件下，PCC色谱相较于批式色谱的每克mAb的成本节省（美元/g mAb）；（B）节约的成本（美元），颜色标记与A相同。除了2000 L规模，本图还展示了缩小反应器体积（500 L，黄色）的低需求（1~40 kg）生产批次中的成本节约。此外，还包括了一次性流路的潜在成本节约（虚线），假设每批更换每个套件的成本为1万美元。由于批式操作和PCC操作模式下设置的色谱柱重新装填和更换方案不同，所以成本节约量变化不规则

上述计算中并未考虑缓冲液消耗量的差异。然而，对本案例研究进行的快速估算可知，较大规模的批式色谱柱在每批生产中可能会消耗多达8000 L的不同缓冲液。按照0.50美元/L缓冲液的平均成本计算，这些缓冲液的成本约为4000美元。在PCC色谱操作中，每批次可节省约1000美元。从前文针对耗材和节省成本的分析来看，PCC色谱中缓冲液的节省可能也是微不足道的。

在低需求量情况下，评估生物反应器培养规模的缩小对树脂节省量的影响可知，其明显降低了树脂的总成本。如图21-17B中黄色和灰色组合的曲线可知，在缩小了生物反应器培养规模之后，上样量大幅减少，

可以采用体积更小的色谱柱，因此树脂的费用也减少了，这与单批次生产情况一致。

第八节　总结：坚持全局观

与批式工艺相比，连续色谱法能更好地利用蛋白A亲和捕获树脂的能力。在产品需求有限的情况下，该技术还能在可用时间内运行更多的循环次数，从而减少树脂体积，并缩小色谱柱尺寸。

当树脂寿命在批式和连续操作中均能得到充分利用时，产能利用率仍然是PCC的最大优势。而且，树脂体积减少的百分比并非等同于成本降低效果。在低需求量的情况下，虽然预装柱的形式成本可能会完全抵消树脂的节省所致的成本降低，在任何生产场景下可能都会导致成本节约幅度下降。尽管如此，预装柱仍将是PCC的首选形式，其可以避免多柱装填操作。

PCC或SMB系统的一次性流路成本以及定期或不定期更换这些流路的程序在行业内尚未建立。据预计，在多批次场景中，若无法改变这些流路的"一次性"特性，使其能长期重复使用，这些成本可能会达到与树脂节省相同的数量级，最终使成本节约不复存在。

致谢

感谢Karolłəcki在基于PAT控制策略的工艺开发和操作中的重要付出，以及对连续纯化技术领域的进步做出的突出贡献。感谢合著者Annika Forss和Hans Blom在实验案例研究和相关插图可视化展示方面的大量投入。另外，Lotta Molander贡献了大量的参考资料，为作者的工作提供了极大的帮助。

参考文献

第二十二章

一次性使用技术与设备

Parrish M.Galliher

Xcellerex, Inc., GE Healthcare Life Sciences Company, Marlborough, MA, USA

第一节　引言

一、生物制药历史

在20世纪70年代中期，重组DNA技术的出现在疾病治疗、生物制剂的作用及其生产方面开创了一个全新的时代。新成立的生物技术公司凭借强大的基因工程技术，开始复刻当时的传统生物制剂（如胰岛素、Ⅷ因子、生长激素）以及治疗性酶，促红细胞生成素和细胞因子等前所未有的潜在第一代畅销产品。在20世纪80年代初的几年内，大规模生产成为迫切的新需求。出于必要，生物制剂生产商转向血浆纯化、乳制品、食品、啤酒/葡萄酒酿造以及抗生素行业的传统生产系统，这些生产系统仍以传统的不锈钢生产技术为主。

随着20世纪80年代的发展，低细胞系表达水平（≪1000mg/L）和不断膨胀的畅销市场迅速促使生产规模达到10,000 L和50,000 L（分别用于胰岛素），其形式为配备了复杂不锈钢生物制造系统的大型单一产品"六件套"设施（6×10,000 L）[1,2]，这些设施需要大型清洁设施和数英里长的焊接和多孔不锈钢管道（图22-1）。然而这种规模和复杂程度的设施需要工业级的机械、建筑以及工艺工程设计和施工，需要原位蒸汽（SIP）和原位清洁（CIP）系统对其复杂的密闭不锈钢结构进行清洁和灭菌。许多设施需要数百个经过验证的SIP和CIP系统以及复杂的自动化系统来监视和控制所有的单元操作和支持系统。设施的复杂性增加了配备通过药品生产质量管理规范（GMP）验证的生产能力的资金成本和时间成本，以至于新的一次性使用技术（SUT）尽管存在风险和缺点，但其优势开始引起人们的关注[1-13]。

图22-1　大型不锈钢生物制造设施示例

来自Rentschler Biotechnologie GmbH, Laupheim, Germany

二、行业驱动因素和发展趋势

20世纪90年代，市场的进一步增长和重磅高剂量单克隆抗体的出现，使得生产规模扩大到20,000~25,000 L，进一步增加了配备通过GMP验证的生产能力的复杂程度、时间及成本[2]。与此同时，人们希望分担设施高成本风险的愿望促进了合同生产公司（contract manufacturing companies，CMO）行业的迅猛发展。这些CMO工厂面临的挑战是将单一产品设施转变为多产品设施（面向多个客户）的挑战。这使得可验证的SIP和CIP操作的开发变得急迫，以降低产品与产品之间交叉污染的风险。监管机构要求生产商对这些操作进行更广泛的验证并建立质量体系，以减少不同药品生产活动之间交叉污染的可能性。

尽管存在这些挑战和产能短缺的预测，但这些大型设施在满足西方市场对第一代重磅生物制剂快速增长的需求方面取得了巨大的成功[2]。美国和欧盟的大型市场可能将继续需要许多这样大型不锈钢设施和新工厂来生产新的重磅药物以及生物仿制药。

随着20世纪90年代的发展，整个行业被第一代重磅药物所主导，未来几十年内将出现巨大的变化。第一代药物的专利到期之后将是"通用生物制剂"（现在的"生物仿制药"）和全球竞争，这将要求更高的效率、更低的成本和更快的灵活性。此外，第二代药物将以更低的剂量发挥更大的效力，细胞系基因组学将提高滴度和产量，全球化将导致市场缩小。所有这些都降低了生产需求和生产设施的平均规模要求[2-4]。

到2010年没有预料到的是，一些国家推动在当地进行本土化生产，迫使制药公司在这些国家建立工厂，以为该国供应药品[14-16]。这进一步缩小了生物制造设施的规模，因为许多设施将服务于较小的本土市场。另一个难以预测的潜在变化则是生物制造生产力提高的速率：2005—2015年期间，哺乳动物细胞表达水平和产物表达水平的大幅提高以及下游纯化产量的提高[2, 17, 18]。单克隆抗体的主导地位进一步促进了这些特殊趋势的发展，因为单克隆抗体的生产过程可以针对许多不同的抗体药物进行平台化和优化。总体而言，这些生产率和市场规模缩小的趋势将共同导致平均生产规模的缩小。

三、完美风暴：行业压力、不断变化的市场和新技术

随着21世纪初的发展，人们清楚地意识到，在2010—2025年期间，生物技术行业将发生医疗之中的重大变革[17]。生物仿制药的竞争可能会导致价格下降，尽管行业报告中显示的利润率依旧很高，但这将迫使生产企业重新审视药品生产成本和供应链。随着更复杂的疾病出现，新药的研发及上市将面临更大的风险、挑战和成本、从而导致大型制药公司进行整合和并购以分担风险。细胞系生产力和纯化产量的提高，再加上更有效、更低剂量的个性化药物，都将需要采用不同且规模更小的设施[18]。但与此同时，生物制造行业一直专注于扩大重磅产品的产量以满足市场需求，而不是投资于可能带来监管风险成本、质量和速度的创新产品。

最后，随着行业压力的不断增加，由于部分单抗管线在完成之前就已经过时（来自临床失败和其他趋势）或发展太慢而无法应对行业变化，因此根据财务风险和回报基础的角度上，一些生物药品制造商开始重新审查大型且建造缓慢的单一产品不锈钢制造技术[2, 5, 7]。顶层的经济驱动和迫在眉睫的药品价格压力开始迫使生物制品制造商审视风险和成本的所有方面，并寻找能够在不危及产品质量的前提下改变成本和速度的新技术[3, 4, 6, 13]。作为降低成本的另一种方法，通过多产品操作的生产敏捷性和灵活性以最大化设施的利用率和效率，也受到了关注[1, 3, 6, 8, 9]。采用一种新的灵活制造技术的时机已经成熟，该技术即可以满足快速变化的行业需求，也不会引发监管风险。

四、成本、质量、速度、灵活性——敏捷且灵活的一次性使用技术

20世纪90年代开始使用的早期一次性使用技术，如筒式过滤器、T型瓶、细胞工厂、样品袋、培养基和缓冲液储存袋等，主要在不锈钢设备的支持性操作中的使用继续增加。一次性使用（single use，SU）系统具有安装和周转速度快、操作方便简单、具有可弃性等特点，无需昂贵且缓慢的CIP和SIP灭菌系统[1-3, 17]。此外，制造商还声明一次性使用系统避免了相同产品批次之间或不同产品批次之间交叉污染的风险，从而进一步保证了生产质量[3, 4, 8, 9, 13]。后一项优势尤为重要，因为越来越多的制造商考虑采用多产品操作以提高设备利用率以降低成本。对于任何经验老到的生物制剂制造商来说，一次性使用技术有可能解决成本和速度的问题，并是提高生产质量的保证。

五、从支持系统到生产系统的一次性使用技术

Wave Biotech[19]开创了一次性使用技术从"支持系统"到"生产系统"的转变，该公司在20世纪90年代推出了第一个袋式生物反应器，这使得一次性使用技术的简单性和优点达到了认可的临界点。到2010年，一次性使用技术的变革潜力已变得显而易见，它可能成为一种新的具有竞争性的"生产"技术工具箱，并且行业驱动因素和压力也在加快其评估速度。此外，一次性使用技术不仅解决了一些成本问题（降低SIP和CIP的资本和运营成本）、增加了生产质量控制（消除交叉污染，从而降低药物掺杂的风险）、提高了配备符合GMP标准的生产能力的速度，还提高了适应性生产的灵活性和敏捷性，可以从一种药物转换为另一种药物[3-5, 7, 9]。这一特性使得本土市场生产更多样化的产品成为可能[14]。此外，高滴度和下游产量的平行开发进一步缩小了规模，使一次性技术更加实用。一次性生产设施如图22-2所示。

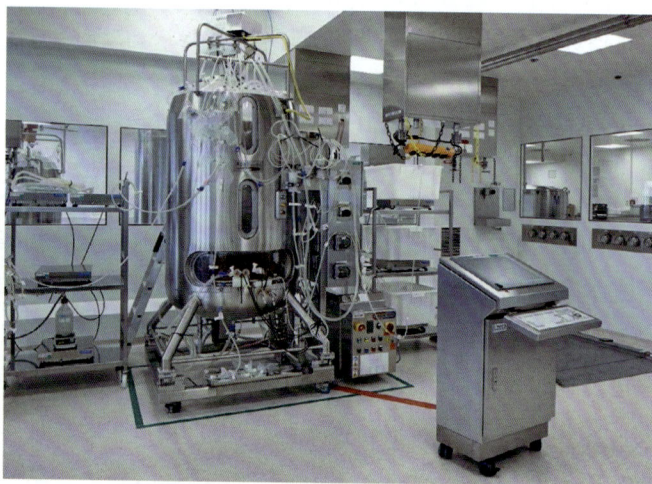

图22-2 一次性生产设备示例

来自Rentschler Biotechnologie GmbH，Laupheim，Germany

在过去十年中，细胞培养滴度的增加减轻了人们对一次性使用技术无法满足行业产能需求的担忧[2]。表22-1显示了一次性使用设备的单克隆抗体年生产能力［纯化后药品原液（bulk drug substance，BDS）（kg）/年］作为细胞生产力（生物反应器中的产品滴度）以及生物反应器的规模和数量的函数关系，假设纯化收率为70%，每个生物反应器每年生产20个批次[20]。如表22-1中所示，在装有6条2000 L（工作体积）一次性使用生物反应器生产线的设施中，以6 g/L的细胞培养滴度可生产高达1000 kg/年的产品。充足的产能可以满足许多生物制剂的需求。

表22-1 假设每个生物反应器每年可生产20批次/年，纯化率为70%。一次性使用生产设施的年生产能力［BDS（kg）/年］与细胞培养滴度和生物反应器数量的关系

				细胞培养滴度			
1 g/L		1.5 g/L	2 g/L	3 g/L	4 g/L	5 g/L	6 g/L
一次性生物反应器容量	2 × 500 L	14	21	28	42	56	70	84
	2 × 1000 L	28	42	56	84	112	140	168
	2 × 2000 L	56	84	112	168	224	280	336
	4 × 2000 L	108	168	228	336	448	540	648
	6 × 2000 L	168	252	336	504	672	840	1008

六、对灵活性、敏捷性和经济性的需求增加——药物多样性和新兴市场的增长

时至今日，生物技术行业在新兴市场、适应证扩大和新药多样性的推动下继续快速增长，包括：激素、融合蛋白、单克隆抗体（mAb）片段、多价mAb、mAb药物偶联物、生物仿制药、生物改良药、细胞和基因疗法、基于细胞和核糖体脱氧核糖核酸（ribosomal DNA，rDNA）的疫苗、治疗性酶等。图22-3显示了生物药品市场的增长情况，其中包括传统生物制剂、rDNA重组蛋白（包括mAb）、衍生物、病毒疫苗、微生物产品以及组织和干细胞疗法。

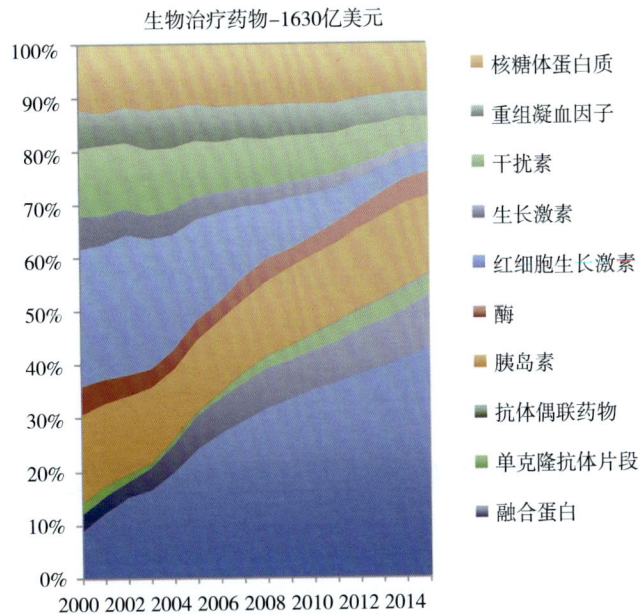

生物治疗药物-1630亿美元

核糖体蛋白质
重组凝血因子
干扰素
生长激素
红细胞生长激素
酶
胰岛素
抗体偶联药物
单克隆抗体片段
融合蛋白

图22-3 2000—2014年生物药品行业的增长情况和多样性

生产规模从细胞和基因疗法的级升，到能达到20,000 L的大型市场化的生物仿制药[2]。药物多样性的增加也需要其生产工艺的多样性。与传统生产技术相比，一次性使用技术可以提供更多的灵活性来适应药物和工艺的多样性。

新兴市场如图22-4所示，包括中国、印度、俄罗斯和巴西。这些地区的经济体还处于发展中，可能负担不起昂贵的生物制剂药品。因此，与西方市场相比，这些新市场对药品价格和药品生产成本的压力更大[14, 15]。此外，这些地区可能不具备训练有素的操作员来操作复杂的不锈钢生产设施，这进一步迫使人们需要更简单且易于操作的生产技术。

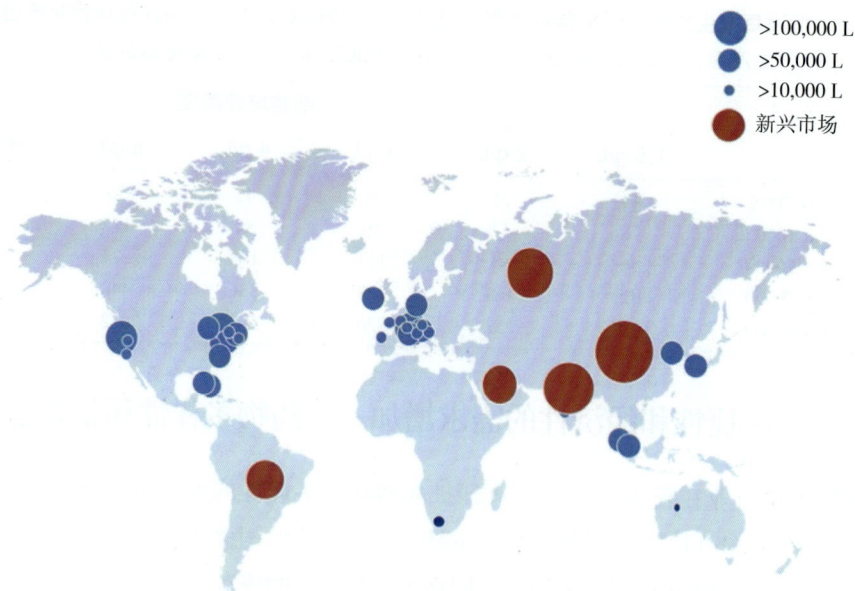

图22-4 现有生物药品市场以蓝色显示，红色表示新兴市场
圆圈的大小表示市场的大小和满足需求所需的生物反应器体量

七、从开发到 GMP 临床和商业生产的成熟过程

在过去十年中，由于降低资本和运营成本、批量周转时间、提高多产品生产的实施速度和灵活性等行业压力，一次性使用技术的运用量激增。在撰写本章时，所有类型的生物技术、生物仿制药、CMO、细胞治疗和疫苗公司都已部署了一次性使用系统，并用于工艺开发、中试或GMP临床生产[21]。有三家公司的一次性使用设施得到了商业许可，这表明监管部门对一次性使用技术的认可是显而易见的：位于马萨诸塞州列克星敦的Shire HGT公司、位于印度浦那的Serum Institute of India和位于韩国的SK Chemical公司[22-24]。

第二节 一次性使用技术概述

一、塑料在医疗领域和不锈钢生物制造设施中使用的悠久历史

塑料聚合物系统已经在医疗领域广泛使用了数十年，并且随着医疗和外科技术的发展，其功能和复杂程度也在不断增加。输液袋和血袋也是由一次性使用的薄膜和组件融合成简单而完整的功能装置设备制成，并带有配件和管路，经过辐照灭菌后以供无菌使用。数十年间，国家血液供应一直使用塑料血袋进行储存。另一方面，使用心肺搭桥机进行的开放式心脏手术包括非常复杂的一次性使用歧管和连接系统。塑料在医学领域的悠久使用历史、安全记录以及对塑料的熟悉程度为其在药物生物制造领域的使用提供了理论依据和先例。

20世纪50年代，随着发酵工业开始在深槽发酵罐中扩大抗生素的生产规模，以及为机械化加工牛奶和奶酪而开发的大型自动化乳制品系统，新一代聚合物垫圈、O形环和柔性阀隔膜被开发用于这些系统，以提供可灭菌的管道/管道接头和储罐法兰。仅一个标准的不锈钢发酵系统就包含数百个O形环、垫圈和阀隔膜。这些聚合物非常稳定，在设计上可耐受蒸汽灭菌（121℃）和CIP操作等高温条件的重复循环。这些聚合物组件在高温循环过程中产生的任何可浸出物都将保留在密闭系统内，覆盖在产品接触表面上，并在操作过程中与药物或乳制品混合。至今，这种做法在大规模的抗生素和乳制品加工操作中继续存在。

同样，随着20世纪70年代后期rDNA时代的到来，生物技术行业迅速将传统的不锈钢乳制品和抗生素发酵罐设计用于大规模的哺乳动物和微生物工艺。如今，业内有数十万升容量的不锈钢哺乳动物和微生物生物反应器，且所有这些反应器都依赖于聚合物密封系统。在20世纪80年代中期，蒸汽灭菌塑料滤芯被引入这些设备，并在与产品直接接触的不锈钢滤壳内进行原位蒸汽灭菌。因此，聚合物不锈钢系统生产了这一代重磅炸弹级的生物制剂。

二、聚合材料浸出物对细胞和产品的潜在毒性和影响

与不锈钢设施相比，一次性使用技术使细胞系和产品暴露于浸出物的可能性增加。据报道，一次性使用的Wave生物反应器系统中的浸出物对某些细胞系的生长具有负面影响[10]。在这种情况下，对一次性使用系统进行伽马辐照后形成的抗氧化剂副产物对细胞生长具有负面影响。使用一次性细胞培养系统的用户应考虑通过从每个供应商购买小规模系统并进行细胞生长测试来评估一次性使用系统。在这些实验中，应注意暴露时间长短、表面积与体积之比和暴露温度的影响。本章将对该主题进行深入探讨。

对于浸出物对产品的潜在影响，可以通过比较在一次性使用系统及对照容器（例如玻璃或其他惰性材料）中，产品在高温培养下的加速稳定性来进行研究。与对照相比，产品聚合、降解或其他质量属性的任何变化都可能表明一次性使用系统对产品产生的不利影响[11, 12]。

三、确认和使用一次性技术的最佳实践

在本章的撰写过程中，一次性使用技术及其验证的最佳实践和标准协调是一个备受争议和讨论的主题[25]。包括BioPhorum操作小组、生物工艺系统联盟、美国注射剂协会（Parenteral Drug Association，PDA）等在内的许多组织都在讨论SU技术的使用和验证的最佳实践（见图22-5，参考文献[26-30]）。这些机构的目标是最好的标准化和协调一次性系统的使用和验证，从供应商的确认和一次性使用组件的可提取物和浸出物（E&L）检测一直到工艺验证和供应链安全。

	美国机械工程师生物加工设备学会	美国试验和材料学会	BioPhorum操作组织	生物工艺系统联盟	化学工程和生物技术学会	可提取物和浸出物安全性和信息交换	美国注射剂协会	产品质量研究所	一次性使用技术评估计划	美国药典委员会
提取物	X	X	X	X	X	X	X	X	X	X
浸出物	X	X	X		X	X	X	X	X	X
微粒	X	X		X	X		X		X	
系统完整性	X	X		X	X		X		X	
连接器	X			X	X					
供应链	X	X		X	X					
设计验证	X	X	X	X	X					
生物相容性		X				X				X

有关此表的更多信息，请访问
www.bioprocessinstitute.com/single-use-news

图22-5 关于一次性使用技术的验证和最佳实践的工作组、协会和论坛

包括：美国机械工程师生物加工设备学会（American Society of Mechanical Engineers Bioprocessing Equipment，ASME BPE）、美国试验和材料学会（American Society for Testing and Materials，ASTM）、BioPhorum操作小组（BioPhorum Operations Group，BPOG）、生物工艺系统联盟（BioProcess Systems Alliance，BPSA）、化学工程和生物技术学会（Society for Chemical Engineering and Biotechnology，DECHEMA）、可提取物和浸出物安全性和信息交换（Extractables and Leachables Safety and Information Exchange，ELSIE）、美国注射剂协会（Parenteral Drug Association，PDA）、产品质量研究所（Product Quality research Institute，PQRI）、一次性使用技术评估计划（Single Use technology Assessment Program，SUTAP）、美国药典（U.S. Pharmacopeia Convention，USP）

四、监管机构关于一次性使用技术中可提取物和可浸出物验证的指导原则

监管机构一直公开支持[31]一次性技术的使用，这可能是由于该技术在医疗领域（输液袋是聚氯乙烯薄膜）和储存国家血液供应的领域中使用的长期安全历史。一次性使用技术的其他质量和监管优势则是消除生物加工中的交叉污染，并可以降低成本，从而有效提高药品在患者中的可及性[31]。

对于通过细胞收获进行的上游工艺，FDA建议SU组分符合USP VI类（USP 87和88）的可提取物和可浸出物的限制[22]。对于下游工艺和容器密封系统，可按照标准容器密封指南对聚合物组件进行验证，以确保产品的相容性和稳定性[22]。

表22-2展示了用于验证聚合物和容器/密封系统的相关指南，包括USP、ICH、FDA、欧盟（European Union，EU）指导原则以及其他药典。

表22-2 适用于一次性使用系统的概要和指南概述国际标准

- ICH Q1A：新原料药和制剂的稳定性试验：容器密封系统
- ICH Q3A、Q3B：新原料药和新制剂中的杂质：最大日剂量的阈值（%）依赖性
- ICH Q3C=E.P.5.4=USP<467>（草案）：残留溶剂指导原则
- ICH Q7A：活性药物成分的药品生产质量管理规范指南
- LSO 10993第13部分：聚合物医疗器械降解产物的定性和定量
- ISO 15747（2003）：静脉注射用塑料容器

美国/北美	欧洲
- 21 CFR第211.65部分：设备结构（联邦法规代码，Code of Federal Regulations，CFR） - 加拿大食品药品法规，GMP，C部分，第2部分，第C.02.005节：设备 - FDA 药品评价和研究中心（Center for Drug Evaluation and Research，CDER）/生物制品评价与研究中心（Center for Biologics Evaluation and Research，CBER）行业指南：用于包装人用药品和生物制品的容器密封系统	- 欧盟GMP，人用和兽用药品，欧盟委员会，第4卷，第3章，第3.39节 - EMEA/205/04塑料内包装材料指导原则

2014年，PDA发布了第66号技术报告"一次性使用系统在药品制造中的应用"，该报告由许多制药和生物制药的生产专家以及FDA进行撰写[26]。该报告对SU技术、系统、质量保证、供应链管理和业务驱动力的各个方面提供了均衡的指导。鼓励读者阅读该报告以获取具体参考，并访问这些组织以了解这个快速变化的领域中的最新发展和信息。

五、生产中的可浸出物——潜在产品暴露的风险评估

药物暴露于SU系统组分中E&L的潜在风险可以通过采取FDA的"基于风险的方法"来进行风险评估[22]。产品暴露可能受到各种变量的影响，例如工艺步骤的位置（上游早期或下游晚期）、表面积/体积比、温度、持续时间、化学腐蚀性和SU组分中的伽马辐照[25]。表22-3展现SU系统风险评估的示例，并为每个潜在暴露风险水平分配了相对值。每行中的值将求和至最右列。基于该评估，最高风险步骤（以红色圈出）将作为进一步评估的目标，例如稳定性研究、总有机碳浸出等。请注意，由于暴露持续时间长，生物反应器步骤或工艺保持点或储存步骤造成的暴露风险最大。如果产品未储存在袋中，则暴露风险可能会转移至其他工艺步骤中。

表22-3　典型单克隆抗体生产工艺中产品暴露于潜在可提取物和可浸出物的风险评估示例

浸提物和沥滤物的风险评估								
步骤	早期或后期工艺	袋膜表面面积/袋体积比率	时间	温度	化学侵蚀性	伽马辐照组件	合计得分	
种子培养	1	3	10	1	1	10	26	
生物反应器扩增阶段	2	2	3	1	1	10	19	
生产反应器	3	1	10	1	1	10	26	
细胞收获	4	2	10	1	1	10	28	
净化细胞收获工艺放置点	4	2	20	1	1	10	⟨38⟩	
蛋白a色谱柱	5	5	1	1	1	1	14	
低pH值（1h）病毒灭活	6	5	1	1	5	1	19	
病毒灭活工艺后放置点	6	5	20	1	1	10	⟨43⟩	
疏水作用色谱（Hydrophobic Interaction Chromatography, HIC）柱	7	5	3	1	5	1	22	
超滤/渗滤（Ultrafiltration/Diafiltration, UF/DF）	8	5	3	1	5	1	23	
离子交换（Ion Exchange, IEX）色谱柱	9	5	3	1	5	1	24	
UF/DF	11	5	3	1	5	1	26	
原液过滤/灌装	12	5	3		5	10	⟨36⟩	
原液储存	13	10	10	1	1	10	⟨45⟩	

带圆圈的行表示潜在的风险步骤。

六、上游工艺中的可浸出物——风险评估和缓解

应使用配备SU袋的小型生物反应器进行实验室规模的实验，以确定是否有对细胞系生长和活力的不利影响[10-12, 25]。应特别注意生物反应器运行的时间和温度，以模拟未来规模化放大运行中潜在的E&L暴露。同样，在袋中储存生长培养基也应受到类似的关注，特别是当培养基储存袋与生物反应器袋来自不同供应商时。任何抑制细胞生长或导致细胞活力降低（与对照玻璃生物反应器或烧瓶相比）的情况都可能是由于SU组分中的E&L或关键营养物质吸附到SU膜上所导致的，或两者兼而有之。E&L的毒性可以通过在对照烧杯中添加暴露于SU组分中的生长培养基来证明。通过添加额外营养物质以恢复细胞生长或用培养基成分预涂在SU袋内来证明细胞的不正常生长是由关键营养物质被吸收所导致的。由于薄膜的透明性质，对于某些细胞系至关重要的光敏营养素（例如维生素K）也可能被耗尽，在这种情况下，需要保护袋子免受光照。接种细胞前对培养基进行预充气也可以去除其中的挥发性E&L成分。

七、下游工艺中的可浸出物——风险评估和缓解

E&L对下游工艺的潜在影响可以通过产品质量变化的形式观察到[10-12, 25]。因此，建立产品稳定性指示测定方法以衡量对产品质量的影响是至关重要的。SU膜和组分通常是疏水性的，并且可以吸附疏水性生物分子，这些分子可能会解吸并在溶液中复性时形成聚集体。产品质量的其他变化，例如加合物的形成或降解，可通过被浸出物激活的金属蛋白酶激活[25]。

由于一次性组件中包含许多不同的浸出物，因此与毒理学家合作可以帮助确定需重点关注哪些浸出物。产品可能会掩盖某些浸出物的含量测定，因此，无论有没有产品，都应进行浸出物分析。重要的是要考虑到，当浸出物水平低于毒性阈值时，产品质量可能发生的变化[10-12, 25]。

缓解方法包括限制暴露时间、加入非离子表面活性剂（如吐温80）或其他辅料以稳定生物分子。用玻璃或不锈钢容器代替袋子进行长期储存可避免E&L的暴露。

八、降低总体风险——在小型一次性系统中生产毒理学批次

由于小型一次性系统的表面积与体积比相较于常规系统中的更大，因此在小型一次性系统中进行毒理学批次将使产品暴露于最大量的潜在浸出物中。任何浸出物的毒性都可以在动物毒理学研究中显示出来。在生产毒理学批次时，应在模拟大规模临床和商业化生产运行条件下生产用于人的原料。例如，应在生产过程中模拟较大储罐、生物反应器和保存点中的产品暴露持续时间。

九、一次性使用技术的商业许可可行性

从一次性使用生产设施的商业许可中，一次性使用技术的商业可行性显而易见。监管机构已批准三家公司进行商业SU生产：美国Lexington MA的Shire HGT生产治疗性酶[23]、印度浦那的Serum Institute of India生产的促红细胞生长素（erythropoietin，EPO）生物仿制药[24]，以及韩国东安的SK Chemical生产季节性流感疫苗[32]。

十、对操作、灵活性、敏捷性、工艺经济性、产品质量和环境的广泛影响

总而言之，尽管一次性使用技术依旧面临挑战，但这在新技术引入的初始阶段通常是可以预期的，且

该技术已逐渐成为生物制剂生产的新工具，可解决传统不锈钢设施的局限性。表22-4列举了传统技术的局限性，SU技术可在一定程度上缓解这些局限性。一次性使用技术不会成为生物制造行业的灵丹妙药（差距和局限性见第五节），但它对生物制造工具箱进行了重要补充。重磅药物和超大规模的生物仿制药生产商将继续需要大型不锈钢设施来制造大量用于治疗疾病的药物，例如：癌症、炎症、痴呆、帕金森病和阿尔茨海默病等[2]。

表22-4 不锈钢和一次性使用设备的比较总结和参考文件

情况	不锈钢设施	一次性使用设备	影响于不锈钢设施的范围(%)	参比品和影响率	参考文献，未定量影响
生产区设施占地面积	较大	较小	减少5%~23%	1（-23），5（-5）	4,9
CIP、SIP基础设施、自动化复杂性	更多	少	减少50%	1（-50）	3,4,5
设备资本成本	较高	较低	减少25%~75%	1（-25），5（-30），7（-40），8（-50），9（75%）	4
耗材成本	少	更多	增长10%~50%	4（+10），7（+50%）	
操作员劳动	更多	少	减少17%~20%	2（-20），8（-17）	4
营业成本	较高	较低	减少8%~67%	3（-67），4（-8），6（-33），7（-10），8（-20），9	
构建速度	较慢	更快	减少20%~50%	1（-20），2（-50），6（-50），7（-25）	4
设备验证负荷和速度	较高	较低	减少20%	3（-20）	1,4
浸出物析出物验证负荷	少	更多			3,4,11
设备改造的成本和速度	价格昂贵且较慢	更少、更快			3,4
由于批间周转更快，年产能的增加	较慢	更快	增长7%~20%	4（-7），7（-20%）	4
能量和二氧化碳足迹	较高	较低	减少20%~80%	4（-20），5（-80）	
用水	较高	较低	减少45%~62%	1（-45），5（-62）	4
HVAC洁净室要求	较高	较低	减少33%	5（-33）	

第三节 一次性使用材料的组成、组件、组装、灭菌、完整性及用途

一、组成和组装材料

一次性组件、袋膜、连接器、配件、过滤器和管道由高级热塑性聚碳酸酯、聚苯乙烯、聚丙烯、聚乙烯、聚氯乙烯、乙酸乙酯和其他生物相容性聚合物制成，这些聚合物可以耐受伽马辐照灭菌，并且仍符合USP可提取物和可浸出物Ⅵ类的要求[25]。在大多数SU制造操作中，薄膜铸造或薄膜和组件的连接是在洁净室设施中进行的，3D袋是通过加热或超声波连接薄膜平板而制成的。注塑成型的刚性组件（例如配件和刚性或半刚性加料口或搅拌器底座）通常与待连接到袋上的聚合物类型相同。例如，低密度聚乙烯（low-density polyethylene，LDPE）通常用于袋膜，高密度聚乙烯（high-density polyethylene，HDPE）用于连接到LDPE膜上的加料口和（或）搅拌器底座。一次性使用的传感器在制造过程中组装并连接到袋中，或者重复使用的传感

器灭菌后在现场以无菌方式插入袋中。

二、一次性使用薄膜和组件的灭菌

最终包装好的SU产品组件通常通过25~40 kg的伽马辐照进行灭菌。首先进行灭菌验证，使用放置在包装中的剂量计进行验证，在辐照过程中旋转包装，以确保整个产品暴露在辐照下。对用于无菌应用的袋子或组件进行额外的USP无菌验证，这正在成为行业标准。根据一次性使用材料的热稳定性和尺寸，高压灭菌也可用于一些非LDPE薄膜的一次性使用组件。这种方法的缺点是必须对一次性组件进行排气，以使空气完全从组件内部逸出，并使蒸汽完全渗透内表面。任何截留的空气都会影响高压灭菌过程中生物负载的降低。长管线圈因排气不良和蒸汽渗透不充分而众所周知。

三、一次性使用袋子和组件完整性的保障

通过对具有统计学代表性数量的薄膜连接样品进行拉伸强度耐久性试验，验证连接强度和袋子完整性。通过对统计学上具有代表性数量的样品袋进行压力测试来进行成品3D袋完整性测试，但压力测试容易因为袋子的拉伸性或温度变化而出现假阳性。因此，有人提出使用其他方法（氦气泄漏测试）以测试袋子的完整性，但是这些方法也可能产生假阳性和假阴性结果，且结果并不可靠。此外，这些测试还会增加袋子因操作而损坏的风险。

经过十多年SU生产行业的发展，这些有问题的完整性测试方法开始让位于质量保证体系，以确保袋子的完整性。

1.供应商要求

（1）一次性薄膜、组件和3D袋子均根据标准操作规程（standard operating procedure，SOP）和批记录的要求进行生产。

（2）质量控制部门需检查袋子是否存在缺陷，并记录合规性。

（3）SU组件被外部保护袋包裹，并被放入最终运输包装中。

（4）包装和运输（包括往返伽马辐照机构的运输）程序需要经过验证，以确保包装能够承受正常的运输要求。

2.用户检查程序

（1）定期对SU供应商进行审计，以确保他们按照供应商质量协议遵循商定的程序。

（2）收到后，检查外层运输包装的完整性是否损坏。

（3）取出前检查外层保护袋。

（4）检查SU袋子和组件是否存在肉眼可见的损坏或断裂。

3.用户安装和测试验证程序

（1）根据验证说明（SOP）中的验证程序，将袋子放入支撑容器中。

（2）将袋子充气至低压并保持，检查是否有较大的泄漏或压力损失。

（3）继续用培养基或缓冲液装填袋子至较低水平，检查是否有泄漏。

（4）继续灌装至袋子满容量并检查袋子是否有泄漏。

（5）继续启动混匀或生物反应系统，以确保所有功能可正常使用。

380

4.使用后滤器完整性检测（仅用于无菌操作或必要时）

（1）使用后，从组件上取下所有无菌通气孔或液体滤器。

（2）对滤器进行使用后完整性检测。

与生产商验证的包装袋制造程序和组装控制相比，操作者处理一次性使用包装袋的培训可能是一次性使用生产中下一个最关键的操作环节，需要从拆开运输容器开始，一直到将包装袋放入并装填到系统中。

第四节　典型单克隆抗体悬浮细胞工艺的SU单元操作和用户要求规范

在编写本手册时，考虑到来自不同供应商的一次性使用系统正在发生迅速变化，因此仅能对SU系统的一般用户需求规范（user requirement specification，URS）和性能选择标准进行描述。本节中的描述和表格提供了典型单克隆抗体工艺上游部分中一次性使用系统的硬件和性能URS以及选择标准。在本书的第一章（引言）、第五章（细胞分离）、第七、八、十六章（过滤）、第十七、十八章（上游工艺和下游纯化设备）、第二十六章（工艺增强）、第二十七章（SU技术实施）、第三十四章（疫苗生产）和第三十五章（细胞治疗）中对一次性使用技术及其应用进行了广泛的描述。此外，在第七、十六、二十六、二十七、三十四和三十五章中描述了一次性使用技术的其他应用。

以下URS图表中描述的一次性使用系统的所有产品接触组件必须符合可提取物和可浸出物的USP Ⅵ级限度。

一、上游工艺——哺乳动物细胞操作

（一）细胞库

自20世纪70年代工业发酵兴起以来，一次性细胞库一直以塑料聚碳酸酯或聚苯乙烯板条管、小瓶、T型瓶和摇瓶这样的形式使用，这些材料可从各供应商处获得。以上组件可进行伽马辐照灭菌，并根据不同的细胞类型采用不同的涂层，例如：哺乳动物细胞悬液或贴壁溶液、昆虫细胞或微生物细胞悬液或贴壁溶液。表22-5列出了一次性细胞库的通用URS。

（二）原始种子代扩增

一旦将原始种子扩增至最初的10 ml T型瓶或摇瓶阶段后，即可转而使用更大体积的旋转器、摇瓶或袋式摇杆SU生物反应器，将培养物从数十毫升扩增至数升。微生物的生长速度比哺乳动物或昆虫细胞快10~20倍，即使在小型系统中也会迅速消耗溶解氧和营养。因此，与哺乳动物细胞培养相比，微生物培养需要转移到搅拌罐中进行发酵，并在较小的规模提供充足的氧气。表22-5列出了一次性种子培养扩增系统的通用URS。

（三）种子扩增

扩增哺乳动物或昆虫细胞需在20 L的摇袋系统/旋转器或3~25 L规模的搅拌罐生物反应器中进行，摇袋系统可从不同供应商处获得。表22-5列出了种子制备系统的URS。

表22-5　用于哺乳动物细胞悬液（不超过25L）接种系统的通用URS和性能选择标准

步骤	设备	性能、细胞密度范围	监测与控制
细胞库	冻存瓶或小袋	高达 10×10^6 个细胞/ml	在液相或气相的氮气中稳定
初始种子扩增和大规模种子扩增	T型烧瓶，高产能细胞培养瓶（HYPER flask），转瓶	高达 10×10^6 个细胞/ml	温度受控的5%二氧化碳培养箱
	转瓶或摇袋式生物反应器	高达 10×10^6 个细胞/ml	温度、pH、溶解氧（DO）、搅拌控制、摇袋角度和速度控制、二氧化碳压力<100 mmHg
	3~25 L规模的搅拌式生物反应器	高达 10×10^6 个细胞/ml，叶轮尖端速度<25 m/s，喷射气体速度<40 m/s，功率/体积 10~50 W/m^3	温度、pH、DO和搅拌控制，二氧化碳压力<100 mmHg
	3~25 L规模的灌注高密度接种生物反应器，摇袋式或搅拌类生物反应器	高达 100×10^6 细胞/ml 叶轮尖端速度<25 m/s，喷射气体速度<40 m/s，功率/体积 100~200 W/m^3	温度、pH、DO、灌注介质进料速率和搅拌控制，二氧化碳压力<100 mmHg 有关URS的要求，请参见第四节

（四）生产用一次性生物反应器——中等细胞密度

本节介绍了细胞密度为100~3000万细胞/ml的中等细胞密度生物反应器的URS。

50~3000 L规模的一次性哺乳动物细胞生物反应器可从不同供应商处购得。表22-6列出了这些系统的通用URS和性能选择标准。

表22-6　一次性使用哺乳动物细胞生物反应器的通用URS和性能选择标准

系统规模，最大/最小工作体积（单位：L）	最大工作容积时的容器宽高比：直径，带/不带夹套	曝气鼓风机设计、气体流速范围、二氧化碳汽提	最大叶轮尖端速度，最小功率/体积，最大喷射气体出口速度	在完全工作体积下，仅使用空气（h^{-1}）时的最小氧气传质系数（kLa）	最小过程监测与控制
50/10 200/40 500/100 1000/200 2000/400 3000/600	1.5：1，夹套底部和侧壁	微孔2~150 μm，钻孔0.5~3 mm，带0.5~3 mm钻孔的0.01~0.1 VVM独立二氧化碳汽提喷嘴	25~40 m/s（对于大于20 μm的涡流刻度），30 W/cm^3，40 m/s	37℃下10h^{-1}，含6 g/L氯化钠和1 g/L普朗尼克F-68	0.01~0.1 VVM[a]汽提率，级联溶解氧，温度，搅拌，溢流氧气气体浓缩至100%，压力，进料控制，重量，二氧化碳汽提低于100 mmHg，顶部渗流0.01 VVM，泡沫控制，出口气体冷凝器，出口气体过滤器自动转换，数据历史记录，数据趋势/跟踪

[a]VVM代表每分钟生物反应器体积中鼓泡注入气体的体积。生产用生物反应器–高细胞密度

据报道，优化灌注培养的细胞密度高达2亿细胞/ml[33, 34]。这些高细胞密度应用的生物反应器的URS选择标准包括：①氧气体积传质系数（kLa）增加至50~100h^{-1}；②CO_2汽提的kLa较高，分压不得超过100 mmHg；③根据所选系统的kLa，可能需要注入纯氧气；④能够在高达0.1每分钟生物反应器体积（volume of bioreactor per minute，VVM）的升高气体流速下运行，可选择使用纯氧气；⑤当在0.1VVM下运行时，大出口空气滤芯不会使滤袋压力过高；⑥出口空气冷凝器可减少出口气体中的水分，尤其是在0.1 VVM的高气体流速下；⑦对高代谢培养物和高热负荷电机增强热传递提高温度控制效果；⑧增加额外的叶轮可使整个生物反应器体积内实现均匀混合；⑨用于灌注装置［例如交替切向流过滤（alternating tangential filtration，ATF）系统］的改良型液体进出口（远低于液位线）；⑩由于气体流速高，所以应当设置快速响应压力控制系统。

（五）用于高细胞密度培养物的一次性流动路径生物反应器灌注装置

表22-7列出了使用浓缩补料分批式培养或需要灌注操作的高细胞密度和高滴度培养物的灌注装置的不同生物反应器操作模式和URS[33, 34]。在撰写本章时，声波细胞分离器正处于开发阶段，尚未大规模使用。

表22-7　高细胞密度一次性灌注装置的生物反应器操作模式和灌注装置URS

操作模式	要求	灌注装置	生物反应器渗流	其他要求/备注
浓缩补料批次，仅细胞循环	用于浓缩生物反应器中细胞的灌注装置	SU离心机，或带有仅保留细胞的微孔过滤器的ATF系统，或带有微孔过滤器的中空纤维外环	不作为要求	生物反应器上用于灌注装置出口和回流端口的大口径连接ATF系统现在可以一次性使用形式提供 过滤方法具有无细胞渗透物的额外优点，能够直接装载到色谱柱上 根据细胞密度和渗透流速，ATF过滤器会随着时间的推移发生污染，需要使用备用的ATF装置
含细胞的浓缩补料批次和产品回收	用于在生物反应器中浓缩细胞和产品的灌注装置	ATF系统或带有超滤器的外部中空纤维系统，可保留细胞和产品		
仅使用细胞再循环进行连续灌注	浓缩和维持高细胞密度的灌注装置	SU离心机，或带有微孔过滤器的ATF系统仅保留细胞，或带有微孔过滤器的中空纤维外环	ATF和外部环路HF过滤系统需要每天进行生物反应器渗流以去除死细胞	一次性离心机的一次性插入组件磨损，必须定期更换，可能需要启动备用系统 具有旋转密封件的SU离心机可能无法为细胞循环回生物反应器提供适当的无菌操作
细胞和产品循环的连续灌注	用于浓缩和维持生物反应器中高细胞密度和产品的灌注装置	ATF系统或带有超滤器的外环路中空纤维系统，可保留细胞和产品		

（六）一次性使用的初步采收和细胞分离系统

有多种方法可以初步回收废细胞培养基并去除细胞团。补料分批式工艺要求使用独立的SU装置，例如离心机、深层过滤系统或声波分离器来从产品流中去除细胞团。与此相反，使用上一节中描述的ATF系统的灌注工艺可产生无细胞流，该流可以直接上样，从而避免在中间步骤使用细胞去除系统。

灌注操作产生的高细胞密度工艺可使湿细胞质量达到15%~20%，这挑战了大多数深层过滤或声分离系统。在这种情况下，需在深层过滤序列的上游安装SU离心机。

表22-8列出了各种细胞分离系统及其各自的URS。在撰写本章时，声波分离器仅限于实验室规模的操作，尚未被生物制造行业广泛使用，因此未在URS中进行描述。但是，随着规模的扩大，这些系统有望在生物加工中得到广泛的应用。

表22-8　一次性细胞分离系统的通用URS和性能选择标准

方法	设备	过滤面积URS：L/m³过滤器表面积[a]或离心力	流速范围	其他要求/备注
深层过滤	滤芯、荚膜或平膜	对于1000万~3000万细胞/ml： 阶段1：50 L/m²h， 阶段2：50 L/m²h 对于3000~5000万细胞/ml： 阶段1：20~30 L/m²h， 阶段2：50 L/m²h	总流速取决于安装的总膜表面积	深层过滤系统需要额外25%的生物反应器体积来冲洗和回收深层过滤系统中剩余的产品 对于高细胞密度而言，可以使用SU离心机预处理流以减少深层过滤器上的细胞质量负荷 深层过滤器使用0.2 μm滤芯的过滤器再次过滤滤液
切向流动过滤（TFF）	中空纤维微孔过滤器 中空纤维超滤器 交替过滤器（ATF）	对于1000万~3000万细胞/ml： 20~30 L/m²h 对于3000万~5000万细胞/ml： 10~20 L/m²h	总流速取决于安装的总膜表面积和细胞密度	TFF系统需要额外缓冲10% 用于冲洗和回收系统中剩余产品的体积清洗

方法	设备	过滤面积 URS：L/m³ 过滤器表面积ᵃ或离心力	流速范围	其他要求/备注
离心	管状碗 旋转管 流化床	高达 4000 × g 高达 360 × g 高达 2000 × g	管状碗高达 360L/h 旋转管高达 120L/min 流化床可达 700L/h	离心流速取决于细胞密度。高细胞密度会降低流速以达到相同的细胞分离效率 离心浓缩液将含有在纯化前需要过滤的残留细胞

ᵃ深层过滤阶段 1 的孔隙率为 0.5 ~ 10 µm，阶段 2 为 0.1 ~ 0.5 µm。阶段 1 的渗透液直接上样到阶段 2 的过滤器上。

表 22-9 列出了一个一次性深层过滤系统的典型示例，该系统适用于 2000 L 规模的生物反应器，以 5 g/L mAb 产品滴度（总计 10,000 g mAb）进行收获[35]。

二、用于单克隆抗体工艺的下游纯化系统

本节讨论了被视为真正一次性使用的下游主要单元操作，例如：色谱平台、膜纯化滤芯、病毒去除滤芯和切向流过滤系统都作为一次性操作进行讨论。由于种类太广（无法在本章中涵盖），且使用范围不广或并非真正的一次性使用，生物负荷降低或无菌过滤器和小瓶灌装系统不在讨论范围之内。

表 22-9　2000 L 规模（5 g/L mAb 滴度，共含 10,000 g mAb）的典型一次性深层过滤系统深度过滤

	参数	质量标准	单位	描述
步骤 1	阶段 1 过滤器	20 m² 面积	0.5 ~ 10 µm 孔隙率 流速 50 LMH	阶段 1 滤液直接流到阶段 2 过滤器上
步骤 2	阶段 2 过滤器	20 m² 面积	0.1 ~ 0.5 µm 孔隙率 流速 50 LMH	阶段 2 滤液直接流到 0.2 µm 深层过滤器上
步骤 3	滤芯	1 × 30"	0.2 µm 孔隙率，2.6 m² 面积	
步骤 4	过滤器冲洗	400 L，55 L/min 流速		
	回收率	95%	9500 g	
	总产品体积	2400 L（包括冲洗液）		
	收获体积的最终滴度	约 4.0 g/L		

预装色谱柱虽然不是真正的一次性使用，但它提供了即用型系统的便利性，从而使操作员无需将树脂装入色谱柱系统中，因为使用色谱柱系统需要拥有大量专业知识、高级别的环境和经过专业培训的人员。

（一）一次性流路色谱系统

一次性流路色谱系统可从不同供应商处获得，这些系统的通用 URS 和性能选择标准如表 22-10 所示。

表 22-10　一次性流路色谱系统的通用 URS 和性能选择标准

系统	流速（L/min）	监测能力	控制能力	端口、入口、出口数量	梯度能力	其他属性
一次性流路色谱系统	0.05 ~ 9	UV 280、pH 值、电导率、流速、压力、气泡	流速	6 个入口，6 个出口	是	过滤能力（用过滤器替换色谱柱）

一次性流路色谱系统操作示例见表 22-11。在这种情况下，32 L 的色谱柱每个循环中可处理 1920 g 样品，总共需要 5 个循环来处理整个批次[35]。更大的色谱柱可减少循环次数，但需要购买更多的树脂。

表 22-11 用于处理 2400 L 规模（含 9500 g mAb）的一次性流路色谱操作

捕获蛋白 A	参数	质量标准	单位
	色谱柱	45×20	直径和高度（cm）
	树脂	蛋白 A 亲和树脂	
	树脂体积	32	L
	结合力	60	g/L
	总柱容量	1920	g
	柱循环次数	5	
	色谱柱流速 @300 cm/h	8	L/min
	产品回收	95%	
	回收的总质量	9025	g
	洗脱总产品体积	240	L
	洗脱液中的预期产品滴度［合并液］	~37.6	g

（二）一次性膜纯化系统

一次性膜纯化系统在选择性和容量方面不断进步，截留量减少，工作压力可达 4 bar，孔径为 3~5 μm。这些系统的 URS 标准见表 22-12。

表 22-12 一次性膜纯化系统的通用 URS 和性能标准

类型	设备和体积范围	操作模式	动态结合容量	杂质负荷容量 kg/L 膜体积	最大流速、压力、孔隙率
2D 膜纯化	S 滤芯，阳离子交换，0.08~5 L	横流，浅层高度	30 mg/ml	2 kg/L	30 膜体积/分钟，4 bar，3~5 μm
	Q 滤芯，阴离子交换，0.08~5 L		30 mg/ml		
	HIC 小柱，苯基 HIC，0.08~5 L		20 mg/ml		
	S 滤芯，阳离子交换，0.08~5 L	结合/洗脱，较长柱床高度	30 mg/ml	2 kg/L	5 膜体积/分钟，4 bar，3~5 μm
	Q 滤芯，阴离子交换，0.08~5 L		30 mg/ml		
	HIC 小柱，苯基 HIC，0.08~5 L		20 mg/ml		
3D 水凝胶膜纯化	Q 膜，0.0002~0.46 L	横流	不适用	10 kg/L	25 膜体积/分钟，6 bar
	Q 膜，0.0002~0.46 L	结合/洗脱	200 mg/ml BSA	不适用	25 膜体积/分钟，6 bar
3D 水凝胶膜纯化	磺酸/叔丁基（多模式），0.00087 L	结合/洗脱	85~95 mg/ml IgG	不适用	10 膜体积/分钟，6 bar

在撰写本章时，以批量模式操作的树脂色谱过于昂贵，不能被认为是一次性使用的。不过，可以使用连续色谱法，通过多次循环使用树脂柱，直至树脂消耗至其最大寿命，从此方面可视为一次性使用[36]。周期性逆流色谱法（periodic counter current chromatography，PCC）和模拟移动床（simulated moving bed，SMB）等色谱分离技术可通过最大化树脂利用率减小色谱柱尺寸，使色谱柱在一个批次内可运行多达数百个循环。有关过滤系统的详细讨论，请参见第七、八和十六章。

（三）一次性病毒去除系统

生物制品的生产中使用了多种一次性病毒灭活的方式。建议读者对药物的潜在病毒污染、病毒灭活方法和指南进行深入研究[37-40]。病毒灭活或清除可以在一次性系统中进行，包括用于低 pH 值灭活和洗涤剂处理的自动一次性混合器，以及具有非常低孔隙率的筒式过滤器[41, 42]。表22-13列出了一次性使用病毒灭活或去除系统的URS和性能选择标准。有关过滤系统的详细讨论，请参见第七、八和十六章。

表22-13　一次性病毒去除系统的通用URS和性能选择标准

类型	设备	对数减少	病毒类型	pH值范围和持续时间，其他设备	其他要求/备注
使用盐酸保持低pH值	两台自动搅拌器依次运行	4.6～4.9	包膜病毒	3.7±0.1，持续>30分钟 需要第二个搅拌器以避免悬滴问题	连续一次性在线搅拌器可与具有足够长度和停留时间的管道一起使用，以对病毒进行灭活
洗涤处理	自动搅拌器	0.5%～1.0% triton X-100 或吐温80	包膜和逆转录病毒	灭活动力学具有浓度依赖性，必须进行验证 需要第二个搅拌器以避免悬滴问题	如果产品不能耐受低pH值处理，则为首选方法 低温会降低有效性
纳滤	滤芯	4.0～4.96	包膜和无包膜病毒，细小病毒和大型逆转录病毒	需要进行使用后完整性检测	细小病毒在压力波动期间可能会渗出

对于低pH值和清洁剂处理，可以达到3～4的$\log_{10}$降低值（$\log_{10}$ reduction values，LRV），并且可以在一次性混合器中进行。对于这些方法，需要使用第二个一次性混合器来解决"悬滴问题"，即第一个处理混合器的顶部空间中未处理的液滴在其保持期结束时落入处理过的批次中时，就会发生"悬滴问题"，从而污染该批次[37]。解决方案是增加第二个混合器，将整个批次转移到该混合器中，并在规定的时间内进行培养。第三十六章详细描述了其他病毒灭活的方法。

有多种方便的滤芯配置可供病毒清除的纳滤方法选择。与低pH值或清洁剂处理相比，纳滤滤芯对包膜和非包膜病毒均可实现相当的LRV[41]。

用户对一次性使用病毒清除系统的一个重要要求是，能够使用按比例缩小的灭活方法进行代表性的小规模清除验证。例如，有报道称使用一次性深层过滤可减少病毒[42]，但也有人对小规模模型深层过滤系统的可重复性提出质疑[37]。一次性使用过滤器的另一个重要特征是能够进行使用后完整性测试[43]。

（四）一次性切向流过滤系统

切向流过滤（TFF）是一种一次性流路形式，可从不同供应商处获得，可用于渗滤、浓缩或配制。TFF系统分为两类：循环流和单向流，配置有平膜或中空纤维膜[44]。表22-14列出了一次性切向流过滤系统的URS和性能选择标准。

表22-14　一次性TFF系统的通用URS和性能选择标准

方法	设备，操作模式	回流液流速	回流液压力	渗透流速	传感器，监测和控制	备注/关键选项
切向流过滤	平膜，多次通过	240～360 L/m²h	最高4 bar	30 L/mh	监测：pH值、UV、电导率、温度、回流液Δ压力、跨膜压（TMP）、渗透液背压 受控：回流液流速，回流液Δ压力、渗透反压、TMP、温度	低滞留量和系统的完全可排水性 单通系统的浓缩系数可能不如多通系统高，回流液容器中的泡沫少
	平膜，单次通过	100 L/m²h	最高6 bar	20 L/m²h		
	中空纤维，多次通过	200～300 L/m²h	最高4 bar	20～30 L/m²h		

单向流TFF系统不需要再循环，因此降低了系统复杂性。然而，由于不需要再循环容器来处理回流液，当产品通过膜盒时，需通过向膜盒系统流路中注入渗滤缓冲液来实现缓冲液交换。与产生稳定缓冲液浓度变化的再循环流TFF系统相比，缓冲液浓度的阶跃变化更大。

循环流TFF系统使产品在过滤系统多次循环，最终返回至回流容器中。对于剪切力敏感的产品，这种暴露可能导致起泡和剪切效应。此外，反复再循环可能会通过泵送动作引起发热，因此除非系统中安装热交换器，否则应谨慎操作[44]。

传感器和控制装置包括回流液流速和压力、Δ压力（入口回流液压力减出口压力）、UV、跨膜压力、温度、pH值和电导率。另一个选择则是控制渗透流速，以减少膜污染。

（五）原液或活性药物成分的一次性灌装和过滤

通常使用无菌滤芯过滤器（0.1 μm）对使用一次性系统生产的原液/活性药物成分（bulk drug substance/active pharmaceutical ingredient，BDS/API）进行无菌灌装/精加工/过滤。这些定制系统可从不同的供应商处购得，并组装成一个完整且封闭的一次性装置[45]，该装置的通用用户要求为：①装有预过滤原料药中间品的起始袋；②通过管路连接至蠕动泵；③然后连接到无菌过滤器（0.1 μm）；④随后连接接收袋，用于装载过滤后的BDS/API，并将其运至灌装地点；⑤该组件包括各种采样口和卫星采样袋，用于使用后质量检定处（quality control，QC）取样和使用后滤器完整性检测。

将预过滤原液通过无菌过滤器泵入接收袋中。在编写本章时，有几种预制组件已上市，但许多用户选择自己组装用于过滤原液的组件或外包组装工作

（六）一次性药品原液的包装、储存和运输

SU原液可灌装至预辐照的无菌袋中，该袋与上述第五节中所述的原液过滤和灌装组件相连。应仔细研究待储存药物的稳定性，以确保长期暴露于聚合物袋中不会对产品产生有害影响，尤其是在产品未冷冻的情况下。药品原液存储的常见温度范围是−20至−80℃。通常，BDS/API储存在10 L规模的袋中。

可以使用"生物壳"运输容器进行冷冻或液体袋中BDS的运输，该容器的结构适用于运输装有10 L及以下产品的袋子[46]。

（七）一次性原液/活性药物成分的冷冻系统

体积超过20 L的药品原液可能需要在SU控制速率的冷冻机中进行冷冻[47]。这些冷冻机将原液包裹在冷冻板之间的狭窄枕袋（深度为2.54～5.08 cm）中进行冷冻。

URS中的关键性能标准是冷冻锋速度（freeze front velocity，FFV）或液体冻结终点时间（last point to freeze time，LPTF），随后冷却至冰点以下，达到所需的储存温度范围（−30～180℃）[47]。

由于蛋白质稳定性的可变性以及辅料选择和配制的不同，目前还没有FFV或LPTF的URS标准。一次性使用系统的FFT和LPTF性能必须根据蛋白质的具体情况逐个进行测试。

三、其他一次性使用系统的通用用户需求规范

（一）一次性微生物发酵罐

一次性发酵罐中的高密度细菌发酵对质量和热传递提出了挑战[48, 49]。尽管存在这些挑战，仍有多个供应商提供一次性发酵罐。表22-15列出了该设备的通用URS和性能选择标准。

表22-15　高细胞密度一次性微生物发酵罐的通用URS和性能选择标准

系统规模，最大值/最小值工作体积（单位：L）	最大工作容积时容器的长宽比高度：直径，带或不带夹套	通风喷射器设计，气体流速范围，二氧化碳汽提	氧气传递率、热传递率、功率/体积	在完全工作体积下，仅使用空气（h⁻¹）时的最小氧气传质系数（kLa）	最小化过程监测和控制
50/10 200/40 500/100	3.0：1，底部和侧壁有夹套	钻孔环形喷射器0.5mm至1/8，0.1～2.0 VVM	OTR=400 mmoles/L h HTR=220 BTU/h/L P/V=0.016 HP/L	100h⁻¹	0.1～2.0 VVM空气喷射速率、级联溶解氧、温度、搅拌、溢流氧气富集至100%、压力、进料控制、重量、泡沫控制、出口气体冷凝器、出口气体过滤器自动转换、数据历史记录、数据趋势/跟踪

（二）一次性搅拌器

SU培养基和缓冲液制备或产品混合系统包括从几升到2500 L规模的各种搅拌器。表22-16中列出了一次性料桶和搅拌器的通用URS和性能选择标准。料桶是用于储存溶液的简单非搅拌容器。搅拌器共分为两类：仅具有搅拌功能的简单搅拌器和用于更复杂操作的"智能搅拌器"，例如pH调节、电导率调节或两者皆可。

表22-16　一次性料筒和搅拌器的通用URS和性能选择标准

类型	功能	搅拌性能	过程控制
料筒	溶液储存	无	无
简易搅拌器：摇杆、桨、搅拌罐	溶液混合/加热/冷却/储存，带取样、底部和侧面夹套，以及添加粉末的装置	搅拌时间1～2分钟，无死角	搅拌速度可调节，夹套用于冷却/加热
	粉末状或缓冲液的混合/加热/冷却/储存，带有取样、底部和侧面夹套，以及添加粉末的装置	表面快速搅拌以溶解结块培养基，搅拌1～2分钟，无死角	搅拌速度可调节，带下泵，夹套用于冷却/加热
智能搅拌器：摇杆、桨、搅拌罐	混合/加热/冷却，pH值、电导率或温度调节，带有采样、底部和侧面夹套，以及添加粉末的装置	剧烈搅拌以实现快速工艺控制，搅拌1～2分钟，无死角	可插入式（高压灭菌）或一次性使用的带有pH、电导率和温度控制器的pH、温度和电导率传感器 温度：±0.5℃ pH值：±0.1

当混合用于细胞培养的粉末状培养基时，特别是吸湿性粉末，容易结块并漂浮在液面上。在这种情况下，需要搅拌器强力向下泵送将浮动的粉末团块拉到液面下。应在开始搅拌的同时向搅拌器中添加盐以制备缓冲液，以避免在薄膜顶部的搅拌器底部形成盐堆。在缓慢溶解的过程中，这些盐堆的温度可能上升，并导致薄膜的软化或损坏。

混匀时间是搅拌器的重要性能标准之一。可以通过在搅拌器高度和宽度的各个位置插入pH或电导率探针来测量混合效率，以实时调节pH或电导率。如果未达到混匀均一性或需要几分钟以上才能达到，则应对该搅拌器的效率提出质疑。

四、一次性设备的设计

与传统不锈钢设施相比，一次性设备的操作方式截然不同，这表明需要替代设计以实现最大效率[2,50-52]。

由于必须在设施内使用SU组件和袋子，并将其在设施外进行废弃，因此应仔细考虑仓库的位置，大小和可及性，以确保转运不会受到限制。此外，必须经过的走廊和气闸的数量也会减慢转运时间。由于这些原因，开放式结构的设施被更频繁地考虑用于一次性操作，以及潜在的显著资本和操作成本优势，同时降低洁净室要求[2, 48, 50]。

显然，开放式结构设施必须解决病毒灭活前和病毒灭活后操作的隔离问题，在传统的多洁净室生物制药设施中，这些操作通常在单独的房间中进行。如果在处理过程中未发生破裂，或者破裂的风险被认为处于可接受的水平，则封闭式一次性使用系统可降低交叉污染的风险[52, 53]。

第五节　一次性使用技术的差距和缺点

一次性使用系统具有相当大的优势，但也有许多需要考虑因素和局限性[1-14, 25, 45, 54]。除了加压、较高温度，或在某些需要使用有机溶剂和较高浓度（>50%）酒精情况下的操作[25]，一次性使用系统适用于几乎所有的生物处理应用。差距和低效由多种因素导致，包括不成熟的供应链、不兼容的无菌连接器以及缺乏E&L验证的行业标准。后者是几个工作组的重点研究领域，他们正在合作采用行业标准，第二节对此进行了讨论。

第六节　一次性使用技术的结论和未来

一次性使用技术正在整个行业、全球和新兴市场内传播[55]，尽管存在缺点，但它们仍具有若干优点[2, 22, 25, 45, 50, 54]，例如该技术能够实现连续生产，这在第二十一章和第二十七章[36]中有详细的描述，且有关技术改进和新应用的报道屡见不鲜[44-48, 50, 53]。协调和标准化的工作应该继续进行，不能因此而限制创新。

一次性使用设备不会是该行业的万能药，因为对于非常大型（1000 kg/年）和低成本的生物制剂来说，这些产品仍然需要使用不锈钢设施[50]。全封闭一次性使用系统和开放式架构设施的出现将为效率、成本和质量的改进和提升铺平道路[51-53]。

参考文献

第二十三章

工艺控制与自动化解决方案

Trevor J. Marshall, Yvonne A. Brady

Zenith Technologies, Dublin, Ireland

第一节　引言

如今，如果没有相当程度的自动化，几乎没有办法进行工作，这一点在生物制药设施中也同样适用。自动化可以有多种形式，从最基本的加热到复杂的工艺控制和自动化系统，其中包括从工厂车间到连接到业务规划应用程序的智能仪器。在本章中，我们将介绍自动化及其在生产工艺中的应用。

国际自动化协会（International Society of Automation，ISA）定义了工业公司的5个自动化级别，从工厂车间开始，包括过程（0级）、监测过程的仪器（1级）、监控和控制过程的控制系统（2级）、制造运营管理（3级）以及业务和物流计划（4级），如图23-1所示。

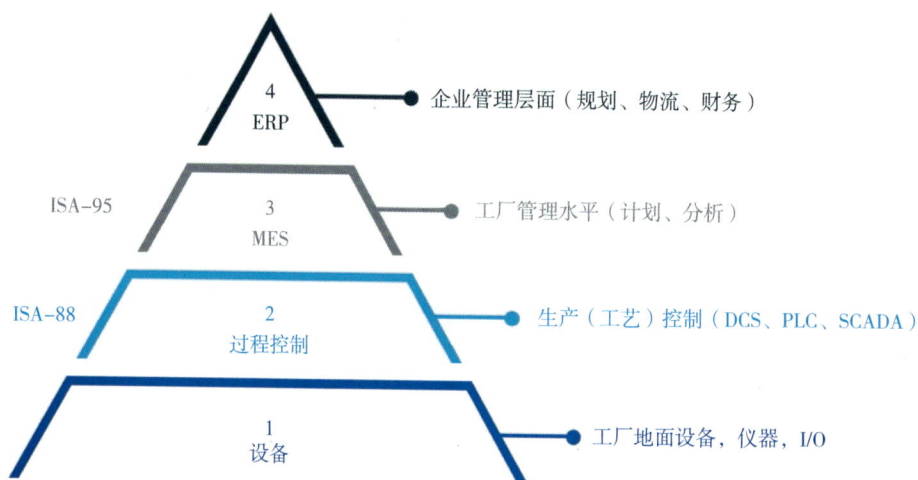

图23-1　自动化级别

工艺控制涉及2级系统，涉及将信息从工厂车间设备实时传递到控制室及其他地方。它包括为控制设备而设计的配置软件，并实现对工艺控制。它涉及一个过程，其中信号通过输入和输出（I/O）从工厂车间设备发送到控制器，在人机交互界面（human machine interface，HMI）上可视化，并记录在历史数据库中。信号以类似的方式发送到工厂车间设备。该工艺如图23-2所示。

尽管过去认为操作员可以代替自动化系统，在某些工艺行业提供手动控制，但由于工艺要求的复杂性，在生物工艺行业中不可能让人工操作执行相同的控制。这些要求（例如控制生物反应器中的pH值或溶氧）需要使用在工艺控制系统中配置的复杂自动化算法。

这些工艺控制系统被设计用于控制各种类型的设备，例如生物反应器、层析柱、过滤模块等。传统上，这些产品可能以自动化的孤岛形式从制造商运送到客户手中,几乎没有与其他站点信息技术(information technology,IT)系统的连接,甚至在不同的自动化孤岛之间也没有连接。现在这些系统的互连性变得更加明显,无论在制造层之间,还是在现场IT基础设施和系统之间。本章将深入研究这些工艺控制系统以及它们所连接的其他支持系统。不过,我们将从工艺控制系统的基础开始并进行深入阐述。

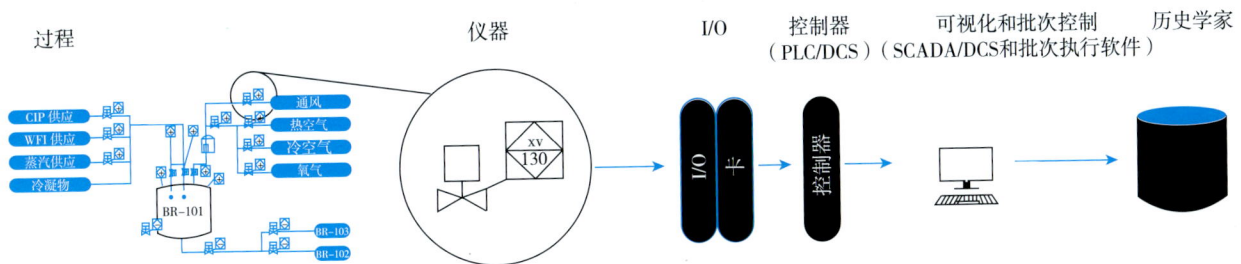

图23-2 通用工艺自动化示意图

第二节 仪器及输入和输出

当我们思考工艺时,应该考虑以下问题:我们的罐体/生物反应器容量是多少?温度多高?是否与下一个管罐相连?排水管是否打开?这些问题是通过工厂车间仪器发出的信号来回答的。

仪器是工艺设备和控制元件之间的接口。它们从周围获取信息,并向控制系统提供信号,以使其做出反应。它们根据控制系统提供的信息采取行动,从而影响或调整工艺本身的变化,如图23-3所示。

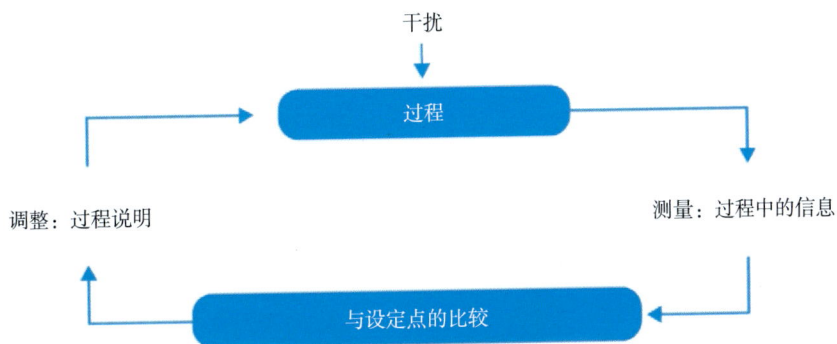

图23-3 工艺控制回路简图

一、仪器

仪器在工艺控制图(piping & instrumentation drawing,P&ID)中所表示的仪器如图23-4所示。

仪器有两种主要类型:离散型和模拟型。离散仪器基于简单的I/O、开/关、正确/错误、是/否类型信号。想象一个灯泡:它要么打开,要么关闭。在工艺控制领域中有很多这样的应用,例如,阀门或开关是打开的还是关闭的?防爆片是否完好无损?是否有连接?是否按下了按钮?然后是打开阀门,打开指示器,信标或探测器等命令。

第二种类型是获得数值的仪器,例如罐体或生物反应器的温度。这种信息不能简单地以"是/否"的方式表示。这里需要一个实际数值。工艺控制中的一些其他示例包括压力、流量、溶解氧、pH值、泵速、控制阀的开度百分比等。

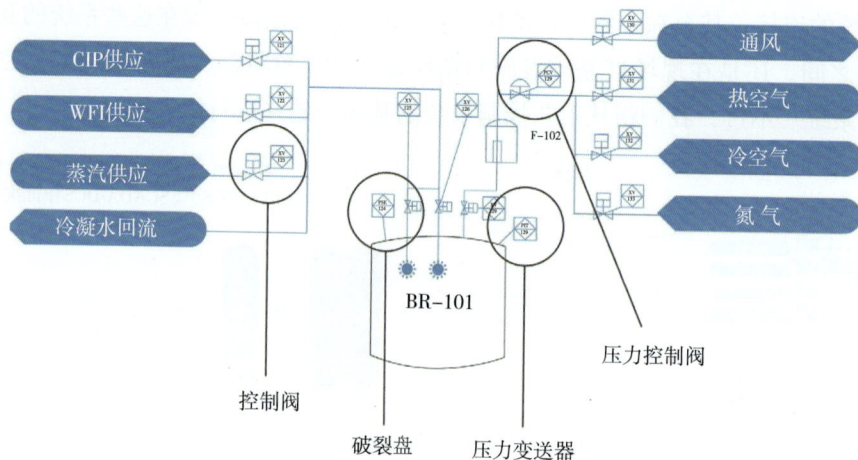

图23-4　P&ID所示的仪器

使用传感器完成从分析测量到可由控制器读取的信号的转换。传感器将获取物理量（如压力）并将其转换为电信号。例如，电阻温度检测器（resistance temperature detector，RTD）将根据热量改变其电阻值。随着热量的增加，电路中的电阻也会增加，从而改变所提供的电压或电流。使用应变计的压力传感器也是如此。当压力被施加到应变计上时，电路中的电阻上升，电压或电流水平随之发生变化。一些流量检测器将会利用流体的流动来推动与旋转电位计相连的鳍片。流速越快，电阻变化越大。

传感器提供的电信号可以基于电压或电流，但通常使用的电流范围为4～20 mA。控制器提供电流，传感器将返回其配置范围内的值。该值将与当前的压力、流量等成比例。然后，控制器获取原始测量值并将其缩放为有意义的测量读数。

二、输入和输出

除了离散/模拟分类之外，还有另一种方法可以区分仪器信号，这取决于信息或信号流的方向。信号要么是控制器对工艺过程的测量值，要么是从控制器发出回到车间仪器的指令，这些分别归类为输入和输出。这些信号是控制器与工厂车间设备交互的方式：输入以获取有关工艺的信息，输出以调整车间工艺过程。

由于I/O是控制任何过程的基本模块，人们经常谈论自动化解决方案中I/O的数量，作为工艺自动化大小和（或）复杂性的度量。正如更多章节中看到的，虽然I/O数量可能相同，但这种级别的比较可能过于简单，因为自动化的类型和级别可能会因工艺要求而有所不同（图23-5）。

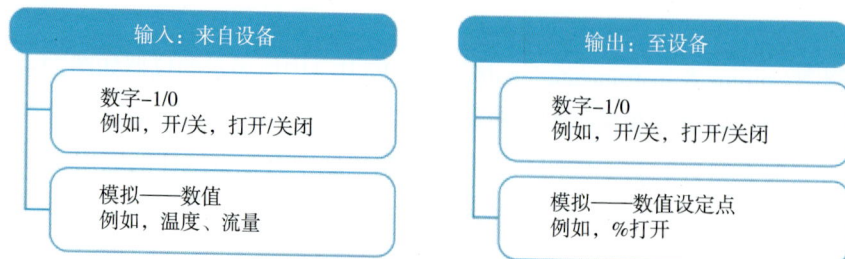

图23-5　输入和输出示例

因此，我们不再谈论仪器，而是使用术语I/O，但它们本质上是一回事吗？并不一定。与控制系统相关的每个仪器至少具有一个I/O，也就是说，至少一次信号输入或输出。但是，某些仪器将具有一个以上的关联I/O，如图23-6所示。

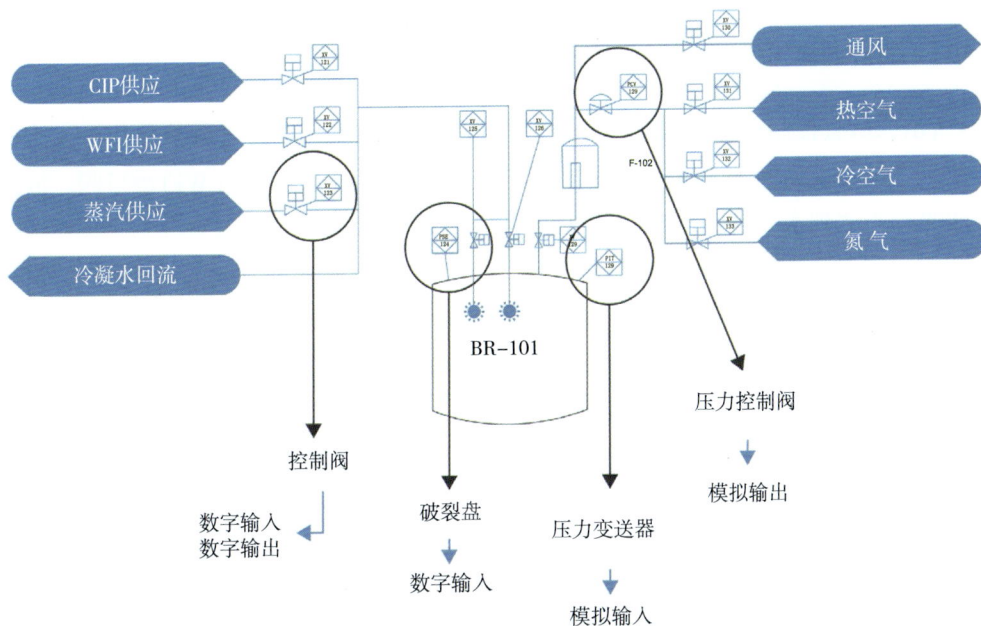

图23-6 与仪器相关的I/O

例如，驱动阀。首先，我们希望能够告诉阀门打开或关闭。这需要一个或多个数字输出（digital outputs，DOs）。例如，根据可用的仪器信号，可能有一个DO通知阀门打开。当此信号为真时，阀门应打开，但如果此信号为假，则阀门应关闭。有时有两个DO：一个让阀门打开，另一个让阀门关闭。

除以上的情况外，我们可能需要知道该阀是否确实已打开（或关闭）。这是通过数字输入（digital inputs，DIs）完成的。像DOs一样，这可以通过阀的一个或两个信号输入来完成；可以配置一个DI，当DI为真时，以指示阀门已关闭。当信号为假时，假定阀门未关闭，即打开。或者，可以使用第二个DI来判断阀是否确实打开了。

表23-1中显示了仪器及其相关I/O的更多示例。

表23-1 来自仪器的I/O示例

仪器	典型I/O	来自	到	信号功能
模拟仪器，如压力、温度或pH变送器	1个模拟输入（analog input，AI）	仪器	控制器	告知控制器现场的实际仪表读数
紧急停止或其他按钮	1个数字输入信号	仪器	控制器	告知控制器按钮已被激活
控制阀	1模拟输出（analog output，AO）	控制器	仪器	告知控制阀需要打开的百分比
指示灯	1个数字输出	控制器	仪器	灯亮起，为操作员提供信息
致动阀	1个数字输出	控制器	仪器	告知阀门打开
	1个数字输出	控制器	仪器	告知阀门关闭（可选）
	1个数字输入	仪器	控制器	告知控制器它实际上是关闭的
	1个数字输入	仪器	控制器	告知控制器它实际上已打开（可选）
变速泵	1×数字输出	控制器	仪器	告知泵打开
	1×模拟输出	控制器	仪器	告知泵以什么速度运行
	1×数字输入	仪器	控制器	告知控制器它处于打开状态
	1×模拟输入	仪器	控制器	告知控制器实际运行的速度

总之，工艺设备车间和控制器之间的连接是通过I/O完成的。I/O是往返于控制器到工艺设备的信号，使其能够从工艺中获得准确的实时数据，并根据需要进行控制和调整，以执行所需的工艺操作。

三、通用控制算法

如图23-3所示，所有控制循环都依赖于从工艺过程中获取数据，对其进行某种分析或比较，并根据需要调整输出。举一个最简单的例子，用注射用水（WFI）填充生物反应器。打开WFI进口阀，液位升高。控制系统监测液位水平，当达到水平设定点时，关闭进口阀。

在控制术语中，水平读数被称为过程值（process value，PV）和设定点（set point，SP）。但是，更复杂的控制会发生什么？例如，如果我们想在长时间内控制生物反应器的温度怎么办？然后，我们需要使用更复杂的算法，通常是比例积分微分（proportional integral derivative，PID）控制回路。

PID控制回路用于将过程变量（温度）控制到给定的设定点。它使用一种算法指导模拟输出（在这种情况下为温度控制阀），以响应过程变量（process variable，PV）模拟输入信号（在这种情况下为温度读数），以达到所需的设定点。该算法使用三个参数，这些参数经过调整、校对和优化，以将工艺控制到特定的设定点。这些参数是比例（proportion，P）、积分（integration，I）和导数（derivative，D）参数，控制回路也由此得名。

比例（P）分量称作增益常数。比例项的输出是增益乘以实际PV和目标SP之间的差，称为误差。比例增益设置过高会导致控制器反复超过设定点，从而导致振荡。

积分（I）分量决定了PID的输出［称为控制变量（control variable，CV）］随时间变化多少，用来纠正偏差。作为算法的一部分，它将所有误差值相加在一起。在稳定状态下，正误差和负误差（与设定点的偏差）将相互抵消，并且积分分量将接近零。

导数（D）分量查看过去的变化率，并将其外推到未来（希望外推的距离）。微分动作单位以秒为单位。它允许PID回路预测将发生的故障并迅速做出反应。导数分量在测量中非常容易受到噪声或尖峰的影响。

PID控制算法将在控制器中运行（在第三节中讨论）。对于每个循环，可编辑逻辑控制器（programmable logic controllers，PLC）或控制器读取PV并将其与SP进行比较。然后评估控制回路的逻辑，以确定控制系统的响应值。调节模拟输出［例如，控制阀（control valve，CV）%打开］，将PV控制回设定点。整个系统根据其扫描速率连续扫描。每次系统扫描可在一秒钟内完成。

为了降低不必要的振荡，控制到精确的设定点，引入了死带（dead belt，DB）概念。死带是围绕设定点的范围，在该范围内，控制器通常将CV保持在某个值。一旦该值落在死带之外，控制器将更改CV以做出响应。死带通常是高于和低于设定点的相同值。

PV、SP和DB值通常以工程单位显示，CV通常以%输出显示。

另一种类型的死带控制称为"死区"，其中高于设定点的死区值与低于设定点的死区值不同。

直接PID控制用于单向回路，例如生物反应器的罐体温度控制。细胞呼吸并放热，这反过来又需要控制系统来控制容器夹套的温度，以控制罐的温度。直接控制在只需要单一控制方向时使用，在本例中，控制系统将通过调节所需的冷却水量来控制容器夹套温度。由于培养物提供了热源，因此不需要加热。直接控制通常使用0%～100%的CV标度。

当需要对环路进行双向控制时，使用分程PID控制。分程控制通常用于生物反应器的pH控制回路中。可以通过控制泵添加碱溶液来提高pH，并且可以通过控制泵添加酸溶液或通过质量流量控制阀添加二氧化碳气体来降低pH。在分程控制的情况下，将0%～100%的CV标度分为两个范围，"无响应值"可以是

0%　～100%的任何值。例如，让我们说分割范围值为50%。两个控制范围将是0%　～50%和50%　～100%。在此示例分程控制器中，CV值为50%不会对系统进行任何更改。CV值高于50%将需要添加碱，CV值低于50%将需要添加酸或二氧化碳气体。

还可以调整循环以符合其他特定要求。如果将生物反应器中的培养基加热至37℃，但重要的是不能将培养液加热至37℃以上并使SP超出范围，可以调整温度控制回路以防止超温。在这种情况下，结果是PV以慢得多的速率达到设定点，以确保没有超过设定点。

第三节　自动化硬件

一、概述和引言

我们知道车间的仪器通过I/O信号与控制系统通信，但是这是如何发生的，需要什么才能使这项工作正常运行呢？

如第二节所述和图23-2所示，需要一种方法从工厂仪器中获取现场信息并驱动特定仪器（例如泵和阀门），这通常被称为I/O硬件。

然后，我们需要一个控制器来执行控制算法，以获取输入信息并基于工艺影响输出。

为了将工厂的状态可视化，HMI用于呈现屏幕上的不同输入和输出。这些可以有多种形式，从一个8英寸小屏幕到一个21英寸的大屏幕，甚至更多其他形式。

控制系统可以仅由具有一个HMI的单个控制器组成，并且与任何其他系统没有关联接口。这种情况通常被称为"自动化孤岛"。

随着网络化个人计算机（personal computer，PC）的出现，可以将互连的HMI放置在整个工厂车间的设备上。这允许对系统进行监督访问，同时增加了从连接的控制器收集信息的能力。这被称为监督控制和数据采集（supervisory control and data acquisition，SCADA）系统。应用软件通常在Microsoft PC和服务器上运行。

对于跨多个行业的大型控制系统，例如石油和天然气以及大型制药厂，部署了分布式控制系统（distributed control system，DCS）。在此配置中，所有硬件通常可从一个供应商处获得，例如I/O、控制器、工作站和服务器。随着PC的商品化，联网硬件和微处理器硬件成本降低，DCS供应商可以进入传统上保留给PLC/HMI和PLC SCADA供应商的行业市场。其他用于DCS的首字母缩写是工艺控制系统（process control system，PCS）或制造控制系统（manufacturing control system，MCS）。

这三种设置在市场上仍然很普遍，根据客户的需求，它们都有各自的优势，如下所述。

二、I/O卡和总线系统

以下I/O类型是生物制药行业中使用的控制系统的典型类型，用于向现场仪器收集和发送信号。①数字输入（24 V）；②数字输出（24 V）；③模拟输入（4～20 mA和0～10 V DC）；④模拟输出（4～20 mA和0～10 V DC）；⑤热电偶输入；⑥信号调节输入（惠斯通桥）。

这些发往/来自仪器的输入/输出信号被整理到与控制器相连的输入和输出卡中。这些卡片存放在专门建造的硬件柜或面板中。这些I/O可以与控制器共同位于同一机柜中，或者可以分布在被配置为所谓的远程I/O的工厂周围。

使卡远离控制器的优点是可以将许多I/O连接到本地面板，然后可以从那里将信息发送到控制器。这减少了所需接线量以及安装和测试时间。无线I/O也可用，但此时并不常规使用。

无论I/O卡是否远程，每个单独的信号都被连接到卡中的单个指定和标记点。该布线方案是在布线图的设计阶段确定的。使用这种方法，控制系统可以区分不同的信号。通常，这些卡内置指示灯，当I/O处于活动状态时，指示灯显示为绿色，如果出现诸如电线断裂等问题，指示灯显示为红色。

这些卡片被放置在面板和柜子中，如图23-7所示。这些是受保护的环境，将为卡和控制器提供电源，通常会配置风扇，以确保面板不会过热。

用于收集输入和输出信号的其他更先进的技术包括在数字总线系统上与仪器通信。这种情况下，仪器和控制系统I/O卡使用相同通信协议，并允许在控制系统和仪器之间通信更多信息。该方法在工业上广泛用于与变速驱动器（viable speed drive，VSD）通信。

图23-7 控制系统柜内

数字总线系统的示例包括：①Profibus现场总线；②Profinet工业以太网；③DeviceNet设备网；④以太网/IP；⑤基础现场总线；⑥ASi总线。

每个总线系统都有自己的特性，但重要的是确保所使用的控制系统支持所选择的I/O总线系统，并且购买的仪器可以在该I/O总线上通讯。

在选择正确的I/O总线系统时还有其他注意事项：①支持仪器和I/O总线卡之间通信的网络电缆的距离；②可以连接到一个I/O总线网络的仪器的数量和类型。

出于维护和培训的目的，从I/O卡和仪器备件的角度考虑，尽量减少工厂内使用不同I/O总线系统的数量是明智的。许多设施不仅将部署在工厂上的控制系统标准化，而且将用于这些控制系统的I/O总线系统标准化。

最近的趋势是使用基于以太网的I/O系统，例如Profinet或以太网/IP。与传统的Modbus RS232或RS485网络相比，这些系统在诸如信号传输速度和可以传输信号的距离等方面具有优越的性能。这些以太网I/O子系统还可以用于商业IT基础结构开发的网络交换机。

三、控制器

当讨论控制器作为控制系统的一部分时，重要的是要认识到这些控制器是由不同的自动化供应商开发的，并且不是所有的控制器都可以通过公共网络进行本地通信。控制器与不同I/O卡通信的能力通常取决于来自自动化供应商的控制器是否支持这种I/O卡或总线系统。

与控制器相关的许多特性，例如中央处理器（central process unit，CPU）速度、控制器内存和支持的控制器配置语言。控制器运行他们自己的专有自动化供应商软件，该软件允许配置不同的过程控制系统算法和顺序，以实现对特定设备的过程控制。

控制器的CPU和存储器容量在确定连接到控制器的I/O的数量以及由此确定由一个控制器控制的设备的数量时是重要的考虑因素。自动化供应商有许多不同的控制器类型，以适应特定的自动化和工艺控制需求。

还存在具有冗余特性的高级控制器，由此，如果一个控制器的组件损坏，则配置的冗余控制器将接管而不会中断过程。

控制器通过以太网互联网协议（I/P）通信协议可以与HMIs进行通信，创建互连网络。该协议是一种能够高速处理大量数据的网络通信标准。每个HMI系统都带有许多通信协议，可以与不同的自动化供应商控制器进行通信。

四、服务器和工作站

大部分自动化供应商通过运行Microsoft Windows操作系统软件的现成IT组件与其控制器建立自动化系统架构。自动化供应商将指定服务器，PC和网络交换机的制造商和型号，或者为运行其自动化软件所需的每个组件提供最低的质量标准。

每个供应商都在Microsoft Windows操作系统上对软件进行了严格的测试。自动化供应商通常会推迟在新操作系统上发布其软件，直到该操作系统在市场上更加成熟，并且他们有时间在新平台上测试其系统。一个自动化供应商可能需要6～18个月的时间来适配一个特定的操作系统。同样，仅由自动化系统供应商批准安装的系统更新。

在生物制药环境中使用的主要基于服务器的软件包括：①可视化软件，允许操作者交互并可视化工艺；②批次执行软件（用于创建配方以对产品制造工艺进行排序）；③历史记录（通常来自设备的连续和关系记录数据）；④批次历史数据库（通常是交易性的，记录作为制造产品的一部分而产生的与批次相关的信息）；⑤终端服务器（用于现场连接多个可视化会话）。

工作站用于向操作员提供工厂设备的可视化工艺展示，同时还提供允许操作员与设备连接高级功能，从而在单个设备上启动整个设备序列的过程。工作站在执行这些任务时与控制器和批处理服务器通信。它还提供了在历史数据库服务器上显示收集数据的历史趋势的功能。

现场工作站必须针对相关环境条件和其他要求进行适当配置。在许多情况下，这需要将工作站放置在特殊的外壳中。

随着IT行业的发展，工业自动化将随之而来，例如虚拟化解决方案的出现，如第十二节所述。

第四节　可编程逻辑控制器和监督控制以及数据访问

我们之前已经讨论过仪器如何通过I/O与控制器通信，但是控制器到底是什么？

大多数控制器要么属于PLC，要么属于DCS的一部分。我们稍后将讨论DCS，但目前，首先集中讨论PLC。

PLC是一种工业计算机，可监视输入，根据其程序做出决策，并控制输出以使仪器自动化，从而使工艺自动化。它是快速、可靠的，并且是为在工业环境中工作而构建的。如第三节所述，PLC的主要组件如图23-8所示。

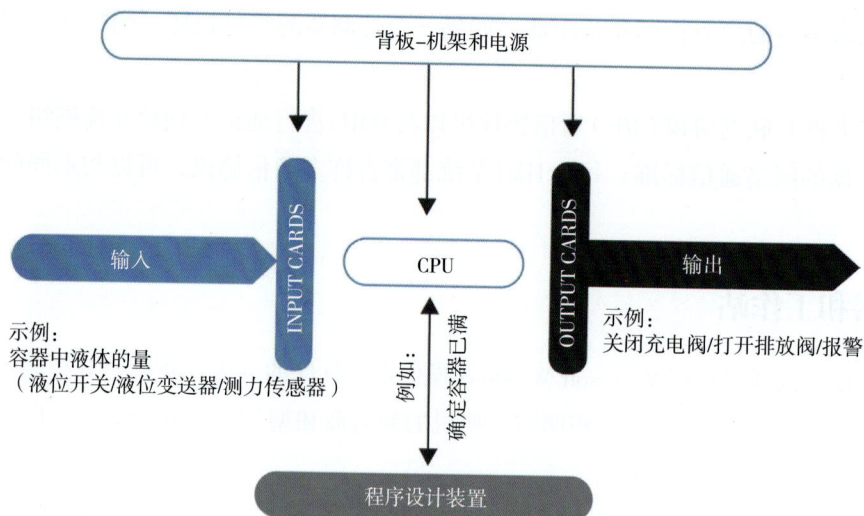

图23-8　PLC的主要组件

一、PLC 组件

（一）背板：机架和电源

背板为配置所需的所有组件和模块提供支持。每个组件都插入到该背板上。它还包括用于供电和通信需求的接线。每个机架只能容纳规定数量的组件，但可以连接扩展机架，以允许添加更多组件。在系统设计阶段，重要的是要计算出需要多少空间，并允许一些备用容量，以确保将来有足够的扩展空间。

电源单元（power supply unit, PSU）对于为卡和CPU供电至关重要。PSU通常连接不间断电源（uninterruptable power supply，UPS），以确保在主电源故障时继续向PLC供电。

（二）输入/输出和相关模块

如前所述，输入是从现场仪器获取的信号，通过输入模块中继到控制器或CPU。同样，输出是通过输出模块从CPU发送到现场仪器的信号。这些可能是远程I/O或本地I/O。

（三）中央处理器

中央处理器（CPU）是PLC的大脑，是存储和执行逻辑的地方。CPU将审查输入数据，处理逻辑程序中的信息，并通过输出向现场发送反馈。

如图23-8所示，输入信号从车间传入，表示容器已满。根据系统的配置，信号可能来自设置在较高水平的液位开关，可能来自发送罐体中实际液体液位传感器，也可能来自发送罐体及其内容物实际质量的测力传感器。

CPU将根据其程序解释此输入信号，并确定是否需要执行操作。在给出的示例中，CPU将在电平发送器和测力传感器数据的情况下，将接收到的值与程序中的目标或高电平进行比较，并基于比较结果给出对应操作。这些操作可以确定容器已满，停止进一步添加，并关闭加料阀。它可能需要通过打开排放阀来排放部分或全部罐体内容物。如果输入信号足够高，则可以写入程序以生成报警补充这些操作或代替这些操作。

在PLC中，整个过程发生得非常快，而现场实际的仪器，例如阀门的打开或关闭，需要花费更长的时间来驱动，但是打开或关闭的信号会迅速产生。PLC反应所花费的时间称为扫描时间。除内部检查外，单个扫描还包括读取输入、处理信息和设置输出信号，如图23-9所示。

PLC的典型扫描时间因品牌和设置而异，并取决于PLC上驻留的程序的大小，但通常为毫秒级。

（四）编程设备

编程设备位于PLC外部。程序配置在编程设备上，并下载到PLC。只能通过外部编程设备查看程序以及PLC中发生的情况。在PLC上运行的程序称为在线版本，在编程设备上运行的程序称为离线版本。可以并建议定期比较在线和离线版本，尤其是在进行任何更改之前和之后。工具可以自动执行此操作，需要工程师在进行代码操作之前检查代码。

程序的离线版本是为了数据恢复和将来实现更改而备份的，因此使用正确的版本非常重要。

编程设备可以是笔记本电脑、网络计算机或定制的编程设备。该设备可以直接插入PLC或通过网络插入。

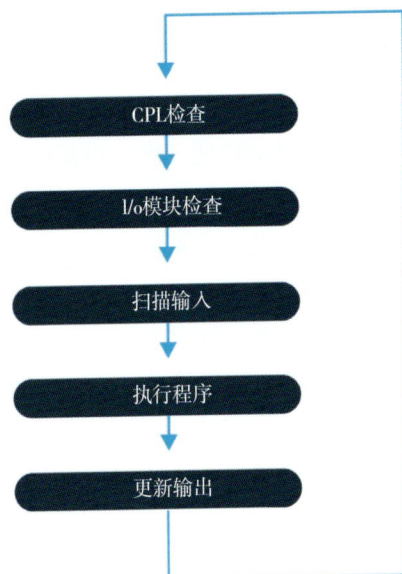

图23-9　简单的PLC扫描周期

二、PLC程序

PLC包含一些预装软件，称为固件。这是PLC的操作系统，负责运行程序并管理通信以及其他任务。它很少需要任何干预。

软件的主要部分是专门为PLC应用程序开发的程序，并从编程设备下载到PLC。

默认情况下程序下载时被保存在PLC的随机存取存储器（random access memory，RAM）中，该存储器因其性质而易失效。这意味着如果断电，RAM的所有内容都会丢失。大多数PLC都有备用电池，可以防止RAM内容被删除，但是为了进一步提高可靠性，许多PLC还会额外使用存储卡。

应该注意的是，在任何时候PLC上存储的唯一信息是程序本身。其作用或产生的任何过程信息仅用于所讨论的扫描，而不被PLC保留。为了记录、查看或存储这些数据，必须将另一个应用程序或设备连接到PLC。

需要配置硬件，以确保输入和输出信号与正确的仪器准确关联。这构成了程序本身的一部分。此外，还有处理和控制工厂所需的执行逻辑。还有其他逻辑控制警报和联锁，这将确保工厂和操作员安全（例如，不让泵干燥运行等）。

为了配置此逻辑，根据PLC的类型，使用了一些语言格式，如第十一节所述。对于每个PLC制造商，这些语言中的每一种都可能不同。并非所有这些语言都适用于每个PLC。

除了实际语言之外，在许多情况下，每个PLC制造商的每个硬件项目，每个配置工具和每个接口组成都是不同的，当涉及到维护、培训、备件和未来变更能力和成本时，这是一个重要的考虑因素。一些较常见的PLC制造商如下。

● 罗克韦尔（Allen-Bradley）	● 三菱
● 西门子	● GE
● ABB	● 欧姆龙
● 施耐德（Modicon）	

三、人机界面

尽管对工厂的控制非常重要，但了解实际正在发生什么、如何控制以及工艺如何反应也同样重要。PLC本身没有显示功能。唯一可能的人机界面是通过编程软件，该软件需要专业知识来访问和解释。需要一种更稳健的方法来与PLC进行交互，这就是HMI发挥作用的地方。

HMI代表人机界面。这是控制系统的一部分，允许我们与PLC进行交互。HMI所需的复杂程度取决于自动化工艺的复杂性。

对于一些功能有限的PLC，根本不需要HMI，例如，仅依靠传感器来启动和停止其功能的传送带。稍微复杂一点的应用是只需要按钮，例如，在具有启动和停止按钮的自动扶梯上（图23-10）。

当操作员需要一些反馈时，可以使用简单的一行或两行显示，并带有附加按钮，以便用户控制或响应提示。这些显示器会变得越来越复杂。但是，对于复杂生物制药工艺的自动化，需要更高级的解决方案，这可以使用SCADA应用程序来完成。

SCADA代表监督控制和数据访问，与PLC代码一样，应用程序是根据解决方案量身定制的。它是一个基于计算机的系统，可以实时从PLC收集数据，监视和解释这些信息，并以可读和连贯的方式将其以可视方式呈现给用户。然后，用户可以实时看到工艺中发生了什么，并根据需要进行干预以进行更改。它为用户提供了输入设定点、打开阀门、启动序列等的方法。这些干预措施由SCADA系统解释并传递给PLC系统。

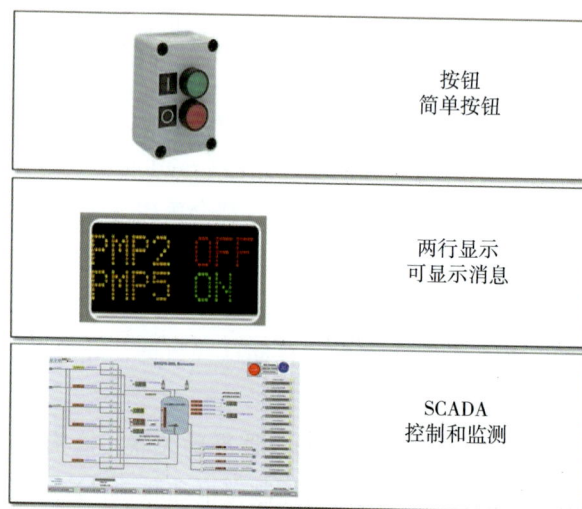

图23-10　HMI实例

PLC数据的显示通常以图形格式进行，使用表示工程图纸和工厂车间中的工艺设备的示意图。图形自动显示阀门打开和关闭或仪器未处于正常状态（报警、偏离质量标准、联锁等）点击仪器，可能会出现更详细的面板，提供所选仪器的完整信息。

为了允许PLC从SCADA系统发送和接收信息，需要通信接口。现在大多数供应商平台都支持通过以太网进行通信的开放平台通信（open platform communication，OPC）通信协议。OPC协会通过与最终用户，供应商和工业自动化供应商的合作，创建和维护OPC标准的规范。

在图23-11中展示了HMI中控制阀的典型视图。而完整的P&ID展示在DCS屏幕/SCADA屏幕上如图23-12所示。

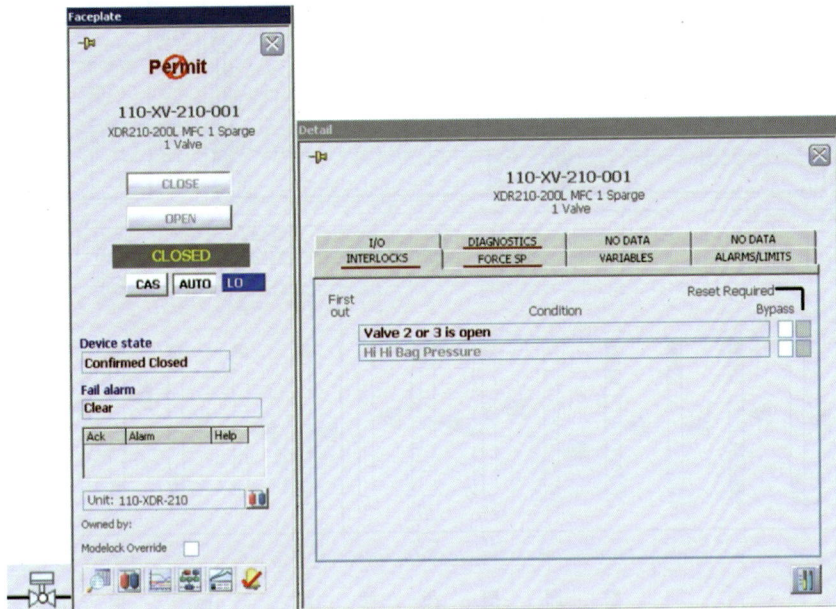

图23-11 带有面板的阀HMI表示

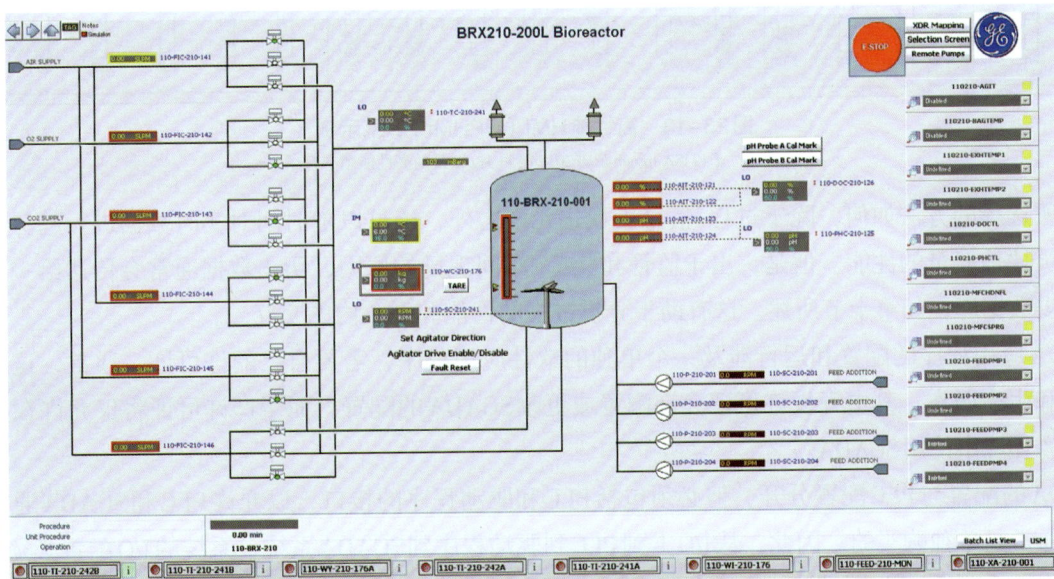

图23-12 传统DCS/SCADA屏幕

最新发展的图形用户界面（graphical user interface，GUI）是高性能人机交互（high performance human machine interface，HPHMI）。高性能显示器展示有用的内容信息和数据。HPHMI图形不仅显示了过程值，还显示了它与"理想值"的相对差距，有效使用不同颜色来突出展示异常的情况。HPHMI屏幕的示例可以在图23-13中找到。

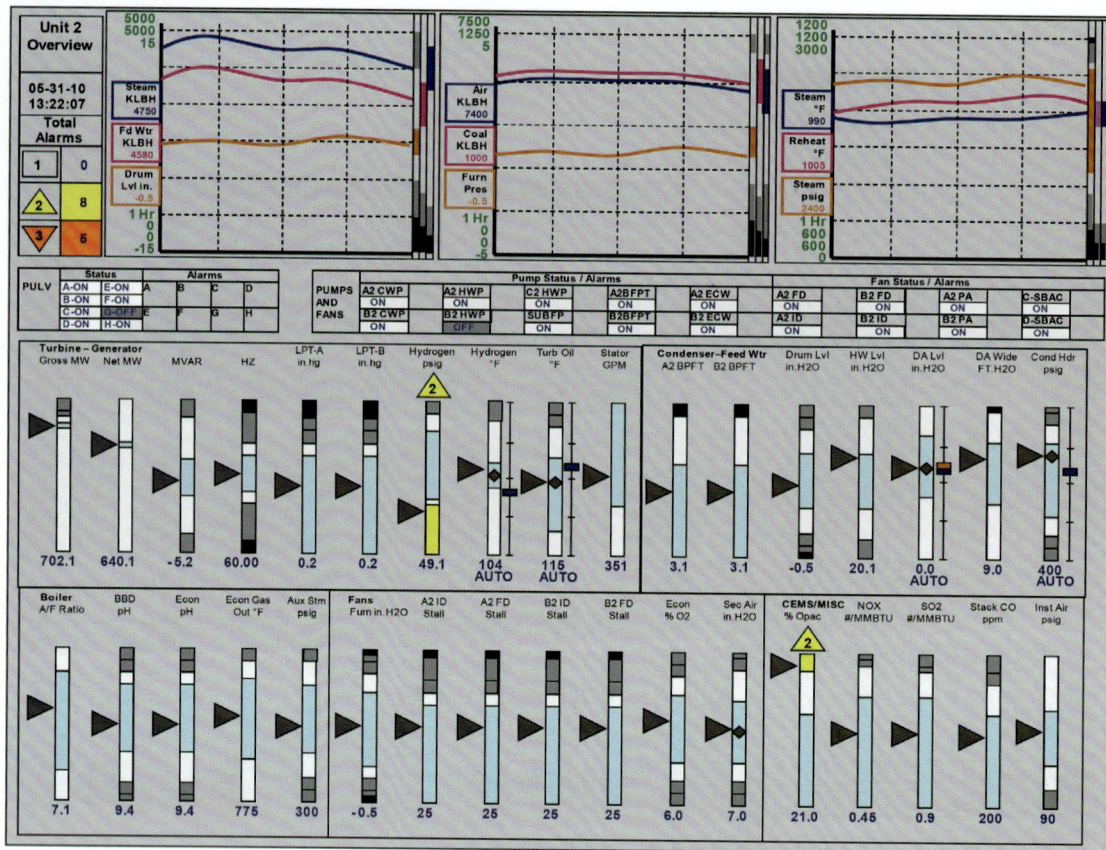

图23-13　高性能HMI（HPHMI）屏幕示例
来自ISA Intech 杂志 2012 年 11 月 /12 月的高性能图形[1]

无论所选择的方法如何，除了过程/信息可视化元素之外，还可以随时间对实时数据进行趋势分析，以允许操作员评估变量的性能。但是，出于监管和（或）车间现场的原因，历史数据通常会传达给一般安全车间现场历史数据库，如第十节所述。这有助于分析过去的性能和系统内的交互。

SCADA 应用程序的配置和运行涉及一个单独的软件应用程序，需要自己的许可证。通常，这些许可证分为开发和生产版本，其中开发许可证允许配置或更改 SCADA 的配置，而生产许可证将仅允许在无法更改配置的生产环境中使用 SCADA。

SCADA 的配置与 PLC 配置分开，但必须包括 PLC 和驱动程序的接口，以允许 PLC 和 SCADA 通信。这些驱动程序通常是单独购买的。因此，从 I/O 卡到 PLC 到驱动程序到 SCADA 系统，系统的 I/O 配置必须一致。

图形为 SCADA 显示的一部分，在这些图形背后有很多运行的代码。图形背后的代码，通常是视觉基础语言（visual basic for applications，VBA），提供图形的动画：颜色变化、警报指示、消息以及导航、屏幕点击操作等。除监管机构要求的其他考虑因素外，它还必须为系统提供安全性，以防止未经授权访问生产工艺。

SCADA 包本身是使用所讨论的 SCADA 系统进行打包配置的。SCADA 的制造商几乎与 PLC 的制造商一样多。一些更受欢迎的 SCADA 系统制造商包括：①GE 数字 -Cimplicity，iFIX；②Rockwell-FactoryTalk 视图；③施耐德电气 -Wonderware ArchestrA；④西门子 -Simatic WinCC。

图 23-14 描述了一个简单的 PLC/SCADA 型控制系统的示例架构，包括 PLC、SCADA 和相关的用户界面客户端。

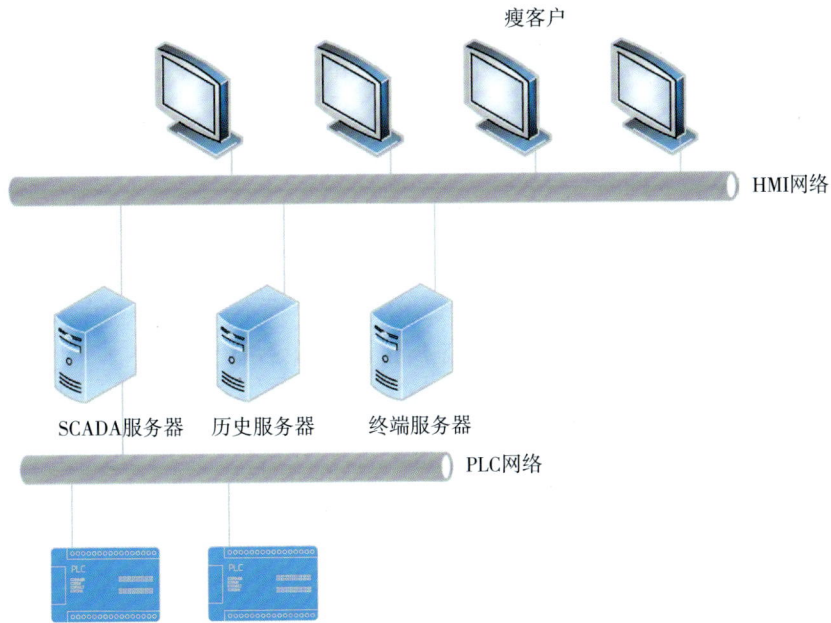

图23-14　PLC/SCADA系统的示例架构

四、批次

现在我们有了生产工艺自动化、可视化、可控化，但还是有缺失的地方。当我们在生物制药行业做一个产品时，这一般是在严格控制下完成的，有精心设计和批准的要完成的任务清单；根据批准的配方实现生产。这就是批处理软件的来源。

正如第六节所述，批次配方可以分解为程序、单元程序、操作和最终阶段。这些阶段是PLC和批处理软件接口的点，再次使用相同的SCADA/PLC驱动程序。批次操作软件为批次分配唯一标识符，无论是生产、清洁还是灭菌。用户可以根据自己的编号惯例额外分配公司批准的批号。然后，软件将为该配方配置的配方参数下载到SCADA，然后根据需要下载到PLC。成功完成后，它使用正确和批准的阶段序列运行配方，以成功完成批次。

批处理软件必须与SCADA和PLC无缝连接。必须在PLC中配置一个特殊的相位逻辑接口（phase-lag index，PLI），以允许这种直接批处理/PLC通信。由于批处理软件与SCADA软件配合使用，因此通常两者都来自同一供应商，例如GE Digital的iFIX和批处理执行。批处理软件需要在SCADA许可之上的额外许可，并且包括开发和运行时版本。

批处理软件的例子很多。这些包括：GE数字-批次执行、Rockwell-Factory talk批次、施耐德电气-Wonderware In Batch和西门子-Simatic Batch。

第五节　分布式控制系统

作为PLC/SCADA模型的替代方案，控制生物制药工艺的另一种选择是DCS。尽管PLC通常控制离散过程，但DCS被用作更广泛的解决方案。

与PLC一样，DCS通过输入卡的输入从仪器获取信号，并通过输出卡将输出发送回现场。DCS的不同之处在于，除了单个CPU控制器外，还有多个控制器，分布在一个网络上。这些控制器中的每一个都执行程序的一部分，并且可以直接和无缝地彼此通信。此外，DCS还包含许多其他元素，这些元素将是PLC世界中的独立实体。其中包括用于可视化的完整HMI、批处理软件和历史数据库，无缝地交互和连接在一起。

一、配置

DCS系统的配置更加集成，仅对I/O进行一次配置，从而实现HMI、批处理软件和历史记录。下文"PLC/SCADA与DCS"部分说明了两种解决方案之间的一些差异。应该注意的是，尽管DCS可能有自己的历史记录，但通常情况下，一个站点可能需要集成到现有的历史记录站点中，而不是在DCS站点历史记录之中。

与PLC和SCADA一样，用于DCS配置的软件包是所讨论的DCS系统专有的。

DCS的配置通过专用服务器完成，该服务器是控制系统网络的永久连接的组成部分。与PLC/SCADA配置一样，代码也有在线和离线版本。只有在积极实施系统变更时，这些才会有所不同。

图23-15显示了DCS系统的代表性架构，包括控制器、操作员接口终端（operator interface terminals，OIT）和分布在工厂生产和公用设施区域周围的I/O。

在许多方面，可以宽松地认为DCS类似于将所有PLC/SCADA/批量解决方案放在一个系统中。可视化和批次控制与上文第四节所述的PLC/SCADA控制系统设置相同。

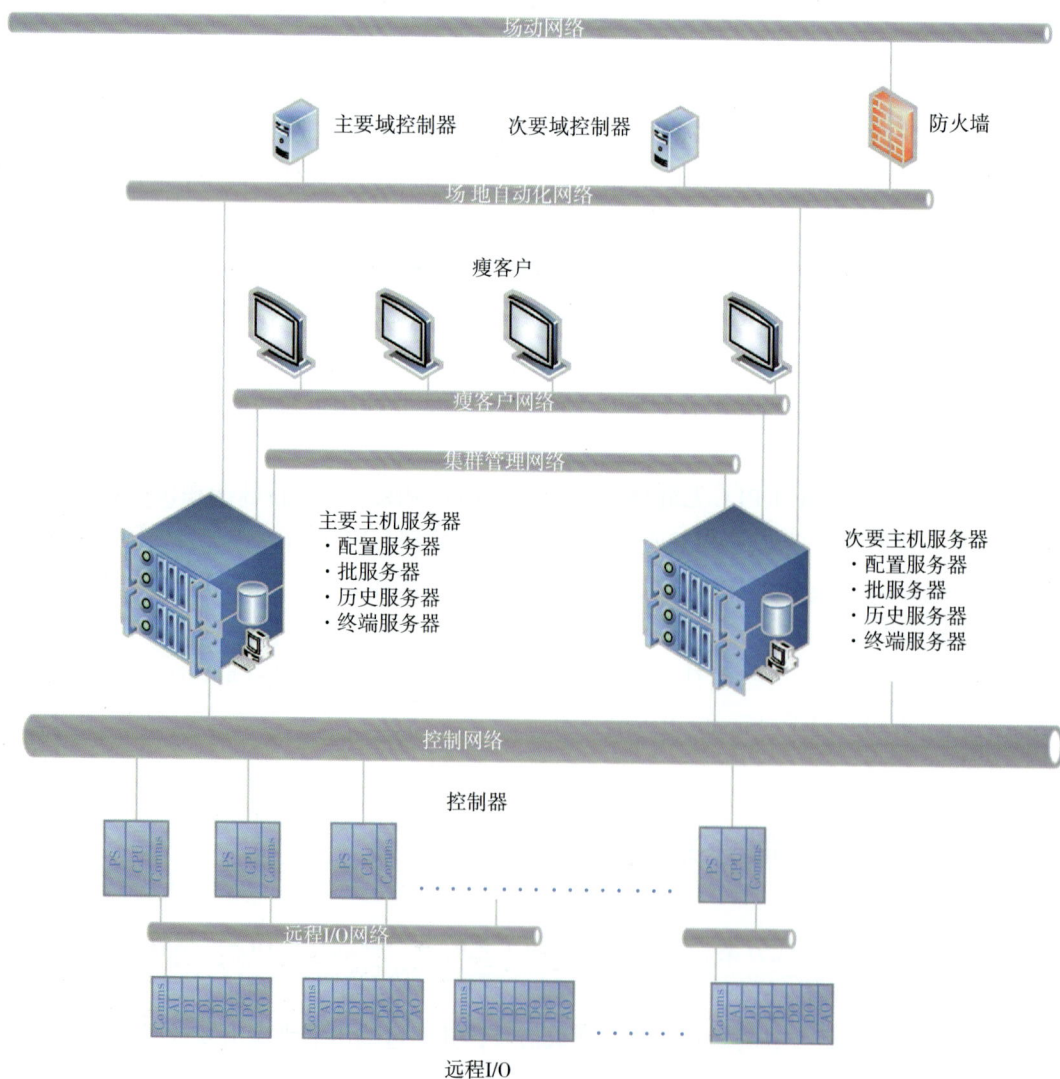

图23-15　样本DCS架构

二、不同的生产商

与PLC和SCADA一样，DCS有多种可用的平台。像以前的PLC一样，每个硬件组件，即I/O卡，总线系统硬件等，都是每个供应商DCS系统所特有的。

目前使用的DCS系统的一些示例包括：艾默生DeltaV、ABB 800xA、霍尼韦尔Experion、西门子PCS7和罗克韦尔PlantPAx。

三、PLC/SCADA 与 DCS

鉴于PLC/SCADA组合和DCS的功能相似，两者之间有什么区别？为什么会选择一个而不是另一个？

也许要回答这个问题，我们需要回到两者的起源。PLC最初的主要功能是取代多个继电器，因此，它们通常用于控制离散过程或独立设备。

另一方面，DCS被开发为PID控制器的替代品，更多地使用模拟数据，因此，更多地用于批处理和连续生产工艺。DCS更多被设计用于完整自动化的制造设施，而PLC瞄准的是更离散的制造场景。

传统上，DCS具有更高的处理能力，并且能够实现更复杂的任务的自动化，而PLC具有更快的响应值时间，这使其成为需要快速扫描时间的更好选择，例如包装线。根据一般经验，传统上，DCS用于自动化大型工艺、整个工厂等，而PLC用于机器控制。

DCS还提供了一个更全面的安全环境，从系统配置到工厂和操作员接口功能的操作，所有方面都通过中央管理控制台进行管理。这对于PLC/SCADA来说更加复杂，因为它不可能从中央管理控制台控制PLC程序下载和配置管理。这通常通过独立的笔记本电脑或单独的网络系统进行管理，其中PLC程序需要由第三方软件控制以管理PLC程序修订。

然而，如今，网络PLC、结合PLC的混合DCS，更快的响应值时间、更大的处理能力等使这些区别变得更加模糊。与所有比较一样，系统的预期用途和未来用途在做出任何决策时都很重要。评估PLC/SCADA或DCS的质量标准也很重要。PLC与DCS系统的一般比较如表23-2所示。

表23-2　PLC/SCADA与DCS对比

特性	PLC/SCADA	DCS
成本	更便宜	比较贵
响应值时间	非常快	较慢
工艺尺寸	几千个I/O点（较少）	数以千计的I/O点
冗余	不标准，更贵，配置更难	能力更强，可以有冗余控制器、服务器等
配置（初始和变更）	需要配置的多个软件包	单一配置实体
维护	多个数据库管理	单一数据库

第六节　用于批控制的ISA-88标准

在任何工业领域中引入标准有许多不同的原因，无论是出于安全、合规或成本的目的，自动化也没有任何不同。如果不首先讨论ISA组织和生物制药行业内广泛引用的关键出版物，就很难讨论一个生物制药自动化项目。

国际自动化学会（ISA）成立于1945年，是一个拥有4万多名会员的非营利性组织。作为一个全球性组织，它拥有160多个地区分会。在一个地区内，可能会发现ISA研讨会，会议和展览得到该地区许多本地自动化行业专业人员的支持。虽然ISA已经出版了数百本书，技术论文和标准，但我们将特别关注其批次控制标准，ISA-88或S88，因为它在行业中广为人知。

以下是ISA多年来发布的涵盖S88标准不同方面的标准出版物的名称。

S88标准

- ANSI/ISA-88.00.01-2010，Batch Control—Part 1：Models and Terminology[2]
- ISA-88.00.02-2001，Batch Control—Part 2：Data Structures and Guidelines for Languages[3]
- ANSI/ISA-TR88.00.02-2015，Machine and Unit States：An implementation example of ANSI/ISA-88.00.01[4]
- ISA-88.00.03-2003，Batch Control—Part 3：General and Site Recipe Models and Representation[5]
- ISA-TR88.0.03-1996，Possible Recipe Procedure Presentation Formats[6]
- ANSI/ISA-88.00.04-2006，Batch Control—Part 4：Batch Production Records[7]
- ISA-TR88.95.01-2008，Using ISA-88 and ISA-95 Together[8]

我们将重点关注ANSI/ISA-88.00.01-2010或简称S88第1部分。该标准提供了一个框架，在该框架中，自动化专业人员可以描述用于创建复杂的自动化批量控制系统的自动化的不同层。该标准引入了描述这些不同软件层的术语，并提供了创建成功批次控制系统所需的工艺步骤、物理设备和软件序列之间的联系。

S88第1部分描述了物理模型、程序模型、流程模型和控制活动模型。

我们将关注物理和程序模型。

在高水平上，物理模型是将工艺映射到实际设备上的软件，而工艺模型是将在设备上运行的工艺序列。工艺模型定义了创建产品或产品中间体所需的不同工艺和阶段（图23-16）。

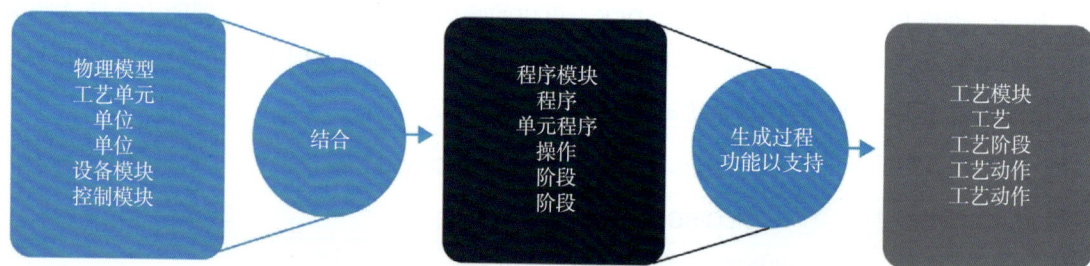

图23-16　S88模型图

基于ANSI/ISA-S88.01 7-实现工艺功能的程序控制/设备映射[2]

一、物理模型

物理模型表示将工艺工厂分解为不同的分组。最小的单个物理实体是控制模块（control module，CM），它通常等同于工厂仪器，例如阀门。图23-17中表示了物理模型的不同层。

从图23-17可以看出，企业、场所和区域构成了S88物理模型的一部分，物理模型在S88第1部分中提到，但并没有展开描述。这不影响下面工艺单元层中讨论的批次控制模型。

在描述每个层的同时，我们还将从控制系统的角度提供一些信息。应该注意的是，许多最新的控制系统平台供应商已经将通用的S88术语集成到它们各自的控制系统平台中。

控制模块通常代表单元周围的仪器。这可以是从开/关阀到蠕动泵或防爆片的任何东西。模拟测量仪器也以CM为代表。

CM类型通常与正在监测和（或）控制的仪器类型直接相关。从自动化角度来看，特定仪器类型的CM本质上是通用的，并且在可能的情况下，适合该仪器类型的多个I/O类型。以下为任何设备单元提供了基本CM类型的非常简单的说明。

（1）所有简单的4～20 mA压力、温度和流量测量值都可以用模拟输入控制模块类型表示。

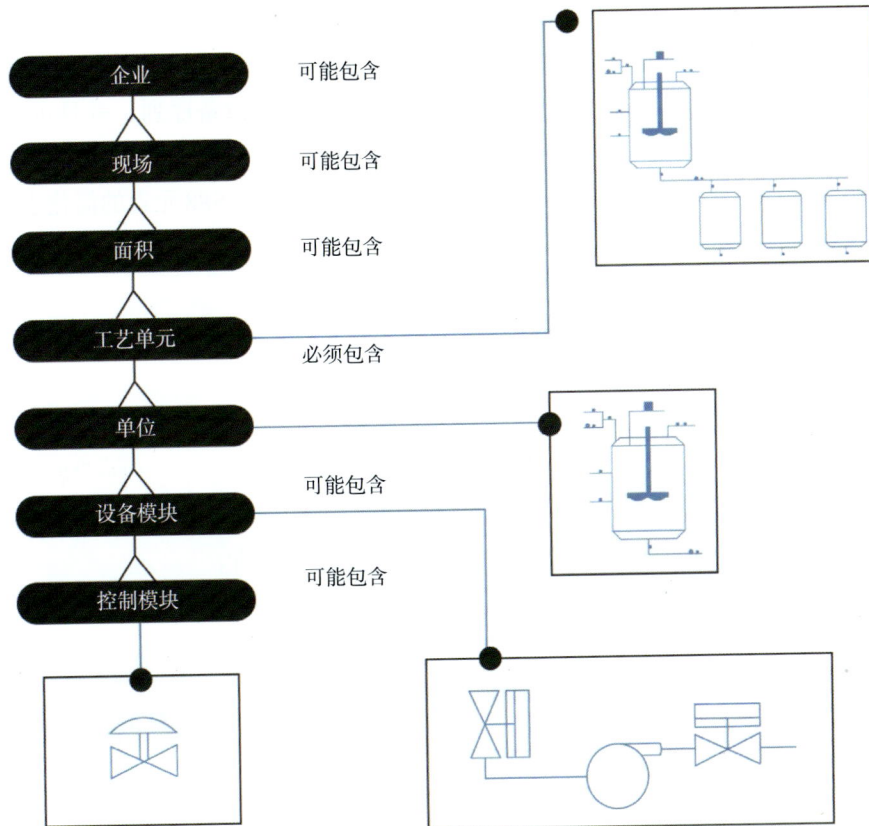

图23-17 S88物理模型
基于ANSI/ISA-S88.01 2-物理模型功能[2]

（2）一个防爆片、液位开关、压力开关和/或温度开关都可以用一个数字输入控制模块类型来表示。

（3）一个常开和常闭的阀门也可以用常闭或常开的阀门控制模块类型来表示。

（4）变速电机/泵可用VSD控制模块类型表示。

（5）用于执行比例积分和微分控制功能的PID控制模块类型。

以上CM类型列表足以满足工厂所需CM的80%～90%。引入了其他更专门的CM，其中仪器上有特定的校准功能，并且创建了特定的操作员接口，以允许控制系统与这些特殊功能进行交互。这些通常在以下仪器上应用，例如称重秤、UV计或需要进行工艺中校准的仪器，例如测定pH和生物反应器中的溶解氧的仪器。

设备模块（equipment module，EM）是在单元上执行特定工艺功能的CMs组。一个单元上的每个EM可以具有多种功能。如果我们举个最简单的例子，像温度控制系统上的CM可以由EM引导以加热或冷却容器的夹套。如果温度控制EM也可以读取容器内部的温度，那么我们可以使用主/从PID算法创建增强的控制算法来加热，冷却和维持容器内容物的温度。

单元周围的EM也可以设计成允许操作员尽可能有效地以远程手动方式控制工厂单元。特定工艺功能的顺序可以在EM中完全编程，并且可以监视所有CM。由于一些工艺需要过程功能按顺序执行，因此在设计EM时也需要考虑工艺联锁和智能报警。EM之间通常不会进行自动协调。这将由远程手动操作或批次控制阶段中的操作员负责。

如果设备设置在每个单元之间或每个区域之间是相同的，则EM可以在整个设施和建筑物中重复使用。

1.单元（unit） 表示用于执行工艺的EM和CM的集合。如果需要，一个单元也可以与另一个单元共享一个EM（在这种情况下，需要对EM进行调用）。生物制药环境中的单元示例为培养容器、生物反应器和层析模块，其中进行了不同的处理活动。每个主要的加工设备通常由一个单元代表。

2.工艺单元（process cell） 定义为生产场所内用于生产产品或产品中间体的区域。工艺单元必须包含生产产品或中间体所需的所有单元。在一个工艺单元内可能存在多个设备序列，并且可以在该工艺单元内制造多个产品。

图23-18中表示了处理单元的物理模型，是从CM到处理单元的各种S88元素的简化表示。

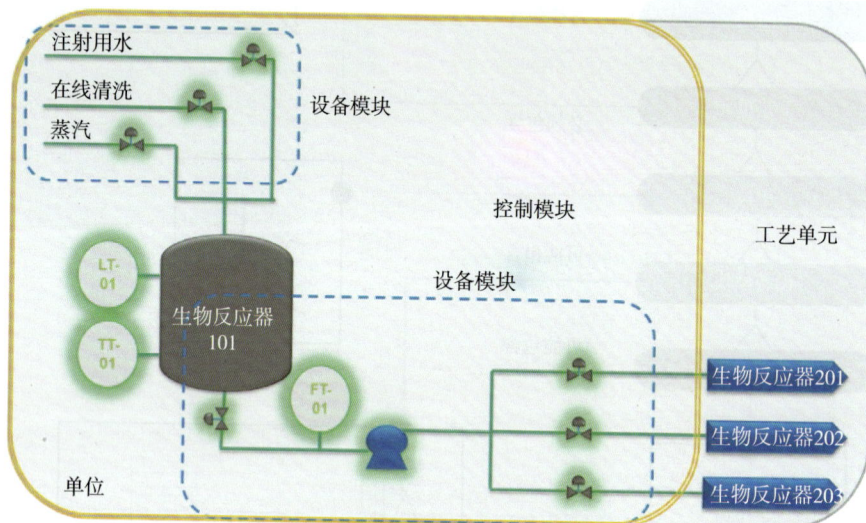

图23-18　处理细胞的物理模型

一个车间内可以有多个区域，每个区域可以有多个处理单元。区域通常可以在控制系统内定义。区域可用于隔离这些不同区域内的警报和用户访问。

3.站点（site） 代表组织内的站点。由于某些站点可能包含不同的业务单元，因此这可能会对不同的设施产生不同的影响。例如，企业内的一个车间可能同时具有原料药生产和制剂灌装和包装功能。与其他站点业务系统的集成可能会考虑这两个单独的业务板块，因此，可以将其称为组织系统中的单独站点。

4.企业（enterprise） 是组织内站点的集合。大多数控制系统都是预置的，因此，企业的概念并不适用于控制系统。

二、程序模型

S88在工艺模型中定义了四层。S88中的工艺模型定义了制作完整工艺所需的所有工艺元素和序列，如图23-16所示的工艺模型中概述所述。

由于许多生物制药产品是在多个地点生产的，因此控制系统内的配方程序更可能与工艺模型的工艺阶段相关，而不是与工艺相关（图23-19）。

阶段（phase）是程序控制的最小元素，可以完成面向工艺的任务。阶段执行独特且通常独立的工艺操作，例如加入成分或搅拌容器。从工艺模型中，我们可以看到阶段与设备的工艺行为直接相关。工艺行动可以定义为添加材料、去除材料、添加能量或去除能量。

　　每个阶段都被设计成与物理模型中的软件交互，以执行必要的工艺功能，从而成功完成工艺。每个阶段将获得执行特定工艺行动所需的EM。也可能需要以相同的方式在另一个单元上使用EM。这在小分子制造中可能是不寻常的。但是，它可以用作对大分子制造中进出容器的管线进行清洁或灭菌的技术，其中公用设施（例如蒸汽入口或排水管）可能在单元范围之外。在这种情况下，跨单元的EM调用是在阶段级别执行的。

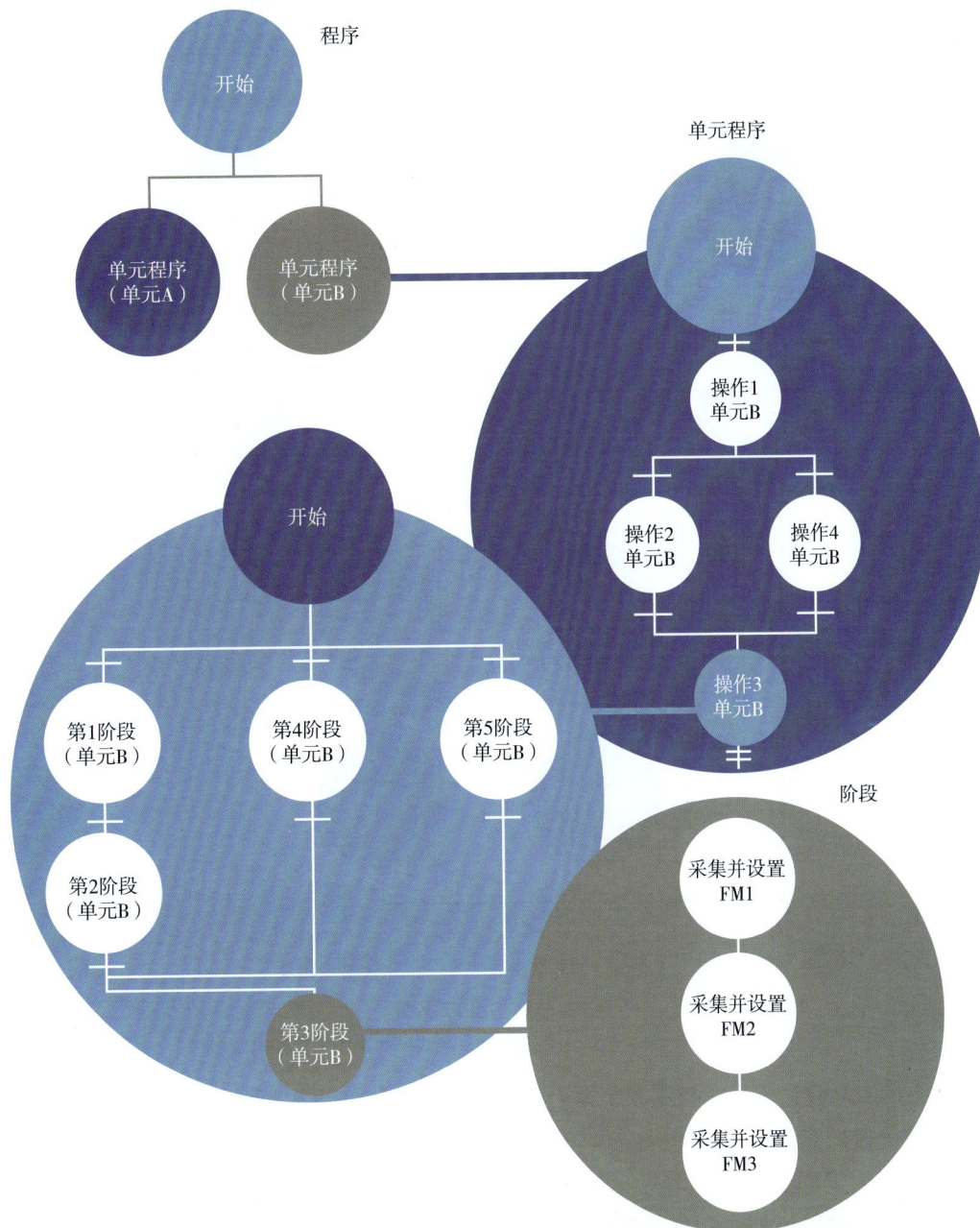

图 23-19　S88程序模型

　　通过对EM命令进行排序来协调执行工艺顺序，以实现工艺操作。可以通过配置阶段步骤，设置条件直到EM完成工艺功能或满足特定工艺设定点，然后再进行序列中的下一个步骤。

　　阶段还可将配方参数值发送至EM，例如温度设定点和报警限值。

　　阶段监测整个装置的故障，并且可以根据仪器或工艺故障条件以预定的方式对EM进行操作和协调。可以通过设置阶段，以启用适用于监测的检测器（取决于工艺）。根据S88标准，一个阶段用于以编程的顺序执行一到多个步骤的动作。工艺层中的所有其他元素（工艺、单元工艺和操作）仅对阶段进行分组、组织和指导。

由于在物理设备上运行过程的性质，对异常过程调节的需求是成功设计解决方案的基础。在查看一个阶段所需的过程序列时，我们不仅需要定义运行状态序列，还需要定义保持状态序列、中止状态序列和停止状态序列。这些序列中的每一个都可以通过设计或通过操作员交互来调用。更多详情参见第七节。

图23-20是一个典型的框架，需要为每个瞬态填充正确的过程序列。每个阶段都将遵循此状态转换图，并且有必要为一个阶段中的所有暂态（而不仅仅是运行状态）设计顺序。

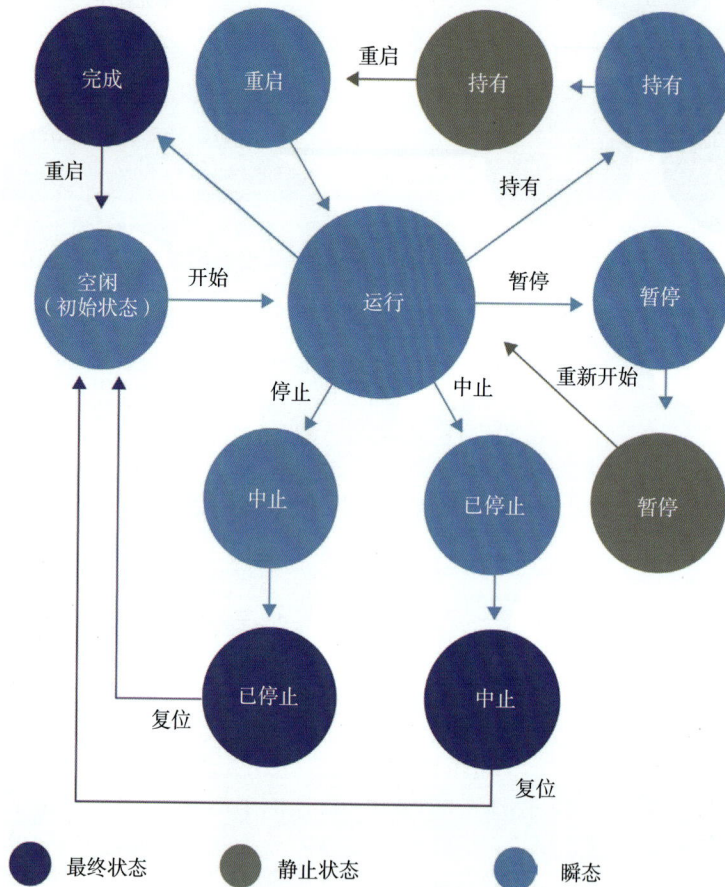

图23-20　S88状态图
基于ANSI/ISA-S88.01 18-状态转换图，例如程序元素的状态[2]

该状态转换图的实际设计依赖于控制系统平台，但是大多数供应商都遵循与上述类似的内容。

操作是一系列阶段的集合，可以是并行设置，也可以是顺序设置。通常情况下，一项操作会使被处理的材料发生某种物理、生物或化学变化。一个操作中排序的阶段数量通常取决于该操作可能需要的可重复使用性。在操作中排序的阶段越多，这个操作对该产品的专用性就越强。大多数配方构建者更喜欢将配方构建块的数量保持在最低限度。

操作也可以有配方参数；这些配方参数与阶段中选定的配方参数一致。然后在启动配方步骤时，将操作中的配方参数值同步到该阶段的配方参数中。

单元程序（unit procedure）是一系列操作的集合，主要是所有操作以顺序方式都在单个单元上执行。并行操作虽然严格来说不属于S88的范畴，但也是允许的。单元程序的设计类似于操作设计，其中配方设计者需要查看单元操作步骤的顺序，以确定一个通用的顺序是否可以用于多个产品。

在图23-21中所示，我们假设一个阶段和操作之间存在一对一的关系，即细胞生长操作称为细胞生长阶段。

一些配方构建者还将单元程序分解作为一种机制，用于评估一个单元在配方中所处的位置，从而自动触发另一个单元程序在不同的单元上启动。一个单元过程的终点可用于发出另一个单元过程开始的信号，该单元过程随后将与其同步。

单元程序也可以有配方参数；这些配方参数与操作中选择的配方参数一致。然后将单元程序中的配方参数值同步到配方启动操作中的配方参数中。

在任何给定时间，一个单元上只能运行一个单元程序。

程序（procedure）是单元程序的集合，以顺序和并行方式设置，以显示在工艺阶段（或S88模型中的工艺）的制造过程中所有批次单元的工艺顺序。设置单元程序，以便在同一单元上保留从单元程序到单元程序的所有权，直到该单元上的配方完成为止。然后释放该单元，以允许下一个程序配方拥有该单元的所有权。这种方法防止两个配方在一个单元上同时运行，确保该单元的控制权被前一个配方所有直到这个配方在单元上完成运行。

图23-22是上游细胞培养的一个子集，包括培养基添加单元和向生物反应器的转移，以及从一个生物反应器到下一个生物反应器的接种。

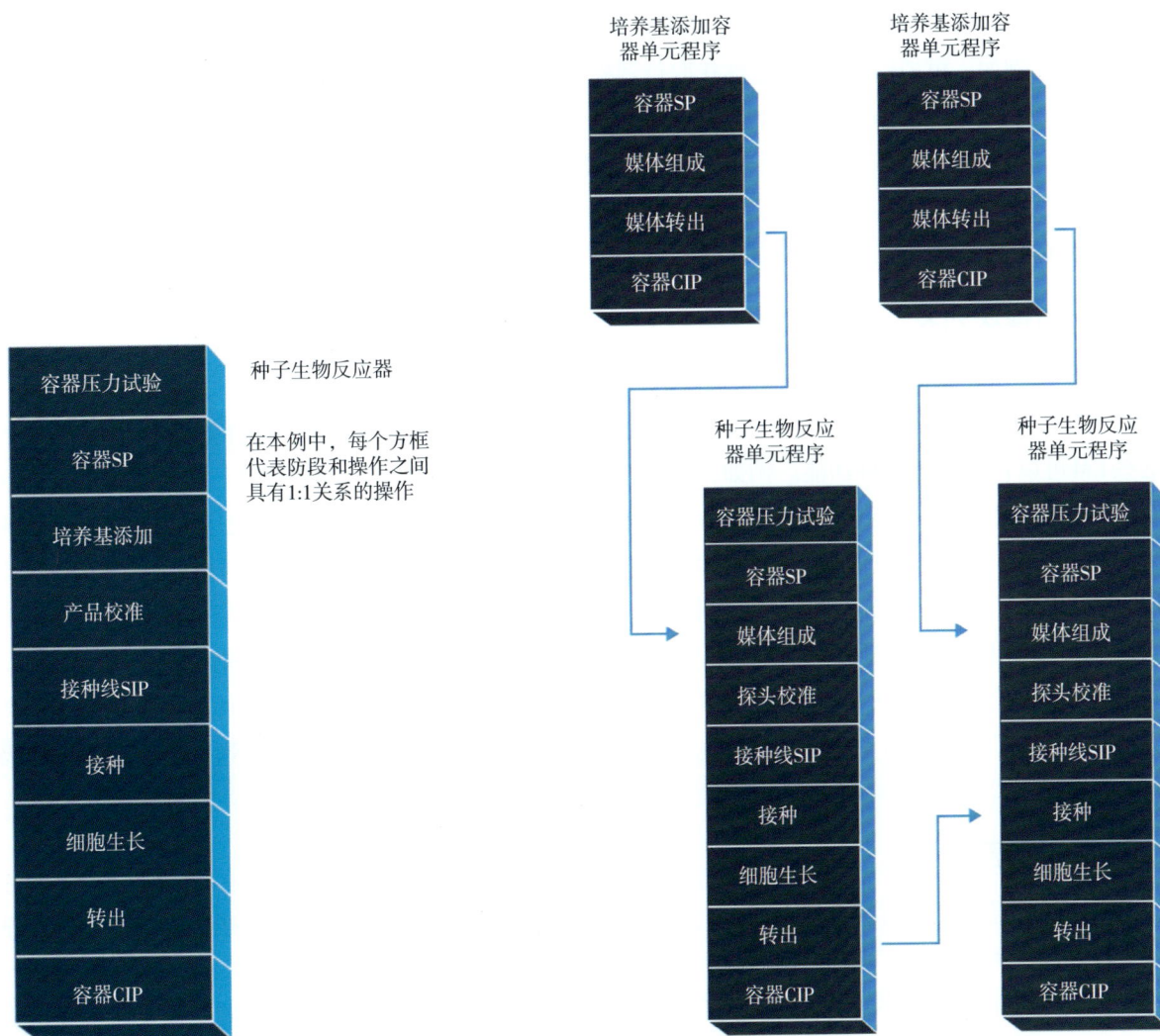

图23-21　单元程序示例

图23-22　程序示例

程序也可以有配方参数；这些配方参数与单元程序中选择的配方参数一致。然后，在配方开始时，将程序中的配方参数值同步到单元程序中的配方参数中。

大多数控制系统中的过程模型都是在配方生成器应用程序中创建和表示的。这通常采用顺序图形格式，允许配方生成器为每个产品创建不同的配方，然后将其保存起来，供用户在生产中使用。

操作、单元程序和程序通常被称为配方层。

三、一次性使用生物反应器 S88 实施示例

如果我们使用一个典型的一次性生物反应器，以下是每一层的代表性S88软件模块列表。

（一）控制模块列表

在S88的第一层中，我们查看CM类型以监视和控制仪器。涉及的CM包括：①数字输入控制模块类型；②模拟输入控制模块类型；③常开阀控制模块类型；④常闭阀控制模块类型；⑤单速电机类型；⑥变速电机型；⑦PID控制模块类型；⑧模拟输出控制模块类型。

这些模块类型中的每一种都是生物制药领域使用的典型工厂仪器，根据适当的模块类型，为设备上的每个仪器创建控制模块实例。

每个CM都根据与操作、流程和自动化工程师共同商定的经批准的用户需求，针对所分配的仪器类型设计了特定功能。例如，模拟输入CM将能够获取仪器提供的4~20 mA信号，并为其分配代表其在现场使用的范围和工程单元。它还可以允许为来自现场的过程值分配警报限制。然后，这些测量值可显示给操作员和其他软件模块。当过程值超出报警限值时，CM可以设置报警参数，然后由其他软件和HMI接收报警参数，以显示给操作员。

确定每种CM类型的功能，并配置应用软件以满足该需求。

（二）设备模块列表

在S88的下一层，我们查看组合CM实例以执行特定的处理函数。

设备模块包括：温度控制、压力控制、加料泵控制、pH控制、溶解氧控制和搅拌器控制。

这些EM可以各自具有多种功能。例如，温度控制可以具有加热功能、冷却功能、按速率加热功能和隔离功能。每个过程功能很可能还具有一组可用于调整的参数，例如设定点。EM将使用可用的CM实例来执行特定的工艺功能。因此，我们通常将CM组合到各自的EM中。具有输出（例如阀门或电机）的CM通常不会在EM之间共享，以防止来自不同EM的请求发生冲突请求。仅允许在EM上运行一个过程功能。

术语"过程功能"也可以用"命令"或"控制策略"来代替，但是每个术语都描述了同一件事：EM执行不同工艺功能的能力。现在，这些工艺功能中的每一个功能都可由更高层次的软件根据执行特定流程的需要进行指挥和协调。当一个阶段向EM发送命令（例如加热）时，它也将很可能发送一个设定点值以及相关的报警参数。

（三）阶段列表

在S88的下一层中，我们查看组合的EM实例以分阶段执行特定的过程操作。这些阶段包括：培养基添加、探头校准、接种、细胞生长和转出/收获。

阶段被设计和配置以顺序的方式驱动EM过程功能，以执行过程操作。例如，培养基添加阶段将命令添

加泵控制EM向生物反应器中加入特定体积的培养基。当添加完成时，该阶段将设置搅拌器控制EM以特定设定点运行，并命令温度控制EM以特定设定点进行温度控制。当满足所有这些工艺条件时，该阶段就完成了，配方可以开始下一阶段。通过阶段发送到EM的所有产品相关设定点值均来自配方。

（四）操作列表

对于这个例子，假设只有一个操作，我们将其称为生产操作。该操作将调用一个接一个的阶段，直到它们全部完成。然后，操作将完成。优点是我们只需为名为"生产操作"的操作维护一个设计和配置。

缺点是，如果由于引入新产品而导致阶段顺序发生变化，那么我们要么需要根据产品的情况设置多个决策点，使操作复杂化，要么需要为该产品创建新的操作。另一种方法是将始终连续运行的阶段分组到它们的操作中，然后允许单元过程根据产品调用这些操作。

正如你所看到的，我们有很多配方设计和细分项目可以选择。因此，重要的是要了解该设施的主要用途，因为我们可能要花费大量时间来设计最终的灵活性，却发现设备在未来10年内都将生产相同的产品，而配方灵活性并不是必要条件。但是应该指出的是，行业的发展趋势是生产多种产品的更小规模、更灵活的设备，因此多产品配方设计变得更加重要。

（五）单元程序列表

与操作一样，对于一次性生物反应器，我们只有一个单元程序，称为生产单元程序，但是操作设计中提到的所有标准对于单元程序设计同样重要。

（六）程序列表

由于我们仅讨论了一个单元，因此在这种情况下的程序没有提供太多好处。如果生产中需要多个单元，则应通过该程序配置这些单元的顺序和应启动的单元程序。在涉及从一个单元转移到另一个单元的过程中或在清洁配方中通常使用多个单元。

（七）配方结构

在创建配方时，目标之一是创建最少数量的配方对象，同时仍然在这些配方对象中保持足够的灵活性以引入新产品。从这个目标可以清楚地看出，需要与将在设施中运行的现有和未来产品相关的信息来设计最佳解决方案。这需要来自产品开发部的详细信息，以及从工艺顺序的角度理解开发中的新产品是如何创建的。

在确定配方对象/段的大小时，以下内容也可以用作评估的一部分：①是否可以确定组织产品配方中与产品无关的固定工艺序列（企业配方部分）？②是否可以确定组织产品配方中与产品平台相关的固定工艺序列（平台配方段）？③是否可以确定与产品相关的固定工艺序列（产品配方部分）？

一旦确定了这些片段，那么在为设施中的产品设计配方时，每个片段就都可以开发成控制系统内的配方对象库，供配方构建者使用。

四、S88实施中的变更

尽管S88标准意味着只有一种方法可以为任何过程创建自动化软件，但应该注意的是，该标准本质上是抽象的，因此从自动化系统供应商到最终用户，不同公司对该标准的解释可能会有所不同。这一点也可以从术语和对如何实施标准的解释上的差异看出，这导致了标准实施过程中的细微差别。因此，S88标准的实现可能因组织而异，有时甚至在同一组织内也有差异。如果进行一项研究，我们很可能会发现所有自动化实现都符合S88标准，那么为什么会有差异呢?

实现可能存在差异的一个简单示例是设计人员如何分解执行工艺序列的阶段数，以及如何在操作中对这些阶段进行排序。

(一)工艺要求

例如，考虑以下操作："将100 L WFI从WFI分配回路转移到容器中，然后以40 rpm的转速打开搅拌器，并将容器中的内容物加热至45℃"。

与该装置相关的设备模块包括：①WFI Drop EM-用于将WFI加入容器中；②温度控制EM-用于控制容器内的温度；③搅拌器EM-用于控制容器中的搅拌器；④压力控制EM-用于控制容器内的压力；⑤出口EM-用于控制容器出口上的阀门和泵。

过程自动化工程师被要求为上述过程要求设计程序模型和操作层，已经知道先前设计的EM并可用于该单元。

(二)溶液1

设计者A选择在一个阶段中执行过程序列。他称该阶段为WFI加料和加热。该阶段设计有多个步骤和过渡，以执行上述过程要求。

(1)将出口EM设置为关闭。

(2)将压力EM设置为打开。

(3)将WFI下降EM设置为加料100 L，等待设备EM确认其已转移100 L。

(4)将搅拌器设置为以40的速度设定值运行。

(5)将温度控制设置为加热，设定点为45，等待设备两个EMs确认是否达到设定点。

然后，设计师A设计了一个称为WFI添加及加热的操作，该操作称为阶段WFI加料和加热。

(三)溶液2

设计者B选择了与设计者A非常相似的设计，但决定将WFI加料和加热分为两个阶段。阶段1仅执行WFI加料序列，而阶段2执行加热和搅拌序列。

阶段1：WFI加入阶段

(1)将出口EM设置为关闭。

(2)将压力EM设置为打开。

(3)将WFI下降EM设置为加料100 L，等待设备EM确认其已转移100 L。

阶段2：加热阶段

(1)设置搅拌器，以40 rpm的速度设定值运行。

(2)将温度控制设置为加热至设定点45℃，等待设备两个EM确认已达到设定点。

随后，设计者设计了一个称为WFI加料和加热的操作，该操作按WFI先加料的顺序调用两个阶段，完成后调用加热阶段。

(四)溶液3

设计者C采用了不同的方法，并创建了更小的阶段。一个相位仅用于驱动一个EM。

然后在操作中对阶段进行排序和排序。同样，该操作称为WFI加料和加热，下面是配方示意图(图23-23)。

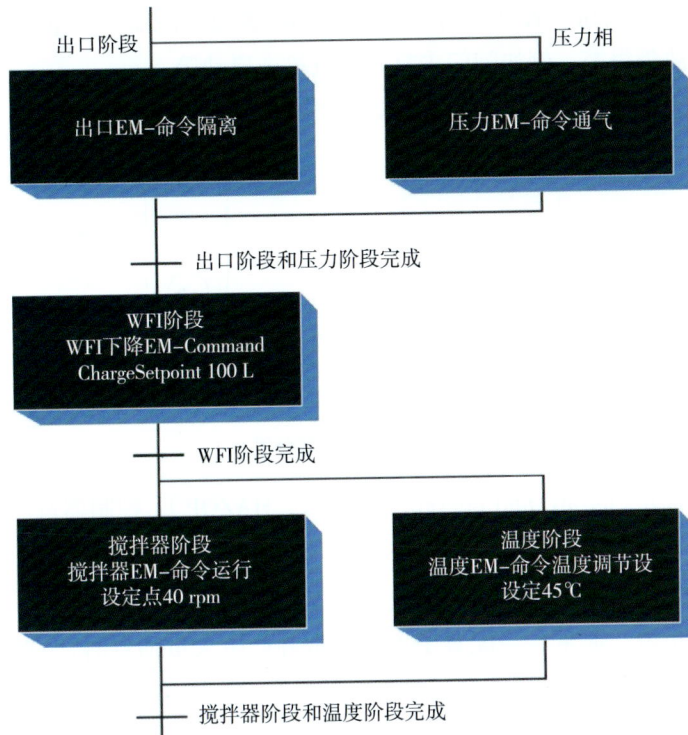

图23-23　设计师C WFI加料和加热操作

（五）结论

从上面最简单的示例可以看出，可以选择符合S88标准的不同解决方案。关于哪种是最好的解决方案没有正确的答案，尽管您会在行业中发现许多关于什么是最好的意见。

有时最好的方案更取决于解决方案的总体目标是否实现，也就是说，该配方是否会在一个以上的建筑物或一个以上的设施中使用？在引入新产品方面，解决方案需要有多大的灵活性？该设施是研发设施还是生产设施？设施内存在何种类型的自动化专业知识和配方构建者专业知识？这些问题中的每一个都可能与您选择的设计解决方案有关。最后，所选择的控制系统也可能与所选择的解决方案有关，因为不同的控制系统平台可能会更好地适应一种解决方案。

第七节　异常处理

根据墨菲定律，任何可能出错的事情都会出错。不幸的是，这在任何制造业中也是如此，并且在控制系统的设计，实施和操作中都不能忽略。

我们需要为这些可能发生的情况制订计划，并通过配置警报和联锁以及设计保持、停止和终止策略来实现。

一、警报

警报是一种警告操作人员某事发生（或已经发生）错误的方法。通常，警报可分为三种主要类型：①安

415

全警报，例如，按下紧急停止按钮、容器压力过大；②GMP警报，例如，质量标准温度、氧测量值、卫生状态过期等警告；③设备故障报警，例如阀门未打开、电机未启动等。

无论警报类型如何，通常根据其对产品质量的影响进行优先级分类系统如图23-24中所定义。

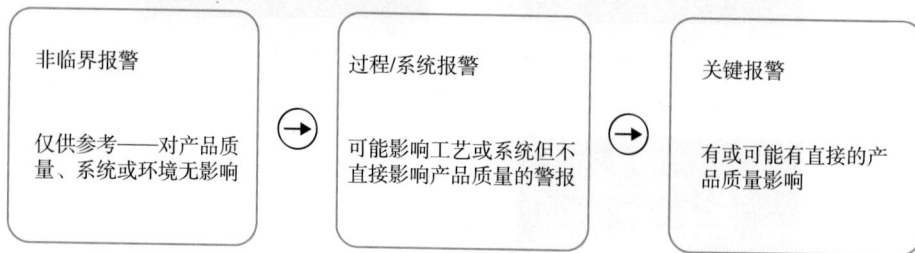

图23-24 警报分类

应在危害和可操作性研究（hazard and operability study，HAZOP）、控制器/计算机危害和可操作性分析（control/computer hazards and operability analysis，CHAZOP）和动态药品生产管理规范（current Good Manufacture Practices，cGMP）审查过程中收集警报要求，特别是在风险评估过程中进行审查。在考虑报警时必须小心，以确保不会产生不必要的报警。通常，当配置了大量警报并产生大量消息时，它们对操作员来说就像是背景噪音而被忽略。当发生这种情况时，重要警报被忽略的机会大大增加。

应在以下方面充分记录警报：①功能，什么条件触发报警；②参数，与警报相关的阈值，包括任何时间延迟等；③警报响应，产生警报时应该发生什么，例如，系统进入HOLD状态等；④警报记录，在何处以及如何记录和审查警报；⑤显示，如何通过HMI向操作员显示警报，可查看多少、信标等；⑥警报使用和实施中的一些标准可能会在：a. Engineering Equipment Manufacturers and Users Association（EEMUA）Publication 191，Alarm Systems—A Guide to Design，Management and Procurement[9]；b. ANSI/ISA standard S18.2，Management of Alarm Systems for the Process Industries[10]；c. ASM Effective Alarm Management Practices，2009[11]。

警报也被指定给区域，可以用作过滤机制，因此只有与您正在工作的区域相关的警报才会显示给您，或者出现在报告中。例如，如果您正在进行层析缓冲液保存罐的在线灭菌（SIP），则上游单元（例如生物反应器）中的警报几乎没有相关性。

还必须注意确保警报限制适用于在任何给定时间执行的活动。例如，在生物反应器的生产周期中，必须小心地将生物反应器中的温度保持在狭窄的范围内，通常约为$37 \pm 1^\circ C$。如果温度偏离这些限值，则会产生带有相关后果的报警。相反，在SIP期间，同一发送器的温度读数必须超过$121^\circ C$，否则会激活警报。

初始配置时，任何模拟仪器的默认报警限值均可设计为保护该仪器，将低、低、高、很高的默认限值设置为其范围的5%、10%、90%和95%。然后可以更改限度，然后通过配方参数启用/禁用警报，以考虑此时的实际工艺要求。

在与仪器报警相关联的情况下，也必须对报警进行配置，以便与控制系统的所有部件进行通信，从PLC到历史记录、HMIs、终端服务器等。系统发生故障时应发出警报。

二、联锁

当警报向操作员提示过程出错时，联锁本质上是预防性的，并阻止场景的发生。联锁可以是硬件的，也可以是软件的，还可以是两者兼而有之。联锁的一些示例包括，如果管道中没有液体，则停止泵运行；如果搅拌器运行，则停止打开人孔；如果已经检测到高液位平，则关闭容器的进口阀。

联锁和联锁本身不一定会产生警报，通常也不会产生警报。被联锁的仪器应在人机界面上清楚地显示为联锁状态。可以配置为：如果过程或操作员要求在互锁时打开阀门，则阀门将不会打开，并将通过其无法打开或通过阀门上单独配置的互锁警报发出警报。

三、故障状态

作为附加安全功能，所有设备项目都可以具有定义的故障安全状态。例如，对于阀门，如果控制系统和仪器之间的信号丢失，它们将进入其安全状态，通常是关闭的。有特定的阀门位置/功能，但其安全状态为无法打开（例如对于通风阀），以防止过压或超压。类似地，电机的故障安全状态为停止，紧急停止按钮的故障安全状态为激活。这些故障安全状态是在控制系统中配置I/O时配置的。

四、保持、停止、中止策略

现在我们知道，这个过程可以被配置成在报警条件下自动进入保持状态，保持到底意味着什么呢？如果想在批次的中间停止该流程，会发生什么？

一般来说，保持触发器将使系统保持在受控的安全状态。这可能包括将生物反应器的内容物加热、搅拌但密封在容器内。根据工艺要求，可停止所有转移、添加和排放。一旦报警条件得到纠正，该过程可能会重新启动。

保持和中止命令通常执行相同的功能，以停止工艺流程的进一步操作。这包括使设备进入安全状态，并在保持期间停止任何传输。在这种情况下，批次可能不会重新启动，但是，在许多情况下，将需要进行某种操作，以使系统进入准备接受下一批次的状态，例如排空容器等。

虽然停止和中止命令通常执行相同的功能，但有时它们执行的方式不同。在正常操作和保持场景中，步骤是按顺序完成的，并在开始下一步骤之前确认上一个步骤已完成。有时在中止场景中，这种等待完成会被省略，因为中止命令通常只在特殊和灾难性的情况下使用。

在所有情况下，必须仔细考虑控制系统的确切反应，以确保操作员和环境的安全。在许多甚至大多数情况下，还需要保持系统的清洁和（或）无菌边界，以避免不得不丢弃生产批次，或重新进行CIP或SIP。根据故障或保持或中止过程的原因，可能需要将设备受损的程度降至最低。

还应注意确保警报和联锁设计良好，以确保在触发警报条件后可以重启。

第八节　计算机系统验证

对于生命科学行业来说，验证是我们工作中不可或缺的一部分。作为生产活动的关键要素，过程自动化系统本身必须经过严格的测试和大量的文件记录，以满足法规要求。根据最终产品的目标市场，需要遵循该国家或地区的法规，通常会涉及多个监管机构。所有法规都遵循相同的基本原则，但是，所有药品的生产都必须遵循药品生产质量管理规范（GMP）。该系统确保产品的生产和控制始终符合质量标准，旨在将任何制药过程中涉及的风险降至最低,而这些风险无法通过测试最终产品来消除。

在美国,负责GMP标准生成、维护和执行的权威机构是美国食品药品监督管理局(FDA),其标准是美国联邦法规(CFR)第21篇。第1章第11部分(电子记录和签名)[12]、210部分(药品的cGMP)[13]、211部分(成品药品的cGMP)[14]、606部分(人血和血液制品的cGMP)[15]和820部分(医疗器械的质量体系法规)[16]是一些需要遵守的法规,具体取决于正在生产的产品。

大多数国家都有自己的监管机构发布和执行自己的GMP,其示例见表23-3。最近正在努力通过国际人用药品注册技术要求协调委员会(ICH)协调法规及其解释和应用。有关更多详细信息,请参阅相关当局和(或)ICH网站。

表23-3　部分国际监管机构

国家	权威
澳大利亚	治疗产品管理局(TGA)
巴西	国家健康监督管理局(ANVISA)
加拿大	加拿大卫生部健康产品和食品处(HPFB-HC)
中国	国家食品药品监督管理总局(CFDA)
欧洲	欧洲药品管理局(EMA)
法国	法国国家药品和健康产品安全局(ANSM)
德国	保罗-埃利希研究所(PEI)
爱尔兰	健康产品监管当局(HPRA)
意大利	意大利药品管理局(AIFA)
日本	药品和医疗器械管理局(PMDA)
荷兰	药物评价委员会(MEB)
新西兰	Medsafe,临床领导,保护和法规,卫生部
新加坡	卫生科学局(HSA)
英国	英国药品和保健品管理局(MHRA)
美国	美国食品药品监督管理局(FDA)

对于控制系统,国际公认的事实上的监管标准是由国际制药工程学会(International Society for Pharmaceutical Engineering,ISPE)创建并发布的良好自动化生产规范(Good Automated Manufacturing Practice,GAMP)标准,现为第五版[17]。虽然本指南的要素在下文中进行了简要说明,但完整信息请参见ISPE网站。

一、生命周期

控制系统的验证工作始于项目启动阶段,即用户需求定义阶段。该定义应记录在用户需求规范(user requirement specifications,URS)中。这是规定供应商要求的定义文件。

在URS的响应值中,系统集成商准备了一系列设计文档,从功能规范开始,然后是更详细的设计规范。这些设计文档的每个点必须是可验证的。设计文档内容的测试项目通常遵循图23-25所示的V-生命周期模型。

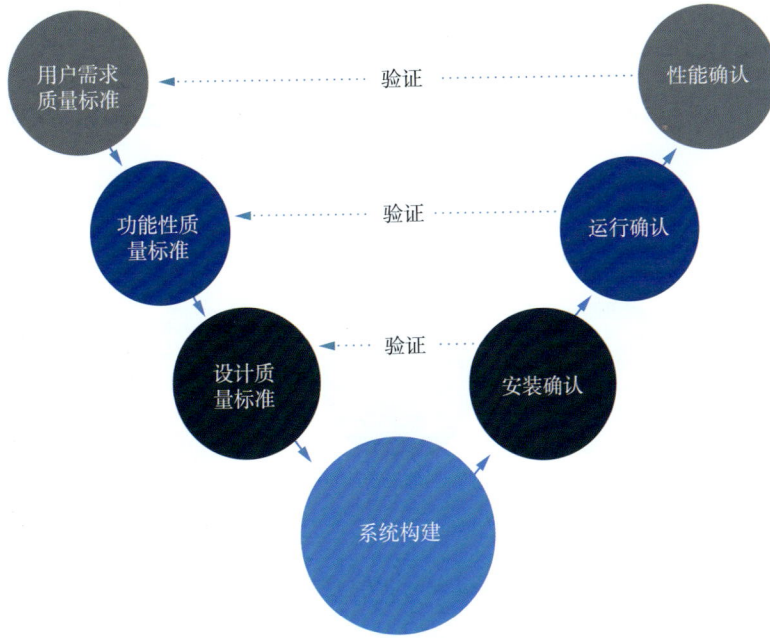

图23-25 V-生命周期模型

配置产品的方法ISPE GAMP 5-符合GxP计算机系统的基于风险的方法[17]

最近的一个趋势是使用AGILE方法执行自动化项目。这种方法在设计和构建过程中采用了迭代性更强的方法，即在若干个"冲刺"中完成设计/实施/测试。这种方法在图23-26中示出。

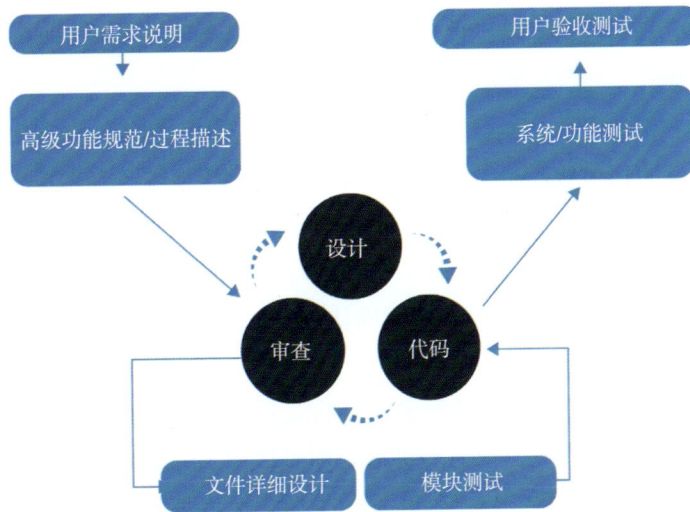

图23-26 Agile V型

测试本身可以分解为许多部分，如图23-27所示。

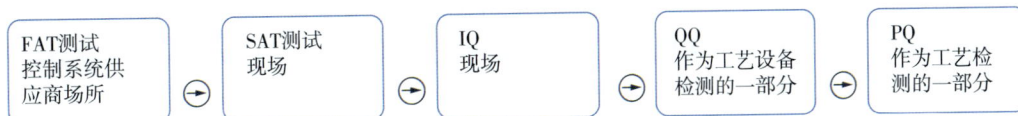

设备供应商场所也可进行额外的综合检测

图23-27 控制系统正式测试

工厂验收测试（factory acceptance test，FAT）是最广泛的控制系统测试，通常分阶段进行。这些阶段通常是由设备到达现场，整个项目进度，甚至是产品发布限制所决定的。以下序列提供了一个示例，其中软件有时可以有拆分交付，以支持测试设备的不同方面，其中时间限制会阻止一次全部软件交付（图23-28）。

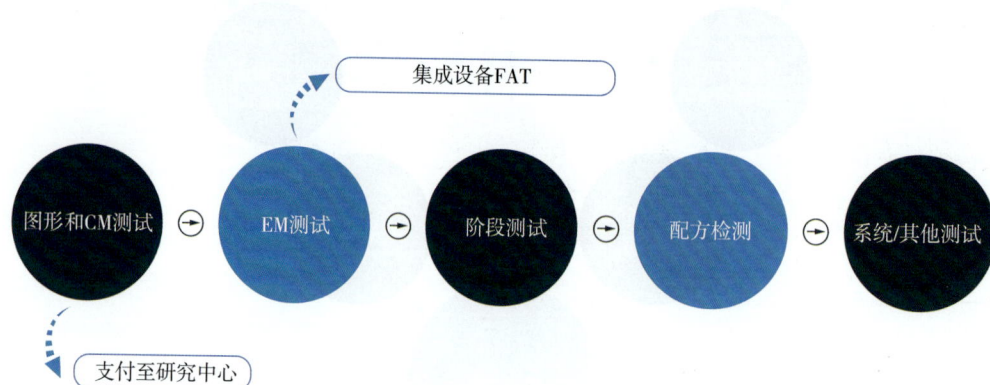

图23-28　FAT序列

在所有情况下，对一个模块进行全面测试，然后检查每个后续实例是否正确。在客户见证测试之前，所有FAT项目均已完成内部测试。

通常需要在早期现场进行图纸和CM测试，以便于加快设备到达，并在其他测试开始之前，在FAT后立即运送到现场。

然后对EM进行测试。有时，在设备制造商的工厂进行设备测试时需要这些模块，以执行综合测试。

然后对各阶段和配方进行测试和交付。根据项目要求，系统和其他测试可能已在更早的阶段或在完全交付之前的某个时间点完成。

分阶段向现场交付"主"模块时，"主"模块可能位于三个或更多不同现场中的任何一个，因此，谨慎的配置控制方法是保持对自动化项目控制的关键。FAT后，当对照系统（部分或整体）交付至车间现场时，将执行SAT。例如，SAT的实际组成以及与IQ的区别等因制造厂而异，但在不同的工厂中执行的检查都包括模块版本检查、I/O或循环检查、现场系统接口以及在模拟环境中无法测试的任何内容。

操作确认（operational qualification，OQ）和性能确认（performance qualification，PQ）活动更多地与设备集成在一起，设备和工艺经过验证。

但是验证不是一次性的事件。在对系统进行测试并接受后，保持其验证状态非常重要。维护系统的验证通过状态有许多方面，包括：①变更，任何变更都必须经过记录的变更控制过程，以分析变更对整个系统的影响；②升级，系统可能需要升级，以确保在整个生命周期内都能提供支持；③定期审查，分析系统的运行情况，以确保系统仍按其所说的进行，是否遵循程序；④退役，必须为系统定制一个退役计划。怎样状态下系统需要退役？有什么记录？系统数据是否仍可读？

良好的文档管理和记录保存的重要性再怎么强调也不过分。"如果没有记录就没有做过"的口头禅是提供所有验证活动证据的关键。良好的文档记录管理将能够证明系统处于受控状态，并且在其已经或正在生产的所有年份中都处于受控状态。

二、21CFR 第 11 部分

对于任何进入生命科学行业的人来说，首先要注意的事情之一是使用一种几乎是该行业独有的特定语言。其中一个关键术语是21CFR Part 11，或完整的说是指，FDA发布的《联邦法规》第21章第11部分。这是定义电子记录和电子签名被视为可信赖、可靠和等同于纸质记录的标准的法规。

它包含许多要素，具体如下。

（1）系统必须经过验证，包括识别无效或更改记录的能力。

（2）必须能够以人类可读和电子形式生成准确和完整的记录副本，适用于FDA的检查，审查和复制。

（3）记录必须在整个保留期间受到保护，仅限授权人员访问。

（4）系统必须具有审计跟踪，跟踪系统的所有更改，包括先前和新的值。

（5）系统必须使用操作和权限检查。

（6）确保从设计到退役与系统互动的人员经过充分培训。

（7）建立并遵守写入政策，要求个人对根据其电子签名发起的行动负责，以防止记录和签名造假。

（8）控制相关文件的分发和维护。

（9）签名包含有关签名日期和时间以及含义的信息，并且必须以不能被删除、复制或以其他方式转移的方式链接到记录上，以通过普通方式伪造电子记录。

可以看出，对法规的遵守不仅仅包括控制系统。它还必须包括制造公司的文件、实践和政策。因此，不能说任何特定的DCS/SCADA系统本质上都是"符合21CFR 11"的，而是在适当的支持政策和程序的情况下，它可能具有合规性。

其他监管机构也有类似的立法，包括欧洲的附件11[18]。

第九节　系统备份、存档和灾难恢复

在过程中考虑了墨菲定律之后，如果控制系统有故障会发生什么？在设计和实施任何控制系统时需要考虑的一个重要因素是备份、存档和灾难恢复方法。

虽然应定期进行备份和存档，但灾难恢复应进行规划，在测试运行中执行，但仅在发生"灾难"时认真执行。

必须对配置进行常规备份，以便将来恢复系统。应采用版本控制的方法来区分版本和变更实现。这可以是与控制系统一起提供的自动版本控制系统，也可以是更手动的纸质系统。在某些情况下，使用单独的程序包将在线实时系统与最新备份进行比较，以确保使用正确版本的软件。

控制系统生成的数据也应定期备份和存档，以确保有足够的存储空间，并允许将来轻松检索。配置和数据的备份位置应与实时版本分开，以最大程度地减少单个故障点的影响。

还应制定计划，说明在系统发生故障时需要采取哪些措施来恢复对工厂的控制应决定需要哪些任务来启动和运行系统。需要哪些备份、系统和设备？允许什么样的停机时间？谁有责任、权威和能力来完成所需任务？该计划应经过深思熟虑，并对这个计划进行测试以确保其功效。

图23-29显示了在正常和灾难情况下需要执行的任务。

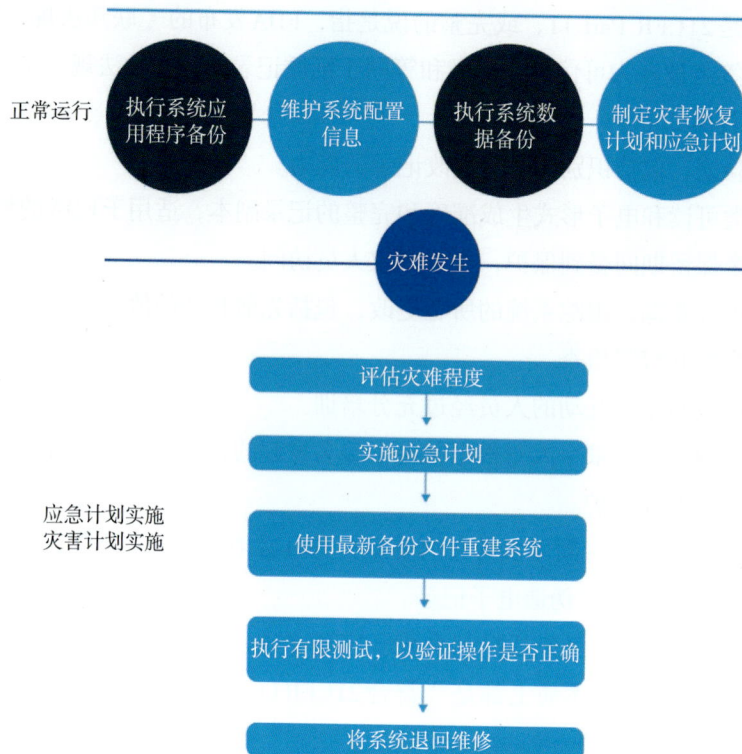

图23-29　系统备份、存档和灾难恢复

基于图8-1，摘自GAMP实验室计算机化系统良好实践指南[19]

当灾难发生时，重要的是首先评估灾难的程度。是哪个系统或哪个部分出现故障？是否整个自动化系统完全故障或单个服务器故障？应对灾害实施应急预案。应采用最近的备份来重建系统并恢复丢失的任何数据。然后应进行一定程度的测试，以确保准确地恢复和正确运行。这种程度的测试应在应急计划中明确详述。只有对系统正确恢复和运行感到满意时，才可以将其重新投入使用。

通常，在过程控制系统中会采用一定程度的冗余，以消除单点故障。这在DCS系统中更容易实现，但在PLC/SCADA系统中也可以实现。在风险评估过程中，重要的是确定系统故障的风险水平及其可能造成的后果。该分析将确定需要何种程度的冗余。

冗余策略

根据可用的预算和在一个或多个系统故障的情况下允许的停机时间，许多生物制药公司采用冗余来防止损失的发生。

在控制器层面，冗余电源和（或）不间断电源（uninterruptable power supply，UPSs）用于防止断电。在服务器和机柜级别上，也可以使用冗余网络接口卡（network interface controller，NIC）、冗余风扇和（或）冗余CPU。

网络也可以被设计成具有高可用性交换机或路由器，所述交换机或路由器的配置使得如果一个设备故障，其他设备将接替其功能，从而不会造成服务中断。

网络本身可以冗余方式配置。通常，这可以通过使用环形或冗余星形拓扑来完成。在环形拓扑中，所有设备都以菊花链方式串成一圈，由于所有设备仍处于连接和通信状态，因此这在单线断端上提供了自然冗余。如果出现两处中断，受影响部分的通信/数据就会丢失。冗余星形拓扑结构包括从网络上的每个设备分别连接两条不同的线路到不同的交换机或路由器。

在大多数情况下也可以使用冗余服务器。在某些情况下，一些特殊的应用上不允许进行冗余配置。这些服务器还将具有冗余阵列、NIC等。

随着虚拟化的出现，经常使用单独的存储区域网络（storage area network，SAN）。

采用冗余的程度因工厂而异，通常在风险分析工作中确定。

第十节　数据历史记录

我们已经描述和讨论了许多与制药厂设备控制有关的示例。医药产品生产中最重要的方面之一是数据的收集。这些数据用于支持批次处理。

自动化程度较低的设施将在生产过程中使用工作人员记录关键数据，或使用与关键仪器相连的独立图表记录仪来测量关键的质量关键仪器数据。

拥有最新DCS或PLC/SCADA系统的现代生产设施能够在规定的时间间隔、连续或发生定义的事件时自动记录所有这些数据。该数据收集被指定为系统配置的一部分，并存储在专用的历史记录应用程序中。

历史记录程序能够实时收集数据，数据即时存储在服务器中，并实时提供给用户。历史记录应用程序优化了数据的存储，以使用最少的计算资源。历史记录可以专用于特定的控制系统供应商的解决方案，通常在DCS设置中，历史记录被配置为完整DCS系统设置的一部分。

历史记录收集的数据有两种基本类型。第一种是时间数据类型，它记录了时间/日期纪录，它所来自的信号/仪器的标签号以及数据值。该数据始终以指定的配置间隔从仪器获取，例如，每0.5/1/5秒，或在例外情况下，即当数值变化达到某个配置量时获取。正如所期望的那样，需要存储大量信息，因此历史记录应用程序使用自己的方法以非常有效的方式记录和存储这些数据。该连续数据的一些示例是模拟测量值、阀门打开/关闭等。

第二类数据是关系数据。该数据与时间数据不同，因为它不是以时间间隔连续收集，而是在发生时实时记录的，例如警报和事件。数据本身也很不同，因为它有许多不同的相关信息。例如激活温度警报，在这种情况下需要记录的信息类型包括警报是什么（例如，很低、低、高、很高）。与哪种仪器相关联？与哪个区域相关联？什么时候激活的？什么时候确认的？谁确认了？什么时候停用？关系数据库还记录信息，例如操作员是否确认提示：是谁？提示是什么？回答是什么？

在涉及批次系统的情况下，通常使用单独的批次历史记录。这是一个关系数据库，可能包含配方信息以及与该批号相关的所有批次相关信息。例如，批次开始和结束时间、参数信息、阶段开始/结束时间、任何批次相关提示等。

大型制药公司将投资于专门的历史记录应用程序，这些应用程序能够收集现场甚至地理区域的所有必要数据。在这些系统的设计中，重要的是确保不会因为接口连接故障而丢失数据。现场范围内的历史记录基础设施的设计将确保与数据源有多个连接，或者数据源具有诸如"存储转发"之类的功能。转发存储描述了当检测到与主历史记录的连接失败时，系统能够在本地存储数据的能力当连接恢复正常时，所有本地数据都会回填到成功连接的主历史记录程序中。在生物工艺行业中普遍存在的典型站点历史记录包括Osisoft的PI系统和Aspentech的Infoplus.21。

最后，保护这些数据以及数据的完整性是最重要的。出于这个原因，历史记录应用程序将以高可用性和冗余的方式设置。限制访问历史数据库，并启用审计跟踪，以确保对收集到的数据进行的任何更改都会被跟踪。

第十一节　其他自动化标准

一、国际电工委员会 61131 可编程控制器标准

国际电工委员会（International Electrotechnical Commission，IEC）是另一个非营利性、非政府的国际标准组织。它发布所有电气、电子和相关技术的国际标准。

其标准IEC 61131与可编程控制器相关，并分为以下9个部分。

第1部分：一般信息[20]

第2部分：设备要求和试验[21]

第3部分：编程语言[22]

第4部分：用户指南[23]

第5部分：通讯[24]

第6部分：功能安全[25]

第七部分：模糊控制程序[26]

第8部分：编程语言应用和实施指南[27]

第9部分：小型传感器和执行器的单滴数字通信接口[28]

另一部分目前正在准备中：

第10部分：符合IEC 61131-3的程序的XML交换格式

第3部分或IEC 61131-3软件结构，定义了控制系统及其结构和数据类型的编程语言。

在本标准中，有五种编程语言，定义如下：梯形图、功能框图、结构化文本、说明清单和顺序函数图。

编程语言的组合用于执行任何特定设备所需的处理任务。每种语言都有其自身的优点和缺点，并且对每个控制系统应用程序的实现略有不同。另外，所有的编程语言都适用于每个供应商平台。阶梯逻辑（图23-30）几乎只用于PLC编程。它是一种图形化的编程语言，源于电继电器电路。它允许非技术人员轻松查看输出的状态。

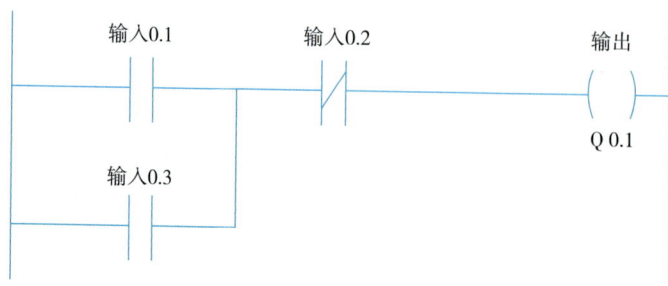

图23-30　阶梯逻辑示例

函数块（function block design，FBD）是一种图形数据流编程方法（图23-31）。它为程序员提供了大量的

算术数学块，这些块可以连接以提供连续控制。该图可用于创建简单的加法、减法和比较算法，以比较更复杂的高级过程积分导数控制算法。

结构化文本和指令列表是相似的，因为它们是基于文本的编程语言。指令列表是一种助记符编程语言，而结构化文本类似于高级语言，如PASCAL或BASIC（表23-4）。

表23-4 说明列表和结构化文本示例

说明列表	结构化文本
O I O.1	如果INPUT3=假且（INPUT1=真或INPUT2=真）
O I O.2	输出1=真
A I O.3	ENDIF；
S Q O.1	

顺序函数图（sequential function chart，SFC）用于根据工艺要求对设备动作进行排序（图23-32），例如在阀门A打开后启动泵。它是由步骤和转换组成的图形语言。在步骤内部，有作用于设备的动作。程序等待转换表达式为真，然后再进行下一步。编程描述还使程序员在初始配置阶段以及以后的调试过程中都更容易。

图23-31 FBD示例

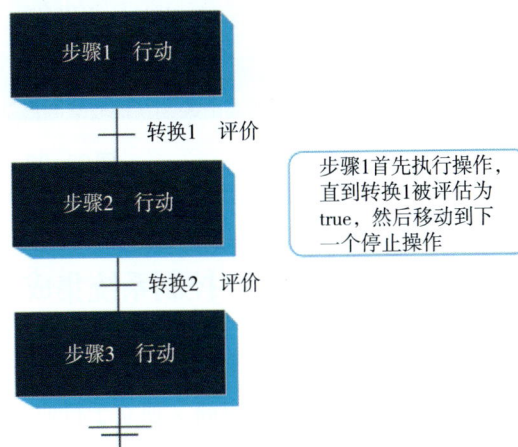

图23-32 SFC示例

二、IEC-62443：工业过程测量和控制的网络和系统安全

随着控制系统平台与办公IT基础设施的日益集成，网络安全已成为自动化界需要解决的最新问题之一。

在过去，这不是一个问题，因为控制系统总是不支持无线技术，并且最终用户阻止控制系统连接到站点IT基础设施，主要是为了对驻留在系统上的数据提供一定程度的保护。

随着制造执行系统和现场广泛的历史记录对控制系统的引入，意味着以前存在于车间的自动化孤岛现在已经在现场的系统和公司的现场之间连接起来。这种互连性是通过坐在公司的IT基础设施主干上提供的，该主干最终以某种方式连接到Internet。这只是网络安全成为业界如此热门话题的原因之一。

为了解决该行业和其他行业中的一些问题，国际自动化协会正在与控制系统制造商和其他领先技术公司一起起草指南，以确定并记录该行业的最佳实践。这一系列指导文件的完整列表和状态可以在图23-33中找到[29-34]。

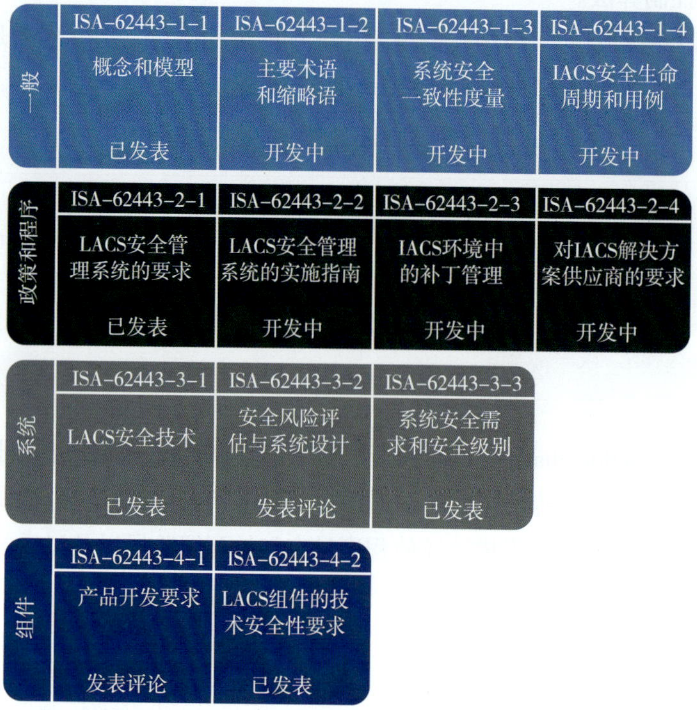

图23-33 系列IACS标准和技术报告
基于ISA/IEC 62443系列IACS标准列表和ISA 99网站的技术报告

三、ISA-95企业 – 控制系统集成标准

与S88标准相关联，还有另一个关于控制系统如何与企业层系统集成的标准。该标准是ISA-95，通常称为S95。该标准既独立于供应商又独立于行业，分为五个部分：

- ISA-95.01型号和术语[35]
- ISA-95.02对象模型属性[36]
- ISA-95.03活动模型[37]
- ISA-95.04对象模型和属性[38]
- ISA-95.05 B2M交易[39]
- ISA-95.06消息服务模式[40]

第三部分重点介绍了与控制系统的接口，并以标准化的方式比较了不同站点的生产水平。

有多种其他系统用于自动化生物制药设施的支持操作，这些系统完全在过程控制解决方案的范围之外。这其中的很多系统构成了站点上ISA 4级［企业资源规划（enterprise resource planning，ERP）］和3级［制造执行系统（manufacturing execution system，MES）］的一部分。企业资源计划系统用于计划设施中生产的执行，而MES可以看作是"如何操作"系统，其中许多软件应用程序在生产车间提供电子指导和手动活动记录。

下表23-5列出了可组成3级系统的支持应用程序。

表23-5　生物制药工厂中的经典3级系统

独立系统	典型MES模块
校准跟踪	称重和分配
LIMS	主批记录
序列化系谱	有限调度
事件管理CAPA	电子批记录
维护管理	设备管理
	材料跟踪和跟踪
	仓库管理
	工艺质量
	纠正和预防措施
	操作员培训记录
	制造智能
	设备综合效率

S95标准的实施不在本章范围之内。

第十二节　扩展阅读

一、基础设施虚拟化

正如前面在本章的硬件部分所提到的，平台供应商认可在虚拟化环境中运行其平台软件只是时间问题。不过，需要指出的是，这些平台供应商通常会等到最新技术成熟后才将其纳入解决方案。

服务器虚拟化提供了将软件操作系统和在这些操作系统上运行的程序与物理服务器本身分开的能力。这是通过在服务器操作系统和物理服务器之间使用单独的软件管理层来实现的。这个管理层称为Hypervisor软件（图23-34）。

Hypervisor软件提供了在所选主机服务器上移动和运行软件服务器实例的能力，同时也可以在关键主机故障的情况下决定副本软件服务器实例可以运行的位置。即使是这种最简单的概念，如果服务器主机出现硬件问题，那么它也允许共享基础设施自动在另一个主机上启动复制服务器软件。如果一个物理主机服务器有足够的资源满足在服务器软件中运行的程序的需要，也可以将多个服务器软件实例分配给它。

图23-34　服务器虚拟化

以下是服务器虚拟化的主要好处：①提供更好的硬件利用率；②提供集中管理所有服务器实例的能力；③提供高可用性和可靠性的能力；④改善灾难恢复；⑤减少服务器占用空间和服务器数据中心的能源需求；⑥更快地将服务器实例部署到业务。

这些优势也可以通过主要的控制系统供应商及其客户来实现，特别是DCS供应商，那里的服务器数量可能更多。这些供应商最近已经采用这种技术来运行他们的软件应用程序。

随着这些不断增强的综合基础设施以及这些基础设施的复杂备份和恢复性质，维护和支持这些系统面临挑战。在自动化行业中正在变得显而易见的是，除了专门研究流程应用的传统自动化知识之外，一个新的专业领域工程师也需要先进的IT专业知识。

二、模拟与工厂环境

所有控制系统通常在系统集成机构的FAT期间在模拟环境中进行测试。这与车间环境有何不同？首先，在FAT环境中没有仪器，因此必须模拟所有输入（数字和模拟）。类似地，在给定仪器未返回信号的情况下，可能被配置为报警的任何错误必须被禁用或模拟为健康。在大多数DCS系统中，仿真是模块固有的，可以通过勾选框来激活。在PLC环境中，创建并调用一个特殊的模拟块。在前往车间现场之前，必须删除此模块。

当软件到达现场时，通常是第一次将物理仪器、自动化硬件和软件结合使用。在此阶段完成的第一个测试是所谓的I/O或循环检查。通过检查从仪器返回控制系统显示器的接线和信号传输来执行该测试，在控制系统显示器上，从仪器发送电脉冲并记录在HMI上。同样，输出从控制系统发送并记录在仪器上。这些检查是确保软件和物理设备之间有效和准确通信的关键起点。

在软件进入站点之前，无法正确测试与其他站点系统的接口。这些接口包括历史记录、MES、其他控制系统等的接口。此外，实际的仪器和设备行为可能与模拟环境不同。例如，阀门开口比其模拟版本花费更长的时间，报警限制可能会被调整。PID循环也必须优化以实现最有效的操作和控制。

在概要中，严格的FAT测试只能识别直接的软件错误或过程增强。这不会消除在现场进行正式测试的需要。

三、智能和自我验证仪器

大约20年前，数字总线系统出现了，并承诺从现场仪器获得更多的数据。目前市场上的许多产品都能够从仪器向控制系统提供多变量信号。附加信息通常与器械的主要用途有关。例如，控制阀上的智能定位器，其中控制系统向控制阀发送4~20 mA信号，以进入特定的打开位置，仪器上也可能具有智能定位器，该智能定位器将向控制系统发送信号，指示控制阀的实际打开百分比。然后，该数据可用于在控制系统内创建警报，以通知用户仪器可能无法正常工作。这些仪器传统上被称为智能仪器。

自我验证仪器持续监测可能导致仪器校准漂移的特定变量。当制造商对仪器进行校准或在客户现场进行重新校准时，与仪器校准相关的内部变量会存储在仪器上，以便当这些变量中的任何一个开始漂移时可以向用户发送警报，这反而会影响来自仪器的过程变量的准确性。例如，在电磁流量计中，线圈中的电阻（内部变量之一）会随时间变化，而这种变化会影响仪器的流量计读数。这些仪器持续监测与来自仪器的过程变量的准确性相关的特定内部变量。当这些变量改变时，仪器输出偏离校准状态。检测仪器内部变量变化的能力为用户提供了更多与仪器健康相关的数据。

此数据的目的是最大限度地使用仪器，并允许维护人员从仪器类型中获得足够的数据，以制定及时的预防性维护程序。

其他仪器提供了在总线系统上相互通信的能力，而无需与控制系统控制器检查该做什么。例如，可以使用来自I/O总线段上另一仪器的流量测量值对智能控制阀进行预编程以控制线路上的流量。在这种情况下，对仪器进行预编程，以知道在哪里查找过程变量，以允许其在仪器本身内执行PID算法。

尽管这种技术本身可能有用，但在生命科学行业中并不经常使用。仪器级的智能更常用于资产管理和创建系统，以便对现场仪器进行完全综合的校准管理。

四、数据分析

过程自动化系统会收集大量的过程数据，并通过历史数据进行存储。传统上，该数据收集仅用作回顾性资源，以向监管机构证明批次在生产过程中处于受控状态，批生产期间某些参数保持在质量标准范围内等。但是，最近，也有用户前瞻性地使用了大量可用的历史数据和实时数据，以确保批次处于受控状态并实时优化。

由于收集了大量的数据，操作员不容易看到批次何时未达到最佳状态。为此，公司可能会决定采用数据分析来提高批次间的性能和产量水平。通常，这是通过与"黄金批次"进行比较来完成的。黄金批次比较包括对符合产品质量目标的批次记录的基于时间的测量值曲线。当将其用作标准时，通过遵循黄金批次特征的接近程度来判断批次。然后可以通过调整过程输入来保持对该配置文件的遵守。

许多公司还研究了在生产过程中已经产生的数据，以在先前认为互不相关的生产步骤中找到相关性，从而全面优化批次产量。

五、建筑管理和环境监测系统

与工艺自动化相关联，还有许多其他设备/仪器项目是常规自动化的。有时，有些可能与过程控制系统合并或连接，但通常它们将拥有自己的自动化系统。这样的楼宇和环境自动化就是其中之一。

楼宇服务的控制范围很广，从机械操作（例如电梯自动化）到对 GMP 至关重要的分类生产区域的供暖、通风和空调（heating ventilation and air conditioning，HVAC）。楼宇管理系统（building management system，BMS）通常会控制和（或）监控其中的许多任务和操作。

与楼宇系统控制相关联的另一个楼宇管理方面是监控整个生产环境中的 GMP 关键环境条件。

这可能包括空气温度、照度、冰柜温度、气压、换气和/或培养箱温度。这些参数值可记录在环境监测系统（environment monitoring system，EMS）中。

通常，BMS 的 GMP 关键任务和 EMS 监控可以结合起来形成合格的建筑管理系统（qualified building management system，QBMS）。QBM 的实际组成、范围和控制取决于车间现场要求和实践。其中一些功能也被整合到过程控制系统中。

六、非 GMP 关键工厂设施

虽然许多公用设施是 GMP 关键设施，例如洁净蒸汽、注射用水等，还有许多其他不直接接触产品的公用设施，因此被视为非 GMP 关键或"黑色"公用设施。它们通常具有自己的基本控制系统，并且不与过程控制系统连接。

黑色公用设施的示例包括：蒸汽（非洁净）、热水、冷却剂和仪表压空。

参考文献

第五篇

工业过程设计

第二十四章

上游工艺：主要操作模式

Eva K.Lindskog

Lonza Pharma&Biotech, Basel, Switzerland

第一节　引言

高效的上游生产工艺对于所有生物制造商都是至关重要的，考虑到良好工艺理解和控制的监管要求，以及开发具有成本效益工艺的财务要求，生物制造商都在增加对早期筛选和工艺开发的关注和投入。与其他监管较少的行业相比，生物制造业的工艺过程不容易改变，因此需要从开始就精心设计该工艺过程。在这个阶段常出现的"不良"现象是：生物制造商的不同部门单独开发工艺过程的各个部分，各自为政。所以当所有工艺部分都结合在一起时，就可能会出现意想不到的问题。所以从早期开始，就应尽量加强不同部门之间的密切协作。

上游工艺过程的设计取决于宿主细胞，而宿主细胞又取决于要生产的目标蛋白产物。产物的关键质量属性是什么，哪种宿主细胞可以生产功能齐全的产物？如果蛋白产物的复杂性有限，那么微生物工艺可能是一个不错的选择。对具有关键翻译后修饰的目的蛋白，可能需要来自多细胞生物的宿主细胞，如果需要人源糖蛋白，则人源细胞可能是唯一的宿主细胞选择。当蛋白产物可以选用不同类型的宿主细胞产生时，还应结合内部现有的设施和实验室基础设施、经验与知识等方面进行综合考虑。例如，工艺开发工作将在哪里进行？工艺开发是公司内部过程，还是可以将部分或整个工艺过程委外外包？

上游工艺设计中的另一个考虑因素是产品是否是具有多个同类候选产品管线的一部分。如果是这种情况，则可以通过对多个产品使用相同的平台工艺过程来实现显著的协同作用。平台工艺过程是一个起点，可能无法针对任何特定分子进行100%优化，但平台工艺具有足够的灵活性，只需相对较小的调整，就能充分适合多个候选蛋白产物。例如，上游平台工艺可由宿主细胞系和表达载体、细胞系开发方法、细胞培养基和补料以及工艺控制和放大的操作规程组成。平台策略可以在例如工艺开发、放大和技术转移方面节省大量时间和精力，并且对于加速提交新药临床试验申请（investigational new drug，IND）变得越来越重要。此外，上游工艺平台能够简化下游纯化工艺并使用下游纯化工艺平台。例如，当纯化不同蛋白产物时，可以使用相同类型的色谱树脂进行相应的纯化步骤。

第二节　工艺开发

关于如何进入生物制药工艺的开发阶段，有两种通用策略：第一种是将项目前置，从一开始就开发稳健的工艺；第二种是更快地推进IND申报，但要为后期变更做好准备。第一种策略的前期成本较高，但在后期可以节省时间和成本。但问题是，如果项目没有通过早期的临床阶段，那投资就是徒劳。第二种策略在高度不确定临床前阶段情况下，投资较少。然而，这意味着后期工艺变更的风险增加，这可能是昂贵的，并会大大延迟产品商业化上市批准。最终决定选择哪种工艺开发策略将取决于多种因素，如竞争格局、监管途径和公司的商业模式等方面。

工艺开发可以分为两个阶段，每个阶段有不同的侧重点。早期工艺开发的目标是快速开发生物工艺，以生产用于毒理学研究和1期或2期临床试验的样品。后期工艺开发的重点是扩大规模、提高生产率、工艺的稳健性和动态药品生产管理规范（Current Good Manufacture Practices，cGMP）的合规性（表24-1）。

表24-1　按早期和晚期划分的上游工艺开发活动的简要概述，并附带一些注意事项

上游开发阶段	活动	注意事项
早期	●宿主生物选择 ●细胞株工程、载体构建、转染 ●筛选和克隆选择 ●工艺开发（工艺模式、培养基、工艺参数） ●工艺和产品的表征 ●生产用于临床前毒性研究的GLP材料和用于临床试验的GMP材料	●与上游、下游和分析工艺开发的团队建立跨部门沟通机制，让生产部门尽早参与进来 ●评估生产率的同时评估细胞系的可生产性 ●调查可用于最小化商品销售成本（cost-of-goods-sold，COGS）的工艺策略 ●实施质量源于设计（quality-by-design，QbD）和工艺分析技术（process analytical technologies，PAT） ●了解互联网协议（internet protocol，IP）情况和影响
晚期	●提高生产率和工艺稳健性 ●放大至最终生产规模 ●工艺表征和验证的规范性	●在工艺变更中，密切监测产品的质量和可比性 ●彻底了解工艺参数对工艺性能和产品质量的影响

从早期阶段开始，不同开发团队之间进行密切沟通，结合对可放大性的关注和整个工艺过程中的完整记录，这一切都为良好的最终结果奠定了基础。

早期上游工艺开发从细胞系构建和克隆筛选开始，详见第三章。生产用克隆的筛选和鉴定是非常耗时费力的，但可使用高通量方法加快该过程。借助自动细胞分选仪、单细胞筛选和对表达蛋白产物浓度和质量的高通量分析，可以在一个项目中评估数千个克隆。此外，还必须证明克隆性。将从初始筛选中选择产量最高的克隆，以进一步通过微孔板、深孔板、摇瓶和小规模生物反应器评估其生长、稳定性和生产率，预测其在大规模生产中的表现。这些实验的结论将作为确定关键工艺参数（critical process parameters，CPP）和定义工艺设计空间的基础。设计空间构成了CPP的可接受范围，以符合产品质量标准，这是人用药品注册技术要求国际协调委员会（ICH）Q8中基于质量源于设计的关键考量。各种工艺参数与工艺生产结果之间的关系通常很复杂，这使得实验对资源的要求很高。高通量自动化技术与实验设计方法相结合，可用于更快地从更少的试验中获得更多信息，这可以大大加快开发过程。但是，工艺开发的要求仍然很高，即使在实验设计的帮助下，筛选过程中所需的实验数量也会超过100个[1]。

随着用于小规模工艺培养的灵活性、适应性和解决方案的可用性增加，主要的瓶颈不再是工艺筛选与优化通量不足。相反，重点正在转移到分析方面，以确保对实验结果进行快速准确的分析说明。在微孔板规模中，机器人液体处理平台可以加快分析速度，并从根本上消除人为操作错误的风险。在生物反应器中，重点是开发在线（原位）监测，即不需要从培养物中取出样品并且可以实时测量培养物的性能。可以利用传感器技术进行在线分析的例子包括pH、溶解氧（DO）量和生物量浓度。光谱领域的研究正在进行中，以开发可以广泛应用的传感器，例如，使用紫外-可见分光光度法（ultraviolet and visible spectrophotometry，UV-vis）、近红外、中红外、拉曼和荧光光谱法[2]。如果必须离线进行分析，则采样量可能是小体积筛选的限制因素。因此，样品分析的总数可能会受到限制，从而导致每个时间段分析的采样点或工艺参数减少。

高通量实验的另一个考虑因素是强大的数据处理方法，这些方法有助于解释说明复杂筛选实验中的数据结果。采用统计学和生物技术的跨学科技能进行数据处理是非常有利的。随着高通量筛选工具和数据处理方法变得更加复杂，以及细胞代谢和细胞生理学各领域的进步，现在可以在早期工艺开发阶段做出更好的决策。例如，当前可以在非常早期的阶段选择更少的克隆开展工艺开发，从而在持续的工艺过程开发中节省时间和资源。当在小规模中确定了工艺参数范围时，可以将该工艺转移到中试规模，以评估可放大性并生产用于临床前毒理学研究的样品。

在后期工艺开发中，关键点是扩大生产工艺规模，如今已提出了几种扩大生产工艺规模的标准。依据混合、传质和细胞的机械损伤，可以将标准分为两组。一般假设是，如果某些工艺标准在小规模中是最佳的，在大规模生产工艺中也是如此。搅拌和通气是需要特别注意的关键条件，以实现不同规模的可比工艺性能。通常搅拌使用平均比能量耗散率（$\bar{\varepsilon}_r$）调整参数，而通气需要调整，以确保适当的氧气供应和二氧化碳水平，同时需要避免起泡。用于规模扩大的概念除了$\bar{\varepsilon}_r$外，还包括体积传质系数（k_La），氧气转移速率（oxygen transfer rate，OTR）、搅拌时间和每单位液体体积的气体流量。这些概念已在第一章中作了详细介绍和讨论。扩大规模的考虑因素还包括细胞培养基、工艺中液体的搅拌和保存时间，以及了解与温度和光照相关的影响。需要评估培养基组分的批间一致性，这对于例如血清和水解物等非化学定义的培养基成分尤为重要，因为这些成分本身就具有可变性。普遍的观察结果是，可以通过适当地缩小规模的模式来识别和减少大规模生产工艺问题。

工艺开发的最后一步是商业化生产工艺前的后期开发。这一阶段工作包括进一步扩大规模和技术转移。在进行商业化cGMP生产之前，需要进行充分的工艺表征和工艺验证，以获得监管部门的批准。必须了解不同的关键工艺参数如何影响产品质量和工艺性能，并证明生产工艺的一致性。

第三节　主要的培养模式

对于如何设计上游生产工艺，有几种不同的替代方法，但原则上它们都仅是四种主要培养模式的变体：批次式培养、补料分批培养、灌流培养和连续发酵培养（图24-1）。

这四种工艺培养模式各有优势。在生物制药的早期阶段，由于批次式培养较简单，故较多采用批次式培养工艺。随着时间的推移，补料分批培养已成为微生物和动物细胞生产工艺的主导模式。主要原因是与批次式培养相比，补料分批培养工艺的体积生产率提高了，并结合了相对简单的操作设置。长期以来，灌流培养一直被认为是具有挑战的工艺模式，并且仅在批次式培养或补料分批培养都无法选择的情况下才使用该工艺模式，例如目的蛋白产物易于降解或有毒性、体积生产率非常低，或者代谢产物的生物活性对培养物产生了不利影响。然而，最近灌流培养和类灌流培养引起了动物细胞生产制造的关注，并且越来越多的生物制造商在研究其代替传统补料分批培养的可能性，主要是为了提高总体生产能力和设施利用率。根据经典定义，连续发酵培养模式主要用于微生物工艺，通常用于研发。

然而，连续生物工艺这一更广泛的概念在生物制造商中越来越普遍。在后一种情况下，"连续"一词不是指经典的微生物工艺模式，而是对以连续方式进行的单元操作和工艺的广泛描述。这与传统的批次式培养相反，在传统的批次式培养中，一个单元的操作完成后才开始下一个单元的操作。许多行业已经从批次式培养过渡到连续生产，以提高设施利用率、减少停机时间并提高整体效率。在连续工艺中生产的产品有汽车、化学品、不锈钢和纸浆等。在本章中，重点将是根据其经典定义的工艺过程模式，下面是四种主要上游培养工艺模式及其一些变体（工艺）的概述。

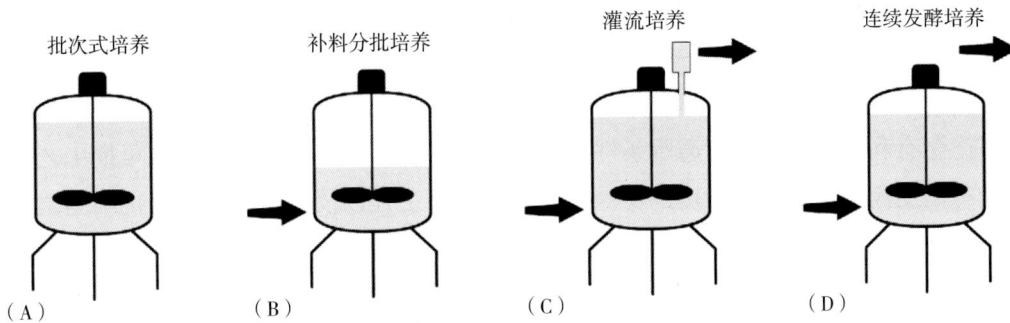

图24-1　四种上游工艺培养模式示意图

（A）批次式培养，在工艺的初始阶段加入培养基和细胞，之后，除气体、pH控制溶液、消泡剂和工艺特定添加剂（如诱导剂或转染复合物）外，不再添加其他物质。培养过程中细胞含量会增加，营养物浓度会降低；（B）补料分批培养，该工艺一开始与批次式培养类似，但在培养过程中添加了浓缩的营养物质。体积不是恒定的，而是增加的。在培养过程中，细胞含量将增加，并且与批次式培养相比，营养物浓度将保持更恒定，因为消耗的营养物被补料中的营养物替代；（C）灌流培养，该工艺一开始与批次式培养类似，但是一段时间后，开始流加新鲜培养基，并去除等量代谢的培养基。用截留装置将细胞再循环到反应器中。营养物浓度达到稳态，细胞密度可以很高；（D）连续发酵培养，该工艺类似于灌流培养，但是在该情况下，不进行细胞再循环，而是将细胞与代谢的培养基一起去除。该工艺模式仅用于微生物培养

一、批次式培养

批次式培养是在一个系统中进行的，在培养开始时加入所有必需培养基组分和接种物（图24-1）。在工艺开始后，与外部之间的唯一物质交换是气体、pH控制溶液、消泡剂（如果需要）和可能的工艺特定添加剂，例如诱导剂、病毒液和转染复合物。溶解氧、pH和温度（温度控制的感应和使用双相工艺策略时除外）通常在批次式培养期间保持恒定，并且初始培养基组成对于工艺结果至关重要。收获时间将取决于产品质量和预期表达量，通常是同时收获整个培养物。

批次式培养是生物技术早期的首选方法，这种工艺模式的简单性为大规模工艺和复杂工艺（例如瞬时转染和使用微载体生产疫苗）提供了便利。批次式培养衍生工艺是灌流和抽取或批次再灌流工艺。在这些工艺中，收获时将一小部分生产细胞截留在反应容器中，用作下一次生产培养的接种物。除用于生产外，批次式培养还可用于日常维护培养、进行研究以及放大工艺中的种子扩增培养。例如，早期工艺开发筛选通常使用批次式培养。但是，批次式培养不能使单位体积生产力最大化，并且在生产培养中，其他工艺过程模式往往占主导地位。

二、补料分批培养

补料分批培养一开始与批次式培养类似，在培养开始时加入必需的培养基组分和接种物。然而，补料分批培养在培养过程期间逐渐补加高浓度的新鲜培养基，以延长生长期并提高生产力（图24-1）。补料溶液可以由单一营养物（例如葡萄糖）或多种营养物组成，并且补料分批培养工艺可以同时添加不止一种补料。这种平行补料增加了工艺复杂性，但可以进行特定的营养补加，还可以降低高浓度补料沉淀的风险。营养物质可以连续添加（连续补料），也可以间歇添加（间隔补料）。可以通过多种方式设定连续补料策略；它可以是恒定的、线性增加的、指数增加的、逐步增加的，或者基于在线监测培养参数（例如细胞浓度、葡萄糖浓度或生物反应器体积）的传感器的反馈而自动调节。但是，并非所有连续补料方式都易于规模放大，在非常大的规模中，对于补料策略应尽可能做到简单且工艺稳健。在这些情况下，与连续补料相比，间歇大体

积补料策略可能是更好的选择。

补料分批培养工艺中的补料将导致培养物中溶质含量的增加，从而导致渗透压摩尔浓度的增加。大多数用于动物细胞的培养基渗透压在260~320 mOsm/kg范围内，以模拟血清的溶质特征（290 mOsm/kg）。渗透压是调节营养物跨细胞膜运输的关键参数，渗透压的变化会影响各种细胞功能。渗透压升高会对某些细胞株的比生产率产生有利影响，但高渗透压条件对细胞蛋白表达和生长均有害[3]。在早期工艺开发的筛选过程中，可以选择耐受高渗透压摩尔浓度的稳健克隆。细胞系工程以及渗透压诱导的抗细胞凋亡和自噬也已被提出（Han，2010#256）。

补料分批培养中的最高细胞密度和蛋白质表达含量取决于宿主细胞、生产克隆、培养基、补料策略和生物反应器控制方式。现代中国仓鼠卵巢（CHO）细胞补料分批培养工艺通常需要10~14天，但也存在更长的培养周期。CHO细胞最高细胞含量通常在1000万~3000万个细胞/ml。与20世纪90年代相比，这是一个相当大的进步，当时工艺的细胞密度峰值是个位数，并且典型抗体的产量在较低的mg/L范围内[4]。如今，临床阶段的生产工艺蛋白浓度通常在3~5 g/L范围内[5]，有些案例甚至高达10 g/L。微生物补料分批培养要短得多，例如，典型的大肠埃希菌补料分批培养可能需要12~48小时，具体取决于产品，而巴斯德毕赤酵母发酵可能需要4~7天，具体取决于目的蛋白和生产工艺。

补料分批培养模式在许多方面都是生产工艺过程的基础模式，并且由于其稳健性和操作简便性，在过去的几十年中，补料分批培养一直是生产工艺最强有力的选择。在撰写本文时，大多数获得商业化批准的生物治疗药物和目前处于临床管线中的大多数产品都是采用补料分批培养工艺模式生产。尽管补料分批培养作为一个概念已经成熟，并且在过去几十年中补料分批培养模式已经取得了相当大的进步，但仍然可以做进一步的改进。以下是需要考虑的三个方面。

1.**最大化空时产率**（space time yield，STY） 动物细胞的典型补料分批培养工艺时间大约需要2周。如果在生产率保持不变的情况下缩短工艺时间，每年将可以生产更多的工艺批次，设施生产率就会提高。例如，收获时间就是需要考虑的因素之一。是早收获并快速开始下批次工艺，还是晚收获并提高每批生产率工艺方案更可行？

2.**最小化细胞凋亡** 在补料分批培养工艺过程中，死亡的细胞将被保留在培养料液中，细胞破裂并渗漏到料液中的细胞内组分将需要在下游工艺纯化中处理。如果可以将凋亡细胞的数量保持在最小值，则目标产品降解的风险会降低，并且下游工艺纯化将变得不那么复杂。细胞培养基配方、补料策略和生物反应器参数设置是此处的重要考虑因素。

3.**提高产品质量** 如果蛋白发生聚集或蛋白产物不符合关键质量属性（critical quality attributes，CQA）标准，则高体积高浓度的蛋白产物也不意味着较高的总体工艺收率。通过细胞系工程、克隆筛选、细胞培养基配方、补料策略和生物反应器参数设置控制产品质量对于获得总体良好的工艺结果至关重要。例如，在补料分批培养工艺过程中，产品质量可能会发生变化，将导致收获物中目的蛋白产物的异质性。

最后，尽管补料分批培养是一种非常通用的工艺模式，但从设备利用率和工作效率的角度来看，它可能并不是最佳的工艺选择。每个补料分批培养工艺完成后，会进入非生产阶段，包括清洗设备、清洁确认和下一个培养工艺的准备工作。连续操作（例如灌流工艺）的停机时间更短，并且总体设施利用率增加，但是灌流工艺还有其他考量因素，如下所述。

436

三、灌流工艺

灌流工艺是以恒定体积运行的工艺过程，在以相同速率去除废弃培养基的同时，将新鲜培养基连续补加到生物反应器中（图24-1）。细胞截留装置将细胞保留在反应器中，而所有小分子组分将与代谢的培养基一起去除，实现持续的样品收获，这实际上意味着收集一定体积的代谢培养基，然后将其用于下游工艺纯化。灌流工艺过程可以运行很长时间，30~90天的工艺培养时间是常见的，但也存在超过6个月的较长工艺培养时间[6]。微生物发酵中不使用该工艺模式，原因是微生物增殖很迅速，与生长相对较慢的动物细胞培养工艺过程相反，没有灌流工艺的实际需求。

从生理学的角度看，与批次式培养或补料分批培养工艺过程相比，灌流工艺过程更类似于多细胞生物宿主细胞的自然增殖代谢状态。灌流工艺的培养基连续流动会形成代谢稳态，培养体系会有稳定的营养供应，有毒副产物的浓度会保持在较低水平。这可以对细胞生理学和细胞增殖产生积极影响，并可以实现高密度细胞培养工艺过程。许多灌流工艺过程细胞密度在3000万~8000万个细胞/ml的范围内。如果细胞密度变得过高，或者因死细胞和细胞碎片而导致细胞活率下降，可以将罐体中料液的一小部分去除，以保证细胞活率维持在较高水平[7, 8]。

与批培养和补料分批培养工艺模式相比，灌流工艺可以提高生产率。首先，灌流工艺过程中的高细胞密度使单位体积的高生产率成为可能。其次，提高培养基利用率和维持稳态工艺条件可以形成更高的单细胞生产力。再次，由于批次之间的停机时间较少，灌流工艺可以提高年生产率及设备利用率。因此，如果目标是每年生产预定量的目标产品，与批次式培养/补料分批培养相比，如果该工艺在灌流工艺模式下运行，则可以使用较小规模的生物反应器。商业化批准的灌流工艺在75~4000 L的生物反应器规模下运行[9]，但通常认为现代灌流工艺过程的最佳规模在500~1000 L或更低的范围内。

与批次式培养和补料分批培养工艺所需的仪器相比，灌流设备和仪器更加复杂。灌流工艺的主要区别在于需要截留装置以防止细胞从生物反应器中流出。截留装置可以是基于过滤器的，也可以是基于重力的（表24-2），它可以设立在生物反应器内部，也可以在外部设立。外部设备能够在发生故障时进行更换。而如果是内部设备（例如旋转式过滤器），更换是不可能的。如果内部旋转过滤器出现故障，则需要对整体生产工艺终止运行。

表24-2　灌流工艺过程的细胞截留技术概述（包括使用注意事项）

性质	旋转过滤器	ATF[a]	TFF[b]	重力沉降器	声学沉降器	一次性使用离心机
分离效率	100%	100%	100%	85%~99%	85%~99%	99%
可扩展性	++	++	++	++	-	++
易用性	++	++	++	--	-	--
操作风险	--	++	++	--	+	+
一次性使用	没有	是的	是的	没有	是的	是的
可重复灭菌	是，如果是外部的	是的	是的	是，如果外部	没有	是的
细胞在分离器和连接管中的停留时间	0，如果是内部的	1~2分钟	1~2分钟	10~20分钟	3~14分钟	2~9分钟

[a]ATF=交替切向流过滤，与中空纤维过滤器一起使用的膜泵。

[b]TFF=在切向流动过滤模式下使用的中空纤维过滤器。

旋转式过滤器通常在第一代灌流工艺过程中使用，但是由于结垢，它们遭受很大的操作风险，并且在现代工艺生产中通常不考虑。最近备受关注的一种截留装置是中空纤维过滤器。中空纤维过滤器可以在切向流过滤模式下使用，也可以与交替切向流过滤膜泵一起使用。中空纤维-ATF组合已被证明是一种通用的截留系统，可以在大规模工艺过程中支持非常高的细胞密度。重力沉降器通常是定制设计的，并由几家公司用于制造批准的产品。声学沉降器是最近开发的截留技术，目前正在由制造供应商进行评估。这项技术需要评估工艺生产能力和可放大性，以确保生产规模不存在任何限制。一次性离心技术是细胞截留的又一选择。

　表格经Véronique Chotteau授权使用，用于中国仓鼠卵巢细胞培养的灌流工艺和收获的交替切向流过滤研究，2010年4月25日至30日在加拿大阿尔伯塔省班夫的细胞培养工程XII上展示的海报。

　　灌流速率取决于培养细胞的营养需求，与细胞密度和培养基的营养成分有关。灌流速率通常以每天的反应器体积（reactor volumes，RV）和（或）单细胞灌流速率（cell-specific perfusion rate，CSPR）来测量。若使用未优化的培养基，工艺过程将需要高灌流速率以避免培养料液中的营养限制，这会给料液处理带来很大的挑战。在该情况下，工艺开发阶段进行培养基优化可以节省时间和经济成本。CSPR的良好起点是50~100 pl/（cell·d），在最终工艺过程中，灌流速率1~2 RV/d被认为是基准。现有的一些工艺过程具有更高的灌流速率，为5 RV/d甚至更高。高置换体积会带来培养基配制和收获液处理问题，并增加大规模液体处理相关设施设备系统的复杂性。此外，如果蛋白浓度非常低，则下游工艺纯化可能更具挑战性。

　　历史上，仅当蛋白产物易于降解（凝血因子）、在生物反应器中长时间停留后产物活性降低（酶）、目的蛋白产物对生产培养体系具有任何非预期的代谢作用（生长因子、毒素）或体积浓度非常低（抗体）时，才使用灌流工艺。在大多数情况下，补料分批培养被认为是更可行的选择，因为与灌流工艺相比，补料分批培养操作设置更简单，验证更容易。对于2015年批准的使用动物细胞培养生产的治疗用生物制品，大约只有不到10%是通过灌流工艺生产的[10]。然而，对灌流工艺的看法自2000年中期发生了改变，大家开始关注灌流工艺和类灌流工艺过程，并用其替代传统补料分批培养工艺过程。这种变化的根本原因是细胞培养基组分和细胞系工程的发展，这使得灌流工艺过程的体积生产率更高，并可以获得浓缩的高浓度蛋白产物。此外，现在可以使用体积高达2000 L的搅拌式一次性生物反应器，其优点包括灵活性的增加和前期投资的减少。其他重要变化是截留技术领域的开发和更好的工艺过程控制，这两个方面都有助于更稳定的灌流工艺过程。综上所述，这些技术革新为灌流工艺在一次性生物反应器中的灵活设计，从而提高产能提供了可能性，灌流工艺比采用补料分批培养工艺生产相同产量目的蛋白的常规不锈钢生物反应器规模小10~30倍。健赞（Genzyme）、拜耳（Bayer）、杨森（Janssen）、Biomarin和默克雪兰诺（Merck Serono）等公司已经成功实施了灌流或类灌流工艺，并在引领行业采用灌流工艺。灌流工艺生产的市售产品示例见表24-3。

表24-3　灌流工艺生产的人类生物治疗药物

品牌名称	产品名称	公司	首次批准	保留装置
ReoPro	Abciximab	杨森生物技术	1994	旋转过滤器（内部）
Cerezyme	Beta-glucocerebrosidase	健赞[a]	1994	重力沉降器
Gonal-f	FSH	默克-雪兰诺	1997	旋转过滤器
Remicade	Infliximab	杨森生物技术	1998	旋转过滤器（内部/外部）
Simulect	Basiliximab	诺华	1998	转筛过滤
Rebif	Interferon beta-1a	默克-雪兰诺	1998	固定床
ReFacto[b]	Modified Factor VIII	辉瑞	1998	离心机
HumaSPECT	Votumumab	奥格诺特克尼卡	1998[c]	中空纤维生物反应器
Kogenate-FS	Factor VIII	拜耳	2000	重力沉降器
Xigris	Activated protein C	礼来	2001	重力沉降器
Campath	Alemtuzumab	健赞[a]	2001	未知
Fabrazyme	Agalsidase beta	健赞[a]	2003	重力沉降器[e]

续表

品牌名称	产品名称	公司	首次批准	保留装置
Aldurazyme	L-iduronidase	拜玛林	2003	重力沉降器
Naglazyme	Galsulfase	拜玛林	2005	重力沉降器
Myozyme	Aglucosidase alfa	健赞[a]	2006	重力沉降器[e]
Simponi	Golimumab	杨森生物技术	2009	ATF
Stelara	Ustekinumab	杨森生物技术	2009	ATF

[a] 健赞在2011年被赛诺菲收购。

[b] 对传统ReFacto工艺进行了广泛的修改，Modified Factor Ⅷ产品，moroctogog alpha（ReFacto AF/Xyntha）于2008年获得批准。Xyntha/ReFacto AF生产工艺使用与原始工艺相同的生物反应器规模和灌流设备[11]。

[c] 于2003年撤回。

[d] Campath开发用于治疗B细胞慢性淋巴细胞白血病，于2012年退出美国和欧洲市场。新版本的Alemtuzumab于2014年以Lemtrada的名称重新推出，用于治疗复发型多发性硬化症（MS）患者。

[e] 基于微载体的工艺。

旋转式过滤器在第一代灌流工艺过程中很常见，但过滤器容易结垢，在操作失败的情况下很难或不可能更换。在下一代灌流工艺过程中，重力沉降器占主导地位。重力沉降器通常是定制的，可以多种方式设计以最大程度地减少沉降器中的细胞停留时间。在第三代灌流工艺过程中，介绍了基于中空纤维的交替切向流分离（ATF）技术。预计在未来几年内，更多采用ATF技术的工艺将获得批准。诊断产品（例如，Myoscint，强生生物技术，使用旋转式过滤器的灌流工艺生产）不包括在该表中。

改编自 Pollock J, HoSV, Farid S S. *Fed-batch and perfusion culture processes: economic, environmental, and operational feasibility under uncertainty. Biotechnol. Bioeng*, 2013, 110（1）: 206-219.

毫无疑问，与批次式培养工艺相比，连续操作（例如灌流工艺）可以提供更多优势，包括从整体设施的角度来看，更高的反应器单位体积生产率和更好的设施利用率。在实际生产中，灌流工艺通常比较复杂，应考虑目的蛋白产物从工艺开发阶段到大规模生产的完整全生命周期。连续操作的好处使许多其他行业在很久以前就不再使用批次式工艺模式。但是，现代生物制品生产工艺补料分批培养操作的稳健性和高生产率、有关补料分批培养的大量现有知识以及为补料分批培养设计的工艺基础设备，都有助于维持当前的工艺现状，因此补料分批培养是大多数生物制品生产工艺的首选。随着对效率要求的提高，未来连续操作可能会变得更加普遍。然而，获益于灌流工艺的同时也需要权衡工艺风险并避免潜在工艺问题（表24-4）。

表24-4 灌流工艺过程常见的挑战和优势

挑战	优势
与批次式/流加式工艺相比，需要额外的仪器	更高的体积生产率，更高的设施效率和利用率
由于过程中多次连接和断开，污染风险增加	降低敏感产品（例如酶和血液因子）降解的风险
复杂工艺验证	生物活性产品，例如毒素和生长因子，不会影响培养
长期工艺期间的产品质量控制	可以使用较小尺寸的生物反应器容器，有机会使用一次性技术
生产规模下的工艺可扩展性和稳健性	最小化滞后阶段，减少种子培养和扩大规模所花费的时间
小规模难做高通量灌流工艺开发	较小的生产车间和较小的整体设施规模
需要大量培养基；物流和成本影响	在工艺开发阶段节省时间，灌注介质更"宽容"
产品的稀释，在下游纯化之前可能需要一个浓缩步骤	高培养活力，因为有毒副产物被洗掉，营养物质达到稳定状态

主要的历史问题是缺乏稳健且可放大的细胞截留设备和监管挑战。最近的发展大大改善了这种情况。目前存在更稳健和可放大的截留技术，包括FDA在内的监管机构都鼓励采用连续生产策略，例如灌流工艺[12, 13]。与批次式培养工艺相比，剩余的障碍包括增加的复杂性以及相关的准备问题和风险。此外，与批次式培养工艺相比，灌流工艺的小规模高通量工艺开发更具挑战性。灌流的主要驱动因素是生产力的提高，使更小规模的生物反应器和更小的设备成为可能。然而，在某些情况下，补料分批培养提供的生产率可能足以满足特定商业模型的需要，而且采用补料分批培养工艺也无需考虑不同的生产场地和生产情形。

四、连续发酵

连续发酵是一种微生物工艺过程，培养基以恒定流量通过反应器（图24-1）。与动物细胞灌流工艺过程的主要区别在于，在连续发酵中没有任何装置阻止生物质停留在培养容器中[1]。在工业应用中，连续发酵中的体积通常是恒定的，但在废水处理等特定过程中会波动。连续发酵工艺过程的概念与化学恒温器紧密相关，在化学恒温器中，一种营养素限制了生长，并用于确定生长速率。但是，还有其他几种不太常见的方法可以控制连续发酵：通过恒定的pH值（pH-辅助恒温器）、恒定的光密度（turbidostat）和恒定的底物（nutristat）。

连续发酵从批次式培养工艺开始。在某一时间点，例如当培养物达到指数生长期时，或当培养物所需底物受限时，则开始加入新鲜生长培养基的补料，并去除等体积的培养液。连续发酵是研究中的优越生产方式，但实际应用的数量有限。其原因包括污染风险增加、培养工艺中基因的改变等相关风险难以控制等因素。

第四节　种子培养

在开始生产培养之前，需要培养足够的种子细胞接种到生产反应器中。这个过程称为种子的扩增培养。从历史上看，对种子扩增的关注并不多，但它在整个生产制造工艺过程中对成功的结果起着至关重要的作用。种子培养从复苏工作细胞库（working cell bank，WCB）开始，然后在小规模容器（通常是摇瓶）中扩大培养，并在越来越大的生物反应器中继续扩大规模，最终接种至生产反应器。动物细胞培养工艺过程中的典型种子扩增流程如图24-2所示。

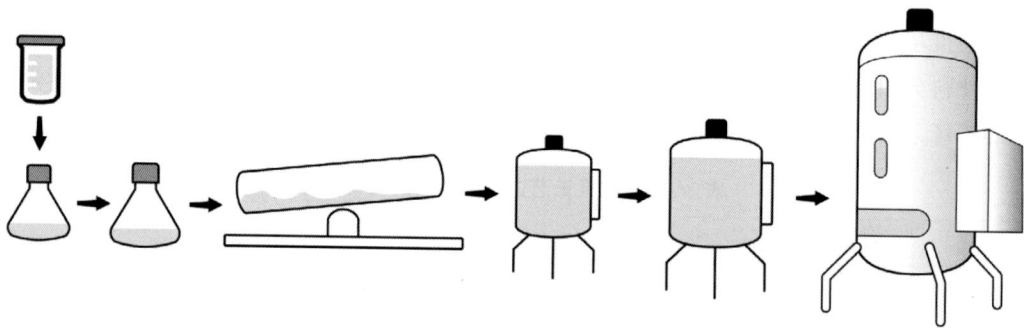

图24-2　动物细胞工艺过程中典型种子扩增培养的示意图

复融工作细胞库中的细胞后，在摇瓶、小规模和大规模生物反应器中逐渐扩增种子细胞，直至接种到生产规模生物反应器中。一次性使用技术可以大大简化种子的扩增培养，通常用于体积高达2000 L生产规模反应器的种子培养。摇瓶的使用规模最小，摇摆式一次性生物反应器在实验室规模中很常见，这主要是因为它们易于使用。搅拌式生物反应器用于更大规模的种子扩增。如果反应器具有较大的体积比（最大规模和最小规模比例），则可以在同一容器中执行两个种子步骤

细胞库的质量和成功的细胞复苏是稳健、可重复工艺的先决条件。复苏过程在恒温水浴中快速进行，以避免冰晶对细胞的损害。当复融到小摇瓶中时，加入新鲜的培养基。对于动物细胞，通常需要几天的时间。当复苏细胞已恢复并且细胞已经开始增殖时，通过添加新鲜培养基开始进入扩增阶段。这通常是批培养进行的，根据具体过程，每2~4天进行一次新的扩增。随着体积增加，将培养细胞转移至尺寸适当的培养规模中，直至接种到生产规模的生物反应器中。

历史上，玻璃摇瓶或玻璃转瓶用于种子扩增培养中的小体积悬浮培养，不锈钢生物反应器是大规模种子培养的唯一选择。然而，一次性摇瓶和一次性生物反应器系统在很大程度上取代了种子扩增培养中容器

的重复使用，如今，很少有种子扩增是在没有任何一次性使用技术的情况下操作执行的。无论生产培养是在不锈钢反应器还是在一次性反应器中进行，种子培养中一次性耗材的使用均有所增加。根本原因是灵活性的增加、无需清洁和清洁验证，以及一次性技术前期资本投资的减少。在高达25 L的规模上，WAVE式一次性生物反应器很常见，而在25~2000 L的规模上，一次性搅拌式反应器占主导地位。

放大倍数或稀释比例是种子扩增培养的重要参数。较高的放大倍数或分种率可缩短并简化种子的扩增培养周期，而较低的放大倍数和分种率会导致更长的种子扩增放大过程，也会增加过程操作的复杂性，例如需要更多的反应器。大多数动物细胞种子扩增的分种率在1∶3至1∶20之间，这取决于宿主细胞、生产克隆的特定性和培养基组分。例如，如果培养基浓度非常低，则可能需要降低放大倍数。在购买生物反应器之前，放大倍数也是一个考虑因素，因为它与反应器的体积比（最大工作体积和最小工作体积之比）相关。体积比描述了生物反应器实际操作可允许体积的范围，其定义为最大工作体积与最小工作体积的比值。生物反应器的体积通常在10∶1至2∶1之间变化，这意味着生物反应器的最小体积通常在最大体积的10%~50%。变化取决于搅拌桨技术、加热技术和测量探头的位置。较高的体积比可以在同一个反应器中实现两级种子的扩增培养，而较低的体积比可能需要两个反应器才能实现相同的工艺操作。

第五节　工艺强化

随着生物制药工业的成熟，生产工艺在短短的二十年中从低生产率发展到高生产率。工艺发展的根本原因包括对细胞代谢和生理学的深入了解，这与细胞系工程和细胞培养基的发展相结合，导致更高的细胞密度、更高的单细胞生产率以及更稳定的工艺过程。此外，生物反应器技术的发展使得工艺控制更为准确，从而提高了生产宿主细胞的活率和目的蛋白的产量。

另一个发展是一次性使用系统技术的出现。从最初对一次性使用系统的不认可已迅速转向广泛认识并接受一次性使用产品带来的多种优势，包括灵活性的增加和前期投资的减少。完全基于一次性使用系统进行生产制造的组件和生产工厂变得越来越普遍，并且使用一次性技术的便捷性和灵活的设施正在用更短的时间建造。提高的生产率使得可以建造更小的厂房设施，并且还有助于在整个工艺过程中使用一次性技术，包括生产阶段。这将为生物制造商带来更多的优势，例如降低风险和更早进入商业化方面。与此同时，拥有现有基础设施的生物制造商正在寻找策略，以提高现有工厂的生产能力，以保持竞争力。使工艺更有效和高产以提高生产率，或以更小的生产规模制造相同产量目的产品的方法称为工艺强化。

强化补料分批培养工艺模式又称浓缩补料分批培养（concentrated fed-batch，CFB），是典型的体现工艺强化概念的例子。2009年，当Crucell和DSM之间的合资企业Percivia发布了使用PER. C6细胞的抗体生产工艺创纪录收率为27 g/L时，浓缩补料分批培养引起了公众的关注。浓缩补料分批培养类似于灌流工艺，但这里不仅细胞被截留，目的产物也被截留。这是通过将生物反应器与中空纤维过滤截留系统和交替切向流隔膜泵（例如Repligen的XCell ATF系统）结合使用来实现的。过滤器的孔径应能同时截留细胞和目的产品。在抗体生产的情况下，与灌流工艺过程中使用的过滤器孔径（0.2 μm或0.65 μm）相比，浓缩型补料分批培养使用的中空纤维柱截留孔径通常为30 kDa。浓缩补料分批培养工艺通常以常规补料分批培养工艺模式开始，并且宿主细胞和目的产品仅在最后几天内再循环。强化补料分批培养可以支持超过1.5亿个细胞/ml的高细胞密度，并且可以获得单批次高浓度产品。

如果细胞系的比生产率较低，则浓缩补料分批培养工艺可能是有用的，因为它很容易支持高细胞密度，而无需进行大量的工艺开发工作。但是，浓缩补料分批培养的设置比补料分批培养更复杂，并且需要额外的细胞培养基。此外，还产生了相当数量的废弃料液。细胞DNA和宿主细胞蛋白与目的产物一起高度浓缩，进一步使下游纯化工艺复杂化。有效的净化一直是浓缩补料分批培养工艺的挑战，并且已经研究了几种不同的技术。除收获操作单元中通常使用的深层过滤器和基于离心的净化步骤外，这还包括膨胀床吸附（expanded bed adsorption，EBA）、双水相萃取和沉淀。浓缩补料的另一个考虑因素是产品质量，因为产品在整个工艺过程中都截留在反应器中，目的蛋白很容易暴露在含有细胞碎片的环境中，这增加了产物的降解和损失的风险。在某些情况下，尤其是在产品稳定且内部已经存在工艺专有技术的情况下，浓缩补料分批培养可能会带来好处。而在其他情况下，常规补料分批培养则可能是更好的选择工艺。

强化灌流工艺是用于描述在超过约6000万个细胞/ml的非常高的细胞密度下运行的灌流工艺过程的术语。在强化灌流工艺过程中可以使用多种细胞截留设备，但是需要评估截留能力和可放大性，以确保在生产规模下无故障运行。在强化灌流工艺过程中，细胞培养基的组成对于避免高细胞密度下的营养耗竭至关重要。细胞密度可以达到1亿个细胞/ml以上，最高可达2亿个细胞/ml，生产率可以达到非常高的水平，范围在2~3g/（L·d）之间[7, 8, 14]。

上游工艺过程强化的另一个应用案例是种子的扩增培养。在这里，一种新兴的策略是在种子扩增过程中使用灌流工艺而不是批次式培养模式。简而言之，其原理是灌流工艺可以促使细胞生长到非常高的密度，这使得可以用非常少的中间放大步骤接种到生产规模的反应器中。例如，6000万个细胞/ml的10 L灌流种子细胞可以直接接种到细胞密度为0.3万个细胞/ml的2000 L规模反应器中。采用常规批次式培养的种子扩增将包括例如50 L、200 L和500 L规模的反应器。另一个方面是高密度种子能够以高起始细胞密度接种到生产反应器中。这样可以提前让培养的细胞进入平台期，大大缩短生产工艺周期。更短的工艺可以实现每年更多的生产批次和更好的设施利用率。

第六节　讨论与展望

过去几十年来，上游工艺的发展令人印象深刻。从产量低、容易出错并且经常需要补充动物来源的培养基成分开始，现代上游工艺已发展到产量通常不是限制因素，工艺通常更稳健且无动物来源的阶段。成分已被化学成分界定的组分所取代。但是，这些只是一般情况。众所周知，有一些目的蛋白仍然难以表达，某些工艺过程具有根本的可变性，并且某些细胞仍需要补充非化学成分界定的或动物细胞衍生的成分促使细胞生长和实现高生产力。细胞系工程的进步、改进的工艺过程控制以及更好的个性化细胞培养基配方是解决这些问题所需持续努力的方向。

在上游生产工艺补料分批培养的四种基本模式中会变化调整工艺的生产步骤。通常仅当补料分批培养不适合时，才会考虑其他的生产工艺模式作为次要选项。采用连续生产策略时是个例外，在这种情况下，对于可以补料分批培养生产的目的产品，也可能选择灌流工艺。在撰写本文时，许多公司正在上下游工艺探索连续的生产工艺策略，但很少有公司能超越工艺研究和工艺开发取得灌流工艺的进展。公司内部可能会借鉴前期研究情况，例如，从以前的产品经验来看，补料分批培养不是唯一的选择。真正的连续生产工艺策略是所有操作单元之间的连续进行，从工作细胞库冻存管的细胞融化到最终成品配制。将来，这些工艺过程可能是生产制造的基准，但实施可能是逐步的，并以模块操作单元为主。

另一个重点领域，无论上游生产工艺模式如何，都是工艺的强化。这可以是连续生产策略的一部分，但也可以用于改进批次式培养操作单元。如果可以在更有效、更小规模的操作中生产制造相同产量的目的产品，则可以更小、更快地建造厂房设施，而所需的投资更少，并且可以更容易地实施一次性技术。这可以降低资本风险，提高操作的灵活性和敏捷性。工艺过程强化的一个方面是缩短工艺过程周期，包括种子扩增培养放大所需的时间和完成一个批次所需的时间；另一个方面是以正确的CQA最大化单位体积生产率和产品量。然而，对于整体有效的生产制造工艺，需要考虑上游工艺以及收获步骤和下游工艺。有时不同的职能部门对单个操作单元进行优化，然后将所有操作单元组合起来，但结果却达不到预期，这种情况并不少见。因此，无论上游工艺模式和公司未来的发展方向如何，不同职能板块间的密切沟通都是成功的必要因素。

参考文献

第二十五章

下游工艺设计、规模放大原则和工艺建模

Karol M. Łącki*, John Joseph†, Kjell O. Eriksson‡

*Karol Lacki Consulting AB, Höllviken, Sweden, †GE Healthcare Lifesciences, Amersham, United Kingdom, ‡Gozo Biotech Consulting, Gozo, Malta

第一节　引言

在将治疗性生物分子开发成新候选药物时，必须设计详尽的开发计划[1]。该计划中大部分工作属于药物的化学、制造和控制（chemical manufacturing and control，CMC）工作内容，而CMC的重点是开发一套稳健可靠的生产工艺，该生产工艺需包括必要的质量控制（quality control，QC）体系。根据人用药品技术要求国际协调理事会（ICH）Q8指导原则中的要求[2]，"药品开发的目的是设计高质量的产品，以及该产品可重复的稳健生产工艺。"因此，必须对开发的工艺进行确认，以确保生产的产品在整个产品生命周期内均符合人体给药的安全性要求。

工艺验证的定义为：收集从工艺开发（process development，PD）阶段到商业化生产阶段的数据，并对其进行充分的评价。该验证过程应科学地证明工艺可用于持续地生产高质量的产品，且涉及在产品和工艺过程的整个生命周期内发生的一系列活动。根据美国食品药品管理局（FDA）针对工艺验证的一般原则和实践指南中的描述[3]，可将这些活动分为三个阶段。

第一阶段：工艺设计　在此阶段，根据通过工艺开发和规模放大过程中所获得的知识定义商业化生产的工艺。

第二阶段：工艺确认　在此阶段，通过评估工艺设计确定该工艺在商业化生产中是否具有良好的重现性。

第三阶段：持续工艺验证　在常规生产过程中获得持续保证，即将工艺保持在受控状态。

本指南描述了每个阶段的典型活动。但是，在实际的工艺开发和生产中，某些活动可能会在多个阶段发生。

本章内容仅聚焦于第一阶段，即工艺设计。设计生物药生产工艺的目标为：采用最佳的工具和程序以经济的方法获得数量足够且质量一致的目标产物，然后将其从生产系统中分离出来，继而纯化至指定的纯度水平，以制备原料药（即活性药物成分）。此外，还必须充分理解API的各种特性，以保证其符合预定的质量属性，并且必须确保所采用的工艺为经过验证的稳健生产工艺。由此可知，工艺设计应确保生产工艺符合以下两条标准：①适用于常规的商业化生产，能够生产出质量属性一致且符合要求的产品；②这些属性能够在计划的主生产和控制记录中客观体现[3]。

自生物制药行业初期发展以来，生产工艺的稳健性一直是至关重要的。在早期的研发中，业界一直将保证患者安全作为重中之重。随着该行业日趋成熟，以及生产和监管经验的累积，也出现了另一个重要挑

444

战，即生产成本控制。因此，往往需要在不损害产品质量和不影响患者安全的前提下降低生产成本。

在某些情况下，稳健生产工艺的开发可能是一个相当复杂和漫长的过程，涉及几个关键的商业化和科学化的决策，本章将重点关注后者。在本章所列举的商业案例中，假定药物分子设计非常可靠，一旦生产的产品满足所有法规规范便可以入市。

本章将介绍工艺设计的基本内容，并阐释在产品生命周期的第一阶段需要考虑的一些重要概念，主要聚焦于生产工艺中的下游纯化部分。由于成功的下游工艺设计中应始终考虑上游和下游之间的各种相互依赖关系，因此本章也将讨论上游工艺设计的一些重要内容。下游工艺开发方面，以通用的开发策略为例概述和讨论了工艺和控制策略的开发，重点介绍了下游工艺的开发、表征和规模放大的一般规则和专用工具。此外，本章还概述了过滤、色谱等单元操作的一般性适用方法。由于工艺设计中还应考虑商业生产设备的功能性和局限性[3]，因此也展示了一些限制性因素相关的案例。此外，近年来，各种计算建模策略为生产工艺的设计和规模放大提供了便利，因此本章最后还简要讨论了各种计算建模策略及其应用。

第二节 工艺设计概况

各生物制品生产商的最终目的是设计经济稳健的工艺，并将其应用于从毒理学研究到生物制品商业化生产的各个阶段，以持续稳健地生产药品材料。随着开发和临床阶段的推进，有时也需要引入一些变更。

根据生产目的及材料用途，可将上述工艺在不同的生产活动中的应用分为以下几类：①用于临床前研究材料的生产；②用于一期（Ⅰ）/二期（Ⅱ）临床研究材料的生产；③大规模生产，通常首先进行三期临床研究，最终用于商业化生产（图25-1）。在不同的生产阶段中，需要在工艺开发实验室与内部或外部的生产车间之间进行一次或多次技术转移，且必须对转移过程进行严格的管理和控制。这其中可能存在一些风险，成本高昂的工艺变更和与之相关的产品关键属性变化可能会导致项目延迟，甚至失败。因此，在从毒理学研究到获批产品的商业化生产中，需要通过与工艺开发部门的协调和可追溯的活动建立工艺控制策略，将变更的影响降至最低。一般而言，高效而稳健的工艺设计有助于缓解或避免与变更相关的产品质量变化、项目延迟等潜在风险。

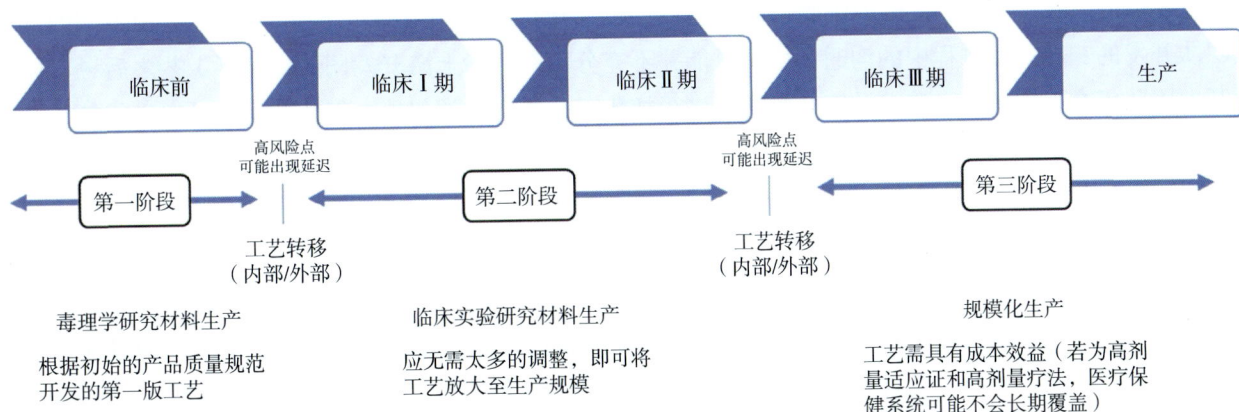

图25-1 从工艺开发到商业化生产生物制药的工艺演变
原图由Cytiva公司提供和授权转载

第三节 工艺设计的核心要素

工艺设计依赖于两个同等重要且相互依赖的要素：工艺开发和工艺控制。

一、工艺开发

工艺开发活动中应充分考虑"设计空间"，其代表输入变量（如物料属性）与工艺参数的多维组合和相互作用。而且，需证明这些工艺参数可保证质量的稳定性和一致性[4]。监管机构期望工艺开发能够以合理的科学方法和原则为基础，并在整个开发过程中合理运用风险管理工具。目前的行业原则为：应当上通过工艺理解和工艺控制保证产品质量，而非通过产品的特性、浓度、纯度等检测来保证质量，该原则即所谓的"质量源于设计"（QbD）。

一般而言，工艺开发研究应为工艺改进、工艺验证、持续验证以及任何工艺控制要求提供依据[4]。PD阶段将确定需要进行监测和控制的所有重要和关键的工艺参数，即：可能影响产品关键质量属性（critical quality attribute，CQA）的参数，以及从经济的角度而言对工艺性能至关重要的参数。其中，后者通常为优化工艺收率的依据。

由于团队经验水平的差异，整个工艺开发过程的内容和周期可能会有很大的不同。即使对于经验丰富的研发组织，新的产品类型也可能导致延迟和带来一些新的挑战。

根据业界传统的做法，通常会首先对单个单元操作进行开发，然后以一定的逻辑顺序将优化后的单元操作连接起来而形成完整的工艺流程，以生产具有指定质量属性的原料药。如前所述，生产活动包括以下三类：①用于临床前研究材料的生产；②用于一期/二期临床研究材料的生产；③三期临床研究及商业化生产。在不同的开发或生产阶段，工艺步骤及其顺序不尽相同（图25-1），可能因不同的原因而进行工艺变更。例如：大规模生产相关的限制；新技术的引入；随着对工艺理解的深入，通过调整工艺提高其稳健性。由于生产工艺中的各种操作都是基于一定的逻辑顺序进行设计的，因此任何一个步骤中的任何工艺变更都可能对后续步骤产生影响，且变更发生时间越早影响就越大。除上述原因以外，可能还有其他一些容易触发工艺变更的因素。例如，发酵或细胞培养工艺（上游）与回收和纯化工艺（下游）几乎总是由不同的部门或团队开发的，在开发过程中的沟通和协调可能并不充分。有时，上游开发团队更新了工艺之后，可能下游开发团队仍在采用源自先前上游工艺的材料进行纯化工艺开发。类似地，工艺开发人员在进行工艺开发时可能并未充分了解现有的操作限度和大型设备的生产能力。因此，应当尽早了解最终生产规模及其潜在的限制，这对工艺设计至关重要。

近年来，一些企业已经意识到上述各因素的相互依赖关系，并设计了相关的管理框架和工作流程，以确保将技术变更或工艺优化的潜在影响降至最低。此外，在管理中充分考虑各种关键工艺变量对产品可生产性的影响，并在上游工艺开发中引入必要的决策点或项目进度验收管理工具[5]。例如，在通过优化细胞培养工艺提高产物产量时，需评估其对下游纯化步骤的影响。尽管较高的上游产量可能使产品总量增加，但其也可能影响纯化操作的进料杂质，对下游工艺产生不利影响。在这种情况下可能需要增加额外的纯化步骤或改变方法，甚至可能导致工艺总体收率下降。

二、控制策略

工艺控制的目的在于，基于对当前产品和工艺的理解将工艺可变性控制在特定范围内，以保证产品质量符合既定要求。工艺控制策略至少应涉及关键工艺参数的监测和控制，因为这些参数的变化可能对产品的物理、化学、生物学或微生物学性质特征产生直接的影响。通常可将这些特征作为关键质量属性，并将其适当控制CQA的限度、范围或分布特征，以确保产品质量能满足需求[2]。此外，控制策略还应包括物料分析、设备设施监测、过程控制和产品质量标准，甚至涵盖监测和控制的方法和频率[6]。

一般而言，随着时间的推移，若设计空间合适，应能够通过工艺控制策略使生产过程更灵活、更经济。一般而言，可借助工艺改进和实时质量控制策略实现这一目标，最终简化终产品放行检测。理论上，对于已批准工艺的改进，若变化幅度在设计空间内，则不应被视为工艺变更，故不会启动监管审批后的工艺变更程序。

工艺相关知识和理解是为整个工艺及每个单元操作建立工艺控制方法的基础[3]，在工艺控制策略设计中可减少和（或）调整生产过程中的输入变化，以减少变化对输出的影响。与工艺开发方法一样，也可基于早期的风险评估来辅助工艺控制类型和程度的确定，然后再根据工艺性能确认（process performance qualification，PPQ）和连续生产期间获得的工艺经验作进一步的强化和改进。

第四节 工艺设计框架示例

为了控制工艺开发的时间和成本，需采用结构化的工艺设计方法或框架。该框架可为各工艺开发团队提供指导，并确保研发人员能够共享和记录工艺开发经验。采用这种方法可营造一种高效的企业文化，将个人的知识和经验全部转化为企业资产，进而据此开发易于理解的工艺解决方案，建设理想的技术和工艺平台。

尽管不同企业的结构化方法之间可能会有细节差异，但所有方法都应包括以下三个核心要素：工业化工具选择、工业化方法确定和工艺集成（表25-1）。第一个要素应涉及相关工业技术和材料的选择，包括可完全追溯来源和开发历史的细胞系，以及可完全追溯来源的首选色谱树脂、过滤器和其他相关原材料（化学品）。第二个要素应包括所有用于实现预期目标的方法，以及用于确定后续工艺开发和控制策略的方法。最后一个要素应涉及所有工艺步骤的集成方法，甚至包括所有减少或简化缓冲液配制、色谱柱填装等相关工作的方法色谱。

表25-1 工艺设计框架的三个核心要素

要素	示例	备注
工业化工具的选择	细胞系 原材料 耗材	文件证明、内部和供应商的审核、生产经验
技术和方法的确定	分析方法 细胞分离方法 纯化方法 病毒清除	产品和杂质检测、风险分析、启发式设计、实验性能评估
工艺集成	多步骤通用型缓冲系统 填装色谱柱 一次性产品的使用	减少耗时的步骤、消除非生产性步骤

经许可转载自L.Hagel、G.Jagschies和G.Sofe合著的在《色谱工艺手册》（第二版）第三章的工艺设计概念，第41~80页，学术出版社，2008年。

一、工艺设计工作流程示例

图25-2展示了结构化工艺设计方法的范例，其中包括上述三要素。整个工作流程从目标产品分子的开发和选择开始，该分子是根据医学适应证和分子作用机理选择的。在工艺开发前应当已经明确以下信息：该分子是否属于目前已经用作API的分子类型（例如单克隆抗体）；是否有可能为该分子所属的类别开发下一个API研发和生产平台；该类分子的结构是否足够独特，以至于可以通过一次开发而设计出合适的生产工艺。

在第一种情况下，工艺设计应充分利用已经存在的相似分子的工艺相关的知识和经验，并根据这些信息进行工艺设计。所开发的这些工艺称为平台工艺，由标准化技术、程序和方法组成。如果企业已经具有类似分子的工艺平台，工艺开发人员应该能够查询到企业开发计划中所引用的企业平台工艺相关的说明和指导性信息。

在第二种情况下，所开发的分子是同类药物中的第一个，且有迹象表明需要为该类药物开发下一个生物制药平台，则建议在此时考虑需构建平台的工艺特征，并运用高通量工艺开发策略通过扩展开发工作尽可能多地考察各种工艺参数，以全面深入地理解工艺特征。这种扩展开发计划中可能还会包括专门的分析仪器，甚至新兴的上下游技术。从长远的角度来看，当开发出适于该类分子的后续新候选分子的方法时，这将会大大节省时间和资源。

图25-2展示了在工艺设计期间各环节需要解决的重点问题，下面分别进行介绍。

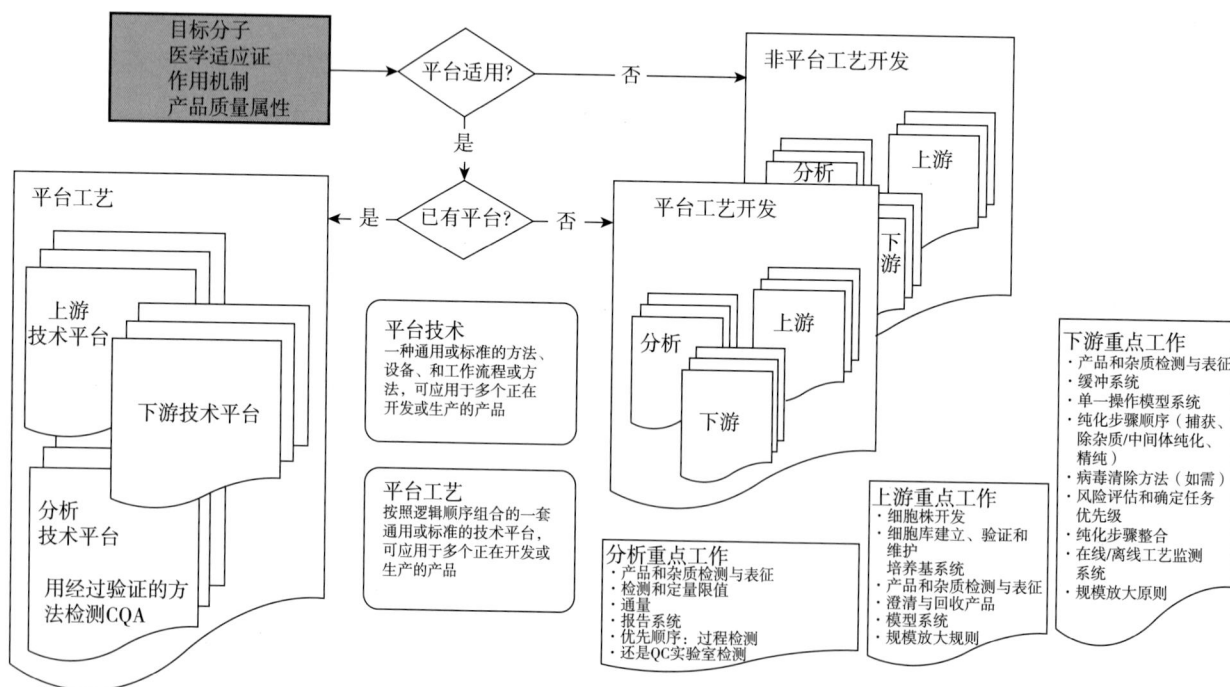

图25-2 通用工艺设计流程示例

经许可转载自L.Hagel、G.Jagschies和G.Sofe合著的《色谱工艺手册》（第二版）第三章的工艺设计概念，第41～80页，学术出版社，阿姆斯特丹，2008年

无论工艺是否可能成为平台工艺，都需要对其进行充分的开发、表征和研究，以全面理解工艺参数与产品CQA之间的关系。通常，可根据通用工艺设计指南实现这一目标。这些指南中包括各种指导规则，可以有效降低工艺失败和产品质量问题的风险，同时也能够缩短开发出可接受工艺所需耗费的时间。在工

设计过程中需要同时关注上游和下游工艺，并开发能够支持这些工艺设计的分析方法。

每个工艺的设计都起始于候选药物表达系统的选择，表达系统在一定程度上决定了纯化过程需处理的杂质组分。因此，从工艺设计的角度来看，最好从对目标产品及其杂质组分进行细致的表征，然后进行风险评估，以确定纯化工艺任务的优先级。下一步是确定合适的单元操作顺序，在这个阶段还应该考察初步考察进行工艺集成的可能性。工艺集成中会优化步骤之间的连接，以方便中间产品在各单元操作步骤之间的转移，且应当尽可能地减少每个工艺步骤所需的非生产性工作量（例如：配制过多的缓冲液、不必要的储存时间、不同步骤之间的缓冲液置换、大量的色谱柱填装等）。

在工艺设计中，应尽早关注一系列典型工艺条件下的产品稳定性，这将有助于避免可能影响产品生物活性的工艺相关问题。因此，需要在工艺设计的早期开发或确定适于稳定性和生物学活性评估的分析方法，这通常应属于分析部门产品和杂质表征工作的一部分。此外，工艺开发团队需要了解每种分析方法的能力，熟悉每种方法的可变性、定量限度（limits of quantification，LQ）和检测限（limits of detection，LD），以避免得出错误结论。例如，关于可接收的杂质去除水平的结论。同时，分析方法开发团队需要了解每种关键杂质的可接受去除水平信息，以便开发具备足够灵敏度和专属性的检测方法。一般而言，分析和验证团队应制定详细的开发时间表，以保证开发工作的顺利进行。此外，应尽量选择可以全面支持工艺开发、监控和验证的检测方法。

一般而言，若不同工艺开发环节是由不同的科学家和（或）团队完成的，或在不同的场所开展的，则对不同规模的操作局限性的了解非常重要。有一些操作在实验室中可行，但是在生产车间中则可能需要付出更高昂的成本才能够实现相同的操作。例如，在实验室纯化步骤中，通过组分收集器便可轻松实现复杂产品的分峰收集操作，而在大规模生产批次的纯化步骤中则需要将组分收集器转换为配备阀门串联设计的纯化设备后才可以收峰。然而，这种纯化设备的死体积过大，可能会导致某些纯化步骤的分辨率无法达到理想的分离效果。通过适当的报告程序建立高效的沟通渠道，可以减少潜在的风险。例如，与生产团队沟通可消除与生产设施限制相关的问题。此类限制的原因可能包括：①泵送能力，即在所需时间范围内完成特定体积的流体的泵送所需的流速；②研发实验室和生产中所使用的工艺监测、检测设备的灵敏度不同；③两种规模条件下所使用的过流材质和色谱柱分配系统的类型不同。

在每个阶段，对工艺理解相关活动和研究的记录是必不可少的，且这些记录应充分反映工艺决策的基础。因此，本小节最后部分简单介绍工艺设计中的报告相关的知识。具体而言，良好的报告应该包括对已完成内容的记录，并备注遗漏的内容。工艺开发记录可以让方法的选择和所有的重大决策都清晰易懂，并且使所有未解决的问题更易于识别。建议使用现代电子文档存储和检索系统，以便进行适当的文档管理，最大程度地减少出错风险，更有效地利用开发时间。建议使用相同或类似研究报告的模板。原因在于，无论是从数据完整性还是从故障排除的角度来看，采用这一方法都可以更轻松地比较在不同时间点所开展的实验。

二、平台工艺

在某些情况下，若企业已有类似产品工艺开发和生产的经验，便可利用所谓的平台技术和平台生产流程大幅简化工艺设计工作。

根据 E.Moran 等人的定义[7]，上述平台技术或平台工艺即"通用或标准的方法、设备、程序或工作流程，可用于具有共同特性的不同产品的研究、开发或生产"。平台生产流程为"在生产设施内实施标准技术、系统和工作流程，并将其用于生产不同产品的过程"，即同一生产商用于生产各种同类药物的工艺方法及相关策略[7]。

原则上，无论哪个行业或领域，任何平台技术都必须以知识储备和经验积累为基础而建立。生物制药工艺设计中采用的平台方法亦是如此，其建立过程必须以处理同一类产品的可重复成功平台技术经验为基础。例如，IgG抗体的平台技术中包括了蛋白质A色谱和随后的低pH病毒灭活步骤，以及相同或相似的细胞培养工艺。

随着生物技术的持续进步，生物制品的平台开发方法和生产流程也在不断发展和更新（图25-3）。据总结[7]，20世纪80年代尚未采用平台方法。随着行业的成熟，20世纪90年代后期在企业的开发计划中开始出现用于PD和生产的平台方法的概念。到了21世纪早期，业界开始在公开场合广泛讨论此概念。目前，平台技术已被广泛应用于产品的开发和生产中。

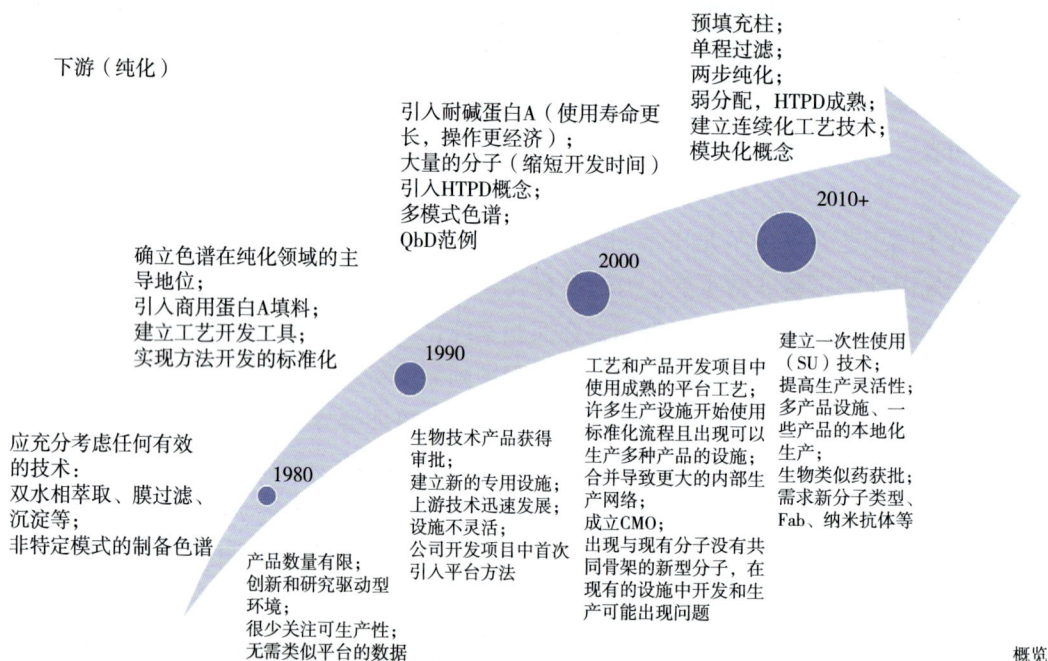

下游（纯化）

预填充柱；
单程过滤；
两步纯化；
弱分配，HTPD成熟；
建立连续化工艺技术；
模块化概念
2010+

引入耐碱蛋白A（使用寿命更长，操作更经济）；
大量的分子（缩短开发时间）；
引入HTPD概念；
多模式色谱；
QbD范例
2000

确立色谱在纯化领域的主导地位；
引入商用蛋白A填料；
建立工艺开发工具；
实现方法开发的标准化
1990

工艺和产品开发项目中使用成熟的平台工艺，许多生产设施开始使用标准化流程且出现可以生产多种产品的设施；
合并导致更大的内部生产网络；
成立CMO；
出现与现有分子没有共同骨架的新型分子，在现有的设施中开发和生产可能出现问题

建立一次性使用（SU）技术；
提高生产灵活性；
多产品设施、一些产品的本地化生产；
生物类似药获批；
需求新分子类型、Fab、纳米抗体等

应充分考虑任何有效的技术：
双水相萃取、膜过滤、沉淀等；
非特定模式的制备色谱
1980

生物技术产品获得审批；
建立新的专用设施；
上游技术迅速发展；
设施不灵活；
公司开发项目中首次引入平台方法

产品数量有限；
创新和研究驱动型环境；
很少关注可生产性；
无需类似平台的数据

概览

图25-3　生物技术产品开发和生产中基于平台的通用方法的演变
改编自E.Moran等人，《生物制药的平台生产：将积累的数据和经验投入应用》，EBE出版，2013年，第1~21页

在工艺开发过程中，广泛采用标准化的技术和方法具备显著的优势。其中，最突出的优势是可以更准确地估算工艺设计和开发所需的时间[8]。平台流程通常由几个明确的单元操作和方法组成，因此可以简化工艺设计的流程，不仅可对步骤的顺序和类型模板化，还可固定多个工艺条件（例如缓冲液、流速等）。而且，平台化的细胞培养和细胞净化技术可为下游平台提供提高成功率的可能性，因为相同或相似工艺中工艺和宿主细胞相关的杂质也是相似的。因此，分析方法也是相同的，或者是可以相互参考的，从而大大缩短总体开发时间，进而有助于缩短毒理学研究与首次人体实验（first in human，FIH）研究的开发时间。工艺标准化也有利于生产规模放大，在现代商业生产设施中使用标准或平台技术和流程可提高生产效率和缩短生产周期。

生物制药行业的许多药品研发人员或生产商积累了大量的平台工艺数据，并将其输入到了共享数据库中。这些平台数据中可能会包括工艺步骤的病毒清除能力、工艺相关杂质的去除、工艺设备的清洁方案等相关的描述[7]。监管机构、卫生组织等权威机构可以利用这些数据强化生物制药中药物的开发、制造和监

管。未来，期望生物制药行业的研发者或生产商可以与监管或卫生机构有更多合作，从更多的平台工艺数据中获得更可靠、更深入的信息，持续完善监管程序。尽管各产品之间会有一些细微的差别，但其仍可提供平台数据以供审查，进而支持临床试验和上市许可申请，从而可以避免每次都提供以相同平台开发同类型的新分子数据。此外，采用平台或标准技术可以减少原材料供应商的数量，且在不同产品的工艺中可共用既有的为选定的平台耗材建立的废物处理流程[5]。

应用最广泛平台方法之一是mAb开发方法，本书详细介绍了此类工艺，供读者参考。读者也可以参考几家生物制药企业对mAb平台工艺的最新综述，以及mAb平台开发的未来趋势[9]。

第五节　下游工艺设计方法和工具

典型的生物制品生产工艺包括上游和下游工艺，本节简要总结了其中最重要的内容。

通常，上游工艺从工作细胞库（WCB）细胞的复苏开始，WCB是采用主细胞库（MCB）建立的。复苏后，通过不断扩大培养体积和增加细胞数量获得足够数量的种子细胞，最后将细胞接种至既定规模的发酵罐或生物反应器中进行产生产。在发酵（微生物）和细胞（哺乳动物和昆虫细胞）培养中会选择含营养物质和化学物质的培养基，以支持生长条件的严格控制。

无论使用哺乳动物细胞还是微生物，均需通过离心或过滤等技术去除细胞碎片或全细胞，并将产品从细胞培养系统中分离和纯化出来，类似的基本工艺布局也适用于转基因和昆虫细胞生产系统。

从下游工艺开发来看，表达系统的类型并不会影响开发方法。在采用不同的表达系统进行生产的过程中，工艺和产品相关的杂质的类型可能有差异，但所有开发工作的流程和下游工艺开发的目标是相同的，即：建立合理的设计空间，以确保能够持续生产具有特定质量属性和纯度的优质产品。因此，应该在下游工艺开发的早期阶段便全面表征产品及其杂质特征，并对潜在的污染物进行考察。

一、产品在工艺过程中稳定性和杂质特征

在选择了表达系统并获得了目标分子相关的信息后，便可开始进行下游工艺设计。与工艺设计相关的目标分子特征包括：①理化和生物学特性；②在整个工艺过程中可能接触的化学和物理条件下的稳定性；③在将目标分子制备成制剂之前，需要去除的杂质类型。为了更合理地进行工艺设计，需要对这些特征进行表征，并研究、理解和考察工艺条件对这些特征的影响。

（一）稳定性

通常，使蛋白质分子处于其自然条件下可以最大限度地维持其活性。然而，需要注意的是，这种环境中可能含有对蛋白质有害的酶，或者缺乏生产用细胞所能提供的稳定条件。在治疗用生物制品的生物合成及其与其他生物材料的分离过程中，目标产物分子所接触的环境条件必然会发生改变，有时甚至需要采用极其苛刻的环境条件。工艺条件的各种变化可能会不同程度地影响蛋白质的特性。但工艺开发者的一个目标是表征这些变化，并确保能缓解或防止其对蛋白质的影响。

影响目的蛋白稳定性的因素多种多样，主要包括：蛋白酶、蛋白质浓度、pH、温度、助溶剂、盐（浓度和种类）、辅因子、氧化还原电位等[5]。因此，需要全面了解产品所处的环境条件（如pH值、盐浓度、添

加剂等），这对于开发具有成本效益的生产策略至关重要。其中一些信息可以在起始物料的初步测试期间获取，另一些信息则需要在工艺开发过程中获得。此外，由于分子稳定性几乎总是与某种化学反应相关，因此需要考虑暴露条件和暴露时间对目标蛋白分子稳定性的影响，并确定其降解速率。

目标分子的稳定性也可能强烈影响其对特定相互作用的敏感性，其中一些相互作用可能会在纯化工艺开发中得到应用。例如，色谱方法基于受控条件下溶质和吸附剂（色谱树脂）之间的相互作用而达到分离的目的。从相互作用的角度来看，蛋白质关键特性的决定性区域既可能暴露于分子表面，也可能隐藏于分子内部，后者可能仅在受到一些修饰作用（如变性）后才会变得对相互作用敏感。这种内部结构可用于实现高效分离（如反相色谱法），但其也可能对材料和（或）活性产生不可逆的不利影响。因此，在工艺开发的过程中必须了解能够保持目标分子稳定性的各种条件的操作窗口及其边界条件等基本知识。

（二）杂质和污染物

纯化的目的是从药物成分中完全去除影响产品质量的杂质成分，或从患者安全性的角度将其含量降低至可接受水平以下。通常需要区分产品相关杂质和工艺相关杂质，因为这两种杂质的来源、降低浓度的方法或清除策略均有所不同。

产品相关杂质是在生产或储存过程中产生的分子变体，其可能在活性、有效性和安全性方面均不如目标产品[10]。杂质的来源可能包括两个方面：一方面，在细胞合成目标蛋白质的过程中，由于蛋白质固有的结构异质性而产生[10]；另一方面，在生产过程中，因目标分子暴露于含有相关活性酶的条件、过高或过低的pH值、延长储存时间、高剪切力等工艺条件下而产生。所有这些修饰都可能使产品发生不同形式的改变，从患者安全性或作用机制的角度来看，有些变化是可接受的，但也有一些变化是不可接受的。若所需产品的分子变体是可接受的，它们会被认为是产品相关的物质，而非杂质[10]。因此，需要根据各种形式的功效、效价和安全性特征来确定产品的纯度要求。

产品相关杂质的去除是纯化技术中最具挑战性的任务之一，因为其化学组成和分子结构与目的产物分子非常相似，很难将其与主产品分离。这种相似性也给分析部门带来了挑战，因为需要使用适当的方法来支持工艺开发和随后生产过程中的监测。而且，由于最终产品的确切成分是一项重要的企业资产，尤其是在开发该药物的生物仿制药版本时，产品的详细表征结果可用于避免法律纠纷。

工艺相关杂质可分为三类（表25-2），其中两类与上游操作有关，另一类与下游操作有关。上游过程中所产生的工艺杂质取决于所选择的表达系统（细胞-基质来源）和工艺条件（细胞-培养来源），也与分离产品所用的方法相关。采用化学成分明确的无蛋白培养基培养细胞，同时以分泌方式将产品从细胞内释放至细胞培养液中，如此便可以将杂质的初始浓度水平降至最低。当需要裂解细胞以释放细胞内产物时，杂质的初始浓度水平最高，在初始的产品收获步骤中细胞碎片会污染目标产品。从工艺设计的角度，应通过选择适当的处理方法或工艺控制策略最大限度地减少纯化操作的起始物料中工艺相关杂质的种类和含量。下游工艺过程中所产生的杂质包括色谱柱浸出物组分、缓冲液组分、表面活性剂、絮凝剂、沉淀剂等。此外，随着近年来一次性设备设施（如储液袋、流体管路、连接器等）的广泛使用，其也可能引入一些化学杂质。这些杂质包括可能在苛刻条件下从塑料材料释放至产品流中的潜在有害浸出物或析出物，此类杂质也属于工艺相关的杂质。一般而言，浸出物和提取物的类型和浓度将取决于工艺条件，包括暴露时间、温度、pH值、缓冲盐的类型等。因此，在对一次性系统进行测试时尽量采用认可的标准化程序和方法。据此，生物制药行业协作组织（Biophorum Operations Group，BPOG）制定了可提取物实验方案[11]，其中包括了BPOG成员讨论和商定的测试需求，非BPOG成员也可以遵循该共识。

表25-2 典型的工艺相关杂质（示例）

说明	实例	简要解释
生产过程中产生的分子和化合物可分为三大类[10]： （1）来源于细胞本身的物质（如宿主细胞蛋白质HCP、宿主细胞脱氧核糖核酸（DNA）； （2）细胞培养中产生的物质（例如：诱导剂、抗生素或培养基成分、可析出物和可浸出物）； （3）下游纯化过程中产生的物质（例如：酶、化学和生化加工试剂、无机盐、溶剂、配体和其他可析出物和可浸出物）	细胞培养营养物和化合物	细胞培养基的非消耗成分和细胞代谢途径的副产品
	宿主细胞蛋白质	任何表达系统都有其自身的原生蛋白，需要去除这些蛋白才能获得纯度理想的目标产品。在细胞生产系统中，这些蛋白被称HCP。通常情况下，对于哺乳动物细胞（如CHO细胞），当细胞在从生物反应器中收获产物的过程中受损，或由于细胞培养末期的自然死亡，都会释放出HCP。对于大肠杆菌细胞，尽管细胞破坏时会大量释放内容物，但在分离包涵体和大量洗涤步骤可去除大部分HCP
	蛋白水解酶、其他酶活性	特别重要的一类HCP，其特点是具有导致目标产品和其他HCP降解和（或）改性的酶活性（如蛋白酶和糖苷酶）
	内毒素	在细胞培养中，内毒素被认为是一种污染物，而非来自宿主生物的杂质。内毒素可通过受污染的水、缓冲液、添加剂和树脂引入纯化过程中。 在大肠埃希菌和其他革兰阴性菌中，内毒素存在于细胞壁中，并在细胞破坏时释放出来。因此，业界一直在致力于努力设计细胞系，使其能够分泌产物，而不是将其封存在包涵体中。对于哺乳动物培养而言，内毒素不应该是一个问题，或者至少可以通过遵循GMP加以控制
	细胞DNA和其他核酸	细胞核酸（例如基因组DNA）的释放方式与HCP的释放方式相同。起始材料中的核酸含量还取决于后期细胞培养过程中的细胞死亡程度或产品分离过程中生产用细胞的破坏程度
	病毒	细胞、组织、人血浆和转基因牛奶等哺乳动物来源的生产源可能受到外源病毒的污染。哺乳动物细胞通常携带内源性病毒（例如：CHO细胞本身含有逆转录病毒颗粒）。此外，可传播性海绵状脑病（transmissible spongiform encephalopathy，TSE）病原体也有可能污染哺乳动物的生产源，以及源自哺乳动物或用源自哺乳动物的材料生产的原材料。从潜在病毒污染的角度来看，使用细菌表达系统可以消除污染风险，但这些系统也存在其他限制（如HCP水平较高，内毒素较多）
	细胞碎片和脂类物质	在化学成分明确的无蛋白质培养基中生长的分泌系统，以及将产品分泌至培养基中时，可以减少培养基中初始的杂质含量。当需要破坏生产细胞以释放胞内产物时，细胞碎片的含量较高，在最初的产品回收步骤中细胞碎片会污染目标产物
	消泡剂和抗生素	细胞培养过程中会通过添加消泡剂以减少气泡。消泡剂通常是表面活性剂，会对色谱柱和过滤器的作用效果产生不利影响。抗生素本身被视为原料药，不应出现在其他非抗生素药物制剂中
	渗漏	存在于洗脱合并液中的浸出配体（如蛋白质A）
	可浸出物（例如塑料表面的萃取物）	由于一次性用品（例如包装袋、管路、连接器等）的广泛使用，在极端条件下一些可浸出物会从塑料材料中释放至产品流中，这些物质也属于工艺杂质

总体而言，在收获和纯化工艺中，高浓度水平的工艺相关杂质和细胞碎片可能对收获和（或）纯化步骤产生不利影响，继而增加下游工艺复杂性和纯化成本。

二、下游工艺开发的基础

在充分了解产品特性和杂质特征之后，工艺开发工作的重点可集中于确定工艺设计中需采用的技术。如前文所述，若基于平台工艺进行开发，则预先已经确定了这些技术，通常无需再选择。若需从头开发工艺，可根据产品特性和杂质类型进行方法选择，并基于产品开发中获得的工艺数据、信息调研和文献资料列出最有潜力的技术清单，提出最具潜力的备选技术方案及其工艺顺序。然后，对这些备选方案进行优选或快速测试，以确定应重点关注的备选方案。在这一阶段，建议同时考虑商业生产设备的功能性和局限性。

此外，在开始任何工艺开发工作之前，必须注意确保已建立的实验室和中试规模的规模缩小模型可以用于工艺开发，并遵循公认的科学原理，以确保从工艺开发过程中获得的结果和结论可代表商业化生产的表现。在这一阶段，还应考虑应用高通量工艺开发技术、高端现代分析技术、统计学和机理模型等典型工艺模型。此外，需要明确整个工艺开发过程中应采用什么技术解决什么问题或应对何种挑战。

过去，常采用随机的方式开展实验工作，而如今的工艺开发方法则以系统化的风险管理和结构化的实验计划、执行为基础。传统的方法往往侧重于规定工艺参数的设定点和操作范围，而新方法（或称强化方法）的重点则是运用风险管理和科学知识来识别和理解对产品关键质量属性有影响作用的物料属性和工艺参数[12]。

通常，为了深入理解工艺过程并保证所获取的信息的正确性和科学性，可采用多种策略，主要包括：①通过单因子试验方法评估过程变量的影响；②应用数学或机理建模支持实验工作，以确定后续用于工艺研究的模型；③采用实验设计方法（design of experiments，DoE）考察各种因素。当然，实际的工艺开发中可采用任一方法及其组合，这取决于工艺复杂程度及对当前挑战的初步了解情况。不建议将单因子试验方法作为首选，除非已经根据先前研究知道了某个具体变量对工艺结果的影响，并且该变量与其他变量无交互影响。不过，在蛋白质纯化工艺开发中仅少数情况下可以采用该方法。例如：捕获步骤中上样浓度或洗脱pH值对工艺效率的影响（更多案例详见表25-5）。

机理建模是一种高效的工具，能为工艺设计提供有力的指导。因此，可通过制定和验证模型对工艺参数的影响进行计算机模拟评估，以节省时间和资源。但是，机理模型不能代替实验工作，在大多数情况下需要基于初始的实验数据来建立模型。相反，工艺模型却可以用于设计关联性更强的实验和测试各种工艺变量，甚至可以评估难以通过实验测试的变量对整体工艺表现的影响。例如，色谱树脂和滤膜的批次间差异性的影响。其实，若已经具备了经过验证的模型，可以且应该将其用于工艺优化，以便在最佳条件和工艺稳健性之间找到平衡点。模型验证至关重要，因为不正确的物理模型或错误的模型假设会导致错误的结果。然而，从科学的角度来看，目前下游工艺中几乎所有单元操作的基本原理均已得到了充分理解和认识，并在科学文献中得到了很好的阐释。基于这些知识，伴随着计算技术的迅速发展，机理建模将会成为工艺开发和控制策略设计的强大技术。

虽然近年来机理建模深受推崇和普及，但似乎DoE仍然是行业标准方法。一般而言，该方法的正确性是建立在工艺技术和所有经验知识的基础上的。如果能正确合理地使用DoE方法，将有助于从统计学角度量化工艺参数和包括产品CQA在内的所有工艺结果之间的关系。通常会使用统计分析方法评价DoE研究的结果，并以统计学模型进行总结。统计模型可用于量化从实验测试的变量列表中选择的重要工艺变量对工艺输出的影响，并通过分析正常工艺的变化来评估工艺的稳健性[13]。

三、风险分析、设计空间和工艺控制简介

（一）风险分析

监管机构支持采用"科学和风险管理的方法"来设计和验证生物制品生产工艺，且建议以早期风险评估结果指导工艺开发和控制策略的设计，并在获得工艺经验后对其作进一步的强化和改进。工艺开发工作在这一过程中发挥着重要作用，可以通过这些工作发现潜在的风险，并寻求消除风险的解决方案，因此其在风险评估中起着关键作用。对这些风险的消除应以针对不同工艺步骤的全面表征为基础，从产品质量的

角度建立工艺参数或变量与工艺结果之间的关系。然后，根据这些关系为整个工艺或单独的单元操作定义多维（多个变量）操作空间，即设计空间。

目前已经对与生物工艺相关的各种不同类型的风险有了较为深入的理解，其中一些信息可以用于早期的风险评估过程，这将有助于初步确定工艺参数及其相互依赖性，可据此指导工艺开发。

（二）设计空间

设计空间的确定应该以工艺参数的识别以及据此所进行的分类为基础。通常可将工艺参数分为以下几类（表25-3）：①影响产品CQA，即关键工艺参数（critical process parameter，CPP）；②需要控制以维持工艺性能，但不会影响CQA的参数，即重要工艺参数（key process parameter，KPP）；③对产品质量或工艺性能无影响的非关键工艺参数，也称为一般工艺参数（general process parameter，GPP）。

表25-3 工艺参数的分类

类型	窄范围参数[a]	宽范围参数[b]
质量	**关键参数** 工艺中的可调参数（变量），应保持在较小的范围内，以免影响关键的产品质量属性。	**非重要（一般）参数** 工艺中的可调参数，已证明在较大范围内都可以实现良好控制，但极端情况下可能会影响质量。
工艺	**重要参数** 工艺中可调整的参数或工艺，当保持在较小的范围内时可确保操作的可靠性。	

[a]和（或）难以控制的参数；[b]和（或）易于控制的参数。改编自PDA，技术报告编号42，《工艺验证和蛋白质生产》，PDA | J. Pharm，科学技术59（S-4），2005年。

在对参数进行分类之前，首先应识别可能需要检测的工艺变量，例如：流速、pH值、温度等工艺参数。最初所识别出来的参数中可能包括很多参数，可基于先验知识和现有实验数据进行评估，并应用风险评估工具进行初步排名，以简化参数列表。整个工艺开发过程中可以通过确定各工艺参数的重要性及其潜在的相互作用来精简参数列表，减少参数数量和优化参数排名。工艺开发结束后，再根据对工艺的理解更改参数列表中重要工艺变量的排名，进而建立设计空间。在工艺开发中可考虑使用的研究类型包括DoE、数学模型或机理研究[2]。

监管机构建议，在确定设计空间所包括的参数时应提供其合理性解释。另外，在某些情况下也应提供排除参数的理由。一般而言，根据前期评估结果，将参数纳入设计空间的原因比较明确，但排除参数的理由却可能较多，往往更难解释。

以下是一个风险评估方法和后续工艺表征工作流程的实例，这是基于CMC Biotech Working Group团队的A-mAb案例研究[14]中描述的一种方法。该方法根据工艺变量对CQA和工艺性能的潜在影响以及这些变量与其他参数的潜在相互作用进行风险排序，并据此对工艺变量进行分类。在这种风险评估方法中，需要给每个参数分配两个排名：一个排名为参数对CQA的潜在影响，所谓主效应；另一个排名为参数与其他参数的潜在相互作用（交互效应）。其中，主效应的排序权重高于对关键质量属性（CQA）和工艺属性（process attribute，PA）影响较小的因素的排序权重。在缺乏数据或评估理由不充分的情况下，应始终将参数排序为最高级别。需要注意的是，对影响作用的评估始终应以预期设计空间内参数的变化为依据。

在按照上述方法评估出主效应和交互效应后，将二者相乘，计算出总体的"严重性评分"（severity score，SS），再根据该分数对参数进行分类，并确定在工艺表征期间应开展何种类型的研究，即：DoE、单因子试验或不进行研究（表25-4）。

可根据严重性评分，可将工艺参数分为三类：①主要参数，需要进行多变量评估（例如DoE研究）；

②次要参数，如果能提供适当的理由，或严重性评分较低，可以基于单变量研究进行评估；③不需要研究的参数，可以基于经验知识或模块化声明来确定其范围。与影响评估步骤中所使用的逻辑相似，如果尚无数据或依据可证明不研究或单变量研究的合理性，则应该将相应的参数确定为主要参数，并进行多变量研究。

表25-4 参数和严重程度分类

严重性评分	参数分类	研究类型
非常高	一级	多变量研究
中—高	一级或二级	多变量或单变量，并说明理由
低—中	二级	单变量
低	无影响	无需额外研究

表25-5展示了对蛋白A色谱步骤进行风险分级的示例。在本例中，所有严重性评分达到或超过8的变量都将被确定为多变量研究的对象，包括上样流速、蛋白质上样量、平衡和淋洗的流速、洗脱缓冲液摩尔浓度和收样体积。评分为4的所有参数均应进行单变量研究，其余参数将被归类为在预期设计空间中包含的范围内无影响的参数。根据从这些研究和可能的后续实验中得到的结果，可以确定参数分类（如CPP、KPP等）、参数范围以及相应的对照条件。

表25-5 蛋白A色谱步骤的风险等级分析示例

阶段	参数	主效应		最高主效应得分（hM）	参数交互影响		最高交互得分（hI）	严重性（hM×hI）
		CQA	PA		CQA	PA		
所有阶段	柱床高度（cm）	1	1	1	4	2	4	4
上样（CCCF）	流速（CV/h）	4	2	4	2	2	2	8
	蛋白质负荷（g/L柱床）	4	4	4	4	1	4	16
	上样浓度（g/L）	1	1	1	1	1	1	1
平衡和洗涤	缓冲液pH值	1	1	1	1	1	1	1
	缓冲溶液摩尔浓度（mM Tris）	1	1	1	4	1	4	4
	缓冲液摩尔浓度（mM NaCl）	1	1	1	4	1	4	4
	流速（CV/h）	4	2	4	4	1	4	16
	体积（CV）	1	1	1	4	1	4	4
洗脱	缓冲液摩尔浓度（mM酸）	4	1	4	4	1	4	16
	流速（CV/h）	1	2	2	1	1	1	2
	起始合并液（CV）	1	1	1	1	1	1	1
	终末合并液（CV）	1	1	1	8	1	8	8

注：此处提供的参数列表仅供参考。摘自CBW团队，《A-mAb：生物工艺开发中的案例研究》，2009年，第1~278页。CCCF为净化的细胞培养液（Clarified Cell Culture Fluid）；CV（h）为色谱柱或树脂体积（Column/Resin Volume）；hM为最高主效应（Highest Mian Effect）；hI为最高交互效应（Highest Interaction Effect）；Tris为氨丁三醇（Trometamol）。

采用DoE方法进行工艺验证研究的主要缺点为，实验数量随参数的数量增加而呈指数式增长。因此，在实际的研究中，预期的风险评估应适当减少相关参数的数量，将其控制在4~6个范围内。然而，这可能会影响研究的可信度[15]。为了在符合工艺验证指导原则[3]的前提下克服DoE的这一问题，业界提出了一种新的工艺验证和对工艺参数进行分类的方法[15, 16]。该方法以数学领域中著名的拉丁超立方采样（Latin hypercube sampling，LHS）为基础，风险评估过程中需要对所考虑的全部工艺参数进行实验测试，但仅能与其他工艺变量或参数一起测试。而且，需要对每个参数设置N个不同的水平（值）进行测试，这些水平（值）是从统计学相关的参数范围内选择的，并假定一个可以用于描述参数可变性的相关概率密度函数（例如正态分布或均匀分布）。此外，N的设定值应等于需测试的工艺参数的数量。总体而言，LHS提供了一种与统计学相关的实验设计方法，可采用该方法获取代表"常规生产结果"（即一种工艺控制图）的数据。原则上，LHS方法的潜力巨大，其可简化风险评估研究，并基于可靠的证据确定工艺参数，而非基于那些往往并未妥善归档的定性历史数据。然而，若要广泛应用该方法，还需要向监管机构提供范例，并在生物制药行业内进行讨论。在此之前，需要使用其他方法来证明基于风险评估方法的工艺设计的可靠性。

在实际的研究中，可以为每个单一的单元操作建立设计空间，也可以为构成一部分或整个工艺的一系列单元操作建立设计空间。前一种方法开发起来更简单，但是可能需要大量的工作来表征整个过程，并且存在无法发现单元操作之间潜在交互作用的风险，后一种方法的操作灵活性更高。事实上，一些新兴的DoE方法[17]和风险评估方法[18]可用于同时表征多个连续的工艺步骤。这些新方法具有发现步骤之间隐藏的交互作用的潜力，且其也符合设计空间概念。

可以在任何规模条件下开发设计空间[2]，从科学角度来看，只要实验室规模或中试规模中使用的模型系统能够代表最终生产规模操作即可。但是，如果规模放大中存在潜在的风险，则应加以说明，并提出相应的控制策略。一般情况下，建议采用色谱柱体积、保留时间、单位体积或单位表面积上样量等与规模无关的相关参数建立设计空间，此方法可将相同的设计空间应用于多种操作规模条件。

如前所述，良好的文档记录规范在工艺设计中至关重要，其在设计空间的建立中也起着重要的作用。不仅应对开发和表征研究进行良好的记录，对那些导致非预期结果的研究也应作相应的记录，这对于技术转移、故障排除和超标结果（out of specification，OOS）调查都至关重要。开发报告对于未来的工艺变更也非常重要，当需要进行工艺变更而无相关开发数据时，可能无法评估变更对产品质量的潜在影响。

此外，设计空间分析中还有一个重要但非强制性的研究内容，即所谓的"失效边缘分析"。失效边缘被定义为设计空间中各变量或参数的边界点，超过该边界点后产品的质量属性或规格将无法满足需求[14]。理论上，生产商需要进行开发和测试，直至失败为止，但这通常不是FDA希望看到的结果[3]。然而，失效边缘分析可能有助于评估和确定过程风险[19]。设计空间的失效边缘既可通过实验检测直至失效的方法来确定，也可以通过模拟外推设计空间来确定，即便在实验中未发现失效案例。出于成本考虑，首选后者，但此方法中需要使用经过开发和验证的工艺模型。

（三）工艺控制

根据上述方法确定了关键和重要工艺参数及其操作范围后，便可将其作为工艺控制策略的重要组成部分。除了对工艺参数进行分类外，还需要根据工艺开发中对工艺的理解和认识来确定导致工艺不稳定的原因，并设计适当的控制机制，以减少这些因素对产品质量和工艺性能的影响。工艺不稳定性既可能是由生物生产系统所致，也可能是由细胞培养环境条件影响导致的。例如，工艺条件对生物分子的作用、酶活性去除不彻底、工艺控制不当等因素都可能对产品质量产生影响。此外，一些原材料也可能影响产品质量。例如，色谱树脂、滤膜和其他可重复使用的耗材批次间可能存在差异，尤其是在其使用寿命临近的物料，这些差异都有可能影响工艺的稳定性。因此，工艺设计的主要内容是为每个步骤确定操作窗口，以确保产品质量的一致性，且工艺稳定性不会受到工艺环境的"自然"差异和原材料的批次间差异及其性能变化的影响。在实际的生产中，可通过使用安全系数或安全裕度来实现这一目标，即不充分利用特定操作步骤的全部能力（例如色谱树脂或过滤器的上样量）。在色谱树脂或过滤器的上样量的设计中，通常并不会充分利用树脂和过滤器的全部处理能力，而是会设计一定的安全系数，以确保在处理性能下降或出现变化之前较长一段时间内可维持恒定的处理性能水平。

同时，所提出的控制策略能够得以有效实施，在很大程度上取决于是否考虑并涵盖了所有可能导致工艺不稳定的因素。例如，组件批次、生产操作员、环境条件以及生产和实验室环境中测量系统的差异都可能导致工艺不稳定。此外，在工艺开发阶段，除了建立适当的设计空间外，还应该监测商业化生产中典型的工艺不稳定性相关的表现。对工艺不稳定性的控制至关重要，其重要性主要体现在以下几个方面：在工艺流程中可尽早将工艺不稳定性风险降至最低；可简化总体工艺控制策略；可改善工艺稳健性；甚至可能最大限度地减少对最终产品检测的需求[2]。

可以预见，若对工艺有正确的理解，便可通过设计合适的生产控制范围确保工艺稳定性，而无需过于严格地限制生产中所使用的物料的性能稳定性。相反，可以通过适当的工艺控制策略自动调整工艺参数，以避免物料的差异对工艺稳定性的影响，进而确保产品质量的一致性。目前，已有研究表明，可以采用该方法避免疏水作用色谱（HIC）树脂的批次间差异对工艺稳定性产生影响[20]。

第六节　通过组合步骤提高工艺效率

如前所述，单一操作的逻辑顺序非常重要，生物制品的生产中前一操作步骤的结果会影响后续步骤的表现。然而，在最初的工艺中，这些步骤并不一定是以最佳方式相互连接的。这种工艺可能既耗时又不经济，甚至可能需要引入额外的步骤，或可能涉及中间产品调节及其他一些相关操作。工艺集成是工艺开发中解决这些问题的一种策略，为了使工艺集成成功，必须在表征不同的纯化阶段时考虑各种因素对工艺流程不稳定性的潜在影响。此外，还需要制定能够最大限度地缓解或消除这些影响的策略。

如果开发的工艺步骤之间彼此独立，所采用的缓冲液便可能有差异，通常无法从上一个步骤的洗脱条件直接调整至适合下一个步骤的上样条件。在这种情况下，可以对工艺条件进行更改，在每个步骤中仅使用一种或两种基本缓冲液，并且使上一步骤的洗脱条件与下一步骤的上样条件尽可能匹配，以实现良好的总体工艺表现。Mothes 等人提出了一种工艺集成策略[21]，即加速无缝抗体纯化（accelerated seamless antibody purification，ASAP）策略，其以一种缓冲液系统为基础，将三步色谱工艺中的步骤无缝整合到一起，上一个步骤的洗脱缓冲液是后续步骤的上样缓冲液。具体而言，可将蛋白质A步骤的洗脱液直接上样至第二步的色谱柱上，第二步的洗脱液可直接上样至第三步的色谱柱上。ASAP连续工艺的一个关键优势在于，其消除了中间体产品的储存和上样条件调整，以及其他相关步骤。例如，与pH值、缓冲液摩尔浓度和蛋白质浓度调节相关的超滤/渗滤（ultrafiltration/diafiltration，UF/DF）。省去这些步骤后，可缩短工艺周期或缩小色谱柱尺寸。

若无法使用这种或类似的缓冲液系统，可在设计中考虑通过在线调整来改变中间产品组成，即：在步骤之间不放置储液罐。例如，Cytiva和Janssen公司合作开发的直通式处理（straight through processing，STP）技术，其可将多个色谱步骤进行串联操作。另外，最近推出了一种单程切向流过滤（single pass tangential flow filtration，SPTFF）技术[22]，使包括浓缩步骤在内的在线调整操作成为了可能。

但是，一般情况下尽量将整个工艺流程中缓冲液和清洗液的数量减少至3~4种。可以将氢氧化钠作为许多工艺流程中清洗色谱柱和过滤器的标准溶液，采用这种策略可使工艺集成变得更加简单。

第七节　工艺设计中的工艺规模放大

在确定了可以达到所需产品纯度和质量要求的正确单元操作步骤和顺序之后，还应评估在生产规模下进行这些操作的可行性，在实验室规模下确定工艺参数时应充分考虑更大规模条件下的各种限制性因素。然而，通常情况下，不一定能够根据实验室规模条件下所获得的数据整理出足以支持成功的规模放大所需的信息，尤其是对于尚无任何大规模生产历史的新工艺而言。因此，可能需要在实验室和生产之间的中间规模条件下评估小规模优化中获取的工艺条件，以实现更有效的规模放大。因此，通常会将小规模条件下获得的工艺应用至中试规模进行桥接评估，以便根据需要在最终规模的生产运行之前对工艺作进一步的优化。

在进行规模放大之前，需要确定最终的生产规模。在进行规模放大的过程中不仅要考虑市场需求，还要考虑工厂的设施生产能力。为了满足市场需求，应当提前计算在给定总体工艺产量下每年需要运行的批次数量，通常会基于以下假设进行计算：①生产中实际的产物浓度范围；②可行的生物反应器工作体积。前者取决于细胞培养技术的进步，后者取决于设施能力。设施能力通常包括：可用的占地面积、辅助设备、以并行或交错方式运行多个生物反应器的能力等。一旦确定条件能够满足生产需求和每批产品的产量之后，生产工艺中所有单元操作的规模放大将会变得更加简单。例如，知道在单个生物反应器中生产了多少产品之后，可根据生产的可用处理时间确定下游工艺设备的大小。而下游纯化（downstream purification，DSP）设备的大小也可根据需加工的批次来确定，既可以是单批次加工，也可以是使用较小的设备分多批进行加工。尽管在某些情况下后一种方法的成本效益更高，但需注意，循环时间并不会随着操作规模的变化而变化，因此执行更多的循环必然会耗费更多的时间。

确定了设备尺寸之后，应根据生产设施的限制因素进行可行性评估。例如，需要考虑分批操作的轮班工作模式，以及在工厂生产多种产品时的工艺安排表，这样可以确保总工艺时间不超过分配的生产活动的时间窗口。若需要基于现有设施改造工艺，可能某些设备会受空间限制，这会进一步限制可利用的可行尺寸。如果是新建设施，可以通过购买更大或更多设备的策略放宽与设备尺寸相关的限制。通常应避免过早锁定关键尺寸参数，这样可以提高大规模设备尺寸设计的灵活度。通常，成功的规模放大中应充分考虑所使用的工艺解决方案与生产运行的经济性之间的平衡。同时，还应严格遵守产品质量标准，以确保患者安全。

一、上游工艺

上游工艺即细胞培养工艺，通常在实验室规模的生物反应器中进行开发，然后再放大至商业化生产规模。近年来，细胞培养技术得到了快速发展，使得高产物浓度的细胞培养工艺成为可能。然而，从工艺规模放大的角度来看，这些高密度细胞培养工艺已经开始成为一个严峻的挑战。在对高密度细胞培养工艺进行规模放大时，需要仔细考虑混合时间、氧气供给和二氧化碳移除等因素。例如，混合不充分会导致生物反应器内出现局部营养浓度梯度，从而使细胞生长和生产能力下降。由于哺乳动物细胞对剪切力较敏感，因此建议使用低功率搅拌方式进行混合传质。不过，混合传质会影响氧气的供给和二氧化碳的清除。哺乳动物细胞培养是耗氧过程，氧气往往是限制性因素，因此前者至关重要。后者也极为重要，因为二氧化碳的过量累积可能导致细胞生产率下降，甚至会使产品糖基化修饰发生改变，继而影响产品质量。换言之，在哺乳动物细胞培养过程中，必须在保护细胞免受损伤的前提下妥善地控制氧气供给和二氧化碳移除能力，这是细胞培养工艺规模放大中的关键因素。表25-6以一个非常简短的例子展示了悬浮细胞培养工艺规模放大的三个标准[23]。

表25-6　悬浮细胞培养规模放大的三个标准

规模放大参数	标准		
	A	B	C
几何相似性（生物反应器/发酵罐）	+	+	
氧传质系数恒定，k_La	+	+	+
搅拌桨叶尖线速度（最大剪切率）恒定	+		+
搅拌桨循环速率（单位搅拌桨泵速）恒定		+	+

在生产可行性和规模可放大性方面，往往会过多地关注大哺乳动物细胞对于剪切力的敏感性。然而，由于产量低下、培养基组分复杂、对血清的需求和对剪切的敏感性等因素，长期以来业界一直认为哺乳动物细胞工艺开发和优化的难度很大。经过20多年的发展，细胞系、培养基和生物反应器条件优化方面得到了深入的研究和发展，单克隆抗体流加培养工艺通常可实现（15~25）×10^6个活细胞/ml的细胞密度，产物的产量达到了3~5 g/L。最近一些企业的流加培养工艺中最高产物浓度高达约10 g/L，最高细胞密度可超过$50×10^6$个活细胞/ml[24, 25]。若欲提高细胞的产物比生产速率（specific productivity，Q_P），不仅应选择高产克隆，还需优化培养基组成和生物反应器操作参数。

除上述因素外，还需考虑细胞系稳定性。对于某些细胞系来说，随着细胞年龄的增加，体积产量和Q_P会下降。随着规模增大，种子链扩增时间增长，生产批次接种时的细胞年龄增加，所以不稳定的克隆不适用于大规模生产。除细胞系自身的稳定性外，还需评估可能影响工艺稳健性的因素，以及大规模培养条件下细胞的生长和代谢特性。通常，用于生产的细胞最好具备稳健生长、高活率和低乳酸生产率等特性。在进行克隆筛选时，通常不会优先考虑乳酸盐生成率较高的克隆，以避免在培养过程中需通过添加碱液来维持pH值，以及因此而导致的高渗透压对工艺的负面影响。

治疗性抗体一般是通过哺乳动物宿主细胞培养生产的，应用最广泛的细胞系为鼠骨髓瘤细胞NS0和中国仓鼠卵巢细胞[25-27]。表达系统的选择取决于其生产抗体的产量和质量，以及各个公司的特定需求，这往往会受到历史经验的影响。

典型的细胞培养生产工艺是从细胞库复苏细胞开始，然后连续传代扩增至摇瓶、转瓶、摇摆式生物反应袋、搅拌式生物反应器等更大规模的培养容器中[27]。当培养体积和细胞密度符合预定要求时，将细胞转移至生产用生物反应器中，使细胞继续生长和表达目的产物。简言之，通过细胞种子培养获得足够接种至生产用生物反应器的细胞密度和培养体积。通常要采用多种培养系统进行培养，且细胞数量随传代次数增加而增多。种子培养步骤对细胞生长、整个种子培养过程的成功和重现度以及生产规模的产品产量具有显著影响。一般而言，在种子细胞传代过程中，从较小的培养容器或生物反应器转移至较大的培养容器或生物反应器时，体积稀释比例通常为1∶5至1∶10[28]。

生产用生物反应器的规模主要取决于设施的容量，同时应满足市场需求，种子细胞培养阶段的时长和传代策略以及生产阶段的细胞培养周期则是由细胞克隆和培养条件共同决定的。图25-4以假定的哺乳动物细胞工艺为例，展示了从冻存管到生产用生物反应器的细胞培养流程。在工艺开发阶段，通常根据所选细胞系的生长能力确定种子细胞培养的扩增策略，以及细胞在每个生物反应器中的培养时间。需要注意的是，生产用生物反应器细胞培养通常是批式培养或流加批式培养工艺中耗时最长的步骤，也是整个生产过程中的限速步骤。对细胞培养持续时间进行合理的界定是至关重要的，这直接关系到能否满足每年度批次生产需求的实现。

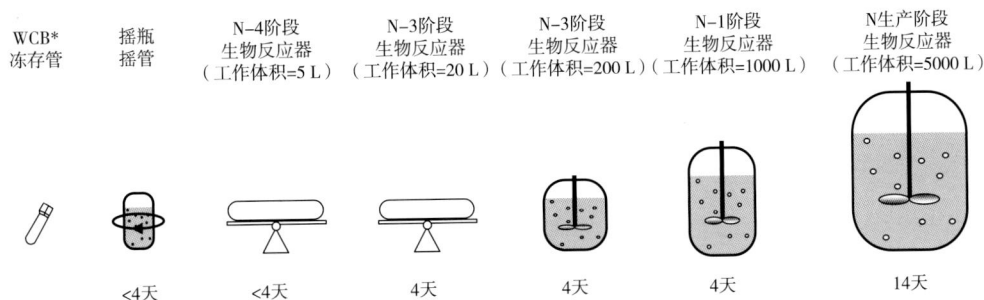

图25-4　从冻存管到生产生物反应器的细胞培养流程

假设生产批次的规模为5000 L，所述的持续时间代表设备占用时间

在商业化规模的生产中，设施利用率是非常关键的指标。因此，上游工艺设计中可考虑使用多个生产生物反应器来提高总生产批次，进而提高批式培养或流加批式培养的生产效率。最简单的方法是复制整个细胞培养过程（图25-5A），既可以平行运行，也可以交错运行。其中，前者即同时收获多个批次的策略。对于后者，生产线2较生产线1迟几天开始，生产线3较生产线2迟几天开始。后者操作非常灵活，但成本较高，因为需要配备多个用于细胞种子培养和生产的生物反应器，且这些设施需占用大量的厂房空间。

另一种方法是以一条种子株的细胞种子接种多个生产用生物反应器（图25-5B）。如此设计的理由在于，种子生物反应器中细胞培养周期通常较生产用生物反应器中细胞培养的周期短。在两次种子反应器操作之间设置最短的停机时间，并顺次运行第二个种子培养培养批次。此时，生产用生物反应器通常仍在用于培养一个生产批次，其收获时下一个连续批次的种子培养可能已经完成。因此，增加生产用生物反应器的数量可以让种子培养生物反应器以最高效的方式运行。这种方法的另一个优点在于，可以最大限度地减少生物反应器的总数，从而能够有效降低成本和缩减设施占用空间。

然而，与支持单个生产用生物反应器的多条平行线相比，该方法的操作灵活性略有降低。在以专用的种子株支持每个生产用生物反应器的情况下，批次频率仅受所选生产生物反应器数量的限制。在尽量减少种子株数量以支持多个生产用生物反应器的情况下，批次频率是所选生产用生物反应器数量和种子株数量的函数，批次频率随着生产用生物反应器数量的增加而降低（表25-7）。同时，随着生产用生物反应器数量的增加，支持接种所需的最低种子株数量也在增加（公式25-1）。

$$N_{PPB} = \frac{T_{PB}N_{ST}}{max\ (T_{ST})} \tag{25-1}$$

式中，N_{PPB}为可能的生产用生物反应器数量（number of possible production bioreactors，N_{PPB}），T_{PB}为生产用生物反应器中设备占用总时间（total equipment occupancy time in production bioreactors，T_{PB}），N_{ST}为种子株数量（number of seed trains，N_{ST}），T_{ST}为种子株设备占用时间（equipment occupancy time in seed train，T_{ST}）。

生产用生物反应器的可用性随着种子株数量的增加而增加（表25-7）。如果使用一个生产用生物反应器，则每14天才可接种一次。如果使用了6个生物反应器，则需每2天接种一个生产用生物反应器。随着生产用生物反应器数量的增加，种子细胞培养步骤对细胞培养生产线的瓶颈效应越发凸显。在本案例中（图25-5），种子培养步骤最长耗时4天。因此，1个种子生物反应器将限制6个生产用生物反应器的运行次数，即仅能每4天接种一个生产用生物反应器，而无法实现每2天接种一个生产用生物反应器的频率。为了充分利用这6个生物反应器的最大生产力，需要增加占用时间最长的种子培养阶段的生物反应器数量（图25-5）。如果种子生物反应器的占用时间都相同，则需要增加完整种子链的数量，以确保可以达到最大的生产率。

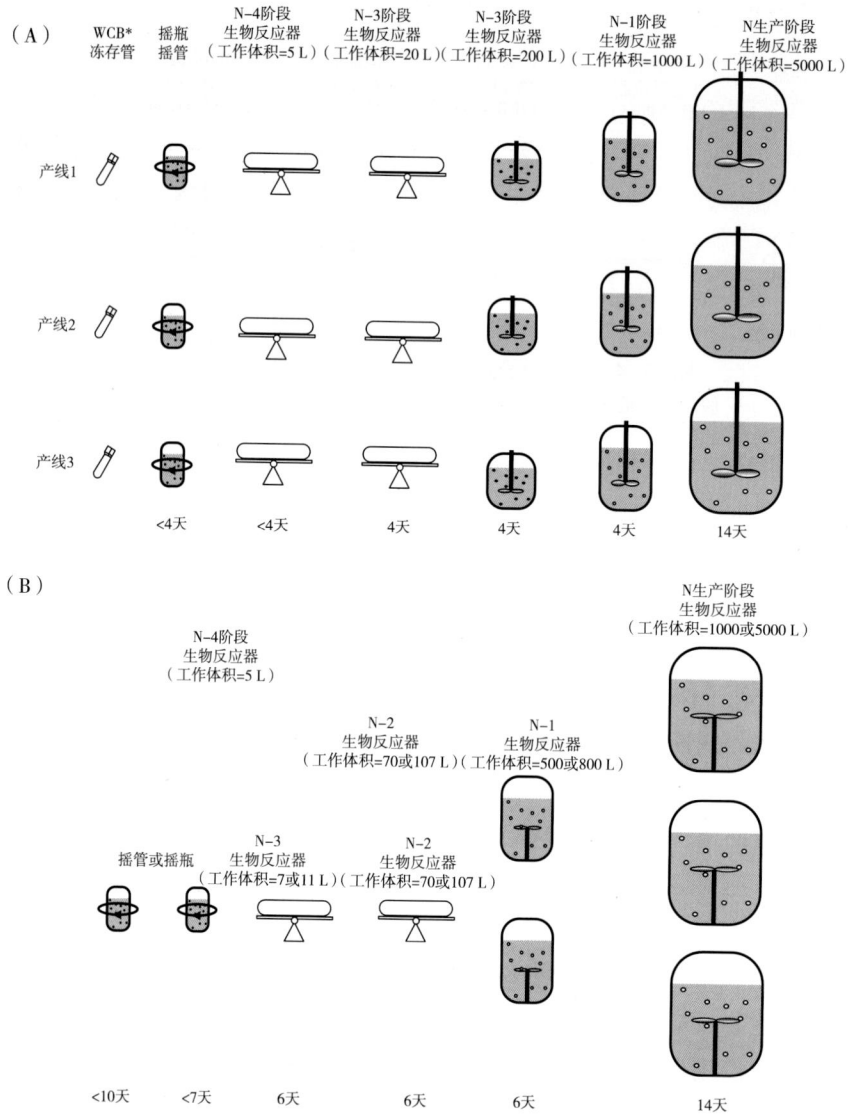

图25-5　多产线细胞培养流程

（A）需3条独立的种子链支持的细胞培养流程；（B）以交错模式运行的细胞培养流程，可支持3个生产生物反应器。持续时间代表设备占用时间

表25-7　以交错模式运行支持多个生产生物反应器所需的批频率和种子培养数量

生产用生物反应器数量	最大批次频率（天）	扩种所需的最少数量
1	14.0	1
2	7.0	1
3	4.7	1
4	3.5	2
5	2.8	2

培养持续时间的假设与图25-5B中所述相同。

需要注意的是，种子链株数量可能不仅仅取决于与生产率有关的因素。若使用单条种子株的细胞支持运行多个生产用生物反应器，可能存在设备故障的风险。如果单个或多个生物反应器发生故障，则可能需要重新启动整个细胞培养周期，从而导致生产时间的重大损失。因此，可设计多个种子生物反应器作为备用选项，以缓解设备故障带来的影响。

生产率是放大工艺设计中需要重点考虑的一个问题，因此工艺设计者还可以将细胞培养模式从批式培养或流加批式培养更改为灌流培养这类更加连续化的模式。既可以在种子链阶段进行连续化培养，也可以在生产用生物反应器培养阶段进行连续化培养。与批式培养模式相比，灌流培养模式下可以更加灵活地控制种子生物反应器的转移细胞密度，因此能够扩大生产反应器接种步骤的操作窗口。具体而言，灌流培养中能够达到较批式培养中更高的细胞密度，因此灌流种子反应器可以同时接种更大体积或更多的生产用生物反应器[28]。或者，在生产阶段采用灌流模式运行生产用生物反应器，便可以实现每天连续收获，灌流培养过程中单位培养体积的总体生产率会得到大幅提升。若考虑采用灌流培养模式，需要在实验室规模进行大量的工艺开发工作，并根据该阶段的结果确定是否可以选择该模式。若已经开发出流加批式培养工艺，通常不建议通过切换至灌流培养模式的方法提高大规模生产的产率。原因在于，这既要求使用于批式培养或流加批式培养的细胞株能够适应灌流培养条件，又需要考察现有设备与灌流设备的差异，以评估其是否能满足灌流培养工艺的要求。最需注意的是，相较于批式培养或流加批式培养，灌流培养过程对培养基的需求量大大增加，因此还应当考虑培养基配制、培养基储存容器及其尺寸设计、厂房占用等重要因素。

无论采用何种上游技术，细胞培养的批次频率都会显著影响下游纯化工艺生产线的规模。因此，需要根据上游细胞培养的批次频率来确定下游纯化工艺产线设备设施的尺寸设计。为了更好地匹配上游的生产能力，下游纯化工艺设计人员可适当地调整设备尺寸，或者设计额外的下游纯化工艺生产线，以满足生产率的需求。

二、下游工艺

在确定了上游所选择的操作规模能够满足每批次生产的产量需求后，接下来的任务是放大下游生产工艺规模。以典型的mAb纯化工艺为例，包括三种主要的单元操作类型：①液体或固体处理；②过滤；③色谱。液体处理包括产品合并液、缓冲液、清洗液等工艺过程中溶液的储存、转移和混合，固体处理特指通过离心处理细胞或生物量。过滤包括所有需要使用过滤器或膜进行分离的流程，可进一步分为常规流过滤（normal flow filtration，NFF）、错流（cross-flow flow filtraion，CFF）或切向流过滤（TFF）。色谱包括树脂或批式色谱和预装柱色谱，其或基于相互作用进行分离，或基于分子尺寸进行分离，抑或二者联合使用，膜色谱也属于这一类。

以下是对这些单元操作的规模放大规则的简要说明，尽管这些规则可能较简单，但需要注意的是这仅仅指导原则。在实际的工艺放大过程中应该进行一些详细的研究，以确保在最终规模条件下能避免因无法解释的现象而导致产品活性或工艺收率损失。

（一）液体处理

液体处理操作包括液体储存、液体转移和混合。其中，液体储存包括缓冲液制备和放置，以及工艺中放置步骤。本章不会详细介绍液体转移，但需要注意的是，从规模放大的角度来看，在对含产品的溶液进行转移的过程中尽量不要引入过强的剪切应力，以避免抗体解折叠或聚集，继而导致不必要的产量损失[29]。有研究者指出，10000 s^{-1}的剪切速率便可能导致mAb解折叠[30]。

1.中间产品储存容器 在下游工艺中,对储存容器进行规模放大的最简单方法是基于浓度概念的策略,在工艺的任何阶段都可设置储存容器(储罐)中产品的最低终浓度,根据该浓度不难计算出每个储罐的最大操作体积,该方法也可用于识别现有设施中的瓶颈步骤[31]。通常,容器的实际尺寸(体积)将大于计算值,因为典型储罐的填充系数一般为80%~90%。如果在产品储存过程中需要调整液体成分,且无法采用静态混合器在动态模式下进行调整(在线调整),则在规模放大时必须考虑液体成分调整操作所需的额外体积,以及与混合效率相关的影响,因为容器内局部成分变化会影响产品质量。例如,抗体经过蛋白质A纯化后,需调低pH值以灭活病毒,在此期间局部pH值过低可能使mAb发生不可逆聚集。类似的原因,可能需要对产品溶液进行适当的搅拌,以确保混合均匀,用于接下来的单元操作处理(例如上样至色谱柱),因此还应研究和考察搅拌速度,以避免搅拌对溶液中产品造成剪切损伤。此外,还应考虑特定步骤的温度需求。尽管很容易根据小规模的参数确定加工的操作温度,但某些情况下可能会延长储存时间。例如:在受到轮班时间限制、单元操作失败、紧急停机等情况下,可能需要延长产品放置时间,有时可能需要放置过夜。因此,需要评估这些情况下所涉及的温度对产品稳定性的影响。

近年来,随着一次性技术的飞速发展,采用一次性储液袋分配缓冲液和保存中间产品的策略已经对工艺设计方式产生了深远影响。有研究表明[32],用一次性储液袋取代不锈钢储罐可节省大量成本。然而,目前储液袋的尺寸有限,生物制品生产中使用的一次性储液袋的体积范围为1~3000 L,因此一次性储液袋的使用规模在一定程度上受到制约。若生产规模需求有所增长,则可以通过增加一次性储液袋的数量来满足所需的总体积要求,并通过集流器连接进行转移。但是,与使用单个可重复使用的大规模不锈钢储液罐相比,一次性储液袋的使用中可能会增加耗材、工作量和空间管理,需要对这些因素进行全面评估,同时也必须注意确保选择的储液袋能够满足工艺过程中的混合、温度控制、溶液监测等方面的需求。随着纯化工艺过程的推进,产品会被逐步浓缩,体积也会越来越小,需要根据工艺阶段和实际需求适当缩小储液罐(袋)的体积。总体而言,行业发展的趋势将会是在尽可能小的规模上采用一次性技术进行生产。目前,针对较小规模(1~20 L)的二维(2-Dimensional,2D)一次性储液袋中的混合技术有限,通常采用摇摆混合器或泵循环系统混合溶液。其中,泵循环系统中可利用一次性泵在其储液袋内对产品进行循环,在此方法中应评估温度升高或剪切应力对产品的影响。2D一次性储液袋通常未配备夹套,难以进行准确的温度控制,不过也可以使用一次性热交换器等新兴技术解决此问题。

2.溶液配制容器 涉及混合过程,其规模放大较储存容器更加复杂。上、下游工艺中的溶液配制一般包括缓冲液配制和细胞培养基配制,需要将干燥的原材料组分添加至水中,或将两种及以上的液体进行均匀混合。

从混合效率的角度来看,溶液配制容器规模放大的关键点包括几何形状、搅拌转速和混合时间。最理想的规模放大过程中应在小试、中试和生产规模条件下维持这些参数因素不变,但实际的规模放大中往往无法兼顾所有参数,任何较大的规模变化都可能导致其中一个或多个参数变化。从针对混合效果的实际规模放大角度来看,引入几何相似性这一概念可大大简化设计中的计算。几何相似性意味着应将小规模容器的各单一尺寸之间的比率应用至大规模容器。若基于几何相似性进行规模放大,唯一与混合相关的变化值为搅拌转速。在许多情况下,搅拌转速可以与较小规模的相应速度相似。然而,在采用此策略进行规模放大时容器的表面积随长度的增加以二次方的比例增加,但容器的体积则随长度的增加以三次方比例增加,这会使容器的比表面积变小。因此,容器形状也是选择溶液配制单元操作时需重点考虑的因素。一般而言,较大的不锈钢容器是圆柱形的,这是因为要考虑到机械稳定性和大容量(5000 L或更大)容器的占地面积。

目前已设计出了一些其他不同几何形状的一次性溶液配制设备，但仅限于较小容量的容器，最大为5000 L。Cytiva评估了几种不同几何形状的一次性容器的混合参数（图25-6）[33]，结果表明，与其他罐形相比，带有双叶轮的长方体罐体非常适合分散固体颗粒添加物，其沉降作用几乎可以忽略不计。采用长方体一次性混合系统不仅可以提升混合效果，还可以使换袋操作更加方便。在工艺开发阶段应充分考虑大规模生产中可能使用到的技术，并选择适当的规模参数。

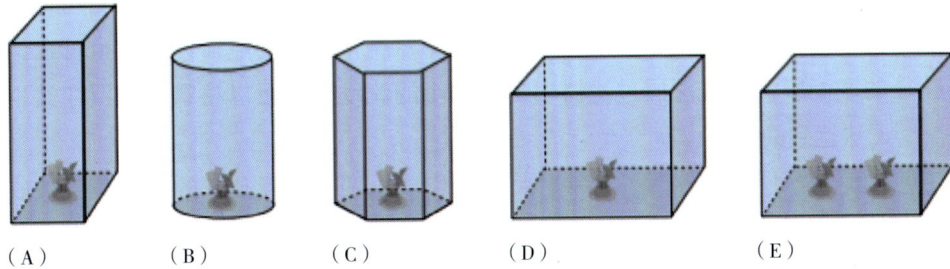

图25-6　溶液混合研究中评估的各种罐形[33]
（A）单搅拌桨垂直长方体；（B）单搅拌桨圆柱体；（C）单搅拌桨六面体；（D）单搅拌桨横向长方体；（E）双搅拌桨横向长方体

传统的溶液配制方式是批式配制，需要辅以相应的离线质量控制策略，以确保大体积溶液参数的准确性。与之相比，在线稀释浓缩溶液的方式可以提高生产率和缩小容器体积。在线缓冲液稀释指的是采用水稀释浓缩的缓冲液，并调节pH值，然后添加至后续工艺步骤中。由于使用了浓缩溶液，因此体积较小的存储设备和更少的空间便能够满足工艺需求。例如，有研究表明，缓冲液浓缩液和静态混合器相结合的策略有以下优势：①储液罐尺寸减小了两倍[34]；②每批缓冲液制备和原位清洁（CIP）操作次数减少30%以上；③工作量减少31%[35]。

但是，需要注意的是，在线缓冲液混合可能有一定的挑战性。原因在于，当将缓冲液输送至对应的工艺步骤时，必须保证缓冲液已经得到了充分的混合，并符合pH、温度及其他关键参数的放行标准。因此，必须对方案进行严格控制。混合不良的后果可能很严重，可能使工艺表现变差，甚至使生产的产品不合格[36]。Cytiva的在线配液技术等一些新兴技术以这一概念为基础，解决了在线稀释方法中的问题，拓展了这一简单方法的应用[34]。

（二）固体处理（固体分离）

1.离心　单克隆抗体纯化工艺中，固体的分离仅限于产品初步纯化期间生物量的移除。大多数工业化生产工艺中采用碟式离心机进行固液分离，因为这些设备易于进行规模放大，可进行连续化的操作，并具有处理各种不同性质的进料的能力[37]。通常，在下一步的下游处理步骤之前，需要在离心后使用深层过滤器进行二级净化。离心效率取决于固体体积分数、有效净化表面积（effective clarifying surface，V/D）和加速度系数（$\omega^2 r/g$）或称相对离心力（relative centrifugal force，RCF）。通常，用于对细胞收获液进行固液分离的加速度因子为1500 g。有效净化表面积和加速度因子的乘积（$\omega^2 rV/gD$）称为Sigma系数（sigma factor，Σ系数），或称当量沉降面积或当量离心面积。任意碟式离心机在任何角速度条件下该系数都是唯一的，故可用于放大计算。对于连续化的操作，在规模放大中要保持离心机的流速（Q）和Σ系数之间的比值（Q/Σ）恒定。Σ因子适用范围广，从实验室瓶装离心机到大规模的碟式离心机均适用，Q一般用离心体积除以离心时间的比值代替[37]。然而，即使保持Q/Σ的比率恒定，也可能由于沉降受阻和离心过程本身产生的亚微米颗粒而导致大规模离心不充分。这些颗粒是由细胞和细胞碎片在受到高剪切力时形成的，可通过离心中的浓缩流分离。

另外，剪切损伤会导致蛋白酶释放，从而影响抗体的稳定性。

2. 深层过滤 尽管离心机已得到了广泛应用，但其主要用于初步纯化步骤，特别是在固体含量高或需要大体积处理的情况下。近年来，在中试至中等规模（例如2000 L及以内的规模）的生产中，尤其是在涉及哺乳动物细胞培养的生产中，通常会以深层过滤代替离心技术分离细胞碎片和其他固体。生物制品生产中使用的深层过滤器通常由纤维素或聚丙烯纤维的纤维床、助滤剂（例如硅藻土）和用于构建平板过滤介质的黏合剂组成。助滤剂为过滤器提供了较高的表面积，有时其本身也可用于净化步骤[38]。可通过黏合剂聚合物或向过滤器中加入其他携带电荷的聚合物使一些深层过滤器携带额外的电荷，有时也可在深层滤片的底层添加具有极小孔径的微滤膜。多孔深层过滤器中蜿蜒曲折的流动通道可以将颗粒截留在其中，这是单纯基于分子筛的滤器所无法达到的截留程度[39]。

在大规模工艺中应用深层过滤器时，通常会将其制作成由两个相互独立的滤器膜层组成的单元体。这种设计使得流体可从外部环境进入滤膜层之间的空隙内，然后再将其收集起来。可将多个单元堆叠到一个外壳中，在此外壳中施加压力以驱动流体流过组件。深层过滤器通常是一次性设备，可降低其在生物制药应用中工艺验证的复杂度和工作量[39]。深层过滤的规模放大的渗透流量（permeate flux，PF）是通过保持公式25-2所定义的过滤通量恒定不变而实现的。

$$PF = \frac{V_F}{A_0 T_F} \tag{25-2}$$

式中，V_F（L）为待过滤溶液体积，A_0（m^2）为滤膜面积，T_F（h）为过滤时间。

采用过滤技术进行固体分离的过程中，滤膜可能容易堵塞，继而增加过程压力。考虑到这个问题，在过滤哺乳动物细胞培养收获液时通常会使用两级深层过滤器，并逐级减小孔隙率。然而，在基于恒定过滤通量进行放大时通常会保持过滤时间恒定，这会导致所需的过滤面积随着工艺体积的增加而线性增加。在体积非常大的条件下，过滤所需的膜面积过大而无法实现，在这种情况下可以将离心操作作为深层过滤的预处理步骤。

在深层过滤技术领域经常会遇到的一个问题是，为了确保将膜本身所携带的污染物颗粒从系统中冲洗下来，需要在过滤前采用大体积的注射用水（WFI）或纯化水冲洗滤膜。对于某些膜，在过滤之前的冲洗步骤可能需要耗费至少100 L/m^2水。大多数情况下，在采用水冲洗后可能还需要再采用额外的缓冲液进行冲洗，以平衡滤膜，尤其是携带电荷的滤膜。因此，在设计生产规模深层过滤步骤尺寸时还应考虑这些辅助步骤，以确保设施中的供水系统能够满足滤膜冲洗的需求。

（三）膜过滤

膜过滤是生物制药生产中最常用的单元操作之一，过滤器被广泛应用于深层过滤、超滤、渗滤、除菌过滤、气体过滤和病毒过滤。在典型的mAb纯化工艺中，死端过滤（或称全流过滤）占纯化工艺总成本的12%以上[40]。因此，适当设计和优化过滤步骤可以提高生产工艺的经济性。然而，如果过滤器性能随规模的变化而变化，则任何优化的工艺都可能会表现不佳。

从实验室规模放大至生产规模的过程给过滤步骤带来了一些挑战，这些挑战不仅与尺寸变化相关，还与过滤器的形式（盘式或叠式）和操作模式（并行或串联）的变化有关。所述的挑战主要包括[41]：①由于生产成本高或生产批次有限，导致所使用代表性材料的数量有限；②替代流体不一定能代表实际的工艺流体；③小规模研究可能无法代表生产规模中的过滤条件；④实验室规模过滤器元件测试所得的结果可能无法用于预测大规模过滤器的过滤能力。为了克服这些挑战，可采用"安全系数"以确保大规模运行的成功，安全系数的大小可能因过滤步骤的类型而异。在下文中会简要讨论上述因素。

从放大的角度来看，过滤可以分为常规流过滤（NFF，属于死端过滤或全流过滤）和切向流过滤（有时也指错流过滤）。死端过滤应用于降低生物负载的过滤、病毒过滤和深层过滤，而切向流过滤主要应用于超滤/渗滤（UF/DF）和微滤。

1.常规流过滤（NFF） 又称全流过滤、死端过滤，可分为流量限制性的死端过滤和载量限制性的死端过滤[42]。滤液流量（公式25-2）取决于膜的渗透性和溶液性质，前者为孔径分布、孔隙率和厚度的函数，后者包括黏度、密度、温度等性质。载量与膜的堵塞率有关，取决于溶液组成和工艺条件。堵塞会导致过滤器上的压力增大，如果过滤过程在恒定压力下操作，则往往需要降低流速以应对堵塞率的增大，因此最终的流量将随着处理时间的推移而降低。

过滤步骤设计中首先应确定，何种类型的膜对于某一特定的过滤目的最有效。若无可用的经验信息，则设计过滤步骤的第一步是筛选不同的过滤器，典型的实验包括：确定给定料液的通量、过滤器载量和步骤收率。在流量限制性的过滤中，过滤器的规模放大非常简单，通常假定过滤器性能与过滤面积成线性比例关系，故过滤器尺寸取决于待处理液体的总体积和处理时间（公式25-2）。

无论采用何种方法确定过滤器载量，均可假定过滤器最大载量（V_{max}）的50%~80%载量与过滤器面积成线性比例，进而据此进行规模放大[42]。根据该假设，可以计算在给定压力和时间条件下，达到预定过滤目标所需的最小过滤面积。在确定了最小过滤面积后，通过引入安全系数规避进料和滤膜的潜在不稳定性相关的风险，进而确定过滤装置的最终尺寸，通常可将安全系数设定为1.5。然而，如果过滤对象为细胞培养收获液等批次差异性较大的料液，则可能需要采用更大的安全系数[42]。此外，由于NFF过滤器滤芯的尺寸有限，因此在设计过滤步骤的最终尺寸时还必须考虑滤芯配置及其参数，包括过滤器外壳等因素。

生产中常用的过滤器外壳可容纳单个或多个滤芯，这些滤芯的标准长度为10、20、30和40英寸，直径略小于3英寸（1英寸≈2.54 cm）。在市售的各种外壳中，最常见的为T型，专为安装至固定管道系统而设计，非常适合安装在过滤撬上。

2.病毒过滤 是mAb纯化工艺中最重要且成本最高的操作之一，因此在讨论NFF操作的规模放大时尤其应注意的这一步骤。从理论的角度而言，病毒过滤器与除菌过滤的规模放大策略基本相同[42]，但建议载量评估和研究中涵盖超出预期生产规模1.5~2倍的载量，以应对料液和滤膜的批间差异所致的潜在风险。此外，目前病毒过滤器的操作流量相对较低，并且生产批次的规模在不断增大，因此往往可能需要采用多个病毒过滤器元件并行运行的策略[43]。通常可采用低压或高压病毒过滤技术，尽管可通过高压病毒过滤技术提高过滤流量，但出于安全考虑，仍然应当最大限度地降低管路压力[44]。此外，还可采用吸附式预过滤器去除常规的0.2 μm或0.1 μm预过滤器无法去除的较小的带电杂质，此策略可将所需的最小过滤面积缩小90%以上[45, 46]，但也必须注意避免携带电荷的过滤器对产品的吸附作用导致产量损失。病毒过滤的规模放大中，还必须在处理前后对过滤器进行完整性测试。从滤芯完整性测试的角度来看，单个外壳中包含滤芯的数量过多可能会增加完整性测试的难度。然而，最近的分析表明，若采用扩散流完整性测试，便能规避全部或大多数病毒过滤步骤中的滤芯完整性测试相关问题，可在同一外壳中配置20个以上的过滤器。

3.切向流过滤 典型的切向流过滤可应用于超滤/渗滤工艺和微滤步骤。在TFF过程中，产品流动方向平行于膜表面，即垂直于滤液的方向流动。因此，产品流动的过程中会对膜表面产生扫流作用，从而减少膜表面截留溶质的累积效应、与渗透压有关的效应等浓度极化效应。而且，还可以通过产生涉及泰勒漩涡或迪恩涡的二次流动，进一步增强流体对膜表面的扫流作用[42]。然而，从流体力学的角度来看，TFF单元中的切向流增加了规模放大的难度，因此在不同规模条件下必须维持所有与这些效应相关的物理现象，以保持相同的流体特性。

尽管UF/DF和微滤同属TFF，基本操作方法相同，但二者的应用范围却完全不同。首先，微滤主要是在工艺过程的早期阶段被用于从哺乳动物细胞、酵母或细菌培养物中初步收获蛋白质，而超滤则主要用于蛋白质溶液浓缩和缓冲液替换等后续工艺步骤。因此，在这两种过滤过程中需要选择孔径和滤芯设计不同的膜，以适应不同特性的进料流。由于进料的料液不同，因此在优化这两种过滤步骤时需要充分考虑进料流体的性质。尽管如此，二者的规模放大过程却是相似或相同的。在死端过滤或NFF过滤操作中，过滤系统的尺寸取决于过滤器的载量，即在需要使用新膜或需对旧膜进行再生操作前，单位膜面积可以处理的进料体积通常取决于过滤的操作标准。若在恒定流量条件下过滤，载量是由系统压力达到预设的最大压力的时间点决定的。若在恒定压力条件下过滤，载量则是由系统中透过滤器的流量降至不可接受水平的时间点决定的。对于后者，根据经验，应选择最大质量流量的约80%作为判断标准，以保证工艺能够稳定运行[45]。考虑到TFF过滤是通过滤液再循环实现的，因此需要在NFF渗透通量公式（公式25-2）的基础上略作修改后才能用于TFF渗透通量（permeate flux of TFF，PF_{TFF}）的计算（公式25-3）：

$$PF_{TFF} = \frac{V_{F,ini} - V_{F,fin}}{A_0 T_F} \qquad (25-3)$$

式中，$V_{F,ini}$（L）为待过滤溶液的初始体积，$V_{F,fin}$（L）为工艺结束时溶液的最终体积，A_0（m²）为滤膜面积，T_F（h）为浓缩过程总过滤时间。

由于TFF的滤器（或膜包、中空纤维）的膜面积可线性扩展，因此通常认为TFF步骤的规模放大较简单，这种线性可扩展性是通过滤器在不同比例下的几何相似性而实现的。若基于几何相似性进行规模放大，可以确保不同规模条件下滤器膜单位面积的处理载量不变，且能够维持相同的工艺性能。通常，TFF过滤器的几何相似性取决于两个因素：①保持通道长度恒定；②保持通道流体动力学状态相同。根据两个因素进行设计，便可以最大限度地保证各规模条件下都能维持相近的跨膜压力、局部流量、跨通道压降和膜壁蛋白质浓度[47]。在当前的膜包设计中，通常会保持通道长度恒定，通过增加每个膜包的总通道数量达到所需的膜面积。如果保持中空纤维的长度恒定，也可以实现中空纤维滤芯的线性放大。由于中空纤维滤芯的滤液压力损失极小，很容易实现等流量分布和集流器设计，因此可以保证在不同规模的滤芯内部都能够维持相同或相似的流体动力学条件[47]。

可以根据在工艺条件下测得的平均渗透通量确定UF/DF装置的大小，以保证能够在预定的处理时间内完成特定体积流体的处理，以达到所需的浓缩倍数和最终组成。在已知UF/DF通量的情况下，根据图25-7所展示的流程，可快速估算不同处理时间内处理特定体积的流体所需的最小过滤面积。对于给定的平均通量，可计算出待处理体积（V_{pro}）与平均通量（J_{avg}）之间的比值（V_{pro}/J_{avg}），并找到所需工艺时间（如超滤时间）曲线与代表计算所得V_{pro}/J_{avg}比值的直线之间的交点，该交点的纵坐标即在所需时间内处理给定体积流体所需的最小膜面积。考虑到超滤步骤中蛋白质浓度的增加及其对过滤通量的影响，该阶段也会确定膜的尺寸。确定了渗透通量和过滤面积之后，便可据此估算超滤时间t_{UF}，并参考图25-7采用反向流程确定渗滤时间（t_{DF}），即：确定用于表示膜面积的线与代表渗滤缓冲液总体积与平均通量之比的曲线之间的交点，该交点的横坐标便为DF操作的持续时间t_{DF}。无论是UF还是DF步骤，平均通量都是通过检测收集的滤液的体积和达到所选浓缩倍数或渗透所需渗滤体积的流体所需的时间而确定的。

需要注意的是，在处理高黏度流体时，线性放大可能有一定的挑战性，因为生物工艺中使用的膜包并非针对此类进料流而设计的。如Daniels等人所述[48]，在采用高流速添加处理高黏度流体时，膜包中任何微小的缺陷都会暴露出来，这些缺陷可能会在大规模生产中导致不可预测的结果。

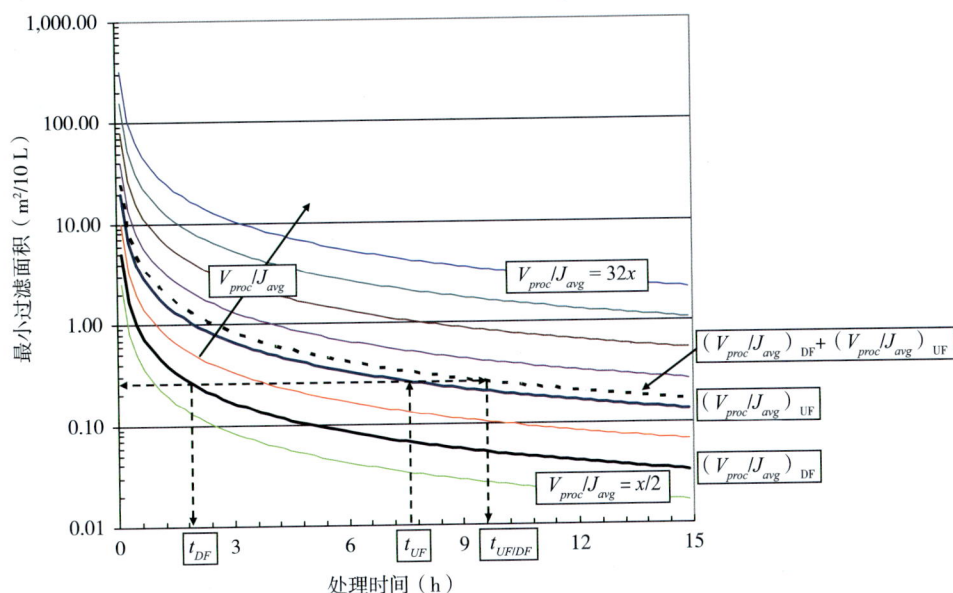

图25-7　渗透液体积与通过膜的平均通量比值不同的条件下处理时间对UF/DF工艺最小膜面积的影响

红色、绿色和蓝色曲线分别代表参考值V_{proc}/J_{avg}的平均比值，参考值的一半（X/2）和较参考比率曲线高32倍（32×）的比值。其他曲线代表右侧标签的数据。该图是依据与膜面积、处理时间和渗透体积相关的平均通量的定义绘制的。经授权转载自Cytiva的著作

4.过滤系统和滤芯配置　针对各种不同的过滤目标和需求，过滤系统配置亦有多样化的选择，不同的系统在规模和自动化程度方面各有差异。一套完整的过滤系统至少应配备滤膜原件、模块支架、进料泵及相应压力传感装置、进料端和透过端管线的紫外光传感器以及循环容器。对于微滤操作，渗透泵可能也是必备的设备之一。目前，常见的过滤系统配置中都采用了能够以50 ml/min至1400 L/min的流速进行流体处理的组件设计，管路内径范围从6~152 mm不等[42]。针对生物工艺过滤的需求，可选择筒式滤芯过滤器和囊式滤器，单个过滤装置中的有效过滤面积为0.05~36 m²。对于UF/DF，有多种类型的膜组件可供选择，其中最常见的是中空纤维膜、螺旋缠绕式滤芯及平板过滤膜包。

在UF/DF步骤的设计中，总过滤时间应当是主要的关注参数。若试图达到较高的浓缩倍数或采用多种渗滤体积进行淋洗，必然会导致循环时间延长。这可能会对溶液中的蛋白质产生剪切影响，在某些情况下甚至会使溶液的温度升高。如果产品对温度敏感，则应使用带夹套的循环容器。

UF/DF或微滤系统配置中，一个非常重要的优化方向是最大限度地减少产量损失和减少死体积，以实现减少淋洗体积的目的。从大规模工艺的角度来看，应当最大限度地确保使用约10 L/m²的淋洗缓冲液便能够实现最终的冲洗效果，并且达到回收膜孔内全部蛋白质产物的目标[45]。将UF/DF用于原料药的最终制剂时，淋洗缓冲液的用量至关重要。由于产品的最终浓度是非常重要的参数，因此在工艺设计中必须充分考虑淋洗/回收缓冲液的体积。然而，回收的蛋白的量可能有变化，通常难以预测。因此，设计者应考虑在淋洗后进行二级浓缩，以确保可达到准确的浓度水平。或者可先过度浓缩溶液，再稀释至所需的浓度。此外，超滤步骤规模放大中还应重点考虑系统限制性相关的因素，即：最大体积浓缩倍数和最大透析体积。应当避免超过这些限制，以防止产品溶液的组成发生变化。因此，在设计工艺时，建议不要使浓缩阶段的体积浓缩倍数设定值超过50，也不要使渗滤阶段的渗透体积设定值超过14。

综上所述，过滤工艺设计和规模放大中包括很多最优滤膜以及工艺条件的确定，例如：通过预过滤器

和最终过滤器的合理组合提高过滤步骤的载量。在本节的最后必须再次强调，这些设计应在极大程度上依赖于丰富的测试经验。尽管小规模实验中获得的过滤数据可用于规模放大计算，但建议仅将这些数据作为参考。而且，应始终在实际工艺条件下进行中试规模研究，最好采用与最终工艺规模中相同类型的过滤器设计，以确保规模放大的成功。

三、色谱

（一）色谱规模放大规则

在工艺的任何阶段，一旦确定了mAb的质量和浓度，便可以根据各种因素确定色谱柱的尺寸，这些因素包括色谱相关因素、非色谱相关因素以及所有设施和产品质量相关的限制性因素色谱。通常，可依据公式25-4a和25-4b和遵循相对简单的通用规则确定色谱柱的尺寸：

$$CV = \frac{Mass_{批式}}{Load_{循环}N_{循环}}$$
（25-4a）

$$N_{循环} = \frac{Time_{纯化}}{Time_{循环}}$$
（25-4b）

式中，CV（L）为色谱柱或树脂体积；$Load_{循环}$（kg/L填料）为每个循环的上样量，其中包含了安全系数，以考虑进料和树脂差异对工艺的影响；$Mass_{批式}$（kg）为转移自生物反应器的产品质量；$N_{循环}$为单批循环次数；$Time_{纯化}$（h）为单批总纯化时间；$Time_{循环}$（h）为单个色谱循环的时间。

根据公式25-4a，可以计算出在指定时间内纯化特定质量产品所需的装柱树脂体积（CV）。循环数N_{cycles}最好为整数，因为这表明每个循环的负载量相同。CV可用于对色谱步骤中所使用的进料液、缓冲液等不同溶液的体积进行归一化处理。此外，还可利用CV表征不同规模条件下色谱方法的稳健性，以确保各种规模采用的方法均相同。例如，无论是在开发实验室还是在生产设施中，也无论实际CV的具体值是多少，都可以根据任何实际CV计算5 CV的缓冲液的具体用量。

显然，与过滤一样，必须以小规模优化的色谱方案和方法为依据，遵循一般性规模放大规则确定色谱柱的尺寸，也应当引入一些安全系数来避免工艺差异的影响。一般而言，在工艺设计的工艺开发阶段便已确定了这些安全系数。尽管色谱纯化步骤的规模放大规则（表25-8）相对较简单，但仍然需要考虑一些非色谱性质的相关因素，以确保规模放大的成功。最简单的色谱工艺规模放大规则为基于直接（线性）规则进行放大，即在所有规模下均保持符合要求的柱床高度、保留时间、样品浓度以及相对于树脂柱体积梯度体积等参数恒定不变，这意味着在规模放大时样品上样量、体积流速和色谱柱横截面积会按照相同的比例增加（表25-8）。

然而，直接放大方法有一个与硬件相关的不足之处。至少从色谱柱直径的角度来看，市售色谱柱的尺寸是离散或不连续的值，在所有的规模放大计算中必须考虑这一因素。因此，通常会采用直径略大的色谱柱，或使用多个色谱柱。

根据线性规模放大规则（表25-8），在保持柱床高度恒定的条件下，可通过增加色谱柱直径使色谱柱横截面积与工艺体积成比例增加，以实现成功的规模放大。然而，实际上色谱柱直径超过30 cm会使柱壁对树脂的支撑力下降。这种影响程度可能会因树脂类型而异，生物工艺发展早期的色谱树脂的机械稳定性通常较差。基于此，在色谱步骤中的实际流量可能低于所需的最高流量，以便能最大程度地减少柱层压缩和与之相关的所有色谱柱效应，即所谓的反压。学术界[50-52]和工业界[53, 54]都针对色谱柱壁支撑力对于柱床压缩性的影响进行了深入的研究。色谱由于规模之间的这些差异，较大规模的色谱柱中柱床压降可能增加。

因此，对色谱步骤进行优化时需充分考虑这些因素，并适当限制放大后的最大操作速度。

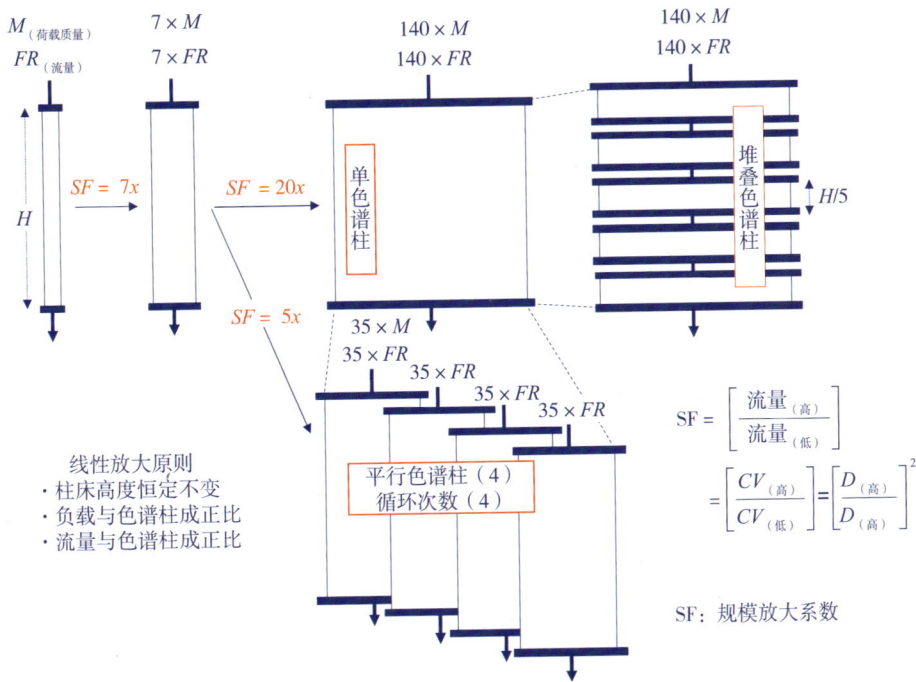

$$SF = \left[\frac{流量_{(高)}}{流量_{(低)}}\right]$$

$$= \left[\frac{CV_{(高)}}{CV_{(低)}}\right] = \left[\frac{D_{(高)}}{D_{(高)}}\right]^2$$

SF：规模放大系数

图25-8　线性放大原理

原图由Cytiva提供，经许可转载

表25-8　色谱纯化线性规模放大指导原则[49]

维护	柱床高度
	流速
	样品浓度
	梯度或柱床体积
增加	达到所需色谱柱体积的色谱柱直径
	容积流量与色谱柱体积成比例
	样品体积与色谱柱体积成比例
	梯度体积与色谱柱体积成比例
检查	减少柱壁支撑（增加压降）
	样品分配
	管路和系统的死体积

　　此外，在规模放大的过程中还应当关注监测元件的尺寸变化、出口和管道的长度和直径差异等其他非色谱柱效应，这些因素都可能加剧对色谱系统空间产生的稀释效应，或称区域扩展效应。此外，必须考虑阀门切换和额外系统体积增加导致的时间滞后现象，以避免对色谱液合并或组分收集的起始和终止时间产生误判。在规模放大后，还有其他一些因素也可能会影响工艺性能，其中包括由于细胞培养和缓冲液质量的批间差异所导致的样品浓度和组成的变化。尤其在缓冲液组成复杂且含添加剂的情况下，这种现象更加明显。然而，如前所述，通常可以通过引入安全系数和减小样品体积等方法应对这些问题。最后，为了确保规模放大的成功和工艺的稳健性，还需要连续监测流速、压力、罐体液位、进料浓度、电导率、pH值等重要参数。

　　在色谱步骤的规模放大中，除了采用上述常用的基于恒定床高和恒定线速度的方法以外，也可采用其他标准。其中，基于恒定保留时间的标准便是其中非常成功的一种，保留时间即柱高或柱体积与流体线速度或体积流速的比值。例如，在采用蛋白质A亲和色谱技术纯化mAb工艺的规模放大便是采用此策略。采用此标准时，可以在柱床高度和柱直径发生改变的情况下维持产率不变[55]。因此，此标准在最优硬件尺寸的确定方面有更高的灵活性，既能够在维持体积流速恒定不变的前提下自由搭配不同的柱直径和柱床高度（图25-9），也可以在维持柱直径恒定不变的前提下自如地组合不同的流速和柱床高度（图25-10），无论采用哪种策略都能确保各规模间的保留时间相对一致。

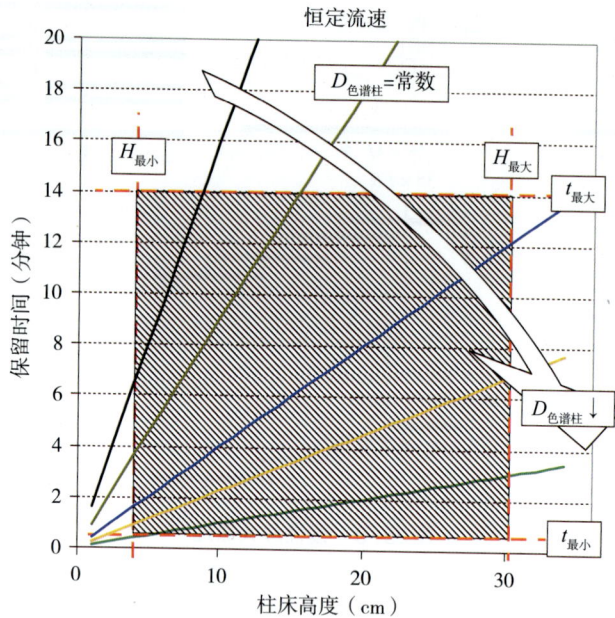

图25-9　柱床高度对不同柱径条件下停留时间的影响

灰色矩形描述了根据给定色谱柱的最小（$H_{最小}$）和最大（$H_{最大}$）柱床高定义的操作窗口，以及由产品的吸附速率和稳定性定义的最短（$t_{最小}$）和最长（$t_{最大}$）停留时间。直线表示柱径不变时的数据，箭头表示柱径减小的方向。原图由Cytiva提供

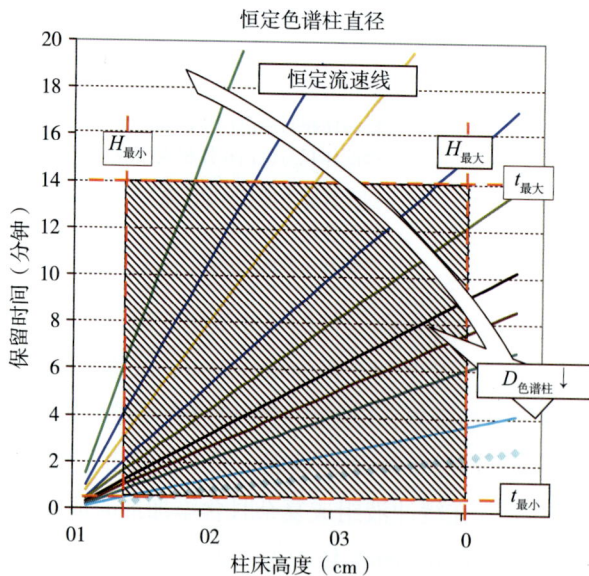

图25-10　不同流速下柱床高度对保留时间的影响

图注与图25-9相同。直线表示恒定流速下的数据，箭头表示流速增加的方向。原图由Cytiva提供

　　基于恒定保留时间的方法通常被用于色谱工艺开发的初始阶段，可采用较小的色谱柱开发，以节约贵重的样品资源。该方法中目标产物的分离效果不依赖于树脂微球表面附近的流体动力学条件，因此可将其作为色谱中最通用的规模放大规则。在大多数情况下，此放大标准适用于高荷载色谱柱、梯度洗脱和等度洗脱（或无梯度洗脱）[56]。此标准非常适用于典型的mAb纯化工艺，尤其是其中的蛋白质A色谱、阳离子交换色谱法（CEX）、HIC等所有的基于结合洗脱模式（B/E）的步骤中。然而，吸附过程的效果是由液体的对流作用决定的，最慢的传质步骤取决于局部流速。因此，当柱高降低后，尽管保留时间完全相同，分离效果也未必相同。但是，在采用流穿模式（F/T）去除关键杂质的色谱步骤中，可能需要基于恒定柱床高度和恒定流速（即线性放大）进行优化和规模放大，特别是当产品中存在DNA、病毒、某些HCP等非常大的杂质时。由于这些大分子无法进入常用的树脂微球孔隙内部，其吸附至这些树脂表面上的总速率主要取决于表面附近液体的局部流速。因此，在一些需要吸附大分子的分离过程中，若需在不同规模下保持相同的分离性能，便应当维持停留时间恒定不变，且流速至少应维持在与开发工艺时所采用的流速相同的水平。在这种情况下，恒定柱床高度为最理想的规模放大标准。

　　在某些情况下，基于恒定保留时间的规模放大亦可称为基于体积的规模扩大，其中体积流量的单位为CV/h，即表示色谱柱体积的倍数。在一个案例中采用这种方法进行规模放大，仅对各种规模条件下的梯度进行适当的表征和说明，便成功地实现了274倍的规模放大[55]。

　　如前所述，维持停留时间恒定的放大标准对于梯度洗脱步骤非常有效，仅需在规模放大中维持梯度强度不变即可[57]。换言之，对于给定的梯度斜率，应维持理论塔板数恒定不变，因为理论塔板数决定了分离步骤的分辨率。此外，也可以将恒定的分离分辨率作为标准对线性梯度洗脱进行规模放大。在以此标准进行模放大的过程中，色谱将归一化的梯度斜率与梯度洗脱理论塔板数等效高度相乘，并使该乘积与色谱柱长度等比例增加[57]。在最近的一个案例中，有研究者采用此策略成功地实现了500倍的规模放大[58]。另外，有研究者在mAb纯化工艺中采用相同方法设计和优化了分离聚集体和单体的单元步骤[59]。

　　表25-9简要概括了典型的mAb纯化工艺中色谱步骤的若干规模放大规则，这些规则在对mAb纯化中所遇到的挑战的共识以及相关报道实例的基础上提出来的建议，应当将这些规则应用于色谱循环中的上样、洗涤、洗脱等每一个步骤。需要注意的是，淋洗和洗脱步骤均有各自的特征时间常数，为了使每个步骤在规模放大前后的效率相同，需维持每个步骤的保留时间与这些特征时间常数的比值不变。例如，对于淋洗和洗脱步骤，比较常见的规模放大策略是保持缓冲液用量与色谱柱体积等比例增加，并以最大线速度操作这些步骤。然而，该方法并未考虑特征时间常数，一旦提升操作速度，若未能相应地使用过量的缓冲液，便有可能导致产品纯度和工艺收率下降。

表25-9　单克隆抗体纯化中使用的典型色谱的建议放大标准

步骤	规模放大标准		评论
	线性	保留时间	
蛋白质A		√	色谱循环中的所有步骤都应根据这一概念进行调整，包括装载、洗涤和洗脱
阳离子交换色谱		√	
疏水相互作用色谱		√	
阴离子交换色谱（anion exchange chromatography, AEX）（流穿模式）	√	√	若需去除大量杂质，则应选择基于恒定保留时间的标准
阴离子交换色谱（结合洗脱模式）		√	结合洗脱模式

CIP清洁步骤的效率主要取决于树脂与清洗溶液的接触时长，因此该步骤的规模放大极为简单，故通常并无相应的规模放大规则。

在基于流穿模式的精纯步骤中，杂质被吸附在色谱柱上，而含有mAb产品的流体则会流穿色谱柱。在此过程中，大分子杂质的结合能力取决于色谱树脂表面附近流体的局部流速，速度的变化会影响色谱柱性能，因此推荐使用线性规模放大标准。为了确定该放大标准是否适用于某一特定的工艺，在优化阶段可以通过简单的实验比较相同保留时间条件下不同柱高的两根色谱柱的分离效果。如果二者分离效果有差异，就应该采用线性规模放大标准。当然，如前所述，所有步骤都可以根据线性放大标准的逻辑原理进行规模放大。

（二）色谱系统配置

在对色谱步骤进行规模放大时，不仅需考虑色谱柱，还应考虑色谱系统的配置。大多数色谱设备的供应商都可以提供标准或定制设计的色谱系统，通常应根据流量需求和压力规格选择色谱系统，以匹配生产率需求。色谱系统包括不锈钢、硬塑料、一次性系统等类型，各类系统的自动化程度和扩展能力各不相同。

此外，还有一些与硬件设计相关的放大问题，其在短期内可能并不明显，但会在生产工艺的后期产生相当现实的问题和高昂的成本负担。拥有丰富经验的大型公司和参与设施设计项目的工程公司会倾向于开发自己的色谱和（或）过滤支架的平台工程解决方案。这种做法在某些情况下似乎是能够严格控制项目预算的理想选择，其既不会增加供应商研发（research and development，R&D）成本，也几乎不会增加销售、综合开销和行政管理费用（sales，general and administrative expenses，SG&A）成本。但是，仍然应该从中长期使用成本的角度对其进行更加严谨的审查。例如，无缝维护和可能的生产扩展都受到非标准化工程解决方案的影响。例如，在将生产活动转移至其他生产环境时势必会产生影响，无论该环境是自有生产场所，抑或是属于合同生产组织（CMO）。这些问题的最简单解决方案是与供应商合作设计定制化的色谱支架，根据客户需求进行定制设计，但生产中均采用标准且经过验证的组件，并在生产该支架系统的供应商R&D平台中进行全面的测试。因此，在这些硬件相关的规模放大决策中，需要从管理层面和长远视角下进行全面的审视和考量。

然而，无论系统配置的设计如何，延长色谱柱中树脂的寿命都是至关重要的，这能够最大程度地降低色谱柱重新填装的频率。为了实现这一目标，最关键的策略是确保料液中的所有物质不会在树脂床或树脂柱零部件中积累，以防工艺性能随着时间的推移而下降。因此，必须采取一些措施最大限度地提高进料液的清洁度，例如：在色谱柱前添加预过滤步骤；实施定期且有效的CIP步骤等。在工艺开发的初期阶段，应尽早基于经验信息或新观察到的现象系统性地探索解决方案，科学地设计预过滤步骤、CIP等预防性维护措施，以防止色谱柱堵塞或污染，这些工作应尽可能与细胞培养工艺的开发保持同步。

第八节　工艺建模和优化

在生物制药行业内，各生产商之间的竞争日益激烈，政府法规的要求也越发严格，这使得降低开发和生产成本的压力越来越大。在药物发现、研发、工艺开发至设施设计等阶段的整个开发过程中，有各种可用于降低成本的方法和工具，本章节简要介绍了生产工艺建模的主要内容。

随着行业的日益成熟和竞争的持续加剧，业界对成本和生产能力（例如可放大的工艺）的关注度越来越高[60]。目前，普遍认为生产成本在总收入中占据了相当大的份额[61]，但已有研究者提出了不同的观点[62]。

在工艺设计建模和模拟的基本问题中，最首要的一个问题为：生产预计产量的产品需要哪些资源？除此之外，在评估不同的工艺方案时，还需要考虑其他一些问题，包括：新设施或现有设施的成本是多少？折旧成本如何？完成一个生产批次需要多长时间？需要运行多少批次？批次之间的非生产时间有多长？产品成本（cost of goods，CoG）如何？工艺中的瓶颈是什么？规模放大中有何问题？对环境有何影响？对能源平衡有何影响？如何进行工艺调度？如何处理产品浓度、培养时间等方面的批次间差异问题？

这些问题往往是相互关联的，需要通过复杂的分析才能够给出合理的答案，分析过程中通常需借助一些工艺建模工具和方法。一般而言，工艺模型的构建和生产成本的计算并非易事。而且，许多因素与工艺本身无直接关系，这进一步增加了建模和计算的难度[63, 64]。在初始阶段可能无法获取所有相关信息，因此需要在工艺和产品的成熟过程中逐步提升工艺建模的准确性。基于此，应根据最终规模条件下的表现来选择方案，即便最初选择出来的方案与实际表现之间有30%~40%的差异也不应轻易丢弃，因为它很可能在最终生产规模条件下有出色的表现。

图25-11展示了工艺设计中涉及的各个阶段，以及与各个阶段密切相关的通用建模需求[65]。在早期阶段，即工艺开发阶段，主要将建模工具用于从经济、调度、环境等多个角度评估不同的生产方案[65]。在此阶段，很容易识别并替换产率成本比较低的工艺步骤。在随后的设备设计阶段，建模和模拟多用于技术转移、工艺调试和资源调度。在该阶段还需要确定设备尺寸和循环模式，并评估生产过程对纯化水、蒸汽、电力等配套设施和系统的需求。在生产阶段，其他一些因素会成为主要因素，模拟工具会被用于支持持续的工艺优化和瓶颈消除[65]。综上所述，工艺建模工具在各个阶段的用途各异，这与Sinclair和Monge[66]的观点相似。在实际的生产中，建模工具可以用于支持可生产多种产品的工厂的生产、计划和调度工作，是重要的日常计划工具。在生产规模条件下，必须充分考虑设备、人工、原材料和公用设施等各种资源限制性因素，并合理地处理可用资源的意外变化和潜在的工艺故障，有计划地安排定期或不定期的维护操作。

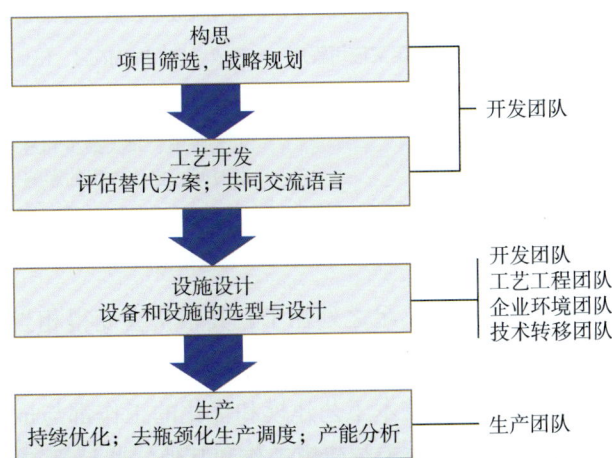

图25-11　工艺开发的不同阶段示意图及建模的一般需求
摘自D.Petrides等所著《利用模拟和调度工具优化生物制药工艺》。已获授权，Bioengineering 1（2014）154-187

下面将详细地论述工艺建模和调度模拟相关的任务，并简要讨论一些用于工艺建模的软件工具包。

一、生物技术工艺建模及其商业化软件

工艺设计有两种基本的模式，即静态模型和动态模型[64, 67]。静态模型在大多数情况下是基于电子表格

而构建的，若项目的设备尺寸、工艺步骤的持续时间和工艺成本的可接受范围的数值已经"足够好"，在项目初期此类模型颇为有效。动态模型则在动态工作流建模和运营物流建模方面有独特的优势[64]，例如：可以利用动态模型模拟意外事件导致资源竞争的活动。然而，动态模型往往是基于离散事件的方法而构建的，并且构建过程相当复杂[67]。虽则如此，由于这些模型能够提供更精准的流程调度方案，故其可以更精确地估计设施产能和估算成本，尤其是在进行不确定性分析时其优势更加突出[64]。有研究者认为，基于电子表格的静态模型更适合于工艺规模放大和经济模拟，而动态模型更适合于获取物流和生产差异方面的信息[68]。但是，毫无疑问，动态模型适于作为通用模型，因为其可根据不间断运行的假设很轻松地将动态模型转换为静态模型。换言之，动态模型和静态模型可以相互连接，且已经实现互联，这在多个案例已经得到了验证[69-71]。

对静态和动态建模方法进行比较可知（表25-10），二者的主要差异与输入数据和输出结果的类型有关。在静态模型中需输入各参数的平均值，其输出的是代表较长时间内某种汇总数据的结果。但是，由于生物技术工艺本质上在产品产量、工艺步骤收率、失败率等方面具有不确定性[72-74]，因此在对工艺进行建模时应全面考虑这些不确定性。对这种不确定性或敏感性进行分析的最简单方法步骤为：在给定范围内改变每个变量，并获取这些改变后的条件下的运行结果。例如，基于可变性条件调整工艺模拟结果便属于此方法。但是，该方法并未考虑发生变化的频率。"风险评估"和"蒙特卡罗模拟"方法则将这种变化纳入了考量范围，是目前应用较广泛的方法。风险评估方法中会将所有输入变量依据预期结果进行加权计算，并将预期平均值作为输出，同时还考虑了可能的变化。其中，每个变量所采用的概率分布通常是基于历史数据和专家的主观判断得到的[64]。蒙特卡罗模拟之所以流行，部分原因在于其强大的电子表格插件，例如：美国Oracle公司的Crystal Ball、美国Palisade的@Risk。

表25-10　静态和动态模型的优缺点

属性	静态建模	动态建模
精简度	更易于构建和使用，取决于详细程度	具有挑战性，需要熟练用户建立模型
软件平台	通常是Excel表格或Access数据库中的自定义应用程序	现成系统（ProModel、Extend、Arena等）
所需投入	关键参数的平均值	关键参数数据的平均值、可变性和分布情况
输出	设备、劳动力和材料利用率的长期汇总	工艺瓶颈、每天最少和最多的劳动力使用、生产延迟位置、周期时间、操作方案的影响、库存堆积位置、空间或存储利用率
建模耗时	2～8周，视复杂程度而定	详细模型需要2~5个月

摘自M.Puich和A.Paz所著《模拟提高生产能力》，BioPharm Int.（5）（2004），已获授权。

静态模型中基于电子表格的自建工具的不足之处在于，其很快会变得相当复杂，最后可能仅制作者自己知道如何使用它[66,75]。另一方面，这些工具对计算类型、计算方法以及假设有一定的限制。

除少数例外，大多数已发表的有关生物技术工艺建模和优化的工作都与mAb生产有关。在一些生物技术工艺建模研究中（表25-11），研究者将标准工艺建模工作和其他一些计算方法进行了科学的组合。例如，有人提出了一种部分基于平台方法的理性设计和优化方法，用于开发病毒颗粒下游纯化工艺[85]，数学建模和实验设计是该方法中至关重要的组成部分。

在建造、扩建或改造工厂设备之前所做的概念性工作称为工艺设计，主要由两个部分组成；工艺集成和工艺分析。工艺集成是选择和安排一套能够以可接受的成本和质量生产所需产品的单元操作，工艺分析是对不同工艺集成方案的评估和比较。

目前有多款商业软件工具可用于工艺设计、工艺经济和工艺调度的模拟（表25-11），下面简要介绍其中的一些软件工具包。

表25-11 部分使用商业建模软件的参考文献

建模领域	使用的软件	参考资料
利用CoG建模和QbD开发具有成本效益的工艺	SuperPro Designer	Costioli等[76]
设计大型生物制药设施	SuperPro Designer and SchedulePro	Toumi等[77]
CoG建模和QbD	SuperPro Designer	Broly等[63]
乳蛋白的超大规模缩小和财务模型相结合	SuperPro Designer	Chhatre等[78]
利用模拟和调度工具优化工艺（单抗案例）	SuperPro Designer and SchedulePro	Petrides等[65]
植物治疗酶和工业酶的生产经济学	SuperPro Designer	Tuse等[79]
工艺开发对生产成本的影响	BioSolve	Sinclair和Monge[60]
生产成本及其对组织的影响	BioSolve	Sinclair和Monge[66]
可支配费用与敏感性分析	BioSolve	Monge和Sinclair[80]
重组蛋白质生产的连续化生物生产	BioSolve	Walthe等[81]
在不确定的条件下生产蜂王蛋白	BioSolve	TorresAcosta等[82]
去瓶颈和工艺优化	Bio-G	Johnston[83]
多产品设施的优化调度	Aspen Tech software	O'Connor等[84]
多步骤蛋白质合成和纯化过程建模	Aspen Tech Batch plus	Kahn等[75]
提高制药业的效率	aspenONE	Tabor[61]

（一）SuperPro Designer软件

SuperPro Designer是美国Intelligen公司推出的一款工艺流程解析软件工具，可供工艺开发、过程工程和生产部门的工程师和科学家使用。该软件运用了一系列标准单元操作模板库以及用户友好的图形界面，便于用户创建工艺流程图或流程表，例如：mAb工艺流程图（图25-12）。每个单元操作（如处理步骤）均可编辑，并且可以填入相关数据。基于所有输入的数据，模拟器可为每个单元操作定制物料和能量平衡方案，同时合理优化这些单元操作在工艺序列中的位置，并基于这些信息计算出单元操作所需的包括储罐、CIP设备等辅助设备在内的所有设备的尺寸，或在设备尺寸固定的情况下计算处理一定量的物料所需耗费的时长。

除了SuperPro Designer外，Intelligen公司还开发了用于工艺相关因素分析的特定软件工具，例如：调度和环境影响评估。建模套件包括内置的原材料、耗材、传热剂等物料的数据库，还支持用户自有的数据库。

SuperPro Designer的标准输出内容包括：工艺流程的可视化图表、物料和能量平衡计算结果、设备和公用设施的尺寸、资金和运行成本的估算结果、调度和周期时间分析结果、设备产能分析结果、去瓶颈策略、废物流的表征、有限的环境影响评估结果等。

（二）BioSolve软件

BioSolve是英国Biopharm Services（http：//biopharmservices.com）公司推出的一款基于Excel的生物工艺建模工具，可用于各类生物技术产品。多篇出版物已对该软件的使用进行了详细的举例说明[60, 66, 80-82]，图25-13所示为该软件的总体构建视图。

由于该工具是以电子表格为基础而开发的，因此可以相对快速地生成模型。此外，该软件连接了多个数据库。建模的第一步是创建流程配置，然后将所需的所有数据输入至该工具中，并验证输入的数据，最后再对其进行分析。在该软件的最新版本中包括了使用Excel插件（如Oracle公司的Crystal Ball）开发的多变量分析和可变性模拟的解决方案，以及以甘特图为输出的调度操作模拟方法。另外，其还具备仪表盘功能，可实时跟踪用户定义的输入和输出的配置。

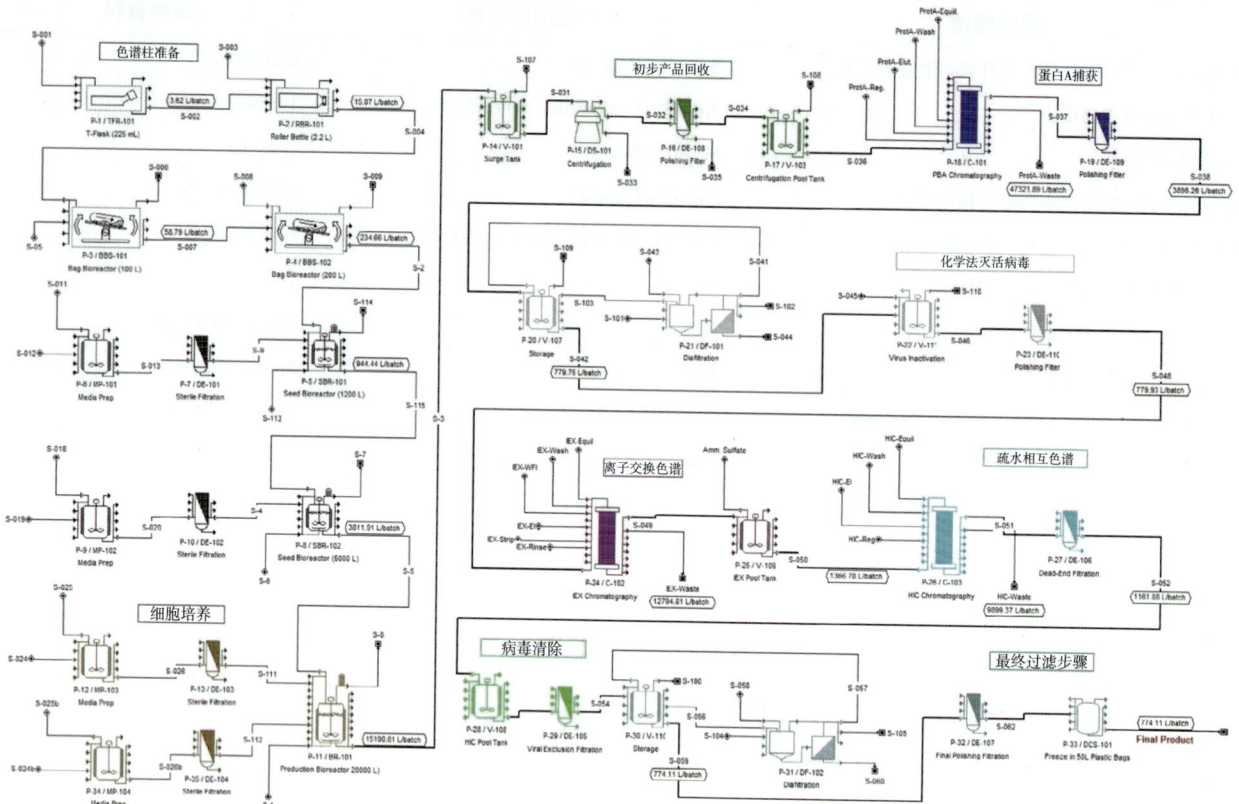

图25-12　单克隆抗体生产流程图

摘自A.Toumi等所著《利用过程仿真和调度工具设计和优化大型生物制药设施》，Pharma.Eng.（2010）1-9，经许可转载

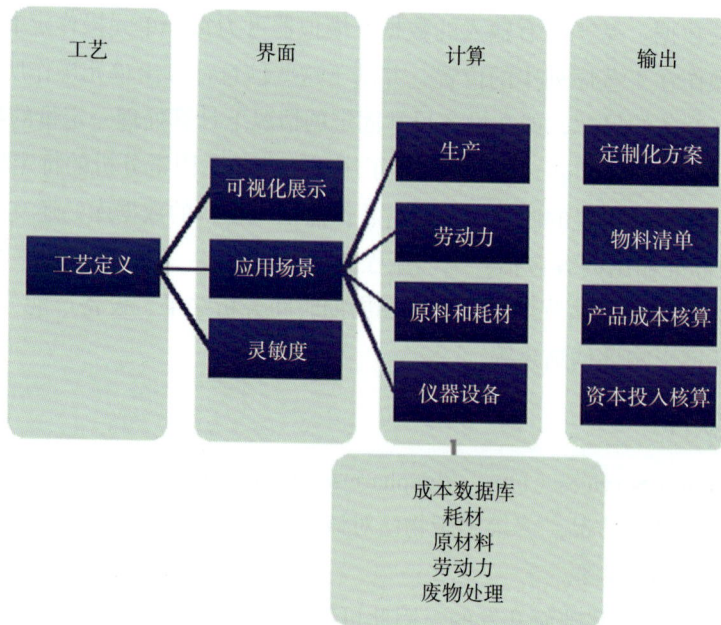

图25-13　BioSolve工艺软件的架构

来源于Biopharm Services公司，已获授权

（三）Bio-G系统

Bio-G是一种实时建模系统，由美国Bioproduction公司（www.Bio-G.com）设计，专门用于生物生产操作，可应用至从后期工艺开发到大规模生产的各个阶段。其可以链接至企业平台（如SAS和自动化系统）和诸如Delta V的系统。该软件将可变性作为最基础的模块，因此充分考虑了生物系统固有的各种可变性，并能够检测这些可变性对生产的影响，软件的详细使用方法可参考文件[86]。该软件的一个非常重要的组成部分是数据转换软件，可以对运行过程中的实时数据进行分析。Acuna等人[87]介绍了使用Bio-G系统模拟灌流过程的方法，其建模过程较传统的批培养过程更为复杂。

（四）aspenONE制药解决方案

aspenONE是美国Aspen Technology公司（www.aspentech.com）开发的一种建模软件，多家生物技术和制药公司使用了该软件[61]。aspenONE是一个集成的生命周期模拟工具，可用于初始设计、工厂启动、运营支持等各个阶段，其目的是模拟和降低资金和运营成本、提高设备产能和缩短开发周期[88]。Kahn等介绍了Aspentech软件应用的一个示例[75]，其中使用了Batch Plus软件（现称Aspen Batch Process Developr）。aspenONE是基于模板的建模工具，Aspen Batch Process Development是该软件包中的重要组成部分，其模型的开发以渐进的方式进行，即：信息收集、模板细节、主体结构组装、变通方案、模型优化、错误检查和更新。该模型的结果以Excel电子表格的形式输出。

二、其他非商业化建模方法及其应用

除了上述商业化的建模软件以外，还有一些非商业化建模方法。一些文献中已经比较了其中一些工具在分析蛋白质产品生产过程中的适用性[64, 89]，下面将介绍几种应用最广泛的非商业化建模软件。目前，该领域的文献很多，故此处不对各种方法作详细的描述，也不会涵盖所有的工具。

SIMBIOPHARMA是一种可用于从成本、时间、产量、资源分配、风险等角度评估生产情况的工具[90]，该软件的建模环境极为灵活，包括交互式图形、以任务为主导的表达方式和动态模拟方法。

去瓶颈策略即在设施中找到限速操作并通过纠正这些操作提高效率的过程，是建模和模拟工作中的关键目标，也是处理生物技术工艺的固有可变性以及工艺复杂性的重要方法[83]，这在资源和设备产能受限的生产设施中至关重要。在瓶颈消除过程中，研究者应该持客观中立的态度审视整个过程，若仅仅是听取某些专家的意见，往往可能产生反效果[83, 91]。有研究显示，在考虑和不考虑可变性的情况下进行瓶颈模拟，通常会产生不同的结果。因此，在不考虑可变性的情况下进行瓶颈模拟可能会出现误判问题，继而导致单元操作优化错误。Sengar和Rathore对于瓶颈消除过程进行了详尽的讨论[92]，Yang等人提出了另一种方法基于数据挖掘进行设施调试和瓶颈消除的方法[93]。Junker[94]提出了设备综合效率（overall equipment effectiveness，OEE）分析工具，可用于监控过程有效性。该工具可以显示可实施改进的潜在位置，以帮助使用者最大限度地增加增值工作的比例。

建模过程中可能会遇到很多挑战，例如：数据和（或）其多样性有限。为了应对这些挑战，有研究者提出了一种统计学方法，即基于蒙特卡洛抽样的弹性网络的回归分析统计方法[95]。为了优化色谱柱尺寸和色谱步骤顺序，有研究者提出了一种混合整数分数规划方法[96]。也有研究者采用超级规模缩小模型和金融建模相结合的策略优化乳蛋白纯化工艺[78]。Grote等人从环境和经济角度构建模型[97]，阐释了一种生物技术工艺的再循环策略及其经济价值。

此外，工艺模型还可用于比较不同的生产技术，例如：一次性技术与常规技术[80, 98, 99]；流加批式培养与灌流细胞培养[69, 87]。

第九节　总结

本章重点介绍了下游纯化工艺设计的基础知识，对工艺设计进行了更全面的定义[3]，并阐释了在工艺设计中确定最佳工具和程序的重要性。简言之，工艺设计即通过合适的工具和程序设计稳健的工艺，以便能够持续、经济地生产出足够数量的目标产品，并将其与生产系统分离，最终纯化至所需的纯度水平。

开发稳健生产工艺的过程可能会相当复杂，有时甚至需要漫长的开发周期。然而，借助本章所介绍的方法，遵循监管指南和建议，运用适当的工具和基础科学知识，相信广大开发者一定可以设计出稳健的工艺。

虽然本章的主要内容是生物制品生产工艺中的下游纯化部分，但同时也阐释了上游和下游之间的各种相互依赖关系及其重要性，并简要讨论了上游工艺设计中的关键内容。具体而言，本章概述和讨论了工艺和控制策略开发的通用技术路线图的范例。根据这一范例，工艺和控制策略设计的重点是选择和确定用于下游工艺开发、表征和规模放大的一般规则和专用工具。同时，本章也重点概述了过滤、色谱等具体的单元操作中规模放大的一般方法。

鉴于工艺设计中需要考虑商业生产设备的功能和局限性，本章还讨论了设施限制性相关的示例。最后，本章还简要介绍了有助于工艺设计和生产规模放大的工艺建模策略。

参考文献

第二十六章

寻求工艺强化和简化之道：当前单克隆抗体平台工艺与替代工艺的比较

Robert S. Gronke, Alan Gilbert

Biogen Inc. Cambridge, MA, United States

第一节　概述

20世纪90年代，随着利妥昔[1-3]、英夫利西[4]、修美乐[5,6]等一些单克隆抗体（mAb）的临床试验取得显著成果，聚焦于mAb的工艺开发工作正式拉开帷幕。当时的主要目标是满足监管机构的要求和确保商业市场的供应充足，开发工作的重点是开发一套易于生产的工艺，实现约100 mg/L的产量和较高的产品收率，同时尽可能提高产品质量。

在21世纪初期，业界发现了大量mAb疗法适应证，包括类风湿关节炎、结肠癌、血液性肿瘤、牛皮癣、银屑病关节炎、隐热蛋白相关周期综合征和骨质疏松症[7]等，而且数量越来越多，其中一些适应证往往需要采用更高剂量的药品进行治疗。为了应对这一趋势，生物技术行业通过工艺优化将产量提高了10倍（0.5~2 g/L），且大幅提高了产品的收率（50%~70%）和纯度。同时，通过建立平台工艺方法减少每种mAb工艺开发的工作量，以节省开发时间和人力成本，并最大限度地提高设备的产能和灵活度[8, 9]。在该平台工艺开发中有一系列的创新，主要包括：采用了无动物源成分的培养基；采用了适于流加批式细胞培养的生物反应器；实现了更高密度（10×10^6~20×10^6个细胞/ml）的细胞培养；达到了更高的蛋白质A捕获能力（20~30 mg/ml）；采用了弱分配阴离子交换色谱技术；采用了15 nm病毒滤器；实现了液体制剂[10-12]。

此后至今，生物技术及生物制药技术取得了突飞猛进的发展。mAb的数量和类型变得更加多样化，出现了双特异性抗体（bispecific antibody，BsAb）、抗体偶联药物（antibody-drug conjugate，ADC）、抗体片段、生物仿制药等各种类型的生物分子。供应商推出了各种各样的可供商业化生产过程使用的新兴技术和设备，例如，摇摆式生物反应袋技术、生物废弃物处理技术、更高容量的膜和树脂、改良的病毒过滤技术等。

上游开发了流加批式培养及其他培养模式，实现了长周期高密度的细胞培养，大幅提高了产量和质量。与此同时，也不可避免地产生了聚集体、部分还原抗体、酸性电荷异质体、断裂片段等更多更复杂的产品相关异质体。由于这些异质体均可被蛋白质A树脂捕获，所以会增加下游平台工艺开发的难度。总体而言，新型的技术和设备极大地促进了行业的发展，同时也带来了全新的挑战。

目前，mAb的生产工艺在不断迭代升级，旨在降低成本、提高设备利用率和设计高浓度制剂，以提供更高质量的治疗方案和更多的便利性，从而为患者创造更多实质性的价值。那么，面对不断变化的mAb市场，企业应如何以最佳的工艺来应对？答案在于开发足够灵活的mAb平台工艺策略，以实现突破和创新，并最大限度地适应市场需求。

一、单克隆抗体平台工艺

单克隆抗体生产平台工艺方法的建立和应用为生物制药企业、相关监管机构乃至整个生物制药行业带来了诸多优势，这些优势既是业务需求层面的又是发展动力方面的，最主要优势包括三个方面。

（1）从一个mAb工艺中获得的经验可以应用于下一个mAb的工艺，从而能够保持较高的工艺开发效率和团队内认同度。

（2）原材料、批记录、标准操作规程等要素相似，从而能最大程度地减少库存变化、技术转移成本、两次生产之间的培训时间和产品成本（CoG）。

（3）设施和设备是相互协调的（如生物反应器设计、罐体尺寸、滑撬设置等），易于采用多用途设备生产多种产品。

图26-1和图26-2描述了过去10~15年间用于基于哺乳动物细胞培养的mAb生产的典型上游/细胞培养平台工艺以及一些常用的替代策略。图26-3和图26-4展示了相应的下游平台工艺及一些常用的替代策略。

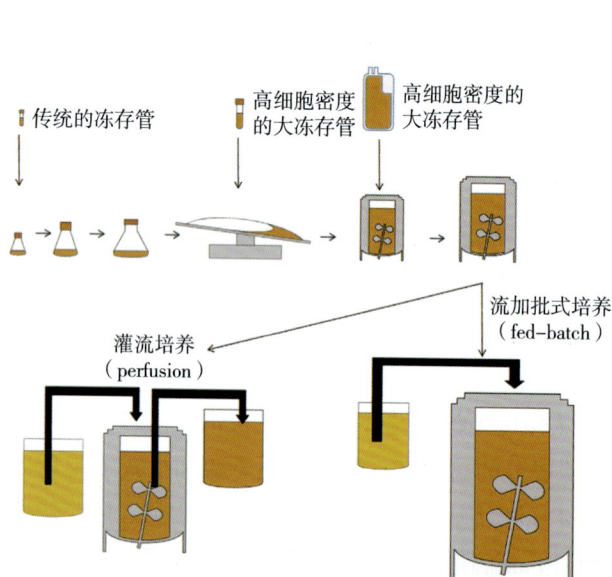

图26-1 单克隆抗体的典型上游平台工艺

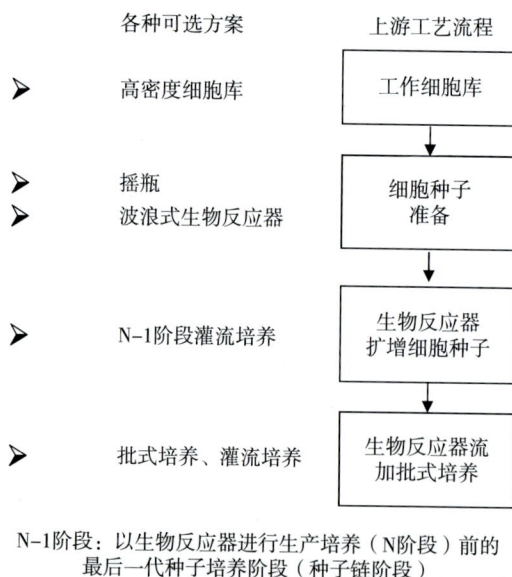

N-1阶段：以生物反应器进行生产培养（N阶段）前的最后一代种子培养阶段（种子链阶段）

图26-2 单克隆抗体上游平台工艺及其中的常用替代方案

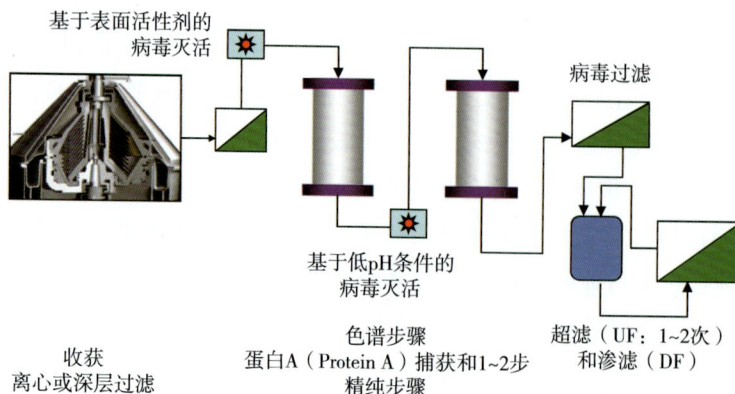

图26-3 单克隆抗体的典型下游平台工艺

各种可选方案　　　　　　　　　　　　　下游工艺流程

➤ 絮凝剂或低pH预处理　　　　　　　　　┌─────────────┐
　　　　　　　　　　　　　　　　　　　　│未澄清的细胞培│
　　　　　　　　　　　　　　　　　　　　│养收获液　　　│
　　　　　　　　　　　　　　　　　　　　└─────────────┘

➤ 微滤；若为一次性生产工艺，仅深层过滤　┌─────────────┐
　　　　　　　　　　　　　　　　　　　　│离心和深层过滤│
　　　　　　　　　　　　　　　　　　　　└─────────────┘

➤ 上样前添加溶剂或表面活性剂（去污剂）　┌─────────────┐
　　　　　　　　　　　　　　　　　　　　│蛋白A色谱　　│
　　　　　　　　　　　　　　　　　　　　│（结合/洗脱模式）│
　　　　　　　　　　　　　　　　　　　　└─────────────┘

➤ 安排于第二次柱色谱之后　　　　　　　　┌─────────────┐
　　　　　　　　　　　　　　　　　　　　│低pH病毒灭活│
　　　　　　　　　　　　　　　　　　　　└─────────────┘

➤ 阴离子交换色谱（结合/洗脱模式）
➤ 弱分配阳离子交换色谱

阴离子交换色谱法（弱分配）	混合模式色谱（结合/洗脱模式）	阳离子交换色谱法（结合/洗脱模式）

➤ 据分子特性决定是否安排第三次柱色谱
➤ 疏水相互作用色谱（结合/洗脱模式或流穿模式）

疏水相互作用色谱		阴离子交换色谱（弱分配）

┌─────────────┐
│病毒过滤　　　│
└─────────────┘

➤ 孔径15 nm或20 nm

➤ 1~2个超滤（UF）系统
➤ 在其中一个系统中添加单程切向流过滤（SP-TFF）

┌─────────────┐
│超滤（UF）　│
│和渗滤（DF）│
└─────────────┘

➤ 添加赋形剂（辅料）
➤ 液体储存

┌─────────────┐
│高浓度原料药　│
│（液体冷冻保存）│
└─────────────┘

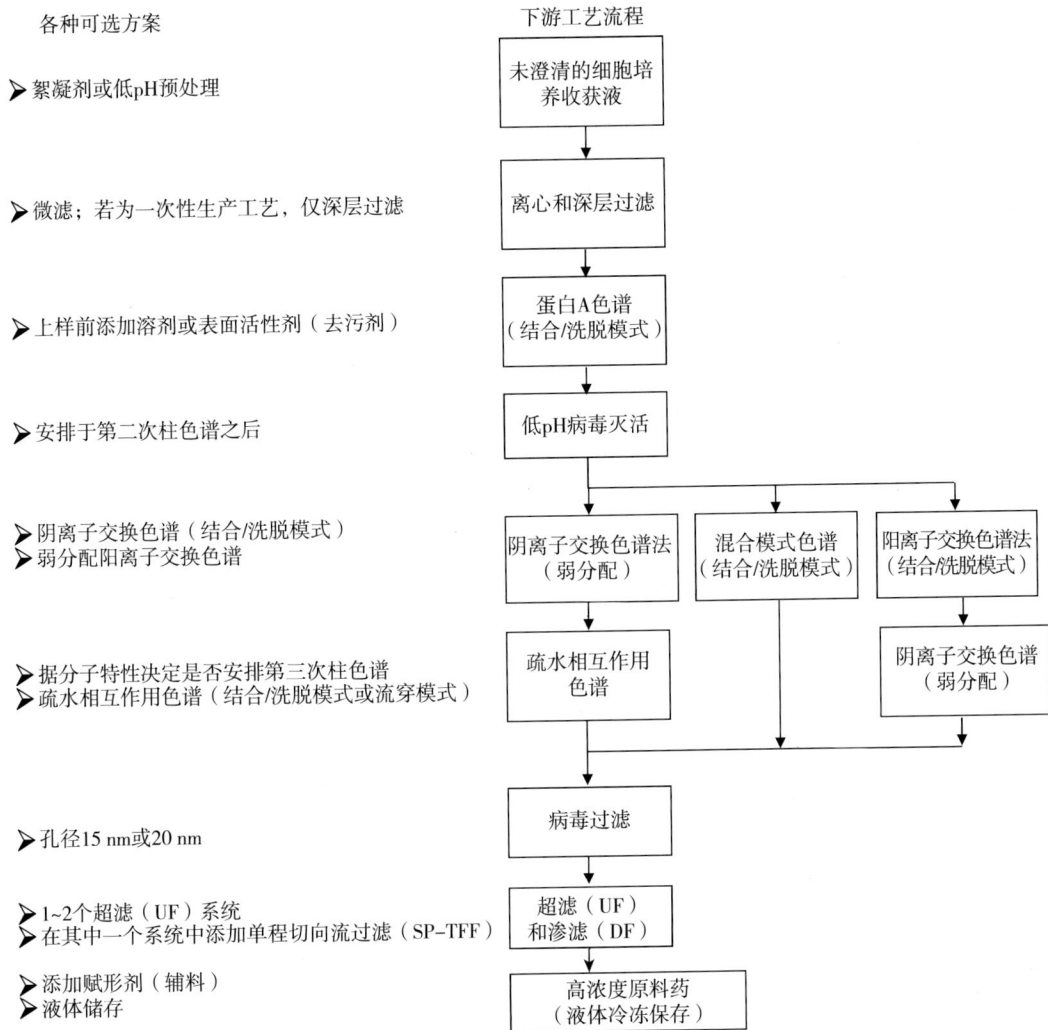

图26-4　单克隆抗体下游平台工艺及其中的常用替代方案

二、平台需求的持续演变：权衡平台与创新以满足不断增长的需求

随着时间的推移，单克隆抗体平台工艺的一些问题逐渐突显。首先，市场需求不断增加，要求mAb生产工艺能够达到更高的产率或产能，但当前的mAb平台生产工艺尚不能达到相应的水平。商业需求的不断增加和（或）设施的优化升级或许会推动mAb平台工艺的效率提升，最终实现这一目标。只有这样才能够确保患者需求供应不间断，也能进一步提高生产的灵活性和降低产品的生产成本。其次，随着市场对产品质量和供应速度的要求日益提高，需要制定更完整的控制要求，以确保每批生产均能高品质执行，并保证工艺表现的稳健性和一致性。同时，确保所有的原材料和关键的产品属性都能够得到良好的控制，并使产量和收率可以得到稳定的控制。为实现此目标，需要尽力减少不合格批次，最大限度地加速批次放行。

然而，出于各种考虑，有些生产商可能不支持改变现有的平台工艺，他们认为当前的平台在许多方面已经表现得非常出色。但是，亦有一些公司可能会倾注大量资源来完善现有平台，充分发挥其潜力，却往往忽略了各种新兴的方法和技术。如果坚守开发和生产的思维桎梏而排斥任何变革，创新必将被阻遏在萌芽之始。因此，应该在稳定的成熟平台工艺和工艺创新之间取得平衡。同样，也不能操之过急，而将单一产品工艺中所需要做的调整或改变全部都纳入平台工艺中，这往往会适得其反。表26-1总结了维持生物工艺平台方法的主要利弊，以及有关如何平衡这些经常会相互对立的观念的建议。

表26-1　单克隆抗体工艺平台评估（案例）

平台方法	优点	缺点	评论和建议
单一的基础培养基和流加批式或灌流细胞培养的培养基	➤ 易采购组分 ➤ 准备工作一致 ➤ 针对平台解决方案积累了全面的知识库	➤ 欲达到理想的产品质量，可能需要调整 ➤ 各种工艺中培养基普遍含有未知杂质	公司需决定固定的平台策略能维持多久 该平台可以是少数几种可以组合成独特的解决方案的原材料的集合
单一的细胞培养生产工艺	➤ 降低规模缩小模型的难度 ➤ 为下游提供一致的交付物	➤ 可能会限制细胞培养的产量	只要所有生产设施相同，就可以采用单一方法。仅当规模发生变化时需作适当调整
单一宿主细胞系	➤ 细胞株开发工作流程简单 ➤ 无需为了解各种宿主细胞系特性而增加工艺开发工作	➤ 需要开发更多的优化策略来提高产品质量调控空间 ➤ 更难达到特定的产品质量要求	公司需开发替代细胞系，因为使用同一细胞并不能保证可高效表达每种产品，而且替代宿主也更易表达属性各异的产品
使用碟式离心机和深层过滤器进行净化	➤ 可处理各种VCD条件的收获液 ➤ 适用于多产品不锈钢设备	➤ 对高VCD和（或）低活率收获液处理能力有限 ➤ 规模缩小模型的难度较大 ➤ 可能不适合一次性生产工艺	只要符合生产设施的预期用途，采用单一方法也可以接受
每次纯化mAb都使用特定的蛋白A树脂	➤ 一致性、产量和其他表现良好 ➤ 单一库存物品 ➤ 可批量购买 ➤ 无需在每个开发周期重新设置填充方法、储存和清洁参数	➤ 无二次采购，竞价受限 ➤ 即使具有更高容量和（或）流动性能的树脂新产品出现后，仍无法立即采用	公司需决定，固定的蛋白A树脂出问题之前平台策略维持多久。随着时间推移，优势可能变成劣势
低pH值病毒灭活	➤ 置于蛋白A色谱后最方便 ➤ 公认的最有效的病毒灭活方法	➤ 许多mAb对低pH值条件敏感，故常需采用替代方法	现已有很多新兴替代方法：有机溶剂与去污剂结合、单独用去污剂、高浓度精氨酸和（或）UV辐射等
仅以弱分配模式进行AEX操作[a]	➤ 大多数情况下可达到最高纯度 ➤ 工艺开发快速、简单 ➤ 可去除/控制进料中的特定异质体（如酸性电荷异质体）	➤ 产量损失难免 ➤ 若mAb的pI很高，可用流穿模式避免产品损失，也可实现高纯度 ➤ 若mAb的pI较低，即使牺牲产品也无法达到足够高的纯度（如病毒和HCP清除效率低）	最佳策略是预测定mAb的pI及可能发生的变化，据此提前选择合适的下游色谱方法
最终制剂前仅进行一次UF/DF	➤ 适用于大量的mAb和制剂 ➤ 可满足大多数制剂要求	➤ 可能无法满足一些高剂量SC用药需求 ➤ 为了提高单元操作的收率，可能需要过度浓缩/回调稀释（如蛋白易聚集的条件下） ➤ 浓缩50倍以上时需两个UF系统	在许多情况下，SP-TFF更为合适（产量高、占地面积小），不会过度浓缩，但DF仍具有挑战性

[a] 弱分配色谱法是一种等度色谱蛋白质分离方法，在流动相条件下，产品蛋白质会大量结合至树脂上，远远超过传统的流穿模式。

　　基于上述原因，单克隆抗体的平台工艺往往非常精简。然而，如果完全依托于此类平台，往往并不能将工艺开发得足够好，也很难应对已知安全问题（例如病毒、聚集体、微生物污染物等）以外的特定产品质量属性问题。若一开始就已知下游工艺无法有效处理岩藻糖基化修饰、糖化修饰、糖型天线结构或酸性电荷异质体等相关的质量属性问题，便需要从上游工艺过程中进行控制。具体而言，可通过提高上游工艺的稳健性和一致性，确保能够为下游提供与细胞株筛选阶段具有相同质量属性的产品。若上游提供的收获液中产品量和产品浓度很高，对下游工艺开发也将是一大挑战，需要在高效处理此类收获液的同时确保杂质的清除效果。此外，原材料的变化也可能使工艺发生偏移，继而导致超趋势或超标准的结果出现。因此，工艺开发人员必须在最大限度提高效率和强化工艺控制的同时仔细监测和评估原材料的变化。

　　一般而言，对于哪些因素应该固定不变、哪些因素不能固定不变等问题，各生产商的理解存在较大差异。但是，也有一些各企业公认的无法固定不变的参数。例如，在上游平台工艺中有一类难以统一的参数——工艺不同阶段的细胞接种密度。即便是相同的细胞系，不同细胞株的生长速率也可能有极大的差异。若将接种密度固定不变，生长速率快的细胞株很容易过度生长，而生长速率慢的细胞株则可能无法正常连续传代。因此，通常并不会将平台工艺不同阶段的细胞接种密度固定不变，而是根据具体细胞株的生长特性来设计种子链传代标准。

　　在下游工艺中也有此类无法固定不变的参数。例如，需要根据具体情况调整一些步骤的处理温度。通常，在室温条件下操作会更加容易，因此这也是生产和工艺开发中首选的温度条件。但是，许多mAb在室温条件下不稳定，可能会发生脱酰胺化、断裂（或剪切）、形成酸性异质体和（或）聚集体等变化。例如：近期，一些关于室温条件下mAb性质不稳定的新案例研究表明，室温条件下mAb更容易形成三硫键[13-16]，或收获液中硫氧还蛋白还原酶的活性更强[17-20]。若统一在2~8℃下运行所有平台工艺，或许可以提高产品稳定性。但是，这也会导致其他一些问题，例如：蛋白质A或HIC等色谱方法的动态结合载量（DBC）变低；可能需要配备带夹套的色谱柱、储存罐、使用冷室制备的缓冲液等，这会导致设备成本增加；黏度增大，进料口压力升高；一些处理时间会变长，在病毒过滤和超滤/渗滤过程中通量下降时，此类问题更加突出。因此，尽量不要将固定不变的处理温度作为平台工艺的一部分，而应该根据mAb本身特性进行设置。

三、工艺强化

　　工艺强化实际上是为了提高各种生产率［g产品/L/h、g产品/（g树脂·h）、厂房产率（g）/（厂房·h）等］而开发的工艺策略。通常，生产工艺的强化是非常有必要的，其原因有很多，例如：利用现有生产设备生产更多mAb（例如每年数吨）以满足患者需求，或开发高浓度制剂以实现皮下给药等。

　　目前，已有很多策略可以用于工艺强化。例如：在更短的生产周期内达到更高的产量（例如在N-1阶段使用灌流细胞培养系统）；高浓度的反应物（例如浓缩的缓冲液）和中间品或原料药（例如使用SP-TFF）；更紧凑的操作条件（例如柱色谱中更高的上样比例）；连续处理（例如模拟移动床色谱）；整合多个单元操作（减少合并液处理、混合树脂）等。采用这些技术和方法可大幅减少生产车间的工艺占地面积，从而最大限度地减少资源消耗，并有可能提高产品的上市速度，让药物更快服务于广大病患[21-24]。此外，部分观点认为降低成本也是工艺强化的一部分，本章并未就此展开论述。

　　从基于哺乳动物细胞培养工艺的生产设备利用率角度来看，尽管在2009年至2013年期间增加了新的管线产品，但由于整个行业的产量实现了大幅增长，所以这一比例仍然相对稳定。一座拥有15000 L生物反应器，占地约14,864 m² 全新生物车间需要500多名员工，预计需投资约10亿美元[26]。这迫使公司持续创新，最大限度地利用现有设施空间。

　　为了避免必须因产品巨大的需求量而购置新设备，采用批式或流加批式培养模式的生产商应当将上游产量从5 g/L提高至10 g/L以上，并将下游蛋白质A色谱步骤的处理通量从每天500 mg/L提高至每天1200~1500 mg/L。对于使用灌流细胞培养技术的企业而言，由于单个生产批次的运行时间较长，所以不仅需要持续提高上游产量，还需要确保在细胞培养的整个过程中都能够维持细胞基因组稳定性和产品质量稳定性，这对于细胞株开发工作而言将是一个不小的挑战[27]。倘若能达到这一目标，这些创新将使公司的mAb年产量从3.3公吨提高至10公吨以上。除了这些策略以外，也可以通过设计完全连续或半连续化的下游纯化工艺来实现这一目标。

四、工艺简化

工艺简化是一种旨在消除浪费或非增值活动、缩短工艺循环时间并连通各单元操作的技术。对于工艺开发人员而言，工艺简化意味着以更少的工作量设计相同的生产工艺，这可能包括减少具体的操作项，或缩短单元操作内或单元操作之间的耗时，甚至去除一些单元操作。例如：使用高密度细胞库减少细胞种子准备过程中的操作；将两个下游单元操作合并为一个（例如用一步混合模式色谱替代两步色谱）；以色谱柱内化学处理代替两步操作流程（例如三硫键还原或色谱柱内病毒灭活）；将一个单元操作无缝连接至下一个单元操作，以避免额外的处理操作（例如：消除步骤间的UF/DF、避免调整pH或稀释、去除中间品暂存罐）。下文将结合具体的案例详细介绍上下游工艺中的工艺强化和工艺简化策略。

第二节　强化和简化工艺示例：上游细胞培养

一、细胞库的建立和冷冻保存

在生物制品的生产过程中，细胞培养过程一般都是从复苏工作细胞库的细胞开始的，因此细胞库建立工艺理应是工艺强化的第一步。对于传统的细胞培养过程，倘若解冻的冻存管中细胞足够接种25~100 ml工作体积的培养摇瓶便可以支持整个生产过程。

但是，由于冻存管的细胞量与接种大规模生产的生物反应器所需的细胞量相差甚远，规模放大系数较大，通常需要耗费很长时间对细胞进行扩增，直至细胞量足以支持生产用生物反应器接种。此过程中涉及很多的设施和操作，也需要监测细胞的生长情况。为了在复苏时能够得到更大工作体积的细胞种子液，研究者开发了一种细胞密度更高的细胞库建立工艺，一些生产商已将其作为标准的操作程序。Tao等人成功采用基于灌细胞流培养技术的工艺建立了高密度细胞库，每支冻存管4.5 ml细胞液，活细胞密度高达100×10^6个细胞/ml，可直接接种至20 L波浪式生物反应器[28]。Heidemann等人也采用灌流培养工艺实现了高密度细胞库的建立，采用100 ml细胞冻存袋以20×10^6个细胞/ml的VCD建立了更大体积的细胞库[29]。最近，Seth等人开发了一种"种子链中间体"细胞冻存工艺，采用细胞冻存袋冻存细胞，体积高达150 ml，VCD高达70×10^6个细胞/ml[30]。这种更大冻存体积与更高冻存细胞密度相组合的策略可以冻存大量的种子，已经足以支持直接复苏至80 L生物反应器中启动细胞培养过程。据声明，这些"种子链中间体"仅用于支持一个独立的生产批次。根据每袋所需的细胞液体积和该工艺中使用的生物反应器的规模计算可知，理论上可以同时建立含100个细胞袋的细胞库。

在上述案例中，最后一个建立高密度细胞库的案例采用了容量为150 ml的细胞袋，所述的生产工艺也是高细胞密度的极端情况，属于非典型案例。与传统的细胞库建立工艺相比，细胞袋工艺的细胞需求量至少高两个数量级。尽管如此，4.5 ml小冻存管和大容量细胞袋都可以从大规模生产过程中去除多个培养阶段，因而能够大幅简化生产操作。与传统的起始于冻存管的工艺相比，改良后的工艺仅第一批生产会因建立高密度细胞库而增加复杂性。从第二批开始，生产过程便可以使用简化后的流程，与减少工序所带来的劳动力节省相比，建立细胞库的复杂性是完全可以接受的。根据最近的报道，可以采用灌流培养模式将VCD提高至200×10^6活细胞/ml以上，若所获得的细胞仍然适合工业规模的细胞库建立工艺，理论上甚至可以直接接种更大规模的生物反应器[31]。总体而言，细胞库建立工艺的趋势明显在朝着更高细胞密度和更大冻存体积的方向发展。

二、建立平台化细胞培养解决方案

在平台工艺中，通常仅使用单一的基础培养基、灌流培养基和（或）流加培养基，这可以大大简化整个细胞培养过程。每次生产用培养基的配制过程都相同，仅需根据生产规模改变各组分的重量。每次配制方法和条件都应保持一致，这样才能获得可靠的培养基，使其具有细胞培养所需的特性。但是，原材料中的杂质可能会影响最终的效果，因此往往也无法保证每一次配制的培养基的性能绝对一致。此外，也必须针对特定情况优化培养基。例如，因为流加批式培养的流加培养基可能并不适用于灌流细胞培养过程。除了可以简化工艺以外，采用单一的培养基也有其他一些优势。生产商可以有机会积累更多与平台所采用的培养基相关的经验和数据，对其特性、杂质及潜在风险都更为熟悉。

即便不考虑原材料杂质，细胞培养基本身也是含有30~50种成分的复杂混合物，包括糖、氨基酸、缓冲液、无机盐、维生素、微量金属等物质。为了简化培养基配制过程，在平台工艺中可将所有易于溶解的组分按照精确的比例均匀混合，每次配制时仅根据需配制的体积（重量）称量一次粉末即可，从而可以保证在配制车间中以相对简单的方式精确交付含多种组分的培养基。当粉末溶解后，可以再添加其他难溶解物质或不能与上述粉末同时溶解的物质。细胞培养基生产商有多种技术可用于生产这种粉末，包括针磨、制粒和压片等工艺[12, 32]，也可寻找符合认证要求的外包生产商来进行代工。此外，也可以通过直接采购液体培养基来简化工艺[33]。在实际的工艺开发中，可以对各种方法进行收益核算和比较后再做选择。

总体而言，固定使用单一的细胞培养基是简化平台工艺的关键步骤。最近罗氏（Roche）和基因泰克（Genentech）公司消除了各细胞培养基平台之间的差异，开发了一种普适的细胞培养平台[34]，以此为基础优化工艺使上游平均产量提高了30%。对于mAb生产工艺的开发而言，易于提高产量的平台工艺至关重要。若产品为难表达的蛋白质[35]，或当需要达到一些产品质量目标（例如需调控糖基化修饰）时，可能仍需要开展培养基开发工作[36-40]。

三、优化生产阶段生物反应器中的细胞培养过程

在上游生产设施中，用于生产阶段细胞培养的生物反应器（生产用生物反应器）是影响工艺效率的限制性因素。而且，纵观上下游工艺的所有步骤，生物反应器培养工艺持续时间最长，流加批式细胞培养工艺约耗时两周，其他步骤最多耗时数天，所以生产阶段的细胞培养过程通常是整个工艺中的限速步骤。因此，一些研究者评估了在生产阶段之前利用生物反应器灌流细胞培养工艺制备种子细胞的策略，以期达到强化工艺的目的[21, 41-43]。结果表明，提高生产阶段的接种密度可以缩短工艺持续时间，且能获得与原工艺相似的产量和产品质量。因此，生产工艺的生产率更高，整体的设备体积生产率也更高。不过，若要采用这种工艺策略，往往需要优化灌流培养基，以避免因频繁、大体积培养基的配制而增加新的操作负担。不过，可以将标准的小冻存管换成高细胞密度的冻存管或高细胞密度的细胞冻存袋，再转移至灌流种子生物反应器，可以减少该过程中的许多操作步骤，也可以大幅减少操作天数，数据如图26-5所示。该结果证明，将所有先前描述的提高生产率或高细胞密度的步骤组合成单个优化工艺是可行的。总体而言，可利用高细胞密度冻存袋将每个批次的上游生产过程生产周期缩短约两周时间。从另一角度来看，若采用生物反应器以灌流模式培养种子细胞，可以在同一生产设施中将总体的mAb产量提高20%以上。

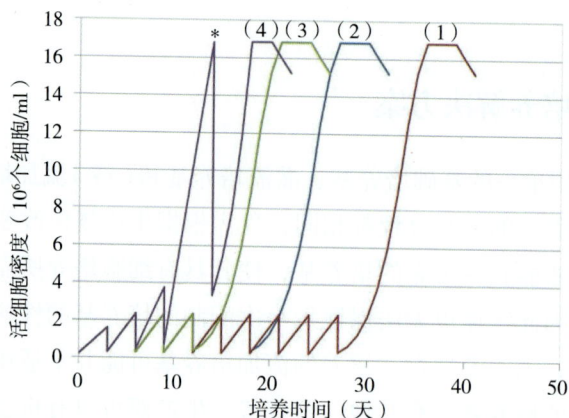

图26-5　采用工艺强化步骤前后理论活细胞密度和工艺持续时间的比较
（1）标准工艺（原工艺）；（2）高密度冻存管；（3）高密度细胞冻存袋；（4）高密度细胞冻存袋与采用生物反应器以灌流模式培养种子细胞相结合的策略（＊）

四、生产平台决策

在生产平台中，一段时间内达到的细胞密度和细胞比生产率是两个关键参数，二者共同决定了细胞培养过程中所有细胞量和产品的产量。

流加批式工艺中的产量可以直接通过二维等高线图进行说明（图26-6），该图比较了各种活细胞密度对时间的积分（活细胞密度曲线下方面积，integral viable cell concentration，IVCC）和细胞比生产率的组合所能达到的产量，等高线曲线上所有的点均为恒定产量或等位产量曲线。根据此图所展示的规律，通过高细胞密度与低比生产率细胞株组合，或低细胞密度与高比生产率细胞株组合，可以达到相同的产量。但是，若需将产量提高至20 g/L左右，可能需要同时提高细胞密度和比生产率。

对于灌流培养工艺，可以构建相同类型的等高线图（图26-7），但是灌流速率是该类工艺中的关键变量。从图26-7所示结果可知，假设固定比生产率为每天50 pg，可据此计算产量。在这种灌流培养过程中，由于及时移除了代谢废物，可能很容易达到相当高的细胞密度。然而，由于高灌流速率所导致的稀释效应，产量可能较低。

尽管各企业或组织可能会根据各自不同的考虑而选择流加批式或灌流培养工艺来生产mAb，但最重要的一个考虑因素应该是mAb的需求量。如表26-2所示，假设在流加批式和灌流细胞培养过程中均以相似的速率生产mAb，据此比较两种操作模式下的上游产量。当然，还需要借助其他一些基本假设来计算每天的总mAb产量。例如，在这些计算中忽略了流加批式培养中生产用生物反应器在60天内的周转时间，以及因为细胞放流速率而导致的产品损失和达到灌流中的目标细胞密度所需的时间。另外，一些细胞株在灌流系统中的细胞比生产率与在流加批式培养中不同，通常前者会高于后者。本表格的目的仅仅是阐明在选择生产平台之前的考虑因素和计算方法，进而作出更合理的决策。当考虑流加批式和灌流工艺之间的差异时，尤其需要注意，目标输出值为产品总量，培养基是一个关键输入因素。因此，随着灌流体积的增加，在灌流系统中产品浓度（即产量）会被稀释，而且关键参数为单位体积（L）培养基所产生的产品总量，而不是单位生物反应器滞留体积产生的产品总量。

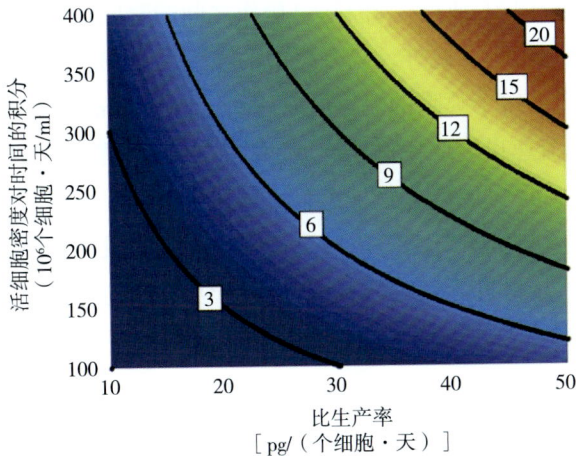

图26-6　流加批式细胞培养生产工艺中的等位产量曲线图
黑线反映了不同的活细胞密度对时间的积分与细胞比生产率组合条件下对应的等位产量，正方形内所列出的数字为相应的产量

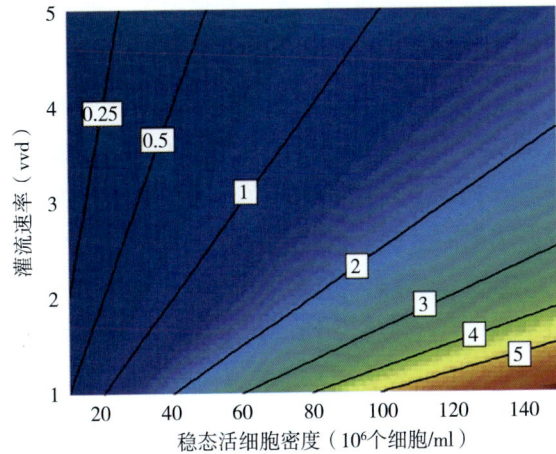

图26-7　灌流细胞培养生产工艺中的等位产量曲线图
黑线反映了不同灌流速率和稳态活细胞密度的组合条件下对应的等位产量，正方形内所列出的数字为相应的产量。假设为细胞的比生产率为50 pg/（细胞·天），据此计算产量

表26-2　基于上游工艺操作模式的上游产量比较

属性	单位	灌流培养	流加批式培养
细胞比生产率	pg/（细胞·天）	50	50
稳态活细胞密度	10^6细胞/ml	100	不适用
生物反应器灌流速率	vvd	2	不适用
活细胞密度对时间的积分	10^6细胞·天/ml	不适用	250
上游持续时间	天	60	14
产量	g/L	2.5	12.5
生物反应器体积	L	2000	15000
上游每批产量	kg	600	187.5
上游日产量	kg/d	10.0	13.4

第三节　强化或简化工艺示例：下游纯化

一、收获

自20世纪90年代后期以来，离心与深层过滤相结合的方法一直是大规模生产中收获液净化的主要策略。在过去的10年中，生物反应器和细胞培养技术得到了迅猛发展，细胞密度可达150×10^6个细胞/ml以上，且收获时细胞活率仍然维持在70%以上[31, 44]。然而，随着高细胞量以及相应的细胞碎片总量的增加，需要进一步提高收获和净化技术的固液处理能力，以保持产量、产品质量和工艺通量。

随着酸处理、添加絮凝剂、沉淀等净化预处理技术的不断改进，现在不仅可以有效处理细胞碎片，还能处理脱氧核糖核酸、宿主细胞蛋白、内毒素等其他工艺相关的杂质，甚至也可以处理一些产品本身相关的杂质[45]。如果不进行预处理，离心机可处理的细胞密实体积（packed-cell volume，PCV）为15%~20%，接近离心机功能的极限。在这种情况下，两次将浓缩的细胞卸除（或称"卸料"）操作之间的时间长度（或称"离心间隔时间"）以及与之相伴的浊度扰动都可能会受到影响。此外，离心机中的喷嘴也会限制固体和（或）浓缩液流体流出离心机的速度。在典型的碟式离心机中，每个喷嘴的流速可以达到约0.07 L/min。根据图26-8所示结果，将喷嘴的数量从4个增加至8个后，饱和流速也会成比例地增加，从而能在期望流速范围内使离心机对细胞的处理能力达到约16% PCV（图26-8A）。还可以计算每种进料流速的最大PCV，将其作为判断喷嘴完全饱和的时间（即固体流中100%为固体）的标准。图26-8B比较了传统喷嘴离心机（蓝色迹线）与新型连续卸料离心机（粉红色迹线）的离心浊度曲线。连续卸料离心机会以略低于饱和点的流速运行，但由于其可连续去除固体，故能保持恒定的基线。因此，也可通过对离心机本身进行改进的策略缓解由高密度细胞培养所导致的收获液处理通量限制问题。

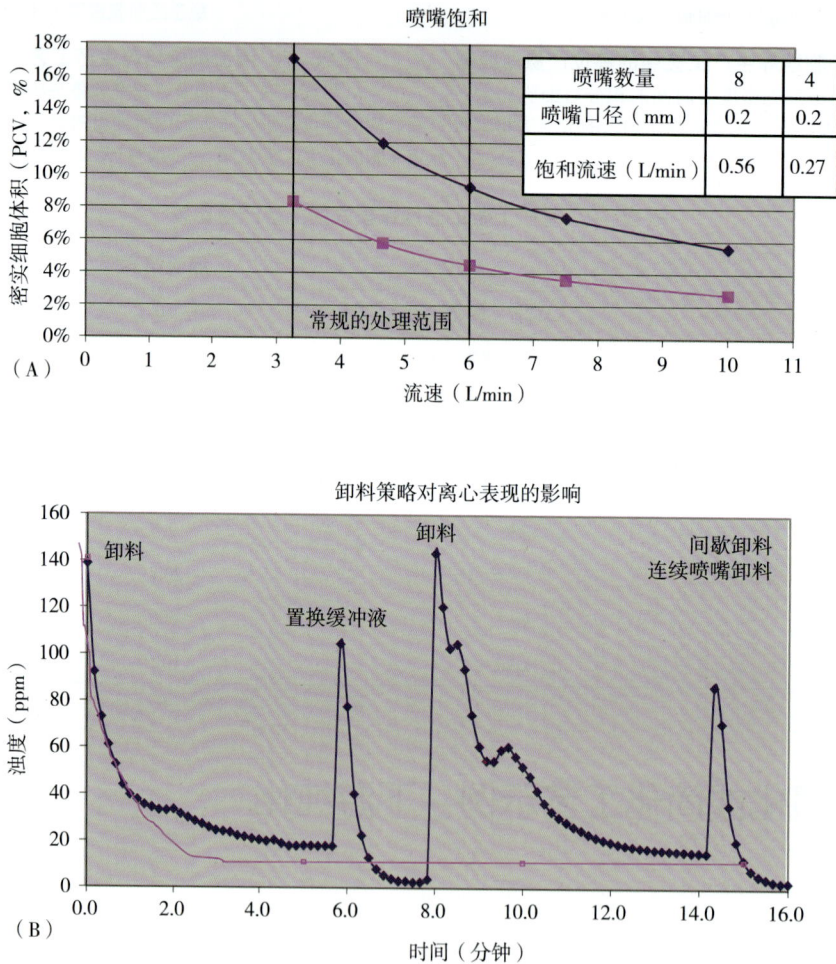

图26-8 喷嘴数量和卸料间隔对离心流速和浊度曲线的影响

（A）使配备4或8个0.2 μm喷嘴的Westfalia HFC-15离心机达到饱和时的流速和填充固体体积；（B）间歇型与连续型离心机对离心浊度曲线的影响

另一项最新的收获技术是超声波分离技术（acoustic wave separation，AWS），由FloDesign Sonics公司开发，并授权给了颇尔公司，可用于免疫球蛋白（Ig）或糖蛋白生产中的细胞灌流培养和净化步骤。这项技术利用三维驻声波捕获细胞和细胞碎片，迫使颗粒聚集，进而从溶液中沉降出来。该技术能将高密度细胞培养液中的颗粒减少至更容易净化的水平，以降低深层过滤的难度。它还可用于连续净化和基于一次性使用技术的工艺，且可以有效解决物理滤膜堵塞的问题。据报道，其净化效率高达95%以上，收率高于85%[46, 47]。

在产品质量方面，最近的一个案例因细胞密度升高而出现了收获中间品在放置期间发生mAb还原的问题。在这种情况下，开发人员和生产商可能需要采取一些氧化策略[18]。例如，在下游工艺中采取低温收获策略和（或）静电深层过滤器可以有效防止收获期间二硫键发生还原[48, 49]。

二、蛋白质A捕获

数十年来，蛋白质A亲和色谱技术一直是mAb相关产品捕获步骤的标志性选择，其对多种mAb和Fc融合蛋白具有高度的选择性，对工艺相关杂质去除能力强、产品收率高（如>90%），且可以耐受各种流量的上游培养液或净化液[50]。从20世纪90年代至今，各种新型树脂基质、耐碱配体相继问世，配体的密度更高，树脂的抗压缩能力也更强，树脂的动态结合能力从约20 g/L逐渐提高至70 g/L以上。但需要注意的是，在同一时期，每升树脂的成本并未下降，甚至在很多情况下反而有所上升。如果把结合能力的变化作为每升树脂成本的函数来研究，则价格基本保持稳定或略有下降。

尽管如此，为了最大限度地提高蛋白质A的结合能力，开发者们还进行了大量的研究工作。其中一种策略是简单地采取双流速上样策略，即：在上样的初始阶段，当所有结合位点均未被结合时，采用更快的流速，这样保留时间就可以缩短；之后，当一部分结合位点被占据后，再在适当的时间点降低流速，可以延长保留时间以提高结合效率。这种处理方法可使更多的产品分子扩散至所有孔隙中，从而与不易接近的位点结合。此策略有助于实现高载量，且可将处理时间维持在可接受范围内（图26-9）[51]。第二种策略是通过改良树脂清洁策略来增加其可重复使用循环次数[52]。还有一种策略是通过模拟移动床色谱（SMB）或称为周期性逆流色谱（periodic counter-current chromatography，PCC）、多色谱柱有机溶剂梯度纯化或连续逆流切向色谱来实现连续捕获。第三种策略不仅可以最大限度地提高树脂的容量，还可以有效提高生产率，正在逐步应用至商业化生产工艺[53]。

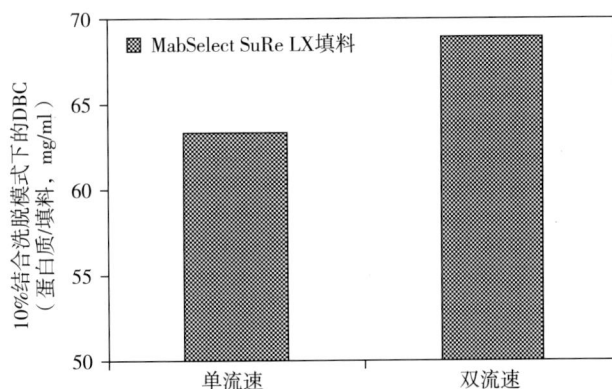

图26-9　采用MabSelect SuRe LX以10%结合洗脱模式比较单流速与双流速上样策略的动态结合载量（DBC）

三、提高下游工艺中捕获后续步骤的生产力

在下游工艺中，单元操作之间处理进料流的工作经常会被忽略。在优化后的工艺中，一般无需UF/DF即可进行后续处理步骤。但是，在传统工艺过程中，下游色谱步骤之间的处理步骤依然存在，通常包括对上一步骤的洗脱合并液体进行收集和混合的操作。其中，前者是将上一步骤的洗脱合并液（例如蛋白质A步

骤）或流穿合并液（例如流穿或弱分配模式），后者往往包括调节pH值、稀释和（或）加盐等根据实际需要对样品进行调整的操作以及在下一步处理之前进行额外的混合操作。除此以外，还涉及从每个步骤取样的操作。

上述传统处理方法的优势在于：如果需要在不同色谱柱之间做出选择和决定，以确定下一步的运行方式（例如确定上样量），则可以对工艺流程进行一定的控制。而且，在色谱策略调整方面具有一定的灵活性，但前提是必须保证中间品的稳定性。但值得思考的是，在真实的商业化生产中，实际需要使用此控制选项（或信息）的频率有多高呢？

此外，在保留此类工艺控制自由度的同时，还需要充分权衡工艺中间品稳定性和提高下游生产率的总体需求。从整体上来看，步骤之间的操作可能会非常繁琐且耗费人力，因为它需要1~2个收集罐或收集袋、1~2个混合器和1~2次混合验证流程，以及滴定曲线（如需调节pH）和稳定性数据。同时，可能还会耗费生产和（或）质量控制分析的时间和资源。此外，即便工艺本身很稳健，步骤之间需要的操作越多，在常规生产过程中发生偏差的概率也越大。在理想情况下，倘若可以开发一种能至少消除一部分步骤间处理过程的工艺，其收益也将是非常显著的。

从图26-3所示的mAb典型下游平台工艺来看，在色谱柱2和3操作过程中通常不会插入病毒灭活处理步骤，因此这里可能存在一个可以精简工艺的机会。例如，当AEX和HIC串联运行时，二者之间需要加入调节pH和盐浓度的操作。历史研究表明，若使用己基、苯基等强疏水性树脂，便可以避免向HIC色谱柱料液中添加溶致性盐，从而能够以流穿模式运行HIC色谱步骤，且有效截留高分子量聚集体[54]。最近的开发重点是在HIC过程中采用在线pH调整技术，以消除中间品合并液储存环节。

表26-3　批式处理与直通式处理的比较

操作模式 （AEX至HIC）	分子	过程	柱色谱间 是否加盐	累计收率 （AEX-HIC）	HIC合并液 中的HMW（%）	HIC合并液中 的HCP（ppm）
FT至FT	mAb1	Batch	否	91	0.66	2.8
		STP		90	0.60	2.2
FT至FT	mAb2	Batch	否	82	0.54	0.8
		STP		82	0.52	0.8
FT至FT	mAb3	Batch	是	78	0.74	< LLOQ
		STP		78	0.71	< LLOQ
FT至B/E	融合 蛋白1	Batch	是	28	0.73	< LLOQ
		STP		23	2.4	< LLOQ

渤健（Biogen）与通用（GE Heathcare）两家公司合作开发了一个AKTA系统平台，称为"直通式工艺（STP）"平台，包括一套多阀门系统，可在色谱运行过程中实现在线调整（pH和/或盐）混合操作。使AEX色谱柱的流出液流经在线混合器，并监测UV信号，并由此信号触发上样调节操作，以达到满足符合需求且全程一致的pH值。相关的最新实验室规模研究结果表明，采用先AEX再HIC的二元模式色谱步骤去除高分子量聚集体和HCP时（表26-3），在添加或不添加盐的情况下都可以成功地对几种mAb进行直通式处理。不过，对融合蛋白的处理结果却并不理想，AEX色谱步骤以流穿模式进行，之后的HIC色谱步骤以结合和洗脱模式运行，主要原因可能是该工艺对变化因素比较敏感。

总体而言，在未对工艺控制效果、产品收率或纯度产生不利影响的前提下，上述实验通过直通式处理实现了消除中间储存罐、提高工艺通量和降低劳动力成本的目标[55]。

四、改进精纯步骤

在传统的mAb下游开发的策略中，通常会考虑首先采用蛋白质A捕获步骤浓缩产品和去除HCP、DNA及培养基成分，然后利用后续的精纯步骤去除高分子量杂质、低分子量杂质、蛋白质A浸出物、病毒等杂质。虽然理论上可行，但蛋白质A洗脱液中HCP和DNA残留含量通常高于预期水平，这主要是由于这些物质可能与目标产品结合而形成复合物[56]。因此，在下游纯化工艺中，通常需要在洗脱和（或）流穿模式下将IEX、HIC等2~3个精纯步骤相结合，以便能最大限度地去除杂质，这是下游纯化工艺的优选策略（图26-4）。采用这样一套工艺纯化后，下游的产品总收率通常为50%左右，但很少能超过70%，部分原因在于精纯步骤的效率不够高。

（一）新型的树脂

树脂生产商一直在陆续推出各种各样更高载量、更宽泛的粒径和孔径的精纯树脂以及新型的混合模式树脂。其中，混合模式树脂的出现或许会给下游带来更多工艺优化和简化的机会，此类树脂的应用取得了不同程度的成功。混合模式树脂具有很强的耐盐性，能在保持较高产品收率的前提下去除聚集体等与产品相关的杂质，并能在单一下游单元操作中达到良好的病毒清除效果。不过，其对HCP的清除却不太稳健。因此，需根据蛋白质A色谱步骤之后的料液中残留杂质的类型和含量确定后续步骤，即：是否能以混合模式树脂取代两种单一模式树脂，以及如何进行选择。为了方便以后的开发者参考，表26-4简要比较了混合模式色谱与传统双柱色谱纯化策略的优缺点，表26-5重点介绍了通用公司（GE Healthcare）的CaptoAdhere树脂在高盐、中性pH上样条件下对两种不同mAb纯化效果。

表26-4　单模式与混合模式色谱法的比较（蛋白质A之后的色谱步骤）

模式	双柱色谱（例如：先AEX后HIC）	单柱混合模式（例如：AEX与HIC混合）
优点	两种分离机制都很简单，所以可更快地理解、开发和验证；是当前的平台方法	由于对盐、碱、pH带耐受度高等特性，更容易整合至各种工艺中，无需在色谱柱之前进行稀释、调节或插入UF/DF步骤
	由于杂质清除机制正交，两柱清除效果可叠加，从而获得更强的杂质清除能力	采用结合洗脱模式，可运用各种强力清洗方式来提高纯度（即：权衡盐、pH等单一模式），而不会造成产量损失
	只要pH大于7，AEX便能很好地清除DNA、HCP和病毒；HIC能清除聚集体	可最大限度地减少工艺步骤/色谱柱的数量，从而有可能提高总产量
	与一步式下游工艺相比，两步式精纯工艺能够更好地控制杂质	最近研究表明其可以实现强有力的病毒清除
		无需进行pH和盐分调整、保留时间验证等中间步骤处理
缺点	AEX对二聚体等产品相关杂质的清除率不高，因此需使用第二根HIC色谱柱，该色谱能清除二聚体，但通常不能清除很多其他工艺相关杂质，尤其是在流穿式运行模式下效果更差	对杂质的非特异性结合能力更强，因为这些树脂由结合紧密的含离子、疏水基团和（或）氢键的分子组成，例如通用（GE Healthcare）公司的Capto™ Adhere树脂
	综合产量往往低于单柱色谱	对HCP等与工艺有关的杂质清除不彻底
	对于pI较低的分子，AEX对HCP和病毒的清除能力较弱。	有时可能必须插入第2个下游精纯步骤，但由于是非正交方法，可能不利于计算两个步骤对病毒的联合清除能力

表26-5　CaptoAdhere收率和杂质清除评估

抗体	装载率（G/L树脂）	产品收率(%)	二聚体去除率（%）	HCP LRV[a]（Log$_{10}$）	模式病毒LRV（Log$_{10}$）	
					X-MLV	MMV
mAb1	275	84	52	0.88	4.4	>4.5
	375	88	48	0.75	3.9	2.7
mAb2	350	92	260	0.30	3.1	1.8

[a] LRV（Log$_{10}$ Reduction Value of Virus）为病毒（或杂质）的log$_{10}$减少值；上样的pH为6.5～7.7，电导率为20～30 mS/cm。

（二）树脂混合

从上文可以看出，在线混合技术是精简下游中间处理步骤的关键方法，采用该技术后仅需在步骤之间进行很简单的一步溶液调整操作即可。但是，倘若工艺开发人员能够设计在色谱柱之间无需任何调整的策略，便可以直接将一个色谱步骤的洗脱液应用于下一个色谱步骤，则工艺将会更加简单。采用混合模式色谱便能够达到这样的效果。混合模式色谱，顾名思义，就是将两种（或多种）单模式色谱树脂混合在一起填充至标准色谱柱中进行色谱操作的方法。该方法有别于传统的混合模式树脂，在传统的混合模式树脂中，是将两个或多个结合机制不同的配体或官能团整合到单个的凝胶球中，而这里的混合模式色谱则是直接将结合机制不同的树脂混合到一起进行装柱。混合模式色谱有很多优点，除了能消除中间储罐和混合操作之外，将两种或多种树脂合并到单个色谱柱中后还可消除多次色谱柱装填、柱效测试、过滤等操作以及滑橇等相应的附属设施，并且可以简化批记录，进而进一步大幅简化工艺和提高生产效率。理论上，可以混合的树脂组合是无限的，但必须有效果，且要保证一种树脂的参数变化不会影响另一种树脂的性能。通常，杂质的去除并不具有时序性，因此树脂不一定要按顺序堆叠。

有研究者以高产量的mAb样品为研究对象，将其蛋白质A洗脱液进行了树脂混合实验。将一种强AEX树脂与HIC树脂预混合，根据每种树脂的目标上样比以3：4的树脂混合比填充至5 ml的规格为0.66×15 cm的色谱中。将蛋白质A洗脱液中和至pH 6.0或7.0，再分别上样。在对照工艺条件下，两种模式的色谱均以流穿模式运行，其中AEX色谱在pH 7.0条件下运行，HIC色谱在pH 6.0条件下运行。根据表26-6所示结果，无论树脂是以传统的两根色谱柱（先AEX后HIC）方式运行，还是将一种树脂（AEX）堆叠在另一种树脂（HIC）之上，亦或是将两种树脂（AEX和HIC）预先混合在一起填充至单个色谱柱中运行，在pH 7.0条件下三者可达到相同的收率和纯度，对HCP、聚集体和鼠细小病毒（Mouse minute virus，MMV）的清除效果皆一致（图26-10）。

表26-6　树脂组合研究的收率和杂质结果概要

色谱柱配置	步骤产品收率(%)	产品总收率(%)	洗脱液中的聚集体(%)	HCP(ppm)	MMV LRV(Log$_{10}$)
蛋白A洗脱液进料	N/A	N/A	1.4	40	N/A
控制过程[a]	N/A	89	0.9	5	4.3[b]
AEX（pH 7.0）[c]	96	N/A	1.5	17	3.2
HIC（pH 6.0）[c]	85	82	0.6	6	1.1
堆叠树脂（pH 6.0）	N/A	95	0.8	9	N.D.
堆叠树脂（pH 7.0）	N/A	90	0.8	4	N.D.
混合树脂（pH 6.0）	N/A	92	0.8	11	2.7
混合树脂（pH 7.0）	N/A	88	0.6	4	>4.4

[a] 双色谱柱工艺，即在pH 7.0条件下进行AEX，在pH 6.0条件进行HIC；[b] 该数据集中pH 7.0条件下的AEX和pH 6.0条件下的HIC步骤的总和；[c] 为对照条件，通过两个单独装填的色谱柱进行纯化，并在AEX和HIC色谱柱之间调节pH值。"N.D.（Not Determined）"表示未测定；"N/A（Not Applicable）"表示不适用。

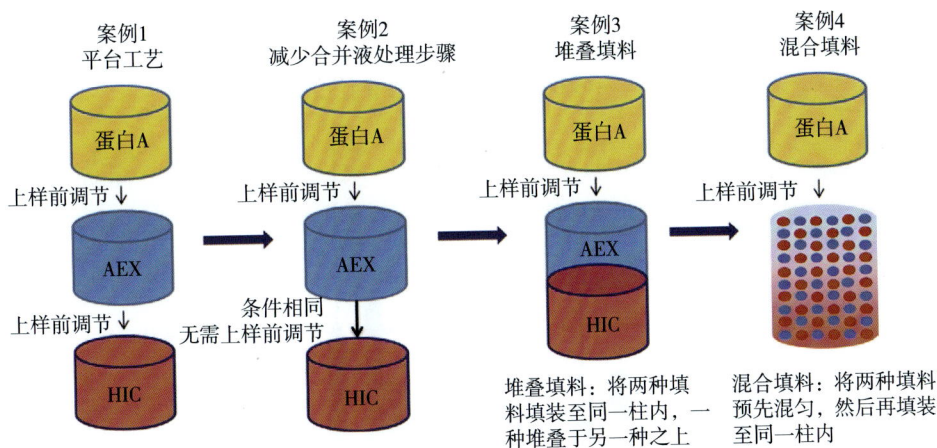

图 26-10 进一步简化串联的两个下游色谱步骤（以 AEX 和 HIC 为例）

五、产品浓缩和最终制剂

在下游纯化过程中或结束时，通常需要对产品进行适当浓缩，以缓解储存罐限制问题或减少最终制剂的体积。在传统工艺中，切向流过滤（如 UF/DF）是首选方法，其采用并联的膜组件对产品进行浓缩和（或）渗滤（图 26-11A）。在 UF/DF 操作期间，通常会将产品浓缩至超出预期目标浓度范围，这样可以在后面的系统冲洗中保持比较高的产品收率（85%~95%），而且，UF/DF 处理期间产品流体需要经过多次泵送循环，这可能导致产品变性（例如形成聚集体）。为了实现皮下给药（如 ≥ 200 mg/ml），市场对更高浓度制剂的需求在不断增加，UF/DF 工艺的一些局限性越来越明显，主要包括：黏度显著增加（如 >50 cP）以及随之而来的进料流速降低问题（即处理时间更长）。据研究，可以通过升高温度的策略在一定程度上降低黏度和提高进料流速[57]。

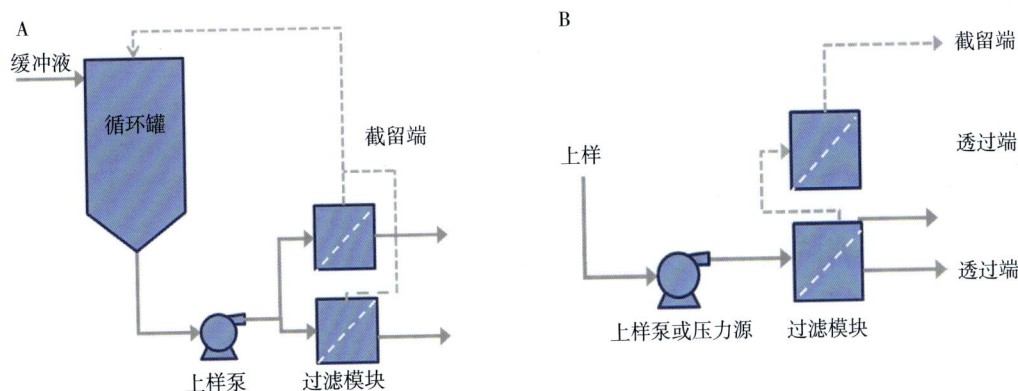

图 26-11 超滤（UF）/渗滤（DF）（A）和单程切向流过滤（SP-TFF）（B）示意图

最近，有研究者设计并评估了一种基于颇尔公司的单程切向流过滤技术的工艺，该工艺使产品通过串联的膜系统，产品无需再循环流经泵，且极大地降低了过度浓缩的必要性（图 26-11B）。根据评估结果，在采用 15000 L 不锈钢罐体高产量生产的 mAb 的工艺中，分别于收获后、蛋白质 A 之后的色谱步骤和（或）最终原料药制剂过程中插入 SP-TFF 步骤，该方法大幅提高了工艺效率（图 26-12）。与 UF 相比，SP-TFF 的产品收率相当或有所提高，但处理时间有所增加（表 26-7）。

使用 SP-TFF 的一个局限性在于，其无法用于渗滤。然而，最近的研究表明，在某些条件下可以使用

SP-TFF进行连续渗滤，且仍然可以达到很高的处理通量和产品收率[58]。

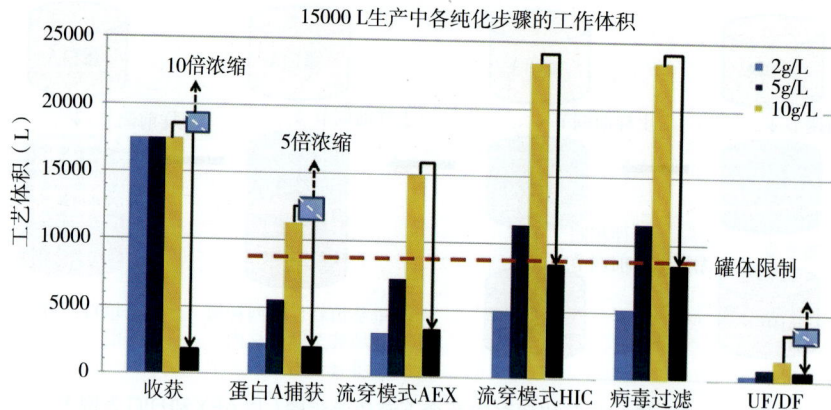

图26-12　通过单程切向流过滤（SP-TFF）缓解生产车间体积问题的案例

表26-7　UF/DF与SP-TFF的比较（最终配置示例）

参数	UF/DF	UF最终结果	SP-TFF [a]	SP-TFF结果
处理时间（分钟）	膜面积相同的情况下，交叉流速更高，因此生产率更高，特别是在高浓度条件下效果更好	74	单程达到浓缩系数所需的进料流速较低，因此工艺时间较长，高浓度条件下尤为突出	134
产品收率（%）	由于体积限制，浓度通常较低，一般需高浓度才能进行有效冲洗	82	与超滤相似或更高，对产品总量的依赖性更小。单程可实现有效冲洗，能将稀释比降至最小	88
产品影响	产品循环导致高浓度下的多次泵送，这可能导致敏感蛋白质产生可溶或不溶性聚集体	聚集体增加0.34%	在处理高浓度蛋白质溶液时，可避免重复通过泵。可提高过滤性	聚集体增加0.20%
设施适配性	由于截留容器的尺寸和橇的截留容积，容积限制很大	需2个UF/DF系统	由于省去了循环罐，因此灵活性更高。同一系统可用于多种生产工艺	单个UF/DF加SP-TFF
最终浓度（mg/ml）	通常需要浓度超过20%及以上	232	由于减少了冲洗量，可达到更高的最终产品浓度	277

[a] SP-TFF使用多个串联的膜，物料仅需流经系统一次。

第四节　上下游集成解决方案

除上述示例外，还有其他几种方法可提高原料药工艺的生产效率和简化工艺流程，部分策略如表26-8所示。

尽管开发工艺平台非常严格，但随着平台生产率的提高，在工艺或产品质量方面也发现了一些新的问题，往往可能需要通过深入的科学调查以寻求创新性的解决方案。例如，在收获时出现非预期的蛋白还原问题时，通常需要通入空气来保护产品分子[18]。进一步调查可知，硫氧还蛋白1活性升高是导致这一问题的根本原因[19]。在人免疫球蛋白G2mAb的链间和铰链区存在一些二硫键[16]，所有IgG亚类的重链-重链和重链-轻链链间也有一些二硫键，但是在一些意外情况下可能会形成含三硫键的（—CH2—S—S—S—CH2—）的mAb分子。研究者针对这一问题进行深入研究，最终从上下游全局的角度解决了该问题。

表26-8 单克隆抗体工艺强化或简化策略的最新进展

工艺阶段	加强	简化
细胞培养	N-1阶段采用灌流模式培养细胞种子，并利用工艺分析技术监测细胞生长和（或）产品产量和控制产品质量	采用一次性技术和环保试剂
收获/纯化	采用浓缩的缓冲液、前馈/反馈过程控制、实时放行、连续下游工艺	采用预填充柱，以一次性储液袋收集中间品，采用膜纯化和沉淀纯化技术
原药/制剂	>200 mg/ml 原药、降低黏度、新型辅料（赋形剂）、结晶	液体储存，可随时填充

经研究，细胞培养基中的半胱氨酸（cysteine，Cys）为三硫键形成相关问题根本原因，并根据这一发现通过控制流加培养基组分来限制Cys[15]。结果表明，当流加培养基中的Cys浓度降低后，确实可减少硫化氢的释放，并能明减少含三硫键产品分子的含量。另外，研究者根据这一机制筛选了丙酮酸等几种可抑制硫化氢释放的添加物。根据图26-13所示结果，补充到流加培养基中的较高浓度的丙酮酸大幅减少了硫化氢的释放，进而防止了三硫键的形成。

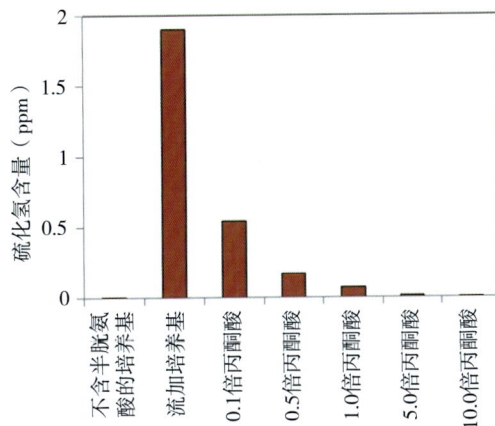

图26-13 添加丙酮酸可抑制流加培养基中硫化氢的释放

以相对于流加培养基中半胱氨酸浓度所列的比例向流加培养基中添加丙酮酸钠。将不含半胱氨酸的流加培养基和不含丙酮酸钠补充剂的含半胱氨酸的流加培养基作为对照

此外，还有研究者通过下游工艺优化解决了这一问题。研究发现，在色谱柱上以含Cys的缓冲液淋洗产品可以有效地将三硫键还原回完整的二硫键。而且，通过监测游离巯基可知，该策略并不会导致二硫键错配或过度还原的问题[13]。具体而言，在两种代表性免疫球蛋白G1的纯化过程中，于蛋白质A或IEX洗脱之前采用足够浓度的Cys洗涤液对IgG进行淋洗。根据表26-9所示结果，采用含1 mM Cys的蛋白质A洗涤液进行淋洗可有效将三硫键从起始比例（8%~13%）减少至1%以下，而且该操作并未影响IgG_1的结合活性。经比较，以Cys淋洗蛋白质A色谱柱的策略比传统的在储液罐（袋）中添加Cys的策略更方便，并且更适合生产中的高通量处理过程。采用淋洗策略可以通过适当浓度的Cys在1小时内完成还原，而且所用的Cys可以在洗脱前通过另一次洗涤轻松去除。此外，经证明，还原型谷胱甘肽和乙酰半胱氨酸等其他还原剂也有相同效果。不过，半胱氨酸的成本最低。该策略其他优势在于，通过下游进行将问题解决后，在上游生物反应器就便使用更宽浓度范围的Cys，且不再需要额外添加丙酮酸等物质。

表26-9　用1 mM半胱氨酸进行色谱柱上处理后IgG₁ mAb的特征

产品质量属性	mAb的蛋白质A色谱柱清洗条件					
	mAb-A 第1批		mAb-A 第2批		mAb-B	
	对照[a]	1mM Cys[b]	对照	1mM Cys	对照	1mM Cys
三硫键（%）[c]	13	<LLOQ[d]	8	<LLOQ	9	<LLOQ
完整mAb（%）[e]	87	95	90	94	84	91
结合活性（%）[f]	100	101	N.D.[g]	N.D.	100	102

[a]将未添加半胱氨酸的对照洗涤液清洗条件下的结合活性定义为100%；[b]用1 mM Cys冲洗色谱柱；[c]通过聚焦肽图分析测定H-L键处的三硫键百分比；[d]由两条重链和一条轻链组成的mAb（检测样品制备后必须含有丰富的杂质）；[e]通过非还原性电泳（LC-90测定法）测定；[f]基于IgG₁ mAb的分子与靶配体的体外结合，相对于未处理的参比标准品进行测量；[g]未测定。LLOQ：低于试验的定量限。

第五节　讨论/结论

过去的5~10年间，随着生物制药行业的持续发展和市场需求的不断增长，业界对生物制品的质量要求也越来越高，供需矛盾日益突出，这就要求生物制品生产商通过持续不断的工艺强化和简化来提高产品的产量和质量，同时降低生产成本，以更好的品、质、价来满足未满足的市场需求。

工艺开发人员必须仔细权衡维护可能过时的平台工艺与改进平台工艺之间的关系，争取在提高产量和质量的同时简化工艺和（或）降低生产成本。若生产商不积极发展和拓新工艺平台，势必会导致平台工艺过时，无法满足市场需求。反之，若生产商的创新文化过于激进，在未进行全面审查前便迅速实施新技术，也可能面临生产失败、监管审批延迟、危及病患安全等风险。因此，生产商应该审时度势，小心求证，在稳定的成熟平台工艺和工艺创新之间取得平衡。

最好的建议是避免陷入渐进式改进的诱惑，以免失去平台工艺固有的优势。具体而言，企业工艺平台建立数年之后，可以收集多个实施方案的数据，以期在优化未来项目的资源利用率的同时发现最核心的差距。这样能够合理精简开发下一个平台的项目规划，同时充分利用下一代创新的资源。而且，所有的战略步骤变更都应该通过关键路径的开发和测试之后再正式在平台中实施。建议开发人员每3~4年系统地重新评估其平台，仔细审查平台规划和生产力需求，并全面评估行业趋势和供应商选择范围。通过这种策略可以充分利用周期性的创新，这些创新通常能够对整体生产力产生巨大影响。如表26-10所示，仅实施少数举措便可能产生提高4倍生产力的累积影响，这使渤健（Biogen）公司可以自信地预测他们能够对阿尔茨海默病药物关键管线mAb产品数吨级需求做出及时有效的响应[59]。

表26-10　上下游工艺改进对全局生产力的影响

工艺改进	累积影响（公吨/年）
当前状态	"X"
产量从3 g/L提高至10 g/L	2X
N-1阶段灌流培养细胞种子和浓缩缓冲液	3X
下游平台改进	4X

最后，就工艺的强化和简化而言，坚持持续创新和合理改进的文化是应对不断变化的项目规划需求、

有限的可用资金池、难以把握的行业成本压力和其他外部因素的最佳解决方案。如果处置恰当且收放自如，公司一定可以成为病患需求和市场趋势的最快响应者和最终胜出者。

致谢

感谢以下Biogen的各位同仁的宝贵意见和（或）数据支持：James Lambropoulos、Christina Alves、Rashmi Kshirsagar、Alex Brinkman、John Armando、Jennifer Zhang、Ratnesh Joshi、Sanchayita Ghose、Hiro Aono、Susanne Alexander、John Pieracci和Matt Westoby。

参考文献

第二十七章

生物制品和疫苗生产的一次性使用技术实施

David J.Pollard*, Alain Pralong†

*Merck & Co., Inc., Kenilworth, NJ, United States†Pharma–Consulting ENABLE GmbH, Solothurn, Switzerland

第一节　总结

　　生物制品和疫苗的持续成功和随后的扩张面临着巨大的行业压力。随着一系列新型分子，例如单克隆抗体（mAb）、双抗、融合蛋白和纳米抗体的出现，候选药物管线正在增加。多样化的产品类型具有更大的年产能需求（kg）。对于生物制品而言，目前的年需求范围为50~500 kg，而传统的mAb年需求量约为250 kg。此外，对新管线分子药物产能需求预测的不确定性越来越大。随着行业成本压力不断增加，包括不断发展的报销策略、全球竞争以及药物独占权的丧失。同时，还必须解决全球患者对药物需求增加的问题。因此，行业需要成本更低、更灵活、敏捷的生产平台来满足这些快速变化的需求。与传统的不锈钢设备和设施设计相比，一次性使用技术（SUT）可以通过提供更简单、更快和更低成本的生产能力来支持这一挑战。在资本投资和运营费用方面，一次性使用技术都具有成本优势。使用预先灭菌、伽马辐照的SUT避免了在位清洁和在位蒸汽操作的需要，同时具有可持续性。这既简化了设施基础设施的设计，又简化了每个单元操作设备管道的复杂性。通过预先设计的模块化设施布局，可以降低工程和建设成本，并且从项目开始到生产准备就绪的时间可以减少多达50%[1]。细胞系表达量的改善和运行更强化工艺的能力使得生产规模从传统的10000 L不锈钢设施缩小至2000 L及以下。这可以通过减少资本来节省额外的成本，从而降低设备折旧和减少设施占地面积。消除了在位清洁和在位蒸汽灭菌过程，使批次之间的周转更快，从而提高了设施产量。这支持更简单和成本更低的操作程序，可能导致较低的劳动力和效用/材料费用。这些因素最终成为SUT在优化现金流或净现值（net present value，NPV）方面的主要优势。许多生物制药公司已投资用于临床生产（如Biogen Idec、WuXi App Tec、Patheon、Rentschler和FujiFilm公司）和商业生产（如Shire、Amgen、Pfizer、CMC Biologics和WuXi AppTec公司）的模块化混合SUT设施。目前，用于上游工艺的一次性生物反应器主要依赖于不锈钢可重复使用的技术进行纯化。预计在未来几年，随着一次性纯化技术的成熟，这种情况将发生变化[2, 3]。

　　模块化设施和SUT的结合提供了灵活性，可以满足新的药物方式和可变的生产需求。当需要时，可以采用即插即用的方式将特定的SUT带入设施。终端用户正在开发一个一次性使用平台解决方案的工具箱，包括批次生产、半连续和全连续流生产[4]。成本较低的模块化设施提供了一种解决方案，可以在全球范围内实施以支持患者对关键药物需求的扩增。尽管具有这些显著优势，一次性使用技术的实现仍面临许多挑战。其中包括缺乏设备确认的监管指导和标准化方法。SUT仍然难以集成到即插即用的方法中，最终用户对供应商供应链的依赖会带来重大风险。一次性组件的多联管（一次性袋、过滤器和管路套件）需要标准化设计和检测方法，以解决关键性问题，包括颗粒及可提取物和浸出物。

　　本章旨在对以下主题提供相关参考指南：①决策过程和经济成本的考虑；②关于工艺优化的建议，以

500

最好地准备一次性操作；③明确一次性使用组件在供应和法规中的各个方面；④讨论一次性使用组件潜在的未来发展。

第二节　实施一次性使用技术的优点

一、一次性使用技术对生物制药生产的影响

一次性使用技术的优点在表27-1中进行了概述，并在最近的综述中进行了广泛讨论[5-7]。现在，对于生产mAb或疫苗所需的大多数单元操作，都可选择使用一次性技术。有关这些技术的更多详细信息参见第十一章，例如一次性管袋组件多联管、生物反应器、深层过滤器、一次性色谱柱和一次性纯化膜。由于终端用户直接从供应商处购买了预先灭菌的伽马辐照袋，因此使用一次性技术（例如一次性生物反应器）消除了对在位清洁和在位蒸汽的需求。这简化了生物反应器所需的管道，因为高达70%的自动化成本与在位清洁和蒸汽相关。占地面积的减少降低了资本成本，且减少了资本折旧。批次之间的周转时间缩短，使每年可生产的批次增多，从而提高了设施利用率。

表27-1　一次性使用技术应用于生物制品工艺中的潜在收益

财务驱动因素	工艺因素	运营成本的主要影响因素
增加灵活性	快速影响设施利用率的能力 可将实施和安装成本降低50%	生产率变更（kg/年）
更高的设备设施利用率	每年增加的批次数量	
较低的固定成本 降低资金成本	减少原位清洁和原位蒸汽的使用 基础设施降低了加工设备和基础设施的投资成本	SU组件成本 维修费用差额 纯化水和蒸汽成本 验证成本 人员要求

一次性技术的这些好处是在该行业面临重大竞争挑战的时候出现的。其中包括不断发展的报销环境、全球竞争、个性化医疗、失去的药物独占权、生物仿制药和不断扩大的药物管线[8]。一次性使用技术为创新生物制药工作流程及生物工艺生产商品化提供工具。例如，一次性技术可以实现快速的药物开发和临床生产[9, 10]。此外，商业化设施现在在高表达量工艺（>5 g/L）设计中可采用高达2000 L规模的一次性技术。从固定成本到可变成本的转变正在进行，从20,000 L规模的大型不锈钢设施转变为使用SUT的模块化设施设计的示例见图27-1。一次性使用技术可以连接单元操作，从而减少开放式操作。这种封闭操作可以减少洁净空气的洁净度要求，并提供开放式环境设计（ballroom），并减少占地面积。密闭SUT操作也可以实现多个产品同时生产[1, 11, 12]，开放式布局使设施能够轻松适应这些快速变化的需求。模块化设施在数个月内快速完成建设[13-15]，并可以通过扩展其他模块来快速响应值，以适应快速变化的市场需求。

SUT提供了较低的成本和灵活的制造能力，可以轻松适应不断扩大的生物制品模式。现在，这种年需求从低（<50 kg）到高（>300 kg）不等，并且需要平台化的工具箱，包括通过一次性技术实现的整合且连续的生产工艺（图27-2）。

这种灵活性是通过以"即插即用"的方式轻松地将一次性技术设备移入和移出生产区域而获得的。这种灵活性在常规的、较大规模的不锈钢设施中并不容易实现。

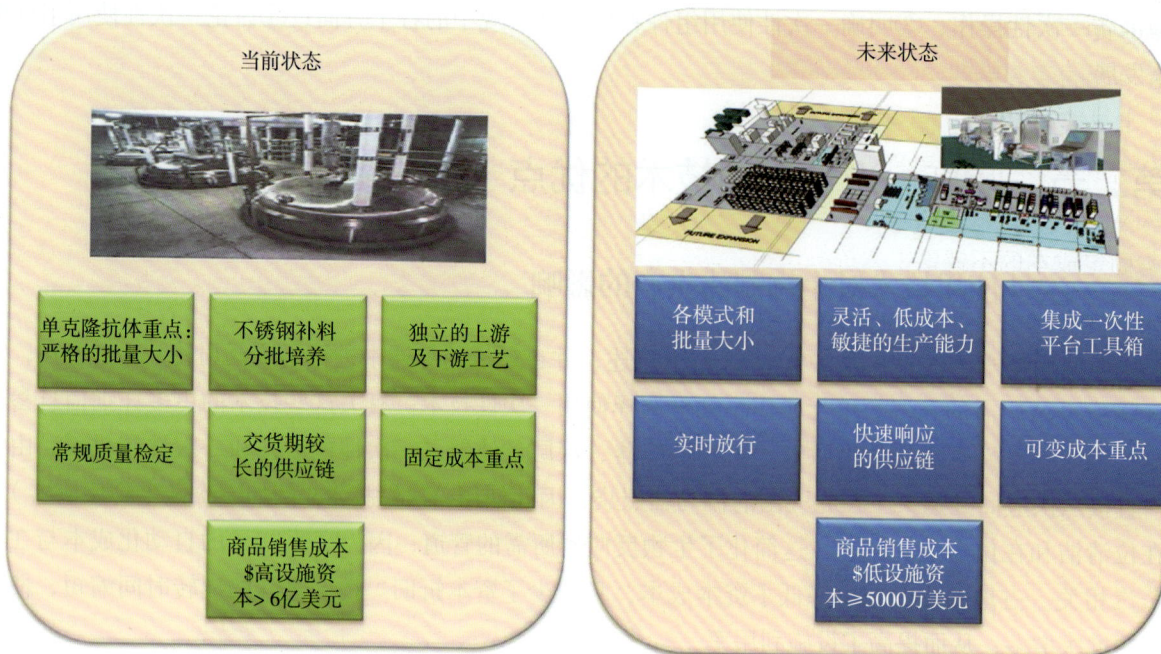

图27-1　从传统不锈钢设施过渡到采用一次性使用技术的低成本模块化设施

模块化设施包括库存仓库、培养基/缓冲液制备间、缓冲液/培养基储存间，与工艺开放设施（浅蓝色指定区域）相连。这将为不断变化的模式和需求提供灵活的解决方案。此外，它将使原料药生产与药品供应紧密同步，以缩短交货时间并降低库存成本来满足患者对药品的需求

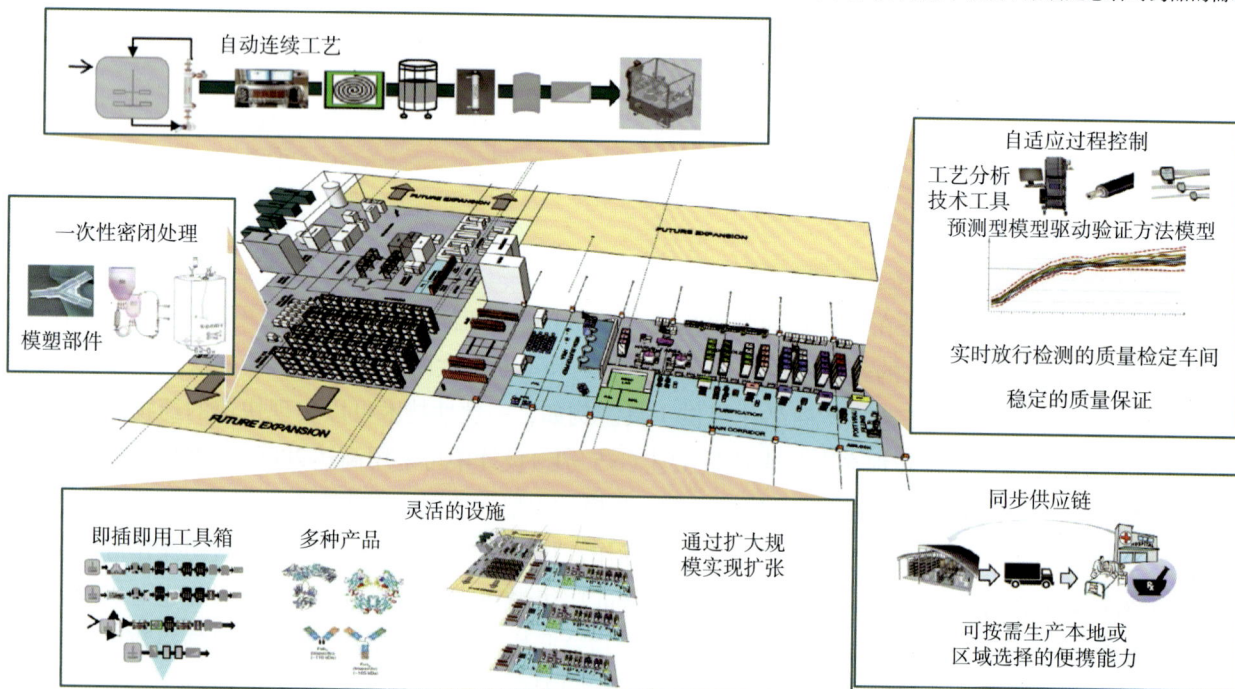

图27-2　通过一次性技术实现的用于中国仓鼠卵巢细胞的单克隆抗体生产的未来模块化灵活设施的示例

开放式环境设计提供了灵活的加工区域，以支持多种一次性使用平台配置，例如流加式培养、半连续和全自动连续工艺。该处理区域由培养基/缓冲液补充、工艺分析技术（PAT）、一次性操作和一次性袋多联管系统工程支持

二、一次性使用技术的经济成本分析

决定使用一次性使用技术的基础是高速度和灵活性所带来的经济成本效益。经济过程成本分析应在决

策过程中尽早完成。当评估在特定单元操作中使用一次性技术所带来的成本效益时，重要的是考虑对工艺前后步骤是否存在潜在影响。例如，如果用更高表达量的20~30 g/L工艺代替3 g/L表达量的不锈钢流加培养工艺，将改变纯化规模，从而对成本产生影响。可以通过使用包含端到端工艺制造成本的总所有权成本模型来分析成本影响。BioSolve生产成本分析工具[10]是管理此成本工作流程的有用工具，该工具提供了总所有权成本，包括设施建设成本、资本和带有折旧的运营成本。通常，在该建模软件中，将新的一次性使用工艺与固定成本的不锈钢工艺进行比较。图27-3举例说明了一次性生物反应器与不锈钢材质的生物反应器相比的成本效益。这概述了成本评估中必须包括的参数范围。分析表明，尽管一次性耗材带来了额外的成本，但一次性生物反应器的成本效益比不锈钢生物反应器高40%。

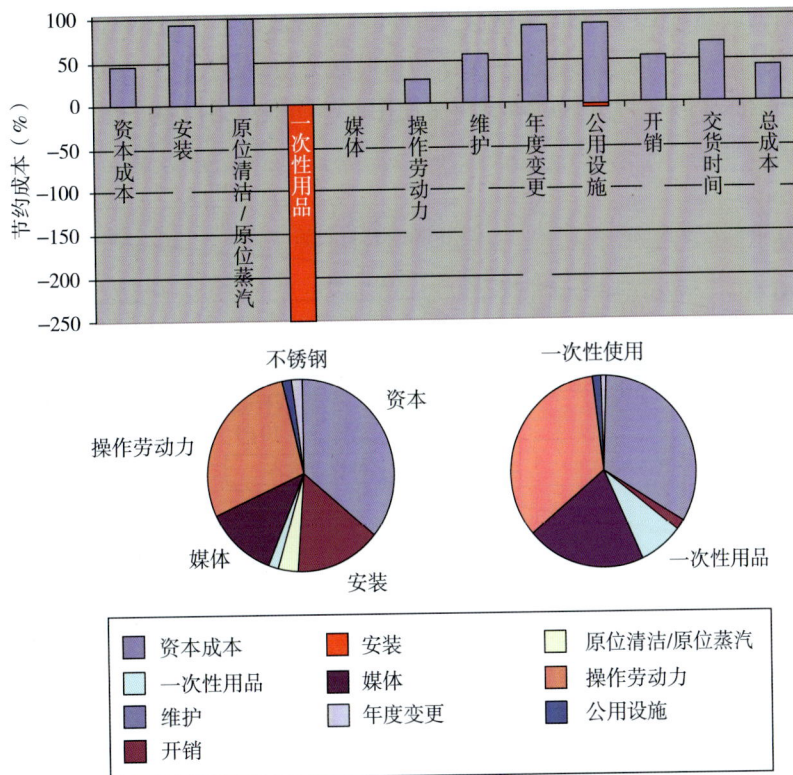

图27-3 用于2000 L规模流加培养工艺（3 g/L滴度）mAb生产的一次性生物反应器与不锈钢材质的生物反应器相比的成本效益分析示例

完成这个工艺成本建模练习可以很好地理解成本敏感性。在决策过程的早期，建立这种理解可以帮助定义克服潜在瓶颈所需的工艺开发目标。确定对一次性使用成本有利的上游表达量目标就是一个例子。虽然成本分析的输出应包括资本成本和商品成本（COGS），但它还应包括净现成本（NPC），这是一种端到端的成本评估，包括与设备相关的资本、折旧和间接费用，用于规定的使用寿命（通常为15~20年）。这允许延迟支出，并适当考虑金钱的时间价值[16]。如果在净现值（NPV）计算期间（由于缺乏销售收入）未计入利润，则负NPV被解释为NPC。这允许在整个产品生命周期内评估不同的生产方法和技术，同时考虑初始资本投资、运营成本和每年或每批生产的产品数量[16]。因此，NPC价值最低的选项提供了最有利的财务选择。

图27-4中示出这种方法的一个例子。它直观地总结了技术平台选择对标准CHO细胞培养mAb工艺NPC的影响。该方法评估了初始技术适用性，以推动不锈钢设施的经济效益。可视化NPC作为生产率的函数已被证明是总结和比较不同工艺平台配置的有效方法，因为它在同一曲线中显示出低和高设施率[16]。传统的

不锈钢（6×15 kl 的生物反应器）设施成本最高，资本设施建设成本超过6亿美元。该设施包含六个不锈钢15000 L生物反应器以及不锈钢纯化工艺，包括离心去除细胞、深层过滤以去除颗粒和三个色谱纯化步骤。一次性工艺包含6×2000 L一次性生物反应器，并使用预装色谱柱（60 cm）进行纯化。工艺步骤包括<2000 L的一次性混合器和<3000 L的储存袋。分析表明，使用3 g/L的细胞表达量，6×2000 L的一次性流加设施可以每年生产高达500 kg的产品。若要生产超过500 kg，需要上线额外的设施。这可从额外的6×2000 L一次性生物反应器（single use bioreactor，SUB）设施的NPC增量步骤增加中看出。扩建后，这两个设施的年产能超过1000 kg，每个设施有6×2000 L SUB。由于在产品寿命后期增加了产能，从而降低了通货膨胀的影响，因此该额外的设施资本成本低于第一个设施的资本成本。NPC在传统不锈钢设施和一次性使用设施之间的重大转变相当于节省了数百万美元。这些节省的大部分来自较低的资本投资和额外设施的资本延期。下一代技术选项（例如更高的表达量10 g/L和连续流处理）可显著降低成本，且NPC值最低。连续生产的优势来自于每天2 g/L的高表达量生产，以及快速连续操作和精简的劳动力[4, 13-15]。多柱色谱、单程切向流过滤技术（SPTFF）、新型膜和消除中间保持步骤可减少树脂使用，从而提高了产量（提高3~4倍）。

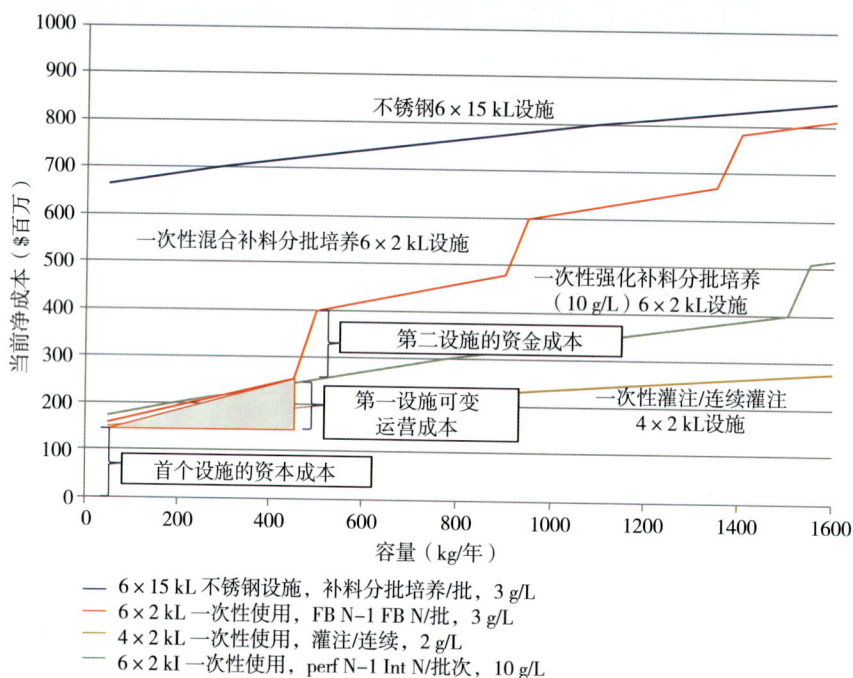

图27-4　采用新型一次性使用工艺生产 CHO mAb 与传统不锈钢工艺的比较

第三节　设计和实施一次性技术工艺

一、创建基于一次性技术的工艺

历史上，科学家和工艺专家根据他们的知识和技术偏好开发了生产工艺[17]。这些工艺的关键特征已在用户需求规范（user requirement specification，URS）中记录。工程团队使用这些信息来设计所需规模的工艺和设施。这种传统方法导致实验室级工艺被放大并注册用于常规生产。这导致专用设备的高度定制化，造成了严重的工艺效率低下以及单一来源设备的高风险。经济压力以及主要的监管和药品生产质量管理规范（CMP）合规性问题，推动了更广泛的平台工艺设计和设备的开发和采用。就mAb生产而言，已定义了通用工艺，如mAb案例研究[18]所述。如今，主要的设备和解决方案供应商提供适合各种规模的通用mAb生产平台工艺的传统工艺技术。这消除了过去大多数的定制需求。然而，尽管一次性使用技术的出现带来了许多好处，但它也促使内部设计解决方案和定制的回归，从而增加了SUT生产操作的总体风险暴露。这一事实以及经常出现的供应商可靠性问题，阻碍了一次性使用技术在生产操作中更快和更广泛地采用。在这些问题解决之前，将继续支持使用传统的基于不锈钢的方法，以降低风险[19]。一次性使用技术固有的使用限制，例如规模、连接性、流量、压力、温度和pH值限制，分别需要结构化的工艺设计和设备评估/选择工作流程。正是这种结构化的方法，确保了在经济上有利的情况下，第一时间取得成功。克服一次性使用的技术和供应连续性风险相关障碍的方法将在以下章节中讨论。

二、工艺设计和设备选择的基础

当明确定义最终目标时，生产过程的设计以最佳方式开始。基于对最终状态的理解，可以比较不同的选项并最终选择最合适的解决方案。工艺开发应该对最终接受该工艺的设施有一个了解。这是成功将工艺安装到最终设施中的关键。表27-2总结了与最佳工艺设计相关的关键问题。

表27-2　与工艺设计和可能的工艺架构解决方案之间的可比性有关的八个关键问题示例

	工艺设计相关问题
1	商业生产量需求的估计是否可用，一次性使用方法是否最有利于成本？
2	是否已知细胞系的生产性，是否预期会改善细胞系？
3	活性药物成分是否具有已知的关键理化特性和关键产品成分？
4	活性药物成分的制备是否需要任何关键的物理化学过程敏感性？
5	从实验室到商业生产，在一次性技术和所需规模下，所有单元操作是否都无法进行？
6	是否可以通过增加相同生产能力的数量来扩大规模，从而实现生产能力的调整？
7	该工艺是否可以在单一产品或多产品的设施内操作？
8	可以将定制限制在一个绝对的最小值吗？

三、一次性使用技术实施的监管要求

适用于生物制药行业中SUT使用的基本监管原则保持不变，因为监管机构尚未发布任何新的SUT主要指南。

（1）必须在工艺流程中识别一次性使用组件。

（2）一次性使用组件必须以基于风险的方法进行评估。例如，在预期用途和条件框架内的失效模式与效应分析（failure mode effect analysis，FMEA）、过程危害分析（process hazard analysis，PHA）。

（3）必须对一次性使用组件的供应商进行审计和评估，以确保其符合相关法规要求（例如变更控制、验证）和供应可靠性。

（4）一次性使用组件必须通过变更控制进行放行和维护。

（5）一次性组件必须与操作所用的硬件/设备（如适用）结合进行验证及确认，如安装确认（installation qualification，IQ）、操作确认（operation qualification，OQ）。

（6）一次性使用组件必须在工艺确认（process qualification，PQ）和工艺验证（process validation，PV）的框架内进行验证。

四、维持产品质量的工艺体系结构和控制策略

如引言中所述，"条条大路通罗马"，生产mAb或疫苗有各种选择。但是，工艺体系结构的差异不仅会影响资本支出（capital expenditure，CAPEX）和运营支出（operational expenditure，OPEX），还会影响可制造性、工艺耐用性和合规性方面的总体风险暴露。例如，如图27-5所示，可通过使用CHO细胞培养的两种方法生产mAb。第一种（图27-5A）采用传统方法，主要用不锈钢加工和使用生物安全罩或层流罩的开放式工艺操作。第二种改进方法（图27-5B）主要使用一次性设备，在单元操作之间通过焊接或连接的管道进行完全封闭的液体输送。这种SUT架构取消了三个工艺步骤，但仍达到相同的生产体积，并且消除了操作人员的开放式操作步骤，从而大大降低了潜在的污染风险。

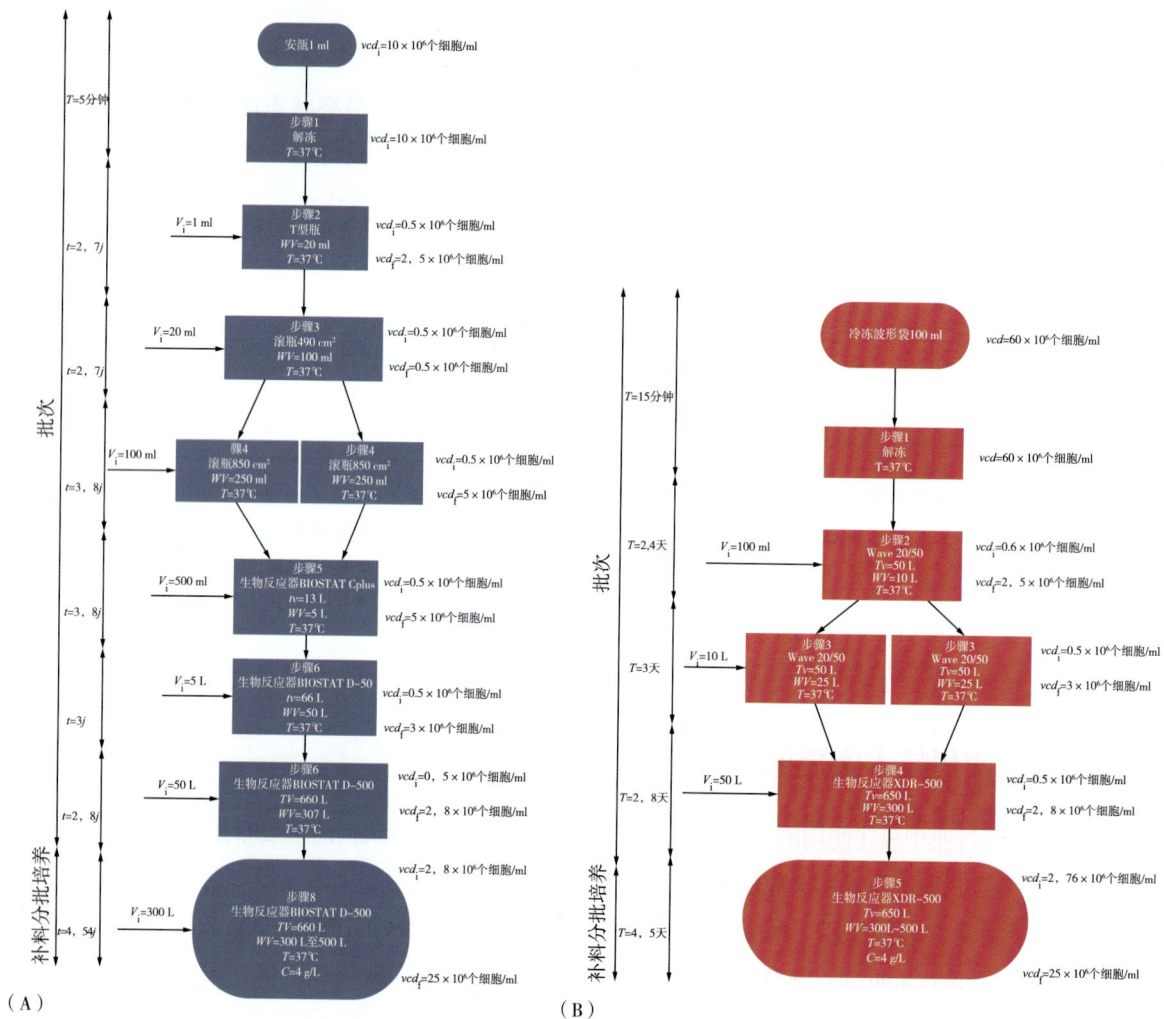

图27-5 使用CHO细胞生产mAb的两种不同上游工艺体系的比较

（A）工艺架构包括由操作人员在层流罩下使用一次性容器和一系列体积不断增加的不锈钢生物反应器进行的开放工艺步骤；（B）仅由一次性技术组成的工艺架构。vcd_i：初始细胞密度；vcd_f：最终细胞密度；v_i：接种量；t_v：总体积；w_v：工作体积

理解三相分离法（TPP）决定了生产工艺能力的设计和开发，并已被转化为欧盟（EU）[20]和美国食品药品监督管理局（FDA）联邦法规代码21（CFR 21）第210部分[21]中的相应监管指南。通过基于风险和科学的方法维持产品质量和控制的总体策略如图27-6所示。TPP由质量属性构成，这些质量属性又被区分为关键属性和非关键属性。对于关键质量属性，执行FMEA和PHA以评估工艺参数和质量属性之间的联系，目的是

区分关键和非关键工艺参数。关键工艺参数对关键质量属性（CQA）的影响类型和程度是在实验设计（DoE）研究中确定的。DoE研究的结果允许分别定义由正常操作范围（normal operating range，NOR）、报警限、行动限和知识设计空间定义的工艺设计空间。根据NOR的大小以及报警限和行动限，可以制定控制策略。工艺分析技术（PAT）也可以用于控制和减轻工艺执行过程中的风险。这种基于风险和科学的工艺执行方法可以主动控制生产参数，以确保满足TPP，而不是在与CQA无关的设定点上被动地运行。表27-3中列出了mAb关键质量属性的示例。

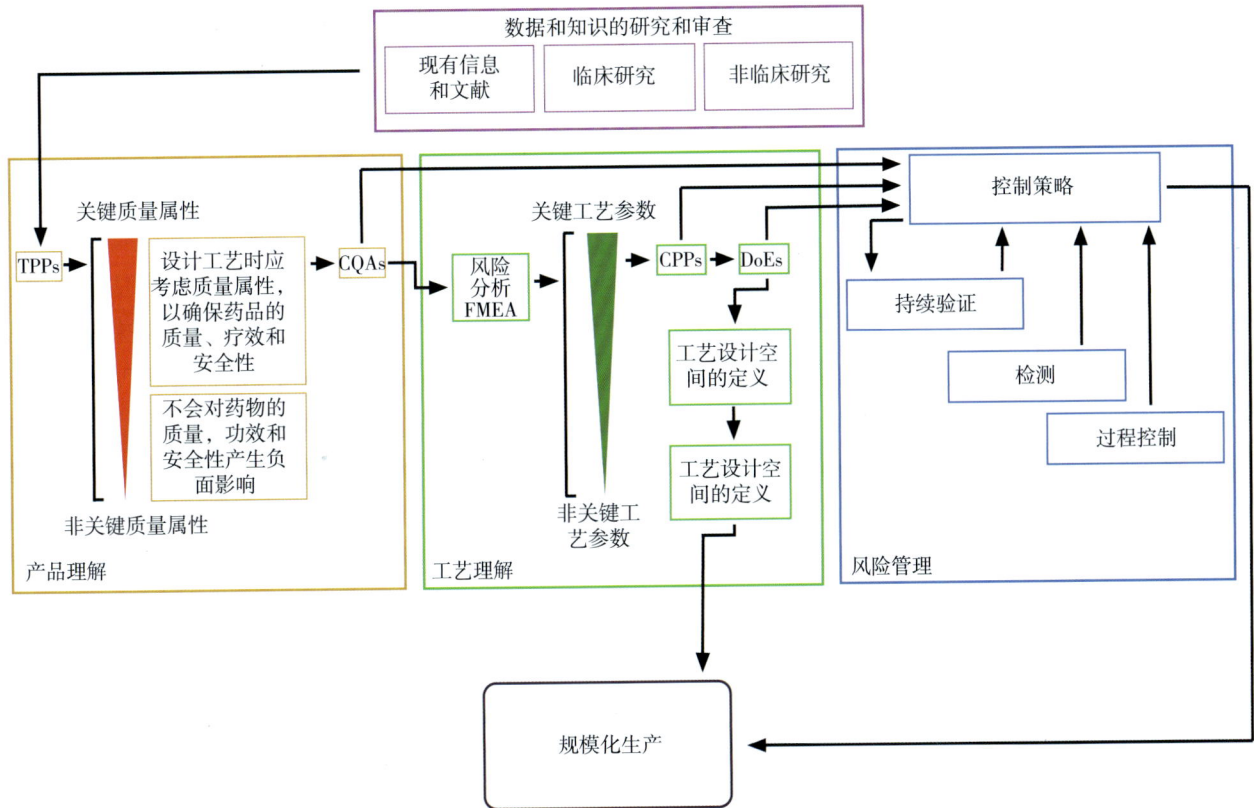

图27-6　该图显示了TPP、CQA和CPP之间如何相互关联，以确定允许最佳风险管理的控制策略

质量属性（QA）分别根据其对药品质量、疗效和安全性的影响进行评估，以确定CQA。在FMEA中进一步评估已确定的CQA，以确定相关的CPP，这些参数在DoE研究中得到验证。CQA、相关CPP的确定和DoE研究的结果，可以定义控制策略，以监控和控制大规模生产过程

表27-3　特定mAb生产的TPP的典型关键参数示例

参数		目标产品概况示例
制剂	辅料配方	液体
	每瓶蛋白质含量	600 mg
	蛋白质浓度/瓶	30 mg/ml
	小瓶体积	20 ml
	小瓶材料	玻璃
	给药方式	静脉注射
	剂量	每周4 mg/kg
	药代动力学行为	半衰期数天
	稳定性	在2~8℃下稳定
	溶解度	高浓度时可溶

参数		目标产品概况示例
活性药物成分（API）或原料药物质	mAb的完整性	正确折叠，存在两条轻链和两条重链
	外观	澄清
	pH值	>5.5 且 <6.5
	活性	特异性抗原的结合
	纯度	单体>95%
	渗透压	250~350 mOsmo/kg
	产品质量	聚糖、岩藻糖质量标准
	宿主细胞蛋白	<1.5 ng/mg
	残留DNA	<17 pg/mg
	蛋白A浸出液	<20 ng/mg
	无菌性	无菌

五、最终用户对一次性使用技术供应商的期望

生物制药制造商被期待能够可靠地供应有效、安全和负担得起的药物。监管机构的检查评估了生物制药制造商遵守这些期望的能力。不合规导致监管机构发起执法行动，自第一种生物制药问世以来，已经发生了多起类似事件[22, 23]。将一次性技术嵌入商业制造过程已引发监管机构的审查，从而采取了执法行动。最终用户依赖一次性使用供应商提供书面证据，以支持其提供的一次性使用技术的确认和验证。最终用户对供应商运营进行定期审计，以确保维持质量要求和监管期望。因此，除了确保可靠的供应链外，还必须考虑多个参数才能成功嵌入和利用一次性技术。表27-4列出了定义最终用户对供应商期望的参数。最终用户期望高分子聚合物、产品接触材料符合适当的法规要求，包括美国药典（USP）和欧洲药典（EP）。预计供应商将对材料进行评价和表征，并共享该数据。

表27-4 典型mAb的质量属性分为三个方面：生产的mAb变体、药物物质的纯度和最终药物产品

质量属性	MAb变体	原料药纯度	最终制剂
质量属性	聚集	内毒素	颗粒物
	构象	病毒污染	颜色
	C端赖氨酸	DNA	渗透压
	二硫键	宿主细胞蛋白	pH值
	脱氨基亚型	蛋白A	MAb浓度
	碎片	抗生素	体积
	糖基化	细胞培养基	
	硫醚键	组件	
	氧化	纯化缓冲液组分	

六、SUT 的可提取物和浸出物

塑料材料在一定条件下会释放出化学成分，这并不是新知识：婴儿奶瓶被发现会释放双酚A（bisphenol A，BPA）、聚氯乙烯（polyvinyl-chloride，PVC）以及增塑剂，例如邻苯二甲酸二（2-乙基己基）酯［di（2-ethylhexyl）phthalate，DEHP）。可提取物研究的目的是根据不同溶剂的pH值和极性，对一次性使用材料灭菌后在过度暴露条件下释放的组分进行表征[24]。可提取物研究的执行是一次性使用材料的关键表征步骤，可确定其在生物制药应用中的适用性。通过这种方式，可提取物研究提供了在夸大条件下一次性使用组件的化学图谱。

浸出物研究的目的是表征一次性使用材料在通常用于生产产品的实际工艺条件下释放的成分。这些条件远低于浸提物研究期间使用的条件。浸出物研究确定了在可提取物研究中确定的可释放组分的子集。此外，浸出物研究确定沥滤物组分和API之间是否发生交叉反应。沥滤物研究用于确定最终制剂中存在的一次性成分释放的化学成分的总负荷，并与API一起给予患者[24]。

七、一次性使用技术中的不溶性微粒

给予患者的药品必须符合颗粒物存在的限度[25-28]。生物制药行业区分可见异物和不溶性微粒。通过在工艺体系结构中应用适当的过滤步骤，可以相对良好地控制制剂中颗粒物的污染。此外，灌装后对制剂进行常规目视检查。在某些工艺过程中，不允许进行适当过滤步骤进行颗粒控制，例如活病毒疫苗或吸附到明矾后，工艺体系结构和技术选择必须将制剂微粒污染的可能性降至最低。对于这些后面的应用，要符合该法规要求，需要了解一次性使用组件的制造条件、它们在实际过程中的使用条件，以及如何决定适当的过程架构和技术选择。制剂的一次性组件必须在减少颗粒物生成并将最终产品污染降至最低的条件下生产。

确保制剂的无菌需要了解一次性使用组件的生产和灭菌条件，并在生产商/装配工现场进行适当的泄漏测试。需要了解它们在实际过程中的使用条件，以及如何决定适当的工艺架构和技术选择，以确保保持完整性和管理影响。

八、一次性使用技术标准

一次性使用技术相关群体一直在努力制定一次性使用技术实施的指南和标准草案（如表27-5[31, 32]所示）。比如，生物制药行业协作组织（BPOG）正在与生物工艺系统联盟（BPSA），一次性使用技术评估计划工作组（SUTAP，http://www.SUTAP.org）合作努力生成一致的指导文件。然后将通过公认的共识标准机构，如美国测试和材料学会（ASTM）将其起草为一次性使用技术标准。最终用户和供应商之间保持一致的标准的制定已被证明是一个漫长的拟定过程（到目前为止，一个标准已使用了九年的时间）。新成立的一次性使用技术评估计划（single use technology assessment plan，SUTAP）正在努力加快标准的起草和批准过程。该小组正在提供专门的写作资源，以推进表27-6中定义的标准的编写，并通过ASTM投票共识程序对这些标准进行修订。自SUTAP创建以来，已明确需要建立一个标准、测试方法和规格的全面框架，以涵盖与一次性使用技术相关的所有方面。

表27-5　最终用户对供应商SUT质量属性的期望示例：聚合产品接触材料[24, 25, 29, 30]

	确认包装部分	详细信息
1	生物相容性	USP 87体外生物反应性试验 USP 88体内生物反应性试验
2	力学性能	抗拉强度、断裂伸长率、密封强度、泄漏试验
3	Gasapor传输	ASTM D3985:氧气 ASTM F1249:水蒸气
4	塑料的药典检测	（USP<661>）
5	乙酸乙烯（ethyl vinyl acetate，EVA）的药典检测	E.P.3.1.7.:容器和管道的EVA（仅当材料为EVA时才需要）
6	动物源性控制	E.P.5.2.8:关于可传染性海绵状脑病/牛海绵状脑病（transmissible spongiform encephalopathy/bovine spongiform encephalopathy，TSE/BSE）

续表

	确认包装部分	详细信息
7	总有机碳（total organic carbon，TOC）分析	
8	pH/电导率	如果产品对pH敏感
9	浸提物和沥滤物	供应商提供
10	化学相容性	供应商提供
11	蛋白质吸附研究	
12	内毒素检测	
13	灭菌验证	当用户需要无菌保证时
14	容器密闭完整性（container closure integrity，CCI）	薄膜-薄膜焊接完整性、端口-薄膜焊接完整性、端口-管路连接完整性，管路-连接器完整性 袋整体完整性（例如无针孔）
15	不溶性微粒 USP<788>、EP 2.9.19	对于下游应用（例如剂型/灌装）
16	嵌入式仪器的校准	对于嵌入式一次性传感器

表27-6　各组织及机构制定SUT标准的努力

	ASME-BPE	ASTM E55	BPOG	BPSA	ELSIE	PDA	PQRI	USP	SUTAP
可提取物和浸出物	X	X	X	X	X	TR66	X	X	X
SUT供应链			X	X		TR66			
变更通知			X	X		TR66			
变更控制	X			X		TR66			
SUT中的颗粒	X	X		X		TR66			X
SUT系统完整性		X		X		TR27			X
连接器	X					TR66			
SUT设计验证		X		X		TR66			
应用		X				TR66			
通用	定义					TR66			

修改自 J.D. Vogel、M. Eustis，《一次性使用的浇水孔》，Bioprocess. 13（1）（2015）2-12。

经验表明，在供应商之间使用不同的可提取物检测方案增加了复杂性，阻碍了SUT的实施。当一次性生物反应器袋包含来自多个供应商的组件时，复杂性使得总可提取物评估变得困难。对业界所使用的测试方法进行协调将有助于缓解这一问题[33]。BPOG、BPSA和ASTM正在努力创建指南、测试方法和规范的框架，以简化此活动，实现简单的SUT应用。

九、确保一次性使用技术供应链和变更控制

一次性产品关注的一个关键领域是选择和采购。虽然一次性使用技术已经取得了进步，但它仍然是一种正在发展的技术，需要持续改进。随着新技术的发展，建议建立具有相似功能的备用（双）供应源，以最大程度地减少供应链中断时的风险。在采购之前，应使用多个供应商产品完成与相关药品生产工艺流程的技术比较评估。例如，最近对来自一系列供应商的一次性反应器进行的最终比较显示，由于设计相关方法不同，存在一系列操作问题[34]。选择标准不仅应包括技术性能和成本评估，还应包括供应商应对供应链风

险能力、质量/验证策略和无菌保证的能力。与供应商建立强有力的合作伙伴关系也非常重要。传统上，对于不锈钢设施，最终用户控制其不锈钢设备的清洁/灭菌、变更控制和集成测试，而仅外包聚合物组件，例如O型环、垫圈、滤芯和阀隔膜。使用一次性使用技术进行生产，需要最终用户委托供应商来支持一次性使用组件的能力和质量。这由于多个供应商而变得复杂，从袋膜使用的树脂供应商开始。例如，经典的一次性生物反应器袋有超过200个一次性组件。

供应商有责任将特定的组件变更和组成变更通知最终用户。这是一个繁琐的过程，且会受到供应商和最终用户不一致期望的阻碍。BPOG和BPSA正在努力协调通知策略，目前的问题已被明确定义[35]。他们现在正在努力确定一种改进的简化实施方法。供应商正在努力提高从树脂供应商开始的可能变更的透明度。这将有助于避免先前的问题，例如细胞毒性化合物双（2,4-二叔丁基苯基）磷酸酯从Wave生物反应器袋中浸出，从而对CHO细胞生长产生抑制作用[36]。这给最终用户带来了巨大的供应链负担，这些最终用户需要紧急寻求替代的生物反应器袋供应，并且需要大量资源来完成调查。这一经验强调了最终用户考虑对一次性使用技术采用双供应源方法以最小化供应链不可靠性风险的重要性[37]。

十、一次性使用技术的可靠性和改进

建议最终用户建立专门的工程团队评估一次性使用系统及其多联管组件的设计和部署[38]。工程团队定义了最佳设计，以最小化不同一次性使用技术多联管设计的数量，同时最大化多联管组件的强度和完整性。该工程团队还支持供应链管理活动。许多最终用户已经开始从昂贵的定制化一次性多联管转向可以在全球网络中共享的标准化产品[38]。这种综合方法缓解了供应链风险，并减少了对复杂定制的昂贵一次性使用组件和多联管的依赖。这些均来自多个供应商，因此构建块在功能上兼容。根据最终用户和供应商的建议，正在编制行业一致的SUT目录[39]。一些供应商，如GE，已经采取了类似的策略，如ReadyCircuit方法所示。

由于连接失效、薄膜刺穿和操作错误等一系列问题，最终用户仍然经历不可接受的生物反应器故障率。需要额外的工作来改善耐用性，但还需要使用培训和运输包装的改进。不断开发新的薄膜，提高了薄膜和焊缝的强度[40]。一旦建立了ASTM一次性使用技术标准框架，SUTAP建议实施一次性使用评估程序，以对供应商提供的SU组件的质量进行分类。该分类将类似于汽车星级安全评级程序，以简化最终用户在为任何特定应用选择适当的一次性使用技术方面的风险评估[32]。这将按照基于科学和风险的测试程序对一次性使用组件进行评估和分类。这将使获得认可的比较数据成为可能。

需要改进连接（一次性使用系统、组件、管路和袋之间的连接）以提高工作流程效率，因为当前的连接实践仅限于管焊接或一次性使用无菌连接。需要具有成本效益的连接器，该连接器可以实现多个开/关/开连接。考虑到供应链可靠性的顾虑，最终用户希望采用标准一次性使用设计，以使一次性耗材在供应商之间可互换。这可以通过与供应商小组的合作和协作来完成，例如工业论坛，BPOG一次性最终用户工作和BPSA供应商小组。将生物分析PAT传感器集成到一次性生物反应器中以提高工作流程效率，并将导致更好的理解和稳健的过程。需要改进用于pH、溶解氧（dO_2），溶解二氧化碳（dCO_2）和电容的真正一次性传感器，并具有确定的校准和确认策略。

虽然一次性使用工艺的整体使用已证明可提供对现有不锈钢有利的环境生命周期评估，但最终用户必须意识到SUT产生的一次性使用和废弃包装增加。BPSA已于2017年开始了一项可持续性倡议，旨在为塑料一次性回收和减少SUT包装提供最佳实践。这受到多个最终用户和供应商合作的实践，这些合作已经证明了多种方法的可行性。这些措施包括收集塑料废物并二次加工成为地毯瓷砖等的可行性，通过能源热电发电和包装回收和再利用计划来减少土地填充的废旧塑料的焚烧。许多最终用户公司正在将可持续性设计应用到他们的工艺和设施概念中。

十一、生物安全应用

该行业可以受益于将一次性使用技术应用于生物安全性水平高于一般用途（生物安全实验室一级标准，BSL 1）至更高生物安全水平（BSL 2、2+、3+）的疫苗生产的统一指导。这将突出需要扩大智能自动化解决方案的实施范围，以最大程度地减少手动操作、密闭流程并将操作员与流程隔离。开发一次性使用的被动泄压系统也将在完全自动化系统故障的不太可能的情况下提供最终的安全级别。用于完整生物反应器体积的二级密闭系统是一项关键要求，并且已经创建了负压控制系统，以保护操作员免受任何气溶胶影响[41]。一次性泄漏检测系统的改进将有助于加速过程的实施。

第四节　一次性使用技术支持的下一代工艺案例研究

改进和更新工艺的持续努力有多种驱动因素，包括降低成本，在确保产品质量的同时确保供应。改进的潜在级别包括从简单的故障排除到去除瓶颈再到开发新的最先进的工艺。一次性使用技术可以支持改进工艺架构并提高工艺效率。一次性使用技术可以成功整合到正在使用的工艺架构，不受工艺架构的年代影响。以下示例将提供有关既往生产工艺的工艺架构如何现代化并完全符合当今法规要求的案例研究。在预期使用一次性技术创新现有工艺时，这些考虑至关重要。

一、疫苗生产

与现代生物制品相反，今天的大多数疫苗是从20世纪30年代和90年代初开发的[42]。因此，这些产品是使用人工密集和低技术制造过程生产的，并不符合今天的预期和要求，这不足为奇。疫苗行业使用过时的生产工艺和技术，在高度监管的环境中生产具有无可挑剔的安全记录的产品，为任何工艺变更创造了高风险阈值[43,44]。此外，由于这些成熟的产品和工艺从未具有当今的分析能力，因此产品知识和工艺理解不足以通过合规的变更控制程序采用新技术，现代化和改进。鉴于当今疫苗的重要性，生物制药行业和监管机构必须重新考虑如何利用最新技术改变旧的生产制造过程。这必须在考虑科学和财务影响的框架中进行，而不会损害产品有效性和患者安全性[45]。

与完善的平台mAb制造过程相反，疫苗行业缺乏已建立的平台。这是由于悠久的发展历史以及种类繁多的疫苗家族和技术（活病毒减毒或灭活疫苗、亚单位疫苗、多糖疫苗、结合疫苗等）所致。正是缺乏产品知识和工艺理解限制了生物制药行业的变化。由于缺乏足够的产品知识和工艺理解，通常需要进行临床试验来证明工艺变更的合理性。这样一来，对产品知识和工艺的理解越弱（技术桥梁），就越有可能需要进行临床试验来验证工艺变更（临床桥接）。这种相互关系如图27-7所示，分别显示了产品知识、工艺理解、临床桥梁和技术桥梁之间的相互依赖性。

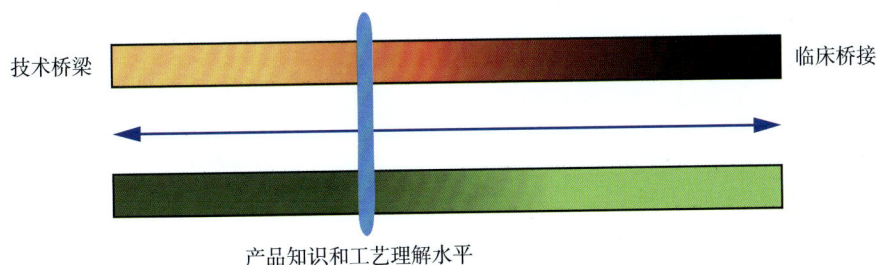

图27-7　技术桥梁、临床桥接与产品知识和工艺理解水平之间的相互依赖性示例

垂直蓝色光标可以根据所考虑的情况的产品知识和过程理解水平进行定位。显而易见的是，通过全面的科学工作来提高产品知识和工艺理解水平（将光标移至深绿色左侧），可以依赖技术数据集（技术桥梁），并减少评估工艺变更影响的临床试验（临床桥接）要求

了解这种相互依赖性有助于确定适当的科学开发策略，以评估变更的影响。对产品和工艺理解的投入能够将"光标"尽可能移向技术桥梁，从而限制了对长周期且昂贵的临床试验的需求。此外，除了未来的故障排除和问题解决活动之外，全面、科学表征工作的执行可以形成基础，并为未来的工艺变更提供相关数据[46]。

显然，提高产品知识和工艺理解的水平是一个工作密集型和耗时的过程，并且这些非新颖的工作对科学人员的吸引力不大。然而，最近的经验已经证明，这项投入可以在总体工艺耐用性和性能、减少失败产品和交货时间，以及将每批生产率分别提高50%等这些方面带来巨大的好处[46, 47]。

案例研究一：基于现代一次性使用技术的第二代活病毒疫苗制造工艺

在本案例研究中，评价了从传统的开放式生产工艺（需要数百个手动无菌连接）过渡到新的一次性封闭工艺的影响。目前可用的活病毒疫苗通常使用多步骤贴壁细胞培养工艺生产，该工艺通常在T型瓶和细胞工厂或滚瓶中进行。使用细胞工厂的典型通用活病毒疫苗生产工艺体系结构如图27-8所示。当使用T型瓶或滚瓶时，放大需要在生物安全柜（国际标准化组织，International Organization for Standardization-5，ISO-5，100级环境）中进行大量的开放式手动操作，直到产生足够的细胞量以接种到40层细胞工厂（40-Layer Cell Factory，CF-40）中。这些细胞工厂可以提供25,280 cm^{2}的生长表面，并可以在生物安全柜外部的处理地板上进行操作，可以单独使用手动操作器，也可以使用自动化设备在架子上以4×CF-40的形式进行操作。CF-40s的制备以及用于培养期间液体转移的管道多联管的连接在移动层流罩内使用无菌连接器或管焊接进行。生产步骤通常以几个CF-40的批次进行。此外，鉴于某些活病毒疫苗在灌装时无法进行除菌过滤（由于病毒大小），整个生产工艺必须在B级环境中以两个班次的人员密集型生产步骤进行无菌操作。总之，CF-40s的使用，对全程无菌工艺的要求以及对数百个无菌连接的需求显著增加了COGS。

这种活病毒疫苗的生产工艺反映了20世纪60~70年代开发时使用的最新技术。它需要大量劳动密集型的努力来执行完全符合GMP的操作。为了解决与当前工艺架构相关的风险，结合了最新一代一次性使用技术（两种不同规模）的新的两个最新流程架构选项如图27-8所示。这些第二代生产工艺是完全封闭的，只需要在生物安全柜中操作，直到可以接种更大规模、封闭的Xpansion和（或）iCELLis系统（PALL）[48-52]。从那时起，整个上游生产工艺是密闭的。除了减少必须建立的无菌连接的数量外，新的工艺体系结构需要最少的操作员操作，仅单班操作和C级（ISO-7，10,000级）环境（初始半开放细胞培养步骤除外）。此外，这些第二代工艺架构一个非常受欢迎的副作用是消除了对多个病毒感染步骤的需求。因此，这些新的工艺体系结构可以显著提高生产率，同时减少工作量。为了简化向第二代工艺的过渡，细胞基质、细胞培养基和病毒种子不会改变。

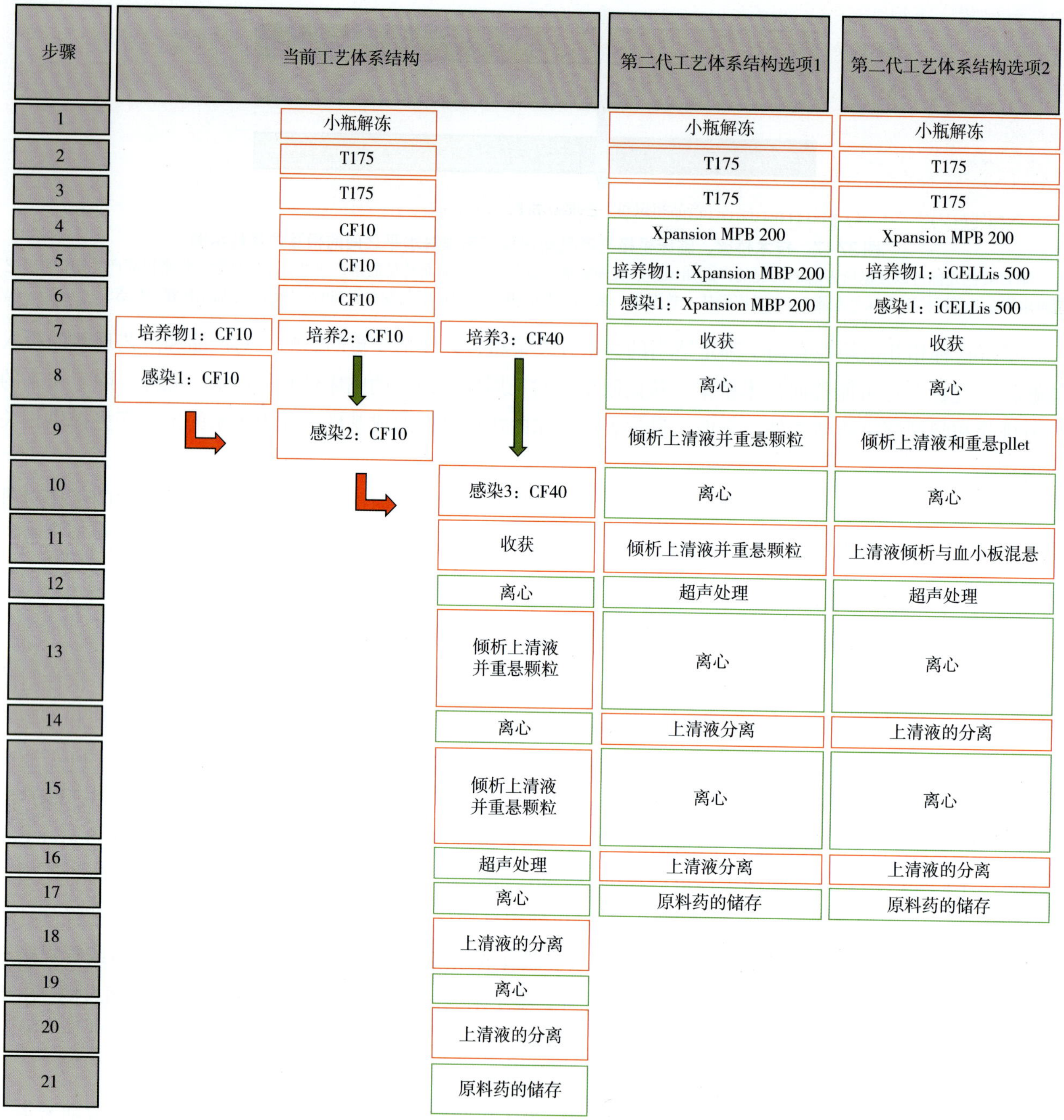

步骤	当前工艺体系结构			第二代工艺体系结构选项1	第二代工艺体系结构选项2
1		小瓶解冻		小瓶解冻	小瓶解冻
2		T175		T175	T175
3		T175		T175	T175
4		CF10		Xpansion MPB 200	Xpansion MPB 200
5		CF10		培养物1：Xpansion MBP 200	培养物1：iCELLis 500
6		CF10		感染1：Xpansion MBP 200	感染1：iCELLis 500
7	培养物1：CF10	培养2：CF10	培养3：CF40	收获	收获
8	感染1：CF10			离心	离心
9		感染2：CF10		倾析上清液并重悬颗粒	倾析上清液和重悬pllet
10			感染3：CF40	离心	离心
11		收获		倾析上清液并重悬颗粒	上清液倾析与血小板混悬
12		离心		超声处理	超声处理
13		倾析上清液并重悬颗粒		离心	离心
14		离心		上清液分离	上清液的分离
15		倾析上清液并重悬颗粒		离心	离心
16		超声处理		上清液分离	上清液的分离
17		离心		原料药的储存	原料药的储存
18		上清液的分离			
19		离心			
20		上清液的分离			
21		原料药的储存			

图27-8 活病毒疫苗生产：当前工艺与潜在第二代生产工艺选项的比较

红色和绿色框表示在完全符合GMP的情况下执行该步骤需要哪种类型的气氛控制。红色框表示ISO 5要求，绿色框表示ISO 7要求。对于当前工艺体系结构，感染3步骤用红色表示，因为CF40s必须手动连接至培养基、缓冲液和接种物进行操作，尽管孵育步骤可以在ISO 7环境中进行。通常在生物安全柜或移动层流罩下存在的ISO 5级大气总体要求的显著差异表明了当前工艺在B级（ISO 6）环境中进行，而新工艺架构可在配备ISO 5级（a级）生物安全柜的C级（ISO 7）环境中进行的原因。该图概述了第二代选择在消除多个病毒感染步骤方面所提供的好处

二、单克隆抗体生产

如今，单克隆抗体是使用通用平台工艺生产的，一次性组件的使用已成为限制CAPEX支出、扩大规模和平行扩建之间的权衡、缩短建设/验证时间线以及对多产品设施的适用性的相关因素[53]。在过去的二十年

中，已经投入了巨大的努力来消除主要受上游生产率限制的mAb生产过程中的瓶颈。通过建造大规模的传统不锈钢设施，包括多生物反应器序列（高达8×25,000 L的生产容器和相应的接种反应器）来满足所需数量的生产。这些大型设施通常在其整个使用周期内花费了数亿美元的资本和运营支出。高生产率细胞系的发展已将生产率从mg/L提高到g/L。这种发展已经启动了对更小规模（通常为15,000 L至2000 L及以下）的生产策略的考察，从而允许使用先前概述的节省成本的一次性技术。

案例研究二：从使用树脂的柱色谱改为膜纯化的影响

解决下游工艺中的载量和处理量的主要瓶颈依赖于大型昂贵的色谱柱。预装色谱柱可以支持临床生产需求，但难以提高色谱柱批处理的生产能力。在此案例研究中，我们概述了从基于树脂的色谱柱更改为基于膜的色谱的影响。树脂颗粒的孔扩散传质限制导致柱床高度长，线速度慢（100~150 cm/h）和色谱柱尺寸明显过大[54]。由于对流传质具有最小的孔扩散，因此膜吸收提供了一种高通量方法。此外，与色谱柱相比，较低的床高与直径之比可以实现较小的压力降。这样可以使流速达到每分钟1~10个膜体积的量级，从而可以使用相对较小的设备处理体积。多层多孔膜系统适用于完全一次性使用的形式，例如具有简化操作潜力的囊式或筒式。现在有多种功能化的膜系统可商购获得，包括阴离子交换（AEX）色谱。这是一个关键的纯化步骤，使用流穿模式可有效清除痕量杂质[55]。表27-7中给出了由膜工艺提供的改进的通量和载量的示例，其将传统色谱柱与新型膜系统进行了比较。包括膜水凝胶（Natrix HD-Q），这是一种支持在惰性网状骨架上的多孔聚丙烯酰胺功能化3D水凝胶[2]。这不同于常规膜，在常规膜中，配体附着在支撑基质上。相互连接的孔结构为蛋白质结合和高渗透性提供了较大且高度可及的表面积。表27-7中所示的性能评价表明，在可接受的杂质去除条件下，mAb上样量可达到10,000 g/L[2]。与传统色谱柱系统相比，这提供了高达60倍的载量能力。停留时间比色谱柱过程快40倍，可提供明显更快的上样速度。与色谱柱法相比，这导致必要的进样时间减少，随后缓冲液使用量减少至40倍[16]。对于传统的补料分批培养式CHO mAb工艺，这些因素的组合降低了成本，并且使设施产量每年增加4~5个批次[16]。供应商已证明有能力使用具有可接受的可提取物、浸出物特征的6级合规材料以方便地一次性配置生产膜系统。这些色谱柱的一次性膜替代品现在是许多最终用户工具箱的一部分，用于精细纯化选项。

表27-7　使用一系列上样量的多个mAb的AEX精细纯化膜与柱色谱性能的比较

阴离子交换色谱	单克隆抗体	上样量（g/L）	停留时间	HCP（ppm）	DNA（ppm）	Res蛋白A（ppm）
树脂Poros HQ	单克隆抗体1[a]	100	4分钟	15	<定量限	<定量限
膜Mustang Q	单克隆抗体1[a]	1000	6秒	18	<定量限	1
膜Natrix HD-Q	单克隆抗体1[a]	1000	3秒	22	0.003	1
膜Natrix HD-Q	单克隆抗体2[b]	3000	6秒	18	2.0	<定量限
膜Natrix HD-Q	单克隆抗体3[c]	10,000	6秒	23	0.03	<定量限

进料流：

a补料=宿主细胞蛋白（HPC）2300 ppm，补料DNA 2 ppm。

b补料=HCP 100 ppm，DNA 2 ppm。

c补料=HCP 110 ppm，DNA 0.03 ppm。

改编自H.Ying, M.Brower, D.Pollard, D.Kanani, R.Jacquemart, B.Kachuik, J.Stout, 用于mAb纯化的对流水凝胶膜色谱法, Biotechnol, 31（4）（2015）974-982。

案例研究三：开发下一代一次性自动连续生物处理

在该方法中，将低体积一次性灌注生物反应器（<500 L规模）与每个后续单元操作整体连接，以创建从

生物反应器到超滤/渗滤（UF/DF）浓缩的密闭操作、一次性连接连续端到端工艺，如图27-9所示。连续工艺由总体控制系统控制，该系统控制每个单元操作的各个方法。可以调节灌注生物反应器的流速，以改变生物反应器生产的产品浓度，然后通过后续的连续纯化工艺对其进行纯化。这允许对产品生产率（kg/d）进行响应性调整，以"按需供应"方法适应患者市场需求的任何变化。包括适应性工艺控制和产品属性控制在内的工艺分析技术将确保产品质量符合这种连续生产方式。工艺分析技术还将使产品能够实时放行，并显著降低质量检定（QC）的负担。超过25个离线放行分析的传统分析可以被潜在的大多数实时分析所取代。这将使QC和QA流程从数周加快到几天。因此，这种方法的好处来自多个方面：使用缓冲液和树脂的多柱色谱技术，新颖的膜纯化应用于增加通量[2, 16]，以及更小的资本设备导致更小的设施尺寸设施和更低的资本设备成本。自动化处理和实时分析可减少劳动力和库存成本，同时为患者提供更快的药物交付时间。

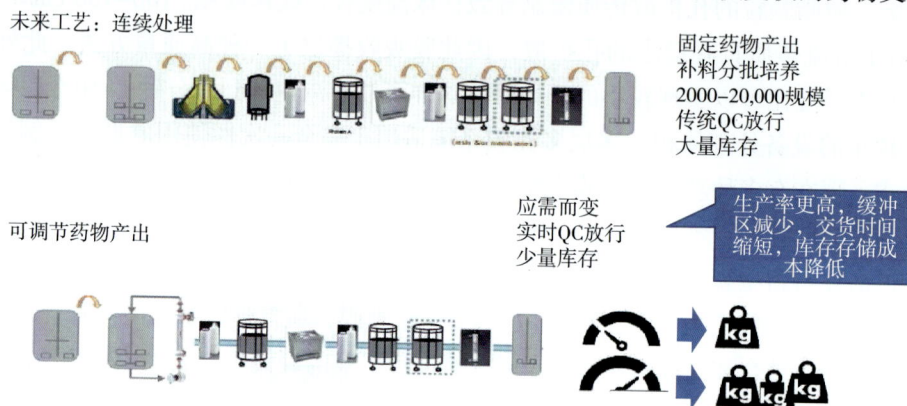

图27-9 与CHO mAb生产的传统顺序批处理相比，连续生物处理的潜在益处

最近在实验室规模上证明了这种一次性自动连续处理方法的可行性超过50天[4, 53]。概念验证包括灌注［在1vvd下滴度>1g/（L·d）］与使用一次性多色谱柱（BioSMB，Pall）的连续色谱法相结合，病毒pH灭活流过回路和膜水凝胶精细化纯化步骤。自动化过程控制使用总体控制系统（Delta V），对利用供应商软件现有本地控制的每个单独单元操作提供监督控制。自动执行器系统允许在后续单元操作之间进行主动的液体管理控制，该操作与加料袋集成以预充单元操作，并在任何工艺操作中断期间使产品积累。当一次性压力传感器检测到污染积聚时，激活多余的生物负载过滤步骤[53]。

在未来的生物制剂设备中，灵活的一次性使用技术将为各种工艺体系结构（例如补料分批培养、灌注和半/完全连续工艺）提供工具箱，以满足特定分子的需求。此外，原料药生产与适应性制剂生产灌装系统的整合（通过一次性使用实现）有可能进一步缩短生产周期。

第五节　未来状态概要

努力简化一次性使用技术的实施显然将使成本更低，灵活和可持续的工艺得到更广泛和更快的扩展。关键的基础工作之一是生成与一次性使用技术行业一致的标准。终端用户和供应商为推动标准在未来几年内完成而展现出了令人鼓舞的热情和不懈的努力。这将对生物技术行业在推动一次性使用技术实施的期望方面产生重大影响，包括供应商、最终用户和监管机构，这一努力最终将为患者带来益处。将持续推进使用行业统一的一次性使用多联管设计等标准设备，这将使该行业转向采用成型技术的自动化多联管生产，从而降低成本、缩短货期，并可能产生更强大、更稳健且故障更少的联管系统。希望这一重点举动将扩展到其他一次性使用技术，例如标准混合和生物反应器袋设计。供应商将继续提高其供应链透明度和耐用性。这包括实施供应商和最终用户之间协调后的变更控制程序。通过一次性技术实现的集成（连接）处理和自动化连续处理的实施将继续扩展到未来使用模块化设施的商业化生产中。这将是我们迈向更具有响应性和可持续的制造时代的关键，该时代可以对生物制品和疫苗需求的快速变化做出反应，并推动实现低库存。在未来几年中，预计将实现生物制品的实时放行，这将通过改进的一次性传感器，在线分析和参数模型来实现。通过改进理解和产品属性控制，将允许更稳健的工艺产生。所有这些努力都将导致更快地采用一次性使用技术，并继续进一步降低生物工艺的成本，最终将使患者获得更广泛的挽救生命的药物。这将需要持续努力，以维持和加强技术供应商和终端用户之间的密切合作。

致谢

作者希望感谢GünterJagschies为我们提供了机会，为《新工艺手册》准备与一次性使用技术相关的好处，方法，挑战和需求的全面概述。此外，作者还要感谢默克一次性使用网络对本章的帮助。其中包括Mark Petrich，Jeff Johnson，Dave Moyle，Mark Brower，Chris Smalley，Sabrina Restrepo和Chris Gross。

参考文献

第二十八章

连续生物工艺设计和控制的考量要点

Amgen, ThousandOaks, CA, United States

第一节　引言

连续和半连续工艺在许多行业已经实践了几十年。典型案例是钢铁、造纸和汽车生产。这些都是资金密集型行业，已将连续生产作为主要的制造方式，从而实现制造中最佳成本–效益的生产模式。连续运行有助于最大限度地利用设备。因此，对于同等的生产能力，工艺流更小，设备尺寸减小，设施规模更小。

在小分子对映异构体生产中，采用模拟流动床色谱的形式进行连续分离[1-3]。在过去十年中，人们重新激起开发和实施化学活性药物成分连续工艺的兴趣。几家公司已经在连续工艺生产线上进行了大量投资，并建立了学术合作从而推进连续工艺技术的发展[4, 5]。

然而，在治疗性生物制品的生产中，生产商对采用连续工艺却非常谨慎。到目前为止，其实施仅限于连续灌流细胞培养过程，主要用于生物反应器中不稳定的生物产品；这种情况很大程度上是由于面临监管的"不确定性"，以及对已建立的批量生产质量体系进行必要的变更。最近，人们对治疗性生物制品的连续生产越来越感兴趣[6-10]。连续加工是提高产业生产率和降低成本压力的一个很有前途的解决方法。行业专家对其实现潜力的几个潜在优势进行评估[11, 12]。

为生物制品开发一个完全集成的连续工艺，首先需要将单个单元操作转换为连续操作，其次，将这些单元操作组合成一个集成工艺[13]。对生物治疗产品生产的监管高要求意味着需要考虑其独特要点。连续工艺需要对工艺的高水平理解及控制。因此，必须具备稳健和可靠的在线过程分析和实时监测方法。与许多其他行业的质量控制不同，对于生物治疗产品，质量控制要求质量源于过程控制而不是依赖最终产品的检测[14]，同时证明生产工艺的一致性和可控性[15]。因此，提升了对连续工艺周密的和可控的实施，以及开发稳健和可靠的工艺分析技术（process analytical technologies，PAT）的重要性[16, 17]。由于具有降低成本的希望，监管机构已表态对连续工艺的支持，预计在审查新的连续技术的提交资料时，将会保持开放的态度[18]。然而，对产品安全性和有效性进行稳健和可靠的控制，始终是监管机构的主要关注点[19]。为了达到商业化生产对工艺理解水平和稳健操作的要求，还须克服很多技术和操作方面的挑战。以下章节中将围绕单克隆抗体生产的案例讨论其中的一些挑战。单克隆抗体是市场需求量较大的生物制品，因此需要考虑生产成本，从而为患者提供具有可及性的治疗方法。单克隆抗体通常是比较稳定的产品，对产品停留时间和稳定性的关注较少。对于某些工艺条件下产品稳定性存在"担忧"，连续工艺可提供额外获益，将不在本章节中讨论。

图28-1概述了单克隆抗体的典型传统生产工艺[20]，该工艺从多个细胞培养步骤开始，旨在将细胞库中一只储存管的少量细胞，扩增培养到足以接种生产反应器的接种细胞量。在生产反应器中，产品在受控条

件下形成，以实现高产、稳健性和可重复的培养工艺。在生产结束时，必须将产品与细胞分离；该步骤通常采用离心或膜分离来完成。将无细胞的收获液上样至 Protein A 色谱柱，然后将产品从色谱柱上洗脱，该步色谱可除去大部分杂质并实现产品浓缩。蛋白捕获之后是低 pH 病毒灭活步骤，以确保产品的病毒安全性。然后，产品通常通过一个或多个后续的色谱步骤进一步纯化，以确保对杂质（如二聚体或聚集物）、宿主细胞蛋白和 DNA 残留的稳健控制。为进一步确保产品的病毒安全性，在这些精纯步骤之后通常进行病毒截留过滤，然后进行配制，以确保最终产品处于目标浓度，包含正确的辅料和缓冲液成分。配制步骤一般通过切向流过滤（TFF）来完成。

传统工艺的所有步骤基本上都是批处理操作，必须重新设计以便于以连续或半连续模式执行。

在下面的论述中，将讨论单个单元操作及其向连续操作的工艺转换，然后考虑将它们组合成一个完全集成的连续工艺。在章节最后，将考量生物工艺的总体方面，例如故障恢复、开发时间表以及类似的因素。

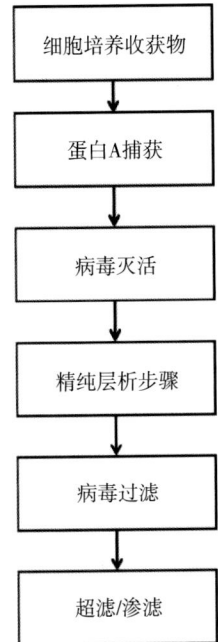

图 28-1 单克隆抗体的典型平台工艺

第二节　开发和实施

关于对连续工艺开发时间表和资源需求的影响，大家的共识有限。评估结果不同，从期望较短的开发时间（由于更大的灵活性）到期望较长的开发时间（由于个别实验持续时间较长）。

为了理解对过程开发的影响，详细评估特定项目的能力，基于综合数个方面的能力制定具体的预测。考虑因素可能包括：①通过延长细胞培养时间获得稳定细胞系的经验；②连续试验的小规模执行和取样自动化程度；③实时实验监测和 PAT 方法开发的有效分析支持；④多个平行实验的实时数据分析潜力；⑤单个实验数量和持续时间对开发时长的影响；⑥试和开发材料的持续可用性的可实现效率。

至少，在线速度、上样载量和浓度方面的工艺表征和理解需要比批次处理工艺通常需要的更多；这是因为连续工艺将以不同的流量进行，以保持连续进料，同时适应工艺流中先前操作的产品质量和流量的可变性。单元操作加载和合并需要适应不同质量和纯度的工艺流，因为不同流速下的连续流取代了预定流速的间歇流。这将需要额外的资源和时间来创建扩展工艺知识。可能需要开发病毒清除验证方法以支持连续操作。对连续的病毒清除验证策略需要进行必要的调整[21]，概述了路径和方向以及需要创新的方面。

工艺开发时间表和资源需求是过渡到连续工艺的首个重要方面。

在 GMP 要求的生产环境中转移和执行连续工艺需要大量的短期资源来发展必要的能力。这些最初投入的资源将在重大的长期效益面前黯然失色。与批次生产相比，在连续模式下操作时可能需要更高持续实施成本，这是由于执行工艺性能确认（PPQ）和验证的设施占用时间的延长。由于典型的连续灌流细胞培养工艺的持续时间明显长于批量或补料批量细胞培养过程，并且设施占用成本通常是总生产成本的主要构成因素，因此必须考虑相关设施的延长占用。较小设施和设备的较低资本投入可能会抵消这一不利因素。在多个 PPQ 批次中生产的产品数量可能超过最初商业化产品需求，并导致产品因报废或过期的损失。为了有利于已知产品需求的已上市产品实施连续工艺的生命周期管理，选择生产规模和批次持续时间是非常重要。

第三节　单元操作的设计

一、细胞培养生产

连续灌流细胞培养在生物制品生产中已经应用了很多年。以往这种工艺模式对于不稳定产品是最合适的，这得益于及时从细胞培养液中移出目标产物。最近技术进步使这种生产模式对高生产率应用更具吸引力[22]，讨论仅限于影响后续下游工艺和工艺设计的细胞培养方面。总体工艺效率的关键因素之一是保持每批次产品质量和产量方面的一致性。在连续生产过程中始终如一的产品质量是至关重要的，因为只有这样，才能整合上游和下游成为一个连续的生产工艺。如果在生产期间产品质量有明显的变化，细胞培养产品可以在进一步加工之前收集到均质池中，从而抵消了完全集成的连续工艺的主要优势，或者必须建立对过程质量属性的连续监测和控制。当产品处于更浓缩和稳定的溶液状态时，在初始收获液的更下游设置混合池可能仍然有好处。

在产品质量一致的情况下，重点可转移到细胞培养工艺的操作可变性上。影响反应器中产物流的质量和体积一致性的主要因素是细胞截留和细胞密度控制。图28-2描述了连续生物反应器的典型工艺流程。连续培养生产的主要目的是将所有活细胞保留在反应器中以继续生长，同时生产可直接上样捕获操作的澄清产物流，这对于单克隆抗体通常是蛋白A捕获色谱步骤。细胞截留和泄出技术的选择对产品流有重要影响。

目前，微滤是细胞截留的一种非常流行的选择。使用这种技术，通常会观察到大量的膜堵塞，从而使一个膜组件无法在不降低产品筛分的情况下，支持整个连续工艺的持续生产。随着时间的推移，这将导致膜透过液中产物浓度的降低和反应器中产物的积累[23]。如果在生产过程中更换膜，透过液中的产品浓度的大幅度波动是可预期的；当累积的产品通过新膜释放时达到峰值，当膜堵塞使用结束时达到峰谷（图28-3）。色谱工艺的设计需要确定色谱柱的尺寸是否适合平均细胞培养收获液产出，即在累积产品的短期峰值期间，色谱柱是否能够捕获所有产物。

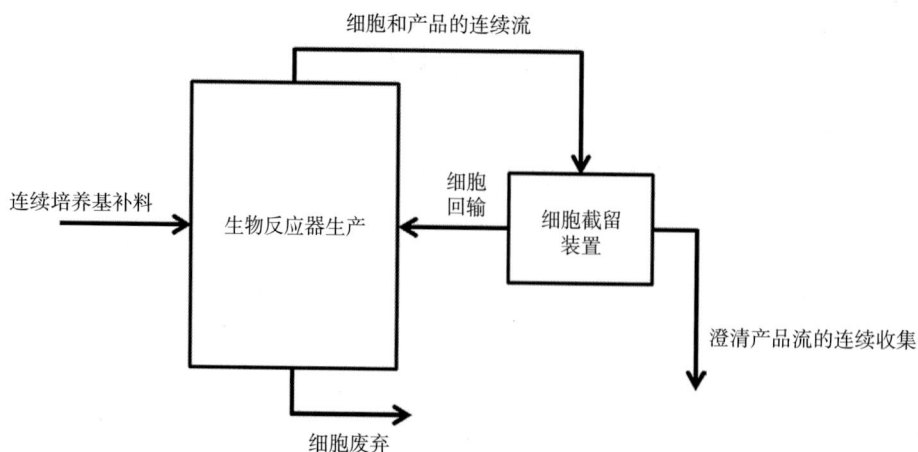

图28-2　连续生物反应器工艺流程概述

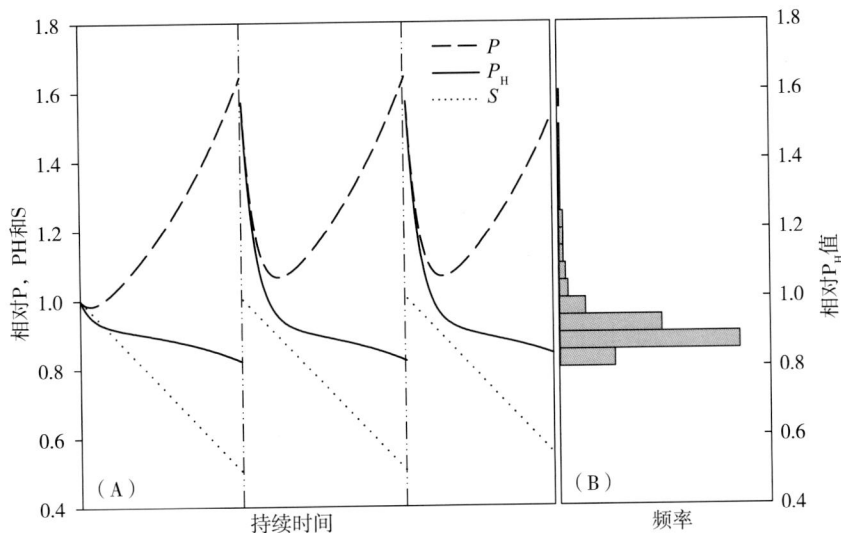

图28-3　膜堵塞的细胞截留装置中产品分离的影响

（A）对反应器（P）和收获液（PH）中产物浓度的影响。实线:PH；虚线:P；点虚线:s；点划线:更换细胞截留装置。（B）PH分布。

其他细胞截留技术，例如斜面沉降器[24]、声波分离器或连续离心机，可能会避免这一特殊的挑战，但所有这些技术都同样面临高细胞密度的挑战，而高细胞密是实现高生产率所需的目标。

连续细胞培养的另一个关键目标是在生产反应器中保持稳定的活细胞密度。虽然细胞培养的目标是使细胞生长最小化和产物形成最大化，但始终存在细胞的不断生长，需要通过靶向去除细胞和细胞碎片来抵消。这种细胞去除通常是通过排出少量含有细胞和产物的培养液来完成的。通常，细胞排出液中的产物会被丢弃。即使在完全一致的细胞生长速率下，也能预期在细胞排出液中会产生不同的产品损失，从而增加用于进一步加工的产品收获量的可变性。此外，细胞生长的任何可变性也会影响反应器的体积输出，除非设计的灌流控制策略可以补偿这种变化。通常，反应器控制策略关注于最大化生产率和最小化培养基要求，同时保持稳定的细胞培养和产品质量。

二、连续循环捕获色谱

在单克隆抗体生产中，由于蛋白 A 介质的高成本，捕获步骤是成本密集型操作。可以使用其他非亲和分离技术，例如双水相萃取[25]或传统的离子交换色谱[26]，但在很大程度上无法超越蛋白A分离的极高选择性，以及利用一个单元操作对多个产品进行微小调整的便利性和效率。出于这个原因，最近的重点工作是最大限度地提高Protein A操作的生产率，而不是完全取代它[27]。已经有大量的研究和报道使用连续循环操作更有效的蛋白A色谱捕获步骤[8, 28-30]。周期性色谱柱循环操作的各个阶段如图28-4所示。色谱柱的上样量可以超出其容量，任何穿透的产品将在随后的Protein A色谱柱中捕获，同时，对上一个循环中满载色谱柱进行洗涤、洗脱和再生，以用于下一个循环。本次讨论的重点是这些周期性循环方法的过程设计和控制方面。已经提出基于TFF系统的填充色谱柱的替代操作模式[31]，以将收获和捕获工艺整合到周期性循环操作中。与操作稳定性、进料可变性设计，以及介质和缓冲液储存相关的一般考量要点保持不变。虽然在下面的讨论中使用术语"色谱柱"，但一般原则将适用于独立的周期性循环方法。

正如上一节所强调的那样，预期进料液体积和产品浓度存在变化的可能性。但是，需要考虑Protein A操作本身也存在显著的差异。应了解介质批间差异和色谱柱填装差异，可能会影响周期性循环操作中多个色谱柱的协同操作。然而，在连续色谱工艺设计中必须解决的最大已知变异性是介质载量和工艺性能随使用寿命延长而下降。由于介质重复使用次数的增加有利于抵消Protein A介质的高成本，因此必须在介质的整个生命周期内对工艺性能进行稳健的控制和理解。与上一节中讨论的微滤相似，在工艺设计中必须全面理解并考虑整个生命周期中的波峰和波谷。

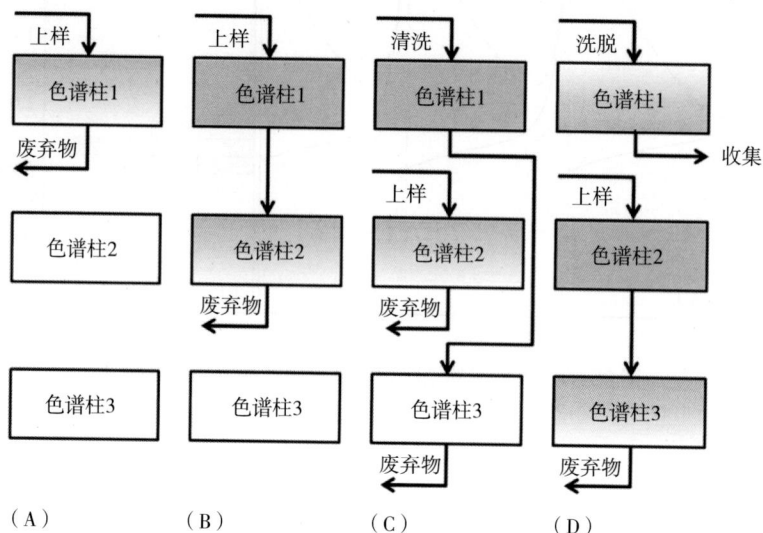

图28-4　周期性色谱柱循环操作的阶段

（A）色谱柱1加载；（B）色谱柱1超载，穿透产品被色谱柱2捕获；（C）色谱柱2加载并洗涤色谱柱1，未结合的产物被色谱柱3捕获；（D）色谱柱1洗脱并将其循环以备下次使用，色谱柱2超载，穿透产品被色谱柱3捕获

在传统的分批操作中，将介质加载到有安全系数的实际已知结合能力的目标水平。该安全系数的选择结合了介质的最大允许使用量，使得延长介质使用的性能下降是可以接受的[32]。使用周期性色谱柱循环操作，目标是在产物上样至序列中下一色谱柱之前，上一个色谱柱完全满负荷上样。这对工艺设计和控制有多重影响。研究表明，结合能力不一定是介质性能的良好指标。产品收率随着使用时间延长的下降速度，比由于使用后清洗使色谱结合能力下降而导致的产品损失更快[33]。清洗损失的增加将不利于周期性色谱柱循环工艺设计的产率。在大多数情况下，较低的工艺收率将超过介质成本节省的收益。这个问题可以通过在循环设计中将含有冲洗液的产品收集到另一个色谱柱上来克服，但它会通过延长每个色谱柱的空载时间，从而对工艺效率产生负面影响。在将清洗组分上样至蛋白A色谱柱的情况下，必须考虑去除病毒和其他杂质的潜在影响。

介质性能下降的另一个方面是，系统必须对最后一个负载循环的介质性能进行设计。其影响是多方面的：如果系统的设计是为适应介质在最后一个使用循环的性能和上游工艺预期的可变性，那么系统必须在早期的循环中使用过量介质，并且很少能以其载量运行。在早期介质使用循环中，上样持续时间可能显著长于非上样的平行色谱柱周转所需的时间，导致色谱柱"空置"等待。因此，必须在两个基本目标之间做出设计选择：稳健的简单性或最小化缓冲区的使用。

第一个工艺设计目标是具有最简单的稳健操作，始终以额定载量为目标。这允许使用预定义且不变的过程操作进行最简单的过程控制。从未超载色谱柱的后果是，无法实现介质和缓冲液节省带来的全部好处，唯一的好处是将细胞培养工艺与连续上样操作相整合的工艺。

第二个工艺设计目标是始终最大限度地提高色谱柱上样量，从而最大限度地节省介质和缓冲液。这需要在周期性循环设计中对第一色谱柱流出液进行某种形式的产品检测。提出了一种利用多个紫外检测器进行完全同步标定的解决方法[13]。这种方法需要更复杂的操作规划和安排，因为它会导致每天上样持续时间、缓冲液需求、循环次数和洗脱混合的变化。在设计后续工艺操作时，必须考虑蛋白A介质在重复使用寿命期间的产品浓度变化。由于介质载量的变化，色谱柱第一个周期的合并液浓度可能高于色谱柱最后一个周期的合并液浓度。此外，在介质的使用寿命期间，与结合能力相比，上述可恢复能力的下降速度更快，这突出表明，在使用这种方法加载至最大结合能力时，需要仔细评估工序产率。

对于这两种方法，必须意识到宿主细胞蛋白杂质水平可能会受到蛋白A捕获色谱过载的负面影响。在第一种情况下，在有效保持相同载荷的同时，色谱柱仅在介质使用周期的后期过载。在第二种情况下，介质在每个循环中都加载至其容量，关于该操作模式如何影响产品纯度的可用信息很少。在这两种情况下，必须通过全面的表征工作和在后续的单元操作中设计足够的冗余和稳健性来克服这些困难，以确保整个工艺的稳健性和可靠性。

由于蛋白A膜吸附或整体柱具有更好的流动性，可将其作为替代操作。这将在连续循环操作中更具优势，因为可以实现低压力和高流量，并且具有良好的产品收率。然而，在大多数情况下，要么是结合能力不够，要么是洗脱能力不足。当从一种缓冲液更换为另一种缓冲液时，较差的洗脱能力会导致缓冲液体积需求的增加，将不利于大规模生产[34]。类似的考虑适用于切向流操作中悬浮亲和介质的操作。此外，在这种情况下，所需的缓冲液体积仅允许小规模操作。

三、病毒灭活

当前大多数生物治疗型蛋白纯化工艺中，都有一个批次病毒灭活步骤。这些批次灭活步骤包括以规定的孵育时间和温度对工艺溶液保持低pH或进行溶剂/去垢剂处理。通过低pH灭活病毒已被证明是一种非常稳健的病毒清除策略。为了确保低pH处理是稳健和可靠的，美国测试和材料协会（ASTM）标准制定确保至少5log的xMuLV清除率[35]。为了保持该步骤的历史和经验，实现连续制造的最简单实现方式是将灭活设备复制到两个并行操作中。储罐的尺寸应足以允许在一个储罐中收集进料溶液，同时平行储罐执行所有pH调节步骤，包括静置、后续的进料操作以及储罐周转。该方法稳健且定义明确，不会引起任何监管方面的担忧。每个并行储罐将比典型批次操作中使用的储罐要小得多。这种半连续方法只是传统批处理操作的重复[36]。

已有数种持续病毒灭活的替代方法，但尚未在生产规模上得到证实或通过监管机构的考察。将在此简要讨论这些方法。

一种通用方法是将灭活处理与捕获色谱操作相结合。将产品暴露在低pH/高盐条件下，持续时间与传统批次低pH灭活时间相近，同时与蛋白A介质结合，可提供与传统方法相当的清除结果[37]。这种组合操作可以在色谱柱周期循环操作中实施。将病毒灭活纳入色谱柱循环操作的缺点是需要额外延长1~2小时色谱柱保持时间。除非捕获步骤的上样浓度足够低，否则周转期间较长的放置时间会显著降低蛋白A操作的产率，使上样持续时间适当延长，以便将病毒灭活与周期性捕获操作结合起来。因此，该方法的目标必须集中在最小化病毒灭活所需的放置时间，以保持组合操作的高生产率。

另一种方法是开发一种真正的流穿反应器，控制最短停留时间（minimum residence time，MRT）在目标低pH或溶剂/去垢剂暴露条件。盘绕式换流器设计已被接近塞流式反应器模型所展示，可确保良好的MRT[38]。对这种方法的理论认识仍需要通过病毒清除研究来验证。确保足够长的暴露时间以补偿MRT的不确定性，将确定反应器所需的总管道长度。

紫外线–C（UV–C）辐照用于病毒灭活性能方法研究已进行了多年[39]。该方法被应用于其他领域的连续模式，由于存在破坏产品的风险，尚未广泛用于生物制品生产中。使用螺旋管连续反应器在很大程度上克服了穿透深度的限制。需要针对产品特异性开展研究，以了解和确定充分的病毒灭活的目标UV–C暴露量，同时最大程度地减少对产品质量的负面影响。

四、连续精纯色谱

通常设计一个或两个精纯步骤，以确保稳健性和控制去除产品和宿主细胞相关杂质。传统的精纯步骤主要是离子交换或疏水作用色谱。最近，在单个单元操作中结合离子交换和疏水相互作用的混合模式变得越来越普遍。对于连续精纯操作工艺开发，最重要的方面不一定是色谱模式，而是操作模式：结合–洗脱（bind-and-elute，B&E）或流穿（flow-through，FT）。

在连续模式下实施B&E操作是可能的，但B&E比FT操作更难实现。阶段洗脱产品的B&E操作可以实现类似于上述讨论的蛋白A操作，由于与蛋白A捕获操作相比具有较大的浓度影响，因此预期在该工艺的上样浓度要高得多，这使得设计的生产率大大降低。上样持续时间可能非常短，无法为周期循环提供足够的色谱柱周转时间。有两种方法可以实现连续操作：①在周转阶段增加一个色谱柱，以便更快地准备下一个上样色谱柱；②增加色谱柱直径并减慢上样流速，以提供足够的周转时间。这两种方法都会对运行效率产生负面影响。

对于需要线性梯度洗脱的B&E操作，已经开发了一种复杂的多柱逆流溶剂梯度纯化（multicolumn countercurrent solvent gradient purification，MCSGP）方法[40, 41]。不幸的是，上述提到的周转时间限制在这种设计中被进一步放大。MCSGP工艺循环的线性梯度部分增加了更多的周转时间。但是，可以应用上述提到的两种操作缓解措施。MCSGP方法的一个显著特点是能够再处理含有不满足产品纯度要求的副组分。因此，MCSGP方法可以提高收率与纯度的关系，即在给定的目标纯度下，比批次操作可能的收率更高。另一方面，应用该技术将使该操作不能用于工艺整体病毒清除的目的。执行病毒清除验证所需的类似连续小规模操作实际上是不可能的。

FT操作非常适合作为连续操作中的精纯步骤。相对较长的上样时间和较短的周转时间，允许使用两个交替的色谱柱进行更简单的设计。一个色谱柱加载到其正常的载量目标，而第二个色谱柱将被循环以供下次使用。FT操作不但会产生连续的上样流，而且在只有轻微中断的情况下，产生具有恒定浓度的连续产品输出。由于连续FT操作的开发与批次操作相同，因此可以使用单个色谱柱进行小规模批次研究，以进行FT工艺表征和病毒清除验证。

对于连续FT操作，替代吸附形式（例如膜装置或整体柱）可能具有吸引力，因为这些方法允许更快的流速。在这些情况下通常不需要高结合能力，因为膜吸附介质会吸附低浓度的杂质。

五、病毒过滤

基于过滤的病毒清除是所有治疗型生物制品生产工艺的关键步骤。原则上，它们的实现与FT色谱设计非常相似。这些过滤步骤受到小规模验证研究中确定的积垢和上样体积的限制。与FT色谱设计的不同之处在于过滤器不能再生和回收使用，而是在每次使用后更换新的滤器。尽管使用大尺寸的过滤器会减少手动切换，但这会导致操作的自动化程度降低。对于连续操作，通常过滤器的流量保持在恒定速率，直到达到特定的压力阈值。此时，必须降低流速以保持压力低于操作限值，或者必须将流体转移到平行过滤器中，同时必须更换用过的过滤器。通过增加过滤面积来最小化更换的频率。设备设计的主要挑战是保持一个封闭的系统[21]。病毒过滤后的环境控制通常非常严格，新滤器单元的反复连接和断开对工艺完整性造成重大风险。操作设计必须关注工艺完整性、操作以及过程控制这些方面。

六、连续浓缩和配制

在大多数生物制品生产工艺中，通过超滤和渗滤（UF/DF）的TFF操作，将纯化后的产品配制成最终浓度及辅料。在批次操作中，TFF工艺通常从浓缩阶段（UF）开始，其中产品被保留，缓冲液渗透通过膜。随后进行缓冲液交换，其中产品浓度保持不变，辅料浓度在DF步骤中确定。最后进行UF过度浓缩操作，以使产品从系统中以目标浓度回收。

通过一系列类似于单道切向流过滤（SPTFF）的步骤，可以实现连续的多级TFF操作，这是一项成熟的技术[42, 43]。图28-5总结了连续浓缩和配制操作的概念。不像在批次操作中，产品多次通过一个过滤器，而是一次通过一系列过滤器。为了实现缓冲液交换，可以使用连续级联DF；该系列每个过滤器流出的浓缩产物可与制剂缓冲液合并。由于有多个膜包，每个膜包都需要单独的泵、流量计、压力传感器和压力控制阀，因此连续TFF的设计复杂性明显高于批量工艺。此外，DF阶段的每个阶段都需要能够以正确的比例配置制剂缓冲液。

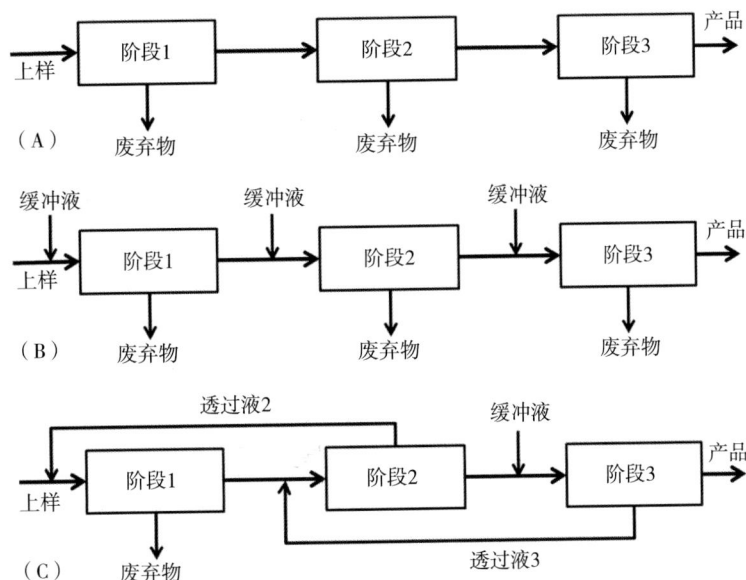

图28-5　连续浓缩和配制操作
（A）连续超滤；（B）连续级联渗滤；（C）连续逆流渗滤

连续TFF的另一个设计考量是制剂缓冲液的消耗。如果在每个膜过滤阶段都加入新的缓冲液，则连续系统的缓冲液消耗将比批次操作大得多。通常，由于辅料成分的级别较高，制剂缓冲液成本在总生产成本的占比较大。因此，这是连续设计必须加以克服的缺点。为了保持与批次操作相当的缓冲液消耗，系统必须设计成逆流模式，只有最后一级膜接收新制剂缓冲液，所有其他级接收下一级的透过液。这降低了缓冲液交换效率，并将增加膜级的数量。因此，需要平衡系统复杂性和缓冲液消耗，以满足连续工艺的操作目标。

第四节　单元操作的整合

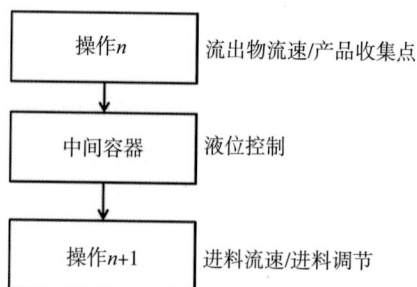

图28-6　两个相连的连续操作序列的
工艺控制图

在其他批次过程中，执行单个连续或半连续单元操作将不能提供连续操作的所有优势。另一方面，整合一系列五个或更多的连续或半连续操作，并不是一件小事。许多操作，尤其是色谱步骤，没有连续的稳态输出流，因此需要一个中间收集容器（暂存罐）来为下步操作创建一个连续进料。即使是连续流输出的操作，也可能需要一个中间容器来创建分离的单元操作，以实现流量和压力控制。这表明完全集成的连续工艺顺序为：操作—储罐—操作（图28-6）。工艺自动化需要协调相邻操作的工艺流速和相应暂存罐中的液位。

一、微生物负荷控制

连续工艺复杂性、持续时间的延长，以及生物制品生产中大多数工艺流的固有促生长性质，这些因素结合起来，需要一个明确和稳健的微生物负荷控制策略。原料药开发和生产的ICH指导原则Q11[44]明确指出，由于检测药物中低水平污染的固有局限性，终产品的检测被认为是不充分的，因此控制策略中必须包括额外的检测点。当前的监管期望是微生物负荷控制必须是所有工艺步骤固有的，而不依赖于下游无菌过滤来降低污染风险。为此，需要在任何无菌过滤之前，进行适当的检测和微生物负荷监控。尽管在连续工艺中可能不存在真正的合并液，但中间合并液容器（暂存罐）可以充当能够快速扩增生长的反应器，将任何较小的微生物负荷问题转化为主要问题。因此，预计监管机构将要求采取严格的控制、测试和缓解策略来克服这些问题。原则上，单个单元操作可以采用与批次操作相同的消毒控制策略，但单元操作之间的连接必须重新评估，因为在连续操作期间，如果没有工艺中断或生产线冗余，则无法对这些管线和容器进行消毒。系统设计需要考虑在线清洁（CIP）和在线灭菌（SIP）能力、设备和生产线冗余，以及中断连续操作进行部分临时消毒的能力。尽管这些控制策略是必要的，包含这些特性将进一步增加复杂性，这本身就会产生过程漏洞。可以将工艺和监管风险最小化的一种策略可能是经常安排工艺中断，以便对工艺流程的各个部分进行中间预防性消毒。这种策略是以降低工艺效率为代价的，将负面影响降至最低，但是如果与其他单元变更同步进行，也会增加污染风险（例如更换过滤器）。

二、设备和厂房利用

在连续操作中，厂房和设备的运行与批处理相比具有不同的含义。在分批操作中，使用率表示为设备或工厂运行时间的百分比。尽管设备在批次生产过程中经常处于闲置状态，但当设备投入使用时，设备是在其最大设计能力下运行的。因此，很容易将设备利用等同于操作持续时间。然而，在连续操作中，工厂和设备在100%的时间内运行，如果使用批次运行标准，则预期利用率为100%。相反，连续工艺的利用率应表示为工艺输出与100%工艺设计能力的百分比。

设备100%的运行时间给设备的可靠性和维护带来了额外的挑战。在批次操作中，设备经常处于空闲状态，可以在不影响生产计划的情况下进行设备维护。然而，在连续运行中设备没有空闲时间，任何形式的维护都会干扰生产过程。由于工艺很少以最大设计能力运行，因此有一种方法可以收集过程中间产物，执行必要的维护，恢复并赶上正常的进度。但这增加了过程控制和定义的复杂性。应对任何可能的维护和适当的过程响应进行过程控制。如果这些过程控制没有事先到位，则当工艺中断时，默认的后果将是产品流的损失。随着时间的推移可能只会制定更多的额外控制措施，但需要制定复杂的监管策略，以便在不影响监管预期和承诺的情况下增加程序性缓解措施。这必须在很大程度上依赖于强有力的工艺表征数据和稳健的工艺设计空间。

由于全天候运行，连续运行可以减少设备尺寸和工厂占地面积，但可能造成其他方面低效率。在连续工艺中，所有操作都是并行执行的。这需要生产车间具有完全不同的劳动力支持模式和文件系统。批次生产的现行做法是操作员参与工艺执行，其中操作通常由相同的操作员依次执行。在连续运行模式中，多个操作不间断地并行进行。在整个工艺过程中，通常从上游单元操作到下游单元操作的同一组操作人员必须同时支持所有操作。如果操作人员参加类似于典型的批次操作，人工成本预计会增加。为了克服这个问题，连续工艺需要很大程度上在无人值守的情况下执行，以提高成本效益。这需要更复杂的、独立于操作员的自动化和自动故障检测。

对于集成连续工艺的设备设计，工艺流速的降低对设备规模提出了挑战。由于从生产反应器到典型过程流到最终药物的产品浓度存在很大差异，各个单元操作之间的流速差异可达到10~50倍。在批次工艺设计中，这些差异通常通过设计和规模相似而单个操作的工艺循环次数不同的操作设备来解决。对于集成的连续工艺，每个单元操作的设备尺寸和设计可能必须具体到特定规模，以便能够在不同要求的工艺流速下运行。尽管连续工艺设备通常较小，如果每个单元的操作都经过独特的设计和缩放，以最大限度地提高其单个能力，这将对必须支持多种不同的尺寸和设计的制造和工程人员构成挑战。Protein A捕获操作、病毒灭活步骤、精纯步骤、病毒过滤和逆流配制步骤均同时进行，每个步骤每次生产的产品量相对较少。为了提高操作效率，必须从根本上升级当前的生产自动化策略、劳动力支持模式和文件要求，以支持这些多重并行操作。

三、故障修复

如上文强调的，在应对工艺或设备故障时，对设备的全天候使用提出了新的挑战。在生物制剂生产的高度监管环境中，故障响应的一个重要特征是，任何质量体系都期望有一个良好控制工艺，并且在开始下一步处理之前，必须对任何过程故障进行分析和理解。在当前的批生产实践中，监管期望任何程序或工艺结果的偏差都要记录，偏差的根本原因要分析和查明，并在下一步处理之前采取纠正和预防措施[19]。从根本上讲，存在风险的生产过程是不可接受的，拒收不合格材料，并放行符合患者使用质量标准的材料。工艺应始终处于受控状态。

这种模式对连续生产提出了挑战。在连续工艺中，预期当物料偏离质量标准时，可将其拒收，将工艺纠正回正常质量范围内，后续生产的任何物料都被认为是可接受的。根据解决、纠正和预防措施的要求，在解决偏差之前生产的任何材料必须在此期间进行隔离，这造成了隔离和记录操作的复杂性。这突出了预先开发广泛的操作设计空间和对预期偏差的广泛程序响应的重要性。

最简单的响应是对设备故障的响应。根本原因很容易确定，风险降低措施通常也很明确。根据已知的风险，生产目标和质量体系的风险降低方法可能有所不同。如果故障风险被认为是不可接受的，则可以从一开始就在系统设计中内置冗余设备，并且可以在系统设计期间建立用于故障检测和单元切换的SOP。这导致高可靠性但设备的低利用率，因为总是存在"闲置"单元，并且设备和文件复杂性更高。对于其他风险，可以将产品流转移到"废物池"中，直到情况解决为止。为了防止正在进行调查时的产品损失，故障点上游的产品流也可以在固定的存储点收集，期望在故障纠正后将工艺通量提高到其标识最大值，直到累积的产品中间体被处理完毕。

对工艺失败的响应通常会带来更多的困难。虽然类似的考虑也适用，更大的问题是可检测性以及保护可接受的产品免受失败产品的"牵连"。需要快速PAT来立即检测偏差并将产品转移到"废物池"中。此外，需要了解和记录整个系列操作的混合和停留时间分布，以实现稳健的产品保护。对于连续工艺，当系统能够对检测到的偏差做出反应时，产品流可能已经在下一个单元操作中进行处理，受影响产品和可接受产品之间的明确界定可能是模糊的。必须有明确的指南和执行能力去隔离或拒收受影响的产品，以避免涉及整个生产批次。

最大的风险之一是微生物负荷污染，主要是因为实时可检测性较低。微生物负荷检测结果通常在样品提交后几天才能得到，污染可能对整个工艺流以及许多天前开始收集的产品产生破坏性影响。因此需要对工艺期间及以后的有效微生物负荷控制进行严格的确认。警戒监测至关重要，但不幸的是，它不太可能作为风险降低策略的一部分。由于响应缓慢，它的效用可能仅限于控制检定。

四、一次性设备和装置

连续操作降低了过程中间品的体积，因此降低了所需的罐和泵的尺寸。因此，可以预期即使在商业生产规模下，操作规模也适合使用一次性设备[45]。尽管从根本上讲这是正确的，但需要考虑几个方面。不锈钢设备已用于生物制品生产很多年。因此，对其设备设计、可靠性、维护和清洁都有很好的理解。对于一次性设备，其设计和可靠性尚未很好地建立，可能会给连续操作带来重大风险，在这种情况下设备故障和故障恢复可能会对工艺产生更大的影响。此外，应考虑自动化与人工操作的干扰。不锈钢装置通常设计用于CIP和SIP，其中非工艺期间和工艺期间设备周转的所有方面都可以自动化。对于一次性装置，需要重复手动安装容器和手动连接管道。这增加了连接错误的风险，可能导致污染，并增加手动操作人员的劳动强度，与前面讨论的一致，不利于连续操作。尽可能长时间使用一次性设备，以最小化原材料成本和安装时间，为一次性设备的稳健性增加了额外的压力。另一方面，使用不锈钢装置，所有连接都可以实现自动化控制，并且可以验证其正确性。显然，不锈钢装置的资金需求量大和更长的设施和设备建造前置期。然而，一次性设备最大优势是将固定成本转移到可变成本以减轻低设施利用率情况下的负担，由于期望高设施利用率，因此不适用于连续工艺。对于生产时间短和设施利用率低的情况，实施连续工艺似乎并不明智。因此，似乎没有将一次性设备应用于连续生产的重要驱动因素。

对于连续处理，诸如预装色谱柱以及膜包和滤芯之类的一次性装置，可能更受关注。如果色谱柱的柱床高度很短，在连续色谱柱循环过程中频繁循环使用，它们很快就会到达使用寿命终点，这样需要不断更换许多色谱柱和膜包，并增加了色谱柱装柱的巨大劳动负担。使用预装柱可以外包部分人工成本。由于用于连续循环柱床高度短使用介质量少，与内部装柱劳动成本相比，预装柱的成本可能过高，因此供应商将面临巨大的成本压力，以降低填料和硬件的在介质成本上的溢价。

五、调整批量和批量

连续工艺的一个优点是可以通过延长生产时间来改变批量大小。这增加了类似于生产更多批次的自由度。对于连续生产，预先定义最大批量大小是一项挑战，因为PPQ需要证明设计的批量。而对于长期生产，延长批次持续时间是可取的，但在PPQ期间这是一个缺点。一个长时间连续工艺的PPQ活动可能占用设施相当长的时间，在产品的商业用途尚未获得批准时，将生产大量物料。这需要仔细平衡计划PPQ成本，以及平衡用于库存的产品质量，并考虑产品稳定性特征。

连续生产的另一个优点是可以将一个批次分成多个批次进行测试和批放行。这使得公司可以根据在批次失败情况下愿意承担的业务风险与批次放行和测试多个批次的成本之间的平衡来优化批量。

必须进一步注意对原材料的需求。虽然预期连续生产工艺可以使用更小的设备、更低的流速，并在更小的设施中进行，乐观预计每次批量生产的原材料需求不会变化，并且可能由于灌注培养基的消耗而增加。尽管由于色谱柱较小，执行单个色谱柱循环的缓冲液体积较小，但必须执行多个循环才能产生相同的质量，因此每个生产批次的缓冲液体积相当[30]。此外，每批产量产品生产所需的用水量也将基本保持不变。这就要求连续工艺工厂与具有相同生产能力的批次工艺同等大的仓库空间、物流、缓冲液和培养基制备能力。

第五节　总结

一个完全集成的连续工艺生产治疗性蛋白质的是可行的。它的实施并非易事，并且需要精心计划，以及工艺开发、制造、质量和监管专家的密切协作。转换治疗性生物制剂生产中使用的典型批次操作，可能会影响几个已建立的业务流程及其相互作用。受影响的领域包括：①工艺开发资源和时间表；②生产车间的劳动力和自动化要求；③于需要不同的过程控制策略，需要的质量体系和监管备案策略；④工艺偏差的实时检测和响应方法；⑤工艺和设备故障的恢复程序。

虽然每个单独的单元操作可以转换为连续操作，但从多个连续操作的集成中可以预期获得最大的经济效益。然而，尽管有这些理论依据和期望，开发比传统的批处理更具成本效益的连续工艺并非易事。它将要求改变传统的自动化和控制策略，改变生产车间的劳动模式，以及与偏差调查、纠正和预防措施相关的整体质量体系。

从工艺开发的角度来看，必须着重于理解在哪些地方需要较宽的设计空间以确保在预期工艺条件范围内进行稳健的处理。由于连续操作的链接锁定了工艺持续时间，因此工艺执行必须能够通过在规定的工艺参数范围，以及预期性能指标范围内，改变流速或循环切换点，以响应产品质量和浓度或溶液体积的变化。

从操作的角度来看，必须将重点放在自动化和控制复杂的一系列操作上，这些操作即使是单独执行也很复杂。过程实现的安装、操作和性能确认必须以高度重视和精确的方式进行计划和执行。

从质量和监管的角度来看，可预期在围绕制定稳健的微生物负荷控制策略，以及制定对工艺偏差和设备故障的响应方面面临重大挑战。由于生物制剂集成连续加工的新颖性，监管机构将在过程审查期间对这些方面进行密切关注，以确保产品的安全性。

参考文献

第二十九章

大肠埃希菌表达重组蛋白的工艺开发和强化

Shuang Chen, William B. Wellborn, John T. Cundy, Ratish Mangalath-Illam, Scott A. Cook, Matthew J. Stork, Joseph P. Martin, Maire H. Caparon, Stephen E. Sobacke, Sriram Srinivasan, Joost P. Quaadgras
Pfizer Inc., Chesterfield, MO, United States

第一节　引言

成纤维细胞生长因子21（fibroblast growth factor 21，FGF21）是属于成纤维细胞生长因子（FGF）超家族的代谢调节剂[1-3]。人类FGF21是由181个氨基酸组成的多肽，分子量约为19.3 kDa。它具有由12条反平行β链组成的球状结构域[4]，包含两个半胱氨酸Cys75和Cys93，它们形成链内二硫键。已经在肝脏、脂肪组织、棕色脂肪组织、肌肉和胰腺中鉴定出FGF21表达。它通过与FGF受体/βKlotho受体复合物结合发挥其生物学功能。在啮齿动物和灵长类动物中的研究表明，FGF21参与了许多代谢过程的调节，包括葡萄糖和脂质稳态。因此，它在药学上作为糖尿病、心血管功能障碍和家族性脂质疾病的潜在治疗方法特别令人感兴趣[5]。

增加FGF21的短血清半衰期（在猴子中为2小时）对于成功的生物制药开发非常重要，并已经探索了许多策略，包括聚乙二醇化[6]、CovX-体缀合[7, 8]和抗原可结晶片段（crystallizable fragment，Fc）融合[9]。Huang等人的研究[8]证明，将工程化的FGF21分子、FGF21（A129C）与CovX-体缀合，延长了FGF21的血清半衰期，并在糖尿病小鼠模型中保留了其治疗功能性。辉瑞公司已经做出了一致的努力来开发具有成本效益和可扩展性的表达、纯化和偶联工艺。生物偶联物生产包括生产FGF21（A129C）和单克隆抗体（mAb）裸抗，然后通过FGF21上的工程化半胱氨酸和抗体上的赖氨酸将这两个组分连接起来[7]。

将FGF21（A129C）作为包涵体（inclusion body，IB）在大肠埃希菌中表达，显示出足够的产能，并据此开发了培养和下游工艺。该工艺迅速扩大，以支持临床前和I期临床研究。无论从销售成本还是产能角度来看，FGF21（A129C）都不是一个可行的选择。由于对生物偶联药物（以及FGF21成分）的需求预计将达到吨级，因此需要从发酵和下游工艺中显著提高工艺生产率。

该案例研究涉及FGF21（A129C）的表达、培养和下游工艺的开发与强化。通过菌株选择、密码子优化、培养基开发和发酵工艺参数优化（过程控制和进料策略），发酵产能提高了16倍。下游操作实现了相似程度的产率提高和显著的收率增加。在优化IB回收工艺的同时，引入了能够在高于15 g/L的蛋白质浓度下进行的基于高浓度渗滤的重折叠步骤，从而消除了稀释和大体积罐子的要求。此外，还开发了酸沉淀步骤，可显著减少杂质（如宿主细胞蛋白、宿主细胞DNA和内毒素），并使捕获柱上样量增加3倍。运用高性能的树脂填料改善了色谱分离。强化的下游工艺提供了具有相当或更高关键质量属性的FGF21（A129C）原料药中间品（drug substance intermediate，DSi），并且可以在现有的辉瑞生产网络中实现放大和工艺拟合。

第二节　微生物（大肠埃希菌）表达系统及培养工艺概述

许多因素影响生产重组蛋白表达系统的选择。这些因素包括目标蛋白的复杂性、产品的预期用途、是否需要翻译后修饰，以及通常对下游操作的规模和复杂性的影响。尽管在大肠埃希菌中生产功能性重组蛋白通常具有挑战性，但它仍然是生产非糖基化蛋白最常用的微生物。这是由于其生长速度快、易于工艺放大，在遗传修饰以及高水平蛋白质表达的潜力[10-13]。

许多在大肠埃希菌中表达的异源蛋白以IB的形式积累在细胞质中。高产和免受蛋白酶活性的影响是IB形成的优势。IB物质与其余细胞蛋白的分离相对容易，并为纯化提供了优势[14]。但是，重新折叠过程可能具有挑战性。从大肠埃希菌中获得折叠蛋白的另一种途径是将它们分泌到周质空间中或在允许在细胞质中形成二硫键的突变大肠埃希菌菌株中表达它们。周质的分泌提供了几个优点：它的氧化环境促进了蛋白质的折叠；另外，在分泌过程中信号肽的裂解可能会产生真正的N端蛋白；与细胞质相比，细胞外质中含有较少的宿主蛋白，这可以提供有效浓度的重组蛋白，从而简化纯化过程。但是，与IB表达相比，生产率通常较低。

尽管在了解用于生产重组蛋白的大肠埃希菌的分泌途径方面取得了许多进展，但该系统对工业生产过程提出了许多挑战。如本章所述，细胞系开发和培养工艺优化对于高生产率、高收率的生产工艺至关重要。这两个流程也决定了下游工艺开发的范围和目标。

大肠埃希菌和中国仓鼠卵巢（CHO）细胞（另一种流行的生产系统）的生产成本（$/g）高度依赖于许多因素，包括设施的资本成本、设施的运营成本（包括放行和质量保证），以及原材料和树脂成本。设施的资本成本是固定的，操作成本和树脂成本是可变的（在一定程度上取决于正在生产的批次数量），而原材料（raw material，RM）成本是完全可变的。这些（以及其他一些较小的成本）共同构成了（分数的）分子。不同生产系统的相对成本和关键因素见表29-1。请注意，尽管用于哺乳动物纯化的树脂的获取成本通常显著高于用于微生物纯化的树脂（尤其是蛋白A），但该树脂的可回收性非常好，并且当在树脂的寿命内摊销每批成本时，这些成本可能变得非常接近。

表29-1　大肠埃希菌和CHO工艺的成本比较

	大肠埃希菌	CHO
主发酵时间	1~4天	11~18天
下游循环时间	1~2天	2~4天
原材料成本	0.2~0.4	1
树脂成本（摊销）	0.5~1.5	1
设施资本成本	0.6~0.9	1
设施运营成本	0.7~0.9	1
工艺收率比较（g/L）	1~20	0.1~10

分母，即设施的产量，将取决于设施厂房中的瓶颈。通常情况下，瓶颈被特意选择为生物反应器，但有时可能成为下游（在新工艺被引入现有设施的情况下）。请注意，为了达到上面列出的下游循环时间，可能需要同时进行一些下游单元操作。以生物反应器为瓶颈，高效设施将通过每个下游具有适当倍数的生物

反应器来尝试匹配上游和下游循环时间（对于哺乳动物商业生产设施，每个下游通常具有4~6个生物反应器，而微生物设施的比例多为2:1）。这意味着即使哺乳动物细胞发酵时间更长，从设施中取出的g/d也可能接近相等（如果产量/批次相等）。

规模是设施通量的另一个关键因素。鉴于生物加工设施周围所需的基础设施占设施资本成本的大部分，使用更大的生物反应器意味着每克的最终成本可以减少，但前提是该能力可以实际利用。如果产量没有实现，并且设施中有大量的空闲产能，那么每克生产的产品必须承担未充分利用的资本的成本。

规模也影响这些成本在总成本计算中的相对权重。在小规模的情况下，资本和运营成本往往占主导地位，而在更大、更有效的设施中，原材料成本可能成为重要的组成部分（30%），尤其是在该过程需要任何不寻常的材料或可回收性较差的树脂时。

第三节 细胞系开发

用大肠埃希菌（特别是真核生物来源的大肠埃希菌）生产高表达水平的功能蛋白通常具有挑战性。提高表达水平的方法通常是选择合适的载体系统（质粒拷贝数和启动子）和增强翻译（例如密码子优化）的组合。在该案例研究中，使用高通量自动化策略对密码子优化基因、替代载体和替代大肠埃希菌宿主进行了评估。作为这一系统化策略的一部分，所选择的载体在启动子、拷贝数和转录终止子方面都有所不同。共使用了40个载体，其中包括5个不同的启动子、4个不同的转录终止子和2个不同的质粒拷贝数。此外，宿主菌株与所使用的启动子相匹配（表29-2）。

表29-2 原始和主要FGF21培养物的比较

特性	原始工艺	优化后工艺
宿主菌株	BL21（DE3）-大肠埃希菌B菌株	GB004 *rpoH*358-大肠埃希菌K12菌株
基因序列	未优化	密码子优化变体
启动子	T7	*lac*
转录终止子	T7终止子	P22终止子
质粒拷贝数	低	低
翻译终止	TGA TAA	TAA TAA
核糖体结合位点	T7 g10l	T7 g10l
*rpoH*基因	野生型	*rpoH*358突变等位基因
摇瓶中的最佳滴度（g/L）	~0.1	1.7
10L发酵罐中的最佳滴度（g/L）	1~2	~16

用于生产FGF21的初始细胞系是BL21（DE3）宿主，其中包含衍生自pET载体的质粒（PFE80791）。该质粒如图29-1所示。使用该系统获得的FGF21表达量约为1.0 g/L。本案例研究中使用的最终先导宿主菌株是K12菌株GB004的衍生物[15]。菌株GB004基因组中的野生型*rpoH*被*rpoH*358取代[16]。引入该突变导致表达量从约11 g/L增加到16 g/L。

就大肠埃希菌而言，由于不同基因及其转录的mRNA的独特特征，没有单一的策略能使每种重组蛋白达到最大表达量。通过实施本研究中展示的策略，我们避免了较慢的迭代方法。

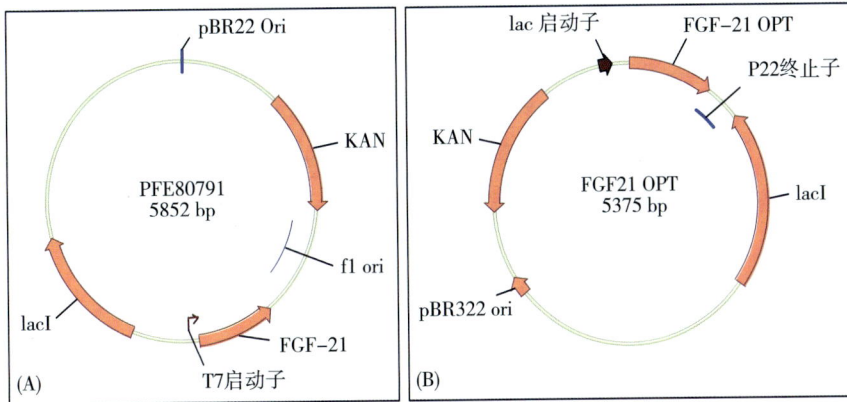

图29-1 PFE80791（A）和FGF21 OPT（B）的质粒图

第四节 培养工艺开发和优化

对培养过程进行了开发和优化，以提高主导细胞系的细胞密度和蛋白质产量。总体而言，对影响细胞生长和重组蛋白表达量的发酵参数进行了评估，包括温度、溶解氧（DO）水平、pH、补料策略、培养基组成和工艺放大。

在该案例研究中，原始细胞系的基准培养过程是使用包含酵母提取物、过量葡萄糖、矿物质和维生素的复合培养基的分批补料过程。在基准培养条件下，生长速率不受限制（μ_{max}）。用异丙基 β–D–1–硫代半乳糖苷（isopropyl β–D–thiogalactopyranoside，ITPG）诱导4小时后收获培养物，详细过程见第九节。该培养工艺已成功地在约1.0 g/L的表达量下产生了2000 L的FGF21（A129C），这是可接受的表达量，可以满足临床前和早期临床开发的需求。然而，对于增加细胞密度和蛋白质诱导性仍存在相当大的改进空间。

为了评估发酵工艺参数，针对细胞系开发期间在摇瓶研究中所鉴别的先导菌株进行了基准培养工艺的改进（见第九节）。该工艺中的显著变化是将原始基准工艺中使用的复合培养基更改为化学成分确定的培养基，并通过限制过量的葡萄糖将细胞生长从μ_{max}更改为降低生长速率。化学限定培养基的变更主要是需要提高工艺稳健性和可重复性；我们的研究表明，使用化学限定培养基与使用复合培养基时相比，生长曲线和蛋白质滴度基本一致。

为了实现预期商业工艺所需的高表达量，培养工艺开发工作主要集中在四个部分：①用改进的基准培养工艺确认细胞株开发过程中鉴定的高表达单细胞株的性能；②开发能够支持高表达培养性能的增强型培养基配方；③调整工艺参数和过程控制，实现高密度和高表达量；④优化氨基酸添加以防止转录和翻译过程中的失速。所有评估均在10 L规模下进行。在表29-3中描述了所评估菌株和工艺的详细信息。

表29-3 菌株/工艺筛选总结

菌株	工艺	表达量（g/L）
BL2 1/P80791	基准工艺	1.10
BLR（各种终止子）	优化的基准工艺	~0.25
BLR/P80791	优化的基准工艺	1.86
BD643密码子优化	优化的基准工艺	1.70
优化BLR密码子	优化的基准工艺	0.59

菌株	工艺	表达量（g/L）
BD643密码子优化	优化的基准工艺，降低葡萄糖补料速率，1 g/L尿嘧啶	5.21
BD643密码子优化	优化的基准工艺，葡萄糖补料速率降低，无尿嘧啶	4.54
GB004密码子优化	优化的基准工艺，降低葡萄糖补料速率	5.91
GB004密码子优化	优化的基准工艺，降低葡萄糖进料速率，增加诱导时间（18）	6.40
MON105	优化的基准工艺，降低葡萄糖补料速率	2.47
LBB358	优化的基准工艺，降低葡萄糖补料速率	N/A
BD643/P100137	优化的基准工艺，降低葡萄糖补料速率，1 g/L尿嘧啶	4.75
GB004/P100014	优化的基准工艺，优化葡萄糖补料速率	5.34
GB004/P100014	优化的基准工艺，优化葡萄糖补料速率和延长诱导时间	6.41

图 29-2 所示为提高表达量的策略及相应的提高程度。通过优化盐和金属离子含量，可以将培养物的产量从 1 g/L 提高到 2 g/L。在整个基准工艺中对残留盐和金属离子的分析表明，增加关键营养素的浓度将增加表达量，并且进一步优化导致开发增强的培养基配方。改进的培养基配方成为改进的基准工艺的基础，并被定为进一步开发的起点。进行了许多实验以优化诱导密度和时长、培养温度、培养 pH、温度变化和葡萄糖进料速率。随着细胞密度和每个细胞表达量的增加，改进的培养条件以及密码子优化使得生产率提高了三倍（2~6 g/L）。但是，进一步的表征表明，通过该过程产生的约 20% 的 FGF21 包含错误掺入。在整个培养过程中对氨基酸含量的分析表明，关键氨基酸（key amino acid，KAA）的消耗导致错误掺入。进行了氨基酸分析，随后进行补充以消除错误掺入[17]。优化的氨基酸进料策略不仅防止了错误掺入，还额外提高了生产率（6~11 g/L），可能是防止了由于有限的氨基酸而导致的翻译过程中的失速。我们的研究结果还表明，可以通过延长诱导时长来实现持续生产。为了实现连续生产，对氨基酸补料策略进行了进一步优化，以防止 KAA 的持续消耗，从而使生产率再次显著提高至约 16 g/L。优化培养工艺的操作条件见第九节。

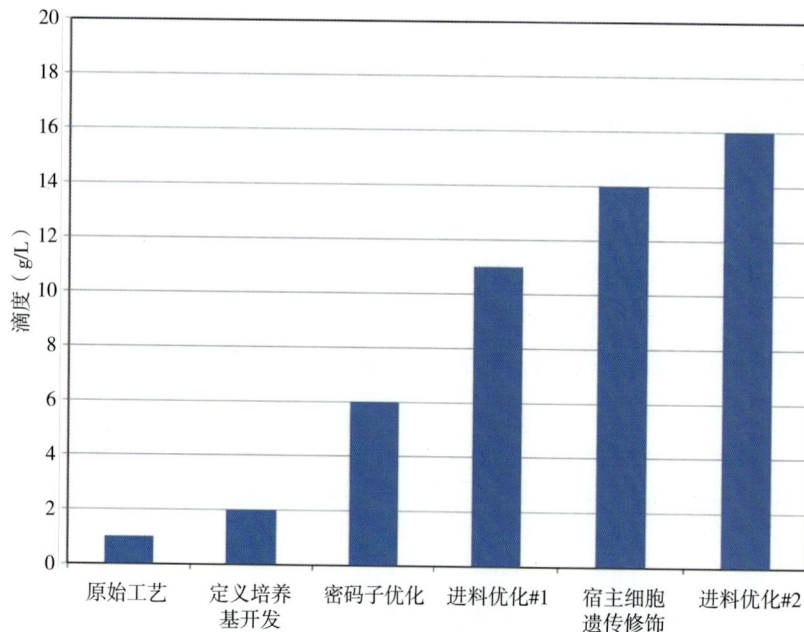

图 29-2　提高表达量所实施的策略以及相应的提高程度

在发酵中实现高表达量对于开发预期的商业工艺至关重要，但是，它也给下游操作、扩大规模和设施安装带来了挑战。在下文中，我们将介绍强化下游工艺的开发情况，以适应上游表达量的提高，同时保持产品质量。

第五节　微生物（大肠埃希菌）下游工艺概述

在大肠埃希菌中表达为包涵体的重组蛋白的典型下游工艺如图29-3所示。该过程涉及包涵体的分离、溶解、复性和纯化。收获后，细胞裂解常通过高压匀浆等机械手段来实现。随后，可以基于大小和密度差异从可溶性细胞成分、宿主细胞杂质、膜囊泡和细胞壁片段中分离出包涵体。离心通常用于包涵体回收。作为替代方案，错流过滤也已经被使用[18-21]。为了进一步去除污染物，可以对粗制包涵体进行多次洗涤，这包括将包涵体重新悬浮到洗涤缓冲液中，然后通过离心（或替代方法）回收它们。洗涤缓冲液可含有盐、螯合剂、低浓度的变性剂、表面活性剂、添加剂或其组合[14, 22]。从文献和我们的内部经验可知，包涵体的形成和"质量"（大小和密度）主要由表达的错误折叠和聚集的蛋白质组成，受到蛋白质特性、表达系统和培养过程的影响。包涵体的特性和相关杂质的水平直接影响包涵体清洗方案、回收率，并可能影响复性[23, 24]或色谱树脂载量[25]，因此在设计下游操作时必须考虑到这两点。

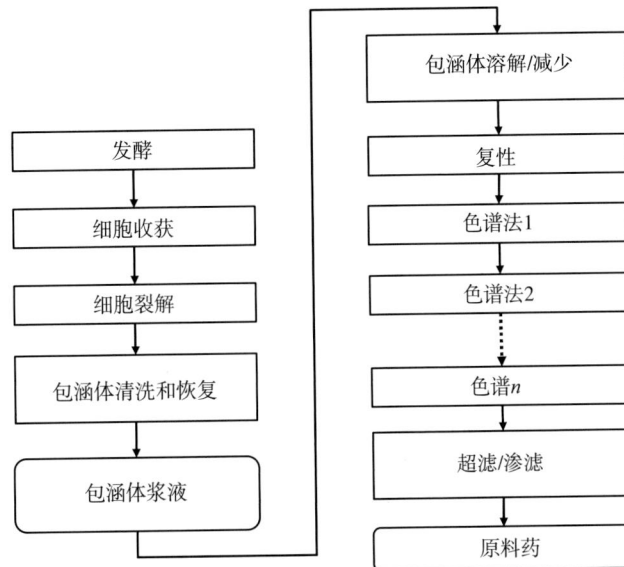

图29-3　以包涵体形式在大肠埃希菌中表达的重组蛋白的典型下游工艺

这种蛋白质复性方案已经非常成熟，并成功应用于许多重组蛋白的生产，包括胰岛素[26]和牛生长激素[27]。通常，通过用高浓度的离液剂（通常是尿素和胍）溶解包涵体并完全还原蛋白质二硫键，然后稀释到复性缓冲液中，可以实现含二硫键蛋白质的体外复性。稀释液降低了离液剂的浓度，以允许构象复性。复性缓冲液通常包含氧化还原试剂复性，例如还原和氧化的谷胱甘肽、半胱氨酸/胱氨酸、二硫苏糖醇（dithiothreitol，DTT），能够为二硫键的形成和改组提供适当的pH和氧化还原条件。各种分子伴侣[28]和化学添加剂[29]，例如精氨酸和蔗糖，也已用于抑制聚集并增强复性效率和产量。在实验室环境中，基于透析和基于稀释的复性方案已被广泛用于阐明复性途径和研究复性动力学[30-34]。色谱柱和微流控芯片也被用于提高复性效率[35, 29]。体外复性效率由蛋白质的固有特性和复性条件决定。优化蛋白质浓度、离液剂浓度、氧化还原条件、pH、温度、添加复性调节剂可显著提高复性效率和收率。最好的复性条件通常是蛋白质特异性的，然而，使用已建立的通用方案通常可以达到可接受的收率[36]。

产品捕获可以在复性之前或之后进行，具体取决于目标蛋白质。为了达到纯度目标，通常至少需要一个色谱精纯步骤。本书相关章节总结了色谱步骤的原理、工艺开发和优化策略。

第六节　常规下游工艺和工艺强化目标

FGF21（A129C）的常规下游过程是根据常规大肠埃希菌（包涵体）下游过程开发的，如图29-3所示。首先通过离心收集细胞，接着通过高压匀浆裂解细胞。用洗涤缓冲液稀释匀浆，并通过离心回收包涵体。然后，洗涤粗制包涵体以进一步除去共沉淀杂质。复性通过用高浓度的尿素溶解包涵体，二硫苏糖醇用来还原蛋白质，然后将变性和还原的蛋白质稀释10倍融入到复性缓冲液（25 mM Tris，pH 8.0）中来完成复性。二硫化物的形成主要依赖于空气氧化。复性后，使用带电深层过滤器通过深层过滤进行澄清收获。复性后的FGF21（A129C）通过两个色谱步骤进一步纯化：阴离子交换色谱（AEX）捕获，然后进行疏水作用色谱（HIC）精纯。两个色谱步骤均在结合-洗脱模式下操作，并采用线性梯度洗脱进行分离。将HIC合并液浓缩并渗滤至制剂缓冲液中，以生成DSi。

已成功将基准下游工艺放大至处理1000 L发酵批次（表达量=1.0 g/L），以支持监管毒理学和Ⅰ期临床研究，平均总下游收率为25%。在规模化条件下，包涵体清洗和回收收率平均约为64%，从复性到超滤/渗滤（UF/DF）的收率约为38%（表29-4）。

表29-4　概要Ⅰ期临床生产下游工艺收率

	批号#1	批号#2	批号#3	批号#4	平均值
包涵体清洗和回收	58.0	67.0	58.0	72.0	63.8±6.9
复性a	NA	NA	NA	NA	NA
AEX	57.6	48.3	54.7	60.0	55.2±5.1
HIC	73.3	84.3	75.6	77.1	77.6±4.7
UF/OF	87.5	90.4	90.6	91.6	90.0±1.8
下游整体收率	21.4	24.7	21.8	30.5	24.6±4.2
UF/DF	36.9	36.9	37.5	42.4	38.4±2.7

a 未监测复性收率，但根据缩小规模研究（1 L规模）和非临床生产的数据，预计复性收率>90%。

在开发周期过程中，通过细胞系和培养工艺优化实现上游产能的显著提高。发酵滴度从1.0~16.0 g/L增加，使基准下游过程无法扩展。具体而言，在小于0.5 g/L的蛋白质浓度下执行的基准复性步骤现在需要相当于30发酵体积的复性体积。因此，现在不可能将复性过程安装到仅具有发酵罐两倍大的罐的设施中。另外，缓冲要求将提高生产成本并使产品在经济上不受欢迎。基准色谱步骤的比例放大也具有挑战性，因为预计色谱柱尺寸会超过设备和操作能力。

基准下游工艺的收率和通量还有很大的提升空间。第一，包涵体回收率相对较低，仅为64%，并且收率可能存在显著差异（不稳健）。第二，复性是在相对较低的蛋白质浓度（<0.5 g/L）下进行的，这极大限制了下游的通量，并使设施的适用性面临挑战。第三，这两种色谱柱的上样载量和收率均不高，不能提供足够的杂质分离能力。因此，强化工作的重点是提高包涵体的收率，并增加复性以及随后的色谱步骤的产量。

为了解决设施适应性挑战并跟上上游提高的生产率，强化下游工艺需要：①实现高浓度复性工艺，以将体积生产率提高至少15倍；②将整体下游工艺收率从大约25%提高到35%以上；③提供具有相当或更优关键质量属性（例如低HCP水平）的DSi。

第七节　下游工艺强化与改进

一、包涵体清洗和回收

包涵体清洗条件（pH值、清洗体积和添加剂）对回收率和杂质谱的影响通过1 L规模的瓶离心进行评估（在第九节中描述）。使用磷酸盐缓冲液（pH 6.4）、水（无pH控制）和25mM Tris（pH 8.0）研究了回收率与洗涤pH的关系。当在碱性pH（25mM Tris，pH 8.0）下洗涤包涵体时，回收率低于50%，这主要是由于FGF21溶解在洗涤缓冲液中（数据未展示）。用磷酸盐缓冲液将洗涤液的pH值控制在6.4可防止包涵体溶解，并导致更高的回收率。表面活性剂如烷氧基聚乙烯氢氧基乙醇的加入似乎没有改变回收收率，但确实改变了杂质的溶解度。

洗涤体积对回收率有很大影响（表29-5）。高滴度发酵过程产生的发酵液在收获时含有20%~25%的固体。在基准工艺中，均质化是在1倍发酵体积当量（fermentation volume equivalent，FVe）下进行的，即固体含量为20%~25%。然后将匀浆以13,500×g离心以回收包涵体。如图29-4所示，离心后，匀浆分为三个阶段：上清液、分散黏液层和沉淀的包涵体。每个阶段分别约占总体积的85%、10%和5%。通过反相高效液相色谱法（RP-HPLC）分析从每个阶段采集的样品，结果显示大量的FGF21分配在分散黏液层中（表29-5）。分散黏液层的组成尚未完全检查，但被认为是与DNA、脂质和其他杂质相关的包涵体。结果表明，在相同的离心力作用下，通过简单的稀释可以减少分散泥层，并且可以回收更多的包涵体。当使用2倍洗涤体积（向匀浆中添加1倍FVe洗涤缓冲液）时，分散黏液层中包涵体的量减少到6.4%。因此，回收率提高到>85%。

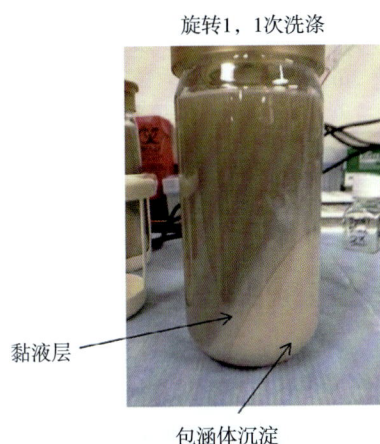

旋转1，1次洗涤

黏液层

包涵体沉淀

图29-4　瓶离心作为包涵体清洗和回收开发的小规模模型
匀浆分为三层，即上清液、黏液层和包涵体沉淀

表29-5　包涵体作为清洗体积函数的回收率

洗涤缓冲液：25 mM磷酸钠，pH 6.4	1倍发酵体积当量清洗体积		2倍发酵体积当量清洗体积	
	FGF21浓度（mg/ml）	收率（%）	FGF21浓度（mg/ml）	收率（%）
细胞悬液	10.1	—	10.1	—
匀浆	9.1	92.1	9.1	92.1
离心1，上清液	0.1	0.9	<0.1	0.9
自旋2，上清液	0.0	0.0	0.0	0.0
黏液层（旋转1）	35.1	34.3	6.4	8.6
洗涤IB浆液	55.3	56.9	47.5	86.2

放大时，从瓶离心实验中获得的Q/Σ可以用作进一步优化的起点。使用碟式离心机可以在规模上获得相似且一致的分离结果[37, 38]。当无法大规模使用大罐时，可以通过在线稀释进料到盘式离心机中来实现2次洗涤。

二、高浓度高效复性

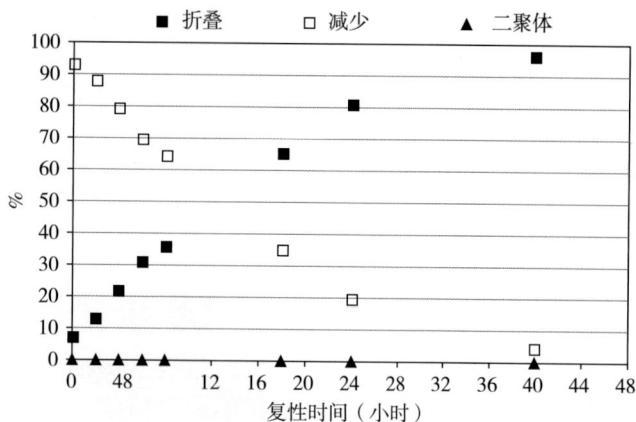

图29-5 在1000 L规模下的复性动力学
复性以约0.4 g/L的蛋白质浓度进行

基线复性是一种基于稀释的方法，包括两个步骤：①用高浓度离液试剂（6 M尿素）溶解包涵体，并用还原剂（10 mM DTT）还原蛋白质二硫键；②稀释将溶解/还原的包涵体放入复性缓冲液（25 mM Tris，pH 8.0）中。稀释步骤降低了尿素和DTT的浓度，并允许重新折叠和形成二硫键。在这种情况下，复性缓冲液不包含其他氧化还原试剂，因此二硫键的形成主要是由空气氧化驱动的。在2~8℃下以<0.5 g/L的蛋白质浓度进行复性，以防止通过工程化的半胱氨酸形成二聚体。如图29-5所示，基线复性步骤完成约需40小时，得到大于90%的复性单体（分子内二硫键合），在目标时间范围内，二聚体的形成是可以忽略不计的。

尽管收率很高，但低浓度复性工艺无法扩展以适应上游产能的提高。由于获得了高发酵滴度（约16 g/L）和高产包涵体回收率，因此，按照最初的"通过稀释复性"方案（从包涵体浆中稀释40倍：增溶4倍，稀释10倍），每个发酵批次生产的FGF21的量将需要复性罐的大小增加一个数量级。该复性过程无法安装到其复性罐与发酵罐一样大的生产设施中。因此，开发能够在1~2FVe下执行的可扩展的高浓度复性工艺对于消除下游通量瓶颈、使设施适合并实现生产目标至关重要。

已知蛋白质浓度、离液剂浓度、氧化还原浓度、pH和温度等复性条件对复性产率和动力学有显著影响[22, 32, 39-42]。了解这些条件的相互作用对于工艺强化至关重要。通过在2 L或更小的规模下改变蛋白质浓度、初始和最终尿素浓度、氧化还原试剂浓度、pH和温度来研究FGF21的复性动力学。通过监测完全还原的FGF21，具有一个链内二硫键的复性FGF21和二硫键连接的二聚体的时间演变来获得复性动力学（有关RP-HPLC方法的详细信息参见第九节）。

总的来说，复性动力学的特点是：在复性初期，完全还原的FGF21转化为折叠的FGF21；随后由于二聚体的形成，折叠的FGF21逐渐积累，然后减少。与许多含二硫键的蛋白质相似，在较高的pH值下会加速二硫键的形成，从而促进巯基去质子化和二硫键交换。当pH 8.0→7.5时，二硫键的形成明显减慢，并且当pH低于7.0时，在24小时内没有明显的键形成。比较了在5℃、10℃、15℃和20℃下的复性动力学，随着温度从5℃升高到20℃，复性和聚集都加速了。二硫化物的形成速率也受最终尿素浓度的影响。保持所有其他条件相同，当残留尿素超过1.0 M时，复性（二硫键形成）会减慢。我们的研究结果表明，添加10 μM铜离子（Cu^{2+}）会加速氧化，并且在24小时内完成复性。加入Mg^{2+}或Co^{2+}也加速了反应，大概是通过相同的反应机制[43, 44]。缓冲液成分似乎对复性动力学没有影响，因为pH值为8.0的Tris缓冲液和pH值为8.0的磷酸盐缓冲液具有相似的复性收率和动力学。

未配对半胱氨酸的存在使FGF21（A129C）易于共价聚集。如所预期的，二聚体形成的速率和程度取决于蛋白质浓度。我们的结果表明，当蛋白质浓度增加到3.5 g/L时，二聚体的形成明显加速（图29-6）。进一步的表征表明，二聚体主要通过工程化的半胱氨酸（A129C）与二硫键结合。同时，观察到二硫苏糖醇优先还原链间二硫键，表明存在最佳氧化还原条件以最小化二聚体形成。我们发现受控的复性后还原步骤可以将大多数二聚体还原为单体，而无需进一步还原链内二硫键。该处理涉及向复性混合物中添加低浓度二硫苏糖醇（DTT），然后降低pH。复性收率（定义为折叠后单体与初始完全还原单体的比率）通常在复性后还原后约为95%（图29-7）。该策略用于确保在高蛋白浓度下的高复性产量。通过重新调节氧化还原条件获得的高收率，即使在优化的初始条件下，通常也无法通过批处理模式重新折叠来实现。

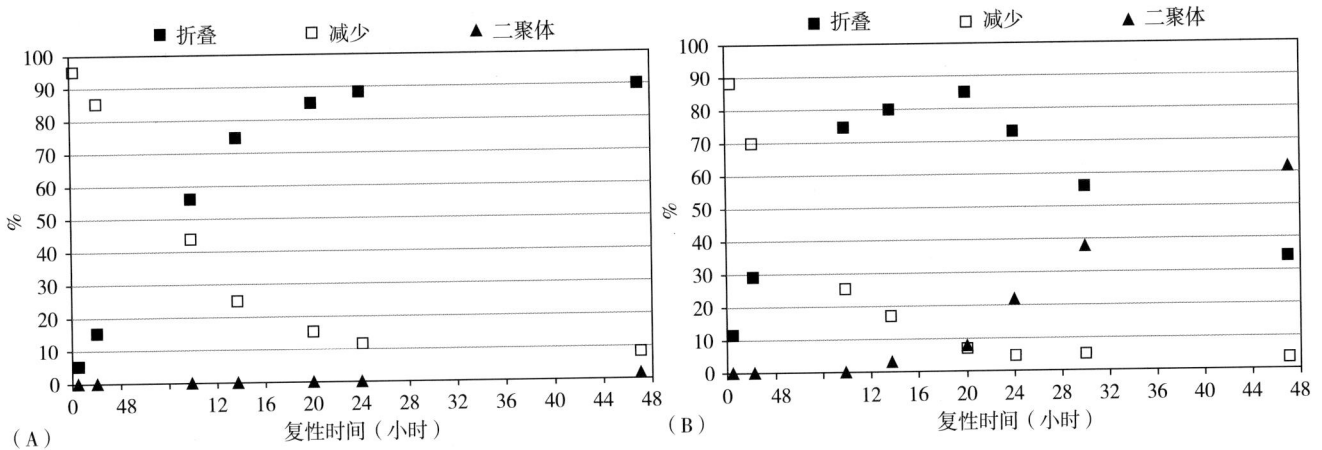

图29-6　缩小规模的复性动力学研究（1 L规模）
（A）0.5 g/L蛋白质在0.6 M尿素、1 mM DTT、25 mM Tris中，
pH 8.0；（B）3.5 g/L蛋白质在0.6 M尿素、4 mM DTT、25 mM Tris中，pH 8.0，2~8℃

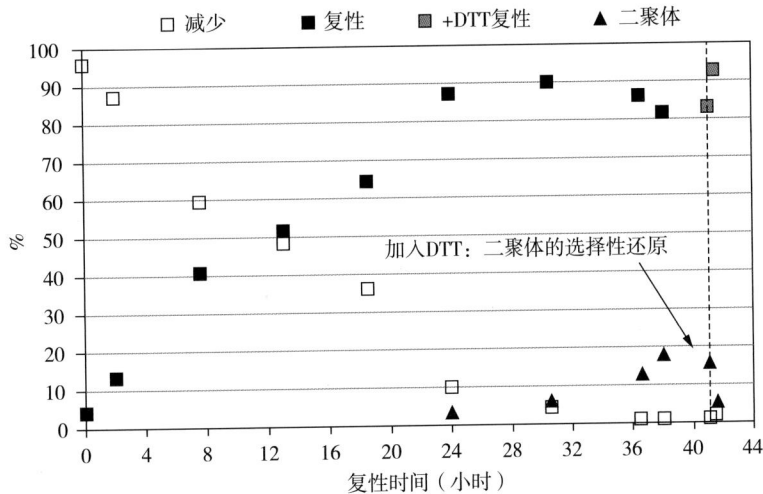

图29-7　复性后还原的复性动力学
DTT的添加选择性地减少了二聚体，并将复性收率从约80%提高到>90%

　　对于稀释方法，最终的复性浓度由包涵体浆液浓度和溶解–稀释方案决定。有许多直接的方法可以增加复性蛋白质浓度，例如从更浓缩的包涵体浆液开始，并最大程度地减少从溶解的包涵体到复性缓冲液的稀释。在实验室规模上，采用稀释方法可实现高达约11 g/L的复性浓度，该稀释方法首先将"干燥"的包涵体糊溶解在6 M尿素中，然后在复性缓冲液中进行6倍稀释。复性动力学在质量上与基准条件相似，具有更快的聚集动力学（图29-8A）。复性后还原后的产率>90%（数据未显示）。在大规模下，预期该稀释方案后可达到的浓度较低，约为5 g/L，这主要是因为连续离心机无法输送与实验室规模相同的浓缩包涵体浆液。

　　我们开发了一种高浓度复性方法，该方法可以从现有的包涵体回收过程中获取浆液，并且基本上不需要超出原始发酵罐体积的稀释。在该方案中，通过渗滤而不是稀释来降低增溶离液剂的浓度。在操作上，它仅涉及溶解包涵体的两倍或三倍初始稀释，然后针对复性缓冲液或水短暂渗滤1.5~2.0代谢回转体积（turn over volume，TOV）。从具有中等蛋白质浓度的包涵体浆液开始，并经过相同的溶解过程，渗滤方案能够达到与10倍稀释法相似的末端尿素和DTT浓度（在1 mM DTT、0.6 M尿素和25 mM Tris下复性）。渗滤条件下所得蛋白质浓度至少比稀释条件下高10倍。渗滤法中的缓冲液消耗大大降低。渗滤法还提供了很大的灵活性来调整主要组分和添加剂的最终浓度[45]。

中空纤维和板框膜形式均已在实验室规模上针对基于渗滤的复性方法进行了测试。评估了两种孔径（10和50 KDa）的中空纤维膜。在这两种情况下，在渗透液中都几乎未检测到FGF21，这可能是因为在变性条件下，FGF21的流体动力学半径较大，不包括穿过50 KDa膜。另外，提取物中存在的杂质可能会阻塞孔，从而阻止FGF21渗透出来。不出所料，在相同的进料速率和跨膜压（TMP）下，具有较大孔径的膜具有较高的通量。测试了Millipore Pellicon 3（Biomax PES、A筛网和截留分子量为10 KDa）板框格式。屏幕越受限制，对通量的估计就越差。粗制包涵体提取物可获得合理的通量（在15psi的TMP下为25~26 L/m²·hr）。同样，在渗透物中未检测到FGF21。质量平衡基本上为100%，渗滤后冲洗液中回收了约5%的产品。未观察到明显的膜污染。在实验室规模上，实现的复性蛋白质浓度为15~24 g/L。如果将溶解的包涵体进一步浓缩，则蛋白质的浓度可能会更高。

图29-8比较了稀释法和渗滤法在11 g/L蛋白质浓度下的复性动力学，获得了非常相似的动力学。对于这两种情况，用二硫苏糖醇进行复性后还原都能够还原二聚体，并且实现了>90%的复性收率（数据未展示）。值得注意的是，在二硫键形成（氧化反应）主要依赖于溶解氧的情况下，高蛋白质浓度下的氧传质会限制复性动力学。因此，规模放大和工艺控制需要考虑搅拌条件和顶部空间等因素（详细的动力学研究将在其他地方介绍）。

引入超滤步骤可调节增溶提取物中的蛋白质浓度。结果，对于稀释复性方法，离心所带来的限制不再存在。使用稀释方法可以在一定规模上达到>10 g/L的最终复性浓度。这为复性工艺放大提供了更多的灵活性和选择。

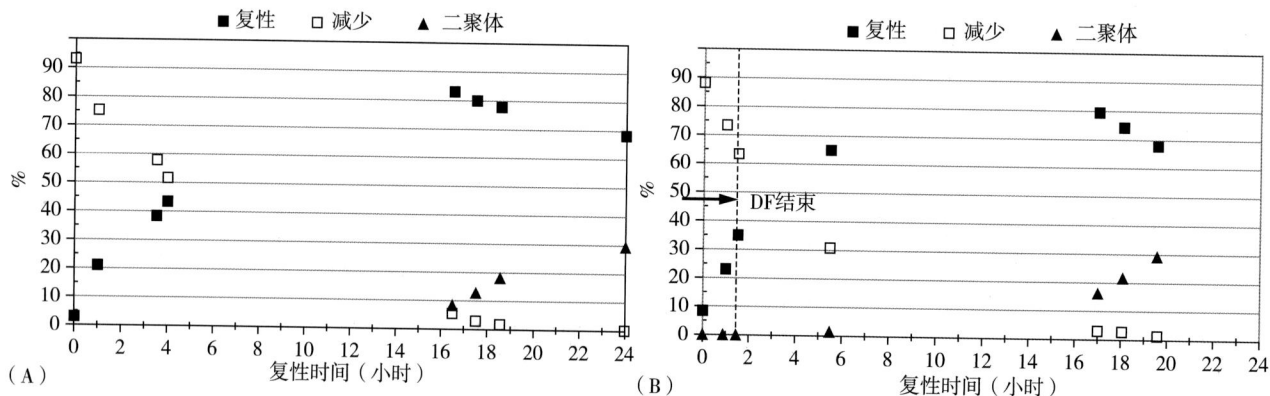

图29-8　使用50 kDa中空纤维膜在约11 g/L稀释（A）和渗滤（B）条件下的复性动力学

渗滤在2小时内完成，其余的复性将截留液保持在2~8℃静态。在（A）和（B）两种情况下均进行了复性后还原，最终复性产率>90%（数据未显示）

三、酸沉淀澄清工艺

在常规工艺中，使用带电深层过滤器Millipore B1HC进行复性后净化。过滤器的通量约为300 L/m²，产品回收率>90%。DNA和HCP的减少通常是适度的（复性混合物的2~3倍）。随着复性浓度增加至2 g/L，过滤器通量迅速降低至<100 L/m²。使用渗滤法或强化稀释法的复性混合物（约10g/L）立即堵塞了B1HC过滤器。测试了CUNO ZA和SP过滤器，并且通量也非常低（数据未展示）。对于强化的下游工艺，仅通过深层过滤进行净化是不够的。

研究了酸沉淀作为替代净化方法。首先用甘氨酸-盐酸将复性混合物的pH从8.0调节至3.5，然后用Tris-碱调节回pH 6.0~6.5（图29-9）。在滴定过程中以不同的pH值取样。测量溶液中剩余的FGF21量与pH的函数关系（表29-6），并通过SDS聚丙烯酰胺凝胶电泳（SDS-PAGE）和RP-HPLC监测杂质去除。当pH降至约6.0时，HCP和非蛋白杂质（核酸）开始沉淀。当溶液的pH接近其理论pI（约5.4）时，FGF21也会沉淀。随着pH降低，沉淀的蛋白质开始溶解回到溶液中。在pH 3.5时，几乎所有沉淀的FGF21与一些杂质一起回到溶液中（表29-6）。当溶液的pH从3.5恢复到6.0~6.5时，在pH 5.5附近发生第二次沉淀。尽管沉淀了两次，但如果将最终pH调节至6.5，则FGF21的回收率通常较高，约为90%，但在较低的末端pH（例如pH 6.0）时可能较低。

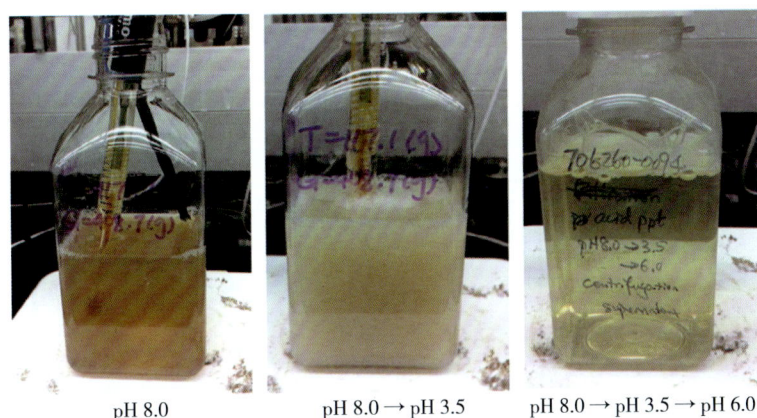

pH 8.0　　　　　pH 8.0 → pH 3.5　　　pH 8.0 → pH 3.5 → pH 6.0

图29-9　酸沉淀澄清工艺
将复性混合物的pH从8.0调节至3.5，然后调节至pH 6.0

表29-6　酸沉淀产率与pH值的函数关系

溶液pH值	上清液FGF21浓度（mg/ml）	溶液中剩余的FGF21%
8.0（再折叠混合）	8.49	100.0
8.0→6.5	8.80	103.6
8.0→6.0	8.26	97.2
8.0→5.0	2.57	30.3
8.0→4.0	8.12	95.6
8.0→3.5	8.80	103.6
8.0→3.5→4.0	8.20	96.6
8.0→3.5→5.0	3.74	44.0
8.0→3.5→6.0	7.60	89.5

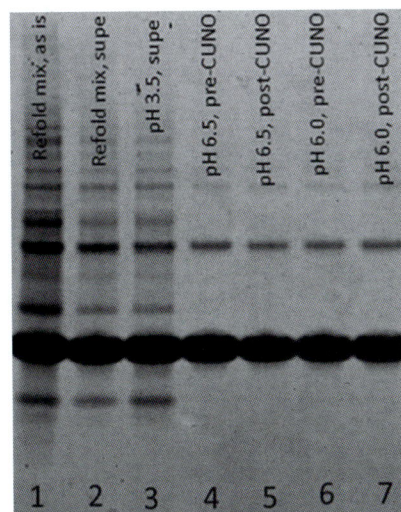

1.复性混合，原样；2.离心后复性混合物的上清液；3.酸沉淀后对复性混合物进行上清液（pH 3.5）；4.酸沉淀后复性混合物的上清液（当pH从3.5恢复到6.5时）；5. pH 6.5酸沉淀的复性混合物的CUNO SP滤液；6.酸沉淀后复性混合物的上清液（当pH从3.5恢复到6.0时）；7. CUNO SP滤液的pH 6.0酸沉淀的复性混合物

图29-10　酸沉淀前后SDS-PAGE结果

SDS-PAGE结果表明，沉淀方案在去除HCP方面非常有效（图29-10）。SDS-PAGE和RP-HPLC均显示，单独将pH降低至3.5并不能像随后从pH 3.5滴定至pH 6.0~6.5一样有效地去除HCP（图29-10，图29-11）。通过ELISA定量的HCP降低水平因批次而异，但至少为2~3倍。无论上游采用何种复性方法，DNA清除率均接近完全（表29-7），内毒素也显著降低（约20倍）。DNA的消除、HCP和内毒素的减少显著改善了后续阴离子交换色谱柱的容量（将

在下面讨论）。酸沉淀后，通常采用短暂离心进行澄清。不需要使用深层过滤进行进一步澄清，但可以以更高的过滤器通量（>400 L/m²）进行。

表29-7　复性后不同下游步骤的DNA和HCP水平（通过11.3 g/L稀释法）

	HCP ELISA法（ng/mg）	DNA（pg/mg）	蛋白浓度（mg/ml）	收率（%）
复性	26,263	841,975	11.3	
酸沉淀 pH 6.0，上清液	16,898	未检测	9.2	88.3[a]
酸沉淀 pH 6.5，上清液	18,381	未检测	9.5	91.2[a]
酸沉淀→CUNO-滤液，pH 6.0	7875	<3.3	9.0	~98
酸沉淀→CUNO-滤液，pH 6.5	8703	<3.4	8.8	~93
QHP捕获	103.7	<3.5	4.3	80
SPHP精纯	10.1	<3.2	4.7	67

[a]收率=FGF21的量（复性混合）/FGF21的量（酸后沉淀）。

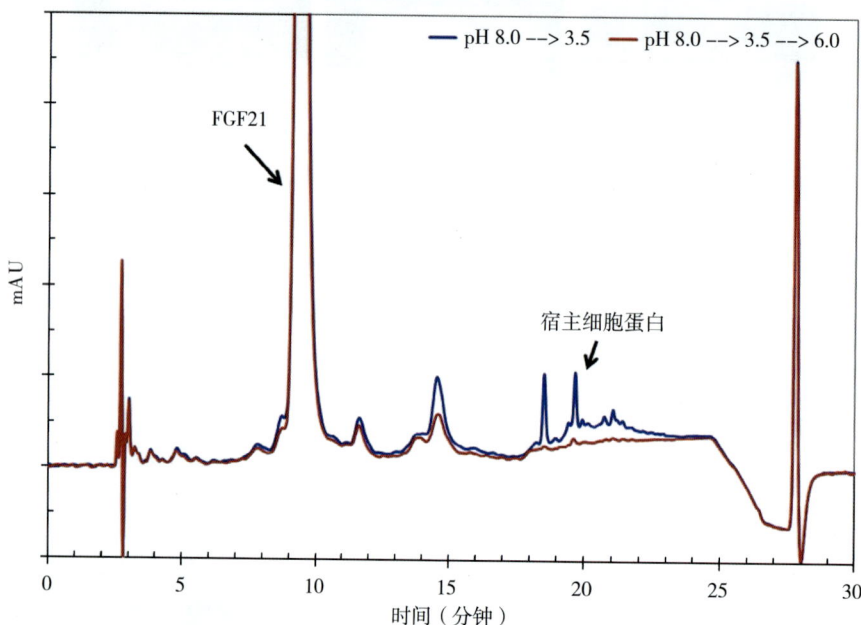

图29-11　分析RP-HPLC色谱图复性

蓝色曲线：酸沉淀产生的上清液，pH 8.0→3.5；红色曲线：酸沉淀产生的上清液，pH 8.0→3.5→6.0

四、色谱开发：提高通量、收率并改善HCP清除

常规色谱纯化方案采用了两个色谱柱系列：AEX捕获（GE Capto Q），然后进行HIC精纯（Tosoh丁基600 M）。代表性的色谱图如图29-12所示。AEX步骤在结合和洗脱模式下以线性梯度洗脱进行操作。FGF21在两个杂质峰后洗脱。主峰具有明显的肩峰，FGF21二聚体和HCP在其中洗脱。由于FGF21和杂质之间的分离不足，保守合并以确保去除杂质，导致步骤收率约为60%（表29-8）。Capto Q色谱柱的上样载量为15 g/L树脂，远低于使用纯化的FGF21（pH 6.5）测得的动态结合载量（>120 g/L）。上样载量下降可能是由于杂质（DNA、HCP和内毒素）的竞争性结合所致。HIC色谱柱也在结合和洗脱模式下操作。HIC色谱柱的上样载量随温度变化很大。载量在21℃时约为12 g/L，并随着温度降低而急剧下降。首先洗脱FGF21单体，然后洗

脱二聚体和HCP（图29-12）。HIC步骤的平均收率约为75%。HIC合并液HCP通常降低至200~500 ng/mg水平（表29-8）。两个色谱柱均在pH 7.5下操作，在该条件下FGF21二聚化是有利的。这不仅导致收率损失，还在两个色谱柱步骤之间减少了步骤。

在高表达情况下，2000 L规模的发酵批次可产生约20 kg FGF21，以馈入色谱纯化链。在基准负载能力下，捕获和精纯步骤均需要约1000 L树脂。这种操作规模伴随着大量的缓冲区消耗且操作难度增加。改进的色谱纯化方案的开发目标是在不损害产品质量的情况下显著提高上样载量和收率。

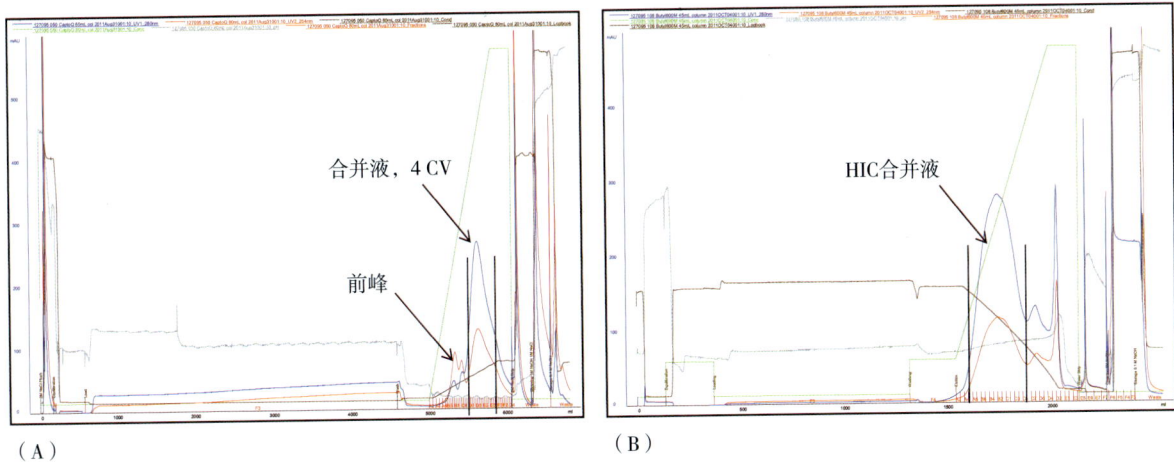

（A） （B）

图29-12 Capto Q AEX（A）和丁基600 M HIC（B）的代表性色谱图

表29-8 基准和强化工艺之间的比较

工艺	步骤	树脂	上样容量（g/L）	温度（℃）	收率（%）	HCP（ng/mg）	DNA（pg/mg）	内毒素（EU/ml）	pH	缓冲液
常规	捕获	AEX（Capto Q）	<15	2~8	55~65	约4000	<2.3	2.7	7.5	三羟甲基氨基甲烷
	精纯	HIC（Butyl 600 M）	<15	20~22	约75	200~500	<3.0		7.5	三羟甲基氨基甲烷
强化	捕获	AEX（QHP）	约50	环境	约85	约100	<3.7	0.35	6.3	BisTris或MES
	精纯	CEX（SPHP）	约30	环境	70~75	约10	<3.2		6.3	MES双侧

对捕获色谱步骤中的一些AEX树脂进行了评价。使用纯化的FGF21测量的动态结合能力显著高于所有测试AEX树脂的基准能力（对于所有树脂，>76 g/L），指出了减少结合杂质以增加负载能力的重要性。如上一节所示，酸沉淀能够消除DNA并显著降低HCP和内毒素，从而提高AEX步骤的上样载量。当在pH 6.3~6.5下操作时，GE Q琼脂糖凝胶高性能（QHP）树脂在约50 g/L时具有更高的负载能力。由于QHP比Capto Q的粒径更小，它还提供了显著更好的分离度，并且消除了分馏和后续分析以确定合并的需要（图29-13）。较低的操作pH值可最大程度地减少二硫键二聚化；因此，步骤收率较高，约为85%。基于这些数据，选择QHP作为捕获步骤的树脂（替代Capto Q）。

HIC步骤的负载能力改善空间有限，对精纯步骤中的其他类型树脂进行了评价。发现FGF21在pH 6.0~6.3时与阳离子交换树脂（GE SPHP）结合，尽管其pI约为5.4。但是，用阳离子交换色谱法（CEX）步骤代替HIC步骤需要稀释或适度（2~3 TOV）渗滤，以降低上样色谱柱前原料的电导率。典型的SPHP精纯洗脱曲线如图29-13C所示。上样载量约为30 g/L，步骤收率约为70%（表29-9）。为了能够直接上样，筛选了高耐盐树脂。以约12 mS/cm的电导率上样进料，几种树脂的载量高达32 g/L，并显示出相当或更高的步骤收率

（数据未显示）。

作为替代纯化方案，对CEX-AEX纯化系列进行了评价。DNA不与CEX树脂结合，因此无论有或没有酸沉淀，都可以实现高上样能力。而对于AEX捕获，仅在已消除DNA的酸沉淀处理的原料中才可能具有高负载能力。典型的SPHP捕获洗脱曲线见图29-13B，随后的QHP精纯色谱图见图29-13D。不出所料，没有酸沉淀的原料具有更明显的前峰，HCP在FGF21主峰之前洗脱。ELISA结果表明，前峰中的HCP水平高达>10,000 ng/mg。使用酸沉淀物料，比较了两种纯化方案的上样载量、步骤收率和杂质谱（HCP水平）。两个纯化序列均能够将HCP水平降低至<20 ng/mg（表29-9）。

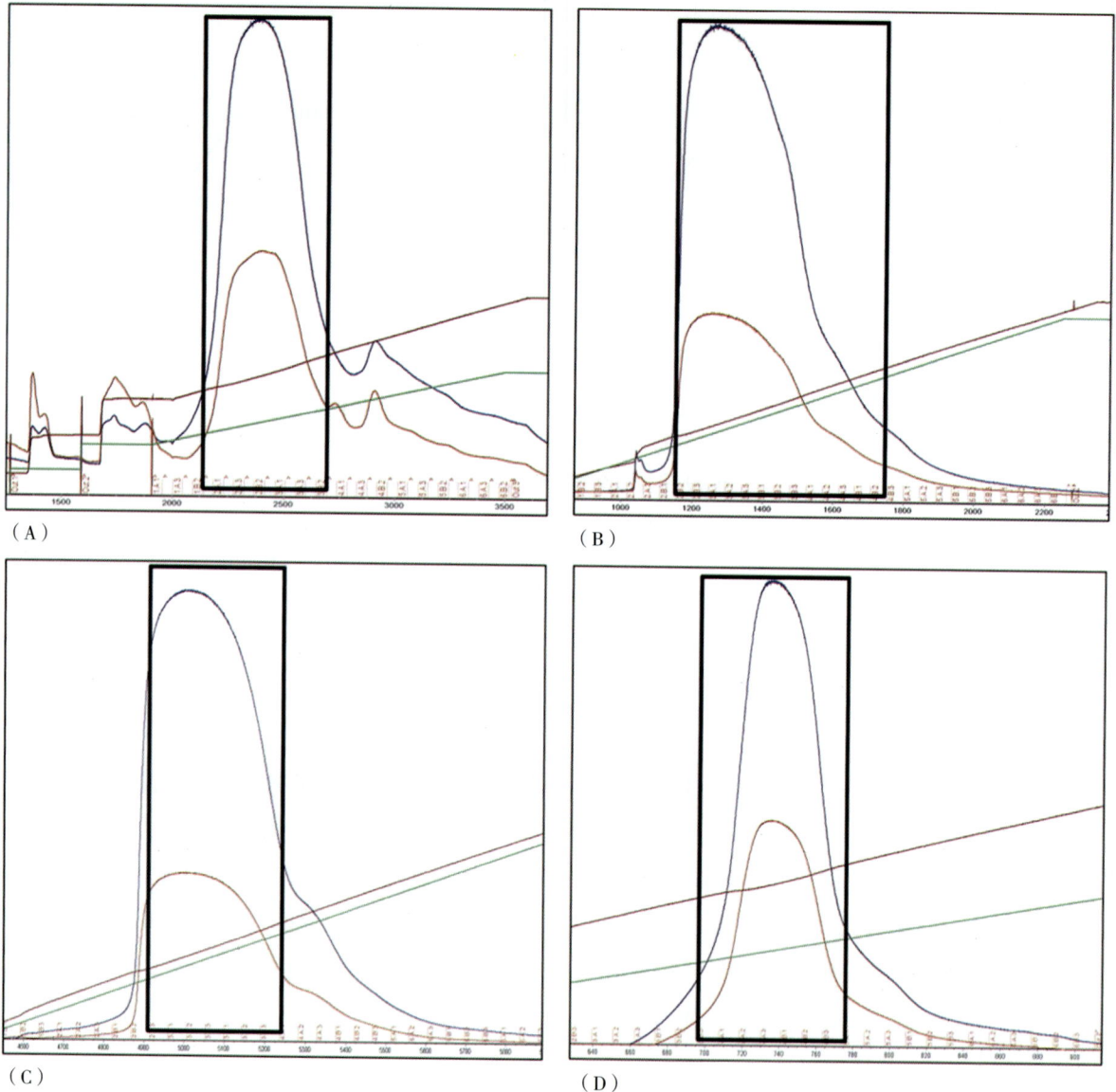

图29-13　代表性色谱图

（A）QHP捕获，BisTris/NaCl缓冲系统，pH 6.5，32 g/L负荷挑战；（B）SPHP捕获，MES/NaCl缓冲系统，pH 6.0，28 g/L负荷挑战；（C）SPHP plish Mes/NaCl缓冲液系统，pH 6.0，30 g/L负荷挑战；（D）QHP精纯液，BisTris/NaCl缓冲液系统，pH 6.5，18 g/L负荷挑战。每个步骤的合并显示为方框

表29-9　两种纯化顺序的性能比较（AEX-CEX与CEX-AEX）

		树脂	负荷挑战（g/L）	温度（℃）	收率（%）	产品HCP（ng/mg）	pH	缓冲液
方法1	捕获	AEX（QHP）	32	室温	80~85	150	6.5	BisTris
	精纯	CEX（SPHP）	30	室温	约68	10	6.0	MES
方法2	捕获	CEX（SPHP）	28	室温	约80	4000	6.0	MES
	精纯	AEX（QHP）	18	室温	约76	18	6.5	BisTris

原料为酸沉淀复性混合物。产率基于UV280浓度。

另一个偶然的发现是，可以使用相同的缓冲液A和B溶液在相同的pH下操作两个色谱柱，以形成其梯度。BisTris/氯化钠和磷酸钠/氯化钠（pH 6.3）的工作方式相似，从而打开了运行从回收到纯化的整个生产过程的可能性，该过程基于两至三种磷酸盐缓冲液浓缩物。

在概要中，新的双柱纯化方法将通量提高了至少2.5倍，并将捕获柱的收率从约60%提高至约85%。残留HCP水平（<20 ng/mg）比基准工艺达到的水平（200~500 ng/mg）低几个数量级。

第八节　总结

常规工艺和强化工艺的详细信息总结见表29-10。在强化的下游工艺中，通过控制包涵体洗涤pH和增加洗涤体积，包涵体回收率从约64%显著提高至约85%。在实验室规模上证明了能够在15~24 g/L的蛋白质浓度下进行基于高浓度渗滤的复性步骤。基准深层过滤对于净化浓缩的复性混合物无效，并由pH沉淀步骤代替。酸沉淀可有效去除DNA、HCP和内毒素，并使捕获柱的上样载量提高超过2.5倍。高效树脂（QHP和SPHP）用于色谱纯化。优化负荷挑战、操作pH和温度，以改善FGF21和杂质之间的分离度。因此，捕获柱将HCP降低至100 ng/mg水平，捕获柱收率从约60%提高至约85%。与基准工艺相比，精纯色谱柱提供了额外的HCP去除对数降低，并产生了具有更好HCP特征的DSi。此外，由于整个下游工艺可能在室温中使用缓冲液浓缩液（磷酸盐、氯化钠）进行，为新的强化工艺提供了极大的操作便利性。

表29-10　基准工艺与强化/优化工艺的比较

步骤		常规工艺	强化/优化工艺
发酵	培养基	复合体	化学成分确定
	滴度	约1 g/L	约16 g/L
包涵体回收	缓冲液/pH	不受控	磷酸盐 pH 6.5
	清洗体积	1倍发酵体积	2倍发酵体积
包涵体增溶和重折叠	复性方法	稀释	渗滤
	蛋白质浓度	<1 g/L	15~24 g/L
复性后净化	净化方法	深度过滤	沉淀/离心（可选深度过滤）
	体积通量	<300 L/m²	不适用
色谱1	树脂	GE CaptoQ	GE QHP
	负载挑战	约15 g/L	约50 g/L
	工作温度	2~8℃	室温
	缓冲液/pH	Tris/NaCl, pH7.5	BisTris/NaCl, pH 6.3

步骤		常规工艺	强化/优化工艺
色谱2	树脂	Tosoh Toyopearl Butyl 600M	GE SPHP
	负载挑战	约12 g/L	约30 g/L
	工作温度	室温	室温
	缓冲液/pH	Tris/Na$_2$SO$_4$，pH 7.5	BisTris/NaCl，pH 6.3
超滤/渗滤	膜	再生纤维素10kDa	再生纤维素10kDa
总体DSP产量		约25%	约35%

总的来说，我们已将规模受限且生产率低的下游工艺转变为完全可扩展且生产率高的工艺，能够在现有的辉瑞制造网络中生成必要的DSi供应，从而使成本降低了85%用于DSi组分。

第九节　材料和方法

一、材料

Xampler实验室膜中空纤维滤芯（UFP-10-E-4MA和UFP-50-E-4MA，孔径分别为10,000 NMWC和50,000 NMWC）购自GE（Amersham Bioscience）。PES膜，膜面积：420 cm^2，光纤内径（ID）=1mm，标称流路长度=30cm。Millipore，Pellicon 3，10 KDa BioMax PES膜，88 cm^2，筛网来自Millipore。Capto Q，Q高性能琼脂糖凝胶（QHP），SP高性能琼脂糖凝胶（SPHP）树脂购自GE Healthcare（新泽西州皮斯卡塔韦），Toyopearl丁基600M树脂购自Tosoh Biosciences。除非另有说明，否则所有实验室规模的色谱运行均在AKTA Explorer 100或Avant 150系统（GE Healthcare）上进行。

使用15 L BIOSTAT C DCU发酵罐（设置为在线清洁和在线蒸汽的不锈钢生物反应器）进行培养工艺开发和优化。发酵罐由Sartorious B.Braun Biotech生产。使用MFCS监督软件对15L发酵罐进行控制和监控，其控制输入随实验条件而变化。

二、方法

（一）常规培养工艺

将工作细胞库小瓶解冻并用于接种含有生长培养基的带挡板的2.8 L锥形烧瓶，并在控制温度和搅拌速率的同时过夜生长至目标密度。然后将摇瓶培养物用作生产发酵罐的接种物，该发酵罐在分批模式下生长，直到分批葡萄糖耗尽（由DO百分比急剧增加表示）。分批葡萄糖耗尽后，将培养物转换为分批补料模式，并连续补料无菌葡萄糖溶液（线性式进料程序）。定期取出样品以测量OD 600、干细胞重量（dry cell weight，DCW）、残留葡萄糖和产品表达量。当培养物达到诱导标准时（开始进料后30分钟），将异丙基β-D-1-硫代吡喃半乳糖吡喃糖苷添加到发酵罐中以诱导目标蛋白的产生。诱导后4小时收获发酵物。

准备	
SIP前	M9盐+2%酵母提取物，PPG2000消泡剂
SIP后	氯化钙溶液、硫酸镁溶液、痕量金属溶液和葡萄糖溶液
控制参数	

续表

pH值	7.0+0.1
通风	1.0~2.0 VVM通过DO级联控制进行控制
搅拌	通过DO级联控制120~1500 rpm
压力	700 mbar
温度	37.0 ± 1.0℃；诱导时降至30.0 ± 1.0℃
溶解氧	pO$_2$级联控制分别用于增加搅拌和通风，以确保pO 2%保持>20%
诱导	开始进料后30分钟，持续4小时
添加剂	
碱基	用5N NH4 OH将pH值控制在7.0
葡萄糖	一旦初始葡萄糖耗尽（如pO$_2$峰值≥40%所示），则开始葡萄糖补料。分批补料工艺采用线性补料，并在发酵期间持续进行
诱导	

在进料开始后30分钟，将0.4 M IPTG添加到培养基中以诱导启动子以启动FgF21产生。感应长度为4小时。诱导培养密度为35 ~ 40 OD 600。

（二）改进基准培养工艺

将工作细胞库小瓶解冻并用于接种含有生长培养基的带挡板的2.8 L锥形烧瓶，并在控制温度和搅拌速率的同时过夜生长至目标密度。然后将摇瓶培养物用作生产发酵罐的接种物，该发酵罐在分批模式下生长，直到分批葡萄糖耗尽（由DO百分比急剧增加表示）。分批葡萄糖耗尽后，将培养物转换为分批补料模式，并连续补料无菌葡萄糖溶液（固定速率）。定期取出样品以测量OD 600 nm、DCW、残留葡萄糖和产品滴度。当培养物达到诱导标准时（基于添加的葡萄糖溶液的量），将IPTG添加到发酵罐中以诱导目标蛋白的产生。在诱导后4小时收获发酵物。

准备	
SIP前	FgF21基础盐，PPG2000消泡剂
SIP后	葡萄糖溶液、痕量金属溶液、镁溶液和钙溶液
控制参数	
pH值	7.0 ± 0.1
通风	10~22SLPM（1.0~2.2 vvm）通过pO$_2$级联控制进行控制
搅拌	800~1500 rpm，通过pO$_2$级联控制进行控制
压力	620 mbar（9 psi）
温度	34.0 ± 1.0℃
溶解氧	pO$_2$级联控制搅拌，然后通风，以确保pO$_2$%保持在 ± 20%范围内
诱导时间	4小时
额外的	
碱基	用5N NH$_4$OH将pH值控制在7.0
葡萄糖	一旦初始葡萄糖耗尽（如pO$_2$峰值≥240%所示），则开始葡萄糖补料。分批补料工艺采用固定线性补料策略，并在发酵期间持续进行
诱导	
葡萄糖添加量	当培养物已经达到目标量的葡萄糖溶液时，向培养基中添加0.1 M IPTG以诱导FgF21产生的启动子

（三）优化培养工艺

将工作细胞库小瓶解冻并用于接种含有生长培养基的带挡板的2.8 L锥形烧瓶，并在控制温度和搅拌速率的同时过夜生长至目标密度。然后将摇瓶培养物用作生产发酵罐的接种物，该发酵罐在分批模式下生长直至分批葡萄糖耗尽（通过DO百分比急剧增加表示）。分批葡萄糖耗尽后，将培养物转换为分批补料模式，并连续补料无菌葡萄糖溶液（固定速率）。定期取出样品以测量OD 600 nm、DCW、残留葡萄糖和产品滴度。当培养物达到诱导标准时（基于添加的葡萄糖溶液的量），将IPTG添加到发酵罐中以诱导目标蛋白的产生。在整个培养物中的规定时间点进行氨基酸补充，以确保培养物的充足供应。诱导后11小时，采集最终样品并收获发酵罐。

准备	
SIP前	FgF21基础盐，氨基酸和PPG 2000消泡剂
SIP后	葡萄糖溶液、优化的痕量金属溶液、镁溶液和钙溶液
控制参数	
pH值	7.0±0.1
通风	10~22 SLPM（1.0~2.2 vvm）通过pO$_2$级联控制进行控制
搅拌	800~1500 rpm，通过pO$_2$级联控制进行控制
压力	620 mbar（9 psi）
温度	34.0±1.0℃
溶解氧	pO$_2$级联控制搅拌，然后通风，以确保pO$_2$%保持在±20%范围内
诱导	11小时
添加	
碱基	用5N NH$_4$OH将pH值控制在7.0
葡萄糖	一旦初始葡萄糖耗尽（如pO$_2$峰值≥40%所示），则开始葡萄糖补料。分批补料工艺采用固定线性补料策略，并在发酵期间持续进行
氨基酸	诱导前1小时和诱导后3、6和9小时推注KAA
诱导	
葡萄糖添加量	当培养物已达到目标量的葡萄糖溶液时，向培养基中添加0.1 M IPTG以诱导FgF 21产生的启动子

（四）RP-HPLC监测FGF21复性

在40℃下使用Agilent Zorbax 300SB-CN色谱柱（4.6 mm×250 mm，5 μm）进行RP-HPLC分析。流动相A为0.1%（v/v）三氟乙酸（trifluoroacetic acid，TFA）水溶液，流动相B为0.1%（v/v）TFA的乙腈溶液，流速为1.0 ml/min。用33.5%B预平衡色谱柱2分钟，然后在12分钟内应用从33.5%到37%B的线性梯度，然后在7分钟内应用从37%到55%B的第二个线性梯度。用90%B再生色谱柱。再生后，在下一次进样之前，用33.5%B重新平衡色谱柱6分钟。每次进样约上样10 μg蛋白质进行分析。在214、260和280 nm处测量吸光度。为了定量，假定所有物种具有与完全还原的FGF21相同的消光系数。复性的FGF21和二聚体的浓度由其洗脱峰的积分面积确定。

（五）缩小规模的细胞收获、匀浆、包涵体清洗和回收

在收获细胞之前，将发酵罐冷却至约10℃。使用Beckman Coulter Avanti J-20XP瓶式离心机（1 L瓶）将发酵液以12,000×g离心20分钟（5℃）。倒出上清液，立即处理细胞（小丸）或将其保存在-20℃下。将回

收的细胞在缓冲液（通常与包涵体洗涤缓冲液相同）中重悬至原始发酵体积。将细胞悬液在9500 psi压力下通过 APV-2000（或 Niro Panda）高压匀浆器三次进行细胞裂解。根据清洗方案，将匀浆稀释至目标体积，然后离心以收集"粗品"包涵体。倒出上清液，并以目标洗涤体积再次用洗涤缓冲液洗涤"粗品"包涵体。离心后收集包涵体糊状物/浆料。两次洗涤的包涵体在使用前应储存在 −80℃ 下。在 4℃ 下，用于包涵体洗涤/回收的离心力为 13,500×g，持续20分钟（还测试了较低的离心力）。评估了不同的包涵体洗涤缓冲液，包括 20 mM 磷酸钠，pH 6.4 和 25 mM Tris，pH 8.0，以及这两种缓冲液具有不同水平的添加剂（氯化钠、乙二胺四乙酸和 Tergitol）。

（六）稀释复性

将冷冻的包涵体浆液在室温下解冻，直至其变为水性。将储备液为 9 M（或 9.6 M）的尿素（新鲜制备并去离子）与包涵体浆液按体积混合至目标尿素浓度（5~6 M）。向混合物中加入 1.0 M Tris-HCl（pH 8.0）的储备液至终浓度为 25 mM。将混合物在室温下搅拌，直到包涵体完全溶解。然后将新鲜制备的 1.0 M DTT 添加到增溶混合物中，使其终浓度为 5~40 mM，具体取决于稀释方案和稀释后的目标 DTT 浓度。将混合物在室温下搅拌以使 FGF21 完全还原。通过将完全还原的 FGF21 稀释（5~10 倍，v/v）到复性缓冲液（25 mM Tris，pH 8.0，预冷至 2~8℃）中来开始复性。在非密封容器中，在 2~8℃ 下轻轻搅拌下继续氧化。在指定的时间点采集氧化/复性样品，并交付用于 RP-HPLC 测定。

（七）渗滤复性

将储备液为 9 M（或 9.6 M）的尿素（新鲜制备并去离子）与包涵体浆液（或干燥的包涵体糊）按体积混合至目标尿素浓度为 6 M。将 1.0 M Tris-HCl（pH 8.0）的储备液添加到混合物中至最终浓度为 25 mM。将混合物在室温下搅拌，直到包涵体完全溶解。将新鲜制备的 1.0 M DTT 添加到混合物中，使其终浓度为 10~40 mM（取决于随后的直径）。将混合物在室温下搅拌（约30分钟），以使 FGF21 完全还原。提取物在 6 M 尿素中含有约 30 g/L FGF21，并用缓冲液稀释至约 15g/L 的最终 FGF21 浓度。然后将稀释的提取物在缓冲液（25 mM Tris，pH 8.0 或水）中渗滤至少 1.5 TOV。将截留液转移到容器中，使其复性完成（轻轻搅拌）。在约 15 psi 的 TMP 下进行渗滤。

（八）酸沉淀

复性混合物用 2 M 甘氨酸-HCl（pH 2.7）滴定至 pH 3.5。然后用 2M Tris-碱将溶液滴定至目标 pH（pH 6.0-6.5）。

（九）深层过滤

使用 Millipore Millistak B1HC 深层过滤器净化低浓度的复性混合物，然后使用 Millipore Durapore 0.45/0.2 μm 过滤器（或等同的 0.2 μm 过滤器）。对于酸沉淀和离心后的浓缩复性混合物，使用 CUNO 60SP 深层过滤器进行净化。

（十）AEX（Capto Q）

将净化的复性混合物以每升树脂 10~15g FGF21 的量上样到 Capto Q 色谱柱上。在 10 CV 内进行从 10%B 到 90%B 的线性梯度洗脱。流动相 A 为 20 mM Tris，10 mM NaCl，pH 7.5，流动相 B 为 20 mM Tris，250 mM NaCl，pH 7.5。上样流速为 190 cm/h，洗脱流速为 120 cm/h。

（十一）HIC（Toyopearl丁基600 M）

在制备HIC上样液之前，使用化学计量的三羧乙基膦（TCEP）还原Capto Q合并液中的FGF21二聚体。新鲜制备1.0 M TCEP储备液，并将其加入Capto Q合并液中至目标浓度。将混合物在室温下轻轻搅拌30分钟，然后在4℃下保持2小时。TCEP减少后，调节Capto Q池的盐和蛋白质浓度，目标为约0.6 mg/ml FGF21和450 mM Na_2SO_4、25 mM Tris，pH 7.5。向TCEP还原Capto Q合并液中加入计算量的缓冲液（25 mM Tris，pH 7.5）。逐滴加入硫酸钠储备液（1.2 M Na_2SO_4，25 mM Tris，pH 7.5）至目标浓度450 mM。上样前对上样物进行0.2 μm过滤。负荷挑战为约12g/L。在10 CV条件下，从450 mM Na_2SO_4、25 mM Tris（pH 7.5）至25 mM Tris（pH 7.5）进行线性梯度洗脱。HIC步骤在环境温度下操作（实验室规模为22℃，中试规模为19℃）。

（十二）AEX（Q琼脂糖凝胶HP）

使用XK 16/20色谱柱（GE Healthcare，Piscataway，New Jersey）填充Q琼脂糖凝胶高性能树脂，柱床高度为20 cm（CV约为40 ml）。平衡捕获柱，并用MES、BisTris或磷酸盐缓冲液中的45 mM NaCl洗涤。在18 CV上以线性梯度洗脱至183 mM NaCl，然后保持5CV。这对于获得所需的分离度以促进合并是必要的。典型的合并是基于UV260值首次增加（A280在再次增加之前降低）的前沿（2 mm光程）的A_{280}值为10 mAU。

（十三）阳离子交换色谱法

使用XK 16/20色谱柱（GE Healthcare，Piscataway，New Jersey）填充SP琼脂糖凝胶高性能树脂（SPHP），柱床高度为20 cm（CV约40 ml）。平衡色谱柱并用20 mM氯化钠洗涤。用注射用水或缓冲液A将AEX捕获合并液稀释至≤3 mS/cm或用2TOV缓冲液A将超滤/渗滤稀释。以线性梯度洗脱至130 mM NaCl，10 CV，然后保持5 CV。典型的合并是基于前端（2 mm光程）的UV 280值为10 mAU，而尾端UV_{280}增加。

致谢

作者要感谢辉瑞分析研究与开发小组的分析支持以及圣路易斯中试工厂为FGF21的生产提供的支持。我们也感谢K.Rust、E.Newsom和K.Onadipe对细胞系开发工作的贡献。

参考文献

第三十章

单克隆抗体的下一代纯化工艺设计

Krunal K. Mehta*, Ganesh Vedantham†

*Bioprocess Sciences and Technology, Amgen, Cambridge, MA, United States, †Drug Substance Process Development, Amgen Manufacturing Ltd., Juncos, Puerto Rico

第一节　引言

　　单克隆抗体（mAb）是目前发展最快的治疗药物之一，其被广泛应用于多种疾病的治疗，涵盖癌症、传染病以及高胆固醇血症等心血管疾病[1, 2]。迄今为止，mAb类药物仍然是推动生物制药行业发展的最重要的产品，现已有数百种产品进入开发阶段，并出现了多种mAb类"重磅炸弹"药物[3]。

　　与小分子药物相比，mAb具有较高的靶向特异性，不经由肝或肾代谢。而且，尽管并非经由肠道给药，但给药的频率较低。从安全性角度来看，目前正在对一些在研的mAb进行工程化改造，以降低靶点相关和（或）分子结构相关不良反应等风险[2]。而且，治疗性mAb在生产过程中具有更高的溶解度和稳定性，平台生产工艺也更加完善[4]。由于临床疗效强大且易于生产，mAb已成为主要的重组蛋白类治疗药物之一，并已成功应用于各种医疗适应证。在mAb的生产中，通常会采用哺乳动物细胞作为宿主系统。经过多年的发展，现已对其表达和生产过程进行了充分的标准化设计。人源化mAb具有同源蛋白序列——可结晶片段（Fc）区域，因而能够采用蛋白质A（Protein A）色谱法进行捕获。因此，一般情况下各种mAb的下游生产工艺基本一致，仅需根据产品分子的差异做细微的调整。回溯至30年前，首个mAb产品获得许可，mAb类产品的生产工艺自此以后发生了翻天覆地的变化[5]。

　　最初，细胞培养工艺（或上游工艺）的产率较低，这是mAb生产技术早期发展的重要瓶颈。由于mAb的产率较低，而mAb疗法通常需要采用相对较高的剂量，因此需要设计适于大批量生产的设施。之后，随着重组DNA技术和细胞株开发（CLD）技术的不断发展，基于细胞培养的生产工艺中mAb的产量得到了持续的提高，生产的瓶颈悄然从上游细胞培养工艺转移至下游工艺（downstream process，DP），原因在于，现有的下游纯化设施是为了适应低产率的细胞培养工艺而设计的，已不再能够满足当今高产率的细胞培养工艺的纯化需求。因此，下游工艺开发中现面临一些新的挑战（表30-1）。

表30-1　改进的细胞培养工艺对下游工艺的挑战

挑战	影响	对策
需从具有较高细胞密度和产品浓度的培养液中收获和回收产品	杂质增多，对下游色谱柱操作产生了额外的负担	开发替代技术
捕获色谱柱能力有限	需要增加循环次数、延长处理时间、增大纯化柱尺寸、扩大厂房空间	开发处理能力更强的树脂

续表

挑战	影响	对策
纯化过程中会产生大量的缓冲液和多批产品中间品溶液	需要扩大场地空间	配制缓冲液的浓缩液，采用在线稀释系统进行稀释；合理连接各单元操作，尽可能缩小储存罐的体积
需要使用更大面积的滤膜以满足大体积的纯化需求	由于纯化体积更大，故需要延迟过滤时间，或者提供增加滤膜面积来尽可能维持较短的纯化时间，后者则需要扩大厂房空间	优化滤膜以提高过滤速率，同时尽可能缩小滤膜体积和占地面积

近年来，各种大规模设备不断问世，mAb的产量也持续提升，这导致了一些mAb产能过剩的问题[5, 6]。由于生物制药市场持续分化、大量专利到期、生物仿制药竞争不断加剧、产能过剩问题日益突出以及政府推出降低医疗保健成本等举措，行业内越来越关注提高生产设施的利用率和降低生产成本[3]。据预期，随着未来对mAb的需求的持续增加，mAb生产工艺的优化将会聚焦于开发更为灵活的生产设施和工艺，以适应多种产品的生产需求，这可能对生物制药企业和合同生产组织（CMO）的工厂设计和产品开发策略有重要意义[3, 5]。

下一代下游工艺的开发工作将聚焦于在满足未来治疗用mAb需求的同时持续缩小生产设施的占地面积，理想的下一代生物生产设施应具备以下特征：①可减少占地面积；②可缩短施工时间和降低建设成本；③具有高度的便携性/互换性，并易于在不同国家或地区建设相同的设施；④可缩短生产周期和降低生产成本；⑤适于多种产品的生产。

因此，下一代生物生产设施中可能采用各种先进的一次性使用技术（SUT）。在模块化的设施中采用一次性技术平台工艺可生产多种产品，并大幅缩短停机时间、设备占用面积以及清洁/验证成本。本章将介绍当前下游mAb纯化工艺的发展现状，并重点分析在不久的将来即将推出的各种"赋能"技术的发展前景。未来，有望将这些新技术与下一代模块化的生物生产设施进行有机结合，推动下游生产工艺的持续发展。

第二节　下游单元操作现状和新兴的替代工艺

利用各种平台技术实现上下游工艺及相应分析方法的标准化，可以大大缩短从产品研发到商业化生产的时间，并有效降低开发成本。从逻辑上讲，工艺的标准化可以有效地推动工艺设备和技术的标准化进程。平台设备及相应技术一旦建立，便可以用于各种类似分子产品的工艺设计。因此，下一代生物生产设施的设计和下一代工艺的开发是相互依存的。业界越来越重视技术平台的开发，一些企业已成功将各种平台技术应用于mAb生产工艺的开发[7]。从商业化的角度来看，平台方法具有以下优势[4]。

（1）可以有效缩短工艺开发的时间和减少资源消耗。

（2）能够加快产品进入临床实验的速度。尤其是当几家公司试图针对类似的生物途径开发药物时，这一点尤为重要。

（3）可以在不同的项目中共享开发报告、工艺转移文件、标准操作规程（SOP）、生产批记录（batch production record，BPR）等相关流程的文件，从而可以大大简化文件管理。

（4）可使公司内工艺开发、分析、质量、生产等多个职能部门的统一和协调更易于实现。

（5）便于批量化采购，因此更容易与供应商进行折扣定价。

（6）可以多方采购关键原材料，从而能更好地管理运营风险。

（7）由于设施是基于平台化工艺而设计的，所以更易于向全球多个生产基地转移。

理论上，通用平台工艺应适用于所有的mAb产品。然而，由于各种不同的mAb分子之间存在明显的物理化学差异，通用工艺往往并不能满足实际的需求，或者可能不稳健[4]。因此，大多数企业通常会采用更加灵活的mAb下游纯化工艺通用平台，该平台由一系列的定义明确的单元操作组成，其中大多数操作参数是预先定义好的，仅有一小部分参数需要开发和优化。生物工艺中的部分单元操作适用于多种mAb分子，仅需简单的优化便可投入使用，而另有一些单元操作则主要侧重于解决某些特定mAb分子相关的纯化问题（表30-2）。

表30-2　基于平台化的可行性对mAb生产中单元操作的要素进行分类

工艺要素	实现稳定平台化的可行性
宿主细胞	++
细胞培养工艺模式	+-
收获	+-
捕获	++
病毒灭活和深层过滤	++
中间处理步骤和精纯色谱步骤	--
病毒过滤	++
超滤/渗滤	++

"++"表示可设计适用于所有mAb的平台的单元操作；"+-"表示可设计适用于大多数mAb分子的平台化单元操作，但有一些特殊的mAb分子例外；"--"表示需要根据mAb分子的特性及生产需求进行重点优化。

基于多年来对多种mAb分子的工艺开发经验，可以确定哪些要素易于模板化，哪些要素需要针对特定的mAb分子进行重点开发和优化（表30-3）。

表30-3　下游平台工艺中需要优化的部分工艺参数

参数	蛋白质A	离子交换色谱法	疏水作用色谱/多模式色谱法
树脂	绿色	橙色	橙色
上样条件和荷载容量	绿色	橙色	橙色
柱床高度	绿色	绿色	绿色
工作温度	绿色	绿色	绿色
缓冲液 I 平衡体积和上样后淋洗体积	橙色	橙色	橙色
缓冲液 II 和上样后淋洗体积	橙色	橙色	橙色
洗脱缓冲液和pH值	橙色	橙色	橙色
洗脱梯度	绿色	橙色	橙色
采集标准峰值	绿色	绿色	绿色
洗脱后淋洗 I	绿色	绿色	绿色
洗脱后淋洗 II（可选）	绿色	绿色	绿色
原位清洁缓冲液、保留时间和原位清洁体积	绿色	绿色	绿色
存储	绿色	绿色	绿色

绿色，无需优化；橙色，需要优化。

后续章节将重点介绍mAb生产中典型的下游工艺流程及相应的单元操作，并深入讨论有望推动下一代生物制造的新兴工艺替代方案（图30-1）。

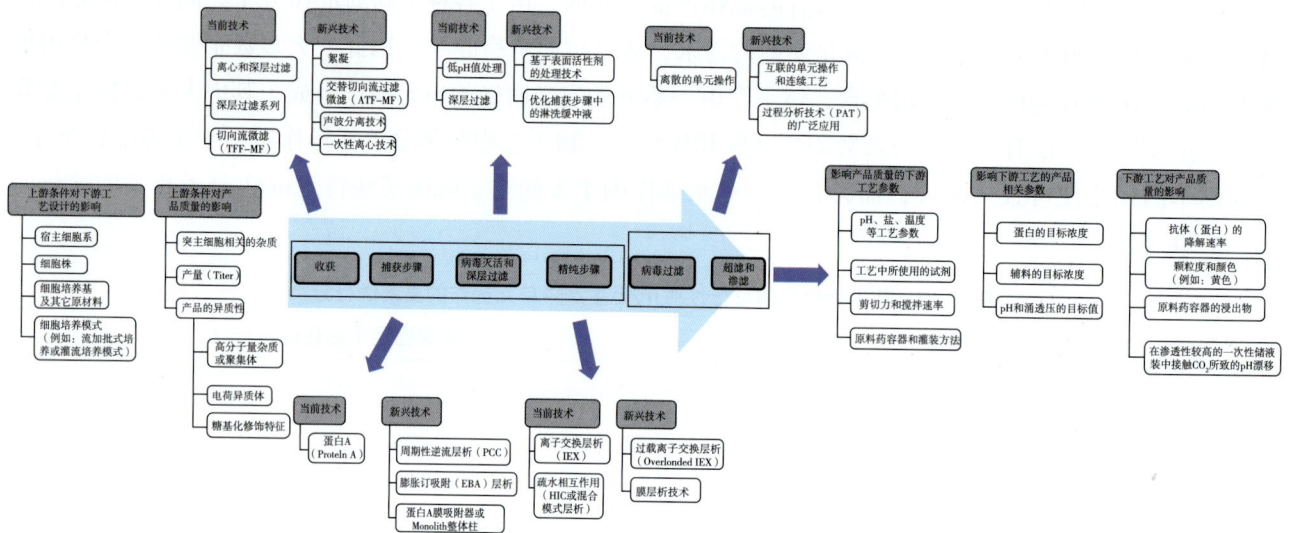

图30-1　与mAb生产工艺相关的典型下游单元操作

一、收获和产品回收

从生物反应器培养中所获得的培养液一般都含有一些工艺相关的杂质，例如：细胞、细胞碎片、胶体和脂质等。下游纯化工艺的第一步便是将目的蛋白从这样的培养液中分离出来，即所谓收获或产品回收步骤[8]。该步骤的主要目标是最大限度地回收产品，并以经济有效的方式最大限度地减少产品降解及杂质和生物负载的残留问题。

由于细胞培养过程的细胞密度较高，产品的回收步骤已成为mAb的临床和商业化生产中的一个重要瓶颈[9]。收获方法和设备的选择取决于细胞类型、目的产品特性以及培养液性质。本节将讨论离心、切向流过滤（TFF）和深层过滤等典型的收获技术，以及将微滤或离心与TFF或深层过滤相结合的专用解决方案。表30-4总结了每种收获技术相对于下一代下游平台中的优势和适用性。

表30-4　各种收获技术在一次性和/或连续生产设施中的适用性建议

特点	收获类型				
	离心和深层过滤	切向流动过滤-微滤（TFF-MF）	交替切向流微滤（ATF-MF）	絮凝a	超声波分离（AWS）
细胞密度（上限）	++++	+++	+++++	+++++	+++
典型收率	++b	+++c	++++c	+++++	++++
一次性使用	++	+++++	+++++	+++++	+++++
平台适配性	+++++	+++	+++	++++	++
经济成本	+++++	+++	+++	+++++	+++
厂房占用	++	+++	+++++	++	+++
可放大性	+	+++	+++	++	++
连续化操作可行性	+	+++	+++++	+	++++

a由于某些IgG亚型容易在一些絮凝剂存在的情况下发生还原，因此可能导致产品质量问题；b离心和深层过滤方法的产品收率取决于进料流中的实际固体含量和卸料速率（discharge rate），因而其产品收率一般较低；c在不同细胞培养工艺和条件微滤的筛分率有差异，产量回收率居中；"+"的数量表示相应特征的适用性或有利程度。

（一）离心和深层过滤

1. 离心　随着低剪切离心机的出现，使用碟式连续流离心与深层过滤相结合的方法已成为业界首选的收获或产品回收方法[9, 10]。

一直以来，离心分离法都采用使用西格玛概念进行规模放大[11]。保持离心流速（centrifugation flow rate，Q）与当量净化或沉降面积（equivalent area of clarification/settling/sedimentation，Σ）的比值 Q/Σ 恒定，以实现工艺规模的放大。但是，这种放大方法有一定的局限性，通常需要降低 Q/Σ 以维持净化效率[12]。其原因在于，不同规模的设备的设计存在巨大的差异[9, 12, 13]。例如：实验室规模的离心机大多缺乏局部卸料的功能。

离心力（g-force）、保留时间、卸料频率等各种离心机操作参数和细胞密度、收获时的细胞活率等细胞液的质量参数都会影响离心机的净化效率[9-11, 14]。细胞培养基组分、宿主细胞杂质等工艺相关的杂质在收获时的pH值条件下带负电荷，因而在细胞培养和收获操作期间可能形成胶体[9]。此外，离心机的剪切力也可能使收获液中产生其他一些颗粒，这些颗粒的粒径分布很广，可能会影响降低净化效率[9]。若净化效率降低，还可能会影响后续的色谱捕获步骤的性能，甚至对工艺中间产物的无菌过滤性产生负面影响。

赛多利斯公司（Sartorius）的Ksep®系统是一种先进的易于放大的一次性自动离心系统，既可用于细胞治疗产品生产工艺中细胞产品的收集，又可用于mAb等产品生产工艺中细胞等固体杂质的去除。通过离心和流体流动力的平衡，Ksep®技术将细胞、微载体等颗粒保留在因培养基或缓冲液连续流动所形成的浓缩流化床中。Ksep®系统可完全实现自动化操作、易于放大，且大大减少了工艺步骤，并大幅缩短了工艺时间。基于Ksep®系统的低剪切工艺可减少对下游工艺的污染和提高产品的质量，同时大幅提升高细胞密度（$10 \times 10^6 \sim 50 \times 10^6$ 细胞/ml）培养液的净化效率。虽然可通过该技术大幅提高产品收率，但提升幅度通常与上样体积的增加相关。目前，许多生物制药公司已评估了Ksep®系统在各种不同生产场景中的应用效果。不过，据笔者了解，其尚未取代mAb商业化生产工艺中当前所使用的收获方法。

2. 深层过滤　碟式离心机通常仅能去除一定密度的颗粒，且去除效果受到细胞培养液特性、离心机进料速率、转鼓几何形状、转速等因素的影响[14]。由于这些限制，通常还需要采用深层过滤技术进一步净化收获液，以去除残留的较小固体颗粒[15, 16]。常用的深层过滤器由厚而多孔的纤维素纤维基质和无机助滤剂组成，后者通过带正电荷的树脂与前者结合在一起。前者为液体提供了迂回曲折的路径，从而可以截留各种粒径的颗粒，后者所带正电荷则进一步赋予了过滤器吸附能力。因此，仅通过深层过滤器的筛分机制即可有效去除粒径小至约0.1 μm的颗粒[17]。而且，由于上述吸附机制，其还可以去除DNA、宿主细胞蛋白（HCP）等更小的带负电荷的可溶性杂质，进一步提高产品的质量[16]。不过，这些纤维素深层过滤器可能会向系统中释放高浓度的水溶性污染物，所以在使用前需要通过充分的预冲洗操作将污染物的浓度降低到可接受的水平[18]。在随后推出的商用深层过滤器中，采用水溶性热固性树脂黏合剂取代了纤维素纤维，从而有效减少了浸出物，大大降低了产品污染的风险[18]。

深层过滤不限于作为二次收获步骤。例如，对于完全基于一次性容器或设备的工艺，可采用深层过滤取代碟式离心机[19]；在生物工艺的各个阶段深层过滤器都可以有效去除杂质[15]；除提高产品质量外，深层过滤器可保护除菌过滤器和色谱树脂，延长其使用寿命[9, 14-16]。使用孔径相对较大的深层过滤器可以有效截留细胞和细胞碎片，其对于高细胞活率和低细胞密度的培养液似乎是可行的[19]。但是，若细胞活率不稳定，且细胞密度较高，则会增加过滤器堵塞的风险，从而使深层过滤过程变得较为困难。一般而言，若需采用深层过滤器收获高细胞密度的培养液，可能需要大幅增加过滤面积，因而需要占用更大的厂房空间。此外，由于深层过滤器是一次性设备，若以之替代离心技术来简化工艺，便需要增加生产成本。

（二）絮凝和沉淀

絮凝和沉淀可以提高离心或微滤的净化效率，并缩小处理高产量和高细胞密度培养液物所需的深层过滤器的膜面积[20-24]。絮凝法在化工、食品工业及废水处理中已得到了广泛应用，近年来逐渐应用于解决治疗性蛋白质的收获和纯化中的难题[21-23]。经评估，一些简单的酸[21, 25, 26]、二价阳离子[23]、聚阳离子聚合物[22, 24]、辛酸[27]和刺激响应聚合物（苯基聚烯丙基胺）[20]等絮凝剂均可增强细胞培养液收获步骤的净化和杂质清除能力。每种絮凝剂的作用机制、对产品质量的影响以及残留絮凝剂的潜在毒性都大不相同，Felo等人的一篇综述文章详细讨论了工业絮凝剂在mAb纯化工艺的应用[21]。

絮凝技术的应用受到很多关键因素的限制，主要包括：平台工艺的适应性；絮凝剂的下游清除；由于絮凝剂清除不完全使得产品发生不符合预期的持续絮凝/沉淀；絮凝剂的监管问题等。然而，随着细胞培养技术的不断发展，高密度培养、连续化工艺、一次性技术和小体积培养已经成为重要的发展方向，这也将继续推进絮凝技术在生物制药生产工艺中的应用[21]。为了克服当前絮凝技术的局限性，现已利用附着在二氧化硅珠等不溶性基质上的多离子聚合物开发出了一种替代性的强化细胞沉降方法[28]。这种功能化的二氧化硅珠可将聚合物与净化溶液隔离开来，而二氧化硅珠密度很高，所以与之结合的细胞和细胞碎片会在原位快速沉降下来。这种将絮凝和沉降相结合的步骤能够有效提高净化的效率，也可用于一次性生产工艺。不过，有效沉降所需二氧化硅珠的用量较大，可能会增加生产成本[28]。

（三）切向流微滤

自生物技术诞生之初，切向流微滤（TFF-MF）便已成功应用至生物制剂的生产工艺中，是主要的产品回收步骤[9, 29]。在TFF-MF中，细胞培养液（cell culture fluid，CCF）切向流经微孔膜。因此，在理想情况下，不断循环流动的细胞悬液（截留液）并不会堵塞微孔膜，而可溶性产物则可经过滤器流出（渗透液）[8, 9]。必须使进料以足够的速率流过微孔膜，以保证能够产生渗透流，并使细胞始终保持悬浮状态，以防止在细胞等固体杂质在膜表面积聚。但是，进料的压力也不能太高，因为大多数蛋白的表达宿主细胞在高压条件下容易破裂[9]。换言之，虽然跨膜压（TMP）是渗透流的动力，但在细胞液收获过程中TMP不宜过高，否则会使膜表面的细胞快速极化而堵塞微孔[29]。

在使用膜技术进行细胞收获时，必须考虑膜孔径、膜面积和堵塞可能性等关键参数。在理想情况下，TFF膜的孔径为0.22 μm，可通过这种膜得到符合目标质量要求的收获细胞培养液（harvested cell culture fluid，HCCF），无需进一步净化。然而，众所周知，该技术对细胞活率、细胞密度、培养基组分等培养液质量参数的变化非常敏感[9]。当通过膜的流量一定时，细胞密度越高，细胞活率越低，TMP会越高[8, 9]。随着细胞培养技术的进步，细胞密度不断升高，细胞碎片也会相应增加。因此，为了防止堵塞，往往需要在TFF膜上设计更多更大尺寸的微孔。但是，若采用更大的孔径，便需要在其后连接深层过滤等额外的净化步骤。由于这个限制性因素，TFF往往仅适用于低细胞量的细胞培养液的收获工艺，通常固含量应不高于3%[29]。

当培养中细胞量超过上述水平时，亚微米级的碎片也会相应增加，TFF-MF便不再适用。在这种情况下可采用交替切向流动（alternating tangential flow，ATF）替代TFF系统开发改良的微滤（MF）工艺，即交替切向流动微滤（alternating tangential flow-microfiltration，ATF-MF）。与TFF系统一样，ATF系统会将含有产品的细胞悬液从生物反应器中泵出，使之流经微孔滤膜，然后再返回生物反应器中。但是二者也有明显的区别。TFF系统中，培养液通过 个管路单向流经滤膜，然后再经另一管路回到生物反应器中。ATF系统则是与生物反应器仅有单管路连接，培养液通过同一管路进入和离开ATF系统，不停地往返流经中空纤维膜。这样的ATF每隔5~10秒就会对纤维膜进行一次清洗，且可通过流动方向的快速切换而触发双向的冲洗动作[30]。ATF系统中采用隔膜泵实现上述培养液的交替切向流动，由可控的过滤空气流提供动力。生物反应器和隔膜泵之间的快速低剪切流可确保细胞能得到快速交换，并迅速返回生物反应器中，从而能够最大程度地减少细胞在生物反应器外的停留时间。根据所用中空纤维膜的孔径大小，可选择在灌流模式或者收获模式下进行生物反应器操作。前者采用孔径30~100 kDa或更小的小孔径中空纤维膜，用于灌流培养基和去除代谢物，同时截留细胞和mAb等蛋白产品；后者采用孔径大于约750 kDa的大孔径中空纤维膜，可用于灌流培养基和去除代谢物，但其仅能截留细胞等固体杂质，而不能截留mAb等蛋白产品[30]。ATF系统有很多明显的优势，例如：①可用于CHO细胞、PER.C6等悬浮细胞的高密度培养，细胞密度可达（40~150）× 10^6 细胞/ml；②可以实现蛋白的连续化生产，产率达每天1 g/L或更高；③可以快速交换培养基和去除副产物；④使细胞能够维持健康的状态，从而可表达质量更为均一的产品；⑤在细胞培养过程中已对培养液进行了过滤，所得培养液可以直接进入纯化步骤，而无需额外添加净化步骤；⑥在培养过程中不断去除了代谢废物或其他毒性分子，也可以维持较低的渗透压。

已有大量研究证明，ATF技术可用于灌流细胞培养工艺以及高细胞密度的HCCF高效净化步骤[31]。总体而言，与传统的收获技术相比，ATF技术具有生产效率高、占地面积小等优势，若能针对不同的分子选择合适的ATF滤器，以保持稳定的筛分特性和降低堵塞风险，便有望将该技术在各种生物分子的生产工艺中得到广泛的应用。

（四）超声波分离

Cadence声波分离器（Cadence acoustic separator，CAS）是颇尔（PALL）公司的一项颠覆性技术，其前身为FloDesign Sonics（FDS）公司的声波分离技术（acoustic wave sparation，AWS），该技术可用于流加批式培养或灌流培养工艺中培养液的净化步骤。采用AWS技术可在封闭系统中连续移除细胞，而无需额外的离心操作。采用该技术不仅可以节约操作空间，还可以大大简化收获步骤。

AWS技术的工作原理为：在流动通道中施加声学力以产生三维驻波，当HCCF通过流动通道时，声波的节点会捕获细胞，从而使细胞聚集，细胞的浮力减弱，细胞并可从悬浮液中沉淀出来。AWS技术的特点包括：不会导致温度升高；对细胞或蛋白质的损害极小；稳健高效等。基于其目前的处理能力，使用串联的四个AWS装置便能够达到以深层过滤技术进行二次收获方能达到的净化效果。若在收获的第一步采用串联的四个AWS装置，可将深层过滤器的通量提高四倍或更多。与其他收获技术一样，AWS对于高细胞密度培养液的净化效率也不高，这种情况下需要更多个串联的AWS才能达到理想的净化效果，但这会占用更多的厂房空间，也会增加生产成本。除了用于净化步骤以外，AWS技术也可以用于灌流细胞培养工艺[32]。最近，市场上已出现了一些基于AWS技术的实验室规模产品，大规模的AWS设备仍在开发中。

二、捕获步骤

（一）蛋白质A

在生产治疗用的IgG mAb和Fc融合蛋白的生产工艺中，通常将蛋白质A树脂作为精纯前的捕获步骤的树脂。在过去的20年中，细胞的表达水平得到了大幅提高，目前mAb的产量已能达到10 g/L或更高。在此类生物制品的生产过程中，捕获步骤的产量显得尤为重要，只有开发高产能的捕获步骤才能避免纯化工艺成为工艺瓶颈。根据历史经验，可采用多种策略来最大限度地提高蛋白质A捕获步骤的生产率，例如：①开发配体密度更高或适于双流速上样策略的蛋白质A树脂[33, 34]，以提高载量；②开发耐碱性蛋白质A树脂[35, 36]，或优化在位清洁（CIP）方案，以延长树脂的使用寿命[37, 38]。一般而言，蛋白质A树脂成本在mAb生产原材料成本中占很大比例。大量文献表明，蛋白质A色谱法对mAb纯化工艺至关重要[39-41]，尽管蛋白质A树脂的成本较高，但该步骤具有高度的特异性，且收率很高，迄今尚未找到基于非亲和色谱、非色谱技术等替代方法。在下面的章节中，将讨论整个下游生物工艺中与最大限度地降低蛋白质A成本相关的各种开发工作。

（二）周期性逆流色谱

采用多个较小的色谱柱进行连续操作，而不是采用一个大规模的色谱柱，如此可以达到更高的结合能力，从而有效降低蛋白质A的成本[42]。在一项研究中，研究者开发了一种基于3根色谱柱的三柱周期性逆流色谱法（3-column periodic counter-current chromatography，3C-PCC）。具体而言，采用三根1 ml Hi-Trap MabSelect SuRe色谱柱，在不同时间单独对色谱柱上样，直至既定的终止点（例如70%的mAb流穿时）[42]。然后，将来自这一色谱柱的含有未结合蛋白的HCCF上样至下一个色谱柱上，以捕获其中的mAb，从而可以防止任何蛋白质损失。一旦第一根色谱柱上样量达到指定的终止点（例如70%的mAb流穿时），便将其切换出来，将第二根色谱柱作为主要的上样色谱柱，此时第三根色谱柱已连接，可以随时准备捕获任何流穿的mAb分子。与此同时，对第一根色谱柱进行淋洗、洗脱和再生。当第三根色谱柱以同样的方式完成循环后，便将第一根色谱柱重新连接至产线中。如此循环往复，无论是处于上样还是洗脱状态，在任何时间点所有三根色谱柱均处于运行状态，从而可以有效缩短处理时间[42]。连续运行结果表明，这种方法可将树脂用量和缓冲液消耗量减少约40%。但是，其系统硬件设置和工艺过程均比原来的批式工艺更复杂[42]。现已开发了一些使用单一标准亲和色谱柱的替代方法，例如：将样品的流穿液回收至储罐，或延长保留时间，这些方法也可以产生与PCC法相近的成本效益，但需要耗费更长的处理时间[42]。

Warikoo等人将灌流生物反应器与四柱周期性逆流色谱法（4-column periodic counter-current chromatography，4-PCC）系统进行整合，并成功应用于治疗用蛋白质分子的连续捕获。结果表明，该连续捕获工艺与批式色谱柱操作所得产品的质量相当。而且，将灌流细胞培养过程与4-PCC整合后可以大幅减少设备占地面积，并去除了净化、中间品存储等一些非增值单元操作（nonvalue-added unit operation）。这些结果表明，未来有望将这种集成式连续生物工艺（integrated continuous bioprocess）作为生产各种治疗性蛋白质的通用平台工艺[31]。

（三）膨胀床吸附色谱

如前所述，在主要的产品回收步骤之前，需要进行固液分离操作。在高密度细胞培养过程中，生物量会大量积累，因而对固液分离步骤的处理能力和通量提出了更高的要求，也带来了巨大的挑战。提高工厂处理的通量是工艺开发的重点之一，这就需要精简产品回收操作。膨胀床吸附（expanded bed adorption，EBA）技术可将两个单元操作合并为一个新的步骤，有望在一定程度上满足这些需求[43]。

具体而言，EBA可将固液分离和第一个吸附色谱步骤整合起来。将合适的吸附剂颗粒在向上流动的液体流中进行流化，从而形成一个间隙体积增大的稳定流化床（或膨胀床）。由于吸附剂流化床的间隙体积增大，因此可以引入生物反应器培养液等含有颗粒的原料，而不会有导致吸附剂流化床结垢或堵塞的风险。如果流体相条件选择得当，流化的吸附剂便能够从培养液中捕获目标分子，从而无需在第一吸附步骤之前通过过滤或离心来净化培养液。

总体而言，膨胀床的一般性能与普通的树脂床相当。然而，由于吸附剂床的膨胀取决于吸附剂颗粒的大小和密度以及原料的黏度和密度，所以膨胀床最佳操作条件的选择受到了更多的限制[44]。吸附剂颗粒与细胞表面、DNA和其他物质可能发生相互作用，进而形成聚集体，最终使得床层不稳定或通道堵塞，因此培养液的成分可能是最大的限制因素[44]。为了避免在膨胀床模式下进行洗脱时产生大量的液体，通常会采用树脂床模式下的洗脱方式。由于存在这些困难，膨胀床色谱在从哺乳动物或微生物原料中大规模纯化蛋白质的工艺中尚未得到广泛应用。

（四）蛋白质A膜和Monolith蛋白质A整体柱

最近，Bolton和Mehta在一项研究中对蛋白质A色谱技术的载量、操作流速、生产率（每升树脂的mAb生产率）等性能的变化趋势进行了详细的评估，以考察其能够始终得到广泛应用的原因。结果表明，自1978年以来，蛋白质A的生产率和载量每年分别提高4.3%和5.5%。操作流速在1978年至2001年之间逐渐增大，由于在此基础上进一步提高操作流速对整体色谱效率的改善非常有限，所以此后一直保持不变或略有下降[41]。此外，若在同一研究中采用了多种不同的流速，那么总是会在最高流速下获得蛋白质A树脂的最高生产率[41]。例如，据报道，操作流速为1500 cm/h和600 cm/h时Mab Select的载量分别为10 g/L和20 g/L。以g/L/h为单位进行计算，较高流速条件的生产效率更高。然而，在实际的生产工艺中，10 g/L的载量几乎不可接受。一种可能的解决方案是使用柱高较小的填充柱或蛋白质A膜吸附器（membrane absorber，MA）和蛋白质A整体柱（monolith），从而能以较高的流速进行操作，最终提高生产效率。例如，BIA Separations公司的CIMVR r-Protein A-1 TUBE MONOLITHIC COLUMN整体柱的生产率可高达100 g/L/h，比常规柱高的蛋白质A柱的生产率至少高出5倍。Natrix Separations公司的产品Protein A MAs（加拿大）或Stevenage公司（英国）的Puridify仍处于原型阶段，一些初步结果表明，这些蛋白质A膜吸附器的生产率与Monolith整体柱相当。虽然这些设备目前尚不适用于大规模生产，但其可能代表了未来提高蛋白质A产能的一些优化方向。

三、病毒灭活和深层过滤

一些治疗用mAb产品分子大多具有糖基化修饰位点，其药代动力学和治疗活性特性受糖基化修饰特征的影响。哺乳动物细胞具备转录后代谢机制，可以对所表达的蛋白进行相关的翻译后修饰（PTM）（例如糖基化修饰）和促进二硫键的形成。因此，哺乳动物细胞是mAb等复杂蛋白质治疗产品的首选宿主[45]。然而，与微生物表达系统不同，使用哺乳动物细胞会带来外源哺乳动物病毒污染的隐患。一般而言，所有生物制药产品的生产过程中都有引入外源病毒的风险，所以病毒安全性是这些产品的开发和生产中必须考虑的重要因素[46]。

欧洲药品管理局（European Medicines Agency，EMA）要求至少评估两个正交步骤的病毒去除能力[47, 48]，以确保采用哺乳动物细胞培养所产生物制品的安全性。在下游工艺中，可以通过不同的机制去除病毒。例如，由于病毒与mAb等目的产品的尺寸不同，所以通常可以采用过滤方法去除病毒。二者在色谱树脂上的结合力不同，故也可以通过一些色谱步骤去除病毒。此外，对于一些包膜病毒，化学灭活方法也可作为病毒清除的一个正交步骤。

（一）低pH病毒灭活和深层过滤

历史研究证明，在低pH条件下孵育生物技术产品可成功灭活多种逆转录病毒[49]。由于蛋白A柱洗脱液的pH较低，低pH条件也会诱发蛋白质聚集[50-52]。最近的一项研究表明，蛋白质A色谱步骤后，低pH诱导导致蛋白聚集加速[53]。在mAb与蛋白质A配体结合的过程中，也观察到了明显的蛋白结构变化[54]。尽管这种分子柔性意味着构象发生变化后仍有可能恢复如初。但是，在低pH值等拮抗条件下，蛋白可能更容易发生对蛋白稳定性不利的结构改变，甚至可能会暴露疏水性位点，最终形成聚集体[53, 55]。因此，对于在低pH条件下易于聚集的mAb，通常需要考虑其他病毒灭活方法。

（二）基于表面活性剂的病毒灭活法

除上述低pH孵育外，其他一些方法也可用于灭活病毒，包括干热或湿热处理、高pH条件、γ射线辐照、有机溶剂和（或）表面活性剂孵育（S/D法）等方法。在这些方法中，表面活性剂（或称去污剂）在血浆和生物制药行业应用广泛，可以在中性pH或接近中性pH的条件下稳健强效地灭活包膜病毒，而不会导致蛋白质聚集[56]。若采用表面活性剂，需要讨论其他一些因素，包括：需证明能从最终药物产品中完全去除表面活性剂；含表面活性剂废液的处理流程需符合全球处理要求；需保证表面活性剂原料的稳定性；所选表面活性剂对产品质量或工艺性能的影响应当非常小或无影响；需证明所选表面活性剂除了可以灭活各生物制药公司广泛使用的四种模型病毒外，还能有效灭活其他各类病毒[57]。在2013年病毒清除研讨会上，研究者们对各种可生物降解的环保型表面活性剂进行了评估，其中包括Biogen的LDAO和烷基葡萄糖苷（0.3% APG 325N和0.3% Triton CG110）[57-59]。现已证明，基于表面活性剂的技术可以有效清除HCCF中的病毒。采用该病毒清除方法还有另外一个好处，即其可以降低对色谱柱在病毒清除能力方面的要求[58, 59]。

（三）辛酸沉淀法在病毒灭活和杂质去除中的应用

在血浆产品的生产过程中，通常会采用有机溶剂和（或）表面活性剂孵育的方法灭活包膜病毒。但是，这会大大降低人类血浆产品的收率。为了提高血浆制品生产中的收率，现已开发了一种基于脂肪酸辛酸酯的新型病毒清除工艺[60]。经证明，采用辛酸处理含mAb的HCCF或蛋白质A洗脱合并液，可有效清除宿主细胞的HCP和DNA等杂质[27]。由此可见，辛酸在杂质去除和病毒清除方面具有巨大的潜力，这对未来的下游工艺设计可能具有非常重要的价值。

（四）用于蛋白质A色谱柱内病毒灭活的淋洗缓冲液

在mAb和Fc融合蛋白生产过程中，通常会选择在蛋白质A捕获步骤之后再进行低pH病毒灭活。然而，暴露于低pH值有可能导致产品沉淀、聚集、失活或产生其他不稳定风险[53]。此外，该过程中的酸性滴定和随后的碱性滴定也会使下游合并液的电导率升高，从而影响随后的离子交换（IEX）色谱步骤。连续处理或半连续多柱色谱通常可用于持续产生大量体积较小的溶液，对这种由许多批次洗脱合并液进行低pH灭活可能会有一定的难度。为了克服这些困难，Bolton等研究者开发了新型清洗缓冲液，其能够在mAb与蛋白质A色谱柱结合的同时灭活或去除病毒[61]。在色谱柱装载完成后，采用高盐缓冲液进行平衡，以增强mAb分子与蛋白质A配体之间的疏水性相互作用，从而防止mAb分子在pH值为3时被洗脱下来。与此同时，由于这种高盐洗涤缓冲液中含有表面活性剂，所以可有效清除病毒。然后，运用聚合酶链式反应（polymerase chain reaction, PCR）方法测定病毒清除情况，并通过检测感染能力来确定病毒去除和灭活的整体效果。结果表明，除了典型蛋白质A色谱柱所能达到的2~3个log单位的病毒清除能力以外，上述蛋白质A淋洗缓冲液还可再贡献约5个log单位的病毒清除能力。虽然色谱柱内毒灭活法可以减少一个下游步骤，但也将蛋白质A步骤的病毒清除程度限制在了5 log左右。采用新型的蛋白质A洗涤液可以实现快速且自动化的病毒灭活，且能维持较低的电导率。然而，额外的蛋白质A缓冲液淋洗和色谱柱内灭活步骤也会延长工艺时间，并增加工艺的复杂性[61]。

四、精纯步骤

蛋白质A主要是用于mAb生产的捕获步骤，其可成功获得纯度不高于95%的mAb合并液[62]。随后，通常需要通过后续的色谱步骤（或称精纯步骤）除去剩余的工艺和产品相关的杂质。多模式色谱技术可用于mAb纯化工艺的精纯步骤，主要包括阳离子交换色谱法（CEX）、阴离子交换色谱法（AEX）、疏水作用色谱（HIC）、多模式色谱和羟基磷灰石（hydroxyapatite，HA）色谱。某些公司会采取一些固定的平台步骤顺序，例如：在流穿模式下依次进行阳离子交换色谱和阴离子交换色谱精纯。也有一些公司的工艺设计较为灵活，会根据产物分子的生化特性来安排各种精纯步骤[4]。在接下来的章节，将讨论mAb纯化中最常用的精纯步骤，以及将这些步骤整合至整个纯化方案时所的注意事项。

（一）离子交换色谱

离子交换色谱是根据在一定pH条件下蛋白质所带电荷的差异而进行分离的方法，主要是根据蛋白质表面电荷与IEX树脂上带电官能团之间的静电相互作用进行纯化，通过差异化的吸附和解吸将合并液中的产品与杂质分离开来。根据蛋白质表面的净电荷和电荷分布特征，可以根据需要在结合洗脱模式或流穿模式下进行精纯操作。

1.阳离子交换色谱　大多数人mAb具有碱性等电点（isoelectric point，pI），在典型的pH条件下（pH 7.0~8.0）会带有净正电荷。蛋白表面整体的正电荷分布使mAb能够与CEX树脂上带负电荷的官能团结合。通常，在mAb生产中采用结合洗脱模式进行CEX色谱，这种方法可纯化大多数的mAb产品。在标准操作条件下，蛋白质A配体浸出物、酸性HCP等酸性较强的杂质与CEX树脂的结合能力弱于mAb，而pI值高于mAb的pI的某些HCP等碱性杂质与CEX树脂的结合能力强于mAb。由于这些结合强度方面的差异，在洗脱过程中可以通过pH或电导率的梯度增加或逐步增加来实现产品与杂质的分离[63]。一般而言，CEX可有效清除浸出的蛋白质A和HCP，在某些情况下可能够去除高分子量（high molecular weight，HMW）杂质。在含有甲基丙烯酸酯聚合物骨架的树脂中，聚合物会通过非特异性疏水相互作用产生更大的选择性，可进一步提高CEX对HMW杂质的清除效率[64]。

在对CEX洗脱阶段的条件进行优化时，需要在分离度和合并液体积之间进行权衡。在梯度洗脱过程中，若采用较平缓的梯度可有效提高分离性能，但会产生更大体积的合并液，往往可能需要调整设施安装以满足大体积液体处理的需求。一般情况下，分步洗脱优于梯度洗脱。在分步洗脱期间，可以优化流速以最大限度地减少合并液的体积，最佳流速值取决于mAb的树脂微球内和微球间的传质动力学特征[65]。

阳离子交换剂分为弱阳离子交换剂和强阳离子交换剂两大类。弱阳离子交换剂只能在较窄的pH范围内发生电离，而强阳离子交换剂可在较宽的pH值范围内发生电离。一般情况下，选择树脂时应参考动态结合载量（DBC）和选择性这两个关键指标，而这二者主要取决于pH和电导率。当电导率或pH升高时，蛋白质表明的电荷减少，DBC会随之降低。但是，Harinarayan等研究者发现了一种非典型的现象，在较低的离子强度范围内，DBC随电导率的升高而增大[66]。这种非典型的现象可以运用一种排斥机制来解释，即：抗体可以结合至树脂外孔隙区域，并且可以通过静电作用阻碍随后的mAb分子进入其中。提高pH或离子强度可以屏蔽蛋白质上的电荷，进而抑制这种排斥作用。但是，随着pH或离子强度的进一步增强，便又会出现上述典型的趋势，即：DBC会因pH或离子强度的进一步增强而降低。

虽然CEX步骤通常是为了去除HMW分子，但据观察，mAb与CEX树脂表面的相互作用也可能会使蛋白质变性，从而形成HMW聚集体[67]。使用强CEX交换剂、mAb分子在交换剂上的保留时间过长、温度升高、pH值降低等因素均可能导致蛋白变性（denaturation），继而使HMW杂质增加。导致蛋白表面变性的原因可能为：①因较高的结合强度所致，通常可以通过提高pH值或离子强度来缓解；②因构象稳定性降低或一些非天然的蛋白质分子间相互作用所致，可以通过使用合适的缓冲物质（如柠檬酸盐等）或稳定剂（如精氨酸、甘氨酸等）来解决[67]。

2.阴离子交换色谱 大多数人mAb的pI值为碱性，在典型的pH条件下（pH 7.0~8.0）带正电荷，这会阻碍它们与带正电荷的AEX树脂结合。虽然可以通过提高pH值来增强二者的结合能力，但在高pH条件下可能会使mAb发生脱酰胺化反应和蛋白质水解反应。与mAb分子、DNA、内毒素和部分HCP等杂质带负电荷，在典型pH条件下可牢固结合AEX色谱柱。因此，通常采用流穿模式进行AEX色谱操作[68]。此外，经证明，以此模式进行AEX操作也能有效地清除病毒。因此，现已将其作为清除病毒的通用步骤[69]。

3.过载AEX色谱 虽然在大多数情况下是以流穿模式进行AEX操作的，但在适当的条件下，倘若在mAb分子表面电荷分布特性允许的情况下，其也能与AEX树脂结合。在适合于mAb与AEX树脂结合的条件下，结合力更强的杂质也会与mAb分子竞争性结合树脂[70]。在这种情况下，可采用过载色谱柱的策略使mAb产品解吸而进入流穿液，杂质则因更强的结合力而被截留在色谱柱上。由于产品与色谱柱之间尚有一定的结合能力，所以采用该方法必然会损失一些产品。可以继续增加上样量，直至观察到有杂质流穿时再终止，这样可以在一定程度上减少产品损失。在产品和杂质竞争性结合树脂的条件下进行AEX操作，有可能将上样量提高至较传统AEX色谱步骤高很多的水平。经证明，当进料液中杂质含量为中低水平时，过载AEX色谱法可有效清除杂质。在这种情况下，有望将纯化工艺中的色谱步骤减少为两步，即蛋白质A捕获步骤和过载IEX步骤。但是，当杂质含量较高时，尤其是含有HMW杂质时，进料液体将迅速使杂质结合位点饱和，从而使杂质过早流穿。因此，杂质含量高的样品可能导致上样量显著下降。在这种情况下，相较于传统的AEX色谱，过载AEX色谱法可能不再具有任何明显的优势[71, 72]。

（二）疏水作用色谱法

疏水作用色谱法是一种常用的蛋白质分离方法，可基于蛋白质表面疏水性的差异来分离目的蛋白。具体而言，HIC主要是利用疏水残基与疏水色谱介质中的疏水配体（如脂族或芳香族）之间的可逆相互作用来实现分离和纯化的目的。蛋白质在固定相上的吸附量随着盐浓度的升高而增加，并可通过降低盐浓度来实现洗脱[73]。从纯化机制上来看，HIC为IEX提供了一种正交的精纯方法，因而多年来其受到越来越多研究者的青睐[74]。尽管其有正交选择性，但在任何纯化工艺中使用HIC时都可能面临两大挑战。其一是其结合能力有限，但可以通过使用双盐[75]或以流穿模式操作[76]来克服。其二，HIC过程中需要采用高浓度的盐溶液，可能会腐蚀不锈钢（stainless steel，SS）罐体，还需要考虑废水处理的问题。因此，这些原因在一定程度上限制了HIC在生产中的应用。不过，随着一次性容器的不断普及，并逐渐取代传统的不锈钢容器，未来与腐蚀相关的问题可能不再成为障碍。

为了解决上述问题，也有一些研究者考察了在少盐或无盐条件下进行HIC操作的可能性。根据历史研究结果，可采用精氨酸增强蛋白与HIC树脂的结合能力和促进洗脱[77, 78]，或在HIC系统中采用甘氨酸来保持较低的电导率，这些都是可以有效避免使用高盐条件的方法[79]。最近的一项研究结果表明，即使在流动相中不含亲液盐，依然可以采用流穿模式进行HIC操作。具体而言，可采用疏水性更强的配体，并通过调节流动相的pH来改变蛋白质的表面电荷和疏水性，以调控疏水选择性，故无需添加盐[80]。不过，一般而言，通常无法预测pH对HIC系统蛋白截留能力的影响，所以在HIC优化过程中通常不会将其作为研究重点。

（三）膜色谱或吸附器

如上所述，有几种色谱方法可有效去除痕量杂质和病毒。在这些方法中，流穿模式的AEX（flow-through anion exchange chromatography，FT-AEX）和结合洗脱模式的CEX（bind and elute eation cxchange chromatography，BE-CEX）是可有效去除病毒、DNA、内毒素、HCP和HMW杂质的最常用工具。在接近中性pH和低电导率的条件下，许多病毒、DNA、内毒素和大部分HCP都带负电荷，可与AEX树脂结合。与之相反，典型的mAb的pI为碱性，在这种条件下携带正电荷，故不会与AEX树脂结合。因此，通常可将FT-AEX用于mAb生产中的精纯步骤。若采用常规的FT-AEX填充床色谱法，为了防止出现操作限制，往往需要设计直径非常大的色谱柱来满足高流量操作的需求[81]。一般而言，为了避免因树脂不均匀和顶盖设计不合适所致的流速不稳定和不均一的问题，会限制最小柱高实现柱内流量的均一稳定分布[82]。总体而言，这种色谱柱是基于流速设计的，而非基于结合能力设计的，其体积往往过大，因此这种设计大大增加了AEX单元操作的成本和复杂性。为了克服这些问题，现已开发了一些膜色谱（membrane chromatography，MC）法或膜吸附器（membrane absorber，MA）[83]。

根据早期的一些研究，基于膜的蛋白纯化技术具有明显的优势，包括：由于液体的对流作用，处理时间更快；孔径更大，可更好地结合DNA等生物大分子和病毒；能够有效减少缓冲液的消耗量等[84]。但是，从这些研究中也能看出，该技术仍有一定的局限性，包括入口流量分布不均、膜孔径分布不一致、膜厚度不均匀、结合能力较低等。对于前三个问题，通常可采用多层配置来缓解[83, 85]。

在结合洗脱（B/E）模式下，产品结合能力较低仍然是此类技术的主要缺陷。其主要原因在于，表面积与柱床体积的比值较低，且流体分布不均问题难以克服[85]。由于精纯步骤的杂质含量较低，所以FT模式下膜的上样量明显高于B/E模式。因此，若将流穿模式的膜吸附器（flow-through membrane Absorber，FT-MA）应用于mAb的精纯步骤时，结合能力不足将不再是一个大问题。在大规模mAb生产工艺中，对FT模式精纯步骤的需求呈上升趋势，这为MC的应用提供了更多的机会[86, 87]。根据Zhou等研究者的成本效益分析结果，采用一次性MC可大幅降低对色谱柱树脂、使用寿命和储存的评价研究相关的开发成本和清洁验证、使用寿命验证相关的验证成本、缓冲液、人工成本等生产成本能减少7~8成。但是，若以10年内纯化一定量的产品计算，膜本身的成本比树脂的成本高8倍。对开发、生产和验证成本在内的总体成本进行核算可知，对于生物技术行业里的中低需求量的mAb产品，与采用色谱柱相比，采用Q膜色谱法可以大幅降低成本[83]。不过，近年来，平台色谱树脂的开发和验证成本正在不断降低。而且，随着色谱树脂和色谱柱硬件相关技术的进步，流穿模式柱色谱的生产率在不断提高。因此，MC在成本节约方面的优势正在逐渐消失，尤其是对于每年需要多批次生产的高需求mAb，MC的优势更为有限。

受到上样量的限制，CEX操作通常是在B/E模式下进行的，因此CEX-MC不如AEX-MA流行。然而，在Liu等人最近的一项研究中，各种不同类型的CEX基质（CEX树脂、膜和Monolith整体柱）的上样量都远远超过了预期的mAb流穿点。例如，CEX树脂的典型结合能力低于100 g/L树脂，而在Liu等人的研究中，每种CEX基质均可过载至1000 g/L基质，随后进行淋洗和洗脱。所有基质的性能相似，在上样和洗涤步骤中都有效截留了宿主细胞蛋白和DNA，而抗体则在达到其动态结合能力后能够流经每种基质。但是，各种基质也有不同之处。与膜和Monolith整体柱这两种CEX基质相比，传统的扩散和灌流色谱树脂对HMW杂质的结合能力更高。过载CEX MA和CEX树脂的性能相当，并且优于传统B/E模式下的CEX树脂[71, 72]。在强结合条件下，倘若采用灌流树脂或对流膜基质对CEX步骤进行过载操作，可使CEX步骤基本上以流穿模式运行，从而能有效降低成本和提高工艺效率，同时仍能达到与传统B/E模式CEX色谱法大体相当的杂质去除效果[88,89]。总体而言，这种方法可以减少树脂用量、缩小设备尺寸、缩短工艺时间和降低工艺的复杂性，因而能够有效降低纯化成本。

第三节 下一代生产设施的赋能技术

生物制药行业的商业模式正在不断发生变化，生物仿制药和生物改良药已然兴起，需求量较低而功效较强的产品日益增多，凡此种种迫使生物制造商重新思考在未来如何实现产能突破。传统的制造战略是建造大规模的、专用的和资本密集型设施，这套战略已无法满足该行业新出现的生产和经济要求[7]。

因此，需要对生物制药设施的设计和建造方式进行根本性的变革，以降低设施投资成本和产品生产成本的压力[7]。新设施的设计必须更加机动灵活，建设速度必须更快，资本密集度必须更低，并且能够根据产品需求变化进行灵活调整。供应商提供的新设施概念和产品在陆续涌现，基于这些创新成果便能够初步预见生物制药行业当前尚未满足的需求，以及应该应用什么样的专业知识和创新思维来应对未来的挑战。

一、一次性使用技术

由于工艺设计相关的限制因素，生物制药生产设施设备的开发面临着诸多挑战。相反，设施设备的设计也在一定程度上限制了工艺设计的能力。为了克服这些限制，可以考虑采用模块化平台、独立的洁净室和一次性使用技术。

Holtz和Powers提出了一种"开箱即用"的一体化产能解决方案，其中包括mAb的一次性生产工艺集成到独立的模块化洁净室系统中策略[7]。一次性使用技术可大幅精简清洁和清洁验证操作、缩短停机时间和减少设备占地面积等，这些优势早已得到公认。未来，一次性使用技术将会持续推动新产品和创新产品的开发。Holtz和Powers提出的概念性集成设计具有多产品和（或）多工艺生产能力，可以作为下一代生物制造设施的设计蓝图。

随着产品产量的稳步增长和市场需求的进一步聚焦和细分，单一生物制品的市场需求总量也在持续减少。生产商不可能为了某一个产品负担高达5亿美元的设施支出。如果仍然固守过去的想法，一旦市场不再需要该产品，生产商必须放弃或报废相关设施。一次性使用技术为广大生产商提供了一种廉价且灵活的选择，使得同时生产多种产品成为可能，也使得产线调整更加灵活。不过，这些设施的设计需要满足（不限于）以下要求：①可降低资本支出；②可为产品开发和商业化生产之间的快速过渡提供平台；③易于快速建立和启动，且能够满足合规性要求；④在工艺和产品的变更时可灵活改变用途用法。

为了满足这些标准，需选择易于移动和清洁的设备，且方便更改用途，能与厂房的其他设备和工艺相兼容。此外，还需要有相应的标准化流程，以便根据产品特性对厂房及相关设施进行重新配置[7,90]。

二、连续工艺

在mAb纯化中，采用连续工艺或直通式工艺（STP）可显著提高产量，而生产占地面积却小得多[91,92]。传统的批式生产模式通常包括多个工艺步骤，批次之间也存在启动和周转相关的一些非生产性时间[91,92]。若采用连续生产工艺，则可以长时间处理连续流入的培养液。目前，越来越多的生产商已经开始采用上游连续工艺技术（例如灌流培养）进行生产。在灌流细胞培养过程中，会连续注入新鲜培养基，同时移除旧的培养液。因此，与产品长时间保留在生物反应器中的批式细胞培养或流加批式培养相比，灌流培养中收获液中的代谢废物、HCP、宿主细胞DNA、细胞碎片等杂质的含量较少。而且，灌流培养中细胞始终处于或接近最佳状态，因此基本没有延滞期[93]。在连续化的下游生产工艺中，每个单元操作采用串联的多根色谱柱，例如：多色谱柱逆流溶剂梯度纯化（multicolumn countercurrent solvent gradient purification，MCSGP）模式或PCC模式。串联多根色谱柱可使树脂利用率提高20%~30%，并能大幅减少缓冲液、树脂和溶剂等色谱相关原材料的消耗[94]。各单元操作之间也需要连通，通常将捕获步骤与中间色谱步骤相连，再将后者与精纯色谱步骤相连[92]。如此连通之后便不再需要大规模的收集/储存罐，从而能有效缩小厂房占用面积。灌流培养工艺可及时将产品移出产品，使之免受细胞培养环境的影响，也可及时将其移交至下游纯化步骤，所以可用于生产不太稳定或易变的蛋白质。而且，由于下游各单元操作之间也都已相互连接，故可以去除易导致产品降解和聚集的收集和放置步骤。因此，与批式生产工艺相比，连续化的生产工艺可以有效提高产品质量，且能最大限度地保证产品质量的均一性[93]。

由于连续化工艺可以减少产品生产过程中的人工操作，且可通过在线监测技术实现更好的过程控制，所以FDA一直极为支持采用连续化的生产工艺。而且，连续工艺中的在线实时监测功能也更符合FDA一直以来倡导的"质量源于设计（QbD）"的工艺理念[95]。但是，通过连续化的工艺生产生物制剂也会引发一些监管问题。例如：如何对连续化的下游工艺中的样品进行病毒清除[96]；如何进行质量保证（QA）和质量控制（QC）；如何定义生产批次和可追溯性批次，尤其是在需要进行产品召回时这一点便显得尤为重要[92,93,95,97]。通常，为了保证可追溯性，可根据生产数量或工艺持续时间来定义批次[97]。

总体而言，上下游连续化工艺的优势非常明显，主要包括：设备利用率高；体积生产率高；可采用较小的设备；无需储罐；工艺循环次数少；灵活性大；自动化程度更高，人工操作少；一次性设备的使用比例增加；库存和储存需求降低；产品质量一致性更好；可有效降低运营成本等[91,95]。但是，由于连续化生产工艺较批式生产工艺复杂，这可能会在一定程度上制约其推广和应用。也有一些生产商会对连续化工艺的开发控制、污染风险和规模放大可行性有所顾虑[93]。而且，与批式生产相比，连续生产需要更深入地对工艺进行理解，前期相关投入更多。考虑到临床试验的失败率，这可能是连续化工艺推广和应用的一个重大障碍。此外，如要从批式工艺转换至连续工艺，还需要进行一系列的调整。例如，以往分配给批式工艺和流加批式工艺的许多手动操作的资源需重新分配给对高度自动化的操作进行监督的非手动操作的岗位。必须修改或开发设备和仪器，使之能够连续处理从原材料输入到成品的连续物料流。为了保证连续生产的成功，还需要在准确、在线、实时的监测仪器方面有所突破，开发和应用新兴的工艺分析技术（PAT）。

随着基础设施、仪器设备、过程控制和自动化技术的进步，未来所有的生物制品都可以通过连续化工艺进行生产。但是，并非所有生物制品都适合采用该方法。产品和工艺与现有技术的兼容性，以及产品和市场需求关系等因素，都是重要的考虑因素。

三、工艺分析技术

工艺分析技术（PAT）的定义为：在工艺过程中及时检测原材料、工艺过程中的材料及工艺的关键质量和性能属性，并据此设计、分析和控制生产系统，以确保终产品能够达到预期的质量标准[98]。PAT框架的预期目标是设计和开发易于理解的工艺，且采用此工艺进行生产以确保始终能够达到预期的质量标准[99]。

Read等人总结了适用于生物制药行业的典型的下游单元操作的PAT应用及可能的控制策略[100]。例如，当渗滤（DF）工艺实际上已经完成时，即截留液和缓冲液进料之间的盐和缓冲液浓度相等时，可以使用基于PAT的控制策略来结束UF/DF步骤，通过检测截留液的pH、电导率或采用拉曼电极检测截留液便可以很容易地确定这一控制节点[101-103]。目前，渗滤步骤中通常使用固定体积进行操作，所采用的体积是根据工艺开发研究预先设计的。作者发现，采用PAT控制策略来控制DF步骤在技术和经济层面都可行，而且能带来诸多好处。特别是在使用价格高昂的DF缓冲液或因产品稳定性问题而必须缩短工艺时间时，这种控制策略更加适用[100,101]。但是，由于道南效应，超滤（UF）步骤后DF缓冲液和浓缩蛋白溶液之间可能存在pH和溶质浓度不平衡，这可能会增加PAT控制策略的复杂性[104-106]。

对于色谱步骤，可借助PAT技术检测紫外吸光度（ultraviolet absorbance，UV absorbance），并据此判断是否可以合并液体，这种方法可以简化工艺。而且，紫外电极（ultraviolet probe，UV probe）价格经济实惠、耐用性强、易于获取，且操作简单易用。不过，紫外吸光度方法不能区分目的产品和具有相似吸光度的杂质，例如：产品的糖型或电荷异质体、HCP或其他蛋白质杂质。因此，来自不同生产周期或不同批次的合并液可能具有不同的产品质量。在结合洗脱模式下，若整个洗脱曲线内的溶液全都会被收集，便可采此方法。但是，倘若仅收集部分洗脱峰的产品，或者洗脱峰后半部分的杂质被单独收集时，采用该方法便有可能会导致产品异质性[107]。

Rathore等人详细探讨了柱色谱法的三种合并标准及其优缺点：①根据280 nm处的吸光度判断是否合并；②收集洗脱峰，然后进行离线高效液相色谱（HPLC）分析，再根据离线HPLC分析结果判断是否合并溶液；③在线实时进行HPLC分析可控制合并[107]。

如前所述，选项①是最常用的合并方法。但是，选项③明显更符合生物技术行业PAT理念，因此③可能是首选标准。原因在于，若采用③，生产人员可以基于实时的产品质量属性（product quality attribute，PQA）及时做出决策，不仅可以节约时间或资源，还可以提高工艺的整体效率。不过，选项②和③增加了操作的复杂性，分析方法的不稳定性也会影响工艺的稳健性。Rathore等人采用Dionex DX-800在线分子筛高效液相色谱法（SE-HPLC）检测产品质量属性，并据此判断是否进行合并。例如，在基于羟基磷灰石（hydroxyapatite，HA）柱色谱法分离单体与二聚体和其他HMW杂质时便可采用此方法。为了进一步提高工艺的效率，可适当修改HA柱的洗脱流速（降低流速）和在线SE-HPLC分析的流速（提高流速）。针对流速、样品进样体积和浓度进行优化后，在线SE-HPLC方法的执行速度至少比离线方法快两倍，因为离线方法需要额外耗费一些时间进行样品制备，且需将样品从生产过程中的色谱柱转移至分析实验室[100,107]。在后续工作中，研究者还评估了将超高效液相色谱法（ultra-performance liquid chromatography，UPLC）作为柱色谱洗脱液合并判断的工具，并将其与在线SE-HPLC和Dionex DX-800的数据作了比较[108]。结果表明，两种方法的稳健性和准确度相当，但基于HPLC的方法的分析处理时间是UPLC的数倍[108]。

PAT技术的基本原则是加深对药品工艺的理解，并对工艺进行科学合理的控制，以确保药品质量的安全性和有效性，这也是监管机构所一直以来倡导的做法。为了更好地将PAT技术应用于生产过程中，需要全面深入地了解单元操作和分析方法，并预判伴随新监测方法而来的复杂性和成本。对于大多数色谱分离步骤，液体合并决策无关紧要，因为产品和杂质之间的分离通常具有高度选择性，并且通常是会对基于紫外光（UV）的洗脱曲线中的所有峰对应的液体进行合并。在这种情况下，PAT不会增加任何价值，也不会对工艺控制有任何帮助，只会增加复杂性和生产成本。对于具有挑战性的色谱分离步骤，若基于UV的合并方法在工艺稳健性、产品收率和产品质量方面可能导致某些问题，则可能需要采用PAT技术来优化工艺控制。但是，在改进工艺控制的同时，还应考虑到新监测工具可能导致的复杂性，以及在符合动态药品生产管理规范（cGMP）要求的生物制药生产环境中利用这些工具提高稳健度的必要性^[109]。

第四节　结束语

随着大型生产设备技术的不断进步和上游生物工艺中细胞密度和产品产量的不断提高，一些生物制品的生产能力变得相对过剩。未来的工艺开发将更加注重充分利用现有的大型设备，而未来设备的主要目标则是在减少占地面积、缩短建设时间和降低建设成本的同时提高多产品生产的可行性。

当前的收获技术已能够从高细胞密度的培养液中有效地实现固液分离，且其中一些收获方法已采用了一次性技术。而且，经证明，一些收获方法也适用于连续工艺。多年来，在生物工艺中所使用的各种模式的填充床或膜色谱方法都在上样量、生产率和稳健的杂质清除能力方面都得到了持续的改善。

采用连续工艺可以大幅提高柱色谱步骤的树脂利用率和生产率。但是，需要权衡昂贵的设备、复杂的工艺、过渡性设计、复杂的工艺控制策略等因素。

迄今为止，PAT控制策略已成功应用至各种色谱和过滤单元操作中。但是，由于在符合药品生产质量管理规范（GMP）的环境下引入新的监控工具可能会增加复杂性和生产成本，因此在下游加工中采用PAT未必一定有益处，需视情况而定。

总体而言，目前各种技术进步、工艺迭代和颠覆性创新正在陆续涌现。在不久的将来，其中一些创新很有可能广泛应用于实际的开发和生产中，共同塑造下一代的工艺和设施。对于任何生物制药公司而言，实施平台工艺的变更都有一定的挑战性，并且通常需要跨职能团队每两年执行一次正式审查过程。在平台工艺变更最终获得批准之前，多个工艺开发和生产制造组织的职能部门负责人均需对跨职能团队的评估进行审查。可能影响平台变更批准和实施的一些关键因素包括：①原材料采购的可持续性；②产率和产能的提高；③厂房占用空间的缩小；④资源消耗量减少；⑤订单损失或过时原材料的成本；⑥新技术或产品的历史数据文件；⑦生产厂房平面图/设施的变更。

尽管下一代工艺和设施已经雏形初现，但仍需要持续不断地完善和优化。在往后的过渡时期，生物制药行业依然会极其依赖于之前数年所建立的传统的产品回收、捕获以及精纯技术方法。

致谢

作者要感谢Justin Ladwig、Hai Hoang和Pranali Shah对早期版本的手稿的反馈。感谢Glen Bolton和Ryan Soderquist对手稿进行了认真的审阅，并提供了他们宝贵的见解，使得文章得到了巨大的改善。此外，还要感谢Jennifer Litowski在工艺流程图中对制剂方面内容的专业见解。

参考文献

第三十一章

抗体偶联药物的工艺开发和生产

Matt H.Hutchinson, Rachel S.Hendricks, Xin Xin Lin, Dana A.Olsson

Genentech Inc., South San Francisco, CA, United States

第一节　引言

　　抗体偶联药物（ADC）旨在利用抗体（antibody，Ab）的结合特异性，将高效小分子药物递送至肿瘤细胞。ADC被设计为通过有选择性地将靶向药物递送至肿瘤的方式来扩展传统化学疗法的治疗窗口，从而在提高治疗效率的同时限制脱靶所带来的毒性。最近的两种ADC药物取得了临床成功和商业批准，这也让此种疗法获得了验证：2012年来自Seattle Genetics的ADCETRIS和2013年来自Roche的KADCYLA[1, 2]。此外，药物MYLOTARG曾于2000年被美国FDA批准用于商业用途，但随后于2010年从美国市场撤出。除了最近的这些成功之外，有大量投资正用于开发治疗其他类型癌症相关的ADC药物，目前有超过30种分子正在临床试验中[3, 4]。

　　ADC的三个基本成分是抗体、连接子和药物，每个成分都可以直接影响最终产品的安全性和有效性（图31-1）[5, 6]。抗体负责药物递送，因此必须选择具有高度靶向特异性、亲和力和药物代谢动力学（pharmacokinetics，PK）可被接受的抗体。连接子将抗体共价偶联到药物上，并且在循环、结合和内吞至肿瘤细胞的过程中必须保持稳定。同时它结合抗体和药物的方式还必须兼顾保持抗体的结构和功能以及药物效力。连接子可设计为在被细胞摄取后可以裂解以释放药物（例如，可还原的、酸不稳定的或蛋白酶可裂解的），或不可裂解但可以通过溶酶体降解整个ADC复合物来释放药物[7-10]。小分子药物或"有效载荷"是ADC药物的关键，因为它主要负责功效（杀死肿瘤细胞），同时也是治疗相关毒性的主要来源。ADC中使用的药物通常具有次纳摩尔效价水平，并且需要在结合期间和循环中保持稳定[11]。目前最常用的药物是微管蛋白抑制剂，包括澳瑞他汀和美登木素类化合物，或DNA损伤剂，包括刺孢霉素、蒽环类和吡咯并苯并二氮杂䓬类衍生物[5, 12]。除了这三个核心ADC组件外，靶标选择对于ADC的成功至关重要，因为这与肿瘤特异性结合和内吞作用息息相关。在某些情况下，抗体治疗剂的靶标也可能是ADC的良好靶标，就像赫赛汀和KADCYLA都靶向HER2受体一样。然而，临床开发中的大多数偶联物不是基于已有的非偶联抗体治疗药物。关于ADC靶点的选择已在其他地方进行了综述，本章将不再详细介绍[5, 13, 14]。

　　近年来，科学家在不断努力改善和优化ADC药物的三种核心组分，以将改进的ADC分子带入临床。最新的进展包括：利用工程化抗体控制偶联位点，实现更均一的ADC产品；开发新的偶联策略，控制药物偶联位点，提高ADC稳定性，提高产品同质性；开发新的连接子，以更好地控制药物释放；同时开发新型有效载荷来增强效力和降低毒性[12, 15-17]。尽管这些进步中的每一个都扩展了研究人员可用于设计改进的ADC的"工具箱"，但它们也使偶联工艺的开发和放大过程更具挑战性。目前，单一制造平台并不适合不断演变和多样化的ADC设计。相反，ADC生产过程中所涉及的执行操作单元的数量和类型可能差异巨大，因为这在很大程度上取决于所选的抗体形式、偶联物和药物。

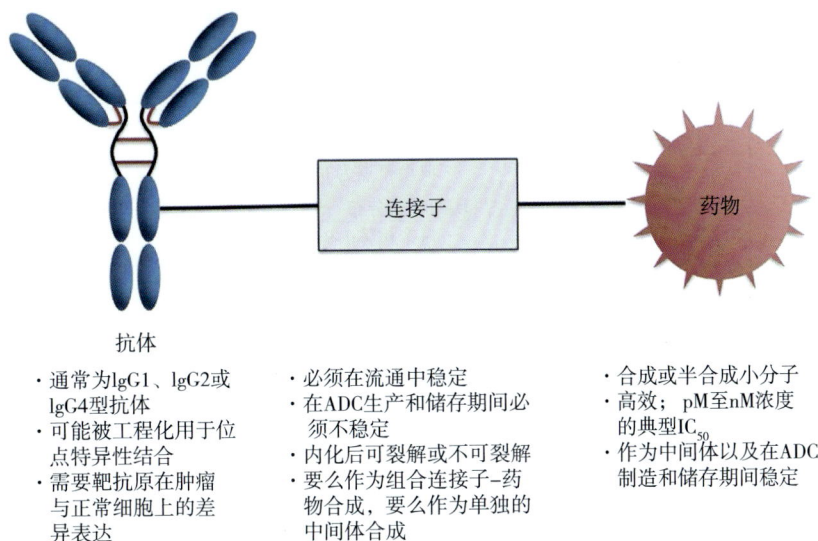

图31-1　ADC的三个核心成分的示意图：抗体、连接子和药物

一、ADC 的设计

在项目研发阶段，会通过选择抗体上的偶联位点（即ADC平台）、连接子的反应化学和药物来优化药物分子的功效和安全性。同时需要考虑潜在的开发和制造挑战，由于治疗窗口最终决定项目是否成功，因此在需要权衡时会优先考虑后者。在本章中，基于目前工业上最常用的三种ADC设计平台的经验（图31-2），我们讨论了ADC工艺开发和制造的一般方法。通过示例来证明ADC的设计如何显著影响所需的制造过程，包括其复杂性、成本和耐用性。

1.赖氨酸介导的ADC　通过抗体上的天然赖氨酸残基偶联。在给定抗体中通常有超过40个可用于偶联的赖氨酸位点，这也使其成为三个ADC平台中最具异质性的。赖氨酸介导的ADC药物的平均药物-抗体比例（drug-to-antibody ratio，DAR）在3~4，通常情况下会包含单个抗体（Ab）以及分布范围为0~9个药物/分子，其中每种DAR形式在药物附着位点会存在异质性[18, 19]。已经进入商业化的药物KADCYLA以及不少目前正处于临床开发阶段的分子正是使用这种方法偶联的[2, 20]。

2.链间-半胱氨酸ADC　通过链间二硫键部分还原生成的天然抗体半胱氨酸偶联。链间二硫键的完全还原和结合将导致IgG 1型抗体的DAR为8，但已证明这种高DAR会对ADC的药代动力学和聚集速率产生负面影响[21]。因此，使用预定水平的还原剂以仅还原部分链间二硫键，从而产生由0、2、4、6和8-DAR形式组成的异质偶联物。常见目标产物的平均DAR在3~4。商业药物ADCETRIS以及正在开发中的其他分子使用了链间-半胱氨酸结合平台[1, 22]。

3. THIOMAB药物偶联物　这是文献报道的众多定点ADC平台之一，由于使用了定点偶联，在性质上是同质的。包含单个偶联位点的THIOMAB抗体主要由具有最小偶联位点异质性的2-DAR形式组成[23]。虽然目前尚没有基于该偶联平台的产品获批，但是已有ADC药物在临床开发中，其中偶联靶向工程半胱氨酸[24, 25]。

目前正在进行临床试验的许多ADC使用上述链间-半胱氨酸或赖氨酸定向方法进行偶联。但是，最近的研究表明，具有更明确和同质的产品可降低毒性，同时保持或甚至提高功效，这使得位点特异性结合成为当前的行业趋势[24-27]。已经开发了许多方法来实现位点特异性偶联，从而提高ADC的同质性[16, 28]。实现位点特异性偶联的方法可分为两组：利用抗体工程引入新的偶联位点，以及通过抗体天然位点进行偶联。有时为了获得均相的药物偶联物，偶联过程的复杂性会显著增加，而在其他情况下，对抗体或连接子进行工程改造并不会对偶联过程产生显著影响。

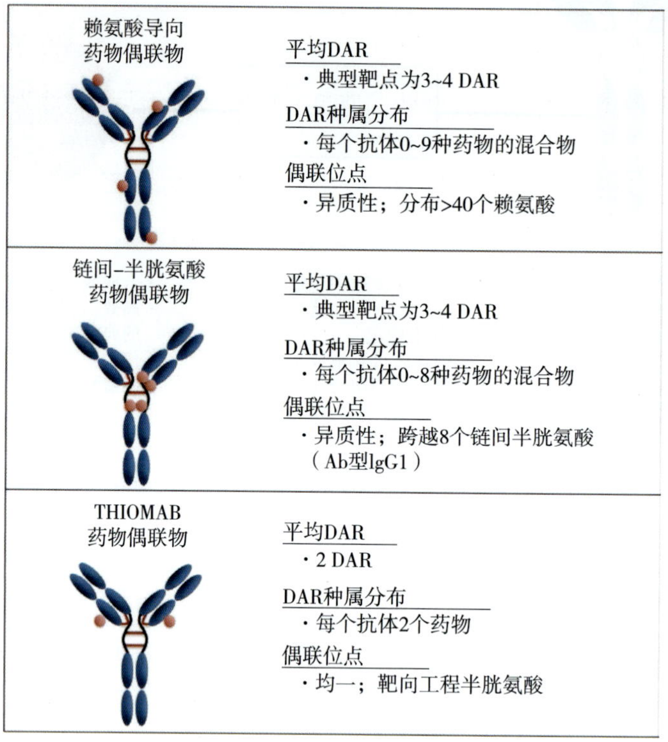

图31-2 本章介绍的三种偶联平台的比较
赖氨酸定向和链间半胱氨酸平台利用天然抗体中的氨基酸作为偶联位点，而硫单抗药物偶联物是位点特异性偶联的一个例子

THIOMAB药物偶联物平台是通过工程化手段处理抗体中间体以包含用于偶联的未配对半胱氨酸来实现位点特异性偶联的一种方法[23]。其他研究人员也证实了类似的方法[25]。该平台的生产工艺复杂性更高，因为在偶联之前需要额外的工艺步骤从工程化半胱氨酸中去除半胱氨酸和谷胱甘肽帽，随后的抗体再氧化以重新形成天然链间二硫键[23]。利用含有非天然氨基酸的工程抗体作为偶联位点，例如对乙酰基苯丙氨酸或硒代半胱氨酸，也已证明了位点特异性偶联，从而产生均一的药物偶联物[29-31]。尽管这种方法需要大量的上游工作来设计细胞系并表达修饰的抗体，但除了化学反应中的变化外，对偶联过程的影响可能性很小。在另一种方法中，可以在一级氨基酸序列中替换选定的半胱氨酸，以减少抗体完全还原后游离的巯基数量，从而在使用链间半胱氨酸ADC方法时获得均一的4-DAR产物[32]。与上述类似，该方法需要额外的上游工艺步骤来工程化抗体，但在工艺开发或偶联物生产期间没有额外的复杂性。酶介导的结合反应也可用于产生均相的药物结合物，例如通过工程化手段给抗体加入谷氨酰胺标签[33]产生的转谷氨酰胺酶结合物。或者，酶定向和位点特异性结合天然（非工程化）抗体可以通过使用工程化糖基转移酶靶向抗体聚糖，或者对于去糖基化的Abs，使用微生物转谷氨酰胺酶靶向保守端的谷氨酰胺Gln295[34, 35]。虽然能够提供均一的结合物，但酶反应会在生产工艺后续带来与酶的使用和去除相关的其他挑战。生产均相偶联物的另一种方法完全基于设计改进的连接子，该连接子可以同时偶联药物，同时桥接两个游离巯醇残基，例如通过使用双烷基化试剂或硫醇-炔偶联反应，从而在IgG1型抗体发生完全还原反应后实现一致的4DAR[36-38]。

除了抗体形式和偶联位点的选择之外，所选择的连接子设计和化学反应也会显著影响ADC的生产工艺。

在某些情况下，可以使用多种化学反应方法来偶联所选的抗体位点。例如，靶向抗体半胱氨酸（即游离巯基）的偶联反应通常使用马来酰亚胺连接来形成硫醚键，但也可以使用吡啶基二硫化物、碘乙酰胺、溴乙酰胺或其他硫醇反应来靶向[16, 39]。赖氨酸定向偶联反应也具有相似的多样性，通常涉及N-羟基琥珀酰亚胺酯或亚氨基酯[16]。另一个考虑因素是连接子和药物是否会结合成单个分子实体以进行偶联，或者连接子和药物是否会依次分别与抗体发生反应。组合的连接子–药物简化了ADC制造过程，但也可能对产量产生负面影响，并增加了小分子制造过程的复杂性。因此，通常会根据每个分子的具体情况来决定是选择组合的或单独的连接子–药物。

药物的选择也可能带来开发和生产上的挑战，特别是如果药物在偶联反应步骤中具有低溶解度，或者如果药物作为ADC的一部分具有高聚集倾向。此外，工艺工程控制直接受到药物选择的影响，包括确保员工安全的控制策略（即工业卫生计划）和确保患者安全所需的清洁水平（即进入后续批次和产品的最大允许残留）。这两个方面都取决于ADC的效力、游离药物的效力以及是否可以使用简单的药物灭活方法，例如暴露于极端pH值。这些都是ADC工艺的重要考虑因素，并且开始被审查[40]。

鉴于ADC平台的多样性，以及不同疾病领域和靶点需求也不相同的事实，似乎不太可能出现单一的占绝对主导的ADC平台。因此，近期来看，似乎不会有一刀切的ADC制造平台出现。然而，即使ADC的设计存在显著差异，但在整个ADC平台的制造工艺开发和放大中也存在许多共性。在本章中，通过总结三种不同ADC平台的工艺开发方法和挑战来强调这些内容：赖氨酸介导的药物偶联物、链间–半胱氨酸药物偶联物和THIOMAB的定点偶联药物。

第二节　工艺开发和生产注意事项

一、ADC 质量属性

任何生物制品工艺开发的主要目标都是通过可重现工艺生产符合所有质量属性标准的高质量产品。对于非ADC生物制品，先前已观察到许多属性影响产品的有效性或安全性，包括产品聚体、片段、电荷异构体、氧化变体、杂质（宿主细胞蛋白和DNA等）、产品浓度、效价等。其他质量属性对于ADC也很重要，例如载药量的一致性以及残留游离（未结合）药物的水平。

ADC偶联工艺的开发重点通常集中在表31-1中描述的质量属性上，因为这些属性在偶联过程中会直接受到影响，并且通常是ADC工艺控制中最具挑战性的部分。DAR是ADC最重要的属性，因为它直接影响安全性和有效性，因此应严格控制质量标准以确保产品的一致性。对于非定向偶联技术的ADC平台，实现严格的DAR控制可能特别具有挑战性。必须同时控制DAR亚群的分布，因为虽然有可能达到相同的平均值，但其中包含载药量较高和较低的不同亚群。游离（未结合）药物也是关键属性，因为该杂质不会被特异性地递送至治疗靶点，因此会导致全身毒性，而不会增加疗效。分子大小变异体（包括聚体和片段）是ADC和非ADC生物制品的重要产品变体，但由于使用了溶剂和许多强疏水性的小分子药物，因此对于偶联过程中的控制可能特别具有挑战性。最后，在ADC制造过程中，高浓度的溶剂可能会溶解药物，因此去除残留的溶剂至可接受的水平通常是ADC工艺开发的一个关注点。

表31-1　ADC平台和生产工艺开发中重点关注的ADC关键产品质量属性总结

属性	潜在影响	工艺开发的原理和重点
药物–抗体比例（DAR）	效价药代动力学安全性	● DAR直接影响产品的安全性和有效性 ● ADC制造过程中直接控制DAR ● 允许的DAR质量标准可能较窄（例如目标值的±10%）
DAR种属组成（药物偶联位点的位置）	效价药代动力学安全性	● 最终产品可能是含有不同数目分子的非均相混合物 ● 药物分子偶联和不同偶联位点 ● 这些DAR形式可能具有不同的效价、安全性和PK ● 0–DAR（未结合）形式占据抗原结合位点但不递送药物 ● 工艺需要在DAR物种组成中提供批间一致性
游离药物	安全性	● 产品中的游离药物会潜在增加全身毒性而不增加ADC的有效性 ● 药物通常会过量添加到偶联反应中，因此需要下游移除
大小变体（聚集体或碎片）	免疫原性药代动力学效价	● 聚集体和（或）片段是生物制剂的关键质量属性，因为其具有潜在的安全性和有效性影响，包括免疫原性和超效性 ● 由于连接子–药物的疏水性，还原/氧化可能形成聚集反应，背景溶剂对抗体结构的干扰或纯粹的灵敏度 ● 反应特别是还原时可能形成碎片 ● 开发重点是要么防止大小–变体的形成，要么去除对形成后的下游变体
残留溶剂	安全性	● 通常用于溶解游离药物进行结合 ● 可在偶联过程中添加以维持药物溶解性 ● 下游工艺必须将溶剂去除至可接受的水平，由溶剂类别定义

二、ADC工艺概述

ADC的偶联使用单独工艺中制备的抗体和药物中间体（即前体），并通常在专门用于高效合成化合物的设施中进行（图31-3）。因此可以利用现有生产设施生产抗体中间体。虽然将抗体和ADC生产工艺分离增加了供应链的长度和复杂性，但具有明显的好处，即在偶联工艺之前控制中间体的质量。这样可以防止偶联过程中由于抗体或药物质量较低而失败的潜在风险，因此也避免了与偶联原材料损失、工厂时间或时间线延迟相关的重大成本。该方法的其他好处包括简化ADC制造过程和控制系统，并提供了将偶联批次与抗体规模化生产分离的灵活性。

或者，可以将抗体中间体和偶联工艺放在一个端到端的生产设施内。该策略可通过避免纯化和偶联工艺中某些单元操作（例如UFDF）的重复来减少所需的生产操作总数。与此同时，这样做的另一个好处是可以避免在结合之前抗体中间体的长期储存。但是，端到端的ADC工艺策略需要匹配抗体中间体和偶联规模，这在开发的早期阶段具有挑战性，尤其是在药物短缺的情况下。此外，由于产品的高效力，在大多数现有的生物制剂生产设施中不可能进行端到端ADC生产。随着ADC领域的成熟，包含抗体生产和偶联工艺的端到端开发策略可能会增加，并且会有更多在开发和商业生产中的项目来证明对这种方法进行投资是合理的。

（一）抗体中间体

抗体中间体的质量会显著影响最终ADC产品的质量，主要体现在以下两个方面：通过直接赋予ADC一些属性（例如宿主细胞蛋白和DNA等杂质，由于其通常不受偶联工艺的影响，因此在上游工艺中受到控制）和通过影响偶联反应的性能。因此，优选使用高纯度和充分表征的抗体。

抗体中间体通常按照与传统（非ADC）抗体治疗药物相似的质量标准进行纯化和放行。对于计划用于下游偶联的抗体中间体来说，涉及一些不会显著影响偶联反应的属性时，可以对其实行更宽的放行标准。例如，抗体中间体的抗体浓度或pH值的可接受范围可能更宽，因为在偶联过程中可以进一步调节这些属性。相反，对于计划用于下游偶联的抗体中间体某些属性而言，可接受标准更为严格的。例如，抗体中间体中聚体的可接受标准区间较窄，因为在偶联过程中可能会形成额外的聚体。如果抗体已经作为具有更宽可接受标准的非偶联治疗药物进行生产，则需要选择能确保可接受ADC产品质量的批次。

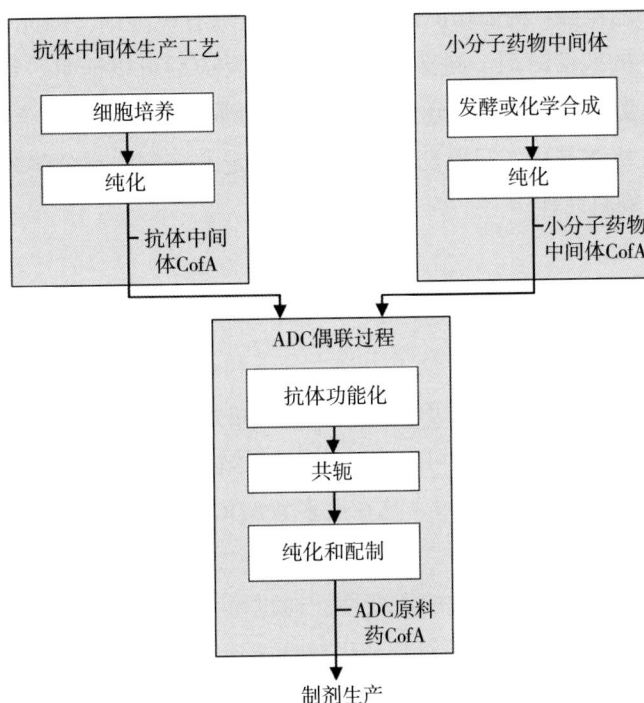

图31-3 典型的ADC产品供应链

其中抗体和小分子药物作为中间体生产和放行，然后在ADC原料药生产工艺中偶联

特别重要的是，严格控制与抗体的偶联位点有关的抗体中间体的属性。如果通过抗体中间体生产工艺了解并严格控制抗体中间体变异体所带来的潜在影响，则可以采用更简单和更稳健的偶联工艺。例如，在制备链间－半胱氨酸ADC时，三硫键的存在会改变所需的化学反应计量[41]。同样，抗体中间体中游离硫醇水平的变化会导致该ADC平台的DAR异变。可以想象，C末端赖氨酸水平或糖基化模式的变化可能会对ADC的其他平台产生类似的影响。

在开发过程中也必须考虑抗体中间体的制剂。如果可能，应根据与预期ADC平台的相容性选择抗体制剂辅料，例如，如果ADC工艺的第一步是赖氨酸（即伯胺）定向偶联化学，则避免使用含胺的缓冲系统。

（二）小分子药物中间体

由于ADC中使用的有效药物的性质不同，这些分子的生产工艺也存在显著差异，包括使用全合成和半合成途径[42-44]。无论采用何种生产方式，药物都必须能够以相对大量和高纯度合成。此外，药物必须可以中间体形式稳定储存，直至用于偶联过程。

尽管小分子药物在技术上被归类为ADC偶联过程中的中间体，但由于它主要负责产品的功效和毒性，因此通常被认为是ADC的"先导化合物"。因此，药物中间体的工艺控制和放行质量标准与小分子原料药的工艺控制和放行质量标准相当。与传统小分子药物一样，纯度/杂质谱是药物中间体最重要的质量属性。然而，小分子中间体中的杂质可根据偶联中使用的反应性官能团的存在与否进一步分类为"可偶联"或"不可偶联"[45]。关键是将药物中间体中的可偶联杂质控制在可接受的水平，因为在ADC偶联后很难定量且几乎不可能去除含有偶联杂质的产品变体。

与抗体中间体相似，对于小分子活性药物成分（API）至关重要的一些质量属性对于小分子药物中间体并不关键，因为在ADC偶联工艺期间会进行额外的处理。例如，ADC偶联工艺通常利用有机溶剂溶解药物中间体，因此会利用一些工艺步骤（例如切向流过滤）高效去除有机溶剂。因此，与API的标准相比，小分子中间体可以接受更高水平的残留溶剂。同样，如果在偶联反应后可以证明一致的清除效果，则较高的不可偶联杂质水平也是可以接受的。最后，小分子中间体的物理属性通常不如传统API关键，因为偶联工艺的第一步是将中间体溶解在有机溶剂中。只要药物中间体在选定的溶剂中充分溶解，那么多晶型、粒度和溶解时间就不太可能是关键的物料属性。

三、ADC偶联工艺

ADC偶联工艺相对独特，因为它同时涉及了生物大分子和小分子药物。如上所述，这些通常作为良好表征的中间体用于ADC偶联，仅需要相对简单的化学反应即可形成ADC。该工艺旨在控制偶联反应，并将所有残留的工艺中间体和生成的杂质去除至可接受的水平。尽管存在用于生产ADC的多种ADC平台和偶联化学方法，但生产工艺可分为三个不同的阶段，这在大多数ADC平台之间是一致的（图31-3）。

阶段1：抗体功能化

这一阶段在不同ADC平台之间具有最大的可变性。通过每个抗体产生所需数量的反应位点来制备用于偶联的抗体，最常见的是通过还原、还原/再氧化或用双功能连接子修饰。为了达到下游偶联反应所需的条件，还可能进行额外的调节步骤，包括改变混合液浓度、pH值、温度、溶剂水平或缓冲液组成。

阶段2：偶联反应

将小分子药物溶解在有机溶剂中，并添加到抗体溶液中以形成ADC。通常，将过量的药物添加到抗体反应性基团上以确保完全偶联。根据偶联化学反应，可以在偶联反应之后进行淬灭步骤。

阶段3：纯化和配制

纯化ADC以去除偶联后可能存在的过量药物、工艺相关杂质和产品变体。超滤和渗滤（UFDF）通常用于去除偶联后的小分子杂质，也是ADC制剂的标准操作步骤。根据抗体和药物的分子特征，可能还需要在UFDF之前进行额外的纯化。

基于ADC分子的设计和偶联反应，ADC制造过程的每个阶段内所需的步骤的复杂性和数量可能存在显著差异。下面详细描述了每个阶段中工艺开发和生产的具体考虑。

（一）阶段1：抗体功能化

在ADC制造过程的"功能化"阶段，在抗体上生成反应性基团，随后将其直接与药物（或与已经连在一起的连接子-药物）偶联以形成ADC。对于许多ADC工艺，抗体功能化步骤是制造过程中最关键和最敏感的步骤，因为它们直接控制药物附着的数量和位点。因此，以稳健工艺实现目标DAR是开发中关注的重点。

抗体功能化步骤根据ADC的设计而有很大差异，但通常包括以还原反应在抗体上产生游离硫醇，或修饰反应以添加异双官能化连接子。在抗体功能化过程中也可能需要缓冲液交换步骤，以便在反应步骤之前去除不相容的缓冲液或过量的试剂。对于某些ADC平台（例如与非天然氨基酸的偶联），抗体已经被功能化以进行偶联，因此抗体功能化步骤将仅需将条件调节到反应所需。

图31-4对本章强调的三个ADC平台的抗体功能化阶段进行了比较。对于赖氨酸介导的ADC，添加异双官能化交联剂，例如琥珀酰亚胺基4-（N-马来酰亚胺基甲基）环己烷-1-羧酸酯（SMCC）、N-琥珀酰亚胺基-4-(2-吡啶基二硫代)丁酸酯（SPDB）或N-琥珀酰亚胺-4-(2-吡啶基二硫代)戊酸酯（SPP）与抗体表面暴露的赖氨酸反应[2, 11, 46]。在许多情况下，在修饰反应之前，通过UFDF将抗体交换到新的缓冲液中，去除与连接子化学不相容的缓冲液组分，以控制修饰反应条件。用交联剂修饰抗体后，需要进行额外的缓冲液交换步骤，以在偶联之前去除过量的交联剂。对于链间-半胱氨酸ADC，添加有限量的还原剂以减少所需的二硫键数量。还原后，偶联前通常不需要缓冲液交换步骤，因此还原抗体可立即进行偶联准备。最后，对于THIOMAB药物偶联物平台，首先使用显著过量的还原剂完全还原THIOMAB抗体，以从修饰的半胱氨酸中去除所有半胱氨酸和谷胱甘肽"帽"，这也减少了部分或全部链间二硫键。然后使用UFDF对还原抗体进行缓冲液交换，以去除过量的还原剂和游离的"帽"。然后添加氧化剂，例如脱氢抗坏血酸（dehydroascorbic acid，dHAA），以促进链间二硫键的重新形成，从而使修饰的半胱氨酸成为唯一剩余的游离硫醇用于结合。我们已经发现，只要避免变性条件（例如高温），抗体亚基在整个还原和氧化步骤中都保持组装状态，因此该过程不会产生高水平的片段。只要氧化剂（例如dHAA）与偶联反应化学和药物相容，则不需要在偶联之前进行缓冲液交换。

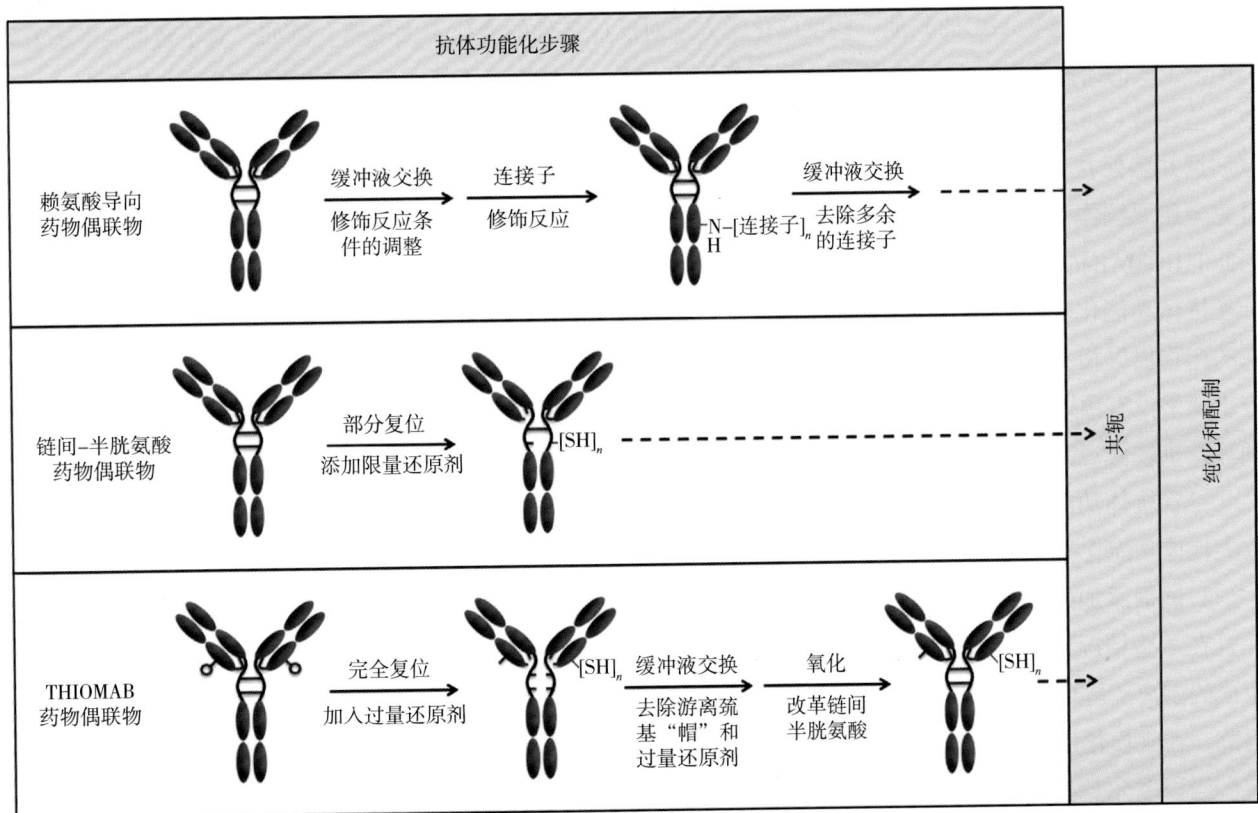

图31-4 本章重点讨论的三个ADC平台中每个平台所需的典型抗体功能化步骤的比较

抗体功能化过程中反应步骤所需的工艺开发和优化高度依赖于所使用的ADC平台。通常在开发过程中研究反应pH、温度、抗体浓度、反应时间和试剂当量，但是不同ADC平台工艺对这些参数变化的灵敏度差异很大。例如，由于竞争性副反应对功能化抗体产量的影响，使用异双官能化连接子SMCC对抗体进行赖氨酸定向修饰对反应条件极为敏感。这些竞争性副反应包括连接子上 N-羟基琥珀酰亚胺（N-hydroxysuccinimide，NHS）官能团的水解，阻止连接子与抗体连接，以及连接子的马来酰亚胺官能团与抗体氨基酸侧链之间发生的交联反应（图31-5）[47]。由于连接子-抗体修饰的反应速率以及竞争性副反应的速率都严重依赖于反应pH、温度和抗体浓度，因此必须优化并严格地控制这些参数，以实现每个抗体上连接子数量一致，并最终结合一致数量的药物。

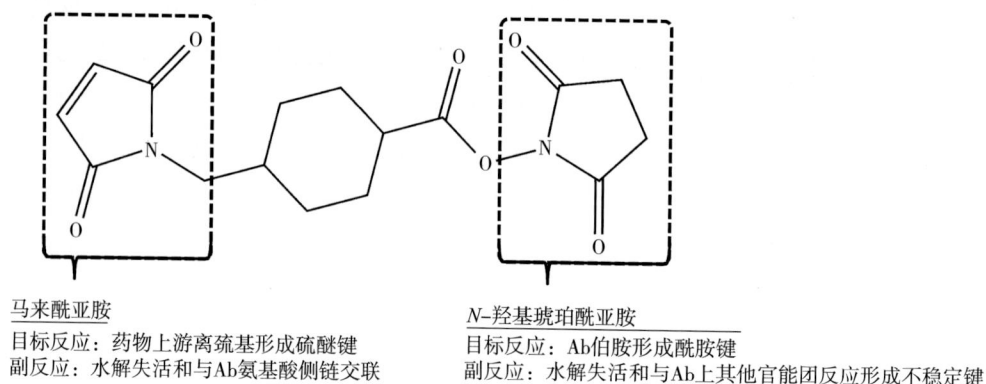

马来酰亚胺
目标反应：药物上游离巯基形成硫醚键
副反应：水解失活和与Ab氨基酸侧链交联

N-羟基琥珀酰亚胺
目标反应：Ab伯胺形成酰胺键
副反应：水解失活和与Ab上其他官能团反应形成不稳定键

图31-5　在一些赖氨酸介导的药物偶联物中使用的异双功能连接子SMCC
显示了目标反应和潜在副反应，突出显示了工艺开发过程中所面临的挑战，以确定工艺目标和控制范围，重复性地获得所需的偶联物

相反，用于偶联ADC的其他一些反应化学方法对反应条件的变化不太敏感。例如，对于链间-半胱氨酸ADC，生成的游离巯基数量直接取决于所用还原剂的量，通常情况下都在生产工艺的控制能力范围内，与其他工艺参数（如反应pH值、时间和温度）完全无关。因此，链间-半胱氨酸ADC的开发重点是确定所需的还原剂量并确保在生产过程中准确添加，但在还原过程中较少关注其他工艺参数。同样，由于加入过量试剂可完全还原抗体，然后完全再氧化抗体，从而产生一致数量的偶联位点，即使工艺参数存在一定的变异性，因此THIOMAB抗体的设计也可为抗体活化步骤提供一定水平的内在稳健性。

抗体功能化步骤中获得的收率通常也取决于所选择的ADC平台，这主要与缓冲液交换和过滤步骤所带来的产物损失相关。因此，相对简单的链间-半胱氨酸定向偶联工艺预计上游产率为95%~100%，因为在反应步骤中没有预期的产物损失。相比之下，对于需要1~2次缓冲液交换和额外过滤（转移）的更复杂的平台，预计产量较低，为85%~95%。

尽管抗体功能化步骤的过程有所不同，但在多个ADC平台上仍遇到了一致的挑战。下面提供了开发和放大抗体功能化步骤的一些典型挑战和考虑因素。

1.试剂添加的准确度　在ADC生产过程中，通常以预定的摩尔比（即摩尔当量）将试剂添加到抗体中，并且在某些情况下，添加的准确性对于实现所需的DAR至关重要。例如，在链间-半胱氨酸ADC工艺中，生成的游离硫醇可用数量与添加的还原剂成正比。因此，还原剂添加的5%误差转化为DAR的变化约为5%。因此，在规模化生产过程中，尽可能准确地添加试剂至关重要。

当以摩尔比为单位进行添加，造成生产多变性的潜在来源众多，包括抗体和试剂量的潜在误差等，因此以所需的准确度进行试剂添加可能具有挑战性。对于典型的规模化工艺，潜在的变异性来源及其可能的贡献水平估计如下：①抗体溶液，浓度测量（±5%）；②抗体溶液，加入体积（±1%）；③还原剂配制，称重固体质量（±1%）；④还原剂配制，所用溶剂体积（±1%）；⑤还原反应，加入反应的体积（±1%）。

开发后期ADC的DAR质量标准需要控制在±10%，因此试剂添加过程中的组合误差可能会将DAR推向失败的边缘。这会带来问题，因为其他来源的工艺变异性也可能影响DAR，包括试剂纯度和反应步骤的参数。因此，需要准确添加试剂，以强化工艺的稳健性。

有许多生产策略可以潜在地提高ADC生产中试剂添加的准确性，包括：①在QC实验室使用重量分析法进行蛋白质浓度检定代替常规方法；②根据溶液质量而不是体积进行添加（取决于生产规模和所用设备）；③尽可能减少传输线上的损失，并在可能的情况下考虑损失；④在转移后进行缓冲液追踪；⑤添加后测量容器重量，以确认转移的完整性；⑥在溶液制备过程中根据试剂检验报告上给出的纯度计算试剂纯度；⑦如果工艺允许，降低试剂溶液的浓度，这会增加添加的体积（和准确性）。

通过实施这些策略以尽可能精准地控制试剂添加过程的各个方面，常规情况下可以在目标摩尔比的几个百分点内添加试剂。

与抗体功能化步骤的许多方面一样，稳健生产所需的试剂添加精度取决于所选的ADC平台。赖氨酸定向反应化学需要最高的试剂添加准确度，因为DAR与添加的试剂量直接相关，并且修饰反应受条件的影响很大，留下的误差空间较小。相反，由于添加了过量的摩尔量以促使反应完成，因此添加试剂量的微小变化并不会显著影响THIOMAB偶联工艺。因此，添加试剂量的微小变化不会影响DAR，这使得规模化生产从本质上来说更稳健。由此，不同ADC平台所对应的工艺控制要求的对比也突出了ADC分子的设计将定义工艺开发和放大过程中遇到的一些挑战。

2.产品异质性控制 对于某些ADC，最终产品是异质混合物，因为每个抗体分子中结合的药物数量是一个范围（又称DAR）和药物偶联位点的进一步变异性（又称位置异构体）。这种水平的产品异质性对于某些ADC平台是可预期的，并且已被证明是可接受的；ADCETRIS和KADCYLA天然地都具有异质性[1, 2]。然而，ADC亚群之间的安全性、有效性和PK特征可能不同[18, 21, 48]。因此，从临床前材料到商业材料，在每个批次中实现物种的一致分布非常重要，包括DAR类型组成和位置异构体。ADC异质性最终在工艺过程中的抗体活化阶段得到控制，因为这些步骤定义了抗体上偶联位点的数量和位置。

赖氨酸介导的ADC具有显著的分子异质性，因为抗体上有40+赖氨酸可用于偶联[18, 49]。结果是每个抗体会偶联0~9个药物，偶联位点可能位于潜在位点的任何位置，从而在最终产品中会增加百万种可能的类型。然而，尽管存在这种水平的固有异质性，结合产物仍可能具有较高的批间一致性。先前已经证明，对于KADCYLA，DAR形式的组成类似于以平均DAR为中心的泊松分布，在使用一系列工艺条件和生产规模的KADCYLA制剂之间获得了一致的组成[49]。

使用IgG$_1$抗体制备的链间-半胱氨酸ADC主要包含每个抗体连接的0、2、4、6或8个药物，这取决于四个链间二硫键中有多少个被还原（图31-6）。作为第二级异质性，位置异构体的产生取决于还原是在铰链区还是在Fab区发生。已有研究证明，在受控的还原条件下，Fab区链间半胱氨酸相对于铰链区链间半胱氨酸会优先还原[50]。图31-6中所显示的ADC平均DAR为3.5，这已被证明在该平台内的不同抗体之间相对一致[51]。

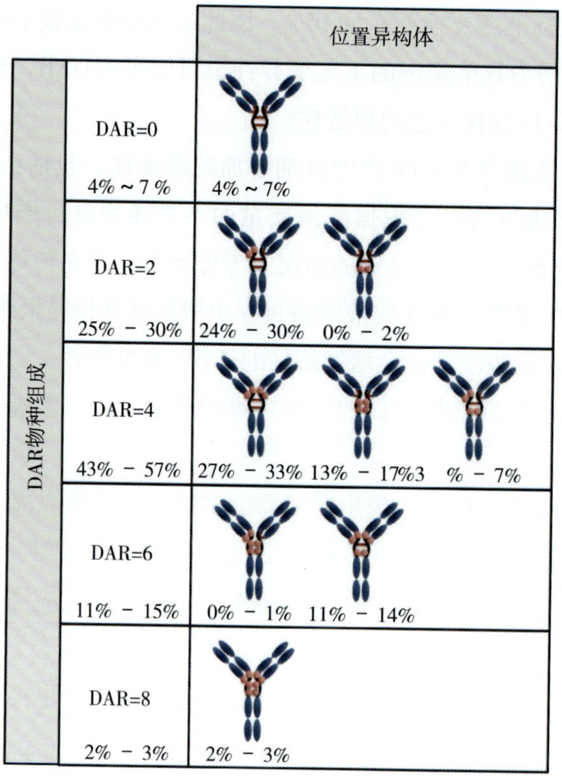

图31-6 在相似的工艺条件下，使用7种不同的抗体制备的链间-半胱氨酸ADC的DAR种类组成和位置异构体水平，目标平均DAR为3.5

经K.Cumnock等人授权复制使用：K. Cumnock , et al., Trisulfide modification impacts the reduction step in antibody-drug conjugation process , Bioconjug. Chem. 24（2013）1154–1160. Copyright（2013）American Chemical Society.

上述关于产品异质性的数据是基于使用目标条件运行的偶联工艺而生成的。我们在给定抗体的各种工艺参数范围内进一步评估了DAR分子组成和位置异构体水平（表31-2）。图31-7显示了DAR种类组成与平均DAR的函数关系，该函数是通过改变反应pH、温度、持续时间、抗体浓度和还原剂量的工艺条件等进行多变量研究得出的。将仅改变过量还原剂的摩尔量所产生的偶联物数据作为对照组，并与其进行比较（图31-7）。如预期的那样，具有较高平均DAR的结合物富含高DAR形式（DAR 4、6和8），而具有较低平均DAR的结合物则含有较高水平的低DAR形式（DAR 0和2）。值得注意的是，考虑到所研究的广泛的工艺参数范围，DAR种类组成主要是由平均DAR决定。对于任何DAR形式，实验结果与预测组成（实线）之间观察到的最大差异为3%，表明控制平均DAR也可以控制DAR类型的组成。使用已发表的方法[51]测定了这些样品的位置异构体，显示位置异构体在如上宽范围的工艺条件下与平均DAR具有相似的相关性（未显示数据）。观察到各DAR形式的实验测定水平与其基于目标反应条件下偶联的预测水平之间的最大差异为7%。这些结果表明，对于链间-半胱氨酸ADC，达到一致平均DAR的工艺控制范围也将确保DAR物质组成和位置异构体控制在一致水平。

表31-2 在多变量研究中检测工艺参数范围，用于评价变更工艺参数对所得ADC的DAR物质组成（图31-7）和位置异构体水平的影响

还原参数	相对于工艺目标值的Δ	
	低	高
还原pH	−0.3	+0.3

续表

	相对于工艺目标值的Δ	
	−2	+2
温度（℃）	−2	+2
还原时间	−22%	+33%
抗体浓度	−15%	+15%
还原剂:Ab的摩尔比	−10%	+10%

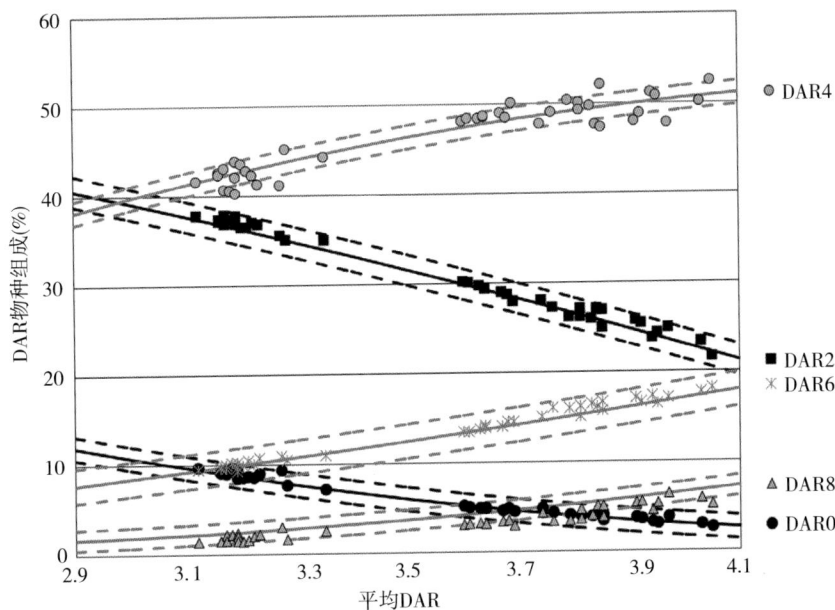

图 31-7　使用一系列参数生产的链间半胱氨酸药物偶联物的 DAR 物质组成

　　如表 31-2 中所示。每个类型的预测水平（实线）是使用"训练"数据集生成的，该数据集来自仅改变目标参数中的还原剂水平而其他所有参数保持不变的情况下产生的偶联物。虚线表示一式三份执行的"训练"数据的一个标准差。如前所述[51]，对所有实验使用 HIC-HPLC 测定 DAR 物质组成

　　与上述含固有异质的 ADC 示例相反，许多定点 ADC 平台天然是同质的，因为偶联主要与目标位点结合。因此，由于产品的 DAR 种类组成和位置异构体的一致性，因此可以简化工艺开发和放大。获得均质 ADC 产物的另一种策略是在偶联后纯化所需的 DAR 形式。但是，由于会有大量的产量损失，以及在规模化制备上实现所需分离度方面的挑战，该策略对于常规生产通常并不可行。

　　3.工艺可变性的其他潜在来源　抗体功能化步骤的另一个考虑因素是原材料（包括抗体和试剂）的可变性对反应步骤的影响程度。如果反应化学计量对产品质量至关重要，则试剂纯度可能对工艺产生直接影响，在这种情况下，试剂储备液的制备应补偿试剂的纯度。由于生物制品的大小和自有可变性，抗体对反应步骤的潜在影响可能更难以预测。因此，在开发过程中需要付出巨大的努力，以了解由抗体中间体引起的工艺可变性的潜在来源，并在生产过程中建立对相关属性的适当控制。

　　例如在链间-半胱氨酸 ADC 生产过程使用抗体三硫化物对部分还原反应的影响。三硫化物是抗体中天然存在的产物变体，可在细胞培养期间以不同的水平产生，这取决于培养条件[52, 53]。抗体中间体中的三硫键水平会显著影响链间-半胱氨酸 ADC 的生成，因为完全还原三硫键需要两摩尔当量的还原剂（如 TCEP 或DTT）并生成两个游离硫醇用于偶联，而完全还原二硫键只需要一当量的还原剂。因此，对于含有三硫化物的抗体，改变了产生结合所需的游离巯基数量的总体反应化学计量[41]。对于图 31-8 中给出的，使用预定量的 TCEP 作为还原剂，与抗体批次 1 相比，使用抗体批次 3 将导致 DAR 降低约 0.6，这是因为三硫化物的含量

高出约7%。因此，由抗体引入的工艺可变性可能足以导致DAR无法达到质量标准，具体取决于三硫键变异的数量。

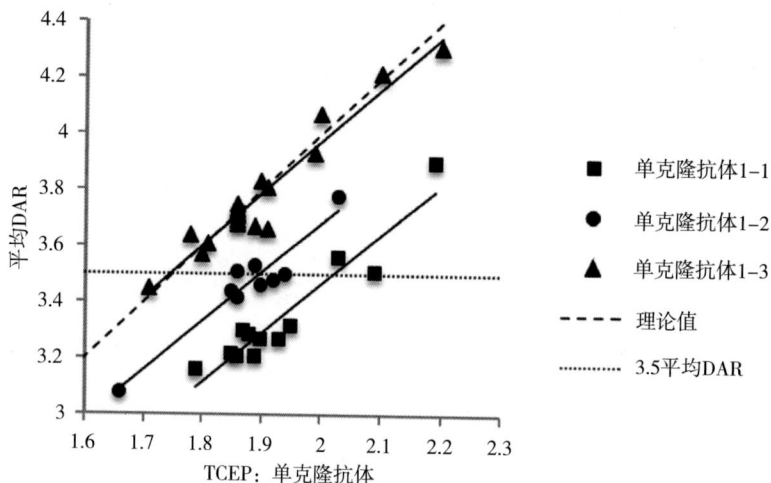

图31-8　每个点代表独立的还原和偶联实验

mAb1-1（三硫化物7.4%）$n=12$，mAb1-2（三硫化物3.0%）$n=9$，而mAb1-3（三硫化物0.4%）$n=15$。这些线是每个批次的最佳拟合曲线。还显示了化学计量所预测的每个TCEP：mAb比例情况下的平均DAR值（虚线）。平均DAR3.5处的虚线表示此ADC的目标平均DAR值。当线与3.5交叉时，平均DAR反映了达到特定mAb批次目标DAR值所需的TCEP：mAb比。经K.Cumnock等人授权复制使用：*K. Cumnock, et al., Trisulfide modification impacts the reduction step in antibody-drug conjugation process, Bioconjug. Chem. 24（2013）1154-1160. Copyright（2013）American Chemical Societ*

　　一旦了解了中间体的工艺可变性的潜在来源，就可以采用各种策略来确保稳健性。在上述具有三硫键水平可变的示例中，更多的细胞培养开发可能得到一致的三硫键水平[53, 54]，或者可以根据抗体批次调整偶联工艺中使用的还原剂的量，这些都表明了三硫键水平的可变性[41]。关键步骤是确保在开发过程中识别并理解可变性的潜在来源，以实行应对策略。

（二）阶段2：偶联反应

　　抗体功能化后，该过程的下一阶段是形成ADC分子的偶联反应。与不同ADC平台之间抗体功能化步骤高度可变相反，根据我们的经验，偶联反应阶段在许多ADC平台之间相对一致。尽管具有一致性，但在偶联反应阶段仍存在独特的开发挑战，因为它是小分子和生物制剂生产之间的交叉点，也是将有毒和无毒中间体结合形成ADC的时间点。

　　假设药物中间体以固体粉末形式生产，第一步是配制药物储备液，并将其添加到偶联反应中。由于ADC中使用的许多小分子药物的疏水性和低水溶性，有机溶剂通常用于药物增溶。也可以将低水平的有机溶剂作为共溶剂添加到抗体溶液中，以在整个偶联过程中保持药物的溶解性（图31-9）。将药物溶液添加到制备好的抗体中偶联以形成ADC。通常，相较于可用的抗体偶联位点，会添加过量的药物以确保偶联反应完成。一旦偶联完成，其时间将取决于偶联反应的动力学，一些工艺将利用淬灭步骤来防止纯化之前抗体与任何残留的游离药物之间的副反应。淬灭可通过调节pH、添加淬灭试剂或通过其他方式实现。

　　用于结合的药物量（即药物：抗体摩尔比）通常是开发期间要研究的关键参数，因为通常在项目的开发阶段药物生产成本高且供应不足。药物添加不足会导致抗体上残留未反应的偶联位点以及较低的平均DAR，而过量添加会浪费有价值的药物，并且可能导致某些化学物质的脱靶。

　　另一个关键的开发决策是选择溶解药物的初始溶剂，并可能作为偶联反应溶液中的助溶剂以保持药物的溶解度。所使用的溶剂可根据药物、抗体和正在进行的反应的性质而变化，但选择最常见的极性非质子溶剂，例如二甲基亚砜（DMSO）、二甲基甲酰胺（*N,N*-dimethylformamide，DMF）或*N，N*-二甲基乙酰胺（dimethylacetamide，DMA）。或者，可以选择使用对溶解所选药物有效且蛋白质友好的溶剂，例如丙二醇。对所选溶剂的要求通常包括溶剂可有效溶解药物、惰性、可与水混溶、与蛋白质低浓度相容，并具有适当高的闪点，可用于非防爆设施[55]。

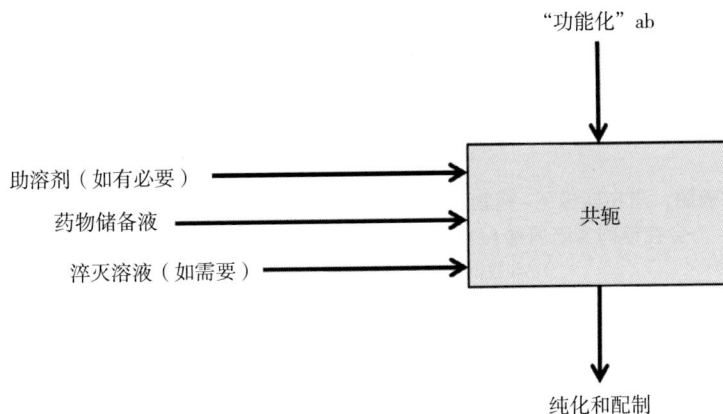

图31-9 典型ADC生产工艺偶联反应阶段的示意图

开发偶联反应的目标是使可用的抗体官能团与药物充分反应以形成ADC，同时最大程度地减少聚体的形成，最小化脱靶偶联（反应化学依赖性），实现药物的有效使用。开发阶段研究的典型参数为反应pH、温度、抗体浓度、反应时间、溶剂选择、溶剂百分比和添加的药物摩尔当量。偶联阶段遇到的挑战如下。

1.最小化脱靶偶联 在偶联反应步骤的工艺开发过程中，了解抗体中偶联靶点相对于其他氨基酸官能团的化学选择性非常重要。考虑到对产品质量和稳定性的潜在影响，限制脱靶偶联通常是一个重点。脱靶偶联通常取决于所使用的反应化学以及工艺条件。

曾有文章发表过利用NHS连接子化学方法生产赖氨酸定向ADC但发生了脱靶偶联的案例。尽管NHS对伯胺具有选择性以形成酰胺键，但与丝氨酸、苏氨酸和酪氨酸也存在副反应，会形成相对不稳定的乙酰化共轭物[39]。这些不稳定的键在溶液中会随着时间的推移水解，并从偶联物中释放连接子和药物，从而影响ADC产品的平均DAR和游离药物水平[56, 57]。此外，与赖氨酸以外的氨基酸结合会增加产品的异质性，必须进行可重复性控制。

当使用马来酰亚胺化学反应与抗体半胱氨酸形成链间-半胱氨酸ADC和THIOMAB药物偶联物时，也可能发生脱靶偶联。相对于与抗体其他官能团的潜在副反应，马来酰亚胺官能团与游离巯基的反应具有高度选择性[39, 58]。但是，在ADC生产中，通常会在偶联过程添加过量含马来酰亚胺的药物，那么一旦消耗了可用的游离硫醇，不良的脱靶偶联将是主要反应。以下介绍了链间-半胱氨酸ADC平台存在非特异性马来酰亚胺偶联的例子，该平台主要生产偶数DAR形式的偶联物。然而，在研究工艺稳健性时，观察到延长偶联时间会导致奇数DAR形式的水平升高，最显著的是5-DAR形式增加，不仅提高了平均DAR还显著改变了DAR种类的组成（图31-10）。这些变化被证明是含马来酰亚胺的药物与抗体赖氨酸的非特异性结合。然而，在较低的反应pH下，由于5-DAR物质的形成速率较慢（图31-11），脱靶偶联反应的速率明显变慢。在较低pH值下脱靶偶联反应的动力学变慢，可转化为更稳健的生产操作，从而避免了在特定生产步骤中由于短暂延迟造成该变体水平升高而导致批次失败的风险。对于其他反应化学，在反应特异性方面也预期存在着类似挑战，尤其是在开发的后期阶段需要重点关注，以确保工艺稳健性。

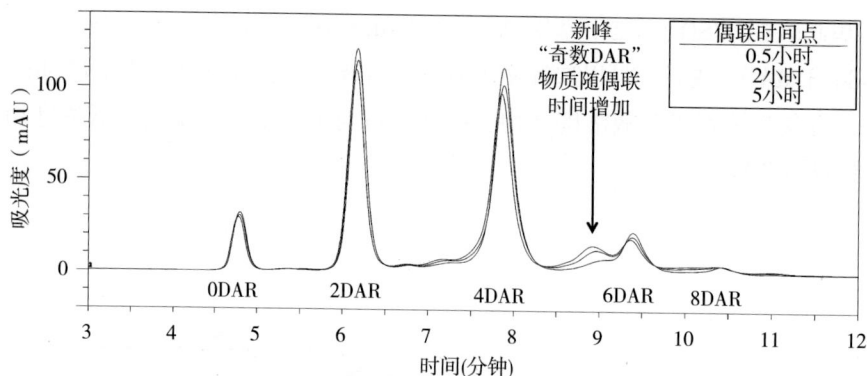

图31-10　偶联反应研究表明，当在连接子–药物上使用马来酰亚胺官能团时，会形成新的"奇数DAR"类型，该物质会在链间半胱氨酸ADC的预期形式4-DAR和6-DAR之间洗脱

DAR数据来自先前报告的HIC-HPLC方法[59]

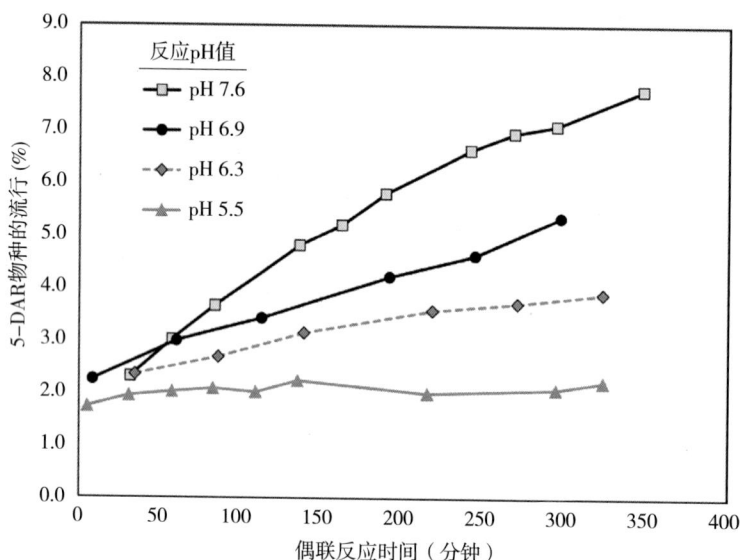

图31-11　对于以含马来酰亚胺的连接子–药物偶联的链间半胱氨酸ADC，"奇数DAR"物质（5DAR形式）的形成与反应pH和时间的关系

奇数DAR物质的形成是脱靶（即不是游离巯基定向）结合的结果

2.最大限度减少聚体形成　由于聚体对生物制品的安全性和有效性存在潜在影响，因此聚体作为关键质量属性，控制其形成是偶联反应工艺开发和放大过程中的一个关键目标。在偶联下游实施聚体去除步骤既具有挑战性又昂贵，因此，首选将聚体保持在可接受的水平，从而在偶联后不需要去除。根据广泛研究，生物制品中聚体生成的诱导因素包括高温、剪切力、高蛋白质浓度、溶剂效应和化学修饰[60, 61]。由于在抗体功能化和偶联过程中天然蛋白质结构的破坏（例如链间–半胱氨酸还原）、极端疏水性药物分子的附着以及在生产过程中使用溶剂，ADC可能特别容易聚集。因此，某些ADC的聚体形成倾向高于相应的非偶联抗体[62, 63]。聚体的形成倾向取决于抗体、药物和连接子的性质，以及所使用的ADC平台。

在ADC工艺过程中，从修饰连接子–药物到改变偶联反应参数有多种方法可以限制聚体的形成。缓解ADC偶联过程中聚体形成的策略取决于形成的聚体类型，可以大致分为两种类型：作为ADC反应化学副产物生成的共价聚体，以及与所用化学反应无直接关系而是由工艺过程中其他因素（例如高温、剪切、高溶剂）所产生的聚体。

共价聚体的一个例子来自THIOMAB平台通过二硫键连接的聚体，它是通过偶联之前工程化的半胱氨酸形成。同样，在使用异双功能连接子SMCC修饰抗体之后但在偶联之前，衍生化的抗体包含可与其他抗体反应以产生共价聚体的马来酰亚胺。在这两种情况下，降低蛋白质浓度、降低溶液pH和缩短放置时间可减少聚体形成。但是，防止共价聚体形成的策略通常是平台和化学特异性的，并且需要基于产品进行特异性开发。

用于ADC生产的疏水性非常强的药物可能会加剧非共价聚集。对小分子药物进行工程改造以降低ADC的整体疏水性可以提高药物的水溶性并限制ADC的聚集[45]。然而，由于这种方法也可能影响偶联物的安全性和有效性，因此通常不会纯粹为了生产获益而应用[64]。此外，偶联工艺的其他方面也可能促进非共价聚集，包括在该过程中使用高温、快速混合速率（即高剪切）或高水平的有机溶剂。Hollander等人在制备刺孢霉素-偶联物期间研究使用了添加剂以防止聚集，包括洗涤剂、醇、氨基酸、脂肪酸和溶剂，发现结合使用乙二醇和辛酸的混合物聚体最少[55]。然而，尚不清楚聚集减少是否是由于连接物-药物在该溶液中的溶解度增加，还是由于偶联前溶液中刺孢霉素吸附的变化或某些其他因素所致。

聚体的形成也可能受到工艺过程中使用的工程参数的影响，例如试剂添加速率、混合速率或其他来源的剪切力。对于一个ADC工艺，当缓慢添加药物并以较小速率搅拌时，我们观察到聚体的水平增加（图31-12）。这些结果表明，将该抗体暴露于含有高溶剂浓度或高药物浓度的局部环境会诱导聚体形成。

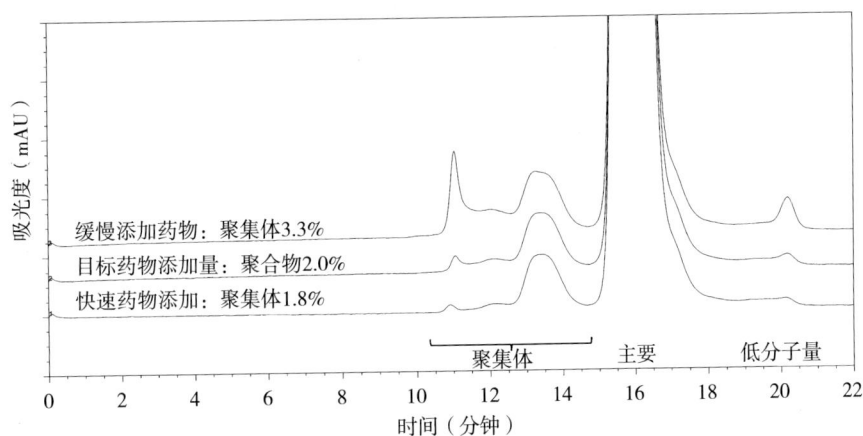

图31-12 使用较慢的或指定的或更快的速度添加药物（在100%有机溶剂中配制储备液）
进行偶联得到的总聚体水平和SEC-HPLC图谱

（三）阶段3：纯化和配制

偶联后，通常存在游离药物和溶剂，需要纯化和配制步骤才能生成ADC原料药。超滤/渗滤（UF/DF）是生物制品（包括ADC）缓冲液交换的标准方法。UFDF膜的标准截留分子量（NMWCO）范围包括5、10或30 kDa，这使得通过这些步骤可有效截留产品，同时去除许多低分子量杂质，包括溶剂、游离药物和药物相关杂质。对于"表现良好"的ADC，UFDF对溶剂和残留游离药物的清除率如图31-13所示，这表明去除两种杂质的筛分系数接近理想值（S=1）。在非常低的浓度下，溶剂去除变得不理想，这可能是由于溶剂从膜上的反弹效应或由于溶剂与UFDF系统的塑料组件之间的相互作用。在UF/DF可有效去除偶联反应中残留的所有杂质至可接受水平的情况下（如本示例中的情况），UF/DF可能是偶联下游所需的唯一纯化步骤。

与上述示例相反，对于"表现略差"的ADC工艺，UF/DF可能无法清除游离药物和游离药物相关杂质。在一些案例中，即使杂质的分子量显著低于UF/DF膜的NMWCO，也可以观察到这一点。图31-14显示了在使用30 kDa NMWCO膜进行UF/DF期间，两种游离药物相关杂质（分子量均<2 kDa）的清除表现。一种物质（杂质A）通过UF/DF膜，并通过该步骤清除了超过2个对数，而杂质B在10倍体积超滤的过程中没有明显清除。目前尚不清楚UF/DF期间游离药物存留的机制，但可能部分是由于药物的自缔合增加了其在水性环境中的表观尺寸或游离药物与ADC之间的非特异性相互作用。如果UF/DF步骤无法将游离药物和相关杂质清除到可接受的水平，则需要其他的纯化步骤，例如利用色谱纯化（参见下面的案例研究）或通过活性炭过滤进行游离药物吸附[25]。除清除游离药物外，如果偶联反应产生不可接受水平的产品变体或聚体，则可能需要对ADC进行色谱纯化。

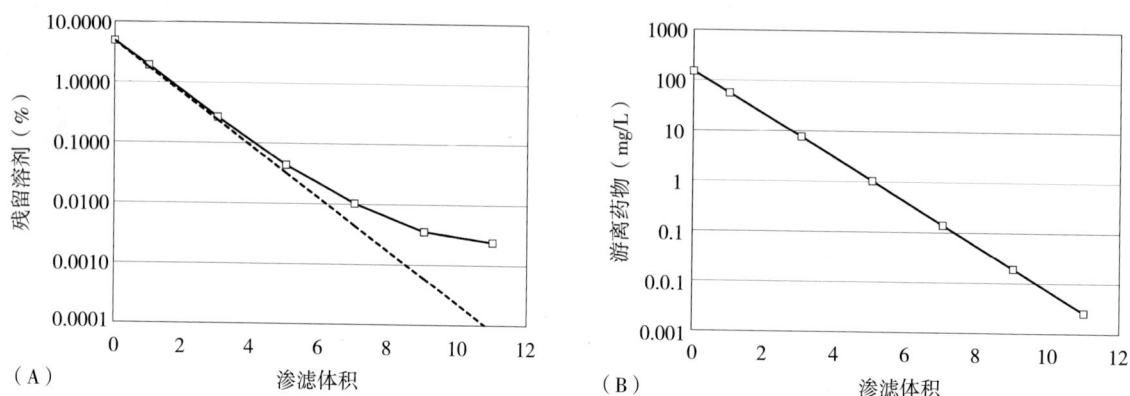

图31-13 UFDF操作期间杂质清除率与超滤缓冲液体积的函数关系，用于清除残留的溶剂（A）和游离药物（B）
结果（空心符号）是八个单独的UFDF实验的平均值。虚线表示在零超滤缓冲液体积下根据实验确定的结果计算出的理想行为（筛分系数=1）。未显示游离药物的虚线，因为它覆盖了实验结果

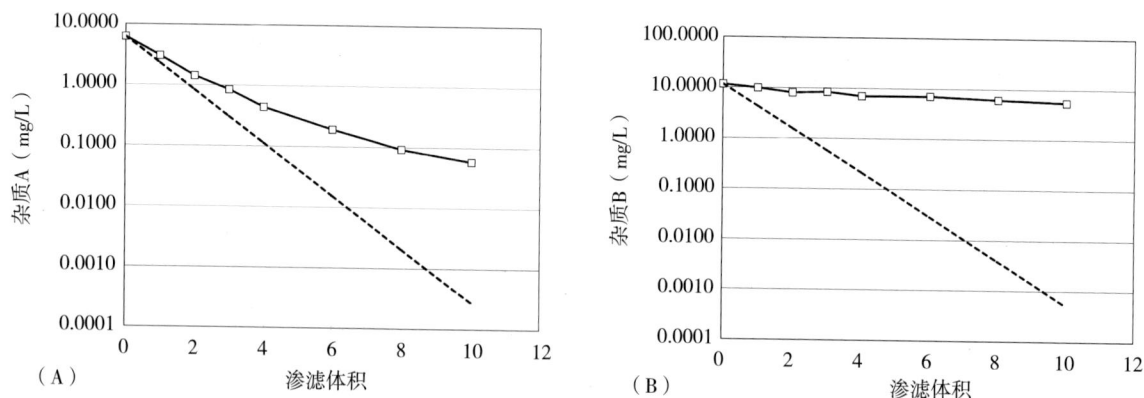

图31-14 UF/DF操作期间的杂质清除数据显示为与游离药物相关杂质与超滤体积的函数，包括杂质A（A）和杂质B（B）
以上结果显示了实验测定结果与零超滤体积下的理想计算结果（筛分系数=1）进行比较

当UF/DF成功清除溶剂和游离药物，并且不需要去除产品变体时，则遵循标准UFDF工艺，ADC的下游纯化和配制步骤的开发相对简单。在这些情况下，纯化和配制步骤后收率较高，预计为90%~95%。下文提供了在单独使用UFDF无法获得可接受ADC产品质量的情况下开发其他纯化操作的示例。除了增加工艺的复杂性之外，这些额外的步骤会因所采用的方法显著降低工艺收率。

1.去除残留的游离药物 结合和洗脱色谱是利用ADC和游离药物之间显著不同的分子特征[23, 65, 66]从ADC中去除游离药物的通用方法。在这种方法中，调节含有游离药物和溶剂的偶联液，并将其加载到色谱柱上，基于离子、亲和力或其他相互作用ADC可以进行特异性吸附，而游离药物和残留溶剂流穿。一些树

脂可能与游离药物发生非特异性相互作用，因此建议进行树脂筛选，并可能需要进行清洗步骤以确保完全去除游离药物。

使用阳离子交换剂以结合和洗脱模式从ADC中去除游离药物，样品色谱条件和代表性色谱图分别见表31-3和图31-15。在这种情况下，使用梯度逐步洗脱产物也是可能的。一旦这些低分子量杂质会被UF/DF一起被去除，则可以合并色谱液并进行UF/DF以配制原料药。

表31-3　在图31-15中去除游离药物的阳离子交换色谱详细信息

阶段	流动相	阶段持续时间（柱体积）
平衡	50 mM醋酸钠，pH 5.5	5
负载	偶联合并液，调节至pH 5.5	10 mg/ml树脂
清洗	50 mM醋酸钠，pH 5.5	10
洗脱	50~350 mM醋酸钠（pH 5.5）的梯度合并：0.5~0.5 OD	15
再生	0.5 N氢氧化钠	5
储存	0.1 N氢氧化钠	5

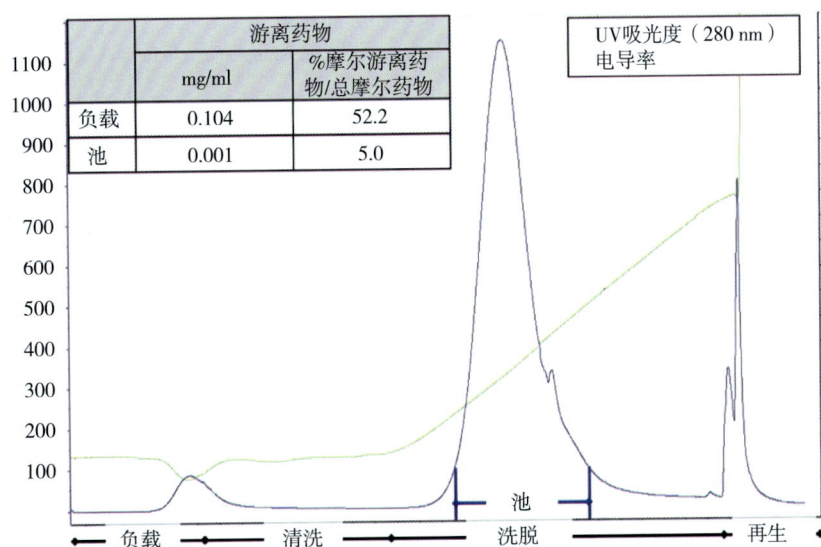

图31-15　根据表31-3中所述的条件进行阳离子交换色谱以除去ADC中的游离药物的色谱图
ADC在上样阶段与树脂结合，游离药物流穿色谱柱，并在上样和清洗阶段除去

2.聚体去除　如本章先前所讨论的，考虑到对化合物进行大规模色谱所带来的相关挑战以及该步骤可能产生的产率损失，因此不推荐使用色谱法来去除ADC中的聚体。但是，如果生成的聚体水平对于ADC产品而言是不可接受的，则可以采用标准的抗体纯化方法去除ADC聚体[67-69]。

高通量结合筛选可用于高效鉴定和优化抗体的纯化条件[70]。这些技术可以在低通量（手动）或高通量（机器人）形式下应用于ADC工艺开发，尽管需要额外的控制，以确保有效化合物的正确处理以及设备与所需有机溶剂水平的化学相容性。

阳离子交换色谱法（CEX）是非偶联抗体中去除聚体的标准方法，在偶联不影响抗体电荷的情况下（例如，半胱氨酸定向偶联化学、不带电荷的连接子-药物），CEX也可用于去除ADC聚体。用抗体及其相关的ADC（链间-半胱氨酸ADC形式）进行的CEX树脂筛选实验的结果如图31-16所示。抗体中间体和ADC在该

CEX树脂上具有相似的结合行为（即分配系数与pH和电导率的函数相似），但在特定条件下与偶联物的结合略强。对于该分子，连接子-药物的连接不会显著影响蛋白质结合，并且可以使用与未偶联抗体相似的CEX操作条件纯化ADC。相反，由于每个赖氨酸修饰都会损失一个带电基团，因此赖氨酸定向的ADC具有明显不同的结合行为。作为CEX的替代方法，陶瓷羟基磷灰石色谱纯化已用于赖氨酸介导的ADC平台去除聚体[67]。

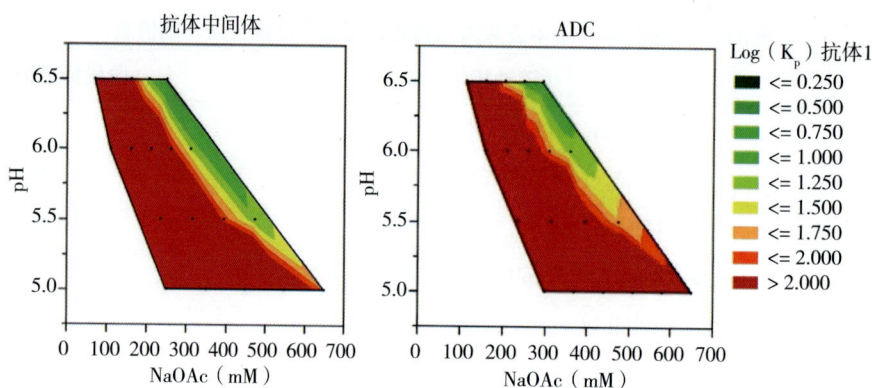

图31-16 批吸附等高线图

显示抗体及其对应药物偶联物在阳离子交换色谱树脂上的结合行为。根据先前描述的方法[70]的等高线图。较高的分配系数（Log K_p）表示较强的填料结合力

色谱纯化ADC时的另一个考虑因素是分离是否也影响平均DAR或DAR种类组成，这可能取决于所选的分离方式。因此，在纯化步骤的开发过程中，除聚体水平外，还应监测这些产品质量属性。在开发阶段，还必须考虑溶剂和游离药物对色谱系统性能和色谱柱重复使用的潜在影响。

第三节 ADC偶联设备

对于许多ADC工艺，由于存在强效化合物，使用溶剂溶液以及需要精确控制反应参数以获得所需产品，因此选择偶联反应步骤的设备可能具有挑战性。因此，本节重点介绍ADC工艺反应步骤的设备选择。UF/DF和色谱操作放大设备的选择和原理遵循相似的原理，但不在本节的讨论范围内。

一、偶联缩小模型

ADC工艺开发过程中的一个重大挑战是具有一个小型的反应器系统。尤其是由于强效化合物处理（操作员安全问题）、有机溶剂的使用（设备兼容性问题）以及需要在非常小的规模下工作以减少关键中间体的消耗等额外要求，偶联反应在小规模建模时可能具有挑战性[71]。理想的偶联反应缩小模型具有以下属性：①操作人员在整个过程（包括反应器设置、偶联、取样和清洁）中可安全处理强效化合物；②与工艺中所用水平的有机溶剂相容；③材料具有代表性；④能够准确添加试剂；⑤能够精确控制温度；⑥能够连续混合，包括在试剂添加过程中；⑦如果选择的反应化学需要，可以气体填充或覆盖；⑧足够小的规模，可有效利用药物和抗体中间体；⑨自动化操作和数据收集；⑩生代表全规模工艺的结果；⑪具有成本效益（可重复使用或低成本一次性使用）。

在实践中，我们还没有确定同时满足所有这些要求的缩小规模的反应系统。因此，为一项研究选择实

验装置取决于研究目的、工艺中间体的可用性、工艺开发阶段和所研究的反应化学，反应设备的比较图如31-17所示。对于早期开发时的最小体积，可以在微量离心管（<2 ml）或离心管（15~50 ml）中进行偶联，并将其浸入水浴中以控制温度。这种简单的方法可以最大程度地减少关键工艺中间体的消耗，从而可以筛选广泛的参数以理解基本的工艺过程。在开发后期，当中间体更容易获得时，可将该工艺扩大到更能代表全规模工艺（包括连续混合和温度控制）的系统。最后，当在开发和工艺验证的最后阶段需要缩小规模的反应器的确认时，可能优选包括连续混合、主动温度控制和数据记录的自动化反应器系统。尽管存在潜在的缺点，但我们在工艺开发的各个阶段都使用了这些系统，并获得了与整个工艺规模相当的平均DAR与聚体结果（图31-18，图31-19）。

反应设备描述	优点	缺点
falcon管微量离心机 ·体积：0.2~2.0 ml ·混合：台式涡旋仪 ·温度控制：水浴 ·添加：移液器 ·自动化/数据：无	·最低质量要求 ·一次性使用；无需清洁	·添加过程中不得混合 ·添加过程中无温度控制 ·无自动化或数据记录 ·构造材料为非代表性、非惰性
夹套玻璃反应器 ·体积：20~100 ml ·混合：架空（磁性） ·温度控制：水套 ·添加：移液器 ·自动化/数据：无	·连续混合 ·持续控温 ·构造材料：惰性	·更高的质量要求 ·无自动化或数据记录 ·多用途；需要清洁 ·施工材料可能不具有代表性
自动化反应器系统 ·体积：20~100 ml ·混合：架空驱动 ·温度控制：夹套 ·添加：移液器或泵 ·自动化/数据：是	·连续混合 ·持续控温 ·自动化和数据收集 ·构造材料：惰性	·更高的质量要求 ·多用途；需要清洁 ·施工材料可能不具有代表性

图31-17　可用于ADC工艺开发和验证的小规模反应设备的比较

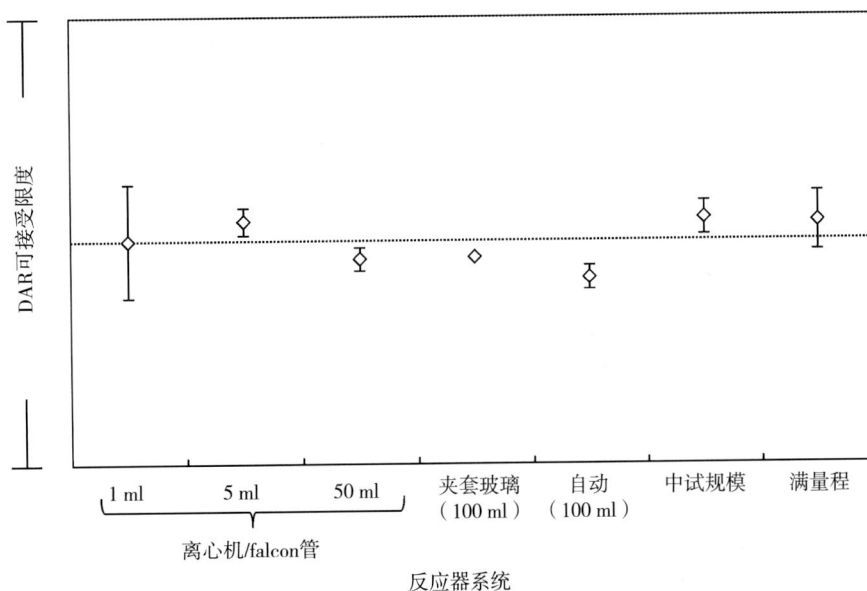

图31-18　在一系列反应器系统中使用目标工艺参数进行偶联得到的平均DAR结果
虚线表示目标DAR，y轴表示I期生产工艺的批次放行可接受限度。误差棒代表数据的一个标准差；每个体积的$n \geq 3$

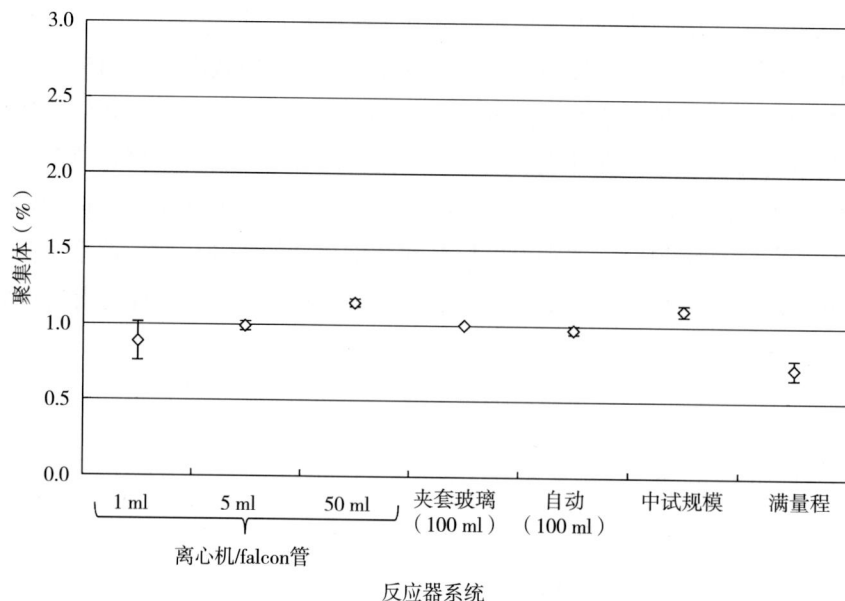

图31-19 在一系列反应器系统中使用目标工艺参数进行偶联得到聚体结果

误差棒代表数据的一个标准差；每个体积的$n \geqslant 3$

相对于偶联反应步骤，其他ADC生产工艺单元操作的缩小模型设计起来并不困难。UF/DF都可以根据与非偶联生物制品相同的原则进行放大，因此许多供应商已经提供了适当的小规模设备[72]。在缩小模型中作为UF/DF的替代方法，可以采用正交的缓冲液交换方法，包括脱盐柱或离心超滤装置[71, 73]。所有缩小模型设备都需要评估与该工艺中使用的溶剂水平的相容性，并确保对强效化合物进行充分控制以防止实验室污染。

二、GMP生产

在选择用于临床或商业生产的ADC制造工艺设备时，一个关键的决定是使用固定的、多次使用的设备（例如不锈钢或玻璃反应器），还是可抛弃式的一次性设备（例如塑料薄膜、袋和管道）。使用一次性生产设备生产生物制品具有许多潜在优势，包括增加生产设施的灵活性，最大限度地降低产品之间交叉污染的风险，以及消除对设备清洁的需求[74, 75]。

对于ADC生产，当使用多用途制造设备时，要证明在批次之间和产品之间可接受的清洁是非常困难的。由于小分子药物和ADC的高效力，这意味着可接受的残留水平非常低，需要高灵敏度和特异性测定。这些挑战为采用一次性使用设备生产ADC提供了重要的驱动力，因为这些设备不需要在批次之间进行清洁和测试[76]。如果整个生产过程可以在一次性系统中进行，则可以通过完全避免清洁和测试方法的开发来降低开发成本和时间。

在ADC生产中采用一次性系统的挑战之一是使用有机溶剂进行药物增溶，这些溶剂通常与一次性系统中使用的膜和塑料具有一定的相容性，并且可能促进有机化合物从塑料表面浸出。可能需要进行额外的相容性研究，以确保一次性系统中使用的材料与工艺流相容[75]。同样，必须确认从一次性系统进入产品的浸出物水平是可接受的，并且ADC的产品质量不会因使用一次性使用系统而受到负面影响[77]。

无论为GMP生产选择固定式还是一次性系统，关键是要确保设备能够达到所需的工艺控制范围，以确保产品质量的一致性。对于偶联反应步骤来说，这通常包括以下能力：严格控制容器温度（包括放热添加和反应期间）、实现试剂添加的高精度、在添加和取样期间保持无菌条件、控制整个步骤的搅拌，并在反应步骤期间提供气体填充或覆盖（取决于反应化学）。

第四节 结论

　　抗体药物偶联物是研究性癌症治疗的一个高速发展的领域，用于ADC生产的药物、偶联化学和分子设计日益多样化。有趣的是，在美国获得商业销售批准的三种ADC，包括MYLOTARG（随后撤回）、ADCETRIS和KADCYLA，每种都含有不同的药物和不同的连接子反应。这些药物包括赖氨酸和半胱氨酸介导的偶联，可裂解和不可裂解的连接子，以及独立的和组合的连接子–药物。目前的趋势是通过位点特异性偶联反应制备ADC，这导致ADC设计的进一步多样化。这些差异导致不同ADC产品之间的制造工艺大不相同，并阻碍了开发一个单一平台的ADC制造工艺作为ADC开发的起点。

　　尽管ADC设计及其相关的制造过程存在多样性，但ADC生产过程的典型"阶段"在各个平台之间是完全一致的。这些阶段包括抗体功能化以制备用于偶联的抗体、偶联反应以形成ADC，以及纯化和制剂阶段以获得最终原料药。如本章所强调的，每个描述的ADC平台的工艺开发和放大过程中都面临着类似的挑战。因此，无论成败，利用以前开发ADC的经验都将有利于建立新方法来加速ADC产品的生产。

参考文献

589

第三十二章

双特异性抗体的工艺设计

Ambrose J. Williams[*, a], Glen S. Giese[*, a], Andreas Schaubmar[†, a], Thomas von Hirschheydt[†, a]

*Purification Development, Pharma Technical Development, Genentech (Roche), South San Francisco, CA, United States, †Large Molecule Research, Pharma Research and Early Development (pRED), Roche Innovation Center Munich, Penzberg, Germany

第一节　引言

自1986年批准第一个治疗性单克隆抗体（mAb）以来，抗体已成为生物制药市场的最大领域，占2010年至2014年期间新批准药物的四分之一[1]，占总销售额的一半。预计到2020年，治疗性抗体的销售额将超过1000亿美元[2]，并且这类药物在过去30年里的急剧增长部分归功于其生物物理和药代动力学特性。抗体可以被工程化改造以达到高亲和力和特异性，最终与目标结合，并且可以大规模生产。单克隆抗体的生产可以通过现有的细胞培养和纯化平台工艺来实现[3]，但是新类别药物的出现通常需要伴随生物制药工艺的进步。

一、新一代抗体的演变

在过去30年中，随着治疗性单克隆抗体的成功和发展，新的抗体类别也逐步出现（图32-1）。这其中包括了最新批准的抗体-抗原结合片段（fragment of antigen binding，Fab）[4]、可结晶片段（Fc）-融合蛋白[5]、抗体偶联药物（ADC）[6]、糖工程抗体[7]和双特异性抗体[8]。在许多情况下，这些新的类别结合了以下优势：它们将免疫球蛋白的结合特性与为了更好地适应其疾病适应证而定制的分子特性相结合。例如，抗HER2抗体-药物偶联物曲妥珠单抗DM1已被工程化改造为向HER2+乳腺癌细胞递送细胞毒性有效载荷，并且代表了相对于现有抗HER2 MAb曲妥珠单抗的进步。

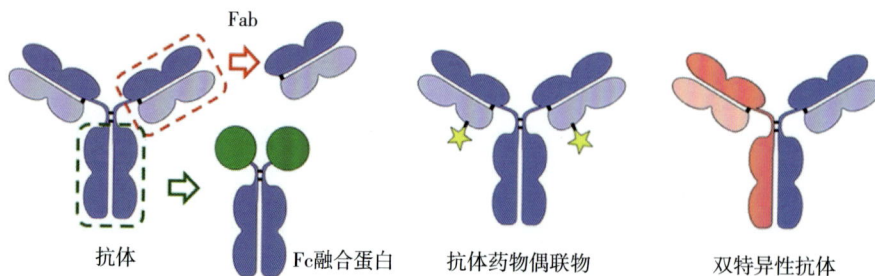

图32-1　新一代抗体类别
包括Fab、Fc-融合蛋白、抗体偶联药物和双特异性抗体

类似抗体的形式将变得越来越普遍，既可以视为对现有MAb专利的改进（例如上例中），又可以作为

新的疗法来实现。其中，双特异性抗体是迄今为止最多样化的一类，无论是追求新的适应证范围还是在结构的多样性方面。自1962年Nisonoff首次描述抗体的随机重组以来，人们对双特异性抗体的兴趣已大大增加[9]。从那时起，许多抗体工程策略已经被开发出来，以赋予两个不同靶点的特异性。近年来，一些技术的开发使得多特异性蛋白的制备成为可能，这些特异性蛋白具有两个或多个有相应结合特异性的结合模块，其中许多都依赖于替代性结合模块，例如Darpins[10]或Anticalins[11]，并且通常缺少Fc结构域。下文将简要介绍作为如此重要进步之一的完整的双特异性抗体，以及它们的制备方法。

二、双特异性药物的临床申请

结合（并可能交联）两种不同的抗原使新的药物机制成为可能，这在以前是无法用单克隆抗体实现的（图32-2）。双特异性抗体的一个明显应用是将两种药物活性结合到一个分子中。例如，白细胞介素13和4（IL-13、IL-4）被认为在过敏性哮喘中起驱动作用，对这两种免疫因子都具有亲和力的双特异性抗体能够阻断两种信号通路[12]。否则，需要通过两种mAb联合治疗来完成对两种不同可溶性因子的阻断。

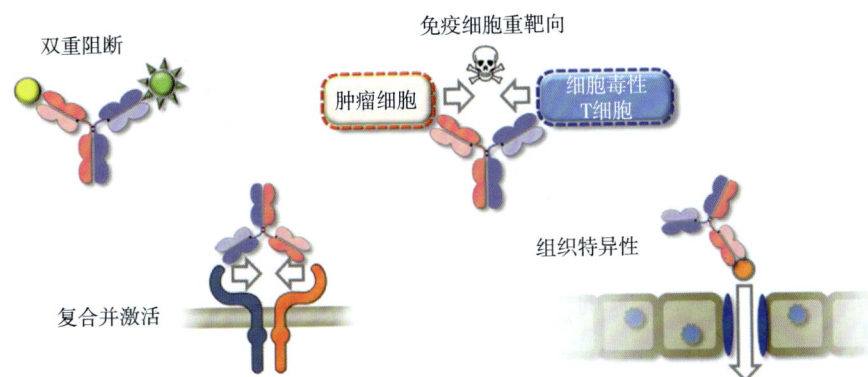

图32-2　双特异性抗体可以将两种抗体的活性结合成一个分子。它们还可以将两个不同的目标（如细胞表面受体）二聚化，或者将免疫细胞募集到肿瘤中。最后，双特异性的一臂可能将分子定位于特定组织，然后另一个臂发挥治疗作用

癌症免疫疗法是双特异性药物的一个重要应用领域，募集T细胞的双特异性药物的开发可能会成为一个独立的领域。对两种不同细胞类型细胞表面分子具有亲和力的双特异性物质可以将这些细胞交联起来。在这种应用中，具有抗CD3臂和肿瘤结合臂的双特异性能够将CD3+T细胞募集到肿瘤靶点，从而对目标肿瘤细胞进行细胞毒性杀伤。Amgen的Blinatumomab是一种已获批准的抗CD3/抗CD19双特异性抗体，通过大约30个抗体分子形成T细胞和靶点之间的界面，直接对恶性B细胞进行细胞毒性杀伤[13]。同样的抗CD3臂可用于引导针对多种靶点的直接免疫反应，包括HER2+乳腺癌细胞[14]。T细胞依赖性双特异性抗体的一项重大挑战是抗体不能结合超过一个CD3靶点，因为该受体二聚化可能导致T细胞的非特异性激活，并有可能给患者中带来并发症。单价结合通常是通过在双特异性上仅具有单个CD3结合臂来实现的，因此这些分子的不对称性是必需的。

组织定位的靶向性是双特异性抗体特别适合的第三种机制。循环中的单克隆抗体表现出较差的组织渗透性，其大部分治疗作用必须在血液或肿瘤表面发挥。相比之下，双特异性抗体可以用一个结合臂进行工程改造，从而赋予优选的组织定位，这样另一臂就可以达到靶向治疗效果。例如，具有转铁蛋白受体结合臂的双特异性抗体显著增强了对血脑屏障的渗透[15, 16]，有可能为原本具有免疫特权的器官带来免疫治疗作用。在另一个例子中，一种双特异性抗体被工程化设计为异源二聚体，以激活选定器官中的MAPK信号通路[17]，其作用是促进脂肪组织的局部代谢，而不是全身性代谢。

三、双特异性形式

近年来开发的各种双特异性抗体形式(由Spiess等人[18]详细综述)可以大致分为共同轻链和双轻链结构两类,它们在所得抗体的分子复杂性方面有所不同。单克隆抗体的四种肽由两条相同的轻链和两条相同的重链组成,而由两种不同的半抗体组装而成的双特异性抗体可能由四种不同的肽组成(图32-3)。

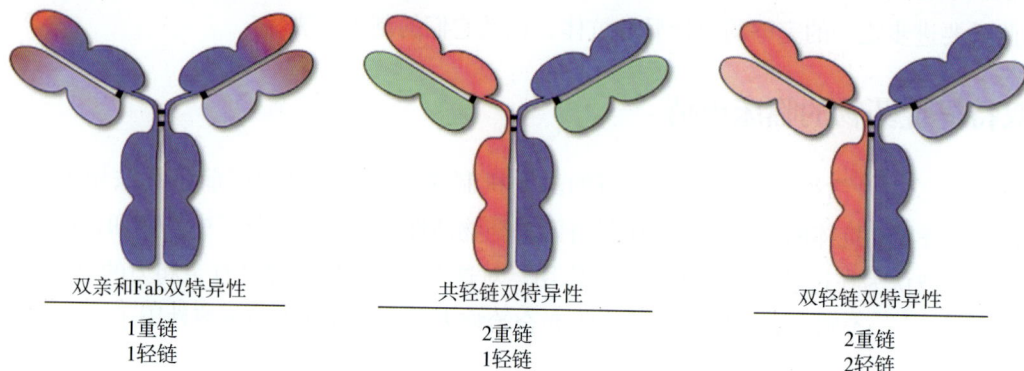

双亲和Fab双特异性   共轻链双特异性   双轻链双特异性

1重链   2重链   2重链
1轻链   1轻链   2轻链

图32-3　双特异性抗体可以用两条、三条或四条不同的肽链进行工程改造
双亲和力构建体(左)以二价方式结合其靶标,尽管对其进行工程改造具有挑战性,但最容易制造。常见的轻链构建体允许两个不同的结合臂而不会发生轻链错配。双轻链构建体(右)具有最大的实用性,最容易设计,但需要更多的创新以防止轻链和重链错配

常见的轻链双特异性药物(如mAb)具有两条相同的轻链,尽管重链可能彼此不同,也可能没有不同。在Duligotuzmab的例子中,一种抗EGFR的单抗被广泛设计为同时获得抗HER3的亲和力[19]。所得的双亲和力Fab构建体具有与MAb相同的结构,但是两个Fab臂都能够结合任一抗原。该双特异性可以二价结合其靶标,这意味着一种抗体可以交联两种相同的抗原,但在某些应用中并不适合(例如上面讨论的T细胞接合)。单价结合可以通过向构建体引入不对称性来实现,例如抗因子IXa/X双特异性抗体Emicizumab的情况,该抗体具有两种不同的重链(HC)但有共同的轻链(LC)[20]。这种结构允许分子结合并交联凝血途径中的两个因子(FIXa和FX),模仿并替代某些血友病患者中缺乏的因子(FVIIIa)。

未来的双特异性是追求普通的轻链形式还是双轻链形式,这是一个需要权衡设计难易性与制造难易性的决定。普通的轻链双特异性可以实现单价或二价靶标结合,并且可以相对简单地生产,与单克隆抗体共享许多特性。但是,要求普通轻链应利于一只臂的结合而不干扰另一只臂的结合,这会使普通轻链分子难以工程化。双轻链结构可以替代地产生具有两个不同的重链和两个不同的轻链的双特异性。双轻链双特异性抗体具有两个具有特异性的Fab臂,因此仅与两个选定的靶标单价结合。设计这种形式的双特异性抗体更容易,因为Fab可以直接从亲本抗体中移植,但是它们增加的肽库使更多与产品相关的变体(例如错配的轻链)成为可能,因此它们更难生产,除非利用特定的工程方法支持正确的肽配对。在下文中,我们描述了两种已成功用于生产双轻链双特异性抗体的不同方法。在第一种方法中,在两个单独的发酵中产生半抗体,并以生化组装反应结合。下文将描述细胞内部的体内组装。

四、旋钮-孔组装方法

旋钮-孔(knob-hole)双特异性抗体是由两个不同的半抗体组装而成的抗体,每个半抗体由一条轻链和一条重链组成,并因其C_H3结构域中的空间填充取代而命名[21]。这些突变促进了旋钮半体和孔半体之间的缔合(异二聚化),同时阻止了自身缔合(同二聚化)(图32-4)。有趣的是,该技术先前已用于工程化单臂

抗体onartuzumab（MetMAb），该抗体由一个抗原结合臂和一个Fc区组成[22]。由于旋钮孔双特异性抗体由四种不同的肽组成，即两条不同的重链和两条不同的轻链，因此必须严格控制它们的结合顺序，以防止错误的轻链和重链配对。

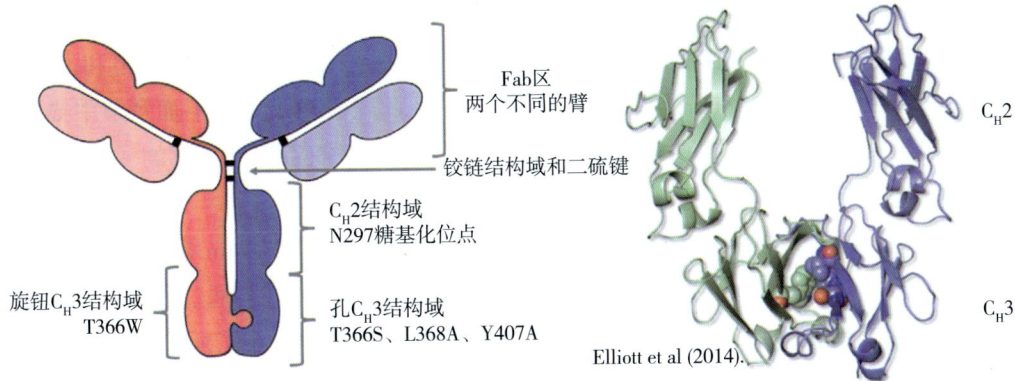

图32-4　Knob-hole双特异性抗体的结构
C_H3结构域之间的Knob-hole配对有利于重链的异质二聚体形成

已获授权使用，来源：Elsevier from J.M. Elliott，et al.，Antiparallel conformation of knob and hole aglycosylated half-antibody homodimers is mediated by a CH2-CH3 hydrophobic interaction. J. Mol. Biol. 426（9）（2014）1947-1957

在两种细胞培养物中分别表达半抗体，然后驱动轻链和重链的正确配对。纯化后，这两个半抗体被组装成一个双特异性抗体。这种方法的优点包括易于细胞系开发，因为每种培养物仅产生双特异性四条肽链中的两个，以及半抗体的相对模块化。例如，相同的克隆可生产用于T细胞募集的整个双特异性家族的抗CD3臂。这种方法的缺点包括每次生产运行需要两倍的生产培养物、原料药工艺的部分重复以及需要大规模开发和实施组装步骤。每次生产组装双特异性抗体的成本更高，但是每次运行可能产生两倍于限制性半抗体的质量（以两者中效价较低的半抗体为准）。

五、CrossMab 双特异性抗体方法

尽管通过knob-hole方法可以很好地解决重链错配，但在过去十年中，指导正确的轻链配对仍然是限制双特异性或多特异性抗体发展的主要问题。解决此问题的早期方法包括系链和（或）添加末端scFv结构域，进行双特异性结合。CrossMab的出现[23]说明了如何重新排列常规抗体的结构可以产生非常接近天然形式的双特异性抗体（图32-5）。它们显示出与普通抗体相同的药代动力学特性，以很好的工程设计来实现免疫效应功能。

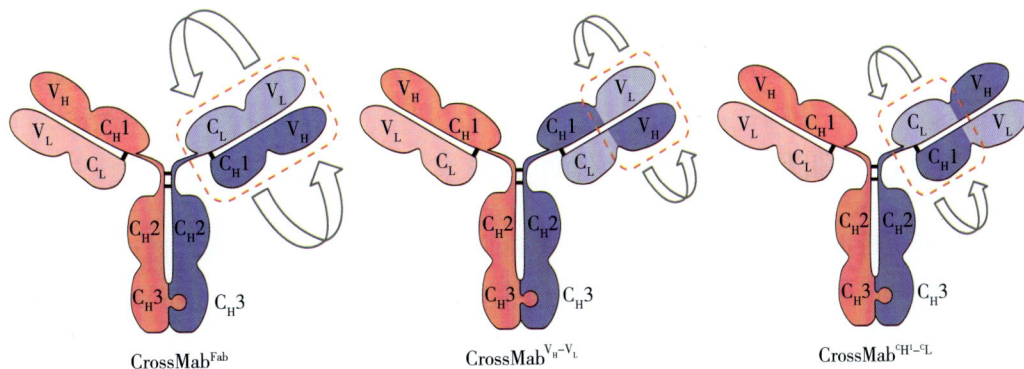

图32-5　产生CrossMab的三个基本选项
包括交换VH-CH1与VL-CL（左），仅交换VH与VL（中心）或交换CH1-CL（右）

原则上，正确的轻链配对是通过工程化抗体一侧的Fab部分来实现的，其方式是原始的轻链结构域（C_L-V_L）取代重链结构域（C_H1-V_H），从而形成 CrossMab^{Fab}。不幸的是，CrossMab^{Fab} 版本中两个结构域对的交换导致易于形成非功能性重链二聚体的格式。更具体地说，这种形式的重链可以通过天然重链中的 C_H1-V_H 与修饰重链中的 C_L-V_L 的自我相互作用而彼此相互作用，同时排斥其轻链（由 Schaefer 等人[23]详述）。因此，单域交叉是首选，或者是 V_H-V_L，或者是 C_H1-C_L，产生由 V_H1-C_L-C_H2-C_H3 组成的重链和由 V_L-C_H1 组成的轻链。只有在交叉的轻链和交叉的重链之间才能正确配对，因此配对稳定。在下面章节中描述的格式使用 knob-hole 和 C_H1-C_L 域交叉的组合。在 CrossMab 中，结构域交叉只对双特异性抗体的一个臂进行工程改造，而另一个抗体臂则保持不变。

工程化的结构域交叉对自身四级结构造成的扭曲最小（图32-6）。如 Fenn 等人的晶体结构分析所示，CrossFab 的 V_H-V_L 和 C_H1-C_L 结构域对在结构上与正常 Fab 非常相似[24]。另外，通过表面等离子共振实验显示了这两个分子的功能完全等效。Dengl 等人[25]进行的稳定性研究进一步证实了所得 CrossMabs 和 MAbs 的非常接近的同源性。同时研究表明，CrossMab 形式对压力（如在发酵过程中）的稳定性与作为参考的普通 IgG$_1$ 分子一样。然而，Fenn 等人证明了 CrossFab 与未被改变的对应物相比，其熔点有微小但明显的差异（65℃对71℃）。较低的熔点仍然在 CrossMab 被认为是稳定的范围内。

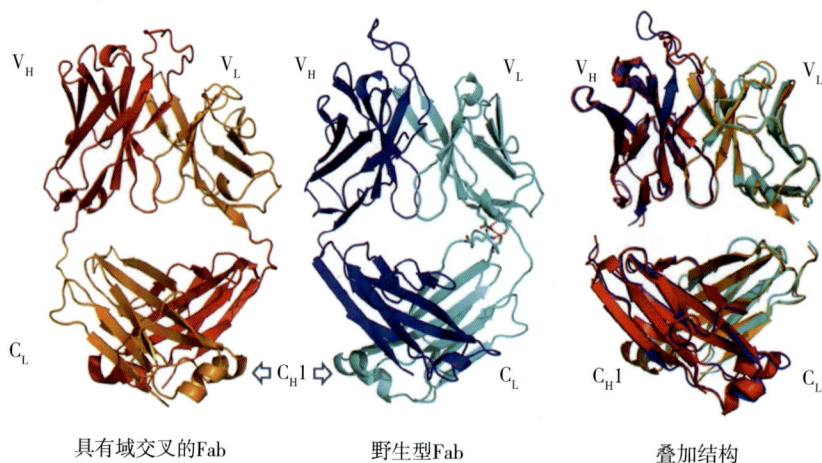

图32-6　结构域交换，交换CL和CH1结构域，产生与野生型Fab结构高度相似的CrossFab，这两个结构重叠时证明了这一点
晶体结构改编自S.Fenn,et al.,Crystal structure of an anti-Ang2 CrossFab demonstrates complete structural and functional integrity of the variable domain,PLoS ONE 8（4）（2013）e61953.

第二节　双特异性抗体的工艺设计

一、独立表达的旋钮和孔半抗体的体外组装

为了确保轻链和重链正确配对，每个半抗体在单独的发酵中产生并使用亲和色谱从细胞培养物中捕获，然后将两个半抗体组装成双特异性抗体（图32-7）。尽管组装步骤的目的是产生双特异性抗体，并在下游进一步纯化，但重要的是优化该步骤以最大程度地减少产品相关变体的形成。同型二聚体、单聚体、高分子量（HMW）类别和半抗体是不提供预期活性的杂质，由于其结构和性质与双特异性分子相似，因此会降低收率且很可能难以去除。

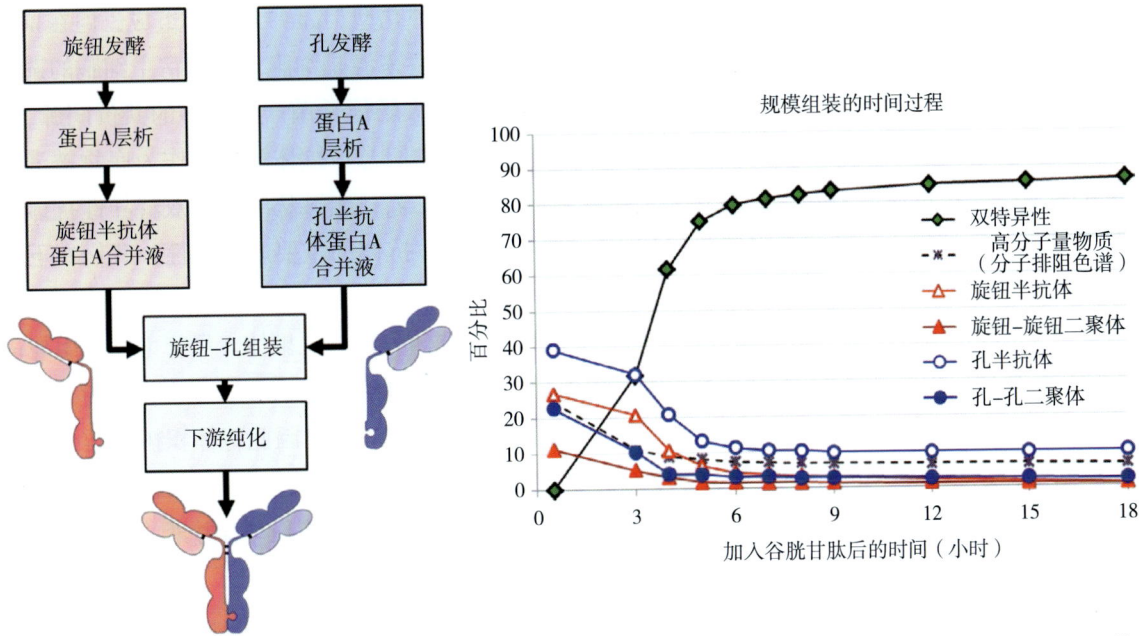

图32-7　开始组装后添加还原型谷胱甘肽（GSH）生成用于下游纯化的组装双特异性抗体（左图）以及2000L临床生产规模下随着时间推移组装混合物的变化过程（右图）
同源二聚体和HMWS作为反应底物被部分消耗，最终产物为>80%的双特异性抗体和一些残余半抗体的混合物

半抗体可以在大肠埃希菌或CHO宿主细胞中表达，培养表达后用与捕获mAb相似的技术从收获的细胞培养上清液中进行捕获[26]。使用哪种宿主细胞类型的决定很大程度上取决于生产能力。在CHO中生产生物药品是一个众所周知的工艺，在行业中有着悠久的使用历史[27]。尽管许多产品质量属性受宿主细胞选择的影响，但对组装具有重要意义的两个属性是C_H2糖基化和共价同源二聚体的丰度，这是两个相同的半抗体形成的类抗体样二聚体。蛋白质糖基化一种翻译后修饰，这种修饰在原核细胞例如大肠埃希菌中是不存在的，但存在于CHO产生的抗体中。它在双特异性作用机制中的作用已被报道[28]，并且与抗体糖基化促进Fc效应子功能的理解一致[29]。糖基化通过提高C_H2结构域的解链温度来改善抗体稳定性[30]，并且有趣的是，当两个半抗体都被糖基化时，还能改善了双特异性抗体的组装（图32-8）。

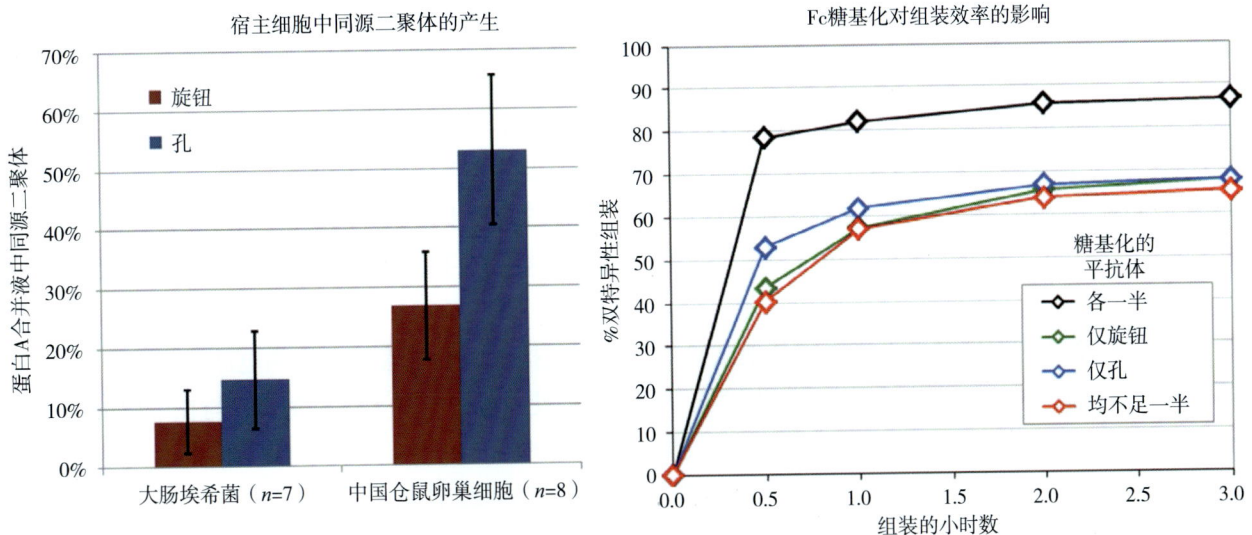

图32-8　宿主细胞类型影响产品相关变体的起始水平，CHO细胞产生更高水平的共价同源二聚体（左图）
仅当两个半抗体都被糖基化时，CHO产生的半抗体中的糖基化才能引发更有效的组装

共价同源二聚体可以由两种相关的旋钮型（knob）半抗体或两种孔型（hole）半抗体组成，但在hole半抗体发酵中更常见（图32-8）。双特异性组装过程中同型二聚体的主要来源是细胞培养，宿主细胞的选择对同源二聚体的起始水平具有显著且一致的影响。CHO发酵通常会比大肠埃希菌产生更多的共价同源二聚体。尽管在发酵过程中无法避免同型二聚体，但在组装反应过程中，它们与半抗体类似地作为底物被消耗，并且可以转化为双特异性抗体。另外，已经开发了稳健的下游纯化工艺，能够从组装的双特异性抗体中清除共价同源二聚体。尽管如此，同源二聚体可以代表组装的双特异性抗体的重要质量属性，我们在下文关于杂质和工艺开发的部分对其进行了更全面的描述。

使用蛋白A亲和色谱法从细胞培养物进料中捕获旋钮和孔半抗体和同型二聚体。尽管可以使用与mAb相似的方法纯化半抗体，但半抗体的动态结合能力可能较低。对此的一种可能解释是，蛋白A树脂与半抗体的化学计量结合可能类似于MAb结合，但是由于半抗体具有MAb质量的一半，因此每体积树脂结合的总质量可能更低。同样，亲和力驱动的作用可能会影响结合动力学。在上样和清洗阶段后，洗脱产生含有半抗体、同型二聚体和高分子量物质（high molecular weight species，HMWS）混合物的蛋白A合并液。

（一）旋钮孔双特异性抗体分析

相较于传统mAb，双特异性抗体需要更多的分析，因为它们呈现出更多种类的产品相关变体。高分子量物质主要由聚体组成，可能以可逆和pH依赖性方式在蛋白A池中形成[31]。同源二聚体是由两种相同的半抗体形成的抗体样物质，源自细胞培养物。由一条共价键连接轻链和重链组成的半抗体，最好使用变性测定法，如反相高效液相色谱法（RP-HPLC）进行定量，因为在原生条件的溶液中，它们可能以非共价方式结合并表现为二聚体[31]。其他低分子量物质（low melcular weight species，LMWS）包括DesFab（一种由于铰链蛋白水解而缺乏Fab片段的抗体降解产物[32]）和重-重-轻形式（重链和轻链之间的二硫键还原时产生的3/4mAb类型[33]）。

由于产品相关杂质的复杂情况，没有一种方法能够检测和定量所有物质。因此，在本节中，我们建议采用以下正交分析方法来描述组装混合物。

开发组装步骤，分析组装结果，并在组装后的纯化过程中最好以正交分析法证明产品相关变体的清除。为此，四种有用的测定方法是分子筛高效液相色谱法（SE-HPLC）、反相高效液相色谱法（RP-HPLC）、质谱法和电泳法。

使用先前描述的技术[12]，用SE-HPLC分析双特异性组装混合物，呈现各种峰值，包括75、150 kDa和HMWS。该测定法的实用性受到物种类别之间分析重叠程度的限制（图32-9）。例如，双特异性抗体以150 kDa的峰迁移，但是由于这些物种的大小相似，因此该测定法无法区分双特异性和同源二聚体。尽管半抗体的质量约为75 kDa，但由于构象变化，这些物质的保留时间在pH>5时发生变化，因此SE-HPLC也不能准确定量这些物质[31]。因此，SE-HPLC的作用主要限于报告HMWS，这与它目前在整个抗体研究领域的应用相似。

在非变性分析中分析半抗体和同源二聚体时，建议谨慎行事。pH依赖性的构象变化在SE-HPLC中最为明显（图32-10），同时也可能影响其他试验的读数，包括成像毛细管等电聚焦电泳（imaged capillary isoelectric focusing，iCIEF），甚至蛋白A滴度试验。例如，即使在相同条件下进行测定，与在中性pH条件下的相同分子相比，先前在pH<5条件下的孔型半抗体与蛋白A的结合也很差。旋钮半抗体和同源二聚体之前已被发现会形成Fc反平行结构[34]，并在pH>5时容易形成精细的四级结构。

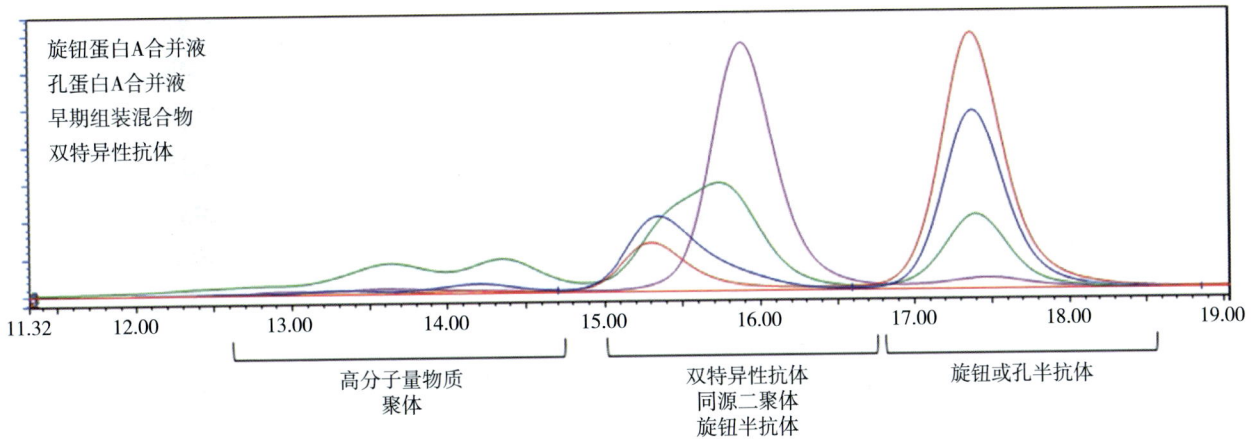

图32-9 组装和预组装池的SE-HPLC重叠色谱图
几种物质之间具有相似的保留，因此该试验的主要用途是HMWS的定量

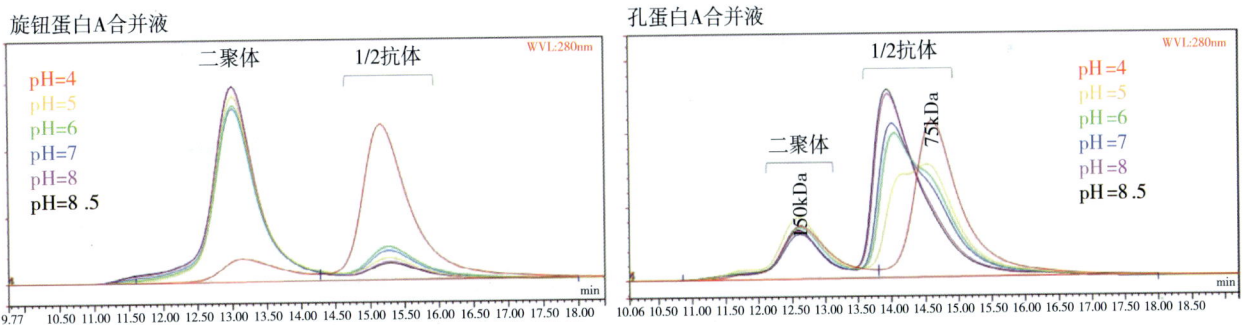

图32-10 在不同pH条件下储存的旋钮（左）和孔（右）半抗体池的SE-HPLC重叠色谱图显示保留时间发生了显著变化
储存在pH高于5的旋钮半抗体以150 kDa迁移。孔半抗体的构象随pH的变化而变化

变性条件下的RP-HPLC[31]将非共价结构分解成其组成部分，可能定量更准确。该测定法分离相似物质的能力因分子而异，最终取决于两个半抗体序列的疏水性差异（图32-11）。当达到良好的分离度时，半抗体、共价同源二聚体和双特异性抗体的含量可以在一次测量中被定量。如果分析分辨率差，则可能需要质谱数据来区分双特异性和同源二聚体。

质谱法可用于分析含有双特异性抗体的混合物，例如组装混合物，其方法与用于完整抗体的方法相似[35]。该测定法的主要用途是确定双特异性和同源二聚体的相对丰度，并比较半抗体的丰度（图32-12）。不建议将该测定法用于比较半抗体与二聚体的丰度，因为较小的蛋白质可以更有效地质子化，因此在质谱图中表现得更丰富。质谱法也可用于鉴别次要的产品变体，包括糖化、三硫键、C-末端赖氨酸和半胱氨酸连接的加合物。

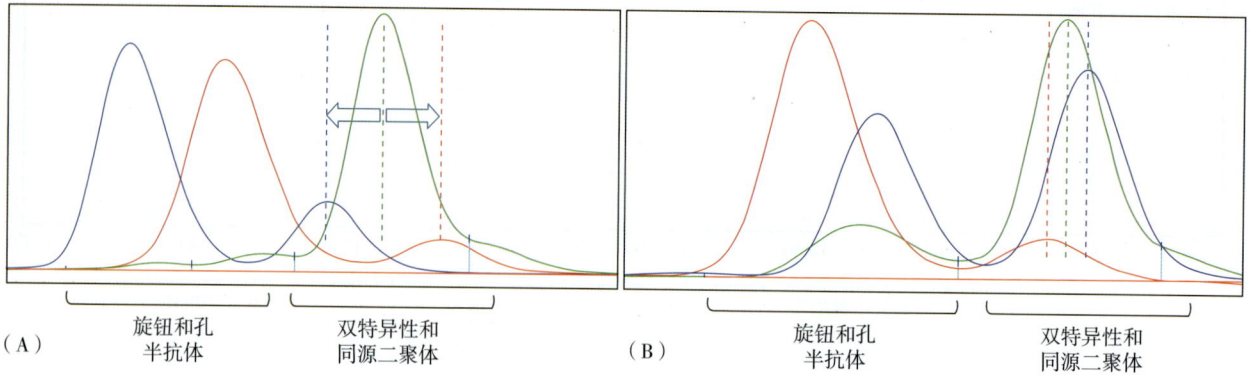

图 32-11　两种双特异性抗体及其亲代半抗体池的 RP-HPLC 叠加色谱图
分辨率取决于分子序列，范围从良好的分析分离（A）到需要额外使用质谱的分析重叠（B）

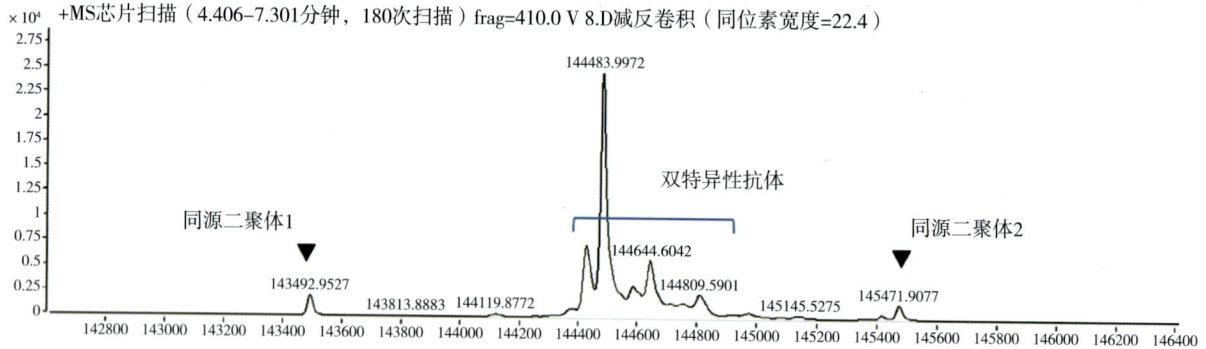

图 32-12　双特异性抗体组装混合物的质谱分析图，显示 150 kDa 的分子
分离了双特异性抗体及其与产品相关的次要变体，以及旋钮-旋钮和孔-孔共价同源二聚体也是如此

（二）组装工艺

在组装过程中，旋钮半抗体的 C_H3 结构域与孔型半抗体非共价结合形成异源二聚体，在铰链区半胱氨酸的还原-氧化过程中产生双特异性抗体。组装反应的条件可以概括为碱性和弱还原性，使用先前描述的组装技术[31]将温度、pH 和还原剂的选择确定为最佳组装结果的关键参数。C_H3 结构域之间的旋钮-孔相互作用比旋钮-旋钮或孔-孔[36]稳定得多，因此在最佳条件下，双特异性的组装很快，大约在 8 小时后完成。

将两个半抗体部分共价结合在一起的过程需要还原剂而不是氧化剂，这似乎有悖常理，但是对半抗体的游离硫醇测量显示它们与组装的双特异性抗体一样被氧化。从细胞培养物中纯化的半抗体的铰链区以氧化状态存在，其中大多数铰链半胱氨酸彼此环化，必须将其还原以转化为活性的游离硫醇（图 32-13）。一旦还原，这些半胱氨酸与相邻的半抗体的铰链配对并形成二硫键，从而形成双特异性。多种还原剂可以进行该反应的第一步，但已发现还原型谷胱甘肽（GSH）对组装是最佳的[12]。由于其相对较大的分子大小，并且由于铰链二硫键更容易暴露且最容易获得，因此 GSH 被认为对铰链区具有特异性。谷胱甘肽在其氧化形式下能够进行二硫键改组，并且可以将组装的半抗体重新氧化为双特异性抗体，而无需专门的重新氧化步骤。此外，还原后的谷胱甘肽将共价同源二聚体转化为半抗体也很方便。

为了更好地控制组装过程中的还原-氧化反应，组装过程中将 GSH 以相较于双特异性抗体的过量摩尔比进行添加。先前的工作已经确定摩尔比为 50 倍至 200 倍是合适的[31]。GSH 不足会导致组装反应过程中的聚集，而GSH过多会产生具有高抗体游离硫醇的双特异性抗体。

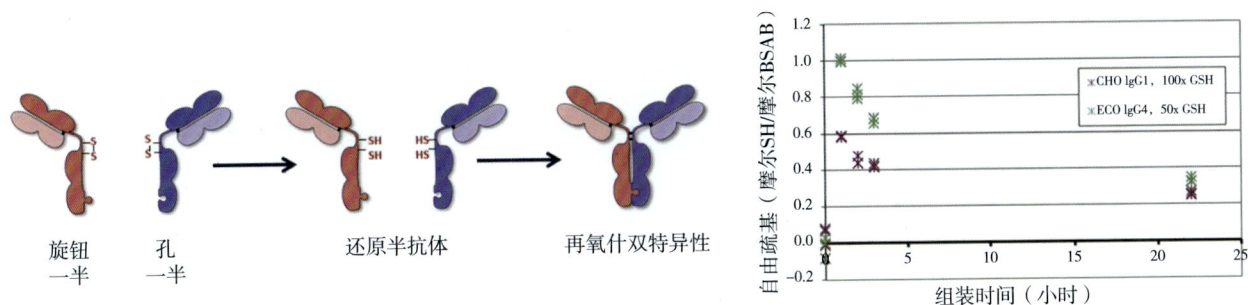

图 32-13　半抗体还原的原理图（左）。半抗体在组装前，在 $t=0$ 小时时，具有低或不含游离硫醇（右）
加入 GSH 后总的蛋白游离硫醇在组装的第一个小时内显著增加，但在组装过程中减少

组装反应的 pH 会显著影响组装速率以及双特异性抗体组装的最大量。在 pH 低于 7 的条件下，GSH 的反应性显著降低，最佳组装的 pH≥8。组装 pH 的上限主要由蛋白质稳定性决定，在提高 pH 时，应将天冬酰胺脱酰胺（一种化学降解形式）作为产品质量关注重点。

组装温度的升高会对动力学产生巨大影响，最佳组装温度为生理温度或其附近。组装温度的上限由蛋白质稳定性决定的，在 39℃ 以上明显形成了聚体。在先前描述的一个案例中，免疫球蛋白 G_4（IgG_4）双特异性显示出较差的稳定性，只有在反应中加入稳定剂精氨酸、组氨酸和（或）聚乙烯吡咯烷酮，才能加热进行装配[31]。装配温度也可能受到生产能力的限制。例如，在较高温度下组装可能会更快，但是加热设备所需的时间会很长。

二、旋钮和孔型双特异性抗体的工艺开发

在共价连接的全长双特异性抗体组装后，可采用标准的抗体纯化方法去除产品相关的、宿主细胞相关的和其他工艺相关的杂质。然而，这些工艺相关的产品相关杂质谱增加，且由于其在结构、电荷和疏水性方面与目标产品相似，通常难以分离。产品相关变体主要包括残余的半抗体、旋钮-旋钮或孔-孔同源二聚体、HMWS 和抗体片段。用高通量纯化筛选技术补充先前的平台经验，为双轻链双特异性抗体的纯化开发提供了实质性的改进。早期采用这种筛选是快速开发旋钮和孔双特异性纯化工艺的极佳起始位置。

阳离子交换、阴离子交换、疏水色谱和多模式树脂的高通量筛选扩展色谱模式方面具有巨大的效用。确定双特异性抗体和变体的结合行为，在不同物种类型之间进行比较，然后建模。在数学上以分配系数（K_p）表示，半抗体或双特异性抗体在任何条件下与树脂的结合（所示示例是 pH 和反离子盐浓度的任何特定组合）可以通过使用自动液体处理系统进行批量结合测量。K_p 由公式 32-1[37] 定义：

$$K_p = \frac{\left[\text{ Bound antibody（mg/ml}_{\text{resin}}\text{）}\right]}{\left[\text{ Free antibody（mg/ml}_{\text{solution}}\text{）}\right]} \tag{32-1}$$

响应面模型可以应用于 Log（K_p）的实验数据集。然后，实验因素（pH 和反离子浓度）与反应 Log（K_p）之间的关系可以通过响应面模型来表征，并用等高线图以图形方式表示（图 32-14）。

当用表示为 Δ Log（K_p）的微分分配系数建模并通过以下公式计算时，两种物质之间的结合行为差异变得更加明显（公式 32-2）：

$$\Delta \text{Log}（K_p）= \left[\text{ Bispecific Log}(K_p)\right] - \left[\text{ Half-antibody Log}(K_p)\right] \tag{32-2}$$

通过绘制半抗体的差分 Log（K_p）图和双特异性抗体的 Log（K_p）图之间的差异来生成差值 Log（K_p）图

$\left[\Delta \operatorname{Log} \left(K_{\mathrm{p}} \right) \right]$，以说明最有效分离的条件（图32-15）。

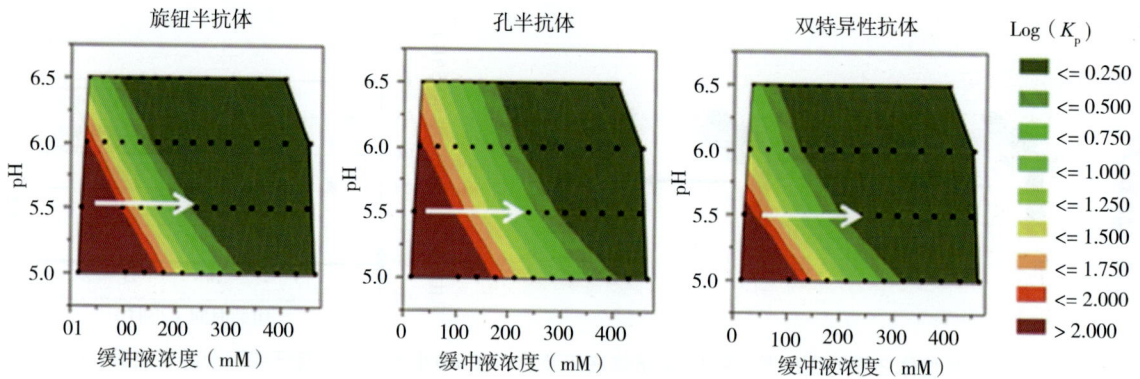

图32-14　Log（K_{p}）等高线图

表示在不同pH和浓度条件下蛋白质与阳离子交换的结合行为。Log（K_{p}）值越大，表示在给定条件下蛋白质的结合力或亲和力更强。这些图可用于预测色谱行为并选择色谱步骤的操作条件。该图显示，半抗体的结合比组装的双特异性抗体结合得更紧密，并如白色箭头所示，使用盐梯度洗脱显示出一种有效纯化的潜力

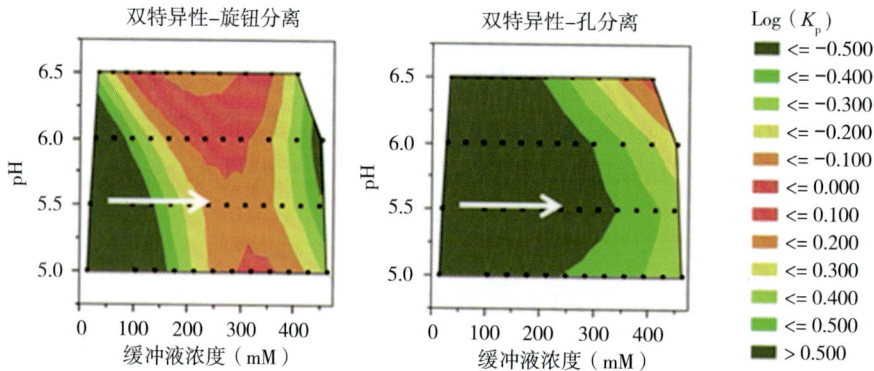

图32-15　根据上述数据，△Log（K_{p}）图显示了与半抗体相比分离双特异性抗体的有效性

△Log（K_{p}）越大，分离效率越高。如白色箭头所示，该图预测当盐梯度结束时，孔半抗体的完全去除和且旋钮半抗体的一些共洗脱

该分析得出的 △Log（K_{p}）图可用于确定哪种树脂可能提供最佳分离效果。△Log（K_{p}）绝对值≥0.4或≤-0.4表示提供有效分离的条件。当组装的双特异性抗体具有低Log（K_{p}）值（a值≤0.5）和高 △Log（K_{p}）绝对值的，这些条件表明此洗脱条件可以在提供高产量的双特异性抗体的同时有效分离半抗体。由于半抗体比双特异性抗体的结合更强，所以在洗脱过程中得以保留。或者，如果它们的结合力不如双特异性抗体，则可以通过色谱步骤中的清洗脱来去除。

最佳的纯化工艺将充分利用双特异性抗体及其产物相关杂质之间电荷和疏水性的差异。我们将半抗体结合行为上的差异归因于其结构的变形。由于它们缺少配对半Fc区，因此半抗体会暴露其$C_{\mathrm{H}}2$和$C_{\mathrm{H}}3$结构域的内侧，这些结构域通常包含疏水区，否则这些疏水区在组装的双特异性抗体会与溶剂相斥。与传统的离子交换色谱法相比，多模式和疏水色谱树脂可能更具优势，半抗体上这些暴露的区域可以提供差异性结果，从而与组装的双特异性抗体进行有效分离。

最佳色谱步骤的选择取决于总体工艺流程，并且必须充分去除其他杂质，包括宿主细胞蛋白和HMWS。步骤顺序可能会影响特定杂质的整体清除效果，因此应考虑色谱步骤顺序以平衡收率和纯度。为了便于处理和降低处理过程中的污染或人为错误的概率，应尽量将pH调节和稀释的需求降至最低。组装和去除产品相关变体后，完全形成的旋钮和孔型双特异性抗体在随后的色谱步骤中的表现类似于标准抗体。但是，在

组装后可能需要两个或三个色谱步骤来实现纯度目标。纯化的双特异性抗体的浓缩和配制可以使用标准的超滤/渗滤（UF/DF）方法实现。

使用现有设施和设备组装和纯化双轻链双特异性抗体是可行的。然而，当在两个单独的发酵过程中产生半抗体时，必须考虑到设施的适应性和运行速率。有必要并行运行多个种子扩增序列。如果其中一个半抗体发生污染事件，则必须考虑风险缓解策略。半抗体滴度已达到与单克隆抗体滴度相似，约为 4 g/L。因此，当合并来自两个单独的半抗体发酵的材料时，必须使用现有的下游色谱设备处理两倍的质量。这是一个潜在的工艺瓶颈，因此必须确定大容量的，以树脂最大化纯化工艺的质量通过量。同时最小化合并液体积以适合现有容器也很重要，组装前合并液的稳定性也同样重要。如果仅使用一个发酵罐生产两种半抗体，那么其中一个半抗体则需要保持在容器中直到第二个半抗体准备好进行组装。同时还应考虑混合（剪切力诱导的聚集）对双特异性抗体的影响。

三、CrossMabs 的工艺开发

为了实现药物应用的有效生产，我们的第二种双特异性抗体方法也需要应对一些挑战。尽管对于 CrossMab 格式，组装反应发生在细胞分泌之前，但保持各个 CrossMab 链的平衡表达对于获得良好的产物产量和滴度是必要的。通过在瞬时转染系统中用各个载体进行滴定实验来优化不同链的表达比例，有助于显著提高产品质量。之后，在细胞系选择过程中，对产品质量的详细监测与检测滴度同样重要。

（一）细胞系选择

一些杂质很容易通过 SE-HPLC（半抗体）或毛细管电泳纯度分析（capillary electrophoresis-sodium dodecyl sulfate, CE-SDS）分析（缺失一条或两条轻链的抗体）检测到（图 32-16）。其他杂质可能需要更详细的分析，例如用质谱法检测轻链错配的分子。即使是一个好的细胞系，显示出可接受的产品质量和合理滴度，也需要重新评估，以在长期培养中随着细胞胞龄的增加而稳定地生产双特异性抗体（图 32-17）。不稳定的克隆会显示副产物的数量稳定增加，但稳定的克隆在超过 80 天的时间内仍可保持产品的均一性，足以在生产设施中进行大规模生产。因此，慎重进行克隆选择可以大大降低原料药纯化的要求。

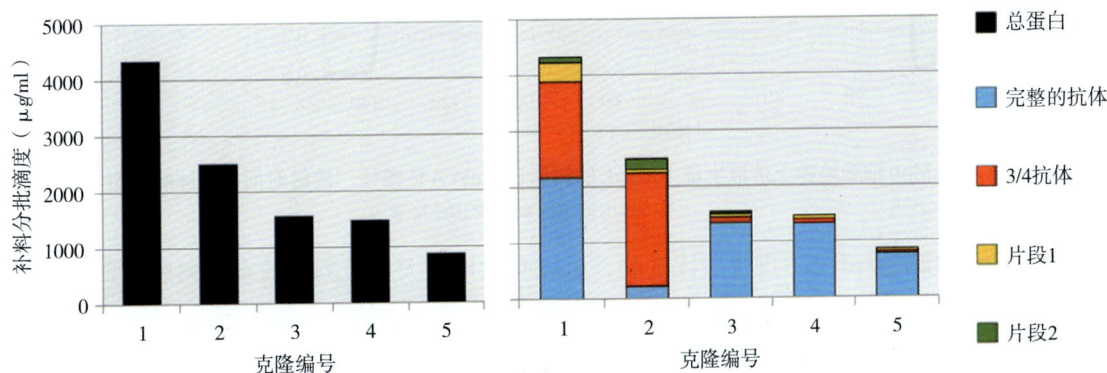

图 32-16　克隆选择过程中质量筛选的重要性

单独测定的滴度可能具有欺骗性，看起来克隆 1 和 2 是最理想的（左）。但是，当将产品相关的变体考虑在内（右）时，克隆 3 和 4 似乎更可取

CrossMabs 已经达到了 4 g/L 或更高的滴度，证明了尽管双特异性抗体的主要结构发生了变化，但其在 CHO 细胞内的表达和组装与标准单克隆抗体的效率是相似的。从收获的细胞培养液中纯化 CrossMabs 可以通过标准色谱法的组合实现。之前的单克隆抗体纯化经验（最近由 Spaeth 和 Morbidelli 进行的汇编[38]），可以作

为纯化工艺开发的良好起点。大多数（如果不是全部）方法也可以应用于CrossMab双特异性抗体。CrossMab纯化的目标是去除产品和工艺相关的杂质，如宿主细胞蛋白和DNA，通过充分降低模型病毒的对数来保证病毒安全性，最后也是最重要的是消除残余的产品相关变体。

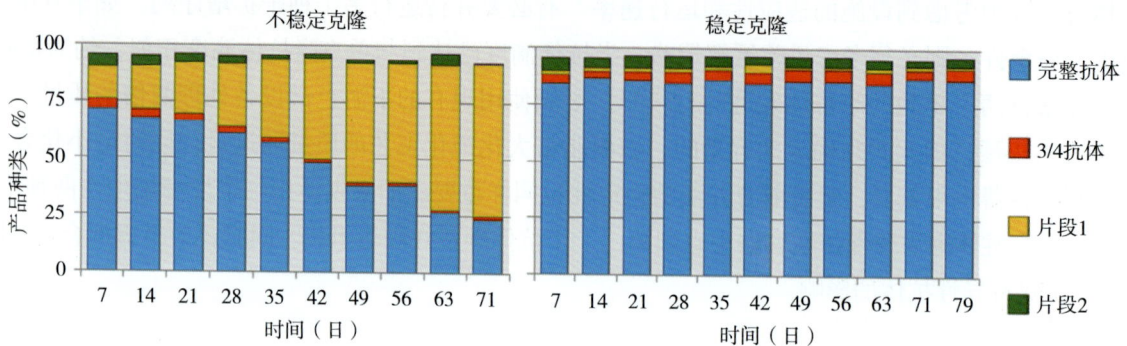

图32-17　不稳定的克隆会随着细胞年龄的增加而改变其表达谱，通常会导致双特异性抗体减少同时伴随更多的产品相关变体

一个有价值的纯化起点是利用亲和色谱从细胞培养物中进行捕获的过程。已经测定了蛋白A树脂在10%穿透和5分钟接触时间下的动态结合能力，发现当树脂超过50 g/L的范围内时，有一种双特异性抗体树脂与其他标准mAb的表现相当甚至更优[39]（图32-18）。非天然结构的工程化双特异性抗体也可能表现出异常的动态结合行为，特别是对于比正常双特异性抗体更大的抗体结合时。CrossMab的变体"2+1形式"在双特异性抗体的N端带有一个额外的Fab结构域，可能表现出较低但仍可接受的结合能力。

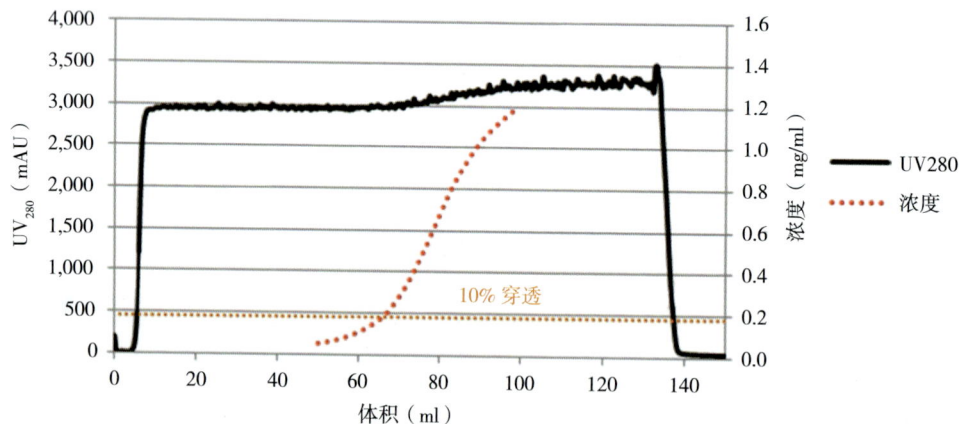

图32-18　CrossMab细胞培养上清液上样100 g/L的树脂Protein A色谱柱，接触时间5分钟的动态穿透曲线
上样50 g/L树脂后观察到10%穿透

例如，用25 mM柠檬酸pH 3.6进行酸性洗脱，可以有效地从大多数测试的亲和树脂中回收双特异性抗体，质量良好，收率达到90%。在典型情况下，洗脱液中含有低水平的宿主细胞蛋白（约1000 ng/mg）和可接受水平的HMWS（6%）。蛋白A收峰的体积与单克隆抗体的体积相当。

可以考虑使用其他亲和树脂代替蛋白A，例如对轻链具有亲和力的其他配体，这取决于要纯化物的结构并考虑其他人工或天然突变体。这些固定相已用于小规模和大规模操作中，并且非常可行，尽管结合能力在很大程度上取决于目标分子和色谱树脂供应商。但是，所得的杂质谱可能会因不同的亲和模式而异。根据克隆的不同，CrossMab CHO细胞可能会表现出增加的轻链表达，对于一些靶向轻链结构域的其他树脂上来说，这会占据其上的亲和结合位点。这些不需要的蛋白质需要在该过程中通过以下色谱步骤去除。

　　病毒灭活步骤已被测试并保守地应用于不同CrossMab的几个过程中。例如，在pH≤3.7或更低pH条件下的灭活步骤可以在室温条件下应用于亲和色谱合并液1小时，而对收率或产品质量没有显著影响。在低pH下，CrossMab与普通抗体一样容易发生降解或聚集。而且，在这种情况下，由于各个结合位点的单价性，可以降低亲本分子的不稳定性趋势。与经典MAb中每个分子有两个可能的聚集位点相比，双特异性抗体的一个结合位点更不易引起聚集。可变区，特别是抗原结合互补决定区（complementarity determining region，CDR），已被证明是聚集发生的主要位点[40]。

　　CrossMab的等电点通常模仿传统的IgG$_1$的等电点，通常在8.0或更高的范围内，并由其CDR的性质决定。阴离子交换色谱可在与mAb相似的流穿条件下去除宿主细胞杂质，包括DNA和病毒。色谱步骤在工艺中的位置可能对其性能至关重要。在pH 7.5的6 mS/cm的中间条件下，没有观察到一种双特异性CrossMab与阴离子交换树脂的结合，这使得该条件适合流穿模式，回收率>99%，并且已知这些条件可有效去除DNA和病毒。结合了阴离子和疏水模式的新型复合模式树脂（例如Capto Adhere）可能同样非常适用。

　　病毒截留过滤可以通过适用于抗体的过滤器来实现。在正常工艺条件下，CrossMab的过滤效率与其亲本分子没有区别。但是，诸如上述2+1双特异性抗体因为其较高分子量的结构其表现可能不同。

　　抗体的pI通常>8，因此非常适合通过阳离子交换法进行纯化，这是目前行业通用的去除宿主细胞蛋白和HMWS的一种模式。由于CrossMab具有类似的特性，该模式对于CrossMab具有相似的效用，尽管两个Fab臂之间小的内在pI差异不可避免，具体取决于亲本分子的性质。根据所选细胞系的质量，产品特定杂质需要被分离，例如孔-孔同源二聚体、¾mAb（缺少一条轻链），以及在极少数情况下的轻链错配。大多数这些杂质可以使用阳离子交换色谱法并通过盐梯度来分离。一般的分离条件是在pH 5~6的条件下，使用20倍柱体积，梯度选择为0.0~0.5 M氯化钠。该模式可以利用各个Fab臂结构域中的细微差异来支持有效分离，例如由于孔-孔同源二聚体结合力更强所以可从CrossMab产品中将其去除（图32-19）。

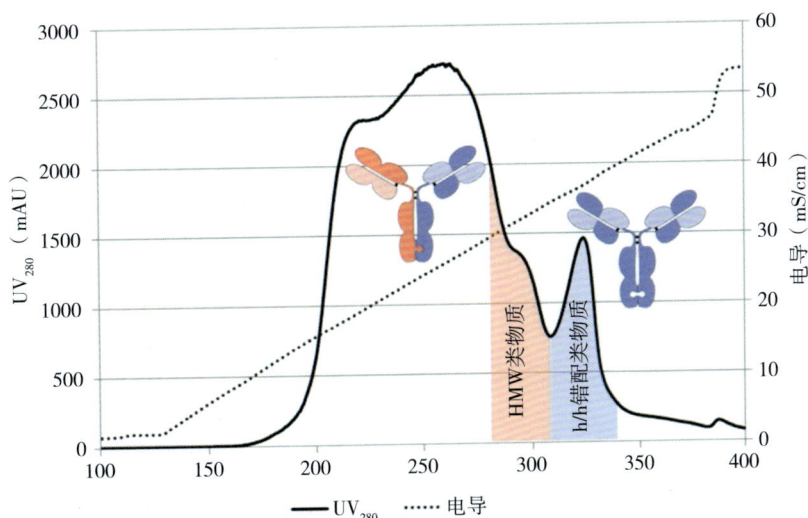

图32-19　CrossMab早期克隆库的纯化色谱图
显示线性氯化钠梯度中聚体总量（红色区域）和单特异性孔/孔错配变体（蓝色区域）的消耗

　　在某些阳离子交换树脂上可以达到高达70 g/L树脂动态结合能力。使用盐梯度洗脱，可以得到80%以上的高纯度单体。在示例情况下，单体首先从色谱柱上洗脱，然后是HMWS和同源二聚体。

　　轻链错配的检测可能具有挑战性。通常，在错配的结构中无法实现二硫键桥接，并在变性、非还原性的分析方法（如SDS-PAGE或CE-SDS技术）下产生¾-抗体（图32-20）。色谱法更适合分析二硫键连接的错配类型，尽管活性测定法可能能够检测LC错配引起的结合破坏。Gassner等人[41]描述了基于表面等离子共振（surface plasmon resonance，SPR）的活性检测方法，其允许在单个设置中同时评估两个结合位点。简而言之，首先将一种抗原结合到芯片表面，第二步结合双特异性抗体，最后结合第二种配体。

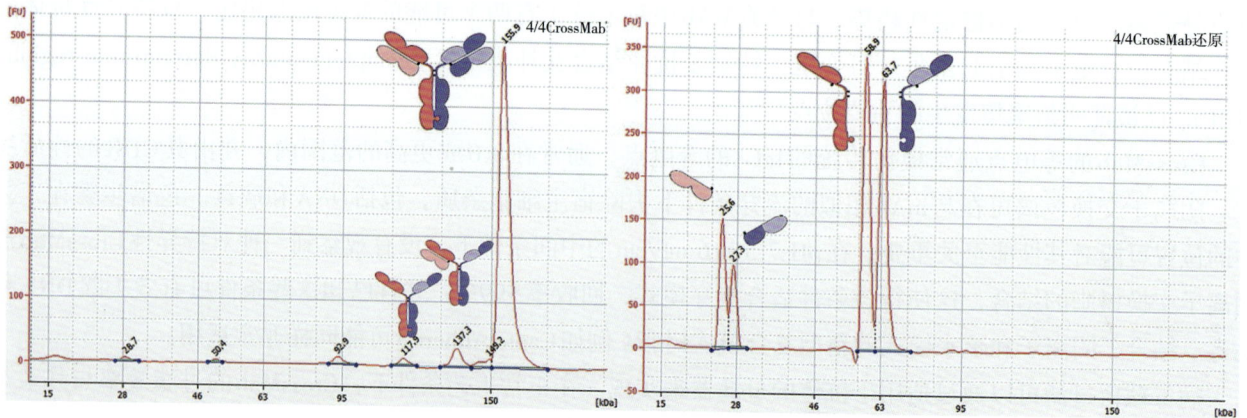

图32-20　CrossMab在不变（左）和还原（右）条件下的电泳图
在许多构建体中，重链和轻链可以很好地解析和定量。通过这种分析方法，分离的CrossMab的纯度显示与普通单克隆抗体一致

纯化后，CrossMab可以使用与mAb类似的技术进行浓缩和配制。CrossMab已经实现了120 g/L或更高浓度的制剂。与mAb一样，浓缩步骤的表现与亲本结合域有关，而非其本身。

综上所述，CrossMab纯化可以基于单克隆抗体的平台工艺。尽管纯化开发的发展必须与不断发展的细胞培养物产量平行，但通过亲和色谱、阴离子和阳离子交换色谱的组合可以有效地去除聚体、宿主细胞蛋白、DNA和内毒素。在某些情况下，例如在早期开发克隆中，必须实施额外的色谱步骤以除去缺少一条轻链的¾mAb变体。

（二）去除未完全组装的CrossMab变体

如上所述，双特异性CrossMab的典型特征是Fab区域中的结构域交叉[23]，一旦组装，双特异性CrossMab在下游平台工艺中表现出与标准IgG相似的特性。缺乏交叉轻链（¾mAbs）的未完全组装的CrossMab片段在某些情况下是C_H1-C_L-交叉分子的细胞培养副产物，需要额外的技术创新予以解决（图32-21）。

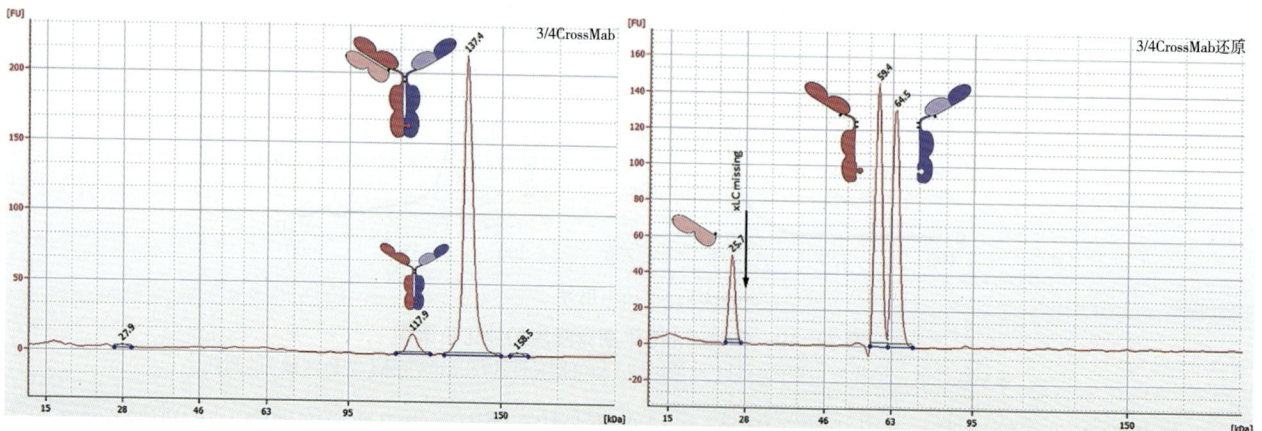

图32-21　¾mAb在完整（左）和还原（右）条件下的电泳图（生物分析仪）

起初，¾mAb的普遍存在似乎是不合理的，因为抗体分泌的先决条件是它们被组装成一个确定的四级结构，对于IgG来说是由两条重链和两条轻链组成。未组装的重链被截留在内质网中。Buchner等人表明重链

的C_H1结构域在体外是独特、无序的，仅在与邻近的轻链C_L结构域相互作用时才会折叠[42]。因此，尽管天然IgG的¾mAb在发酵过程中不会分泌到培养基中，但C_H1-C_L-CrossMAb的一条重链中缺少C_H1，可以逃脱内质网滞留。因此，¾mAb更稳定，可以形成并分泌。¾mAb的这种分泌被发现具有克隆特异性，这取决于四条不同蛋白质链的精确化学表达。高通量细胞系开发，可以鉴定合适的克隆，避免这类不需要的副产物产生。因此，确保产品质量分析是克隆选择过程的一部分，这一点至关重要。

（三）溶剂调节阳离子交换色谱

尽管传统的阳离子交换色谱法无法有效分离¾mAb与双特异性抗体，但在流动相中添加聚乙二醇4000（polyethylene glycol 4000，PEG4000）可改善pH梯度洗脱过程中的分离[43]。从机制上讲，PEG被排除在蛋白质的水化壳之外，因此有利于蛋白质与固定相的结合，以进行后续洗脱。这种影响与分子大小相关，因此对于完全组装的分子来说更为明显，并且分离度也得到了改善。此外，在添加PEG后，观察到¾mAb的特征电荷（结合过程中静电相互作用的数量）减少，这也导致更早的洗脱，从而进一步改善了分离度（图32-22）。

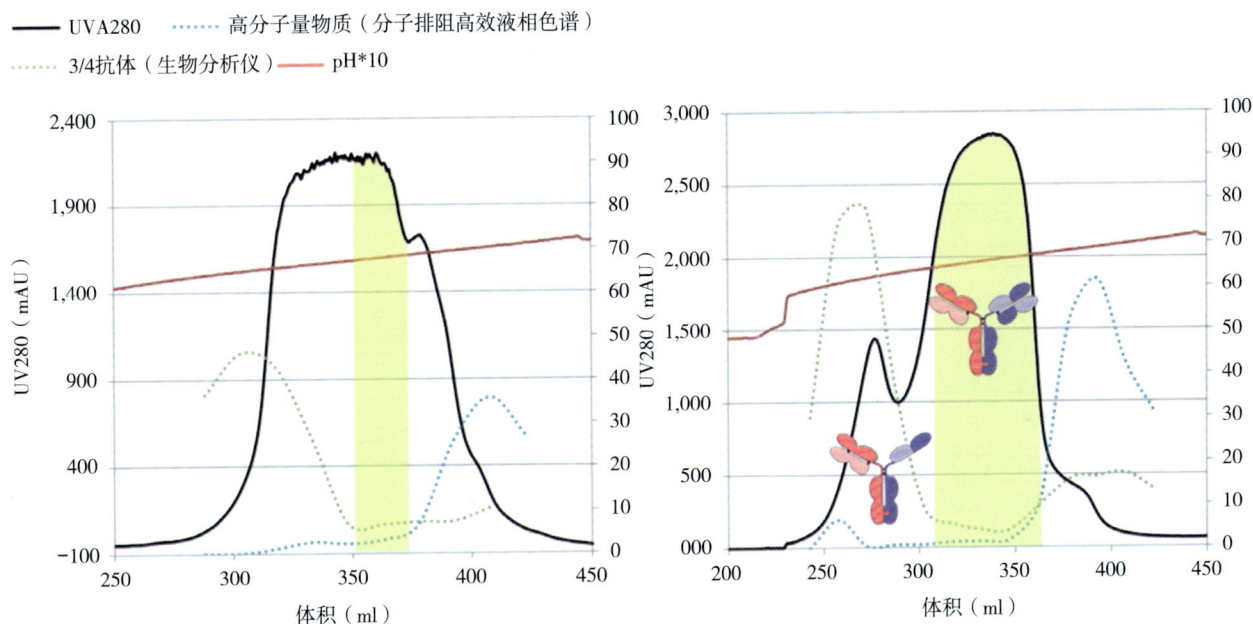

图32-22 纯化色谱图

树脂在装柱量为30 g/L时，右侧添加了5%PEG 4000的溶剂调节pH梯度洗脱（57%收率），相对于左侧未调节pH梯度洗脱（31%收率），分离效果有所改善

（四）疏水相互作用与亲和色谱

抗体折叠部分是由疏水表面的去溶剂化驱动的。尽管其通常是隐藏的，但在四级结构被破坏的产品相关变体中，它们可能会暴露出来（图32-23）。如上所述，这可能发生在半抗体中，其中半Fc结构域缺乏一个伙伴，我们发现这种现象也存在于¾mAb中。因此，HIC有希望去除含不完整四级结构的产品相关变体。

在实践中，HIC可以区分未完全组装的抗体和完全组装的抗体。由于杂质疏水性更强，因此该色谱步骤可在流穿模式下进行，解决了结合能力弱的缺点（图32-24）。

类似地，由于双特异性抗体的不完全组装而暴露的疏水表面也代表了在¾mAb变体中暴露的新表位。在一个实例中，开发了一种源自骆驼免疫球蛋白的新型亲和树脂，以识别在完全组装的分子中通常由轻链覆盖的重链上的隐藏表位。当在流穿模式下操作时，该可树脂结合¾mAb变体，随后可以进行pH梯度洗脱（图32-25）。

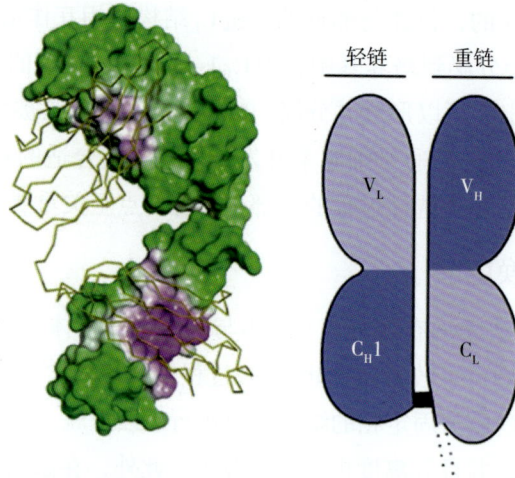

图32-23　从交叉的Fab片段的X射线晶体结构中(PDB鉴定:4IML)除去LC，并计算剩余的V_H和C_L结构域的分子表面

该表面根据疏水性的不同着色。绿色:亲水；品红色:疏水。交叉LC显示为黄线

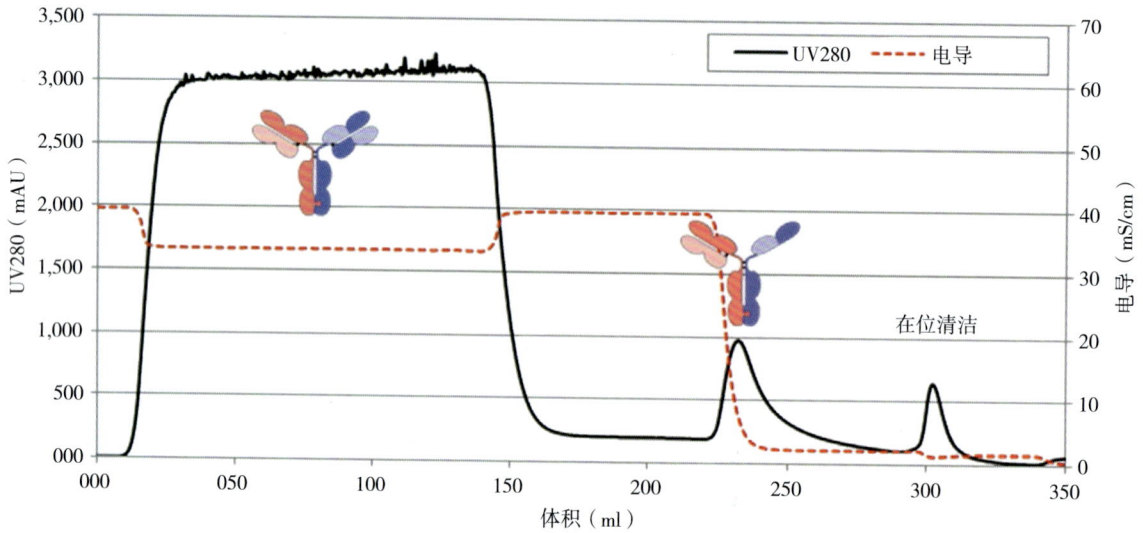

图32-24　纯化色谱图

显示了当装柱量为100g/L时，在流通模式下，CrossMab的流穿以及¾Mab的树脂存留

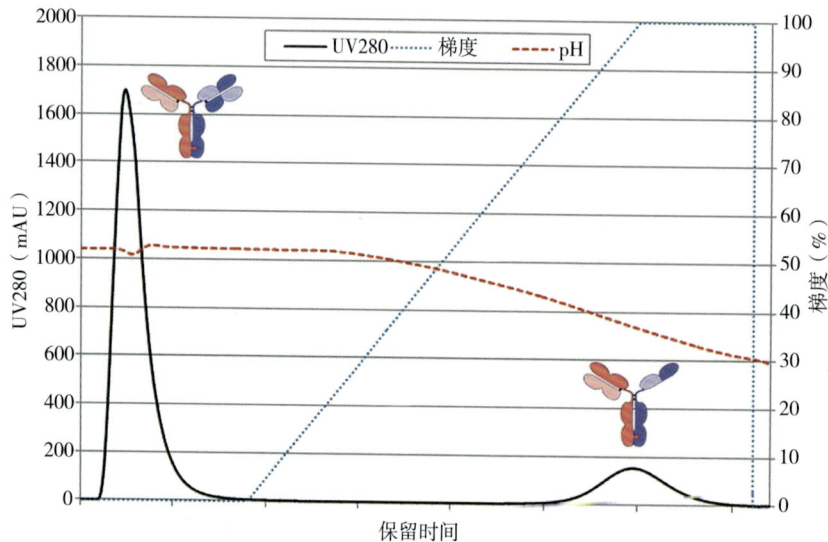

图32-25　使用为识别暴露的HC表位而开发的亲和色谱法从CrossMab分离¾mAb

通过pH洗脱回收产品变体

第三节 结论

双特异性抗体具有作为下一代治疗剂的巨大潜力，在过去的十年中，整个行业出现了名副其实的"寒武纪爆炸"[18]。尽管可以通过工程改造抗体序列的其他结合域来赋予双特异性结合，但双轻链方法的好处是保留了与天然抗体高度相似的结构，更重要的是，两个不同臂的单价结合方式可以解锁其他类型无法实现的各种独特治疗应用。由于四种肽都是独特的，因此开发双轻链双特异性药物可能具有挑战性，在本章中，我们讨论了两种方法以及它们的优点和挑战。

组装的旋钮和孔型双特异性抗体相对容易设计和进行工艺开发。然而，由于需要两次发酵，收获和捕获以及体外组装步骤，其复杂的工艺也给制造带来了负担。相比之下，CrossMAb双特异性药物在工程和开发方面更具挑战性，然而一旦设计出来，其工艺对生产能力的影响与传统抗体相似。

参考文献

第三十三章

人血浆免疫球蛋白G的现代生产工艺

Andrea Buchacher*, John M. Curling†

*Octapharma Pharmazeutika Produktions GmbH, Vienna, Austria, †John Curling Consulting AB, Uppsala, Sweden

第一节　引言

免疫球蛋白（Ig）是血液和组织液中的一类糖蛋白，由B淋巴细胞接受抗原刺激后增殖分化生成的浆细胞产生，也被称为多克隆抗体。根据抗体重链的不同，Ig被划分为五种类型：IgM、IgD、IgG、IgA和IgE。其中，免疫球蛋白G（IgG）的分子量小且半衰期长，分解比较慢，是血浆中最丰富的蛋白之一。血浆中的IgG含量取决于采血方式和献血频率。回收血浆来自全血，其量约为200 ml/次，而原料血浆是通过单采血浆将血细胞回输患者体内而获得的，因此每次可以抽取600~880 ml的血浆。从接受高强度单采血浆的供体收集的原料血浆IgG水平明显较低。接收高强度单采血浆后，献血浆者的IgG平均值为7.1 g/L，范围为2.8~11.5 g/L；中等强度单采血浆的献血浆者IgG平均值为8.6 g/L，IgG范围为5.2~14.5 g/L[2,3]。因此，就IgG含量而言，分离血浆的方法类型和质量对分离后的产率有很大影响。此外，工艺设计也需考虑起始血浆中IgG含量的变化。

正常IgG通常为5%或10%的静脉注射液（intravenous IG，IVIG）和约16%的皮下注射液（subcutaneous IG，SCIG），是人血浆分离工业的主要产品。靶向特定抗原的特异性免疫产品通常配制为16%的肌内注射（intramuscular IG，IMIG）溶液。

随着人口老龄化、新适应证的出现及对抗体缺陷的深入理解，免疫球蛋白的消耗量正在增加。超过150种不同形式的原发性免疫缺陷病，其中70%的患者具有抗体产生的缺陷，均通过替代疗法进行治疗[6,7]。IVIG在治疗自身免疫性脱髓鞘神经系统疾病方面有广泛的临床基础[8]，也被用于治疗在说明书之外的大量慢性炎症性疾病[9]。体内循环中的IgG因为其生化多样性和多重特异性，不易被单克隆抗体所取代[10]。据估计，对于常见变异型免疫缺陷（common variable immune deficiency，CVID）和X-连锁无丙种球蛋白血症（X-linked agammaglobulinemia，XLA），IVIG的潜在治疗需求高于实际IgG消耗量。由于不同国家的患病率和治疗剂量不同，模型预测需求也不同。根据计算，每1000人CVID和XLA的平均潜在用量为72 g，而美国预估消耗量为27~41 g[11]。

至2019年，全球IgG的市场规模从2014年的79.55亿美元达到125.14亿美元，年复合增长率为9.5%。其中，IVIG细分市场占80.2%，SCIG占8.3%，IMIG和特异性免疫球蛋白市场占11.5%[12]。如图33-1所示，2015年行业产量约152公吨，来自约4200万升血浆，其平均IgG产率为3.5~3.6 g/L[13, 14]。超过70%的分离用血浆来自美国，血浆成本占总生产成本的57%（制药行业的平均值为14%）[15]。2016年，美国经全面检测的原料血浆在合约市场上的价格为每升147~165美元[16]。尽管原材料成本异常高，且重组凝血因子产品的使用越来越多，血浆产品仍是稳健扩张的、强劲的全球性产业[10]。每升血浆收入以IVIG为最高，占全球血浆产品销售额的47%，其平均价格为每克58.6美元（亚太地区为每克42美元，北美为每克58.6美元）。欧洲的平均价格为每克54美元。根据每个国家的市场价格，血浆制品甚至可达约每升365美元[17]。

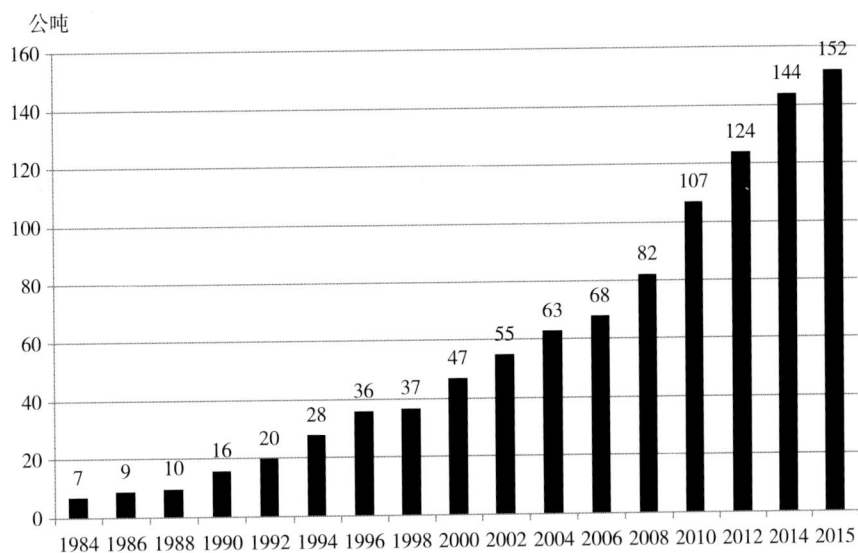

图33-1　1984—2015年全球免疫球蛋白G产量

数据来源：*P.Robert,The Marketing Research Bureau:2008-2016*

　　为保证血浆捐赠的质量和安全性，须对分离过程建立采集、储存和检验的详细规范以精确检测。在欧洲，一个强制性文件，即血浆主文件（plasma master file，PMF），是必须要建立并获得机构的批准的（CPMP/BWP/4663/03，2004）[4]。在申报资料中，应说明混合血浆的所有质量数据。关于混合血浆病毒标志物的描述和检测，可以明确参考PMF，并根据相关欧洲药典各论（01/2014：0853）和指南（EMEA/CHMP/BWP/3794/03）[5]进行。在中国，血浆站的管理隶属于国家卫生健康委员会，对于血浆来源实施严格的单采血浆站管理，免疫球蛋白G产品的申报及审评审批隶属于国家药监局管理，在申报资料中，应详细提供原料血浆的溯源信息，包括血浆站的许可信息、采集、收集、储存、检验、运输等。

第二节　血浆分离技术

一、乙醇分离

　　分离IgG的基本工艺源于Cohn等人的工作。最初有六种分离方法（Cohn 6法）。这些方法的共同点在于尽可能在组分Ⅰ沉淀获得尽可能多的纤维蛋白原，在组分Ⅱ保持γ-球蛋白不分散，在组分Ⅲ保持含脂β-球蛋白不分散以及组分Ⅳ中的α-球蛋白和组分Ⅴ中的白蛋白。每种方法对于特定蛋白质的生产规模和产率各有其优缺点。Cohn 6法[18]是为了提升血浆中稳定白蛋白的产量而开发的，白蛋白最初用于治疗第二次世界大战期间战斗中的休克和烧伤。

　　Cohn的乙醇分离法使用了五个变量：乙醇浓度从8%到40%，pH从生理pH到白蛋白的等电点（pH 4.8），

温度从 –5℃ 到 0℃，蛋白质浓度从 <1% 到 5.1%，离子强度（$\Gamma/2$）从 0.14 到 0.01。参与分子相互作用的静电力随着溶液介电常数的降低而增加。在水中加入乙醇会降低介电常数（极性），使蛋白质溶解度下降。为避免极端情况，将 pH 调节至所要沉淀蛋白质的等电点，在该等电点下其溶解度通常最低。低温则是用于增强乙醇的抑菌作用。为避免其他沉淀，精确控温至关重要，因为溶解度随温度降低而降低，此外，需避免乙醇引起的变性。

Kistler 和 Nitschmann（K–N）[19, 20] 对 Cohn 6 法进行了后续修改，对分离组分进行了精减，乙醇的使用量从大约每 2000/1000 L 血浆减少到 1200 L，需处理体积从起始血浆体积的 2.2 倍减少至 1.7 倍[21]。如图 33-2 所示的 Cohn 6 法和 K–N 法构成了血浆分离的主要工艺方案，为纯化和病毒灭活提供主要方法。此外，K–N 工艺还解决了 IgG 的分离问题，该法是针对大规模操作的优化。目前，在生物制药工艺中，乙醇沉淀可被视为上游工艺，为下游工艺提供粗乙醇沉淀物原料。

1946 年，Deutsch 等人[22] 发表了对 Cohn 工艺的修改，通过降低沉淀组分 Ⅲ 的离子强度，获得高产量的免疫球蛋白。这项工作为 Oncley[23] 开发的免疫球蛋白分离优化 9 法奠定了基础。同时，根据 Cohn 10 法发展而来的 Kistler-Nitschmann 工艺还解决了 IgG 的分离问题，该法是针对大规模操作的优化。对各主要沉淀物的次级分离方法如图 33-2 所示。

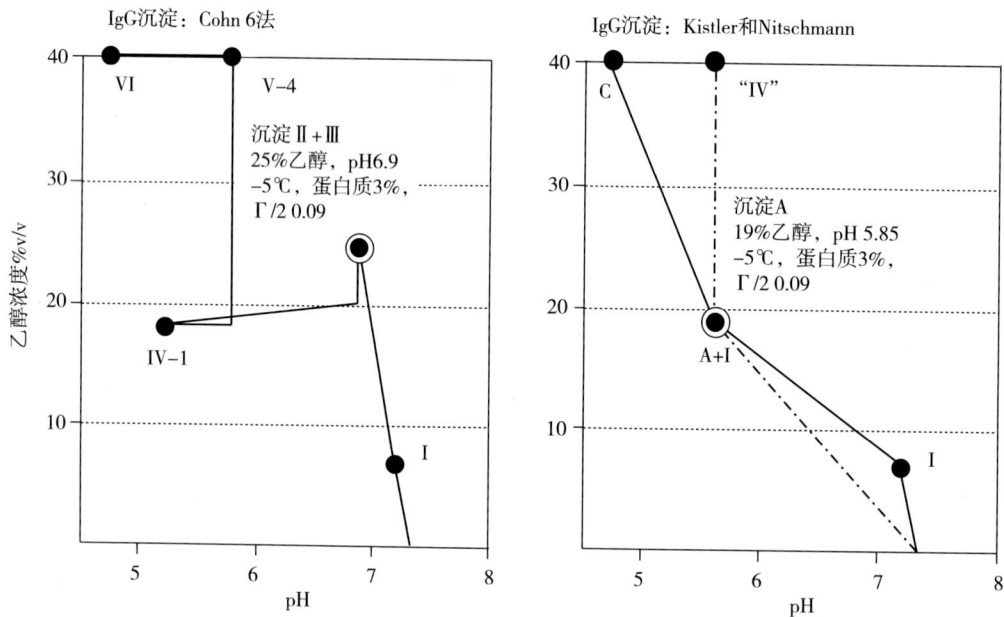

图 33-2　基础乙醇沉淀工艺方案的比较

展示了 IgG 作为 Cohn 6 法组分 Ⅱ + Ⅲ 或 Kistler 和 Nitschmann 法沉淀 A 的条件。$\Gamma/2$ 是离子强度/L 溶液。组分 Ⅰ（主要是纤维蛋白原）也可以用组分 Ⅱ + Ⅲ 或沉淀 A 进行沉淀，但是需要不同的下游工艺

在初级分离方案之后，对各主要沉淀物的次级分离方法如图 33-3 所示，因此需要进行固液分离，这不可避免地带来由于不完全沉淀、废弃沉淀物中含有的目标蛋白液体损失，以及人工处理而导致的损失。这些损失促使人们开发新的下游工艺，包括使用不同的沉淀技术、色谱技术和膜工艺等。通常，从含有 7 g/L IgG 的血浆中进行乙醇分段分离的产率在 3.5 ~ 4.2 g/L。40% ~ 50% 的 IgG 在非 IgG 上清液中或与杂质共沉淀而损失。在组分 Ⅰ 中有 5% ~ 10% 与纤维蛋白原共沉淀。组分 Ⅱ + Ⅲ 中 IgG 沉淀是不完全的，含白蛋白的上清液中有 5% ~ 10% 的 IgG。在组分 Ⅱ + Ⅲ 再加工过程中，约有 20% 在组分 Ⅲ 损失，这也促使了

替代工艺方法及病毒灭活方法的重大发展。此外，从组分Ⅱ至最终灌装，有5%~10% IgG因工艺设计而损失[24]。

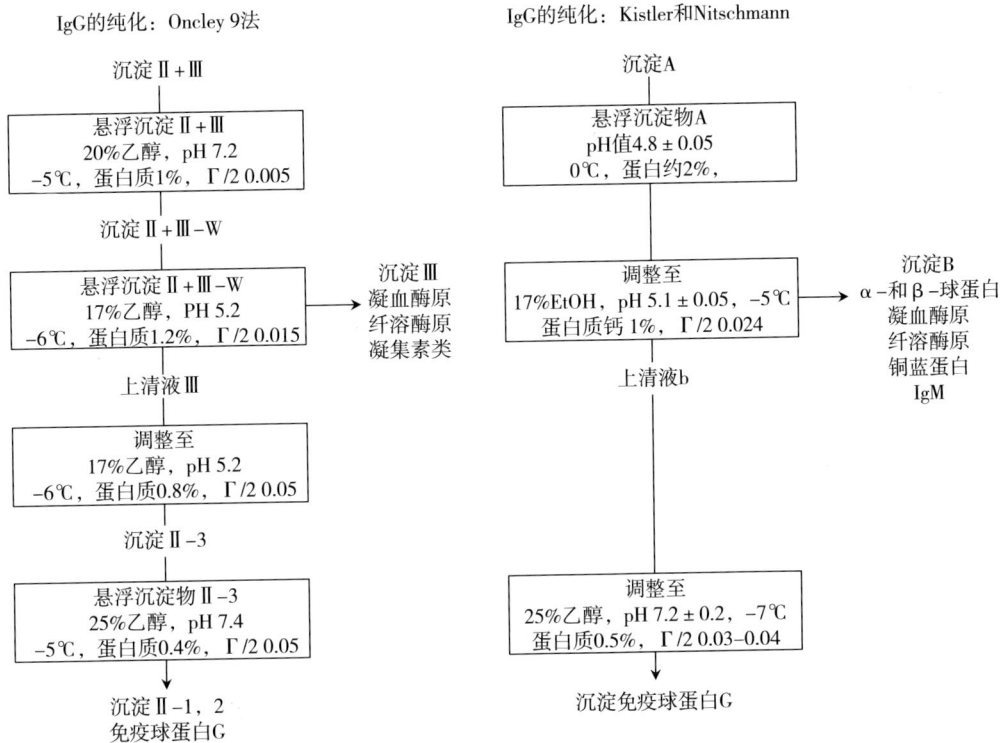

IgG的纯化：Oncley 9法

沉淀Ⅱ+Ⅲ

```
┌─────────────────────────┐
│ 悬浮沉淀Ⅱ+Ⅲ             │
│ 20%乙醇，pH 7.2          │
│ -5℃，蛋白质1%，Γ/2 0.005 │
└─────────────────────────┘
```

沉淀Ⅱ+Ⅲ-W

```
┌─────────────────────────┐          沉淀Ⅲ
│ 悬浮沉淀Ⅱ+Ⅲ-W          │ ───────→ 凝血酶原
│ 17%乙醇，PH 5.2          │          纤溶酶原
│ -6℃，蛋白质1.2%，Γ/2 0.015│         凝集素类
└─────────────────────────┘
```

上清液Ⅲ

```
┌─────────────────────────┐
│ 调整至                   │
│ 17%乙醇，pH 5.2          │
│ -6℃，蛋白质0.8%，Γ/2 0.05 │
└─────────────────────────┘
```

沉淀Ⅱ-3

```
┌─────────────────────────┐
│ 悬浮沉淀物Ⅱ-3           │
│ 25%乙醇，pH 7.4          │
│ -5℃，蛋白质0.4%，Γ/2 0.05 │
└─────────────────────────┘
```

沉淀Ⅱ-1，2
免疫球蛋白G

IgG的纯化：Kistler和Nitschmann

沉淀A

```
┌─────────────────────────┐
│ 悬浮沉淀物A             │
│ pH值4.8±0.05            │
│ 0℃，蛋白约2%，          │
└─────────────────────────┘
```

```
┌─────────────────────────┐          沉淀B
│ 调整至                   │ ───────→ α-和β-球蛋白
│ 17%EtOH，pH 5.1±0.05，-5℃│         凝血酶原
│ 蛋白质钙1%，Γ/2 0.024    │          纤溶酶原
└─────────────────────────┘          铜蓝蛋白
                                       IgM
```

上清液b

```
┌─────────────────────────┐
│ 调整至                   │
│ 25%乙醇，pH 7.2±0.2，-7℃ │
│ 蛋白质0.5%，Γ/2 0.03-0.04 │
└─────────────────────────┘
```

沉淀免疫球蛋白G

图33-3 从沉淀Ⅱ+Ⅲ（Oncley所述的Cohn法）和沉淀A（K-N法）中分离IgG的乙醇分离工艺方案
图中仅展示了分离IgG的路线，而非起始组分中所包含的其他蛋白质的完整分离工艺方案。分离顺序已成为各分离工艺开发时的关注点，所有分离工艺均在基本工序上有其特定的变化

　　血浆制品的生产制造从经检验的混合血浆开始。典型的混合血浆的体积为2000~4000 kg，这是可控条件下生产冷沉淀来源凝血因子Ⅷ所需的融浆量。从图33-4至图33-6可以明显看出，每个分离工序都是从冷沉淀中回收凝血因子Ⅷ开始的，最常见的是通过离心去除。维生素K依赖性凝血因子Ⅱ、Ⅶ、Ⅸ和Ⅹ凝血酶原复合物（prothrombin complex concentrate，PCC）通过二乙氨乙基（diethylaminoethyl，DEAE）或类似阴离子交换色谱获得，随后的上清液通常是乙醇分离的起点，除非增加了C1-酯酶抑制剂被阴离子交换色谱捕获的工艺步骤。在某些情况下，可以用8%的乙醇去除纤维蛋白原，在早期步骤中可以使非特异性吸附或深层过滤来减少血浆中的脂质含量。然而，这些操作将不可避免地造成IgG的损失。20世纪70年代，连续流低温乙醇沉淀工艺被开发[25]，美国业界也进行了从批次工艺转化的尝试[26]。但目前，连续流工艺并未在血浆分离工业中被广泛使用。

　　混悬IgG沉淀下游处理的起始体积通常约为7000 L（批量为4000 kg起始物料），含有约22 kg IgG。因最终配方为10%的溶液，灌装体积下降至约150 L。后沉淀纯化工艺的主要操作环节依赖于辛酸钠或聚乙二醇沉淀以及捕获或流穿模式的色谱法，具体取决于所要除去的蛋白质杂质或工艺污染，如溶剂和表面活性剂。膜色谱技术主要用于澄清，在某些情况下也用于部分病毒去除以及超滤/渗滤、除病毒过滤和无菌过滤。

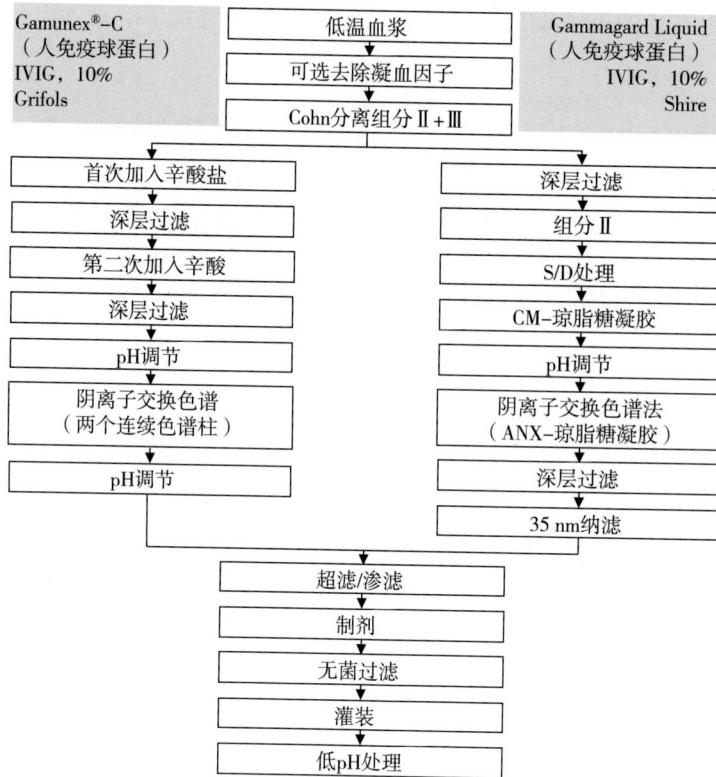

图33-4　Gamunex（Grifols）和Gammagard Liquid（Baxalta）的分离工艺

从组分Ⅱ+Ⅲ开始。两种方法均使用化学病毒灭活以及最终产品的低pH处理。两种方法均使用阴离子交换色谱作为主要纯化步骤

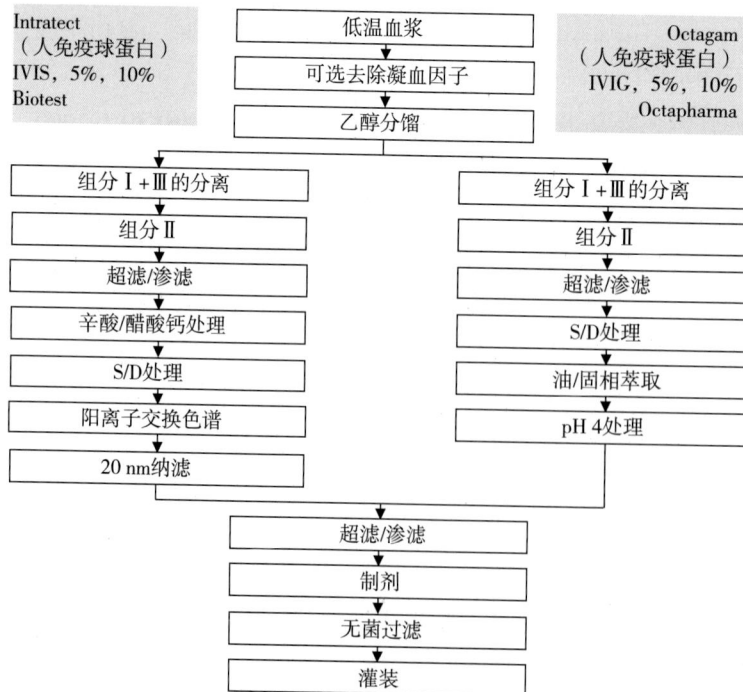

图33-5　Intratect（Biotest）和Octagam（Octapharma）的分离工艺

从组分Ⅰ+Ⅱ+Ⅲ开始，包括沉淀组分Ⅱ（Biotest）或经改良的Kistler-Nitschman沉淀物（Octapharma）及减少病毒的步骤。Octapharma工艺在冷冻上清液阶段包含除去因子Ⅺ的特定步骤

Privigen （人免疫球蛋白） IVIG，10% CSL Behring	Flebogamma DIF （人免疫球蛋白） IVIG，10% Grifols
低温血浆	低温血浆
可选去除凝血因子	Cohn组分Ⅱ+Ⅲ
Kistler–Nitschmann 沉淀A或组分Ⅱ+Ⅲ	PEG沉淀
辛酸分馏	阴离子交换色谱法 （DEAE琼脂糖凝胶）
深层过滤	超滤/渗滤
低pH孵育	pH 4处理
深层过滤	巴氏杀菌
阴离子交换色谱	S/D处理
20 nm纳滤	PEG沉淀
超滤/渗滤	TFF/重悬
制剂	超滤/渗滤/配制
无菌过滤	35和20 nm纳滤
灌装	超滤作用
	深度/无菌过滤
	灌装

图 33-6　Privigen（CSL Behring）和 Flebogamma（Grifols）的分离工艺

以沉淀 A 或组分Ⅱ+Ⅲ作为下游工艺的起点，辛酸分馏和阴离子交换色谱是 Privigen 免疫球蛋白的主要纯化步骤，而 PEG 沉淀和阴离子交换色谱则主要用于 Flebogamma

二、辛酸分离

用短链脂肪酸沉淀血浆蛋白的研究始于 20 世纪 60 年代[27]，并于 1980 年由 Steinbuch[28] 进行进一步回顾和研究。免疫球蛋白不与 $C_6 \sim C_{12}$ 脂肪酸形成复合物，但 α-球蛋白和 β-球蛋白会与其形成不溶性复合物。正是基于这一特性开发了 IgG 的纯化工艺，即用乙酸盐缓冲液对人血浆进行稀释后，用辛酸盐（如辛酸酯，C_8 饱和脂肪酸）沉淀非免疫球蛋白。含 IgG 的溶液纯度和产量取决于所添加的辛酸浓度、pH、缓冲液的摩尔浓度及稀释系数。据研究报道，可以采用两步添加辛酸盐并除去两步间的沉淀来提高 IgG 的产量[29, 30]。在另一种工艺中，也有以辛酸盐沉淀除去血浆中的非免疫球蛋白并与随后的阴离子交换色谱结合，进一步纯化 IgG[31]。Lebing 等人开发了第一个用于 Gamunex 的商业化辛酸分馏工艺。通过两步辛酸沉淀结合两步阴离子交换色谱，从复溶组分Ⅱ+Ⅲ中回收 IgG[32]。非包膜病毒和包膜病毒于非 IgG 蛋白沉淀物中被去除，由此，辛酸盐处理既是纯化步骤同时也是病毒灭活方法。如图 33-4 所示，而后用两步阴离子交换色谱分离辛酸、IgA 和 IgM。也有研究表明，0.4% ~ 1.5% 的辛酸代替钠盐可以沉淀复溶组分Ⅱ中的蛋白水解酶、血管活性物质和聚集体[33]，如图 33-5 所示（IntraTect/Biotest）。芬兰红十字会设计了一种高产量的 IgG 生产工艺，使用辛酸盐沉淀非 IgG，后使用低分子量 PEG 沉淀蛋白聚集体，后接一单阴离子交换柱及纳滤步骤[34]。Privigen

的制造商CSL Behring使用辛酸分馏和仅一步阴离子交换色谱，如图33-6所示[35]。

三、聚乙二醇分离

使用聚乙二醇（PEG）对血浆蛋白进行分离源自Polson在1972年总结的研究[36]。PEG通过排斥作用而非直接连接或脱水来分离蛋白质。由于PEG不与蛋白质发生化学反应，被认为是一种温和的分离剂。同一时期，瑞典国家细菌学实验室开发了一种使用PEG 6000分离白蛋白和γ-球蛋白的分离方案[37]。使用13%的PEG 6000从血浆中沉淀IgG。通过将IgG与阳离子交换介质（不与内毒素和HBsAg结合）结合，再沉淀，批量结合至阴离子交换介质上并使用25%乙醇沉淀IgG，从而产生纯IgG产物。IgG可以通过单独使用PEG或通过如韩国绿十字会所述[38, 39]的乙醇和PEG的组合工艺从组分Ⅱ+Ⅲ中分离。Flebogamma 5% DIF是国际上销售的IVIG制剂之一（Grifols，巴塞罗那），在生产过程中含两步PEG沉淀步骤，如图33-6所示[40]。在其第一个沉淀步骤中，血浆蛋白杂质从重悬组分Ⅱ+Ⅲ中被除去，而第二个沉淀步骤用于分离在三个病毒灭活步骤［pH 4处理、巴氏灭菌、溶剂/表面活性剂（solvent/detergent，S/D）处理］后形成的IgG聚合物。PEG 4000也用于沉淀巴氏灭菌后的IgG聚合物[41]。PEG的去除可通过超滤/渗滤，将IgG与阳离子交换剂（例如CM衍生物）结合或通过用25%乙醇沉淀蛋白质来完成。

四、色谱分离

在所有不同的色谱分离方法中，离子交换色谱是免疫球蛋白生产工艺中最常见的手段。阴离子交换色谱可在流穿模式下吸附非IgG蛋白，而阳离子交换色谱以吸附模式减少蛋白杂质或去除工艺试剂。经离子交换色谱所制备的高纯度免疫球蛋白有助于使其具有良好的耐受性和并保持较低的不良反应事件数量。

尽管早期是作为一种研究工具，后人们也采用将非免疫球蛋白分批吸附在阴离子交换介质的方法直接从血浆中获得高纯度的IgG制剂[42]。1972年，瑞典分离公司Kabi AB（现为Octapharma的一部分）将离子交换色谱引入商业血浆分离。使用DEAE-Sephadex从重悬Cohn组分Ⅱ免疫球蛋白中去除白蛋白、转铁蛋白、血红蛋白-触珠蛋白复合物和HBsAg[43]。

这项工作引发了对使用离子交换色谱从血浆中提取白蛋白以及免疫球蛋白的研究，且无需先使用Cohn工序进行沉淀。1977年，Pharmacia（现为GE Healthcare Life Sciences）开发了一种白蛋白的方法，其中IgG在第一步DEAE流穿[44]，1983年，在Suomela的工作基础上[46]，与芬兰红十字会输血服务部（Finnish Red Cross Blood Transfusion Service，FRC）联合开发了制备IgG的方法[45]。这项工作使英联邦血清实验室（现为CSL Behring）采用了如Yap[47]和Micucci[48]等人所述的生产规模色谱处理白蛋白，并与Bertolini[49]的免疫球蛋白工艺相结合。尽管单个色谱步骤的收率通常很高（>90%），但这些方法的总收率相当于使用Cohn法处理每升含3.5~4.5 g IgG血浆的效果，因为处理步骤包括除去部分病毒等多个必要步骤。

不含低pH处理和冷沉淀，完全以色谱作为分离方法[50]去除优球蛋白已被开发，但尚未投入商业使用。IgG从最初的DEAE流穿步骤中获得，它与白蛋白结合，后通过超滤浓缩。在使用阴离子色谱纯化的第二步流穿后是阳离子色谱纯化上的阳离子交换结合步骤。将洗脱液的pH调节至4，可在30℃下加入灭活剂S/D灭活病毒。纳滤可作为第二个正交病毒灭活步骤[51]。

Friesen等人[52, 53]后来在Winnipeg Rh研究所开发了对抗D（Rh）免疫球蛋白和包括破伤风、狂犬病和水痘-带状疱疹免疫球蛋白等其他特异性免疫产品的类似工艺。然而，1980年，工业规模色谱才首次被Institut Mèrieux用于从胎盘提取物中生产白蛋白和IgG[54]，直到由于病毒安全性问题人类胎盘被停止使用。

FRC 继续进行 IgG 的研究，并与荷兰红十字会中心实验室合作，最终利用色谱法结合 PEG 沉淀法开发了一种新的从组分 Ⅱ + Ⅲ[36] 中提取的静脉注射用免疫球蛋白的工艺。

从图 33-4 至图 33-6 和 Mersich 等人[55] 的研究可以看出，近来开发的所有 IVIG 产品均在乙醇沉淀的下游加入离子交换色谱。阴离子交换色谱也是目前几种主流 IgG 生产工艺方案的一部分，通常作为沉淀产生的 IgG 粗品的精纯步骤。然而，也有人提出利用色谱法直接从低温血浆中纯化 IgG[56]，并已用于生产 Intragam 免疫球蛋白（CSL Behring）。色谱精纯步骤能够将残留的血浆蛋白，如白蛋白、转铁蛋白、IgA 和 IgM 等降至非常低的水平。此外，带负电荷的工艺相关成分，如辛酸，也可被介质吸附并从产品中去除[32]。阴离子交换色谱对免疫球蛋白产品的病毒和朊病毒安全性有很大的贡献[57-60]。阳离子交换色谱则被多个制造商用于生产免疫球蛋白制剂（图 33-4，图 33-5），并作为附加的精纯步骤及用于在 S/D 处理或 PEG 处理后去除溶剂和表面活性剂，在除去试剂的同时结合 IgG 组分。阳离子交换色谱在结合模式下的一个缺点是由于需要结合大量蛋白质（相对于杂质而言）但树脂载量相对有限，因此需要较大的色谱柱。后用大体积缓冲液将 IgG 从柱子上完全洗脱时，IgG 被高度稀释，导致体积较大，后续需要进行超滤浓缩。

五、当前使用的混合血浆分离法

20 世纪 40 年代对于原始分离工艺的改进显著提高了 IgG 的回收率。20 世纪 90 年代中期，纯度和功能完整性经提高的 IVIG 制剂已进入市场。实际上，所有 IVIG 均通过完全乙醇分离工艺或仅应用初始分离步骤进行纯化。经典的血浆分离法使用 Cohn、Oncley 及其同事所开发的 6 法或 9 法或 Kistler 和 Nitschman 开发的改良方法来分离免疫球蛋白。混合分离法采用乙醇沉淀组分 Ⅱ + Ⅲ 或沉淀 A，或采用在生物制药行业中常见的操作，如图 33-4 至图 33-6 所示，在单元操作之前，先从低温保存液中初步除去纤维蛋白原和脂质。据报道，Gamunex 免疫球蛋白工艺减去了组分 Ⅱ + Ⅲ 的再加工，将收率提高 50%，达到 >4.2 g/L 血浆，并减少了纯化步骤数并缩短了工艺时间[34]。同样，Parkkinen 称通过用辛酸沉淀代替再加工，工艺收率为 4.8 g/kg 血浆[60]。Teschner 报告称，与 Cohn 工艺相比，其总收率至少提高了 25%，重要的是终溶液收率提高了 65%，表明血浆回收率约为 4.5 g/L（血浆中 IgG 为 7 g/L）[61]。

Bellac 等人[62] 根据 IVIG 是否经过部分或者完全乙醇分离，将 IVIG 产品分为 Ⅰ 类和 Ⅱ 类产品。这对血凝素（抗 A 和抗 B 免疫球蛋白）的去除有影响，其通过组分（Ⅰ+）Ⅲ 或沉淀物 B 的乙醇分离而减少。对于类别 Ⅰ 产品，通过色谱步骤实现后分离。

另一方面，通过色谱或其他纯化步骤代替组分（Ⅰ+）Ⅲ 沉淀，可以将 IgG 的回收率提高至 50%。

为了达到高 IgG 回收率和低抗 A/B 滴度，在部分分离工艺中采用了免疫亲和色谱[63]。免疫亲和步骤将 IgG 产品中的抗 A 和抗 B 水平降低了 88% ~ 90%。IgA 和 IgM 等血浆蛋白在组分（Ⅰ+）Ⅲ 中富集[64]。然而，如果不分离组分（Ⅰ+），也可以通过阴离子交换色谱轻松分离这些蛋白质。另一个不太有效的措施是筛查血浆中高抗 A 和 B 的滴度。排除这些捐献者的血浆，抗 A 和 B 同种凝集素均降低一个滴度[65]。

监管机构要求对血栓形成可能性进行定量，以验证 IVIG 和 SCIG 生产过程中促凝剂污染物的去除能力。大多数已经建立工艺的生产企业并未因该要求而改变其设计，但利用详细的分析显示了主要工艺步骤的去除能力。辛酸盐/辛酸沉淀或 Cohn 法组分 Ⅰ + Ⅲ 去除与 PEG、阴离子交换色谱和巴氏灭菌相结合被证明是十分高效的[66, 67]。

在某些生产步骤（例如纳滤和阴离子交换色谱）中，聚合物的减少不是主要目的，仅是附加的效应[34, 68]，也可以引入分子排阻法[26, 69, 70] 或 PEG 沉淀法[39] 去除活性聚集物来生产无聚集体的 IVIG 制剂。

第三节　确保病毒安全性的工艺技术

包括免疫球蛋白在内的所有血浆制品的病毒安全性基于三个原则：谨慎选择具有已知病史的献血者、通过检测已知的感染性病原体来筛查捐献单位，以及使用可去除或灭活病毒的工艺方法[71]。在这里，我们将重点放在与工艺相关的步骤上，以确保病毒安全性。更多详细信息可参考 H Dichtelmüller（血浆蛋白治疗协会病原体安全指导委员会）和 Gregori 等人关于 TSE 安全性[72]的"治疗用血浆蛋白的生产"[73]。

在每个生产过程必须使用至少两种不同机制的方法，以满足当前法规要求[74]。其中一个清除步骤必须对非包膜病毒有效，例如猪细小病毒（人细小病毒 B19 的模型病毒）和甲型肝炎病毒。血液相关病毒或具有代表性的模型病毒的清除[75]必须在更小规模的研究中证明[76]。每个灭活步骤都必须在有序区域中执行，以避免交叉污染。

一、溶剂/表面活性剂处理

灭活包膜病毒的金标准是与溶剂/表面活性剂（S/D）混合物一起孵育[75]。常用的溶剂有 0.3% 的磷酸三丁酯（tri-n-butylphosphate，TnBP）和表面活性剂 1% 的 Triton X-100 或聚山梨酯 80（用于 IVIG）。灭活后，必须从产品中除去 S/D 试剂。如图 33-4 至图 33-6 所示，通常通过将 IgG 与阳离子交换色谱介质结合来除去 S/D 试剂[77]，尽管可能需要较大的洗涤体积才能达到足够低的试剂残留水平。TnBP 也可以通过植物油萃取去除，表面活性剂可以通过 C18 反相色谱法去除[78, 79]。Octapharma 是第一家将 S/D 处理整合到其 IVIG 工序中的生产商[80]。

二、辛酸盐处理

许多工艺均采用辛酸作为 S/D 的替代品，因为据报道，辛酸是灭活血浆或细胞培养物衍生蛋白质中包膜病毒的有效试剂[81]。辛酸处理在温度和 IgG 浓度方面具有很强的稳定性，而 pH 是关键参数，要求低于中性[82]。灭病毒剂则是未解离的辛酸。

三、巴氏灭活

一些生产商将 IVIG 溶液（添加糖稳定剂以防止聚集）在 60℃热处理 10 小时[83-85]。但是，IgG 的 Fab 片段对热处理敏感，如圆二色谱测试中单克隆抗体二级结构的变化所示。β 折叠为无规则卷曲结构的过程始于 50℃[86]，这可能导致聚集体的形成。

四、纳滤（病毒过滤）

纳滤广泛用于生物制药行业，因为它使用简单，并且容易找到合适的膜。在纳滤过程中，IgG 穿过膜，而病毒被截留其中，这个步骤通常在蛋白纯化后进行。常见的孔径为 35、20、15 和 10 nm，需要仔细控制 pH 值以防止膜极化。Burnouf 等人撰写了纳滤在血浆制品中的应用概述[59]。纳滤也被用于提高 IgG 浓缩液的病毒安全性[58, 87-92]。此外，通过添加甘氨酸等物质对病毒进行人工聚集，可以提高除病毒的有效性[92]。最近，有人提出，使用小孔径（10～20 nm）滤器也可以去除朊病毒[93, 94]。

五、色谱法

离子交换色谱是一种分离纯化方法，分为结合与流穿两种模式。该操作通常用于降低IgG产物的病毒载量。在Gamunex工艺中（图33-4），使用Q-（去除辛酸）和ANX-衍生物的离子交换色谱步骤显著降低了包膜和非包膜病毒的水平（4个对数值）。非特异性吸附（如深层过滤）也有助于减少病毒[57]。此外，通过助滤剂与深层过滤的结合使用，某些病毒可减少4个对数值[95]。

六、沉淀

当沉淀物为废弃物时，沉淀是纯化工序中非常有效的除病毒步骤。因此，使用连续乙醇沉淀步骤生产的血浆蛋白，如白蛋白或IgG，被认为是非常安全的。与蛋白质相似，病毒也可能在可溶物和沉淀物之间分配。在冷乙醇分离过程中，会发生病毒的分配和灭活。在IgG的Cohn/Oncley分离工序中，组分（Ⅰ+）Ⅲ的分离可实现最高的除病毒效果。研究表明，包膜病毒和非包膜病毒均可以除去[80, 85, 96-98]。这也是去除朊病毒最有效的步骤[99-102]。血浆分离所用的乙醇浓度也会使部分病毒灭活，取决于其对乙醇的敏感度[103,104]。使用PEG[105]或辛酸盐[57]作为沉淀剂也可有效使病毒分配并除去。

七、低pH

以低pH（通常在最终工序中）处理免疫球蛋白制剂，最初是为了逆转IgG聚合物的聚集并减少其形成。后来发现，低pH处理对于包膜和非包膜病毒均是非常有效的病毒灭活步骤。该处理可应用于生产过程中的原液[104,106]，或高温条件下最终灌装液[97,98,107]。

八、中和抗体

针对甲肝病毒、1型脊髓灰质炎和细小病毒B19等病毒的中和抗体可显著提高IVIG制剂的病毒安全性[80]。该类抗体存在于混合血浆中，并在IVIG的生产过程中被浓缩。尽管细小病毒B19对健康个体没有危险，但在某些情况下，可能危及孕妇和免疫缺陷的个体。细小病毒B19是一种无包膜病毒，对除热处理以外的大多数病毒灭活步骤耐受。此外，它是一种非常小的病毒，因此如果该病毒不与抗细小抗体复合，则很难通过如纳滤等基于分子大小的工艺去除。因此，IVIG制剂中抗细小病毒抗体的存在发挥额外的保护作用。

九、Ⅳ和SC免疫球蛋白的关键质量属性

欧洲药典（EP）各论0918、2788[108,109]和美国药典以及其他法规文件对血浆来源的蛋白质有广泛的质量要求，并对iv/sc IgG进行规定。本节仅提及欧洲药典中定义的部分产品特性。

十、分子大小的分布

分析性分子排阻法将继续成为表征非颗粒性聚集体（聚合物）、二聚体和单体含量及粒度分布的主要分析工具。尽管聚集体在样品稀释后可能会解离或可能被色谱柱的过滤器去除，但该方法仍需要变性工艺条件。欧洲药典将人静脉注射免疫球蛋白终产品的聚合物含量限制为3%。已确定聚集的IgG是引起不良反应的原因，特别是当这些聚集体具有补体结合特性时（见下文）。

聚合物的测定仍然是评估IgG分子的最佳方法之一。聚合物的形成可能是生产工艺的结果，也可能是制剂配方、储存时间和储存条件造成或加剧的。分子排阻层析法（SEC）是工艺开发过程中识别潜在变性工艺步骤的重要工具[70,110,111]。在生产工艺的开发过程中，应控制每个生产步骤中的聚合物形成，并对其进行优化，直到整个过程中聚合物含量降至最低甚至完全避免。

十一、抗补体活性

含量测定是根据欧洲药典各论2.6.17[112]进行的。IVIG的质量标准设定为 $\leqslant 1\ CH_{50}$/mg IgG。免疫球蛋白与补体的孵育可能导致补体系统的非特异性激活。为了分析免疫球蛋白的抗补体活性（anticomplementary activity，ACA），将规定量的待测样品（10 mg免疫球蛋白）与规定量的豚鼠补体（$20\ CH_{50}$）一起孵育。

孵育后，测定补体的残留量。将由绵羊红细胞及抗绵羊红细胞兔抗体组成的最佳致敏的绵羊红细胞与IgG补体溶液一起孵育。绵羊红细胞发生溶血，在541 nm处对释放的血红蛋白进行光度法检测以测定溶血程度。

研究表明，人工产生的聚集体在检测过程中增加了抗补体活性[113]。聚集体的物理特性会影响补体结合。在中性pH下加热IVIG制剂所形成的聚集体显示高ACA[114]。在pH低于5.5的情况下，通过热处理产生的高达12% w/w的聚合物不与补体结合。影响IVIG制剂ACA值的不仅是聚合物含量，还有聚集体的大小，其通过动态光散射法测量[115]。

十二、前激肽释放酶激活剂和激肽释放酶

在血浆中，前激肽释放酶通过各种形式的人凝血因子Ⅻa（coagulation factor Ⅻa，FⅫa），也称为活化的哈格曼因子［Hagemans factor，HFa（α-HFa和β-HFa）］转化为激肽释放酶。激肽释放酶将血管活性肽缓激肽从高分子量激肽原中释放出来[116]。欧洲药典规定前激肽释放酶激活剂（prekallikrein activator，PKA）的最高限量为35 IU/ml，因为缓激肽浓度过高会导致低血压。在IVIG制剂中未检测到PKA水平的升高，但在某些产品中可观察到背景溶血活性。由于其被可以确定为激肽释放酶，因此应考虑将PKA水平列入欧洲药典中[117]。

十三、血凝素（抗A、B、D）

欧洲药典各论2.6.20[118]中定义了抗A和抗B滴度的限度为1:64，因为抗血细胞抗原的抗体可引起溶血性输血反应[119-121]。该限度定义为患者接受的累积IgG剂量比目前许可的免疫调节适应证低4~5倍时。高累积剂量IVIG治疗在溶血反应中ABO同种血凝素的被动转移中起作用，尤其是A、AB血型患者以及有潜在炎症的患者在给予具有高抗A/B IgG的IVIG制剂后，风险很高[122]。即使在滴度符合当前欧洲药典质量标准的情况下，接受高剂量如在2~4天内接受100 g或更高的患者也会发生反应[122]。由于高产工艺的青睐，新一代产品的抗A血凝素滴度比老一代产品高1~3个滴度，但现在已采取措施，使其恢复到之前的水平。

十四、免疫球蛋白 A

欧洲药典中未规定免疫球蛋白 A 的含量，但必须符合标签所示的最大浓度。比浊法、放射性免疫扩散法和酶联免疫吸附试验（ELISA）被用作定量分析的免疫化学方法。IgA 缺乏的患者体内可能有抗 IgA 的 IgE 和（或）IgG 同型抗体，因此在输注具有高 IgA 浓度的 IVIG 产品时，可能出现过敏或过敏性反应。对于血液制品，低至足以避免输血反应的 IgA 水平尚未被精确定义。美国罕见捐献者项目以低于 0.5 μg/ml 的 IgA 水平将捐献者归类为 IgA 缺陷[123]。对于 IgA 缺乏的患者，应选择 IgA 含量较低的制剂静脉给药或皮下给药[124]。

十五、热原和内毒素

由于热原可引起患者的病理生理效应，包括发热、低血压和弥散性血管内凝血，甚至死亡，因此，IVIG 制剂必须无热原。由革兰阴性细菌细胞壁的脂多糖（lipopolysaccharides，LPS）组成的内毒素是特征最明显、效力最强的热原。

目前，欧洲药典 IVIG 和 SCIG 各论中描述了两种与热原有关的检测试验（01/2012：0918 和 01/2015：2788）[108,109]。家兔热原试验被认为可以检测内毒素和非内毒素热原，10 ml/kg 家兔重量不超过剂量 0.5 g IgG。第二种内毒素试验是细菌内毒素试验（bacterial endotoxin test，BET）或鲎试验法（limulus polyphemus amoebocyte lysate-test，LAL-test），用于检测或定量革兰阴性菌产生的内毒素。其限度定义为：5% IgG 溶液不超过 0.5 IU/ml，10% IgG 溶液不超过 1.0 IU/ml。

监管机构已要求减少或停止动物实验。因此，如 IgG 浓缩液等血液制品的内毒素检测试验将在不久的将来替代热原检测试验。如何实现这一替代，在相关指南（EMEA/CHMP/BWP/452081/2007）中均有详细描述。在替代动物实验的过程中，指南要求对发热诱导细胞因子进行研究，如白细胞介素 -1β（IL-1β）、白细胞介素 -6（IL-6）和肿瘤坏死因子 α（tumour necrosis factor-α，TNFα）。对 10 批次 5% 和 10% Octagam 进行了这些细胞因子的分析。所有批次的水平均低于定量限，IL-1β 含量 <7.8 pg/ml，IL-6 含量 <3.1 pg/ml，TNFα 含量 <15.6 pg/ml。

十六、源自深层过滤的 β- 葡聚糖

Buchacher 等人表明 IVIG 样本中存在（1→3）-β-D- 葡聚糖会导致内毒素假阳性结果[125]。这种不同于内毒素的 LAL 反应性物质已被确定为血浆净化过程中使用的深度过滤器中的（1→3）-β-D- 葡聚糖[126]。在不同 IVIG 浓缩液中检测到（1→3）-β-D- 葡聚糖的范围在 10.2~2448.1 pg/ml[127]。

为了确保微生物纯度，在显色内毒素测定或重组内毒素测定中使用（1→3）-β-D- 葡聚糖阻断剂可助于获得可靠的内毒素值。给予高达 51.3 ng/ml 的（1→3）-β-D- 葡聚糖不会引起家兔体温升高[126]。对于真菌感染患者，（1→3）-β-D- 葡聚糖可能导致误诊，因为无法与 IVIG 浓缩液中的葡聚糖进行区分。然而，通过活检或针吸确定真菌组织的存在可提供最可靠的真菌学诊断证据[128]。

十七、病毒灭活试剂

病毒灭活试剂的添加量须为经验证的有效浓度，随后必须被除去。且必须在工艺过程中和终产品中，需保持添加后的正确量及一致去除量。

十八、其他生化和生物学表征

根据有效药典之一，有几个并非强制性的参数是评估IgG制剂的完整性和有效性以及生产一致性的很有价值的工具，包括亚类分布、Fc功能、聚集体形成和抗体滴度。

十九、亚类分布

IVIG制剂中的亚类分布应与血浆中发现的正常人IgG相似，因为浓度不足或降低与某些疾病的发生相关。Aucouturier等人的研究[129]表明，在正常血浆捐赠人群中其范围很广。IgG 1和3的分布相对均匀且对称，而IgG 2和4的分布相对多变且范围非常广。这四个亚类的铰链区结构不同，具有不同的免疫功能：IgG 1和3是主要对蛋白质抗原和病毒反应。IgG 2与多糖抗原反应，而IgG 4可在分泌物中检测到，无论是否存在IgA[130]。一致性生产工艺会有对亚类的特征范围，因此可以用作工艺一致性的参数。

二十、Fc功能

免疫球蛋白制剂作为免疫治疗剂的疗效取决于抗原可结晶片段（Fc）和抗原结合片段（antigen binding fragment，Fab）的生物活性的保留。进行Fc功能检测是为了确保IgG的Fc片段生物活性在纯化和储存过程中未受到影响。目前用于测量Fc功能的检测方法包括通过Fc介导的补体激活评估风疹病毒抗原包被的人红细胞的溶血情况。根据欧洲药典，其限度必须>60%，但现代IVIG制剂的数值为100%（各论2.7.9.）[131]。一种使用冷冻红细胞的更方便的测定方法已被证明可以产生与标准法相当的结果[132]。

二十一、聚集体形成

动态光散射（dynamic light scattering，DLS）是可用于检测IgG制剂中所存在的较大分子量化合物的一种非常灵敏的方法[133,134]。DLS利用颗粒对光的散射来测量其扩散系数和流体力学半径。与测定分子大小的分布相比，该方法无需经过过滤或稀释等样品预处理，可以直接评估样品的状态。可检测到的水合粒径为0.3 nm~10 μm，但无法测量颗粒浓度。粒径分布变化的定性评估可以预测颗粒的形成。该方法已被用于检测样品生产过程中由工艺引起的聚集，被认为可在配方开发和稳定性研究中提供有价值的信息[70,111,135]。聚合物的表征，包括形态、尺寸、浓度和折叠结构的程度等已成为重要的课题，因为人们对特定颗粒与免疫原性的增加之间的潜在相关性知之甚少。在20世纪60年代初，免疫球蛋白制剂中含有聚集体，由于激活补体级联反应而引发过敏性反应[136]。在对聚集体的分析中需要使用多种正交分析技术。不仅是动态光散射，光阻法、光学显微镜、场流分离、共振质量测量等均被用于测定聚集体和颗粒[137,138]。

DLS是通过Malvern Zetasizer Nano-ZS进行的。结果（三次测定的平均值）以尺寸分布曲线以及多分散系数（polydispersity index，PDI）和z-平均（密度加权平均直径所得的累积分析）显示[139]。PDI值描述了粒径分布的宽度，范围从0（理论值）到1，即从完全单分散的样品到包含多种粒径的宽分布样品。

图33-7是对2个不同批次的IVIG（未稀释以及在0.9%氯化钠中以1∶5进行稀释）通过DLS测量所得的粒径分布。对于未稀释的样品，记录了含双峰和三峰的粒径分布（图33-7A），IVIG1的平均PDI为0.306，z-平均为2.17 nm，而IVIG1的PDI为0.828，z-平均为6.355 nm。低聚IVIG1分布在10~100 nm之间，高聚IVIG 2分布在100~1000 nm之间。由于高浓蛋白溶液往往由于静电相互作用而表现出聚集，因此会有不止一种分布，但静电相互作用在稀释后是可逆的[140]。由于高浓蛋白溶液的多重散射效应，未稀释的样品中无法

测得可靠的z-平均值[139,141]。用0.9% NaCl以1：5进行稀释后，两种IVIG制剂均检测为单分布（图33-7B）。IVIG1的平均PDI为0.056，z-平均为5.962 nm，而IVIG2的平均PDI为0.157，z-平均为6.327 nm。Jossang等人确定其水合半径为5.5 nm[142]，这已通过当前对IVIG1的分析证实。相比之下，PDI和z-平均值非常清楚地反映出IVIG2种含高分子量的聚集体，其峰形显示的差异不明显，但可以清晰地看到其分布变宽且不对称性增加。

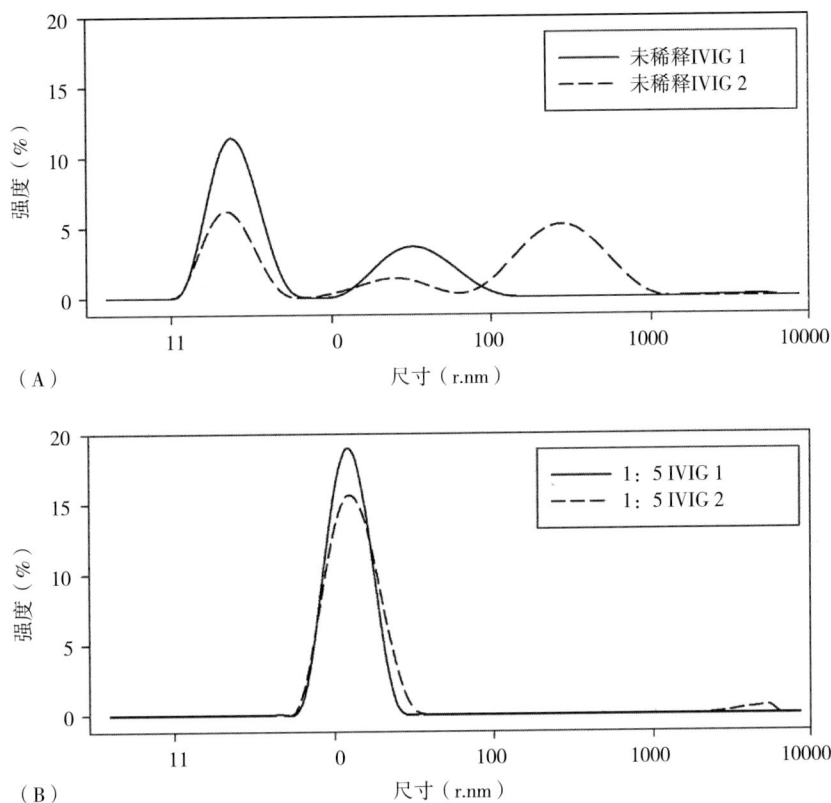

图33-7　该图显示了聚集体含量较低的静脉注射人免疫球蛋白制剂（IVIG1）和具有可检测量的未稀释（A）和
1：5稀释（B）的较大分子量化合物的静脉注射人免疫球蛋白制剂（IVIG2）

二十二、抗体滴度

某些特异性抗体（如乙肝病毒抗体）的浓度在欧洲药典中是强制性规定的，但此外，某些敏感抗体（如甲肝病毒抗体）的浓度随时间的降低可用于评估IVIG制剂的质量。

欧洲药典规定乙肝病毒抗体的最低滴度为1 IU/g IgG。这些抗体在血浆中大量存在，且从未低于该限度。然而，在稳定性研究中，浓度一致性是衡量IgG分子活性保持的有用指标。

美国产品质量标准包括对麻疹、白喉和脊髓灰质炎的最低抗体水平要求（按照FDA CFR 21 640.104规定）。目前，最低滴度为美国参考IgG批次176的0.6倍。Audet等人研究表明，从1998年到2003年，166批7种不同的IVIG制剂的滴度均在下降，由原料血浆生产的产品滴度更低。在给药后约1个月，单次给予400 mg/kg IVIG抗体水平达到 ≥120 mIU/ml [143,144]。理论上相当于1个月内最低麻疹中和抗体效价为600 mIU/ml，以维持血清水平 ≥120 mIU/ml。经历过野生型麻疹感染的个体往往比通过疫苗接种获得免疫力的个体具有更高的中和抗体滴度。由于大规模疫苗接种已诱导群体免疫，因此有针对野生型病毒的抗体被削弱了。可以认为，至少在美国血浆中，抗体滴度将继续降低。

在过去的50年里，全球范围内甲型肝炎发病率均有下降的报道[145,146]。发病率的下降与许多国家卫生标准和环境卫生的提高有关，导致血浆中HAV抗体滴度的下降，尽管该抗体在疫苗接种后在体内持续存在10年以上。感染HAV后，血清抗体滴度比接种HAV疫苗后高3至30倍。感染所诱导的滴度水平的临界值定义为11,400 mIU/ml，而接种疫苗的滴度几何平均值为404.1 mIU/ml[147]。Zaaijer等人也发现自然感染后抗HAV滴度提高了3~5倍[148]。HAV疫苗接种似乎会引起免疫记忆细胞的激活，甚至在其抗体已无法再被检测到时仍然存在[149,150]，因此不需要再进行强化接种，但会导致滴度较低。因此，机构已经批准将5% IVIG的抗体水平从高于10 IU/ml降低至2.5 IU/ml。

第四节　免疫球蛋白制品中的低水平血浆蛋白杂质

一、白蛋白和转铁蛋白

这两种血浆蛋白在IgG制剂的含量在ng至μg范围内，只要满足≥95% IgG的纯度就不会产生毒副作用。两种蛋白均可视为IVIG制剂纯度的标志物，并且大部分均通过生产工艺中的阴离子交换色谱去除。较低的批间差异可表明生产工艺的一致性。

二、IgG 片段和其他蛋白杂质

SDS-PAGE上的条带可以直观地看到IgG是否被片段化以及IVIG制剂中是否包含其他血浆蛋白。在同一IVIG制剂的不同凝胶上使用还原和非还原条件可以用于区分IgG和非IgG条带，天然150 kD IgG分别被还原为50 kD重链和25 kD轻链。

三、XIa 因子

2010年，在给患者使用不同批次的5% Octagam后，血栓事件增加[151]。XIa因子被认为具有主要的促凝活性。因此，2012年对静脉注射用人正常免疫球蛋白各论（0918）[108]进行了更新，补充了生产相关的章节："制备方法还包括已证明可去除血栓生成剂的一个或多个步骤。"强调了识别活化的凝血因子及其酶原和可能导致其活化的工艺步骤。还应考虑生产过程中可能引入的其他促凝剂。

所有IVIG生产商均使用凝血酶生成试验（thrombin generation assay，TGA）、非活化部分凝血活酶时间法（non-activated partial thromboplastin time，NaPTT）、显色F XIa、F XIa ELISA和Wessler家兔瘀滞模型等方法检测了其工艺和最终灌装液。由于实验室之间的测试装置存在差异，迄今为止尚未统一其限值。但高促凝血活性和低促凝血活性可以通过不同的检测原理轻松区分[152]。

第五节　配制

免疫球蛋白制剂的配方不同，则可用于肌内/皮下或静脉注射。由于IVIG制剂的配制不同，并非所有产品都是等效的^[153]。输注前必须考虑给药途径、剂量和制剂配方。除了源自聚集体的IgG本身的潜在抗原性、针对自身抗原的抗体和补体的激活之外，制剂本身也会引起不良反应。糖类如麦芽糖、蔗糖、葡萄糖等被用作辅料，以稳定和适应血浆渗透压。蔗糖与急性肾功能衰竭有关，葡萄糖和山梨醇会被代谢为果糖，遗传性果糖不耐症患者应避免使用。使用基于葡萄糖脱氢酶吡咯喹啉奎宁或葡萄糖染料氧化还原酶方法的系统时，麦芽糖可能导致血糖仪读数假性偏高。甘氨酸和L-脯氨酸等氨基酸具有稳定IgG的作用，因为蛋白可吸收水分防止其解聚。目前每种产品的稳定剂均有详细审查^[124]。渗透压的正常生理范围是285~295 mOsmol/L。尽管没有心力衰竭、肾功能不全、高血压和血管疾病的患者可能可以耐受更高的渗透压，但IgG溶液应以该范围为目标。

IVIG的IgG浓度为5.0%~16.5%，SCIG的IgG浓度为10%~20%。两种给药途径的IgG半衰期没有显著差异^[154]。以更频繁的时间间隔使用较小剂量的皮下注射给药可获得稳定的较高谷值的IgG血清浓度。对于液体超负荷和输注后头痛的患者，皮下注射可能是首选。其他考虑因素主要包括输注部位和治疗费用等^[7]。

人们还发现pH对稳定性存在影响：pH=4.5时，IgG分子几乎仅以单体形式存在，而pH>6.5时，形成了越来越多的二聚体和低聚物。在酸性pH下，IgG分子带高正电荷，因此聚集体因静电排斥作用分离^[155]，阻止聚合体的形成^[156,157]。二聚体的百分比与混合血浆的供体数量成正比，因为独特型-抗独特型抗体随供体数量的增加而增加^[158]。低pH下，二聚体的形成是可逆的。在大多数情况下，患者对低pH耐受，因为其会被血液的缓冲能力迅速中和。

2~25℃条件下，24~36个月的有效期是理想的，但必须得到稳定性研究的数据支持。2~8℃下的长期储存对大多数IVIG和SCIG制剂的质量几乎没有影响。然而，在室温下储存超过12个月会有产生抗体片段的风险，尽管欧洲药典各论中并未说明。但是，建议片段浓度不应超过聚合物的浓度限度。

此外，由于还原糖（来源于稳定剂或血浆）、胺、氨基酸、肽和蛋白质之间的美拉德反应产物，IgG溶液的颜色可能变为黄色^[159]。

第六节 结论

静脉注射免疫球蛋白产品是表征明确的生物制品，尽管其多由具不同特异性的抗体混合组成。与凝血因子一样，并无免疫球蛋白的经典活性测试。然而，分子大小分布和抗原结合能力的确定可证明制剂中IgG分子的结构和功能完整性。目前已有数种方法来表征聚集体，并提供了有关IgG分子天然原性的附加信息。例如甲型肝炎和麻疹抗体滴度，会由于捐献者对这些病毒的暴露较低而下降。血浆来源国较好的卫生状况或疫苗接种计划的优化是造成抗体滴度降低或效果不佳的原因。但大多数制剂中含有足够浓度的抗甲型肝炎和麻疹的中和抗体^[159]。

对于市场上大多数IVIG和SCIG产品，病原体安全性不再是一个问题。经过严格的供体筛选，多个工艺分离步骤以及专门的病毒灭活和除病毒步骤，有助于实现较高的病原体安全性。

预计到2020年，IgG市场需求将达到200吨以上^[160]，这使IgG成为世界上体积最大的注射用蛋白生物制品之一，也是人类血浆中使用最多、用途最广泛的治疗成分。此外，在过去15年，因对医疗投资的日益关注，东欧、亚洲、拉丁美洲和中东地区的新兴市场得到发展，这也使包括IgG制剂在内的血浆制品的市场份额增加^[161]。

血制品行业已采取多种措施来满足市场需求。建立高产率的工艺和提高生产能力是其第一步。监管机构对安全性和质量的要求使原材料（原料血浆和回收血浆）的采集成为非常昂贵的步骤[162]，每升血浆的价格非常高——2016年高达165美元/升。加之复杂的生产工艺，与其他生物制品相比，其利润较低。对于IgG浓度为7～10 mg/ml血浆，每升只能分离出3～5 g IgG[24]。近年来，已经建立了几种较成功的纯化工艺，以生产高纯度、高收率和高病毒安全性IVIG制剂。常规的乙醇分离法生产的IgG制剂收率较低，而结合乙醇和辛酸沉淀的混合纯化工艺可以得到高收率的产物。但也存在缺点，由于省略了 I + III 乙醇沉淀步骤，如血凝素等蛋白杂质被共同纯化，导致不良反应的数量增加。为了解决这个问题，必须在生产工艺中加上附加步骤。

当然，仅提高生产能力是不够的，还必须获得原材料——血浆，才能获得更高的产量。因此，主要的生产商已经建立自己的血浆站，以把握整个血浆供应链。这不仅可以保证血浆的可用性，还可以保持其质量标准。所有血浆制品企业都在争夺市场份额，以确保其盈利能力。因此，在过去的十年中，合并与整合不断发生，只有盈利能力最强的企业可以幸存，其目前占所采集血浆的90%[161]。为了寻找新的血浆来源，同时寻找新的市场，与发展中国家的合作及获得发展中国家的支持是一个选择。对于发展中国家，建立血浆分离工业几乎是不可能的，因为它们通常缺少工艺技术和资金管理能力。对于新兴工业化国家而言，合同外包生产是向当地居民提供血浆制品的一种方式[163]。但首先必须建立符合监管机构要求的血浆采集系统。当局批准后，将血浆送至许可的血浆分离商，并将终产品返回给血浆供应商[10]。

从前认为血浆产业可能会受到重组蛋白制品的影响，该假设是错误的。多克隆抗体在短期内不太可能被重组蛋白或单克隆抗体取代，因为其无法与多克隆抗体的功效和价格竞争。多克隆抗体制剂包含针对一种抗原的几种表位的天然抗体混合物。这种多价性使其比单克隆抗体更有效，特别是与抗体依赖性细胞毒作用相结合时。

IgG是血浆中盈利空间最大的蛋白，是血浆分离业的驱动力。IgG属于经典的血浆产品，我们无法预计短期内是否会有引人注目的新产品与新工艺，目前混合生产工艺仍是主要手段。但对于血浆制品企业来说，唯有不断地创新和研究可助其保持成功，与重组蛋白产品竞争。当然，一些血浆制品企业已经建立重组蛋白制品的生产能力，并与生物制药创新企业建立了良好的合作关系。

参考文献

第三十四章

疫苗行业的现代生产策略

Hari Pujar*, Mats Lundgren†

*Moderna Therapeutics, Cambridge, MA, United States, †GE Healthcare Life Sciences, Uppsala, Sweden

第一节　引言

　　重组DNA技术的出现对生物制药工艺产生了巨大影响，正如本书中的其他章节所证明的那样。尽管疫苗生产在业界被誉为一门古老的艺术，疫苗生产工艺也受到了同样的影响。许多常用的疫苗类型如婴幼儿用的白喉、破伤风和百日咳的儿科疫苗以及每年的流感疫苗，早在rDNA技术出现之前就已经问世。然而，现代疫苗的制造工艺与重组DNA治疗用生物制品rDNA疗法的制造工艺是同步发展的。从自然变异，到现代疫苗学之父爱德华·詹纳，再到疾病病菌理论的先驱路易斯·巴斯德，再到在细胞培养中培养病毒的约翰·恩德斯，最后再到重组疫苗和联合疫苗，疫苗的演变是医学胜利史上的一系列精彩故事（图34-1）。早期疫苗通常具有不良反应原性，这主要是由于制剂中使用了完整的病原体和制备工艺中的杂质导致的，上述原因促进了更高纯度和更好安全性特征的新型疫苗的产生。疫苗的发展反映了疫苗免疫学、微生物和分子生物学、分子病理学、工艺和制剂开发以及分析表征的进步，并已得到广泛记录[1]。本章对疫苗行业的当代生产实践进行概述。尽管并不详尽，但我们涵盖了已获得上市许可疫苗已采用的策略以及正在开发的策略。疫苗对人类健康产生了重大影响，并且在医疗保健系统中是一种极具成本效益的工具，在这个越来越关注医疗保健成本的时代，其关注度得到了进一步提高。

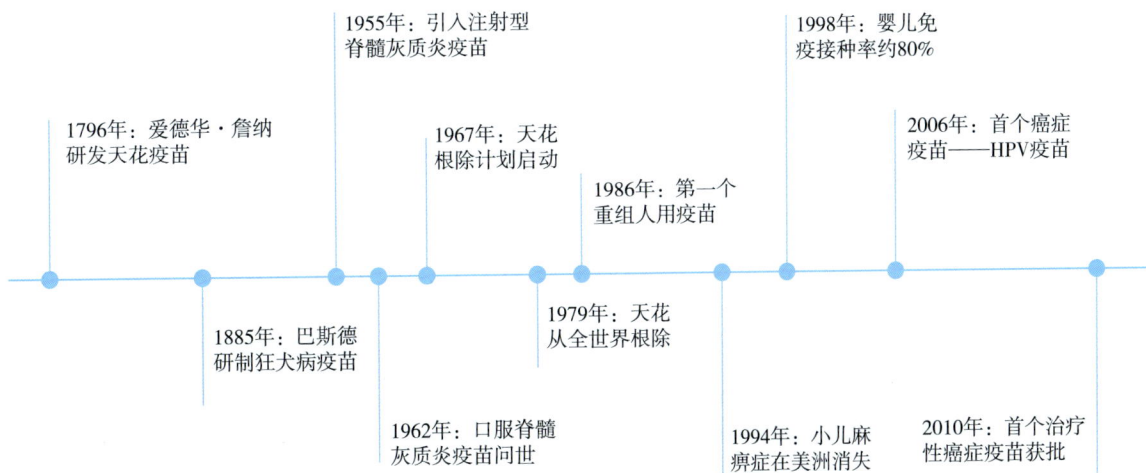

图34-1　疫苗史的里程碑

第二节　概述

本章是按照疫苗的分类顺序整理的。疫苗的最广泛分类可分为两类：活疫苗和非活疫苗。后一类可进一步分为灭活的完整病原体疫苗和亚单位疫苗（图34-2）。还有其他方法对疫苗进行分类，包括根据引起疾病的病原体的性质（图34-3）。生物工艺的进步发生在这些产品的每一个类别中，而亚单位疫苗的生产工艺从现代生产和分析工具中得到了最大获益。尽管"生产工艺定义产品"这一概念在很大程度上是疫苗生产的主要控制理念，但亚单位疫苗在其生产工艺表征和产品表征方面已基本达到了与治疗用重组DNA蛋白疗法一致的水平。亚单位疫苗包括蛋白质、病毒样颗粒（virus-like-particle，VLP）、多糖、结合物和核酸等类型。由于流感疫苗的重要性，我们将其单独列为一个章节来讨论。最后，尽管疫苗主要是预防性的，并且主要用于抵抗传染病，但是越来越多的治疗性疫苗正在开发中，尤其是在癌症免疫疗法的领域。但是，除了在核酸疫苗的背景下顺便提一下外，本章不会详细讨论这一领域的内容。

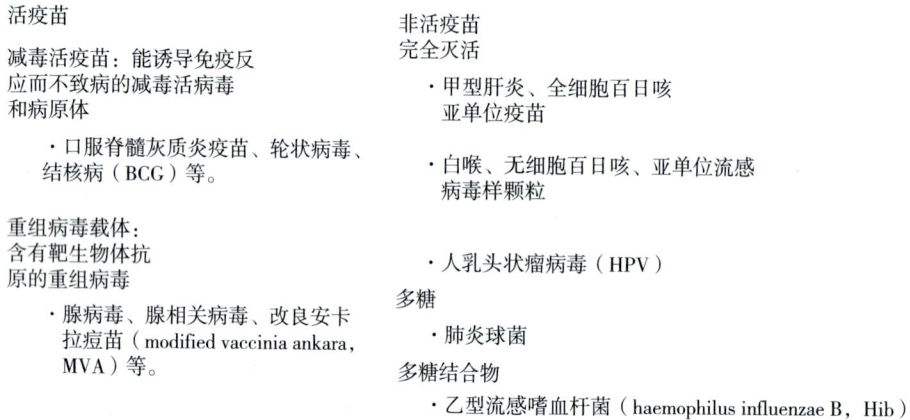

活疫苗

减毒活疫苗：能诱导免疫反应而不致病的减毒活病毒和病原体

　·口服脊髓灰质炎疫苗、轮状病毒、结核病（BCG）等。

重组病毒载体：
含有靶生物体抗原的重组病毒

　·腺病毒、腺相关病毒、改良安卡拉痘苗（modified vaccinia ankara，MVA）等。

非活疫苗
完全灭活

　·甲型肝炎、全细胞百日咳
　　亚单位疫苗

　·白喉、无细胞百日咳、亚单位流感
　　病毒样颗粒

　·人乳头状瘤病毒（HPV）

多糖

　·肺炎球菌

多糖结合物

　·乙型流感嗜血杆菌（haemophilus influenzae B，Hib）

图34-2　疫苗类型的分类及选定的实例

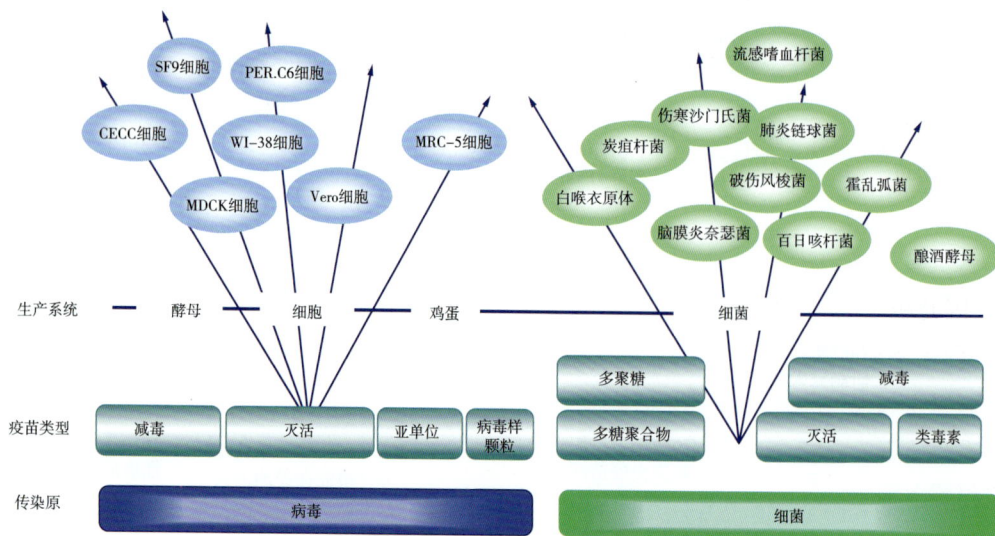

图34-3　疫苗生产中使用的生产系统和细胞基质

第三节　全微生物疫苗

全微生物疫苗，特别是病毒疫苗，无论是减毒活疫苗还是灭活疫苗，将在未来的疫苗中继续发挥作用，因为它们的物质形式与引起感染的病原体最接近。但是，随着人们对疫苗免疫机制认识水平的提高，科学会自然地向亚单位疫苗这样简化的方向进行转换。虽然使用整个病毒或甚至是裂解的病毒的方法表明了一种多维的免疫反应，并可以在较低剂量且无需佐剂的情况下有效，但优质的具有明确生物物理和生化特性的精制蛋白毫无疑问仍具有吸引力。即使认识到疫苗在耐受性和功效之间存在平衡，可被良好定义的纯化蛋白仍可能最大程度地减少与疫苗相关的耐受性问题。高度纯化的亚单位疫苗通常需要使用更高剂量和（或）佐剂。佐剂的使用削弱了开发疫苗可被良好表征的目的。尽管如此，近期的两个与疫苗组分相关的案例仍指出需要更充分表征和纯化的抗原[50, 51]。

一、病毒疫苗

全微生物疫苗主要是减毒活病毒疫苗。减毒活病毒疫苗从爱德华·詹纳（Edward Jenner）的天花疫苗开始，这类疫苗中包含了人类健康领域中使用的疫苗，包括麻疹、腮腺炎、风疹、脊髓灰质炎、水痘、黄热病、轮状病毒、带状疱疹等病毒疫苗，以及最近获得上市许可的四价登革热疫苗[2, 3]。尽管此类疫苗在生产工艺和产品开发方面存在诸多挑战，但可获得CD8⁺T细胞免疫反应以及单剂量给药方案的可能性，使得减毒活疫苗对于病毒性疾病的控制成为一种有吸引力的方法。这种方法在工艺和产品开发方面存在诸多挑战，但对病毒性疾病来说，还是很有吸引力的。已有对病毒疫苗生产进行全面涵盖制备全过程的综述发表[4]。病毒疫苗涉及五个重要领域是：细胞基质的选择、病毒毒种的选择、生物反应器技术、纯化和最终产品的稳定性。生物反应器技术和纯化技术的选择与细胞基质的选择密切相关。

（一）细胞基质

细胞基质的选择至关重要，因为它会影响多个生产属性，包括病毒产量、生物反应器配置和纯化目标，所有这些属性都对监管和商品销售成本（COGS）均可能产生重大的影响。尽管原代细胞是过去常用的解决方案（仍用于流感疫苗生产；更多内容在本章后面会详细介绍），但当前疫苗生产选择的细胞基质是人二倍体或传代细胞系（图34-3）[5]。人二倍体细胞，例如医学研究理事会-5细胞（MRC-5）和Wistar研究所-38细胞（WI-38），已广泛用于活病毒疫苗的生产，并具有完善的安全性记录。与原代和人二倍体细胞相比，Vero细胞和马-达氏犬肾（Madin Darby Canine Kideny，MDCK）等连续细胞系具有适应大规模和无血清培养基中培养的能力，因此越来越多地得到使用。由于这些细胞系是可连续传代的，因此它们最终产品的DNA残留和细胞传代次数受到严格限制，对于DNA残留的限制旨在去除潜在的致癌基因片段，并限制细胞传代数。Vero细胞系于1962年从非洲绿猴的上皮肾细胞衍生而来，并已发展成为病毒疫苗生产的平台，已用于生产批准的灭活脊髓灰质炎疫苗、轮状病毒疫苗以及许多正在开发的疫苗。

最近，"经设计"的重组细胞系（如PER.C6和CAP细胞）[6]的开发，为可被良好定义和表征的细胞基质提供了可能，该技术通过使用新兴的分子生物学工具进一步定制一个来源明确、特征清晰的细胞基质，如代谢组学、RNA谱分析、基因编辑等。这些悬浮细胞系培养工艺可以从重组治疗蛋白哺乳动物细胞生产的巨大发展中获益，后者不断的工艺优化显著提高了生产率[7, 8]。Vero和MDCK细胞现在也已适应悬浮无血清细胞培养[9, 10]。在某些情况下，专利的细胞系可能伴随着大量的使用许可费用。

（二）病毒株建立

传统的病毒疫苗（例如脊髓灰质炎、麻疹、腮腺炎、风疹、黄热、水痘、流感、狂犬、甲型肝炎疫苗）已使用以下策略：通过病毒传代来减弱致病株致病力获得减毒株或灭活。这种方法尽管是经验性的，但显然对我们很有帮助。在分子生物学时代，对毒力相关和免疫原性相关基因的鉴定引入了更有针对性的方法来实现减毒[11]。使用病毒载体提供了平台技术的益处，该技术系通过一种病毒的骨架递送另一种病毒的抗原[12]。腺病毒[13]和腺相关病毒[14]载体已经被评估了很长时间。最近的例子显示，其中一些病毒载体已获得临床试验阶段的成功，如Acambis/Sanofi Pasteur公司的基于黄热病病毒的ChimeriVax平台、NewLink Genetics/Merck公司最近用于埃博拉病毒的水疱性口炎病毒（Ribosomal vesicular stomatitis virus，rVSV）平台[15-19]、Crucell/JNJ公司的人腺病毒26/35（Adenovirus-26/35，Ad26或Ad35）平台[17, 19, 20]、Okairos/GSK公司的黑猩猩复制缺陷型腺病毒（Chimpanzee-derived replication-defective adenovirus，ChAd）[21]、牛痘病毒平台[22, 23]和alpha病毒平台[24]。在ChimeriVax平台中，减毒重组病毒载体系采用黄热病17D病毒构建，其中黄热病17D病毒包膜蛋白基因被另一种黄病毒的相应基因取代。该载体已被用于开发和得到许可的乙型脑炎疫苗ChimeriVax-JE[25]和登革热疫苗Dengvaxia，并已获得上市许可[3, 26]。基于该平台上的西尼罗河病毒疫苗正在进行临床开发[27]。病毒载体技术的出现使得成熟的无血清Vero细胞培养平台进行病毒培养使用成为可能。

生物反应器技术　除细胞基质和病毒株建立选择外，细胞和病毒培养技术是疫苗生产工艺开发的最重要指标[4, 28, 29]。尽管传统疫苗将继续使用依赖于贴壁的方式生产，例如T形瓶、细胞工厂和转瓶，但培养工艺开发的目标通常是如前所述的悬浮培养。许多用于疫苗生产的细胞基质，例如二倍体细胞和Vero细胞，本质上都有贴壁依赖性。这些细胞在病毒感染之前，已使用塑料的T形瓶、滚瓶或细胞工厂模式培养扩增。尽管该模式在小规模中效果很好，但由于工业化生产需要大量的烧瓶、机器人技术以及对大量瓶子的敞口和合并处理，带来相关风险，该培养技术对工业化的吸引力较小。新兴的细胞治疗行业正在采用的贴壁模式的细胞培养技术正在带来杠杆式的技术革新。

一种静态细胞培养的替代方法是使用微载体。van Wezel[30]首先构思了通过搅拌保持悬浮的小球（微载体）上培养贴壁依赖性动物细胞的想法。该方法与工业规模的标准悬浮细胞培养生产程序相一致。脊髓灰质炎灭活疫苗和流感疫苗中的广泛研究（流感疫苗是每年更新的季节性疫苗，效率低下）使该领域不断创新，从而实现了大规模的基于微载体的悬浮生物反应器生产[31, 32]，克服了一直以来存在的物料转移和流体剪切的挑战。基于微载体的病毒生产目前已达到6000 L规模。使用微载体可以生产多种病毒，包括在悬浮培养中敏感的病毒（例如疱疹）。微载体系统生产的疫苗包括脊髓灰质炎、狂犬病、流感、乙型脑炎和口蹄疫（foot-and-mouth，FMD）疫苗[33, 34]。微载体培养的放大可以通过增加容器的尺寸和（或）通过增加微载体的浓度来完成。通常用胰蛋白酶消化细胞或用重组蛋白酶处理细胞以使其与微载体分离，然后以更大的规模接种在新鲜的微载体上。

最后，现在已经完成了向大规模悬浮细胞培养的过渡。目前在Holly Springs，NC建立了用于流感疫苗的6000 L规模MDCK细胞悬浮培养。这一点将在流感疫苗部分进行更详细的讨论。最近已有在这些情况下提高生产力的方法的相关综述发表[29]。

在疫苗生产中，使用一次性生物反应器的趋势日益增长。许多适用于一次性生物反应器的疫苗都能进行规模化生产（可获得高达2000 L的体积）。一次性生物反应器的使用也促进了生产设施中的多种产品生产，并减少批次之间的转换时间。最近，颇具意义的一次性微生物生物反应器也已推出，能够在一次性设备中生产细菌疫苗。

生物工艺设计领域的复杂性需要为每个细胞基质–病毒培养工艺组合提供独特且重要的工艺开发工作，以开发出稳定耐用、连续一致和可规模放大的生产工艺。尽管该特点阻碍了通用性工艺平台的开发，但每个产品专有的工艺技术理解以及产品定义–工艺的关联性知识为产品开发者提供了商业竞争优势。

（三）病毒疫苗的纯化

尽管传统的全病毒疫苗没有经过太多的纯化，但较新的疫苗，尤其是在连续细胞系中产生的疫苗和灭活的疫苗，都经过了大量的纯化（图34-4）。

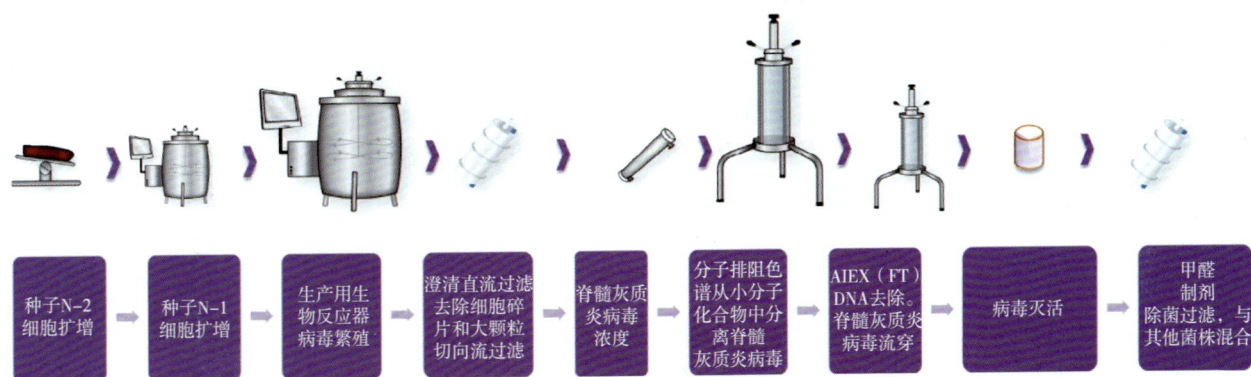

| 种子N-2细胞扩增 | 种子N-1细胞扩增 | 生产用生物反应器病毒繁殖 | 澄清直流过滤去除细胞碎片和大颗粒切向流过滤 | 脊髓灰质炎病毒浓度 | 分子排阻色谱从小分子化合物中分离脊髓灰质炎病毒 | AIEX（FT）DNA去除。脊髓灰质炎病毒流穿 | 病毒灭活 | 甲醛制剂除菌过滤，与其他菌株混合 |

图34-4　病毒疫苗生产工艺举例

与在许多公司已建立通用的单克隆抗体纯化工艺平台形成鲜明对比，疫苗纯化面临的挑战具有广泛的多样性，包括病毒大小、包膜性质、稳定性和细胞系方面等因素带来的挑战。关键的下游工艺日标关键是减少宿主细胞来源的杂质，同时需要保持脆弱的病毒活性。在采用连续细胞系[34A]生产的情况中，DNA的残留特别值得关注。此外，口服还是肌肉注射的给药途径也是很重要的影响因素。此外，由于缺乏对病毒纯度和效力的牢靠的检测方法，使得纯化工艺开发变得更加复杂，因此下游工艺开发更具有挑战性。

现代下游纯化开始于通过离心和（或）过滤收获病毒，通过色谱纯化，根据需要使用的化学添加剂灭活，最后用切向流过滤处理[35, 36]。根据目标产品的要求，有些步骤没有执行。如果需要，灭活可能会发生在几个不同的步骤，具体取决于工艺设计。通常建议在纯化完成后进行灭活，以免使宿主细胞蛋白和目标病毒交联，尽管它使大多数下游工艺属于生物安全2级或更高水平。

在早期，全病毒疫苗的纯化有时会使用密度梯度超速离心结合过滤技术。超速离心方法非常耗时、可放大性差并且需要大量维护。因此，有必要转化到色谱方法。尽管分子排阻色谱法（SEC）可以在实验室规模下提供有效的纯化，但通量低[37]限制了其在工业规模加工中的应用。下一个方法是使用专为蛋白质分离设计的色谱树脂。然而，大尺寸病毒导致低下的结合能力，需要使用大孔树脂。最近，无论是固定填充床形式还是膜形式的色谱法，其中进料中的杂质均被吸附到树脂上，而目标病毒则不被保留地流穿通过色谱柱，这样就能以最小的稀释量显著提高产处理通量。这种树脂设计的创新将继续推进纯化平台的发展，例如新的核心珠子（core bead）类型[38]。这种树脂是双功能的，包括一个非活性外层和一个带有配体的活性核心，用于捕获污染物（图34-5）。其孔径经过专门设计，可以排除较大的分子实体（例如病毒和大的蛋白质复合物），但允许较小的实体（例如蛋白质、肽和小的DNA片段）进入内部空间，并发生配体吸附。

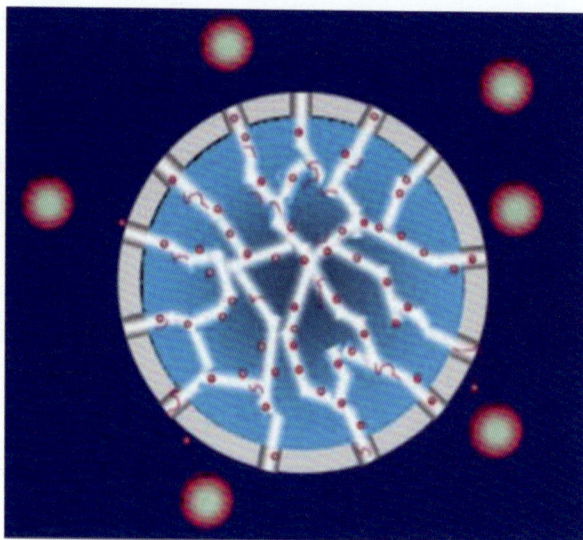

图 34-5 病毒颗粒包围的核心微珠的横截面示意图

(四)病毒的稳定化

大多数活病毒疫苗需要以干燥的形式稳定下来,以便于分发。通常通过添加复杂的稳定剂并通过冻干来完成。这使得需要承受上游长时间的细胞扩增和病毒培养过程的病毒疫苗制造工艺变得更加漫长、复杂和昂贵。除了干粉之外,需要提供单独的稀释剂,这也增加了这类疫苗的成本和冷链影响。例如,就Dengvaxia而言,其中四种病毒是独立收获、稳定和冻干的,这需要在产品制造方面进行超过5亿美元的投资[2]。此外,其在产品开发方面的投资也同样巨大,其中大部分资本投资是在Ⅲ期临床试验获得成功之前完成的。除了位于法国Neuvilesur-Saône的原液生产地点和位于法国Val de Reuil的配制、灌装和包装工厂外,位于美国的另一个配制、灌装和包装工厂正在进行扩建[39],可能是为了扩大冻干工艺的生产量。已有更高通量和更低成本的干燥过程在开展研究,例如喷雾干燥,但是迄今为止,该技术尚未用于商业疫苗制造过程。

第四节 细菌疫苗

全微生物疫苗以病毒类疫苗为主,最有趣的生物加工技术就在该领域。全细菌细胞疫苗由有限的群体构成,例如百日咳、卡介苗(用于结核病)和霍乱。这些疫苗和源于病原体培养相关的细菌亚单位疫苗均借鉴了DNA重组产品培养工艺中取得的进展,其中去除动物来源的成分是主要的进步。全细胞百日咳疫苗已在很大程度上被无细胞百日咳疫苗所取代。尽管疫苗接种率很高,但百日咳还是重新出现了,不过对于这是否是由于改用无细胞百日咳疫苗所致,医学界还存在分歧[40]。Vaxchora是一种最近获得上市许可的单剂量减毒活霍乱疫苗,以冻干形式提供,需要冷冻储存。相对于先前的全灭活细菌疫苗,这种疫苗的潜在高成本被单剂量方案的便利性所抵消[41]。

第五节　寄生虫疫苗

全寄生虫疫苗是另一个历史悠久的类别，尽管目前还没有批准的疫苗。由于缺乏对这些病原体/抗原免疫学的了解，培养和收获整个寄生虫的生物工艺挑战更加复杂[42-44]。疟疾、利什曼病和血吸虫病等寄生虫病长期困扰着人类健康，特别是在资源匮乏的环境中。RTS（S疫苗）是一种已经批准的疟疾疫苗，这是一种复杂的二价亚单位疫苗（以下是此类疫苗的更多内容），包括：①一种由融合多肽，该融合多肽序列由来自疟原虫的两个蛋白质序列与乙型肝炎表面抗原融合而成；②包含乙型肝炎表面抗原和AS01佐剂。经过漫长而昂贵的开发，欧盟人用医药制品委员会（Committee for Medicinal Products for Human Use，CHMP）于2015年依据欧洲药品管理局（European Medicines Agency，EMA）第58条发表了积极意见，旨在促进疫苗在发展中国家的销售。该疫苗对幼儿的有效性为28%~36%[45]，随着时间的推移而减弱[46]，这意味着人们仍需要努力寻找更好的疫苗。

最近，一种经辐射减毒的恶性疟原虫全孢子疫苗显示出非常好的效果[47]，并因此被FDA指定为快速通道疫苗。疫苗开发商Sanaria预计将在2017年申请许可。尽管疫苗给药方案涉及多剂量给药和静脉注射给药，这提示疫苗研发存在重大的挑战，但这种疫苗的生物加工工艺是非常了不起的。通过手动解剖恶性疟原虫全孢子感染的蚊子的唾液腺后经辐射灭活、无菌分装，并通过在液氮中运输等过程来实现无菌生产，该生产过程是一项相当大的生产创举[48]。已有计划拟将人工解剖转换为机器人过程，这将通过一种新颖的众包方式提供资金资助予以事项。

第六节　亚单位疫苗

自2000年以来在美国获得上市许可的八种新型疫苗中，即针对乙型肝炎、肺炎球菌、脑膜炎球菌、人乳头瘤病毒（HPV）、轮状病毒、带状疱疹、流感和脑膜炎球菌B的疫苗中，只有三种（流感、轮状病毒和带状疱疹）是全病毒疫苗。目前，一种用于流感的亚单位疫苗已经获得许可，带状疱疹的疫苗也即将获得许可。这是因为人们对疫苗免疫学有了更多的了解，"反向疫苗学"[52]和工艺-分析表征-制剂技术的进步就很好地说明了这一点。促成这一点的疫苗生产技术包括rDNA蛋白质生产的进步，以及更广泛的生物大分子生产、结合技术的成熟，以及新型的、更好能被表征的佐剂系统的开发。

一、重组蛋白疫苗和病毒样颗粒疫苗

当然，亚单位疫苗的使用时间要长得多——从百白破（diphtheria，tetanus，and pertussis，DTP）疫苗开始。随着酵母中重组表达的乙型肝炎表面抗原疫苗的出现[53, 54]，及随后在中国仓鼠卵巢细胞中重组的表达[55]，开始了重组蛋白疫苗的研究领域。有趣的是，第一种重组疫苗并不是简单的蛋白，实际上是一种复杂的生物制品—— 一种由脂质和蛋白成分组成的乙肝VLP。尽管乙型肝炎病毒作为一种包膜病毒，它对生产工艺产生了挑战，但用于无包膜病毒的VLP生产已实现了通过结构蛋白的分解和重新组装以产生良好形态的颗粒的工艺[56]。生产工艺包括在细胞中生产VLP，然后在下游操作中将其重组装为稳定的免疫原性形式。重组装生产包括重组蛋白以多角蛋白形式形成蛋白包涵体，并在下游工艺操作中进行解折叠-复性[57, 58]。

重组装也促进了疫苗更好的免疫原性和长期稳定性[59,60]。这项技术使得第一款HPV疫苗Gardasil（加达修）获得许可，该疫苗现已扩展到包含9种VLP成分的疫苗，这是几十年前很难想象的壮举。

杆状病毒载体-昆虫细胞表达系统的开发[61,62]使两种新的亚单位疫苗获得许可。第二种HPV疫苗Cervarix在T.ni细胞中进行表达。与其他表达系统相比，杆状病毒昆虫细胞系统特别适合生产需要共表达多种衣壳蛋白的VLP[63]，尽管直到现在许可的VLP疫苗仅包含一种衣壳蛋白。一种由自组装的接近全长的RSV F融合糖蛋白三聚体组成的呼吸道合胞病毒（Respiratory syncytial virus，RSV）纳米粒子疫苗在Sf9细胞中生产，最近的III期临床结果并不令人满意[64]。最近在美国获得杆状病毒载体-昆虫细胞系统许可的第二种疫苗是Flublok，这是一种季节性流感疫苗，由Sf9细胞中表达的血凝素蛋白组成[65]。一种用于戊型肝炎的VLP疫苗最近在中国获得许可[66,67]，并在大肠埃希菌中生产[68]。乙型肝炎疫苗的重组生产已经成熟，现在在发展中国家，单剂乙型肝炎疫苗的售价低至每剂0.175美元[69]。VLP的未来开发将继续需要生物工艺的进步，VLP可能仍然是病毒疫苗开发的关键工具[70,71]。

自白喉和破伤风类毒素问世以来，单蛋白抗原就已经存在。然而，单一重组蛋白的疫苗相当罕见，迄今为止仅有一种疫苗获得许可（表34-1，表34-2）。另一种针对莱姆病的单一重组蛋白疫苗LIMErix于1998年获得许可，但后来被制造商撤回。

表34-1　美国批准的重组DNA亚单位疫苗

疫苗	公司	蛋白质	生产系统	佐剂	首次许可
重组乙型肝炎疫苗（Rcobivax HB）	默克	乙型肝炎表面抗原	酿酒酵母	硫酸羟磷酸铝	1986
重组乙型肝炎疫苗（安在时，Engerix B）	Glaxo Smith Kline	乙型肝炎表面抗原	酿酒酵母	氢氧化铝	1998
莱姆病疫苗（Limerix）	GSK	Borellia burgdorferi外表面蛋白（OspA）	大肠杆菌	氢氧化铝	1998年；2002年撤回
人类乳头状瘤病毒疫苗（Gardasil，加卫苗）	默克	由来自HPV血清型6、11、16和18的L1蛋白组成的四价VLP	酿酒酵母	硫酸羟磷酸铝	2006
人类乳头状瘤病毒疫苗（Cervarix，赛莎妥）	GSK	由HPV血清型16和18的L1蛋白组成的二价VLP	Trichoplusia ni昆虫细胞中的杆状病毒	AS04	2009
人类乳头状瘤病毒疫苗（Gardasil 9，加卫苗9）	默克	其他五种血清型	酿酒酵母	硫酸羟磷酸铝	2014
流感疫苗（Flublok）	Protein Sciences	来自三种流感病毒的HA	草地贪夜蛾九种昆虫细胞中的杆状病毒	无	2013
乙型脑膜炎疫苗（Bexsero）	诺华（现GSK）	NadA、NHBA、fHbp（OMV也是疫苗的组分）	大肠杆菌用于NadA、NHBA、FHBP；脑膜炎奈瑟菌的OMV	氢氧化铝	2015
B群脑膜炎球菌疫苗（Trumenba）	辉瑞	来自A和B的fHBP	大肠杆菌	磷酸铝	2014
疟疾疫苗（RTS，S）	GSK	由来自疟原虫的两个蛋白质序列与HBSAg和HBSAg融合的融合多肽组成的二价	酿酒酵母	AS01	2015年（第五十八条）
带状疱疹疫苗（欣安立适，Shingrix）	GSK	水痘病毒的gE	中国仓鼠卵巢	ASO1b	于2016年10月提交FDA批准

数据来自包装说明书，http://immunize.org/

表34-2　自2000年以来批准的其他（非重组DNA蛋白）疫苗

疫苗	公司	疫苗类型	生产系统	佐剂	首次许可
霍乱疫苗（Vaxchora）	PaxVax	减毒活菌	霍乱弧菌菌株CVD 103-HGR	无	2016
流感疫苗（Fluzone ID）	赛诺菲巴斯德	四种不同的灭活"分裂"流感病毒；皮内	鸡蛋	无	2014
流感疫苗（福禄立适 Fluarix）	GSK	四种不同的灭活"分裂"流感病毒	鸡蛋	无	2012
流感疫苗（Flucelvax）	诺华（GSK）	三种不同的灭活"分裂"流感病毒	MDCK细胞（混悬液）	无	2012
13价肺炎球菌结合疫苗（Prevnar-13）	辉瑞	13价蛋白-多糖结合疫苗	来自13种血清型肺炎链球菌的多糖分别与衍生自c的CRM197偶联。白喉	磷酸铝	2010
脑膜炎双球菌四价疫苗（脑宁安，Menveo）	诺华	四价蛋白-多糖结合疫苗	来自Men A，C，Y，W135的多糖分别与衍生自白喉衣原体的CRM197级合	无	2010
口服轮状疫苗（Rotarix）	GSK	二价活牛人重配病毒疫苗?	Vero细胞	无	2008
流感疫苗（Afluria）	CSL	灭活流感病毒	鸡蛋	无	2007
脑膜炎双球菌疫苗（Menactra）	赛诺菲巴斯德	四价蛋白-多糖结合疫苗	来自人A、C、Y、W135的多糖，与衍生自白喉杆菌的白喉类毒素单独结合	无	2005
水痘疫苗（ProQuad）	默克	四价	鸡胚（麻疹，腮腺炎），W1-38（风疹），MRC-5（水痘）	无	2005
流感疫苗（福禄立适 Fluarix）	GSK		鸡胚	无	2005
百白破疫苗（Adacel）	赛诺菲	TDAP	破伤风梭菌（T）、白喉梭菌（D）和百日咳博德特氏菌（aP）	磷酸铝	2005
百白破疫苗（Boostrix）	GSK	TDAP	破伤风梭菌（T）、白喉梭菌（D）和百日咳博德特氏菌（aP）	氢氧化铝和磷酸铝	2005
鼻喷流感疫苗（FluMist）	医学	二价流感病毒活疫苗	鸡蛋	无	2003
五联苗（Pediarix）	GSK	DTAP-IPV-乙肝	破伤风梭菌（T）、白喉梭菌（D）和百日咳博德特氏菌（aP）、Vero（IPV）和酿酒酵母（Hep B）	铝盐	2002
百白破疫苗（Daptacel）	安万特巴斯德	DTaP	破伤风梭菌（T）、白喉梭菌（D）和百日咳博德特氏菌（aP）	磷酸铝	2002
甲乙型肝炎混合疫苗（Twinrix）	GSK	HepA-HepB	MRC-5（Hep A）和酿酒酵母（Hep B）	氢氧化铝和磷酸铝	2001
肺炎球菌结合疫苗（Prenvar）	惠氏	七价蛋白多糖结合疫苗	来自七种血清型肺炎链球菌的多糖分别与白喉衣原体衍生的CRM197偶联	磷酸铝	2000

　　相比之下，在同一时期，大量的重组蛋白疫苗已获得许可[72, 73]。更常见的是蛋白质抗原和VLPs的组合；另有四种疫苗含有多种重组蛋白质。这部分是由于需要广泛的免疫反应来提供有效保护。亚单位疫苗经常与佐剂一起使用，以增强免疫反应的强度、广度和持久性，但是，使用新型佐剂的疫苗在许可方面的困难，尤其是对于儿童群体，在某种程度上限制了这种方法的使用。尽管如此，该领域仍取得了一系列值得注意的临床进展，包括美国批准Cervarix与AS04佐剂、Fluad与MF59佐剂以及Shingrix与AS01佐剂的批准。蛋白质抗原可能是细菌的表面蛋白或病毒的包膜/衣壳蛋白，由于其疏水性和翻译后修饰（例如糖基化

或脂化）而通常难以生产。然而，重组蛋白已经在流感和脑膜炎球菌血清群B疫苗的许可以及即将获得带状疱疹疫苗的许可中取得了一定的成绩[74, 75]。疫苗设计包括通过详细的表位对比来确定抗原，以确定保护区域[76-80]，以及通过使用佐剂促进适当的体液和细胞免疫反应引发的[81]。它们的序列设计较为典型，使其能够在有效生产，纯化并最终稳定[82-86]。

二、蛋白亚单位疫苗的替代表达系统

与重组蛋白疫苗一样，人们也对用于生产疫苗抗原的其他表达系统进行了评估。对这些表达系统的详细综述超出了本章的范围。基于植物的重组蛋白生产已在临床开发中取得了一些进展，产生了功能性蛋白和病毒样颗粒[87]。目前尚不清楚植物生产的产品何时会进入商业领域。基于植物的重组蛋白生产的机遇和挑战已被充分证明[88]。

第七节　多糖和蛋白－多糖结合疫苗

许多致病细菌被多糖包裹，并且需要这种包囊的存在才能产生毒力。针对脑膜炎球菌和肺炎球菌疾病的疫苗就是利用这些多糖抗原研制的。多糖疫苗对免疫系统发育不成熟的人群无效，例如两岁以下的人群。为了将B细胞抗原呈递到T细胞抗原，多糖与载体蛋白（通常是细菌蛋白）共价结合。结合疫苗于20世纪90年代初引入，并且不断增加，最能说明问题的是肺炎球菌结合疫苗（pneumococcal conjugate vaccine，PCV）。Prevnar/Prevnar13是有史以来最畅销的疫苗，由13种不同的蛋白质－多糖结合物组成，使其成为有史以来生产最复杂的生物制品，其复杂性已被临床开发中显示的临床价值所超越。位于爱尔兰格兰奇城堡制造这种疫苗的生物制药工厂是世界上最大的生物制药工厂之一，投资超过10亿美元。

不同血清型的多糖是通过培养实际的病原体肺炎链球菌后纯化其各自的荚膜多糖而单独制造的。这些致病菌的发酵需要在生物安全二级的设施中进行操作。细菌灭活后，根据适用于生产预期疫苗的质量标准纯化多糖[89]。多糖纯化采用切向流过滤（TFF）、色谱、乙醇沉淀等下游工艺技术[90]。对于未结合的多糖疫苗，该过程在此停止。对于结合疫苗，有时会通过物理或化学方法对纯化的多糖进行大小测定，以制备结合物[91, 92]。多糖的大小是确定这两种疫苗免疫原性的关键质量属性。

载体蛋白（如CRM197）通过细菌发酵和纯化工艺单独制造。随后，将每种多糖分别与载体蛋白偶联。为了实现偶联，需要对一个或两个生物分子进行化学处理，以便为偶联反应做准备。保持组分的抗原保真度至关重要，同时还优化多糖抗原和载体蛋白两者的反应程度和工艺收率，因为两者都是高价值中间体。使用了几种不同的结合化学，包括还原胺化、氰基化、硫醇烷基化和活化酯[93, 94]。疫苗设计参数很多[93, 95-97]，导致工艺开发、生产和生物学之间的紧密联系。现在可以使用液相色谱－质谱联用仪（liquid chromatograph-mass spectrometer，LC-MS）对实际偶联位点进行表征[98]。从偶联物中除去未反应的多糖可能是纯化中面临的挑战，特别是如果仅采用基于大小的纯化方法并且在偶联之前多糖的大小没有减小。最终制剂由所有蛋白质－多糖结合物和铝佐剂的混合物组成，使得最终产品的分析表征具有挑战性。

近年来，已经尝试了合成衍生的寡糖结合疫苗[99-101]，但迄今为止只有一种获得许可的疫苗[102-104]。

结合疫苗是最新的一类婴幼儿用疫苗，对发展中国家极为重要。现在，B型流感嗜血杆菌疫苗已广泛进入婴儿计划免疫，一些制造商正在研究肺炎球菌结合疫苗。最近，开发并许可了一种专门针对非洲脑膜炎带的新型疫苗[105,106]被开发并获得了上市许可。该疫苗以每剂0.40美元的低价出售[107]。

第八节　核酸疫苗

传统疫苗已经存在了两个多世纪。核酸和多肽疫苗等新技术疫苗具有所有疫苗中最简化的特征。这些疫苗的平台生产性质（仅为不同的表达框外，不同的疫苗抗原通过相同工艺生产）是一个有吸引力的概念。肽疫苗是蛋白质亚单位疫苗的进一步简化，而核酸疫苗结合了活病毒疫苗和亚单位疫苗的优势[108]。它们已证实可引发体液和细胞免疫应答，这是活病毒疫苗的典型免疫特性，但疫苗本身却具有亚单位疫苗的分子特征。在预防性疫苗领域，与肽疫苗相比，人们对核酸疫苗投入了更多的精力。

尽管经过二十多年的临床开发，但仍没有DNA疫苗上市[109]。两个处于后期开发阶段的候选药物包括造血细胞移植受者中巨细胞病毒（Cytomegalovirus，CMV）的治疗性疫苗[110]和HPV的治疗性疫苗[111]。目前，DNA质粒疫苗的生产已相对成熟，包括载体设计、疫苗生产等方面都有一定的发展前景。DNA疫苗通常系使用大肠埃希菌发酵，通过控制菌体裂解进行收获，随后通常使用色谱法和切向流过滤纯化制备的超螺旋质粒[112]。需要特别注意保持质粒的结构完整性。质粒生产力是该技术路线的代名词，因为这些疫苗的剂量水平往往很高，以毫克/剂为单位，而其他亚单位疫苗则以微克/剂为单位。这也是由于DNA疫苗的递送带来的挑战。DNA疫苗需要使用便利的运输方式（主要是通过电穿孔）进行递送，这需要与疫苗一起开发递送设备。上面提到的CMV疫苗使用肌内注射聚氧乙烯醚的配方。Inovio公司的CELLECTRA系统和Ichor公司的TriGrid递送系统是临床开发中使用的两个著名的电穿孔设备。其他带有加压气体的输送系统尚未实现。从制造和分销的角度来看，对专门递送设备的需求可能是疫苗广泛接种目标的经济和程序性障碍。

信使RNA（messenger RNA，mRNA）疫苗是疫苗界最新的进入者，引起了各方极大的兴趣，特别是对于病毒疫苗。目前正在追求两种基本的mRNA技术：编码目的抗原的非扩增mRNA分子，以及除目的抗原外还编码α病毒复制子的自复制mRNA分子。后者提供了转录本的体内复制，可能允许使用较低剂量的mRNA疫苗。然而，这也使得mRNA的大小相当大。然后将mRNA传递到体内，通常带有递送载体，在那里它被翻译成目标蛋白抗原。活体蛋白表达的好处是以正确的三维结构生产抗原，并进行相关的翻译后修饰。该平台技术的前景与DNA疫苗相似，在DNA疫苗中，下一个疫苗的开发仅为序列发生变化，而所有其他相关生产活动均保持不变。mRNA疫苗也非常适合作为治疗性疫苗。最近对这些进行了更详细的审查[108,113]。mRNA疫苗目前正处于临床开发阶段，最近，一项针对流感的 I 期研究发表了积极数据[114]。

第九节　流感疫苗

流感疫苗是一个独特的类别。由于流感疫苗包括减毒活疫苗到亚单位疫苗的多种类别，并需要每年更新疫苗，且有大流行的可能性，因此，通常在公共卫生领域引起最多的关注。FluMist是FDA批准的唯一减毒活流感疫苗。流感病毒灭活疫苗可分为三种类型：全病毒疫苗、裂解疫苗和亚单位疫苗。流感疫苗生产的关键挑战为获取引起疾病的毒株序列后疫苗生产的速度、生产足够剂量的能力、库存以及疫苗的真实世界效果。北半球的疫苗开发和生产是在南半球选择新出现的病毒株后开始的，并且需要在流感季节开始之前（通常在冬季）完成。这种每年"按需"生产的疫苗是流感疫苗独有的特点，它带来的运营挑战超过典型疫苗制造中遇到的操作挑战。

一、鸡胚流感疫苗的生产

尽管该技术已有数十年的历史，但目前仍通过在无特定病原体（specific pathogen-free，SPF）的鸡胚中进行培养来制造大量的疫苗。由于监管[115]、运营和经济方面的挑战，流感疫苗生产的这种固有性质导致生产活动集中在少数生产商手中。鸡胚流感疫苗的生产需要确保足够的SPF鸡蛋供应，在这种模式下，生产规模的扩大只需通过"横向扩展"（相对于按比例扩展）或增加生产中使用的蛋的数量来实现。尽管广泛采用了自动化[116]来解决这种生产模式，但生产的并行性质严重限制了总体生产能力和在全球范围内分销疫苗制造的能力。

数十年来，鸡胚流感疫苗的制造过程没有太大变化。首先，适应鸡胚的变种流感病毒在胚中繁殖2~3天，然后收集尿囊液。在许多情况下，病毒颗粒通过超速离心浓缩和纯化。随后使用甲醛或β-丙内酯灭活病毒，并用表面活性剂或溶剂进行裂解（分裂）。根据制剂中血凝素的量对原液浓度进行标准化。不同毒株原液包括两种甲型流感毒株和一种或两种乙型流感毒株，都是分开生产的。最后，将三种或四种疫苗株原液合并配制成一种疫苗，用于产品放行和分销。

基于鸡胚工艺的主要纯度问题是卵清蛋白的控制，卵清蛋白可能导致严重的过敏[117]。超速离心是一种低效的下游处理技术，流穿模式下的色谱是超速离心的替代方法，超速离心是一种低效的下游处理技术。最近已证明，具有核心柱子的新型树脂可以作为超速离心的有力替代方法[38]。

尽管鸡胚流感疫苗的生产存在缺点，但该技术可能会继续使用数十年。基于鸡胚的生产能力有很大的设施配套基础，并且考虑到改变为基于细胞工艺的生产的成本，流感疫苗不太可能非常迅速地发生向基于细胞的技术的转变。

二、细胞流感疫苗生产

细胞流感疫苗生产是扩大规模问题的现代解决方案，与现代治疗性蛋白工业一起发展[9,31,118]。尽管病毒在贴壁细胞中的繁殖已经存在了半个多世纪，但Enders及其同事因用原代细胞培养脊髓灰质炎病毒的突破并而获得诺贝尔奖而闻名[119]，但实际上对流感疫苗生产的工业适应性生产系随着搅拌罐中基于微载体的细胞培养的发展而出现。诺华公司（Novartis）在北卡罗来纳州霍利斯普林斯（Holly Springs）最终将其转变为大规模悬浮细胞培养，最近，在实验室中将其转变为无血清悬浮细胞培养。细胞培养的流感疫苗制造已经成为流感疫苗制造的一个重要技术拐点。公共卫生官员的巨大兴趣和随后的资金确保这种制造能力和容量。然而，尽管取得了这些技术突破，细胞培养仍无法取代鸡胚流感疫苗生产或甚至无法占到可观的比例，而流感疫苗生产仍主要以鸡胚为基础[120]。

基于鸡胚和细胞培养的制造的技术局限性之一是需要开发用于感染的病毒种子，病毒种子的制备仍然需要在鸡胚中进行。疾病病毒株对鸡胚（和细胞培养物）的这种适应诱发了遗传序列的差异，这导致了引起疾病的病毒株与疫苗的病毒株不匹配。病毒株错配也是由以下事实引起的：根据完全不同的地理区域中的患病率且系提前几个月选择的候选病毒株，特征与其他原因一并被认为是流感疫苗效果不佳的原因[121-124]。为了避免与生产制造相关的不匹配，已使用合成方法构建病毒种子[125]，该方法还具有降低生物安全风险的额外益处。

除鸡胚和原代鸡胚细胞外，还有许多细胞基质已用于流感病毒的繁殖[5]。MDCK和Vero细胞系目前用于生产已批准的流感疫苗，包括已批准的和正在开发的流感疫苗。其他设计开发的细胞系如PER.C6和一些禽类细胞系在开发中的疫苗中得到应用[49,126]。该工艺通过解冻工作细胞库中的宿主细胞来启动。细胞在悬浮液中或在微载体上采用无动物来源的培养基扩增至所需的密度和体积。达到最佳细胞浓度后，将细胞培养物感染流感病毒并孵育3~5天。在某些情况下，细胞扩增和病毒感染阶段使用不同的培养基。除标准细胞培养参数外，还需要针对每种细胞系和每种病毒株优化工艺参数，例如感染复数（multiplicity of infection，MOI）和收获时间。孵育期结束后，收获上清液并通过过滤或离心进行澄清、纯化以去除宿主细胞DNA和蛋白质杂质。色谱包括离子交换（以去除宿主细胞DNA），在某些情况下，使用硫酸纤维素或与硫酸葡聚糖偶联的色谱树脂进行假亲和色谱。宿主细胞DNA的可接受水平为小于10 ng/剂量。除色谱法外，核酸酶处理也可用来达到此限制。使用甲醛或β-丙内酯进行病毒灭活，在大多数情况下，用表面活性剂进行破坏。为了灭活潜在的外源病毒，还需要后面的步骤。配制和放行的程序与基于鸡胚的生产所述的程序相似[28, 35]。

大流行性流感疫苗的制造工艺必须是平台化的，以便能够针对一系列不同病毒株生产疫苗。这意味着该工艺必须能够在最小的调整下培养和纯化可能导致大流行的不同病毒株，以便根据主要的大流行核心资料获得加速批准。因此，在工艺开发过程中，建议验证使用相同的基本工艺可以生产具有不同特性的几种不同病毒株。由于不同的毒株在培养和纯化中的行为可能不同，因此不同操作单元的空间设计研究非常重要。

另一种方法是生产重组疫苗抗原血凝素（hem agglutionation，HA）疫苗，就像现代治疗性蛋白[120]。昆虫细胞衍生的HA亚单位疫苗Flublok最近获得许可，使其成为杆状病毒载体-昆虫细胞培养中获得许可的第二种疫苗，为该生产系统30年的发展画上了句号[61, 62]。由于仅需要序列而不是病毒种子，因此在大流行的情况下可以迅速开始生产。重组杆状病毒用于感染带搅拌的生物反应器培养的昆虫细胞。通过离心收集感染的细胞，并用Triton X-100表面活性剂提取沉淀的细胞，通过深层过滤进行澄清。然后通过离子交换和疏水作用色谱法纯化HA抗原。使用Q-膜过滤步骤减少残留的宿主细胞DNA，再进行切向流超滤。然后将纯化的HA配制并灌装至小瓶中[127,128]。整个生产过程相对较快，在收到抗原序列后45天内开始生产；然后产品可以在75天后得到放行[127,128]。

尽管在从细胞培养到亚单位疫苗的生产中取得了这些进步，但影响所有当前流感疫苗平台技术的一项重大挑战是用于批放行的效价测定。用于疫苗定量的单一径向免疫扩散（single radial immunodiffusion，SRID）测定法是一种过时的方法，其试剂的开发可能会限制疫苗的开发、生产和分销中的速率[49]。迫切需要开发替代效价的测定法，以大幅改善对与大流行性响应相关的时间表产生重大影响。最近对流感疫苗生产和替代方法的"致命弱点"进行了综述[129]。

三、通用性流感疫苗

流感疫苗的"圣杯"是一种无需每年更新的通用性疫苗。因为这种疫苗的基础在于免疫学和疫苗设计（而不是生物工艺），读者可以参阅有关该主题的多篇综述[130-134]。疫苗设计可能需要将固有的不稳定序列设计为通用的稳定序列并在重组系统（细胞培养或新技术之一）中进行生产。与目前的疫苗相比，这种抗原的免疫原性可能较低，因此需要更高的剂量和（或）佐剂。尽管如此，这种疫苗，即使必须每几年更新一次，也有可能真正彻底改变流感疫苗的生产模式。只有这样，人们才能设想一个无鸡胚且反应迅速的流感疫苗世界。

第十节　疫苗经济学

药品定价已成为新闻中日益关注的焦点,肿瘤学和罕见病药物占主导地位[135-137]。这导致了基于价值的定价模型的出现,以及随之而来的所有挑战[138,139]。疫苗通常被认为是一种经济有效的医疗保障工具。最近,疫苗的成本已成为人们关注的问题,主要是在发展中国家。在资源匮乏的环境中,扩大免疫规划(Expanded Programme on Immunization,EPI)计划中引入新型疫苗(例如肺炎球菌、五价轮状病毒疫苗)的成本大大增加了政府卫生部以及非政府组织,例如全球疫苗和免疫联盟(Global Alliance for Vaccines and Immunizations,GAVI)和比尔和梅琳达·盖茨基金会(图34-6)的预算支出。即使在资源丰富的环境下,新型疫苗的引入也增加了疫苗的总体公共支出[140],这引发了成本效益的问题。成本效益研究现在是免疫接种实践咨询委员会(Advisory Committe on Immunization Practices,ACIP)对新疫苗在美国广泛使用前审查的一部分[141,142]。其他国家也采用类似的方法。

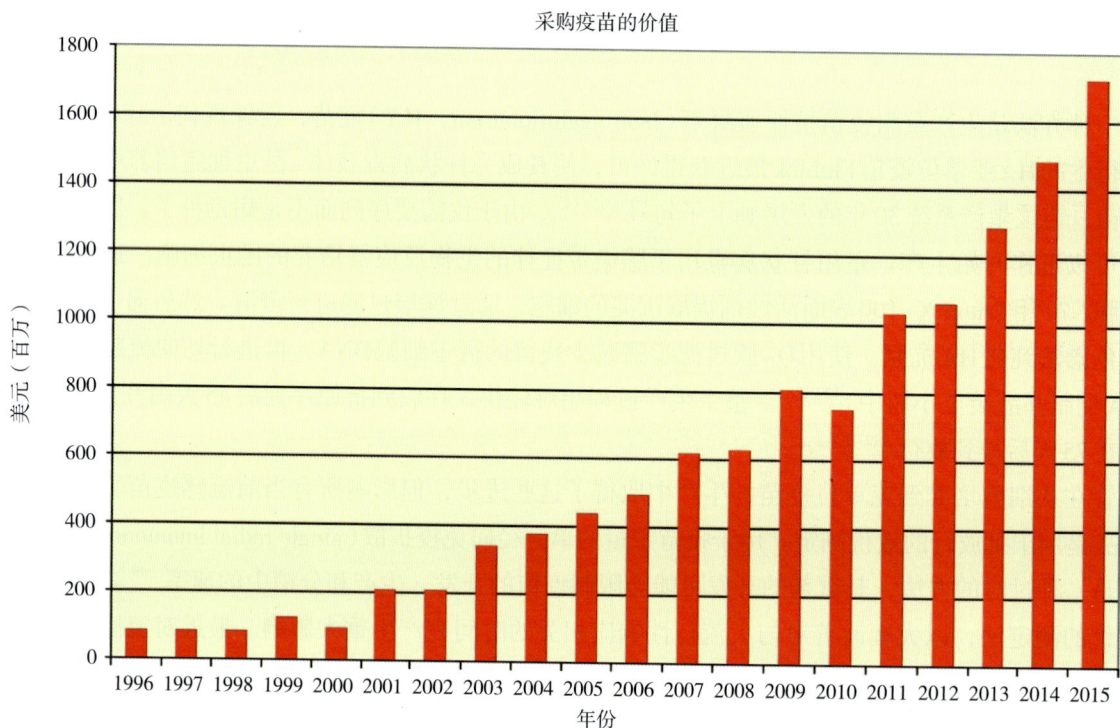

图34-6　儿童基金会1996—2015年期间购买的疫苗价值
来自https://www.unicef.org/supply/files/graph_of_value_of_vaccine_procurement_1996__2015.pdf

尽管疫苗的价格受到了很多关注,但多年来疫苗开发和制造的成本也显著增加[143-145]。为了确保给健康人群接种的疫苗具有高度安全性,需要在临床开发过程中建立一个大型的安全性数据库,这可以通过批准上市的两种儿科轮状病毒疫苗所需的超过60,000名受试者的安全性试验得到最好的说明[145a]。在发病率相对较低的高收入国家建立疫苗效力需要进行大规模和长期的试验。在老年人中使用肺炎球菌结合疫苗预防肺炎球菌性肺炎的成人社区获得性肺炎免疫试验(community-acquired pneumonia immunization trial in adults,CAPITA)研究就是例证,该研究需要招募超过80,000名受试者,随访期为5年[146]。这些后期研发成本因早期研发途径过多而增加,尤其是对于那些没有成功经验可以借鉴的新技术而言。

　　在生物工艺领域，为每种新疫苗建立特异的工艺–分析–制剂技术的需求增加了总体开发成本。此外，疫苗工艺平台的多样性和复杂性导致更高的制造成本——影响固定成本和可变成本。在批准之前为了生产工艺性能确认（process performance qualification，PPQ）批次，而建立的最终商业化规模的生产基础设施系主要的资本投资（如果使用合同生产商，则为同等资金）。新型疫苗的多价次组合（HPV为9价，PCV为13价）也大大增加了成本。对产品成本有利的唯一因素是疫苗每剂的生产成本，通常比经典的生物制品低几个数量级。

　　尽管存在这些挑战，但与十年前的情况相比，行业对疫苗领域重新产生了兴趣[147,148]，这是一个进步[149,150]。疫苗收入的增长速度比其他类别的药品更快[151,152]。

第十一节　结束语

　　疫苗一直是公共卫生的主要手段，并继续产生影响，特别是在发展中国家。在过去的十年中，发展中国家的疫苗产量已大大增加，最初得益于全球疫苗制造商的技术转让和非政府组织的资金资助，最近则是在本土的努力。发展中国家疫苗制造商最近至少开发了两种专门针对地区设计的疫苗——非洲A型脑膜炎球菌疫苗和中国的戊型肝炎疫苗。随着发展中国家疫苗生产的成熟，疫苗生产的全球化分布已取得进展，灌装和包装活动被去中心化分配以满足区域需求。在某些情况下，为了进入市场，甚至需要在本地生产疫苗原液。疫苗生产是一项专业活动，这种分布式网络的生命周期管理将带来超越生物制造常规的独特挑战。疫苗生产也越来越多地利用最近在生物制造中普遍使用的一次性系统。尽管大规模生产的成本命题尚不清楚，但一次性系统有助于安装分布式制造网络。总而言之，疫苗将持续成为生物工艺和科学家致力研究的领域。无论是在低COGS下以更高的热稳定性提供更多的现有疫苗，使用现有平台开发针对新传染病的疫苗还是建立新平台，都不乏科学和工程方面的挑战。疫苗生物工艺的未来是光明的！

参考文献

第三十五章

细胞治疗产品的生产工艺

Suzanne S.Farid, Michael J.Jenkins

University College London, London, United Kingdom

第一节　引言

　　细胞治疗为现代医学开辟了新的途径，有可能彻底改变医疗保健行业。截至2015年，有1342项活跃的临床试验正在探索细胞治疗的使用[1, 2]。细胞治疗已应用于一系列医学领域，包括中风、年龄相关性失明（包括黄斑变性）和多种癌症的治疗（表35-1）。细胞治疗产品的年销售额超过10亿美元[10]，预计到2021年至少为100亿美元[10a]。如果细胞治疗要充分实现其临床和商业潜力，就必须克服在商业化规模下对细胞生产能力的重大挑战。本章将涵盖三种不同的细胞相关的临床应用技术：多能干细胞（pluripotent stem cells，PSC），间充质干细胞（mesenchymal stem cells，MSC）和基因工程化的T细胞，即嵌合抗原受体（chimeric antigen receptor，CAR）T细胞。

　　人胚胎干细胞（human embryonic stem cells，hESCs）和人诱导多能干细胞（human-induced pluripotent stem cells，hiPSC）具有分化为所有成熟细胞类型的能力，使它们成为有吸引力的细胞疗法候选者[11, 12]。此外，人多能干细胞（human pluripotent stem cell，hPSC）还提供了一种独特、新颖的平台，即通过人源的体外模型对新化学实体（novel chemical entities，NCEs）进行疗效和毒性的筛选，从而可以增强甚至重新定义目前药物发现和药物筛选的方式[13, 14]。hiPSCs还可以通过"培养皿中的试验"模型实现对响应者与非响应者的分析，开辟新的个性化的治疗方式[15]。迄今为止，正在开发的hPSC衍生产品主要包括源自hESC的视网膜前体细胞和胰岛B细胞[16-19]，同时还包括多种细胞谱系，例如源自hPSC的神经元、心肌细胞和肝细胞等[20]。源自hiPSC的细胞疗法也观察到了非常有希望的结果，例如用于黄斑变性的视网膜色素上皮细胞[21]（表35-1）。hiPSC可能作为一种诊断工具，能够降低NCE在晚期临床试验中较高的失败率[22, 23]。用作研究工具的hPSC目前以2000～3000美元/瓶的价格销售[24]。考虑到hPSC衍生的细胞疗法，这个市场的价值可能会持续增加[25]。

　　间充质干细胞又称间充质基质细胞，由于其分泌生物活性因子的能力（显示免疫调节特征）以及促进组织修复和再生的潜力，因此具有临床意义[26]。在撰写本文时，MSC约占所有活跃细胞治疗临床试验的30%[2]。由于其可塑性和多能性，MSC的应用范围广泛。MSC的免疫调节作用使其成为对抗免疫疾病和疾病的有吸引力的候选者。迄今为止的临床研究包括使用MSC治疗和预防移植物抗宿主病（graft versus host disease，GvHD）、克罗恩病和移植后免疫反应[5, 27]。此外，鉴于MSC所分泌的细胞因子的修复作用，其被提出可用于修复因中风和心血管疾病引起的缺血而受损的组织，以及神经和风湿病疾病如多发性硬化症和骨关节炎[28]（表35-1）。在本章中，我们主要讨论属于先进细胞疗法范畴的MSC疗法。对于直接使用间充质干细胞的移植，由于其不涉及复杂的细胞操作，故不在本章中讨论。

CAR-T细胞疗法是过继性T细胞转移的一种形式，它包括T淋巴细胞分离并输注到患者体内以治疗疾病[29]。过继性T细胞转移已被证明可有效治疗移植患者的病毒感染，同时，CAR-T细胞疗法在肿瘤领域成为了有力的治疗工具[7, 8]。CAR-T细胞疗法是一种最先进的过继性T细胞治疗的形式，目前正在被研究用于一系列癌症的治疗（表35-1）。CAR-T细胞经过基因工程改造，可以重组表达抗原受体，该受体亦可以以极高的亲和力与肿瘤特异性抗原相结合，这使肿瘤细胞可被患者的免疫系统所识别，变成"可见"的[30]。CAR-T细胞疗法在治疗晚期癌症（尤其是白血病）方面取得了前所未有的成功，在某些患者中已观察达到了完全缓解[8, 31-33]。

表35-1 现有临床试验中的细胞疗法的适应证，以及代表性的剂量

	适应证	剂量大小（细胞数）	来源/NCT编号
hPSC来源的细胞	黄斑变性	$5 \times 10^4 \sim 2 \times 10^5$	NCT01691261、NCT01344993
	脊髓损伤	10^6	
基于MSC的治疗	缺血性卒中	$10^6 \, kg^{-1}$	NCT01678534
	克罗恩病	$2 \times 10^6 \sim 8 \times 10^6 \, kg^{-1}$	NCT00294112
	成骨不全	$10^6 \sim 5 \times 10^6 \, kg^{-1}$	NCT00186914 [3]
	心肌梗死	$0.5 \times 10^6 \sim 5 \times 10^6$	NCT001 14452 [4]
	移植物抗宿主病	$2 \times 10^6 \sim 9 \times 10^6 \, kg^{-1}$	[5,6]
	多发性硬化	约$2 \times 10^6 \, kg^{-8}$	NCT00395200，NCT02587715
	肝硬化	$10^6 \sim 3 \times 10^6 \, kg^{-1}$	NCT02705742、NCT02652351
	系统性红斑狼疮	$10^6 \sim 5 \times 10^6$	NCT02633163
	溃疡性结肠炎	$3 \times 10^8 \sim 7.5 \times 10^8$	
	类风湿性关节炎	2×10^7	NCT02643823
	软骨缺损	$2.5 \times 10^6 \, cm^{-2}$	NCT01626677
	帕金森病	$10^6 \sim 10^7 \, kg^{-1}$	NCT02611167
CAR T细胞疗法	急性淋巴细胞白血病	$1.4 \times 10^6 \sim 1.2 \times 10^7 \, kg^{-1}$	[7] NCT02614066
	慢性淋巴细胞白血病	$1.5 \times 10^5 \, kg^{-1}$	[8]
	淋巴瘤	$2 \times 10^6 \sim 2 \times 10^7 \, kg^{-1}$	NCT02348216、NCT01840566
	胶质瘤		NCT01454596
	头颈癌	$10^7 \sim 10^9$	NCT01818323 [9]
	神经母细胞瘤	$5 \times 10^5 \sim 10^7 \, kg^{-1}$ $10^7 \sim 2 \times 10^8$	NCT02311621 NCT01822652
	转移性胰腺癌	$10^8 \sim 3 \times 10^8 \, m^{-2}$	NCT01897415
	转移性黑素瘤	10^9	NCT00910650
	前列腺癌	$3 \times 10^7 \sim 1 \times 10^8 \, kg^{-1}$	NCT01140373

注："NCT"编号（即NCTxxxxxxxx）是在ClinicalTrials.gov网站登记注册的临床研究试验编号ClinicalTrials.gov网站由美国FDA和美国国立卫生研究院（NIH）负责维护。

目前，细胞疗法所面临的最主要挑战是生产出足够支持临床疗效所需的数量和质量的细胞。细胞治疗产品的生产工艺与传统的生物制药相比有很大差异，是由于细胞治疗产品的主要成分是由活细胞群，而不是蛋白质。虽然两类药物的生产工艺存在一定的相似之处，比如均含有细胞培养阶段，其中细胞治疗产品

工艺也可以采用一次性系统，但这两类药物的下游处理过程存在较大差异。例如，纯度在细胞治疗领域被赋予了新的含义，即细胞治疗产品是由一群具有特定表型的细胞群组成，而非完全纯净的产品。实际上，细胞治疗产品中必须包含有足量的目标细胞才能达到临床疗效，同时又必须包含一定的小比例的非目标细胞以兼顾临床安全性。同时，证明细胞治疗产品的等效性和一致性具有更大的挑战性，尤其是细胞治疗产品的效能可能取决于多种不同因素，而非仅仅是最终细胞群体的"纯度"。

关于细胞治疗产品的生产工艺技术的详细信息，请参见本章后续内容。迄今为止，大多数临床开发中的细胞治疗产品都基于一次性使用的2D平面培养技术，如多层培养容器。传统的平面培养技术属于密集型培养，可以为实验室规模的细胞培养提供可靠的解决方案，但是并不适用于大规模、异体细胞治疗产品的生产工艺[34, 35]。目前报道的细胞治疗产品的剂量范围为5×10^4个细胞（用于治疗黄斑变性等适应证）至10^9个细胞（用于治疗某些癌症以及治疗心肌梗死和肝病等病症）[9, 35, 36]。本章主要侧重于单细胞类产品的生产工艺技术，除此以外，某些疾病类型的治疗将需要移植具有功能性的组织样结构。最新的类器官开发技术可以使用从hPSC的一小群种子群体中产生代表各种不同器官的组织样结构的方法，这些技术在移植或作为研究工具方面具有潜在的应用价值[37, 38]。

平面培养技术可能无法满足全球对需要高剂量的细胞疗法的需求[35, 39]。此外，某些细胞还需要在含有其他的异种细胞（如小鼠成纤维细胞）或衍生自它们的材料的支持物上进行培养；在细胞治疗产品的制造过程中应尽量避免使用这种异种材料。hPSC分化策略通常需要特有的分化方案，这些方法流程往往很难转化为通用、稳健的标准化工艺操作步骤[40]。与细胞治疗过程相关的培养基成本也受到高度关注；许多昂贵的培养基添加物导致开发相关产品生产工艺的成本过高而难以承担。此外，对细胞与培养基成分和基质材料提供的微环境之间相互作用了解甚少，尤其是在处理PSC和MSC时，对于培养基成分和基质材料是如何影响细胞代谢和细胞功能的，我们还知之甚少[41, 42]。

此外，对细胞治疗产品在大规模培养后的收获工艺尚需要进一步的优化[43]。将实验室规模的细胞培养操作转化为满足商业化生产所需的工艺步骤，需要考虑如何从培养容器中分离或收集细胞，并在纯化和配制操作之前如何快速有效地浓缩细胞悬液。

同时，细胞疗法的成功还常常取决于是否可以在细胞分离或纯化步骤获得较高的回收率，以减轻上游工艺（例如细胞培养、分化阶段）的压力。这一点对于使用异体CAR-T细胞的细胞治疗产品尤其重要，因为若在细胞分离或纯化步骤中无法有效去除表面带有特定蛋白的非目的细胞，则有可能引发患者的免疫（不良）反应[44]。开发高效、可放大和具有成本优势的纯化工艺是许多hPSC衍生细胞治疗产品商业化所面临的主要挑战之一[45]。

在本章中，对分别在不同生产规模下要获得经济有效的工艺设计应考虑的关键因素和可行的方案进行了总结，并列出了与生产工艺相关的主要经济学指标以及可能影响这些指标的主要因素。随后介绍了不同类型的细胞治疗产品在生产工艺方面的主要差异；例如，在iPSC衍生的细胞治疗产品生产中所需要的重编程的部分，对于其他类型的细胞治疗产品生产就不是必需的。之后，就基于与细胞收获和细胞（培养液）体积浓缩相关技术的最新进展，推进符合GMP要求的细胞扩增和定向分化工艺的生产工艺开发策略进行了讨论。此外，还对目前常用的细胞分离和纯化技术进行了概述和分析。最后，介绍了在集成化的连续生产工艺创新方面的近期进展。

第二节 细胞治疗生物工艺经济学

设计和开发细胞治疗产品生产工艺过程中，在分析评估工艺设计相关的不同选择项时，不仅要考虑可能影响工艺操作性能本身的选项，还应考虑这些选项对生产成本、质量、法规符合性、安全性和工艺可接受范围灵活性等关键因素的影响，这些关键因素的总结见表35-2。本节内容主要关注如何提高细胞治疗产品生产工艺相关的经济和操作灵活性方面的进展。

表35-2 hPSC来源的细胞治疗产品生产工艺开发关键因素

标准	示例
工艺性能	扩增回收率（收获细胞密度） 扩增倍数 分化效率 纯化回收率 纯度 资源利用 工艺放大可行性 批工艺时长
经济	固定资产投入 商品成本（物料、人工、质量控制、其他间接成本） 工艺规模经济：工艺放大与产线增加 新鲜与冻存细胞产品的运输和储存 工艺开发成本 供应链补给 产品有效期 保险支付能力
质量控制和法规符合性	动态药品生产管理规范和动态组织生产管理规范标准 工艺耐用性和可重现性 工艺验证，工艺操作的可接受范围 产品表征 供应商管理、物料的质量和一致性 自动化操作/人工操作工艺
安全性	污染和防治 人源活细胞操作相关的生物安全 患者安全——副作用，成瘤性
灵活性	工艺变更 生产需求端的变化 工艺瓶颈 工艺放大可行性

保险支付方面的压力使得人们认识到在估算和优化干细胞产品生产制造成本上的重要性。本节也讨论两个影响成本的关键因素：固定资产投资（fixed capital invest，FCI）和商品成本（cost of goods，COG）。

一、固定资产投资

固定资产投资是指建设用于生产的厂房设施的全部投入，包括厂房建筑、固定资产设备、管道、仪表和公用设施建设安装的费用。通常使用因子估算法来估算设施成本。对于传统的使用不锈钢彩钢板建造的生物制药厂房的成本估算，早已建立了应用Lang因子进行估算的方法[46]，该方法将设备采购总成本乘以"Lang因子"。目前，尚未有已发表的明确适用于生产干细胞产品的厂房设施成本的因子估算法。Lang因子通常是基于对之前项目成本的分析得出的；迄今为止，已发布的FCI基准数据中几乎没有针对干细胞生产厂房设施的。生产工艺使用密闭工艺还是开放工艺及其应用比例、不同的对洁净室级别的需求、选择自动化操作还是人工操作，对于干细胞产品生产厂房设施的投资成本会有很大影响。干细胞产品生产工艺相关成本还与所选用的一次性耗材有很大关系，例如细胞培养瓶、CellStacks以及一次性生物反应器（single-use bioreactors，SUB）等。目前，伦敦大学学院正在进行一项研究，致力于开发出一种能够可以更准确地估算细胞治疗产品生产用厂房设施的固定资产投资费用的Lang因子方法。

二、商品成本

商品成本是指细胞治疗产品的生产成本，包括直接成本（如物料等）和间接成本（如设施设备维护等）。Simaria等人[35]总结了影响干细胞产品商业成本的主要因素，包括工艺生产效率（如扩增后的收获密度，分化后的细胞总量）、工艺技术平台（如使用平面培养技术或是基于微载体的一次性生物反应器）以及相对应的单位成本（如培养基、一次性耗材、人员成本等）。因为需求量、单批次产量、临床治疗剂量、药物筛选对于特定细胞群细胞的数量需求各不相同，因而这里的商品成本与相对应的其生产规模密切相关，其输出结果通常表现为用于药物筛选的单位细胞总数的商品成本或用于临床治疗应用的每剂量的商业成本。

通常，决策支持类工具软件的使用可以在工艺成本优化开发中提供帮助。然而，迄今为止，公开发表的关于干细胞产品工艺成本相关研究非常少。商业化市售的流程图软件包已被应用在对特定工艺规模下的干细胞产品生产工艺进行成本分析[47]。Simaria等人[35]和Hassan等人[48]介绍了一种决策工具的开发和应用，该决策工具整合了物料平衡、设备规模和工艺经济学模型，并依据异体间充质干细胞（MSC）生产进行了算法优化。该工具可根据不同的生产规模及临床剂量预测最有经济成本优势的可用于商业化生产的上游及下游生产工艺技术平台，其中分析说明了当下游工艺存在瓶颈时，与平面培养技术相比，基于微载体的一次性生物反应器更能满足工艺性能需求且更具有成本优势，进而可以满足控制商业成本的目标。已经开发了可用于对hMSC产品在临床开发阶段进行工艺变更的影响的项目评估工具[49]。

该方法已被拓展应用到hPSC产品的生产工艺开发中，从生产工艺经济学的角度分析了用于生产分析级hiPSC的自动化工艺与人工工艺的对比[50]。伦敦大学学院正在进行一项研究，分析评估微载体与基于平面培养工艺下hPSC的自发分化和定向分化，以确定哪种hPSC生产工艺更具成本优势。该方法也对在免疫亲和细胞纯化技术方面的创新做了分析评估，该技术创新被视为可解决此前自体hPSC衍生细胞治疗产品无法广泛应用的问题[51]。

在评估商品成本时，除应考虑不同的干细胞产品生产工艺带来的成本差异外，也应关注由批间差异和污染风险带来的不确定性对成本的影响，尤其是当工艺中使用人工手动操作时[52]。蒙特卡罗模拟算法等随机建模技术，已被用于评估生物制药领域在不确定度下的工艺稳定性[53-55]，并且近期被作为细胞治疗生产工艺领域决策工具的一部分[48, 50]。

三、工艺中的经济驱动因素

为了开发出具有成本优势的细胞治疗产品生产工艺，需要集中于提高生产产量和（或）降低生产成本。因此，在细胞治疗产品工艺开发中应关注的关键因素应包括细胞扩增和细胞分化效率、纯化中目标细胞的回收率，以及培养基成本和人力成本等。本章的后续内容将阐述有关细胞治疗产品生产工艺中关键部分操作的性能以及可支持商业化规模生产的细胞治疗产品生产技术平台方面的进展。

第三节　不同细胞治疗产品的生物工艺

一、自体与异体细胞治疗产品的生产工艺

1.自体细胞疗法　自体或患者特异性细胞治疗产品来源于患者自身的活细胞。根据细胞疗法的特定要求将细胞按照生产工艺处理后，通过手术或输注将其送回到患者体内。由于治疗所用的原材料来自患者本身，大大降低了自体细胞治疗产品引发免疫反应的风险。但是，如CAR-T等细胞生产工艺中包含对细胞的显著修饰时[56]，患者会对自体细胞产品产生免疫反应。由于自体细胞疗法必须使用患者自身的细胞生产，因此不适合用作"现货型"的、紧急使用的产品。

2.异体细胞疗法　异体或通用细胞疗法通常使用单一来源的细胞治疗多个患者。从供体样品中收集细胞建立主细胞库（master cell bank，MCB），然后以MCB为起始原料，根据特定细胞治疗的要求生产细胞产品，最后获得的细胞产品用于治疗多名患者。当面临紧急治疗的需求时，异体细胞疗法更适用于可"现货"供应。因为异体疗法增加了引起患者体内免疫反应的风险，因此有时在临床上联合使用免疫抑制治疗。

3.纵向扩展与横向扩展模式　异体细胞疗法的生物工艺开发可以使用纵向扩展模式。这是一种类似于工业化制药的生产方法，即每个生产批次生产多个剂量。这种模式在规模经济上优于自体细胞治疗产品生产的横向扩展模式[36]。由于同一生产批次可以生产多个剂量，异体细胞疗法在产能上不会像自体疗法那样受到限制。与自体细胞疗法相比，通常异体细胞治疗产品每剂对应的人工成本和固定资产成本较低。但是，这也取决于技术路线和生产工艺策略的选择（见第四至九节）。某些疗法，例如异体CAR-T细胞疗法，由于每个供体样本可以生产的剂量数量有限，可能需要采用一种混合方法，即先通过scale-up模式将工艺放大到某个特定程度，然后再通过scale-out模式来平行复制生产。异体细胞治疗的优势是有固定的生产计划和可以保障生产所用起始原材料供应的工作细胞库（working cell bank，WCB）。对于自体细胞治疗产品，只有在制造工厂收到患者的材料后才能开始启动生产，因而相比起来，自体细胞产品的生产计划会很复杂。此外，供体间的差异增加了自体细胞产品生产工艺和生产计划调度的复杂性，即使偶尔通过对患者细胞进行预筛选可以帮助减少其在实际生产中的不确定性。

自体细胞治疗产品生产过程中对患者样品必须进行严格的物理隔离，以防止交叉污染。因此，自体细胞治疗产品生产工艺需要采用横向扩展模式而不是纵向扩展模式，从而使得生产工艺的规模或批产量对于每一个患者均保持一致和可重复（图35-1）。从生产角度而言，自体细胞治疗是每一个批次治疗一个患者。与异体细胞生产相比，自体细胞治疗产品生产的劳动密集度更高；需要在相对较小规模下进行多次生产。此外，自体细胞治疗产品生产可能还需要更多的固定资产投入，尤其是当工艺中使用复杂的自动化技术平台时。除非有一台设备是专门设计可以以物理隔离的方式同时处理多个患者样本，否则一台设备在一个时间段内只能处理一个患者样本。通过生产计划统筹安排以最大化地利用设备，在一定程度上可以缓解对多台设备的需求。现在已经有许多专门为自体细胞治疗生产提供支持的自动化设备平台，相关内容详见第八节。

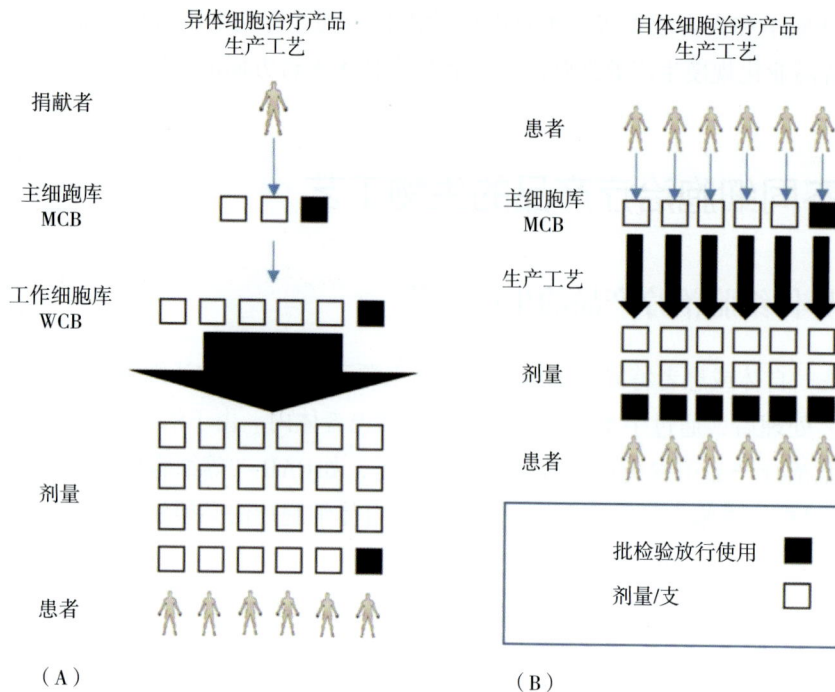

图35-1 （A）异体细胞治疗产品生产工艺，使用纵向扩展"模式进行工艺放大后，一个批次可以生产多个患者所需的剂量。（B）自体细胞治疗产品生产工艺，每一个批次对应一个患者，使用"横向扩展"模式进行放大，为多个患者复制生物工艺进行多个批次生产

以上流程图参考R.Brandenberger等编著的《细胞治疗生物工艺》。生物工艺国际9（2011）30-37

二、成体细胞产品生产工艺与多能干细胞衍生细胞产品生产工艺

基于MSC的细胞治疗产品（成体干细胞），CAR-T细胞治疗产品（成体细胞）和多能干细胞衍生细胞治疗产品的典型生产工艺流程图如图35-2所示。虽然所有细胞治疗生产工艺具有相似的操作步骤，如细胞扩增（或细胞培养），但不同类型的细胞治疗在生产中包括其特定的单元操作。

（一）细胞治疗产品生产工艺共有的工艺步骤

所有细胞治疗生物工艺都包含了通用的工艺操作步骤（图35-2），包括组织获取、细胞培养、收获和制剂。组织获取涉及从供体或患者收集活体组织，作为生产的起始原材料。细胞培养是将细胞扩增至临床所需的细胞量。收获包括将细胞从细胞培养步骤中所使用的培养容器和培养基中分离出来。制剂阶段将细胞悬液配制成适用于临床患者使用的最终形式。

与PSC衍生或CAR-T细胞的生产工艺不同，基于MSC的细胞产品的生产工艺仅包含了基本的操作步骤（图35-2A）。但是，获取创建细胞系的组织（例如骨髓、脐带血或脂肪组织）被视为MSC细胞产品生产工艺中的关键操作，因为它可能是导致工艺差异的潜在原因。这对于自体细胞生产工艺尤其如此，其中不同的MSC细胞系通常会具有不同的细胞扩增能力，进而在实际生产中会表现为不同的细胞增殖曲线和批产量[57]。

在细胞培养时，与hPSC和T细胞相比，MSC细胞密度相对较低。数万亿个MSC细胞一起培养[58]，细胞培养所需的体积接近一般生物药生产工艺中细胞培养体积。在第四节中对于支持大规模生产MSC细胞产品所需的技术进行了讨论。大规模细胞培养会给后续的收获和浓缩步骤带来挑战，因为收获与浓缩操作必须在较短的时间内完成，才能保持细胞的活力和效能[52]。目前已知的细胞产品收获和浓缩相关技术详见第七节。

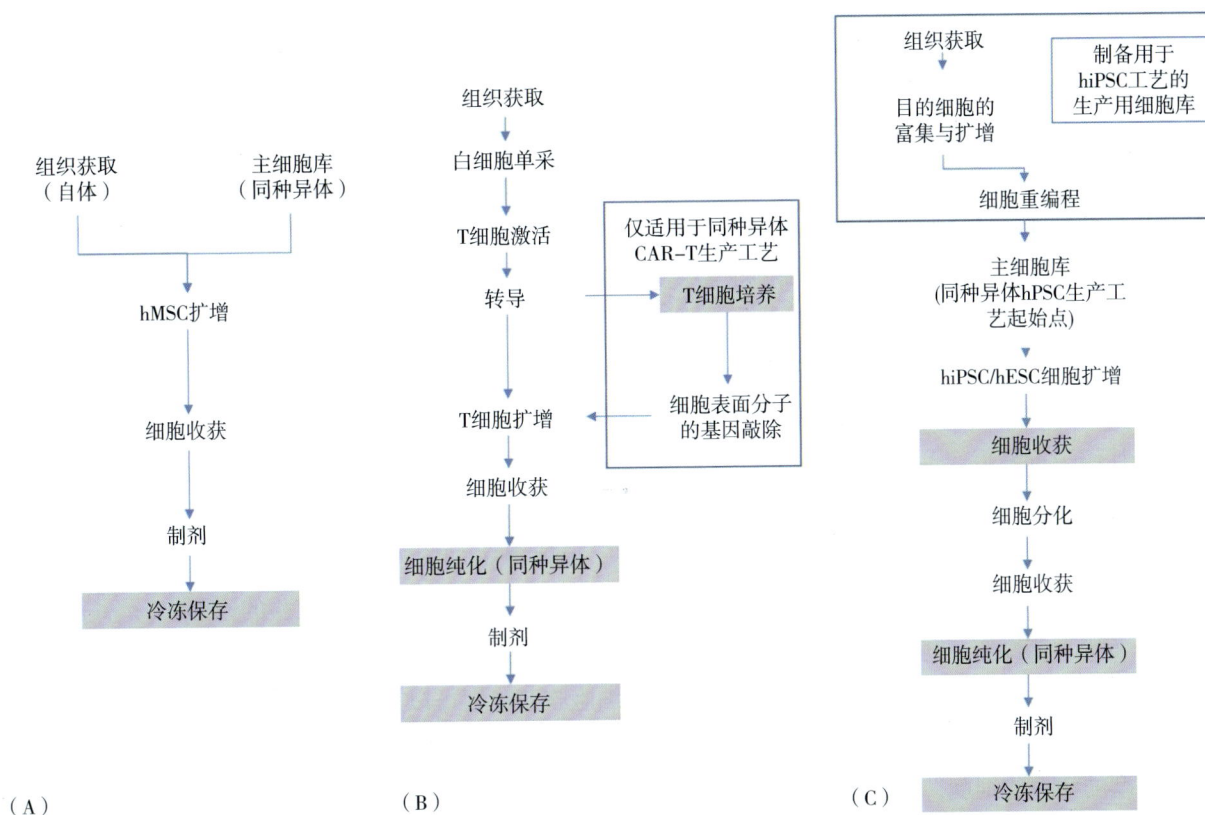

图35-2　（A）基于MSC细胞治疗产品的生产工艺流程图；（B）CAR-T细胞治疗产品的生产工艺流程图；
（C）基于多能干细胞的细胞治疗产品的生产工艺流程图

流程图（B）中方框部分展示了异体CAR-T细胞疗法生产所需的特有操作步骤。流程图（C）中方框部分展示了多能干细胞衍生细胞产品生产工艺的上游操作步骤。流程图中阴影标识的操作步骤可根据具体采用的生产工艺进行选择

（二）CAR-T细胞生产工艺特有的工艺步骤

图35-2B展示了典型的CAR-T细胞治疗产品生产工艺流程图。通过白细胞单采技术收集T细胞，白细胞单采技术是从患者体内取出全血并将其分离成组分的过程，通过这一操作分离出细胞疗法所需的起始原材料，并将剩余的血液返还给供体。在CAR-T细胞生产工艺中进行T细胞培养之前，必须先完成T细胞激活这一步骤，以增强其对肿瘤细胞的免疫反应。T细胞激活是通过将T细胞暴露于抗原和共刺激分子来完成的。早期树突状细胞（dentric cell，DC）和B细胞曾被用于T细胞激活[59]；现在通常使用抗CD3/抗CD28磁珠、凝胶或纳米基质珠来进行T细胞的激活，这是由于DC或B细胞在活化T细胞工艺步骤中均存在差异，而且这样操作会增加在工艺中处理其他细胞的难度。此外，必须完成基因转导，即将重组CAR基因递送至T细胞并使其进行表达。转导是修饰T细胞以表达其效能所依赖的CAR蛋白的过程。与自体CAR-T细胞疗法相比，异体CAR-T细胞疗法生物工艺还包括基因敲除（图35-2B），该操作是将表达被认为可引起移植物抗宿主病的一种表面蛋白的基因敲除[44]。基因转导的方式，包括病毒转导、电穿孔和使用新型机械膜破坏技术等[60-62]。在第六节中讨论了用于细胞治疗的细胞基因修饰技术。有的异体细胞生产工艺中还会在基因敲除之前加一步细胞预培养，以提高活的T细胞数量。

异体CAR-T细胞治疗产品生产工艺还包括纯化步骤，以去除那些在敲除引起GvHD的T细胞受体基因的基因敲除步骤中基因修饰失败的细胞；该操作是通过应用亲和细胞纯化技术[63]进行操作的，在第七节中对该技术进行了讨论。

（三）多能干细胞衍生的细胞治疗产品生产特有的工艺步骤

图35-2C展示了PSC衍生疗法的典型工艺流程图。与成体干细胞产品生产工艺相比，PSC衍生细胞产品的生产工艺更加复杂。这一部分是来自PSC衍生的细胞产品生产所需要的分化步骤。分化是基于细胞培养的一个工艺步骤，通过该过程，多能干细胞向该细胞治疗产品所需的特定祖细胞分化。在第五节讨论了分化工艺步骤的技术。人类胚胎干细胞系源自发育中的胚胎内胚层，可以直接以内胚层作为起始物料创建工作细胞库。诱导多能干细胞系必须经细胞重编程来创建，在重编程步骤，（成体）体细胞被诱导成为多能干细胞。目前已有多种不同载体可以被用作为重编程工具对iPSC细胞系进行重编程，其具体信息详见第六节。图35-2C中标有"制备用于hiPSC工艺的生产用细胞库"的方框包含hiPSC细胞系创建所需的重编程单元操作。对于自体iPSC衍生的细胞治疗产品，必须为每个患者进行组织采集和细胞重编程，并创建主细胞库（必要时可将其用于重复生产）。对于异体iPSC衍生的细胞治疗产品，只需对单个供体的材料进行细胞重编程即可创建通用的iPSC细胞系，再以此细胞系生成主细胞库。iPSC的主要优势是可以以此建立自体非免疫原性疗法。然而，由于细胞重编程的成本较高、难度较大，异体iPSC细胞治疗目前还不多见，而且对使用异体疗法时会产生免疫原性的担忧可能是目前尚无使用异体iPSC细胞治疗进行临床试验的原因。

某些下游工艺操作（例如PSC扩增和纯化后的细胞收获）对于PSC细胞产品的生产并不总是必需的，在一些集成化的生产工艺中，基于细胞培养的操作之间细胞收获步骤可以被取消（相关讨论见第八节）。此外，在某些分化步骤中若是使用的培养条件仅仅是为了增强目的细胞的扩增和活力，只要去除培养基后就可以获得高纯度的活目的细胞，那么就可以将基于亲和层析技术（例如MACS或FACS）的纯化步骤去掉；而对于hPSC细胞治疗产品的纯化，这样的纯化步骤是必要的。

在介绍了三种主要细胞治疗产品生产工艺流程图之后，后续章节将进一步介绍其关键工艺步骤的详细信息。相应的关键工艺步骤会进行概述介绍，在讨论具体的细胞治疗产品时，将明确说明。

第四节　细胞治疗产品生产中的细胞培养

一、用于细胞治疗产品培养的平板培养系统

MSC和hPSC可以贴壁培养，即作为黏附群落贴附在组织培养材料、饲养层或容器（如培养瓶）中的合成基质上生长；而CAR-T细胞通常是在培养瓶或细胞培养袋中悬浮培养的。

过去，平板hPSC培养平台在很大程度上依赖于使用异种生长基质和非人源饲养层（如小鼠成纤维细胞），这给hPSC衍生细胞产品带来受到污染的风险。此外，饲养层会差异性地分泌信号因子，导致培养条件不确定，进而不适合进行hPSC扩增工艺的实验研究[64]。由合成和（或）重组生物材料的混合物组成的贴壁材料的发展使hPSC的培养可以不再依赖于饲养层的使用[65]。MSC是贴壁依赖性细胞，其特征在于其对标准组织培养材料的天然黏附性[66]。常规的MSC和T细胞培养依赖于基于血清的培养基。胎牛血清（fetal bovine serum，FBS）因其所固有的具有传播病原体和引起患者免疫排异反应的风险及其批间差异，不适合用于GMP合规生产中[67,68]。开发无外源因子且成分明确的培养基对于细胞治疗产品生产工艺的稳健性非常重要[69]。市场上已经出现了基于培养基组分优化的，适用于培养T细胞和MSC的商业化无血清培养基[70,71]。通过对培养基的优化可以将与细胞扩增相关的物料成本降低30%~60%[72]。

使用细胞培养瓶进行细胞培养的劳动密集型特性限制了其通量和在大规模生产工艺中的可行性[34, 39]，对于批产量在数十亿甚至数万亿量级细胞数的基于MSC和异体CAR-T细胞疗法更是如此。与传统的2D细胞培养方法相比，将多个细胞培养室垂直叠放在一起的系统能够在较低的工厂占地面积下收获更多的细胞[58]。细胞工厂（hermoFisher Scientific，Waltham，Massachusetts，United States）和CellStack/HyperStack（Corning，New York，United States）系统就是如此设计的，并已被用于将MSC生产工艺放大至临床级[73,74]。为了放大2D培养的工艺规模，就要扩大对应的相关生产设施的规模和后续增加相应固定资产投资，这是传统平板技术在商业化规模上的应用所面临的挑战[75,76]。

自动化的封闭系统，如能够同时处理90个T175培养瓶的CompacT SelecT（Sartorius AG，Gottingen，Germany）和能够操纵4个40层细胞工厂的Nunc细胞工厂自动化控制器（Automatic Cell Factory Manipulator，ACFM）（ThermoFisher Scientific，Waltham，Massachusetts，United States），可能有助于提高扩增和分化过程中2D细胞治疗产品生产工艺的通量[77]。与人工手动操作相比，自动化系统可以在空间较小、洁净级别较低的洁净室中工作。自动化系统提供的封闭式工艺可以更好地进行工艺控制并具有较高的可重复性[52]。Xpansion系列生物反应器（Pall Life Sciences，Port Washington，New York，United States）为平板培养提供了完全内置的类似于生物反应器的内环境，其内部将可支持细胞生长的薄板上下堆叠在一起，类似于前述多层容器。该容器适用于贴壁细胞（如MSC和PSC）的培养[78]。平板细胞培养平台介绍见表35-3。

表35-3 细胞培养系统及其特性

技术类型	尺寸	优势	缺点	CAR Ts	MSCs	PSCs
T形瓶	25~225 cm²	单价低 固定资产投入低	劳动密集型 开放系统 工艺重现性低 可扩展性有限	是	是	是
多层容器（非自动化平台）	500~60000 cm²	固定资产投入低 占地面积小	劳动密集型 开放系统 难以实现营养成分均匀分布 工艺重现性低	是	是	是
CompacT SelecT（用于培养瓶/细胞工厂操作）	最大90×175 cm³	封闭系统 自动化 工艺重现性高	固定资产投入高 操作复杂 培养基消耗量高 多剂量生产时需要多个装置	否	是	是
自动化细胞工厂操纵器	最大4×60000 cm²	自动化更换培养基 重现性高 降低设施占地面积	固定资产投入高 细胞收获操作困难	否	是	是
集成化Xpansion	6120~122400 cm²	封闭系统 自动化 生长环境可控 固定资产投入低 占地面积小	单价高	否	是	是
静态培养袋	1~50 L	价格低 固定资产投入低 操作简单	劳动密集型 培养环境不可控	是	否	否

续表

技术类型	尺寸	优势	缺点	CAR Ts	MSCs	PSCs
一次性微载体培养系统	1~1000 L+	完全受控的培养环境 自动化 封闭系统 工艺重现性高 单位体积培养基培养面积高	控制元件固定资产投入高 SUB价格高 在商业化规模应用较少	否	是	是
一次性生物反应器中的聚集体培养	1~1000 L+	完全受控的培养环境 自动化 封闭系统 单位体积培养基培养面积高	控制元件固定资产投入高 SUB价格高 在商业化规模应用较少 聚集体大小不易控制	否	否	是
G-Rex	10~500 cm²	可实现高细胞密度培养 价格低 可有效利用培养基 固定资产投入低	可能需要多套设备	是	否	否
摇摆式生物反应器	1~50 L+	完全受控的培养环境 自动化 封闭系统 工艺重现性高 单位体积培养基培养面积高	控制元件固定资产投入高 细胞培养袋成本高 培养基消耗量高	是	否	否

平板容器不太可能应用于商业化CAR-T细胞的生产工艺中。如前所述，CAR-T细胞在培养液中悬浮生长，培养瓶和堆叠式平板容器受限于其自身的物理深度，每表面积的培养体积以及由此可最终收获的细胞总数是有限的。因此，不仅使用培养瓶培养T细胞时需要频繁传代，即使使用静态培养袋作为细胞培养平台也是如此。

使用手动操作和平板培养技术的生产工艺的工艺放大都可能面临很大的挑战性。但平板培养技术平台可能会继续在细胞治疗产品商业化生产中占有一席之地。平板技术在自体和低剂量异体细胞疗法［如靶向老年眼底黄斑变性（age-related macular degeneration，AMD）的疗法，表35-1］中的应用仍不可忽视。2D平台也被证明可用于表型特异性hPSC衍生的细胞的个性化药物筛选，在药物筛选阶段，需要横向扩大细胞培养种类而不是提高细胞量[58]，因为在这个阶段，所需的批量往往在百万个细胞以下[79]。

二、用于人体细胞培养的三维培养系统

3D人体细胞培养的方法主要有两种：使用悬浮微载体为贴壁细胞提供黏附表面[43,80]，或细胞以单细胞或聚集体的形式悬浮培养[81,82]。微载体系统仅适用于MSC或PSC的培养，T细胞可在培养液中自然悬浮生长。与传统的平板培养技术相比，许多基于3D生物反应器的细胞培养系统支持在线监控，可以提供更大的可扩展潜力和更低的对厂房设施的需求。最新的生物反应器系统还可以在工艺过程中严格地控制环境条件[83]。3D培养系统面临的挑战是细胞被暴露于剪切力下，因为它会影响细胞的活力和hPSC的分化与扩增，因此必须严格控制细胞可能受到的剪切力[84,85]。

表35-3中列举了一系列用于细胞治疗产品的细胞培养的3D培养系统，包括静态培养袋（用于涉及T细胞的生产）；摇摆式生物反应器；自动化生物反应器，如Xuri细胞扩增系统（Cytiva，Chicago，Illinois，United States）、G-Rex系统（一种可以垂直伸缩的透气性膜基培养容器（Wilson Wolf，New Brighton，Minnesota，United States））和一次性封闭式搅拌混悬生物反应器，例如CultiBag STR（Sartorius AG）。下面为

基于微载体的MSC和PSC培养系统，随后是关于PSC和T细胞的悬浮培养的。其中第二部分已分为两个小节，分别为PSC相关和T细胞相关内容。将PSC和T细胞相关内容分开介绍是因为尽管细胞培养原理不变，但用于T细胞的培养平台与以细胞聚集体而非单细胞悬浮液形式生长的PSC的培养平台有很大不同。

（一）基于微载体的细胞培养扩增系统

微载体是一些可以支持PSC和MSC在3D生物反应器内增殖或定向分化的微球状或者圆盘状微粒。研究显示，基于微载体的hPSC培养在6天内可获得高达28倍的扩增倍数[86]。MSC的研究也显示出了高扩增倍数，据报道每代扩增倍数高达20倍[87]。在相似的时间范围内，基于微载体的细胞扩增倍数通常高于基于2D培养的扩增倍数[1,77,80,88-90]。

微载体的一个关键特性是其具有较高的比表面积，可在相对较小的容器中培养大量hPSC细胞，从而降低了hPSC细胞生产所需的昂贵的培养基和细胞因子等成本[90,91]。事实上，微载体可以为每cm³的培养基提供高达30 cm²的生长面积，约为传统细胞培养瓶和多层平板类容器生长面积的10倍[66]。微载体能够支持hPSC和hMSC的多次传代扩增和长期的自我更新，因此该平台能够支持临床级细胞产品的产能[80]。同时，hPSC的微载体培养也会使得细胞群的层数通常少于10层，因而与基于聚集体的细胞培养相比，营养物质和信号分子的浓度分布相对更加均一[92]。而对于MSC的培养则不存在这种问题，因为MSC细胞是以贴壁依赖性单层形式生长。

已有多种市售的微载体已成功应用于hPSC和MSC的培养[43,93]。含有动物源性成分的微载体不适合用于细胞治疗产品的生产工艺中。目前已有可用于细胞治疗产品生产的无血清和无饲养层的微载体平台技术，但要注意其中有些微载体使用的包被基质胶是鼠源的[39]。现在，重组人蛋白质可以用作平板和3D微载体培养中动物源性微载体涂层材料的替代品[94-96]。但此类蛋白质不易分离、生产成本高且容易产生批间差异。在平板条件下已经开发出了合成基质，可避免因重组基质导致的一致性问题，该合成基质已成功应用于基于微载体的hPSC和hMSC的培养[97-99]。

通过利用聚合物模拟基质胶和饲养层的特性，设计开发了可支持hPSC培养的无外源因子的微载体涂层材料，以促进细胞的附着和自我更新。有报道表明，基于无外源因子的微载体上的细胞扩增倍数可与涂有基质胶的微载体相媲美[94,97]。有报道称，带正电荷的微载体能用于支持临床级生产规模的hPSC扩增，并已获得实现了与使用经包被的微载体相类似的细胞密度和扩增倍数[92]。无外源因子的微载体细胞培养方式代表了符合合规性要求、可生产用于临床应用的hPSC细胞产品生产工艺的方向，这种方法还减少了因使用补充血清而产生的额外成本。无外源因子和无血清的微载体培养也已应用于hMSC培养，在使用无外源因子微载体的情况下已实现高达3×10^5cells ml^{-1}的细胞密度和10倍的扩增[1,2]。通常，无外源因子和无血清条件下的细胞增殖曲线和细胞密度与基于血清的培养法相当[1,2,100,101]。

无外源因子微载体涂层是采用质量源于设计的方法进行产品开发的，过程中研究了可能影响hPSC自我更新的微载体的具体特性。由于微载体会影响细胞培养和收获步骤的操作，因而微载体的选择会影响到整个生产工艺。除上述旨在确定特定微载体特性对hPSC培养的影响的研究外，很少有研究报道能阐明选择用于细胞培养的微载体的依据，或提及在细胞培养前如何进行微载体的筛选。Rafiq等人[95]开发了一种筛选方法，对于特定的hMSC细胞培养和收获，应用该方法可以筛选出最佳的微载体。

在开发基于GMP的细胞培养工艺的同时，研究重点关注在如何优化在hPSC动态扩增过程中的生物反应器条件，以提高可实现的扩增倍数和细胞密度；这有助于减少细胞治疗产品的生产成本。已经发现，在一次性微载体培养系统中培养hPSC期间，控制溶氧水平至关重要。研究发现与非受控条件相比，在低氧环境下的细胞扩增倍数提高了2.5倍，最大细胞密度提高了约85%[90]。研究表明在低氧条件下培养MSC可提高其生物活性细胞因子的分泌，这可能会提高其临床疗效[102,103]。但是低氧细胞培养对MSC增殖曲线的影响机制尚未得到明确解释。

与细胞团接种方式相比，将hPSCs以单细胞形态附着在微载体上，可以将接种效率从30%提高到80%以上，同时还可以减少在微载体上着床所需的时间[97]。接种密度也对MSC的培养产生影响，与高密度接种相比，较低的接种密度可以提高增殖速度[104]。研究表明，在MSC培养中，接种细胞数量与微载体数量的最佳比例是5∶1[105,106]。

尽管在微载体上培养MSC和PSC的研究越来越多，但只有其中极少数研究中的细胞培养达到了临床级的商业化生产规模。Rafiq等人[93,107]在5 L的搅拌罐反应器中培养功能性MSC，达到的最大细胞密度（1.7×10^5cells ml^{-1}）与在100 ml转瓶中达到的最大细胞密度（1.5×10^5cells ml^{-1}）相似。

（二）hPSC的聚集悬浮培养

hPSC可以在生物反应器中以悬浮聚集体的形式培养。在以聚集体形式培养hPSC时，Rho相关蛋白激酶抑制剂 Y-27632被用于保护单个细胞免受解离诱导的细胞凋亡[108]。每个细胞聚集体都被视为一个实际的细胞群落，在悬浮生物反应器中必须控制聚集体的大小，以防止较大群落中的细胞分化[69,109,110]。据报道，干细胞的聚集培养可以通过维持细胞群落内的内源性信号传导来提高hPSC的治疗潜能和分化效率[42]。与贴壁培养相比，hPSC的聚集扩增无需使用昂贵的（有时是未确定的）基质成分[110]。与微载体培养相比，hPSC的聚集培养更依赖于昂贵的培养基补充剂（例如GFs）[86]。一些研究报道提出使用细胞聚集体进行hPSC培养的方法，可以扩大培养规模以获得达到临床级需求的细胞数量[110-112]。基于聚集体的hPSC培养工艺在14天内实现了25倍的扩增[83]，这与使用微载体系统进行hPSC培养获得的扩增倍数相类似[113-115]。此外，在动态生物反应器条件下，在聚集体中长期维持hPSC的多次传代也是可行的[83,111]。基于聚集体的hPSC培养需要频繁的人工操作，以控制聚集体的大小，这可能会阻碍其在细胞治疗行业产业化中的应用[91,113,116]。

搅拌速率可以调节聚集体的大小并使其均匀，以控制hPSC聚集体的增大并减少由于剪切力引起的细胞损伤[72,111]。微载体培养也是如此，研究发现叶轮转速在45~60 rpm之间时细胞群体倍增时间最佳[117]。剪切力对hPSC自我更新和分化方向的影响是一个需要不断深入研究的领域，目前就机械损伤对hPSC分化方向的影响的相关研究甚少[69,118]。

在生物反应器动态条件下对hPSC进行聚集培养的生产工艺中，细胞接种浓度十分重要；研究发现（2~3）$\times 10^5$cells ml^{-1}的接种浓度可以最大限度地提高hPSC的活率[111,119]，据估算单细胞接种最多可减少60%的细胞损失[111]。使用基于聚集体的动态培养技术可使细胞密度达到3.4×10^6hPSCs ml^{-1}[119]，这比平板培养系统中能够获得的最大细胞密度提高了1.9倍；这仍明显低于在基于无外源因子微载体培养系统中进行hPSC培养所获得的最大细胞浓度（6×10^6cells ml^{-1}）[120]。

据报道，有些hPSC扩增工艺中使用了无外源因子的培养基[72,112,113]，尽管在早期尝试时细胞扩增倍数较小，但这些研究仍然是很有价值的，因为这些研究致力于去除培养基补充成分；这些补充剂不仅有将含外源因子的物料引入hPSC的风险，而且还会导致所培养的细胞产生批间差异[112]。

（三）用于CAR-T细胞生产中T细胞的三维培养

CAR-T细胞治疗的出现是细胞治疗领域的一个里程碑。T细胞扩增的许多研究都是在未修饰的T细胞上进行的，这些细胞也被用于过继性细胞治疗；但就T细胞扩增而言，它们是等效的，因此本节中的引用可能不会直接提及CAR-T生产工艺。T细胞以单细胞的形式悬浮生长，与依赖于贴壁的MSC和必须以聚集体或微载体生长的PSC相比，它们更适合大规模培养平台。

静态培养袋已经应用于治疗性T细胞的扩增[121]。但和培养瓶一样，这些系统都是劳动密集度较高的，容器与容器之间的差异会带来细胞性能上的挑战，而且是开放式培养系统，将无法满足于大规模cGMP细胞产品生产的要求。

G-Rex系统是一种静态培养系统，在G-Rex中提供了一个高氧的环境，使得细胞可以在透气膜上方生长。该培养系统可以在不干扰反应器内细胞的情况下移除和补充培养基。G-Rex培养系统与标准组织培养箱兼容，与细胞培养瓶相比，可显著减少T细胞培养过程中所需的人工工时[122]。G-Rex 500在单个容器中可扩增多达 6×10^{10} 的T细胞[123]，可提供足够自体细胞产品剂量的所需细胞量。与标准细胞培养瓶和摇摆式生物反应器系统相比，G-Rex设备消耗的培养基量更少。据报道，使用G-Rex生产的细胞治疗产品已安全地应用于临床患者[124]。尽管相对于摇摆式生物反应器，G-Rex系统具有相类似的，甚至更好的扩增数据，但若用来生产异体和大剂量自体CAR T治疗所需的细胞量，可能需要同时使用多个G-Rex容器和配套装置。能够在封闭环境中同时处理多个G-Rex的全自动化设备目前正在开发中，将可能可以降低对多个配套装置的需求。

摇摆式生物反应器，例如Xuri（Previous WAVE）细胞扩增系统（Cytiva，Chicago，United States），具有密闭系统、全自动生物反应器的所有优势（表35-3）。摇摆式生物反应器中T细胞的培养可靠且可重现[82,121,125,126]。摇动平台可对细胞培养混悬液进行搅拌，因此无需使用叶轮，而叶轮会产生剪切力，影响T细胞的生长和细胞表面标志物的表达。据Hollyman等人[125]和Sadeghi等人[121]报道，与静态培养袋相比，使用摇摆式生物反应器收获的细胞量和扩增倍数更大，而Somerville等人[82]报道说收获的细胞量和扩增倍数与静态培养袋相当。根据存活细胞的密度，每天灌注500~1000 ml的培养基（到1 L的生物反应器中），与不灌注培养基的培养方法相比，最终收获的细胞数量增加了100%以上[126]。使用摇摆运动生物反应器可实现高达 2×10^7 个细胞ml^{-1}的细胞密度[127]。使用这些系统可以获得体积高达50 L的培养悬液。与G-Rex系统一样，使用摇摆式生物反应器培养的细胞已被证明是安全和有效的[124]。

第五节 hPSC的分化

一、使用平面培养方式进行hPSC分化

以往很多干细胞分化研究方案是按照实验室规模来设计的，很少尝试将工艺的重现性和稳健性纳入这些研究之中[128]。定向分化策略通常要在整个分化过程中的特定时间点将hPSCs暴露于某些细胞因子的混合物中[129-132]。相对于自发分化，定向分化可以减少分化步骤时长和该步骤直接消耗的培养基等资源[133]。

与hPSC扩增类似，过去分化阶段工艺在很大程度上依赖于使用含有外源因子的物料[134]。已有不含外源因子的物料应用于平面化分化工艺研究的报道[133]。尽管取得了一些进展，但由于部分技术人员身上的研发特质，使得分化工艺研究方案本身就存在很多差异，因而对目标为可靠的、稳健的分化工艺的开发研究仍处于起步阶段。即便对同一类细胞的分化阶段生产工艺而言，不同研究之间的在分化周期时长和分化效率上也存在显著差异（表35-4）。

在分化工艺中使用小分子有助于减少重组生长因子的使用，从而提高其可重现性[145,146]。据报道，部分研究通过在细胞分化的初始阶段使用小分子代替生长因子，在改善了2D分化的分化效率和分化时长的同时

也大大简化了分化工艺[133,135,136]。有报道已经开发出一种可以在培养瓶中分化出可用于移植治疗的多巴胺能神经元的分化工艺[137]。该方案能以很高的分化效率生产可冻存的多巴胺能神经元，可以更好地对分化过程所需时间进行控制管理。运用同样的策略可以减少自体hPSC细胞生产下游阶段的工艺瓶颈。更进一步的研究进展表明，有可能以较高效率[139]以及在无外源因子和无小分子的特定条件下[138]获得适用于细胞疗法移植的祖细胞，不需要使用小分子和细胞生长因子，可能可以大幅降低分化阶段的成本。

表35-4　平面分化方案和生物反应器分化工艺的关键性能表征

衍生细胞类型	工艺/方法	时间（天）	目标细胞数与接种的hPSC细胞（比率）	报道的分化效率（%）	最大细胞浓度（cells/ml）[a]	参考文献
心肌细胞	2D单层	9	ND	64.8 ± 3.3	$(2.5\sim5)\times10^4$	[135]
心肌细胞	2D EB形成	60	0.81	10 ± 2至22 ± 4	ND	[132]
肝细胞	2D EB形成	ND	ND	50 ± 2	$(1\sim5)\times10^4$	[129]
肝细胞	2D单层	14	ND	73 ± 18	ND	[131]
运动神经元	2D单层	14	ND	33.6 ± 12	1×10^4	[130]
神经感受器	2D单层	15	ND	61 ± 2	4.5×10^4	[136]
神经元	2D单层	~7	ND	ND	ND	[133]
多巴胺神经元	2D单层	~28	ND	30 ± 2	ND	[137]
神经前体细胞	2D单层	6	ND	90 ± 1	5×10^4	[138]
内胚祖细胞	2D单层	4	ND	73.2 ± 1.6	1.3×10^5	[139]
心肌细胞	2D EB形成	16~18	70	87 ± 3.4	$(4.5\sim6)\times10^5$	[140]
心肌细胞	一次性生物反应器微载体	16	0.33	15.7 ± 3.3	1.36×10^4	[141]
造血细胞	一次性生物反应器微载体	7	4.41	ND	ND	[142]
心肌细胞	一次性生物反应器细胞聚集体	18	23	100%打散聚集体	4.3×10^5至5.2×10^5	[143]
肝细胞样细胞（hepatocyte-like cells，HLCs）	一次性生物反应器细胞聚集体	21	ND	18 ± 7	$(3\sim5)\times10^5$	[144]

[a]在细胞作为贴壁单层生长时的细胞接种密度转换为细胞浓度以便于对获得的不同研究之间细胞浓度进行比较

二、基于生物反应器的进行hPSC分化

大量基于生物反应器的分化工艺的研究是由于需要将实验室规模的细胞分化研究开发转化为能够以可重复的方式生产工业级细胞量的分化工艺。许多研究已经成功地使hPSCs能在生物反应器条件下分化，或者是附着在微载体上[142]，或者是以细胞聚集体的形式[141,144]。在3D生物反应器（特别是搅拌罐容器）中开发的分化工艺与平面培养方式相比，因为如培养基换液等劳动密集型工作可以在生物反应器中自动完成，同时还可以在线实施环境监测和参数控制，因而更适用于大规模生产。对在一次性生物反应器中进行的mPSC的分化工艺研究表明，与在实验室中使用平板培养方式相比，使用转瓶可使工时减少12倍[147]。

hPSCs可以在一次性生物反应器中分化为不同的临床相关细胞，包括心肌细胞[143]、造血细胞[142]、神经元细胞[120]和肝细胞样细胞[144]（表35-4）。为了能获得商业化规模的hPSC衍生的细胞治疗产品的生产，有必要使用基于生物反应器的分化工艺，但是必须考虑到只有同时提高分化效率和减少使用昂贵的培养基

添加剂，才能使此类工艺更具有成本效益。将平面培养体系[133,136,140]中已有的高效率的分化工艺转化到一次性生物反应器系统中，有助于获得基于生物反应器的分化工艺。这种方法比只是在一次性生物反应器上进行分化工艺开发有可能获得更高的分化效率。据报道，在基于生物反应器的分化工艺研究中，使用一种基于微粒的向PSC聚集体输送促分化因子的方法，可使促分化因子的使用量降低12倍[148]，通过这种方法可以降低在使用一次性生物反应器进行hPSC产品生产中的物料成本。

基于一次性生物反应器的hPSC分化带来的一个问题是如何利用动态的可控环境来优化生产工艺[85]。缺乏剪切力对hPSC的影响的表征数据的原因之一是不同的动态培养系统会产生不同的剪切力分布，因此很难在不同的研究之间进行剪切力影响的比较[118]。但是，小规模下进行的研究表明，在hPSC早期分化过程中，在没有促分化因子的情况下，剪切力也会促进中胚层、内皮细胞和造血细胞表型的形成[149-151]。有趣的是，在分化早期hPSCs分化方向的确定似乎对剪切力的大小并不敏感。但在分化后期阶段，祖细胞的活性似乎对剪切力的大小要敏感的多[151,152]。在已发表的研究中，有报道称剪切力可部分减少对昂贵培养基添加剂的需要[150,151]；加深对剪切力如何影响hPSC培养的认识对改进优化生产工艺非常重要。在一次性生物反应器内严格控制的低氧环境，也被证明会增强hPSCs朝着外胚层和中胚层细胞系方向的分化[143,153]。

新型的微流体系统有可能成为研究特定环境参数对hPSC增殖和分化影响作用的关键工具。微流体生物反应器提供了一个超小规模化但高通量的研究平台，可以在严格规定的条件下单细胞或多个克隆进行研究[154-157]。hPSC分化工艺中分化方向的确定过程很复杂，不是由某一单个工艺参数所决定的。微流体系统作为一种较低成本的开发平台，可帮助我们更好地了解特定的微环境条件对hPSC的影响[158]。

尚不清楚微载体的生物化学特性对hPSC分化方向的影响，有研究认为可以为特定目的对微载体的机械性能，如硬度和大小进行研究和优化[41]。合理的微载体设计可以为用于生产某些特定的hPSC衍生细胞产品提供生产工艺优化平台，这样可以更好地控制细胞的微环境，从而实现更高效地分化，而不像现有的分化工艺那样严重依赖昂贵的培养基添加剂。

第六节　细胞产品中的细胞基因工程

基因工程和表型修饰技术在生产高效的细胞治疗产品上发挥着重要作用。人诱导多能干细胞（hiPSCs）可以通过强制表达特定的转录因子从成体干细胞中转化而来[12]，这为自体hiPSC衍生细胞治疗疗法提供了可能[159]。hiPSCs细胞的重编程是一个劳动强度大、耗时较长的过程；重编程效率或成功重编程为hiPSCs的百分比一般在0.1%~1%之间，但也有一些明显的例外（表35-5）。CAR-T细胞的生产过程中也有基因修饰步骤，这些基因修饰使得CAR在T细胞表面蛋白上得以表达[174]。此外，异体CAR-T细胞治疗产品的生产依赖于基因工程技术，以确保敲除已知会引发移植物抗宿主病的TCR。当癌症患者在细胞治疗中需要联合用药时，某些细胞表面蛋白与相应的药物会发生相互作用，通过对CAR-T细胞进行进一步的基因修饰可以阻止这些表面蛋白的表达[63]。基因修饰后的T细胞中CAR的表达率远高于iPSC的重编程效率；其表达率在20%到80%之间，具体取决于所使用的转导递送系统（表35-5）。

大多数对T细胞进行基因修饰和获得hiPSCs的方法都依赖于通过病毒转导方式来进行转基因表达[29,175]。逆转录病毒已广泛用于将转基因递送至T细胞进行T细胞基因修饰，或递送至体细胞以获得hiPSC[12]。在免疫治疗中，逆转录病毒已被证实在临床上安全有效[176]。逆转录病毒和慢病毒载体属于基因组整合型的病毒。在hiPSC生产中，整合型病毒载体被认为不具备优势，因为它会将外源基因序列整合到宿主基因组中。整合型载体导致的转基因的长期表达，是细胞治疗在安全性方面令人担忧的一点[175]。不过在CAR-T细胞治疗产品的生产中可以利用这一特性，因为它可以促进病毒转导后CAR的长期表达。在过继细胞疗法的长期研究中，整合型载体已被证明是安全的[177]。慢病毒载体也已被广泛应用于CAR-T细胞的生产。逆转录病毒和慢病毒载体的转导效率都很高；逆转录病毒只能转导正处于复制中的细胞，但慢病毒还可以转导静止的细胞，因而使用慢病毒载体可以获得更多的携带CAR的T细胞[62,178,179]。实际上，据报道，60%~80%的表达CAR的细胞是使用慢病毒载体转导的[163,180]（表35-5）。

表35-5　用于细胞基因修饰的不同载体及其应用在T细胞中的CAR表达率和hiPSC重编程效率

载体类型	是否整合基因组	T细胞中的转基因表达率（%）	参考文献	hiPSC重编程效率（%）	参考文献
逆转录病毒	是	23–51	[160,161]	0.02~0.08	[12,162]
慢病毒	是	38–80	[163–165]	0.02	[166]
腺病毒	否			0.0002	[167]
仙台病毒	否	ND	N/A	0.1~1	[168,169]
转座子（电穿孔）	否	20–50	[61,170]	0.02	[171]
SiRNA（CellSqueeze）a	否	50–70	[60]	ND	N/A
mRNA/miRNA	取决于输送机制	ND		1.4~10	[172,173]

a在已发表的研究中CellSqueeze技术尚未被证明能促进CARs基因在CAR-T细胞上的表达；但本文中的研究结果表明，其可用在异体CART治疗产品生产中用于T细胞表面蛋白基因的敲除。

生产hiPSC的方法已经由整合型病毒载体转向非整合病毒载体，例如腺病毒和仙台病毒。腺病毒载体只能在短时间内表达驱动细胞走向多能性所需的转录因子，这使其重编程效率比其他的载体要低几个数量级（表35-5）[167,181]。腺病毒载体已应用于T细胞的CAR表达，但其成功率有限[178]。在hiPSC重编程中，仙台病毒拥有与慢病毒和逆转录病毒载体相当的效率[168,182]，并且有cGMP级重编程试剂盒现货供应。病毒载体的生产工艺复杂且生产成本很高，其本身就是工业化生物工艺中很有价值的一个研究领域。携带特定CAR类型的T细胞需要定制病毒载体，以便将转基因传递到细胞中；这些载体的设计并非易事，需要有高技能的人员。

非病毒载体的优点是制造成本低，理论上也更安全，因为宿主细胞的DNA没有引入病毒组分[29]。转基因表达的非病毒方法包括非整合型载体、微质粒DNA和转座子技术[61,175]。电穿孔和机械膜破坏技术已被用于向细胞递送非病毒载体[60,170]。电穿孔是将转座子（例如PiggyBac转座子和睡美人转座子）转入T细胞的常规方法。通过电穿孔将转座子导入T细胞，可获得与使用逆转录病毒载体导入转基因相类似的CAR表达水平[61,183]。一种向新的向T细胞递送的新方法包括让细胞通过微流体通道，在细胞膜上造成小孔，然后分子可以通过膜上的小孔进入细胞的细胞质[184]。CellSqueeze平台（SQZBiotech，Boston，Massachusetts，United States）已被用于向T细胞递送功能性大分子，与电穿孔相比其表达效率更高[60]。在hiPSC衍生细胞方面，mRNA和miRNA分子已被用于高效对体细胞进行重编程（表35-5）[172]，这种方式的简易性使其成iPSC重编程工具的理想候选对象。

不透气的密闭容器，例如为配合摇摆式生物反应器而设计的一次性生物反应器，对于进行病毒载体转导操作来说并不理想。因此目前转导操作是在静态细胞培养袋或平面培养容器中进行的。在T细胞的转导过程中使用了包被重组人纤维蛋白片段的培养容器，它可以增强病毒和T细胞的共定位，从而提高了T细胞的CAR表达水平[185,186]。作为完全集成化生产的一部分，转导步骤可以在美天旎全自动多功能细胞处理系统

CliniMACS Prodigy内完成（详见第八节）。微流体膜破坏技术，如 CellSqueeze（SQZBiotech）技术，也可以使转导成为集成化生产工艺的一部分；但是此类装置的微流体性质可能会限制其生产通量及后续在大规模生产工艺中的适用性。转基因在 T 细胞中的表达率越高，在特定培养容器中产生的功能性 CAR-T 细胞的数量就越多，从而提高了相应工艺的生产效率。

较低的重编程效率和技术上的困难给hiPSC细胞产品的生产工艺开发造成了阻碍（表35-5）[175]。重编程是一个劳动密集型且耗时长的步骤，可能需要数周的时间。因此，许多重编程操作会使用多孔板，而不是生物反应器。hiPSC细胞来自以使用重编程后的单个克隆构建品质均一的细胞库，因此仅需要少量的hiPSC。对于同种异体hiPSC细胞治疗产品，将hiPSC衍生视为正式生产工艺的上游可能就够了；一旦构建了（主）细胞库，只要维持工作细胞库就可以满足生产的需求。然而，对于自体细胞疗法则必须对每个患者进行细胞重编程，因此必须考虑将其入生产工艺之中。第八节包含将重编程步骤整合到完整的生产工艺中所做的研究。

第七节 细胞治疗产品生产的下游工艺

一、细胞收获、淋洗和浓缩

细胞收获在基于细胞培养的工艺步骤（例如扩增或分化）之后发生，通常分为两步：对于MSCs（间充质干细胞）和PSCs（多能干细胞）来说，收获的第一步是消化，将细胞从细胞培养贴壁材料（例如组织培养材料或微载体）上消化下来，如果使用聚集体培养，则要将聚集体先消化生成单细胞悬液；第二步是分离，对于基于聚集体的培养，通常不需要进行分离，分离阶段是指从细胞培养液中去除所有微载体，以获得纯细胞悬液。CAR-T细胞扩增采用单细胞悬浮培养，因此不需要消化步骤。

细胞与微载体的分离通常使用蛋白水解酶进行。在基于PSC细胞的培养中，使用重组胰蛋白酶（TrypLE Express）[80,101]或胶原酶[117]可以完成细胞与微载体的分离。通过使用胰蛋白酶、accutase细胞消化液、胰蛋白酶-accutase细胞消化液酶混合物以及胶原酶可以将MSCs从微载体上消化下来[187,188]。已经证明如果细胞暴露在消化酶的时间过长则会影响细胞活力和hPSC分化[189,190]。热敏性聚合物可以起到与消化酶类似的分离效果，在使用热敏微载体的情况下，将培养液降低至32℃以下可使细胞脱离微载体[189]。Yang等人[190]报道了在热敏微载体上生长的MSCs的收获产量为82.5%（细胞活率为92%）。但热敏聚合物可能会影响MSCs和PSCs的生长特性和细胞分化方向，此外，市场上难以获得具有材质均一的聚合物涂层的微载体。

在收获步骤的工艺研究中，不同的酶会表现出不同的消化效果，这与使用的微载体的类型有很大关系[95]。但是在已发表的研究中，很少有人对可用于细胞产品工业化生产的可放大的收获工艺进行相关研究[43]。前面提到的许多研究都是依赖于使用滤网将消化后的细胞与微载体分离，这种做法是不能用于细胞产品的GMP工业化生产的。Nienow等人[191]和Heathman等人[1, 2]提出了一种从微载体收获MSCs的可规模放大方案：使用胰蛋白酶-EDTA[191]或TrypLE[1, 2]进行消化，同时在一次性生物反应器中进行搅拌。在Nienow等人[191]和Heathman等人[1, 2]的研究中声称在细胞收获步骤的回收率大于95%（细胞活率>99%）。切向流过滤（TFF）等缩减体积的技术也可以用于分离微载体以获得纯细胞悬液，TFF为细胞收获步骤提供了可放大规模的技术平台，在满足cGMP要求的情况下按比例放大工艺规模也能获得高存活率的细胞[75]。Cunha等人[192,193]考察了不同的切向流过滤器，发现孔径大于75 μm的聚丙烯过滤器可去除微载体并回收超过80%的活细胞，截留液中细胞浓度是进料流中的10倍。

此外，其他的体积缩减技术如离心也可用于细胞的分离。kSep系统（KBI Biopharma, North Carolina, United States）是一种流化床离心（fluidized-bed centrifugation, FBC）机，其操作方式类似于用于血液制品处理的小型常规细胞分离系统，例如COBE 2991或Elutra细胞分离系统（这些系统是小规模的，不适用于异体细胞治疗的生物工艺）。kSep系统在单次运行中处理体积可达1000 L[75]。很少有人对细胞分离这一工艺步骤做深入研究，Nienow等人[191]的研究称，过滤会导致微载体在过滤器上聚集，聚集的微载体实际上起到了像"滤饼"的作用，会截留细胞而降低的细胞量。一种解决方案是扩大过滤的表面积，以减少微载体堆积的厚度。Hassan等人[48]在一项生物工艺经济学评价中对切向流过滤（TFF）和kSep系统的流化床离心机用于异体MSC细胞产品生产下游工艺进行了分析研究，研究结果认为切向流过滤更适合小批量生产，而流化床离心机被证明在经济上来看更适用于大规模生产（每批>10^{11}个细胞）。

在CAR-T细胞产品的生产中，由于细胞在单细胞悬液中生长，因而不需要消化步骤。但必须要将用于激活T细胞的磁珠、基质或凝胶从培养液中去除，可以通过淋洗或采用类似于MSC和PSC产品生产中分离微载体的分离方法来完成。实际上，许多已经应用于血液制品处理多年的细胞处理系统可以用于CAR-T细胞产品的生产。自体CAR-T细胞治疗产品可能仅产生5~10 L的培养基，因此小型系统（例如Haemonetics CellSaver和Terumo的COBE系统）可以整合到封闭的无菌生产过程中，用在淋洗和浓缩步骤[59,194]。在异体细胞产品的大规模生产中，很可能就需要使用像kSep这样可放大的系统来处理与生产规模相对应的更大体积的培养基。与MSC和PSC生产工艺方向的研究进展相似，目前很少有对治疗用T细胞生产中在培养后的洗涤和浓缩工艺步骤进行研究的实际案例可供参考。

需要考虑的很重要的一点是能被用于洗涤和细胞浓缩步骤的可用时长。据报道，若保留时间超过6小时会导致MSC和PSC细胞的活力降低[52,195]。因此，细胞的消化和分离（或缩减体积）步骤的最大处理时长为4小时，处理完毕后将细胞保存在标准培养基中[1, 2, 48, 52]。

二、细胞治疗产品生产中的细胞纯化

细胞的纯化在细胞治疗产品生产工艺中是非常重要的一步，通过细胞纯化获得较高纯度的治疗用目的细胞有助于保证细胞治疗产品的安全性和临床疗效。MSC细胞产品的生产工艺起点是单个同质的细胞群，最终用于临床治疗的产品也是同样的细胞，因此间充质干细胞产品生产工艺中不需要纯化步骤。但对于异体CAR-T细胞产品和很多PSC衍生细胞产品的生产来说，纯化是必不可少的工艺步骤。

有很多技术可以将特定的人源细胞从一个细胞群中分离出来，这些方法包括物理分离（使用密度梯度或利用细胞群大小的物理差异）、免疫分离技术和新技术平台如微流体系统等（表35-6）[45,196,197]。

物理分离技术一部分在上文做了介绍，包括用COBE 2991细胞处理系统（Terumo BCT）进行离心，用Elutra细胞分离系统（Terumo BCT）[198]进行逆流洗脱，以及用Sepax系统（Biosafe）进行密度梯度分离。这些分离系统的分离度低，通常仅在上游工艺操作中用作制备性分离步骤，例如在单采血分离后分离淋巴细胞。目前已有成熟的单采血分离技术，并且已经发展成为成本较低的、密闭的、高通量的工艺[59]。离心技术也可用于去除用于激活T细胞的物料。双水相系统（aqueous two-phase systems, ATPS）也可用于细胞分离，ATPS是一个高度可扩展的平台，也被用于许多其他化药和生物药生产工艺中。但因ATPS特异性低，这一点限制了其在下游工艺中的使用[45]。

免疫分离技术依靠使用对靶细胞表面蛋白具有特异性的抗体来实现分离的，磁珠分选（magnetic activated

cell sorting，MACS）和流式细胞荧光分选（fluorescent activated cell sorting，FACS）是两种被广泛使用的免疫亲和分离技术。免疫分离技术（特别是免疫亲和分离技术）与物理分离技术相比具有更高的选择性，因而适用于目标为获得均一同质细胞群的下游工艺。

表35-6 细胞分离纯化技术及其特点汇总

类别	分离方法	分离条件	优势	不足
物理分离技术	密度梯度离心	大小和密度	非标定量法 高通量 可处理高细胞浓度	低选择性
	双水相系统	疏水性、大小、净电荷	非标定量法 可放大的；能在生物反应器中进行后续培养 细胞活率高	低选择性 需要重复提取步骤 分离细胞难以回收
免疫分离技术	磁珠分选（MACS）	表面蛋白表达	高选择性 高通量 封闭系统和自动化平台 可用于商业化阶段	可能需要多个步骤 磁珠去除 抗体成本高
	流式细胞荧光分选（FACS）	表面蛋白表达	高选择性 具备多参数分选能力 自动化	低通量 需要从细胞中去除荧光素 需要熟练的技术人员 资本支出高 抗体成本高
新技术	微流体系统	细胞大小、表面蛋白表达	价格低 可自动化 有效利用抗体 可创建用于分析和规模缩小的芯片实验室系统	容量低，难以放大

流式细胞荧光分选是先用已与荧光标记物连接的抗体对目的细胞进行标记，然后使被标记的细胞样品通过激光，这一步可以激发荧光标记产生荧光；最后通过向标记有荧光团的细胞或施加正电荷负电荷来分离表型特异性细胞。FACS是一种二进制的分选系统，可按顺序处理单个细胞。相对于其他可用的分离纯化技术，FACS获得的目的细胞的纯度最高——纯度一般为98%左右[199]。但其通量有限，每小时可处理的细胞量仅为10^7个[45]。由于细胞处理时间与工艺可行性直接相关，因而除低剂量自体细胞产品之外FACS不适合作为其他细胞产品的纯化工艺选项。此外，还必须要在FACS操作后从细胞中去除荧光标记。若要将FACS在用于分析测试之外，还想要用于细胞产品的生产工艺中，所面临的挑战是cGMP级抗体的成本和与FACS设备相关的固定资产资产成本。而且，FACS已被证明是比MACS等技术更复杂的平台，它需要使用训练有素的技术人员，并且在每次运行之前需要相当长的时间进行设置。

磁珠分选方法在纯化前需要将细胞与磁珠一起孵育，磁珠表面包被了对目的细胞表面蛋白具有特异性的抗体，因而标记后的目的细胞会被磁场固定。这样未标记的细胞在通过磁场设备时会被舍弃。除了能获得高纯度细胞群外，MACS还有易于使用和高通量的优势——2×10^{10}个细胞可在30分钟内处理完成[200]。MACS易于使用和高通量这两个特点使其在细胞治疗产品的细胞纯化工艺中占有优势，特别是在需要处理大批量细胞的情况下。CliniMACS（Miltenyi Biotec，Germany）是最常用的MACS设备，使用CliniMACS纯化细胞获得的纯度和活细胞收率一般分别为70%~99%和93%~99%，取决于被分离细胞的类型[45,201-203]。虽然已证明MACS能够在分化步骤后用于分离心肌细胞和未分化的hPSC[204]，Schriebl等人[203]认为从已完成分化的PSC细胞群中将每个非目的细胞分离掉仍需要31步操作，因而这种操作是无法满足生产的要求的，因为在分离的每一步细胞都会有损失。在基于MACS的分离过程中，正选和负选的组合有助于提高分离得到的目的细胞群的纯度[45]。

新型的分离纯化技术以微流体系统为主，该系统为细胞处理提供了"芯片实验室"平台。微流体设备易于制造所以成本低廉，它们还可以与现有的免疫分离技术（例如FACS和MACS）进行串联[205]。与FACS和MACS相比，微流体系统可降低使用抗体成本。但由于单个装置处理的装载量有限，除非并联运行，否则微流控设备可能仅限于分析使用[197]。而为了实现并联运行，需要做更多的研究来确保在纯化工艺中使用微流体设备的稳健性和重现性。

异体CAR-T细胞的生产涉及T细胞受体（T-cell receptors，TCRs）表达基因的敲除，T细胞受体（TCRs）的表达会引发移植物宿主病（GvHD），敲除这些基因可以阻止T细胞受体（TCRs）表达。基因敲除的成功率无法达到100%，在应用于临床患者之前，必须要将那些仍可表达TCR的T细胞从细胞群中分离出去[44]。自体CAR-T细胞疗法生产中使用的单采血分离法无法从细胞群中分离TCR⁻细胞。因而异体CAR-T细胞生产需要依赖于更高分离度的免疫分离技术[63]。相类似地，在PSC衍生细胞产品的生产中需要将特殊的目的细胞—祖细胞分离出来，在分离前的细胞群中祖细胞不一定是主要的细胞类型，这要取决于分化阶段的工艺性能。在被动分离技术不适用的情况下，PSC衍生细胞产品的纯化将依赖于高分离度的纯化平台，以保障产品中不含未分化或部分分化的PSC（PSC可能在体内形成畸胎瘤[206]）。

有时，PSC衍生的细胞产品可以通过使用培养或基于特殊配方的培养技术来进行纯化。例如，在用视网膜色素上皮细胞治疗AMD的细胞产品生产中，有时将细胞以贴片的形式移植；因而会将分化后的视网膜色素上皮（retinal pigment epithelium，RPE）细胞进行单层培养，从而可利用细胞-细胞间的相互作用形成期望的形状。这样的培养条件只能允许RPE细胞朝着贴片状RPE方向生长，因此在进行移植时仅有一种细胞类型就是贴片RPE细胞，无需进行细胞分选操作。

获得高分离度的细胞纯化是细胞治疗生产工艺中最具挑战性的领域之一。一方面，纯化后的回收到的细胞的纯度必须非常高，甚至要高于目前使用MACS系统所能达到的纯度[203]。另一方面，可用于纯化步骤的时长是有限的，因而需要高通量、高容量的纯化工艺解决方案，以免超过最大保留时间而对细胞活率和生物学功能造成影响。在第四节中讨论过的大规模细胞培养技术方面的进展将会进一步提高对纯化工艺的要求。在细胞治疗领域，目前尚无可以能够通过细胞纯化获得同质均一的细胞群的纯化系统的金标准[45, 196, 197, 203]；细胞治疗产品向临床应用转化需要在这方面的取得进一步的研究和改进。

第八节　细胞治疗产品的集成化和连续生产工艺

集成化生产工艺是指在一个密闭的设备中执行多个工艺步骤操作，目前正在不断地取代分段隔离式的生产工艺。集成化生产工艺降低了在细胞培养之后工艺步骤的劳动密集度，例如对细胞材料的转移和保留。以这种方式生产细胞产品有助于减少细胞产品生产工艺的瓶颈和提高产量。此外，集成化生产工艺提升了防污染能力，降低了生产过程中的污染风险。

迄今为止，细胞治疗产品生产工艺相关的研究主要集中在如何将基于细胞培养的工艺步骤进行集成，例如将hPSC的扩增和分化进行集成。有几项研究报道了集成化的扩增和分化步骤已经应用在连续培养工艺中[110,117,120,207]。图35-3介绍了集成化的工艺与hPSC的分段培养和分化工艺的不同特点。hPSC生产工艺研究是一个相对较新的领域，仅有少数研究已发表，相关研究信息总结见表35-7。早期对将扩增和分化集成化的研究侧重于解决在一个集成工艺步骤中进行两种不同操作所面临的技术障碍，但获得的目标细胞的产量不高[117]。近期的研究尝试通过在hPSC培养和分化过程中确定最佳聚集体的大小来对集成化的iPSC生产工艺进行优化[110]，有研究发现在集成化生产工艺中的扩增阶段，将补料方式从每天一次改成每天两次可使细胞密度提高一倍[120]，但是报道中并没有提供对这两种工艺的经济学分析。报道称，与分段隔离式工艺相比，集成化生产工艺可获得更好的扩增倍数和分化效率。

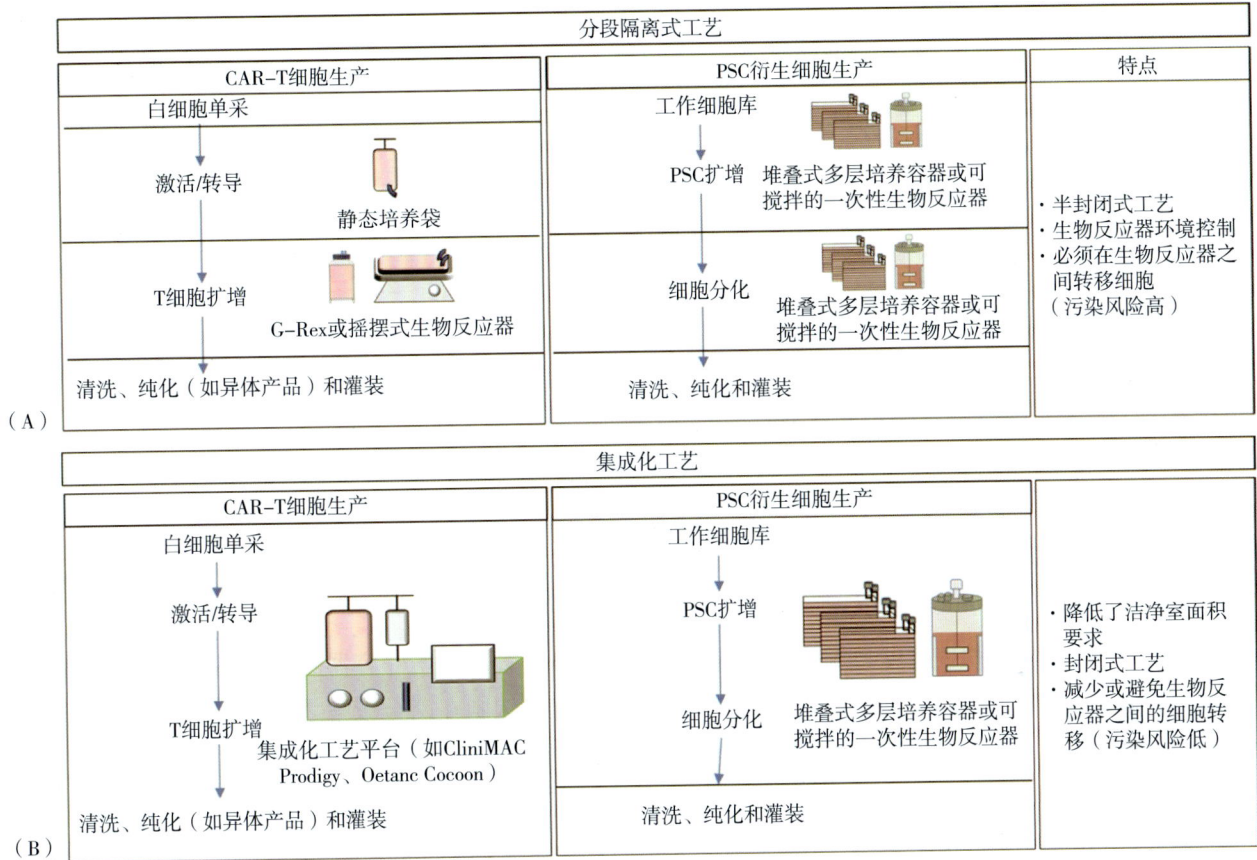

图35-3　hPSC生产工艺及其特征

（A）CAR-T细胞生产（左上图）和hPSC衍生细胞生产（右上图）的分段隔离式生产工艺及在工艺中的主要技术；（B）集成化的生产工艺，可以在封闭系统中以单个工艺步骤的形式进行操作，用于CAR-T细胞生产（左下图）和hPSC衍生细胞生产（右下图）。用水平线分隔表示相关操作在生产工艺中需物理隔离（即那些需要在设备之间转移细胞材料的操作）

完全集成化的细胞治疗产品生产工艺面临的挑战之一是缺少支持能以完全封闭的方式实现端到端的生产工艺的技术和生产工艺设计。迄今为止，还没有研究出hPSC从起始一直到分化阶段的集成化工艺。但鼠源的iPSC细胞（miPSC）已通过一次性生物反应器实现了这一过程[208]。很少有研究报道可以"悬浮培养重编辑的iPSC"，所有相关报道都是使用miPSCs进行的[208,209]。如果能将Baptista等人描述的集成化miPSC生产[209]转化成hiPSC的集成化生产工艺，那将特别有意义，因为若能连续分离出大量的hiPSC将有助于减少由细胞重编辑带来的生产瓶颈。此外，它可以提供一个类似于"黑匣子"的系统，在一个独立封闭的系统内中完成患者细胞的分离，扩增和分化，该系统可以安装在某些疾病的护理中心。

研究报告中已经发现灌流培养可以被用于MSC细胞产品生产中[210]。灌流培养可以应用在MSC的集成化的连续生产工艺中，从而可以使得在大规模生产过程中上游和下游工艺操作可以以一种完成密闭的方式完成。Cunha等人[192,193]在文章中描述了通过在灌流培养MSC后使用切向流过滤，与比分批处理相比可获得更高的细胞浓度。

表35-7　hPSC扩增和分化工艺集成化研究的关键性能表征

培养条件	细胞类型（iPSC、ESC）	目标细胞类型	扩增阶段最大细胞密度（cells/ml）（扩增倍数）	分化阶段最大细胞密度（cells/ml）（扩增倍数）	分化效率（%）	工艺时长（天）	每接种1个hPSC产生目标细胞的数量	外源因子（Y/N）	参考文献
微载体（DE53, Whatman）	hiPSC	神经祖细胞（NPCs）	6.1×10^6（20）	1.1×10^6（16.6）	78±4.7	25	333	N	[120]
微载体（DE53, Whatman）	hESC	NPCs	4.3×10^6（21.3）	1×10^6（20）	83±8.5	23	371	N	[120]
聚集体培养	hESC	定型内胚层祖细胞（DEPs）	ND（5000）[a]	ND（23.5）	>80	22	65000[a]	N	[110]
微载体（胶原蛋白涂层, hyclone）	hESC	DEPs	1×10^6（34~45）	4×10^5（ND）	84.2±2.3	12	4	N	[117]
聚集体培养	hESC	心肌细胞	$8 \sim 9 \times 10^6$（4~4.5）	ND	85~95	12~35	ND	Y	[207]

[a]在本研究中，hESC细胞在分化前经历了四轮扩增，而在表中显示的其他研究中只进行了一轮扩增。这可能是该研究数据与表中其他研究相比存在明显差异的原因。表中给出了扩增和分化的参数。ND表示没有数据。

　　一次性生物反应器和带有可与无菌管路连接的端口和分支管件的培养容器的开发，使得无菌塑料管路的联合使用成为可能，从而可以制造定制化的密闭系统，这样细胞在两台设备之间转移时就可以不会暴露在开放环境中[164]。这一类的系统允许降低洁净室所需的洁净级别（通常从A/B降至C/D）。但必须为每个批次单独地准备安装管路和密封配件。对于自体细胞产品生产来说这可能是一项耗时的工作，尤其是如果一个设备每天要处理多个患者样本时。当需要特定类型的管路系统（即CliniMACS机器）时，单套管件的成本大于1000英镑，这可能会大大增加与生产工艺相关的直接成本。

　　CliniMACS Prodigy是一种可以提供全集成化的封闭的细胞产品生产工艺设备（图35-3）。它为满足CAR-T细胞生产工艺的要求提供了一种解决方案，并已证明能在一套一次性的管路系统中完成T细胞的富集、活化、转导、扩增和T细胞产品的制剂配制[211]。Prodigy中的细胞培养室也能用于细胞分化，但Prodigy尚未被应用于在除淋巴细胞以外的细胞生产中。像CliniMACS这样的设备平台对于细胞治疗行业来说是非常有意义的，由于Prodigy属于密闭系统，因而可以有多台设备在同一洁净室区域内运行，即使对于自体细胞生产是可以的，这样就可以减少厂房设施的占地面积[194]。Prodigy的自动化特性可以降低许多现有生产工艺的劳动密集度，目前单台CliniMACS机器的成本约为250,000英镑（360,000美元）。这意味着在每套设备上要的花费相当大的固定资本投入，这可能会影响其推广速度，尤其是当它在工艺上的有效性和稳健性尚未得到确认之前。此外，CliniMACS的细胞培养室最多可生产2×10^9的T细胞[211]，这可能会限制其在自体细胞治疗产品生产工艺中的应用。Octane Cocoon（Octane Biotech Inc., Ontario, Canada）是另一种以生产"基于设备"的自体细胞产品为目标的设备。与Prodigy类似，Cocoon试图在一整套设备中实现细胞产品的封闭的自动化生产，Cocoon 可用于生产不同类型的细胞产品。此外，Argos Therapeutics公司和Invetech公司还达成了一项协议，将在 Argos Arcelis生产工艺设备系统的基础上开发一个完全封闭的自动化生产工艺平台[212]。

在撰写本文时，能用于大批量生产的全封闭的工艺设备平台尚未出现。细胞培养配套装置和集成化生产工艺上的创新使得一次性生物反应器可应用于集成化的扩增和分化工艺。此外，现在已经可以在一个封闭的工艺系统中执行多个工艺步骤操作，包括如缩减细胞悬液体积和富集目的细胞群等下游工艺操作。但本节中讨论的新颖的封闭工艺设备系统，因其可扩展性和适用性在异体细胞产品和大剂量的自体细胞产品的生产中仍面临一定挑战。

第九节　细胞治疗产品的生产和配送模式

在现实中细胞治疗产品面临的一个挑战是需要把活细胞药物运输给患者用于治疗，基于这一点，传统的药品生产和配送模式可能不适用于某些细胞治疗产品。本节将简要介绍细胞产品生产企业的两个不同的可选项，即集中式生产或分散式生产。

集中式生产（图35-4）是指用一个大型工厂来应对全球市场的一个大的区域的需求（例如在美国建立一个工厂来应对北美市场，在欧洲建立一个工厂等）。这是医药行业经常采用的典型模式。集中化生产的优势包括将间接成本分摊到多个生产批次上，并最大限度地减少与供应商和客户之间的互动[213]。此外，集中生产可能意味着来自监管压力相对较少，因为产品都是在同一个工厂生产的，质量控制和质量保证管理体系仅需要证明生产批次之间的一致性，而无需额外关注多个工厂之间的一致性。精心设计的生产工艺在同一个地点执行是最容易的。然而这种模式在某些情况下也意味着更大的风险，如在极低概率的情况下发生厂房关闭或停产带来巨大的损失；在这种情况下，采取分散式的生产模式可以有效地降低风险[214]。

在做出关于生产和配送模式的选择时，需要重点考虑患者样本所涉及的物流运输及追溯。对于自体细胞产品生产企业，若选择集中式生产模式，则在患者样本的物流及追溯方面面临极大的挑战，尤其是当生产工艺中需要对多次获取患者样本并进行操作处理时。在这种情况下，如何确保细胞被正确处理（即在正确的时间进行正确的操作）以及向正确的患者提供治疗将是一个巨大的挑战；在这种情况下，追溯的能力非常重要，以保障这种昂贵药品（>$50 k）的端到端的完整的供应链监管，并确保及时递送给正确的患者[215]。近年来，随着可以在整个生产全流程中对患者样本实施追踪的商业化软件的出现，改善了对产品的管理和患者细胞的追踪管理。如Trakcel（Cardiff，United Kingdom）一类的带有条形码的追溯软件已简化了对患者样本的追溯管理。不过，FDA等监管机构仍然会优先关注这一方面。

分散式的生产模式是使用多个生产厂房，通常这些厂房分别位于可以使用已上市的细胞治疗产品的护理中心和医院附近。与集中式生产相比，分散式的生产厂房具有一些潜在优势，其中最重要的是分散式的生产模式可以通过将产品递送给更多的医院和患者而为细胞治疗产品带来更大的市场。同时，分散式的生产模式还可减少从生产厂房到患者的运输距离和所需时间。这对于定制化细胞治疗和新鲜制剂尤其有用，对于这类产品，相对较短的供应链能提高产品的可及性[213]。新鲜产品的有效期很短，通常为数小时，而不像冻存产品的数天或数周的有效期；分散式生产模式具有较短的供应链，可以实现将这些产品交付到比集中式生产模式更广的市场。即使对于冻存的产品，集中式生产模式也可能因冷链运输的距离很长而难以实施运输验证和进行维护。此外，并非所有医院都有能力处理收到的冻存的细胞治疗产品[213]。Trainor等人[214]认为，真正的分散化生产模式将会是在给患者实施细胞采集的同一医院内完成自体细胞产品的生产（图35-3）。这要依靠高度自动化或部分自动化的桌面式细胞培养设备来实现。这种生产模式降低了与自体细胞治疗产品和患者材料运输相关的物流运输成本，同时避免了不同患者的产品发生交叉污染的风险。这种生产模式将以"自体细胞产品微工厂"的形式实现，比如使用Octane Cocoon（Octane Biotech Inc.），可以在基于特许经营的模式下使用来进行细胞治疗产品的生产[213,214]。尽管这种生产模式对自体细胞疗法很有吸引力，但目前关于对此类生产模式如何进行监管仍然存在较大的不确定性。甚至在短期内，它可能是很难落地的。随着细胞治疗产品生产工艺和技术的进步，这种模式有可能在将来通过使用符合GMP要求的箱式实现，自体细胞产品将可以在洁净室外的桌面式系统上进行生产，这将通过将患者细胞采集到全自动的集成化生产设备系统中，该系统可以完成生产细胞治疗产品的所有必要的工艺步骤。尽管目前尚不可用，但这种使用箱式GMP集成化生产设备的生产模式具有很大的优势，它可以省去与自体细胞产品生产相关的人力和运输成本。但目前尚不清楚如何从符合监管的角度来实现这种生产模式，也还不清楚这种模式将如何进行商业化运作，因为这可能会产生一个特殊的场景，即医院事实上也成为了细胞治疗产品生产企业中的分支机构。

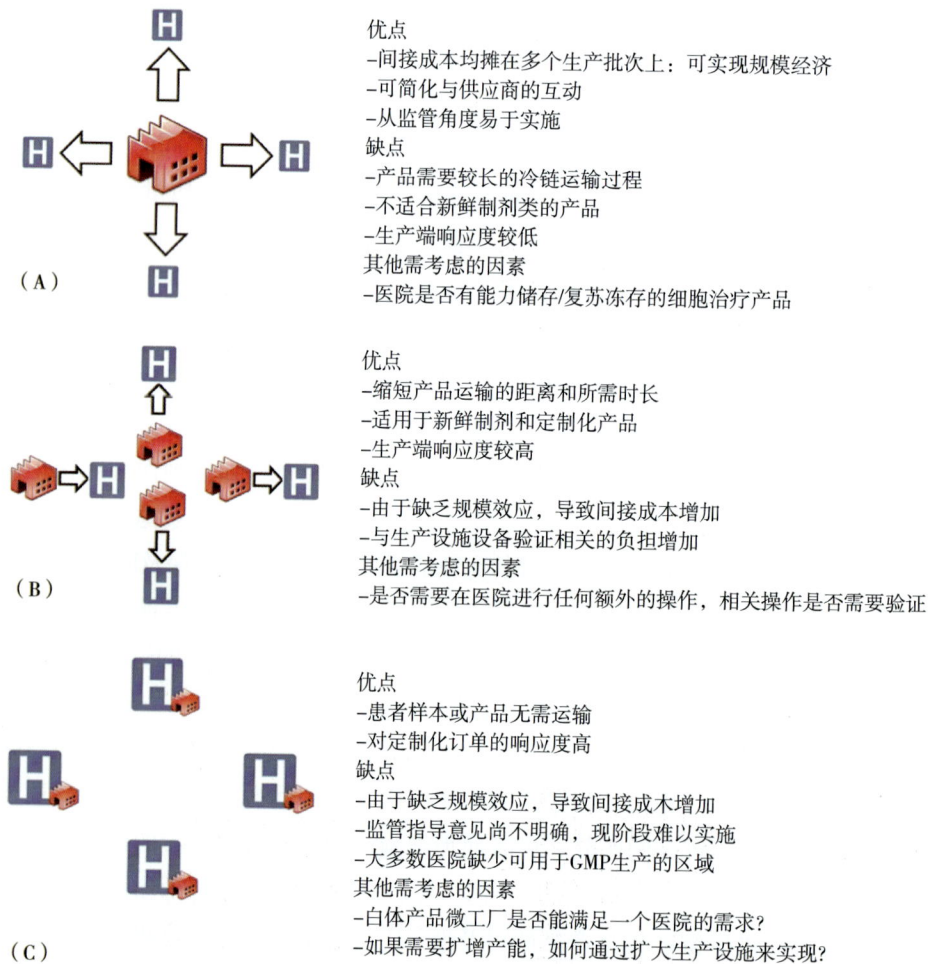

优点
-间接成本均摊在多个生产批次上：可实现规模经济
-可简化与供应商的互动
-从监管角度易于实施
缺点
-产品需要较长的冷链运输过程
-不适合新鲜制剂类的产品
-生产端响应度较低
其他需考虑的因素
-医院是否有能力储存/复苏冻存的细胞治疗产品

（A）

优点
-缩短产品运输的距离和所需时长
-适用于新鲜制剂和定制化产品
-生产端响应度较高
缺点
-由于缺乏规模效应，导致间接成本增加
-与生产设施设备验证相关的负担增加
其他需考虑的因素
-是否需要在医院进行任何额外的操作，相关操作是否需要验证

（B）

优点
-患者样本或产品无需运输
-对定制化订单的响应度高
缺点
-由于缺乏规模效应，导致间接成本增加
-监管指导意见尚不明确，现阶段难以实施
-大多数医院缺少可用于GMP生产的区域
其他需考虑的因素
-自体产品微工厂是否能满足一个医院的需求？
-如果需要扩增产能，如何通过扩大生产设施来实现？

（C）

图35-4 细胞治疗产品的生产和配送模式及其优、缺点和其他需考虑的因素

（A）集中化生产：一个工厂用于对应一个主要市场地区的需求，然后将产品配送至多个医院；（B）分散生产（非床边生产）：在一个主要市场区域内建立多个工厂，每个设施可以直接对应一家医院，也可以对应特别地点的少量多家医院；（C）分散生产（床边生产）：一个工厂，极大可能会使用符合GMP要求的箱式集成化设备放置在医院内，生产就在医院内完成关于生产和配送模式的讨论经常会引用Dendreon公司的自体细胞治疗产品Provenge的失败的商业化案例。为了生产Provenge，Dendreon在全美建立了三个大型生产工厂。新鲜制剂的复杂的生产工艺导致了商品成本非常高（约占售价的70%），进而为了获得适当的利润制定了高昂的售价（93,000美元）。由于销量大大低于最初的预测，导致生产厂房未能充分利用，公司最终不得不申请破产。从Dendreon案例中获得的经验教训是要尽可能通过对生产工艺的简化和自动化来确保生产成本可控。此外，无法确保药物被纳入医保报销范围，因此重视对销售预测对生产产能的决策影响对于商业上的成功非常重要。若有必要，细胞治疗企业可以根据上市后的需求再扩大产能来降低风险。

此外，谈到细胞治疗企业的商业化模式，目前细胞治疗行业的绝大多数企业均为中小型企业、学术型创业公司或资金有限的慈善机构[216]。因此，合同定制生产组织（CMO）正在细胞治疗领域进行大量投资，寄希望于从那些无法投资建厂的细胞治疗企业那里获得业务。实际上，使用CMO可能会获得更好的商业成本和产品开发时间表，当然这也取决于细胞治疗企业自身的专业水平[217]。

第十节　结束语

细胞治疗有可能彻底改变医疗健康领域。早期的临床试验结果显示，细胞治疗在多种临床需求未得到满足的疾病治疗方面具有巨大的潜力，包括首个治愈与年龄相关的失明症[21]和对某些血液肿瘤的治疗[218]。对生产工艺的优化和工业化正在帮助细胞治疗从新兴科技走向主流医药产品。无外源因子的细胞分化和扩增工艺的开发（如hPSCs），以及无需手动干预的全自动生物反应器的新技术，正使得符合cGMP规范的稳健的生产工艺变得更易于实现。然而挑战仍然存在，对于当前的纯化技术是否足够适用于hPSC衍生细胞的纯化，从而使得纯度可以满足安全性的要求仍存在疑问。另外，基于人工手动的生产工艺仍然普遍使用。虽然手动操作也可以实现安全、符合cGMP的生产，但采用集成化的封闭生产工艺将为细胞治疗产品的生产提供一个更加受控的环境，从而进一步降低产品污染的风险，并减少厂房设施的投入（降低固定资产投资以及细胞治疗产品生产相关成本）。此外，在全球医疗保险下细胞治疗产品将受到支付压力，当前的价格可能会挑战医保系统，尤其是自体CAR-T细胞治疗产品单价在150,000美元至500,000美元之间[219,220]。未来的工作应建立在对本章节内容总结和改进的基础上，以使得在预算内完成细胞治疗产品的生产和交付成为可能。

参考文献

中英文词汇对应表

英文全称	中文全称	英文缩写
4-Column periodic counter-current chromatography	四柱周期性逆流色谱工艺	4C-PCC
Ab Molar ratio	抗体摩尔比	—
Accelerated shelf life study	加速有效期测试	—
Activity coefficient	活度系数	—
Adeno-associated virus	腺相关病毒	AVV
Allele	等位基因	—
Alternating tangential filtration	交替切向过滤	ATF
Analytical profile index 20	分析概况指数	API-20
Animal component-free	无动物源成分	ACF
Antibiotic resistance	抗生素抗性	—
Antibody drug conjugates	抗体药物偶联物	ADC
Antibody Fab fragments	抗体Fab片段	—
Antibody-dependent cell-mediated cytotoxicity	抗体依赖性细胞介导的细胞毒性作用	ADCC
Anticomplementary activity	抗补体活性	ACA
Anti-foaming agent	消泡剂	—
Aprotinin	抑肽酶	—
Aqueous polymer two-phase extraction	水相聚合物两相萃取	ATPE
Aqueous two-phase systems	双水相系统	ATPS
Attachment and spreading factor	黏附和扩散因子	—
Attachment factor	细胞黏附因子	—
Autocrine	自泌体	—
Axial dispersion	轴向分散	—
Back-diffusion	反向扩散	—
Bacterial endotoxin test	细菌内毒素试验	BET
Basal medium Eagle	Eagle基础培养基	BME
Basic fibroblast growth factor	碱性成纤维细胞生长因子	bFGF

续表

英文全称	中文全称	英文缩写
Batch	批式培养	—
Bind and elute cation exchange chromatography	结合洗脱模式的阳离子交换色谱	BE-CEX
Bind/Elute	结合/洗脱	B/E
Biobetter	生物改良药	—
Bio-layer interferometry	生物膜干涉技术	—
Biomass	生物量	—
Biosimilar	生物仿制药	—
Biosuperior	生物优胜药	—
Bispecific antibody	双特异性抗体	BsAb
Blockbusters	重磅药物	—
Bluetongue virus	蓝舌病毒	—
Bongkrekic acid	米酵菌酸	—
Bovine adenovirus	牛腺病毒	BAV
Bovine papillomavirus	牛乳头瘤病毒	BPV
Bovine polyoma virus	牛多瘤病毒	—
Bovine respiratory syncytial virus	牛呼吸道合胞病毒	BRSV
Bovine serum albumin	牛血清白蛋白	BSA
Bovine spongioform encephalopathy	牛海绵状脑病	BSE
Bovine viral diarrhea virus	牛病毒性腹泻病毒	BVDV
Cache valley virus	卡奇谷病毒	—
Cadence acoustic separator	Cadence声波分离器	CAS
Cartridge filter	筒式滤器	—
Cassette	膜包	—
Cation exchange chromatography	阳离子交换色谱法	CEX
Cationic lipid	阳离子脂质体	—
Cell migration	细胞迁移	—
Cell morphogenesis	细胞形态建成	—

英文全称	中文全称	英文缩写
Cell proliferation	细胞增殖	—
Cell specific productivity	细胞比生产率	Q_P
Cell viability	细胞活率	—
Cell-specific perfusion rate	单细胞灌流速率	CSPR
Cellulose-based membranes	纤维素基质膜	—
Chicken pox	水痘	—
Chimeric antigen receptor	嵌合抗原受体	CAR
Chimpanzee-derived replication-defective adenovirus	黑猩猩复制缺陷型腺病毒	ChAd
Chinese hamster ovary cell	中国仓鼠卵巢细胞	CHO cell
Chronic lymphoblastic leukemia	慢性淋巴细胞白血病	CLL
Classic media	经典培养基	—
Cleaned-out-of-place	离线清洁	COP
Cleaning validation	清洁验证	—
Cleaning-in-place	原位清洁	CIP
Clustered regularly interspaced short palindromic repeats and CRISPR-associated proteins	规律间隔成簇短回文重复序列及相关蛋白系统	CRISPR-Cas
Coiled flow inverter	盘绕式换流器	—
Common ion effect	同离子效应	CIE
Common variable immune deficiency	常见变异型免疫缺陷	CVID
Complement dependent cytotoxicity	补体依赖的细胞毒性作用	CDC
Component elution volume	组分洗脱体积	V_e
Computer aided design	计算机辅助设计	CAD
Concentrated fed-batch	浓缩补料分批培养	CFB
Control module	控制模块	CM
Copy number	基因拷贝数	—
Critical process attributes	关键工艺属性	CPA
Critical process parameter	关键工艺参数	CPP

英文全称	中文全称	英文缩写
Critical quality attribute	关键质量属性	CQA
Cross-flow filtration	错流过滤	CFF
Cryopreservation media	细胞冻存培养基	—
Cytomegalovirus	人巨细胞病毒	CMV
Dentritic cell	树突状细胞	DC
Desorption rate constant	解吸速率常数	k_{des}
Dual light-chain bispecific antibody	双轻链双特异性抗体	—
Dynamic binding capacity	动态结合载量	DBC
Eddy dispersion	涡流分散	—
Electrophoresis	电泳法	—
Electroporation	电穿孔	—
End of product cells	生产终末细胞	EPC
Enveloped virus	包膜病毒	—
Enzyme-linked immunosorbent assay	酶联免疫吸附试验	ELISA
Epidermal growth factor	表皮细胞生长因子	EGF
Epstein-barr virus	Epstein-Barr病毒	EBV
Epstein-barr virus nuclear antigen 1	Epstein-Barr病毒核抗原1	EBNA-1
Erythropoiesis stimulating agent	促红细胞生成激素	ESA
Ethylene propylene diene monomer	乙烯丙烯二烯单体	EPDM
Exosome	外泌体	—
Expression cassette	基因表达盒	—
External mass transfer	外部传质	—
Extracellular matrix	细胞外基质	ECM
Extractable and leachable	可提取物和浸出物	E&L
Failure mode effect analysis	失效模式与效应分析	FMEA
Fc-Fusion proteins	Fc-融合蛋白	—
Fetal bovine serum	胎牛血清	FBS
Fetuin	胎球蛋白	—

英文全称	中文全称	英文缩写
Fibroblast growth factor 21	成纤维细胞生长因子21	FGF21
Fibronectin	纤连蛋白	—
Film mass transfer	膜传质	
Film mass transfer coefficient	膜传质系数	k_f
Filtration cascade	过滤级联	—
Flow cytometry	流式细胞仪	
Flow meters	流量计	—
Flow resistance	流动阻力	—
Flow through	流穿	FT
Flow-through anion exchange chromatography	流穿模式的阴离子交换色谱	FT-AEX
Flow-through membrane absorber	流穿模式的膜吸附器	FT-MA
Flow-through mode	流穿模式	F/T
Fluid mechanics	流体力学	—
Fluorescent activated cell sorting	流式细胞荧光分选	FACS
Fluoropolymer	含氟聚合物	—
Folic acid	叶酸	—
Foot-and-mouth disease	口蹄疫	FMD
Fortified sera	增强型血清	—
Freeze front velocity	冻结锋速度	FFV
Gene editing technology	基因编辑技术	—
Gene of interest	目的基因	GOI
Gene silencing	基因沉默	—
Gene therapy	基因治疗	—
Genetic engineering	基因工程	—
Glasgow's minimum essential medium	Glasgow最低必需培养基	GMEM
Glutamine synthetase	谷氨酰胺合成酶	GS
Glyco-engineered antibodies	糖工程抗体	—
Glyco-engineering	糖基化工程	—

续表

英文全称	中文全称	英文缩写
Glycosylation	糖基化修饰	—
Golgi	高尔基体	—
Graft versus host disease	移植物宿主病	GvHD
Granulocyte–macrophage colony stimulating factor	粒细胞–巨噬细胞集落刺激因子	GM–CSF
Green fluorescent protein	绿色荧光蛋白	GFP
Guanidinium hydrochloride	盐酸胍	Gua–HCl
Hamster antibody production assay	仓鼠抗体产生试验	HAP
Heavy chain	重链	HC
Heavy–chain domains	重链结构域	CH1–VH
Hepatitis A virus	甲型肝炎病毒	HAV
Hepatitis B surface antigen	乙肝表面抗原	HBsAg
Hepatitis B virus	乙型肝炎病毒	HBV
Hepatitis C virus	丙型肝炎病毒	HCV
Hepatocyte–like cells	肝细胞样细胞	HLCs
Hetero–dimerize	异源二聚体	—
Heterogeneity	异质性	—
Heterologous recombinase target site	异源重组酶靶向位点	—
High affinity and specificity	高亲和力和特异性	—
High performance human machine interface	高性能人机界面	HPHMI
High yield performance flask	高产能细胞培养瓶	HYPER flask
High–performance tangential–flow filtration	高效切向流过滤	HPTFF
High–throughput process development	高通量工艺开发	HTPD
High–throughput purification screening technologies	高通量纯化筛选技术	—
High–throughput technique	高通量技术	—
Hollow fiber bioreactor	中空纤维生物反应器	—
Hollow–fiber filters	中空纤维滤器	—
Homodimers	同源二聚体	—
Homogeneous time–resolved fluorescence	均相时间分辨荧光	HTRF

英文全称	中文全称	英文缩写
Homologous recombination	同源重组	—
Human embryonic kidney cell	人胚胎肾细胞	HEK Cell
Human embryonic retinoblast cell line C6	人胚胎视网膜细胞C6	PER.C6
Human embryonic stem cells	人胚胎干细胞	hESCs
Human herpesvirus	人类单纯疱疹病毒	HHV
Human immunodeficiency virus	免疫缺陷病毒	HIV
Human papilloma virus	人乳头瘤病毒	HPV
Human parvovirus	人类副病毒B19	—
Human pluripotent stem cell	人多能干细胞	hPSC
Human retrovirus	人类逆转录病毒	—
Human T-cell leukemia virus	人类T细胞白血病病毒	HTLV
Human-induced pluripotent stem cells	人诱导多能干细胞	hiPSCs
Hypoxanthine, aminopterin and thymidine components	次黄嘌呤、氨基喋呤和胸腺嘧啶组分	HAT Components
Imaged capillary isoelectric focusing	成像毛细管等电聚焦电泳	iCIEF
Immobilized metal ion affinity chromatography	固定化金属离子亲和层析	IMAC
Inclusion bodies	包涵体	IB
Inhibitory secondary metabolite	抑制性次级代谢产物	—
Initial tagging cassette	初始标记盒	—
In-line conditioning	在线配液	IC
In-line dilution	在线稀释	ILD
Insulin-like growth factor 1	胰岛素样生长因子1	IGF-1
Integral viable cell concentration	活细胞密度曲线下方面积	IVCC
Integrase	整合酶	—
Integration reaction	整合反应	—
Integrin	整联蛋白	—
Interstitial porosity	间隙孔隙率	ε_{int}
Investigational new drug	新药临床试验	IND
Ion exchange chromatography	离子交换色谱法	IEC

英文全称	中文全称	英文缩写
Iron transporter	铁转运载体	—
Knob-hole	旋钮-孔型	—
Laminin	层粘连蛋白	—
Landing pad cassette	"着陆垫"基因盒	—
Last point to freeze time	冻结终点时间	LPTF
Latin hypercube sampling	拉丁超立方采样	LHS
Leukemia inhibitory factor	白血病抑制因子	LIF
Ligase	连接酶	—
Light chain	轻链	LC
Light-chain domains	轻链结构域	CL-VL
Limiting dilution	有限稀释法	LD
Limulus polyphemus amoebocyte lysate-test	鲎试验法	LAL-test
Low-pressure liquid chromatography	低压液相色谱	LPLC
Mab processing	单抗工艺	—
Mab purification	mab纯化	
Magnetic activated cell sorting	磁珠分选	MACS
Mainfold tubing	多联管	
Mass transfer resistance	传质阻力	
Master cell bank	主细胞库	MCB
Matrix attachment region	核基质结合序列	MAR
Maximum growth rate	最大生长速率	μ_{max}
Mean specific energy dissipation rate	平均比能量耗散率	
Medium pressure liquid chromatography	中压液相色谱	MPLC
Meganuclease	归巢核酸内切酶	
Membrane absorber	膜吸附器	MA
Membrane fouling	膜堵塞	—
Membranes and gel polarization	膜和凝胶极化	—
Mesenchymal stem cells	间充质干细胞	MSCs

英文全称	中文全称	英文缩写
Messenger ribonucleic acid	信使核糖核酸	mRNA
Messenger ribonucleic acid interference	核糖核酸干扰	RNAi
Metabolomics	代谢组学	—
Microcarrier	微载体	—
Microfiltration	微滤	MF
microRNA	微小核糖核酸	miRNA
Minimum essential medium	最低必需培养基	MEM
Mixed-mode chromatography	混合模式色谱	MMC
Modes in bioprocessing	生物工艺模式	—
Modified vaccinia Ankara	改良安卡拉疫苗	MVA
Monoclonal antibodies	单克隆抗体	mAb
Monoclonality	单克隆性	—
Mouse antibody production assay	小鼠抗体生成试验	MAP
Mouse minute virus	鼠细小病毒	MMV
Multi-modal interaction chromatography	多模式相互作用层析	MMC
Multistage filtration	多级过滤	—
Murine retrovirus	小鼠逆转录病毒	—
Nominal molecular weight cut-offs	标准截留分子量	NMWCO
Non-essential amino acid	非必需氨基酸	—
Normal flow filtration	常规流过滤	NFF
Nucleotide-sugar/glycosyl-donor pool	核苷酸-糖/糖基-供体池	—
Number of cycles per batch	单批循环次数	N_{cycles}
Number of equivalent plates	等效塔板数	N
Oncolytic therapy	溶瘤病毒治疗	—
Options for biotechnical downstream process	生物技术下游工艺	—
Ori	复制起始点	—
Oxygen mass transfer coefficient	氧传质系数	$K_L a$
Oxygen transfer rate	氧气转移速率	—

英文全称	中文全称	英文缩写
Packed-cell volume	细胞密实体积	PCV
Pack-in-place	原位装填	PIP
Particle size distribution	粒度分布，粒径分布	—
Particle volume	填料微球体积	V_p
Parvovirus	副猪嗜血杆菌病毒	—
Peak cell density	峰值细胞密度	—
Peak viable density duration	峰值密度持续时间	—
Peptone	蛋白胨	—
Perfusion culture	灌流细胞培养	—
Perfusion-enhanced fed-batch	灌流强化型流加批式培养	—
Periodic countercurrent	连续流	PCC
Periodic counter-current chromatograph	周期性逆流层析	PCC
Pharmacodynamics	药效学	—
Pharmacokinetics	药代动力学	PK
Phytohaemagglutinin	植物血球凝集素	PHA
Plasma master file	血浆主文件	PMF
Pleated-cartridge formats	褶皱滤芯	—
Pleating structures	褶皱结构	—
Plug-flow reactor	塞流式反应器	—
Pluripotent stem cells	多能干细胞	PSCs
Pneumococcal conjugate vaccines	肺炎球菌结合疫苗	PCV
Polio	脊髓灰质炎	—
Polycation（cationic polymer）	阳离子聚合物	—
Polymerase chain reaction	聚合酶链式反应	PCR
Polytetrafluoro-ethylene	聚四氟乙烯	PTFE
Polyvinylpyrolidone	聚乙烯吡咯烷酮	PVP
Pore-blocking model	孔阻塞模型	—
Porosity	孔隙率	—

英文全称	中文全称	英文缩写
Prekallikrein activator	前激肽释放酶激活剂	PKA
Pressure control valve	压力控制阀	PCV
Primary metabolic pathway	初级代谢途径	—
Primary metabolite	初级代谢物	—
Primary stem cell	原代干细胞	—
Process analytical technologies	工艺分析技术	PAT
Process and instrumentation diagram	工艺和仪表流程图	PID
Product secretion kinetics	产品分泌动力学	—
Product yield	产品收率	—
Programmable logic controllers	可编程逻辑控制器	PLC
Promoter	启动子	—
Proportional integral derivative（controller）	比例积分导数（控制器）	PID
Protein glycosylation	蛋白质糖基化	—
proteoglycan	蛋白聚糖	—
Proteolysis resistance	抗蛋白水解能力	—
Prothrombin complex concentrate	凝血酶原复合物	PCC
Qualified building management system	合格建筑管理系统	QBMS
Rabies	狂犬病	—
Real-time shelf life study	实时有效期测试	—
Recombinant	重组体	—
Recombinant biopharmaceuticals	重组生物药	—
Recombinant insulin	重组胰岛素	—
Recombinant protein	重组蛋白	—
Recombinase	重组酶	—
Recombinase-mediated cassette exchange	重组酶介导的盒式交换	RMCE
Refolding kinetics	重折叠动力学	—
Regenerative medicine	再生医学	—
Reovirus	肠孤病毒	—

续表

英文全称	中文全称	英文缩写
Reporter gene	报告基因	—
Resin	填料	—
Resin selectivity	填料选择性	—
Respiratory syncytial virus	呼吸道合胞病毒	RSV
Retentate flow	截留流	—
Retinal pigment epithelium	视网膜色素上皮	RPE
Retroviral vector	逆转录病毒载体	—
Rotational sieve filtration	转筛过滤	—
Rotavirus	轮状病毒	—
Rubella	风疹	—
S. cerevisiae	酿酒酵母	—
Safety cell bank	安全细胞库	SCB
Salvage pathway precursor	补救途径前体	—
Selection marker（selectable marker）	筛选标记（选择性标记）	SM
Selection media	筛选培养基	—
Selective pressure	筛选压力	—
Senescent cell–derived inhibitor	衰老细胞源抑制因子	SDI
Sequential multi–column chromatography	顺序多柱色谱	SMCC
Shear force	剪切应力	—
Shear protectant	剪切力保护剂	—
Shielded twisted pair	屏蔽双绞线	STP
Shingles	带状疱疹	—
Sieving coefficient	筛分系数	S
Signal peptide	信号肽	—
Simianvirus40	猿猴空泡病毒40	SV40
Single pass tangential flow filtration	单程切向流过滤	SPTFF
Single radial immunodiffusion	单一径向免疫扩散	SRID
Site-directed integration	定点整合	—

英文全称	中文全称	英文缩写
Small parvovirus	细小病毒	—
Small pox	天花	—
Solid matrix volume	微球固体基质体积	V_s
Solvent/detergent	溶剂/表面活性剂	S/D
Space time yield	空时产率	STY
Spacer mutant	间隔突变体	—
Specific pathogen-free (SPF) eggs	无特定病原体胚蛋	—
Split ratio	分种率	—
Stable transfection	稳定转染（稳转）	—
Stagnant liquid film mobile phase diffusion	停滞液膜	—
Standard pore-blocking model	标准孔阻塞模型	—
Static binding capacity	静态结合载量	—
Static cultivation system	静态培养系统	—
Steaming-in-place	原位蒸汽灭菌	SIP
Sterilization grade microfiltration membranes	灭菌级微滤膜	—
Stoichiometric displacement model	化学计量置换模型	SDM
Straight-through processing	直通式处理	STP
Subcutaneous IG	皮下注射液	SCIG
Surface plasmon resonance	表面等离子体共振	SPR
Suspension in shaken system	悬浮动态培养系统	—
Synthetic polymers	合成聚合物	—
T cell-dependent bispecifics	T细胞依赖性双特异性抗体	—
Tangential flow filtration	切向流过滤	TFF
Target product profile	目标产品概况	TPP
Targeted gene deletion	定点基因敲除	—
Taylor vortex	泰勒漩涡	—
Therapeutic proteins	治疗性蛋白质	—
Three-phase partitioning	三相分离法	TPP

续表

英文全称	中文全称	英文缩写
Thrombin generation assay	凝血酶生成试验	TGA
Transcription activator-like effector nuclease	转录激活因子样效应核酸酶	TALEN
Transcriptionally "active" region	转录活跃区域	—
Transfection media	转染培养基	—
Transferrin	转铁蛋白	—
Transforming growth factor-β	转化生长因子-β	TGF-β
Transient transfection	瞬时转染（瞬转）	—
Trans-membrane pressure	跨膜压	TMP
Transmissible spongiform encephalopathy	传染性海绵状脑病	TSE
Transmission electron microscopy	透射电子显微镜	TEM
Ubiquitous chromatin opening element	染色质开放元件	UCOE
Ultrafiltration/diafiltration	超滤/渗滤	UF/DF
Ultraviolet-visible absorption	UV/Vis 吸收光谱	—
Variable domains	可变区	—
Vector element	载体元件	—
Vesicular stomatitis virus	水疱性口炎病毒	rVSV
Viability	细胞活率	—
Viable cell density	活细胞密度	VCD
Viral inactivation	病毒灭活	—
Viral vector	病毒载体	—
Viscous fingering	不均匀扩散	—
Volumetric mass transfer coefficient	体积传质系数	—
Weir-type	堰式	—
West Nile virus	西尼罗河病毒	—
William's medium E	William培养基E	—
X-linked Agammaglobulinemia	X-连锁无丙种球蛋白血症	XLA
Yeastolate	酵母提取物	—
Yellow fever	黄热病	—
Zone broadening	谱带变宽	—